民國建築工程期刊匯編

MINGUO JIANZHU GONGCHENG QIKAN HUIBIAN

26

《民國建築工程期刊匯編》編寫組 編

廣西師范大學出版社
GUANGXI NORMAL UNIVERSITY PRESS
·桂林·

第二十六册目録

工程界

工程界

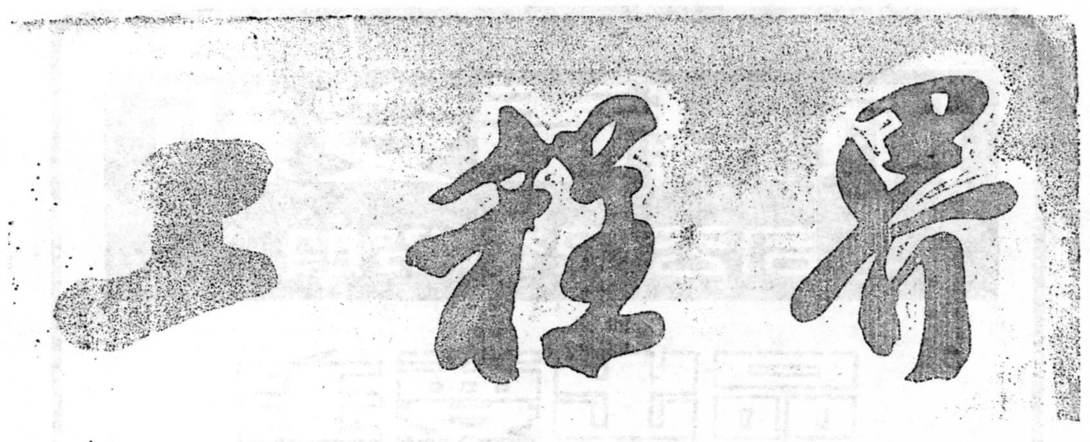

第三卷 第十期　　三十七年十二月號

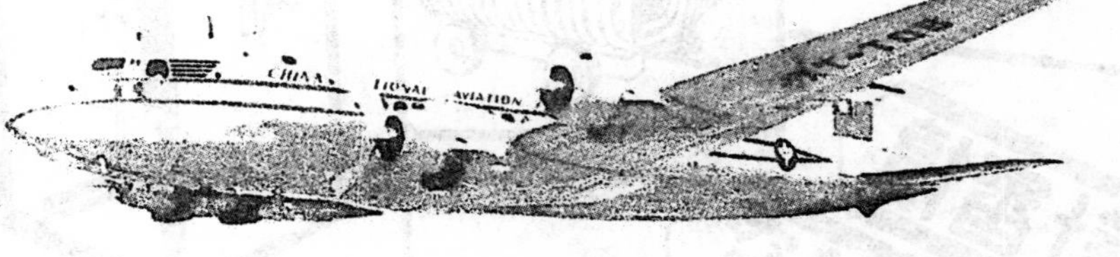

中國技術協會出版

中國技術協會第七屆年會暨工業技術展覽會特刊

本期要目：博覽台灣　熱偶金屬　滾動軸承發展史　織布機大革新

新安電機廠

股份有限公司

主要出品

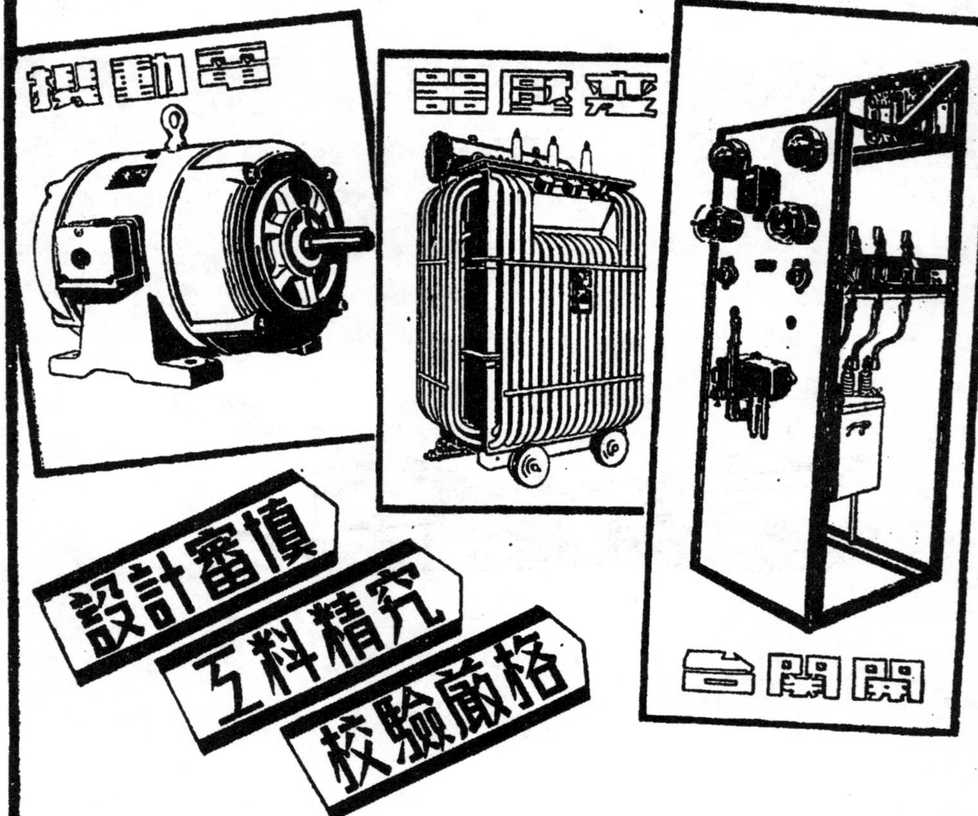

事務所・上海南京西路八九三號大滬大樓五樓　電話・・六〇〇九〇

廠　址・上海常德路八〇〇號　電話・三五七五三(電报掛號・〇七八九)

·通俗實用的工程月刊·
第三卷　第十期　三十七年十二月號

目　錄

·出版·發行·廣告·
工程界雜誌社
代表人　宋名適　鮑熙年
上海(18)中正中路517弄3號（電話78744）

·印刷·總經售·
中國科學公司
上海(18)中正中路537號（電話74487）

·分經售·
南京　重慶　廣州　北平　漢口
各地
中國科學公司

本期特大號基價每册金圓壹圓
按照上海科學期刊協議之倍數發售
倍數如有變更參閱上海大公報廣告
訂閱辦法詳見插頁說明.

POPULAR ENGINEERING
Vol. III, No. 10 Dec. 1948
Published monthly by
CHINA TECHNICAL ASSOCIATION
517-3 CHUNG-CHENG ROAD.(C).
SHANGHAI 18. CHINA

國光牌
汽油 煤油 柴油
潤滑油 潤滑脂 燃料油
品質符合國際標準 定價低廉服務社會
中國石油有限公司

12743

中國技術協會

第二屆年會

工業技術展覽會

紀念特刊

日期：三十七年十二月二十六日起

地點：上海徐家匯交通大學

12745

中國技術協會
第二屆年會·工業技術展覽會
特刊

第二屆年會會程

中華民國三十七年十二月廿六日起假座上海徐家滙交通大學舉行

十二月廿三，廿四，廿五日	註冊
十二月廿六日上午九時	開幕典禮
中午十二時	年會餐
十二時半至一時半	會務討論
下午一時半至三時半	技術經驗座談
下午四時起	遊藝會
十二月廿七日下午二時起	分組參觀本市各大工業機構
十二月廿八日下午三時起	工業技術展覽會預展
下午五時半至七時	電影（英國新聞處招待）

工業技術展覽會

三十七年十二月廿九日——三十八年一月九日

假座上海徐家滙交通大學圖書館

中國技術協會 第二屆年會 工業技術展覽會 特刊

中國技術協會編印

會址：上海(18)中正中路517弄3號

電話：七八七四四號

中華民國三十七年十二月廿六日出版

囘顧與前瞻

中國技術協會理事長

宋名適

技協正式成立，迄今已近三載，際此二屆年會之前夕，瞻往思來，感慨萬端，但也止不住中心興奮，並對將來懷着無窮的希望！

抗戰勝利，舉國騰歡，三十五年三月技協由工餘聯誼社改組成立，我們揭起『團結全國技術人員，致力國家建設，普及技術教育，促進學術研究，謀求共同福利』的大纛，期在這個團體裏，號召鼓勵並且集合全國的技術人員同來獻身於建設新中國的偉業！就在勝利後七個月我們動員了全體會員的力量，得到近一百家國貨廠商的贊助，舉辦了上海工業品展覽會，對中國民族工業作了一次全面的巡禮。當時萬人空巷，情緒熱烈，提高了民族工業家與技術人員的信心，也帶給上海一個全國工業化的號召。在淪陷八年後的上海，新生的技協辛辛苦苦投下了第一顆復興建設的種子！

這顆種子沒有得到預期的培養和灌溉，隨即遭受了滿天烽烟的踐踏，技協的工作也就不得不轉到更長期的準備建設階段，工程界雜誌，工業講座，中國技術職業學校，上海釀造廠，中國化驗室以及會內的各種學術，福利及交誼工作都是想把各階層各部門的技術人員團結起來，裝備起來，爲了明天的復興和建設，道路上雖滿佈着荊棘，但我們的努力却始終未敢稍懈。

近一年來，形勢愈趨險惡，戰火南燒，建設停擺，工商業旣瀕臨崩潰的邊緣，技術人員本身的生活也面對着難關。此時此地，技協自不能得到預期的發展，本年度原訂的十大工作計劃未能一一開展，第一屆年會全體會員提出的擴建會所的建議也不克實現。但儘管如此，技協從未敢以環境的拂逆，而放鬆其自身的努力。過去一年，除了維持與整頓舊的會務之外，並開展了許多新的事工：——主持上海市教育局民衆實驗夜校及中國百科函授學院的技術班，發刊技術小叢書，和舉辦技術人員生活互助金等。步伐容或遲緩，但技協從未停留，她是踏實地一步一步在前進着。

三年來技協會員增加到三千人，他們通過抗戰勝利初期的建國熱潮，捲入了瀰漫全國的內戰火燄，如今更深受到生活苦難的嚴重威脅，但却始終立在技協所標榜的旗幟下，堅守着自己的崗位，他們深切認識歷史上沒有打不完的仗，現代世界上更不容有不要建設的國家，浮燥苦悶固無補於現實，建國大業更非臨渴掘井所能奏功。有爲的技術青年旣立志獻身於新中國的建設重任，担子就必須從今天挑起來，因此團結互助加緊學習札穩根基，衝破難關的精神便貫澈在技協和全體會員的日常工作和生活中，這種精神便是技協所以得在風雨中站定，在苦難中發展的重要根據！當然，技術前輩和實業界人士，他們不計自身處境的艱苦，始終關懷支助這年青後進的團體，也是技協能以得到今日成就的不可忽視的因素，是應該在這裏向他們深致感謝和虔敬之意的。

在一九四八年歲末，我們舉行第二屆年會及第三屆工業技術展覽會，這是一次工作的檢閱，也是一次信心的考驗。技協不容自滿，作爲一個技術建設性的團體，她與主持國家建設機構的工作尙欠配合，與民族工商業家的聯繫未見緊密，作爲一個技術人員的團體，還有很多技術青年站在技協之外，會員間的聯繫，進修，和福利工作也待進一步的加强，這些都須在這次年會裏廣泛周詳地加以檢討，改進，和計劃，冀獲得進一步的開展。

環境也許更會艱苦，但希望却永在技協，寒冬將去，春天在望，願全體會員康健進步，願技協的種籽與萬物一同發芽，一同開花！

從一九四六年

技協事

工程界 是技協最早的事工之一，也是對外影響最大，工作最經常的出版事業。工程界創刊還是早在民三十四年『工餘聯誼社』時代，出版至今剛滿三卷。工程界是一本通俗實用的綜合性月刊，擁有廣大的讀者，銷路每期達六千份。

工程界是學術部出版科主持的，經濟上做到獨立的地步。工程界的業務開支是非常節省的，編輯都是義務職，此外只聘有管理發行和繪圖的支薪職員各一人，前一個時期，每期銷出後賬面上是可以平衡的。但最近幣制改革權以限價放棄，出版業困難萬分，尤其像工程界這樣一本技術刊物。雖然在這種情況下，仍是勉力堅持下去，現三卷完畢，編輯部正計劃一切，希望從四卷起，工程界將以更新穎的面目和會友及讀者相見。

講座 也是技協最早的事工之一，三年來舉辦過八屆，詳見下表：

	時期	聽講人數	
系統講座	34年 7月	476	五組十二講
	34年10月	511	六組十二講
	35年 6月	368	五組十二講
	36年 3月	1029	自由聽講十講
	36年 8月	952	五組八講
	37年 4月	214	自由聽講五講
工業化問題講座	35年 6月	517	自由聽講六講
擇業講座	37年 7月	243	自由聽講八講

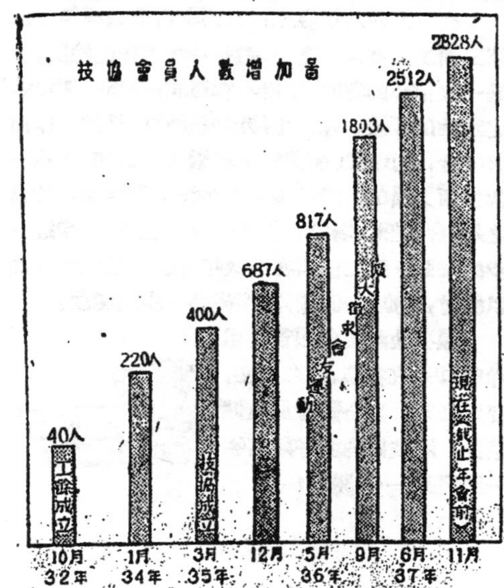

中國化驗室 化驗室是技協社會事業之一。成立於去年九月十五日，九月廿一日開始接受第一件樣品化驗。十五個月來，一共收到檢樣品二百四十四件。經常往來的客戶，共六十七家。

化驗室是由技協化工組會友發起並主持的。成立時資本一億法幣，後得到一批儀器式備，計值共一億五千萬。技協資本包括儀器在內，約佔半數，其餘由會友投資。現任董事長吳蘊初，總經理閔淑芬。

十五個月來，適值物價波動，工商業凋敝，特別是今年幣制改革前後的蕭條時期。化驗室的工作根本談不上『服務』二個字，只有爲它自身的生存而掙扎了。

技術教育 中國技術職業學校在學術部教育科主辦下，曾先後開課二學期，第二學期並爲適合學生程度起見，改學年制爲選課制。三十六年八月，原借中法藥專的校舍發生問題，正課不得已暫行停止；乃應市立民眾實驗學校之請，協助開設技術班，由職校教員任教。最近並主持中國百科函授學院之全部技術班課程。

圖 由於會址的狹小，圖書館只能借出，沒法供給閱覽的地方。收藏的圖書主要是期刊，書本較少。會友借書的不算多，大部材料供工程界編輯部參考。

技協通訊 從工餘的油印社報到現在八開鉛印報紙，三年來一直是溝通分處國內外各地三千會友的唯一橋樑。

技協的會友足跡是廣遠的，人數一天天在增加，因此通訊是技協主要交誼工作之一。通訊出版工作所以由交誼部通訊科主持，而不是由學術部出版科主持，因爲她不是一份學術性刊物；也不是由秘書處編撰，因爲她也不是會的公告。通訊始終是會友的刊物：這

交

工檢閱

上海釀造廠

但化驗室，和其他技協事工一樣，仍要在這艱難的時期堅持下去，準備爲明天的建設效力，

★ ★

技協的又一事業。也是化工組會友的工作。三十五年秋創辦以來，廠務已具相當規模。本年一月一日起增資，招致會友加股！生產方面做到自己製醬，計劃製造副產品如辣醬油，醬菜等。醬菜方面改進推銷技術，儘量使會員使用釀造廠製品。同時並增建一部份廠房，添造釀造室。

五月起，按月發出會員優待券，可憑券享九折優待，並按月抽獎兩名。

二年來，釀造廠定戶1056戶，廠店用戶713，會員用戶274，其餘家庭用戶。

會友消費合作社

成立於三十六年五月，當時資金八百九十萬元，其中二百萬是會裏投資，餘係會友認購，一年後結算增值廿倍，並再擴大增資。

雖然自今年下半年來，物價波動得非常厲害，合作社由於流動資金不足，進貨方面頗受影響，但仍維持每週數種特價品，並實行對於股東的日用品配售幾次，在配售的日期，我們曾看到過會所內排長蛇陣的盛況，可惜因限於資金，暫未能實行會友全面配售，而這一點也正是合作社所計劃要做到的。

一點是通訊同人盡力在做到的。

通訊現在已克服了編印技術上的困難，本年五月一日起定每二週六出版一次。

★ ★ ★

誼 經常活動

交誼部的經常活動，限於會所狹小，分別每週定期舉行歌詠，唱片，乒乓，舞蹈，等；在春秋二季經常舉行郊遊或旅行，夏天有球類運動及游泳，通告會友報名參加，此外在各紀念季節舉行大規模聯歡會。

福利事工

技術人員生活互助運動 去年雙十節技協年會決定了發展十大事業擴建會所的經費募集，十項事工之中，有一項是舉辦技術人員各項福利事業。本年起，時局動盪，物價飛漲，生活的威脅一天天嚴重，技協有鑒於一向努力本位工作的技術人員，素無開源之道，處此難關自首當其衝。所以決定將擴展經費中舉辦福利事業一項，特別擴大爲技術人員生活互助運動，募集技術人員生活互助金。

自二月二十二日起，技協開始接受互助金貸款聲請，截至八月止，共核准一百七十五人，計貸出法幣589,000,000元。貸出項目有教育費，疾病醫藥費及返鄉旅費等。

該項貸金已在陸續由貸款者歸還中，至八月計爲法幣30,000,000元，折合金圓券10.03元。至十一月止，收回貸款23.05元，共計33.05元。

★ ★

服務工作到一九四八年

技協是一個全國性技術人員的學術團體，同時又是一個福利組織，這是她不同於其他團體的地方。雖然受到種種經濟及環境的限制，如像人事服務等工作極不易展開，福利部仍儘量在爲會友做服務工作。人事服務組曾介紹剛從學校畢業的初級會友數人得到工作。平時經常公告徵供人才，今夏與講演科合辦擇業講座，介紹各大機關情形，便利一批新從學校裏出來的技術人才就業。

此外，醫藥服務成立了診療所（中正中路740弄66號，由會友朱瑞鏞醫師主持），今夏注射防疫針等。另外技術服務的無線電修理，最著成績，修理工作由電信科會友担任，免費爲會友修竣之無線電計五十七只。

從各種技術的發展中，指出整個工業技術的進步，儘量使國民瞭解新工業技術的根源和實況，在短短的時間內對「技術怎樣改善生活」和「技術怎樣才能改善生活」兩個問題，有一最最淺明的印象。

中國技
工業技

中國技術協會自三十五年三月成立到現在，二年又八個月中，先後舉辦了三次盛大的展覽會。在技協成立(三十五年三月十七日)後的一個星期，在寧波同鄉會舉行的上海工業品展覽會，轟動了勝利後的上海，奠定了技協的社會基礎。同年十日，與進出口貿易協會等假八仙橋青年會聯合主辦了中國出口貨展覽會；去年雙十節，在第一屆年會時，工業模型展覽會在交通大學揭幕，在技協一貫的普及技術教育，提高學術水準的宗旨下，創造了新的方式，應用了新的手法——以圖表照片和模型，來說明中國工業建設的實況和前瞻，引起了整個工業界，技術界的重視，更給予數十萬市民以大好的工業教育，更進一步提高了技協的學術和社會地位。

今年，技協決定在第二屆年會時，再舉辦一次更有系統，扼要地介紹技術知識的展覽會——工業技術展覽會。經過二個多月來，幾百位會友的集體研究，這次的展覽會中心是在作有系統地扼要地介紹技術的基本知識，從各種技術的發展中，指出整個工業技術的進步，儘量使國民了解新工業技術的根源和實況，要在短短的時間內對『技術怎樣改善生活』和『技術怎樣才能改善生活』二個問題，有一最最淺明的印象。進言之，工業技術展覽將於普及國民技術教育外，再作進一步的教育和啓示，使了解技術應怎樣來掌握，怎樣來運用，才能普遍爲大衆生活求安定，謀改進。

這次的展覽會籌備工作自本年九月匪即已開始進行，在數百位熱心會友集體努力下，依照擬定的計劃和大綱推進。雖然在最近一個多月來，受到列次經濟政策的變更和時局的劇烈動盪，一部份籌備工作，隨着運輸問題，人事變動，機關南遷等受到影響，如南京資委會全國水力發電總處的四川長壽水力發電模型，交通部的港口模型，因爲運輸工具發生問題不能運來，(雖然，至撰文時止，籌委會尚在作最後努力，希望能使這些模型和觀衆見面)。又台灣曾參加台灣博覽的模型如嘉南大圳灌溉工程，日月潭發電工程等則因爲運率倍增，爲一個學術團體所無法負担而忍痛放棄。他如在上海原已洽妥的幾個機關的展覽品，也有因準備應變而告吹的。

然而，種種的困難，並沒有影響到整個展覽會舉行的計劃。局勢雖然惡劣，動盪不定，也許有人認爲在這時舉辦展覽會是不急之務。但在這動盪的時代，要負起日後建設重任的技術人員，如果還不能鎮定，堅守住自己的技術崗位，那末對日後中國的建設，還敢有指望嗎？

電力之部　上海電力公司爲展覽會特製之架空線開關示範裝置，該公司會員預備親自表演裝置。

技協的宗旨是在普及技術教育，提高技術水準，也是技協的責任。因此，在堅信苦難的國家，必將復興，新的建設，必將來到的信念下，不論環境如何惡劣，困難如何重重，作爲普及技術教育，提高技術水準的展覽會，還是如期舉行了。許多展覽品現存的如無法借到，就由會友們自己動手來做；模型沒有，用圖表和照片來說明。

因此，在這次的展覽會裏，圖表照片統計是多於模型實物的，而且一個特點是大多都由會友自製。這樣一來在經費方面本要受到很大的影響，幸而在本市各大廠商的協助愛護下，捐助了各種必需的用品如紙張，三夾板，顏料等等，又各大機關如上海電力公司特撥出一部份費用爲特製展覽品

術協會的
術展覽會

鄭定能

之用，使展覽會不因經費問題而不能舉辦，這是值得我們衷心感謝的。

展覽的內容，主要可分二個部份。一個是普及技術知識的灌輸，一個是新技術的介紹。前者由機械，電力，電訊，紡織，水利各方面，從人類利用力和能的進步，講到各種技術如何與日新月異的時代相吻合。這裏運用了各種圖照模型，實物裝置示範，更引用連續性的幻燈片來補圖照之不足。關於後者新技術介紹部份，主要有塑料(Plastic)，雷達和原子能三部。對這三個問題的研究，在吾國真是鳳毛麟角；我們將作一個大胆的嘗試，用深入淺出的方法來介紹，最後顧提出原子能的如何應用於新工業為人類服務的問題，作一個全面的結束。

化工之部　製造電木粉製品的壓模機照片之一。

工業技術展覽會已在交通大學圖書館和大家相見了，關於各方面的缺點和意見，留待我們的參觀者和讀者們來指正！ 我們學技術的，不把自己藏身于象牙之塔，就應該將這最最實際的學問散佈開去，讓多數人有興趣而最後達到善于利用技術的目的。

本會此次舉辦工業技術展覽會
辱承　各界人士機關廠商惠予贊助
或允借展覽物品或供給技術文獻資
料或捐贈展覽會經費及各種應用物
料不勝感禱特將台銜列此誌謝
水利部　中央研究院　資源委員會全國水
力發電總處　國防部第六廳　工商部中央
標準局　上海市工務局　上海市公用局
京滬區鐵路管理局　上海電力公司　上海
電話公司　上海自來水公司　上海電信局
國際電台　中國農業機械公司　善後事業
保管委員會船舶修理廠　中國紡織建設公
司　中國蠶絲公司　招商局　永安紡織公
司　中國航空公司　濬浦局　中華書局
國立交通大學　行知中學　英國新聞處
英國文化委員會　美國新聞處　華商電氣
公司　大東書局　振華油漆廠　萬里造漆
廠　大明電燈泡廠　勝德新藝化工廠　遠
東塑膠廠　信孚印染廠　亞浦爾燈泡廠
公信電器廠　中紡紗廠　趙國艮先生　曹
有謀先生

展覽會

會場佈置

中國技術協會的第三屆工業技術展覽會共分機械，紡織，土木，化工，電力，電訊，新技術諸部門。這一次展覽，是繼承前二屆展覽會的精神和系統，因此，在展覽品方面，儘量的避免與過去雷同和重複，這次展覽會會場仍假上海交通大學圖書舘。

介紹機械製造程序

第一部是機械，主題在介紹機械的製造程序，機械工業對生活的關係。展覽品有煉鋼照片，機械工場模型，鑄件，鍛件，及製成品實物，各種工具實物，各種原動機之模型及圖照，飛機，汽車，火車，輪船之圖照。築路機械圖照，造船照片，及海天輪模型，農業機械照片等。把礦苗如何變成機械，各種原動機，各種交通工具，築路機械，農業機械作一簡略之介紹。

紡織工業

第二部是紡織，展覽品有棉紡、毛紡、蔴紡、絹紡、蠶紡、製紗及織毯圖照及樣品繅絲之圖照標本，雷炳琳發明之超大牽伸，及裝有葛鳴松發明之換杼式布機反序裝置，換梭式自動布機等。主題在介紹紡織工業的輪廓，以及各種較新的機械。

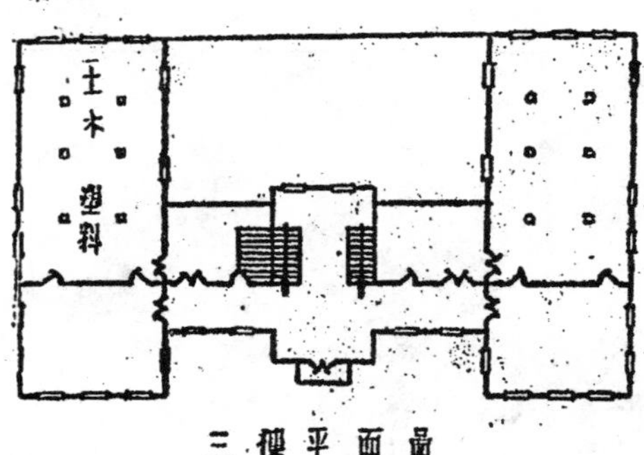

三樓平面圖

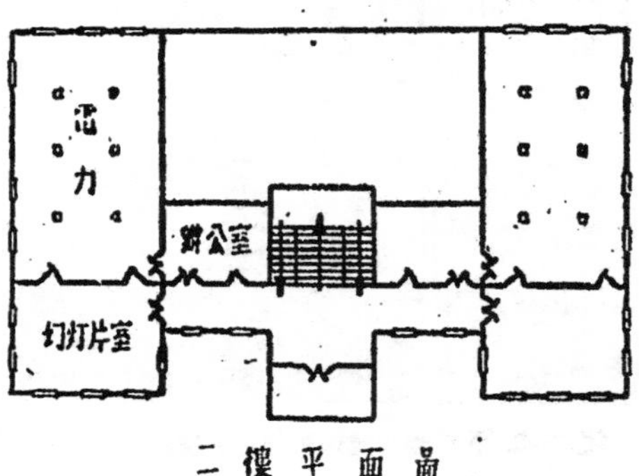

二樓平面圖

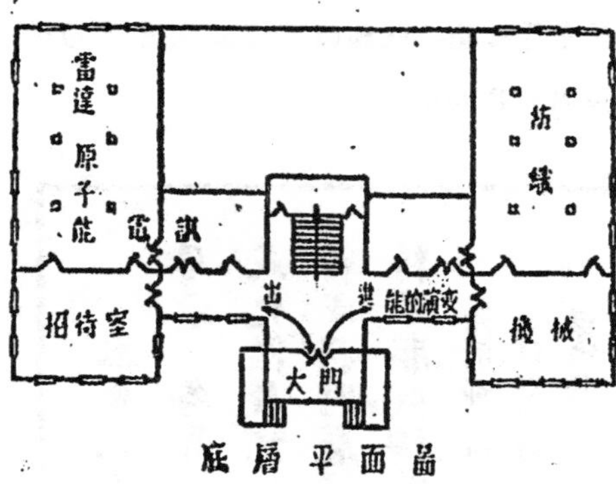

底層平面圖

一層：自大門進向右，能的演變——機械——紡織——直上三層

三層：土木——塑料——再下二層

二層：電力——幻燈片——同到一層

一層：電訊——雷達——原子能——文獻(招待室)

展覽會佈置圖

——交大圖書館——

電力之部　發電到用電照片之一：Switch Gear

介紹

紡織之部　絹紡及紗帶照片及實物

電　　力

從發電到用電，電力室提供了一個極有系統的介紹。這是上海電力公司技協會員所布置的。對於電氣小常識，發電及輸電的基本原理，從發電到用電過程中實際運用情形，都有實物示範，並有上海電力公司從發電廠至用戶間有系統的幻燈片，彌足珍貴。統計圖表有全國發電廠分佈圖（用各色電珠表示），全國電廠發電量和類性質圖，全國電力統計圖，世界各國電力統計，本市電力統計圖等。實物示範，有發電廠模型，輸電工程等級保護制度示範，架空電線接頭，地下電纜，地下電纜接頭，地纜管道斷面，地纜接頭箱，電力電表裝置法，電燈電表裝置法，電表讀法示範，熒光燈裝置法及各部功用，電動機解剖，電扇解剖，電桿頂端裝置實例等，不勝枚舉。

電信事業之過去和現在

電信室的主題，在介紹有線電訊之發展情形及現代電氣通訊之各種制度。關於電訊發展歷史，用各種圖表以表示縱的關係，關於近代電信制度，則用具體實物陳列，佐以照片說明。展覽品有電報機械，通訊用電纜及線路，人工式以及自動式電話總機等。

發電到用電照片之一：
直流汞弧整流器

新技術展覽

這一屆展覽會中展覽的新技術，包括有塑料(Plastics)、雷達、原子能三部門。

五光十色的塑料世界　塑料即玻璃製品，由於近年美國的玻璃製品暢銷我國市場，促使我國工商界對這新興的塑料工業有了深深的注意和認識。塑料在歐美各國被大量生產應用，還是第二次大戰期間的事。因此，尤其在我們中國，是被當作新技術來介紹。

這次展覽會中，將對這五光十色的玻璃世界，做一個全面的巡禮。主要的將介紹塑料的性能和模塑方法及其在現代工業上之地位。這裏的內容有(1)從煤和水，石灰至各種塑料之總括圖表，(2)十二種塑料原料之製造方法。(3)塑料原料自製成合成膠(Resin)後配合填料顏料製成膠木粉及其五種加工方法(4)模製方法，有壓模機實地表演，(5)塑料性能及與其他材料之比較，(6)各種塑料製品展覽。

從擲皮球講到雷達　雷達好像是一件神秘的技術。這次的展覽會中，將揭露它的眞面目。

雷達部份的展覽，將從無線電講起。用淺顯的漫畫，從一個皮球擲到牆上彈回來說起。(1)從電子學講到雷達的發明,(2)雷達的解剖,(3)雷達儀器的運用表現(4)無線電實物展覽(5)雷達特種另件展覽。

化工之部　電木粉製造之一

原子裏寶什麼藥　最後,我們將在這裏看原子能。

原子能究竟是怎樣神秘的東西呢?

這裏將從人類開始利用能說起,從能的應用的進步,說到原子能必然將爲人類的幸福服務。正像上古原野裏的火,固然先會燒了整個世界,但終究是爲人類善於利用了。原子能也不僅就是將毁滅人類的原子彈而已。

從這裏起,我們將對於能的運用,原子的基本學說,原子彈問題,原子能在工業和醫藥上的應用作一鳥瞰。同時,再看一下世界上有貢獻於原子能研究的人們,和世界對於原子能正在進行的工作全貌。

關於原子能的展覽

在落後的中國,即使是最著名的大學裏,仍然沒有一架離子加速器。只在原子彈投落之後,原子能問題才引起了我國的注意。這一次的展覽可說是破天荒地創闢了原子能知識在吾國的介紹。

參觀展覽的朋友們,在進門的時候想一想,人們是怎樣利用科學技術以創造本身幸福的?人類歷史的進步是隨着人類對於自然能力的利用而進步的。而原子能的成果是經過不知多多少少科學工作者,有名的和無名的,艱辛的研究而獲致的。在這裏我們將有一個簡略的檢閱。

不消說,人類仍然要繼續加緊奮鬥,人類力量的偉大,在乎於能够日益控制與利用自然。因此原子能的自毁滅人類的原子彈而轉移於被利用爲工業,農業,醫藥上的資料,該是我們參觀者所注意的主題。

如果您是一位技術人員，如果您很想協力建設工作，

您需要知道怎樣加入技協嗎？

第一：請先詳讀下面的會章摘要：

中國技術協會會章摘要

第二條 本會以聯合全國技術人員致力國家建設普及技術教育促進學術研究謀求共同福利爲宗旨

第六條 本會會員分爲(1)基本會員(2)正會員(3)初級會員(4)贊助會員四種

第七條 本會會員以研習下列各科人士爲限(1)化工(2)電機(3)土木(4)機械(5)紡織(6)鑛冶(7)數理(8)農業(9)管理(10)醫藥(11)其他技術性學科

第八條 凡贊同本會宗旨之大學或同等程度之專科畢業或具有相當程度之技術經驗者經基本或正會員二人之介紹再經本會理事會之審核通過得爲基本會員

第十條 凡現在大學或專科肄業或具有相當程度之技術經驗贊同本會宗旨者經基本會員正會員或初級會員二人之介紹再經本會理事會之審核通過得爲初級會員

第十二條 初級會員資歷已屆或可予升級時得具函申請由正會員或基本會員二人之證明再經理事會審查通過准予升級爲基本會員

第十六條 本會會員應享權利如下(1)除贊助會員外基本會員及正會員有發言權表決權選舉權及被選舉權初級會員有發言權及選舉權(2)本會所舉辦各種事業上之規定利益(3)其他會員應享之權利

第十七條 本會會員應盡義務如下(1)遵守一切章則及決議案(2)担任本會所委派之職務(3)除贊助會員外均應繳納會費（分入會費及常年會費三種其徵收率及辦法由本會理事會議決公布施行）

第二：請向上海(18)中正中路517—3號會所辦公室，面索或函索入會申請書。（展覽期內請到會場二樓辦公室。）

第三：請找到本會基本會員二人爲介紹人，簽字幷塡妥申請書之後，逕寄本會。如果一時找不到介紹人，可由服務機關或學校來函證明身份，當酌情辦理。

第四：請靜待本會新會員入會審核委員會的通知，在通知函中，將詳告您一切入會手續。

12755

江亞輪爆炸沉沒

專家出動研究原因

日籍打撈人員急邀來華

★震驚全滬的江亞輪突然爆炸沉沒案發生後，航海及輪機界專家紛紛前往查勘並研究推測其原因。開頭莫衷一詞的觸雷之說，已因實地潛水勘測斷定鋼板無向內凹陷，且船底平整而不成立。是否鍋爐爆炸，還是船上載有爆炸物，則尚在研究中。招商局已向日本邀請打撈技術人員多名來此協助工作，聞該項人員已首途來華云。

美援遠水不救近火

台省"自助計劃"換橋成功

★我國碩果僅存未遭破壞的台省鐵路，最近遇到橋樑損壞的危機。據鐵路局報告，必須立時抽換者八十二孔，立時修補者六十六孔；雖然經合總署賴樸翰氏分配了美援一百五十萬美元，並聘了美國的工程師，但這美援卻已遠水救不得近火了。

台省鐵路當局決定克服橋樑可能發生的危險，做了三年鐵路復興計劃中的『自助計劃』，已完成的有宜蘭線第一基隆河橋和第二雙溪橋。

第一基隆河在暖暖四脚亭間，原有鋼橋六孔，跨度十九公尺，六孔中四孔之鋼板已腐朽，隨時有發生危險之可能。第二雙溪橋原爲三孔，其中二孔已腐壞。

這一次工程第一基隆河橋六孔全部調換（因原橋屬B型，新樑係A型，高低不同，故除四孔已腐壞者外，全部更掉。）計工作六天，每天調一孔。第二雙溪橋利用第一橋換下之尚完好之二節修整後換上。工程大部在雨天進行。

湘江大橋拼湊開工

成渝鐵路工款無着

★湘桂黔綫和粵漢綫在衡陽的湘江大橋，已決定在一百廿個晴天內完成。這座橋並非把抗戰期間剛完成就破壞的那座橋修復，而是在原橋上游半里地點修築的一座『半永久性』鐵橋，共十六孔，長三百八十公尺。湘江橋工去年本已決定修復那座七孔原橋，可是基脚完成後，向國外訂購的鋼梁卻姍姍來遲 不知何日交貨。最近爲了時局變動，加強西南交通，才開始這座半永久性的鐵橋工程，這座橋的橋墩用鋼塔架，鋼梁材料七拼八湊，各式俱備，已決定在一百廿個晴天內完工。

★已完工百分之四十五以上的成渝鐵路，面臨停頓的危險。工程局副局長許行成在川省參會報告，謂三十八年度國家預算內，只列向國外訂購材料的款項，而未列國內工款。明年一月起，勢將因工款用罄而停頓。許副局長嘗要求參會轉請省政府墊支黃穀一百廿萬担，暫作三十八年三月以前的費用。

錫列爲中美戰略物資

美撥二百萬元協助增產

★司徒立門來華調查後，決將雲南大錫列爲中美戰略物資，司徒氏已決定撥美援二百萬元作爲滇錫增產之用，明春並將派遣專家赴滇。

加拿大橋工新獻

建造第一座鋁質橋樑

★加拿大薩圭奈河上，二百九十呎長，四十七呎六吋高之拱橋一座，計劃全部用鋁作材料建造。該橋公路橋面路寬廿四呎，用製成之混凝土板舖成。鋁質材料不如鋼之日後生銹，對於養護費將大爲減少。同時橋身重量將較同型之鋼橋減輕二百噸，對於橋基工程大爲經濟，同時材料運費及裝架工程亦大爲減省。

上海電力公司新機發電

機器業請寬放工貸限期

★上海電力公司向瑞士訂購之新發電機一座，本月起開始發電了。該機係就前被炸燬之第11號汽渦發電機地位重建底脚，裝配已歷一年餘。汽渦機，發電機由Brown Boveri製造，

凝水器，冷水循環幫浦，凝水幫浦，多利用原有設備。發電量25000KW，蒸汽壓力20[illegible]Psi（亦可用400Psi），爲該公司發電量最大之汽渦發電機。（圖該汽輪機之轉子）

★工貸雖已開放，機器業具有申請資格者不足十家。該業負責人特往央行及貼放會請求，爲機器業生產過程甚長，盼延長質押期限，且機器廠無現成產品可供收購或質押，要求擴大收購範圍，並將工作母機設備抵押。

★江西路漢口路角，市府對面空地，浙江實業銀行大廈已開始打樁。在這上海營建業蕭條聲中，可說是唯一的建設消息。

圖一　台灣全島模型由北端望去

圖二　台灣全島模型由南端望去

博覽台灣

王樹良

序言

筆者於卅七年十月赴台參加工程師年會，適值台省慶祝光復三週年紀念，從十月廿五日起至十二月五日止在台北舉行了一個盛大的博覽會，在這裏我們可以很廣博而具　地看到台灣省的建設情形，尤其令人驚異的，這36,000平方公里的小島，各種統計數字竟是非常的詳細，就可惜一部份資料還是敵治時代遺留下來的，到現在還沒有加以糾正。茲將筆者所搜集的各種資料輯成是篇，藉供關心寶島的人們的參考。

圖三　新在省府大廈的博覽會第一會場

地勢概觀

請參閱圖一、圖二和圖四，山脈自北部綿亙到南部，其中新高山海拔4000公尺，阿里山2500公尺，日月潭1000公尺。東面面臨太平洋深水，幾無走廊存在，地勢非常險峻，著名的蘇花公路（蘇澳至花蓮港）即在這邊穿山跨架（用桁樑搭出之路架）而過。據氣象學者之研究，太平洋中所起之颱風抵達台省東面後，隨山勢而升高，氣流向西面平坦之處急降而下，每易變成渦流，台省所以易受颱風之災者其因在此。島的西、南面略有平原，全島森林面積與原野面積之比約爲4.5比1，上項平原在全島上佔多少地位就可想而知了。山脈既是縱貫的，山洪就從中央分向兩側流入大海。這些山洪所形成的河流，河床很闊，在淺水的季節幾可見底（石卵子很多），在洪水的時候則波濤洶湧，殊易爲害。其中流向西、南部平原的大川有下列幾條：

濁水溪（流經台中，台南縣）長170公里

曾文溪（流經台南縣）長137公里

大甲溪（流經台中縣）長124公里

大肚溪（流經台中縣）長113公里

下淡水溪（流經高雄縣）長159公里

台灣因爲地層構成上的關係，又獨多地震。颱風、洪水和地震成爲台灣的三大天然災害，但是台灣還是在困難的條件下建設了起來，它有完善的氣象測候所和既除害又裕民生的水利工程，來反抗天然所加的厄運。

台省嘉義市位當北回歸上，嘉義之北是溫帶，嘉義之南便是熱帶了。全省氣溫之變化約如下列：

高雄	20.5—29°C
台北	18.5—26°C
阿里山	7.0—17°C

至於下雨的日子，以台北縣最多，平均每月幾有一半是下雨的日子，基隆尤有雨港之稱，高雄縣

則絕少下雨，祇有六月至八月颱風的季節是例外，這時下的都是大雷雨。

全省人口約有七百餘萬人，在台北市約有四十餘萬人。

交　　通

台灣的天然條件並不好，有颱風、洪水和地震，每年所毀壞的橋樑、涵洞、護堤和路基眞是不計其數，加以地勢多山，無論鐵路或公路建築的時候總要穿過不少的山洞，縱貫線更要跨越不少的河流，可算得工程艱鉅。

請參閱圖四，鐵路縱貫線自基隆至高雄計長405.9公里，約當上海至南京的路程，也有臥車的設置，不過鐵軌較內地所用者狹，車行較爲遲緩而已。（遲緩的另一原因據說是因爲枕木、橋樑年久，不甚經用而不能開快，而更換枕木、橋樑又缺少經費。）其中約二百多公里長在敵治時代已舖好雙軌，加之縱貫線的中段又分爲兩支，等於是雙軌，所以火車對開的次數極多。據云：省營鐵路每天共開列車37列，運送旅客19萬人，運輸貨物15,000噸。省營鐵路全長917.3公里，但橋樑1269座就要33多公里長，其中下淡水橋長達1526公尺，爲遠東最長之鐵路橋；此外隧道57座，佔去18.5公里長，最長的是宜蘭線的草嶺隧道，長達2166公尺，實在偉大之至。

台灣的公路也是和鐵路一樣，雖然工程艱鉅，密度卻是甲乎全國，省道縣道共計3797公里，連鄉道在內便有17,515公里，試扯每百平方公里即有48公里的公路，而國內每百平方公里之公路密度，據交通部民35年之統計，廣東省略巨，爲1.6公里外，其餘均渺乎不足道也。除了量以外，在質的方面，台省公路也保持着相當高的水準，尤以基隆經台北至桃園，台南經高雄至屏東的兩段，柏油路面的平坦，在內地實不多見。

除了鐵路公路外，空運以台北附近松山機場爲起訖站，機場不大。海運以北端之基隆港與南端之高雄港爲樞紐，港口均設有防波堤，口內有非常進深的港灣，並有巨大的起重設備。

其中基隆港雖爲目前台省與內地交往之主要港口，但以氣候和港灣的容量而論，基隆港都比不上高雄港。請參閱圖五，高雄港的建造確是非常雄偉：外有八字形的防波堤，往裏有壽山與旗後山雄峙港口，港寬1500公尺，港灣全長12公里，內港面積約16.5平方公里，目前僅備挖泥船四艘計1000噸，濬築部份可資航行及停泊之面積計1.57平方

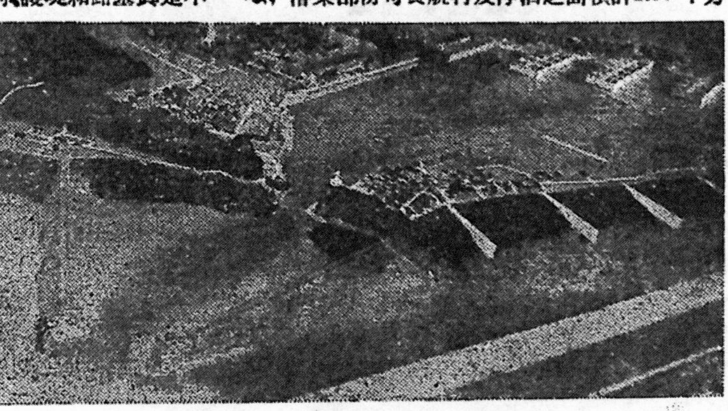

圖五　高雄港形勢鳥瞰

12759

公里，該部份水深10.3公尺。沿岸工廠林立，計有鋁廠、機器廠、肥料廠、水泥廠等，但尚多餘地可以開拓，值得加以注意。

造　　船

此處可以一提的是台灣造船修船的事業在全國已佔到舉足輕重的地位。據台灣造船公司（國省合營）的全國乾船塢統計：

台灣造船1號船塢	25000噸
江南造船所3號船塢	18000噸
台灣造船2號船塢	15000噸
英聯船廠2號船塢	9500噸
江南造船所1號船塢	9500噸
英聯船廠3號船塢	9000噸
江南造船所2號船塢	9000噸
台灣造船3號船塢	5000噸
英聯船廠1號船塢	5000噸
董家渡船廠船塢	3700噸
耶松船廠船塢	4700噸
老公茂船廠船塢	2000噸
平安船廠船塢	2000噸
求新機器廠船廠	1500噸

台灣造船公司乾船塢之噸位要佔到全國的41.5%，殊堪重視。

電　　力

電力是台灣的生命線，台灣省每人每年平均要用電98.28KWH（36年6月至37年6月統計），然而電費却較全國其他各地均低，請看下面的統計表：

全國各地電廠電價比較

37年10月

	電燈（金圓，分/度）	電力（金圓，分/度）
南昌	24.66	18.66
西安	24.00	20.00
廣州	19.33	16.16
杭州	16.86	15.33
華商	15.20	12.33
戚墅堰	15.00	13.66
漢口	13.56	12.33
浦東	13.41	11.20
冀北，平津	13.33	9.33
閘北	12.08	10.08
重慶	10.57	7.34
青島	10.56	10.00
上海	9.28	7.84
台灣（表燈）	4.03	
台灣（包燈）	1.77	
台灣（低壓）		3.46
台灣（高壓）		2.72
台灣（肥料，鋁廠）		1.63

為什麼台灣的電價能特別便宜呢？一言以蔽之，是大量使用水力發電的結果。水力是滔滔不盡取之不竭的白煤，一旦投資造好了池、壩、引水道等使它就範，便可永遠為你使用，而且維持的費用費用極省。同樣10萬KW的大電廠，火力發電需要1000人保養，水力則70人足矣。

但是台灣的水力發電也有特異之處，它不像揚子江的三峽那樣，因為水勢湍急，人們很容易聯想到這裏可以發電。從台灣的水力發電上我們很可以看得出這是人們努力搜索、悉心佈置的結果。就拿膾炙人口的日月潭來說吧！日月潭本來是一個高山上的山凹，在這個山凹的鄰近，有兩支山間的溪流（濁水溪上游）成Y狀滙流至武界附近，就穿山打了一個長13.73公里，高約4.55公尺的隧道，把溪水引到日月潭這個山凹內存貯，而在武界地方築一個水壩控制進來的水量，這樣日月潭在民國廿二年就成為拔海1000公尺的一個大湖了。（參閱圖六）

圖六　日月潭乘汽油艇

這個大湖周圍約16公里，表面積800萬平方公尺（約8平方哩），有效水深21.2公尺，這貯水池裏的水用五條水壓鐵管引至大觀發電所（參閱圖七）鐵管的尺寸如下：內徑：上部1.82公尺，下部1.36公尺，厚度：上部12.7公厘，下部50.8公厘，長度：每條606公尺，傾斜度：47°30′。從這些水管內引出的水量每秒平均達23.2立方公尺，有效落差320.5公尺，就這樣在大觀發電所發出80,000KW的電量。大觀排出的水再用二條水壓鐵管送至下面的鉅工發電所作爲二次發電之用。鐵管的尺寸如下：內徑：上部3.0公尺，下部2.5公尺，厚度：上部22公厘，下部32公厘，長度：每條248公尺，傾度：30°48′。鉅工的有效落差123.6公尺，可以發出35000KW的電量。以上兩發電所合計即達115,000KW，而全台灣之總發電量目前僅爲212,000KW（內火力發電佔39,000KW），可想其貢獻了。

圖七 大觀發電所引水管

上兩電廠之變電設備在34年3月受美機轟炸幾全部破壞，戰後經我國技術人員之努力及美國器材之援助，已將恢復日治時代之最盛發電量，惟如變壓器、高壓絕緣子等器材原有之備貨幾已動用殆盡，今後若不能自謀補給的話，終將仰人鼻息，豈不可慨！

據台灣電力公司（國省合營）報告，現尚有211,000KW之發電量正在計劃開拓中，而下列三處工程均已着手進行：

	裝置容量	有效落差
天冷	78,000KW	171.0公尺
烏來	22.500KW	91.8公尺
霧社	20,000KW	61.7 107.7 公尺

其中霧社即爲武界以上溪流滙集之處，亦擬興一高97公尺之重力蓄水壩，構成一蓄水池，表面積將達286萬平方公尺，利用水深將達48公尺，這些水量流經武界注入日月潭，還可將大觀、鉅工的發電量增高29,600KW，其價值不言而喩。對於上列各項進行中的工程，筆者除祝禱其早日完工外，並願國人多多注意國內可資利用之水力資源。

水 利

前面說過山洪之爲害，爲了約束那些不守軌道的山洪，台灣是有很多辦法的。最簡單通用的有一種蠅籠透水壩，是用長條子的鐵絲網籠，內盛巨大的卵石，沉在所需要遏阻水勢的地方，這樣水可以透過但其勢大爲減殺了。必要時在蠅籠中間再加上參次不齊的排樁，稱爲杙樁透水壩。以增强抵禦的力量，另外在衝要的地點，再興築大規模的蓄水壩、蓄水池，把溪流加以管理，水少時蓄積，水多時排洩，旣能用於發電，又能便於灌溉，所以台灣才能獨多山胆梯田的開拓，因爲祇要設置支渠、開關水量便能隨心所欲。像舉世聞名的嘉南大圳，在嘉義和台南間，是一個珊瑚形的大蓄水池，一邊設有蓄水壩，含意就和圖八相仿（壩之構造不同），該

圖八 博覽會中陳列之石門水庫工程模型

圳延長九十餘公里，支渠約千公里左右，利用曾文及濁水二溪之水灌溉農田竟達15萬公頃，等於225萬市畝）您想水利對於台灣的貢獻大不大！

林 業

前面已經說過台灣有着極遼闊的森林面積，這些森林能够防風，吸收暴雨所降下的水分，鞏固地土，抵禦山洪所挾下的泥沙，確是最可貴的屏障，並且還供給不少有價值的木材及產品，所以自日治時代迄今，台灣一向有着龐大的林業行政機構。

台灣盛的林種有下列幾種：

柚木、肖楠、紅檜、扁柏、樟、	木材用
松類	木材及做紙漿用
杉類	做紙漿及廉價木料
樟	提樟腦及樟油
烏來樫、白樫	做紡織用梭子
相思樹	燒木炭，提單甯
木麻黃	防風林，提單甯
楮	皮可做紙漿
竹類	防風林、做紙漿

此外尙有各種特產品如：

12761

魚藤(Derris)——爲台灣殺蟲名藥『滴了死』的原料，此藥在台灣用以殺除甘蔗上的害蟲。

通草——可製通草紙(Rice Paper)，爲國外高級之印刷用紙。

薯榔——可以提取單寧，甚爲著名。

台灣也產黃藤和軟木，雖然品質並不頂好。

憑藉了上面這些林產品，在台灣所發展起來的事業有：

採伐場、鋸木廠——備有集材機，像阿里山林場所設備的，集材馬力110匹，集材可能範圍直徑達750公尺，每天每機的集材體積竟可達70立方公尺，並且還有完備的鐵道運輸設備。

木材加工工業——有合板、枕木、地板木、木器及紡織用梭子等，36年9月至37年8月台灣所供應之枕木約930,000，台灣糖業公司，台灣鐵路管理局及交通部各購用約三分之一。

樟腦工業——利用天然產生之樟木，無須加以他種原料，僅經過蒸餾昇華等操作，便可製成樟腦及各種樟油，爲賽璐珞工業、膠片工業、香料工業及製藥工業等應用之重要原料，往昔稱霸於國際市場，有六七十年之歷史，今則一方面遭遇人工合成樟腦(由松節油製成)之競爭，另一方面因塑料(Plastics)工業之發達，賽璐珞工業已漸衰落，應用漸少，亟須奮起打開出路。

造紙工業

造紙工業亦爲仰仗農林產品而在台灣發展的一種工業，成立有四十餘年以上歷史之台省林業試驗所最近研究之重心即在紙漿、人造樹脂、和合板等項目上。

在台灣紙業公司(國省合營)的旗幟下，現共有五廠：

1. 台北羅東廠——爲以亞硫酸鈣法及機械法製造木漿紙國內少有之廠，能製道林紙、新聞紙、證券紙，打字紙、圖畫紙等，備有860匹馬力之磨木機兩套，每日共產木漿七公噸半，又120"長網抄紙機二座，每日共抄紙廿三公噸左右，自35年6月迄37年8月共產各種洋紙8399公噸。

2. 台南新營廠——利用亞硫酸鎂蒸煮法製造蔗漿，建築高達七層，爲戰時準備製造硝化纖維之大廠，戰時受炸最重，現漸恢復，自35年5月迄37年8月共產蔗漿1164公噸，蔗板888,275張。蔗板能隔熱隔音，廣用於台灣的建築上。

3. 台中大甲廠——以蔗渣爲主要原料，自35年5月迄37年8月共產各種質地較粗洋紙2733公噸。

4. 高雄鳳山廠——亦以蔗渣爲主要原料，自35年5月迄37年8月共產紙漿428公噸，袋用紙自36年迄37年8月共產1001公噸。

5. 台北士林廠——以稻草爲主要原料，自35年5月迄37年8月共產各種紙板8443公噸。

糖業

上面提起台紙中有三廠係以蔗渣爲主要原料，甘蔗與台灣的關係實在太密切了。掌握蔗田面積12萬公頃(等於180萬市畝)輕便鐵道3000公里，糖廠36個的台灣糖業公司國省合營，事實上爲台灣最大的企業組織，它的生產狀況當爲讀者諸君所樂聞吧！

從甘蔗榨汁製成白糖，所用之處理方法有三：(1)炭酸法(2)石灰法(3)亞硫酸法。台糖公司之我國技術人員現在將(1)法改良爲中間汁炭酸法，已獲成功，此爲日人實驗多年而失敗者。

台糖中之大廠茲羅列於下：

虎尾廠	年產4950公噸，用(1)法
屏東廠	年產3600公噸，用(1)法
北港廠	年產3800公噸，用(2)法
南靖廠	年產3200公噸，用(1)法
蒜頭廠	年產3200公噸，用(2)法
新營廠	年產3200公噸，用(2)法
溪湖廠	年產3000公噸，用(2)法

台省各年之甘蔗收穫量以民國27至28年最多，每公頃達8萬公斤，34至35年最少，每公頃僅2.5萬公斤，37至38年預計恢復至4.8萬公斤。

光復接辦後各年之產糖量如下：

34/35年	產糖 86,073公噸
35/36	30,883
36/37	263,596
37/38	預計400,000公噸

外銷之情形如下：

	運滬	銷國外
35年	97,985公噸	無
36年	107,795公噸	1,350公噸
37年至6月	132,793公噸	40,071公噸

運滬銷國外聞諸友人言，廣東省甘蔗十二個

月可熟，而台灣省甘蔗需時十八個月可熟(此大約爲地土瘠弱之關係，台糖正在研究改良)，甘蔗生長得慢，台糖製造得快，故各糖廠每年開工僅三個月左右，可想而知台糖這一個龐大的機構是需要相當巨大的資金才能週轉，但是民營的赤糖工業倒也並不是沒有，數字上的統計，民國六年有800家，至民國卅三年降爲20家，現在則恢復至70家左右。

糖廠有一個重要的副業，即從糖蜜製造酒精，下面是幾個大廠酒精的生產數字：

虎尾廠	無水酒精每天50立方公尺	
屏東廠	無水酒精每天30	
南靖廠	無水酒精每天30	
南靖廠	96%酒精	20
新營廠	96%酒精	30

酒精在台灣有一特殊用處，即摻入汽油內20%，用以節省汽油外滙。

肥料工業

台灣之氣候溫和，種稻一年可以三熟，然地土瘠弱，若不施以肥料，殊難獲得良好之成績，尤以甘蔗之種植，需用肥料，至爲殷切，根據經驗，每施用化學肥料一噸可增產砂糖二噸，而台灣對於三種主要化學肥料，現在之需要與供應狀況約如下列：

	需要	供應
N_2氮肥	10.0%	8.8%
P_2O_5磷肥	34.6	11.8
K_2O鉀肥	5.4	極微

以供應肥料爲職責之台灣肥料公司(國省合營)現共設五廠：

第三廠在高雄(參閱圖九)，第二廠在基隆，均以硫化鐵礦，燒成二氧化硫，通至鉛室，用氨氣氧化而成之氧化氮爲接觸劑製成硫酸，與江蘇海州運來之磷礦石化合而成過磷酸鈣。第三廠年可產20,000公噸，第二廠僅9,000公噸。

圖九　博覽會中磷肥工廠模型

第一廠在基隆，以蘇澳一帶採得之石灰石燃燒，與焦炭混合在電爐內化成電石，與液化空氣中分離之氮製成氰氮化鈣，年產10,000公噸。

第一廠羅東分廠與新竹之第五廠性質略同，但目前僅製電石，並爲製造電石上之需要(電石20噸需要電極1噸)，焦炭、石墨、瀝青混合而壓製電極。前者現年產電石1080公噸，電極240公噸，又矽鐵600公噸(係利用本省金山之矽石製成，成品含矽75%)，後者現年產電石電極各500公噸。

上三廠應用之電力較爲龐大，玆將五廠所用電力列表於下：

一　廠	8000KW
二　廠	150
三　廠	250
羅東分廠	1500
五　廠	1125

除上述各項產品外，台肥公司兼產硫酸、硝酸、石膏、沉澱碳酸鈣、氟矽酸鈉及氧氣，本工業之爲重要之基本化學工業，可想而見。

紡織工業

讓我們來看看與民生攸關的紡織工業在台灣的情形是怎麼樣?台灣的台拓棉產量不多，並不能够供應本省的需要。

絲呢，尙在苗栗蠶絲工場試驗推行時期，毛呢，也須仰仗外來；祇有蔴，却是本省的特產之一，製索、結漁網早就多多利用，所以蔴紡織在台灣應該比較有前途些。

台灣紡織公司(省營)轄下的廠共有七個，計開：

台北廠	棉紡織染
台中烏日廠	棉紡織
台南新豐廠	棉織
台中豐原廠	蔴紡織
台南廠	蔴紡織
新竹廠	蔴紡織
台中玉田廠	毛紡織

37年上半年的生產數量如下：

棉紗(16,20支)	1,828件
棉布	40,451疋

12763

花布	4,376疋
蔴布	2,893疋
糖袋	1,171,700只
蔴袋	84,331只

台省民營紡織工業的規模更小，茲錄其各縣市中設備較盛者如下：

紡紗：	台北市	40,000錠
	台中市	16,000錠
	台北縣	16,000錠
	彰化市	13,000錠
	台南市	11,000錠
織機：	台北市	580台
	台南市	410台
針織機：	台北縣	920台
	台北市	610台

由上可以想見台灣紡織工業的梗概了。

製 碱 工 業

製碱工業也是一種重要的基本化學工業，與其他各工業關係非常密切。根據台灣碱業公司（國省合營）的統計，它們的主要產品燒碱和鹽酸在37年上半年的用度分配如下：

燒 碱

煉 鋁	每月銷94,0公噸
紡 織	68.0
肥 皂	54.5
造 紙	36.5
石 油	21.5
糖 漿	11.0
化學品	8.0
食 品	5.5
其 他	25.5
	共計每月銷324.5公噸

鹽 酸

食 品	每月銷112公噸
紡織染	76
化學製品	21
金屬精煉	8
其 他	45
	共計每月銷262公噸

按事實估計，我國年需燒碱80,000公噸，其中台灣需要15,000公噸，我國年能產燒碱9,000公噸，其中台灣生產4000公噸。台碱公司與全國其他各著名碱廠在36年之生產量比較約如下列：

台 碱	3300公噸
永 利	2400
天原重慶廠	1200
天原宜賓廠	1200
天原上海廠	600

台碱公司現共轄四廠，二在高雄，二在台南，自設鹽田，由海水內提取工業鹽及苦滷，由電解工業鹽製造燒碱、鹽酸、漂粉、液氯及其他氯化物等工業原料，並由海水及苦滷提取溴素，製造硫酸鎂、硫酸鈉及氧化鎂等工業原料。（參閱圖十）所出

圖十　博覽會中台灣碱業公司模型

之固體燒碱有二種品質：

	總碱量
燈塔牌（用隔膜電解槽）	94.5—95%
金鋼鑽牌（用水銀電解槽）	98—99%

目前有25%運赴省外配售。

海 鹽

台灣四周環海，海水也是一個豐富的資源，製碱即是利用海水中之鹽分為原料，此外海裏還有各種的魚類和水產可以捕捉，內中鯨魚還可提取魚肝油。不過漁業的發達，必需漁輪設備和冷藏設備相輔而行，台灣漁民現在最感痛苦的是魚價的漲趕不上資材的漲，試看下面台灣水產公司（省營）的統計表：

	魚價	重油	鋼索	網	冰
	一公斤	一桶	一公斤	一公斤	一公噸
35年	34	3,142	345	20	108
36	120	10,680	477	268	2,455
37	630	64,000	10,000	2,700	21,000

而這些資材對於捕漁的關係又怎麼樣呢？據調：100噸機船底曳網一組，每次航海之使用資材量計需：

重 油	80桶

12764

鯯　索	2500公斤
網	270公斤
米	300公斤
冰	60公噸

最後，總生產量可以顯示台灣漁業的近況，茲將數字錄後：

29年最高計	110千公噸
34年最低計	12
36年	48

礦　產

台灣多山，礦產品也是很多的。金屬礦方面比較著名的是一個金銅礦，地址在基隆金瓜石，現歸資源委員會經營，礦區之公路、坑道、選煉廠，搬運設備均甚宏偉，可惜的是礦苗甚為貧乏，僅及我國雲南省銅礦苗含量的十分之一（雲南省可惜的是沒有這些宏偉的設備），在戰爭時期亦曾遭過轟炸，破壞很多，現限於經費，未全恢復，曾請美國人投資，美國人對於這個貧礦不感興趣。

非金屬礦產方面，比較著名的是煤，36年7月至37年6月煤炭之總生產量達169萬噸，但北部基隆礦區，業已相當衰老，煤質既劣，成本則因坑道加深而增高。據台灣煤礦公司（省營）之報告，該公司已在新竹加納埔覓得蘊藏豐富之新礦區，煤質優良（含硫0.6%，灰份10%以下，黏結性強）則台省煤產之前途，當仍有進展之可能。

茲將台灣石炭調整委員會36年7月至37年6月之生產費用統計列後，藉供參考：

工　資	44.73%
資　材	21.77
動　力	3.47
管　理	23.71
進　炭	5.02
裝　車	1.30
	100.00%

資料又分：

坑　木	37.33%
炸　藥	11.10
五　金	21.87
電氣用品	5.01
機　械	7.19
油　類	8.00
雜　品	9.50
	100.00%

此外台灣東部，石灰石、黏土蘊藏甚富，故有水泥工業、陶業及玻璃工業之建立，花蓮港有石綿礦，有大禾實業公司在此開採，又台北有硫磺礦，信誼藥廠現正開採。

煉　鋁

台省並無鋁礦，但在高雄却有煉鋁廠之建立（民國24年），因台省有充分而廉價之電力，足以供應此一工業之需要。用電之數字日人時代曾達35000KW，戰時遭過猛烈轟炸，機械設備約毀損三分之一，現由資源委員會經營，逐漸修復，用電數字已達15000KW，年可產氧化鋁16,000公噸，純鋁錠4000公噸。

日人時代，原料係取給於荷印冰糖島，現在台鋁公司在廈門附近之金門島，發現蘊藏之鋁土礦砂約十餘萬噸，性質與南洋礦砂甚為近似，祇是內含氧化鋁的成分較低，氧化矽的成分較高，前者使提煉時的用量加多，後者加大燒鹼的消耗，當然生產成本也因此提高，不過可以節省外滙，杜塞漏卮，故仍進行開採，就可惜運輸成本甚重，政府當局對礦產稅等又未能減免，殊可憾耳。

茲將每煉製一公噸純鋁所需之原物料列後：

福建鋁礦	5500公斤
（或荷蘭冰糖島礦	5000公斤）
燒　鹼	300公斤
重　油	700公斤
煤	6000公斤
電　極	800公斤
冰晶石	150公斤
耗　電	32000度

煉　油

台灣石油礦亦甚貧乏，日人時代，發掘不遺餘力，共鑽二百二十餘井，但仍罕有所獲。遺存之最大油田在新竹出磺坑月產原油68,200加侖。

油產量雖然不多，但當時日海軍為煉製南洋產原油，供給其自身之需要，在高雄却有一龐大之煉油廠建立。（參閱第十一圖）

當時先完成二組蒸餾設備，每日各煉油6000桶，並進行裝置裂煉（Cracking）設備，以期增加汽油之生產。

戰後由資委會中國石油公司接辦，瘡痍滿目，先修復第一蒸溜工場，並擴充設備至日可煉油

10,000桶之範圍(每月煉量原油45,000噸),並從美國添購製煉設備,希望每日煉油20,000桶,生產汽油8000桶。

圖十一 高雄煉油廠第一蒸餾工場

但最大之困難爲油輪缺乏,每月現從國外運到之原油不到30,000噸,同時高雄港務局限於設備,尙未能達到吃水線30呎之目標,萬噸以上之大油輪還不能開入港內。

此外,高雄煉油廠缺少油管,以致從港口通達油廠的輸油管工程進行遲緩。缺少鐵皮,製桶工場無法開工。

鋼鐵機械工業

台灣機械公司各年營業分類表

類別 百分率 年度	製糖機械	鐵路機械	重油機	一般機件	船舶
三十五年下半年	5.36%	5.85%	12.30%	14.58%	60.91%
三十六年全年	23.69%	42.35%	5.14%	14.35%	14.47%
三十七年上半年	35.01%	23.34%	3.89%	31.93%	5.83%

其中船舶爲木殼機船,大小可達200噸,配以冲燈式之重油機,馬力可達200匹。鐵路機械中包括各種機車及車輛。製糖機械中包括巨大之榨蔗用輥。該公司業務狀況相當佳良,以與上海閔行資委員會之通用機器廠相比,後者雖規模宏偉,工具機新穎,然因缺乏其他景氣工業之支持,情況實無前者之景氣也。

省營之機構爲台灣鋼鐵機械公司,下轄四鋼鐵廠,八機械廠,一打撈部及一氧氣工場。

此等工廠,在日治時代,並非屬於一個公司,佈置甚爲零落。鋼鐵廠中第二鋼鐵廠備有各種試驗、分析金相設備,有實驗工廠之稱,試製過彈簧鋼、高碳鋼銼刀、耐酸鍋、模子鋼、高錳鐵碎石機用齒板、可鍛鑄鐵運送機及冷激鑄鐵輾輥等。機械廠中包括軋鐵、製釘、製罐、製度量衡器製農具機、製紡織機、製重油機等各廠。

台灣省鐵礦缺乏,日治時代仰仗海南島之鐵礦砂,現在海南島與台灣間之交通並不方便,且台省銷售於海南島之物資甚少,致裝運鐵礦之貨輪不得不放空而去,運輸費用加重。且所用之焦炭,雖購自本省,然灰份硫份嫌過高,生產之生鐵價高質劣。本省電費低廉,故電爐鑄鋼及電煉生鐵較爲發達,電煉生鐵品質雖佳 低硫低矽,然碳份甚低,普通爲 .8%,不甚適鑄鐵之用,加以本年初後,電費跳動,目前每噸電煉生鐵所耗電費,竟達生鐵售價40%,成本質重。

本省各港在戰時沉船殊多,戰局當局鼓勵人民打撈,以利航運,此項打撈沉船條體鋼板所得之廢鐵,一時曾爲本省鋼鐵機械工業,尤其是軋鐵業之主要原料,有一家民營之唐榮工廠,由此起家,現已發展成爲一個完備之工廠,自供電石、氧氣,自設鋼板裁斷工場,軋鐵工場,拉絲、拉管工場,製釘工場、電鍍工場及各種機械工場,但上項廢鐵現在也逐漸減少。

台灣鋼鐵機械工業國省合營者有台灣機械公司高雄機器廠。茲將該廠之營業情形錄下:

尾聲

除上述之各項事業外,台省比較重要之事業尙有橡膠工業、電工器材業、油脂工業、茶葉、鳳梨業及畜產業等,此處不擬贅述了。總之,台灣自光復迄今,各種破爛之戰爭遺產,茲經我國技術人員的努力,復原等尙堪令人滿意。這一方面說明我國的技術人員並不是沒有能力,另一方面也說明了建設的惟一要件,那就是安定!台灣因爲在過去三年中比較安定,才能有今日的表現,博覽台灣後,我個人不禁脫口而呼:『讓我們安定吧,讓我們來致力建設工作吧!』

12766

從片段的歷史記載中，看人怎樣學會應用機械？

滾動軸承的發展史

士 鐸

滾動軸承大概可包括滾珠和滾柱（羅勒）二大型，是目前各種機械上效率最高的軸承，也是減少摩擦性能最好的應用。我們大概都知道：工程的最大目的是在用最少的勞力來完成最有效的工作。就是史前的人類，雖然對於各種力學的定律和原理只有模糊的觀念，可是也能想出種種聰明的原始方法就地取材，來減輕他們的勞力或者增加工作的速度。就以滾動軸承來說，它的所以有今日飛黃騰達的地步，幾乎每一種現代的機械上都缺少不了它，決不是一旦一夕之功，飲水思源，其根本觀念，大部份還是我們的祖先發現應用的。這裏想簡明地敘述滾動軸承的歷史，從這一段遞及的史實中，來檢討人怎樣會一步一步地逐漸應用機械的。

我們在移動或轉動一件東西時，總免不了有阻力的存在，如何減少阻力，我們祖先時代就發現了方法。他們不像我們可能根據種種的原理定律等來推測，或設計種種正確的方法來減輕勞力，他們的辦法完全從過去的見聞，偶然的觸機湊合而成功的。對於先民的歷史，甚少正確的紀載，但是從種種的證據，可以顯示先民曾觀察了不少的事物現象，才得到一種結論，再加以利用的。這許多現象如巖石從山上滾下來，如一塊平石在山上不會滾動除非山坡相當地峻峭才能滑下來，又如滾動一根樹幹比拖動牠來得輕易等等，這些都足以啓發先民的智慧。圖1所示的幾種演變的步驟不過是

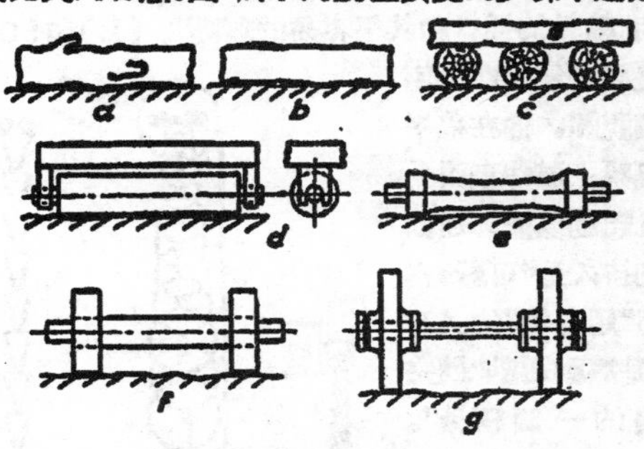

圖1　輪軸的發展

一種臆測，但是由此也可略見滾動原理是如何利用的。圖1(a)是一根樹枝還沒有完全砍去，粗糙的樹幹不易滾動；(b)所示的樹幹，則因去掉了樹枝的關係，就較爲光滑。(c)所示則將圓圓的木頭放在樹幹同土地之間來推動，當是一種合理的進步，這時候樹皮可能被括去，樹液可能被擠出來，兩者之間於是發生滑動，在這樣的原始工具裏面，已經包孕着輪子，轉子，滾動摩擦，滑動摩擦同潤滑種種根本的智識了。但是這方法有一個很大的缺點，就是樹幹前進較快，整個行程之間，後面的轉子必須不斷地取出放到前面去，這又是多麼麻煩的一件事，於是(d)的辦法便演變出來了，在此又可領悟到力矩的原理。也可能由於地面的不平，不易保持應走的路線，轉子就有更進一步地改良，牠的中間部份加以砍小如(e)所示。較大直徑的轉子，裝牢在輪軸上，如(f)所示，是一個飛躍的改良；到了用輪子來代替轉子，裝在固定的輪軸裏面轉動，如g所示的一種機件，就是我們今日所常見的車

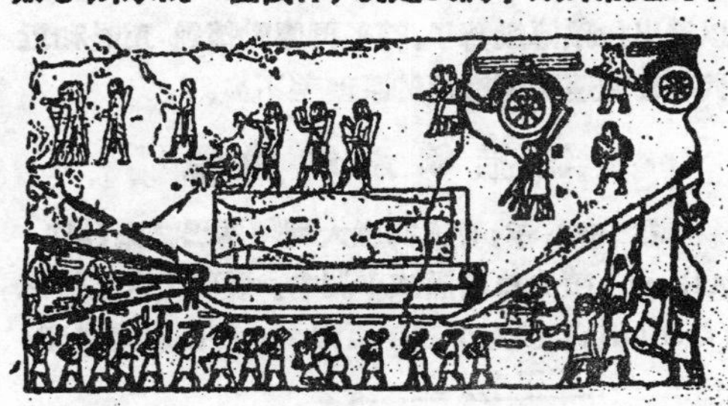
圖2　尼尼微的浮影

輪，那是很容易發展成的了。

埃及的壁畫

在紀元前二千年的埃及第五王朝的壁畫，已經有圓盤在輪軸上轉動的梯子，聖經上面也曾有當以色列人渡越紅海時候，法老的客人有戰車輪子被移去的記載，這輪子的殘餘已被卡脫博士在

1922年於土坦卡門的墳墓內被發現了。史前歐洲未開化的工匠所用的簡陋鑽鑿機械，已有把鹿角鑲嵌在心軸的末端上，使心軸旋轉在用同樣材料製成的球窩內，使工作容易的構造。古代的亞述人同埃及人爲了要建造巍峨的金字塔，同紀念碑等，用了大量的人力將無數巨大的石塊從遼遠的地方運到目的地建造起來，這裏有一張尼尼微——亞述的都城——的浮彫(圖2)顯示一塊彫好的巨石正由一大羣奴隸用繩子等在搬運着。圖2裏可以看出一部奴隸將巨石後部下面的轆子放到前面去，但是因爲轆子放置的方向在圖上看來是與圖面平行，并非橫置 有些人認爲這許多東西也許並不當轆子用；有輪輻的輪子已被應用着，并且車上裝滿了繩子同轆子這一類的東西。

狄阿士的攻城機

滾動接觸傳動滾動的原理的應用大約在紀元前330年的時候。狄阿士(Diades)，一個希臘的工程師發明了攻城機如圖3所示，許多的轆子嵌在

圖3 狄阿士的攻城機

滾槽裏面，並用扣環分開每一個轆子。繩子繫住在扣環兩端，並通過在轆子滾槽座兩端的兩隻惰輪上。人們只須拉動轆子便可使撞鎚移動。在這裏可以看出扣環傳動轆子，轆子再傳動撞鎚 正是和近代機種減速器所應用的原理差不多。

側推軸承的始祖

在1928年，有人在意大利阿爾巴諾山(Mt. Albano)噴火口所匯成小湖中，發現了卡立辯拿(Caligula)公元十二年至四十一年的羅馬皇帝，皇帝的遺物其中有一件似鋼珠軸承的東西，如圖4所示，很能引人入勝；這件東西很似較大尺寸的側推軸承，恐怕是最早應用球形滾子的物件了。物件的頂盤上置有人像，用手或小絞盤推動，人像的每一面就可以看得見 這一隻軸承，包括二個木製的盤，同八個帶有耳軸的青銅球。底盤是固定的，中央用木栓來保持頂盤的位置，銅球自由轉動在頂底盤部的杯形凹處裏，耳軸則用銅皮釘住在頂盤底部。所以當盤轉動時，因爲耳軸的緣故，這些球繞了一個軸而旋轉，很明顯地耳軸承受着載荷，因之這一件東西 不能說完全 像近代的 推力軸承(Thrust Bearing)一樣的是純滾動運動。然而已可看出羅馬帝國時代，人類的工藝天才。而可遺憾的是，自此以後，直至十五世紀的中葉，沒有什麽遺留的東西可以追究出關於滾動軸承方面的遺跡出來。

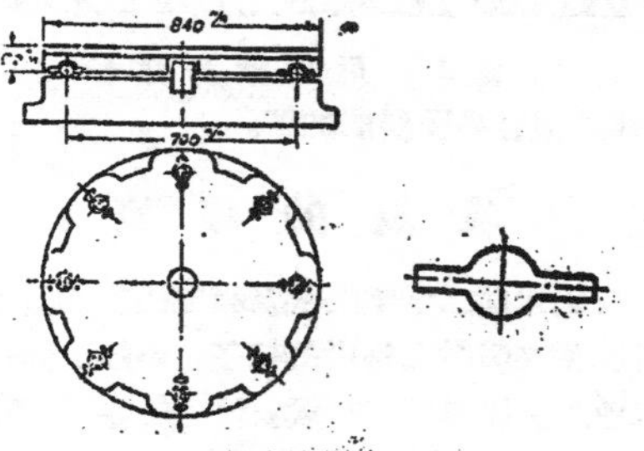

圖4 卡立辯拿皇帝的遺物

芬奇的天才

在文藝復興時代遺留下的怪傑意大利人芬奇(Leonardo da Vinci 1452—1520)所著的手稿，是很足爲後人揣摩的。他對於摩擦一道很有研究，在他手稿裏面，指出了滑動摩擦同滾動摩擦的分別，接觸面光滑的重要，決定了沒有潤滑的粗糙面如木與木，金屬與金屬的摩擦係數0.25等。對於滾動軸承方面他亦提及一些，現在從他手稿中抄下一點東西來如圖5(A)到(E)可作參考：圖5(A)表明"輪軸的插口和其很容易的運動"。(B)和(C)是同一件東西的兩個視圖，他在稿子裏說，這件東西一旦起動以後，運動的持久是"可驚奇"而"超自然"的。(D)是擺動運動"最完美的一個樞軸"。(E)顯然是(A)的另一種裝置法；除此以外，文西曾用減摩滾子來當作運水機上的軸承，也曾用牠來支持鑽機上的轆軸的。到了

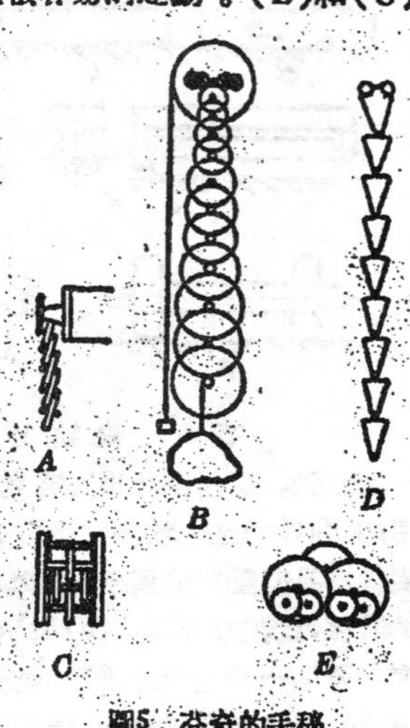

圖5 芬奇的手稿

12768

公元1520年時，鑄鐵彈也代替了石球用來攻擊敵人，這些鐵球也放在炮車下面使車子的運動來得便捷。

滾轉軸承的應用

在1556年，德國工程師亞力告拿（Georg Agricola）同1588年拉米里氏（Ramelli）所發表的著作裏，已有不少畫照證明，滾子軸承被應用在幾種機器裏。1710年，蒙得朗（de Mondran）氏也曾向巴黎大學貢獻了一個由減摩軸承支持車輪的設計而被接受。1714年，英國的蘇萊（Henry Sully）氏應用減摩滾子在鐘錶上獲，得了成功，因此，他曾一直被認為是減摩滾子的發明者，事實上他並不是第一個，只可能為以此種原理應用在科學儀器上的第一個人而已。根據1734年的英國專利狀548號，有羅威（Jacob Rowe）氏的說明：他以為巨大輪子的摩擦力可由"輪軸下裝置轉動小輪"而減少。同時以電學出名的法國科學家庫崙氏（de Coulomb）也曾發表了一大串低壓力與低速度下，對於乾燥平面的摩擦定律，他曾做了一個鋼珠軸承，同現在所用的式子也很相像，那時候約在1736到1806年之間。

列寧格勒公園裏的大彼得像

現在列寧格勒公園裏面豎立着的巨大的大彼得像，確是一件偉大的工程，當時為了搬運那重150噸的大石座曾費了不少心機。我們可從當時希臘工程師卡別里（Carburis）氏所用的方法中，看到了滾動運動原理的應用：他用U形槽的銅軌放在地上，巨大的銅球放在槽裏，上面蓋U形槽的銅

圖6　大彼得像的建造

軌那大石像就放在上面的銅軌上。前面用兩隻絞盤用繩子拖了大石運緩地前進，前進的時候，後面的銅軌同銅球就要放在前面來，繼續應用。一旦銅球壓壞了，站在石頂上的鐵匠們就將其重新鍛鍊，打成原來的大小，再來使用。詳細的情形，可以查閱阿米諾夫（I.T. Aminoff）所著的聖彼得堡一書。

歷史上最古的滾珠軸承

1933年英國諾威區（Norwich）的泡司得廠（Post Mill）不幸焚燬，僅存的軸承即放在該處的博物院內據考證的人說，這一個軸承恐怕是歷

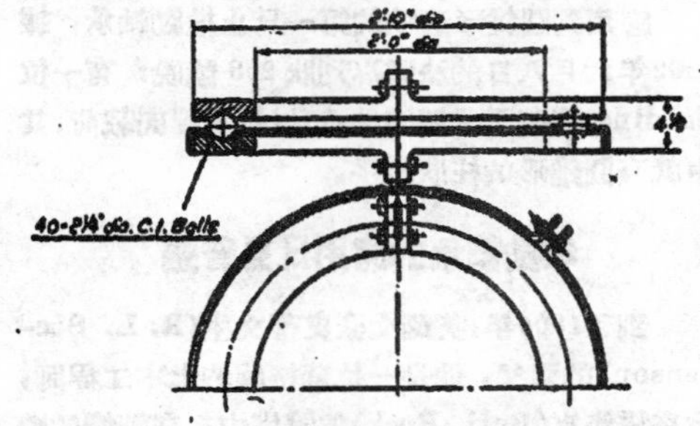

圖7　1780年的鋼珠軸承

（圖中英文表示四十枚2吋直徑生鐵球）

史上最早的滾珠軸承，大概製於公元1790年，其大小尺寸詳圖7。這隻側推軸承放置在轉動的磨機同磨座之間，球滾動在滾槽內，很可注意的是滾槽切面的半徑是球半徑的1.22倍。套在底環外鋼圈的作用不很明瞭很可能用來防止塵埃的侵入。

第一只滾動軸承

第一只滾珠軸承，根據最確實的記載，卻是英國專利狀第2,006號所登記的是伏格漢（Phillip Vaughan）氏所製的能担負徑向載荷的滾珠軸承，那日子是1794年的八月十二日。

圖8所示，即為這軸承的詳細構造：珠可以在滾槽內轉動，它是從一個楔形進珠口放入的，待鋼珠全部放入後，再用一個椎形栓閉塞此口，栓上也有滾槽，可以和外環的滾槽互相接合。這個軸承是起先應用在車輪輪軸上的。

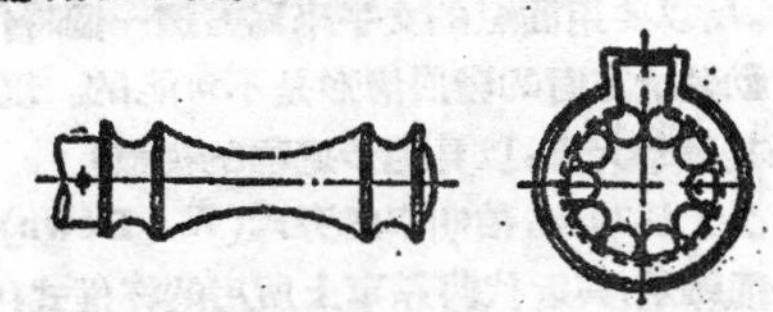

圖8　伏格漢的滾珠軸承

12769

第一只實際上應用的滾柱軸承，也許是蘭開斯推(Lancaster, Pa.)的三一教堂所裝置的通氣扇上應用的一只吧？它可能是富爾敦（Robert Fulton,輪船的發明者），或是蘭孟(Leman，有名的槍炮製造家)，也許竟是蓋茨(Gets,彫刻華盛頓辦士鑄型和美國國徽的彫刻家)設計的，到現在還不能證明；可是終於在1909年修理教堂是被發現了。這軸承有六個銅製滾柱，約$1\frac{1}{4}$"直徑，每個滾柱中央有一個孔，安放心子，裝在一個嵌環(Cage)內，可在二個青銅製的$6\frac{1}{2}$"直徑圓環內旋轉。

應用到圓錐形滾柱的第一只止推動軸承，據1802年六月八日的法國專利狀263號說：有一位Cardinet發明了一個機件，可以担承徑向載荷，其中就有圓錐形的柱狀滾子。

滾動軸承的應用日見普遍

到了1805年，英國文豪史蒂文生(R. L. Stevenson)的祖父，他是一位蘇格蘭的土木工程師，曾在塔洛克(Bell Rock)的燈塔中，在轉燈的機構中應用到滾柱軸承，而在吊車內又用到鋼珠軸承。自此以後，對於滾動軸承的應用就也日見普遍。見之各種古籍，確有不少紀錄，足供我人的參攷。當然改進的也有，幻想的也有，如伯明罕的哈考脫氏(J. Harcourt)曾在1820年設計了一種傢具上用的小轉子，所謂Castor輪的，他用小珠來担承推力載荷，還有法國的自立琪門(J. Bridgman)，在1822也有一個幻想的設計，他用很多車輛以鍊條聯結起來，很似現在坦克車上所用的無限軌道一般，也用到滾動軸承；又如奧國的雷賽兒(J. Ressel)曾在1329年企圖將滾柱及滾珠軸承反應用到輪船上的螺旋漿等等；嗣後的設計和專利層出不窮，都是工業革命前後各工程專家的心血結晶。

十九世紀末葉的飛躍進步

自1860年以後，產業的發展，使工程技術更見進步。所以要用簡短的文字來寫盡這一個時代，關於滾動軸承方面的發展情形是不可能的。現在只能舉其犖犖大者，以見進步過程的梗概：

公元1879年，伯明罕的旁氏(W. Bown)設計了一種軸承，與近代脚踏車上所用的杯椎式(Cup-and-cone type)軸承極相似詳細構造，見圖9，它

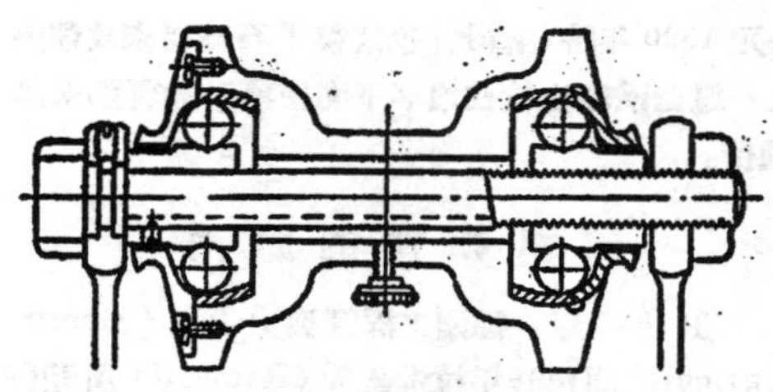

圖9　最早的脚踏車用鋼珠軸承

有加油和避塵的設備(在這以後，到1883年左右，脚踏車風行一時，同時在英國，又因為鋼鐵工業的發達，鋼珠開始生產；兩者湊合的結果，德國的弗許氏(F. Fischer)創設了一家脚踏車製造廠，就應用英製的鋼珠裝在車軸部分；後來他自己試行製造，但由於材料的不同，以及公差的不能符合標準，所以起先是失敗的。嗣後，精益求精，隨着脚踏車工業的開展鋼珠軸承開始問世，並應用到各種機件上去了。

著名的製造廠，如Humber Co., J.W.Hyatt，又在1889年和1892年間都曾發明了好幾種軸承，前者發明的是雙排鋼珠的脚踏車軸承，後者是一種撓性滾柱的特種軸承。

公元1898年，英國出版的實用工程師雜誌(The Practical Engineer)十二月九日和十六日出版的兩期中，有位C.H. Benjamin氏所作的文章，題目是The Design & Construction of Ball Bearings（球軸承的設計和構造）檢討到當時的設計趨勢，對於鋼珠的應用也廣泛地論及，確是一篇劃時代的文章。他指出一個事實，當時僅一

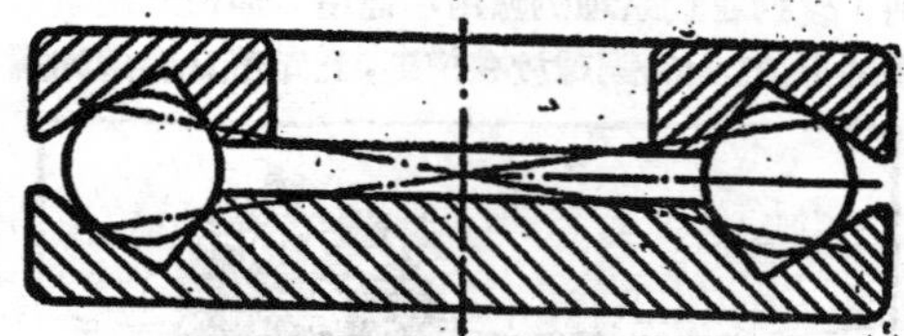

圖10　推力軸承的槽子

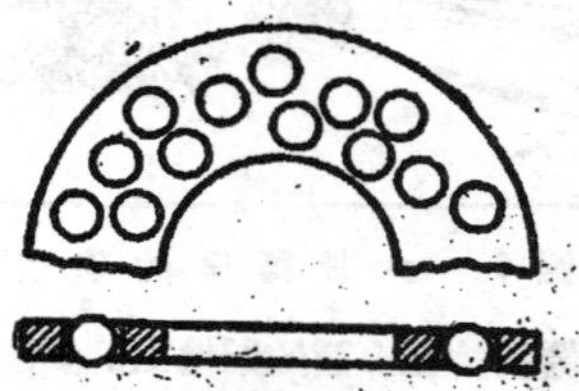

圖11　新額嵌環

12770

個製造廠，每月生產的鋼珠要達一千五百萬至二千萬枚之多，尺寸範圍自1/16"至4"徑，所以對於當時和以後的機械設計上，有著極大的影響。他同時指出，如果要獲得完美的滾動接觸，承受面必須設計得在任何一點不能有滑動產生的可能，一切與鋼珠接觸的表面都要非常準確，而且用硬鋼製成，方才效力高超。他又說明了一般的推力軸承中的鋼珠可能在如圖10所示的環槽內運轉；更說明嵌環的應用并非必需，有了反可增加摩擦，圖11所示的一種嵌環設計是很聰明的。

踏入二十世紀發展的時代

自圖12至圖14表示的一些鋼珠軸承是自1899年至1903年間的設計（圖12是雙排鋼珠軸承，外

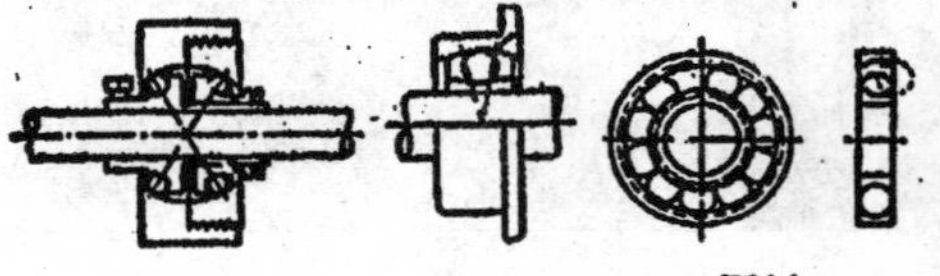

圖12　圖13　圖14

面球形槽，是自調式軸承的始祖，爲海斯氏設計(F.H. Heath)，曾得到英國的專利。圖13是好夫門(E.G. Hoffmann)的設計，外槽也是圓球形，并有裝配用的突緣 (Flange)。圖14則爲飛恰而(Fitchtel)和沙克氏(Sachs)二人的設計，這一種在內外環間開一個淺缺口進珠的方法就是今日新

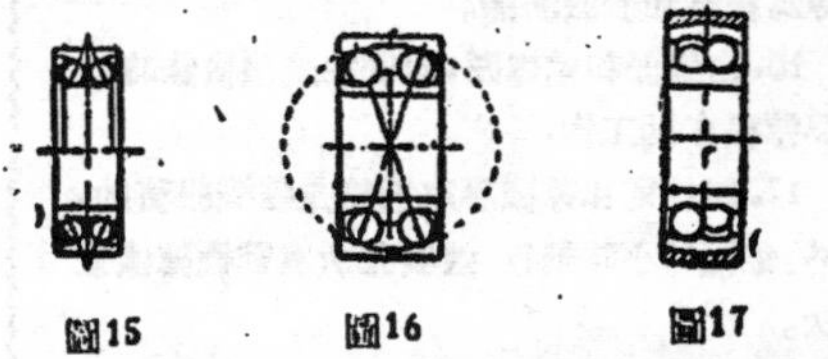

圖15　圖16　圖17

型軸承進珠的始祖，曾獲德國的專利狀。後來英國的康拉(Robert Conrad)就發明了一種不開缺口的進珠法，只要把內環稍移使之偏心，就能逐漸加入鋼珠，目前即用此法製造軸承。

德國的沙克氏嗣後又在1906年設計了雙排鋼珠及轉接觸角的軸承，如圖15，這種軸承鋼珠的中心線延長出去，恰巧逢在軸承外環以外的中心平面上。圖16所示的一種雙排軸承則爲瑞典人文克司(S.G. Wingquist) 在1907年間設計後獲得專利

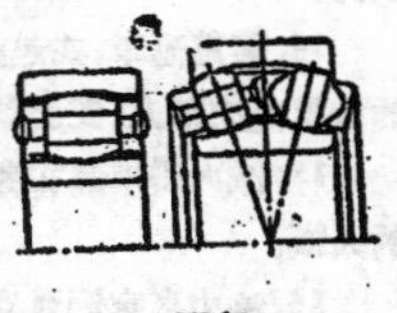

圖18

的。到1909年，又有德國兵工廠設計的一種軸承(圖17)問世，它的特點即在外環的外面作球面形，以獲得自動調整的作用，現在有一些較老式的機械上還看到這種軸承。

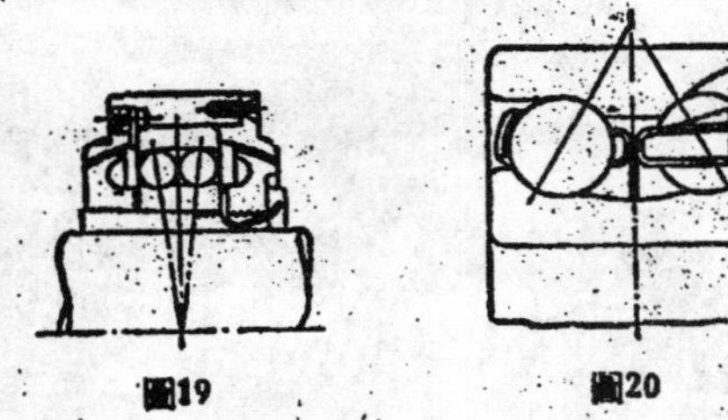

圖19　圖20

在1910年，好夫門公司又設計了一種圓柱形滾柱軸承，它的內外環都有槽子，而滾柱的嵌入環內，方法和用偏移法將鋼珠進入環內初無二致。翌年文克司又獲得了如圖18所示軸承的專利，(英專利狀1617號)，這是一種單行和雙行的自調式滾柱軸承，滾柱作球面形，可在內外環球面槽內自動調整其中心，這也是現代自調式軸承最廣用的一種式樣。

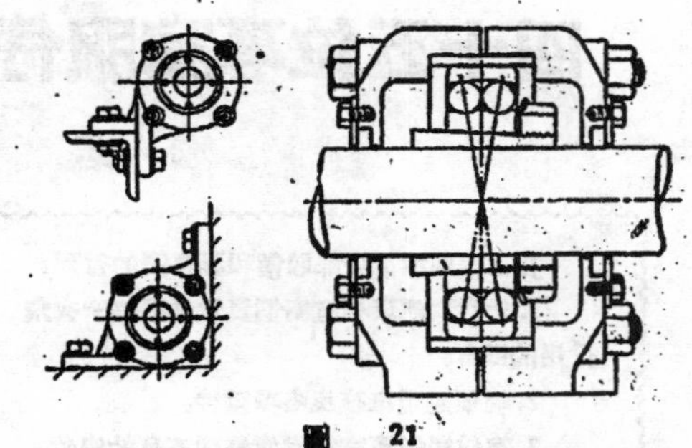

圖21

比較更完善的自調式軸承，在1928年爲英國的SKF 公司發明的，式如圖19，它外面有一個球形外罩，因此可以無限制地自動調整其中心線的位置。

另有一種較新穎的設計，是美國New Departure公司發明，曾在1929年獲得德國的專利權，如圖20所示，這是一種雙行鋼珠軸承，具有倒逆的接觸角。

到1931年，SKF 公司又有一個新設計，如圖21所示，這是將軸承的外罩分成二部分，可作各種角度的調整，因此在裝置軸承時，可以凑合客觀環境，配在各型的支持軸架或掛腳上。

(下接17頁)

保障旅客的安全！增進飛行的舒適！

四十五位專家服侍一架巨型民航飛機

君　子

在上圖顯示了全部設備和專家們的行列：

1. 伙食供應車和庖廚們負責供應每一次飛行用的糧食。

2. 輕便起重車拖曳各項重件。

3. 客艙設備專家們負責修理不良的座位，安全帶，通風扇等旅客設備。

4. 檢驗專家負責檢查別的專家們對於飛機所做的工作。

5. 客艙修理車，車內設備爲整理客艙所必需。

6. 螺旋槳修理專家們，他們每隔1,000小時就要掉換螺旋槳一次。

7. 飛機總檢修組，他們每隔1,000 小時就要把飛機最主要部分調換或整修一次。

8. 引擎專家們負責檢修發動機，有需要時也能配一些零件上去。

9. 正副飛機師是飛行時的實際工作者，此外尙有二名空中小姐（圖中未示），是在空中飛行時爲旅客隨機服務的。

10. 白鐵匠和電焊匠，他們在飛機檢修時，總要做很多的工作。

11. 無線電和電機專家們總是隨機服務的，此外，每隔50小時飛行，還要把所有電機總檢查一次。

12. 零件修理專家們負責檢修各項小另件，如幫浦，發電機等等，在實際飛行時也缺少不了他們。

13. 動力吊車可以吊起引擎，機翼等極重的機件。

14. 蓄電池車；在起動飛機引擎時需要外加的蓄電池來補充，使引擎得以起動。

15. 滅火機準備在旁邊，防止起飛及上昇時的失愼。

16. 液力專家們負責檢查並校準着地輪，翼舵，制動器等等的液力設備。

17. 加油用的汽油車。

當中航公司「空中霸王」XT104號客機,(本期封面XT-106號是該機的同型客機)在十二月二十一日,於飛抵離港機場十三哩處之貝索島,因撞火石洲山腰爆炸失事,造成了航空史上又一次慘案之後;一般輿論對於中航公司的飛航措置,都不免有所譴責。其實,這次失事,雖然至今未曾查明其原因,但大多數意見,都認爲並非是飛機本身機件問題;撞山的過失,大都要由飛機師來負責的。

一架巨型飛機的安全飛行,確實需要有組織的人事和嚴格的檢查,您如果看了左面的銅圖和說明,大概可以有一個確實的認識了,航空公司總是在盡一切力量來保障旅客安全的!

從今年開始,由於去年聖誕前後飛機的經常失事,美國的民航局CAA就開始準備一切的步驟來保障旅客們的安全,中國的交通部也組織了民航局,負責辦理飛航的安全事宜,一年以來的成就是顯然的。

這裏介紹的是美國民航局的配備和組織,對於一架巨型客機的服務和配修工作,至少要包括四十五名專家。他們熟悉飛機的每一只螺釘,螺帽,鉚釘,聯桿,皮帶等等機件,並且嚴格地訂定了種種規格和檢查的法則。

根據他們的規定:在每架飛機每晨起飛之前,必需有一個澈底的檢驗;此外經過飛航50小時後,專家們又要將一切控制機件作完整的檢查。儀器降落設備和除冰器等儀器,則在260小時的飛航後,也要檢查和校準一次。一千小時以後,飛機引擎全部翻修,待8,600小時以後,則將機身所有一切卸除的機件全部卸下翻修一次。

經過這樣小心而嚴格的檢查,飛航失事的次數自然越來越少,而有許多機件如機翼和機身等,如果經常小心照顧,結果證明是不大會因飛行而損失其强度的,例如一只經過60,000小時飛行後的機翼,試驗得知,其强度仍爲原來强度的98%。

中國的各大民航機構,在交通部民航局的主持下,也在提高檢修水準,相信以後對於空中旅客的安全保障是可以與日俱進的!

滚動軸承的發展史

(上接15頁)

更新型的雙行錐柱式滾柱軸承是在1932年,美國的Timken公司所發明的,現在廣用於汽車車輪軸心受到側推力的機件上。以後的進展更是無限,到1940年爲止,統計全世界的滾動軸承製造廠最大的計有:美國27家,包括 Bower, Fafnir, Hyatt, ND, Orange, SKF, Timken 等;英國10家,包括 Timken, Hoffmann, SKF, Spiro 等;法國7家,包括 SKF, RCF, SRO, Lyon 等;德國8家,包括 DKF, RKW, PWB, UKF等;義國3家,牌子爲RIV,CS及FBT;奥、捷各一家;瑞士三家,牌子爲,RMB, SRO和KFA;蘇聯有國營的軸承製造廠,瑞典則有世界馳名的 SKF 總廠。的確,機械促進了文化的進展,而文化上的需要又刺激了機械的進步。這滾動軸承的發展史不過是一個例子罷了,正足以說明人類對於利用機械,減輕體力的一種集體努力精神。

用氣焊焊接鎂製品

(上接32頁)

重鉻酸鈉($Na_2Cr_2O_7 \cdot 2H_2O$)	1.5 磅
濃硝酸(比重14.2)	1.5 品脫
水	合做一加侖

經過上述的處理,即用流動的清水漂洗一次,再把物品浸入沸熱的化學溶液中,煮二小時,其成分如下:

重鉻酸鈉($Na_2Cr_2O_7 \cdot 2HO_2$)	0.5 磅
水	合做一加侖

此種處理以後,接着再用流動的清水輕漂,最後還得浸入滾水一次,方始完成。

洗滌工作,既如此繁複,洗後不可再磨銼,否則磨銼過的物品,須按照上述規程,重做一遍,因爲磨出了新肩,也等於給藏在內的焊藥,再度有腐蝕的機會。

凡物件太大而不克浸入溶液中者,可將該物件加熱至華氏150度,用第一種化學液劑,交換地在焊處洗滌,歷時祇少一分鐘,然後即應將物品全部澈底用熱水洗淨,惟此種洗滌辦法的抗蝕功效,未能如上項所說的那種正規程序,來得澈底。

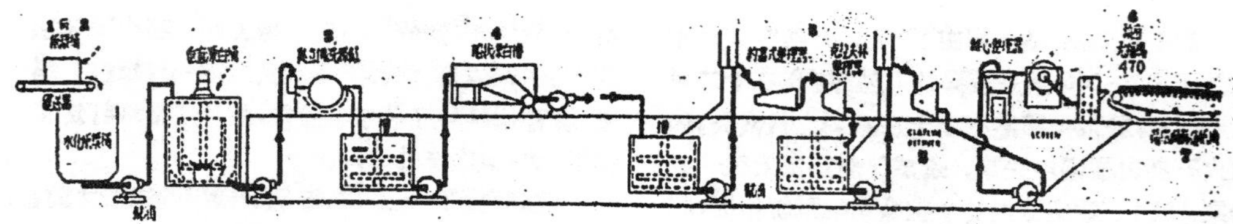

亮晶晶，薄薄的，透明的，

玻璃紙是怎樣製成的

朱周牧

在美國的米爾福特地方，矗立着一座宏大的建築物，這就是以出產玻璃紙著稱的理格兒造紙公司。她每天吞進成噸的亞硫酸鹽紙漿；吐出的，是一筒筒的玻璃紙。

現在，且看看玻璃紙是怎樣製成的吧！

第一步是水化工作，亞硫酸鹽紙漿，送進水化槽；槽底裝着高速度旋轉的葉片，槽壁上則裝有固着的百葉窗似的片狀物。葉片不住地打動紙漿，槽壁上的固定片狀物加强攪拌均勻的作用。逐漸地，水化作用完成了。

水化了的紙漿，用唧筒唧進一隻垂直漂白桶；在這兒，紙漿給加上次氯酸鈣(Calcium hypochlorite) 和鹼來處理，漂白好的紙漿，馬上給打入綽立伽洗濯缸去洗濯。洗濯好的漿料再放在船狀槽漂白槽(Tugboat refiner) 裏耗蝕；一面，過剩的漂白劑在耗蝕；一面，潮濕的紙漿，逐漸往前移。經過一列約當式整理器 (Jordon refiner)，進入克拉夫林整理器(Claflin refiner)。

在克拉夫林整理器的，紙漿給劇烈地打攪着。

圖1. 水化槽底高速旋轉的刀片，加速纖維的水化作用。

圖2. 把紙漿放在約當式整理機內整理

克拉夫林整理器的外觀，和約當式整理器，極爲相像；只是克拉夫林的切刀的排列方式，以及它的較鈍的圓錐形狀；是專門爲了打玻璃漿而安排的。

從克拉夫林整理器的出口，紙漿流向離心整理器和一具機動篩。

到此爲止，紙漿已經整理就緒，放入一隻頭箱 (Head box) 內去。一種脲甲醛樹脂 (Urea formaldehyde resin) 叫尤福瑪四七〇 (Uforimte 470) 的加進頭箱，加的時候，有一具曲綫測量器 (Rotameter)節制着所加的分量。

製造玻璃紙的紙漿，必須是充分水化，充分整理過的。否則，製造時要發生種種困難。

含纖維百分之一的漿頭，流進一架正在開動

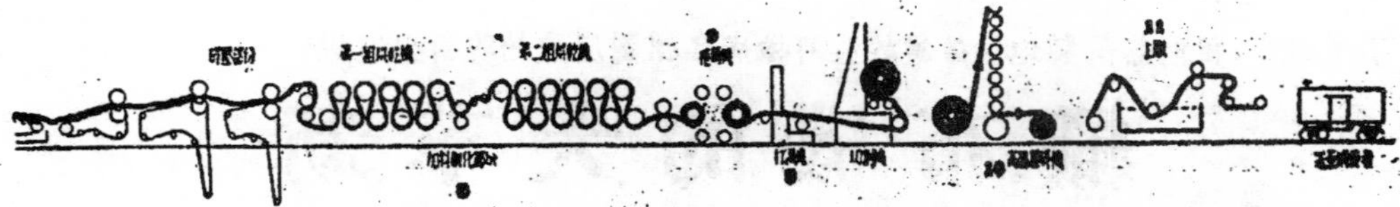

的循環網篩造紙機，形成潮濕的紙張。當濕紙隨機器而轉動過去的時候，隨即浸染了增韌劑，以增加製成品的柔韌性和透明性。這一步製造過程，並非必要，只當韌化玻璃紙爲外界所需求時，才加上這一步手續，以應市面需要。

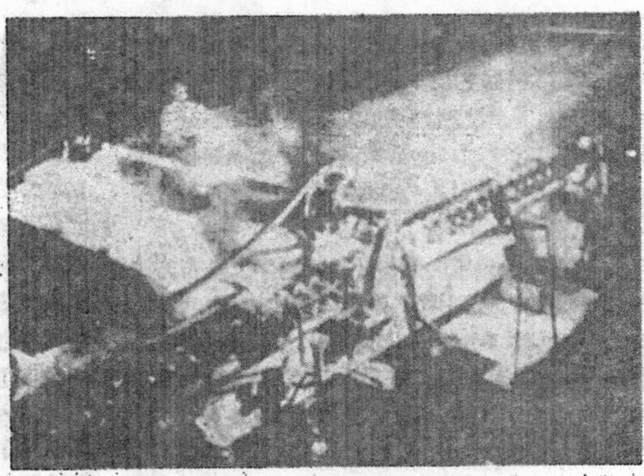

圖 4. 稀薄的紙漿流入篩網。

玻璃紙，可以是普通的，濕力（Wet strength）的，增韌的，或者上蠟的。（上臘鯵弫的玻璃紙，可以抵抗水蒸汽的侵入）往往，理格兒造紙公司常常製造四種性質具備的玻璃紙，因爲能符合各方面的條件，所以最爲各界所歡迎；產量最多，銷路亦廣。

烘乾後的玻璃紙，打從篩網機的盡頭出來，馬上就給捲筒機捲成了一筒筒的玻璃紙。

之後，成筒的玻璃紙再給打濕，切成標準大小，就可以送入倉庫，供給市場上的需要了。

圖 3 尤福瑪 470，放入頭箱

圖5. 高壓軋光後的玻璃紙，可抵禦油脂的透滲。

不用緯管，但能無限制地供給緯紗並可織成各種闊度織物的新型織機！

織布機的大革新

張 令 慧

用手工來紡紗織布，原是我國古時農村婦女的副業，當時她們用手紡成紗，再用木製織機來織布，利用二足的壓踏，使綜線上下，將經紗開成梭口，同時又靠了二手的丟接，使梭子通過經紗所開的梭口，將緯紗引入，交織在經紗的裏面，於是製成了織物。

隨着各種科學的進步，也因爲手工織布方法的產量過低，品質不佳，使逐漸被淘汰；十八世紀以後，力織機(Power loom)就代之而起，這就是說，現在可用動力來代替人力了，即用凸輪的作用來代替二足的壓踏，用打梭盤(Picking disc)打梭棒(Pickingstick)的打擊梭子，來代替二手的丟接，因之使織機的速度加快，產量提高，造成衣著工業歷史上輝煌的一頁。

現在常用織機的缺點

但是，即使經過了一百餘年的長期使用和不斷的改進，力織機本身，尚沒有到達十全十美的地步，牠仍有着很多缺點，是從事織布工業的人們所感覺頭痛，並認爲非有進一步改良不可的。缺點中最主要的，就是引入緯紗的方法始終沒有基本上的改變不論任何式樣的織機，總是應用一只裝有梭管的木質梭子，二端削成尖形，活像一只雙頭的小魚雷，利用打梭棒的打擊，使在經紗的梭口中穿來穿去，梭子裏面梭管上的緯紗也就不斷地被拉出來，交織入經紗的裏面，像這樣交織的方式，酷似一只樑上的蜘蛛，在接續牠的蛛網，發生缺點的原因，也就在此產生。爲說明簡便起見；可分述如下面各點：

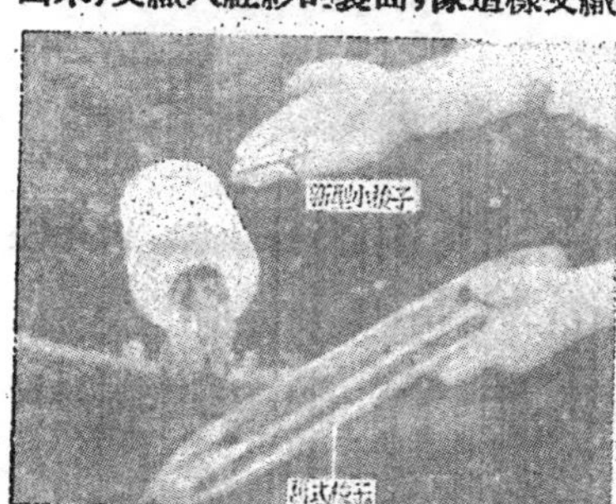

圖1 新舊梭子的比較

1. 因爲緯紗是裝在梭子裏面的，所以梭子的體積就不得不適量地增大，通常的梭子大約長度在一呎以上，寬度和高度在1½″左右，要讓這樣大的梭子在經紗開口中通過，所以綜絖的上下也就必須有較大的動程，經紗一方面受到綜絖的無理牽伸，另一方面又因梭子在經紗間急促通過時所給與粗暴的磨擦，於是使造成了經紗的不時斷頭；結果，使織機時常停機減低生產的效率，增加工作者的疲勞。

2. 因爲梭子有相當的重量，所以牠行走的速度就受了限制，換言之，這就是使織機的每分鐘迴轉數限制在200轉以內，假使超出的話就有飛梭和軋梭的危險，並且緯紗是連續織入的，在織布工程進行中，只允許一只梭子在梭道中通行，不可能利用數只梭子循環地引入緯紗，使每分鐘的打梭數增加，這樣就直接限制了每台織機的生產能率。

3. 當每一梭子中的緯紗用盡時，在普通織機必須因換梭而停機即使在自動換梭式織機也不免有因換梭的緣故而使織物產生疵點，同時並增加

圖2 補給緯紗的寶塔筒子

12776

了紗尾的回絲等種種弊病。

4. 梭子重而且大，於是限制了牠行走的動程，也就是限制了織物的闊幅。

用不裝緯管的梭子來織布

基於以上各點，所以織機的能率在產量和品質方面就受了無形的限制，多少年來，從事機織工業的技術人員，不斷地想在這方面加以改進，企圖設計一種新型的織機，可以用小型的不裝梭管的梭子來引導緯紗通過經紗梭口之中，使經紗開口動程與經紗所受摩擦可大量減少；但經多次的試驗，都未成功，直待最近瑞士的蘇爾壽公司 (Sulzer Bros. Switzerland)努力的結果，才有初步的成就，不過他們所設計的新型織機機構過分繁複還只能供實驗室的應用，不可能在工場內大規模地使用。繼蘇瑞公司之後美國俄亥俄省，克利夫蘭地方的華納公司(Warner & Swasey Co., Cleveland, Ohio)的工程師們，經過二年多苦心的研究，才把牠簡化改良，符合了大量生產和大規模使用的目標。

圖3 新舊織布方法比較

圖4 新型織機梭子與剪紗刀的動作

上述新型織機的成功，的確是近數十年來衣著工業基本上的大改革，牠的成功，使機織工程的歷史展開了嶄新的一頁，因為多年來為機織工業從業人員所感覺頭痛，而始終沒法解決的問題居然被圓滿地解決了。

新型織機應用一只極為細小的金屬製梭子，體積只有$3\frac{3}{8}'' \times \frac{5}{8}'' \times \frac{3}{8}''$，祇重一兩，與舊式木質梭子的體積$14'' \times 1\frac{1}{2}'' \times 1\frac{3}{8}''$，重 10 兩以上，相互比較的情況可在圖1中極為明顯地看出來；所以新型織機的經紗，對於因受開口動程的牽伸與梭子通過梭口時的摩擦所起的斷頭，使顯著地減少，相反地積極提高了織機的生產效率。

緯紗補給的方法如圖2所表示，不再將緯管裝在梭子裏面，而另外用一只寶塔筒子 (Cone or Cheese) 放在機的左側，由筒子上的紗直接供應作為緯紗，並且機側的筒子可同時放置數只將牠們的頭尾預行連結造成了不需換緯而能無限制供應緯紗的方式。

新型織機送緯的方法

圖3 是新改良的織機引入緯紗方法與舊式的比較，圖4則為新型織機梭子與剪紗刀的動作圖。新型金屬小梭子的後部裝一夾紗器(Thread Gripper)能在適當的時間，準確地夾住或放鬆紗尾。當梭子在織機的左側近布邊處時，梭子上的夾紗器，使緊夾住緯紗的紗尾，同時一條長約30吋的轉動棒(Torsion rod)就立刻打擊梭子，使梭子急劇地穿過經紗，到達對側，牠的速度大約每分鐘65英哩合每秒鐘5270呎，當梭子帶過緯紗以後，使被二只約束器(Binder) 制住在適當的位置，自動放鬆紗尾，下落到一條運輸鏈 (Shuttle return chain) 上，被運到原來的左側，準備下一次的投梭，隨着第一只梭子穿入經紗梭口之後，第二只第三只梭子便繼之穿入，各別帶引緯紗，交織入經紗的裏面，快速的程度，簡直有些像機關槍發射出來的子彈，至於送入緯紗的詳細步驟約如下面所述：

1. 梭子的夾紗器張開，緊握住紗尾

2. 當梭子夾住紗尾時，供緯器(Feeder)開張放鬆緯紗

3. 梭子被擊，沿導板穿入梭口，引入緯紗於梭口中。

4. 左側箱中的供緯器，握住送入的緯紗左端。

5. 鉗手 (Gripper) 在近邊處，握持送入的緯紗端。

6. 當綜絖開開始交換之際，在供緯器和鉗手間的緯紗被剪刀剪斷。

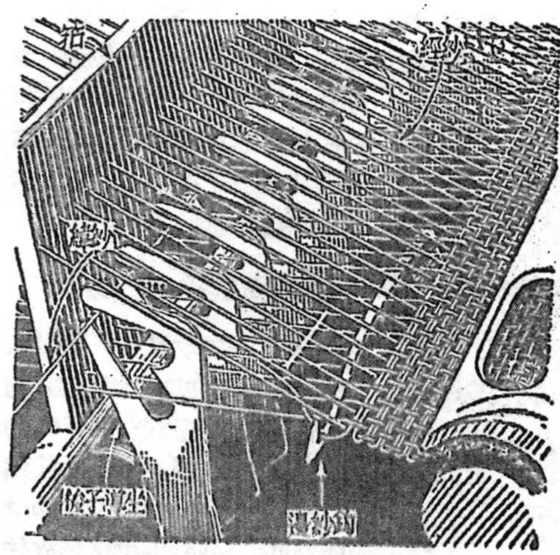

圖5　邊紗鈎將緯紗鈎進布邊

7. 鉗手送緯紗端到邊紗鈎(Tucking Needle),以便將其鈎入布邊如圖5。

8. 供緯器退回，將新的緯紗端置入梭子的夾紗器。

9. 筘座打緯，前一緯的紗頭織入布邊。

如此循環不已，就構成了整個的緯紗送入運動，像這樣送入緯紗的方式，還可以得到一個很大的利益，就是織物的闊幅可以增大到110吋以上，並且像圖6所表示的，鈎邊紗的機構(Tucking unit)可隨所織布幅的寬窄而隨意調節左右的位置，所以不但可任意製織布幅極闊的織物，並且在同一時間同一織機上能製織一種以上不同布幅的織物，例如110吋闊幅的織機，可同時製織36布幅的織物三疋，因爲三個36吋的總和是108吋再加上鈎邊紗的機構每組約佔據一吋的地位，所以合起來恰與110吋相合。

新型織機的運轉速度在110吋闊幅者約每分鐘240轉左右，應用梭子的數目也隨織機的闊幅而成正比例的增加，大約110吋織機應用梭子16只。

新型織機除以上所說各種優點外，其實最主要的還有：

1. 廢除緯紗準備工程，因爲緯紗由寶塔筒子直接供給，所以像以前所應用的捲緯機，可全部廢除不用，附帶的如在織機上的貯緯庫(Hopper or Magazine)可以省除，木質梭子緯管等消耗物料也可不必應用。

2. 投梭運動中的投梭盤(Picking disc)，投

圖6　鈎邊紗機構的位置

梭轉子(Picking bowl)，緩衝皮圈(Check strap)平行投梭機構(Parallels)緩衝皮圈(Bumper)等全可省除，所以整台織機中除綜絖架及捲布木棍外，絕無木質或皮質的機件。

3. 斷經停機裝置採用電流控制非常靈敏，一遇斷經能立即停機，且綜絖能自動在平整的狀態下，以便利接頭。

4. 管理新型織機，可不需要熟練的技術，因爲織機本身能自動管理每一循環中的動作如梭子作不合規則的運動時，或到達對側的位置不準時，都能自動立即停機，以免除對織物及機械的傷害。

新型的華納蘇瑞織機(Warner & Swasey-Sulzer Weaving machine)已在大規模製造之中，牠的出世，不但是近數十年來機械工程界一個偉大的成就，同時，無疑的對全世界人類在衣着工業方面有極鉅大的貢獻。

·工程材料漫談·

熱偶金屬

這是現代各種機械或電機上自動控制部分的靈魂。在這篇文章內分析其用途，計算公式和感應性等。

凡　夫

現代的各種新型機械或電設備，如汽車上的各種自動控制機件、電動器、電冰箱、熒光燈的開動器以及其他各式各樣的航空儀器或警報器等，它們之所以能巧妙地作用，完全依靠了一種以雙合金屬，叫熱偶金屬(Thermostatic Bimetal)製成的一小片東西；它可以因各種加熱而偏轉，產生一種小小的推力，使機件作用。這眞是二十世紀中各項自動裝置的靈魂；和光電池（Photocell,見了光就會產生電流的器具）有異曲同工之妙。

熱偶金屬在種上類固然十分繁多，但在製造上却是用同樣的步驟：即先將二種要膠合在一起的金屬輾成較厚的平鈑，叠合一起，加壓力膠合；然後經過熱輾和冷輾二道手續，輾成需要的厚薄程度。熱偶金屬片的最後物理性質是由冷輾這一個步驟來決定的。冷輾後的各種熱處理無非在使內部應力緩和而已。如果要使該完成的熱偶金屬片有一定的電阻值，有時還可以膠一條第三種金屬上去的。

關於它底物性質，現在最注意的是：溫度的特性、强度、穩定性、導熱性、電阻和工作能力(Work-ability)。最廉價的熱偶金屬是黃銅和因鋼(Invar,一種低膨脹率的含鎳合金鋼含鐵 63.8，鎳 36，碳0.2)併合而成的，然而它的使用溫度不能超過300°F。如果要在較高的溫度(可達800°F)時工作，那末常用一種不銹鋼(鐵鎳鉻的合金)來代替黃銅。不同組合的熱偶金屬均有其各各不同的工作溫度範圍。如表一所示，第一項對於爲有用偏轉的範圍，第二項則爲最大的敏感範圍。

熱偶金屬的主要用途

熱偶金屬的溫度影響變形的特性，主要有這四項用途：(1)溫度的指示，(2)溫度的控制，(3)補

表一　各種熱偶金屬的溫度範圍和計算用常數

熱偶金屬	溫度範圍		計算公式用之常數(表三所列)						
			直片形				螺旋形		
	有用偏轉 °F	最大靈敏度 °F	彎曲率F	K	A	B	C	X	Y
黃銅—因鋼	−100～300	50～300	0.0000150	0.0000075	525	7×10^7	0.00095	390	41×10^4
全　鋼	−100～700	50～300	0.0000138	0.0000069	690	10×10^7	0.00087	510	58×10^4
全　鋼	−100～700	50～300	0.0000150	0.0000075	750	10×10^7	0.00095	555	58×10^4
錳合金—因鋼	−100～500	50～350	0.0000214	0.0000107	815	7.6×10^7	0.00136	600	44×10^4
全　鋼	−100～700	150～450	0.0000134	0.0000067	670	10×10^7	0.00085	495	58×10^4
全　鋼	−100～900	150～450	0.0000146	0.0000073	730	10×10^7	0.00092	540	58×10^4
三合金屬	−100～500	50～300	0.0000100	0.0000050	520	10.4×10^7	0.00063	385	61×10^4
三合金屬	−100～300	50～300	0.0000148	0.0000074	520	7×10^7	0.00094	385	41×10^4
三合金屬	−100～700	50～300	0.0000144	0.0000072	720	10×10^7	0.00091	530	58×10^4

附註——這裏所舉的只是幾種常用的，雖然材料相同，也可能因所含成份的不同，以致其彎曲率和各常數均不同。

償的溫度裝置，以及(4)串系性的控制 (Sequence Control)。現在分別說明如下：

用於溫度指示的熱偶金屬，常常做成像鐘錶發條一般的螺旋形狀。螺旋圈的外端，在溫度變化之時，可繞中央的固定心子旋轉，如果外面刻了溫度的表尺，那就變成了一具指示溫度的溫度計。用熱偶金屬製成的溫度計，可以指示從—100°F 到 1,000°F的溫度，有幾種熱偶金屬每昇高華氏 1度的變形角度有3°之多。

在溫度控制上的應用，最明顯的是將熱偶金屬安置在供給電扇、電熱器、活門或其他機件電力的電路中，金屬作薄片狀，往往彎曲了使有相當距離，待受到溫度變化，就會作用開閉電路。家庭中的冷熱自動調節器就完全靠了這一個原理製成的恆溫器(Thermostat)作用的。

在補償溫度的裝置中，常應用熱偶金來校正因為別種機件影響而起的變化，却並不是用來作為溫度的控制。例如在汽油引擎上常用的自動阻風(Automatic Choke)，就是應用這一個原理：阻風這一種機件是用來調節空氣和燃料的比率，自動阻風則能隨了溫度的升降而變更比率，在這種機件中，有一個熱偶金屬製的彈簧，它受到進氣溫度的影響，但也受到引擎的熱影響，二種冷熱不同的溫度，使阻風的活瓣轉動在一定的位置，因此調節成正確的空氣和燃料之比。

還有一個例子，熱偶金屬可以用來校正因溫度變化而引起不同的機件出力(Output)，即如汽車上的發電機中的振動式電壓調整器 (Voltage Regulator)而言，它的振動子(Armature)一部分可用熱偶金屬製成，蓄電池的電壓影響振動子和線圈，就可控制發電機的磁場電流，當電壓增高，線圈的引力也增高，漸使振動子的接觸點分離，因此就減除了磁場的電流，也減少了發電機的出力；熱偶金屬的作用則在維持過冷或過熱氣候時的電壓調整作用(Voltage Regulation)，因為如果周圍空氣過冷，那末即使電壓略為增高也不致斷路，仍能使蓄電池充電；周圍空氣過熱或線圈有燒熱現象時，則因熱偶金屬的關係，立即斷路，使發電機的作用仍可完好，確是非常有用的。

第四種用途所謂串系性的控制，其實是最普遍的用

表二 各種熱偶金屬的應用舉例

應用		感應			效應			
		周圍溫度	輔助加熱	內部加熱	指示溫度	控制溫度	補償溫度	串系性控制
電路控制與保護裝置	斷路器	△	△	△			△	限流作用
	熒光燈開動器	△	△				△	延時作用
	發電機斷路器	△					△	
	電動機開動電驛	△	△	△			△	延時作用
	熱力斷路器	△				△		
	變壓器	△			△			
	電壓調整器	△					△	
機械設備	自動阻風	△					△	延時作用
	活塞環	△				△	△	
	燃油器控制器	△	△				△	△
	蒸氣袪水器(Trap)	△						△
家用設備	冷氣機	△				△		
	乾燥機	△				△		
	電熨斗	△			△	△	△	
	電焊鐵	△				△		
	電熱毯	△	△			△		
	電灶及煤氣灶	△			△	△		
儀器	警報器	△			△			
	高度計	△					△	
	液體水平表		△					指示水平
	壓力表		△					指示壓力
	恆溫器	△				△		△
	高溫表	△					△	

12780

途。在這裏，熱偶金屬的變形是依靠了一種輔助的加熱。電器中的好多種電驛(Relays)就是一個例子：如果我們需要使一個聯串的電控制動作在一定的時限中產生，那末就在必要的電鍵部分，代以熱偶金屬的接觸點，周圍可用電阻或通電的方法使熱偶金屬在一定時刻加熱，則可產生串系性的控制作用。例如，新式的斷流器(Circuit Breaker)就是應用這一個原理：斷流器無論在家用電器上或工業用電路上可有保護過量負荷免生危險的用途。含有熱偶金屬的斷流器，外形很是簡單，就像普通的開關一般。在構造上，載荷電流經過一小片約½吋長的熱偶金屬，一段銅線再到一對接觸點。當電流接通時，使熱偶金屬加熱，因而變形彎曲，金屬片端就會鈎住一只有彈簧的鈎子，鈎子再使接觸點分離，電流就此斷路。彈簧鈎的長度和彈力是規定的，務使熱偶金屬的變形，在載荷為100%時不會斷路，待超過125%時，方才鈎住鈎子而斷路，并能繼續維持至一小時左右。還有一種熱偶金屬的電阻是一定的，(往往是三片金屬合成)，如果用來作為斷路器，則可適用於各種不同的電流負荷，如原來為15安培設計*的斷路器，所用金屬為440歐姆，若更換以245至30歐姆的金屬片，可作為20至50安培的應用，這種金屬片的電阻常銘刻在表面上，以便使用者的選擇。

表二所示為現在熱偶金屬的各種較廣泛的用途。

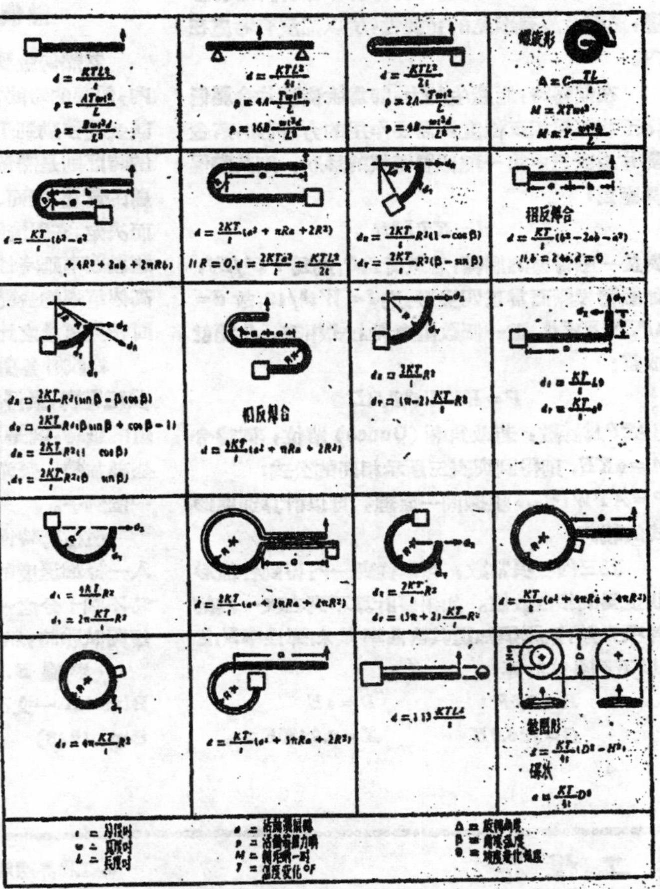

熱偶金屬的偏轉和載荷計算法

在應用的時候，熱偶金屬可以彎曲成各式各樣的形狀。表三所列是一些常用的形狀，和各式金屬的偏轉與載荷的關係公式。公式內均假定金屬的寬度是一定的。如果我們要計算各式各樣金屬的偏轉，(其形狀也許不載列於表三)，以及受熱後的應力大小，可以根據如下的基本公式：

$$\frac{1}{R_2}-\frac{1}{R_1}=\frac{F}{t}(T_2-T_1)$$

式中：$1/R_1$和$1/R_2$是熱偶金屬的原來的和最後的曲率(Curvature)因此等號的左項即為曲率的變化；

T_1和T_2是原來的溫度和最後的溫度，均為華氏度數；

t是熱偶金屬的厚度，吋；

F為彎曲率(Flexivity)，單位為吋/吋/°F。

對於大多數的熱金屬，F的數值，約為組成金屬的二個熱膨脹係數之差的一倍半。任何形狀的偏轉度，可用上面的方程式為基本，以積分法求得其繼長的偏轉，表三內各項公式即用此法求得。

表三　各型熱偶金屬計算方法

$d=\frac{KTL^2}{t}$ $p=\frac{ATwt^2}{L}$ $p=\frac{Bwt^3d}{L^3}$	$d=\frac{KTL^2}{4t}$ $p=4A\frac{Twt^2}{L}$ $p=16B\frac{wt^3d}{L^3}$	$d=\frac{KTL^2}{2t}$ $p=2A\frac{Twt^2}{L}$ $p=4B\frac{wt^3d}{L^3}$	螺旋形 $\Delta=C\frac{TL}{t}$ $M=XTwt^2$ $M=Y\frac{wt^3\Delta}{L}$
$d=\frac{KT}{t}(b^2-a^2+4R^2+2ab+2\pi Rb)$	$d=\frac{2KT}{t}(a^2+\pi Ra+2R^2)$ 如$R=0, d=\frac{2KTa^2}{t}=\frac{KTL^2}{2t}$	$d_x=\frac{2KT}{t}R^2(1-\cos\beta)$ $d_y=\frac{2KT}{t}R^2(\beta-\sin\beta)$	相反焊合 $d=\frac{KT}{t}(b^2-2ab-a^2)$ 如$b=2.4a, d=0$
$d_x=\frac{2KT}{t}R^2(\sin\beta-\beta\cos\beta)$ $d_y=\frac{2KT}{t}R^2(\beta\sin\beta+\cos\beta-1)$ $d_n=\frac{2KT}{t}R^2(1-\cos\beta)$ $d_t=\frac{2KT}{t}R^2(\beta-\sin\beta)$	相反焊合 $d=\frac{2KT}{t}(a^2+\pi Ra+2R^2)$	$d_x=\frac{2KT}{t}R^2$ $d_y=(\pi-2)\frac{KT}{t}R^2$	$d_x=\frac{KT}{t}Lb$ $d_y=\frac{KT}{t}a^2$
$d_x=\frac{4KT}{t}R^2$ $d_y=2\pi\frac{KT}{t}R^2$	$d=\frac{2KT}{t}(a^2+2\pi Ra+2\pi R^2)$	$d_x=\frac{2KT}{t}R^2$ $d_y=(3\pi+2)\frac{KT}{t}R^2$	$d=\frac{KT}{t}(a^2+4\pi Ra+4\pi R^2)$
$d_y=4\pi\frac{KT}{t}R^2$	$d=\frac{KT}{t}(a^2+3\pi Ra+2R^2)$	$d=1.13\frac{KTL^2}{t}$	盤圈形 $d=\frac{KT}{4t}(D^2-H^2)$ 碟狀 $d=\frac{KT}{8t}D^2$
t = 厚度吋 w = 寬度吋 L = 長度吋	d = 活端偏轉吋 p = 活端的壓力磅 M = 轉矩磅-吋 T = 溫度變化°F	Δ = 旋轉角度 β = 角度弧度 θ = 角度變化弧度	

在實際上,熱偶金屬的橫面曲率(Cross curvature)和裝置金屬的方法,對於實在的偏轉,略有影響,然而並沒有顯見的重要性,所以都沒有考慮在內。

在偏轉時,能產生的力,即為欲使該片金屬偏轉至相等但相反程度所需要作用的力。例如,若金屬片為表三中第一種似懸臂樑的形狀,則其熱偏轉應為:

$$d=KTL^3/t$$

對於一懸臂樑的偏轉,若載荷為P,則為 PL^3/EI,如懸臂樑斷面為正四邊形,則 $I=Wt^3/12$,故 $d=4PL^3/EWt^3$,這一個數值應與上式相等,化簡就成為:

$$P=KEWt^2T/4L$$

上式P為磅數,若改為唡(Ounce)單位,同時令 $A=4KE$,則得到與表三所示相同的公式:$P=ATWt^2/L$。根據同一原理,可以計算別種形式的載荷。

表三內各項常數,可以從表一內得到各種形狀金屬的相當數值。如果要計算不列在表一內的各項常數,則祇須知道其彎曲率 F 和彈性率E,即以下列各式計算:

$K=0.5F$　　$B=4E$

$C=126.6K$　　$X=2.94KE$

$A=4KE$　　$Y=0.0282E$

熱偶金屬的感應與時間影響

當熱偶金屬浸入一溫度較高或較低的媒質內,偏轉的時間常有延遲的可能,這種延時性常跟該金屬移動到平衡溫度的速率而變化,而所延遲的時間則是熱傳導公式中的一個函數,依熱偶金屬的質量、表面、電特性及形狀與周圍的媒質特性而決定。在對流導熱時,較薄的金屬或較高的媒質運動速率延時性較短;若為傳導導熱,則較厚及較高傳導率的金屬延時較短;當輻射導熱時,速率為面積與質量之比的函數。

在設計各項機件時,若需要較長的延時,如某幾種電驛,最好把熱偶金屬隔絕其熱源。要獲得最短的延時,就是用通電流的方法,使金屬一部分或全部加熱,熒光燈所用開動器中的熱偶金屬就是一個例子。

這種延時性,根據精密試驗,即將金屬突然浸入一標準溫度的熱油中,然後觀察其偏轉時間,延時不到十分之一秒。對於斷路器的熱偶金屬,在作短路試驗時,示出延時不到半秒鐘。

(根據 E.R. Howard 所作 Thermostatic Bimetal 一文改作,原載 Product Engineering, Sep. 1948)

航空發動機的性能與汽油抗爆性

張　棣

航空發動機之作用，在轉動螺旋槳，以使飛機前進；故必需有兩種性能，才爲合宜。第一，發動機的馬力，要儘量的大，這樣，可使飛機的性能，如速度，爬升率等，比較優良。第二要用油省；換言之，即發動機的熱效率必需很高，才能使飛機飛達大的航程。

要想發動機馬力大，而同時效率高，就應該使發動機活塞的壓縮比大(Compression Ratio)這是我們所知道的。這中間的變化情形，圖1表示的很清楚。

普通一具發動機效率是多大呢？這從表1可以看的到。這時的壓縮比假定是7，燃料的濃度是理想的化合比例，計算所得的熱效率約等於55%，而實際上則只有34%。

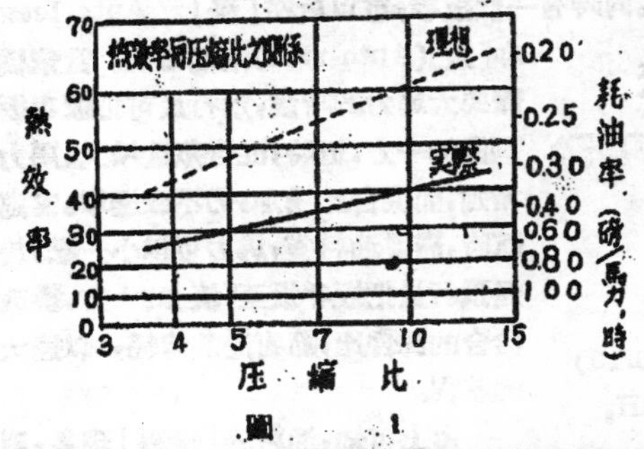

圖　1

實際效率所以比較低，是很容易了解的。實際的發動機，它的活門開關都需要相當的時間，所以當到混合氣進入汽缸後，廢氣還沒有排盡，結果把新氣冲淡了。而且，混合氣的燃燒，也不像理想的瞬時着火，也有影響，還有一點，實際的發動機是不能避免熱量的損失的，像氣缸的散熱，滑油溫度的增高等等，都是熱量損失的表現。

丟開這些常見的因素不談，我們要問：是否一具航空發動機，能經常維持34%的效率呢？事實告訴我們，這仍是不能的。

前面說過，表一所根據的假定，是汽油與空氣的比列，剛好在理想時的情況，這時，汽油可與空氣作百分之百的化合。在低馬力的時候，這種化合是沒有問題的，但是當馬力增大，氣體燃燒的溫度增加，立刻會發生「爆擊」現象(Knocking)，氣缸溫度增加，馬力驟減，甚至最後可使發動機完全損壞。

表一　理想發動機與實際發動機之比較

(壓縮比＝7)

	實際發動機		理想發動機	
油料全部熱能(B.T.U./lb)		19,000		19,000
廢氣損失熱能 B.T.U.	6,500		8,500	
汽缸傳去熱能 B.T.U.	6,500		0	
全部熱損失 B.T.U.		12,500		8,500
可用之熱能		6,500		10,500
熱效率($\frac{可用熱能}{全部熱能}$)	34%		55%	
理論之燃料消耗率($\frac{lb}{B.H.P.}$)，無熱損失	(0.134)		(0.134)	
實際之燃料消耗率($\frac{lb}{B.H.P.}$)	0.394		0.244	

爆擊的成因

圖2所示的例子，可以解釋爆擊的成因。圖示一個充滿混合氣的管子，用火花塞點着，而發生下列的變化：

(1)火花塞發火將混合氣燃着。

(2)燃燒自火花塞向四週傳播。

(3)燃燒面以外的未燃氣體，壓力與溫度迅速增加，最後達某一定程度，便自動爆炸。

(4)爆炸後生成的壓力波衝擊汽缸壁，使溫度增高，馬力減小，最後甚至使發動機損壞。

爆擊的防止

假如一具發動機，因馬力使用過大而發生爆擊現象，這時要去防止它，最簡單的法子，便是使混氣濃度增加。換句話說，這時用理想配合的混合氣是不行了，必需要多用油料才行。

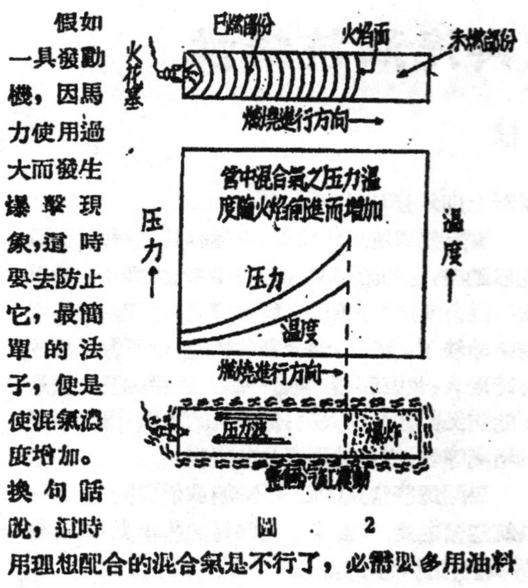

圖　2

表二所示的，是說明濃混合氣所以防止爆擊的原因。在表的上部，是理想比例(100%)化合時，

表二　二種混合比的放熱量比較

100%理想混合比(巡航用，油料/空氣＝0.067)

$$1CH_2+1.5O_2 \longrightarrow CO_2+H_2O$$

放熱量＝19,000　B.T.U./lb油料

或 1,270　B.T.U./lb空氣

150%的油料混合比(起飛，高速飛行時用，油料/空氣＝0.10)

$$1.5CH_2+1.5O_2 \longrightarrow 0.53CO_2+0.97H_2O+0.97CO+0.53H_2$$

放熱量＝10,900　B.T.U./lb油料

或 1,090　B.T.U./lb空氣

氣體反應的方程式，這時每磅油料發出的熱量是19,000B.T.U.。在表的下部則是150%濃度氣體反應式，這時的熱量，每磅油料只有10,900 B.T.U.，比較上一個情形少的多。換句話說，由於過量油料的冲淡作用，燃燒溫度減低了，因此爆擊現象比較不容易發生。

由此可知，為避免爆擊現象發生，低馬力時所用的正常混合比，在高馬力時就不能用。必需要提高混合氣的濃度，才能達到安全的結果。

飛機發動機使用的馬力，普通有三種情形：一種是巡航時候，飛機使用馬力比較小，但油料必需省，才能達到遠的航程。第二種是持久的足馬力，使飛機能達高速度，或高的爬升率。第三種是起飛時的馬力，數值最大，通常超過規定的馬力，僅能短時間內使用。

根據以上說明，我們不難推知，在巡航時使用的混合氣比例，是不能用在起飛或高速的情況的。那麼，如果巡航時的混合比為理想化合情況，效率最高的話，在高速飛行或起飛時，一定要提高濃度，因此而效率減低。

表三表示此種變化情形。巡航時馬力為1,400，每小時每匹馬力用去油0.40磅，而在持久足馬力的情況，馬力2,000就要用油0.525磅，平均增加一個馬力，耗油量要增加0.82磅，以之比巡航時每馬力之0.40磅，增大一倍以上。因此高速時熱效率減小很多。同樣的，當馬力再增加，油料的消耗還要大，效率還要小。

飛機使用的汽化器，可以自動調節混合氣的比例。同時有一個扳手，可以放在「淡」 Auto-leau 和「濃」(Auto-rich)兩個地位。當飛機需要大馬力的時候，飛行員可把扳手扳到濃的一方，這時，混合氣量增大，馬力增加，而混合比增加，仍不致爆擊。當巡航時，需要油料省，馬力可以小一點，於是飛行員把扳手扳至「淡」的一方，獲取洽合的混合比，節省油的消耗，以達大的航程。

由上可知，油料的「爆擊」現象，對飛機性能影響很大。要一架飛機，速度高則熱效率低，用油多而航程不遠。如

表三　各種情形下之發動機性能

	巡　航	持久情形	起　飛
所發馬力	1,400	2,000	2,400
耗油率(lb/hr.)	560	1,050	1,600
油料/空氣　比	0.07	0.085	0.10
油料含熱總量(19000Btu./lb)	10,600,000	20,000,000	30,400,000
有用熱能，Btu.	3,600,000	5,100,000	6,100,000
損失熱能，Btu.	7,000,000	14,900,000	24,300,000
每馬力每小時耗油量	0.40	0.525	0.67
熱效率	34%	26%	20%

12784

注意航程，則必需用稀混合比，馬力不能太大，速度與爬升率等性能差。所以，轟炸機航程遠而速度慢，截擊機速度高而航程短，油料的爆擊現象未始非原因之一。

改良的途徑

改良的途徑，不外下列數種：

（1）發動機巡航時性能依舊，但當使用濃混合比時，增加油量不太多，而仍達同樣的大馬力。（飛機用油量因而節省）

（2）發動機巡航時性能依舊，但改良濃混合比之情況，使增加一定油量，馬力可以增加很多。（飛機性能因而改善）

（3）巡航時的發動機性能改善。濃混合比時性能不變。（飛機航程增加）

（4）發動機巡航時與大馬力時性能均改善。（飛機性能與航程均改善）

以上改善的途徑，在實施時又可分兩種方法：一種是注意發動機本身的改善，如汽缸的散熱，火花塞着火時間等，一種是增加油料的抗爆性，這在近年來已有很大的進展。

油　料

我們知道，天然的石油，是很多種油料的混合物，就我們提鍊的能力來說，現在已分離出5000種以上不同的油料，它們底抗爆性的差異，有時非常之大，研究的目標，即在尋找抗爆性最好，而其他性能也合宜的燃料。

表四所示的是近年研究出的多種炭氫化合物，它們的抗爆性與普通用汽油抗爆性之比較。表中所示的數字，純爲比較優劣而定的數字，高者則較好，並非一般汽油的號數(Octane No.)。

表四　各種燃料之抗爆性比較

碳氫燃料號碼	稀混合比	濃混合比
A	77	100
B	70	93
C	57	99
D	54	76
E	47	49
100號汽油(1938)	42	52
F	42	46
G	42	40
H	31	34
91號汽油(1938)	28	37
I	21	19
J	21	15
K	14	14
73號汽油(未加鉛)(1938)	2	9

由表中看出，有幾種油料，他們的抗爆性已經比一百號汽油高的多。

現在，這種研究工作，仍有許多科學家埋頭進行，將來一定可發現最理想燃料，可使航空發動機馬力大而油量省，這樣高速的遠程飛機才會出現。

無線電器材的乾洗

（上接38頁）

水與雜質散屑等，因爲這種急速噴出帶有雜質的氣體可能損壞另件的關係。棚的後面頂部必須裝有通風裝置，其下則裝有收回廢液的盛器。

乾洗用的溶液，只要比較容易燃燒，而不大會爆炸的溶劑就可適用，普通是以一種石油的標準分餾物，名叫斯多達溶劑(Stoddard Solvent)的液體其着火點在100～105°F之間，在常溫中如一點材火，即很容易着火。在美國飛機實驗室中所規的溶液，以克理夫蘭無蓋驗油檢定法(Cleveland Open Cup Test)決定的最低着火點爲110°F。這一標準較斯多達溶劑發火點略高，液體的清淨與乾度是很重要的。在施行乾洗工作的地方，須注意工作人員的健康與安全，最好能裝置通風扇，以調節空氣，如果缺少這種設備，寧願在露天工作。此外當在工作地點設置一滅火器，以防萬一。

·焊接術之話·

用氣焊焊接鎂製品

金　超

關於焊鎂(Magnesium)這件工作，在我們這個落後又落後工程界，至少還是一件新鮮事兒。歐美的工業先進國家，早就應用了鎂製品，而且焊接方法也熟用了十幾年。人家是有進無已，也正日新月異地繼續被科學工作者發掘着，將它做成了各種精美的物品，來供給人們享用。我們的所謂落後，無寧可說爲我國的工業，一直沒有機會實際上被提倡過；即使有，也不過是逢時逢節的幾篇演說文章而已。萬一你當眞考慮到"做"的問題，那你就體會到我們和人家差着多麼難以想像的距離。焊製工業原是依附着機械工程，是其中各種製造手段中的一環。目今整個機械工程在日暮途窮的境況中，焊業豈有向榮之理？由此影響到技術上的無法進步，原是必然的事。此時此地我們寫一點比較推進的技術文字(實際已瞠乎其其後)，儘量用通俗體裁，來適應一般勞工水準。但總覺得客觀需要的可憐，因爲事實上試問有多少人得到了這個應用上的實惠呢！？

鎂和鎂製品

鎂，是一種銀色金屬，被公認爲世界上最輕的結構材料。它正如其他金屬一樣，純粹的鎂沒有多大强度，一定要滲雜了他種金屬如鋅、鋁、錳以及其他的元素，才能產生很大的力量。從重量方面講，它是最輕而最有力的金屬原料。它可以被拿來做成各種形狀的半製品或現成材料，諸如錠塊、砂粒、片子、鑄件、已軋成形的槓杆、圓條、各種形狀的管子以及板皮等等。

至於它的製品範圍，那是太多了，約略的說，可分爲三大類：(一)鑄件方面，很多用於淸潔器皿上，盤形托架呀、門窗呀、……因爲它既淸潔，又輕便。至於移動性的器械，更利用它的質地輕，可以減少本身重量的負擔。在航空工業上也獲得了新的進步，現在有很多的發動機架子、汽缸、氣浦、油壓座子、鉸鏈、軸承蓋以及其他各種附件等等，都是鎂的製件。

(二)已軋成形的槓杆和管子一類，是很便利於製造工作的，差不多拿來就可以裝置。交通工具如火車汽車等車身的構造，「殼架、門窗、地板、椅子、甚至螺絲、鉚釘、都採用了這種鎂的材料。

(三)是片形的材料。片形材料，應用之處更來得多，今日的鎂片可以代替一般片形的製造。它代替了航空工業上原有的翼膀、副翼、油箱、輸送管，百葉窗，以及地板等等。

綜上所述：鎂之爲物輕且堅固，適合各種機械的製造，在工業上幾沒有大的限制，正如其他的金屬，同樣可以受剪、車、鉚、銑、鍛以及焊接等等加工，而達成工程需要。本文僅提及用氣焊焊接鎂製品的方法。

氣焊應用在鎂製品

氣焊，(氧乙炔焊)在方式方面，是比較普遍的一種，而所以久爲大衆熟用於焊接各種金屬，因爲這種工具的置備上，畢竟比較便宜些，管理也容易，這兒想告訴大家，鎂製品怎樣來用氣焊焊接，現在幫助焊工同道們留點比較的印象，請記住「牠的一切形式上，包括焊的技術動作等等，幾乎完全和焊鋁相同」，有時還容易和鋁製品誤會，因爲外表和色澤，看着很相像，重量也差不多，(這裏當然是指用手來"毛估估"的話)，誰能意味到，鎂確是比鋁輕了三分之一的份量。還有人根本沒有知道，有比鋁更輕的類似物質。所以，偶然的弄錯，也是入情的，由此可見鎂和鋁兩者的製品，其相像的程度，是多麼的接近。

那麼兩者在氣焊上的不同處究竟在那裏呢？第一是鎂製品在焊時一不當心，物品自身會得燃燒起來，假使不再除去那燃燒點而任其繼續燃燒的話。那麼，牠是老實不客氣，會燒個不停，結果可以燒成灰末，二是鎂的誘蝕性特强，爲了焊藥容易侵蝕的緣故，所以鎂的規定焊接格式一律僅限於一種叫做"對接" Joint Butt 的，焊接上也叫做"對頭焊" Weld Butt(參照"機械工程名詞"商務版)理由是對頭焊可將兩端對接的材料，全部焊合成一，無縫無隙，如是則焊藥完全呈露於表面。可以洗滌得乾乾淨淨，倘用其他的格式如搭焊，相嵌焊等，則多少給於焊藥有陷入隙縫的機會致引起腐蝕的後患。

氣焊用的工具

下列我們關連說一些應用工具及材料的問題

(一)工具：

(甲)焊接氣炬(俗稱龍頭)以輕小者為佳。

(乙)嘴梢(又稱頭子)眼子大小口徑，須具有自0.040″至0.081″等號碼的嘴梢，俾資調度應用。

(丙)護目眼鏡須戴着工作，顏色以藍為佳。

(丁)手套最好能帶。

(二)材料： 焊桿即為填入的材料，(慣稱焊絲)它必須是鎂質的，而且所含成分，亦須相同，其他材料，均不適用，如無預置的焊桿，可將該被焊物品之原製材料，切成條形，充作焊桿。

(三)焊藥： 焊藥如有專為焊鎂用之者，當然最好，倘若沒有呢，則尋常焊鋁用的焊藥，也同樣可用其調配比例，為以藥粉二份對水一份，須盛入玻璃杯中，不用時要蓋好，以防弄髒和空氣的蒸化，盛器不可用鐵罐或銅罐，因能引起化學反應，以不用為上。

清潔焊接處每一部分表皮以及關連的四周，是任何金屬在焊前必須做到的重要工作，焊鎂更要小心，不可有油漬，牛油、或塵土的存在，事前可用汽油或四氯化炭以及其他化學方法弄清，或者也可用鋼絲棉花擦去障礙，或用銼刀銼光，都是很好的辦法，尤其是修理舊的鑄件，不論填補缺陷，或裂縫，均須銼出新的表皮，才能着手焊接。

對頭焊的幾種方式

兩者相接的格式，既規定只有一種對頭焊，但是材料有厚有薄，甚至有過薄或過厚者，致使實際上焊起來，發生困難，為適應焊接技術的需要，在對頭焊原則中，仍分出幾種形式，也可說是一種焊接前的準備罷。見圖1至圖4：

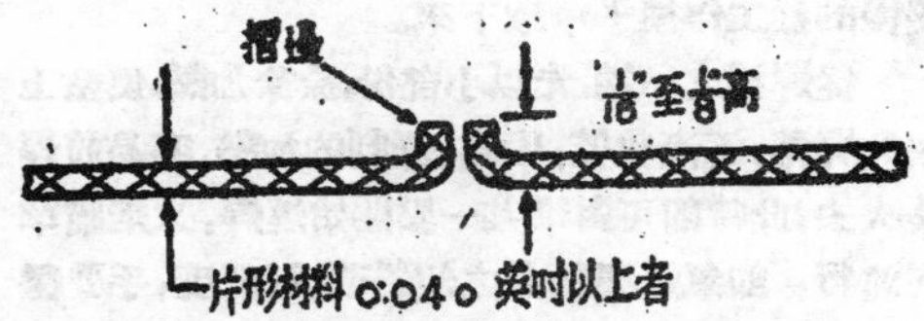

圖1 片形材料過薄者，宜摺邊1/16″高，然後再焊。

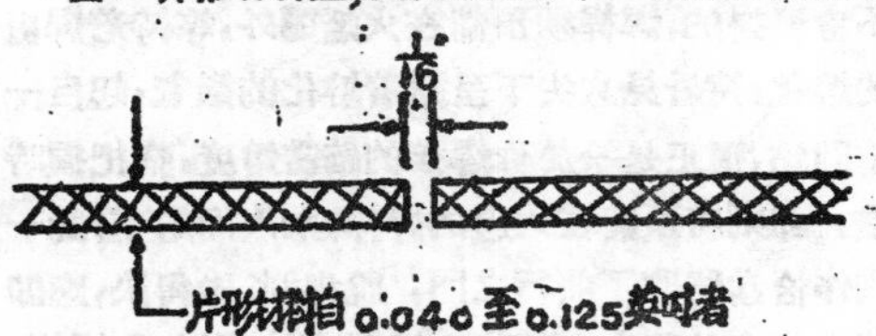

圖2 片形材料中等者，可直接對起，惟須離縫1/16″。

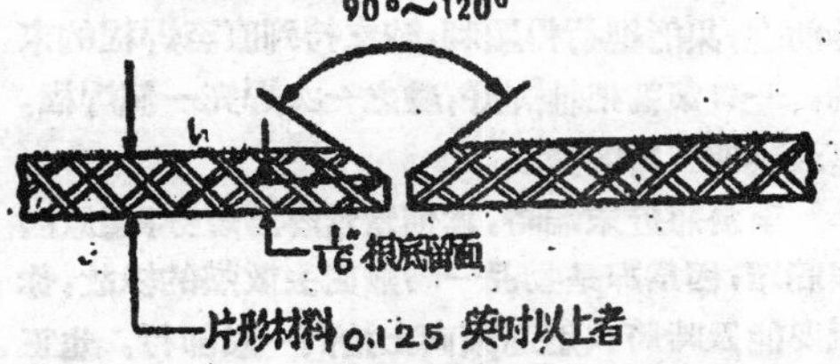

圖3 較厚材料，端部須做成坦形如圖，便於熔透根底。

圖4—與圖3相同。

焊接的步驟

先點後焊——物品焊前的準備既如上圖，然後固定在適當的位置(即需要的尺度形狀)或用手量，或放入工作模子中，俟物品適當地預備好後，即將調好的焊藥，塗在擬焊而未焊的地方，正面固然要塗，反面亦規定在塗抹之列，庶幾焊的周圍，包上一層外衣。次一步動作，才能用氣焊把牠點住，點子做得不要太大，大了以後簡直是替自己找麻煩，點與點之間的距離，要就物品厚薄的情形而定，大概越薄的東西，距離越近，換句話說，就是須要多扎住幾點，通常每點的間隔，約在1½″至6″的樣子，火炬握持成75度垂直線，對着焊處的平面，這樣一一依次做過去，等到點子完全做好，物品才慢慢的從工作模子中取下來。

從焊程之一端，先以小部份，徐徐加熱，使塗上去的焊藥，逐漸收乾，因爲，急劇的加熱，容易將焊藥吹去，此時即可對準某一點開始燒焊，火焰瞄準向前行，即氣炬與物品之傾斜改成45°度，手要穩定，把握着火炬而勿使左右擺動。熟練的焊工，是不會發抖的，焊桿須預備在火焰圈外，等待着焊處的熔化，待看見火尖下呈露着熔化的徵象，起自一小圓點，這正是給於你焊接的確當熔度，請把握時機，即刻將預備在火邊的焊桿，加入而熔下，此一動作恰當開啓了前行之門，說得遲，做得快，應即將火焰向前移上，隨移隨熔解，隨熔再加入焊桿，一一按步合拍的接上去，切勿滯留原處，必須捷敏地前進，纔能進行得順利，請支持到直至焊程的末端，一口氣就把牠焊好，總之一次焊完一個焊程。是最聰明覓得的辦法。

至於將近末端時，爲何常常容易燒穿？這原因很簡單，因爲那是物品一時無處去散熱的緣故，你祇要能及時將火炬逐漸向上抬高一點卽行，也正如焊鋁一般，到了尾端部份，必須注意熱度之是否太高，於必要時暫時移去二三秒鐘，然後再焊。這就是焊鎂的基本技術。

從此端到那端，焊程長短不一，有的祇有一二吋，有的長達數呎，一二吋者固然可以照上面所說，一口氣把牠焊畢，但長的焊程，不免要間斷。惟原則上要以繼續不斷的進行至無法繼續爲準則，此處所謂間斷，亦僅指添換焊桿的一剎那，我們知道添換焊桿是一件必須有的事，當你手裏這根焊桿用盡時，火炬就不得不抬離熔處，以待第二根接上來，而重入那合拍奏節，此種一霎時的間斷，可說完全是合理的，我們不能認爲是『停停續續』因爲，這種動作，根本沒有停止前進，仍舊認爲牠是『一次焊畢』。

停停續續的間斷是什麼呢？這是說一個人不是一部機器，有時要鬆一鬆神經和肌肉的緊張，暫時透一口氣，有時焊品要更變方法，或調節火焰的大小，這都是經常慣有的事，果然遇到這種情形，而需要暫時停止時，則請把火炬慢慢的提持起來，如此則溶液可以慢慢的凝結，減少很多裂損的可能性，再如要繼續焊接下去時，其銜接起點，須起自接連處往後略略退一點，加蓋於舊焊，務求密合而無疵。

同時如相隔之時間太久而物件已冷卻的，那麼焊處的四周，須徐徐加熱至華氏600至700度後，方能續焊，你不妨用木工用的藍臘筆，在已冷卻的焊件上先塗上幾條藍色的筆痕，這種筆痕，會因受熱而變白，這是表明溫度相近600度的一個簡易好方法。

鎂鑄件與鎂片焊接，往往因兩者厚薄差異太多，發生困難，故須在鑄件擬焊接的邊緣，應截薄至片的同厚度，(見圖5)兩者並須離開 1/16" 間隙焊

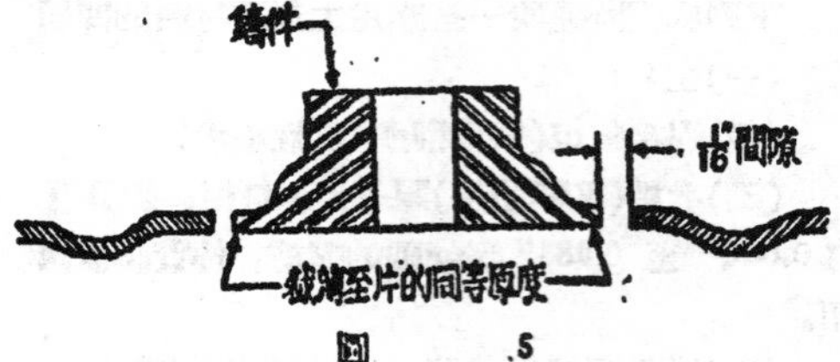

圖 5

時先將鑄件加熱至600至700度，然後再焊接，那末比較能順利地進行，同時這種先期加熱，亦可減少裂損的發生。

上面已經說過，鎂是燃燒物體，焊接時如發生自燃，工作當即應該停止，將燃燒部份除去，刮清齷齪後再焊，倘使準備工作，做得都恰當的話。燃燒就是不常發生的。

焊接工作完畢以後

大凡氣焊焊過的東西，焊後總受些熱漲冷縮的影響，因此彎曲不平，是無法避免的，而焊後的校平工作，就成爲非常必需的，錘敲可用木質或皮質的榔頭來錘打，少數的灣曲，當然容易整平復原，若是大量的彎曲，可將物品加熱至 600～700 度，始能校復。

焊藥富有銹蝕性，這是大家都知道的，多孔形的焊品，洗滌一定很困難，殘渣幾乎不可能全部洗淨，因此，焊後的次一步工作程序，洗滌極爲重要，尋常用滾水漂洗，當然也是一個辦法，但是終不能說全部洗淨，所以清除鎂質焊品，應照下列的做法做去。

焊品當一經冷卻至幾乎可以拿着而不感覺到刺燙的程度，就應該浸入流動的滾水洗滌，用硬棕刷刷去渣沫，務使表皮清潔無跡，第二步手續，浸入化學溶液內歷一分鐘，其溶劑成分如下。

(下接17頁)

怎樣醫治離心幫浦？

鏵

離心幫浦在工作時，可能發生千奇百怪的病狀，可是因爲牠所擔負的任務種類繁多而工作時的情況又並不相同，所以很難舉出一定的方法來補救各種不同的弊病。假使某一種式樣幫浦的特殊情況和其所擔任的工作可以完全明瞭的話，那末在一般情形之下，牠的病症是可以診治的。根據過去的經驗此地將幾種在離心幫浦上常見的病狀和補救方法寫在下面。也許對於應用幫浦的讀者們可能有點幫助吧！

不正常的起動注水(Priming)——幫浦的所以不能正常工作，常因爲不正常的起動注水。吸入管和幫浦箱如不能完全充滿着液體，那末它就不能正常地工作。舉例來說，某一個游泳池內裝置了一隻幫浦，將水自池內打出，循環流通，要經過不少的濾器。起動的時候，用自來水充滿了吸入管和幫浦，一直到幫浦箱的頂部看見了水，然後關上扭塞和活門，最後才開動馬達。照例所有步驟完全沒有錯誤，然而幫浦却行動得很不正常，這是因爲忽略了城市中自來水的壓力太低，祇有每方吋五十磅的緣故。在活門開的時候，水直衝進去，壓縮了原來在吸入管裏的空氣，雖然扭塞(Petcock)看見流動的水表示那幫浦已注滿了，實在吸入管裏仍舊充滿了大量的空氣。要補救這種弊病，只要使水慢慢流入，讓空氣有機會從幫浦箱的扭塞跑出去，那末注水的時間雖然較長，但是空氣却可完全排除出去了。

太高的水位差(Water Head)——幫浦所以不能打出額定的水量，可能是水位差較幫浦的額定水位差爲大的緣故。只要將正確的壓力表，插在吸入噴管及放出噴管的地方，就可以測出總水位差的大小。如發現水位差太高，那末只有用調換葉輪，或者調換幫浦來對付這增加的水位差。

旋轉方向的錯誤——有時候幫浦葉片旋轉的方向錯誤，也是弊病發生原因之一。附圖所示爲幫浦旋轉方向的運轉特性。有A字的曲線是旋轉方向正確時的特性曲線，有B字的曲線則表示方向相反者。這裏說明了如用離心幫浦打每分鐘60加侖的水量水位差40呎非常恰當。但如旋轉方

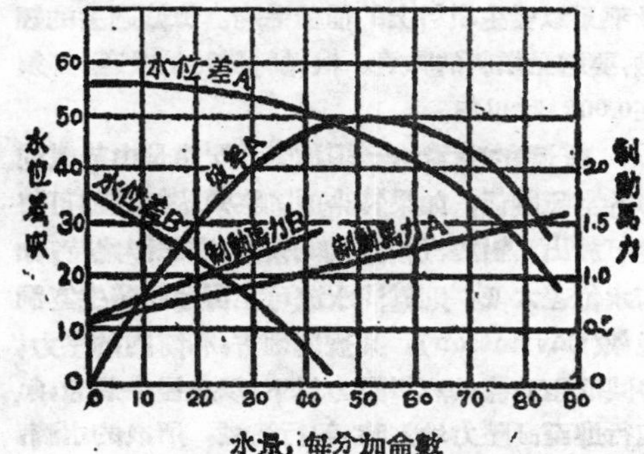

A 正確方向　B 逆轉方向

向相反，幫浦便不能打出這水量了，如曲線B所示。所以現在製造的幫浦外面總刻有箭頭，來表示正確的旋轉方向。

葉輪的阻滯——阻滯的葉輪也是幫浦不正常工作原因之一。新裝置的吸水管也許部份充塞着木頭，磚頭水泥等物，所以當幫浦開動後，這些東西會聚集到葉輪的中心，阻塞了液體的流通。吸水管如沒有雜物，也許隔屏上附有紙張、葉子同種種外來的物質。就可能阻止着液體流向葉輪。爲使幫浦的工作正常，我們就必須除去這許多雜物，始能補救。

空氣的滲入——空氣在幫浦工作的時候，可能由吸入管的漏孔或填料箱漏孔跑進去，積聚到幫浦箱內，因而發生毛病。有時幫浦在打出額定水量時，工作得很好，如遇有節流(Throttle)作用時，就顯得不正常，這也由於漏氣的關係。醫治的方法，當在填沒漏氣部分。

填料(襯更)的毛病——有許多弊病是由於填料箱的填料不够緊密的緣故。即使所用的填料非常適當，然因爲種種機械上的原因，還不免發生問題。軸必須光滑，轉動要正確，填料箱必須與軸同心，否則，不平衡的或是會振動的葉輪，足使軸有偏轉動的傾向。這樣會使軸彎曲，軸上的套筒

也可能偏心。即使在速度很慢的時候，軸轉動雖然正確，但在高速度的時候，由於不平衡的聯軸節，或者輪軸太輕，軸也可能發生振動。還有幫浦和馬達或汽輪，如果軸與軸之間沒有對準，也會使軸振動，所以在裝底鈑和基座的時候，於沒有澆三和土以前，幫浦應該和它的原動機，仔細對準。即使在使用撓性聯軸節之時，也應如此。鬆弛的翼輪，不圓的填料箱，軸上磨損了的套筒或磨損了的軸承都足以發生填料上的種種毛病。依據過去的經驗，要避免填料的弊病，輪軸轉動時的公差，必須在0.002 吋以內。

幫浦的噪音——這種噪音平常是由於幫浦中的空氣關係，如果將箱頂的空氣塞打開即可將空氣放出。對於汽輪拖動的幫浦，在工作之時，如若水位差太低，則幫浦水流可能彎曲而發生空洞現象(Cavitation)。某幾處地方，唧筒內的壓力，要減低至液體的蒸氣壓力以下，以致發生氣泡，氣泡行進至高壓力地方時，即行消滅，所成的水滴，重重地打擊旁金屬表面，以致金屬上會發生空洞現象。如用幫浦來打出高溫的液體時假使吸入水位差(Suction Head)太低，就要發生蒸氣，結果產生了相同的空洞現象；於是有隆隆的噪音了；此外，軸的振動也可能是使幫浦在工作時發生噪音的原因。

關於吸入管的弊病—— 最要緊的是工作液體的溫度。舉例來說，80°F或80°F以下的水，幫浦進口的吸入升力不能超過 21呎，但是在 212°F時，吸入位差起碼要超過翼輪中心12呎，假使吸入管方面，所有的摩擦落差等於 7 呎的水位差，那末在80°F時，翼輪中心應高於吸入井水面最多 21－7＝14呎，而非21呎。在212°F 時，吸入井水面應高於翼輪中心最少12＋7＝19呎而非12呎。所以唧筒應用在水位差不穩定的地方，吸入管方面最易發生毛病。因為水位差一低，水量大形增加，吸入管方面壓力可能減低至大氣壓力以下，－種種問題便由此而生。

幫浦位置應當放在離水源最近的地方，吸入管應當儘可能減少彎曲節的數目，如事實上允許，幫浦出水處總要比較水源低，那末可以自動注水，免生種種弊病。決不要用較幫浦吸入喉管管徑還要小的吸入管子。『幫浦如用吸入升力而管子由於事實上的困難，不能在垂直方向安置時，那末管子的地位應當自幫浦傾斜而下，直至水源，否則很易形成空氣囊而生弊病。所有接頭地方必須緊密，以免漏氣，底活門(Foot Valve)的連接，亦須注意，管子不可深入活門內，避免阻擾。吸入管的末端至少須留水面3呎以下，免得空氣吸入幫浦內，以上種種都是必須注意的地方。

放出管方面的弊病—— 放出管的止回活門(Check Valve)必須時常注意是否良好。假使幫浦停止，而止回活門不立刻關閉的話，水流就以高速度回流幫浦，而此時如再關閉活門以止住此水柱時，水的衝擊力即可能把水管爆裂。所以在較大的幫浦，要在放出管處應用自動的或人力管制的活門。那末當幫浦開動，而未達全速時，此活門始終關閉，待唧筒停止前，此活門又再關閉，如此可以避免開動時過高的載荷或停止時的水擊力量。

翼輪部分的弊病——翼輪同箱環(Case Ring)因摩擦而生的磨損，水由間隙從出水箱再流回吸入箱這樣打出水量便要減低，效率跟着低落，所以在箱環磨損時，就要馬上調換新的。水管也可能因年久而生銹，結果增加了摩擦落差；或則因水源的水平面低落，使得，離心幫浦不能再打出額定的水量。如果要補救這種弊病，一種是可以調換管子，然而這是太浪費的事情。最好的辦法，是將翼輪的翼子頂端背部鑿去或銼去一些。如此可使水的出路擴大，因而提高了打出的水量。鑿去多少完全用累試的方法，直至滿意為止。經驗告訴我們，鑿去後的唧筒的效率並不因此減少，在某幾處實例下反而增進。第三種方法是將翼輪中心的直徑鏜大，也可以擴大水的徑路因而稍許增加了打出的水量。

為了便利診治離心幫浦的弊病起見我們再貢獻一張簡表，可有助於病源的找尋與補救方法的施行：

(一)幫浦不能開動打水：

1. 不正常注水—— 重行注水，開啓所有的塞子，直到穩定不斷的水流看見為止

2. 太高的靜落差 —— 用真空表同壓力表核對，量度水源，幫浦，放出點的距離，計算靜落差並加上摩擦落差。

3. 旋轉方向的錯誤 —— 核對幫浦箱上的箭

頭。

4. 葉輪的阻滯——考察葉輪是否含有固體及外來物質等

5. 太高的吸入升力——用眞空表及眞確的差度核對，計算吸入升力並加上摩擦落差。

6. 吸入管或濾器的阻滯——結果是增加了大量的吸入升力。

7. 太慢的旋轉速度——用速度表量出旋轉的速度，與名牌上的額定速度比較。電動機的電能是否太低或汽輪是否受有完全蒸氣壓力。

(二) 幫浦不能到額定的水量：

1. 空氣可能自吸入管或填料箱漏入
2. 速度或太緩慢
3. 打出落差或較高
4. 吸入升力可能太高
5. 底活門或吸入管未稍陷入水面下不深，吸入管或部份阻塞或則管子根本太小
6. 翼輪可能部份阻塞或直徑太小
7. 旋轉方向逆轉。
8. 由於耗損的箱環，損壞的翼輪，鬆弛的套筒，填料的毛病等
9. 溫度較高或帶有揮發性的液體以致吸入落差不足。

(三) 幫浦開動後卽行停止：

1. 不正常的注水或則吸入管的漏氣
2. 吸入管內有空氣囊
3. 吸入升力太高

(四) 幫浦所耗費的動力太多：

1. 速度太快
2. 液體的比重太大
3. 落差太低，以致打出水量過多
4. 幫浦旋轉方向錯誤
5. 由於幫浦箱的扭曲，彎曲的軸，翼輪同箱筒箱的摩擦，填料箱過緊，耗損的箱環，等。

(五) 其　他：

1. 聯軸節的軸套如若耗損太快，可察核其對準程度(Alignment)。

2. 軸承過熱，可能因減磨軸承的滑料太多，或套筒軸承的滑料太少。

3. 幫浦過份的振動，可能由於葉輪的部份阻塞。

4. 電機軸發熱，可能由於電壓太低，或則由於速度太快的關係。

怎樣將支水管聯接在主水管上而不使水流涸竭？

在礦場，磨房或鎔鍊所中時常有聯接一支水管於主水管上，以爲排水，測量或裝壓力表爲目的之工作；假如水流能够放乾，此工作則比較簡單，但若不能放乾時；下面的方法是對該項工作很有補助的。

爲了施工，應具有之零件計：鋼卡纜 (steel clamp)一套，斗門(Gate valve) 一個，一端連接着銲在鋼卡纜上的短管接頭 (Nipple) 當作鑽頭 (Drill)架，他端備有一管架爲保護鑽頭之用。此外倘需膠板圈(Ruber splash ring) 一塊，置於鑽頭周圍，以防水流濺到工作人身上。各個零件依圖右所示裝置妥善後，便可在主管上開始鑽孔，及鑽頭穿入管內，火速拉回，急閉斗門，此時所欲連接之支管或壓力表等就很容易的完成了。按此工作本身所費之時間約僅一小時，比較先將水放乾，再使其復原的方法要經濟得多。(齊驅)

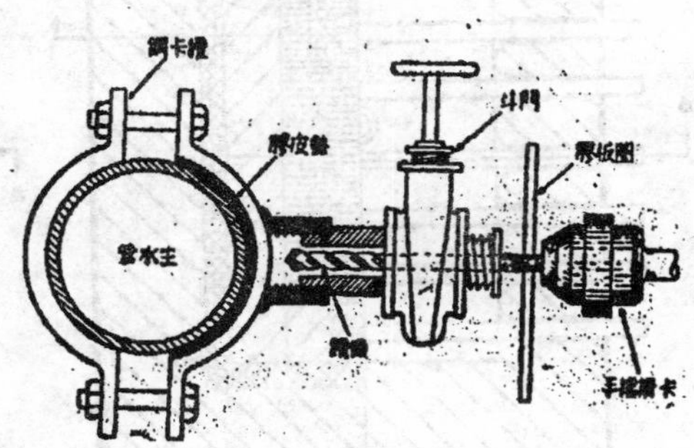

用六塊9吋標準火磚構成溫度可達1550°C的

小型玻璃試驗爐

李國楨

爲了要試驗玻璃溶液對於熔爐所用耐火材料的侵蝕情形，美國J.C. Mullen氏曾介紹作一種小型試驗爐，不但裝置簡單，而且溫度亦很易控制，對於國內玻璃工業試驗上當有不少用途，玆特將其構造及試驗方法等介紹如後，以供讀者們的參攷：

爐的構造

如圖所示，熔爐下部爲爐池(Tank)，上部爲加熱器(Heating unit)。爐壁爲六塊試磚(Test Brick)，爐底爲一塊與試磚品質相同的1½吋耐火磚，距底磚一端4吋處，有一直徑½吋之漏料孔(Tap hole)，爐壁與爐底外部，有1吋厚火泥(Refractory Cement)一層，目的在防止爐內玻璃熔液不致從磚縫中流出，火泥外，爲4½吋的隔熱火磚(Insulating Refractory brick)以使減少爐內熱量損失。爐上部加熱部份，係用三角鐵架將隔熱火磚構成拱形，爐側裝有八隻非金屬傳熱物(Heating element)供給爐內之熱量，均勻傳佈於爐內。加熱部分可以移動，使試驗後，容易檢查，爐上部與下部銜接處，用細砂封住，如此不但保證爐內熱量不致損失，且可防止上下部份冷却後互相粘結。

試驗程序

電源供給試驗爐熱量的電熱裝置，用可變電壓變壓器(Variable Voltage Transformer)。在試驗熔鑄磚(Fused cast Brick)時溫度須徐徐上昇，每小時上昇50°C.，否則容易破裂。7Kw之電力卽可使溫度達至1500°C.

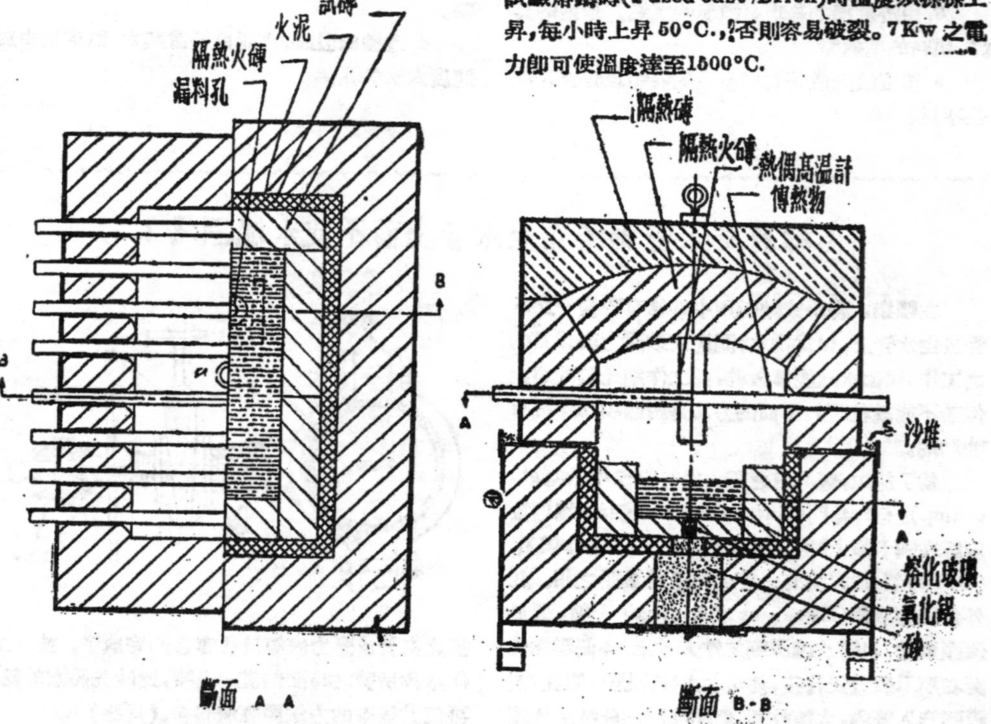

斷面 A A　　斷面 B-B

12792

試驗前之準備 熔爐外殼之隔熱磚，可連續使用不必更換。在爐之基層及四壁，可先塗一層耐火泥灰(Refractory Mortar)，其上再舖試磚。耐火泥灰通常用耐火土熟料謨來石(Mullite)或氧化鋁與10%之粘土(Clay)混合而成。爐底一端留一圓孔，可使已熔之玻璃由此流出。爐底試磚舖妥後，其他試磚即沿此磚之四周豎立，然後用濕泥灰，注入試磚與隔熱磚外殼之間。每次試驗時，用成份均勻之磚，作爲標準磚，在未試驗前，每塊試磚，均須將厚度量好，再於漏料孔與泥灰處，以純潔之砂粒填起，爐底磚上之漏料孔部份，可用氧化鋁或謨來石填塞，最後於爐內裝滿碎玻璃，熔化後其深度約爲2吋。

操作—— 燃時務使溫度徐緩上昇，至110°C後須維持數小時，以待水泥層乾燥，然後再使溫度上昇以至1500°C，保持100小時後，即準備取出所熔之玻璃，取時先將池底圓孔中之砂取出，次用一直徑½吋之鐵棒，由底部向上將漏料孔之鋁粒推開，玻璃溶液即可隨之流出；此時爐內溫度須保持至爐內溶液完全流出時爲止。然後可另用一鐵條，將爐之上部擱高數分，使上下兩部不至冷後粘結在一起。爐內溫度乃可漸漸冷却，約24小時，爐之上部可完全移開，裝添新試料，俾可繼續融溶試驗。或則將火泥鑿去，取出試磚再量其厚度。

試驗結果

由上熔化玻璃所得之結果，在100小時內溫度在1500°C時，熔鑄磚之侵蝕度爲0.078至1.07吋，至於侵蝕之狀態則視所用玻璃之成分而定。下表爲試磚在熔液內侵蝕之結果。

試磚之侵蝕率 (100小時內，溫度1500°C.)

號數	吋(最大深度)
1	0.324
2	0.372
3	0.348
4	0.349

試驗爐的優點

綜合以上各節，此種玻璃試驗爐之優點：(1)可以表現試磚在玻璃熔液內之侵蝕情形，(2)用標準形狀之磚作爲試品(3)構造簡單(4)容易操作。

最近日本棉紡織機械的每年製造設備能力

製造工廠	最高能力		現行能力		指定賠償工廠的現行能力	
	精紡機	織機	精紡機	織機	精紡機	織機
豐田自動織機	60萬錠	12,600台	24萬錠	3,600台	1萬錠	2,100台
豐田工業	60萬錠	11,400台	18萬錠	3,000台	——	——
大阪機械	9萬錠	——	4.5萬錠	——	3萬錠	——
大阪機工	12萬錠	——	12萬錠	——	12萬錠	——
遠州織機	——	3,600台	——	2,100台	——	2,100台
鈴木式織機	——	7,200台	——	3,600台	——	3,200台
其他	——	1,800台	——	600台	——	——
合計	141萬錠	36,600台	58.5萬錠	12,900台	16萬錠	7,800台

說明：由于戰後修理工作較新造工作來得繁忙，所以現行能力較最高能力爲低，而現行能力中又有一部份(精紡機佔28%，織機佔60%)是指定爲賠償之用的。但按現在日本政府所訂的復興紡織工機三年計劃中，希望在1949年復元到四百萬錠，因此，最近對于紡織機械的製造工業，大大地加強了生產速度；這對中國貧弱的機械製造業，不啻是一個極大的諷刺！(欣)

像乾洗衣服一樣地將電器洗淨了一

無線電器材的乾洗

汪 瑞 田

圖 1 乾洗無線電

無線電器材也能用乾洗方法來洗淨，雖然情形不同，但原理却與乾洗商店之乾洗衣服差不多。我們的衣服上如有油穢，最好的洗淨方法是所謂"乾洗"。就是在有油污的地方加上些能使衣服上的油穢溶解的溶劑，本身則不是讓它自己蒸發掉，就是用旁的液體洗掉。無線電器材的乾洗原理則大同小異，不過它主要是利用壓縮空氣來噴出一種極易燃燒的溶劑使成霧點狀，把欲清淨的無線電器材內部各處，噴洒殆遍，然後引火使之燃燒，就可達到洗淨的目的，因爲噴成霧狀的細粒，可以达到無線電器材各部份的細縫處，如可變储電器之定動各片間，與極難清除之接脚處等，這時如果經過了週到而短暫的燃燒，就可把一切污穢，灰泥濕氣等除去，同時如再用壓縮空氣吹過，使能將灰塵除掉。這一個乾洗方法現已被美國紐約拉加地航空基地飛機場中，作爲潔淨航空無線電器材之用，因可增進養護的効率，確是一種很新穎的方法，詳細情形是這樣的：

乾洗用的工具

我們在圖 1 中所有看到的修機人員所持的噴鎗，就是乾洗的最基本工具，其構造如圖2所示，噴鎗與壓縮空氣管相接，溶劑裝在一鐵罐內，擱在木塊上面，俾使盛放污穢的溶劑，最好能在一空曠的地方或在特別製備的小棚內工作，如果需要吹乾已噴過溶劑的機件，祇需將噴鎗的皮管拉開，壓縮空氣就直接吹向機器了。

圖2中噴鎗的構造與原理是很明顯的，當高壓急速空氣由噴嘴噴出時，使接通於溶劑中的小銅管口邊減低壓力，即能把罐中的溶體吸上，與空氣混和而噴成極細的霧點，小銅管是開在連接噴霧嘴數吋的地方。空氣壓力亦可由噴鎗的調節門開閉大小而調節噴霧壓力，大約在四十磅時，(噴嘴直徑爲0.125")每分鐘可噴出12.40立方吋的空氣，在壓力增加到90磅的時候，每分鐘所噴出的空氣量較二倍略少些，假如噴嘴直徑大一倍，則噴量可增加至四倍左右。在清潔無線電器時，普通都用30～40磅壓力，但如遇到有不易除去的固結沈渣時，那末就得要增加到110磅壓力，同時還要裝上特別長的噴嘴，而工作者在工作時必須要佩戴保護手套，以策安全，這種高壓對於馬達或另外較大的電器裝置上，也能安全地同樣使用。

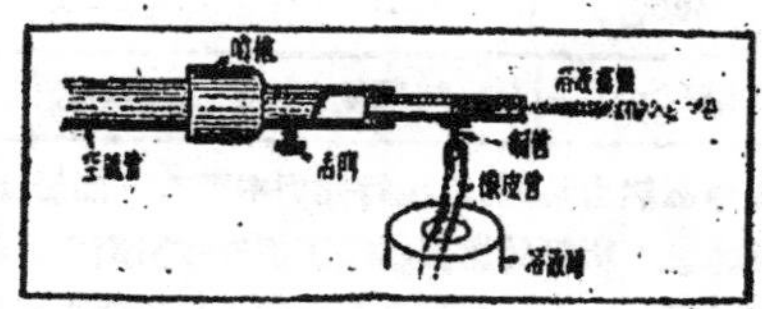

圖 2 乾洗用噴槍

工廠中使用乾洗的方法

在工廠中的應用法可參看圖3，那是特爲洗淨用的一間小棚，大量溶液置於棚的旁邊，再用撓性管子連接至噴鎗噴嘴邊，壓縮空氣的壓力可由壓力表上指出，并用活門調節，在表下面的一個長圓形筒是一具過濾器，目的在濾去些高壓空氣中的

(下接 29 頁)

圖 3 乾洗用的小棚

工程界第三卷總目錄

按照下列各欄分類編排
括弧內爲頁碼，前爲期數

1. 工程專論　　6. 電機電子工程　　11. 安全工程
2. 工業與建設　　7. 機械工程　　12. 工程界名人傳
3. 土木·水利·市政·建築　　8. 化學工程　　13. 航空·汽車
4. 事業介紹　　9. 冶金·熱處理·焊接術　　14. 新發明與新出品
5. 動力工程　　10. 工程材料　　15. 雜類

工程通訊，讀者信箱細目不另編列

1. 工程專論

2. 工業與建設

3. 土木·水利·市政·建築

4. 事業介紹

5. 動力工程

6. 電機及電子工程

7. 機械工程

8. 化學工程

9. 冶金·熱處理·焊接術

10. 工程材料

11. 安全工程

12. 工程界名人傳

13. 航空·汽車

14. 新發明與新出品

15. 雜　　類

編　輯　室

正屆歲暮，工程界恰巧出滿了三卷。這一期，又因為印刷所一再延擱，以致錯過了出版的日期，到了十二月二十六日，技協開年會的時候，也未能緝排就緒，雖然稿子已全部付梓。在無可奈何的情緒之下，我們臨時編了十二頁特刊，專供年會及展覽會來賓們的參閱，也許能稍償一點讀者們對於本刊的關注吧？

在外埠的技術界同志們，由於交通及戰事的關係，對於本年十二月二十九日起，在上海徐家匯交大舉行的工業技術展覽會，也許有不及趕來參觀的遺憾。本期附送特刊全份，藉供參攷。待展覽會閉幕後，我們將特約各部門的主持人，作詳盡的報導，請讀者密切注意下一期的工程界。

一年好過，自明年的第四卷開始，本刊除在內容方面儘量充實，多約專家特寫外；對於各項工程知識，均已分別聘定專科編輯。此外，又特闢『射電工程界』一欄，專門登載有關電子工程及無線電方面的文字，並包含讀者服務欄，負責解答各項無線電問題，請讀者多多賜函指教。

往者已矣，明年的工程界將具有怎麼樣的一種新姿態，仍希望在讀者和作者的鞭策之下，來和世人相見。當然，如果國內局勢安定，工程建設事業朝前邁進的話，在中國技術協會同人全力支持之下，本刊必能不負各方面期望的！

註册商標
TRADE MARK

雙馬 富貴
"DOUBLE HORSE" "FUKWEI"

國內規模最大最設備全

申新紡織第九廠

Largest Establishment with best Equipment in the Country

SUNG SING COTTON MILL NO.9

140 MACAO RD. TEL.39890
SHANGHAI • CHINA

上海澳門路一四〇號 電話：三九八九〇

大威電機廠

大威馬達

普通式感應馬達

馬達權威

全封閉式感應馬達

大威電機廠

DELTA YEI ELECTRIC WORKS

事務所：上海北京東路一五六號一〇一室

電話一六〇一五　電報掛號五一〇一一七

三五牌

呢帽

上海 **華商製帽廠** 出品

總發行所 金陵東路一四八至一五〇號 電話八九一二八

事務所 廈門路一三六弄十七號 電話九六四〇八

第一製造廠 浙江中路六六九號 電話九〇六五九

第二製造廠 西體育會路一八五號 電報掛號 HWASHANG

徵求南洋各地特約經銷處
Midland
中原
各式電話機
本廠磁石機概採用(SHIFFIELD)鋼廠之磁鉄效能高超
出品
中原電話器材製造廠股份有限公司
香港分行…軒尼詩道六十號

開靈馬達
一開就靈
K
開靈馬達電業製造廠有限公司

節省外滙的利器！

詳細目錄
函索即寄

斯太靈牌濾油機

使潤滑油去污還新 節省無謂耗費

中國總經理

馬爾康有限公司

上海匯豐銀行一一七號

電話 一一二二五(四線)

中國機械工程學會上海分會主編

汽車世界

總編輯：黃叔培　常務編輯：張　煒

一月號要目

修理廠設計	自動阻風裝置
辛烷數及調整器	離合器的修理
卡車檢修及保養	節油器之謎
修理經驗談	奧司汀新型制動器
電系規範	器材市價

不及備載

發行處：上海(20)徐家匯交通大學內

汽車世界出版社

興華電焊工程材料行

HSIN HWA WELDING ENG.
& MATERIALS CORP.

經營歐美一切
電焊工具材料
承包各種水陸
電焊建築工程

（營業處）
天潼路二四三至五號　電話 四四四七一

（工務處）
瀋陽路三二七號　電話

民生實業公司

宗旨：輔助社會　便利人羣　開發產業

業務：航業　物產　機器　礦場　電水　投資

乘本公司輪船　清潔　舒適　迅速　安全

現有輪船百餘艘行駛

台灣天津青島福州汕頭廣州香港及長江漢宜萬渝等埠

總公司　重慶中正路一八〇號

上海區公司　東大名路三七八號
中山東一路九號(業務財務)

各地分公司辦事處　漢口　宜昌　萬縣　南京　天津　基隆　青島　汕頭　廣州　香港　等二十餘處·

永利化學工業公司

主要出品

純碱

肥田粉

燒碱

阿母尼亞

硫酸

硫酸錏廠 江蘇省六合縣卸甲甸

鹼廠 河北省塘沽

總管理處

上海四川中路二一九號二樓

華東區總經理處

電話 一五六一六 一五六一七

其他各經理處

天津 重慶 廣州 汕頭 漢口 長沙等地

第四卷 第一期
三十八年一月號

中國技術協会主編
工程界雜誌社發行

新安電機廠

股份有限公司

主要出品

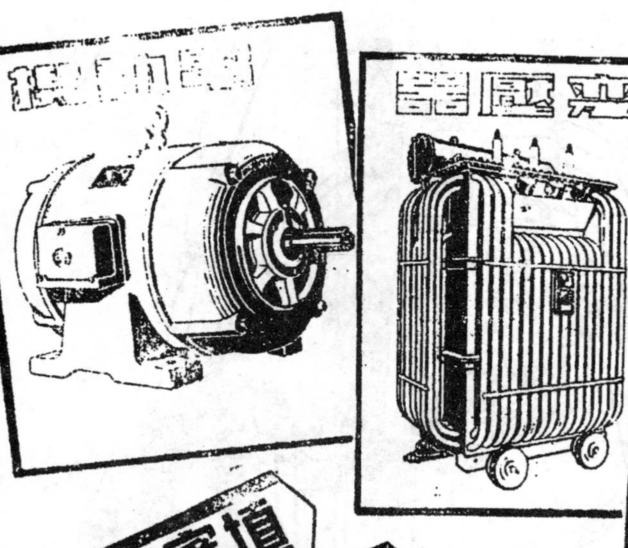

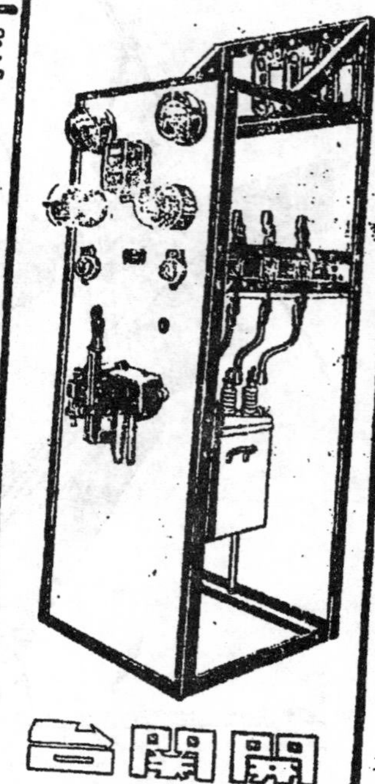

事務所・上海南京西路八九三號大滬大樓五樓，電話・・六○○九○

廠　址・上海常德路八○○號　電話・三五七五三(電報掛號・○七八九)

象

總編輯　仇欣之
副編輯　蔣宏成

各欄專科編輯

土木　楊　謀
機械　丁士鐸
電機　陳賛衆
電訊　蔣大宗
化工　錢　儉
紡織　朱均曾

發行人　宋名適
經　理　許　鐸

編輯委員會

王樹良　王　燮　沈天益
高家明　戚國彬　吳克敏
吳作泉　沈惠麟　沈熙槑
范寧壽　趙鍾美　楊臣勳
顧同高　顧澤南　顧季和
薛鴻達　戴　立　戴令奐

第四卷　第一期　　目　　錄　　三十八年一月號

·印　刷　·　總經售·

中國科學公司

上海(18)中正中路537號(電話74487)

廣告刊例基價

地位	全面	半面	¼面
普通	$50.00	$30.00	$18.00
底裏	$70.00	$40.00	——
封裏	$90.00	$50.00	——
封底	$120.00	$70.00	——
封面	$200.00	——	——
分類	每頁共分二十單位，每單位		$5.00

·出版·發行·廣告·

工程界雜誌社

上海(18)中正中路517弄3號

(電話78744)

POPULAR ENGINEERING

Vol. IV, No. 1 Jan. 1949

Edited and published monthly by

CHINA TECHNICAL ASSOCIATION
517-3 CHUNG-CHENG ROAD.(C).
SHANGHAI 18. CHINA

·訂閱價目·

上海定戶　全年$8.00　半年$4.00

按訂閱時之協議倍數計算

國內定戶　預繳金圓　$200.00

每期按售價七折扣算

國外定戶　全年平寄連郵美金3.00

本期基價每冊金圓八角

按照上海科學期刊協議之倍數發售
倍數如有變更參閱上海大公報廣告

飛虎牌油漆

振華油漆公司製造

上海北蘇州路四七八號

電話：四三一一六

達豐染織股份有限公司

CHINA DYEING WORKS, LIMITED.

中國首創機器印染

七子元布　四喜元斜

五子卡兵　四喜直貢

名利嗶嘰　進寶府綢

一品圖深色綺麗綢

送子花嗶嘰綺麗呢

各種著名色布花布

名目繁多不克備載

上海寧波路三四九號電話九三二一五

上海

華商電氣股份有限公司

業務

電燈

電力

電熱

電車

總管理處
南市中華路（老西門口）一四七四號
電話：南市七一八三三

營業科
南市中華路（老西門口）一四七四號
電話：南市七〇〇二〇

電務科
南市車站路五六四號
電話：電務科南市七〇九七一
工程師室

用戶科
南市車站路五六四號
電話：用戶科
工專股南市七一八二三

註冊商標
TRADE MARK

雙馬 "DOUBLE HORSE"

富貴 "FUKWEI"

申新紡織第九廠

Sung Sing Cotton Mill No. 9

140 MACAO RD. TEL. 39890
SHANGHAI • CHINA

上海澳門路一四〇號 電話：三九八九〇

浦東電氣公司

營業種類：
電光
電力
電熱

營業區域：
上海市浦東全境
上海縣浦東全境
南匯川沙奉賢三縣全境

事務所：浦東東昌路三九六號
電話(〇二)七四〇二三

發電所：浦東張家浜十號
電話(〇二)七四〇二五

中國技術協會舉行二屆年會

強調團結技術人員擴大技協影響

中國技術協會第二屆年會，三十七年十二月二十六日晨在上海交通大學體育館大禮揭幕 是日天雖下雨，出席會友達四百餘人。首由理事長宋名適主席，略稱：技術三年來，尤以最近一年，在動盪和砲火中生長，去年年會上決定的許多計劃，多未能一一展開。過去一年 較諸首二年的成就，當然爲少；但就去年一年來的情形而言，技協已盡了它的力量，而有它的成就，我國工業基礎薄弱，技協有這個責任爲中國工業建設努力，所以技協的工作，將與時俱增，建設必將到來．我們的担子須從現在挑起。年會並非例行公事，會友們不要錯過這個機會，作過去之檢討，而定新的一年的方針。年會之後將是一個盛大的展覽會；現今一般人對前途失望，我們技術工作者正應以展覽會展示建設的前途。

繼由正會長王之卓校長致詞，王校長以地主的地位，表示他歡迎之忱，稱技協與交大關係至密，交大師生，包括他本人，很多是技協會友。同時並稱籌委會前幾天在如此動盪的局面下，决定開展覽會，來向交大借地方，這種精神值得欽佩．最近看看許多學術團體，都無形停頓了，技協以較短的歷史，有此成就，實在是太不容易了。趙祖康氏繼稱，近日我們能高興的日子不多，今天能覺得如此高興，實在不容易。技協在此短短的日子內，有如此輝煌之成就與將來，證明我們中華民國是有希望的。最後趙氏呼籲技協的影響普及全國，技協應該是工、農、醫、各科技術人員的集團，會員們應少做自由職業，而到工廠、農村、醫院、學校中去！嗣後由曾世榮、何尙平、趙國良等相繼致詞，此時趙曾珏氏於大雨中趕到，趙氏大聲疾呼，整個國家在戰爭中過了一年，而愈趨嚴重。其原因實在爲每一個人民對現狀不滿而造成。技術人員應加倍努力，像『士敏土一樣』團結起來，才能發揮力量，促進生產，爲了民生。局勢雖嚴重，相信明年今日，我們仍將在此開會，而有加倍的成就。

通過提案各大機關籌設支會

第三屆新理事選舉結果揭曉

開幕典禮完成後，中午舉行年會餐，卽席由第二屆理事會報告上年會務，并揭曉第三屆改選三分之一新理事人選，爲雷垣、沈梅影、吳仲儀、王樹良、戴令奐、張維楷等六人，候補理事五人：胡文安、許鐸、吳作泉、李凝華、程文駛。并卽席改選三屆司選委員，投票結果計林成威、蔣宏成、林鼎貽、錢家楝、方兆祥等五人當選。

同時大會開始提案討論，以技協會友集中大技術機關的爲數很多，才通過修改會章，規定職業部門得成立支會。據悉京滬鐵路局等處技協會友已在籌組支會中。其餘通過各案爲增進學術福利事工，加強會友交誼聯絡及請政府撥地建造會所及博物館等。最後提出加聘曾世榮、顧毓瑔、及張方佐三人爲正會員，并會友趙國良、汪胡楨升格爲正會員等二案，均經一致贊成通過。

年會舉行技術經驗座談

與會人士主張多方面學習

會務討論結束後，卽開始『技術經驗座談』，在交大恭綽館舉行 是時雖傾盆大雨，出席各界人士及會員仍達二百餘人。首請陳陶心氏發言。陳氏對上海工業會技術委員會的工作有詳細的報告，歷時半小時之久。會場中除有會友筆錄外，尙有曾世榮氏所備之鋼絲錄音器，記錄全部談話。

次由正會員何尙平氏發言。何氏是農業界的著名之士，他說農業技術是因地而異的，不說外國學的不能適用於中國，卽上海學的也不一定能用於四川。農業技術人員要善於利用環境，尤其在中國，氣象水文記錄不全，非得自已想法子不可。如在雲南，就應該利用地勢建蓄水池，利用風季的風用風車打水。再如有一次在內地辦酒精廠，没有電，没有燃料。就得用木炭燒 water gas。當時曾有一酒精專家認爲辦農業的人怎麽會弄酒精？實在酒精工業是一種農業的工業。我們的專家學的酒精廠就知道只是酒精廠而已。這和教育制度也有關，歐洲主多方面學習，美國主專門，不易應付各種環境。

中央化工廠廠長徐名材氏繼起發言。他說，就從中國歷次工業展覽中，看到中國工業是在進步，但有一點，其中很少是中國自已發明或經中國改造過的。可以說，有一個現象，廠開工的第一天成績最好，技術人員畢業的第一天，學問最高！然而，技術需求進步！在中國這種艱苦的環境下，技術工作者確已盡了最大的努力，但，還希望技協諸位同志，努力於建立工業技術的標準．建立中國化的工業技術。

此後吳覺農、雷炳林、顏耀秋諸氏相繼發言，雷氏并述其研究發明彈簧大塞伸之經過。最後曾世榮氏稱以會友立場說幾句，他列舉美國各學術團體對學術性的討論會之重視及會員參加情況之熱烈，并稱今天是來做書記工作，用鋼絲錄音器試行記錄，作一個嘗試。最後對技協會員在如此惡劣天氣，如此不便的交通情形下，而熱烈參加這樣一個座談會，認爲是目前我國學術團體中僅有的難能現象。

座談完畢已經下午四時，仍在體育館舉行遊藝大會。

年會第二日（十二月廿七日）下午分組參觀上海電力公司及紡建公司十七紡織廠。第三日（廿八日）下午三時工業技術展覽會在交大圖書館預展招待會友，到會友及來賓千餘人，五時半並由英國新聞處招待放映技術電影，至七時年會始告正式閉幕。

工業技術展覽盛況空前
一再延展前後共十二天

·會後將舉辦各種參觀及講座·

中國技術協會第二屆年會主辦的工業技術展覽會，三十七年底（十二月廿九日）在徐家匯交通大學圖書館揭幕；本會定期六天至今年一月三日閉幕，嗣因觀衆擁擠萬分，一度展延至六日，而參觀者擁擠如故，雖然新正以來天氣奇寒，觀衆每日在門口排隊等候進場，同時各機關學校要求延長至星期六及星期日假期，乃再度展延至九日閉幕。開覽期前後共歷十二天之久，實爲本市最盛大之展覽會。即較技協過去二次展覽會，（三十五年三月在寧波同鄉會舉辦之上海工業品展覽會暨三十六年雙十節在交大舉行的工業模型展覽會），亦擁有更多之觀衆，規模內容亦較前更大更豐富。技術協會并決定會後舉辦各種參觀及講座。紡建各廠之參觀登記不數日即已滿額，「各組講座如雷達及塑料二種會期中簽名者均達千餘人之多。一俟程序及地點決定，即由該會通知；讀者並請隨時注意報章及本刊消息。

雅片戰爭封閉的瀝滘水道
由美艦領航重新恢復通行

★珠江水利工程總局本月十六日舉行廣州進口水道瀝滘水道的恢復通航典禮。當時請美艦領航，完成通航。

廣州的進口水道，自虎門至黃埔港後，分珠江前後兩線。前航線甚淺，後航淺較深，爲平時通航之道，穗港輪船即由此線行駛。後航線至固岡，後分三枝香及瀝滘兩水道。三枝香即現在行駛的航道，而瀝滘水道早在鴉片戰爭時（1840年，即清道光廿年）用排樁大石築壩封鎖。石壩有二道，相距約八十公尺。敵僞時期日人曾有計劃擬重行開啓，因工程甚艱巨未實行。

瀝滘水道較諸原通航的三枝香水道有三點優點，即(1)全長較三枝香短〇·七公里。(2)計劃濬深至最低機位下4.57公尺，其15呎長所需之挖泥量較諸三枝香水道同樣之工程少十五萬立公方。(3) 含沙量較三枝香少得多，減少淤積的速度。所以水利局決定重行開啓，計劃航道底寬˙公尺，深至最低水下4.57公尺。去年十月初，以柴油發動之抓泥機改裝抓石，預定二個半月完工，提早於十二月四日已經完成了。

渝嘉陵大橋奠基
武漢機器業瀕崩潰

★從重慶滄白路跨江到江北水府宮是460公尺的嘉陵大橋，已經舉行奠基禮了。這次大橋的全部費用，照目前工價，要四百五十萬銀圓。目前已籌得者僅四十萬元，其餘不足之款據聞市政當局預備標售市有公產及徵收工程受益費來補足云。

★武漢工業界最近陷於極大的困境。尤以機器工業，全市五百餘家工廠，加入公會者三百餘家，最近以原料飛漲，銷路阻滯，倒閉者已有二百餘家。武漢機器工業實已瀕於崩潰之危境。

肺病特效藥新供獻
中國PAS試驗已成功

★繼美國改良原有肺病特効藥『二氣鏈黴素』及瑞典出品PAS新藥後，中國的醫藥界最近完成一偉大供獻。本市五洲藥廠，經過一年之研究，最近臨床試驗成功，已將開始製造中國NAPAS肺病特効藥。NAPAS的優點是不必用注射，藥劑可以服用，且無副作用或毒素刺激，久服亦不會造成中毒現象失効而反增細菌之抵抗力。

最近五洲藥廠將其試驗出品 NAPAS，首由同人服用，結果並無任何反作用，乃作臨床試驗。有任成銓君患肺結核數年，迭施各種空氣針，鏈黴素注射均無效，最近已非常嚴重，經試用 NAPAS，翌日溫度即急降，五日後喉痛全愈，十日後胃口正常，大便減少，四星期後體重增十餘磅，已獲得重大轉機。

五洲當局在總經理藥學專家張僼無博士領導下，由研究部主任潘德孚氏等主持研究此項新藥，一年來每日往往工作逾十八小時。此次之成功，實非偶然，約三，五月後，再作多次臨床試驗，及充實設備，中國NAPAS即可正式出品云。

工業技術展覽會特稿

工業技術展覽會觀感

季崇威

這篇文字是去年十二月廿九日看了工技展覽的預展而寫，本來準備在報上發表，因篇幅關係，積壓數天未能發出，後來又失了時間性，匆促寫成的粗枝大葉，本不值得再發表，但因工程界編者一再索稿，只得將此文交出，淺陋之見，尚請讀者原諒。

中國技術協會主辦的工業技術展覽會，是「技協」這次第二屆年會的主要部份，也是該會普及技術教育工作的一個重要貢獻，自得勝利後，技協在上海曾先後舉辦了三次盛大的展覽會，第一次是卅五年三月間的「上海工業品展覽會」，同年十月又與進出口貿易協會聯合主辦了「中國出口貨展覽會」，卅六年雙十節舉行的「工業模型展覽會」，創造了新的方式，應用了新的手法——以圖表照片和模型來說明中國工業建設的實況和前瞻。這次「工業技術展覽會」的重心，則着重於有系統地扼要介紹實用科學的基本知識，儘量使國民了解新工業技術的根源和實況。展覽會的內容，大致可分機械，紡織、土木、化工、電力、電訊、新技術（塑料、雷達、原子能）等數部門，展覽會從三十七年九月間，就開始進行籌備，可是因爲時局的動盪，很多原定展覽的模型和資料，都因運輸問題，人事變動，機關南遷等而無法搜羅齊全，但在不順利的環境下，「技協」的會友們仍盡了全力佈置出一個生動和出色的展覽會。

走進展覽會場，樓下是機械室，首先引人注意的是一大套「鋼是怎樣煉成的？」照片，這的兩路局副局長曾世榮珍藏着的美國某大鋼鐵公司全部的生產過程及說明，從如何開採鐵鑛煤鑛到煉成鋼鐵，軋成鋼軌、鋼條、鋼板、車輪、鋼皮等製品爲止，全部照片五十餘張，都加註中文說明，閱過後對現代最大的重工業——鋼鐵工業，可增進不少的智識，其次，放在展覽台上的是各種木製的工作母機模型，包括車床、鉋床、銑床、鑽床等。牆上大幅的圖表，詳細說明各種工作機的性能和描繪它們工作的情形，後面是中紡機器公司製造紡織機器的翻砂過程，中國農業機械公司生產和訓練用的各種工具，和新中工程公司的許多機器。

紡織室就在機械室隔壁，它陳列了二台紡紗車，一台是紡建公司七廠正在設計裝配的超大牽伸，其牽伸力量可較普通大牽伸增加八倍，紗錠上裝五道羅拉，可直接用棉條或二條頭道粗紗紡成四十二支的藍鳳細紗，其品質與普通大牽伸所紡相同，但它所節省的手續和人工則不可勝計。這種超大牽伸中國尚未應用，現紡建正試裝中。展覽着的紡紗車，右一面是大牽伸，左面是超大牽伸，開動起來，很明顯地可看到後者技術的進步，另一台紡紗車裝着永安紗廠雷炳林發明彈簧大牽伸，可使紗支條幹均勻，節省人力物力，也有甚多優點。

織機方面，陳列了中國紡織機器製造公司的中國標準式自動織機（即豐田式自動織機）和葛鳴松的織機開口反序裝置。此外還有紡建公司陳列的各種棉、毛、絹紡織的工作過程照片，每一過程都附粘實物，其中呢絨一項，就要經過卅一種機器處理。關於印染廠的機械生產，各種布疋如漂白布，黃卡其、陰丹士林、印花嗶嘰等的生產過程都有圖解。

跑上三樓是土木、交通和化工部份，這裏有築路機器的各種模型，和滬杭、京湯公路及龍華機場跑道修築時的照片。另一屋陳列着兩路局特製的京滬線按照鐵路建築標準改造後的大模型，這裏顯示出火車電氣化，速率和行車標機都自動控制的行駛情形，非常有趣。

塑料部份五光十色，更引人注目，它主要是介紹塑料的性能和模塑方法及其在現代工業上的地位，內容包括：（一）從煤、水、石灰製成各種塑料的總括圖表。（三）十二種塑料的不同原料和製造方法。（三）塑料原料製成膠木粉及加工方法。（四）模製方法，有壓模機實地表演。(五)各種塑料製品展覽及圖照，從這裏可以看到未來塑料世界美麗的遠景。

二樓是電力室和電訊室，電力室由上海電力公司的會友悉心佈置，特別精緻，進門壁上掛着各種電力的統計表，如各國發電量、用電量、各人平均用電量等，其中我國簡直少得可憐，幾幅解釋電的性能及本質的漫畫淺顯有趣。上海電力公司在這裏佈置了楊樹浦發電廠的模型全景，此外對發電、傳電、用電各部份的工作過程都有圖表說明、器材陳列及實物示範，如架空電線接頭、地下電纜、電表裝置法、熒光燈裝置法、自動啟閉油開關、傳電平面模型等。最後在幻燈室中更可看到該公司全部發電、傳電過程的幻燈片。

電訊室陳列着正在工作的高速度電報機、電傳打字機、電話自動交換機、和真空管的進化、電磁波與電子管，此外室中還陳列二套雷達，除以圖表說明雷達學理外，並有雷達的解剖和雷達儀器的運用表現。

最後是原子能的展覽，這裏主要是許多照片和圖表，它從人類開始利用能說起，從能的應用的進步，顯示原子能發明的過程，及其基本學說，並對原子彈問題及原子能在工業和醫藥上的應用作一鳥瞰，同時並摘錄了各國科學家對利用和管制原子能爲人類進步幸福而服務的各種主張。

看過了這個展覽會，感到我們的技術知識還太幼稚，一般國民的技術水準還太低，需要學習和瞭解的東西太多了。這一展覽會的規模和內容雖够不上偉大新奇，却是營養豐富的精神食糧，爲每一國民所需要的。中國目前的現狀雖充滿了紊亂和不安，但暴風雨過後，埋頭建設的時期即將到來，「技協」同人能在艱困和動盪的環境中，仍積極地爲推進國家最基本的技術教育工作而貢獻出這樣一件禮物，實在值得大家感謝和欽佩。

機械室巡禮

機械室裏所呈現在觀衆眼前的，倒是最基本的東西。可以說一句，整個工業技術，如果沒有機械工程，就成爲毫無意義。試看：紡織、電力、電訊、鐵道等等：及其他工業方面，那一處不需要機械？

只可惜，中國的機械工業太於落後，同時又因爲有許多重式機械，限於地位，不能搬來；所以機械室的展覽品就比較貧弱，不能表現很多特點。

比較可以看看的，我們推荐中國農業機械公司訓練處陳列的各種手工具標本，凡數十種，包括各式各樣的鋸、銼、鑿、尺等等，裝在二只大玻璃橱內，對於鉗工學習，頗有參攷的價值。其次是中國紡織機器製造公司的一套製造模子和套板，表示一對生鐵托脚的製造步驟，怎樣從鑄造到加工，一步一步的都有種種導具 (Jigs) 來凑合，工作因此就可以加速而準確。這在國外雖然并不希奇，可是對於國內的機械製造同業而言，確是一種比較新穎的方法。

爲了給予一般民衆以最低限度的機械知識，因此，在機械室內陳列了一聯串的較有系統的圖表和模型。這裏面包括：造機原料——鋼鐵製煉過程的全部圖照(係曾世榮先生借來展覽)，造機基本步驟中從翻砂到加工的全部模型 (裏面有小砂箱、小泥心、小車床、小刨床……等等)；還有較新型的工作母機圖照，和鋼珠軸承模型與製造過程的圖照等等。

機械的另一部分，是本國出品的介紹。由於場地狹小，同時國內時局動盪，一般機械廠家對展覽會均無暇參加，陳列品較少。但在抗戰期中曾爲國家盡過最大努力的新中工程公司送來了不少陳列品，包括柴油機、壓氣機、和型砂試驗設備等等；該公司的成績早巳爲國人所認識，現在又很致力於技術教育的推行，這是很足爲人欽佩的。

在機械室中草草巡禮一遍，是不够的。如果我們肯細心咀嚼，卽使在平凡的幾件陳列品中，也能找出許多有價値的資料和最低限度的機械知識出來！(欣)

紡 織 室 一 覽

紡織，解決民生問題中第一個項目——衣的工業，該是多麼的重要！我們可以在第二間展覽室裏，看見牠們的全貌。

一進門，就有許多木匣子，掛在壁上，面上嵌了玻璃，裏面裝着一幀幀的照片，還有實樣和說明。這已足够使你明瞭每一工程的工作情形。排在最前的是「梳毛紡織」，上好的嗶嘰，花呢，都是由梳毛紡織工程製成的。接着就是最大衆化的「棉紡織」，最出名的藍鳳紗綫和龍頭細布，都得經過這工程。現在你可以看見「廢棉紡織」的說明，隨便什麼紡織工廠所遺棄的廢料，都是牠的原料。經牠加工，整理；你正不會相信那些漂亮的大衣呢，棉毛毯的原料，却是些人家廢棄的舊棉胎，紗頭，舊絨綫和破布。再次，你可以看見「蔴紡織」的情形告訴你夏天所穿的蔴布是怎樣製成的，最後掛在牆上的是「絹紡織」工程，由上的大偉呢，印花紡，和綢綢都是牠的製品，至於原料，那祇是些絲廠裏的繭頭繭尾而已。剩下來放在桌子上的，還有「針織綫紘」和「織帶」兩種機製工程。汗衫，衛生衫，小而至於襪子手套，都逃不了「針織」的範圍。「織帶」的產品，有在工業上用的傳動帶，和日常用的鞋帶，褲帶，還有油爐油燈的芯子。

壁上還有九張鏡框，告訴你關於印染廠的機械和工作程序。化工和紡織圈裏人，都可以一看。

此外，紡織室裏還有四架眞像實貨的機器。二架是織布機：一座新的，是中國紡織機器公司的出品，有着目前織布的最優的性能。一座舊的是從紡建公司的上海四廠搬來的，你別看牠陳舊，在牠陳舊的外表裏，却有着嶄新的裝置，這巧妙的裝置，能使換緯的工作更形完善，至於天衣無縫的境地。還有一架是紡紗機，中的精紡機和紡建七廠的那一架，表現了兩個時代，一邊是普通的大牽伸裝置，另一邊是最近的超大牽伸裝置。什麼叫大牽伸？那是從牽伸而來的，牽伸的英名叫 Draft就是把粗的棉條或是粗紗，抽長抽細的一個名字，抽細的倍數，叫牽伸倍數。普通精紡機的牽伸倍數大概是七，八倍，而大牽伸精紡機呢，牠的倍數可以到二三十倍。超大牽伸精紡機的牽伸倍數，當然比大牽伸還要高啦！現在，這超大牽伸用的牽伸倍數是一百六十四倍，事實上，還可以高呢！永安三廠搬來的那一架，是裝用了著名的紡織學家雷炳林氏的彈簧式大牽伸。牠們牽伸部份加用了一個小小的彈簧，由於那彈簧的微妙的作用，使紡出來紗更加勻淨。

你還可以看見，在印染廠照片下，還放下漂亮的印花布的樣本，同時，還有二架手搖的印花機和軋染機的模型。使你對印染的印象，更爲具體。

橫放在「絹紡織」說明下的一堆東西，包括了蠶繭和綢緞，這些表現了我國固有的優良蠶絲業（彼得）

電力室裏

電力室展覽品的排列可分四部：第一部是關於電學的基本常識以及一點有關發電用電的小統計，第二部是一套簡單工程圖，說明電的發生輸送與分配，第三部是實物展覽，在發電廠方面有鍋爐及透平零件等，在輸電方面有地下電纜樣品等，在配電方面有電驛器，油開關，火表，日光燈等。第四部係幻燈室放映幻燈介紹電力設備。

按照上述次序從第一部可得到關於「電」的概念及目前國內外發電的情形，從第二部可了解從發電到用電的基本原理與設備。從第三部可看到電力設備的實物，第四部可更進一步的明瞭電力設備的種種，如果觀衆能按次研究逐步瀏覽，對於電力一定能有一個系統的觀念。

（一）電力小統計——國內外發電量，用電量及上海發電情形等均有正確的統計，從各國用數量比較表裏我們可以看出中國工業生產的落後。

（二）電學小常識——這是一套有連貫性的圖畫，共計十二張，從最基本的「電是什麼」「雷電」一直講到電池，雙連三連開關，日光燈，電鈴，電冰箱，電話等電的應用原理。以最簡單的漫畫方式表示，簡單明白，一目了然，而感到興趣。

（三）從發電到用電連環圖畫——這套圖畫與幻燈片是配合的，因爲一般人或許沒有電機與機械的常識，單看幻燈片恐怕不能十分瞭解，因此讓他們先看简圖。是項圖畫用共二十六張，經慎密設計，故對發電用電的大意由淺入深出已備概略。

（四）上海電力公司楊樹浦發電廠模型（縮尺200比1）——展覽模型的目的在使觀衆對於發電廠的各部一覽無餘以幫助其對電力設備的了解如

蒸汽發電廠不外乎分燃料部，鍋爐間，透平間及開關間四部解釋模型時可從燃煤及燃油的貯藏與運用論及蒸汽的發生透平的轉動，發電機的發電以及開關等。

（五）發電廠實物展覽——因爲發電廠的設備如鍋爐透平等都很笨重龐大，故實物展覽僅能拼湊少數零件如鍋爐水管聯箱，油尖頭，小透平，透平輪葉，油幫浦等。

（六）地下電纜示範——包概地下電纜及各種接頭的樣品。

（七）油開關及控制板——在這裏有一具西屋廠出品之6600伏特油開關，可以用鐵棒及鐵鈎開關，又可用電流遙遠控制。此一油開關更有一特色，即能自動關上。

（八）電驛器之裝置——在這裏的裝置表示當有障礙時電驛器之動作及其影響之最小範圍。

（九）日光燈及火表之裝置——這裏用一電流表表示容電器對於電流大小之影響。另有馬達火表及電燈火表之標準裝置及火表之讀法示範。

（十）電桿實物裝置——這裏共有電桿四根。第一根是6600伏特架空線之分段器，380伏之架空線及并聯式路燈之標準裝置。第二根是6600架空線之自動跌落保險絲。第三根是23,000伏架空線之分段器。第四根是23,6000伏架空線自動跌落保險絲及避雷器之裝置。以上四根電桿都比通常短許多，以便各種裝置可以看得比較淸楚，

（十一）幻燈片——是項幻燈片以介紹上海電力公司的發電，輸電，配電設備而達到使一般民衆了解電的發生輸送與分配爲目的。計共照片及圖解約二百張，說明二百張，從設計到冲洗，耗心血不少。放映機能自動換片，放映時間約爲八十分鐘。（SPC）

新的工業技術展覽—塑料

·錢　儉·

塑料展覽，在我國還是破天荒第一次的事情。本來在歐美工業先進國家，他們每年必經常有一次塑料展覽，由許多廠商熱烈加，會中陳列各種新製品，新機械。各運匠心的佈置，贏得無數參觀者的讚賞，因而將製造商與消費者間的供求情況溝通了。

這次中國技術協會在上海舉行的工業技術展覽會中，所包括的塑料展覽，實際上是一種介紹性質的工作，不得不偏重在圖表與說理方面。我國現在還沒有像樣的塑料工業，所以塑料製品的實例，非常缺乏，不能予觀衆以最深的印象。我們不能從這個展覽看到塑料在現代工業上的偉大貢獻，這是萬分遺憾的。

塑料的基本原料問題

塑料的基本原料，不出乎礦藏，植物界與動物界三者。煤與石油是最重要的礦藏原料，所以塑料的製造，實際上是一個極大的有機合成化學工業。我們將施煤行破壞蒸餾，可以得到煤膏油與焦炭。二種東西。分餾煤膏油，可以收取苯酚和萘等重要物質，由此產生了酚醛（電木）聚醯胺（尼龍）等重要塑料。焦炭與石灰在電爐裏面作用，生成炭化鈣（電石），從炭化鈣開始形成了一個巨大無比的合成化學工業。炭化鈣遇水，發生乙炔氣，乙炔行加氫作用可生成乙烯；乙炔行催化加水作用就得到乙醛和丙酮，乙醛氧化則生成醋酸。所以從乙炔開始，產生了一類頂重要的塑料：即聚乙烯，聚氯乙烯，聚苯乙烯，丙烯酸酯等塑料。

炭化鈣與氮在高溫度時作用，生成氮氰化鈣，由氮氰化鈣，可製成脲與密拉明，從此製造脲醛和密拉明二種塑料。

石油加以熱裂解，再行分餾，可得到乙烯丙烯丁烯三種產品，也能製成聚乙烯聚苯乙烯聚丙烯酸酯等重要塑料。

炭化鈣與石油裂解這二個系統的合成方法，我們得歸功於德國美國的研究工作。德國因石油藏量稀少，所以他們就發展炭化鈣工業，完成了一套乙炔合成製品計劃，這種人定勝天的工作，在德國得到最滿意收獲，值我們效法。美國的石油，藏量之豐富，甲於全球，他們全力向石油的利用方面做研究工作，所以美國的一大部份塑料工業，完全是倚依賴石油，而許多龐大的石油公司因之也必設立塑料工廠，這是美國塑料工業的一個特點。

我們中國，石油的資源是否豐富，還是一個問題，若欲效法美國來建立塑料工業，那是不成的，

所以我們只能走德國的路線，我國炭化鈣合成工業完成的一天，就是我們塑料工業正式建立的時候。作者敢於斷言。

纖維素是植物界的產品，由此製製成纖維等塑料。大豆提取蛋白質，也是一種重要的塑料。玉蜀黍芯桿可以提取糠醛，糠醛化學近日研究的人很多，是具有絕大希望的塑料原料。

動物界貢獻了一種牛酪，這是酪素塑料的最主要原料。

我國以農立國，動植物質源素稱豐富，纖維素塑料及酪素塑料該是我國目前最有希望的塑料工業，海內有志塑料工業者盍興起圖之。

塑料的分類問題

塑料本體，在化學上講是一種合成樹脂，(Synthetic Resins) 就是一種高分子量的無定形化合物，所以任何塑料，在其化學合成的過程中，最後生成品必是一種樹脂狀物質。這種樹脂狀物質的生成，因化學作的不同而互異，所以塑料可以分為下列數類：

1. 縮合型塑料——這是由縮合作用生成的塑料，所說縮合作用，就是由二個簡單的化合物失去另外較小簡單的一個分子而結合成一個大分子。這類塑料，總是由二個不同的原料製造完成。

一、酚醛塑料——即電木

二、脲醛塑料

三、密拉明塑料

四、聚醯胺塑料——即尼龍

五、酪素塑料

六、多元酸多元醇塑料

2. 聚合型塑料——這是由聚合作用生成的塑料，所謂聚合作用，就是由一種簡單的化合物，無窮盡的一個接一個的聯合起來。這種塑料總是由一種原料製造成功。

一、聚乙烯塑料

二、聚苯乙烯塑料

三、聚氯乙烯塑料

四、聚四氟乙烯塑料

五、聚丙烯酸酯塑料

六、矽力貢塑料等。

3. 纖維素塑料——這是由天然物質纖維素加以化學作用而製成的塑料。

一、硝酸纖維塑料

二、醋酸纖維塑料

三、乙基纖維塑料

四、纖維縮醛塑料

塑料更可因對於溫度與壓力的反應不同，分為熱固性(Thermosetting)，與熱塑性(Thermoplastic)二種。屬熱固性的塑料，在加熱壓模塑的時候，它的形態是固定不變的了，不因熱力與壓力，而有所更變。屬於熱塑性的塑料則反是，模塑成的物品可加熱軟化重新壓成其他形態。

1. 熱固性塑料

一、酚醛塑料

二、脲醛塑料

三、密拉明塑料、

四、矽力貢塑料

五、酪素塑料

六、多元酸多元醇塑料。

2. 熱塑性塑料

一、聚乙烯塑料

二、聚苯乙烯塑料

三、聚氯乙烯塑料

四、聚四氟乙烯塑料

五、聚丙烯酸酯塑料

六、纖維素塑料。

塑料的偉大——塑料的應用

任何一種物質，總有它一定的性質，這種性質就決定它的用途。塑料，一般人總以為是一種代用品，這種觀念是不對的，要知塑料的性能，往往混合二種材料的性能而成，它的地位決非替代一時，實是一種前所不見的新材料呢。舉個例吧，聚α-甲基丙烯酸甲酯塑料，它的透光度與玻璃一樣，同時又與輕金屬差不多——比重輕敲不碎，有韌度，可以機械加工(Machining)；這種材料我們以前是找不到的，所以飛機工業上，它已取玻璃的地位而代之了。

每種塑料，有它的優點，也有它的缺點，我們不可以只看到缺點而抹殺其優點，所以我們應用塑料時，應該利用它的優點，再進一步改良它的缺點，事在人為，塑料是無罪的。

塑料的工業用途非常廣大，約可分下列數類述之。

一、航空工業：

酚醛塑料——天線桅，軸承，引擎的點火部

份包括配電器與線圈，薄片齒輪，各種機件及開關柄，窗框，電裝置之絕緣體等。

脲醛塑料——各種器械及無線電貯藏箱，燈火訊節器，樽罌等。

纖維素塑料——無線電天線，駕駛員座椅套，旋轉器之透明帽罩等。

聚α-甲基丙烯酸甲酯塑料——擋風屏，砲塔罩壳，鼻尾罩蓋，星象映綫，透鏡，燈，反射鏡，窗等。

酚醛積層塑料——機身內部的烘炸庫，昇降口的邊緣，機尾，兩翼，中央表面，內部夾板，桅桿，推進器，內部配備等。

聚苯乙烯塑料——無線電外殼，電池槽等，

聚乙烯塑料——點火器各部，無線電各部絕緣體等。

二、電器工業

酚醛塑料——插頭，開關，無線電的自動工作機械，電話機的架座，電鈕等。

脲醛塑料——電池的絕緣部份，表軌測量機，各種插座安置物，把柄，電線末端，電路等。

乙基纖維塑料——器械上之格度，表面，架構，電阻等。

聚苯乙烯塑料——各種儀規，把手，蓄電槽等。

聚乙烯塑料——高頻率無線電絕緣體。

三、衣着飾物日用品

酚醛塑料——飲食器具，盥洗用具，鈕扣，飾物，鋼筆，鉛筆，鞋跟，鞋尖，香烟缸，香烟咀，器具把柄，浴室用具賓。

脲醛塑料——鈕扣，貯盛器具，裝飾品，燈罩等。

尼龍——牙刷，襪，衣料，油刷，釣魚線，手套，髮夾等。

聚丙烯酸酯塑料——鈕扣，衣帶，浴室用品，珠寶類，透明鏡片，表面飾物，粉盒，鏡子，髮刷等。

聚氯乙烯塑料——手提包，吊帶，腰帶，女帽，鞋子，表帶，雨衣，浴衣，浴幕，拖鞋，手套等。

纖維素塑料——梳子，皂缸，香烟盒等。

四、鐵路及航輪

酚醛塑料——燈，絕緣體，電料嵌鑲物，開關箱，信號裝置等。

脲醛塑料——燈光調節器，路盤，航輪之小部門，信號器。

纖維素塑料——內部裝飾，保險玻璃等。

五、建築房屋傢具

酚醛塑料——建築機械，椅，桌，寫字檯，襯壁板，地板，浴室用品等。

酚醛積層品——傢具表面，內部罩蓋物，風屏等。

聚氯乙烯塑料——浴幕，沙發套，窗帘，牆飾等。

聚苯乙烯塑料——冰箱，電燈部份，傢俱等。

聚丙烯酸酯塑料——屋頂瓦，窗，廁所用具檯燈等。

多元酸多元醇塑料——油漆。

六、醫療及外科用具

酚醛塑料——器械箱，器具架，藥瓶架，用具柄等。

脲醛塑料——手術施行之玻璃用品。

醋酸纖維塑料——面罩，實習用之假人體。

尼龍——縫線。

聚丙烯酸酯塑料——護眼物，無形眼鏡，假造人體，牙科用具，發光反射器等。

聚氯乙烯塑料——手術用手套，實習用人體各界等。

七、照相用品

酚醛塑料——照相機之架構，顯像器皿，冲洗關閉器及架構等。

醋酸纖維塑料——照相機之外殼，調節把手，着色底片無色底片等。

聚丙烯酸酯塑料——濾光器及各種透鏡。

八、科學研究

酚醛塑料——器儀之外盒，顯微鏡之各部及儀器把手，調節夾，清潔器，貯藏，藥品瓶蓋等。

聚苯乙烯塑料——化學漏斗，抗酸器具。

聚氯乙烯塑料——細管(tubing)

聚丙烯酸酯塑料——透明噴射器，試管及分析器。

九、玩具及運動用品

酚醛塑料——小艇，釣魚器，骨牌，骰子，玩具房屋，高爾夫球及棒。

脲醛塑料——麻將牌，骨牌，杯，質，及小孩玩具。

纖維素塑料——洋囡囡，氣鎗，高爾夫球，球拍，模型飛機，撲克牌。

工業技術展覽 嘉言錄

民族向上心要用科學技術來表現

地球上自有人類約三十萬年，人類發達用動力迄今不過二百五十年。在此短短二百五十年中人類的進步不可以道里計，愈近愈快，愈快愈好，真是突飛猛進，甚欲至簡捷了當的答復，就是科學與技術。人類有一個向上心，民族也有一個向上心，向上心的表現不是享受而是創造，創造的真實就是科學與技術。模型的展覽可以說是真的事物的實現，科學與技術的倡導然後可有科學子與技術的創造。

卅八年一月九日 趙曾珏

發揚技協精神 領導工業進步

徐恩曾

此次展覽極能指揮吾國科學之新發明，協同人員賀

徐繼榜 卅七.十二.十五

原子萬能 技術萬能

中國技術協會展年華術展覽會均能吸引觀眾領導時代，本屆展覽會對於原子能之研究與應用尤能充分準備，詳密陳列，明確解釋，誠能得風氣之先，為吾國工業技術運動作一大獅子吼。參觀既竟，爰為之題記如右，並祝協會前途無量。

趙祖康 卅八.一.八

唯技術足以救國。見展覽成績之年勝一年，為年來貢獻中僅有之欣慰。同諸教授為特來以技術普揚國力之務開展

卅七.十二.卅

少年救國 [illegible] 新 卅八

工程技術展覽 [illegible]

從圖照看展覽

工業技術展覽

大門

——交通大學——

會場大門口的電桿綫路裝設示範（左圖爲幹事用長桿在講解）

二樓電力室裏觀衆圍看跳動二千餘次的油開關

機械室裏

幹事在講解工具的製造程序

紡織室裏

裝置雷姆林氏彈簧大牽伸的紗機在開車

精巧的工作母機木模型

三樓塑料室裏
做電木器皿的塑料壓模機
在實地表演

工務局長趙祖康二次參觀展覽會
在電力室裏留影
（旁爲上海電力公司模型）

（圖示電動火車及燈號安全裝置）
兩路局技協會友特製的鐵路建築標準模型

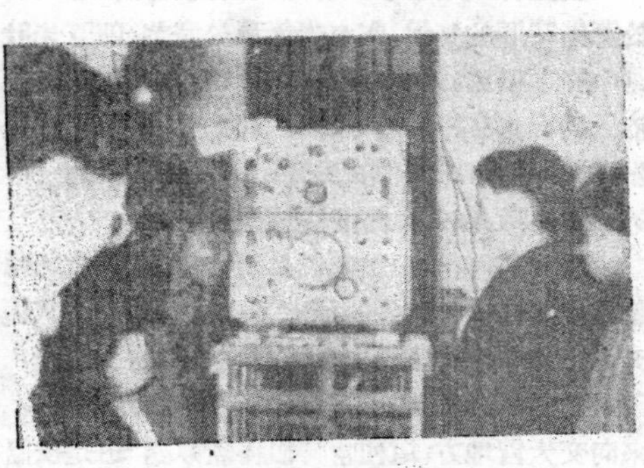

萬衆爭看的雷達機
上：指示器，中爲雷達屏
下：轉動中之天線

電信室一角
在表演中的
電動打字機

原子能展覽
原子能科學家介紹及
世界原子能研究情況

展覽會壹頁

寫在

工業技術展覽會後

鄭定能

中國技術協會在第二屆年會時，又舉辦了第三屆的大展覽——以普及技術教育，灌輸工業知識爲主旨的「工業技術展覽會」。展覽從三十七年十二月廿九日正式開幕，本定至今年元月三日閉幕，因爲觀衆過份擁擠，應各機關社團學校紛紛來函要求，一再延長，至九日始告閉幕，前後共歷十二天，觀衆逹十萬人，工業技術界前輩人士也紛紛遠道前來參觀，讚襃推賞；盛况空前，轟動全滬。

展覽會是閉幕了，籌備的同人們深自感到由於籌備時間的匆促，內容未能臻於完美，即原先計劃中許多項目，也因種種關係，未能做到，場地和佈置同樣也有許多地方臨時更改或有拼凑的缺點。種種情形，正值得在展覽閉幕後計劃新的一年的工作之時，作一全面的檢討改進的。

無論如何，第一點我們必須指出，展覽會的開幕是在這樣一個動盪的局面下。人心惶惑，烽火連天，正如交通大學王之卓校長在年會席上所說：「技協同人在如此動盪的局面下，決定開展覽會，來向交大借地方，這種精神值得欽佩。」這是技協固有的毅力和精神，同時也因爲我們深深地感到，要負起日後國家工業化建設的技術工作者，必須從目前起緊守住自己的技術崗位；而普及技術教育，灌輸工業知識是中國工業化的當務之急。普及技術教育是每一個技術人員的崗位工作；展覽會是普及技術教育的一個方式，是一個大好的民衆工業教：育這正是技協的崗位工作。因此，技協能決定在如是的環境下：進行這樣一個規模比前二屆更大的展覽會，決不是偶然或倖致的。

誠然，在展覽會籌備工作一步步進行的時候，也曾深切地考慮到，當大家爲生活而掙扎的時候，是否還有人有心緒來參觀這末一個展覽會。然而，我們相信，國家建設的一天必然會到來，不僅是我們身負建設重任的技術人員有如是信心，即一般人也將作如是想，因此，我們學技術的，更應及時將這最最實際的學問——技術的知識，普及開去，讓大衆了解，有興趣而後達到善於應用技術以改進生活的目的，這該是技協，同時也是所有技術人員的責任。

在如此大前提之下，展覽會經過不到三個月的籌備，在多多少少的困難下，終於和大家相見了。而開幕來，觀衆們冒了如此嚴寒的氣候，如此不便的交通，每日排了隊來參觀，更有看了一遍再一遍的，有詳詳細細記錄、研究和詢問的，有建議應設長期展覽的，更在擬於展覽後舉行的各項參觀和講座簿子上，簽下了幾千個名：種種情况使我們工作者得到了最大的鼓勵，更加堅定了我們的信心——大家對於國家工業化建設的問題不僅是有興趣，而且是萬分關心的。這個責任，不僅是要技協三千會友來負起，而要全國技術同志共同來培植這中國工業化的幼苗，使它發揚廣大。

現在我們要看這次技術協會舉辦的三屆工業技術展覽會，不可否認的，展示在大家面前的展覽會，和原定的計劃是有一段距離的。

重要的一點是，展覽會還沒有做到整個綜合成一體，一氣呵成的地步。每一室每一部之間，連系並不明確，並有幾處顯得勉强湊觸。照原定計劃，展覽會準備從開頭由人類利用能的演變，作一個開始，而從各種技術的進步中，指出整個工業技術的發展和根源，而最後提出原子能的應用問題來結束。這裏我們雖然是在進門口作了十幅圖畫的佈置（能的故事），而最後以原子能結束，但在中間任何一處，都沒有把它們貫串起來，使參觀者有一個整體的觀念，明確的印象。展覽會的各部各室說明了「技術怎樣改善生活」，而沒有能說明「技術怎樣才能改善生活」這一點。

因此，在每一部每一室中間，對於各該部份本身的技術或多多少少的發展情形是有一個介紹，但能與生活結合的地方，是太少了。

最後，這次展覽會中關於新技術的展覽，在我國可說是一種大胆的嘗試。這個嘗試，特別受到參觀者的重視和關切。許到專家，特地趕來參觀這類

（下接第29頁）

迎接新時代；打破舊障礙，公制的推行只要不貪懶，絕無困難！

工程界為什麼不能完全採用公制呢？

樂　章

直到現在，在工程上雖然已經有了以公制為基礎的「中國國家標準」規定出來，可惜除了若干兵工廠以外，中國的工廠內應用公制的還是比較少；習慣的力量眞是可怕，尤其對於中國！

中國自從1840年鴉片戰爭給英國人打開了關閉已久的封建門戶之後，就一直接受的是英國的各種制度；不管它是好是壞，凡是洋人(那時候當然專指英國而言)的東西，都一古腦兒的來，用了再說。因此，中國的工程技術，最先都是由英國的工程師訓練出來的，而在中國工匠腦筋中所存在舊的經驗和數字，當然完全是以英國制為標準的！——公制的頑意兒，除了少數兵工廠，原來由於近年德法大陸國家留學生從事者較多的緣故，所以比較能通用之外，其餘的工業部門中，應用得就不多，這確是在今後中國工業上推行標準化的最大障礙！

英國制和美國制是否完全相同

在中學的物理書上，很容易使人有一個錯誤觀念，就是把英美二國的制度混而為一，稱為英美制而和公制對立起來。其實英美二國的標準上，有很大的差異，即使是最基本的長度單位和重量單位；附表所列就是最明顯的比較。如果，我們稍有科學頭腦的話，仔細想一下：英美制中的12吋為1呎，3呎為1碼，5,280呎等於1哩，6,080呎等於1浬。而重量中更是複雜萬分，有乾量及液量的區別，折合數字又是畸零變化，這那裏可以稱為是一種合理的「制度」(system)呢？因此，英制或美制是一向為科學家所抨擊的！

英美度量衡制度的基本區別比較表

單位	英制	美制	備攷
碼	0.914399 公尺	0.914402 公尺	其差異可能由於來源不同，一是前腕(從肘至中指末端)長度之二倍，一是盎格魯撒克遜人的腰帶長度。
呎	1/3 英碼	1/3 美碼	其根源卽為人足之長度。
吋	1/12英尺	1/12美尺	根源為人拇指的寬度。羅馬人以為此寬度是人足的十二分之一；在羅馬侵入英倫三島時，此制遂確定。美國標準局定工業上應用之當量為1吋＝2.54公分，因此美制1碼＝0.9144 公尺。
磅(乾量)	0.45359243 公斤	0.45359243 公斤	
唡(乾量)	437.5 喱	437.5 喱	
唡(液量)	1/20品脫	1/16品脫	此為容積的單位，非重量單位
噸	2,240 磅	2,000 磅	在美國亦用長噸(2,240磅)以計量錫、橡膠、硫黃、硫化物礦石、鉻礦石、錳礦石、等礦物的重量。白煤在批發時，用長噸計，但在另售時用短噸。在鋼鐵業上，亦有長短噸習慣的使用。
總噸 (Gross Ton)	100立方呎 (船舶體積)	100立方呎 (船舶體積)	此為容積單位，非重量單位
加侖	277.42 立方吋	231立方吋	

世界各國對於公制的採用現在到了怎麽樣的地步

在近代世界上，除了英美二國和中國墨守陳規的大部分工商業之外，差不多每一個文明國家都是採用公制作爲國家的標準制度了。就是日本和蘇聯也沒有例外，已完全摒棄了英美制，以法律制定公制爲國家的標準。在中國，自1920年起，早亦已制定公制爲標準的度量衡，目前中央標準局逐漸訂定的中國國家標準，是完全採取公制的。公制的優點，我們在此可以不必多費筆墨重複再說了。

就是考察英美現代工業的趨勢，根據美人Curtis L. Bates的調查，也是逐漸在改用公制了。據稱在美國，現在的海岸線和地質測量上均以公制爲基本量度，美國造幣局以公制重量爲錢幣的標準，整個美國的化學工業是採用公制的，電力的計量則根據國會的法案決定採用公制，美國醫學會除了它的出版物以外，現在亦用公制計量；寶石和金剛鑽用公制克拉(Metric Carat)來衡量，電影製造工業一部分採用公制，而現在汽車製造工業上亦有採用公制的傾向，最明顯的表現，即在引擎的火星塞是用公制螺線紋的。

公制的採用是溝通國際間科學家和工業家知識的必要工具

在過去，人們都有一個成見，以爲英美制既已使用了長久，就讓它永遠記留在人的腦子中吧！如果要改用公制，豈不要把已經記得的數字全部改變？而且，公制和英制是可以換算的，爲了保存已經熟練的經驗起，似乎沒有必要，一定要改用公制。然而，到今日原子能的時代，這一個說法就顯得陳舊腐朽了！在目前，科學家今天在實驗室中的東西，也許明天就要應用到工業上去，而國際間的科學知識交流更繁頻，我們如果爲了適合自己的需要，就經常要看到許多以公制寫出來的公式或數字，（這種情形，目前以化學工業和航空工業爲最）；如果，一個英美教育的工程專家要時常耗費很多時間去換算到自己熟悉的英美制數字，那豈不多找麻煩？因此，現在一些有國際眼光的英美工業教育家們也都在大聲疾呼地勸告學生們和工程界從事的人員們：「去學習以公制數字來攷慮，比較換算到英制是簡單一些。」(It is simpler to learn to think in metric system than to translate them to English units.)

爲了爭取時間應該摒棄英美的紊亂制度

在工業技術工作上，簡單和明確是爭取時間的必要條件。曾有人估計過 工業上爲了單位換算所費的時間平均有百分之五。例如，以速度這個單位而言，在航空工業上就有四種表示的方法，氣動力學上用呎/秒，飛機速度用哩/小時，海上飛機用浬/小時，而國際通用的飛機性能，却是以公里/小時來表示；這種混亂的情形，即使是一個資格很老的工程師，也要借重換算表來獲得正確的數字觀念。

由於公制全部爲十進制的關係，在計算上簡化了不少，雖然目前六十等分的圓周計量仍應用在公制中，（時間和角度都以六十等分計算），可是，現在已有一個全部改變成十進制的號召，相信如果這一號能够成功，公制的計算更爲便利快捷，講究時間效率的今天，英美制是必然沒落的了。

我們應該促成公制的推行還是任其自然發展而實行公制

根據以上的推論，推行公制的基本理由有下列六點：

一、現在全世界各先進工業國家無不採用公制爲國家標準。

二、英美各國的很多技術部門亦在推行公制。

三、在工程上日趨進步的今天，需要計算的地方愈來愈多，因此時間的爭取非常必要。

四、效率最高的計算工作，必需用十進位，而惟有公制，能適合此條件。

五、公制的採用，不惟能縮短繁複的計算工作，而且又能促進一完全用十進位的制度。

六、在國際間工程和科學交流頻繁的今天，如果不是應用公制，就要有紊亂的數字觀念發生。

任何事物的發展可以有二個途徑：一種是綫

慢的自然的推行，另一種是急進的革新地促成；對於公制的推行，在中國似乎一向也沒有什麼良好的成績，往往爲現實的環境所限制，甚之一向有公制數字觀念的也要因職業環境的轉移，而向英美制投降；所以我們感覺到對於這事，必需採用急進的革新方法始能促成！具體的辦法，我們建議：

一、國內各學術團體暨各工商機關應在短期內完全應用公制，要做到熟練的地步。在過渡時期內，應視公制爲基本制，英美制爲輔助制（此點近來國家機關已在逐漸推行）。

二、國內各雜誌及技術性學術書刊應完全以公制爲基本，應用於一切單位及數字的計算。工程界現擬首先促行，即文稿中凡有英美制數字的地方，儘量用括弧表出其公制當量，以適應目前的過渡階段。如以後認爲不必要，即不再附入。

三、國內各學校所採用之技術教本，應儘量採用公制的數字，各學校對於學生的技術教育或各工廠訓練藝徒時，應以公制觀念爲主，英制數字僅可作爲輔助地位。

四、中央標準局應從速制定完全的中國國家標準。政府並須以法令頒布，使全國各地工商業一體遵行，强調公制的合法性。公私工商機關在驗收物料，製作機件或貿易上往來計量時，必須採用公制，以期在短時內即能普遍。（此點，本刊擬逐期酌量發表該局已制定了的標準，希讀者注意。）

總之，雖然公制的推行是一件比較簡單的工作，但在中國技術界墨守成規的作風之下，依然達不到成效。我們請看一下「擊敗」後的東鄰日本吧！他們在明治維新前後也是受英國影響最深的，爲什麼現在他們無論在工廠中或是刊物上只看見公制的數字，而不見英美制的數字呢？因此，現在既然工業史上已到了必需劃一制度的時候，中國的工程技術同志們請勿再遲疑，仍舊頑固地應用，那已經過了時的英美制數字吧！

工程界與標準制度量衡

柳培潛

這篇文章原載台灣工程界二卷八期，與上文不謀而合，故轉載在此，供讀者們的參攷。惟以通訊遲滯關係尚未豪原作者同意，想在共同推行標準制必需廣為宣傳這一點上，必能諒解也；希原作者及原編者宥鑒是幸　　編者

我國的標準制度量衡就是萬國公制，簡稱公制，又稱密達制，俗稱法國制。長度用公尺(Meter)，容量用公升(Liter)，重量用公斤(Kilogram)，地積用公畝(Acre)爲單位，上可以十進下可以十退，簡單便利，因此在學理上，實用上，標準上，都比較任何其他制度來得更健全，更合理，更精密。牠的基本標準實際上祇有一個長度，由長度而求得地積容量，重量單位和容量單位也有簡單易記憶的關係，所以牠的單位一元化，彼此之間自然保持着密切相互關係。正爲如此，標準制度量衡不但在學術方面佔了重要地位，便是在商業方面，和日常生活方面的勢力也日見擴展。牠在我國工程界的實力，也漸漸深入，到處都在採用了。例如自來水工程、煤氣工程、電氣工程、土木工程、航空工程、汽車工程、火車工程、航海工程、動力工程、機械工程幾乎完全是公制了。雖然還有一部份人仍然採用着英美制，但那是習慣問題，那是惰性在作祟，不足爲大患的。

我國已經於民國十八年由國民政府公布了度量衡法，規定採用萬國公制爲標準制(第二條)，並且還在第十一條內規定：「凡有關度量衡之事項，除私人買賣交易得暫行市用制外，均應用標準制」。彈指計算已二十年了，但是爲什麼英美制，日本制，各種舊制，市用制，台灣制，還在混鬧着呢？俗語說：「窮則變，變則通」，混鬧實在沒有好處，除了減低工作效率以外，並且還給予了奸滑者一個大好取巧的機會，去加重別人的窮減少自已的窮吧了。工程界沒有利害關係，是推行標準制度量衡最理想的先鋒，是輔助政府澈底完成任務最有效的實力份子，同時也是倡導使用最不容辭的一支强有力的宣傳大隊。

標準制促進天下一家

現在物質文明進步一日千里，超速度的交通

工具，可以將言語立刻傳達全球各地，又可以將人類於數日內載繞地球一周，人類過往，國際貿易，日見頻繁，確實有朝着「天下一家」方向走的必要，因此度量衡也同樣的有朝着「天下一家」方向走的必要，不然一團糟混鬧着 困難太多，下面是一些實際例子：

有一個旅行家，由英國倫敦坐船到美國紐約，共計航行××浬，再由美國紐約坐飛機到德國柏林，共計飛行××哩，又由德國柏林坐火車到法國巴黎，共計車行××公里，他寫信去告訴他的太太，因爲浬哩公里的標準不同，長度各異，不能直接相加，隨手非有可靠的折合表，並經過乘法或者除法的換算手續，方才能製成統一的單位，工作非常費時而麻煩。

一磅生鐵和一磅黃金那個重些？一個溫司的普通棉花和一個溫司的脫脂棉花那個重些？這似乎是一個不合理的問題，但是這是一個合事實的問題，因爲不合理的度量衡的制度方才會產生這些不合理的事實來的。我可以保證一個普通人準給你錯誤的答案，因爲金銀衡一磅(Troy pound)和藥衡一磅(Apothecaries pound)都祇有5,760克令(Grain)而常衡一磅(Avoudupoi pound)却有7,000克令，所以一磅生鐵更重，一磅黃金更輕些；一溫司普通棉花更重些，一溫司同藥用棉花更輕些了。

抗戰初期聽說四川一斗米要法幣三元多，而上海一米斗倒祇要一元多，於是隨着戰事轉變內移的公務人員，都爲了四川米貴，決定單身入川，而將眷屬留在淪陷區，那知四川斗大，四川一斗有上海一斗(公斗)三倍大，所以四川米並不貴，其他食品反比上海便宜，僅僅爲了四川一斗和上海一斗的差別不知拆了多少恩愛夫妻，也不知增添了多少抗戰太太，這豈不是冤哉枉也嗎？

以前汽油一類的東西標價是用加倫做單位的，某學校化學試驗室，半年內消耗三瓜脫(Quart)二品脫(Pint)五及爾(Gill)，學期終了照例要塡造材料結存表，這才困難重重，第一單位計算太麻煩，第二價格計算太麻煩，現在改用公升(Liter)，一公升等於1,000公撮，計算方便，兩相比較，那眞不知道省却了幾十百倍手續呢。

某美國人有一個房子長15碼30吋寬11碼28吋，高9碼11吋，要計算牠的容積是多少立方碼，這又是一件極無聊極枯燥的工作，牠眞足够使你頭昏腦漲呢。某法國人也有一個房子，長5公尺30公分，寬11公尺28公分，高9公尺11公分，要計算牠的容積是多少立方公尺，就簡單得多了。

某君向某店購黃酒3磅11溫司，每磅定價爲160元，共計應付某店590元又向某藥房購酒精3磅11溫司，每磅價格亦爲160元，某君仍照前計算付給該藥房590元，但藥房老闆拒不肯收，因爲酒精的總值應該是626,66元。黃酒用常衡做單位，每磅有16溫司，酒精用藥衡，每磅祇有12溫司，磅的單價儘管相同，溫司的單價就不相同了。

至於工程方面，與其如計算壓力用lb²/平方吋不如用kg/cm,計算溫度與其用華氏的212度，不如用攝氏的100度；計算燃料消耗量與其用gal./mile或lb/Hp.不如用L/km.或kg./kw.；計算地積與其用平方呎平方哩，不如用平方公尺平方公里；計算速率與其用ft/Sec mile/hr不如用m./Sec. k.m/hr.；計算大小與其用1/8寸，1/16寸，1/32寸，1/64寸，1/128寸，不如用3mm 1.5mm 0.8mm 0.4mm 0.2mm。

標準制與精密製造

今日工業進步，各種工業產品的精密度也跟着大爲改善。英美制度量衡單位，不但混亂不整齊劃一，而且也感覺到不合潮流使用困難了。例如精密機器的公差多用公微(M)(Micron)表示，1公微等於1,000分之1公厘或等於1,000,000分之1公尺。量規是檢驗機器精密度的工具，量規第一級公差多用±0.2公微，第二級多用±0.5公微第三級多用±1.0公微，還有最精密的一級用0.000035公微了。

原子炸彈是這次世界大戰於最猛烈的新武器，牠的主要原料是鈾，普通分析化學天平太粗了是不能用來秤量牠的。所以研究原子炸彈的人，一定要利用超微量天平(Ultra-Micro-Balance)，牠的秤量單位是公微分(Mg)(Microgram)牠的精密度可以到達0.02公微分，這是現代世界上最精密的天平。

據美國一位有名的教育家的估計，如果廢止英美制改用標準制度量衡，至少可以使兒童學習算術的時間減少一年。爭取時間是近代工程上一

(下接第29頁)

照明學上的新貢獻，對於航空事業有莫大的幫助！

把稀有氣體—氪充裝在燈泡裏

朱周牧

稀有氣體中的氬，時常被充裝在電燈泡或熒光燈裏面，防止鎢絲的蒸發，以延長它們的壽命。

最近，美國西屋電器公司研究所發見，氪也可以用來充裝在電燈泡或熒光燈裏，效率還較氬來得高。

熒光燈，也可以用氪充裝。一隻八十五支光的充氪熒光燈，其明亮度，和一隻一百支光的充氬熒光燈相等。充氪熒光燈不僅效率較高，在保全以及其它方面，也都不比充氬的來得差。

西屋電器公司更出品一種充氪的礦工用燈。還有一種水晶管子的充氪燈，這種燈，是飛機場上用的。

濃霧漫天，或者陰雲密佈的當兒，飛機的降陸，是最成問題的事了。往往，機身撞碎，乘客慘亡的事，就發生在這當兒。如果，飛機場上，裝起了這種水晶的充氪燈以後，它的燈光，能够透過層層濃霧，或層層陰雲，而到達上空。因爲，充氪燈的光，是和閃電相像的，閃電的光，不是能從濃密的雲層裏透出的嗎？所以，即使是在0—0氣候（zero zero weather）中，水晶充氪燈的燈光，也能遠達一千呎的上空。這樣，飛行的安全保障，又增進了不少。像上次台北軍用機失事那樣的慘事，將不再重演。

美國起霧起得最利害的飛機場，在加利福尼亞州的阿坎他地方，他們即將裝置這種任何氣候都能降落的照明裝置——這裝置裏面最明亮的燈是——水晶充氪燈。

這照明裝置包括：三十六盞水晶充氪燈，還有另外三十五盞燈，則光度比較暗些。這七十一盞燈，排成一線——三分之二哩長，發出和閃電相似的光亮，來指引困困霧中進退維谷的機師們，更救出旅客們的生命。

三十六盞的水晶充氪燈，和三十五盞的氖燈（霓虹燈），一盞間一盞地排列着。這樣，當你一霎眼時，兩盞閃亮的氪燈的閃光，已經滙合在一起了。在空中的飛機師看來，這一長串的照明燈，就像是一片閃電，一直在閃鑠個不住。

一具六燈的氪燈照明裝置，已在克里扶蘭的飛機場，服務了一年多了；成績異常優良。

首先大規模裝置氪燈的飛機場，是紐約的國際航空站。但是，最使氪燈的聲名不脛而走的，還是以濃霧著稱的阿坎他飛機場。因爲，這使得大家對氪燈的照明效能，有了具體的證明。阿坎他的霧，比美大西洋沿岸各地還要大，氪燈能在這樣的地方發揮光力，自然，要令人驚嘆不止而至於信任了。在這霧城的機場上，其它的照明裝置都經不住考驗而失敗了。

這種氪燈，是一根四吋長的細水晶管子，中充以氪氣，最大的光力，高達三十三億支光。

可惜的是：氪的藏量實在少。不然，這種氪燈，可以大量地製造出來，造福人羣。

最後，我們就稀有氣體來大略談一談。

我們都知道，大氣中，除氧、氮以外，還有極少極少量的稀有氣體。稀有氣體有氦、氖、氬、氪和氙、氡和氖，已經應用在照明工業上了，只是歷史還較氬爲長的應用在照明工業，還是最近的事。

前面已提起過：氬，充裝在鎢絲燈泡裏，可以阻止鎢絲的蒸發，以延長燈泡的壽命。但，因爲氬實在太不易獲得了，現在大多用氮來代替。這措施，已經爲我們，每年省下不少的金錢了。

據科學家的研究，充氪的電燈泡，比充氬的壽命還要長，能爲我們省下更多的金錢；問題在於氪並不比氬更易獲得——它們同是稀有氣體。

所以，氪燈的普遍應用，尚有待於科學家們的努力。至於氪的製法，只能簡略地說：先液化空氣，然後，蒸溜液態空氣，在零下一百五十二度收集得氪。

氪，是無色的氣體，比重爲2.818。

★ ★ ★

鑄造工場中的必需品

談製型材料

胡 世 昌

在鑄造工場(翻砂廠)用量最多的就是型砂，它是製造鑄型的必需材料。鑄型和泥心，都要與熔融態的金屬液接觸，而且又是大量使用的，故必須具備下列諸條件：

1. 必須價廉；

2. 具可塑性，即易於製成所希望之形狀；

3. 必須堅實，即製成鑄型時具備足够之強度，使熔融態金屬注入時之壓力不致將鑄型損壞；

4. 必須通氣，以便鑄造時所生之氣體蒸汽等，能通過型壁逸去，不致產生有砂眼鑄件，無法應用；

5. 必須能耐火，即能耐至鑄造溫度，不致爆裂，熔解或在鑄件上燒結。

製型材料的種類

能符合上面許多條件，而爲鑄鐵工場中所應用的型料，現有型砂、肥砂、黏土砂、泥心砂、泥心糊、敷料等；泥心糊與敷料，係供改善前項各種型料製成的鑄型用，各類材料的特性分述如後：

一、型砂——可作型料用的型砂，是石英與黏土的混合物，含有石灰石，氧化鐵等雜質。石英(SiO_2)是砂與氧的化合物，由大小不等的球狀、稜狀、片狀顆粒所組成，是砂的主要成分，可按顆粒大小，區分爲細砂、中細砂、粗砂三種。外面的黏土(Al_2O_3)則以一薄層，包裹石英顆粒，濡濕時黏結石英顆粒，作爲型砂的黏合劑，氧化鐵(Fe_2O_3)在各種砂類中，都含有通常砂之色澤由此決定，但如含量甚多，可促進砂之燃燒，并無優點。石灰石($CaCO_3$)是氧化鈣與二氧化碳的化合物，如鑄造溫甚高時，能分解使二氧化碳游離析出，造成有砂眼的鑄件。

如按黏土含量，則型砂可分爲：瘦砂——(含黏土5—8%)中肥砂——(含黏土8—20%)肥砂——(含黏土20%以上)三種；其中瘦砂因黏土含量低，可塑性及對融鎔金屬壓力的抵抗力也大爲減低，因此鑄型不宜完全烘乾或燒乾。若以瘦砂鑄型鑄造時，須使砂泥濡濕，因黏土含量雖少，潮濕水分尚具黏合能力，也能造成鑄型，這方法就是濕型鑄造或稱綠砂鑄造。通常瘦砂因價廉之故，凡對鑄型强度，無特殊要求時即可應用；且因無需經烘乾手續製型成本也較廉。若按運用情形，又可分新砂，舊砂與可用砂三種；

新砂是由火成岩或稱初期岩如花崗岩、片麻岩、玄武岩、雲母等；或由水成岩如砂岩，石灰岩、頁岩等風化而成；可鏟鋤或挖土機自砂坑中掘得。

砂經使用後即失去原有之性能，故不得不停止使用；鑄造時溫度之突然變易，令石英顆粒爆裂；可塑性、通氣性、耐火性等均因之大爲減弱。此外由於高熱關係，型砂中的黏土成分，可能燒壞，燒壞的黏土即使磨細，亦沒有黏合力，故不可再供製型用。若欲再應用舊砂，必須常添加新砂方可；此種新舊砂的混合物，即稱可用砂。

可用砂是用舊砂混合新砂20—50%，煤粉5—15%，水5—12%而成，優良之型砂其成份應如下表：

砂　土SiO_2	85%
黏　土Al_2O_3	10%
生石灰CaO	1%
鹼　土Na_2O,K_2O	2%
氧化鐵Fe_2O_3	2%

可用砂亦區分爲：敷模砂與塡充砂二種：

1. 敷模砂，係以一薄層直接敷陳於木模上，須用一種特殊優良，且具備一定細粒之砂類，使鑄件成一儘可能光滑之表面。

2. 塡充砂，爲塡滿型箱用，可用較差，顆粒較粗之砂類，有時甚至用舊砂亦可，以求經濟厚壁鑄件通常可用較肥，較粗顆粒之砂，薄壁鑄件則用瘦砂，較細顆粒之砂。

二、肥砂——鑄鐵工場，中常稱肥砂爲灰口肥砂，以示與鑄鋼工場中鑄鋼肥砂有別。肥砂是一種較肥瘦之石英砂，自然產出者即混有20%以上未燒過之黏土，亦如型砂係由砂坑中取出製成，此黏

12834

土供作團結砂粒用，賦肥砂以甚高之可塑性與强度。肥砂的顆粒必須儘可能成稜狀與片狀，這樣才可以增高堅實性，然而通氣性將隨之減低，因此在傾注融熔金屬鑄造前，爲求達到必須之通氣性及阻止形成蒸汽起見，鑄型須在400°C溫度下烘乾，那末，因烘乾時黏土收縮，砂粒間即構成空隙，增加了通氣程度。

肥砂因强度較高，可供下列各項情形時的鑄造工作，即鑄造時易損壞者，機件特別巨大者，受鉅大之融鐵金屬壓力者，易冲浮而起者，以及厚壁鑄件受熱時間特長者。

三、黏土砂——黏土砂是細砂與黏土的混合物，雜有少量石灰石與氧化鐵，和以水則變軟，具有可塑性。若按其中所含黏土之量，尙可區分爲瘦黏土砂與肥黏土砂兩種，如按製造所需不同份量混合，則得所謂鑄型黏土砂，其中瘦黏土砂，亦可以普通型砂代替惟經烘乾後，黏土砂亦具備必須之强度，至於通氣性，則可添加各種有機物，所謂滲瘦劑的來獲得：如鋸屑，稻草屑，穀草，麩屑，泥炭屑，牛糞，馬糞等是。此種攙加物在烘爐中燃燒後，即留下空隙，各種氣體與水蒸汽可從中逸出，至於黏土砂之良窳，可根據烘乾後的裂縫觀察。

黏土砂在鑄鐵工場中可供樣板造型與製造泥心之用，但其主要用途則供鋼類鑄造之用。

四、泥心砂——鑄件上的空眼等各部是由泥心構成，製泥心用之材料，必須特殊堅實。常用的泥心砂，是混合黏土含量甚低（普通低於8%）的型砂，與顆粒均勻之石英粒而成，黏土含量若過高，則反爲不利，蓋黏土在鑄造熱度下變硬，由鑄件取出泥心，更爲不便的關係。

五、泥心糊——製造泥心是應用黏土含量甚低的砂類，其黏合强度甚低，故必特添加人工黏合劑如泥心糊等，來改進之，在鑄造時，泥心糊燃燒可以增加通氣程度，待鑄件完成後，以適當工具擊碎之，使成粉狀即可在鑄件中除去。常用的泥心糊計有下列四種：

1. 油性糊

植物油——如亞蔴仁油或其代用品，大蔴油，罌粟油，橄欖油，棉子油。

礦物油——係自煤焦油蒸餾製得，價較廉，惟强度則不如用亞蔴仁油者。

動物油——鯨油，魚油。

2. 粉性糊

可作油性糊之代用品，惟在空氣中分解迅速爲其缺點，故通常均在傾注金屬液之前，始直接塗抹在已烘乾的鑄型上，常用之粉性糊計有二類，即

(a)甘薯粉，燕麥粉，小麥粉等煮成稀糊狀，趁砂猶熱時敷上。

(b)糊精，由澱粉加熱製成，溶於熱水中施於砂土上。

3. 樹脂性糊

松脂——製松節油時所得之剩餘物。

亞硫酸滷——由木材製紙時之分裂產品。

4. 其他糊類

甜菜汁——由甜菜製糖時所得之分裂產品。

乳糖汁——爲牛乳場中製乳酪時之副產品。

由上述各種泥心糊製成之泥心，必須在適當溫度烘乾之，至所需之烘乾時間則須實地試驗後才能決定。

六、敷料——可分鑄型用與木模用者二種，其特性如下：

1. 鑄型用敷料——型砂常燒結於鑄件上，爲防止此，鑄型在傾注前必先藉敷料敷被之，此等敷料不具黏合力甚爲顯明，濕鑄造之鑄型係用粉狀敷料置蔴袋中敷洒之，常用有下列三種：

(a)木炭粉——是用針葉松樺，赤楊等木材置搗臼中搗製而得；品質優良者灰分少，不易點燃，色黑。

(b)石墨粉——係由石墨片磨製而成，滲和煤粉，褐炭粉，焦炭粉等則其耐火性將減低，品質優良者灰分少。

烘乾鑄造之鑄型，則用稀糊狀敷料，以毛刷或繩辮塗之，此種敷料爲：

(c)黑敷粉——其成分計有水，耐火之石墨，黏合用之黏土，及通氣用之附加物如木炭粉，煤粉，焦炭粉等。

2. 木模用敷料——型砂常黏附於木模上，型箱部間之砂亦常互相黏結，爲防止起見，可以敷料敷洒於此等分界面間。此等敷料不可具吸水性，常用者計爲：

(a)木炭粉——多用於手工製型場中。

(b)石松粉——係自石松植物之種子中製得，色澤淺黃，價昂，多用於機器製型。

(c)東松粉——係石松類屬東松之種子產品，

可作石松粉之代用品。

(d)敷砂——爲鑄件修飾時除下之舊砂黏土含量低，多用於型箱各部分隔面。

製型材料的整理

上面所述的製造鑄型用各種型料，必須自原料砂製成成品後，方可應用，所以必先經過一番整理。至於僅由製型技工或小工在工場，臨時篩細與濡濕手續，實非常例。設備近代化的鑄工場，在整理型砂時，常應用特種機械或自動之設備。那因爲非但管理便利，並能保持型砂的優良而均勻性質的緣故。

型砂肥砂與黏土砂既爲不同的型料，故整理工作亦不相同，茲分述如下：

一、型砂肥砂之整理——可用砂的整理，是按前述比例混合20—50%新砂與舊砂而成，此外尙須添加5—15%煤粉與水。

新砂整理之時，必須經過下列各種機械設備，其經過情形可參看附圖。

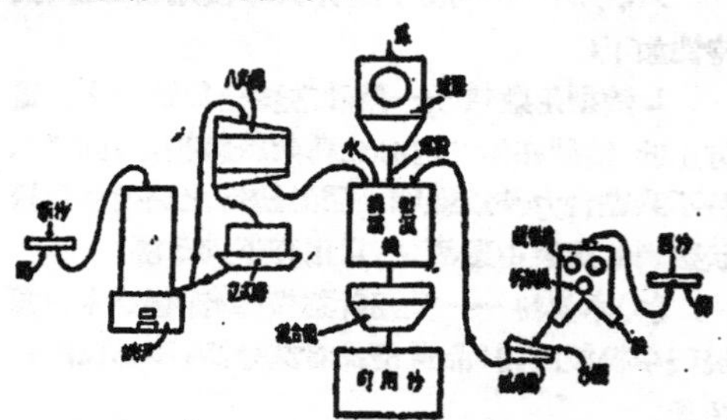

可用砂的整理過程

(a)烘爐——目的在袪除多餘水份，便利篩細

(b)壓碎機——壓碎砂中較大石英顆粒與砂塊

(c)篩——篩出具備所需細顆粒之砂。

(d)攪和濡濕機——攪和及濡濕新砂與此時添入之舊砂，煤粉等。

(e)混和機——更進而混合及打鬆已濡濕之混合砂即應用砂。

舊砂，即曾一度用以製型者，必須經下列各種機械設備處理後才能使用，即：

(a)輥輾機——壓碎自鑄型中取出後仍附含於舊砂上之砂塊。

(b)篩——篩出足够應用之細顆粒砂。

(c)析鐵機，亦稱磁鐵分析機——析出舊砂中之鐵屑，型釘等。

(d)攪和濡濕機——新舊砂於此中相攪和。

(e)混合機。

煤粉係在攪和濡濕機中加入，通常可以煤塊置球磨中磨細製成，其功用在防止型砂燒結於鑄件上。

這裏所提起的各類整理機械設備的構造及工作狀況等，以後如有機會，當再專文介紹。

二、黏土砂的整理—前面所說的鑄型黏土砂，是由生黏土砂及各種附加物合成，其整理須經過下列各機械設備：

(a)輥輾機——壓碎較大之黏土砂塊用。

(b)立式磨——磨細及混合用。

(c)黏土揉合機——揉和用。

三、泥心砂之整理——泥心砂與泥心糊之混和，若以手工持鏟具行之既費時且亦不見功效，又若以普通常型砂混合機行混合工作亦非善策，因容易堵塞此類機械，短時期內即有損壞之虞。故一般均用特製之泥心砂混合機爲之。

製型材料的檢驗

型料的檢驗包括化學與物理兩方面：型料的化學組織，應在購進時用化學分析法來檢驗。供製較小鑄型的可用砂常較製較大鑄型者檢驗次數爲多，而物理檢驗較化學檢驗更爲重要，在物理試驗中尤以砂壓緊時的情形爲要。壓緊工作，端視其方式而異，主要的人工搗緊，水力壓緊，空氣壓緊，振動機，拋擲機等。

下列各試驗方法，適合檢驗型料各種性質之用：簡單的方法：

(a)水份——取砂樣一件，烘乾後衡量其重量減輕之百分率。

(b)顆粒——以大小不一篩子，檢定砂粒大小

(c)黏土含量——以振動試驗行之，試管中置一定量之砂樣，和以冷水加以搖振，待靜止時，觀察管底，如爲較粗之石英粒，其上爲較細石英粒，再上爲黏土，頂端爲水，黏土之量即可取而衡量之

(d)黏合力——是決定强度與可塑性的方法，取一均勻壓緊之方柱或圓柱形砂樣，使沿一光滑玻璃板移動，逾邊緣時，砂樣因本身重量而墮斷，測此斷塊之長度或重量，表示黏合力的大小。

(e)通氣性——一定量之壓縮空氣受不同壓力時，測其通過時間。

在翻砂廠中經驗豐富的製型工人，能用兩手緊握砂團，查出其堅實性，由砂團之斷面尙可以肉眼檢定砂質之良窳。

至於鑄型黏土砂的檢驗，其優良程度可觀察其烘乾後所生的裂痕，如果裂痕多，形狀既寬且長，表示黏土砂太肥。

深潛入水面下200呎的潛水夫在海底僱傭工作。

從打撈江亞輪說到

潛水的技術

魯　夫

由於航海事業的發展，潛水夫這一項職業也逐漸被人重視起來，好像最近江亞輪失事後，招商局派出了大批潛水夫，打撈屍體，並入水探摸輪船損壞情形，以決定失事的原因和責任問題。

潛水夫的工作，不僅是打撈一項，很多的水底工程，好像在水底澆水門汀，做橋墩，在水底放管線，修補船身，以及做種種銅匠和木匠的工作。有時，潛水夫也得在水底安放炸藥，預備炸去河床上凸出的岩石或是為了軍事上的需要。水底電影的拍攝，也是由受特殊訓練的潛水夫所進行的。

潛水夫給人的印象，總是穿上了鎧甲，脚上套了沉重的鉛底鞋，好像是水中的什麼怪物。這一項職業確實是一種很艱難的工作，要有强健的體格，清楚的頭腦，受過良好的訓練，才可以深入水底工作。同時，在某種程度上講，還是冒着相當大的危險。在深達300呎的水下工作，要受到每方吋150磅的壓力，再加上潛水衣和頭盔，又要加上200磅的重量。

大約在 1912 年，潛水艇第一次試驗成功以後，不久美國海軍就專門訓練潛水的技術。今日美海軍還保持他們專門訓練潛水夫的學校在貝翁尼(Bayonne N.J.)和華盛頓(Washington, D.C.)兩地，海軍中的潛水夫現在都從這裏訓練出來，就是陸軍中的潛水夫也在這兩隻學校裏訓練。至於非軍事性的潛水學校，今日在美國只有一只司巴林學校(Sporling School of Deep Sea Diving)在惠爾明登(Wilmington)地方。這學校將原來需要三年的課程，緊縮成二十個星期的嚴格訓練。他們的許多畢業生都是潛水的能手，證明了他們的訓練成功。

司巴林潛水學校的主持人是克勞斯中尉，他是一位有十四年潛水經驗的海軍潛水手。克勞斯的第一次潛水是第一次世界大戰時打撈一只破壞的給養船多賓號(Dobbin)，此後，他先後入水不下二千多次。在二次世界大戰期間，他曾爲諾曼第事件中的指揮者，以及任職於太平洋及大西洋上的救險船。他更在比基尼島試驗原子彈時，數次深入輻射波所及到的水層中。

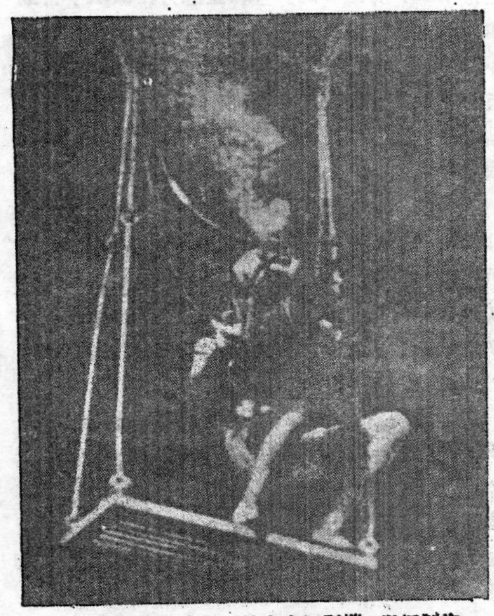

潛水夫在使用一具水底攝影機，以攝製海洋下的景象。

12837

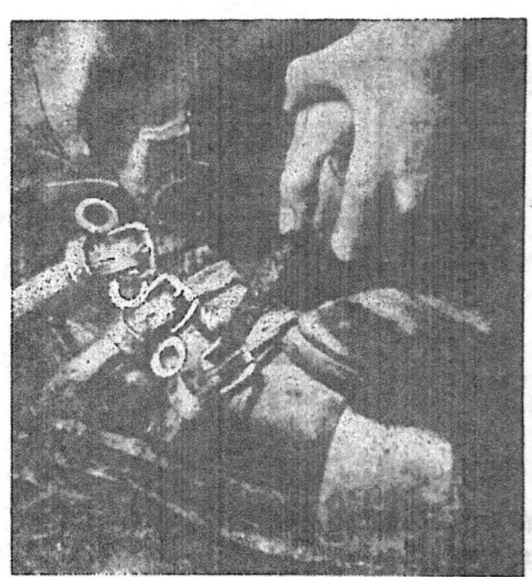

潛水夫所着的靴子，重十七磅半，脚底是鉛的，足尖包上的是銅皮，這一付靴子，已是使他夠受的了。

克氏曾說，今日的水底工作，不但要求潛水夫深入水中，還需要他們到水中以後，怎樣進行他們的工作。

潛水夫的適當年齡在20歲到30歲之間，必須體力强壯，有足够的力量和堅忍力在深水中行動和揮動工具工作。（由於水的壓力，在水中就是舉步，也得用很大的力量）。他們不能體重過度，因爲脂肪組織吸收和保持有害的氮。同時最重要的一點，潛水夫不能有神經質的慌張，他自己的生命就依賴於他本身鎮定的思索和決策。

經過五日初步的訓練以後，學生們於是舉行他們第一次的所謂「除名」潛水，因爲假使在初次潛水時，他表現過分的激動，或是喜歡多言的人，就要被勸告請其改就他業。根據以往的紀錄，差不多三十多個學生中有一人不能適合潛水這項工作的。

通過了這次潛水，學生們就要受到嚴格的長期的訓練。他要學習潛水的原理和歷史；急救方法和意外事件的防範；怎樣使用救生器具，對於潛水衣等各種設備的保護和收藏；在水上和水中割切和銲接的工作；船上工作的各種知識，關於炸藥的使用方法；以及海中珍珠、海絨等等標本的採集。

初步的訓練，是利用一種特製的水池。池有十呎高底，中間設有一間通以壓縮空氣的房間。學生在池中工作，訓練員可以由外面或是壓縮空氣室的窗口中觀察工作的情形，而用電話予以指導。

在這人造水池中訓練完畢以後，於是正式從船上潛水入海，這時學生們往往表現更多的熱心不過學生可以在水池中已經相當熟練，而當深入達100呎的水底時，在他周圍是黑色的水流，水底的岩石纏住了他的繩索，海藻抓住了他的脚，巨大的海底動物在身邊遊過，往往使初入水者，失去了勇氣。

潛水手在水中工作所用的工具，就是日常水上所用的工具，再加上一些必須的特種工具。小的工具，裝在一隻帆布袋中，隨身帶下，大而重的工具，則另外用繩索吊下去。

潛水手所帶的特種工具，包括一種在水底工作用的刀，這種刀的另一面則有鋸齒，一具水泥噴漿機，以備嵌縫澆漿之用，電匠工具以備割切水底電線，電纜管線，和去除鉚釘的工具。

至於潛水夫最有用的工具，還是割切管，不論是氫氧焰的，或是氧乙炔的，或是電弧的，在水中運用這種工具，基本上和普通的陸上工作沒有什麼大的不同。當氫氧焰吹口在水中工作時，吹口周

左面的潛水夫準備入淺水工作，所以衣服較輕便。右面的深潛者，他就要穿上重190磅的衣服呢。

12838

潛水夫正在學習如何應用氧乙炔焰切割術，以便在深水下施行急救工作。

圍的水被噴出的壓縮空氣所推開，形成大約四吋大小的一個球形火焰即在這個球形的中間燃燒，水中所用的吹口，都裝有所謂「球核」(bubble nuts)使吹口和鐵板之間，保持一定的間距。

救護沉船，是潛水夫的重要工作之一。在第二次世界大戰期間，沉沒船隻，不下數百艘。這些船隻都是滿載戰時用品、膠橡、燃油等等，可說價值連城。有時船隻受到碰撞，在駛入船塢修理之前，需要潛水夫入水作緊急的修理工作。小的裂縫或穿洞可用軟木塡住，再以牛油繩子用壓縮工具嵌入隙縫。大一些的洞眼則用鋼板，草墊等材料堵住。若是損壞的部分很大，修理工作就比較複雜，潛水夫先要下水清除損壞部份缺口的碎鐵，量好所需修補部分的大小，在水中做好這部分船身的樣板，洞眼的大小，船身的趨勢都決定後，然後在甲板上將鋼板照模板做好，再放下水銲接於船身。

木匠的工作，也是潛水夫常遇到的，像救護修理船隻時用木板裝船身，和支撐船身的方法，潛水夫都要熟悉。

有經驗的潛水夫也能做水手的各種工作，諸如繩索和鏈條的使用，滑車和層架等性質，都要知道。

同時，關於水泥和三和土的知識，也很重要。潛水夫不但用水泥在水底堵塞船身的漏洞，而且很多的三和土工程，像橋墩、底脚等等，也在水中進行。在水中做三和土工程，需注意到水泥的强度，防水和防着鋼條的能力三種性質。三和土在水中約需15分鐘即行硬化，然而經三四星期以後，還未能達到最大的强度，潛水夫因此常用較多的水泥來拌和三和土，普通有用到1份水泥 1½份黃砂，2份石子的比例的。

在運用炸藥的時候，潛水夫就要依靠自身的技能和機敏來避免可能遇到的危險。當沉船中裝有炸藥，潛水夫破船入內時，很易引起意外的爆炸。有時安放炸藥時，爆炸過早發生，致使潛水夫來不及爬出水面。

今天對於一個訓練有素的潛水夫，眞有着許許多多的工作，整個世界好像都需要他們，也許澳洲正在建造一座大橋，要潛水夫在水底建設橋墩，美國又有一家油公司將在沿海岸開鑿油井，有時加利福尼亞大學會要他們入海收集一些加利福尼亞灣特產的海藻。除了這些工作之外，在戰時，歐洲某些國家的政府，由於納粹的侵略，曾把大量的金銀，沉入海底，這對於潛水手們也可說是一個憧憧着的好運吧。最近「聲納」Sonar 和其他利用超音波的器械的發明，對於在海底作搜尋工作的潛水夫而言，可以得到不少的便利了。

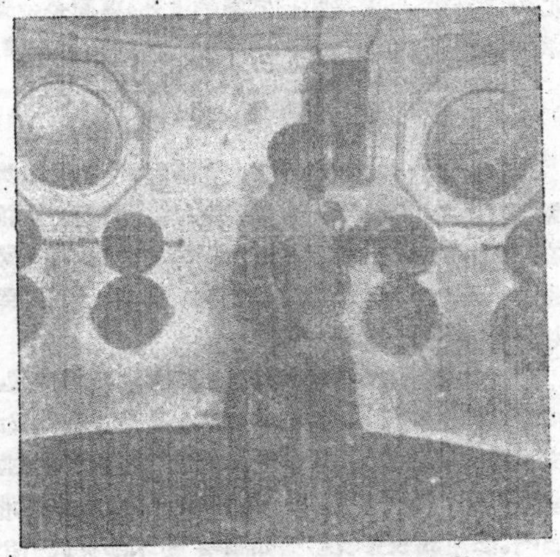

這一位潛水術的教授正在壓力室外面的圓窗內觀察裏面學生們的工作練習。

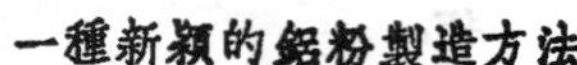

一種新穎的鋁粉製造方法

用噴霧法製造鋁粉

·居紹珪·

鋁粉在工業上的用途很廣，尤其在戰爭的時候。因鋁粉是引火和爆炸劑的重要原料，故對於產量和製造方法，時有改進以適應各方面的需要。製造鋁粉的方法，在目前可分爲四種，卽銑削法(Milling)，擊碎法(Shotting)，粒化法(Granulation)和噴霧法(Atomization)。在銑削法中所產生的鋁粉是碎片狀的，常用於製造顏料；在擊碎法和粒化法中所產生的粉末較粗，且內含有不定量的氧化物；在噴霧法中所產生的鋁粉，其粗細程度隨器械的設計而定，可得極細粉粒，且可減少氧化物至最小量。廣義的噴霧法包含各種製造金屬粉末的方法，本文所述的噴霧法，是指利用壓縮空氣，使鋁金屬熔液噴出的時候，成爲粉末的方法而言。

在公元1882年時，德國人最初以高壓鉛質熔液噴出，使其粉碎，以製造鉛柱之用，後來隨時將其儀器和技術兩方，逐漸改進，使能得更細的粉末。至1924與1925年間，美國人有用噴嘴射出金屬熔液成霧狀，使之粉碎的方法。其噴嘴的構造爲一同心雙管套筒，外面是壓縮空氣的噴孔，裏面是金屬液體的噴孔，這便是現今用來製鋁粉的基本設備。

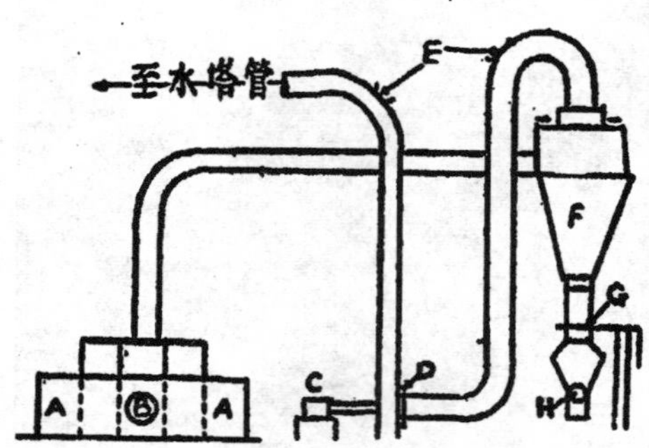

圖1——鋁粉製造機械配置

A熔爐　B噴嘴　C發動機　D風扇

E通風口　F漏斗管　G滑門　H旋轉閥

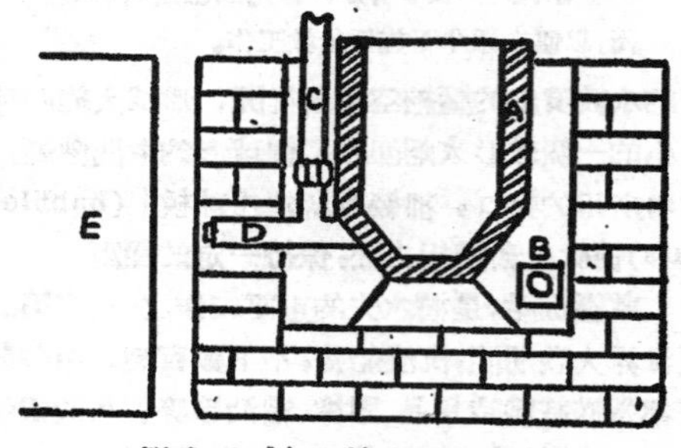

圖2——製造鋁粉的噴嘴

A坩堝　B煤氣燃燒器　C壓縮空氣管

D噴嘴　E收集筒

噴霧法的設備

器械的配置——當設立一座生產和收集鋁粉的工廠，應特別注意其安全問題。因鋁粉散佈在空氣中，很易燃燒；在製造鋁粉的過程中，應嚴格避免鋁塵的播散。懸浮的鋁塵的濃度，不可達到起爆炸的程度，以免危險。

近代工業上，所採用收集鋁粉的方法及其步驟，尙稱安全。其裝配和主要各部如圖1。工作步驟如次：將金屬放入坩堝內，以煤氣加熱使之液化，並達到必需溫度。從該堝輸送到另一煤氣加熱的坩堝內。該坩堝裝有噴霧嘴如圖2。粉末卽從此噴出經較粗的輸送管，(圖中未畫出)進入集取箱，再以風扇的吸力從集取箱通到漏斗狀旋風管，大量的粉末就在此處積聚下落；少量的較細粉末，由風力帶出去，通入水塔被流水擦洗使其潔淨。

噴嘴的設計——在製造鋁粉的噴霧法中，其適當溫度爲攝氏800度，其噴嘴須以耐熱和防腐蝕的金屬製成。由試驗的結果，若以鐵的化合物製成其噴嘴，每易損壞，且易成爲三鋁化鐵$FeAl_3$其結果甚爲不良。卽用特別耐熱鋼料，亦祇能用數分鐘，如有石墨，可較爲長久，且能免腐蝕，但在機械性質方面，並不合用。

最近對於噴嘴的設計，是採用特別耐熱物質，並無腐蝕作用，故應用時間較爲長久，其構造如圖

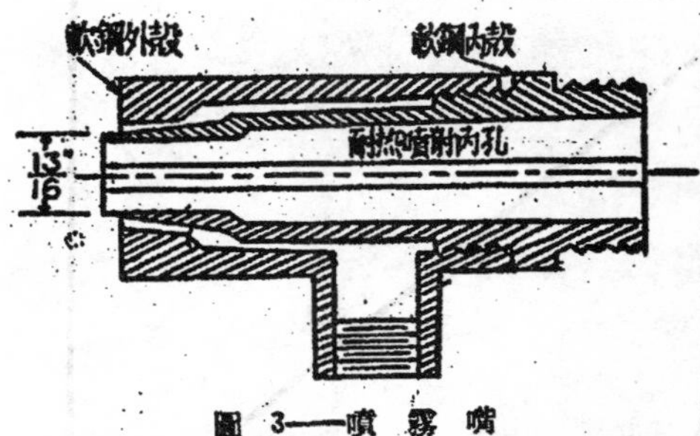

圖 3——噴霧嘴

3。中央爲金屬熔液噴射管，四週塗有耐熱的物質，外管爲一同心管以軟鋼製成，通以壓縮空氣。當空氣噴出時，能使熔液成爲細末，其形狀見圖4。

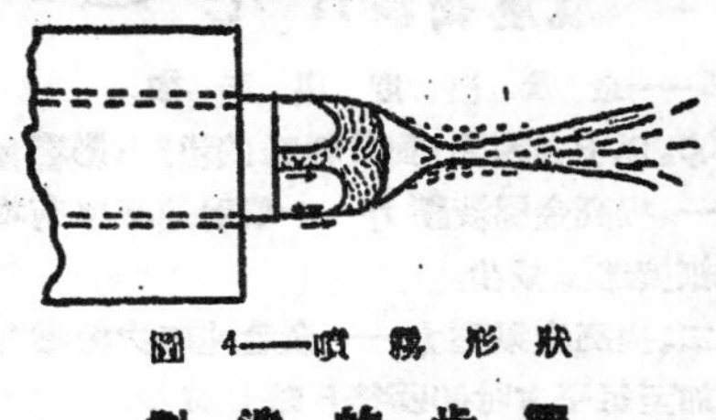

圖 4——噴霧形狀

製造的步驟

放原鋁入熔爐內，每錠重量約爲五十磅，其成份詳見附表，俟到適當溫度時，將其熔液運送噴霧室。在噴射時必須保持液體在一定壓力和一定溫度，因鋁液在高溫時其熔液的黏力和氧化的外表，對於噴射管有很大的妨害。因爲液體流至噴射口發生障礙或不能通暢地流出，甚至使孔口封閉。

影響鋁粉產量的因素

金屬液壓力與產率的關係——金屬液壓越高，產量越大，據某次試驗所用噴嘴的射孔，5/32吋；空氣圈1/16吋；突出度¼吋；外殼斜度爲零；空氣壓力每方吋75磅；金屬液溫度775°C.其金屬液壓力與產率的關係可見圖5。

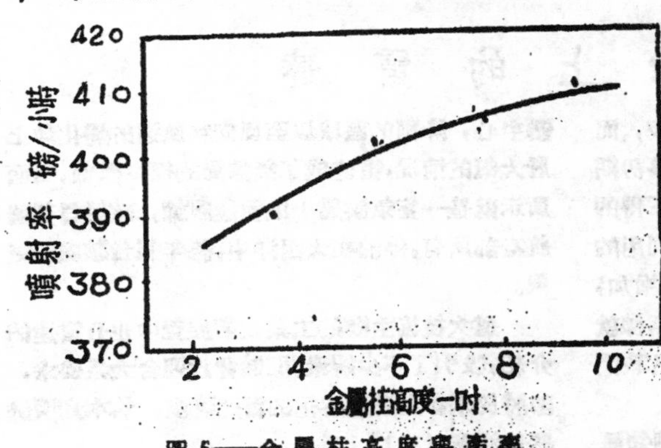

圖 5——金屬柱高度與產率

附表——原鋁錠和鋁粉的成分比較

成份	原鋁錠百分成色	鋁粉 AlC 百分成色	鋁粉 A5b 百分成色
純鋁	99.3	99.0	99.1
金屬鋁	99.0	98.35	98.5
混合鋁	0.3	0.65	0.6
鋅	0.05	0.08	0.05
鐵	0.30	0.25	0.30
銅	0.02	0.03	0.03
鉛	0.01	0.01	0.02
矽	0.10	0.10	0.08

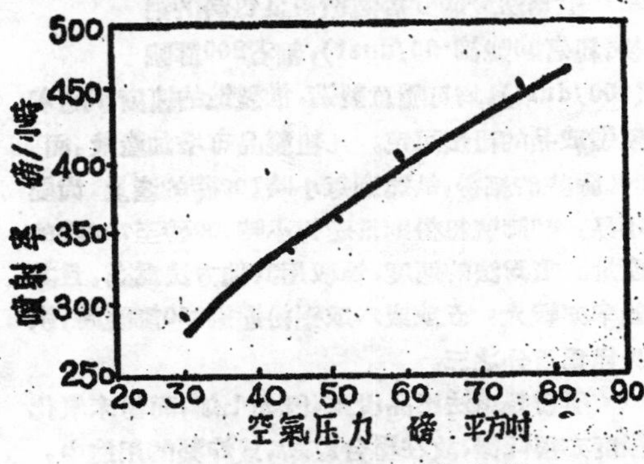

圖 6——空氣壓力與產率

噴射空氣的壓力與產率——試驗所用噴嘴的射孔5/32吋；空氣圈1/16吋；突出度1/4吋；外殼斜度爲零，金屬液壓力9½吋，金屬液溫度，775°C.

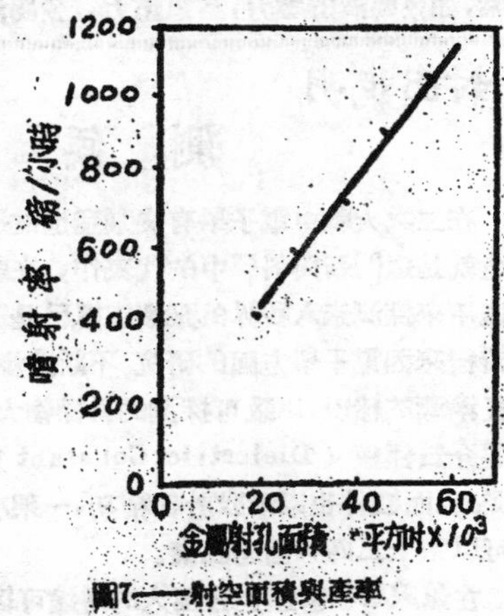

圖7——射空面積與產率

空氣經噴噴的容量爲每分鐘250立方呎，結果空氣壓力愈大則產率愈高，見圖6。

金屬射孔面積與產率——試驗時的常數：空氣圈1/16吋，突出度¾吋，外殼斜度爲零，空氣壓力每方吋75磅，金屬液溫度775°C 結果金屬射孔面積愈大則產率愈高，參閱圖7。

金屬液溫度與產率的關係——試驗時的常數：射孔5/32吋，空氣圈1/16吋，突出度¾吋，外殼斜度¾吋，空氣壓力爲每方吋75磅，金屬液溫度與產率的關係，見圖8即溫度提高時產量反而減少。

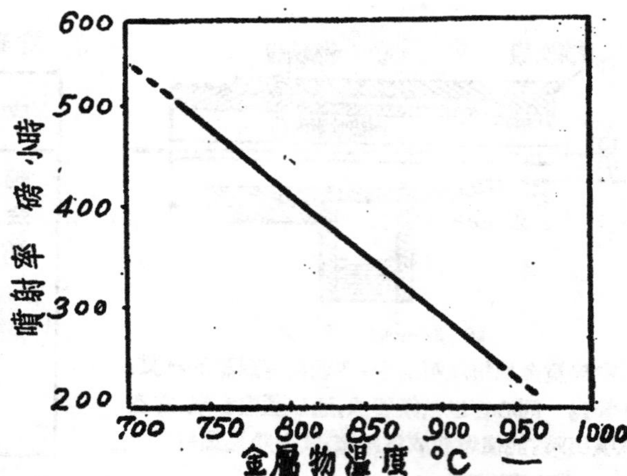

圖 8——金屬溫度與產率

噴霧法最適宜於製造優良質料的鋁粉，粗者36號篩（36/dust），細者200篩號（200/dust），均可隨意製造，惟製造的速度須隨着製造成品的粗細而定。凡粗製品可增加產量。而200篩號的細粉，欲達到每小時100磅的產量，尚屬不易，36篩號粗粉則常達每小時600磅至700磅的產量。噴霧法的速度，恒較用其他方法爲高，且其効率亦較大。五成或六成鋁粉通過200篩號時，損失僅爲百分之三。

噴霧製造法出品優良，既如上述，而粉末氧化程度亦很低微，故在壓合黏結，或炸藥的用途中，此種粉末最爲優異。且質料純粹，製造時絕少攙雜，惟當用鋼杓送粉達吹嘴時，有少量鐵質締化在內，然亦不難除去。此種出品粒形整齊，尤爲特色，每粒的長度恒爲闊度的兩倍，而闊度與高度相等。故其"形狀因數"可以定爲常數，製造他種金屬粉者亦多採用之。如欲控制粒形，可變更各種主要的因素，如金屬液的壓力，空氣壓力，金屬液溫度和射孔等。以上各因素：對於粉粒的粗細，影響如次：

一、提高金屬液壓力——噴射速率略有增加，出品細度略爲減少。

二、提高空氣壓力——產量速率次第增加，細度增加至每平方吋50磅後反略見減少。

三、提高金屬液溫度——產量速率照顯著的直線式減少（約攝氏每度減少每小時/磅）。

四、金屬射孔面積——產量速率照直線式增至極高數值（在0.079方吋面積時有每小時200磅的產量）細度照直線式減少。

照粗細言：在上述諸法中，改變射孔，影響最大，故欲配合各種粉粒的大小，都採用此法，而其他方法僅用於狹度調整，以適合各種大小的水準至於那附屬更變法，如內孔的突出，外殼的傾斜，均影響甚小，不能控制粒形，惟有時採用於特種情形之下而已。

封面說明

測候船上的雷達

在二次大戰中電子學有突飛猛進的進步，而雷達就是這門新興科學中的代表作，在戰事初期雷達用來探測未入視界的飛機軍艦已是了不得的武器後來因電子學方面的研究不斷進步，利用的波長漸漸的縮短，以致可探測的目標物大大增加；只要介質係數（Dielectric Constant）兩樣就可測出。而機件也漸漸設計得精巧，一架小的戰鬥機可以帶上三四具雷達設備。

在氣象學學雷達也有極大的用途可以測知風象中心，降雨的區域以至風向和風速的變化和上層大氣的情況，雷達成了氣象局的標準設備，封面所示就是一隻氣候船上的雷達設備，該船爲英國航空部所有，停泊在大西洋中，終年報告該處的氣象。

這次技協主辦的工業技術展覽中也有雷達的介紹，吸引了不少觀衆，開該會爲迎合大衆要求，即將於來春主辦通俗化的雷達講座，希本刊讀者密切注意。（忠）

用脈動器模仿作用力的情況，來試驗各種材料的疲乏強度

材料的疲乏試驗

凡　夫

一　材料爲什麽有"疲乏"？

人多做了事會感覺到疲乏，這是生理上的一定現象；材料和人的肌肉同樣是由分子所構成，當然也有疲乏的時候。然而材料的疲乏不易爲人的肉眼所發覺，因此談起材料的疲乏來，一般人都覺得有點空洞。不過在工程的立場上，我們却有非常多的理由，必須知道材料的疲乏，方才能够把一樣機件或一項建築設計得完善，這裏列舉三個例子：

圖　1

第一例：鐵道（圖1）——在鐵道上，如果有一輛裝載着笨重貨物的火車經過時，每一只車輪在經過枕木的時候，它有一股壓力使鐵軌彎曲，車輪繼續不斷的經過，鐵軌也接連不斷的受到了彎曲的應力，這種急促的應力，并不足以使鐵軌有永久變形的可能，然對於鐵軌材料仍有極大的影響，這種情形，依據車輪經過次數的頻繁與否，就決定了

圖　2

材料的疲乏程度。如果，要揀擇最適當的鐵軌材料，那末，必須有一種儀器，產生同樣的加力情況，來試驗其疲乏程度。

第二例：三和土橋樑（圖2）——在橋樑上經過的各式車輪和各種重量運動，使橋樑引起了震動，依了橋樑路面情形和車輪重量，發生各種程度的震動。很顯然的，建築橋樑用的三和土成份和鋼骨的配置，必需要獲得最安全的保障，如果三和土的材料不對，那末就會因過分疲乏而損壞；所以鋼骨三和土也需經過材料疲乏的試驗。

第三例：引擎中的連杆和連杆頭（圖3）——很

Fig. 3

圖　3

顯然的，使汽缸中往復運動變成旋轉運動，這二件機件經常受着了打擊，用材料強弱學上的術語來說："受到的應力變化（正負相反）是很厲害的"。如果要選用一種適當的連杆材料，無疑必需通過一種疲乏的試驗。

用脈動器來作材料疲乏之試驗

圖4是全套的材料疲乏試驗設備，它最主要的是一具脈動器（Pulsator），就可配合了普通的液力材料試驗機來作疲乏試驗了。

脈動器產生脈動力，它用一根管子和液力試驗機的加力圓筒聯結；即能使拉頭往復運動。加力的大小，有二個極限，可由試驗者調整之，在試驗的時候，試驗的物件即使有什麽變形，在極限之間的力量大小是一定不變的。

試件安放在中間的試驗機上面，裝置方法隨

圖4——“Amsler” 牌的脈動器，包含一架100噸牽力試驗機(中央)，一付脈動器(右)和一套擺動測力機(左)。

了試驗目的(如牽力、壓力、或彎曲力)而不同。但預先必須要受到一個載荷，相等於脈動力的下極限；這一個預先載荷是用一具小型的普浦力量來

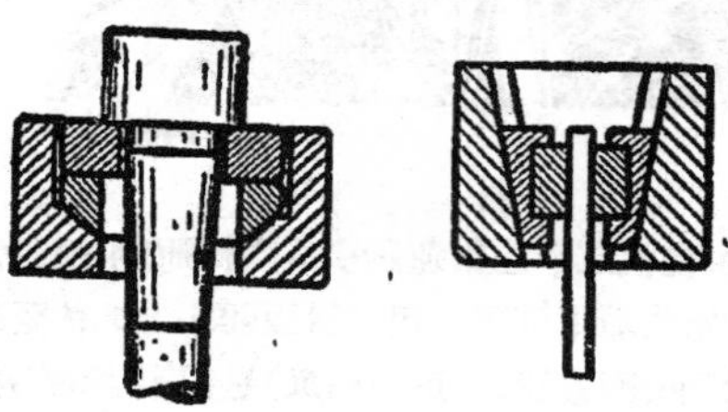

圖 5　　　圖 6

維持的。上極限的脈動力，可以自由調節，這是疲乏試驗的大概情形。

試驗物件的裝置法

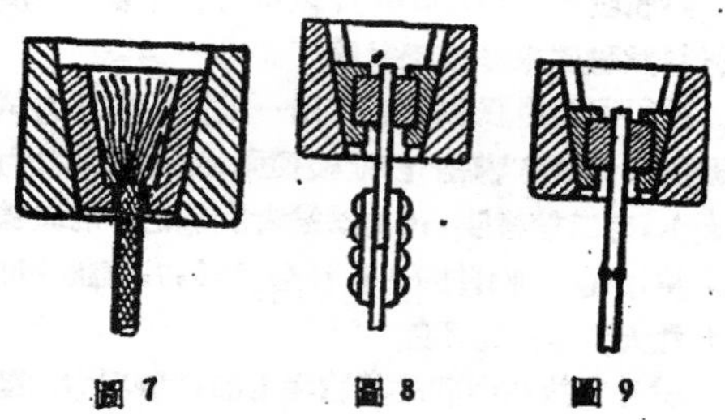

圖 7　　圖 8　　圖 9

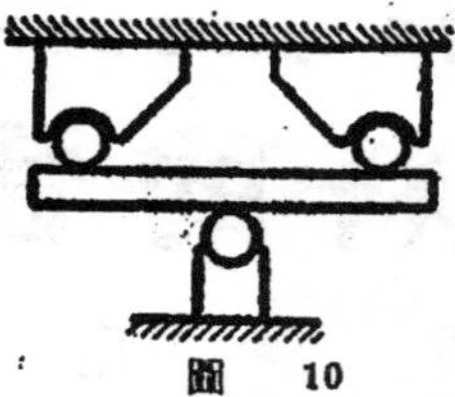

圖 10

這裏顯示了幾種試驗物件的標準裝置方法：

牽力疲乏(圖5)——最普通的方法，是把試件先在車床上車製成兩端有肩胛的標準形狀，然後用球形承座二面夾住。另一種方法，則可不必先行車出肩胛(圖6)，適用於洋板或細洋元之類的材料，夾住的持具是一副有曲形的楔子。對於鐵絲或繩索之類的材料，可用圖7的套筒軋頭，再裝在試驗機中的楔形套筒中。對於鉚成或焊成的材料，夾住方法和圖6所示相似，請參看圖8及圖9。

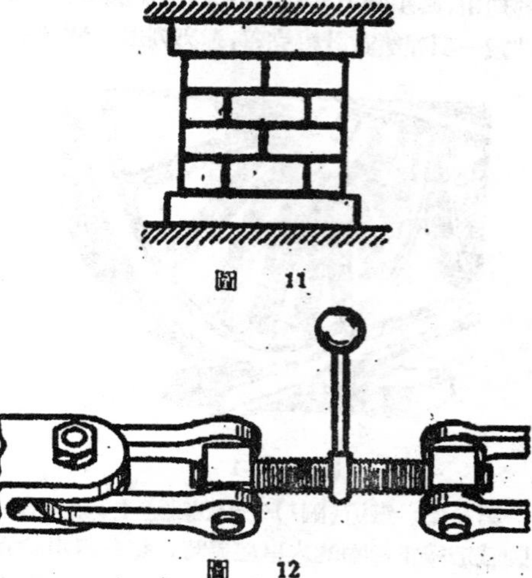

圖 11

圖 12

彎曲疲乏——和普通試驗彎曲力相同，將材料放在彎曲夾具內即可(圖10)。

壓力疲乏——最為簡單，如圖11所示。

複雜的另件——可用各式特殊的掛鈎及螺旋的配合裝置，圖12是一個例子。

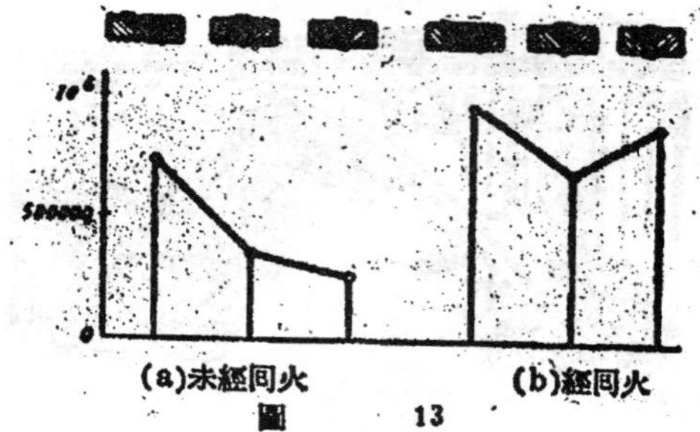

圖 13

各種疲乏試驗的實例

各式各樣的疲乏試驗，現在擧幾個實例，所得的結果，用曲線一一表示如下：

1. 牽力疲乏試驗——載荷衡力的上下極限爲 $19Kg/mm^2$ 至 $1Kg/mm^2$。試件爲經電焊後的鋼板，斷面如圖13所示。在二組試驗的比較之下，很明顯地表示了經過回火（韌煉）處理後的材料，在斷折之前，能忍受較高次數的衡力。

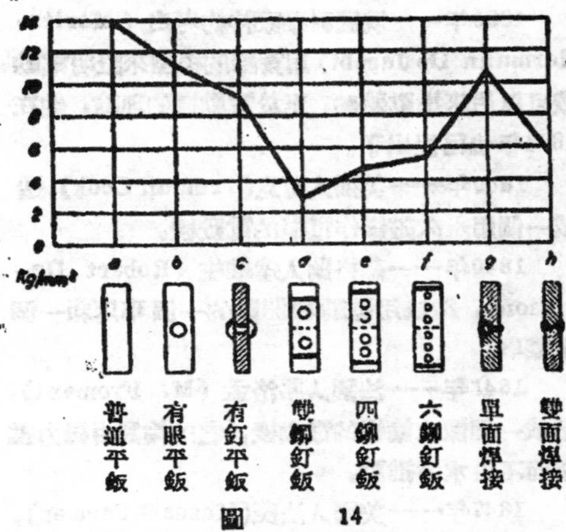

圖 14

2. 各種不同方法處理材料的疲乏强度——圖14的曲線表示一同樣材料，用各種不同方法處理後，所得的不同疲乏强度；由曲線可知(d)所表示的一種單鉚釘接合材料，其强度最差。

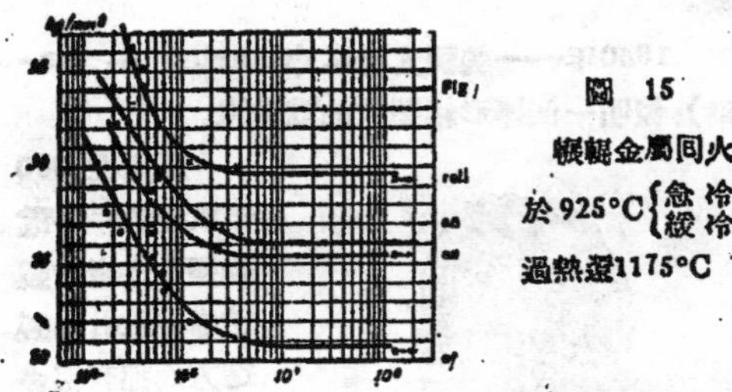

圖 15

輥輥金屬回火

於925°C{急冷 緩冷

過熱還1175°C

3. 經各種不同熱處理後材料的疲乏强度——熱處理對於疲乏强度，影響極大。如圖15所示，一種輥輥材料的例子，上面的曲線表示强度較佳，在下面的過熱材料，表示强度不良。

（上接第16頁）

個最重要的問題，何況不當用的腦筋也儘可以盡量不去浪費了牠。

建立新工業自推行標準制開始

工業方面改用標準度量衡。除了可以節省人力物力財力以外，還可以增加精密度，改良出產品質，擴充國際市場。在高唱工業標準化的今日，我們的工業不過正在吹着起身號的時候，工程界應當緊緊地把握住時代的需要，不忘了自身應當擔負的重大使命，爲未來的新中國，建立一個合乎標準的新工業，標準制度量衡是各種工業標準的標準，換句話說，工業標準和標準度量衡是有着非常密切關係的。所以工程界要以建立標準制度量衡爲建立工業標準的起點。我國本來就沒有工業建設可言，這是工程界實施工業標準化最理想的區域，也是最易有成就的試驗場，因爲在這裏沒有不合標準的舊勢力和我們對抗競爭，也沒有不合標準的機器要我們去改換，祇要我們自已認清方向，一德一心採用標準制度量衡，不走錯路線，其實就是英美的工程界也漸漸地在採用標準度量衡了，尤其是經過一次到歐陸參加大戰返國的工程師對標準制度量衡的鼓吹，最爲賣力。「積習難返」是今日我們標準制度量衡迅速前進的最大頑敵，祇有工程界的配合協助，共同努力，可以剷去這個頑敵。（錄自台灣工程界二卷八期）

（上接第12頁）

料，雷達和原子能的展覽，在留言册上寫下了許多意見，認爲技協得風氣之先，難能可貴，一般參觀者，莫不殷殷以塑料工業在我國之現況，雷達應用情形及原子能研究與原子彈問題爲詢問。這可以說明一點，大家已對這些問題，有進一步需要了解的要求——也就是說，展覽會中僅僅以原理與製造過程，或實物表演等原封搬得來陳列，已經是不够的了。作爲技術人員的我們，對於日新月異的新的技術，是應該迎頭趕上，加緊研究的。

展覽會是閉幕了，正是新的工作的開展：我們願以下列的實際事工，希望各界技術同志，會員與非會員，共同來做起：——

在展覽會中簽名參加各項講座的非常之多，尤以雷達，塑料爲最，而講座如何做法？技協過去之工業講座有何缺點？都希望大家一同提意見，决定內容并進行起來！

同時，許多觀衆提議技術展覽應長期陳列，技協將考慮與學術各界聯合舉辦一技術性博物館之類的陳列所，具體的意見也正要大家一同來提出！

發明電動機的先驅們，根本沒有夢想到現在有如此之多的應用！

電動機的發明故事

無　名

電動機的發明和進展，對於促進人類文化的貢獻是無可限量的。試看在今日的世界上，有多少機械靠了電動機的動力在運轉着呢？街上的電車，家中的縫衣機，工廠中的工作機，……無一不用到電動機。日常用品因電動機的裝置而趨簡單，現在只消插入家用的揷落，就可以替主人做各種工作，旣便利，又快捷。但是我們也知道這個人類的恩物究竟是誰之賜呢？

電動機的發明者

電學和電機工業的迅速發展，可以從它基本原理的發現和過程中追索出來。電動機的基本原理，不用說，是由磁場來產生運動。最初利用這原理的據說還是傳說中的中華民族的祖先——黃帝，他約在公元前2634年，造成了第一個指南針。其次，便是公元1820年安培（Andre-Marie Ampere）引證的電流與磁場的關係，不到一年，法拉弟（Michael Faraday）就用這原理，使一個通電流的線圈繞一磁極而產生轉動。但是這兩位先知並沒有直接發明電動機。眞正發明實用的動機的人，是絕不能歸功於某一個人，而是其他若干天才或非天才，預言家或非預言家，經過無數的努力和失敗，才造成今日的電動機，這許多發明者，到1850年爲止，可簡列如下表：

1821年——法拉弟第一次證明用電磁方式產生運動的可能，他用一個磁針在磁力場中的移動來表現。

1829年——亨利（Joseph Henry），他是紐約亞爾巴奈學院（Albany Academcy）的物理敎師，造成了一個電磁振動電動機，但是只能當作一個"科學的玩具"而已。

1833年——美國發明家薩克頓（Joseph Saxton），在英國的科學進步展覽會上陳列一個電磁機械。

1837年——美國發明家達文巴特（Thomas Davenport），在美國得到第一個電動機的專利。

1838年——美國人史汀生（Solomon Stimpson）製成了一個有正負極和分段整流器的電動機。

1839年——俄國科學家特約考白（Moritz-Hermann De Jacobi）用實際的模型來證明電動機可以用來推動船舶，至於電動機的理論，他在1834年也已提出了。

1840年——美國人可克（Truman Cook），造成一個用永久磁鐵作電樞的電動機。

1840年——蘇格蘭人達維生（Robert Davidson），造成用電動機開動的一個車床和一個小機車。

1846年——法國人弗洛孟（M. Froment），造成一個像水輪機的電動機，它的輪翼由磁力推動而不由水力推動。

1847年——美國人法茂（Moses G. Farmer），造成並公開展覽一個用電動機開動的兩人客車和機車。

1850年——美國人禮來（John Lillie），造成一個具有輻射式排列的馬蹄形永久磁鐵的電動機。

1850年——美國人丕祺（Charles G. Page），發明一個棒形線圈式的電動機。

圖 1——達文巴特

雖則在1850年以後的許多電動機改良者和製造者在設計和製造方面都有很多的成功，才能完成現代化的電動機；但最主要的還是達文巴特，特約考白，和丕祺三人的功果。因爲，達文巴特無疑地是第一個實際的電動機的創造者，特約考白第一個證明了電動機的實際應用，而不祇則證明了電動機的另一種設計的可能性。

達文巴特和他的電動機

達文巴特是一個道地的美國人，1802年七月九日生於威廉斯頓(Williamstown, Vt.)一個窮苦的人家，他的童年主要是在田地工作中消磨了的，但是他很用功，不但在學校裏，就在休息時間也在讀書。

在他十四歲的時候，開始作一個鐵匠的學徒，他學了七年，其中只在學校裏上過一年六星期為一學期的課。這時期他仍利用餘暇閱讀書籍，這些書是從拍賣中廉價買來的。

學徒期滿，雖然還是沒有錢，他在勃朗登(Brandon, Vt.)城開設他自己的鐵舖。十年以後，一個"流電池"號稱可以舉起一個普通的鐵砧，在紐約克朗巴因特(Crown Point)地方展覽，引起了他的好奇心。他趕到那裏，却沒有來得及看到。後來從報告上才知道這件新機械包含一個馬蹄形磁鐵。這"馬蹄鐵"和"鐵砧"的關聯，這樣地激動了他，使他計劃第二次到克朗巴因特去。但是他沒有旅費，於是他說動了他的兄弟奧利弗(Oliver)，一個沿街賣貨的商人，乘了他的貨車去。

到了克朗巴因特，達文巴特看到了這個"流電池"。它其實就是幾年前潑林斯頓(Princeton)大學的教授亨利所發明的一個電磁鐵。它包含一個約一呎長的馬蹄形磁鐵，繞以絲包銅線，連接到一個流電池上。它已經被潘飛特(Penfield)鐵工廠買去過，用作分離當地低級鐵礦中的鐵和雜質。達文巴特很驚奇它的魔力，三磅的磁鐵可以舉起150磅的鐵砧，並且，幻想這力量可以用來作更有用的工作，想把它買下來。它的價值是75塊美元，於是他的兄弟奧利弗賣了他全部的貨物，車子，馬，換得了這塊電磁鐵。

圖 2——達文巴特的電動機

帶了這塊電磁鐵回家，達文巴特發現，只要把連接電池的線拿開一端；他可以使它失去力量，等再接好後它的力量又恢復了。這個簡單的事實使他相信這磁鐵的力量是可以加以控制的。雖然在今天，由電路的連接和中斷來接通和停止電流所顯示的電磁效果已爲人所共知，但當時這項發現不能不歸功於達文巴特；因爲在他以前，即使是發明電磁鐵的亨利，也沒有作過這樣的實驗。

由於好奇心，達文巴特開始小心地拆開這塊電磁鐵，並叫他的妻子 Emily 紀錄下它的構造。根據這紀錄，他造成了較大的電磁鐵，用他的妻子的結婚禮服上的絲線作導線間的絕緣物，這件手製的複製品是成功了。於是他造了更多和更大的電磁鐵，並且預言說"汽船可以用它的力量來代替蒸汽"。

達文巴特的第二個問題是怎樣把電磁鐵的直線運動變爲"轉動"，而使能力的流通繼續不斷。經過許多次的實驗，最後在1834年他得到了"轉動"的成功。他把一條磁化的鐵棒架在一個軸承上，把電磁鐵放在用它和鐵棒相斥的力可以使鐵棒轉動的一個位置；然後用手在一定的間歇中斷電路，這樣保持鐵棒的繼續不斷的轉動。

後來，他造成了比較好一點而大些的電動機，他的紀錄上寫着："在1834年七月，我造成功一個每分鐘可以轉動30轉的約7吋直徑的輪子。它有四個電磁鐵，兩個裝在輪子上，兩個固定的裝在靠近輪子的邊緣。轉動磁鐵的北極吸引固定磁鐵的南極，有充分的力量轉動帶有磁鐵的輪子，直至固定磁鐵和轉動磁鐵的各極互相平行爲止。到這一點，連接電池的導線由於軸的轉動改變了它的位置；固定磁鐵的兩極倒轉；於是它的北極排斥本來是吸引的轉動磁鐵的北極，而使它繼續轉動，這樣使產生了輪子不斷的旋轉"。達文巴特如何去倒轉電磁鐵所通過的電流方向，在他的紀錄上並沒有寫出；可能是用不十分令人滿意的凸輪裝置。實在地說，比起他已經提出了這件有益人類的新發明的可能性上的成功，這個發明的滿意的運用與否是次要的。許多人相信他不僅發明了磁力的一種運用方式，而且在發明着一種永久運動的機械。因爲這只電動機只能產生1/50的馬力，所以人們叫它"蚊力"，而沒有什麼實用的價值。

爲了專心製造這電動機，他忽略了鐵舖的工作，失掉了主顧，因此經濟上幾乎破產了。但他並不因爲這困難而灰心，他拿了他的電動機到密特而培來(Middlebury)大學去請敎學問高深的人們。密特而培來的敎授透納(Turner)和法雷(Fowler)看了這電動機的表演，認識了它的可能性，便勸告達文巴特去請求專利。達文巴特很得意的回家，開始設計一種新的機構來倒轉電磁鐵的電流。在1835年四月他造成一個倒轉機構，包含幾片絕緣的段片，由連到旋轉的電樞上的有彈性的扁平

圖 3——特約考白的電動機

金屬線來摩擦接觸。這大大的改良了達文巴特式電動機的運用，而成爲現代整流器的先聲。新聞界對於這改良的發明感到十分興奮，在1835年八月十三日的一張日報 Troy Daily Budget 上大爲稱讚達文巴特的成功，並且預言"他的名字將與亨利的名字同流傳不朽"。

由於密特而培來大學的敎授透納，雷斯來(Rensselaer)大學的敎授依頓(Amos Eaton)，潑林斯頓大學的敎授亨利，耶魯(Yale)大學的敎授雪立門(Silliman)，和賓夕文尼亞(Pennsylvania)大學的敎授班歇(Alexander Bache)的鼓勵，達文巴特準備了一個請求專利的模型和說明書送到專利部去。不幸得很，專利部着了火，他的模型和說明書也隨之毀滅。後來靠了一位富有的廠主可克(Ranson Cook)的幫助，他重新造了一個模型，並重寫了說明書。這模型現在陳列在華盛頓的史密斯桑尼安學會(Smithsonian Institution)中，見圖2。在1837年一月二十四日他重新請求專利，三十天後，(同年二月二十五日)，他就得到美國政府第132號的專利證書。顯然的，達文巴特成爲電動機的發明者了。關於這，1837年四月二十七日的紐約先驅報誇大的說："科學上的革命——新文化的黎明……最超越的發現，可能是古今最偉大的，世界所僅見的最偉大的"。

達文巴特不僅造成了第一個電動機，而且造成第一個電車道的模型；並且，在他1839年造成的第一架電動印刷機上，印出了他的"電磁與機械智識"雜誌，美國的第一本電氣期刊。但是，和電動機一樣，它們並沒有給他帶來報酬；在1851年他的電動機的專利滿期後幾個月，達文巴特仍然一文莫名的帶着一顆破碎的心死去了。

特約考白和他的電動機

1834年十二月一日，一位俄國科學家特約考白在巴黎科學協會發表一篇論文敍述他在1834年五月已經得到用電磁方法獲得轉動。因爲達文巴特的紀錄上產生電動機是在1834年七月，這兩者的時間距離極近，使發生了實際發明的先後問題。但無疑的，這兩人的發明是各不相干的。

1939年，俄國的尼古拉皇帝供給特約考白12,000俄幣來證明他的電動機在實際上的應用。他用這筆款子造了一只28呎長7呎寬的船，用他所設計的電動機連到輪槳上來推動。圖三示這電動機的模型。它包含兩組電磁鐵，每組八個，一組是固定的，一組裝在一個可以轉動的輪子上。從一組電池來的電流，經過一個整流器流到轉動的輪子上，這個整流器在輪子的每一次旋轉中使電磁鐵

圖 4——丕祺的電動機

12848

的南北極相互變動八次。他所用的整流器比達文考白所用的，而且很像現代所用的整流器。

特約考白的這隻船上載了14個乘客，用320個但尼爾電池發動，它的電力約等於100個現代的6伏特蓄電池。在 Neva 河的行程中，它的速度不能超過每小時3哩，並不能和人力划動的船相比。許多電池的重量使它不合實用，這失敗的原因是很顯明的，但是電動機作爲船舶的動力的價值却從此爲人所注意了。

丕祺和他的電動機

丕祺是一位美國麻省薩林姆(Salem)地方來的物理學家，在十九世紀中葉曾經作了許多電磁學的實驗。1841年他成爲美國專利部的兩個主要審查員之一，1844至1849年任哥倫比亚大學化學系主任(卽現在的華盛頓大學)。1846年他造成一座小的往復式電磁引擎，與達文巴特和特約考白的電動機完全不同，也沒有普遍化。它的外觀和動作很像一座蒸汽機。它包含一個空心的棒形電磁線圈和一個在線圈心中自由移動的鐵棒。線圈和鐵棒都是垂直安放的，使當線圈沒有磁力時鐵棒靜止在線圈的外面。當電流通過線圈時，鐵棒便被吸引向上；當電流中斷時，鐵棒便向下落。這個垂直方向的上下運動由一個曲柄軸傳到飛輪上。一個整流裝置和曲柄軸相連，在確當的時間自動中斷通到線圈的電流。1850年，他改良了這只單動式電動機，加上另一個棒形線圈，用來把鐵棒拉向另一方向，這樣可以不須依賴重力。這座改良的電動機模型如圖四。

雖然他的電動機沒有能够普遍化的應用，但是也和特約考白一樣值得注意，因爲他證明了這種裝置的實用可能性。1851年議會供給 Page 50,000美元來製造電動機車。這個有趣的實驗見馬丁(Thomas C. Martin)和威茲勒(Joseph Wetzler) 所著的"電動機和它的應用"一書，這是美國的第一本電動機教本，在它的第 20 頁上說："在1851年四月二十日星期二 Page 教授試驗他的電磁機車，從華盛頓開出，沿華盛頓到巴爾的摩亚(Baltimore) 的鐵道駛行。他的機車有16匹馬力，用100只格魯夫(Grove) 式硝酸電池，電池的白金板是十一吋見方。最初幾百呎機車走得很慢，一個小孩可以趕得上。不久速度增加，到距離華盛頓約$5\frac{1}{2}$哩的勃拉登斯堡 (Bladensburg)，只走了39分鐘。在到達前2哩內，機車的速度達每小時19哩；這速度繼續了一哩，一個電池壞了，於是動力減低；後來又壞了兩個電池。由於一點震動，例如因路軌末端稍高而發生的，使電池不能依常規工作，因而不得不停止。這一缺點不能克服，丕祺教授只得放棄了這實驗"。

丕祺得知達文巴特的電動機後，兩人之間經過許多關於他們的電動機的討論。他們的意見不同的主要有兩點：(一)丕祺主張只要中斷電流，無須改變南北極的性質，就可以得到良好的效果。達文巴特主張必須改變南北極才行。(二)Page認爲根據試驗的結果，電動機的大小有一定範圍，以小型的比較有效。達文巴特則認爲沒有這種限制。經過時間的考驗，證明達文巴特是對的。

先驅們遺留下來的偉大發明

這些先驅者的努力雖然似乎都失敗了，却已奠定了今日電動機發展的基礎。他們的失敗不在原理而在技術，因爲當時還在手工業時代，而且笨重的電池使實用上不可能而且不經濟。這時改變電流方向的方法還沒有發明，還沒有直流發電機。直到1860年丕新諾蒂 (Antonio Pacinotti)，一個意大利的科學家，才證明倒轉電動機的作用"運動可以產生電流"。在這個發現之後，工業上還沒有應用它。直到1886年美國寇的斯 (Curtis) 克洛地(Crocker,)會勒(Wheeler)諸公司開始製造用電池作原動力的電動機來開動鋸木機，電動機才在美國有它的地位。到1887年紐約城才決定設電動機車軌道。到1897年第一輛電動自動車出現。到1910年第一架電動洗衣機開始使用。到1915年第一艘電動戰艦墨西哥 (Mexico) 號下水。而今日，1947年的美國估計製造五千萬電動機之多，這都是它的發明者們所賜的。

因此，在這兒我們應該向偉大的發明者們致敬，首先向達文巴特，電動機的發明者；其次向特約考白，電動機用於船舶的第一個應用者；最後，向丕祺電動機用於機車的第一人。特別是第一位達文巴特氏，因爲他沒有受過高深的教育，又沒有富裕的經濟，而在貧窮中艱苦奮鬥得到這樣偉大的成就，爲後代的人類造福，更是值得我們敬佩的。

機器脚踏車淺說

仇欣之

這一篇淺說是系統性的講話，共分九講，要目如下：

一、種類和應用
二、控制機件
三、駕駛方法
四、車架
五、動力機關和附件
六、引擎及其他
七、電系機件
八、其他附屬裝置
九、怎樣維護機器脚踏車

這一期先登載（一）（二）兩講，以後逐期連載，務請讀者注意！

第一講　機器脚踏車的種類和應用

機器脚踏車是利用動力機關來行駛的一種輕便車輛，照字面上看來，其實是不十分合理的，祇因爲這種車輛和脚踏車近似，只是加上了機器，所以我們就稱它爲機器脚踏車，比較妥切一點的名字，應該是"動力自行車"，但是爲了從俗，我們還是沿用這個並不合理的名字。

機器脚踏車的種類

機器脚踏車的種類，主要有三種，最普通的是雙輪車（圖1），最像脚踏車；還有二種是有邊車的雙輪車（圖2）；和三輪車（圖3）。

圖1　雙輪機器脚踏車（車架式－2×1）

雙輪車的構造最簡單，全體有一個車架，接連二個車輪。車子是靠前面的把手去旋轉前輪來轉彎的。駕駛人坐在一只爲車架支持的座鞍上，位置正在後輪上面略前一點的地方。引擎放在中間，以鍊條或軸將動力傳至後輪，驅動全車。引擎往往是氣冷式的汽油引擎，速率很高，在後輪和引擎之間有一只傳動箱（牙齒箱），使車速得以變化，俗語

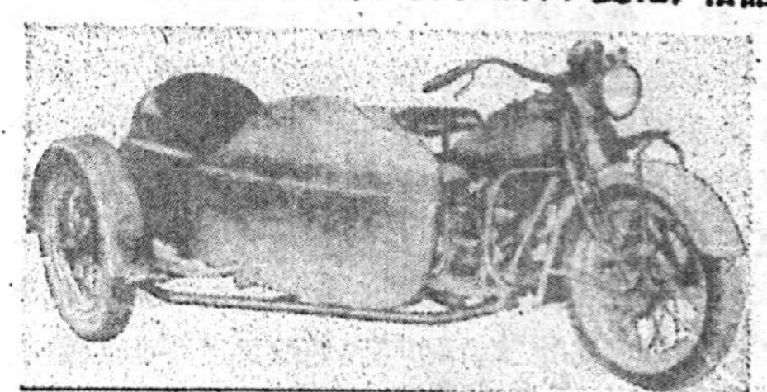

圖2　有邊車的雙輪車（車架式3×1）

圖3　三輪機器脚踏車（3×2）

"吃排"，使是變更牙齒嚢齒速率的意思。引擎的動力嚙合與分開是靠離合器（克拉子）來完成的，這樣可以避免車子的極度震蕩；此外有一個燃料系統供給引擎的燃料；還有一個發電機和電池供給電流作爲點火，點燈，以及其他電的裝置。

12850

機器脚踏車的全部構造必須堅牢結實，足够安排引擎及其附屬設備，同時還可裝置各項必要的零件。車架常用鋼骨製成，轉彎叉架及手柄等和普通的脚踏車相彷。全部機器脚踏車大概可以分成幾項單位機構，即引擎，傳動機件，電系設備，儀器，附屬設備以及邊車等，在以後各章中當詳細討論其構造。

有邊車的雙輪車，多一個車輪，傳動輪仍是一個，所以車架式爲3×1；三輪車則二輪傳動，構造略形複雜，後面二輪和汽車相同，車架式爲3×2；這二種都是雙輪車的變化式様，主要構造都近似。

機器脚踏車的用途

雙輪機器脚踏車普通都是爲了一個人乘坐用的，所以它的速率和機動性甚大，在軍營中應用，效率甚好，常充巡邏，偵察，通訊，傳令，或控制交通的用途。

另外二種車子，機動性較差，軍隊中都用作流動司令部，現在却常爲吉普車所代替，這原因是，吉普車的驅動輪有四個，如果遇到崎嶇的路面，祇一個輪驅動的機器脚踏車就沒有辦法了。所以機器脚踏車的用途祇限在較好的硬路面，如在鄉村的道路上，常要遇到泥漿，砂土，小溪，深潭，——等障礙物的，應當在車上加一位乘坐者幫忙。但在冰雪潮濕地面或別種光滑地面上行駛時，機器脚踏車很可能遭遇到一些危險，不易控制，速度或方向若變化時，就要發生意外，最好要避免這種地面上的應用才是。

第二講　機器脚踏車的控制機件

駕駛時的必要知識

即使是同様牌子二部機車，駕駛者如果很熟練於它底一切機構，巧妙地運用和保全的話，也可以有不同的性能。那就是說，車子的原來構造和性能，是十分難得作爲一部車子在駕駛時的決定因素。在這一講中，祇不過敍述各種控制機件的一些正確用法，駕駛者要熟悉這些機件的用法加以熟習，方才能圓滑地得到駕駛的技能。

此外，駕駛者在駕駛一部車子之前必須熟悉各項牌子車輛上面控制機件的位置，最普通的二種牌子如印第安(Indian)和哈雷台維遜 (Harley Davidson) 的控制機構表示在圖4和圖5。下面就要討論這許多機構的用法。

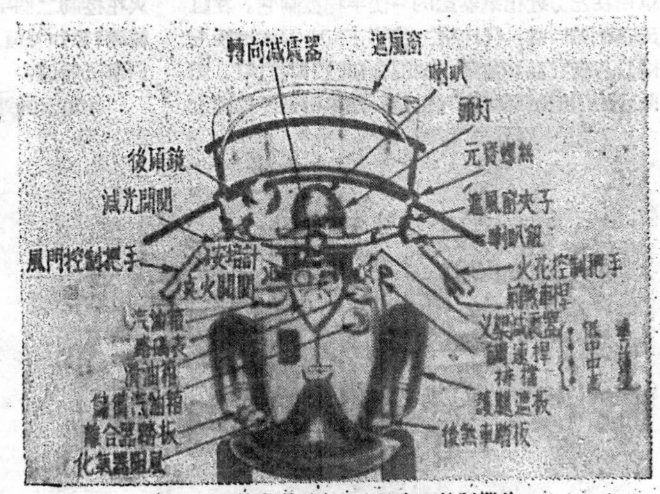

圖4　印第安機器脚踏車的主要控制機件

汽油開關

汽油箱是在座墊前面的，常有二只，一只是主箱，一只是備箱，汽油開關在二箱上都有。普通應用祇是一只汽油箱，還有一只箱則必須裝滿汽油，以備不時之需。汽油的品質，對於引擎的性能極有關係，最好要用製造該牌車子廠家所指正的品質，方有滿意的結果。

風　　門

風門是化氣器上的進汽油活瓣，它的控制柄裝在左手（印第安式）或右手（哈雷式）的把手柄上。如果把柄向內旋轉，就連着將風門張開，影響引擎增高速率。如果向外轉，則開閉風門，速率減低。如果化氣器的針瓣調整得恰當的話，在風門完全關閉的時候，引擎可以在怠速時候能繼續轉動。

當車子要慢下來或是停止的時候，應把風門關閉。當在調換速度移動排擋的時候，也要應用風門的調節，使引擎速率和傳動齒輪速率相符。

如果車速一直維持在很高的時候，駕駛者應該常常把風門關閉一下，這樣可以幫助汽缸中的潤滑和冷却。因爲在高速度的引擎中，風門張開甚大，燃燒室中壓力也因之提高，這樣可以使滑油不能達到活塞的上部，引擎很容易受傷。然而如果風門關閉的話，活塞上部的壓力在進氣衝程時候就會減低。可是活塞下部的壓力還是很高，這樣就把油引上，經過活塞頂環，潤滑和冷却的作用都得以完成了。

阻　風

阻風也是在化氣器上面的一個活瓣，它管理從空氣潔淨器到化氣器去的空氣氣流，駕駛人可以用在左方近化氣器處的一個手桿控制它。在阻風關閉的時候，（印第安式朝下撥，哈雷式則朝上撥），可使汽油多空氣少的混合氣體引入汽缸。因此，除了起動引擎的時候，這一個手柄是不應該在這個位置的。在引擎開動了之後，阻風控制桿應該轉到一個適中的地位，即在關閉和正常轉動二者之間。

最好，在發動引擎之時，先不要用阻風來發動一下引擎看，假使踏幾次之後，實在開不出，再用阻風。在行駛的時候，如果阻風位置正常，可是引擎轉動得不勻的話，這可能是因爲化氣器發生了故障，應當把化氣器重新校準一下，萬一自己沒有適當的工具或經驗時，只好請教一下修車的機匠。

火花控制柄

與風門相似，火花提早的控制機件也是裝在把手柄上的（右邊的是印第安式；左邊的是哈雷式）。如將把手柄向裏面轉，火花可以提早；如向外轉，那末火花可以延遲。在這二種牌子的機車上，有一個很簡單的規則可以記住的，就是：將風門及火花控制二個手柄同時向裏轉，可以增加引擎的轉速；但如將這二個手柄同時向外轉，則可以減低引擎的轉速。

在正常的運轉狀況時，火星應當完全提早。如果引擎有相當重的拖力，費力甚多時，最好把火花延遲一些，如此可以避免引擎的爆炸聲音。在有種株車上，開車的時候也最好把火花延遲一下，那末可以免除在踢式起動機(Kick-Starter)中一種踢回的作用。仔細地調節控制柄，駕駛人可以發現一點引擎最易起動的地方，但是每輛機車略有不同，所以全憑經驗和熟練。

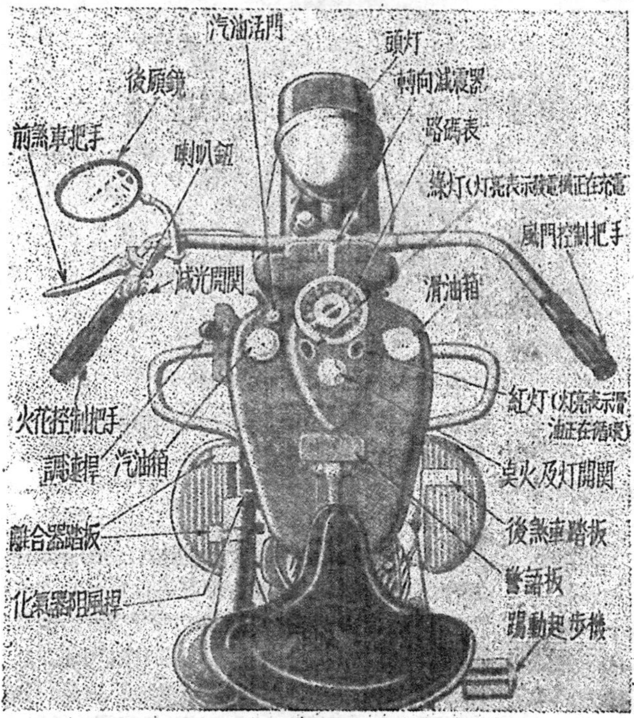

圖5　哈雷台維遜式機器脚踏車的控制機件

離合器(克拉子)

離合器在用鍊條驅動的機車上，是用左邊的踏板來控制的。在哈雷式車子上，如果把鉛板的前端壓下至盡根，離合器就接住；如果鉛板的後端壓下，離合器便分離。可是在印第安式車子上，作用恰巧相反。

在調換排擋的時候，離合器必需完全分離。如果不如此，牙齒箱中的牙齒可能軋去，以致造成其他嚴重的損壞。

從靜止時要起動的話，離合器的搭合作用須十分和緩，那末開車較爲緩和。器中磨擦片和張力彈簧須很緊，以免離合器踏板略一放鬆，就會使踏板從分離的位置立即退到離合的位置。

以軸傳動的機車上這二種牌子的離合器都是用右面把手柄上的握桿來控制的，（如握桿放空，離合器接合，但如握桿向手柄揑緊，離合器便分離。在起動引擎時，離合器當完全密合，在調換排擋時，則需完全分離。這一種控制離合器的握桿，如果調整得適當，那末握桿的一端可以自由活動約一吋的距離，之後，駕駛者方才有離合器分離作用的感覺。在手柄附近的放鬆纜（Release Cable）應時常視察，以判明有無斷落之處。

變速器（排擋）

俗語所謂吃排，便是更改引擎與車輪二者速率的比例。控制變速器用的移齒手桿，放在不同的位置，可以有各種變速比。在哈雷式機車上面，移齒手桿的擋板位置在左汽油箱的外側。印第安式的，則在右汽油箱的外側，變速位置共有三擋和，汽車上的相似。在開動引擎之前，必須先把移齒手桿放在中立位置（空擋）。當更換排擋時，須將離合器預先分離，然後再移動手桿（吃排）。如果不將離合器分開，結果使變速齒輪的牙齒軋壞。

上面所說的是鍊條驅動式的機車。如果在軸傳動的機車上，則大多使用足踏的方法來變更速率。變速的踏板在左側。在停止機車之前，必須使踏板放在中立位置。

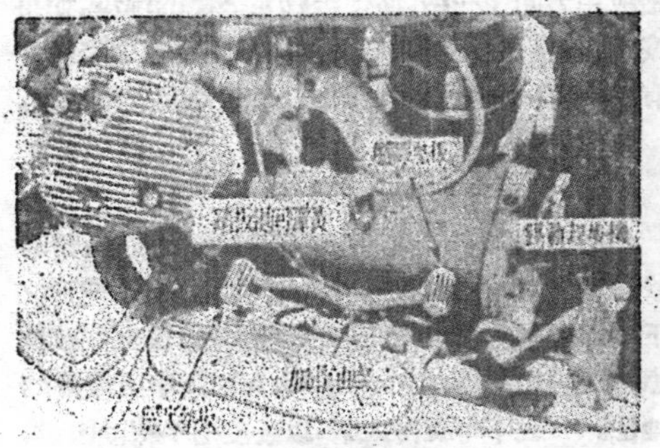

圖6　印第安式變速踏板

印第安式的變速踏板有前後二塊墊板，一爲脚尖墊板，一爲脚跟墊板。要變換到較高的速率時，應用脚跟墊板；但如欲變換至較低速率時，則應用脚尖墊板。當足部不加壓力於踏板的時候，有踏板退回彈簧使踏板退至正常位置。

（1）如果要使速率增加，可以用足將足跟踏板壓下，其次序爲：

第一速率（頭擋）——壓下一次，然後放鬆。

第二速率（二擋）——壓下二次，然後放鬆。

第三速率（三擋）——壓下三次，然後放鬆。

第四速率（四擋）——壓下四次然後放鬆。

（2）從高速移轉到低速，是應用足尖墊板，作相反的動作，即：

第三速率（三擋）——壓下足尖墊板一次，再放鬆

第二速率（二擋）——壓下足尖墊板二次，再放鬆

第一速率（頭擋）——壓下足尖墊板三次，再放鬆

中立位置（空擋）——壓下足尖墊板四次，再放鬆

哈雷式的變速踏板和印第安式差不多，也是連續位置的，但是祗裝一只足尖板，可以用足尖挑上，使速率增高，或者把板踏下，得到較低的速率。在變速後只要足壓力放鬆足尖板，彈簧就可以使板退至正常位置。哈雷式的中立位置是在第一速與第二速之間，故速率轉移的次序應如下：

第一速率（頭擋）——踏下足尖板一次，然後

12853

放鬆。

中立位置(空擋)——挑上足尖板二次，然後放鬆。

第二速率(二擋)——挑上足尖板三次，然後放鬆。

第三速率(三擋)——挑上足尖板四次，然後放鬆。

第四速率(四擋)——挑上足尖板五次，然後放鬆。

(3) 從高速位置移到低速位置，足踏下足尖板，作相反的次序，即：

第三速率(三擋)——壓下足尖板一次，然後放鬆。

第二速率(二擋)——壓下足尖板二次，然後放鬆。

中立位置(空擋)——在機車的右方有輔助手桿，可用以移到空擋的位置，不過，同時也要將足尖板推到向下的狀態，以便改速。

第一速率(頭擋)——將足尖板踏下三次，然後放鬆。

附註：英國製大砲牌(Royal Enfield)的機車，(WD/CO型，350 c.c.)雖爲鍊條傳動式，也是應用變速踏板來變換速率的，其作用與哈雷式相仿，不過踏板位置在右方，不在左方，同時，朝上挑是低速，朝下踏是高速恰與哈雷式相反，因爲這種車子在中國現在頗爲風行，特此附註。

制動器(煞車)

機車的制動器通常有前後二個；後制動器是用足踏的，前制動器則用手扳。後制動器踏板位置接近機車的右側(大砲牌機車在左側)。這一塊踏板應該調節到一個程度，即在推動制動器之前踏板須有短距離的移動。在撐脚架沒有放下之前，最好把後輪轉動一下，看一看制動器是否太緊或有拖滯不靈的現象。

聯接踏板和後制動器之間的橫桿，可以使足踏板上的壓力增大，因此，在踏下踏板時候，須輕而小心。如果把踏板全部用力踏下，就要把後制動器軋住不能運用自如，反而使後輪與地面滑動，有時要發生危險。制動作用在踏板輕輕踏下就能完善地產生，如果用得好，車胎的壽命就會延長。

前制動器的作用是以裝在手柄上的手桿來控制的。這手桿在哈雷式車上是裝於左方，印第安式車上則裝於右方(大砲牌機車亦在右方)。當手柄在正常位置時，制動器放鬆，如果把手柄扳緊，則前制動器將前輪制住不動。前制動器亦需有適當的調整，務使前輪不致軋住，除非在鬆地或砂礫上行走的時候。如果調整正確，手柄可以有$\frac{1}{4}$全部動程的自由動量，即在前制動器被制動之前，能有這樣程度的自由活動。如果不足此數，制動器就容易拖滯不靈。此外，制動器的控制纜常須加油，可使作用容易靈活。

要使機車停止前制動器應與後制動器聯用而在使用前制動器時，如果慢慢地加壓力的話，實在要比突然用力的方法有效得多。

在公路上行走，於普通正常的情形之下，前制動器對於前輪僅是一種拖滯的作用。然而，在鬆稀的煤屑路或砂土路上，前制動器的使用要小心，因爲車輪對於地面的拖力不十分大，這樣就不易防止有軋住的現象。高速轉彎時，前制動器更要格外小心地使用。

踢動起步機

踢動起步機或引擎搖手柄普通位置在機車的右側，恰處於座墊的下面。在使用這起步機之前，先要肯定地明瞭變速器確在中立位置，離合器在接合位置。於是將點火開關關住，然後將起步機的踏板用力向下一踏，務使至踏足全程的地步。如果沒有踏足，在起步機未到盡頭分離之前引擎就會有回火(Backfiring)現象，這樣很易使引擎損壞。

轉向減震器

在把手的中央頂上，恰對儀器板之前，有轉向減震器的裝置。其目的是於速率頗高駕駛情形之下增加機車的穩定性。在普通情形時，這一個機件應該讓它放鬆些。但在駕駛時，可以調整至最好的地位。一般不可旋得太緊，以致使把手轉動困難，但是可旋至一個最易運用機車的位置。(未完，下期續登第三講:「機器脚踏車的駕駛法」)

他撰作的工具機械工作法，至今是一本極好的教本：

誠懇的機械工程教育推行者—亨利·布加脫

丁　鐸

亨利·布加脫是美國人（Henry D. Burghardt），他在稍懂人事的時候，已經和工作機械師接觸了。他父親在美國麻省寇蒂斯小村中，設有翻砂作場同金工場，小布加脫生下地後，不久就在他父親的作場內，跳躍遊玩。有時眼睜睜地瞧着金屬屑，從車床切削的工作物上落下來，或者簡直就騎在龍門刨床的刨台上，讓刨台載了他前後行動，這樣一連幾個鐘頭，不覺厭倦。待年齡稍大了一點，就在翻砂作場裏試着做泥心，木工場裏做塗蟲膠片的尺了。有一次他站在機匠傍邊，瞧着工人們正在裝配一部已經修理過的車床，他便很奇怪的問道：「你怎樣會知道這許多零件，是在這一定地方的？」隔不了若干年以後，他的學生們就拿同樣的問題以及其他的種種問題來問他了。

布氏高等學校畢業後，就做了四年的實習機匠，他是斯丹萊電器製造公司——即通用電器公司（General Electric Co.）的前身——開辦以來的第二名實習生呢！以後便給續在 Patt & Whitney公司，西電公司等做了五年工具模子製造匠（Tool & Dies Maker）在梅羅機器公司也混了三年之久。這幾個年頭裏，布氏除了致力於他的機械老本行外，對於他手下的一班青年們，尤感興趣。他鼓勵他們，幫助他們，啓迪他們去研究新的工作方法，探索新的目標。這一方面的努力，引起了帕拉脫學院（Pratt Institute）的注意，1907年布氏就在該院担任金工實習的講師，同時好幾個夏天裏在李海大學也教了一些書。

1912年，傑賽城的狄金生高等學校（Dickinson High School）計劃着技術教育的改革，務使理論與實際並重，訓練後的學生們在社會上可以獲得領導者的地位，因而工場實習的科目在學校課程上扮了極重要的角色。新的機會之門向布氏打開了，他被舉為工場計劃的主持人。就職後的布加脫所遭遇到的困難，却不在安排裝置這二個鉅大的工場，也不在籌劃新科目，這些在他正是遊刃有餘，他却找不到好的教本來應付他工場所需求的；在這種情形之下，作者的布加脫便誕生了。

於是他致全力來蒐集材料，加以編排寫作，孜孜不倦地日以繼夜地。學校放課以後，他忙於打字，複寫，預備藍圖，這一幕生動的景像是始終在他同事們於腦海裏的。差不多十年功夫，他就用這材料來教他的學生們，並且時常改動，加添重寫。布氏常問他自已道：「我這材料是不是適合學生們的需要？我是不是可以寫得更清楚些？」就是這樣，他的材料逐漸逐漸地趨向完美，最後就變成了兩巨帙，具有永久價值的「工具機械工作法」（Machine Tool-Operation）就出而問世了。這本書對於其本國貢獻很大，在第一次同第二次世界大戰期內，陸軍部同他的附屬機關會採用牠做教本來急速訓練軍部裏所需要的人材。當人們祝賀他的著作的成就時；他很謙虛地說道：「如果我這書對於工場裏的學生，有一點用處，那不過是我儘可能用清楚的說話來回答我的學生所向我提出的問題，再加上我向學生們提出的問題而已。」

布加脫在狄金生高等學校教書垂三十年之久。他在工程教育上始終是一個先鋒，開闢可能的道路，試驗新穎的方法。來參觀的，總是在那迷惑的工場裏逗留得最久，然後充滿着新的啓示同希望而離開。布氏退休以後，就住在加利福尼亞以園藝旅行作為消遣。他眼見到社會對於受過良好訓練的機匠們需要日殷，感到無上愉快。以前他竭全力所播下的種子現在却正在開花結果呢！

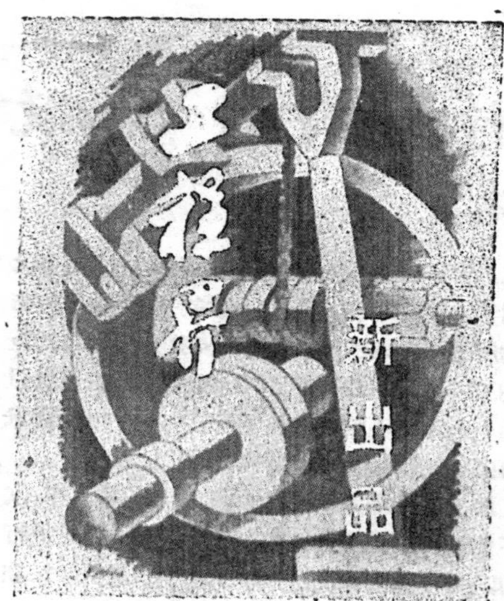

輕便的“Ames”新型硬度試驗機

這一種輕便的硬度試驗機，應用起來非常便利，重量甚輕，可以直接讀出洛克威爾各級硬度，確是冶金或鋼鐵工業上材料試驗的良好工具。

如圖1所示，右端是一個手輪，加載荷時，卽旋轉此輪，恰與大型硬度試驗機的絞盤相似。在旋轉時，抵住試件(圖中是一個圓片形的標準試件)的一個金剛石刻痕器就發生作用，由於架上的槓桿

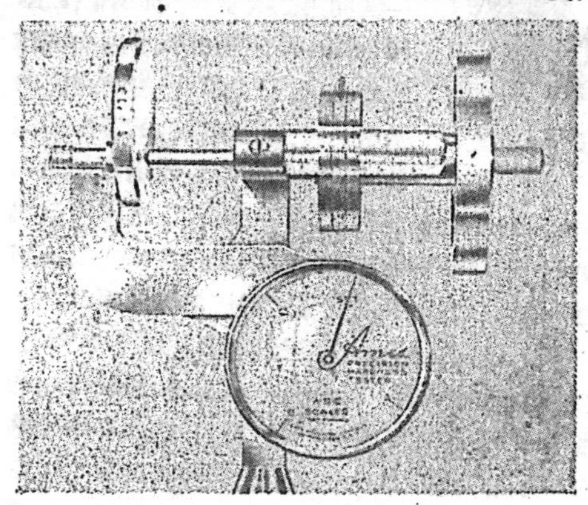

圖　1

作用，中央的刻度盤上的指針就會轉動，刻度盤上面還有一只刻着硬度數字的套筒，數字用放大鏡顯示出來，讀起來自較便利。

在試驗的時候，把試件拭淨準備好之後，放在刻痕器與砥座之間，旋轉砥座的螺絲，使刻度盤上的指針恰在圓點之處。然後轉動手輪，令指針轉至SET處，於是再轉動中央的套筒，使放大鏡上的細線恰在O地位。待一切準備好之後，再旋轉手輪，令指針指向C(意思是加上150公斤的壓力，洛克威爾度數爲C級)，再退回至SET位置，這時候，圓筒上的數字就是洛克威爾C的硬度了。

詳細的原理，其實和大型的洛克威爾硬度機相同(請參閱本誌三卷六期23頁)，這一種試驗機比較簡單，是美國麻省Waltham地方Ames精密機械製造廠的出品(欣)。

輕便電弧焊接設備

圖　2

圖2所示的一套電弧焊接設備，是用汽油引擎發電的，極易裝卸，是英國Murex電焊公司出品。

發電機在25V. 3000R.P.M. 時的電流爲150安培，用五根三角皮帶拖動，原動機是雙汽缸氣冷式的引擎，在2000 R.P.M.時的馬力爲10匹；中央並有電表，調節器及電焊接頭等裝置，(天)M.W. 10,47

易於裝卸的電纜接線頭

爲了便利電纜聯結和拆除，如圖3所示的一種接線頭是很有用的。此種線頭是英國林肯電器公

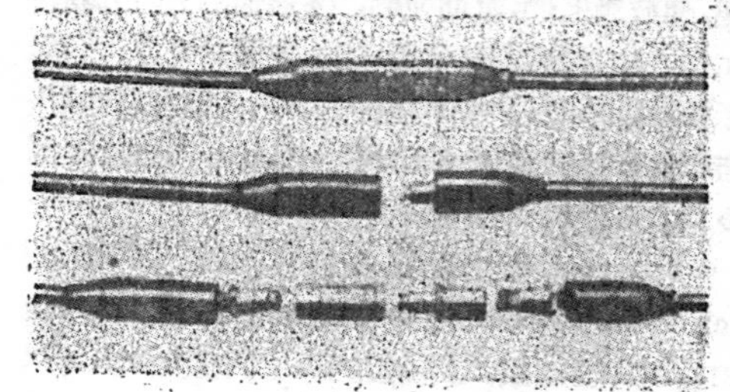

圖　3

司的出品，名叫 RCM 接線頭。其特點是絕緣完全，防濕、無需焊接但聯結牢固。圖中最上和中央是接好和拆斷的現象，最下是整個接線頭的部分品；現已製成的 RCM 接線頭，自 4 號至00號的電纜都有適當的配件。（天）M.W. 10,47

新中工程公司的驗砂設備

在本期中有一篇討論鑄型用砂的文章（請參閱20頁），談到關於型砂的檢驗問題。恰巧在這次工業技術展覽會中也有新中出品的全套驗砂設備，茲撮要介紹如下：

1. 搗砂機（Sand Rammer）——如圖4，其功用為搗製2″直徑2″高之型砂樣品，供作試驗透率、壓力及剪力等之用。

2. 濕度測驗機（Moisture Teller）——如圖5，上面是一只電吹風，下面是型砂的樣品，經過一定時間之吹風後，秤量其減輕重量，即得在一定溫度（自0°～04°C）之濕度百分比。

3. 透氣率測驗器（Permeability Meter）——如圖6，將圖4中已搗結實之型砂樣品連外面之鐵筒，倒轉置於底盤中央注有水銀之圓筒內，此筒有二根細管，一通上端之氣筒，一通表示透氣率之表尺，若型砂通氣率較大，水柱較低，由此可決定透氣率之數字百分比。

4. 萬能型砂強度機（Uniersal Sand Strength Machine）——如圖7，用以試驗標準樣品之抗壓或抗剪強度，試驗時，將圖4所示搗砂機準備就緒之型砂樣品，置於圖7所示扇形表尺附近之夾口中，然後用手柄將下端之一板播上，由於夾口之另一面，有重量關係，故能產生壓力或剪力，直至樣品碎裂為止，即可在表尺上讀出相當之強度數字。至於對烘乾型砂的試驗，可用上端之夾口。（欣）

圖 4　　圖 5

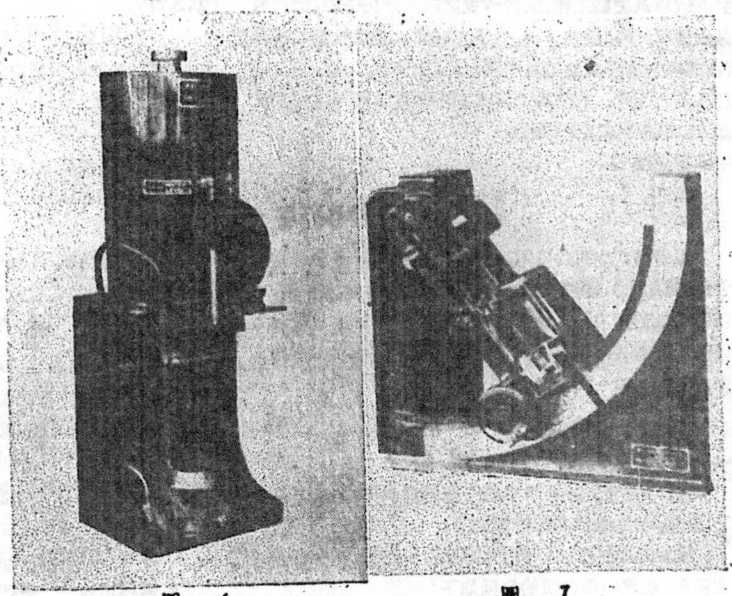

圖 6　　圖 7

工程界

★讀者之頁★

本頁的篇幅是完全供工程界讀者們利用的。不論對本刊有何意見，或者有何技術上的問題可提供大家來參攷或研討的，或者有什麽可爲讀者服務的，均在本頁上發表。原有的『讀者信箱』，亦包括在本頁裏，有許多值得大家來研討的問題，除仍請各科專家答復外，均先在本頁將原題披露，希望其他讀者來函討論。至於零星的問題，當儘量直接函復。敬希讀者注意。

★ ★ ★

常山建設科長
徵求剖竹的機械

逕啓者：本縣出產各種竹器物，純爲手工，人力浪費。除打磨以及編織工作，對於竹篾之剖條分絲手續，擬參攷最近發明，予以改良……。至請不吝將大量毛竹剖成篾絲（或篾條），有何改良工具或機器，（因舊式工具僅竹刀一柄），惠予指示，並將其工具或機器製造或購買處暨用法函告，不勝感激之至。此致

中國技術協會

常山縣政府建設科科長 鍾邛元啓

編者按：本刊由中國技術協會轉到常山鍾科長函一件（摘錄如上），鍾科長關心民瘼，致力改良，十分可佩。本刊除已經轉向有關人士徵詢，特此刊佈，希望讀者中致力此項技術者共同來解決此項問題，則不僅是常山人民之福。

・來函簡復・
淬火・鋼珠

★(1)南市魯班路西李家宅樂振賢先生：大函奉到多日，遲復爲歉，所詢問題簡復如下：

關於鋼鐵的淬火，專門書籍是浩如烟海，不過都是西文書籍。茲列舉最普通的幾種如下：

1. Bullens: Steel and Its Heat Treatment.
2. Campbell: The Working, Heat Treating, and Welding of Steel.
3. Sauveur: Metallography and Heat Treatment of Iron and Steel.
4. Sherry: Steel Treating Practice.

熟鐵因含 slag 不宜淬火，鋼可以淬火。

至於鋼珠的一般製造程序：先將原料鋼軸或鋼絲斷成方形，然後壓於一鋼模內，壓成一類似球形的鋼珠。壓成的初步鋼珠，在模型合縫處，有一圈凸起的薄片。這薄片隨即在衝床中衝去。接着，這些初步的鋼珠就被送進一特殊的磨盤裏。這磨盤分上下兩盤，下盤一般用鑄鐵，上盤通常用金剛砂製。上下盤各有成螺旋形的凹紋一。鋼珠由下盤的中心進入凹紋，經一定轉數的研磨，由螺紋的開的一頭出來。此研磨的手續，須經過兩次，一粗一細。速下來便硬化已幾乎成形的鋼珠。硬化時必須同時注意溫度和停留時間（鋼珠非一直硬至中心不可，爐內停留時間不足，往往僅表面硬化）。冷卻後，被送進一放有木屑的籠子內，經不斷的旋轉，互相摩擦，同木屑摩擦，結果卽成所要的鋼珠。

檢驗鋼珠的大小，公差，通常用兩條刀口片並置，一端較另端稍寬。鋼珠由狹的一端漸漸滾向另一端，在滾至兩片間距離等於鋼珠的直徑時，便落下預置在刀口片下的盛器內。過小過大的因此便和正確尺寸的分開了。

中型和大型直徑的鋼珠皆用上述方法製造，至至極小的鋼珠，大概也應用上面的步驟，不過可能有些上下。(T.K.T.)

函授學校・農業機械

★(2)餘姚滸山新塘鎭周年根先生：大函奉到多日，以詢問本會函授學校，其時適在籌備中，未及卽復，至歉。

本刊三卷八期所述技術協會新事業函授學校，卽上海中國百科函授學院，該院是上海學術各界主辦，而由本會主持其技術班。地點在上海紹興路45號。所需章程，另函奉上。

關於農業機械，可向中國農業機械公司訂購（上海中正東路1314號）參攷書籍請參攷本刊三卷八期信箱。（明）

12858

益中福記機器瓷電股份有限公司

出品項目

釉面牆磚
瑪賽克地磚
各種電料
大小容量變壓器
高絕緣黃紙柏管
高低壓配電板
高低壓油開關
高低壓瓷瓶
濾油機

事務所：上海漢口路一一〇號四〇三室　電話　一四四〇八

電　廠：上海寧國路一一七號　瓷　廠：浦東凌家橋三四號

新豐電器製造廠

SAFE ELECTRIC FACTORY

TRADE MARK

廠址上海江寧路一三五三號　電話六一五四八

本廠出品之一：
牆式六〇〇A油開關外形

設計，製造，修理；
高低壓配電用開關台設備，
各種大小電力用變壓器，
油浸式Y△馬達起步開關，
交直流發電機及馬達等。
出品精良，負責保用。

中國科學期刊協會聯合廣告

民國四年創刊 科學 傳佈學者研究心得 報導世界科學動態 中國科學社編輯 上海(18)陝西南路235號 中國科學圖書儀器公司 上海(18)中正中路537號	·通俗科學月刊· 科學大衆 報導建設進展 闡述各科新知 民本出版公司 上海(0)博物院路131號 電話 17071	出版十五年 銷路遍世界 科學世界 研討高深科學知識 介紹世界科學動態 中華自然科學社出版 總社：南京中央大學 上海分社 上海威海衛路二十號 電話 六〇二〇〇	理想的科學雜誌 科學時代 內容豐富 題材新穎 科學時代社編輯發行 上海郵箱4053號	中國科學社主編 科學畫報 民國二十二年創刊 老牌『科學』的姊妹 普及科學的先鋒 圖文並茂，印刷精美 無師自通，消遣有益 中國科學圖書儀器公司 上海(18)中正中路537號
中國技術協會出版 工程界 通俗實用的工程月刊 ·編輯發行· 工程界雜誌社 上海(18)中正中路517弄3號	中國唯一大衆化電學刊物 電世界 介紹電工智識 討論電工技術 供給參考資料·解答讀者問題 電世界社編輯 電世界出版公司發行 上海(0)九江路50號311室 電話 18930	通俗的月刊 化學世界 普及化學知識 報導化學新知 介紹化工技術 提倡化工事業 中華化學工業會編印 上海(18)南昌路203號	民國八年創刊 醫藥學 風行全國之綜合性 醫藥雜誌月刊 黃勝白 黃鳴駒 主編 醫藥學雜誌社 上海(0)北京東路356號2樓69室 電話 19380	中華醫學雜誌 發表專門著作 介紹最近進步 [illegible] 上海[illegible]路43號 中華醫學會出版
·通俗醫藥月刊· 大衆醫學 普及醫藥知識 增進民族健康 民本出版公司 上海(0)博物院路131號 電話 17071	·通俗農業月刊· 大衆農業 發揚農業科學 促進農村復興 民本出版公司 上海(0)博物院路131號 電話 17071	紡織染界實用新型雜誌 纖維工業 纖維工業出版社出版 上海徐[illegible]路[illegible]號 作者書社經售 上海[illegible]路[illegible]號	國內唯一之 纖維工業雜誌 紡織染工程 中國紡織染工程 研究所出版 上海江寧路1243弄61號 中國紡織圖書雜誌社 發行	紡織染界之喉舌 民國廿三年創刊 紡織染 ·月刊· 加強唯一之生命線事業 建設全民之紡織染工業 中國紡織染雜誌社 上海(25)建國東路456弄2號
現代公路 公路和汽車的 一般性雜誌 現代公路出版社 上海(5)四川北路昆山路277號 三樓	現代鐵路 鐵路專家集體執筆 曾世榮 洪紳 主編 現代鐵路雜誌社發行 上海南京西路612弄49號 電話 61069 郵政信箱 上海2463號	國內唯一之水產刊物 水產月刊 介紹水產知識 報導漁業現狀 上海魚市場編印 發行處 上海魚市場水產月刊編輯部 上海江浦路十號	民國六年創刊 學藝 中華學藝社編印 上海紹興路七號 上海[illegible] 中國文化服務社代售	建設 月刊 報國工業會出版 上海(18)襄陽南路364號
工程報導 一 鐵路公路港埠溝渠結構建築都市計劃土壤工程等原理之介紹闡述 二 國內外工程界重要消息之報導 上海[illegible]路207號[illegible]社	婦嬰衛生 月刊 楊元吉醫師主編 是婦女的良伴 是嬰兒的保姆 大德出版社發行 上海江寧路二九三號 大德助產學校	中國動力工程學會主辦 動力工程 介紹動力工程學理 及發展報導國內外 動力工程消息 [illegible]主編 電世界出版公司發行 上海(0)九江路50號311室 電話 12200	世界 交通月刊 提倡交通學術 推進交通效率 世界交通月刊編輯部 南京(6)中華門外雨花巷 [illegible]75號 各地世界書局經售	世界 農村月刊 全國唯一大型農業月刊 世界農村月刊編輯部 上海[illegible]路[illegible]9號 各地世界書局經售

中國科學公司精美出品之一

烘箱 DRYING OVEN

供實驗室用作一切乾燥蒸發培養等操作之用，洵為化學實驗室及化學工廠所必需。

出品精美・種類繁多・詳情函詢

煤氣火油兩用烘箱

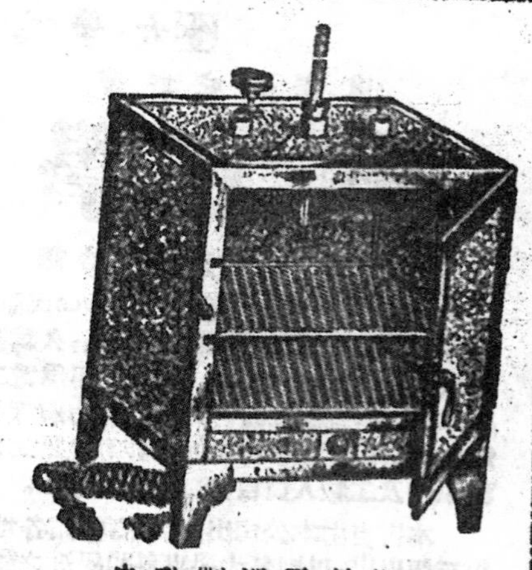

自動調溫電熱烘箱

大號：高14吋　闊18吋　深12吋

小號：高10吋　闊12吋　深10吋

＊共分單壁及複壁兩種＊

自動調節溫度±½°C

總公司：上海中正中路537號　電話74487

分公司：南京・廣州・北平・漢口・重慶・杭州・長沙

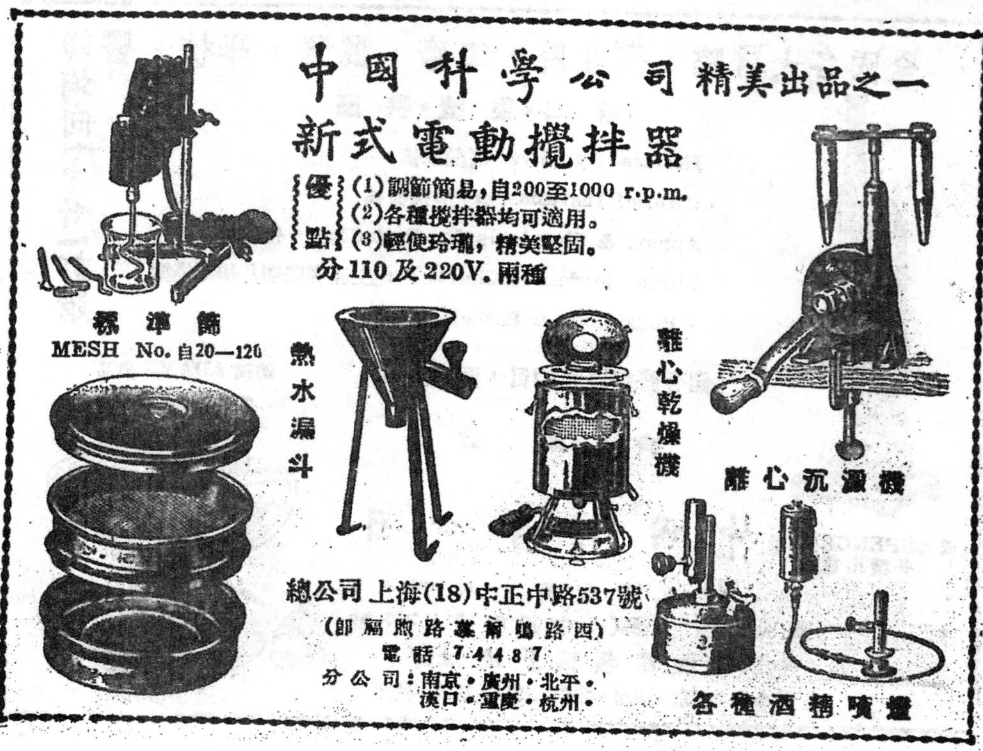

國光牌
汽油 煤油 柴油
潤滑油 潤滑脂 燃料油
品質符合國際標準 定價低廉服務社會
中國石油有限公司

興華電焊工程材料行

HSIN HWA WELDING ENG. & MATERIALS CORP.

經營歐美一切
電焊工具材料
承包各種水陸
電焊建築工程

（營業處）

天潼路二四三至五號　電話四四四七一

（工務處）

溧陽路三二七號

中國科學期刊協會會員刊物
經中華郵政登記認爲第一類新聞紙類
上海郵政管理局執照第二四二六號
內政部登記證京警滬字第一七四四號

本期每價金圓八角
暫照1600倍發售

第四卷　第二期

三十八年二月號

益中廠製造的三相油冷式1250千伏安變壓器在裝配中

中國技術協会主編

工程界雜誌社發行

新安電機廠
股份有限公司

主要出品

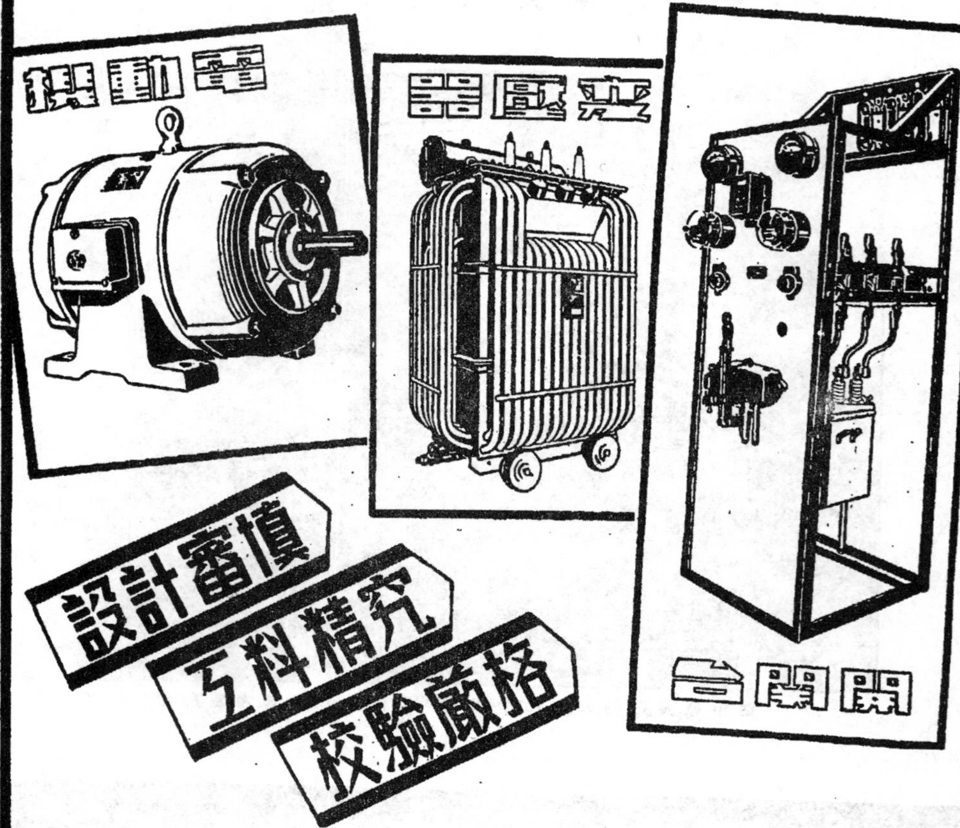

事務所·上海南京西路八九三號大滬大樓五樓 電話··六〇〇九〇
廠 址·上海常德路八〇〇號 電話·三五七五三（電報掛號·〇七八九）

第四卷 第二期 目錄 三十八年二月號

·印刷·總經售·
中國科學公司
上海(18)中正中路537號(電話74487)

·出版·發行·廣告·
工程界雜誌社
上海(18)中正中路517弄3號
電話78744
POPULAR ENGINEERING
Vol. IV, No. 2 Feb. 1949
Edited and published monthly by
CHINA TECHNICAL ASSOCIATION
517-3 CHUNG-CHENG ROAD,(C),
SHANGHAI 18, CHINA

·訂閱價目·
國內定戶 全年$8.00 半年$4.00
普及本定戶 半年$2.00
按訂閱時之協議倍數計算
國外定戶 全年平寄連郵美金3.00
外埠航掛快各項郵費需另加繳
發刊四周年紀念擴大徵求直接定戶
訂閱費概按七折實收
以上辦法三十八年三月十五日截止

本期基價每册金圓八角
按照上海科學期刊協議之倍數發售
倍數如有變更參閱上海大公報廣告

12869

上海

華商電氣股份有限公司

業務

電燈　電力　電熱　電車

總管理處　南市中華路（老西門口）一七四四號　電話：南市七二八三三

營業科　南市中華路（老西門口）一四七四號　電話：南市七〇〇二〇

電務科　南市車站路五六四號　電話：電務科 工程師室 南市七〇九七一

用戶科　南市車站路五六四號　電話：用戶科 工事股 南市七一八二三

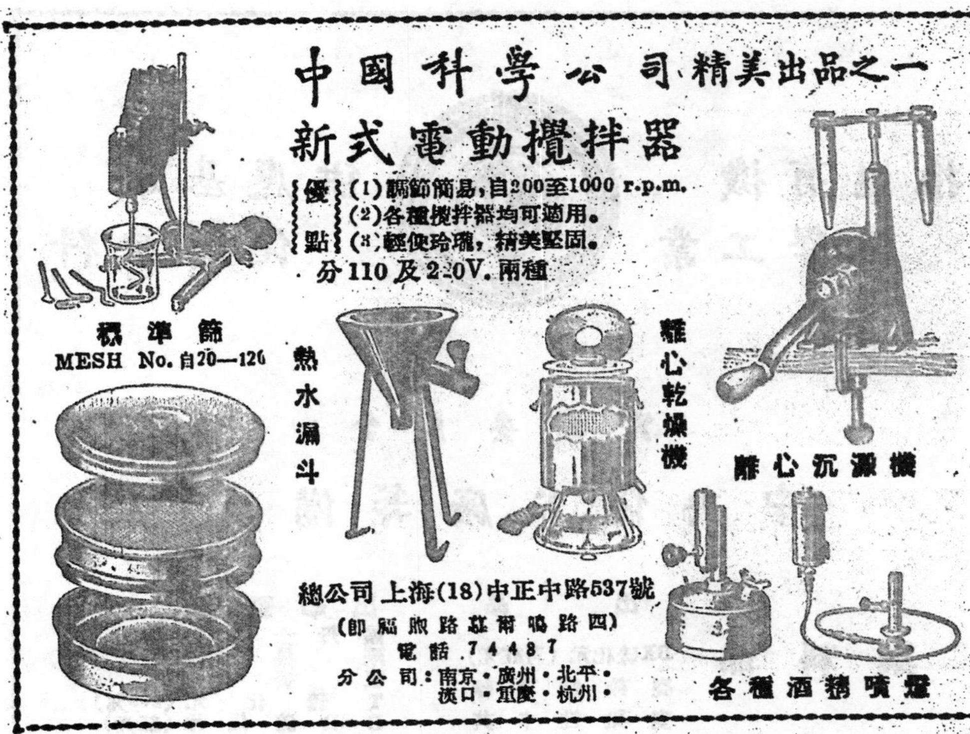

電熱水浴鍋

自動調溫電熱水浴鍋

抽出器用電熱水浴鍋

技協主辦實達塑料講座

將於三月中旬開講

·同時與科學社等合辦工程常識講座·

（技協通訊社訊）中國技術協會於去年底舉辦的工業技術展覽會，有電達和塑料等的展覽，觀衆特別擁擠。技協鑒於展覽期間甚短，同時觀衆過多，恐不能供大家詳細研究，特决定於會後舉辦這幾項講座。當時觀衆簽名參加者各達千餘人。玆悉技協學術部講演科已分別發出通知附寄調查表，以便根據參加的聽衆們程度而分組開講。據講演科負責人談，三月中旬可以開始。詳細時間地點及課程一俟决定後，當專函通知，同時請注意各大報章及『技協』雙周刊消息。

（又訊）中國技術協會將應本市青年會之邀請與中國科學社等合辦工程常識及通俗科學二系統講座。地點假八仙橋及四川路青年會，將於三月中開始云。

價配民營的賠償物資 工商部將裝運廣州

★價配民營的日本賠償物資，最後一批機械部份，計二百七十餘箱，本已由工商部决定價配本市若干廠商，但准配通知尙未發出。最近工商部又擬將該批機械轉運廣州。但據悉該項運費尙無着落。

美援剩餘延長使用 包括華南農業復興等計劃

★經合署賴樸翰氏已返國向國會提出，所剩餘的一億元美援，准予延長使用。這項計劃將包括華南之農業復興計劃及台灣省建設鐵路，電力，肥料等工業的補足和修整各項計劃。此延長使用期間是本年四、五、六三個月。

歐洲大旱影響水力電源 美鐵路工人失業達十萬

★西南歐最近發生大旱現象，應用水力發電的各國大受影響。包括西班牙、義大利、瑞士、法國及德國南部，均發生旱亢。西班牙已經六個多月無大雨。義大利、瑞士、德法南部均限制用電量 瑞士工廠僅四分之三開工。南德各地內河航行受阻。

★美國鐵路當局最近統計，鐵路工人失業者已達十萬人，佔全國鐵路工人總數百分之十左右。主要是因爲今年起鐵路營業大大不振。最近紐約證劵市價，因物價普遍暴跌，急劇下降，爲去年三月來所未有。美各地物價已連跌七星期，顯露週期性經濟恐慌的到來。

★美國正計劃應付未來的戰爭，在全國周邊建立雷達網。據悉該項預算將達一億六千一百餘萬美元。

日本工商省指令積極恢復鋼鐵工業 塘沽永利天津紡建公司等恢復生產

★日本製鐵所的廣畑工廠現正根據工商省之指令，積極籌備恢復其千噸大熔礦爐。這一項指令中，明確規定此一熔爐須於本年八月一日前生火。按日本全國計有千噸大熔爐四座，八幡和廣畑各設二座。日本投降後，由佔領軍命令息火停工，並已指定拆充賠償了的。其餘如大阪等四百餘噸的熔爐亦在籌備恢復，到今年八月，日本將有高級熔爐達十座了。

★著稱遠東的塘沽永利鹼廠，幸未在此次戰火中遭受燬滅。一月三十日該廠已經修復所受的部份破壞，而且開始復工。全體員工一千六百餘人均無恙，照常工作，第一週已出產燒鹼十餘噸云。

★天津紡建公司各廠，除第七廠受損過重外，其餘紡織廠五處，粗紡，機梭廠等，均已全部恢復生產。日產棉紗九萬餘磅，棉布五千餘疋。

和談聲中鋼筋被徵購 海塘工程最近可完工

★本市工務局修理敵僞期間失修瀕危之上海海塘工程，前年四月修復其五百公尺之大缺口後，因經費支絀，工程致遭障礙。去年得經合署之支持，繼續施工。預計本年六月間可以全部修竣；馬刺形堤壩之修築，預定五月底完成。

★最近和談紛紜聲中本市城防當局下令徵購鋼筋等五金材料，徵充建築城防工事之用。北蘇州路一帶源祥等五鐵廠因而被封。同時五金鋼鐵等成品均被禁止運出境。經鋼鐵業向市當局請願後，五金成品等已經解禁准予運行云。

12875

物資運用與人類合作

趙曾珏

地球上生命進化的歷史告訴我們生命與環境不斷奮鬥的事實。人類與其他生物不同，他的歷史超過了適合環境，他更進一步的創造了環境，去適合他的生活。其他生物隨遇而適，人類不然。北海之白熊，只知生一套厚的毛以禦寒，其他卽非所知。人類知道穿起衣服，生起火來取暖。所以人類實負責創造環境。人類的歷史是一篇克服環境，爭取智識，利用厚生，創造文明的事實。

現代科學所給予人類的刺激是兩方面的，一爲物質的，一爲精神的。因爲有這兩種刺激，人們在思想上與行動上有極大與極複雜的活動。但從科學知識積聚之中至少可歸納爲幾點啓示，值得人們的認識。

第一個啓示，就是我們現在是生活於一個潛藏豐富的時代。我們對於大地的各種富藏已經知道了很多，我們對於利用厚生的發明與發現，因爲科學與技術的昌明，已經完成很多。如果將全世界各種不可復生的資源蘊藏量加以詳細的估計，則將顯示一個事實，就是至少在今後二千年以內，全世界人類所賴以利用厚生的原料，其數量是足够的。所以問題的重心不在物資總數的够不够，而在物資的合理運用與分配，以謀達到人類最普遍最高度的幸福。現在科學與技術正在人類與其所需要的物資之間開始建立一種新的關係。在過去一世紀間，人類偏重於消耗那些不可復生的資源和鑛產品——這是自然界所儲蓄着的資本。而比較少用那些可以復生的資源如農產品——這是人類每年所獲得的利息，但在最近十年之間，科學的研究已將這個趨勢顚倒過來了。試舉一例，由於化學工業的進步，塑膠的發明利用每年出之於土地的原料，而土地的生產力是無盡期的。此點在人類的進化史上極爲重要，因爲這個事實指示我們在自然界所儲蓄着的資源有不足之區或不足之時，人們可以靠科學與技術，利用農產品以補充鑛產品的不足，爭取自己努力的收穫而生活，不必循攫奪的途徑。同時更指示我們，民族的向上心可循科學與技術的途徑來發揚光大。

第二個啓示，就是現在我們是生存於一個人與人之間，不得不互相依賴的時代，眞可說「相輔相成，相剋相滅。」如果不尊重這個事實，則無一國家、社會或個人能獲得持續的安全。人類欲獲得富足的生活，必須利用各種資源，與發明或發現，利用此種物資的科學與技術。但世界資源的分佈是偏枯不均，亦並非一個國家所得俱備的。同時利用這些資源的科學與技術亦決非一個國家、社會或個人所能包辦。所以我們不得不提倡「人類家庭」的合作，使物資「有」「無」可以相通，技術科學可以相互交換，則其對於人類造福的成就，然後加以加速、擴大，使「人類家庭」中的每一員都能享有這些物資或生產品，卽以電機工程而論，要有英國法拉台的實驗，麥士威的電磁理論，德國西門子的創造發電機，美國西屋氏的提倡交流輸電，愛迪生的電燈試驗，倍耳教授的發明電話，摩爾斯的發明電報，意大利馬可尼的發明無線電，而最近英國華特生的發明雷達使電機工程盡善盡美，以供人羣的享用，無非實際顯示世界家庭的大合作。這個事實明示我人，凡「世界社會」的每個人民與每個人羣都應互相聯繫，密切合作，方能發揮人類偉大的成就。但是要造成一個世界規模的「人類家庭」，不是一蹴而就，至少要有較大規模的民族組織，此種較大規模的組織，比較小範圍的各樹畛域，嚴立壁壘，遠爲適宜。

在一個國家或民族組織之中，最重要的是：(一)人力(人力中最重要的是組織力)，(二)糧食，(三)動力，及(四)其他可復生的資源。而將此四種因素，達到有無相通，貨暢其流的是(五)交通。這五種因素適合的配合，可使國家民族復興富强，在這個場合裏面，需要的人力包括，農人、工人、技師、及有組織能力的管理人，然後各項生產可以推動，各項交通可以發達。經許多外國專家的實地觀測，中國的工人是勤奮的、馴良的，同時可以訓練成爲運用世界上任何那一種新穎機件的優秀工人。中國的農夫是耐勞的、勤奮的，也可以訓練接受任何新機械化農具的優秀工作者。同時中國的工程師是忠實的，能自發自動的，有時更能利用落伍的工具解決新穎的工程或技術問題的。所以人力是優良的，但是「徒善不足以爲政」，更需要優良的「制度」和「環境」。在適宜的「制度」和「環境」之下，中國的工人、農夫和工程師無異疑地可以創造富强康樂的中華民國。

在物資運用上，食糧問題是最重要。我國的食糧除少數地區不敷外，其餘是足够的，不過食糧的種類與品質不同。但是台灣產米的餘額，足敷不够區域的需要。而全國最富饒的東北，大豆每年出口，最高可達三百萬噸，約合美金六億元。這是何等偉大的農產富源？衣被是第二個重要問題，衣被主要的原料是棉花，但是西北及中原的棉原質優量多，足可供給我國目前三百萬錠子的需要。當前的問題是在交通和內戰是阻滯。住屋是第三個問題，除了大都市，已有全市計劃及設計外，我國各地縣市政府應有土木工程局的設立，大量的建築住屋。英國三島在第二次大戰後決定建造七十五萬幢新屋，尙未能完全解決住屋問題，我國的需要當十倍於此。現在英國建築房屋的新方法，好似翻砂一般，先製模型，然後以水泥澆入，大量建築，迅速耐用。交通爲第四個問題，我國戰後原擬在五年內完成五萬公里的鐵路，十萬公里的鐵路，現在因爲內戰只有破壞，尙談不到建設，但是只要內戰停止，我們可預期一切民生建設，都可加速的進行。而愈建設愈快，愈快愈好。像人類科學的進步一樣。茲再約略說明如次：

照英國科學家近思氏(Sir James Jeans)之推算，宇宙之有太陽約八萬億年，太陽系中之有地球約二十億年，地球之有生物約三億年，而人類開始生長約爲三十萬年，人類之有文化約六千年，而人類知道應用動力不過一百五十年。在這短短的一百五十年間，人類逐步昌明科學與技術突飛猛進，較諸以前渾渾噩噩的數千萬年眞不可以同日而語，而在最近的二十五年來，則更是愈演愈快，愈快愈好。推源其故，就是，人類知道「合作研究」，科學得以加速昌明，物資更能高度利用。馴至有最近第二次大戰時所用的雷達的發明及原子彈的製造以結束此空前浩刼之世界第二次大戰。爲便於說明時間上之比較起見，如以太陽的出生至今日假定爲二千年，則其他如地球、生物、人類等之出生的比較年代可推算爲下列一表：

太陽出生	至今日假定爲二千年
地球出生	迄今僅約六個月
地球上生物出生	迄今僅約四星期
地球上人類出生	迄今僅約四十分鐘
人類文化開始	迄今僅約五十秒鐘
人類知道運用動力	迄今僅約一又四分之一秒

從右表可知眞正文明的歷史在整個宇宙的生命中，不過是最後的一霎那間，在此一霎那間發明與發現互爲因果，連鎖式的前進，致有今日燦爛的物質文明。現在世界上一般國家物質文明是已經達到，所苦的是量的不够，分配的不均，尤其在生產落後的國家更爲顯著，這是人類的嚴重問題的主要因素。所以人類現在所要解決的問題，一是生產，一是分配。關於第一個問題，在上文已經說過，自然資源本來是豐富的，只要我們有科學，有技術，有資金，有人力就可解決。關於第二個問題，則需要建立一種順應人性與順應現實的分配制度。如果以攫奪的方式替代科學與技術的運用，固將使分配不均的現象愈趨嚴重，此當然不是根本辦法；但即使運用，科學與技術，而不將其所得公諸大衆，則分配將依然不均，亦非根本辦法。而且人們之所以利用科學與技術者，無非欲自厚其生，並厚其一切所愛者之生。這是生命的意志，工作的目的。所以生產與分配亦是互爲因果的。當我們以「合作」求生產的增加與分配的平均的時候，我們有必須認識的一點，就是我們必須共同犧牲一部份成見，然後纔能換取共同的生存與發展。

照上面歷史哲學的分析，人類的傳遞進化正方興未艾，但在整個宇宙的過程中，至今所佔的時間眞正極短，使人們有寄生如蜉蝣的感想，同時每一代人不過是長距離接力賽跑中的一員罷了，而一代中做一樁事業或負一部份責任，不過執行這一代中一段的接力賽跑罷了，更不應對於當前的困難或變化發生悲或喜。由於人類所負使命的重大，與前途的無限，我們每個人應抱有「任重致遠」的信念。可是在這個「任重致遠」的接力賽跑中，我們的目的與方向應當認淸就是要拿合作精神和方法來「增加生產，平均分配」；由貧乏而進於小康，由小康而進於大同。這個偉大的目標，亦決非操之過急所能立刻完成。是需要悠長的時間；但在歷史哲學看來，這時間還是很短促的，因爲照上面的分析一百五十年的時期在宇宙進化史中不過一秒又四分之一，明乎此我們正應當平心靜氣地，去推進天賦我們人類所應負的使命。(來件)

成千萬的曳引司機，運輸車司機，農業技術師，測量員，機械師等，
裝備了前進的技術和實用科學，爲自己，爲祖國，愉快地工作着！

東南歐國家生產技術大革新

·慶　銘·

東南歐各國——包括波蘭、捷克、羅馬尼亞、保加利亞、匈牙利及南斯拉夫等國，過去都是落後的小農經濟國家，現在正展開新民主主義的建設，飛速地向着先進國家，迎頭趕上！

什麼是新民主主義呢？它同舊民主主義倒底有什麼區別？原來「民主」這一名詞，歷史上在古羅馬就已存在過。但只限於城市公民才享有民主的權利；而對於數目超過城市公民數倍的奴隸卻是無份。事實上這是城市公民專政。舊民主主義是以建立資本主義社會，並以資產階級專政爲目的的。因此在這社會中的一切權益，都被大資產階級的獨佔集團和大地主所佔有。至於新民主主義，則是殖民地和半殖民地的人民，在無產階級領導下，以反帝、反封建爲主要任務，壓抑並消滅資本主義的因素，而組織社會主義的經濟，建立獨立、民主、和平與富強的新國家。

東南歐國家在戰後就是循着這一路線，走向自己的道路。

曾經是農民的地獄

從十三世紀到十九世紀的一部歐洲經濟史，可說是用農奴的血寫成的！尤其在東南歐，封建性的剝削更是凶湧駭人，造成農村深刻的危機與不安。

第一次世界大戰的結果，更使這些國家的國民經濟破碎支離；農村破產，達於極點。於是「農業改革」的方案便提出了。例如波蘭在1919年與1925年前後頒佈了「土地改革法令」與「新土地改革法令」。別些國家也提出了洋洋大觀的改革方案。可是這許多措置，都是地主階級所壁劃的；充其量不過是地權的改良，而並非土地改革；目的則在鞏固他們自己的地位而已。

改良的結果，使農民更跌進了高利貸者和銀行的魔掌，遭了更深重的破產。例如在波蘭，約有五分之四的農民，在封建地主奴役下，過着不如牛馬的生活。「波蘭是農民地獄」，其他的國家也有類似的譬喻。在羅馬尼亞，四千個地主佔有全部土地的40%。匈牙利地主富豪集團，雖只佔全部土地所有者的0.1%，卻握有全國耕地22.4%；而超過一百五十萬戶的小農經濟，反只有12.6%的耕地。

土地的兼併與碎割，不僅惡化了土地關係，更束縛了農業生產力的發展。

在工商業方面，又受到外國資本的侵襲，與本國獨佔資本的腐蝕。例如波蘭全部工業資本中，外資佔40%，個別工業部門竟達80%以上。南斯拉夫工業資本中，外資竟佔51.4%，其中煤業被德國資本壟斷了，法國資本則壟斷銅礦，英國壟斷鉛礦，瑞士及意大利則壟斷水力發電業。這顯示了這些國家經濟結構的殖民地性；利潤不斷地外溢！

民族資本被打擊，促使東南歐的人民更陷於赤貧的境地，而掙扎於高利貸、投機，與黑市的風波中。當他們的忍耐到了極限，終於走向新民主建設的路線。

新民主建設的路線

戰後東南歐國家的人民，取得了政權之後，正走着新民主建設的路線，按照着每一個國家自己固有的經濟條件，政治和民族的特質，以制定全盤

的計劃。

首先，這些國家實行了農業改革，所謂「土地屬於耕者」，農民實際獲得了土地，代替地主的領地而創造自由富裕的農村經濟，建築農民的樂園，「不再有大地主，不再有渴望土地的人們，不再有無地的農民」。因此鼓舞了全國人民的勞動熱情，發展着國家的生產，和推進農業技術。

這些國家的農業改革，其共同點是在把束縛農業生產力的封建制度的殘餘，徹底肅淸。不過各國的國情不同，因此所採的辦法也有各其特性。

例如：捷克農業改革的特性則在移民。主要是對較好土地的蘇台德區德國殖民者的土地的佔有。土地分配成爲個人的私產，但是規定必須加以合理地利用。保加利亞則着重於耕地的整理，肅淸零散與碎割的田地，並不淸算地主的土地，而只是把他們的土地重分配。因爲保加利亞的國情是和別些國家不同，貴族地主的領地早在從土耳其人統治下解放出來的時候被淸算了；但是大部份的土地，却仍在富農手裏。所以保加利亞的農業改革，與其他國家又不同。

從實際的經驗中，新政權的經濟學者都認爲碎分土地的不能解決問題，它必須農村工業化，耕作集體化，然後農業技術才能革新，生產量才能增加。

同時，農業改革雖然是新民主建設的必要步驟，但這並不是說就是惟一的措施。它必須伴隨着重要工業，運輸業和銀行的國有化。因此波蘭在1946年就把五百十三家大企業轉爲國營。保加利亞只沒收法西斯份子和戰爭罪犯的企業。別些國家也各按自己的國情，掌握了交通工具，銀行及其他大企業等。

「土地屬於耕者」的農業改革和大企業的國有化，確是新民主主義經濟的兩大支柱。新政權在民主制度眞正地確立後，並制定經濟計劃，按步就班地來改造國民經濟，使國家走上復興和重建的道路。於是兩年計劃，五年計劃，都在漸次地頒行。

生產力獲得解放

這些國家，現在不再爲追求利潤而工作，更不再爲外國獨佔資本工作，而是爲他們自己的生活水準的提高而工作了。殘餘的封建勢力已被徹底肅淸，殖民地性的獨佔資本也被掃絕，一切腐蝕的因素——例如高利貸放，投機、黑市、欺詐和貪污，都一掃而淸。以前被束縛的生產力，這時獲得了空前的解放。

一般地說來，東南歐各國在1946年，正式開始歷史性的新的實；而到去年年底以前，已先後地完成了復興的任務。這短短二年的時間內，這些國家却已走了過去必須費十年才能走完的路程。

根據最近的資料，保加利亞在1947年最後一季的工業產量較戰前超過57%；而去年上半年的生產量也已超過上年(1947) 36.7%。二年復興計劃已經順利完成。現在正開始五年計劃的重建新保加利亞的工作。「把保加利亞從一個落後的農業國，轉化爲一個先進的，農工均發達的國家」。

捷克在1948年年中時，工業產量已較1937年提高11%。經濟復興的二年計劃也順利完成了。1948年上半年與1947年同期相較，機器的生產量增加9%，電動機約35%，機車約60%，發動機約70%，農業機器31%現在也已開始新的五年計劃。

波蘭在去年第二季的工業生產率已達戰前最高年份1938年生產率的一倍半。去年第三季煤炭產量超過計劃3%，較前年(1947)同季增加百分之18%，在鋼與鐵方面則各爲23%與33%。輕工業亦以同樣速率發展着：棉織品產量增加37%，毛織品38%，絲織品58%，紙張22%，烟草49%。

匈牙利在1948年上半年，採礦與冶金工業已較戰前上漲26%。至於農業的許多部門也已超過戰前產量。

羅馬尼亞在戰後復興工作中，成績也相當顯著。在1948年8月裏，鐵與鋼的產量，各較戰前增加57～29%。

現在再將東歐國家的工業生產指數，與西歐國家——包括英、法、荷蘭、比利時、丹麥、意大利、希臘和挪威等作一比較。設以1937年的指數爲100，東歐國家的指數在1947年已進展到自86到215不等，而西歐國家則在68到120之間。這說明了東歐國家的工業復興正比西歐國家迅速有效！如果再把個別生產部門作比較，而仍以1937年爲100，則西歐國家的鋼鐵生產指數在72到96之間，而東歐國家的同樣指數則在86和114之間。又以1938年爲100，西歐國家的電力生產指數在131到167之間，東歐國家則在156和200之間。

生產力獲得解放的東南歐國家，生產率不僅

超過了各別的戰前水準；並且連西歐國家的生產指數都落在後邊。這無異是一種奇蹟！

生產技術的革新

這些國家的復興計劃，在去年已先後完成了。現在正就已復興的國土上，從事國家重建的工作。

在計劃的進行中，困難確是很多。其中最嚴重的就是必要的勞動力的缺乏。因此生產技術的革新，便成爲急要的問題。

農民們取得了土地之後，首先是零星的小農經濟，經驗證明了農業技術的必須改進。於是將疏放耕作制轉變爲集體耕作制，實施集體機器播種而個別收獲。機器耕種機站也設立了。這樣，技術上的困難，得逐步解決。

在保加利亞，耕種機站去年達五十所，並且配備有1817輛耕種機，2000只耕犂，1000輛播種機，706架束禾機，240架機器打穀機和30輛聯合收割機。在捷克，截至1946年爲止，計有一萬一千輛耕種機和四百萬架農業機器。在二年復興計劃中，又增加一萬九千輛新的耕種機。在羅馬尼亞，1946年春已擁有三千六百輛曳引機，並成立了275所機器站。

不管困難是怎樣的巨大，但生產率却不斷高漲。人民首次體味到偉大而快樂的創造的感覺，勤奮地工作着。技術知識份子也滲透到每個工廠及各個角落裏。

新民主建設的本身，實際上就是一種技術的革新。它保證了國民經濟的前途無限光明。

這些國家繼工業化的發展，現在更從事電氣化的建設。例如在波蘭，戰前二十年中只有450個農村有電氣設備；但在戰後兩年中，却已有5̇0̇0個村莊實行電氣化了。

各種新興事業部門的技術人員因此相繼產生。成千萬的曳引司機，聯合收割機司機，運輸車司機，農業技師，測量員、獸醫、機械師、電機工程師等……，這批勤勞的人們，裝備了前進的技術和實用科學，爲自己，爲自己的祖國，愉快地工作着！

正如美國評論家約瑟。荏(Joseph Harsch)所說：

「在東歐各國，我震驚於復興工作的緊張熱烈」。

「……而在西歐，祇能看見不安和慌亂！」（美國週末晚報記者 Ernst Howser 語）

× × ×

東西歐國家這許多偉大——甚至驚人的成就，如果從經濟理論的觀點來說，乃是社會生產關係與生產力取得統一之後的必然結果。它正昭示着半殖民地半封建的經濟落後國家一條可能的——也是惟一的途徑！

封面說明

自製電工絕緣材料的
益中機器瓷電公司

益中福記機器瓷電公司始創于民國十一年，是國內數一數二的電工絕緣材料製造廠，他們先製造馬達變壓器等電工器材，到民國十八年，又開始出品建築用的瑪賽克地磚，釉面牆磚及電料瓷瓶等，當時設廠在浦東及上海市區兩地，到八一三抗戰軍興後，二廠先後被迫停工，至民卅五年春，始恢復生產，現設廠在平涼路，有電機製造及絕緣材料二廠，出品供應全國及南洋各地，是國人自製器材，挽回利權的一大主力軍。本期封面是該廠正在爲浦東電氣公司裝置的一架1250 K V A巨型變壓器的工作情形。

12880

上海工業的現在與將來

季崇威

引言

在不久以前，作者曾替中國工業經濟研究所寫了「上海工業現狀」的一個報告，其中曾把目前上海工業的概況，原料燃料動力和上海工業之特徵及困難作一簡略的調查與分析，由於各方面調查統計資料的缺乏，這個報告的內容與應該具有的完整性與正確性還相距甚遠，它僅僅是爲上海工業描繪出一個輪廓和指出若干要點而已。但就是這樣貧乏的材料，各方面似乎還很需要參考，因此最近把它略加整理摘錄，同時補寫了一節上海工業的出路與前途。以便從瞭解現狀，窺測到今後的發展，使讀者對上海工業的現在與將來有一系統的概念，當然這些概念也許是不健全或不十分正確的，這就有待於工業界人士和讀者們的指正與補充了。

種類和數量

上海在抗戰前就是中國輕工業的中心，抗戰勝利以後，因爲其他各地工業受戰爭的影響普遍衰微，這種趨勢更爲顯著，而且在民國二十七年至二十九年的二年中，及民國三十五年到現在，上海一般的工業在比較安定的環境中，獲得一度的繁榮和發展，因此不論在質量上，數量上，都比戰前有相當的進步。

據上海市工業會最近的統計，上海現在共有八十八種工業，大小工廠一二，五七〇家，產業工人四五〇，五八八人，（職員與職業工人不在內）以上主要是根據同業公會的統計，若干未入公會的洋商或小型工廠尙不在內，不過統計內也有許多廠是虛設或不開工的，工人人數也不免有些誇張，但無論如何，上海現有的大小工廠在一萬家以上，產業工人在四十萬人以上是可以確定的。

八十六種工業，是以輕工業，尤其是紡織工業和日用品工業爲主，如果以類別劃分，可分爲下列五部門

紡織工業部門——計包括棉紡織、機器染織、毛巾被毯、毛巾織造、帆布、手工棉織、針織、內衣織造、駝絨、拉絨、毛絨紡織、繅絲絹絲、機器絲織、綢緞印花、製帽、襯衫、地毯、綢布染、整理漂染等二十三工業，共有工廠五，〇七七家，工人二三八，三六八人。

機械工業部門——計包括電工器材、機器製造、翻砂、鋼鐵鍊製、鐵器、銅料、鋁器、錫紙、五金、製針、製釘、鋼窗、脚踏車、印鐵製罐、紡織用品、造船等、十六工業，共有工廠二，四三八家，工人六三，四一五人。

化學工業部門——計包括橡膠、造紙、製革、水泥、植物油、製煉、製藥、調味粉、搪瓷、火柴、香料、肥皂、造漆、油墨、染料、電鍍、玻璃、化學原料、家用化學品、汽水菓汁、磚瓦、琺瑯、罐頭食品、耐火材料、熱水瓶、冰錦煉糖等二十五工業，共有工廠一，六九四家，工人七七，四二〇人。

其他工業部門——計包括捲烟、麵粉、陽傘、銅鐵床、紙盒，鋸木、牙刷、醫療器械、碾米、鉛字銅模、彩印、電影製片、照相製版、製鏡、雪茄烟、儀器、文具、鉛印、鍬木、汽燈、營造、煤球等二十一業，共有工廠三，二六九家，工人七〇，二〇五人。

外銷工業部門——計包括猪鬃整理 製茶、賜衣等三業，共有工廠九十八家，工人一，一八〇人。

對全國工業的比重

上海工業在全國工業中所佔的比重，我們如果把東北、台灣除外，採礦和鋼鐵等重工業也不算在內，以一般輕工業來說，上海大約要佔全國工業的百分之五十至六十。經濟部全國經濟調查委員會去年曾對全國十二重要都市的工業（包括瀋陽在內，但國營工廠除外）作普遍的調查，在它所發表的初步報告中，所調查的工廠總數一四，〇七八家，上海有七，七三八家，佔總數的55%，全國產業工人總數六八二，三九九名，上海三六七，四三三名，佔總數的54%，（上海工業統計數字

因係卅六年調查，小型工廠未計入，故較市工業會統計數字為小）。

拿上海幾個重要的工業來說：上海棉紡織業擁有紗錠在二百三十萬枚以上，（連江蘇浙江區紗錠共三百十多萬枚）占全國紗錠總數四百七十萬枚（東北除外）的百分之五十，同時上海的紗錠設備都是比較新式和高效率的，織布機（電力）五七，三七八台，約占全國織布機（電力）百分之六十左右。毛紡織工業全國共有毛紡錠十五萬一千枚，其中十二萬錠在上海，約占百分之八十，全國繅絲和絲織工業的百分之八十以上，也都集中在上海、杭州、無錫的三角區域內。

上海機器工業或其他各種工業中的工作母機，大約有一萬五六千部，（單機器廠一業工作機共計一三·九四五部）而其他各地（東北、台灣除外）連兵工署的工作機也不過一萬五六千部，上海約占五成左右，化學工業除東北、台灣外，上海約占全國的百分之五十至八十。

擁有捲烟車一，〇八七部的上海捲烟工業約占全國捲烟工業設備的百分之六十，麵粉工業的產量要占全國機製麵粉產量百分之三十八·五，其他如橡膠，製藥、鋁器、搪瓷等工業差不多都集中於上海。

生產能力

上海工業的生產數量及其價值，迄今尚無完整而正確的統計，同時每一時期的產量與其生產能力也有相當距離，茲以若干主要工業最近生產能力及平均產量略舉數例如後：

（一）棉紡織工業產品 —— 1.棉紗：蘇浙皖區民營紗廠生產能力每月可達九萬多件（上海區約六七萬件）國營紡建公司上海各廠每月可達三萬六千件，最近民營廠月產八萬五千件（上海區五萬多件），紡建公司月產二萬多件，合約十萬件。

2.棉布：國民營紗廠月產能力約一百六十萬疋，機器染織業月產能力約一百萬疋以上，最近月產量不足二百萬疋。

3.其他棉織品：其他棉織品月產量約數是，毛巾五十多萬打，被單十五萬條，手帕六十萬打，帆布二萬四千疋，各種襪子三百多萬打、絨衫、棉毛衫、汗衫約二十萬打。

（二）麵粉工業——上海各廠每日生產能力麵粉一〇八，三〇〇袋。現開工僅三四成。

（三）捲烟工業——最高每月可產捲烟十七萬箱，（每箱五萬枝）普通月產十二萬箱。

（四）鋼鐵鍊製工業——每月可出鋼錠及鋼鑄件八，四六〇噸，軋製洋元、整元、竹節鋼、扁鐵、角鐵等一八，九五九噸。

（五）機器工業——每月生產機器約八，五〇〇噸。

（六）毛紡織工業——每月可產呢絨約五十七萬碼絨線四十六萬磅。

（七）電器工業——每季可產馬達三九，一二三四，發電機三，二四九KVA，手搖發電機二八五只，變壓器六五，六一〇KVA，電扇一九，五〇〇只，電燈泡六百萬只。

（八）脚踏車工業——每季可產脚踏車一萬多部，另件五六萬副。

（九）造紙工業——每季可產各種薄紙一一，九一一噸，白版紙六，八九四噸，黃灰版紙六，三〇九噸。

（十）橡膠工業——月產汽車內外胎六千套，各種膠鞋五百萬雙，自由車、三輪車、人力車內胎八萬多付，外胎五萬多付，及各種橡膠皮帶、電線、皮管等。

（十一）火柴工業——每月可產火柴二萬箱。

（十二）搪瓷及熱水瓶——每季可產各種搪瓷器皿（以面盆為標準）二百萬只，熱水瓶二百五十萬支。

現段特徵

現階段上海工業的特徵，就其範圍、性質、環境及發展過程而言，約可歸納為下列數點：

（一）上海工業是以紡織工業為主的輕工業，不論拿工廠數量，職工人數，生產規模及產品價值來講，紡織工業對其他工業都佔壓倒的優勢，根據市工業會最近的統計：上海紡織類工廠廠數約佔工廠總數的百分之四十，紡織工人約佔產業工人總人數百分之五十六强，至於生產設備，上海紡織工業擁有紗錠二百三十萬枚，織機五萬六千多台，毛紡錠十二萬錠，單是機器的總價值就在四億美金以上，其他各棉紗複製工業及絲麻毛工業尚不在內。上海別種工業的規模實難與之相比。

上海有很多工業，是直接間接為紡織業工作

的，如機器工業的主要生產，幾大部份是修理或製造紡織機器，上海規模最大的機器廠中國紡織機器製造公司和大隆、泰利機器廠等，其製品都是紡織機器，此外如若干電器工廠製造紡織廠用的馬達，製革廠做紗廠用皮，化學工業的燒碱，鹽酸、染料餬精等的主要銷售對象亦是紡織工業。

（二）上海工業近年來是在內戰和通貨膨脹的環境中生存，因此其發展的過程和趨勢也是畸形的。抗戰勝利到現在，上海工業的確有相當的進展，據蔣乃鏞編「上海工業概覽」所述，迄勝利時止全市約有工廠四，一一一家，據三十五年十月上海市社會局統計，全市登記工廠不過三十七業，合乎工廠法的五一六家，不合工廠法的一，〇五八家，三十六年上半年，全市工廠亦僅五六千家，而三十六年底根據工業協會的統計，全市工廠已有七十一業，一〇，八七七家，最近據市工業會調查，又已增至八十八業（指已組織工業公會者而言，尚有若干小工廠作坊附屬於商業同業公會之內，或未組公會者），工廠一二，五七〇家，（未入公會者不計在內）。再將各業生產設備，產量及工業用電量觀之，若干工業較前都有突飛猛晉之進展，尤以棉織，橡膠、造紙、捲烟等業增加最速。以棉紡織業論，三十五年初全市紗廠紗錠設備不過二百萬枚左右，開工紗錠只有一百八十六萬餘枚，但現已增至二百三十萬枚，全部均可開工。可見上海工業近二年來雖在困難環境之中，仍獲得不少進展，其主要原因不外乎：（一）受通貨膨脹，物價上升之刺激，（二）受輸入管理，外貨不易進口之鼓勵，（三）各地工業衰落，上海在較爲安定的環境中，獨趨繁榮，（四）外滙滙率偏低，輸入廉價之工業原料，製成成品，易於獲利，輸入限額分配制度之存在，更無異變相津貼工廠，（五）戰後各國紡織品缺乏，日本戰敗後，南洋紡織品市場眞空，我國紡織品輸出外銷，有利可圖。（六）戰後政府各種金融外滙政策以上海爲中心，偏枯各地，上海工廠在工貸及外滙配額、捐稅等項較各地條件爲優。

三年來上海工廠數量不斷增添，勞工數量日趨龐大，所製造之物品種類亦日益複雜，不論在質量或技術上實已較戰前進步多多，過去必需依賴國外進口之物品如硫酸、鹽酸、燒碱、硫化元、香料、鋁箔、捲烟紙、馬達、變壓器、電工器材、紗廠用皮革、造紙用毛毯及若干化學原料等等，現國內均已漸可自給。

但另一方面，上海工業的發展還缺乏堅實的基礎，多數工廠的資金都極薄弱，流動資金幾有二分之一甚或三分之二以上要靠向外借貸，在通貨膨脹的條件下，負債是有利的，但一旦物價平定或下跌，負債就變成危險的致命傷。戰後上海新興工業以投機應時者居多，往往擴充過速，基礎脆弱，一遇困難或打擊，即無法支持。

上海工業的另一特點，是向易於創建、易於獲利及阻力較少的方向發展：因此紗廠賺錢，大家就紛紛開設小型紗廠；橡膠廠有利，新的小橡膠廠即告林立。戰後上海新興工廠以棉紗複製業（即棉織業）爲最多，其次爲化工，橡膠、造紙、電器、毛紡織、五金、搪瓷、捲烟等業，至於機器，電機等重工業，反較戰前萎縮，可見上海工業還是走向日用消費品的方向發展。

（三）目前上海工業的第三個特徵是依賴國外的原料與市場，而與本國內地農村關係漸趨疏遠。這一特徵，是由於三年來內戰的環境所造成。現在上海工業的主要原料，如棉花、羊毛、烟葉、甚至燃煤，國內都有生產，但因爲戰爭和交通影響，無法充份供應，和增產，致不能不依賴國外輸入，其他大部份的工業，也多少的要依賴國外原料。至於市場方面，上海的紗布、棉織品輸出數量，近來幾每月俱增，三十七年單紗布兩項由滬輸出外銷價值在美金一億元以上，轉運廣州走私運港或其他棉織品外銷數字尚不在內，此外搪瓷、熱水瓶、製針、等零星日用品外銷數量亦不在少。工業能爭取國外市場雖是進步現象，但在目前情形下，實際乃是內銷不振的反映，同時外銷因國內物價及滙率波動不定，事實上亦缺少穩定性，從這方面看看上海工業如果沒有國內廣大農村做基礎，前途是悲觀的。

困難及危險

以上各節所述都是上海工業一般狀況的橫剖視。但是如果把它當作一種現象和問題來探討，則上海工業現正陷於極端困難和重大的危機中。

自三十七年上半年起，上海工業即走入下坡路。其主要原因爲戰區擴大，市場縮減，人民窮困，購買力低落，致工業產品銷路淸淡，市價低於成本。再經八一九限價時期之搶購，一般工廠損失鉅大，同時原料來源受阻，二年來應用存底，已漸枯竭，物價漲跌無常，借貸利息高昂，更使工廠經營業務異常困難；而政府在金融捐稅政策方面，不僅對工業無絲毫協助，反多方束縛摧殘。加以政府對勞工政策作爲政治上策略之運用，人爲的生活指數忽高忽低，工潮迭起，勞資雙方俱蒙其害。因此種種原因，上海工業生產率在卅七年春季以後，即漸呈停滯與減退狀態。拿全市工業用電量來說，自卅四年九月以後，曾不斷直線上昇。至卅七年四月到達月耗電量六千六百八十二萬度的高峯，但之後即滯阻不前。九月份因受限價影響，退至五千七百五十二萬度。十一月份更激減到四千七百六十四萬度，十二月份雖略好轉，但亦只有五千三百十一萬度。自舊曆新年以後，一般工業生產更形減縮，據估計各工業之平均生產率僅及去年五成左右。

工業生產量低落的最主要原因是上海與各地交通隔絕，國內市場大部喪失的緣故。試觀過去上海工業產品的主要市場，華北交通已完全斷絕，隴海線和津浦南段去年即失去，最近長江航運又阻礙不暢，蘇北各大據點亦全撤退，即京滬滬杭沿線城市，亦感運輸不便。所以上海工業目前市場僅剩蘇南閩浙華南及台灣等地。在物價猛漲，經濟凋疲的局面下，一般人民購買力愈趨薄弱，銷路與物價往往背道而馳；物價越高，銷路也愈少，結果造成市價低於廠盤，廠盤低於成本的畸形現象。

除了產品沒有出路外，各種工業原料來源的缺乏，也是迫使工廠減產的主要原因。如棉紡織業的棉花，蘇北國軍撤退後，南通及泰縣等處已無一担棉花來滬。漢口沙市亦因長江航運不暢，無法運滬，故上海紗廠原棉甚感缺乏，平均存底只有一月許。此外如捲烟業的菸葉，過去賴許昌、鳳陽等地運滬，現亦隔絕迄無運出。皮革業的生牛羊皮，自徐州蚌埠發生戰事即未有來滬，存貨已近枯竭，市價上漲甚烈。肥皂之原料、油脂、牛油來源爲蚌埠、青島、蘇北等處，均已數月未有到貨、柏油來原爲漢口、長沙及浙東金華、蘭谿等處、現僅浙東有少許運滬，上海存貨聞不足一月之需。因此中小肥皂廠大部停工減工，產量只有平時三成。此外如焦炭絕跡，翻砂機器鍊鋼等等大受影響，永利公司純碱不再運滬，也使玻璃、肥皂、造紙等工業原料恐慌。同時工廠產量減少後，成本也就相形的提高。各種工業還遭遇許多特殊性的困難，如電力價格不斷昇漲，耗電較多的工業如電化廠、造紙廠等，就無力負担；燃煤昂貴，耗煤量多的工業如水泥廠、印染廠、玻璃廠等也難於維持。至於一般性的困難，如資金週轉不靈，利息負担奇昂，物價漲跌無定，成本難於匡計，職工工資照生活指數遞增——等等，更迫使工廠在進退兩難的環境中，泥坑愈陷愈深。目前上海多數工廠已成「坐食」和「硬拖」的局面，但是吃要吃光，拖要拖垮，如果大局沒有變化，環境仍無轉機，上海工業究竟能撑到什麼時候？實在令人焦慮担憂。

出路和前途

在上海工業的前面固然存在着嚴重的危機，但中國工業從成長以來，可說是無時無刻沒有困難：它一直在帝國主義和封建勢力，以及連年戰禍，經濟窘迫的艱苦環境中奮鬥掙扎。所以克服種種艱難困苦，忍受一切內外打擊，掙扎圖存，已成爲中國工業發展史的特點之一。目前的環境固然特別艱難，但這是在歷史轉捩點的前夕所必須經過的階段，當新的中國，新的社會制度即將誕生時，臨產前的陣痛是無法避免的。就理論的觀點而說，近百年來，中國工業的生產力，因爲帝國主義的侵略和封建勢力的桎梏，每次成長發展的企圖都受到各種各樣的束縛和摧殘。所以當舊的鎖枷即將粉碎，新的適應中國農工生產力飛躍順利發展的政治經濟制度即將產生時，尙遺留在舊生產關係統治下的生產力量，當然要感覺到特殊的痛苦。但這種痛苦的時間是很短的，並且由於劇烈的痛苦，也就更加强了推動創造新生產關係，新經濟環境的力量。

最近上海工業界由於本身的危機，異常渴望恢復華北通航與物資交流。這是爲維持生存而發出的迫切要求，本來一個國家之內，各地區的經濟是互相依存互相配合的。上海工業的燃料，煤、焦炭和重要原料如鋼鐵，棉花，菸葉，大豆、純碱，皮革——等都必需華北供應；而上海輕工業品的銷路華北約佔百分之三四十以上。所以無論是原料燃料的來源和成品的出路，上海工業沒有華北是很難維持下去的。如果上海與華北航運恢復，物資交流正常，則上海工業目前的困難無疑地可以減除一半，危機的嚴重性亦可消減，雙方人民的經濟狀況當然也因此改善。

上海與華北恢復貿易雖然可解除目前工業的若干困難，但這只能當作暫時的急救辦法。上海工業的眞正出路，大家都知道，只有眞正的和平民主實現，各地的交通恢復，發展生產繁榮經濟的新民主主義制度建立之後纔有可能。

在「上海工業的現狀」中，我們曾指出：上海是以紡織工業爲主的輕工業都市，紡織工業在目前雖是中國的主要工業，但一般人過於抬高紡織業的地位，甚至認爲紡織業是今後中國工業建設的重心和基礎的觀點，也是不正確的。中國工業今後要建立在重工業和基本化學工業的堅實基礎上，然後一切工業纔能獲得勻衡發展的前提。紡織工業雖然可以解決全國人民衣的問題，並可輸出外銷獲得外滙以掉換其他工業器材原料的進口，但如果沒有更基本的機器工業（製造紡織機器）或化學工業（酸碱染料）來支持它，紡織工業是不能獨立發展的。紡織工業是製造直接消費品的工業，而中國目前所最需要的，則是創造生產工具和原料的基本工業。所以今後中國紡織工業固應大加擴增，但基本的重工業和化學工業的建立却是更迫切的任務。

在新的經濟環境和新的工業建設觀點下，東北和華北無疑地將成爲今後中國工礦的重心和基地。上海工業雖仍不失爲中國最大的輕工業都市，但它在全國工業中所佔的比重，恐不至於再像目前這樣地巨大。同時由於上海工廠區空地的缺乏，電力的已達到飽和點，人口的密集度過高及燃料來源的距離過遠……等等條件，工業的擴充也要受到客觀條件的限制。

但雖然如此，上海工業前途發展的可能性還是樂觀的。因爲當全國交通恢復，農村土地改革之後，廣大地域的農業和工商業都蓬勃發展，人民購買力增强，對於一般日用消費品，各種工業器材用具的需要，必然與日俱增。而在目前說來，上海還是全國最大的工商業中心。這樣廣大的市場必將促使它趨於空前的繁榮，生產力也空前的提高。而在新民主主義的經濟原則下，民主政府對於保護工商業，促進生產發展，也將竭盡一切的力量協助。當掃除了帝國主義侵略的障礙和封建官僚豪門資本的壓迫後，在眞正和平民主的基礎，及正確合理的工業政策領導下，上海工業一定可以走向健全發展的光明大道。

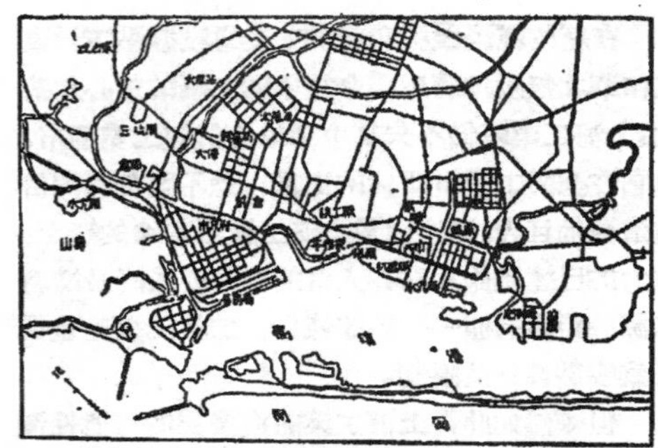

高雄港

沈 嘉 濟

高雄是台灣南部的要港，在敵人統治時期，曾作爲南進軍事經濟前哨基地，台省中南部貨物的集散，都在此爲中心。戰爭末期，盟機轟炸該港亦最慘烈，損失極重。台省重入我版圖後，設有高雄港務局，從事復舊新建，現將此國防要地，同時又爲對南洋貿易之要港，作一鳥瞰，藉明其工務施設之一斑。

高雄港位於台灣島西南部，東經一二〇度一五分四六秒，北緯二二度三七分〇一秒；有天然沙洲屏蔽西南，與外海隔絕而成袋形之港灣，壽山與旗後山雄峙於港口，港寬1500公尺，口寬135公尺，全長一二公里，全面積一六，五平方公里，較台北基隆港大四倍有餘，濬築部份可資航行及停泊面積計1,57平方公里，可以停泊三千噸以上船舶三十餘艘。全年氣候溫和，歷年平均紀錄爲攝氏24,22度，氣壓平均爲758公厘，風向多爲西北，除夏秋之交爲颱風季節外，雨天極少，適與基隆之雨港相反，極得天時之宜，潮汐日夜一次，平均漲落1,17公尺。

高雄原名打狗，築港以前爲一少數漁民卜居之村落，港外淺洲羅列，波濤洶湧，港口暗礁起伏，潮流湍急，天津條約後英人以廈門爲踏脚石，進入台灣，德人於旗後山巔建立燈塔海運基礎，其後與基隆淡水安平同闢爲商埠，遂躋入世界交通網中，正式築港計劃，則始於西曆1899年之港灣調查，當時港內水深不足，達三公尺之區域，不過66,000平方公尺，口寬106公尺，水流每小時達四浬，巨輪僅能停泊港外二浬處，祇有帆船出入，港內今日建築碼頭之地，昔日爲鹽田與養魚池，祇旗後哨船頭兩地，略具市鎮雛形。1904年起試用挖泥船疏濬港外沙洲，炸除港底礁石，1908年起開始築港，後隨工程進展，較大船隻漸可自由出入，築港工程分爲三期，第一期四年，工程費37,87,000日元；第二期工程二六年，工程費27,978,230日元；第三期工程八年，工程費用13,147,610日元，二次大戰期間日人擬有全部築港計劃，原定百年完成，因局勢轉變，有加速完成之必要，將原計劃減縮爲二十五年，而在戰爭後期，曾遭盟機集中轟炸，破壞無遺。光復以來，經慘淡經營，已漸復舊觀，並能使萬噸級船舶駛入港內泊岸，超出日佔時代之紀錄。茲將各項主要設施作簡單介紹於后：

一、防波堤——爲全港艱巨工程之一，南北兩座均係混凝土結構，先築鋼筋混凝土沉箱，由拖輪移置於指定地位，然後填實使之自沉，防波堤基礎之拋石工作，終年不輟，幾達十餘年之久。南座長938公尺，用爲防波，北座長938,8公尺，用爲防沙。堤外波濤洶湧，而內港平靜如鏡，其流速亦減爲三浬，此乃防波堤之功效。

二、深水碼頭——全港深水碼頭共廿三座，內有一座尚未完成，其建築式樣分三大類，其一爲混凝土方塊積疊式，每塊體積約十立方公尺左右，重二十餘噸。其二爲鋼筋混凝土棧橋式，先以長達二

內港挖泥船

三十公尺之鋼筋混凝土樁，用噴射機打入港底，樁上建築鋼筋平台碼頭。其三爲鋼矢板樁岸壁。水深平均爲九公尺，岸壁建築十公尺以上。

三、繫船浮標——港內設有浮標十四座，鋼板圓筒浮於海面，下用錨練懸二噸重之鐵塊沉置港底，另有鋼錨二具固定浮筒位置。

四、倉庫——港務有倉庫二〇座，面積85,504 61平方公尺，儲量十六萬噸，巨型者有鋼筋混凝土雙層及鋼骨鐵皮兩類，每座儲量均有萬噸之數，附有各式起重設施。小型者係磚牆水泥瓦建築。此外私有倉庫五十餘座，儲量十七萬公噸。

電動起重機

五、起重機械——倉庫內之起重設備以外，碼頭上亦有各式起重機，舉重力最高者五十噸，用高壓電操縱，另十五噸一具，五噸二具，均經修復可以應用者屬電動式；另有浮動起重船兩艘，一爲三十噸，一爲十五噸，均用蒸氣操縱。其中十五噸起重機與起重船，除裝卸貨物可用外，施工上應用，最爲便利。

碼頭倉庫一角

六、船渠——專備小型船舶停泊之用，護岸建築一如深水碼頭，或爲混凝土方塊，或爲鋼矢板樁建築，水深五公尺至七公尺。

七、船塢船架——船舶之修理，有賴此項設備，計有一千噸級乾船塢一座，因漏水之故尚不能應用，入口處長18公尺，底長65公尺，閘門鋼板船型；滋滿海水，卽行自沉關閉，如欲開啓，祇須抽去內部積水，自行上浮。船架則爲兩樣之軌道，敷設三條鋼軌於斜坡上伸入海中，另以承載船舶之平台車，載妥待修船舶後，用絞車由水中上陸地。

八、修理工廠——自設小型工廠，備有各類機械，支持船舶修理工程，有機械工場，電焊工場，木

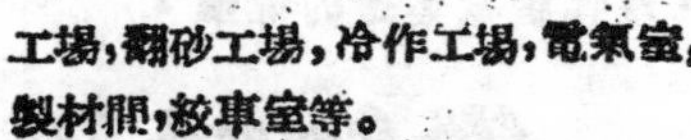

工場，翻砂工場，冷作工場，電氣室，製材間，絞車室等。

九、挖泥船——高雄港港底係砂質，因潮汐關係易於淤積，經常疏濬工作不斷，挖泥船種類至多，但現有者均屬旋轉電動唧筒式，總噸位五百噸，挖土量每小時最高達三百立方公尺，修復可用者兩艘，此項船隻，適合於塡埋土地。另鋼爪式小型一艘，專供工程施工前清理基礎時應用。

十、陸橋——港埠各處均敷設鐵道，與市區交通每因貨物列車之通行而遭阻隔，故特建有陸橋一座，爲L形之長橋，橋長466公尺，全部鋼筋混凝土建築，將來擬在橋之一端，建築二樓大廈，添置旅客上下輪設備及候輪室等，以利行旅。

十一、燈識明設備——高雄主要燈識爲旗後山之燈塔，爲第三級光，射程達20.5浬；防波堤之前端，建有紅綠燈竿，另有航路導燈等；碼頭各處均有照明設備，夜間裝卸並無困難。

鐵皮倉庫及碼頭

十二、給水給油設備——船舶需用淡水，由碼頭水栓供給，及水船供應。需油及酒精亦有油管油栓油櫃等設備分由中國石油公司及台糖公司供應

台灣光復，舉國歡騰，然當時之高雄，斷垣殘壁，到處皆是，港中沉船，密如星棋，單以一百噸以上較大船舶，自沉或炸沉者，總數達25艘，其中以黑潮丸油船最巨，達10,518噸，小型船隻如漁船機帆船則數以百計，經二年餘之清撈修理，港底尙留少數廢鐵，尤以貴州丸一船，打撈經年，尙在工作中，其餘已告完竣。此外戰時疏濬工作停頓多年，而挖泥船隻被毀沉沒，挖泥工作至爲困難。惟爲

（下接第18頁）

·現代機械製造的標準·

從約翰孫規塊到近代的量器

丁 鋒

從過去到現在，在各種生產方面，都有顯著突躍的進步，其最主要的原因，是由於最精確的量規約翰孫規塊(Johansson Block)——簡稱爲Jo-規塊現已一致被機械製造工業方面採用爲量度標準單位的緣故。在第一次世界大戰期間，很多廠家忽略了這樣寶貝，只有少數有卓見的技師們摸自己的腰包裏的錢買了一套，每天自廠裏回家時，很寶貝地捧了回去。可是在第二次世界大戰時，那就大不相同啦，政府規定每一個承接定貨的廠家，必須備有Jo-規塊，在檢驗時，必須要應用牠。許多大規模的廠家，含笑在接受了這個嚴厲的規定，因爲在過去，由於商場上劇烈競爭的關係，他們早已採用了這件寶貝了。不過也有很多舊的廠家覺得這種東西沒有什麼大用處，價錢又貴得嚇人，但是有什麼辦法呢，只有忍痛地去買了來，加以應用，第一個月的生產報告，就使他們瞠目舌結，看！商品質地大大地改良了，廢品的數目也減少了，省下的錢日積月累足夠抵銷買Jo-規塊的錢而有餘呢！

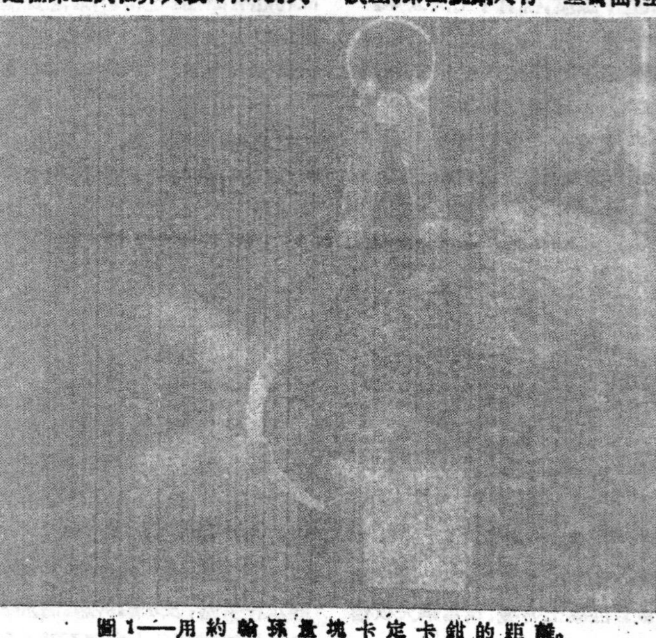

圖1——用約翰孫量塊卡定卡鉗的距離。

什麼是約翰孫規塊？

Jo-規塊外表看來，不過是一塊非常光滑而明亮的鋼塊罷了。然而牠的價值，却並不是鋼塊本身，而是牠所做的工作。牠可以告訴你"一吋究竟有多少長、"一吋的長度對於現代工業是最要緊不過的。譬如說，工場裏有三根最好的一吋長的鋼皮尺，每一根都認爲是很正確的。在普通情形之下，不錯，牠們都是正確的。實際上是怎樣呢？第一號鋼皮尺的第三吋地方要比別的短了千分之三吋，卽是說，用這根尺來量二吋以上的東西，就要發生誤差。第二號鋼尺有一些彎曲，全部長度的差誤是千分之五吋，但是你一吋一吋地校對過去，却並不能發現有什麼不對的地方。第三號鋼皮尺是正確的。假定三個機工匠用了這三根不同的鋼尺各自去做機械中的另件，結果是使另件彼此不能配合，而退了回來，費了很多時間人工去修整不算外，還要互相埋怨，就單單忘了他們所依據爲標準的這幾根尺。這種情形，在工場裏數見不鮮，不要說尺吧，卽是分厘卡和其他精密複雜量度的儀器也有類此的情形。你想想看：一吋長度的些微差異是如何地阻礙着精度的製造！

一吋的長度標準以前，根本就沒有規定過，直到最近的時候。最初的一吋是英皇陛下御足的十二分之一，換了一個皇帝，就要改換新吋，以後是御拇指甲的闊度，再進而爲幾顆排連在一起穀粒的總長。直到依利沙伯女皇，才打破了這種愚蠢可笑的辦法，她將一根金屬長條分為三十六等分，每一等分是一吋，全長就是一碼。這樣，大家總算滿意了，可是後來，又發現金屬在冷熱時，有縮漲的現象這豈不是又不正確了嗎。最後到現代科學發達的世紀，天文學光學來解決這困難問題，因為光的波長是一定不變的，於是可設法用光波計來測驗長度，規定了一吋等於"39,450.3"隔光波長。直應用到現在。

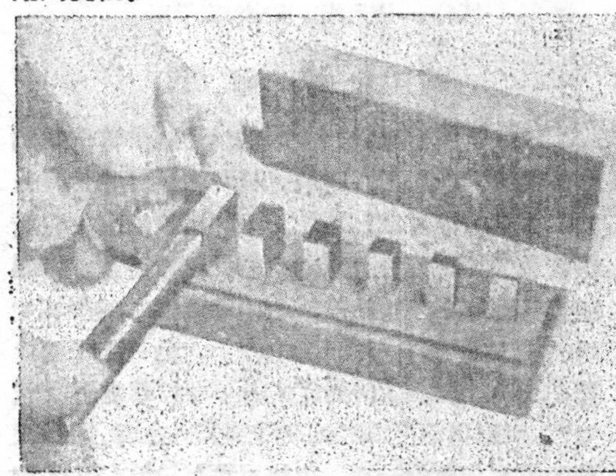

圖2——用一組規塊卡定分厘卡的誤差

美國和英國政府制定了標準吋，法國也有她的標準碼，這兩者之間並沒有衝突的地方吋的長度就直接從碼長度化出，需要正確的長度可向政府的標準局獲得。這究嫌太麻煩了尤其是對於需求殷切的工匠們，丹麥人約翰孫（E. S. Johansson）在瑞于斯，就開始製造規塊。第一步，先完成了冶鋼的技術，使鋼的膨脹係數至最小限度。第二步，規塊在研磨時，用光的波長來校正。他的一吋規塊是恰恰的一吋，準至最後一個波長。在約翰孫製造完成之後，雖曾引起製造業的興趣，但並沒有什麼了不起的影響。不久美國的汽車大王亨利福特氏注意及此，實在他也正在找尋這件寶貝——便將約翰孫氏和他的事業帶進了美國。其餘可不必細談，福特氏擊敗了所有的競爭者，到現在那一個不用 Jo-規塊，他的事業就休想成功。

在第二次世界大戰期間，規塊需要者很多，有供不應求之勢。規塊的應用是非常簡易的。大至數吋，小至一吋的幾分之幾，各式俱備。現在最大的規塊是四吋，最小的僅有百分之一吋，那簡直是一塊薄鋼片了。規塊的量度表面是既光並平，扭在一起就互相黏附，不用較大的拉力就不能將她們分離。所以幾塊規塊的集合體在應用時就同一個整塊一樣。

卡鉗是一樣古老的量具，遠在埃及人造金字塔的時候已被使用，一直流傳到現在。她雖然是最簡單也沒有了，但是在高手匠人手裏，牠可以準至千分之一吋。通常卡鉗是用鋼皮尺來卡定（Set）的，可是更快更簡易和更準確的辦法還是用幾塊規塊的集合證來卡定，其情形如圖1。

分厘卡（圖2）的尺寸度數不必每次卡定，它自已能讀出尺寸所要做的就不過每隔一定相當時期去與標準的規塊比較和校正罷了。用得不當和用得太多，都使內部螺絲磨損或者滑牙的可能。將這個不準的卡鉗讀準至最後的小數，全去應用，那以後累積的差誤，簡直不堪設想。所以需要有一整套的規塊，專作為校正測微尺之用。自 $\frac{1}{5}$" 開始，每校一塊可以得到一個讀數，即是，$\frac{1}{5}$"，$\frac{2}{5}$"，$\frac{3}{5}$"，$\frac{4}{5}$"和1"。分厘卡什麼地方有誤差立刻可以查出。美國某檢驗員曾在某一個大中檢查的結果，發現僅有20%的分厘卡，在經過相當時期的使用以後，仍舊是正

圖3（上）全套規塊用光學平面來校準

圖4（左）一軸承中的鋼珠的同樣方法與規塊校準

的，可知道問題的嚴重，一個檢驗分厘卡的組織成立起來了。每一支分厘卡在一星期使用後都要經過校準和修理，成效是該廠的損壞品百分率驟降幾乎一半。

規塊的製造

規塊的製造是需要準確而高度專門的技術的。牠包括坯料的割削和研磨到最精細的限度，再要經過一長短的安定過程。他的製造步驟大致是這樣的。先將坯料放在鋼絲坯裏。加熱到水的沸點，然後驟然侵入冷却器內，溫度突降至零下150°即將將蓋着皚皚白霜的坯料重行加熱到水的沸點後，就再加以冷却，如此循環不已直至坯料內部分子不能再行抵抗為止。現在，可以保證在合理的冷

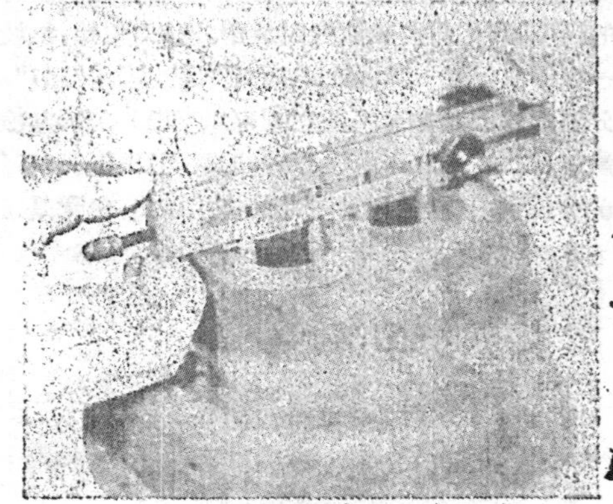

圖5——臨時組成的特種測孔規

熱之下，這些坯料不會再改變太小了。經過風化乾燥以後，就拿來磨到最後的尺寸，於是加以研磨。研磨工作最是要緊，牠掌握着這些鋼塊的命運，能造成規塊或是變了廢鐵，就要看研磨的成績滿意不滿意。整整六十四塊坯料放在轉盤的槽子裏，坯料的底面就靠緊在研板上，另一塊浮動研板逐漸放低至接觸坯料的頂面為止，轉盤遲緩地動着，六十四塊坯料就被括削磨光。工作地點是經過空氣調節，不含塵埃的。研磨好的二個平面絕對平行並且光可鑑人呢！

研鈑每一坯轉磨去坯料百萬分之一吋，研磨時候坯料經常消出去精密量度，然後再放回去。可能研板轉了四分之一轉就再要將坯料消出去量過。假使坯料還較大，再磨去一些是沒有問題的，設若已經較小，那就沒有辦法只有這塊坯料留待較小尺寸之用了。

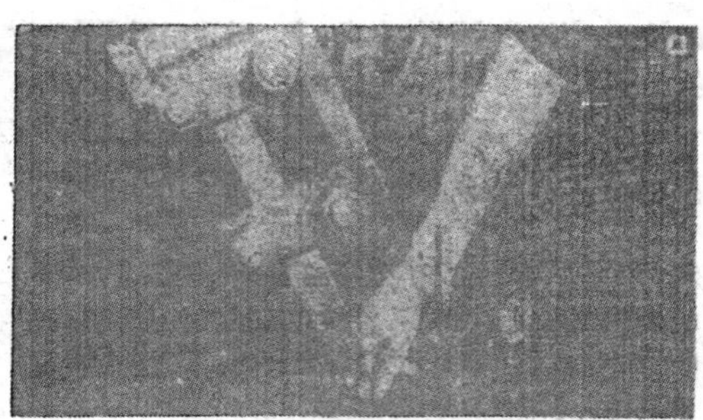

圖6——應用指度表來測定平面

規塊的校正

現在讓我們來講講校準的辦法吧。首先我們需要兩片光學平面，所謂光平面就是研磨光得絕對平準的玻璃片或石英片。氦燕氣管所發出橙黃粉紅色光線的單色光就導射在化學平面上。經過華盛頓標準局認可的標準規塊和備校準的規塊並肩的放在底下的一片光學平面上，另一塊平面就置在規塊上面。如圖3光線通過平面打擊着這兩塊東西，反射出明亮如虹的明暗線條的色樣，這些線條的位置告訴你一切。每條黑帶等於波長一半的垂直距離。你看見一條黑帶，這兩塊規塊的高度相差是一千一百萬分之一吋，假使有兩條時，相差二千二百萬分之一吋；如若沒有黑帶只有光亮的直線，那表示這兩塊東西恰恰相等：線條不直，規塊

圖7——測量正齒輪平面的儀器　　圖8——稍改變一下，這一組儀器可以用來測量孔眼

是彎曲的，螺環同眼狀物表示規塊有高高低低的點子，持續的參差不定告訴你規塊是一塊廢鐵。最可希奇的地方就是規塊愈近準確程度，却愈容易觀察。任何人有了這兩塊光學平面可以察出小至三百萬分之一吋的平面參差，假定一吋等於十六層樓大廈的高度，三百萬分之一只有這本雜誌一眼紙的厚度，這是多麼可驚啊！光學平面也不專為

12890

校準規塊而用，在工業上常被直接應用來量度塞規的磨損和鋼珠軸承的直徑如圖4。圖內的色帶非常清晰，仔細觀察一下，就可看出。

規塊與近代機械

小自玩具火車大至機車，縱自眞空除塵器橫至飛機製造這一類精密機械的廠家要用不知多少規哩。說應用還不够，要說消耗才對，就以圓柱量規來論，牠是有一定的公差的，但被檢查員和工匠們插進拔出數十次或百次以後，難免磨損。所以經常要被品質控制的部門收回加以量度。若磨損超過一定限度卽被廢棄或者再加以研磨成一號較小

圖9——AO廠的光學測較儀顯示着齒輪的放大影像

圖10——電磁測較儀，尺寸由左面的表讀出

尺寸的，看上去似乎覺得太過麻煩了，實則這什麼辦法呢？說不定爲了你的馬虎之故，發生了什麼毛病或機器有了故障，那時的損失比一千隻圓柱量規還大哩，現代的工業是決不能存僥倖之心的。

Jo-規塊除掉用來卡定儀器和校準別的規之外，有時也直接用來量度產品的。特殊的用具需要量度了，少量的產品需要視察了，時間和環境都或者不允許購買特殊的圓柱規，那時候只須將規塊放在夾器裏，介乎已知直徑的測徑捧(Caliper Rod)之間，如圖5所示。整套卽席而成的圓柱東西用作規極限規，及其他你腦筋所能動到的什麼規皆無不可。任何時候覺得不再需要了，可以隨時拆下做別的用途去。

實際製造時如何應用標準的規量

使用分厘卡最麻煩的一件事就是常常不易當場讀出，補救的辦法是利用指度表。這表的本身是沒有什麼價值的，你須將表放在平板上用規塊來校準務使需要的讀數在針盤零的地方，然後再放在工作物上去。圖6中，巨型的鉋床在鉋削一部平面磨床底坐的導槽，那指度表放在預備好的底墊上，針頭接觸着槽，要再包去多少的萬分之一吋就可一目瞭然。

工場裏面的技巧多得很，有技能的工匠隨時隨地可以做出一件臨時的量度的工具。圖7是一個顯明例子，一塊平板，兩根平行橫桿。和一隻指度表加上適當的挾具(Fixture)湊合起來，就可實度一大串的正齒輪。這套卽席而成的東西經過規塊校準後用起來較之特殊去訂造的量度器也未見遜色。圖7的一套稍爲變化一下，如圖8所示，就可以作以下各種測度：內徑距離底線的高度，內徑的標準尺寸和與底線是否平行等。

如果需要精密測量大宗機件的話，那末購置

12891

一架光學測較儀是非常合理的：圖9是一架AO廠出品的光學測較儀(Optical Comparator)，它在影幕上顯示的黑影比較眞樣放大了若干倍，檢驗者可用此映影與標準的圖樣比較；當然，最基本的標準量具，還是應用到上面所說過的規塊。

比較更新式的大宗機件檢校工具就是圖10所示的電磁測電儀(Electromagnetic compator)，它底原理和電唱機上的拾音器(Pick-up)相彷，如果有壓力加在儀器上的觸點，就能聯貫地發生電流使指針轉動，因此讀出標準的尺寸，它可適用于硬度不高的材料，也能一樣測出厚薄尺寸，如果在觸點處加上特殊裝置，可測出不同情況之下的標準尺寸，當然測定的速率，也是大大地增加。

舊的製造法淘汰了

所以現代量度機械方面種種飛躍的進步，簡直超出你幻想之外，應用高週率的電子學結果，一個鐘頭以內可以量度一萬次準至百萬分之一吋。如此速度使最好的工作者在旁將成品放在漏斗裏也有些來不及。這一種電子分離器可以自動工作用不着管理，牠可以用來視察成百種的成品如螺絲、鋼珠、火花塞上的絕緣體等等。牠將這些成品分開去，好的，壞的較大的較小的，自成一堆視察工作的速率有時較自動機械製造的速率還要高。古老對付自動機械生產的製造品辦法就是抽驗，沒有驗過的一大堆只好搖搖頭嘆口氣委諸運命。但是自動機械不能永久是完善的設若一隻梳子盤打滑，一大批尺寸根本不對的產品出來了，你可能還沒有知道。察覺以後，你還是丟了牠的呢？還是用手去一個一個將好的和壞的分開來，無論如何，你要蒙受損失是沒有問題的了。現在可就不然，產品可以直接進入分離器的漏斗，加以分離，計數，分類了。連續有十念隻廢品發現，頓時警鈴大響，整個工作停頓，毛病就可以加以察看。

分離器必須用規塊校準後方才可以應用，如圖11，馬達幹了拖動的工作，工作者唯一的責任就是將漏斗裝滿。同任何別的東西一般，免不了的磨損使分離器不能準確工作，視察員經常要加察視，隙形開口要用規塊校準。金鋼石和最硬的合金鋼的應用可以減少磨損的。

看了這許多量度，校準。和視察用器大量的應用，人們可以明瞭在過去十年內生產的飛躍進步不是偶然的事情。如在古老的中國裏，機械技工那裏單槍匹馬能自最初的工作幹到最後，用了簡單的量度用具以手人工每一件東西的本領跑到高度工業發達的國家中，是走不通的。雖然那七十高齡，單用人工修整的考力斯(Corliss)引擎，還在吃力地幹着，樣子怪難看的古老汽車還在街上爬着，時代究竟是變了。現在是質和量並重的時代，機器代替了人類。要使每一零件都能互相裝配，就必須要有標準。標準是什麼呢？牠就是規塊。

(上接13頁)

配合航行需要，於三十六年起開始浚濬，先以航道着手，以解撈船舶鐵板，裝置排泥管浮動台等附屬配備，第一年完成挖土量五十餘萬公方，第二年濬挖土三十三萬餘公方，因所具挖泥船年久失修，同時器材缺乏，困難重重。現巳商准交通部，撥借維新號挖泥船等來台工作，不久將來，全部疏濬完成時，高雄港將另有一番新面耳目矣。

高雄地處亞熱帶，發展南洋貿易，惟賴是港，故三十七年之全國航政會議，有關高雄港爲國際貿易轉口港之成議。加以高雄工廠林立，如鋁廠，煉油廠，水泥廠，鋼鐵機械廠，碱廠，糖廠，肥料廠等，或憑港灣，或處市區，所有原料產品器械之呑吐，全在此處。尤以台灣一省之糖業，擁有巨型糖廠數十，全年產量數十萬噸，除極少數本地食用外，幾全部外銷，亦均由此出口；此外食鹽工業所產之食鹽一項，經常輸往日本及長江流域，數量亦鉅。未來計劃正在創制，但限於目下人力物力環境，復舊工作尙在進行之中，其他新建計劃祇能逐步推進矣。

(上接23頁)

5. 食品工業：去水是一種進步的食品保存方法。圖11是一個烘繁魚乾的特種爐子，它可以蒸發了魚肉中的水分使成魚乾，但溫度昇高不大，不致使肉中的成分變化或維他命類發生分解。其他蔬菜，水果也可用同樣的方法。不過大量生產的方法，尙在實驗的階斷之中。最有趣的，有人用紅內線來烘焙餅乾，用10公分的燈餅距離，烘焙溫度可達200C.，烘焙時間可自7分鐘減至3分鐘。如用燈的電力總數爲20仟瓦，每小時可烘餅乾40公斤。據說烘出的餅乾有一層金黃表面，香味尤好。

其他工業上的應用花樣更多。如造紙，陶器，化工，木器，農產，製革等等工業都在漸漸採用，以上所舉的幾種例子不過是一個介紹。至於在我國，紅內線燈泡的製造，在技術上幾家大燈泡廠想來都無問題，但因銷路尙沒有，所以尙未聽到有出品的。外國貨的，在勝利之初市面上有很多醫用的燈泡，玻璃上有一層濾光器呈棕色，以減少耀眼的可見光。工業用的燈泡，少量的也偶然看到，飛利浦(Phillips)的與奇異(GE)的都有。據筆者所知已有幾家前進的工廠準備試用紅內線熱源，我們希望工業界能漸漸採用，更希望國產燈炮廠能自已製造紅內線燈泡供給大家使用。

油漆漫談

龐光年

油漆是工程界不可缺少的原料，鐵橋，水塔，水閘，電台，房屋，輪船，火車，汽車等整日暴露戶外，日晒雨淋，若無適當的保護，勢必銹蝕腐爛，非但消耗無數的鋼鐵材料，間接且引起許多生命財產之喪失，油漆保護物體之表面，隔絕侵蝕之因素，物體得以保存妥善。故西人云："Save the surface and you save all."是乃金玉良言。

除了保護效用以外，油漆尚有美化之功，建築師需牠來美化建築物，使工廠內光線充足，使房屋幽靜清潔。此外油漆尚有許多用途如車站，公路，飛機場的誌號，戰鬥武器偽裝，馬達及其他電機之絕緣等等，以上種種皆足證明油漆對工程界的貢獻極大。

油漆的製造

油漆種類繁多，其原料及製法隨之不同，略述如下：

一，油漆之原料，可分下列四類：

(1)膜組成體(Continuous siem former)——如桐油，亞麻仁油，青油，豆油，松香及其甘油酯，酚樹脂，malcic resin，alkyd resin，硝化纖維等等。

(2)顏料—如鋅白，鉛白，鈦白，立德粉，對位紅，紅丹，氧化鐵，鉻黃，普藍，翠青，矽酸鎂，炭酸鈣等等。

(3)溶劑—如松節油，礦質松香水，醋酸丁酯，丙酮等等。

(4)乾燥劑以及防結皮劑(antiskinning agent)潤濕劑(wetting agent)等等。

二，製造時通常為下列五步驟：

(1)先將油類煉熟，如係噴漆，則將硝棉及樹脂溶解，

(2)將顏料及熟油拌勻成糊，

(3)所得之糊經機器研軋成細膩之漆漿，

(4)於漆漿中加入適量之油類或樹脂溶液而稠薄之。

(5)加入乾燥劑，配色，篩濾，經檢驗合格後乃得包裝。

油漆防止鋼鐵銹蝕

鋼鐵是一切建設的骨骼，堅硬強韌，可惜容易銹，是其所短，鐵的銹蝕，乃是電化學作用的結果。在陰濕的狀況下，鐵的表面，織成了無數微小的電池，鐵的表面組織，頗不均勻，電位不等，局部成為陽極，局部成為陰極，再加上水與所含的雜質如鹽，炭酸等等成為導體就組成了電池，結果電流源源的流着，鋼鐵就漸漸的侵蝕掉了：

河岸的大堤塗上了防銹漆，可以保護鋼鈑，經久耐用，圖示美國密西西比河塗抹了防銹漆的大堤。

陰極 $Fe \rightarrow Fe^{++} + 2\ominus$

$Fe^{++} + 2HOH \rightarrow Fe(OH)_2\downarrow + 2H^+$

陽極 $2H^+ + 2\ominus \rightarrow H_2\uparrow$

或 $2H^+ + 2\ominus + [O] \rightarrow H_2O$

油漆功能防銹，此乃早已週知之事實，可是為何牠能防銹的理由，迄今尚未定論。最通常的理由，乃因為漆膜將水汽隔絕而使電池無從組成，可是船底漆，水閘漆之類當又作別論，此類油類，終年浸漬水中，雖經水份透過，仍具極佳的防銹功能，則其作用絕非僅機械的隔離水份而已，諒必另有其他緣故，油漆科學家究迄今，創議下列諸說：

(1)油漆防銹力，基於其顏料之鹼性

(2)油漆之防銹力，基於其顏料之氧化性

12893

(3)油漆之防銹力，基於其顏料之化學性活潑，例如鋅粉能代替鋼鐵而先被腐蝕。

(4)油漆之防銹力，基於漆膜之電阻，阻止離子之行動，

以上諸說，孰是孰非，迄今尚難斷言，須有待科學家的繼續研究。

油漆的施用法

髹漆物面，欲獲好之成績，須將物面妥爲處理，處理法依物體之大小與貴賤而不同，龐大之鋼鐵建築如橋樑船舶等僅需將表面之塵埃除淨，鐵銹鐵殼(mill scale)剷去，如含油膩則用松香水拭淨即可，較小而貴重之物，如打字機，電冰箱，汽車等則除剷除潔淨外更宜用化學燐酸處理(Bonderizing)俾使油漆更臻美滿堅牢，處理之後可用紅丹漆或鋅黃防銹漆打底，須塗佈全體，而電銲縫及帽釘處尤須厚塗，蓋此處鋼鐵之成分難免相異且含有尚未平衡之內部張力，因而與鄰近之鋼鐵發生電位差，極易銹蝕也，待底漆乾透後，覆以一二層耐久之面，即得經久耐用之成績矣。鋁製物件通常可無需油漆防銹，但在陰濕之處宜用鋅黃防銹漆打底，再塗面漆即可。

其他施用法隨物面之狀況及油漆之種類，稍有差別，限於篇幅，姑從略。

近年來的油漆進展

近年來油漆之進展速極，蓖麻子油及豆油已煉成佳良之乾性油，經普遍採用，成績極佳，石油中也已煉出乾性油可代替一部份之植物油，價廉而量豐，顏料方面Rutile鈦白製造成功，其遮蓋力超過舊有Anatase鈦白約百分之三十，人造樹脂之進展，尤爲神速，基樹脂(urea and melamine resin)增進烘焙之速度，堅硬耐蝕，且不易變黃，是新式電冰箱白磁漆之必需原料，Pentaerythritol之松香酯製造成功其性能遠超甘油松香脂，其他尚有矽脂(silicone resin)之創製可耐高熱，因而其對電機絕緣之壽命，較通常者可延長十倍以上。此外夜光漆之發展也極速，塗刷於太平門，電紐，消防機，樓梯等處，可避免意外之災禍，瞻望將來，油漆之前途，實未可限量也。

製造油漆用的石球磨漆機

製造油漆用的拌漆機

油漆顏色的配製

我國的油漆工業

我國歷來沿用生漆，經久耐用，惜乎乾燥緩慢，不合近代工業之需，尚有待人研究改良。洋漆在我國應用，亦已多年，始時均賴舶來，民後國人相繼製造，目今滬上國人經之造漆廠約有三十餘所，產品頗佳，媲美舶來，產量亦足以供應國內所需，惟原料除油類及炭酸鈣等石粉外，大多仰給國外，其中松香水台灣已有出產，可供一部份之需要，顏料如鉻黃，普藍，紅丹，鋅白，鋅白，氧化鐵等國內亦有數廠生產，品質雖或有稍遜於舶來品，然亦頗能應用，樹脂及溶性乾燥劑之生產，國內可稱絕無僅有，全部仰給美歐各國尚望國內化工先進人士，急起直追，協力製造，以求自足自給也。

工業的新熱源
紅內線燈

·忠·

熱能的利用是工業上不可缺少的，技能的進步使熱源除了最普通的用木材等生火以外，又增加了許多種類。利用種種的媒介如蒸汽，空氣等來達到目的。電的應用，更使我們得到一個清潔，易於管理的熱源。利用電阻與電弧的電爐。又加之近來高頻電流的發達，使我們有感應加熱法（Induction heating）來對付導電體；和介質加熱法(dielectric heating)來對付不良導電體。

回顧我們古老的工業的技術，不少地方是利用了自然界取之不盡的熱能——太陽能，中國的許多手工業如造紙，製革等等無一不是用曝晒來乾燥。太陽中不停的放出各種射線，可見光，紫外線和紅內線，其中紅內線就是熱能。不過地球上所得到的太陽紅內線強度已不太高，又不集中，不易管理。所以雖然價廉，但不爲大量生產的工業所採用。第二次大戰前人造紅內線在工業上已漸有利用，但因技術的限制和經濟的條件未見普遍，可是在戰時工業出品的需要激增，各工業都設法加速生產，所以強度的人造紅內線就被大量利用。現在產生紅內線的方法還是利用電能就是我們所要講的紅內線燈。

紅內線的產生

紅內線其實包括的範圍很大，從波長等於0.8μ（百萬分一公尺）到100μ或更長的電磁波都算是紅內線，波長短的叫近紅內線，波長較長的叫遠紅內線。凡是一個熱體都有紅內線的放射，放射的波長與絕對溫度有密切的關係，溫度愈高，放射的紅內線波長愈短。溫度再昇高，波長最短，就跑進了可見光的範圍，所以我們在許多地方可以拿熱體的顏色來判斷它的溫度，一個理想的放射體在不同溫度下所放射不同波長的電磁波強度的分佈如圖1。

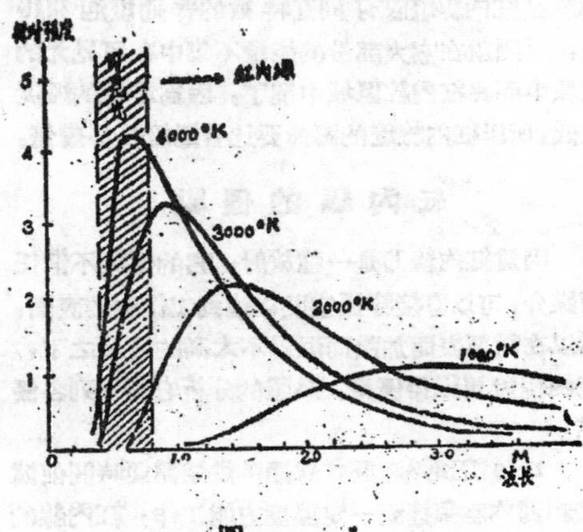

圖 1

在圖中，我們可以看到溫度愈高，曲線愈向左移，即能量在紅內線範圍內者愈少。溫度愈低，曲線向左移，而且降低。且看普通的白熾電燈，容量火的充氣燈泡，燈絲的溫度不過在3400°K左右；

圖 2——各式紅內線燈泡

而較小的眞空燈泡更低在2700°K左右，所以白熾燈，已有很大部分的放射能量是在所謂紅內線的範圍之內了。在醫藥的治療上因爲需要較高的穿透性，要較短波長的紅內線所以往往就用普通的燈泡來應用。但在工業應用上，希望浪費在可見光部分的能量愈少愈好，所以燈絲的溫度較低，但也不能太低。實際上所謂紅內線燈，和普通的白熾電燈一點沒有兩樣，不過燈絲的溫度較低約在2500°K左右而已。有的還在燈泡的內層鍍上一層銀，以資反射。放射線，如圖2中左面的三隻燈泡。紅內線燈和普通的不同就在它的發光效率較低，即每瓦特電能所發的流明(lumin)數較少。換通俗的話講就是紅內線燈沒有同瓦特數的普通燈泡來得亮，原因就在它大部份的能量不集中在可見光的區域中而在紅內線區域中罷了，因爲燈絲的溫度較低，所以紅內線燈的壽命要比普通燈長好幾倍。

紅內線的優點

因爲紅內線乃是一種放射，它的傳染不借任何媒介，可以直接穿過空間以達到工作物的表面，所以在需要表面加熱而溫昇不太高的情況之下，紅內線燈更顯得優良。具體的分析它有下列各優點：

1. 無需預熱時間：普通的烘爐需要時間使爐壁和爐內空氣達到一定溫度方能工作，紅內線的熱能直達物體，所以不需。

2. 熱週(Heating Cycle)較短：因溫度的昇高在物體表面，不用媒介，故可以用較快的通風，且可置在 Continueous process 中之任何部分，故出品速度可以大增。

3. 安全：高溫部份係封在玻璃壳內，不與外界接觸可減少火災的可能；又不需氧，不排廢氣，極爲清潔。

4. 活動性高：燈架可製成小型活動單位和圖3。隨時可視出品情形，增加或減少燈數以改變工作速度，在大量生產中此點極爲重要。

圖3——小型活動紅內線燈

5. 裝置費省：不需笨重磚砌之烘爐，因之裝置費用較省。如圖4之中型烘箱，輕便易裝，與燃煤氣，或普通電阻爐不能相比，且其修理費用亦省。

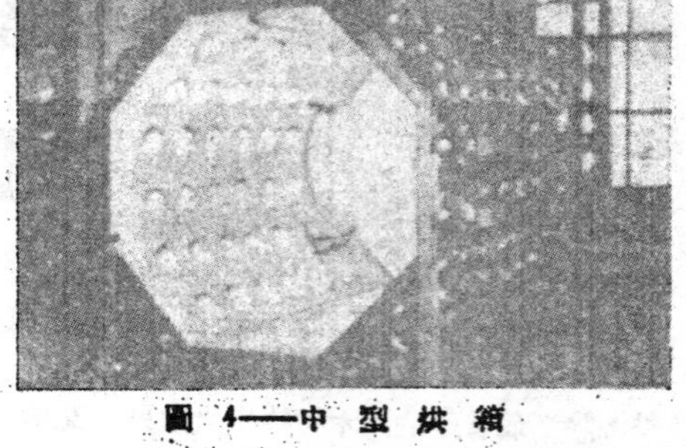

圖4——中型烘箱

6. 使用經濟：紅外線加熱之熱的效率（Heat Efficiency）雖不見比其他法爲優，且有時尙不及直接加熱。但是工作速度較高，故每一時間出品總數較多，其總效率(Over-all Efficiency)則較其他方法爲高。在時開時停之工作情形下，因不需爐子的落熱與冷却的熱量損失故其優點尤著。

7. 出品品質：紅內線加熱受熱面可施控制，故加熱均勻，無過高過低之處，出品可十分平均，不合格之成品，因而減少。

紅內線的應用

紅內線不可能加熱到很高的溫度，例如熔解金屬等，但在烘烤，預熱，乾燥，去水這幾種應用上，有顯著的優點。我們且來試看幾種具體的實例：

1. 乾燥油漆：這是紅內線在工業應用上的第一炮。油漆可分成二類：一是眞性油漆，它的乾燥是氧化作用，在這裏溫度昇高的影響不大。而第二種是普通的各式假漆，成份不外是一點顏料和固着體(binding substance)溶在一種揮發性的溶劑裏，所謂乾燥就是溶劑的揮發，在這裏紅外線可以大大的幫忙。例如圖5，和圖6，前者是車身油漆的烘乾，放在架內以紅

圖5——車身烘乾

12896

圖6——經過紅內線燈烘漆引擎

內線燈圍着，燈至漆面的距離爲20公分，只需要7分鐘就行，假如放在普通的電爐烘箱中要用30分鐘。圖6是應用運輸帶系統製造汽車引擎，經過紅內線烘漆可使全部系統的速度增加十五倍以上。

2. 塑料的預熱：許多地方是用介質加熱法的高頻熱源，但機件設備十分貴。用紅內線加熱是一個便易許多的方法，而且很容易達到122—433°C的溫度，正是預熱所需的溫度，圖7就是一個例子。

圖7——預熱塑料

圖8——裝紅內線燈的印染機

3. 紡織工業：圖8是印染機上加裝紅內線燈的一例，它可使整個出品的速度增加50%。圖9是一

圖9——烘製羊毛襪

隻用紅內線乾燥的厚羊毛襪和一隻用蒸汽加熱法而走了樣的羊毛襪的比較。這一例中用的紅內線燈是32隻250W.，燈襪距離是10公分，全部乾燥的時間是30秒鐘，所以一小時有720—840隻的產量。蒸發效率也很高，能達到每度電蒸發0.65公斤水的程度。

4. 機械工業：需要烘烤的機件如發電機的電樞必須烘透才能浸漆，圖10的例子，可以把以前在

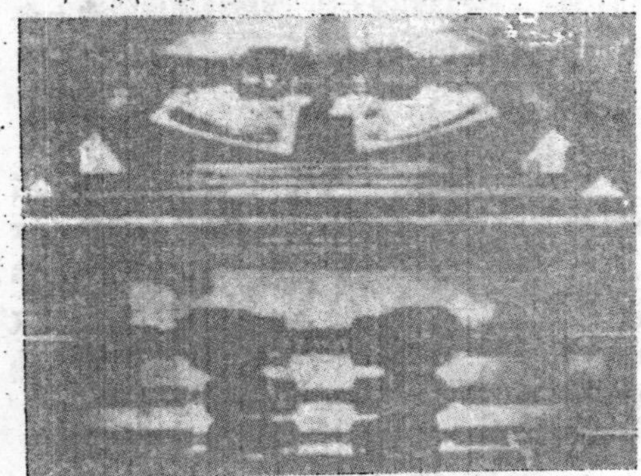

圖10——烘製電樞

圖11——烘製鯊魚乾

普通烘爐中需要十九小時的時間用紅內線縮短到50分鐘。（下接18頁）

12897

捲 烟 紙

華　余

吸烟這嗜好，現巳成爲各界人士普遍的要求；製造香烟的主要原料除菸葉外，烟紙也是不可或缺的東西，因爲它需要若干特性，故在製造技術上言，較其他紙張迥然不同，以前常仰給外貨供應，勝利以後可同美貨競爭者，就是嘉興民豐紙廠的捲烟紙，挽回漏卮甚鉅。但此項特種產品，質量上均待造紙界同仁，繼續改進。且捲烟之消耗日大，捲烟紙亦隨之增加，在這種供不應求狀況下，造成投機暴利，壟斷居奇的現象。現悉此項專利權瞬將期滿。以後國人當可精益求精，共同切磋，研究其製造方法。謹將捲烟紙製造上各項問題，略加申述，所讀者有以指正是幸：

捲烟紙的原料

捲烟紙(Cigarette paper)質薄如紗，故又名羅紋紙(Tissue paper)也叫糯米紙(Rice paper)，原料以用蔴類爲最佳，國內多用大蔴、黃蔴、苧蔴、亞蔴、或夏布、魚網、蔴繩等舊蔴質廢物爲原料。若混入棉布織物則能影響纖維强度，並在燃燒時發生特別氣味，使品質變劣。

捲烟紙的性能

這種紙因爲是用來包裹捲烟的，所以必須具備下列各項性能：

1. 燃燒必須均勻，劣等紙烟因紙質不良，常可能中途熄滅，但亦不宜過速，應與烟絲同時燃盡，故需加入相當填料以調節之。各種填料中以沉澱碳酸鈣或鎂爲合用，因天然白堊粒子較粗，易於下沉，可減少其留着性(Retention)，故須用人工製造之滑石粉，因其顏色純白，透明度小，燃後餘燼輕白，故最爲適用，但因價昂，所以也有用土硝（硝酸鉀 Potassium nitrate）代替者。不過無論用什麼填料，均需避免碳化(Carbonation)現象，因爲這樣才可以不妨礙燃燒及吸食者的健康。據分析記錄，填料至多只可佔紙重30%，所以有加入少量助燃劑如氯酸鉀之類使燃燒較容易。
2. 紙色潔淨美觀，即需要不透明之乳白色狀，使烟絲顏色，不致外露，而影響紙烟的外表也。
3. 雖以質薄爲佳，但亦須具有相當厚度，紙內砂眼(Pin Holes)不宜太多，需在限度之內。同時尚需保持其他特性。
4. 組織應堅韌緻密，而有適度透氣使烟捲易於吸着。
5. 配合捲紙工作，故須不易破裂，并使接頭減少，有標準的伸長强度。
6. 幅度，視各廠所造捲烟不等，普通自25至30毫米 m.m.，但捲筒縱切成盤紙時，相鄰咬切要絕對避免。
7. 重量亦有規定，每圈約五磅餘。

以上各點，爲便於明瞭計，茲將國內最暢銷的英美及頤中兩烟草公司採用的捲烟爲代表，并參照民豐紙團記錄以說明之：

出品廠別	英美	頤中	民豐
每方咪克重	20—22	22.2—22.7	-21.8
十張紙厚度(毫米)m./m.	0.32—0.33	0.34—0.35	0.329
抗張力(克毫米)Gm./mm.	120	115—130	130
每立方米最少砂孔(限度)c.c./mm.	60—80	80--100	75
不透明度	理想	美好	好
顏色°	稍藍白色	乳白	白
纖維組成	大蔴亞蔴苧蔴	同左	同左
密度	0.65—0.65	0.64—0 66	0.65—0.66
灰分百分比最高限度	14—15	16—20	15.1

灰燼顏色	極淡	灰白	灰白
硝化物	無	無	無
填料百分數%	24—25	26—30	25.2
燃燒度	1.4—1.5	1.5—2	1.5
爆破力磅/平方吋	——	6—6.5	6.8

註：捲烟紙條29m.m.寬，民豐平均數字係自25份樣品中測算得。燃燒度標準1＝能燃，$1\frac{1}{2}$＝易燃，2＝高度燃燒，極佳。

捲烟紙的製造

從原料到成品大概可分成以下六步驟：

1. 蒸煮——麻經清除乾淨并再切碎之後，送入迴轉球中蒸煮，因在低溫低壓狀況下，故需較長時間，在50磅/方吋時約需十小時，所用化學藥品普通爲5%純鹼，但亦有用少量燒碱代替之者。
2. 打漿——此項工作最需注意，因任何紙張的性能，均須由打漿機的動作來決定，如飛刀的銳鈍，底刀的裝置，及紙料循環情況等。今捲烟紙的條件如何繁多，紙漿的處理過程當是非常重要的。在捲烟紙廠中的全部打漿裝備最爲講究，從蒸球中煮好的原料，到半漿機中造成初步半紙漿，洗滌後，再加入漂白機中漂過，洗清殘留漂液即可送存漿倉備用或放在成漿機中叩解成足够長度（1mm.）及韌性（纖維纖端成叢毛狀）紙漿，始可送到和漿機內混合其他紙料及化學藥品，已可流到造紙機上應用。應用這樣的精密處理，所以全段過程常需15—30小時，需要動力要佔到全廠70—80%。每一漿機的拖動力總需40—60匹馬力，可見其耗力之大。尤以打漿方面最需注意如何避免水化及滑漿，溫度調節，鬆散綿延（有在1Cm. 以上者）集結之鏈狀小球，必需具有多年經驗之熟手，始能有妥善的管理。
3. 在調整箱中和入完全懸浮狀填料約35—40%，視白水含濾過量而決擇，漿宜緩慢通過使充分地經行篩漿機，篩孔細小0.008″即第八號，由此即可達到造紙機。
4. 造紙機製造捲烟紙，適用形狀小巧的長網機，普通寬度在二至三公尺間，具凸紋之水印輥并特織成光滑的銅絲布，布上密有100—120孔眼車速要達到每分150—200呎左右。最主要的特點在第二組的工作，即將濕紙帶裝到烘缸上壓榨輥所用的毛毯，烘缸的溫度調節需在低溫度時逐級遞升，最後即造成捲筒而分切成一盤盤的紙圈。
5. 完成分捲工作因紙烟粗細而要求不同，如頤中之前門牌及英美之紅錫包即是其顯例，故每盤通常紙圈寬度範圍約在25—30厘米間。長度則均爲四千米，可供一箱捲烟之用，重量在五磅左右，每箱裝四十圈淨一百公斤，國產品現在市價（一月份）在陸萬元以上，美貨三倍其值。
6. 檢驗成品檢查，及紙料測驗，乃係任何製成品中的必經過程。主要的檢驗手續，在紙漿方面，有游離度試驗（Freeness test），及漿機中舌狀銅版角度測定等以校準紙漿性能，捲烟紙之檢驗，普通祇有標重，灰分，空氣透過量，不透明度及耐伸强度（包括伸長率與斷絕力等），應用儀器種類甚多，事涉專門，這裏也不再詳述了。

現代電報機上的接觸點

趙 彰 明

電報通訊，早先在採用莫氏機的時候，速度很慢，尤其對於電報機械上的接觸點(Contacts)，大家都不加重視，似乎這不是一個重要的問題。這些接觸點先用鉑，後用鉉與鉑的合金，工作都已相當的滿意，此後各種高速自動電報機械漸漸發展，電報的速度日漸增加，電報機械上的接觸點慢慢的變成一個相當嚴重的問題，因爲這些接觸點因工作繁忙而發生消熔或氧化的現象，因此常常要加以清潔或換新，使用者感到非常麻煩。

電報機接觸點的必要條件

後來工程師就設法試用各種合金，可是不幸都失敗了，每種合金都有熔蝕及氧化的現象，於是漸漸向非金屬方面找尋適當的物質，有人試用膠合的碳粉來做接點，這一試驗得到若干的進步，可是仍有困難問題不能解決，因爲這種物質一遇高溫的火花時，常會一部分化成粉末，因此接觸點就不能得到正常的效果。

此後有人試用金屬與非金屬粉末的膠合體，先用銀粉與碳粉，後來又改用鎢粉與碳粉的膠合體，這才找到了一個眞正的解決途徑，於是許多廠家都爭先研究這種膠合體，市上漸漸出現各種公式的鎢膠合體，也有原料，也有製成品，但大致都是互相類似的東西，非常堅硬，可與堅硬的合金相比較，有幾種適宜做接點的鎢碳膠合體甚至比工具鋼更堅硬。

用這種膠合體製成各種標準繼電器，性能極爲高超，以前用鉑或鉉鉑合金做接觸點的繼電器往往需要每二十四小時調整清潔一次，現在不需要了，某公司曾有一繁忙電路中的繼電器竟連續工作二年之久而從未加以調整，這種事實在以前幾認爲不可能的奇蹟。

鎢碳膠合體不獨用來製造電報機的接觸點，亦被用來做製造拉鋼絲的模子，或代替工具鋼製造其他各種工具，膠合體中最普遍的是碳化鎢，牠含碳5.6%，鎢87.4%及鈷6.1%。

鎢碳膠合體大都含3%至5%的碳，85%至95%的鎢；鈷只是加入作爲膠合的媒介，使鎢碳膠合成一種堅硬的物質，碳化鎢很重很堅硬，布利耐爾(Brinell)硬度在2000至2500之間，比之高速鋼的布利耐爾硬度僅650至700誠不可同日而語，其堅硬程度僅次於金鋼石，不但如此，牠如燒至幾白時仍可保持其硬度，如果是高速鋼那末就要變軟了。

鎢碳膠合體的製造手續

製造鎢碳膠合體大致分四手續。(一)將鎢礦提製極純粹而微細的鎢粉（這部手續在製造接觸點用的炭化鎢尤其特別重要(二)將鎢粉製成炭化鎢粉末(三)將炭化鎢粉與鈷粉混合(四)將上述混合粉末用高壓壓成塊粒狀 再以電爐烘焙，(五)煅煉精製；玆分別詳述如下。

(一)純細鎢粉的製造——金屬鎢不易製造鎢粉，先精密選擇良好鎢礦，將牠製成「鎢酸」〔WO_3〕或「多鎢酸銨」〔$X(NH_4)_2O\cdot YWO_3\cdot 2H_2O$〕，即先將鎢礦加普通酸類分解，使礦中之鈣質溶解，留下粗製的鎢酸沉澱，將這沉澱研成粉末，加入少量二氧化錳，這少量二氧化錳使留下鐵質完全氧化，再將這些粗製的鎢酸加氫氧化銨，溶解後，將沉澱過濾，再加鹽酸再過濾，得一種純粹而微細的鎢鹽，再將此項純粹鎢鹽在管狀烘爐中還原爲金屬粉末，此烘爐中裝入氫氣，並精密調節溫度使製出最小微粒的金屬粉末，此項粉末顆粒大小在二至四萬μ約等於0.00004英吋其純粹度幾可達99.5%。

(二)碳化鎢粉的製造——最普遍之製碳化鎢粉方有二，(一) 將鎢粉通過一含有碳氣之烘爐(二)將鎢粉與純粹炭粉混合後在氫氣爐中加熱，其結果所得之微粒粉末爲碳化鎢（WC），其硬度約介於金鋼石與青玉(Sapphire)之間。

(三)混入鈷粉——碳化鎢粉加入鈷粉再放在不銹鋼珠磨床中研磨，因鈷粉性軟，能使鍍上了碳化鎢的表面，有時且透入若干至碳化鎢微粒之內層。

(四)壓成顆粒——將上述混合粉末放入模型中，用水壓機將其壓成所需要之顆粒，然後再放入含氫氣之電爐中烘焙一次，其溫度只要使粉末能互相黏合即可，以免在精製時發生破裂情事。

(五)煆煉精製——粗製完工以後再要加熱煉製兩次，第一次約加熱至數百度(低於鈷之熔點)使減少碳化鎢外的鈷層，因此使碳化鎢粉能互相粘合，然後在氫氣爐中燒至熾白、磨光，即成作接點之鎢碳膠合體，(最後一次的加熱使碳化鎢之密度顯著增加，原來介於各顆粒間之空隙完全消除。)

此項鎢碳膠合體之接點在應用上亦與鉑、銀、鎢等接點微有不同，依最近經驗，鎢碳膠合體接點之間隙可稍大，但仍可保持原來效力，此可說明如下。

例如普通電報路中繼電器之接點，有時不免有較大之電流通過接點，因此接點上發生一剎那的高溫度，這一高溫度雖爲時極暫，但已足够使媒介之鈷熔解。並使若干微量的鈷粉末與碳鎢粉末游離出來，這些游離粉末的現象正好像弧光燈炭極上游離出炭末的現象一樣，這些游離出來的粉末成爲一種「粉流」，這「粉流」足以產生一個高阻力，來消除在電流開閉時產生之瞬息交流電流，因爲這接觸點中所有可以氧化的物質已完全在製造時提去，所以接觸點就不會發生消熔或氧化等現象，以上所說游離粉末，份量異常微小所以接觸點可以久用而無明顯的耗損。

最後，因製造鎢碳膠合體之接觸點大都應用於高速率電報機械 所以礦質須精密選擇，而製粉尤須細緻，在最後在氫氣爐烘焙以後須極耐心的加熱燒煆，不然不能得到預期的效果。

上一期(四卷一期)與讀者諸君見面的時候，恰值農曆大除夕，由於印刷所停工關係，所以排校方面不免謬誤甚多，雖然版式和內容方面，我們已儘可能設法改進了許多。最引以爲憾的，就是有許多佳稿和略有時間性的稿件 都因爲送排較晚，未能及時刊出。稿子擁擠，以致補白地位缺少，編輯同人們的園地也沒有了；有許多東西都不能及時說明，希望讀者們宥諒！

不知道讀者對於第四卷本刊的感想怎樣？呈現在今日中國人民面前的各種景象，是那末錯綜複雜 建設工作并不是完全沒有，隨着極端的破壞之後，工程技術人員的任務將是更繁重和艱巨了。爲了這個緣故，我們編輯室同人無時不在考慮如何供應中高級工程技術人員方面的精神食糧。很顯然地，我們的工作做得并不完美，疵點和缺陷仍是很多，只是我們總希望讀者們隨時給予建設性的批評，使這一本工程界雜誌能够眞正提供一些有意義的文章和經驗性的材料。

紙張、印刷費、發行費等等都隨着金圓幣制的崩潰，一天天在飛漲，但本刊仍企圖減輕讀者負擔，儘量以低價發售。這裏，編輯同人們盼望讀者們能認識到這一個事實，就是直接訂閱無論在幫助本刊或是減少讀者損失的立場來說，都比較向攤販零購得好。本刊發行已經四年，在任何環境之下，決不停刊也決無停止出版的理由；尤其在最近徵求定戶期間 訂閱者更可享受各項優先權利 希望讀者能多多介紹新定戶，響應我們的徵求運動！(辦法見本期目錄前插頁)

從四卷一期起，我們把原有的讀者信箱欄改成了讀者之頁，服務範圍比以前擴大，包括詢問、代售、徵求、以及其他各項服務等等；詢問均由中國技術協會會員負責解答，其他服務也儘量設法辦到，讀者們如果要利用這一個篇幅，希望來函本刊并於信封上，註明「讀者之頁」欄；惟說明需詳盡清楚，俾免延誤時間。

關於讀者來稿，我們這裏發表一點意見：有不少很好的來稿是用文言體裁或是圖表不詳的，我們都要費很多時間去刪改，這是非常可惜的。本刊投稿規約上，早已載明，一律用流暢的語體文寫稿，同時來稿必需單面橫寫，這是因爲要適合本刊體裁的緣故，希望投稿諸君密切注意。

下期要目有：連續製皂新法，從內燃機談到現代的柴油機，工廠戰時防護，用X光檢定材料的成份，與深井鑿法等等，希讀者密切注意。

這一篇淺說是系統性的講話，共分九講，要目如下：

一、種類和應用
二、控制機件
三、駕駛方法
四、車架
五、動力機關總說
六、引擎
七、電系機件
八、其他附屬裝置
九、維護方法

上期已登(一)(二)兩講，下期續登第四講。又：上期因排印匆促，錯誤甚多，頁37右行下端銅圖漏排『圖7 哈伯台維遜式變速踏板』一行，務請注意。

第三講　機器脚踏車的駕駛方法

駕駛一輛機器脚踏車跟開一輛卡車或汽車有很多的不同。

卡車或汽車的駕駛祇要轉向盤(凡而盤)的轉動。在駕駛一輛機車時，把手的平衡和轉向必須互相合作；駕駛者的身體要作為平衡的中心，同時心靈和肌肉也要有技巧的配合。

成功的秘訣

要在各種地面上駕駛機車有十二分把握的話，需要心力和肌肉的全部聯用和實際的練習，直至每一個作用都是自動而自然的時候，才可以熟能生巧。本講所提供的一些意見是值得參巧的，應該細讀後，出外作實際練習。練習後，再應該把這些方法參讀一遍，以資熟習。有了足够的知識和實踐以後，在駕駛的時候，自然可克服許多困難，解決不少的問題，不管地面的情况如何，駕駛的情形怎樣了。

突然的起步應該避免。一輛機器脚踏車能够在靜止的時候，馬上起步，較其他機動車輛為快。所以，在一切的時候，應該把機車維護得很好，而且不要把風門大開，以使迅速起步。

怎樣在潮濕的硬路上面駕駛

有三種路面，即泥路，瀝青路和木塊或磚路，在潮濕的時候，特別的滑，駕駛機車時應該減低速率。

在雨霧將來之前，罩在路面上的那一層薄霧是能使各式各樣的路面特別的滑溜，那時因為在此時機車中所滴出來的滑油會在路面上產生一種油脂狀的表面，不易失去。直到雨已繼續了一個時候，油脂被雨水冲洗乾淨之後，路面就比較不大滑，而駕駛時也可以用較高車速了。只是，路面上的一種暗色的油漬和漆在路面上的交通綫在潮濕時總是比較油滑，所以仍然要竭力避免在上面行駛。

在任何潮濕的路面上行駛時，開起風門來要略為緩慢，切勿迅速地使車子加速。需要將車子慢下來時，應該使引擎有制動器的作用。因為機車的引擎重量，對於動力的比例較其他車輛的為輕，所以當風門關閉的時候，引擎馬上就會產生一種制動力。這樣，制動器可以用得省些，只要小心地使用前輪制動器即可。

如果必需在潮濕的路面上開得快，那末前輪胎的氣壓要減少2磅，後輪需減少4磅，這樣可以增加拖曳力。然而，這祇在絕對急要的情形之下，才可以如此做，因為壓力不足的車胎是很容易損壞的。如果逢到路面乾燥，那末必須將空氣壓力充足。

要越過潮濕的鐵道或電車軌道，圖8表示一個正確的方法。注意前進時接近軌道的方向和角度，以作駕駛時的參考。

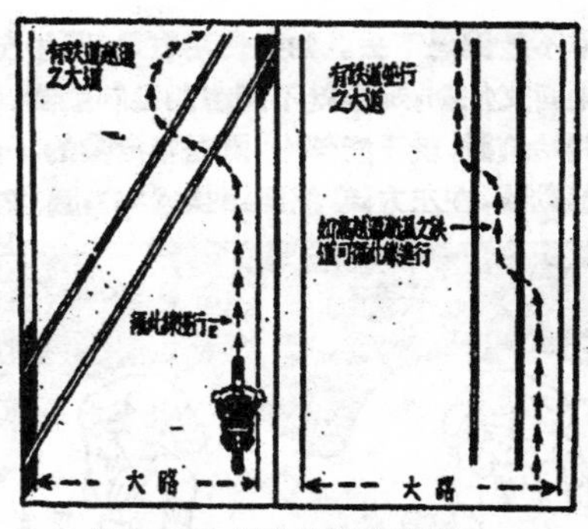

圖8——如何越過潮濕的軌匠

怎樣在汚泥路上駕駛？

在硬路面上與在泥濘砂礫的路上駕駛機車有極大的不同。圖9表示一輛機車的車胎在硬路面上和軟路面上行走時有着什麽一種情形。

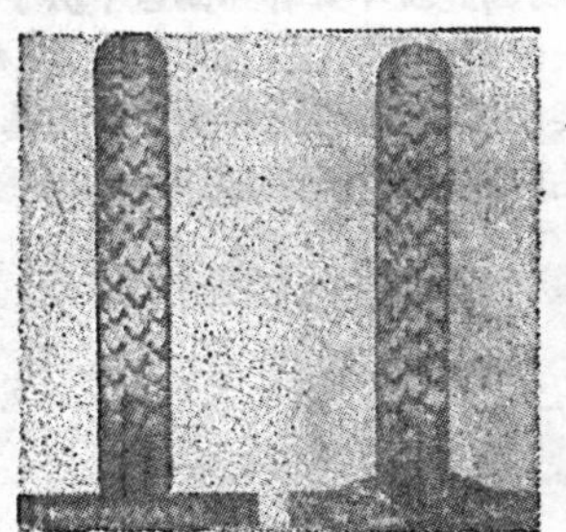

(1)硬而平[illegible]的路面　(2)砂泥頗多的軟路面
圖 9——車胎與不同路面接觸時的情形

圖9(1)表示硬而平的路面。圖9(2)表示車胎在軟而沙泥頗多的路面上行走，車胎陷入軟的地面，於是將汚泥捲起來，捲入二側。在這一種路面上，機車有一種較爲不同的感覺，即似乎有點二邊搖擺動盪的樣子。這種現象在鬆的沙地中比較深的泥濘中甚之還要厲害些。機車比較在硬路面上需要更大的轉灣力、然而，一旦駕駛機車者用强力的把持轉變柄方法來抵銷這種不隱定的感覺時，他可以用不到把脚撑在地面上來隱定機車，這樣他是很容易在深深的泥汚地或砂泥中行駛了。同時，如果把轉向減震器調節得相當的鬆，在軟地面上行駛機車也能容易在操縱。

在車子上應如何坐？

在並不硬的路面上行駛，機車駕駛者要把車子當作是他的一部份。有幾位優秀的駕駛者是這樣做的，即用足及膝蓋夾持車身，並使身子挺直，其餘部分即十分隱定地坐在座墊上了。如果很鬆懈的坐在座墊上的時候，決計不要去走過砂礫或鬆軟的路面然而，坐起來也不過度緊張。即表示坐在一架單人機車上的正確姿勢。

在砂漠地上的駕駛技術

機車在沙漠地面似的砂土上行駛時，實際需有非常的體力集中起來，因此結果爲造成很大的疲勞。駕駛者必需好好的訓練使自己對於這種地區的炎熱，風力。草木不長，以及缺水等情況均須爛熟。在灰砂揚天的時候，防風鏡和防塵呼吸器是不可缺少的。要稍除眩光和幻景，可應用良好的太陽眼鏡。要免日光的强烈照射可用布來保護背部和頭部。

圖 10——正確的坐車姿勢

靈敏地應用衝進的技巧，小心的選擇變速排擋，風門和制動器的逐漸應用，同時巧妙地調整轉向減震器，可以越過各種砂漠地區，大片的沿海砂區應該迂迴避過，較小的砂地則可以衝過。以前走過車子的軌跡不應該跟進，因是砂地的外片可能斷裂以致失去了拖引力。車胎的氣壓必需變化以適應各種地區的表面。

怎樣在潮濕的泥路上駕駛機車？

如果駕駛小心的話，在潮濕的泥路上以慢速度駕駛機車，可以說十分安全的。而且單人機車因爲可以繞過較深的泥潭，比了四輪機車的必須穿過路面最惡劣部分，反而來得好。機車又能在轍之間比較硬的帶狀地面上行駛，在緊急的時候又能開進阡陌之間。制動器須輕輕地踏下，最好儘量用引擎的壓縮來代替制動器，並且前輪制動器不必使用。圖11表示機車怎樣用身子靠倚一旁的方法來轉灣。

圖11——如何以平衡方法來轉灣機車

假定這機車前面有一個深泥潭，如果前輪轉灣得太厲害，可能發生滑溜的現象，那末就要應用這方法，駕駛員即向潭的外側偏倚，如圖 11 所示，機車也隨身軀同時朝外，在最危險的時候，可能站起來，立在踏板上，使機車儘量朝外傾倚。

在過分潮濕的泥路上，有時須以二擋排或頭擋排行走，甚至可用雙足行走來推走機車。不過這種只能用在過度滑溜的路面上，決不能在乾砂礫路面上應用。

怎樣獲得額外的拖引力！

如果後輪在雪地，泥地或草地上行駛而加速，發現只是在軸上旋轉時，要獲得額外的拖引力，駕駛員可以從座墊上滑退到後擋泥板或後座上。如果有邊車，那末，可請乘客坐在邊車座的背上，或靠在機車的後擋泥板上如圖12所示。這一種對於後輪額外的負荷可以增加拖引力，使車前進。

圖 12——使後輪增加拖引力

駕駛單人機車如何爬上山坡

在爬上一頗爲峻削的坡度時，總以直線進行爲是。即認出山上一個記號，以直線方向前進。萬一引擎停速，或後輪在山上一點繞軸自輪，那末立即把機車夾持停止，人仍在座墊上，雙手緊握手柄，前後制動器均須使用，同時以左足踏住地面，使機車不致倒退下去。如果使用右足，不用左足，作爲地面支住物，那末就不能應用足制動器，車輪一旦開始滾動，就不能停止，那是很危險的。(但如果足制動器，在左方，當然要掉換過來)，圖13表示

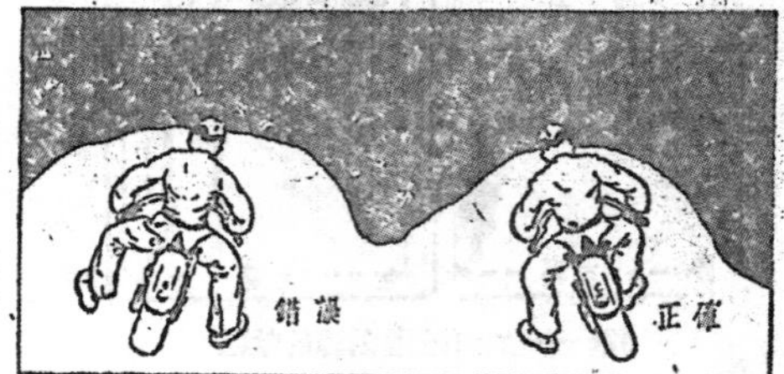

圖 13——單人機車上山

一種正確的和不正確的駕機車上坡法。

在斜坡上如何停車——在停車之前，需要將前輪儘量向右轉，那末機車就會合在一個比較不大險峻的坡度，因此就不大容易倒退下去了。同時左脚可以朝上的擺在斜坡上，右脚則如圖 14 的踏住制動板。要注意，在停車之前切勿朝左轉彎，假使如此做，右脚就必須擺在地上那末後輪制動

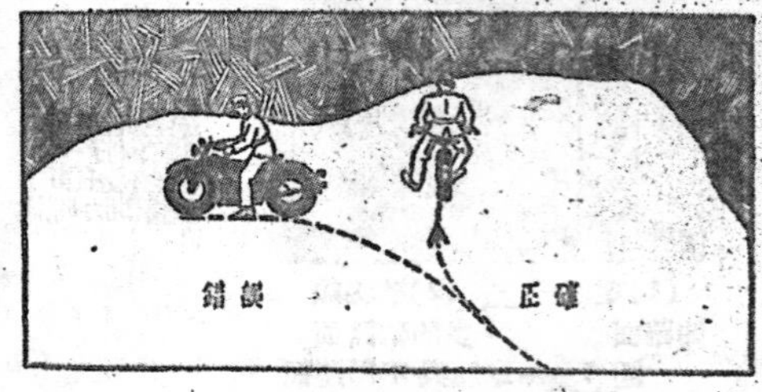

圖14——在斜坡上停止一輛單人機車。

器使無法應用，機車就要側倒，甚之跌下山來了。再有一點，爲了免得引擎停止起見，離合器必須短時期分開一下。

在斜坡上如何轉彎——要在上坡的時候兜回轉來，必須將機車略朝後退，然後轉彎，使車向下，(見圖15)如果，機車因爲某種原因，不能向上爬走時。千萬不要想正當騎在車上時使轉彎。應

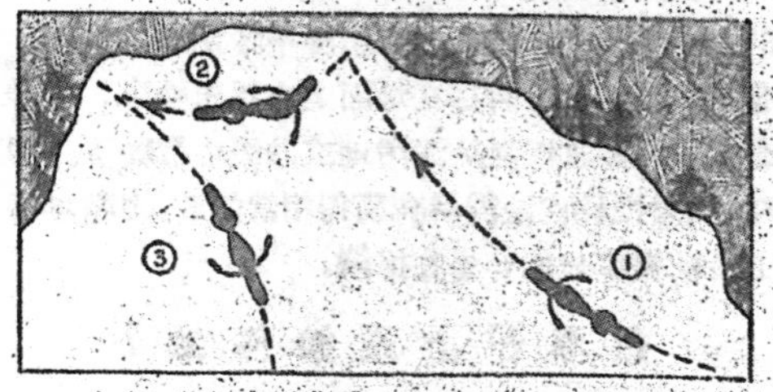

圖15——在上坡時，使一輛單人機車轉彎。

該先將引擎停止跳下車來，慢慢的把車子仍朝山方面擺定，然後將前輪推動，把車子轉一個圈子，使前輪朝下山的方向。於是再騎在車上，開始下山。山下有一股衝盈，如果把離合器接上，常常足爲起動引擎之用。

墜車——單人機車駕駛時，即使在峻險的坡度上跌下來，其實並沒有什麼危險的。然而，結果是向下山方向跌落的話，那是可能因機車壓在駕駛員身上，召致危險的。所以，即使有跌車可能，應該急速設法使本人在上山的一側跌下來，如圖16所示。

圖16——如何從一輛單人機車上墜落下來。

如何駕駛裝有邊車的機器腳踏車

起動——當起動一輛裝有邊車的機車時，邊車本身有一種拖力，可能將車子拖向右方。爲了要糾正這一個傾向，所以須先將車子朝左略爲偏向。

邊車對於引擎是增加負荷的，所以風門必須比較單人機車開得大一點，同時離合器的接合，亦需比較放得緩慢一些。調換排擋亦常需自頭擋至二擋，不能跳得太多。

轉彎——要使一輛有邊車的機車轉彎祇需將把手柄朝所需方向轉彎。如在單人機車一般的偏倚身體不能對於此種有邊車的機車的轉彎有所幫助。然而，在極高的速度時，駕駛人若向轉灣的一面偏倚，因爲抵銷一部份離心力的關係可以增加行駛的能力。

不論何時，如果需要將車子在大道上或狹的地帶轉灣時，首先要後顧是否有後面開來的車子。然後，調到低速排擋，向左轉灣，使邊車在曲線的外側旋轉。如果轉灣得太快，後輪便要離地，車子向前翻轉，甚至將駕駛員摔下車來。所以除非對於邊車的組合情形（不論是否有負荷）的確十分熟悉時，必須朝左慢慢地轉灣。

朝左小轉彎——先同時應用前後制動器使車速減低至每小時15哩。調至第二速排擋，然後可以轉灣。在銳角朝左小轉灣時，切勿可以加速，或轉得太快，如果這樣做邊車輪可能使車輪離地，將車翻覆。

銳角朝右小轉彎——朝右小轉灣時，照朝左轉灣一樣地減速，調至第二排擋，使把手朝右，但是可以略爲加速，幫助車子前進。可以朝右小轉灣比較朝左來得快。

大轉彎——在朝右大轉灣，要利用路面突起部分，即手朝陰溝一側曲線之內行駛，那末邊車就較機車爲低，機車可以朝邊車一側偏倚。如果是朝左大轉灣，也要利用路面的突起部分，但是不要過於朝左側方移動，這樣，機車會較邊車稍低，於是就會向外略爲偏倚，使轉灣容易。

在峻險的斜坡上駕駛和轉灣——如果要爬上一處峻險的斜坡，駕駛人應使邊車不要位在機車的上側，否則就要翻車。如圖17所示，最好用

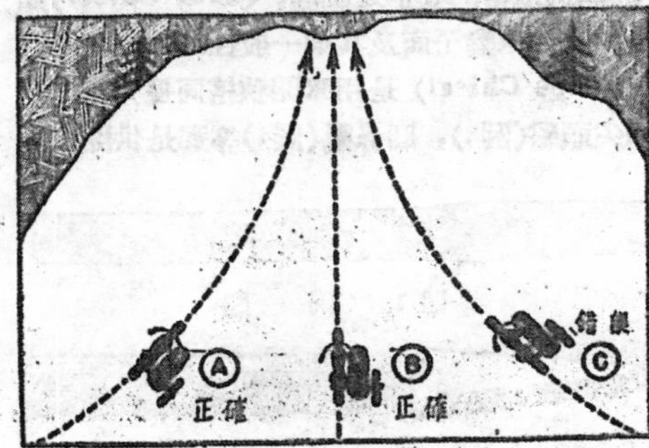

圖17——有邊車的機車如何爬山

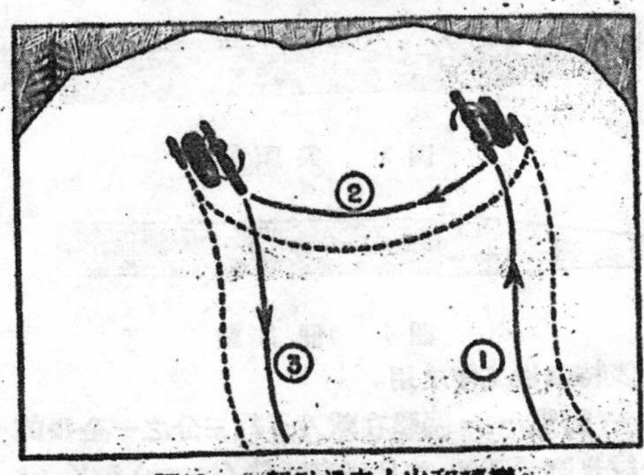

圖18——駕駛邊車上山和轉彎

A和B的路線，不可用C所行的路線。如果有邊車的機車停止在一個峻險的斜坡上，或者需要在斜坡上轉灣，那末一定要先退後一些，將前輪轉灣，務使邊車在機車的下面，如圖18所示。（未完，下期續登機器腳踏車的車架）

在金工場中的鏨子和銼刀

士　鐸

鏨子和銼刀是人們常見的東西，尤其是在金工場中。

金工用的鏨子

金工場裏的鏨子通常是由特殊的八角形工具鋼鍛鍊而成。爲應付各種不同的工作起見可以弄成種種形式的刀刃（Cutting edge）然後再加以硬化。我們最常的鏨子是闊鑿，（Flat Chisel）如圖1，這是用來鑿平面及其他一般性的工作的，圖2狹鑿（Cape Chisel）是用來開狹槽同長方槽的，餘如尖頭鑿（圖3），圓鼻鑿（圖4）等那是供開V形

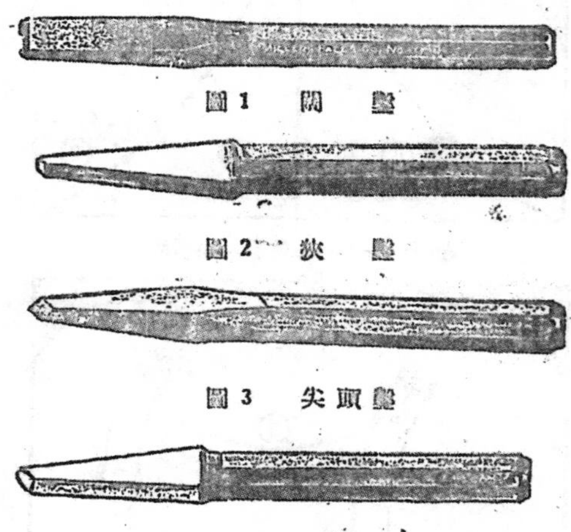

圖1　闊鑿

圖2　狹鑿

圖3　尖頭鑿

圖4　圓鼻鑿

槽及特殊性工作之用。

闊鑿——闊鑿在離刀刃約三分之一全長的一段是磨平了的，並且略有斜勢（taper）這看圖3就可以明白刀刃角的大小要看所鑿的金屬而定，如若是較軟的金屬如巴氏合金，鉛及銅，那末角磨成三十度大約差不多。黃銅同較軟的鑄鐵就要四十五度，至若鑿鋼那非六十度不辦。理想的鏨子的中心線要恰好等分刀刃角，而刃的兩個面也須磨得完全平正。磨的時候，須用不斷的水冲在鑿刃上以防發熱變軟。

狹鑿——狹鑿大致情形和闊鑿差不多，除掉垂直於刀刃的兩邊比鑿柄較狹，而垂直於這二邊的另二邊在近鑿柄的地方大大擴展。這在圖6中表現得很清楚，上端和刃邊較鑿柄爲狹而在另一視圖內，近鑿柄部分處却大大擴展。還有一點，上端必須較刃邊略狹，否則鑿槽的時候，設若刃邊因磨損而呈斜勢，鏨子楔進時將招致金屬的碎裂。所以狹鑿的鍛鍊研磨必須正確，否則就容易有鏨子扭曲不能正確在槽或鍵槽喫進去的毛病。

(a)　(b)　(c)

圖 5

(a)　(b)

圖 6

闊鑿同狹鑿的用途——上面已經說過，闊鑿是用來鑿平面及一般性的梢楔的。在平面上我們要鑿去很薄的一層，用闊鑿是決沒有問題，如果要在平面上鑿去一分厚度或一分以上的金屬最好的方法是先用狹鑿在平面上鑿出許多的槽子，然後再用闊鑿來鑿去餘下的狹長高出的部份，很明顯地槽子同槽子間的距離必須小於鏨子刀刃的闊度。

鏨子的使用方法——要使被鑿光滑，鏨子同金屬平面的傾斜度要保持一定。適宜的傾斜度鎚子敲擊時可以自己體會，斜度太大，那末鑿

子楔進必深，斜度太小，鑿子就要帶滑。最好斜度小到恰在限度所允許同範圍以內，「這樣每一下鎚子可以獲得最大的效果。還有一點，鑿子將近平面的邊緣時，就須倒轉方向來鑿或者垂直地敲幾下否則像鑄鐵之類就可能碎裂。圖7表示使用鑿子的

圖 7

正確姿勢和安全的措置，在這圖中我們可以注意到的是：1.護目鏡——保護工作者的眼部；
2.碎屑保護板——保護近附的工作者；
3.執持鎚子同鑿子的正確姿勢；
4.袖管捲起到肘臂以上；
5.工作物的下面有一塊包鐵皮的木頭托架着。

銼刀有幾種

現在且讓我們來談談銼刀，銼刀本是人類的最初應用的工具之一，到現在還是應用得最廣。牠同鑿子一樣，也是用工具鋼造成。講到銼刀的種類名稱最是繁多，以銼紋來分，可分單紋，(Single Cut)雙紋(Double Cut)同齒紋(Rasp)三種。單紋銼有一列銼齒，雙紋銼有二列銼齒，第二列銼齒同第一列銼齒斜角交錯，至於齒銼那是由衝頭(Punch)打成的，所以銼齒是一點一點不相聯絡的不同於銼刀連續的刀刃(Cutting Edge)如圖8所示。單紋銼主要是用來銼光平面的，雙紋銼移料較快，所得的平面也較爲毛糙，至於齒銼主要是對付木頭的，有時也叫木銼。

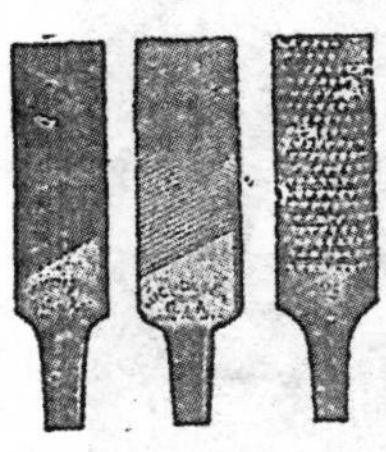

圖 8

再拿銼紋的精細程度來分，我們可以分成最粗(Rough)較粗(Coarse)，粗(Bastard)，細(Second-Cut)，較細(Smooth)同最細(Dead-Smooth)幾種。須要注意的是這許多名稱並不肯定表示每一寸長有多少牙，牠不過表示某一種銼的銼齒間距的範圍而已。銼長改變，間距在一定範圍內就要跟着改變，所以要肯定決定每一寸有多少牙（一定的間距)，銼長必須要同時說明。銼紋的精細程度跟着銼長走，銼刀較長，銼紋就要粗些，銼刀較短，同一級的銼紋就細。譬如說罷，較粗級銼刀並沒有什麼大意義，僅不過說明是粗級而已，如若說明是十二吋粗級，那才一切皆定。十二吋長粗級的銼紋要較四吋長粗級的銼紋不知要粗多少哩。

工場裏常用的銼刀有下列幾種，現在一一說明如下：——

1. 磨銼(Mill File)，圖9，最常用的一種，一般性的磨銼工作都是用牠

2. 柱銼 (Pillar File) 圖10，有時也叫安全

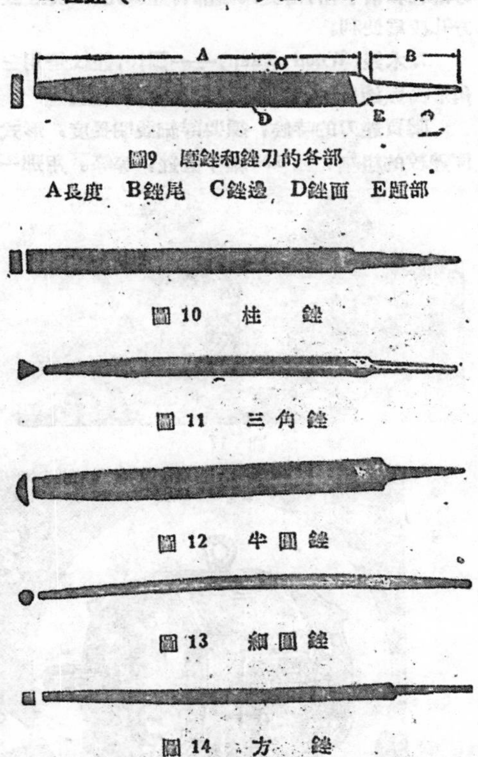

圖9 磨銼和銼刀的各部
A長度 B銼尾 C銼邊 D銼面 E頭部

圖 10 柱 銼

圖 11 三 角 銼

圖 12 半 圓 銼

圖 13 細 圓 銼

圖 14 方 銼

圖 15 木 銼

銼，銼刀的一邊或二邊沒有刀刃，專供銼鍵槽或只須一個平面銼光的槽子之用。

3. 半圓銼(Half Round File)圖11，是用來銼曲面的，平坦的一面常是雙紋，圓形一面通常也是雙紋，但尺寸較小時則是單紋(這種銼刀在車床工作上常常應用。

4. 三角銼(Triangular File)，圖12，有時也叫錐形銼，用來銼普通鋸子同清除60度V形螺紋的。

5. 細圓銼(Round or Rat-tail File)圖13，銼圓形開口(Circular Openings)，孔眼，內圓角同各種的曲線平面非要用細圓銼不可，尺寸大的圓銼是單紋粗銼，像6吋小的一種就是雙紋細銼了。雙紋細銼移料雖沒有單紋粗銼來得快，銼好的面却光滑得多。

6. 方銼(Square File)——圖14，主要用於銼方槽孔和梢子槽，由於四面都有銼紋，故對於銼製方孔較爲便利。

7. 木銼(Wood Rasp)——圖15，銼紋是用三角形衝頭造成的，對於銼製木材較爲合宜。

購買銼刀的時候，須要詳細說明長度，形式同銼紋的粗細；如6吋細半圓銼，等等。用那一

圖 17

圖 16

種銼刀，要憑工作的性質來決定，如需要除料急速，最好揀够長的雙紋粗銼。時時變換着銼刀來回的方向，工作物一定較爲平正。執持銼刀的正確姿勢視圖16，工作者安樂自如舒適的姿態配合着執持銼刀的正確一定可以較小的疲勞獲得良好的結果圖17是一種不正確的姿態，那是我們必須避免的。要使工作物有較佳的光製程度，可將銼刀向身體內外推動，這種方法叫做推銼法(DrawFiling)，如圖18所示。

圖 18

12908

當你站在無線電收音機旁邊，欣賞着美妙的音樂之時，你知道它是怎樣廣播到你耳中來的嗎？

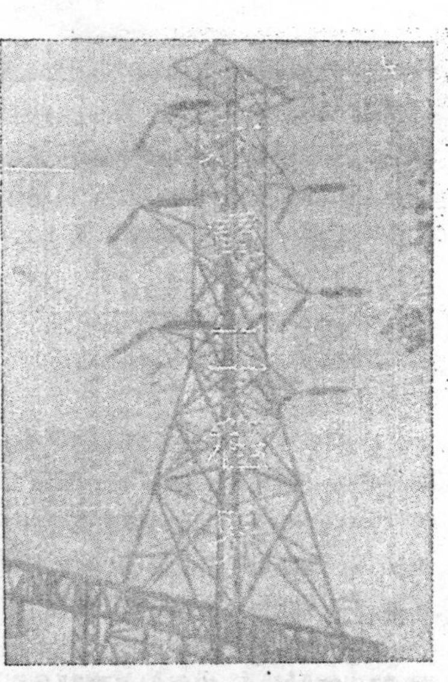

播音台內幕

·戴　立·

愛好聽收音機的人常想知道一些"播音台"的內幕，因此就想到播音台去參觀一下。在未看之前，常以爲它是很大的，但在看過以後，就覺得失望；因爲設備方面，實在太簡單了。其實播音台設備，有大有小；大規模的固然很複雜，小規模的就當然簡單得多。話雖如此，但也不至於像你想像中那末簡單。所以這裏，想把播音技術的內幕揭開一下，使你對於播音有一個較爲明確的概念。

播音台的基本組織　播音台的基本組織如圖1所示：

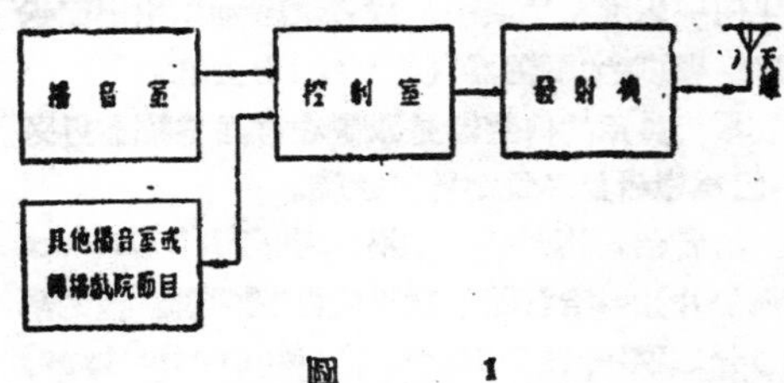

圖　1

小型的播音台，這四部常設在同一地點；甚至也有把播音室跟控制室合併起來，而將控制機件設置在播音室一角的。發射機設在播音室的後面，天線設在發射機的屋頂上面，用竹竿或木桿架設着。

大型的播音台，常設有好幾個播音室。而且不一定在同一地點，發射機也往往不在控制室鄰近，而須用"遙遠控制設備"（Remote control equipment）去控制牠。甚至於天線跟發射機，也不一定在同一地點。須用"同心電纜"（Concentric cable）等類的輸送線，把發射機發出的電能，輸送給天線去發射。

上述四部的內容，大概是這樣的！

播音室（Studio）——這是一間四壁裝有隔音牆壁的房間，所謂隔音牆壁是用一種特別厚紙板所做成，再配上毛料的地毯和幃幕等，需要讓外面看得見的地方，就用雙層厚玻璃做成窗戶。這樣，才可以使外面的雜聲，不致傳進播音室而播送出去。同時播音室裏的聲音，也不會傳出外面。所以，當你隔着玻璃看播音的時候，不能直接聽到裏面的聲音，（即使聽到，也很輕微）必須從旁邊設置的揚聲器（Speaker）或收音機裏聽到。

大型的播音室竟像一座音樂廳，可以容納"交響樂隊"（Symphony orchestra）的演奏。

播音室裏的主要機件，就是"傳聲器"（Microphone）這是一個受音波的振動而產生一微小電壓的器械。這微小的電壓，是跟着音波的"頻率"（Frequency）和大小而變動的，所以就叫做"成音電壓"，（Audio voltage）或者"音頻電壓"（Audio frequency voltage）傳聲器的構造也有好幾種，分述如下：

(a)碳質傳聲器（Carbon microphone）——是由"碳粒子"（Carbon grain）和碳質的"振膜"（Diaphram）等構成，在使用時，需串聯一個低壓的電池。碳粒受音波的振動，變動牠的電阻；因此也變動了電池所供給的電流，把這種變動的電流送進一個"變壓器"（Transformer），就可生成音電壓。這種傳聲器，輸出電壓（Output voltage）較大，但有很多的"畸變"（Distorsion）（就是電壓和音波的變動，不完全附合），用工程術語來說，就是"傳真率（Fidelity）不佳。

碳質傳聲器，又有單鈕式（Single button）和雙鈕式（Double button）的分別，後者的輸出電壓較前者略低，但傳真率可以較佳。

(b)容電器傳聲器（Condenser microphone），

12909

——是一個極長可受音波的振動而變動其距離的容電器，所以牠的"容電"(Capacitance)也就可以受音波的變化，在施用時，需串聯一個高壓的電池，這樣當容電量有變化時，就使電壓生變化而產生成音電壓，這種傳聲器輸出並不大，但傳眞率很好。

(c)電動傳聲器(Dynamic microphone)——有"動圈式"(Moving coil type)和"帶式"(Ribbon type)二種。

動圈式的，是一個可以前後振動的線圈，前面附有振膜，這線圈是放置在一個强力的"永久磁鐵"(Permanent magnet)的磁場中，當音波觸着振膜，就使動圈前後振動，動圈的兩端，就因電磁感應，而生出一個微小的成音電壓，這成音電壓太小了，所以需用升壓變壓器把牠升高，這種傳聲器，輸出電壓雖小，但是傳眞率却是很高超的，而且在施用時又不需要任何電池，所以現在一般播音室都採用牠。

帶式又名"速率式"(Velocity microphone)是一條張在强力的永久磁鐵的磁場中的鋁帶，當音波的速率衝擊在這帶上，這帶就振動而由電磁感應的作用，產生一個微小的成音電壓，這種傳聲器，牠鋁帶上生出的電壓太微小了，所以不但要用升壓變壓器把牠升高，最好再用一個"前置增幅器"(Preamplifier)把牠增幅(就是放大的意思)起來，雖然如此，但是傳眞率極高，而且還可以離音源較遠而工作着，所以較大的播音室或是戲院舞場等公共娛樂場所都採用牠。

(d)晶體傳聲器(Crystal microphone)——是利用晶體的"振電作用"(Piezo-electric effect)而作成的，輸出也不大，也不需要電池，但須配合"高阻抗載荷"(High impedance load)傳眞率也很好，體積輕巧，優良的"業餘電台"(Amateur station)也都採用牠。

播音室裏，除了傳聲器的主要設備以外，還有指示燈等輔助設備，這指示燈的開關設在控制室，是用來指示播音室的傳聲器跟發射機接通與否的，當接通着時，播音室裏就只能播講或奏演節目，不能隨意講話了，通常是用三種色素的燈來指示的，一種表示接通着；一種表示預備接通；一種表示沒有接通，也有用文字註明的，這些都可以由設計者規定，並沒有定章。

2. 控制室(Controlling room)——若是有幾個播音室的話，控制室常設在一間"主要播音室"(Main studio)的近鄰，若是只有一個播音室，那末就設在牠的旁邊，牠們中間隔着雙層玻璃的窗戶，可以互相閱看而減少聯絡上的麻煩。

控制室的主要機件，有"言語增幅器"，(Speech amplifier)報告員用的傳聲器，拾音器與轉台(Pickup and turn-table)，和"監聽器"(Monitor)等，在大型播音台裏，尙還有遙遠控制設備的機件。

言語增幅器是一座"成音增幅器"(Audio amplifier)通常可供給十幾"瓦"(Watt)以至三十瓦電力的輸出，上面設有控制機鈕，和指示輸出的"輸出電表"(Output meter)等機鈕是用來控制各部傳聲器和拾音器的接通與否的，同時也用來控制這增幅器輸出的大小，輸出的大小可以由輸出電表上觀察出來，這言語增幅器本身是用來把任何一處進來的微小的成音電壓加以增幅而送到發射機裏的"調幅器"(詳見後)上去的。

報告員用的傳聲器是設置在言語增幅器近旁的，因爲報告員必兼司控制之職。

拾音器和轉台是用來播奏"錄音片"(Record俗稱唱片)的，拾音器一般叫牠做"電唱頭"牠的構造可分二種：一種是"磁鐵式"(Magnetic type)是一個永久磁鐵，牠磁極中間裝置着一個圈數極多的線圈，那線圈的中央，是一個頭上可以裝針上去的"電樞"(Armature)，針在錄音片上劃過時，就使電樞振動而變化磁場的强度，這變化的磁場，就使那固定的線圈感應而產生成音電壓，這電壓的大小，跟振動的振幅成正比例，但跟頻率的高低無關的，所以傳眞率很好，還有一種是"晶體式"，(Crystal type)是一種鹽類的結晶體，牠具有振電作用，所以受了針的振動，也會產生成音電壓，但牠所產生的成音電壓的大小，一面是和振動的振幅成正比例，同時差不多跟頻率的高低成反比例的，這正好彌補了錄音片灌製技術上的缺陷，所以牠的發音是低音充份而悅耳，一般播音台就都採用了這一種，關於拾音器的詳細性格和用法，以後當再專文講述。

轉台是用"電動機"(Motor)拖動的，旋轉的速度平常爲每分鐘78至80轉，這種拾音器和轉台，設置着兩副，以備交替施用而節約調換錄音片的時間。除此以外，還要設置一種慢速度的轉台，牠的速度是每分鐘33⅓轉，這是用來播奏特種錄音片的，這種錄音片的直徑大多數爲16吋，所以拾音器的長度也須加長，每面約可奏十五分鐘之久。

助調器是一個從發射機的調幅機裏分接出的揚聲器，上面設有開關和調節音量的機件，這是用來試聽播出去的聲音而核對言語增幅器和調幅器的工作狀況的，但當報告用傳聲器接通施用時，這助調器必須斷去或使牠的發音最微，不然的話，牠的發音傳到傳聲器裏，就造成了回輸（Feedback）於是立刻就發生一種尖銳的叫聲，有時候，你在收音機中聽到在報告時軋進一聲尖叫，就是報告員忘記去把這助調器斷掉的緣故。

3. 助調器 (Transmitter)——一般小型播音台(像本埠一般播音台)牠的發射機，約有100至500瓦電力的輸出，國際性的大型播音台，就需要有幾十以至幾百"瓩"(Kilo-watt)電力輸出。

這些播音用的發射機，不問牠輸出電力的大小主要電路的構造，總可分爲兩部份，一部份爲"射電頻率部份"(Radio frequency part)一部份爲"成音頻率部份"(Audio frequency part)前者包括：

(a)晶體振盪器 (Crystal oscillator)——這是利用石英晶體的振電作用和真空管的增幅作用所作成的器械，用來產生電的振盪而產生高頻率的交流電壓，牠輸出電力並不大，所以在牠後面尚還需要幾部增幅器。

(b)緩衝增幅器 (Buffer amplifier)——這是一部小電力的增幅器，(比較的說)是接續在振盪器的後面，用牠的目的，到不在乎電力的增幅，而在使後面的電路和振盪器相隔離，當後面的電壓或電流有所變動時，(例如加以調幅時)可以不影響到振盪器的振盪，這樣就可以使振盪器的工作獨立而穩定。因此，發射出去的電波的频率，也就可以穩定而不變了。

爲了增加振盪的穩定，這種增幅器常需設兩"級"(Stage)。

(c)驅動器 (Driver)——這是一部中等電力的增幅器，常接續於緩衝增幅器的後面而領導於強力增幅器的前面的，是用來驅動強力增幅器去

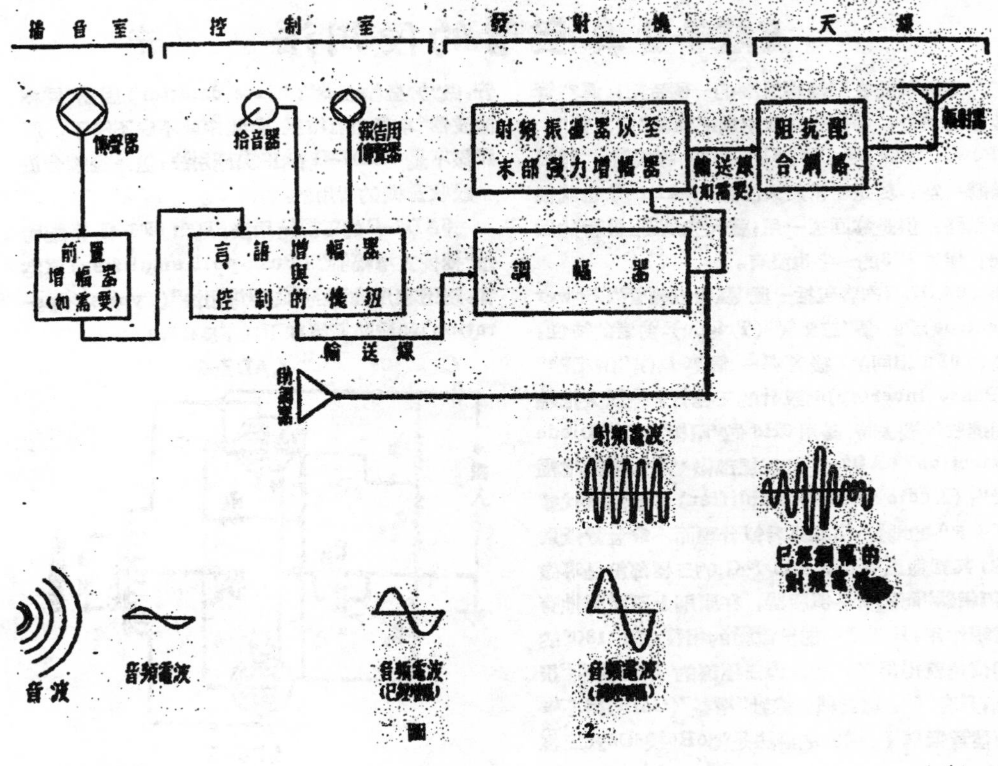

圖 2

完成强力的增幅工作，所以叫牠做驅動器。

(d)被調幅的强力增幅器(Modulated power amplifier)——這是一部大電力的增幅器，牠的輸出電力受着調幅器所輸出的成音電壓的調幅的。

以上(a)(b)(c)三部完全是高頻率電路；(d)部是高頻率和成音頻率的混合電路。

至於成音頻率部份，那就是一個"調幅器"(Modulator)。牠是一個大型的成音增幅器，輸入端是接續在言語增幅器的後面，把成音電壓作一次强力的增幅，輸出端就串聯在被調幅的强力增幅器的輸出電路中，(也有在牠輸入電路中的)這樣就造成了調幅作用，所以這發射機輸出的電波，是叫做"調幅波"(Modulator wave)也就是使一般收音機發音的電波。

發射機的原動力，一般都用電力廠所供應的交流電源，上面各部電路中各設有"電表"(Meter)所以牠的面板上有許多電表，用來指示各部的工作的正常與否。

以上所講的，是"調幅制"(Amplitude modulation)的播音發射機，還有一種叫做"調頻制"(Frequency modulation)，因爲尚未到達普遍的階段，(吾國還沒有這種播音台)所以暫且不講。

4. 天線(Antenna)——這是一個或一組架空的導線，通常的架設是成"水平式"(Horizontal)的，取其簡便，但也有"垂直式"(Vertical)的，牠的長度，須和電波的"波長"(Wavelength)成一定的比例，大型的"短波播音台"(Short-wave broadcast station)的天線，設有伸縮的機械，在調換發射電波的波長時，就運用這機械去變更天線的長度，以資"配合"(Match)。

天線和發射機的輸出端之間，有一組"調節器"，(Tunner)統稱爲"阻抗配合網路"，(Impedance matching network)用來配合發射機和天線所呈現的阻抗，阻抗得到配合之後，才可以得到最高效率的發射。

現在把全部播音台組織的內容，用簡圖來表示一下，(圖2)在圖的下面附有各種波形，以表示牠工作的狀況，不過牠們的大小，對實際情形講起來，是"比較的"不是"比例的"。

6AD7-G 真空管的使用法　　辛

本埠以前在鬧搶購風潮的一個時期，眞空管也不能例外，那些收音機中所必需的"强力管"，(Power tube)如6F6，6V6，6K6等式號，都被搶購一空，於是平常無人注意的6AD7-G也就很有銷路，但是拿回去一用，就大失所望，發音的低弱，値及6F6的一半也沒有。

6AD7-G內容包括一個"强力五極管"(Power pentode)和一個"三極管"(Triode)，前者的特性，是和6F6相同的，後者是一個專爲作"倒相器"(Phase inverter)而設計的三極管，一般人把牠用進收音機去時，是用6H6做"兩極檢波"(Diode detection) 6AD7-G的三極部做"成音電壓增幅器"，(Audio voltage amplifier)五極部就代替了6F6的地位，這樣是看似合理而不會發音低弱的，其實他正沒想到6AD7-G的三極部份是專做"倒相器"而設計的倒相器，在原則上不需要牠有增幅作用，只要把一部份電壓的相位，差出180°的相位角就得得了，所以那三極部的"增幅因素"很低，只有"6"。這當然要嫌牠"增益"(Gain)得不够而發音低弱了，補救的辦法是把6H6換6C5式三極管，做"屏極檢波器"(Plate detector)因爲"屏極檢波器"本身也有增益，合起來就不會不够了，這雖然不是6AD7-G的正規施用法，但是很適合於一般收音機的實用的。

6AD7-G的正規施用法，是和6F6-G搭配而做"推挽式增幅器"(Push-pull amplifier)眞空管，製造家所推荐的"典型施用法"(Typical operation)和綫路裝置如下：(下接45頁)

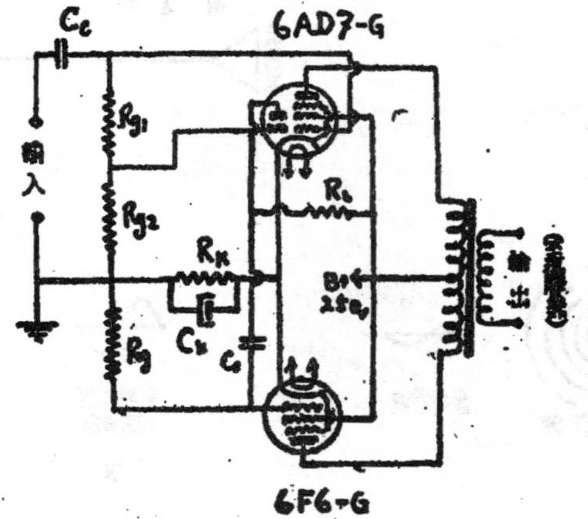

12912

他是優秀的科學戰士，在戰爭時期和和平時代，都曾貢獻了自己的心血！

雷達之父—華生瓦特

大　陸

華生瓦特爵士 (Sir Watson Watt) 是一位天才的英格蘭人，由於他發明了雷達，因此被大多數英國人崇拜爲戰時英雄。事實上早在他底偉大成就的七年前，他已在開始用無比的能力來研究他的計劃了。在英國發展雷達的過程中，充份表現了他的優秀思想，工業遠見和高强能力。他常被尊稱爲的雷達的發明者，不過自己却是謙遜遜地否認這是他的功積。

雖然華氏現已被稱譽爲戰時世界上最偉大科學家之一，但是却很少有人提及他在戰後多方面的研究，譬如無線電對海空交通上的應用，電視和電影的改進等。事實上，今天他仍在着人類的未來福利努力着。

華生現年已經五十六歲，依然精神奕奕，帶露微笑，兩目閃閃有光。對於他，工作就好像游戲一樣，工作與閒暇並無分別。他曾經說：「科學就是一個巨大的游戲」。他有着優良的記憶力和廣泛的愛好。

他開始對於雷達，即無線電定位的研究，早在1935年一月是由他本人建議，經英國空軍部核准後才進行的。戰時，他一直爲祖國政府進行秘密研究工作，同時亦在政府好幾個機構中担任電訊工程顧問。可是現在他的許多研究，却都在和友人共同創設的私人科學顧問公司中進行。該公司經常爲英，美和加拿大的許多製造廠家進行研究和改良的工作。

講起雷達，早在1887年，赫茲(Hertz)證明無線電波的存在時，即已奠定它的理論基礎。那時，他曾利用兩塊鐵柱作爲反射體也曾使用龐大的凹鏡將電波集中發射。在 1924 年愛普頓 (F. V. Appleton) 首次利用無線電波自地面進行至電層再反射回來所　之時間來測量電離層的距離，確定爲60哩。但是我們却不能忘記，直至 1935 年一月，因爲納粹空軍威脅英倫，華生瓦特就向英國空軍部建議利用無線電波測定遠距離飛機的可能性，方才顯露出雷達實際應用的曙光。經過華生及其他幾位共同工作者四年多的努力，加上四千萬美元的耗費，直到 1939 年的九月，雷達才算大功告成，可以用作偵察，決定計算一萬五千呎高度以下，一百哩以內之所有飛機的踪跡，不論在黑夜，陰雨或多霧的天氣。

華生瓦特爵士

華生首先於1935年五月，在英國東端建立一小試驗室。在此他們開始所謂雷達的研究。他們設計並製造了强力的發射機，接收天線，放大器和陰極射線指示法來觀察反射回波。在六月中旬，尚祇能模糊地約略知道40哩內的飛機，照當時的估計，至少尚需兩年才能使該項技術精確。但是在某一星期五下午，當華生自英倫返抵該試驗室中突然想出了巧妙的方法，使時間大大縮短。在1936年一月已經能準確的決定25哩內飛機的方位。同年二月，爲了機密的關係，華生乃隨同另四位工作者移入特殊建造之另一試驗室。在這裏值得大書特書的是三月十三日，當他們發見75哩外一架飛得極高的荷蘭飛機。以後雷達的設備，即迅速增加。同年七月建於杜佛，八月建於南端用以保護泰晤士河口，至1938年慕尼黑會議時，倫敦已在雷達保護之下。至1939年復活節，英國東海岸已全部裝有雷達設備。

華生爵士所以能迅速將雷達的使用，加以改善的最大原因是由於他能和使用者日常共處，並

（下接45頁）

工程界應用資料

求諸數平方和的平方根用的一張線解圖

下面的一張線解圖，對於求較五數少諸數平方之和的平方根，非常簡捷便利；為了容易定位起見，應用者最好另外準備一張透明的方格紙，或一張有十字細線(要絕對垂直的)的透明紙，那末使用起來，更覺迅速。

諸數平方和的平方根，應用之處甚多，如求直角三角形的斜邊或矩形的對角線都需要它。工程計算上的應用則有最小二乘方，迴轉半徑(Radius of gyration)，慣性轉矩(Moment of Inertia)以及交流電路中的平均平方根數值 (Root mean square value) 等等。圖中所示的一個例子，是五個數值平方和的平方根，即

$$g=\sqrt{a^2+b^2+c^2+e^2+f^2}$$

$$=\sqrt{6^2+7.5^2+3^2+7^2+9^2}=15.2$$

求時，先在圖的下半部 Scale a, b, 和 c 用透明紙決定了 Secant I 的位置，得到在 Scale d 上的一點 10；然後再在上半部Scale e和f，用同樣方法，決定Secant II的位置，結果在 Scale g 得到了最後的答數15.2。

用同樣的例子， 可以求得四個數值平方和的平方根，(只要使一個數值，如 c，等於零)，或三個數值的(只要用圖的上半部或下半部)，或是二個數值的。

假使您有興趣，您還可以自已重新繪製一張較大的線解圖，以便計算較精密的數值。重繪時，請注意 Scal: a, d 和 g 是自左至右增值的 其計算公式是$x=a^2/40$，$d^2/40$及$g^2/40$；Scal c 和e是自下而上增值的，其公式是$x=c^2/20$及$e^2 20$；Scale b 和 f 則自上而下增值，公式爲$x=b^2/20$及$f^2 20$。還有 Scale b, c, e, 及f的零值，應恰在水平線交叉點之處；至於 a, d, g三個 Scale 的 0 值 則應用試差的計算方法約算出來。

這張圖的原作者是美人Carl P. Nachod氏。

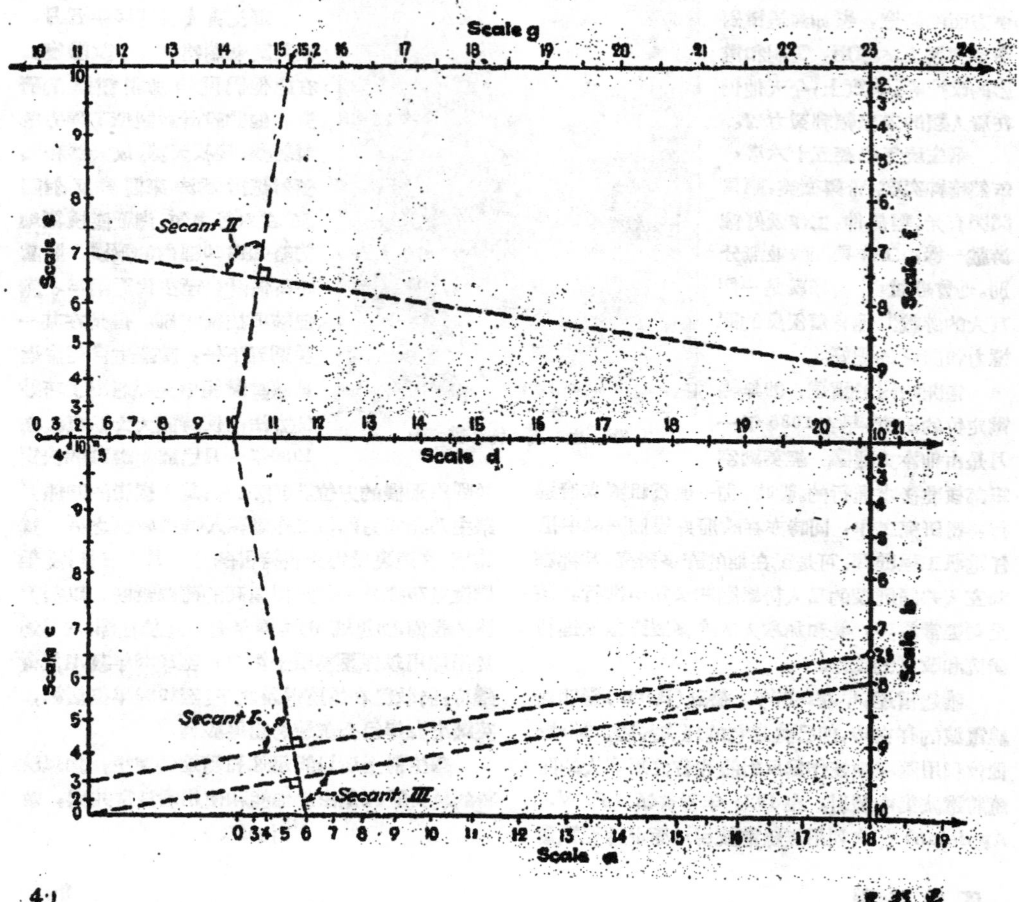

工程界

★讀者之頁★

建議有計劃編輯工程詞彙
具體怎樣編法提請大家討論

編者先生：

……本人現有一個小建議，先生以爲如何？那就是希望 貴刊有計劃地編輯一些工程方面的詞彙，(可分爲化工，電工，機工等)，像過去 貴刊附錄的參攷資料那樣，每期介紹若干。這樣對許多讀者可以有很多幫助，好讓他們在閱讀而有疑難不解的名詞時，可以一查就得。這是本人將 貴刊介紹給學生閱讀時，他們時常來問我許多專門名詞而想到的。

至於具體的辦法，照我想來，不外下列三法：

(1)就根據每期所用到的名詞分類，予以簡單解釋。這方法的優點是翻閱本期的名詞便利。缺點是編輯上的困難，和不在本期的名詞不易查到。

(2)照英文字母編輯。優點：編輯易。缺點：對原文不熟悉的讀者感到困難。

(3)照中文筆劃或四角號碼編輯。優點，對原文不熟悉的讀者很有益，查閱起來也方便。缺點：除了編輯時稍感困難（因普通工程書藉的 index 都以英文字母爲序）外，沒有其他缺點。

淺見如此，質諸先生以爲然否？

讀者柏焱啓

編者按：柏焱君對本刊提供這樣一個實際而又具體的建議，實在使同人們非常感謝而高興。由於出版前幾期技協展覽會特輯等，編輯會議未能按時召開，所以接到柏焱君來函後，未及即予討論及披露，是要在這裏表歉意的。關於這一個寶貴的建議，我們無疑地全部接受，至於如何編法，才能最適合大多數讀者，我們謹把原建議辦法三點提請大家來一同討論。我們謹希望在最短時間內得到更多的讀者的意見，而趕快開始這項工作起來！

·來函簡復·

塑料的書籍，原料，及行商

★(3)上海長壽路宗德坊陸正毅君：所詢關於塑料問題，謹答如下：

1. 塑料原料可向卜內門洋鹼公司，孟山都洋行，柯達洋行，華昌貿易公司洽購，惟須有海關進口證，否則無從訂購。

2. 塑料書藉中文有中華書局『電木與電玉』，正中書局『電木與電玉』，商務印書館『明日之可塑物』。

西文書以 Wakemann: "The Chemistry of Commercial Plastics"

Ellis: "Handbook of Plastics"

Ellis: "The Chemistry of Synthetic Resins" 等爲最好。

3. 上海天山化工廠有電木粉出售，此係國人自造的原料。(儉)

土木工程基本書籍

★(4)南京金陵中學吳正能君：大函奉悉。初級基本土木工程的書藉，可以參閱上海科學公司出版的中國科學社工程叢書『實用土木工程學』，(顧世楫，汪胡楨主編)。其中計分十二部：1.靜力學及水力學。2.材料力學。3.平面測量。4.道路。5.鐵路。6.土工學。7.給水工程。8.溝渠工程。9.混凝土工程。10.鋼建築。11.房屋及橋樑。12.工程契約及規範。

又承你建議增闢本刊土木工程篇幅，以後一定儘量增加這方面的文字。(宏)

擋土牆諸問題

★(5)平湖水洞埭陸慈君：關於擋土牆後之土壓力計算公式，分列如下：

1. 牆後填土上有均佈荷重。先將該荷重化成填土單位重量之當量W，然後可得h_1，即該均佈荷重之當量填土高度。設h爲擋土牆之高度，則牆後之土壓力總力P爲

$$P=\frac{1}{2}wh(h+2h_1)\frac{1-\sin\varphi}{1+\sin\varphi}$$

P力作用離牆趾y高處，$y=\dfrac{h^2+3hh_1}{3(h+2h_1)}$

2. 牆後填土上有集中荷重T。而事實上集中荷重沒有像書上畫出來那樣真的集中於一點的。一般情形，或爲火車軌，或爲建築物柱脚。這個集中荷重也分佈於路床或柱脚面，底闊叫它 b。最後，仍然把這個集中荷重如上題均佈荷重一樣，化成填土單位重量當量，W。至於求 h_1 的公式，則有三種情形：

a. 集中荷重分佈面 b，全部在土壤休止角 φ 的斜線內：$h_1=\dfrac{T}{bW}$

b. 由牆踵照φ角引起的斜線，交地平線於 b 的範圍內，則先定出由交點到 b 的裏面一邊（向牆的一邊）的距離爲X_0，而

$$h'_1=h_1\frac{X_0}{h}\qquad(h_1\text{見a題})$$

c. 集中荷重分佈面全部在φ角斜線外，則不予考慮。

3. 來題所述填土上種樹受風力搖曳情形，對牆後土壓力無關。(M)

有獎畫謎徵答

這裏有九幅圖畫，是美國某大工廠中懸掛着作爲工人安全運動用的。但是圖中缺乏詳細的說明，所以看上去意義還不够明顯。聰明的讀者們，能够替這些圖畫解釋一下嗎？

圖　一

圖　二

圖　三

圖　四

圖　五

圖　六

圖　七

圖　八

圖　九

應　徵　辦　法

凡本刊讀者都可以參加這一個畫謎徵答，應徵者請將此紙裁下，把下列各項塡寫清楚，幷用另紙橫寫說明全文，於三月十五日以前（外埠以郵戳日期爲準）郵寄至本社編輯部收。答案下期發表，說明得最細詳的前三名，各贈本雜誌全年壹份或三卷精裝合訂本壹册，次五名各贈半年壹份或三卷下半册合訂本壹本；其餘答對而不夠詳盡者，亦各贈近期本誌壹册。

姓名＿＿＿＿＿＿＿＿＿＿　　是否定户（如為定户請注明定單號數）

是否需要合訂本＿＿＿＿＿＿　　如贈本誌要何期開始＿＿＿＿＿＿

通訊地址＿＿＿＿＿＿＿＿＿＿＿＿＿＿＿＿＿＿＿＿＿＿＿＿

職業或學校（請說明名稱）＿＿＿＿＿＿＿＿＿＿＿＿＿＿＿＿＿＿

永利化學工業公司設置
范旭東先生紀念獎章獎金之緣起及經過

永利化學工業公司，為紀念其創辦人范旭東先生之創業精神，及完成其倡導中國化學工業之宏願起見，特由股東大會決議：設置榮譽獎章及獎金；每年擇國人對於化學工業及應用化學之貢獻最大者給與之。獎章為金牌一枚，刻有范先生肖像及受獎人姓名，（參看附圖）獎金為該公司出品硫酸錏二十噸，價值約在美金三四千元之間。獎章獎金之給予，由該公司董事會，聘請國內科學及工業界先進專家，組織評議委員會主持之。本屆評議會委員為任鴻雋、吳有訓、吳承洛、吳憲、范鴻疇、茅以昇、侯德榜、孫學悟、莊長恭、曾昭掄、薩本棟等十一人。（按薩先生最近在美國病故）。民國三十七年，為該獎章獎金成立之第一年，第一屆受獎人為永利公司總經理總工程師，我國製碱專家侯德榜博士。事先評議會為慎重調查以昭公允起見，曾分緘國內各大學及重要研究機關領導人，徵求意見，並請推薦候選人，不限於所領導之機關，結果推薦侯先生佔最多數（評議會亦以侯先生在化學工業上之貢獻，久為國內及國際間所佩仰，以之當選第一屆獎章獎金，洵能樹立標準，以符合提倡化工之本意。雖經侯君再三謙辭，仍請其勉為接受。侯先生接受後即將全部獎金捐贈中華化學工業會，作充實圖書之用，仍照章在去年中國工程師學會年會中，宣讀論文一篇，題目為『戰後美國合成安摩尼亞工業之發展』。

紀念獎章正面

紀念獎章反面

第二屆獎章獎金之受獎人，日前已經評議委員會開始考慮。該會以目下國內化工人才，頗為難得，因決議將給獎範圍擴大為化學工業應用化學以外，凡與化學有關之科學，亦在獎勵範圍以內。在學術冷落的中國，如此規模宏大，意義深遠之獎勵，尚屬創舉，甚望國內學術界加以注意。如有適合資格之受獎人，無論用何方式提出，皆為該評議會所歡迎。

侯德榜先生近影

附范旭東先生紀念獎章獎金章程全文

范旭東先生紀念榮譽獎章及獎金

范旭東先生為當代實業家，竭畢生精力，創辦中國化學工業；不幸當勝利降臨，工廠復興之際，以操勞過度，成疾不起，竟未能完其大功。同人為紀念范先生創業精神，使永垂為中國模範，特設立范旭東先生榮譽獎章及獎金，每年頒發一次，擇國中對於基本化學或應用化學，及與化學有關之科學，貢獻最大者授與之。並聘國內工業科學及教育各先進九人，組織評議委員會，決定人選（於每年中國工程師學會年會中公佈之。玆規定辦理章程如下：

第一條　本榮譽獎章及獎金，凡中華國籍國民，無論男女，均可當選。

第二條　獎章爲直徑六公分，厚半公分，純銀質鍍金之金牌一枚其牌正面刻范旭東先生像，背面刻受獎人姓名貢獻及授獎之年月日。獎金以廿噸硫酸之價值爲度。

第三條　受獎人姓名由評議委員會於每年三月卅一日前就國中對於基本化學或應用化學及與化學有關之科學之貢獻最大者遴選決定發表之，並於本屆中國工程師學會開年會時舉行受獎典禮。

第四條　評議委員會設委員九人，由永利董事會延聘之，並由評議員互選一人爲主任委員，担任召集開會及主持審查提出受獎人之人選各事宜。

第五條　受獎人須備有論文一篇，詳述工作性質及其特殊貢獻，在中國工程師學會年會中宣讀之，並揭載諸該年會報專刊。

第六條　受獎人不得連選受獎，但若間隔若干年，得視作例外。

第七條　評議會委員到會旅費，由本會支給。

第八條　評議會開會，至少須於四十日以前發出通告。

第九條　本評議會辦理章程得以全體委員過半數通過修改之。

雷達之父——華生瓦特 （上接39頁）

且能用通俗，非專門的言詞，講解他自己偉大的成就。他能向使用人描述他的研究，如同閒談一樣。在多數星期日，他經常和同僚以及一般陸海軍官，工程師和年青的科學工作者們相聚，來共同解決許多困難的問題。無論什麼人祇要有一點點的意見提出，即可被邀請來參加這聚會。這種「星期聚會」(Sunday Soviets) 大大增加了英國國內科學家，軍人和實業家的精誠合作。

關於雷達在和平時代的應用和發展，華生爵士也瞭解眞正困難所在。戰時龐大人力和物力的集中使用已經不可能。而且民用與軍用不同，要嚴重的考慮到價格問題。同時因爲民用航空的普遍和國際性，雷達設備的用國際標準化實屬必需。但國際間的協調恐屬不易。爲了完成全球雷達導航制，實在需要更多的努力。

現代科學應用對未來世界的前途，華生爵士堅持着光明的見解，在最近英國皇家協會開會時他與羅素 (Bertrand Russell) 在『科學是敵人嗎?』的爭辯中，他曾說：『原子能是人類文明的恩物——決不是災殃』他又說：『科學早就發現了更可怕的生物武器，但從未用來消滅人類。到現在爲止，科學對人類福利的偉大成就遠超過它的破壞性。假如今天的人民正在懼怕着科學家，那麼科學家也正因爲看到了他們底心血結晶，爲人民怎樣在利用而感到震顫。對於下一代的科學家們，我們應當增加政治教育的成份；同樣對於新興的政治家也應該讓他們能更瞭解些科學。』

雖然科學家似乎與普通人民有些不同，但他們畢竟還是人民啊！（節自 Science Illustrated)

6AD7—G真空管的使用法 （上接38頁）

推挽式增幅器

6AD7-G的五極管部份和另外一個6F6-G

屏電壓(Plate voltage)	250volts
幛極電(Screen grid voltage)	250volts
陰極電阻器(Cathode resistor)	560ohms
兩柵極間的成音電壓峯値	59volts
"零"訊號時的屏電流	36 ma
"最大"訊號時的屏電流	41 ma
"零"訊號時的幛極電流	6.7 ma
"最大"訊號時的幛極電流	11.7 ma
實效的荷載電阻(屏至屏之間)	14000 ohms
諧波畸變的總百分率(Total harmonic distors on)	4%
最大訊號的電力輸出	6watts

12919

STREAM-LINE OIL FILTER
節省外滙的利器！
詳細目錄函索即寄

大統被單
送禮隽品
堅細光滑
柔軟耐用
圖案高雅
鮮艷奪目
公司
商店
均售
大統織染廠股份有限公司

永利化學工業公司

鹼廠
河北省塘沽

〈主要出品〉

純鹼
肥田粉
燒鹼
阿母尼亞
硫酸

硫酸錏廠
江蘇省六合縣卸甲甸

總管理處
上海四川中路二一九號二樓

華東區總經理處
電話 一五六一六 一五六一七

其他各經理處
天津 重慶 廣州·汕頭 漢口 長沙等地

中國科學期刊協會會員刊物
經中華郵政登記認為第一類新聞紙類
上海郵政管理局執照第一四六二號
內政部登記證京警滬字第一一七四號

本期售價金圓八角
暫照二百五十倍發售

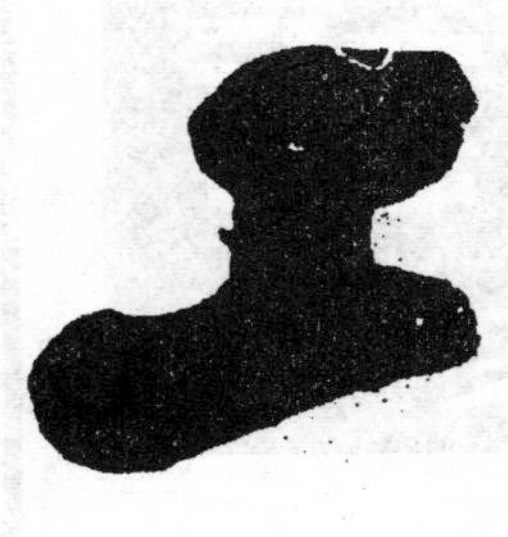

工程界

第四卷　第三期

三 十 八 年 三 月 號

在磨坊中用以磨粉的古老木齒輪(參看本期齒輪的故事)

中國技術協会主編

工程界雜誌社發行

新安電機廠

股份有限公司

主要出品

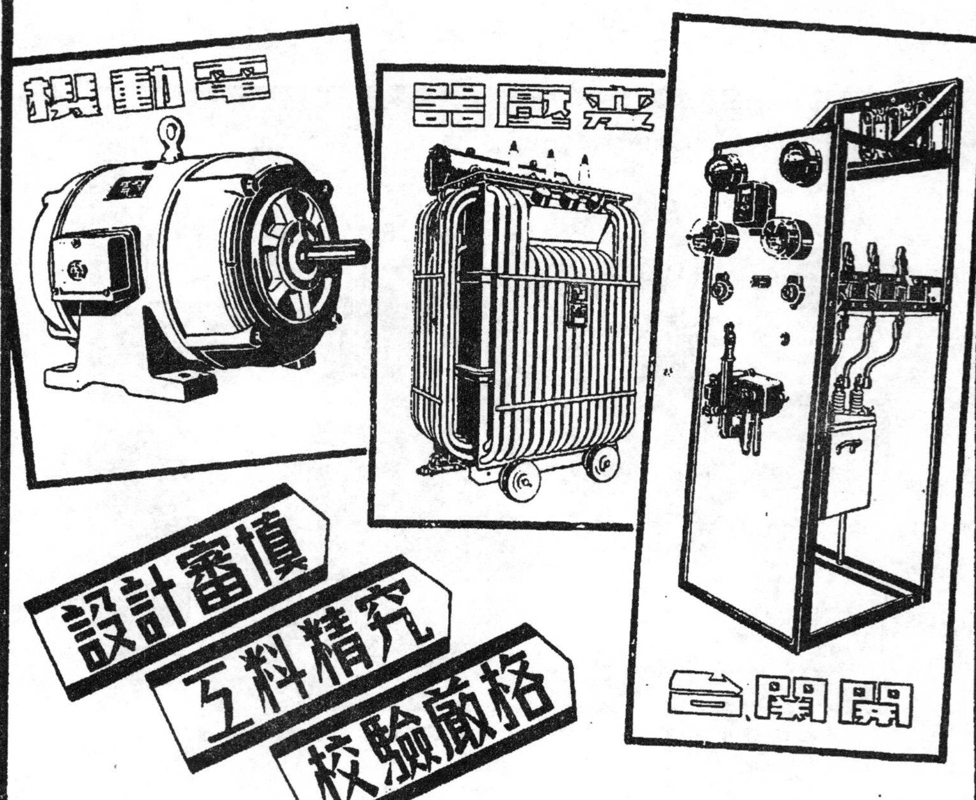

事務所・上海南京西路八九三號大滬大樓五樓　電話・・六〇〇九〇

廠　址・上海常德路八〇〇號　電話・三五七五三(電報掛號・〇七八九)

总发行所
工程界杂志社
社长兼发行人　宋名适
副社长　鲍熙年
经理　许　铎
上海(18)中正中路517弄3号
电话78744

第四卷　第三期　目　录　三十八年三月号

·印刷·总经售·
中国科学公司
上海(18)中正中路537号(电话74487)

广告刊例基价

地位	全面	半面	$\frac{1}{4}$面
普通	$50.00	$30.00	$18.00
底裏	$70.00	$40.00	——
封裏	$90.00	$50.00	——
封底	$120.00	$70.00	——
封面	$200.00	——	——
分類	每頁共分二十單位，每單位		$5.00

倍数按付款时所定者为准

POPULAR ENGINEERING
Vol. IV, No. 3 Mar. 1949
Edited by
CHINA TECHNICAL ASSOCIATION
CHINA TECHNICAL PRESS
Published monthly by
517-3 CHUNG-CHENG ROAD,(C),
SHANGHAI 18, CHINA

·订阅价目·

国内定户　全年$8.00　半年$4.00
普及本定户　半年$2.00
按订阅时之协议倍数计算
国外定户　全年平寄连邮美金3.00
外埠航挂快各项邮费需另加缴

本期基价每册金圆八角
（普及本基价每册四角）
按照上海科学期刊协议之倍数发售
倍数如有变更参阅上海大公报广告

12927

中國技術協會
上海基督教青年會
中國科學社

聯合主辦 工業常識 通俗科學 講座

簡 章

一、內　　容：本講座分通俗科學與工業常識兩組各計十講全程歷十星期(內容詳載講程)

二、宗　　旨：通俗科學講座以普及日常科學知識引起科學研究興趣爲宗旨
工業常識講座以介紹上海工業近況普及一般技術知識爲宗旨

三、時　　間：自三月二十日起每星期日上午十時至十二時

四、地　　點：八仙橋青年會交誼廳及會議室(如報名人數增多再移較大講堂)

五、報名地點：(1)八仙橋青年會問訊處(上午九時至下午九時)
(2)四州路青年會問訊處(仝上)
(3)陝西南路二三五號中國科學社(下午二時至五時)
(4)中正中路五一七衖三號中國技術協會(下午二時至九時)

六、報名日期：自三月十二日起

七、報名手續：(1)凡願參加者請先詳填報名單(講程備索)
(2)報名者得隨興趣所近選擇若干課題聽講
(3)每講發給聽講券一紙酌收雜費屆時按講憑券入座

講 程

工業常識講座

各講主要內容：(1)各種工業生產過程，(2)各種工業主要設備，
(3)各種工業管理大要，(4)上海該工業的近況。

第一講三月二十日　電力供應概況　主講：陳問新先生(上海華商電氣公司用戶科科長)
第二講三月廿七日　電訊事業　主講：趙立先生(上海電信局工務處處長)
第三講四月三日　上海自來水工程與用水常識　主講：董世祜先生(上海內地自來水公司工程師)
第四講四月十日　棉紡工業　主講：蘇麟書先生(紡建公司工務處副處長)
第五講四月十七日　織布工業　主講：葛鳴松先生(紡建公司棉紡織技術促進組副組長)
第六講四月廿四日　印染工業　主講：杜燕孫先生(紡建公司印染室工程師)
第七講五月一日　毛紡工業　主講：徐毅良先生(紡建公司第一毛紡廠工程師)
第八講五月八日　鐵路行車制度與演變　主講：葉杭先生(京滬鐵路號誌管理所主任)
第九講五月十五日　橡膠工業　主講：劉學文先生(大中華橡膠廠工程師)
第十講五月廿二日　造紙工業　主講：宣桂芬先生(天章，江南造紙廠工程師)

通俗科學講座

第一講三月二十日　農產製造(附農藝化學)(幻燈助講)講師：何尚平先生
第二講三月廿七日　B. C. G.接種防痨之用法及其効驗(照片展覽助講)講師：劉永純先生
第三講四月三日　新藥與人生講師：伍裕萬先生
第四講四月十日　瘋犬病之重要性及其預防方法講師：郭成周先生
第五講四月十七日　蒔花種菜造園林講師：程緒珂先生
第六講四月廿四日　漫談人類講師：劉咸先生
第七講五月一日　纖維講話(上)動物性纖維講師：(臨時公佈。)
第八講五月八日　植物與日常生活(有示範實驗或拜覽標本等助講。)講師：黃宗甄先生
第九講五月十五日　動物界之雌雄性(反射幻燈助講。)講師：劉建康先生
第十講五月廿二日　纖維講話(下)植物纖維講師：葉元鼎先生

推進有機
化學工業

供應基本
化學原料

資源委員會

中央化工廠籌備處

	出品	出品預告
染料部	BX硫化元（青紅光）	陰丹士林藍
	硫染性草綠	剛果紅
	硫染性卡其	直接元
		T硫化元（200%）
		BR硫化元（紅光）
膠品部	三角皮帶ABCDE各型	電木粉
	電瓶殼	塑料製品
		平皮帶
		橡膠管
化工原料部	煤膏中油	酚
		甲酚
		萘

總處	南京	中山路吉兆營34號	電話 33114
總廠	南京	燕子磯	
上海工廠	上海	楊樹浦路1504號	電話 52538
研究所	上海	楊樹浦路1504號	電話 51769
重慶工廠	重慶	小龍坎	電話郊區6216
業務組	上海	黃浦路17號41—42室	電話 42255 接41—42分機

12929

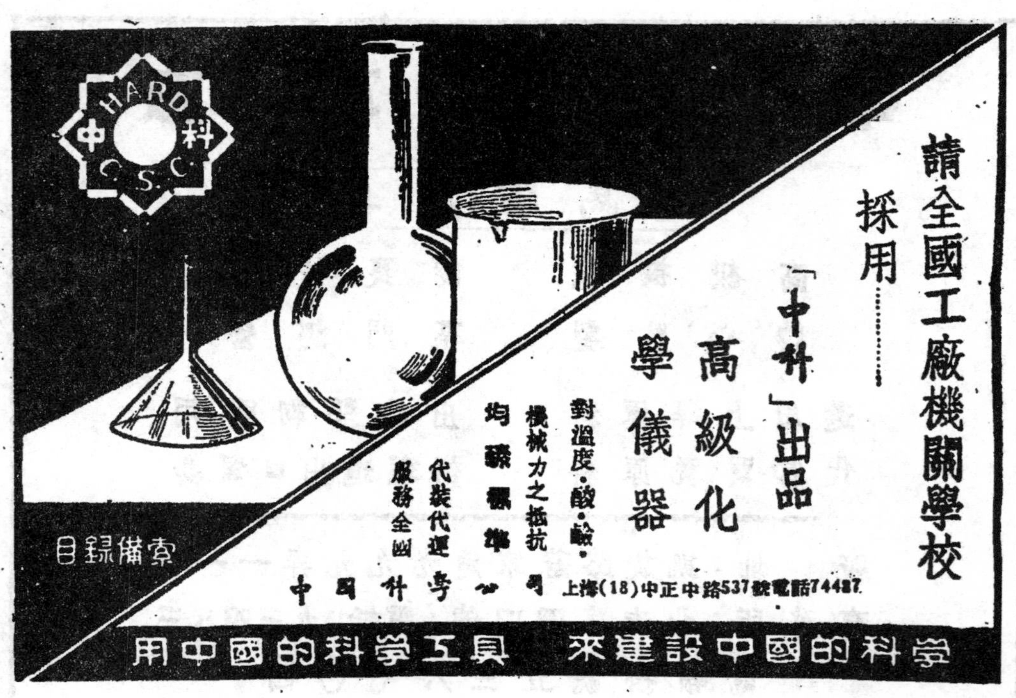
HARD
中 科
C.S.C.
請全國工廠機關學校
採用……
「中科」出品
高級化
學儀器
對溫度·酸·鹼·
機械力之抵抗
均臻標準
代裝代運
服務全國
目錄備索
中國科學公司 上海(18)中正中路537號電話74487
用中國的科學工具 來建設中國的科學

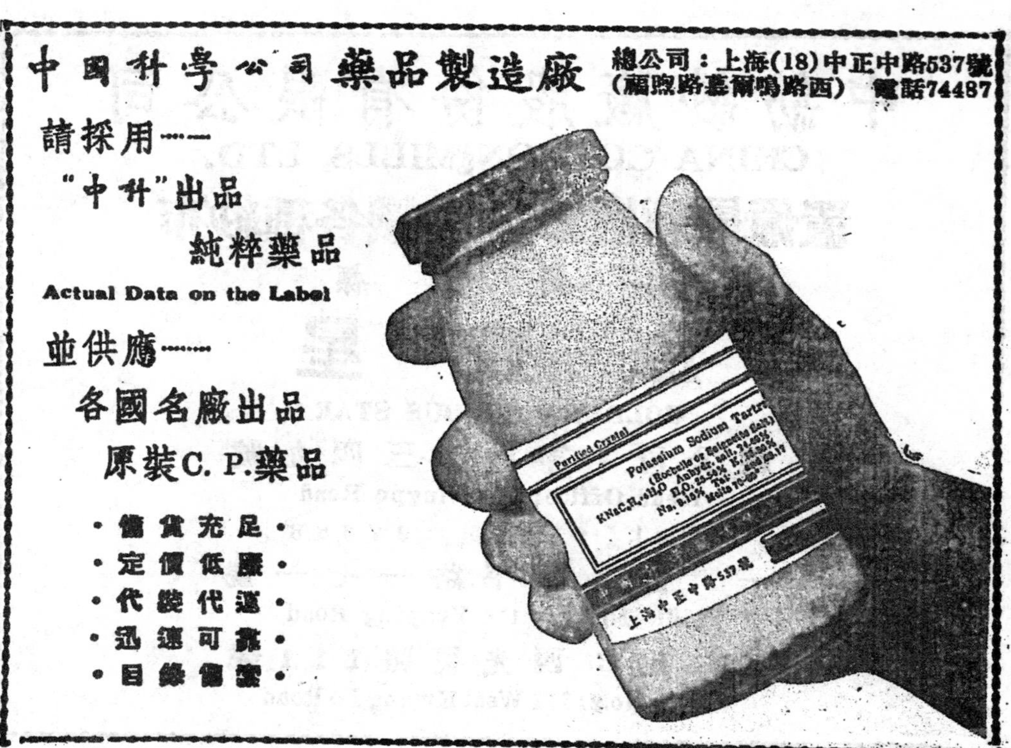
中國科學公司藥品製造廠
總公司：上海(18)中正中路537號
(福煦路慕爾鳴路西) 電話74487
請採用——
"中科"出品
純粹藥品
Actual Data on the Label
並供應……
各國名廠出品
原裝C. P.藥品
·備貨充足·
·定價低廉·
·代裝代運·
·迅速可靠·
·目錄備索·
Purified Crystals
Potassium Sodium Tartrate
上海中正中路537號

貨物稅徵實・公用事業倍漲・原料缺・銷路滯——

工業界難關重重 渴望南北物資交流

（技協通訊社訊）三月起，新經濟方案頒佈，貨物稅實行徵實；上海公用事業倍漲，一度以關元計價；關稅徵關元；開徵保安捐。各地運輸未恢復，原料存底枯竭，無法補進；華北市場失去，製成品毫無出路。歷盡艱苦的中國工業界，又遂到一個空前的大難關。全國工業總會，數次邀集各界會議，認爲際此工業界奄奄一息之際，如再實行統稅徵實 無異投井下石。目前市價低於成本，所加捐稅仍將由工業界分担。三月五日電財政部請撤銷原辦法，據聞當局考慮後，雖將稅率減低，原則上仍將實行。上海市工業會十一日召開華北運銷研究委員會，認爲打開一條生路，只有南北物資交流。關於通航問題，航界代表北行歸來，共方表示完全無問題，頒佈戰時船舶管理暫行辦法，并决定南北通匯。惟十五日報載政府當局認爲通匯之舉未當，不准辦理，郵局代表終止北行，銀行方面亦停止接受匯款。因此南北物資交流之舉，一時恐難順利進行。

台灣旱災嚴重影響電源 工業用電限制多數停工

・台幣通貨膨脹工業毫無盈餘・

★寶島台灣春來遭遇旱災危機。台中一帶久旱成災，八仙山大林場起大火，數日未熄。最大水利工程嘉南大圳，十二日起放水，惟儲水量亦僅三分之一。素以水力發電著名之台島，電源因旱大受影響，日月潭存水僅百分之三，勢將枯竭，危機嚴重。十八日起台全省實行限電辦法，一千瓩以上用戶停供，千瓩以下每日供四小時半，電影院取消夜場，台省各工業除自備發電者外，十分之九均停工，或飭用少量電保護機器。

★台省工業情況以資金原料銷路均成問題，遷台工廠大多不能開工。台幣發行已達四千億，稅率高，貪污盛行，工業本無盈餘可言，此次受電源影響，危機甚嚴重。

華北交通次第恢復 久大中植先後復工

★津浦路唐官屯到滄縣一段，經當地鐵路員工及居民合作搶修，已經全部恢復，二月二十八日第一輛車頭從天津開到了滄縣，華北各地交通在次第恢復中，黃河北岸，與平漢津浦綫平行的公路三條各長四百公里，已經修竣，其中一條由北平通至大名府。

★繼永利復工後，久大鹽業公司已得到當地政府令華北貿易公司收購出品而得復工。天津最大的油料工業中植一廠，三月初已恢復生產，每日棉籽油一百十噸，肥皂八萬箱，棉餅四百噸，硫化青三噸。平市接管的中央防疫處，出品配尼西林從每日一萬萬單位增加到四萬萬單位。供應華北、華中、中原各地。又徐州賈汪煤礦接管後，每天產量已由三百噸提高到一千八百噸的最高紀錄。

洞庭湖復堤下月中完成 浙赣路獲美援開始開工

★春耕日期近了，洞庭湖復堤堵口工程，加緊進行，據湖南建設廳發表，四月中可全部完工。

★浙赣路美援由三百萬增爲五百萬，待開始撥付後，將添購必需器材改良設備。樟樹大橋前向加拿大的定貨，已到一部份，即將開工。又聞赣鐵路奉中樞令加緊進行，央行撥墊首期工程費五億元，定四月初由鷹潭開工。

國際自來水學會邀我參加

★國際自來水學會將在一九四九年九月十九日至廿四日在荷蘭亞姆斯特坦舉行第一次會議。據悉此次大會中將有論文多篇發表討論，如『政府對農村給水之扶助』，『水渠就地補修工程』『地下水源之保護及保藏——技術方面及法理方面』等等，本市自來水學會正在推選專家搜集材料編撰中。

奧國發明新式收音機

★維他納最近有一種最新式的無綫電收音機出售，價格非常低廉。這種收音機裝有『超選擇器』的新設備（Superselection），較普通選擇器簡單。普通情形，選擇器是由很複雜的綫圈和容電器構成，往往裝了很多的綫路，以期選擇精細。而這種超選擇器的收音機，只用二個互相聯繫的綫圈，而仍可有很高的選擇性不受干擾。因爲設備簡單，所以售價便宜，只抵得普通的半價。發明人是一位工程師凱羅，已得到奧國政府的專利。

科學期刊協會二屆年會

全面檢討編輯印刷發行

讀者作者列席發言·

·本刊當選連任理事

（按協通訊社專訪）中國科學期刊協會三月六日在上海舉行第二屆年會，上午假中國科學社舉行大會，報告一年會務，改選理監事，中午由印刷業招待公宴；下午在紡織學會舉行專題討論『科學期刊今後任務』，并有讀者及作者參加，晚由紡織業招待，各界贈送贈品甚多，參加者均滿載而歸。

茅以昇勉科學期刊深入民間

大會於上午九時半開始，到各單位代表及來賓六十餘人，首先由上屆理事會報告一年會務，會員刊物已增加到三十單位，包括最近聲請加入的機械世界汽車世界等五單位，共計三十五單位，除七種現暫告停刊外，出刊者二十八種。一年來曾辦理五次配給報紙，第六次正在辦理中。目前物價飛漲，科學期刊困難重重，銷路愈益狹猛，希望全國通郵後，科學期刊能打開銷路。

繼請茅以昇先生演說。茅氏首稱，科學刊物是國家進步的象徵，而現在中國科學期刊已能到組織協會舉行第二次年會的地步，是值得高興的。茅氏繼謂，科學期刊的最大困難，在讀者人數不夠，現在的讀者主要爲學生，而他們的購買力很弱。這也就是說，科學期刊更需深入民間。現在的科學期刊只能做到灌輸國外科學知識，不能引起一般人民對它有切身利害的關係。

對於科學知識的灌輸和普及，單靠科學期刊的努力還是不夠的。目前的新聞界對科學認識不夠。不能與期刊配合；除報章而外，一定還要利用種種工具，如廣播，電影，講座等等，配合起來提高大衆認識科學，然後期刊的需要一定會增加，而使命也可以達到了。

最後茅氏提出：從事科學期刊工作者，希望至少有一人終身其事，加重各自刊物的重點，并致力於專門名詞的統一工作。

此後并有許君遠（大公報），趙祖康，裘維裕等相繼致詞，對茅氏所述配合新聞界及深入人民間二點，備加發揚。最後，即席票選理監事，結果爲工程界，科學，電世界，科學大衆，科學畫報，科學世界，化學世界，科學時代及現代鐵路九單位當選理事，工程報導，建設，紡織建設當選監事。并通過提案由各刊物提出全年若干份，贈各級學校；此外有工程界提請會員刊物採用基價辦法，及向書報業商討改進付款手續等案，經決議交新理事會執行。

有關編輯的因素：

讀者·業務·專家·資料

下午年會在紡織學會繼續舉行。專題討論開始，各專家作者及讀者出席者甚多。先由電世界毛啓爽報告編輯工作。目前科學期刊，基本上可分二類，一爲通俗性的，如電世界，工程界，科學畫報等：一爲專門性的，如科學，紡工專刊等。二種刊物的編輯方針有不同的地方。一般說，稿源總不外特約稿，讀者來稿，編輯撰稿。對通俗性的刊物言，特約專家來稿，不易合乎各種刊物的風格和水準。通俗性的刊物，對讀者要多做服務性的工作，如信箱，討論和指導。目前資料方面，相當困難，國內的實際工程科學消息，尤其不易獲得。所希望是：第一，編者和讀者多聯系，現在的狀況下，銷路不能完全代表讀者的傾向。第二，編者和專家們進一步聯絡；第三，編輯方針與業務方針密切配合；最後，希望本會成立聯合資料室。

一個新印刷方法的嘗試

第二部印刷方面，先由科學公司楊孝述報告鉛印情況，後由現代鐵路曾世榮報告他們的新印刷方法，即用中文打字機打字剪貼，全部照相後用橡皮車印。這樣可以省掉排校時間和銅鋅版的製版費用。這一個新方法引起大家極大的注意。

最頭痛的發行問題

最後，由工程界仇欣之報告發行問題。科學期刊的編輯與發行往往有極密切關係，我們不能編了就算，一定要考慮到如何把它發到讀者手裏，而得到讀者的反應。一般專門刊物，以定戶爲多，而通俗刊物是希望流通得廣的，所以要靠報攤，及外埠經銷。經由書報社轉到報攤上刊物的銷數，是最最頭疼而沒有把握的。另外一點，是付款問題，現在書報社付給出版者的，取書時第一期是八天到十天的期票，第二期十五天到二十天。等到全部收回，幣值已竟貶落到不知什麼地步了。

作者和讀者的意見

此後，作者與讀者紛紛陳辭，對科學期刊關切備至。綜合意見，約有下列各點：（1）科學期刊影響應該及於尚未研究科學的人。（2）統一專門名詞。（3）與其它科學教育工作相輔而行。（4）擴大的期刊協會組織，讓作者讀者一同參加。（煥）

青島港第五碼頭
鋼板樁岸壁修建工程

·王　令·

中國海港事業，和近百年國運一樣有其滄桑之命運。十九世紀初葉，歐洲各國挾其進步之科學技術，廣向世界殖民，榨取各落後民族之經濟利益。其擴張之跳板，厥爲經營各地海港。是故中國各重要海港，均在不平等條約脅迫之下開放，海港經營，悉由外人辦理。迨抗戰勝利後，全部港口始由國人接收自辦。吾輩從事海港建設人員，面臨如此艱鉅事業，眞所謂一則以喜，一則以懼。喜則因吾人果能負此歷史任務，促進民族富强康樂；懼則恐在此國力衰微之時，國人學識經驗未豐，承受此項國際矚目之海港事業，惟恐有不能勝任之處，其中尤以青島港爲最。該港經德、中、日三國交替經營，目前又爲美國西太平洋艦隊基地所在，其規模，其地位皆列於環球一等海港之林，決非簡陋將就所能應付。當局有鑒於此，特在該地成立青島港工程局，隸屬交通部，由國內名水利工程師宋希尙先生主持其事。該局酌謫過去德、日專家之意見，對青島港擬具詳細計劃，冀成爲長江以北，黃河以南之現代最大人工良港，吞吐量二千七百萬噸與德國漢堡港相埒，而天然環境則尤勝之。但工程計劃須配合經濟條件，不可徒托空言，所謂大處着眼小處着手也。宋局長有其主持黃河濶樓堵口、南京市工務局，西北公路運輸局的實貫經驗，把計劃分成許多步驟，第一步便是增强青島港的現有設備，包括第六碼頭之修整，大港各碼頭護木之抽換，築港機械的修復，第五碼頭塌陷之重建。這四項工程，已經艱苦地一一完成，接着便要用鋼板樁加强一、二兩號碼頭和完成日人未竟的大港拓展部份。

三十五年秋，第五碼頭中間112公尺突然塌陷，使碼頭全部失效，勢將妨礙整個港務。

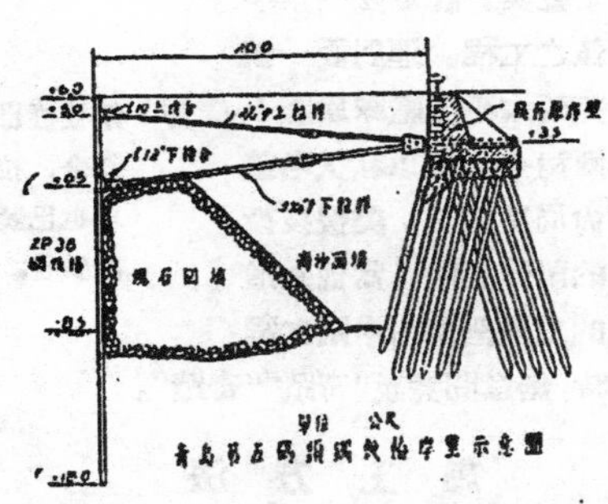

茲先將第五碼頭重建工程施工部份，扼要敍述於下，以求國內從事於海港工程者指正。

工程概況

民國三十五年秋間，第五碼頭南岸突告塌陷缺口，長一一二公尺，並牽帶左右岸壁，向外走動成一弧形。五號碼頭和一、六兩碼頭相對，扼青島大港之咽喉，設不予迅速修復，將妨礙整個港埠，故青島港工程局成立之初，即着手進行修復，列爲第一期最主要工作。按修復該碼頭之方式，依當地情形，可用木基混凝土擋土牆式、混凝土方塊實填式，鋼筋混凝土板樁岸壁式、鋼板樁岸壁式諸種。但以鋼板樁對於搶修毀壞之海港工事，水下工作時間短，且能穿透混凝土碊塊，故施工迅速簡易，非但費用較省，且爲最優良之現代岸壁建築法之一乃決定採用鋼板樁修建。經鑽探地質，精密設計後，略如圖所示：

委托美商德惠洋行向伯利恒公司訂購含銅千分之二之鋼板樁及附件共計二千七百餘噸，分五批到達工地。其餘附件二百餘噸，向津浦路四方機廠訂購。回填應用之塊石四萬一千公方，採自青島市內貯水山；黃沙八萬六千公方，採自市北沙嶺莊，均次第運達工地，工區之水陸交通工具、電提、水栓、工房等亦隨同積極佈置，於三十七年二月九日在南京交通部召集審查合格之包商投標，結果由中華聯合工程公司以最低標八百二十億元承包，限於二百四十個工作天完成，當卽於三月二十日開工，諸工程人員皆胼手胝足，不辭烈日和寒風，日夜進行，以毅力克復簡陋之設備，竟於同年十一月二日順利地打完九百七十九根八十呎長之笨重鋼板樁。消息傳出，南京交通部初則不信，繼則傳令嘉獎，認爲國內本年成績最佳之工程。連對面一號碼頭之美西太平洋艦隊旗艦上的白吉爾司令，也以私人名義向宋希尚局長道賀。美援技術調查團的司徒立門，當他知道道規矩的工程全部由中國工程師完成時，無意間竟說"奇蹟""奇蹟"。

上：臨時木棧架

下：鋼板樁已接合，拉桿也已裝置妥善。

施 工 方 法

在海面工作，常受風浪潮水之影響，欲得一準確而獨立之工作環境，須在岸壁線外緣打築臨時木棧架一列，該棧架應用六十呎多長之橡木樁爲脚，每隔十呎打一排，每排二根，中心距離十五呎，在▽+1.00公尺與▽+5.00公尺處，各按置橫梁，挑於岸壁線上，每排木樁之間，由½"角鐵斜撐穩固。在橫梁上架設十二吋方的洋松四行，上舖輕便鐵軌，使於龍門架(Leader)迅速移動。龍門架之主要用途爲引導汽錘的作用力和鋼板樁同在一直線內。本工程之主要鋼板樁皆和地面垂直，故龍門架之構造，亦較簡單，不需傾斜裝置。其主體爲一三面鐵籠，能抗橫向彎曲，左右及後面均以支條撐住，架於三輛平台車上，鐵籠內有木槽一對，供汽錘之撐脚鉗住，引導上下。在挑於岸壁線之橫梁上，上下各置導木(Guide)一對，供鋼板樁準確排列於水中。木棧架一俟插打樁過去，隨即拆除，架於新位置應用。

鋼板樁之吊插，由架設陸上之插樁機司其事，插樁機係一套高架之起重設備。由吊桿，A型架，鋼索及絞車、滑輪等組成，吊桿長120呎，係臨時設計，其性能等於一長柱和橫梁，起重能力10噸，置於原岸壁頂層，傾斜於20公尺外之鋼板樁岸壁線上，上端滑輪高度▽+36.00公尺，吊桿底盤可以上下左右旋轉，其前端有曲臂，貼於岸壁表面，底下有凸出鐵板，鉗於岸壁頂層石面，防止水平衝滑，吊桿上端以鋼索拉於A型架頂端，可使絞車控制其傾角，左右各有一個鋼索，用絞車控制水平角。每拼插一對鋼板樁後，即校正角度至次一樁位。吊桿左右拼插四十公尺後，整套拆除，架設新位置。在原岸壁塌陷處，以三公尺長之鋼板樁臨時圍成直徑六公尺之基礎，中填塊石，托吊桿頂端滑輪，保持需要高度。A型架亦置於原岸壁頂層，跨於吊桿底盤上，架高八十呎，其作用者有二：第一爲平衡不同平面之力系，因吊桿在左右插樁時，和主浪風索不在一垂直面內。賴A型架之原柱及左右副索以平衡之。第二爲增大主浪風索和吊桿之夾角，減少吊桿底盤向後之水平衝滑力。

當上述營造設施準備完成後，即可開始插樁。此時工場內先將去銹塗油之鋼板樁，拼插成對，拼插之利益有三：一爲插樁工作困難，若用廉價之小工在平地上先拼成對，則插樁工作可快一倍。二爲ZP 38鋼板樁應用時之中性軸爲x—x，斷面係數(Section modulus)爲70.2 in³。但單塊吊運時，常依其最弱中性軸y—y軸彎曲。斷面係數之近視值爲16.2比主軸小4.33倍，換言之y—y軸之抵抗力矩比主軸小9.33倍，故吊運較難。若拼成對，則必依主軸彎曲，吊鈎着力任何點均無危險。三爲拼樁完成後，有木段螺栓固定其形狀，在導木中落入至爲整齊，若單塊吊插，則難保持其規定之整齊狀態。至於DP-1鋼板樁，因不能拼成對，只好單插。

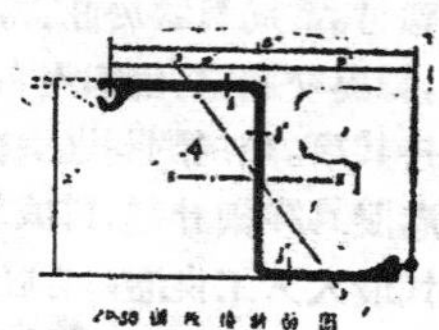

鋼板樁插好後，龍門架上的樁錘下降，用壓縮空氣錘打。

裝好拉桿後，鋼板四週填石，這裏以看見運石的行列。

鋼板樁工程之進度，繫於打樁，而打樁之快慢及整齊與否，全部仰賴於插樁。插樁時由平台車將已拼好之鋼板樁，推送至吊桿底盤旁邊，吊鈎即鎖於鋼板樁上端八公尺處，利用吊鈎之斜拉 鋼板樁即漸伸出原岸壁，待其前端將達20公尺岸壁線時，即拉住鋼板樁尾端之鋼索，於是鋼板樁前端逐漸昇起，尾端鋼索至此可逐漸放鬆，迨鋼板樁尾端離開岸壁時，遂迅速放鬆，使鋼板樁頂端垂直上昇，直到鋼板樁之尾端和已插好之鋼板樁頂端等高而止。當鋼板樁上昇時，為防止旋轉起見，事先於頂端繫一麻繩 拉定方向，然後由工人對準企口，徐徐下插；至上導木處，工人須將尾端拼插時所用之螺栓取去，僅留木段。其餘兩面，每逢至上導木時陸續取去。ZP 38 鋼板樁每對重4.5噸，寬36吋，底面積33.54平方吋，藉其重量能入土1.5—2公尺。插樁之最高紀錄每日16吋，如無障礙，正常紀錄為十吋。插樁時須注意下列三點：一、落樁時位置須準確，不可勉強遷就，否則即產生前後偏差或橫向擠拉現象。二、木棧架受潮浪船舶等衝擊，常能變位，故導木每日須測讀數次，裝訂穩妥。三、插樁數對後，必須跟着打樁。數月觀察結果，如木架不甚緊強、插樁技術未精、以插一對打一對，所得速度較快，而整齊程度亦較前為佳。

鋼板樁岸壁壯觀

萬噸遠洋巨輪可以靠岸

插樁完畢，由水上起重機提起龍門架內之汽錘，由絞車將龍門移至欲打樁位置，遂將汽錘下降，使汽錘下端特製之樁帽恰鉗住欲打之一對鋼板樁。鋼板樁經汽錘之重壓約再入土 0.5公尺，最後即發動壓縮空氣機（Air-Compressor），由橡皮管導入汽錘錘打。由經驗所得，汽錘重量比欲錘打之物稍重 所得成績最佳；太重則能量太大，太輕則易生回跳。此次打樁，ZP 38 每對重4.5噸，故用美國 McKeennan Terry 10—B—3 樁錘，重5噸。DP—1每對對重3噸，用同廠 9—B—3 樁錘，重3.5噸。壓縮空氣之供給，需配合汽錘之用量，不可相差太遠，使錘打力量過大或不够。例如打 ZP—38用之 10—B—3 樁錘，每分鐘需750立方呎天然空氣。打DP—1鋼板樁和木樁所用之9—B—3 樁錘每分鐘需500立方呎天然空氣。故本工程預備有美國 Worthington 公司出品之 500—cfm.和210—cfm 空氣壓縮機各一部。Ingersoll-Rand 公司出品之 315—cfm 空氣壓縮機一部，配合應用。

鋼板樁除因重力入土約 2 公尺外，藉數百下錘打約再進入 7.5公尺。最後高度由岸上水平儀管制，均為 ▽+5.98 公尺。其入土情形，先快後慢，錘打數目和入土深度，有專人記載，藉推測土壤性質。打樁最高紀錄每日14對，通常約10對。

進行情形

本工程因上下主持人員謹慎從事，沒有發生嚴重困難，僅打樁時發生下列三點問題。一、鋼板樁企口在貯運時或入土後受損，當貼鄰之樁打下時，常將其帶下，以致比需要高度為低。最大一次曾帶下 1 公尺，事後以短樁補成，接縫由電銲銲固。後來改為錘打至規定高度前 0.3公尺，即行停止，另打新樁，然後回去打至需要高度，可避免樁頂高度不够之弊。二、錘打舊防波碼頭之錨碇墻鋼板樁時，週見基脚，雖錘300—600次，進入僅一、二公分，不能穿透，幸好該處在設計上尚能允許截去，故應用乙炔火焰（Oxy-Acetylen flame）將鋼板樁局部燒紅後，通以過量氧氣，使鋼氧化成鐵花吹去，迅速截斷。三、岸壁線上遺殘留有混凝土岸壁大塊，向外傾斜，使打下之鋼板樁脫離規定岸壁線。此點處理甚為困難，後來先由潛水夫埋置炸藥，將斜面炸除，再由多餘之一對鋼板樁先行順序奪穿之，遂告解決。

鋼板樁打有相當塊數後，即着手裝接合，繼架橋裝拉桿，此部份變化頗多，和設計時頗有進出，故全部附件皆臨時在機工房內日夜加工。且按裝要掌握潮水時間。拉桿利用原岸壁作錨碇墻者，由石匠用長釬鑿通直徑 4 吋之孔 俾拉桿由此通過。在塌陷部份，另打 3 公尺長 DP—1 鋼板樁作錨碇墻，距離岸壁線 26.5公尺，比原岸壁後退 6.5公尺，該處裝拉桿，須先在錨碇墻前拋適量塊石，以免移動。拉桿裝有相當數量後，貼鋼板樁可以回填塊石，以輕便鐵道貫通石場與鋼板樁頂，由小平車運送拋填。最後回填海沙，配置附件。

本工程現在已大致完成，惟限於經濟條件，尚差部份黃沙未填，只消等工款撥到，就可以竣工使用了。

12937

現代的工程是要安全和經濟兩者兼顧的，而剛構是最最適合的結構形式！

高效率的結構工程——剛構

蔣式穀

假使把一支工字樑擱在二支直立的柱頭上把它們釘在一起，就成爲一種舊式的結構形式——過樑和柱。但是假如把這同樣的一支工字樑的兩端彎曲起來成爲兩條腿就形成了另一種新的結構形式——剛構(Rigid Frame)。這兩種結構的分別在那兒呢？當這兩種結構方式各受同樣荷重時，尤其假使跨度增大，它們的分別更是顯著。當跨度增大到不能應用橫樑而須用桁架（Truss）的程度，這時樑的深度無疑要增大很多。但要是剛構，當跨度增加時它的水平部份的深度並無顯著增加，例如一工場的寬度爲65呎，其頂部重量需用深度7呎6吋的桁架承載，用橫樑和柱當然不可能，但如用剛構代替它，那在同一點的深度用2呎已足够了。

將樑彎曲形成剛構究竟是什麼一回事呢？有人解釋認爲僅是中性軸線方向的變換並在彎曲處加以足够的加固材料使能保持它內抵抗的可靠性而已。這句話是說明了剛構是怎樣一個東西。但它怎樣會有這樣的作用呢？在柱和過樑的組合上，水平桿承載一切荷重，而柱頭僅受到那荷重所分到的一份垂直壓力。但在剛構，能使三個結構桿分担全部荷重，它們互相合作的。這樣每一肢桿，所承受的荷重當較橫樑單獨承受的爲少。它是應用了連續性原理用多個結構桿連在一起而荷重可以分担傳遞在各個結構桿上。

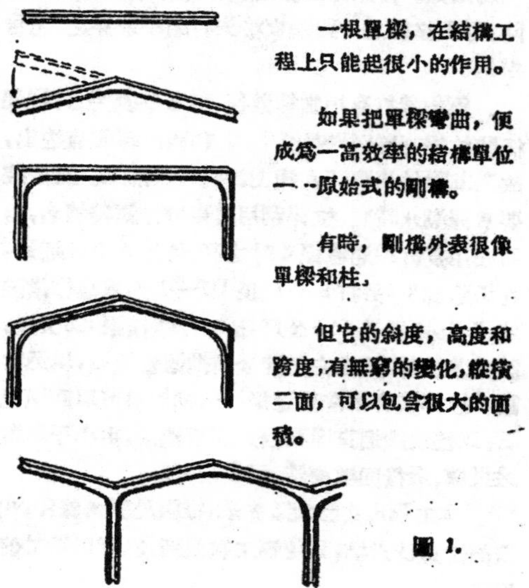

一根單樑，在結構工程上只能起很小的作用。

如果把單樑彎曲，便成爲一高效率的結構單位——原始式的剛構。

有時，剛構外表很像單樑和柱。

但它的斜度，高度和跨度，有無窮的變化，縱橫二面，可以包含很大的面積。

圖 1.

剛構和拱

近來因爲剛構經過了很多試驗和實踐，使工程師們敢於增加應用，而它的外形也愈形美觀，漸漸地遠離早期原始的直角形剛構而接近於拱的曲線形了。這是不是剛構被拱所代替而漸次淘汰呢？不是的，他們的外形固然漸漸相近但是作用是不相同的，拱是每一部份祇能承受壓力（爲圬工所必需）；而剛構的彎曲支撐部份(Knee)總是部份受到拉力的。

剛構怎樣會被普遍地應用

剛構普遍地被使用是不是因爲它的美麗外觀呢？固然很多剛構是很美觀的，但這並不是它風行的重要原因，而還是基於幾個實際上的考慮：第一是結構的有效性，剛構無需多餘的材料，每一個截面，每一點、每一單位的材料都担任起本位的工作。第二剛構可橫跨如桁架一樣的空間而它的水平桿深度可以很小，在跨越工程的設計上，淨空高度是一個重要因素；因不在同一平面兩路基間的淨空高度往往是很有限的，在這種情形之下桁架和拱不能適用，而要應用剛構（圖2）。第三不減低房屋的淨高度而所佔空間的總體積可以顯著減少（圖3）。第四它可使房屋有整齊的天花板表面，不像用桁架的房屋要另做天花板把它的斜撑、支桿、桁條、橫跨桿等東西一起封沒。

顯然剛構和拱是最適用於單層房屋，這不是

12938

說剛構不適於多層房屋，並且也沒有理論上的理由；事實上剛構的連續性原理可用於多層建築而有良好的結果，但是剛構所表現的最大特長是在需要長的跨度和高的高度的時候，所以它是最適宜於單層房屋。如房屋的受光因素，又使剛構表現了它的優點(圖4)。

圖 2.　剛構的高架跨越工築

鋼料剛構常比桁架爲經濟但這並非絕對的，也許剛構所用材料的重量可較同效果的桁架爲大，如圖3 所示剛構所用的鋼料單較同效果的桁架數字上多用 6.9%的鋼料，但它增加了淨高度；使所用鋼料實際上較桁架減少 9.2%；這是什麽意思呢？剛構的所得的高度如同桁架所得的一樣就可減少房屋體積18%，這樣體積是減少了，不獨可以節省建築費，同時還節省了平日保暖，受光以及油漆的費用，但是淨餘的空間却並沒有減少。

什麽場合要用剛構？

諸如體育館、飛機庫、戲院等需要很大的跨度的場合，若用桁架那就需要很大的深度，如 Manhatte..'s Madison Square Garden 的圓形劇場200呎長的桁架要30呎深度，那麽在這種場合剛構有着絕對的優點，它非但也能橫跨這樣的跨徑而且深度可以大大減小。Indiana Livestock 博覽

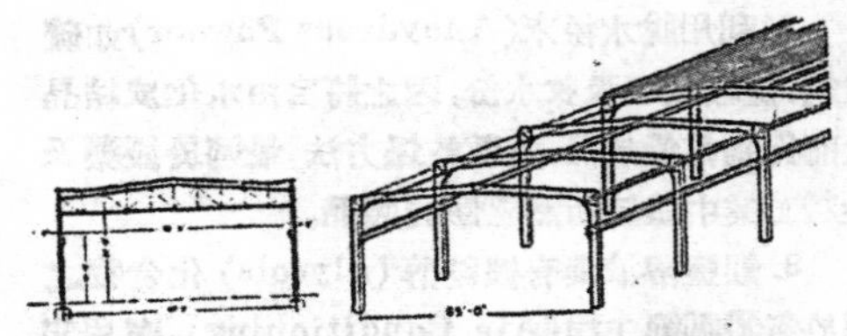

圖 3.　在同樣跨度和高度的情形下，剛構所佔體積要少18%。

會爲250呎跨徑的剛構所包圍；還有好幾座 200 呎跨徑的，至於超過100呎跨徑的很多很多。但是拱也有這樣的優點，至於選擇那一種結構方式，則需看建築物地點的土壤狀況。剛構的基礎必須避免不相等的沉陷(Settlement)而且必須足能抵抗它的水平推力 (Horizontal Thrust)。還有第二的是材料問題，鋼料和鋼骨混凝土當然兩者都適用，木料的剛構還少先例，而木料的拱却是本世紀中最美麗的結構形式。

剛構用什麽材料最適合？

剛構用鋼料和鋼骨混凝土都可以，但是用鋼料最爲適宜，因爲鋼料結構可用電銲，而現代電銲設備的完善已簡化了金屬結構物的設計和裝配工作。

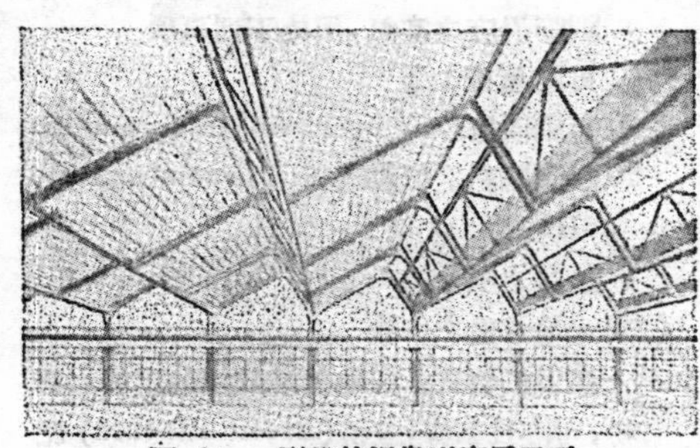

圖 4.　剛構的鋸齒形廠房屋頂

用鉚釘還是電焊？

剛構決定用鋼料後，接着的是接合問題；用鉚釘還是電焊？這無疑是一個學術問題，可以引起工程師們的熱烈辯論。根據理論似乎用銲是比較完美，但是現在工程師們因着胆小的成見(鉚的先例比電焊的多) 仍多墨守鉚接的方法而認爲鉚比電焊爲堅强，事實上這句話很難證明，如用數學上的分析無疑不是一個簡單的問題，而所謂鉚的理論還不也只是根據以往的試驗結果。

用電焊接合比較便宜——節省材料和人工，我們是很可以想像的，現在請看下列實例：紐約的地下道系統經過將鉚接的地下隧道和電焊接的作了非常詳細的比較以後，結果電焊接的比鉚接的非但節省鋼料(每哩1,660噸即28.5%)而且減少了建築費(每哩 103,500美元)。

(下接第29頁)

世界上百分之十以上的工業要遇到的問題

乾燥與乾燥機械

錢 儉

乾燥是一個非常重要的工業，從產品中驅除水份看上去是一樁簡單的工作，然而沒有人會意念到這是一個普通的問題。由於化學工業之發達，製成品數量大增，這許多化學產品皆須經過乾燥手續，因之促成許多專門乾燥器械的進展。

乾燥作業，實際上已非化學工業所專有，而係每一工業製造之一部份，其形式約有下列數種：

(一)空氣之濕度調節

調節濕度之空氣，用於下列事項

1. 實驗室或工廠
2. 氣動儀器(Air operated instr、ments)
3. 固體物料之氣動運行(Pneumatic handling)
4. 油漆之噴塗等

(二)大量水份之移除

潮濕的物質，由是製成乾燥的產品如奶粉，可溶性咖啡，血粉(Blood Plasura)肥皂，塑料等。

(三)溶劑之驅除

溶劑油提(Solvent Extraction)製品及油提殘渣等之驅除溶劑。

乾燥的機構

乾燥一詞，常通解釋為「自固體物質移去水份」。它可以包括世界上百分之九十的工業及農業上的乾燥作用，所以這種定義是非常適當的。不過還有許多特別例子和不同的機構，也應稱為乾燥，因為它們正日漸在工業上應用了。

在原理上講，乾燥的機構(Mechanism)不外乎下面數端：

(一)蒸發作用(Evaporative)性的。

加熱固體液體混合物，則產生一種蒸氣，將這種蒸氣連續不斷的移除，則液體的蒸氣壓力就逐漸降低，最後液固混合體的蒸氣，壓力終必降到很低，達到一定的限度，可以滿足商業上的要求。這種蒸發性的乾燥，包含今日工業上百分之九十的乾燥作業。有許多特別形式的蒸發性乾燥如噴灑乾燥及蒸餾方法，雖無固相之存，也歸入本範圍內。

(二)吸收作用性的(Absorptive)

這機構有數種形式：

1. 自不相混性(immiscible)液體中，用受潮性(Deliquescent)固體將水份吸收殆盡。這種方法的乾燥，其用途很多，如：

(甲)乾燥空氣以推動控制儀器。

(乙)移除普通分析術所不能檢察之微跡水份

(丙)利用濃硫酸之吸水性以乾燥氯等氣體。

2. 利用脫水粉末(Anhydrous Powder)如硫酸鈉，硫酸鎂以吸收水份，因之將自由水化成結晶水而得到乾燥成品，這種乾燥方法，最適於製藥及染料工業中值錢而熱感性的製品。

3. 鋰鹽溶液與有機雙醇(glycols)化合物之用於氣體調節工程(Air Conditioning)，應用非常廣大。

(三)吸附作用性的(Adsorptive)

矽膠(Silicagel)，活性礬土(Alumina)等吸收劑，可以吸除水份，這種方法的乾燥用於空氣調節及氣體之乾燥工程上。

(二)其他

有幾種乾燥方法，特別對於空氣及氣體方面，其應用最廣的就是將空氣加以冷凍，超過其露點以下，使空氣流中生成水滴，這些水滴很容易用機械的方法分離開來。將分離開水份的空氣再加到比原來溫度較低的時候，它必濕度更小而較涼爽了。這種乾燥作業通常用以保持30—50%的相對濕度，許多戲院、家庭、銀行、公司等建築物所裝置之冷氣，就利用這種方式的乾燥兼同時的冷却作用的。

乾燥器械，可因乾燥機構的不同而分為下面諸類，其詳情，分述如下：

噴灑乾燥機(Spray Dryers)

牛奶工業首先應用這種機器來製造奶粉，今日則有許多工業如塗料、食品、生物製品等都需要噴灑乾燥機了。

噴灑乾燥方法是這樣的，將一種溶液，懸乳液，或渣液由噴霧器(Atomizer)噴灑入一個有熱氣流的箱室裏面，熱氣流就傳遞它的熱力到每個微小的滴子上去，因而蒸發其水份，形成粉末狀固體。

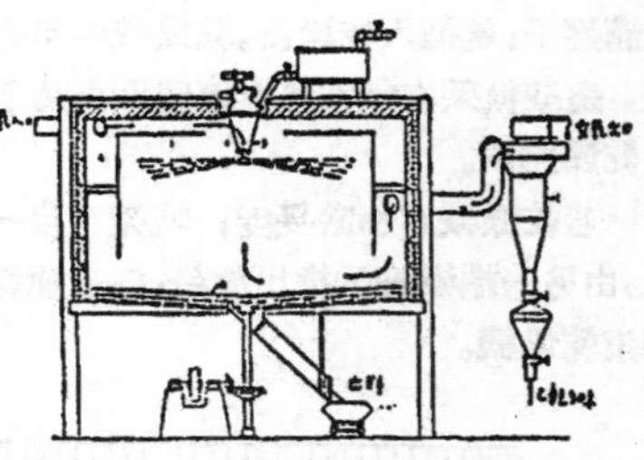

噴洒乾燥機的縱剖面

乾燥的粉末積聚在噴灑室底部，或旋風器(Cyclone)中，或在廢氣出口的收塵器中。由於水份之蒸發，可以防止製成品的過熱現象。若粉末製成品之熔點甚低，那末可將噴灑室裝置外套層，引入冷空氣，這樣固體微粒，在蒸發水份以後，雖仍懸浮氣流裏面，就可能很快的冷却下來。

乾燥用的熱氣流，可用蒸汽盤管，電熱器，和直接煤氣焰來加熱，若將許多工廠廢而不用的烟道氣加以利用，則可收到極大的經濟熱效能。

噴灑乾燥製成品，其微粒常爲中空或海綿狀的圓形，大小一律，甚是均勻，且溶液經此器械可直接轉化最後產品，不必再經其他操作，即可包裝待運，每一微粒在極短時光30—60秒間完成了。

在好許工業製造上，另有其施用目的，而應用這種噴洒乾燥器，自室溫時爲固體的東西來驅除少量的水份或溶劑。製造殺虫劑DDT就是一個最好的例子。DDT最後一次的熱洗液，噴洒入一個較冷氣流的箱室內，將剩餘的水氣蒸發殆盡，餘下一種乾燥顆粒狀多孔性的粉粒。

在第二次大戰期間，一個丹麥公司和丹麥血清學院(Danish Serum Institute)合作，設計製成一種在完全殺菌狀況下工主的噴洒乾洒機，以製造血粉。

這是採用一隻噴洒乾燥機，使它行全部的殺菌手續，並在工作時保持殺菌狀況。這乾燥機的旋風器出口，包套在一個消毒過的小室裏面，水室上裝有手洞可將乾燥產品不與外界空氣接觸，在室內包裝起來。乾燥用的空氣也經過殺菌作用，經由特製濾器送入。整套乾燥機在一個甚小的正壓力下連續進行，以免非消毒空氣的侵入。丹麥與瑞典全部需要的血粉，就由這套機器供給，並能於乾燥配尼西林，鏈黴菌素及其他抗生素等貴重藥品，另一套同樣的機器，在瑞典應用，二者在一很長的期間運用非常滿意。

製造血粉用殺菌噴洒乾燥機

眞空盤架乾燥機(Vacuum Shelf Dryers)

許多產量甚小的物品，非常容易氧化或不能忍受正常的乾燥溫度，或則受潮性很大，不易烘乾，這些東西都得用眞空盤架乾燥機來乾燥。

這種乾燥機是用厚生鐵或鋼板製成的長方形箱室，可耐高度眞空，外包熱絕緣料，內由隔架分成數層，每層中置有托盤，盤爲中空，可流動熱水，水汀或丙二醇等傳熱媒以加熱托盤，需要乾燥的物料就放在托盤中。將箱室內部抽成眞空，即能繼續的移除固體上的水份而使乾燥。整個乾燥循環，每視製品失水性能的高下，約爲四至二十四小時。

這種乾燥機須要裝置很大的冷凝器，眞空唧筒，眞空盛受器及控制儀器等必要的零件，其起始費用(Initial Cost)很大。所以無疑的，只有值錢及熱感性的醫藥製品，才使用這種設備來行乾燥，因爲這些製品，其工作費用及設備費用已成爲大要因素了。

在這次大戰期間，美國工業界採用高度眞空昇華乾燥法(High Vacuum Sublimation drying)，以乾燥配尼西林和血粉。這種乾燥方法，係將凍結的物品在眞空盤架乾燥機中使水份昇華，生成一種破壞度最小的乾燥製品。

高眞空昇華乾燥作業，自物品之凍結成冰體

始。小量物品之凍結，只須將它放在冰浴或冷室裏面就可以了，但是大量物品的凍結却不是簡單，而以層壳冰凍（Shell Freezing）爲最有效率。所謂層壳冰凍，就是將液體在容器內壁上一層一層的凍結成冰。將容器或瓶子在冷空氣中很快的扭動（Spinning）則液體因離心力的作用，很均勻的分佈在容器內壁，迅速的冰凍起來。

乾燥配尼西林血粉等用的眞空昇華乾燥機

在昇華乾燥的時候，物體必須保持冰凍狀態，同時供給昇華潛熱，工作進行中，凍結物在水的冰點溫度下，呈現部份的熔融或軟化。若爲血粉，則應將溫度保持很冷，以免軟化時的腐化作用。在理論上講，若熱的供給愈快，則乾燥的進行也愈快，所以眞空架框乾燥機的隔架和內壁都是空的，以流動保持在一定溫度的冷凍或加熱媒質，這種媒質爲水，鹽水，乙二醇及丙二醇等，須視於燥製品的性能而選用。爲使水份之移去得到高度效率，可使水蒸汽以供給昇華的熱能，若用電熱則溫度控制更形準確，抑且調節更快，紅外線燈及其頻率電，皆可應用滿意。

廂形乾燥機（Cabinet dryer）

廂形乾燥機，係一絕緣的廂室有一大門及架框多層，需要乾燥的物料，放在適當的托盤中，散佈成一吋厚度，托盤就放置在架框上，關閉大門即能加熱。加熱方式自內自外皆可，熱源不外水汀盤管，電阻片，烟道氣等。用打風器或利用自然對流，使熱空氣流動經過盤底以加熱物料，同時掃除水氣出於乾燥機。爲了保留熱能，排出廢氣，通常再可回流利用，故溫度的調節，因之也可簡單的將排洩廢氣和流動熱氣的比例量加以控制好了。

廂式乾燥機，比較消費熱能及人工，但始起費用很小，且濕度容易控制，許多物質在室中穩定且產量不超過每天一噸，並可耐溫100C°以上者，皆可用此機器來乾燥。這種乾燥機，因其室內灰塵較少，盤中裝料及出料之簡單容易，更可用人工及機械方法以行內部的清潔，所以在化學工業上採用最廣。

廂式乾燥機是一種間歇操作的機器，有各種改良裝置，將此同一原理運用於半連續及連續性作業上，此中以軌架乾燥機（Truck dryer），洞道乾燥機（Tunnel Dryer）及帶式乾燥機（Belt dryer）爲最普通。

軌架乾燥機是一個巨大的廂式乾燥器，盛料盤自動的裝入一定厚度的物料，放上軌架，當軌架裝滿盤子，就推入乾燥器。乾燥機中可容納許多軌架，這些軌架在熱空氣中停留四小時至三天之久而乾燥完成。

若乾燥機有相當長度，軌架可自一端裝料推入，由另一端繼續的推出放料，則這種乾燥機就是洞道乾燥機。

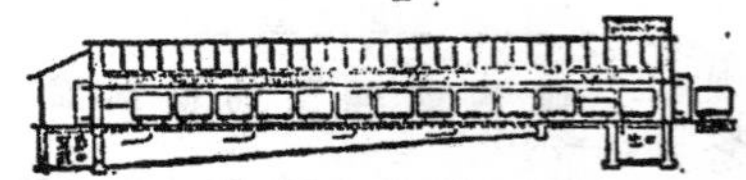

巨大的洞道乾燥機

將一條移帶的布帶或金屬網帶代替軌架，這種機器就是帶式乾燥機。它不需用盤，濕料分佈層分佈薄，乾燥週期極短，人工費用很小，加熱效率高，乾燥體積大，起始費用相當低，所以也是一種很流行的乾燥機。

攪動眞空乾燥機（Agitated Vacuum Dryer）

攪動眞空乾燥機也是一種間歇工作的機械，它用來收復溶抽製品中有價值的溶劑，和乾燥熱感性物質。

這種機械是一個固定的蒸汽套層臥筒，其中裝有螺旋形攪拌槳，用馬達及齒輪調速器來施動。攪拌器軸是空的，這樣可以將它加熱。乾燥機套層加熱，可用水蒸汽，若乾燥需要低溫，則可施用熱水。在乾燥機本體與眞空設備中的冷凝器間，設置一個濾塵器，以免塵末進入的眞空設備。

攪動眞空乾燥機的優點，有如下列：

1. 在很小的人工費用下，乾燥很大體積的物料。
2. 很安全的乾燥熱感性及易氧化性物料。

3. 乾燥速率快而匀，且可免除乾燥料最後一項之磨細作業。

其缺點則爲

1. 需要眞空設備，起始費用很大。
2. 內部清淨工作不方便，不適於乾燥各種物料之調換。
3. 維持套筒內壁與攪拌器間之最小空隙，其費用甚高。

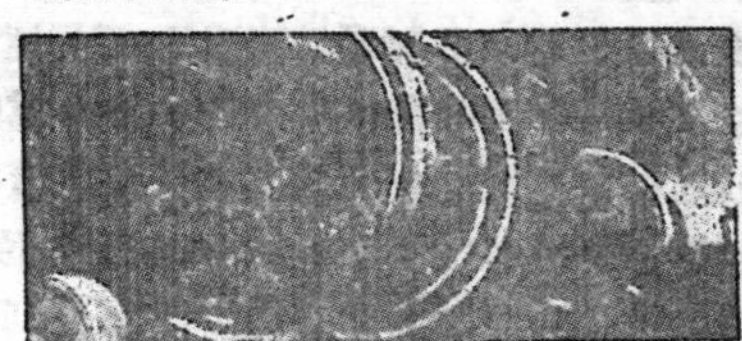

濕料在這傾斜迴轉長筒中不停移動

迴轉窰式乾燥機(Rotary Kiln Dryer)

迴轉窰式乾燥機　是一個裝置傾斜的迴轉長筒，濕料在筒中不停移動，熱空氣則順流或逆流的進入筒中以蒸發水份。用這種機械來行乾燥的物料，最好是粒狀半乾燥產品，因爲這樣才能運轉便利，不至黏滯在筒壁上，其主要用途是用以乾燥來自離心機及濾機的半乾物質。

鼓形乾燥機(Drum Dryer)

鼓形乾燥機通常用以乾燥渣液或糊狀物料。這些物料可耐高溫，總是一次就能完成乾燥作業。

鼓形乾燥的原理是這樣的，將液料分佈在一個內部加熱，橫臥迴轉的鼓筒上面，則鼓筒面負有一薄層的液體，當水份受熱蒸發的時候，此一薄層就慢慢由液體變成固體，被一刮刀繼續的刮除下來。這種設備在100年以前爲造紙及織物工業所首先採用，自後則用以乾燥薄片製品如皂片，洗滌劑，牛奶，動物飼料及動物膠等。

鼓形乾燥機有各種設計，普通分爲單筒，雙筒和重筒三類，工作時可分常壓及眞空二種。其給料系統，亦有各種方式如浸式給料，噴洒給料，和下注給料等。

在單筒式乾燥機中，液體用唧筒打入大盆，鼓筒下端即浸入盆中，用一刮桿，以使鼓筒迴轉時生成均匀薄層。若不用刮桿，可用噴洒器，將液體噴洒於筒面，更可將薄層的厚度加以較好的調節。

在單筒乾燥機的同一機構上，再加裝一個鼓筒，也浸在液盆中，則這種機械等於二個單筒乾燥機合併在一起工作，所以就稱爲雙筒乾燥機。

在重筒乾燥機中，有二個鼓筒互相靠近而以相反的方向迴轉，液體則注入二筒形成的槽中，將二筒間的隙縫加以調節，就可得到厚度均匀的薄層，在工作進行中，鼓筒每迴轉一次，筒面薄液層即行乾燥，無有剩餘的。

將鼓形乾燥機全部設備，放在一個堅固的眞空套罩裏，並裝置必要的給料，凝冷，除塵和抽空設備，則整個機械，可在眞空和低溫下進行工作。不過這種裝置，因構造的厚重，需要眞空封閉器及其它另件，所以起始費用極大，並且全套機械重笨非常，運用費用甚大，因之眞空鼓形乾燥機是並不常用的。

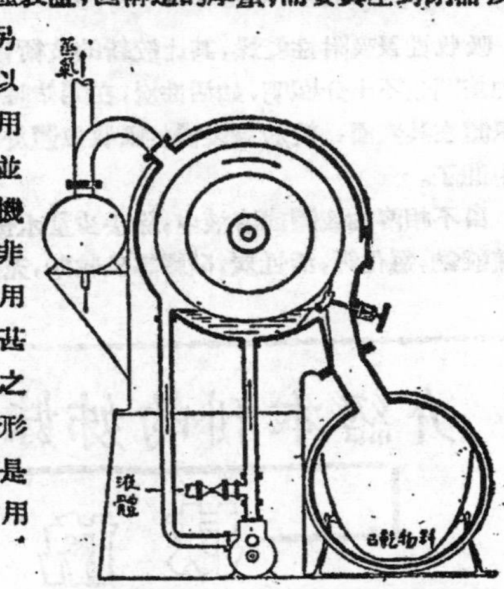

鼓形乾燥機——宜於乾燥渣液和糊狀物料

旋盤乾燥機(Turbo Dryer)

旋盤乾燥機，由許多重疊的迴轉圓盤所組成，用一中央軸來推動，另外再有固定的攪臂將浸料攪動，自一盤中央墮入另一盤邊緣，再由邊緣墮入地盤，這樣相間下墮，以至底部。中央垂軸上並裝有風扇，將熱空氣順流或逆流的掘動，每一旋盤適如檔風板，所以有很均匀而廣大的

重重叠叠的迴轉圓盤加速了乾燥效用

熱風吹過每盤將水份蒸散出去。給料由機頂加入，熱風由機底向上流動，塵粒爲濕料所捕吸，故無須除塵器之設置。這種機械可乾燥大量物料，其熱效能甚高，對於糊狀物及渣液之乾燥，尤爲相宜。

旋盤乾燥機的工作時候，因旋盤間物料的運移，對熱空氣暴露了新的接觸面，所以乾燥時間很短，且能免去過熱現象。同時這種機械的設計，能適應任何大小的每日產量的要求，還可以用最少的人工，很經濟的加以完成乾燥。

吸收性及吸附性乾燥器械

吸收性及吸附性乾燥，其比較新的技術，它們間的差別也不十分顯明，如活性炭，在開始時它吸附氣體在其表面，接着就慢慢的吸收氣體於其炭粒中間了。

自不相溶的液體或溶液中，除去少量水份，可加硫酸鈉，氯化鈣，活性炭，矽膠等吸收劑，充分混和以待平衡的到達，然後濾去固體。這種乾燥作用的設備，若是間歇工作的，只需一個貯桶，一個攪拌器及一個濾機。若是連續工作的，則濕液可用呻筒流經一排填充乾燥劑的塔植，當第一塔變成滿飽和以後。即將它移去，活化或重填乾燥劑，再放置流動系統末尾，如是週而復始，不斷工作。

與此相似的設計，可用以移除空氣或氣體中之濕氣不必應用塔柱而代以幾個串聯或並聯的乾燥劑填層，其工作情形是循環性連續的，用馬達轉動閥來控制它。在一個循環中，濕氣裏的水份爲乾燥劑所吸收，然後將氣體冷却待用；在另一循環中填層由直接加熱或熱氣流而活化。這種乾燥單位，可屢月工作而不停。自動調節機械則加以特別構造，使任何時間總有乾燥氣體之供應。這種乾燥單位，其主要用途爲空氣之脫濕（Dehumidification），所以家庭，寫字間，工廠，大建築之空氣調節，今日見增多了。

12944

圖1. 土法的鑿井

談談鑿深井

·陸遲元·

您一定不會否認:「水是一切生物維持生命的要素」,一個人可以一個月不吃飯,却不能三天不喝水 印度聖雄——甘地雖然絕食過多少次,却也從未斷過飲料,可見水對於生命的必要。

普通喝水的來源 不外是河水,井水和雨水,在離河較遠,雨量稀少,而用水量不大多的地方,往往需要鑿口深井來取水。深井的鑿法有好幾種,讓我們先來看看人力鑿井的方法:如上圖一所示就是一個好例子,幾個工人先用木頭搭了長個方形的井架,井架約上端,扎着一張竹弓,弓的下面正對着井口,上面還有竹簾來遮着陽光。井架的後部,架着一個大木輪,這木輪前面的垂直切線正穿過井口。

這井架上的竹弓是很大的,通常用十多根毛竹扭成的。粗的蔴繩縛在兩端成爲弦,弦的中央又掛下根蔴繩,連着鑿管上端的竹片和一根的圓棍。那兩個工人對着臉,一人抓住圓棍的一端,旋轉着管鑿壓下;身子一招,鑿管又將被張開的弓弦提了起來。這樣一上一下的,就把井越鑿越深了。

圖 (上)圖3(右)在準備鑿井的地方搭起木架。

等到鑿管上的圓棍離地很近時,他們小心地把鑿管上的竹片和弓弦下的搭扣鬆開,再跟木輪外週繞着的竹片連接起來,另外一個工人爬進了大木輪,像洋老鼠似的踏動着輪週的橫板,木輪向後倒轉,於是把井口裏的竹片和鑿管提了出來。又換了根鑿管,再繼續鑿下去。

用這種方法鑿四五吋口徑,普通可達到二百多呎深 要是遇到堅硬的地層,那就麻煩了。

所以新法的鑿井常常是運用機械來工作,我們這裏介紹的,是一種液力旋轉法(Hydraulic Rotary Meth d),爲明瞭起見,我們先看一下鑿井前的準備工作:

第一樣,要在準備開鑿的地方,搭起高高的木架子,搭架子工作也是很費工夫的,從照片上可以看到,工人們在抬木頭,有的在架上搭木頭,有的抱着木架在緊螺絲栓。直到木架已經搭好(圖2和3)。

就在架頂上裝着五個如圖4所示的滑輪。地上也放着一個帶着四個滑輪的大鋼鈎(圖5)他們金絲鋼絲繩的一端栓在架頂左面的輪上,然後用一定的方式跟鋼鈎上的滑輪穿起來,另一端繞在絞車的轉筒上。(圖6.7)

現在,讓我們來看鑿井的機械吧!

井架的下面是一部絞車(圖8)絞車的後部有不大的皮帶輪,我們用一座五十馬力的馬達拖動,於是皮帶輪和橫軸就轉動起來,由於鋼鏈的連繫,使前面的絞筒也轉動了。繞在筒上的鋼絲繩把懸在半中的大鋼鈎漸昇高;這鋼鈎上又吊着一個

12945

圖4. 架頂上裝的滑輪

鑽桿的接頭(圖9)接頭的上端有節彎頭，接着長的橡皮管，通到泥水幫浦的出水口上，下端所接的是根方形的空心鑽桿；鑽桿的盡端又撑上個鑽頭。我們現在所用的是叫魚尾板(圖10)板上有兩個小孔。跟鑽桿的中心相通，在某種地域，遇到石層時還有特製的金鋼鑽鑽頭，或是帶鋼齒的鑽頭絞車上橫軸的轉動，遞傳到一只牙齒箱裏，而產生出縱向的轉動，這縱軸頭上的八字牙，又帶動了井口上的轉盤。(圖11)

您可以看到轉盤的中央是空的，下面有只鋼板的箱子，箱子中間的大窟窿就是井口；箱子的一邊有個缺口，通着一串鋼板水槽和一隻沉澱池，再通到泥水坑。泥水坑的旁邊不是有隻跟圓桶似的器嗎？這叫泥水混合機機，(圖12)把適量的黏土和水放在這桶裏，用動力使中心軸轉動，軸上的鋼刺就把桶裏的泥和水攪動起來，攪到適當的程度，將桶端的閥門一開，和好的泥湯就流出來，存在平裏。

圖5. 帶着四個滑輪的鋼鈎

開始鑿井的時候，先把鑽桿提高，對準井口，再把絞筒上的煞車鬆一下，鑽桿漸漸下沉。四個工人擡起兩塊半圓的鋼塊，把方的鑽桿牢牢的夾在轉盤中央，轉動轉動時，鑽桿跟鑽頭也轉動起來，泥水坑畔的泥水幫浦把坑裏的泥水打進橡皮管裏，經過鑽桿的中心，再由魚尾板的兩個小孔裏射出來，高的水壓把鑽鬆的泥土衝上井口，混在泥水裏由鋼板水槽流出來，

圖8. 井架下的絞車。

經過沉澱槽和鐵絲篩，濾去土塊，又回坑裏，泥水不單可以把鬆土衝上來，formula得土樣；還可以使井的四壁牢固起來，不致下陷。等到轉桿的頂端將近轉盤時，再開動絞車把鑽桿和鑽頭提上來，再接上一根側的鑽桿，又同樣地鑿下去。

今天這口井已經鑿好了，鑽桿也早已提上來，緊在井架的一邊，您瞧，不少吧！這口井有七百呎深！(圖13)這是一張地層表，每次取出土樣後，依照鑿下的深度而畫出來的。(圖14)現在我們決定分三層取水，先把六吋的井管預備好，在取水的三段內，接着有圓孔而纏着三角形截面的鉛絲，取水管每段的兩端，扎着很多棕皮。以防井壁下陷或是他層的水滲入。您看，他們已把六吋的井管放好了，第二步再放入三吋的出水管。

糟糕！那節三吋的管子掉了下去。那工頭哭喪着臉走過來了。這眞是件傷腦筋的事！我們幹工程的就是這點寃：拼着命幹，人家不知道。想點新辦法，人家要譏笑，你幹了吧，那是應該

鋼絲绕鏈法

圖 6.

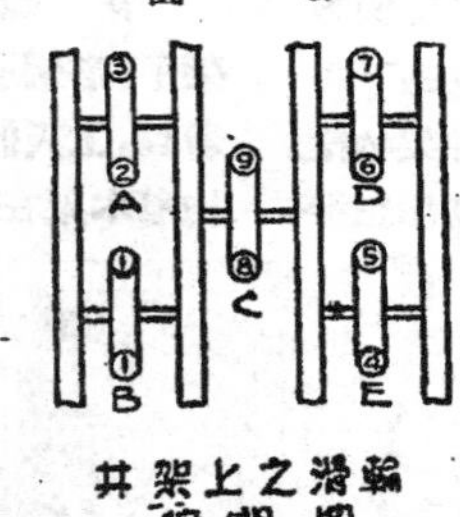

井架上之滑輪
俯視圖

鋼鈎上之滑輪
俯視圖

圖 7.

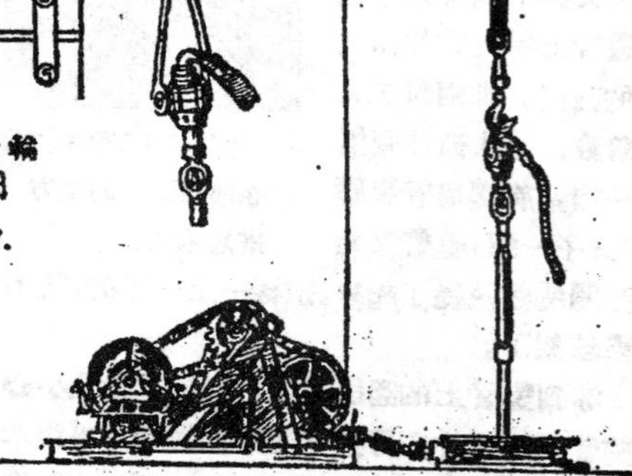

圖9. 機械連接情形，上角是鑽桿的接頭

12946

的。你要是幹糟了，那就好看了——業主的冷嘲熱罵，工人的信口誹謗，老闆的排頭臉色，一五一十的都來了！哪怕是工人的錯，我們得承認是我們的錯，而我們却不忍去罵工人一句。您想 他們也希望把事情幹好哇，光是罵又有什麼用呢？再說，這種工程上的訣巧，從來沒有人肯編出書來，讓大夥兒學學，就得你自己去動腦筋。您看，要是想不出點兒法子，這口井不眼看着就廢了嗎？這可怎麼得了！

圖10. 魚尾板鑽頭

用一根帶箍的三吋管子，在箍外面燒銲一個喇叭口，這喇叭口的最大外徑比六吋稍小一點，把這管子接長了，吊到井裏，等到碰着掉下的管子時，管子自然會順着喇叭口對準管子箍，這時再轉盤轉動，管端的絲扣也許可以跟管子箍擰上，再把它小心的提上來不就成了嗎？唄，劉頭！快照這草圖做一個試試，做好了？好，試試吧！管子大概碰到了。轉轉看，也許擰上了。喝，真的提出來了？這眞快活死人囉！現在又可以把三吋的出水管放下去了，可小心哪！管子口卡緊點兒。最後放的是一吋二分的壓縮空氣管，我們這口井就是用壓縮空氣從這管子通進去，把水頂上出水管。

您看，這裏有兩張表（表 I,II）表示空氣管適當的長度，及用壓縮空氣頂水的各種抑水能力。壓縮空氣的截門開了，井水從出水管裏湧出來囉！先

圖 12. 泥水混合機

別讓它流到池裏，而讓它從支管出來，您看，流出的井水，帶上來那麼多的白砂，這時就得不停的，使它流出來，那末給水層的空洞，可以漸漸擴大，而貯存大量的水。他們已把鐵箱搬來了，箱端有個V形的缺口水流到箱裏再從缺口流出，我們只要量一量缺口處水的高度就可以用水力學公式算出

圖11. 井口上的轉盤

流量來。

糟了，又出了什麼事？停電！這時候怎能停電呢？黨浦一停，隨水衝出的砂子要把空氣管凝塞了！沒法子，最早要到明天早晨十點才能恢復供電。眞倒霉，收拾回去吧！

朋友，你說今天天氣好嗎？什麼又風兒吹在臉上怪舒服的？我却一點也不覺得。這一切的好天，好景，好風要不屬於我的，你瞧，我臉色够多難看，黑眼圈，蓬頭髮，長鬍子，一臉的倒霉相，昨兒一宵沒睡着，今兒老清早就爬起來，先拿涼手巾抹了抹

圖13 長長的井管預備打入這700多呎深的井裏

臉，就趕來了。到這兒可還得等電。電來了嗎？讓我們開開高壓空氣管試試。不行，眞是堵死了！那末還是往出水管裏灌水吧，再放下根四分的管子通上高壓空氣，把一吋二的管子暫時當作出水管。只要水能打上來，就有希望。行，這法子倒還成。水又把砂子帶上來了，這下子，這口井又活了！活了的井裏出來的水，經過沉澱池，打入代替水塔的水櫃，最後用壓縮空氣送入輸水管。（圖15）

圖14. 地層圖

深藏在幾百呎深的地層裏的水，從深井裏打

12947

表I　空氣揚水之揚水能力

出水管直徑 吋	井管直徑 (最小量)吋	通氣管直徑 (最小量)吋	每分種流出之加侖數量 (最大量)沒深56%—70%
1	$2\frac{1}{2}$	$\frac{1}{4}$	5— 10
$1\frac{1}{4}$	3	$\frac{3}{8}$	10— 20
$1\frac{1}{2}$	$3\frac{1}{2}$	$\frac{1}{2}$	20— 30
2	4	$\frac{1}{2}$	50— 97
$2\frac{1}{2}$	$4\frac{5}{8}$	$\frac{3}{4}$	65— 85
3	5	$\frac{3}{4}$	120— 165
$3\frac{1}{2}$	6	$\frac{3}{4}$	160— 275
4	6	1	225— 325
$4\frac{1}{2}$	7	1	275— 403
5	8	1	300— 600
6	9	$1\frac{1}{2}$	550—1000
7	10	$1\frac{1}{2}$	750—1200
8	11	$1\frac{1}{2}$	1000—1500
9	13	2	1250—2000
10	14	2	1600—2500

上來，經過輸水系統，用送給戶，變成了對民生最重要的東西。這就是技術改進生活的一例！

現在談鑿深井就談到此地爲止，如果讀者覺得有興趣，或是有什麽問題的話，我們以後再來研究吧！

表II

揚水高度　呎	氣管沒深　百分比
0—50	66—70
50—100	55—66
100—200	50—55
200—300	43—50
300—400	40—43
00—500	30—40

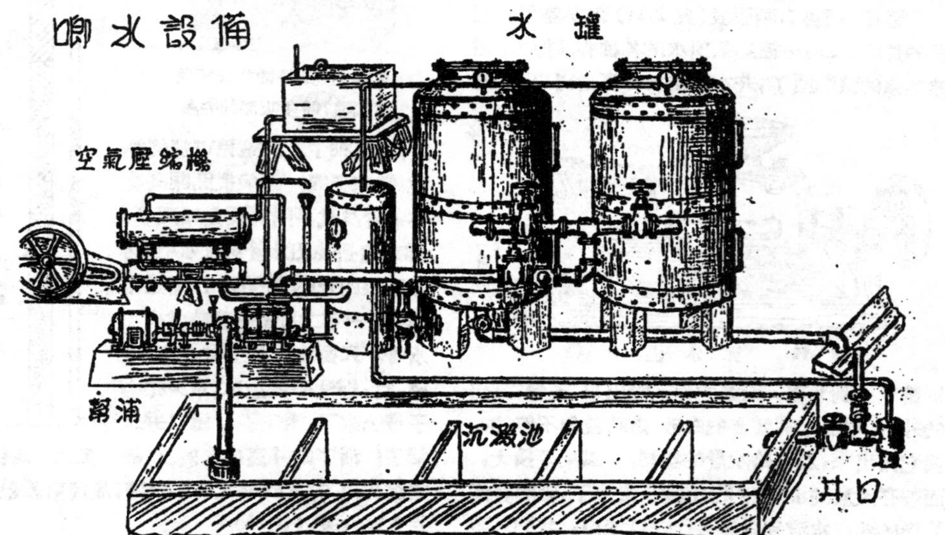

圖 15.　把深井裏的水輸送給人們。

用X光來檢定材料的成份

張　棣

在近幾年來，由於X光管及電子工程的飛躍進展，各種材料之化學成份，已可利用X光來檢定。這種方法，具有甚多的優點，如果發展到完滿的地步，一定會被工廠方面地普遍應用的。

X光檢定法的最大優點，是不需分解或割碎樣品；實際上經過試驗的樣品，完全可保持原來的面目。在必要的時候，甚至可直接在機件成品上試驗，而分析出它的成份，對於材料本身，毫無損耗，這是比化學分析法優越的地方。在另一方面，它雖名爲X光檢定法，但並不需要照相試備，也不需要底片，完全沒有曝光、冲洗……等等的麻煩。至於被試之材料之種類，在理論上完全沒有限制。金屬固體固然是適宜的對象，但是粉末、粘性體……等等形態，如在盛放試樣方式上加以適應，一樣可以適用。

爲什麼可用X光來檢定材料的成份？

X檢定法之基本原理，是利用X光的二次放射。從原子物理學我們知道，原子的外層組織，是一層層繞軌道迴轉的電子，每一層軌道具有一定的能量。在這原子外層的變化，有下列幾種情形：

1. 環繞之電子層受外來電子撞擊而逸出電子。

2. 電子層受外來電子撞擊而放射光量子。

3. 電子層受外來光子撞擊而逸出電子。

4. 電子層受外來光子撞擊而放出光子。

以上四種情形，在實際上都常常遇到。無線電中電子管，在屏極與柵極間，有時有所謂空間電荷，是由於燈絲熱電子撞擊屏極而生之游離電子，這是第一種情形的例子。第二種情形便是我們熟知的螢光現象，普遍應用於電視的。第三種情形應用於光電池。最後一種情形最還通的例子是X光透視。當X光照射於硫化鋅屏，現出綠色的螢光，波長約爲5000Å（埃，Angstrom，微量長度單位，1糎＝10^8Å，故1Å爲1糎的一千萬分之一）。

檢定材料成份所利用的變化是第四種情形。它與透視不同的地方，是照射的X光比較硬些，換言之，就是照射的X光波長短的多，數值大約是0.5～1.0Å，這時材料上發出的二次射線，波長約爲0.7－3.5Å，隨放射之元素種類而異。

我們知道，原子核外面的電子數目，是恰與原子序數相同的，例如氫原子序數爲1，則祇有一電子；鐵，原子序數爲26，就有26個電子。至於編排方式，則是分別層次，有兩個電子的第一層被命名爲K層；第二層則爲L層，以下各層分別以M，N……名之。最裏面的K層，能位最高，到了外層則逐漸減低，如以圖表之，則如圖1所示，假定最低一條線代表零能位，則E_N，E_M……E_K各線分別代表N，M……K各電子層的能位。

圖　1

把X光照射材料的結果

我們現在假定用X光把材料加以照射，無數的X光子，進入材料之內，其中大部份，或將自原子間隙逸出，但其中少數强度光子，可進達K層，如果它的能量等於E_K或在E_K以上，便可將K層之電子逐出，於是這個原子便呈激動狀態，在短期後，遂由外層電子躍入補足。由於各層能位之差別，換言之，卽電子在原子核外圍電場運動，遂有一部份能量轉變爲光能而成爲光量子射出，它的週率υ應當是：

$$\upsilon=\frac{E_K-E_L}{\eta}\quad\cdots\cdots\cdots\cdots(1)$$

η爲普朗克常數（Planck Constant），這式是假定補充的電子來自L層，這射線我們叫它Kα。如來自M層或N層，則叫它Kβ或Kγ同樣，如果失去的電子是L層的，則放出射線分別以Lα，Lβ等名之。

假定照射的X光很硬，可以深入電子內層，引起Kα或Kβ之放射，那麼，由於各種原素電子層能位差之不同，Kα及Kβ之波長隨原素種類而異。在原子序數低的原素，因爲外層電子少，原子核電場弱，能位差也小，因此射線較軟，卽波長較長；原子序數高的原素，因爲電子多，電場强，放射線較硬。

如以週率ν表示，可得下列關係：

$$\nu = C(Z-a)^2 \cdots\cdots\cdots\cdots (2)$$

這就是模斯萊公式（Moseley's Formula）。Z代表原子序數；C,a爲常數。

到這裏爲止，我們知道了材料受X光照射的情形。材料中所含之每一種化學元素，各放出一定波長之射線。如將反射線中每一波長射線檢定出來，量出它的强度，即可決定材料所含元素之種類及成份。例如鈾的K射線波長 $\lambda_K = 0.1\mathring{A}$ 鈉的 $\lambda_K = 11.8\mathring{A}$ 如量出這兩種波長，就可確定鈾與鈉的並存。

至於射線波長之檢定，則可利用晶體折射X光的原理。作用情形與普通三稜鏡折射各色光波相似，波長長之射線，折射角度大，波長短者角度小。

折射角的計算公式，可根據圖2導出：設晶體之原子排列如圖所示，則當折射X光最强時，射線之角度應恰使A原子與B原子之反射波同相，換言之，即矩離123之長度應爲射線波長之整數倍，或：

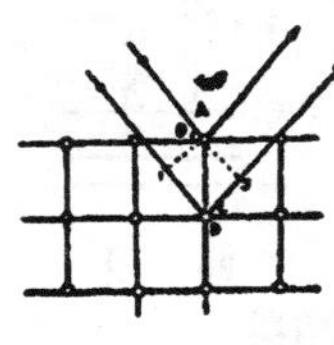

圖 2

$$n\lambda = 2d\sin\theta \quad (n=1,2\cdots\cdots)\cdots\cdots\cdots (3)$$

d是晶體內部原子距離，是已知的常數，n可令等於1，故由這式及上式，可求出元素種類與射線折射角θ的關係來，表一、表二和表三便是這樣編製的。由此，可由材料二次X光在晶體的折射角度與强度，分析它的化學成份。

表 一

食鹽經X光K射綫之折射角度

原子序數	元素	折射角 (θ) Kα	Kβ	Ke
20	Ca	36.57	33.22	32.99
21	Sc	32.53	29.53	29.27
22	Ti	29.19	26.48	26.27
23	V	26.37	23.90	23.71
74	Cr	23.97	21.70	21.54
25	Mn	21.90	19.80	19.64
26	Fe	20.09	18.15	18.00
27	Co	18.51	16.70	16.56
28	Ni	17.11	15.43	15.29
29	Cu	15.89	14.29	14.17
30	Zn	14.76	13.28	13.15
33	As	12.05	10.81	10.68
34	Se	11.31	10.13	10.01
35	Br	10.64	9.52	9.39
38	Sr	8.94	7.98	7.85
40	Zr	8.03	7.15	7.02
41	Cb	7.62	6.78	6.65
42	Mo	7.24	6.44	6.31

表 二

CaF_2經X光K射綫之折射角度

原子序數	元素	折射角 (θ°) Kα	$K\beta_1$	K_e
22	Ti	45.75	40.49	40.14
23	V	40.40	36.15	35.85
24	Cr	36.27	32.58	32.32
25	Mn	32.90	29.56	29.31
26	Fe	30.02	26.98	26.75
27	Co	27.54	24.74	24.52
28	Ni	25.37	22.79	22.58
29	Cu	23.46	21.07	20.88
30	Zn	22.77	19.54	19.35
33	Al	17.70	15.85	15.65
34	Se	16.00	14.85	14.66
35	Br	15.60	13.94	13.74
38	Sr	13.01	11.67	11.47
40	Zr	11.78	10.44	10.25
41	Cb	11.13	9.90	9.71
42	Mo	10.58	9.40	9.21
44	Rh	9.13	8.10	7.93
47	Ag	8.33	7.38	7.20
48	Cd	7.96	7.05	6.88
50	Sn	7.30	6.45	6.30
51	Sb	7.00	6.18	6.03

表 三

食鹽經X光 L射綫之折射角度

原子序數	元素	折射角 (θ°) $L\alpha_1$	$L\beta_1$	$L\beta_2$
50	Sn	39.67	36.88	34.26
56	Ba	29.48	27.08	25.23
74	W	15.18	13.14	12.75
78	Pt	13.46	11.45	11.27
79	Au	13.08	11.08	10.94
80	Hg	12.71	10.72	10.73
82	Pb	12.03	10.04	10.04
83	Bi	11.70	9.72	9.75
90	Th	9.76	7.80	8.09
92	U	9.30	7.34	7.69

從理論到實用的檢定設備

以上所說的，是材料X光檢定法的基本原理。這種方法最初是Von Hevesey於1929年所發現，後來由Friedman與Briks諸人實驗，獲得了相當滿意的結果，但未被普遍應用，最近，美國北美飛利浦公司(North American Philips Co. Inc.)設計製出一套這樣的檢定設備，開始了普遍化的先聲。它的主要構造如圖3所示，包括發電機、X光

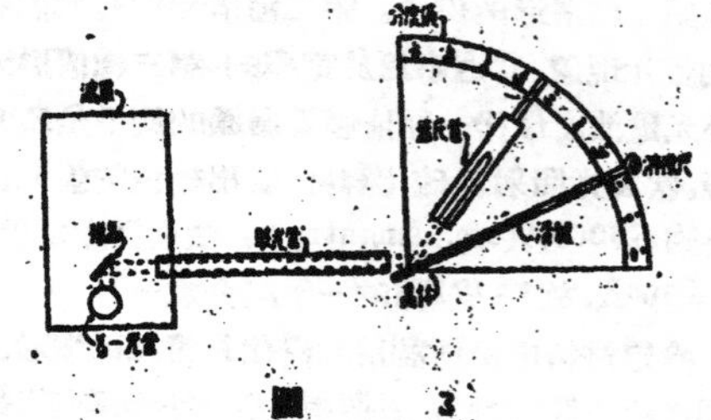

圖 3

12950

管、聚光管、晶體、蓋氏計數器及其紀錄器，和分角儀等。

發電機部份與普通高壓發電機並無不同，係供給X光管所需要之電壓者。

X光管最大電力爲70Kvp及20千分安培。但使用36Kvp及20千分安培時，可獲得鐵之K射線，如電力加至45Kvp，可使鉬發射K射線。

聚光管之作用，在使材料放射之X光線，聚爲平行光線，以投射於晶體反射面上。其構造係用0.002吋厚與1/16或1/32吋直徑之鎳管多根，捆在一起，外包以鉛皮，最後形成切面爲5/2×5/8之導管，以置於材料樣品與晶體反射面之間。樣品之切面，斜置成45°之角，X光管之射線自下向上照射，遇材料之切面，激動其內部電子，發生二次X光放射；此射線沿水平方面經聚光管而達晶體之反射面。

聚光管之聚光性能隨長度而異，其數值如表所示。

表　四

聚光管之性能表

長度(吋)	鎳管直徑(吋)	聚光度(外緣斜角)
4	1/16	1
4	1/32	0.5
16	1/16	0.25
16	1/32	0.14

晶體之作用在反射材料之X光，由反射角確定材料中元素之種類。如圖3所示，晶體所置之角度，可以滑鏈以改變之，如與圖2比較，可知此角度即相當於(2)式中之θ、亦即表1至表3所列之角度值。在檢定一材料之成份時，可自零度起，至90°間，每隔一小角度，讀一讀數，測量此時之射線强度，即可由强度大小或有無，由表一、二、三確定各原素之有無份量。角度之數值，可利用滑鏈末端之游標很準確的讀出。

測量X光强度的儀器

蓋氏計數管(G-M Counter)係用來測量X射線强度的東西。它所安置的方向，應與晶體反射面，成入射角等於反射角之關係，換言之，即應置於2θ之處。

蓋氏管之簡單說明如次：見圖4，T爲一金屬管，其中封閉稀薄氣體，中心懸一細絲W，T與W間有很高的電壓，差不多達放電的邊緣，但仍沒有自動放電，這時如有X光量子射入，撞擊空氣的分子，使發生了上述的電離之現象。而產生了一個帶正電荷的離子，這離子因電場引力而加速，撞擊其他分子，產生更多的離子，於是在一刹那間發生放電現象。這個電衝動達到紀錄器內，便記了「一次」。如果有很多X光量子飛入，紀數便增多，指示X光强度增加。

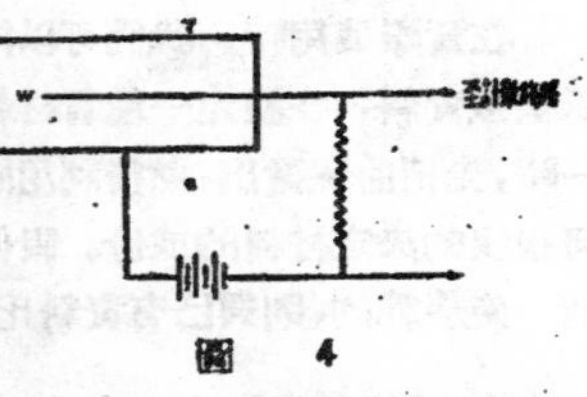

圖　4

這裏所用的蓋氏管，專由一個電源供給直電壓，電壓是由800～2000伏脫，可以用旋鈕調節它的高低，並且有指針指示它的數值。

配合蓋氏管使用的，是眞空管線路的記數器，它可以將蓋氏管的電衝加以調整而用機械記數。這種記數器是很靈敏的，每秒鐘可記6.400個電衝動，它可以分別出12.1微秒(百萬之一秒)的時間間隔來。

把晶體的反射面置在不同的角度，由蓋氏管讀出記數。因爲角度與元素種類有一定關係，而記數正比例於射線强度，亦即正比例於元素數量，故由這兩個讀數，可畫出一條曲線，代表材料中各種元素的成份。

圖5便是這種曲線的一個實例，它所代表的是一種鉻、鎳、鈷、鐵合金。檢定時每隔0.05°讀一個讀數。

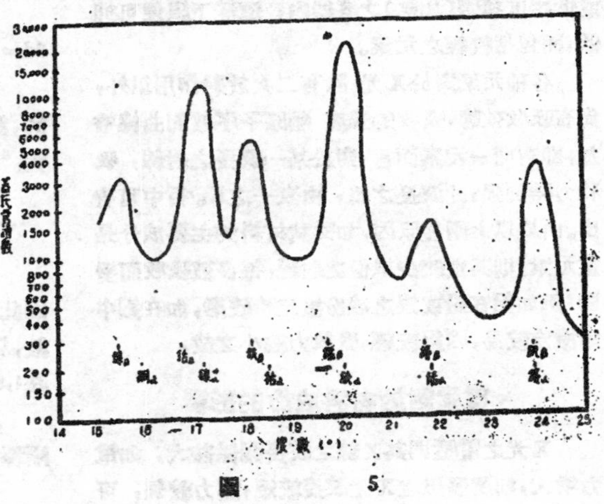

圖　5

12951

在實際使用時，我們可以把很多種材料的曲線編成資料，在檢定一種新材料——如一種合金—時，先把曲線繪出，然後利用原有資料比較，便可很快的決定材料的成份。假使待檢定的材料是有一定規範的，則與已有資料比較時更見方便了。

應用X光檢定材料方法的限制

那種檢定方法，在目前還有許多限制，不能包括全部原素。以上述之檢定設備而言，它所適用的波長範圍，大約是0.5－3.3Å，換句話說，只包括原子序數22(Ti)－50(Sn)間各原素。在波長3.3Å以上，空氣對射線的吸收力很強，影響檢定結果很大；在波長0.5Å以下，則因爲晶體折射後的角度太小，反射的光線與直接穿過晶體的光線，發生太大的干擾，而不能得出正確的讀數。其他尙有材料本身吸收等等因素，列舉出來，約有下列幾種：

1. 空氣的吸收作用，
2. 材料中各種成份相互間的吸收作用，
3. X光管的電壓，
4. 蓋氏記數管的電壓，
5. 晶體的種類，及
6. 實驗的誤差等。

吸收作用的影響

空氣的吸收作用，在普通情形下並不顯著，但當X光波長變長時，在λ＝3.3Å以上，吸收作用便變成很强 因此在檢定低金屬時，有一下限。爲避免此種困難，我們可以將光線通過部份，置於眞空或低密度氣體（如氫）之容器內，這樣下限便可抑低，而包括較輕之元素。

各種元素對於X光，除有二次放射作用以外，尙有吸收效應，吸收的强度 隨原子序數而曲線增加，即對同一元素而言，對於某一波長之射線，吸收力特別强，此波長之值，由表一之K_e行中可查出。由於以上兩種原因，如受試材料的主要成分是重元素，則其他較少成份之射線，每多被吸收而變弱；例如鋁在鉛或銀之成份檢定時較難，如在鋁中則檢定較易，因鋁較輕，吸收力較小之故。

電壓對於材料成份的影響

X光之電壓與其X線之波長關係甚大，如電力增大，則所發出之X光波長較短，能力較强，可激動重元素，產生二次放射。故在某一定範圍內，使用强力X光管可提高設備之適用範圍，而包括較重之元素。

如不用强力X光管，實際上亦可提高設備之上限。即可採取Kα或Kβ爲測量對象，而採取較軟之L射線爲測量對象。因L射線波長較長，故晶體之折射角較大，讀數較易，同時激動射線之能量需要較低。故使用K線測定高元素時，如晶體用食鹽，最高之元素序數爲50；如改用L線，可達55。但是採用L線有兩種缺點：第一、用Kα射線時，如詳細分析，可分別出兩個射線，$K\alpha_1$及$K\alpha_2$，但用L射線時，則可分出十種以上之射線，測定時較難。再者，有時易與較輕元素之K線發生干擾。

利用L射線可測定鋼中之鎢與銀中之鉛及金。

蓋氏管之電壓，在一段範圍內，不影響記數之多寡，此時蓋氏管之記數乃忠實指示光量子之數量。如過高或過低，均使記數發生變化；故蓋氏管之電壓，應爲適當之數值，在上述之試驗設備爲1,400伏特左右。

晶體的影響

晶體對反射X光線有兩種影響：第一是晶體內部原子間的距離；從(3)式中可看出，距離小的晶體，X光反射角度較大，例如：

晶體種類	食鹽	CaF_2
$(K\alpha)_{cr}$	23.97°	36.27°
$(K\alpha)_{mo}$	7.24°	10.58°

原子排列的距離，食鹽：2d＝5.13937Å；CaF_2 2d＝3.87214Å。

第二、晶體反光的强度也不同；我們所希望的，當然是反光最强的晶體；因此在選擇上很需研究。

試驗的錯誤

在任何實驗中都難免有誤差，這裏也是一樣。因此在記數時，時間應當放長點，讀取較多的讀數，以減小可能發生的誤差。大概記數（Counts）在1,800以上時，誤差可在1%以下。

以上這些因素，將來充分研究改進，一定都可漸臻完美。在目前，分析金屬成份的準確度，已至

（下接第24頁）

齒輪的故事

齒輪的研究早在二千二百多年以前的希臘時代
大畫家芬奇和天文家樓梅都對齒輪有不少貢獻

凡　夫

人們也許時常會「數典而忘祖」，對於這個推動現代機械文明的基本機件——齒輪（工人常稱它為牙齒，簡稱牙，的確，它底外形是有點和牙齒相彷的），往往知道得也並不多，雖然，關於齒輪的理論也着實有點傷腦筋，但是學習工程的，尤其是機械和電機，仍不能不去仔細地研究一下關於它的曲線，運轉，以及設計等等；這可完全是因為齒輪是機械中傳遞動力最確實機件的緣故，差不多沒有一架可以運轉的機械中會沒有齒輪這樣東西的！

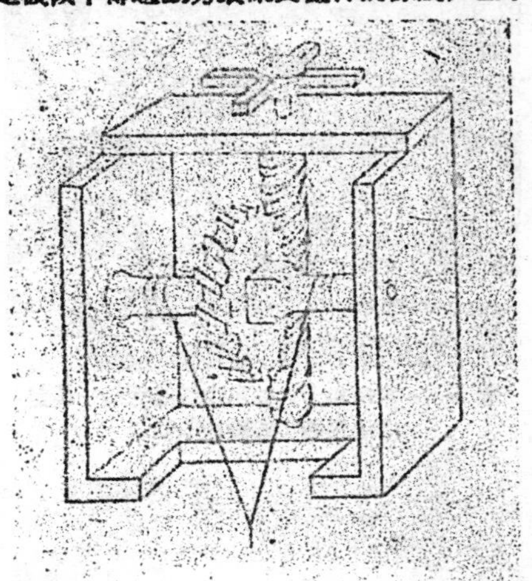

圖 1——在紀元前 150年時，由希臘人所製造的蝸輪

圖 2——現代的蝸輪

此地不再想搬弄教本上常見的一些理論，祇是告訴讀者一點片段的歷史，說明齒輪的發展。

阿基米德的蝸輪

關於齒輪的研究，在離今二千二百多年，就是公元前三世紀時，偉大的希臘哲人阿基米德已把蝸輪（Worm Gearing，工人俗稱華姆牙齒）的設計完成了（圖1），這一種傳動方法到現在還被我們的機械設計師常常採用，因為只需二件基本機件，所獲得的減速比率最大而所佔的地位却極小，像現在汽車後輪的最後驅動法（Final Drive），由於要獲得較大的減速比（通常要在7:1以上），總是應用這種已有二千多年悠久歷史的蝸輪傳動。

說也奇怪，由於機械文明在落後的封建社會

圖 3——在三世紀時所製造的水輪已用到有齒的輪子來轉動阿基米德螺旋，使水上昇了。

12953

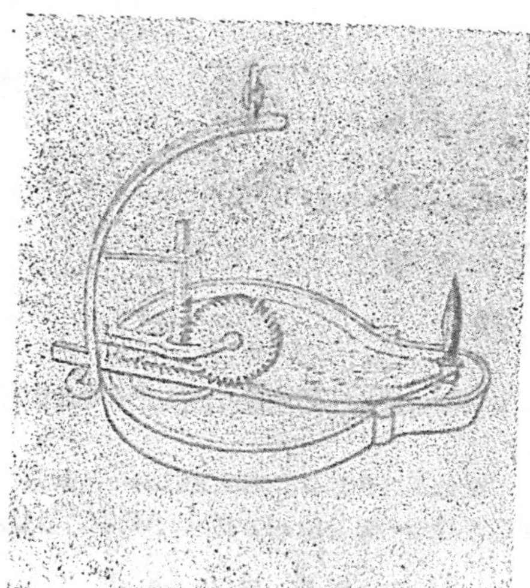

圖 4——在五世紀時，所用的自動注油式油燈上，居然也有齒桿和齒輪的構造

中是得不到滋長發育機會的緣故，所以一直到十六世紀，我們簡直很難從史冊上發現什麼有關於齒輪發展的記載。如果勉强說，那末只有如圖 3 所示的水輪和圖4所示的加油燈機件了。前者是三世紀時羅馬宮廷中使水上昇用的，所裝有齒的輪子模仿阿基米德的螺輪，一根軸上裝了三只輪子，由底下的一只大水輪驅動，逐級昇高水位 和現代所用幫浦有異曲同工之妙。後者則是五世紀人們裝在一種會自動注油的油燈上的，一只齒輪聯動二根齒桿(Rack, 俗名百脚牙)，下面有垂直的一根個浮子，隨油面高低而昇降，因此推動齒輪，而使另一根齒桿(上面有個燈心)移動. 這樣可以經常保持燈心在加油狀態。

到了十六世紀，正當西班牙人科的士(Cortez)掃蕩墨西哥的時候，意大利的芬奇 (Leonardo da Vinci) 就是那位以最後的晚餐一畫著名的大畫家，曾經設計過一具燈塔上用的齒輪(圖5)，此外在他的手稿中也發現不少關於齒輪的狀形和說明(圖6)，的確，這位老先生的機械才能和他的繪畫天才，是着實使後人心折的。

中國明朝各種機械上所用的齒輪

說到中國的機械，要以明朝的風力和水力機械比較最有成績。有一本王徵和鄧玉函合著的"奇器圖說"中，說明得很詳盡，那時候的機械製成的主要材料都是木材，只有少數的鐵(用于釘，軸，箍及缸方面)，所以齒輪也都是木齒；例如磨穀用的水碓，一軸只有二至四齒，十分簡陋；祇有一種水磑和水碾才用較多的齒輪（手頭無圖，說明很難）。可是那時候，西歐的齒輪已用金屬製造了，這大概是因爲中國的工業只局限于農村水利的應用，可以不大注重速率和强度問題的關係。

以上所說起的不管木製或鋼鐵製的，齒輪外形都是很笨笨的，和現代所用不推類似，比較最接近現代設計的，要歸功於荷蘭的大數學家海勤斯 (Christian Huygens) 和丹麥的天文家樓梅 (Olaf Roemer)了。前面一位在1660年時，曾對於

圖 5——芬奇在十六世紀時所設計的一具燈塔上用裝有齒輪的機體。

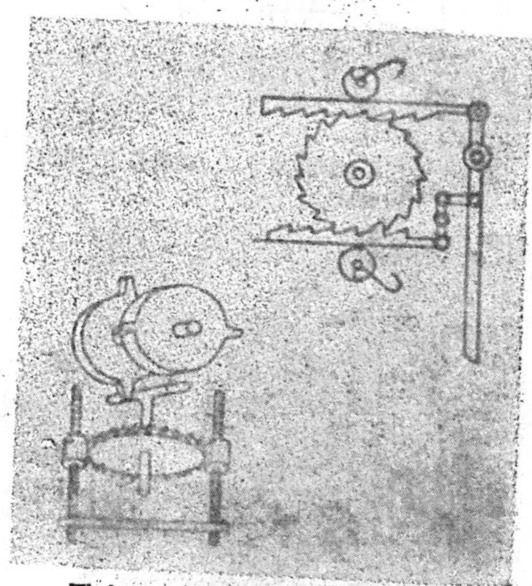

圖 6——芬奇手稿中二種齒輪的設計

12954

圖 7——研究齒輪曲線最早的荷蘭數學家，海勘斯。(Huygens)

圖 8——丹麥天文家樓梅氏爲他的望遠鏡製造了一付外擺線齒輪

齒輪外形作了很詳盡的數學上的研究，後來樓梅就根據了他的研究文獻，爲他的望遠鏡製作了一套外擺線齒輪(Epicyclo dal Teeth)，這一付齒輪可能有均勻的速率比，所以已接近現代的齒輪了。

齒輪的製造

關於齒輪的製造，在公元1782年之前都是用手工的，到這一年法國人伏根生(J. de Vaucanson)製成一付切齒的機械，構造和旋轉式銑刀相似。眞正的機製齒輪是隨了英國的工業革命應運而生的，在1856年，就有英人席勒(Christian Schiele)發明了第一架滾床(Hobbing Machine)如圖10所示則爲近代的滾床，他至今是效率最高的齒輪製造機械。

隨著機械發展上需要齒輪地方範圍愈來愈廣，製造方法也就研究得更是精良。公元1864年，

圖9——一架十七世紀的擲石機上已發現了不少的齒輪，注意左上角所繪的蝸輪和齒輪的詳圖。

12955

圖10——製造齒輪效率最高的滾床

圖11——便於製造角尺齒輪的齒輪刨床

圖12——由重合二只螺旋齒輪進化而成的人字齒輪

美國的白朗·謝潑公司(Brown & Sharpe Mfg. Co.)的創辦人製成了第一具近代的銑刀，因此可以在銑床上銑製標準形狀的齒輪，而齒形也由外擺線進化到了漸近線(Involute)。更進一步的是在1875年，由格理遜(William Gleason)氏發明的齒輪刨床(Gear Planer)，如圖11所示，他是現在最大的齒輪製造廠格理遜工廠的創辦人，至今，該廠是世界上製造齒輪專家中的權威。

經過二千多年的研究和嘗試，無數人士的心血和努力，齒輪的設計和製造差不多已至登峯造極的地步；到現在，各種各樣的新型齒輪——螺旋(Helical)，角尺(Bevel)，人字形(Herringbone)(圖12)，等等都能大量生產，裝置在各處需要的地方，爲人類傳遞動力，做許多工作；如果飲水思源，我們還得要向古代的祖先們致敬呢！

用X光來檢定材料的成份

(上接第20頁)

檢定1/10,000含量的金屬。現在這種測定方法，在檢定高合金鋼，高溫化金，已證明非常有效。大概在Z＝22～30，卽包括Na,Cr,Mn,Fe,Zn等金屬一段範圍內，最爲合用。

這種方法還有一個優點，就是在實際運用時比較容易，全部的操作不過是：準備試樣，磨光、安裝、調整角度，和記錄讀數而已，毫無特別的技巧，一個普通的人員，經過短期的訓練，就可勝任了。至於化費的時間，也並不很久，大概檢定一種元素，約需～5秒的時間，有着這些優點。我們相信，這種檢定方法現不久將來在各種技術部門一定會被普遍地採用的。(根據 Metal Age Oct, Nov. 1948所刊之X-Ray Fluorescenc Analysis一文)

12956

> 這一篇系統性講話，共分九講，自本刊四卷一期起，開始登載，已登的是：
> 第一講：種類和應用
> 第二講：控制機件
> 第三講：駕駛方法
> 以後將繼續刊登的是：
> 第五講：動力機闗總說
> 第六講：引擎
> 第七講：電氣機件
> 第八講：其他附屬裝置
> 第九講：維護方法

第四講　機器脚踏車的車架

普通的機車車架包括車輛，車骨，前輪懸持裝置，及轉濁設備，座鞍及座柱等部分。除了推動車子用的原動力以外，這許多部分是組成機車的必需機件。

機車的車輪

機車的車輪包括車胎，胎環，輪輻 接輻頭，及輪轂數部，圖19表示一典型的鋼絲輪輻機車車輪，其胎環如中墜式，但中央的制動鼓等已卸去。這一種車輪前後可以更換的。

裝於機車車輪上面的車胎與其他機動車上應用者不同。在機車上的車胎，不論其為前，後或邊車，都可以互相更換。每一付車胎，在其外胎上必有平衡記號一個(見圖)，在裝胎時，須將氣瓣梗對準此記號，車胎必需保持正確的壓力。如果氣壓不足，那末在轉動時就要有遙動的現象，以致發生種種危險。壓力過高或過低都足以減低車胎的壽命。車胎最好充氣壓標準的氣壓(如製造廠內規定者)。

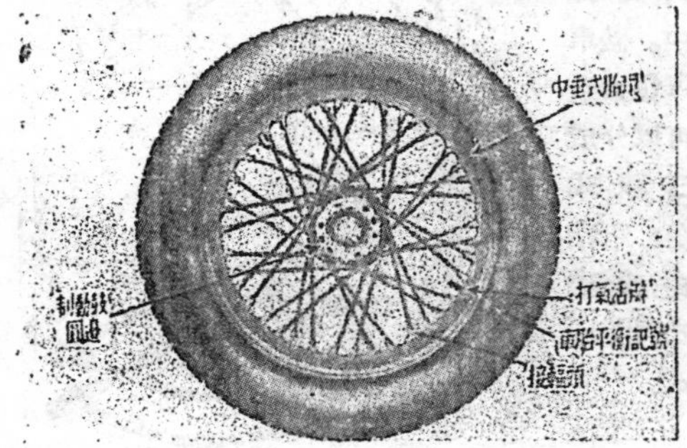

圖 19——鋼絲輻的車輪

在機車的車輪上有四組(每組十根)輪輻（鋼絲)。輪輻是以堅强的鋼絲所製，能够吸收震動。鋼

圖 20——校緊鬆脫的輪輻

絲的一端略大，另一端有螺絲線，有大頭的一端叉住在輪轂部的圓片上制動鼓上的許多孔眼中。有螺絲線的一端則旋在接幅頭中，接幅頭前套在胎環的許多孔眼內，其排列方法是無差成級的，可免減弱胎環的强度。輪幅必須校緊使張力相等，那末車輪走勢可以正確，鬆脫的輪幅會毁壞車輪，所以在機車每行走6,000哩以後，應由機車工匠重行校驗并仔細校準。如圖20所示，是一種校緊鬆脫輪幅的方法。圖中的車架是哈雷台維遜廠所特殊設計的。

車輪轂的構造，變化各有不同。如圖21所示，是一種有平滾柱軸承的。在這一種輪轂中，如果有

圖 21——輪 轂 的 構 造

過度的軸端移動，那末可把推力軸承外罩除去，另加更多的墊片。但是要留心不能多加墊片，過多的墊片，在罩上螺旋旋緊之後，可以使推力軸承的套筒軋住，因爲那軟木檔油圈對於推力軸承套筒的自由活動有所防礙的，所以在調整的時候，應當不把它放在一起。

因磨損而在圓周方向的移動（上下左右）變化，可以調換超大尺寸的滾柱。還有一種用錐形滾叉軸承的輪轂，（如圖22），推力是自動調

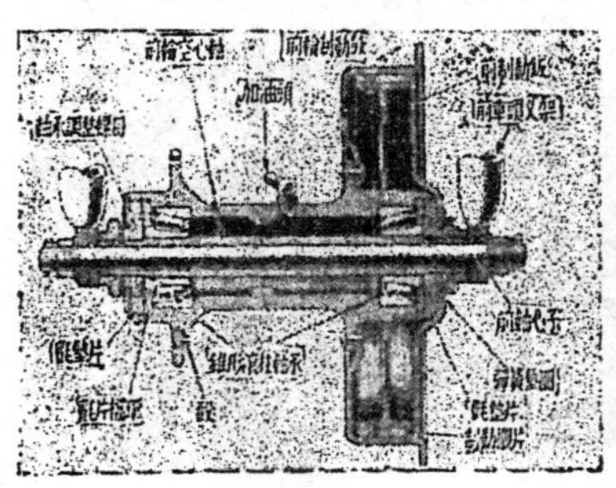

圖22——應用錐形滾柱軸承的輪轂

準的，所以即使有磨損，亦無需調節校正。如果每隔1,000哩，好好的加油一次，這一種軸承可能耐用到大約20,000哩之久。圖23表示一種在制動鼓轂應用雙排球軸承，但在另一端則應用雙排滾叉軸承的輪轂。此種球軸承每隔2,500哩需要稍微加油一次，但滾叉軸承則每隔500哩，要加油一次。

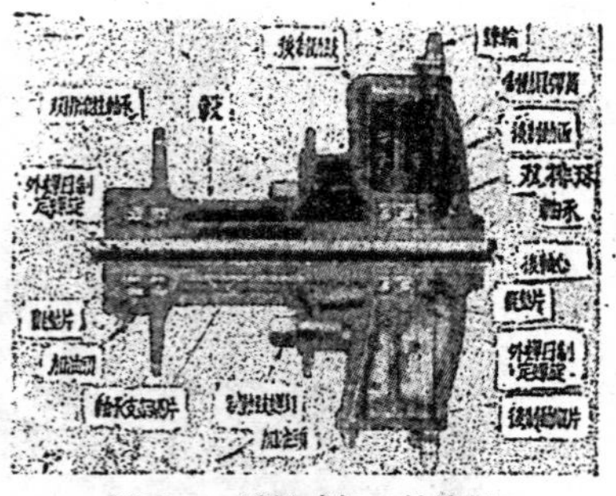

圖23——雙排球軸承的輪轂

對於裝備着壓力加油頭的輪轂，在加油時要十分小心，因爲如果加油太多，可能將檔油的東西破壞，使油脂擠入制動器的襯墊料，那末制動器便要失敗。輪轂的重裝須仗熟練的汽車工匠，俾獲得適當的鬆緊程度。

機 車 的 車 骨

機器脚踏車的骨骼就是車骨。它是用墜鍛製成的配件和無縫鋼管焊成的一個强固構造物。爲了增加其强度，所以還經過一種熱處理的手續。車架的前部是一個轉向頭，用以支持前輪的叉架。後輪軸安放在車骨後部的叉口中。機車車骨大致可以分成三種式樣：單環式，雙環式與開環式。

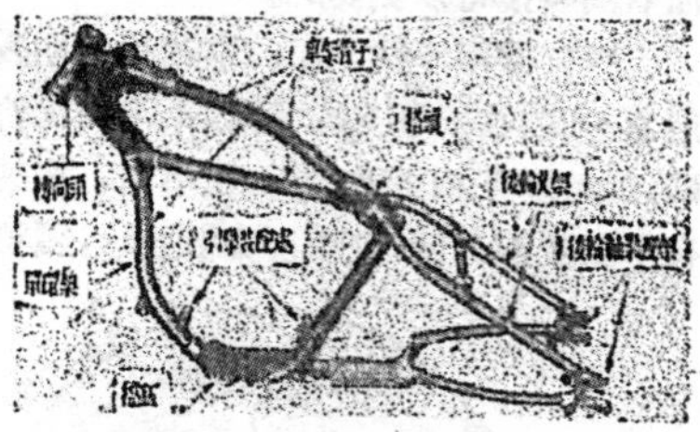

圖 24——單 環 式 車 骨

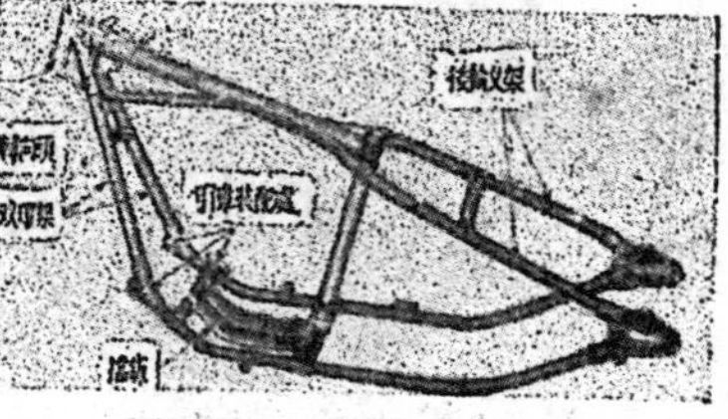

圖 25——雙 環 式 車 骨

單環及雙環式

12958

二種車骨(圖24,25)是堅固的支持結構，本身自成一體。單環式的下面祇有一根管子，雙環式則有二根管子。引擎以螺釘裝在車骨上，此外還有當板一塊，保護引擎。

開環式車骨(圖26)本身不成爲一個堅固的支持結構。必須以引擎裝上，才完成一個整件的車骨。裝在這種車架上的引擎往往有一個較重的機軸箱，同時有邊板裝置，使引擎裝上後，造成一個堅固的架子。

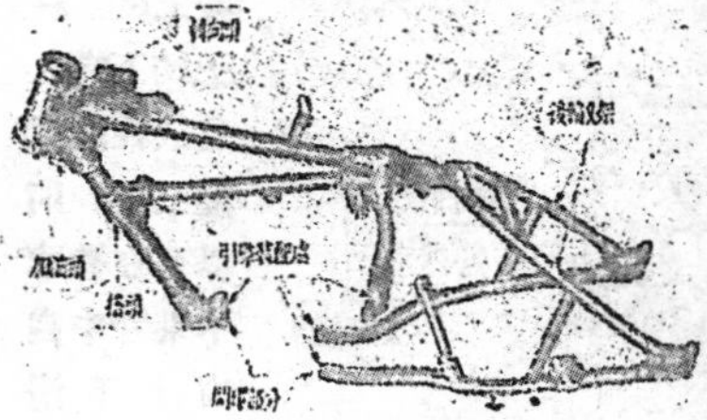

圖26 —開環式車骨

雙環式車骨還有另外一種構造式樣，如圖27所示。即在後輪叉架上裝有圓形彈簧，可使路上的振動減少。這一種構造頗似汽車上的獨立懸樹式的裝置車輪法。後輪軸即裝在彈簧的滑動圓柱上，這一個滑動圓柱略有傾斜，所以後輪可以自由上下不致會影響到傳動練條的伸長。

下面的載重彈簧承載機車重量，上面的反動彈簧則防止後輪的跳動。在此種裝置中的彈簧，每隔一個月，或行走1,500哩後須加油一次。

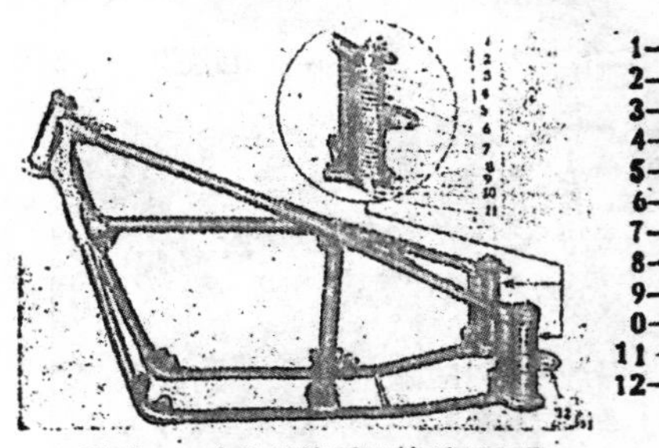

圖27——有後彈簧懸掛的雙環車骨

車骨在平常的時候，不會有什麼毛病發生的，除非因偶然不愼撞壞之後。假使車架彎折幷不厲害，那末在冷的時候就可以校直。像練條傳動的機車，是不能應用熱力加在車骨上的。如果要校直車骨，常用一架強有力的壓機。

前輪懸持與轉向

前輪叉架——前輪叉架是裝置在車架的轉向頭上的(圖28)叉架與把手組成機車的前輪懸持與轉向的控制機件，轉向頭有上下軸承，可以使作用容易。這些軸承應當每星期加牛油一次，同時每月或每隔1000哩檢查其鬆緊程度，因爲如果軸承太鬆，那末機車的前端就會搖擺。如果太緊，那末軸承會軋住，轉向就要困難，同時，不論太鬆太緊，軸承的圓錐體和盃狀物都要受傷損壞。

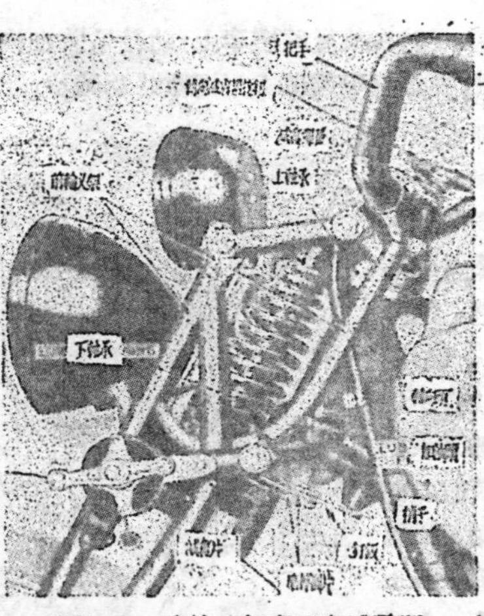

圖28——前輪叉架與轉向減震器

轉向減震器——有幾種機車上是裝有轉向減震器的，可以旋緊或放鬆，使把手的轉動增加或減少阻力，這樣可以防止前輪的搖擺或在高速行進時的滑力。減震器是可以整個的，俾使達到適當的運轉情況。

轉向時的要素——轉向機車大部分依靠着機車重心的位置和轉向頭，前輪叉架與前輪所安置好了的外傾角(圖29)這許多要素是在設計機車時決定的：

(1)外傾(Trail)是轉向頭中心線延長出去至地面相交的一點至前軸中心垂直線至地面一點，這二點之間的距離。外傾角(Rake)則是這二根中心線所夾的角。這一個情形與汽車前輪的傾外(Caster)相仿。

(2)前輪的懸持應當使前輪能上下自由活動，幷無側向的動作。如果車架有側向運動，那末要有側溜(Skid)的結果，在高速轉彎時，駕駛員可能拋在車外。

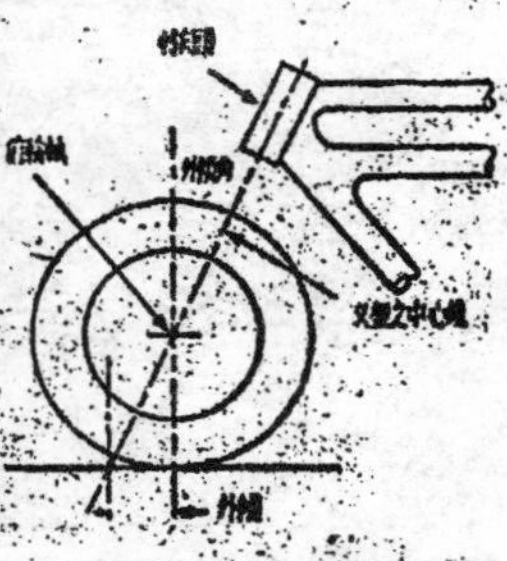

圖29——前輪叉架外傾

12959

(3)在某幾種機車上，前軸是裝在搖臂的騍釘上，使傳至車架的上下運動略爲減少。圖30是表示軸後的搖臂，圖31表示叉架搖臂的構造。

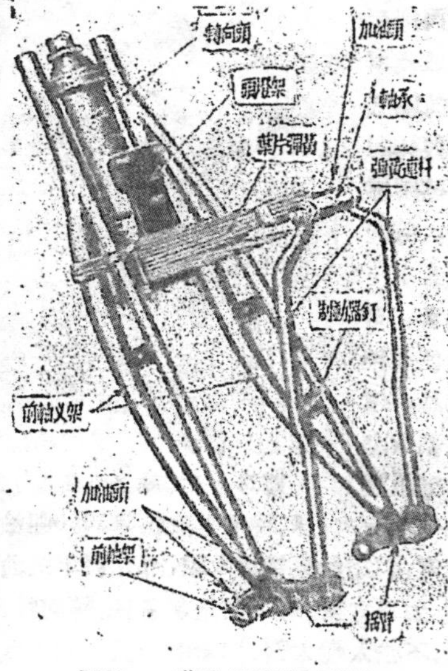
圖30——葉片彈簧前軸懸持

(4)圖32表示一種叉架的裝置，前軸可以直接裝在上面，釘於上叉架的搖板（Shackle)并不裝於搖臂上的。

(5)減震器是利用磨擦力的，控制單圈彈簧的作用，這種減震器可由駕駛者自己調整以獲得他自己底安適程度。搖臂或上叉架搖板（Shackles）的軸承都須每周加油一些，每日應校視其鬆緊的程度。

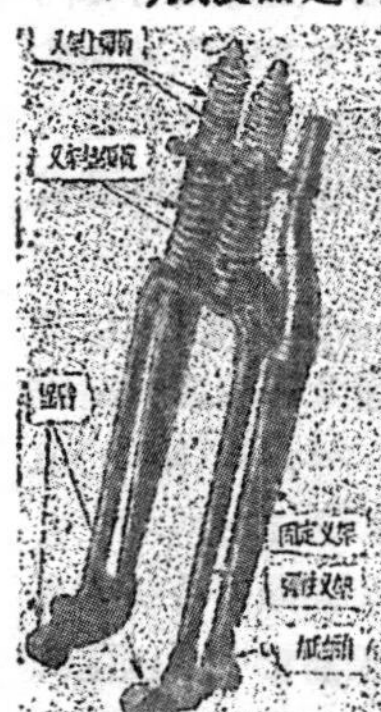
圖32——直接裝前軸的叉架

座鞍和座鞍位架子

機車的座鞍是以壓製輕鋼板爲骨架，墊以毡料，外罩皮革，并以鉚釘張於架上構造而成的。座鞍前部高起的鞍頭與後部鞍尾形狀頗似馬鞍。如果將前後的座鞍的裝置機件拆卸，座鞍就可以朝把手方向前後移動；以獲得駕駛員最安適的位置。

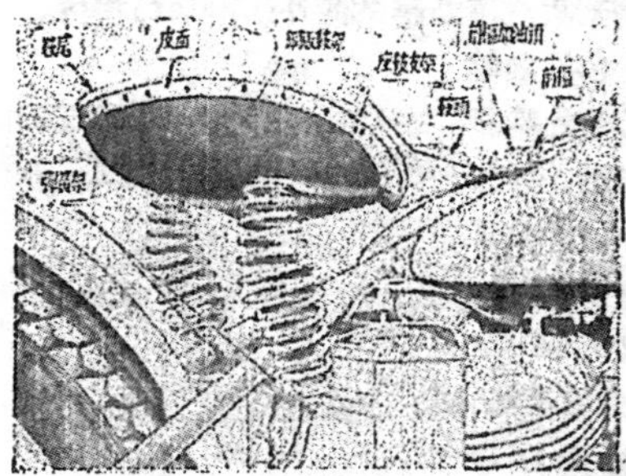
圖33——裝在二個圈彈簧上的機車座鞍

座鞍支架的前端往往與車架搭連，圖32表示支架的後部是二個圈彈簧，裝在一個撐架上，與車架聯緊。圖34表示另外一種式樣，座鞍的支架中心是裝牢在座鞍上的。柱子的下端，是放在圈彈簧上的，所以可在機車車架管中自由上下滑動，這一種座鞍的鞍尾可以全部揭起，（如圖35)，以便電池或汽油箱的取用，取用時只消將接連座鞍支架和座柱間的稍釘拔去即可。這一個連接的絞鏈式軸承，每星期應該加油一次。

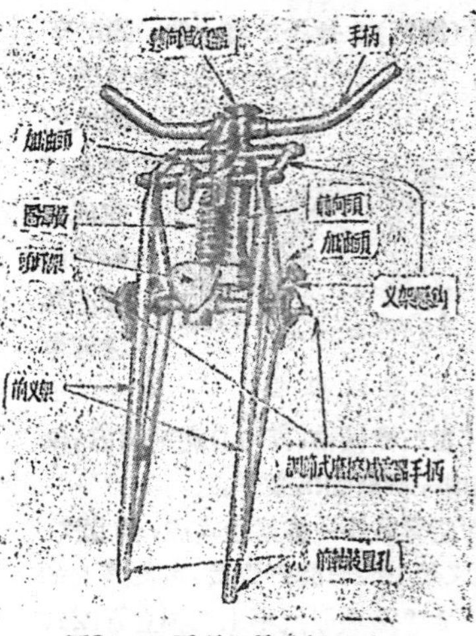
圖31——圓環彈簧前軸懸持

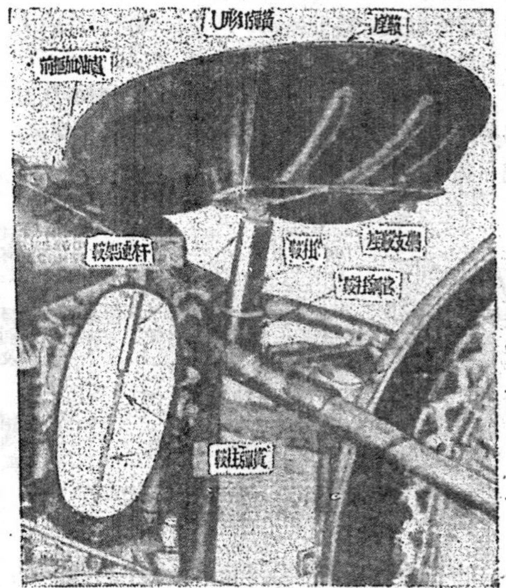
圖34——裝在柱上的座鞍

機車的制動機件

軍用的機器脚踏車在前後輪都具備着內漲式

12960

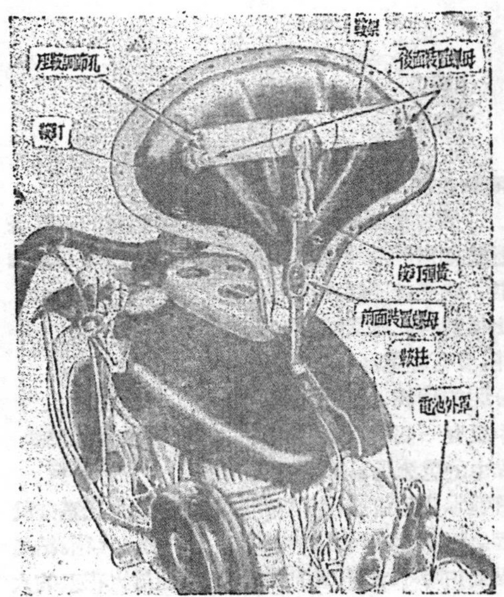

圖 35——座鞍揭起

的機械制動器(煞車)。前輪制動器是用手控制的,後輪及邊車輪的制動器則以右足控制。前輪制動器,可與後輪制動器聯合應用,或當作應急制動器用。如作後者用途時,可使車在斜坡

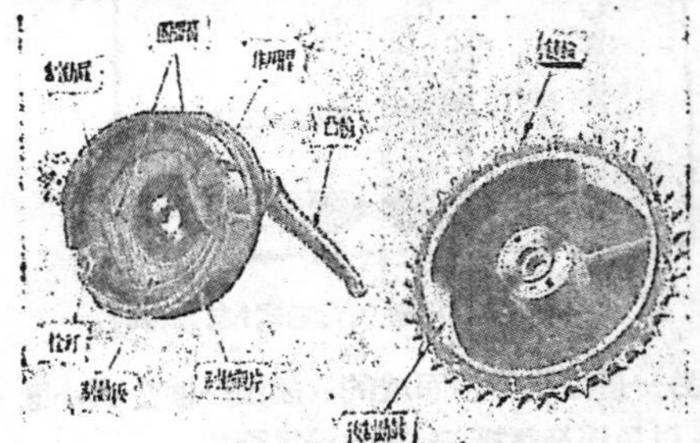

圖36——機車制動器各部機件

上停止不動,或於開動引擎時固定車輪。

圖36表示一典型機車制動器之各部機件。在制動器板牢裝的一只栓釘上,銲有二片活動之鑄鐵屐(Shoe),另外一面則有一凸輪推動,如凸輪向一定方向轉動,可使屐分離,使制動器的襯法與制動圓鼓抵合,於是每輪即可漸緩或停轉。屐間有二只圈彈簧,可使屐端與凸輪及栓釘常常密合。

圖37前後制動器的連桿組,前後制動器均可以伸長或縮短在梢釘處之制動連桿。

制動器的維護要十分注意不可將污物或油脂落入制動器,并且須小心調整。機車制動器比了汽車的制動器更要常常調節。在應用制動器時,必須十分小心,尤其在使用前輪制動器的時候。磨損,有油或潮濕的襯片,鬆解的調節,磨損的制動鼓,或制動鼓的平衡不正就要使制動片滑溜。如果屐或制動系統中的其他機件有鬆動,那末會發生搖動的現象。後軸螺絲帽必須旋緊,同時制動器的作用桿必須愈直愈佳。

制動器的襯料如果變硬或變成光滑,很容易發出戛戛之聲,要減少這種聲音,可將襯料的接觸端用銼刀銼去$\frac{1}{64}$"厚,自端的起約$1\frac{1}{2}$"長的一些地方。如果制動器發出尖銳的叫聲,這也是因爲襯料

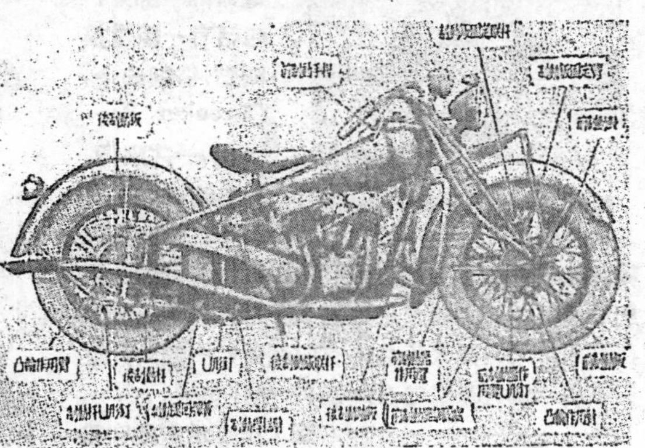

圖 37——前後制動系統

發滑或者不平均所致,有時接觸端需要銼毛,有時則因襯料太硬,不適合該一制動系統的關係。

(未完,下期續登:動力機關總說)

(上接第7頁)

混凝土的剛構

鋼料固然是很適於剛構的,而且又很經濟;但是鋼骨混凝土結構的連續性無疑也很適用於剛構,尤其是桁條和屋面板的整體設計上貢獻了極大的結構連續性,所以鋼骨混凝土的剛構也是同樣的普遍風行而且也適於需要極大强度和安定性的建築物如鐵路、公路、港口設備、廠房等,所困難的就是在澆注時的型板工程是相當複雜罷了。

12961

·通俗汽車講話之五·

分電器

沈惠麟

點火線圈的正線圈與副線圈的作用，我們已經在上一節(見本刊三卷九期)研究過了。我們知道要使火花塞產生火花，必定先要有電流在點火圈線的正線圈中通過，再使電路突然斷裂，因此把繞在點火線圈外的磁場突然消失，副線圈內就產生了所需要的高壓電流。

分電器中的斷電器

要使這正電流斷合，必定要有一個開關才行，但這不是普通的開關所能够勝任的。因爲現在的汽車引擎是轉動得這樣快，每分鐘就得把開關開合近五千次。所以我們就採用一種特製的開關叫做斷電器，(Circuit Breaker)見圖1。

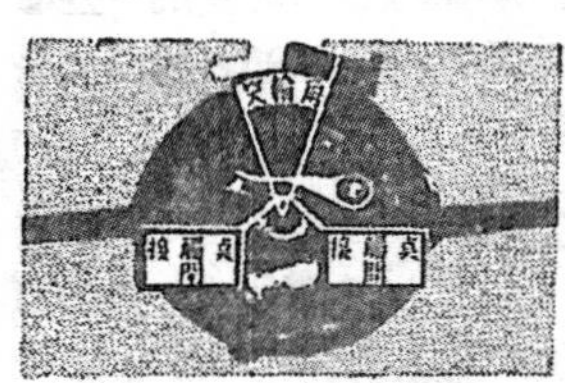

圖1 斷電器——說明突輪開閉正電路的情形

斷電器是分電器的一部分，包括有一斷電接觸點，俗稱白金，(Breaker Points)，一共兩個。其中的一個是固定的，和一個突輪，俗稱桃子，(Cam)。有四個，六個，或八個角，照引擎汽缸的多少和火花塞的多少而定。像一個四汽缸引擎用四個火花塞就有四個角；一個六汽缸引擎用六個火花塞就有六個角，仿此類推。

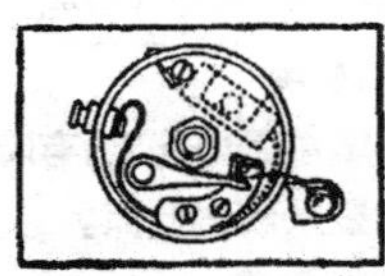
圖2 觸斷電器——接點開放

圖1所表示出的突輪角(Cam Angle)，表明斷電接觸點的開合和突輪的關係。在圖1中接觸點閉合在一起但在圖2中，接觸點正在開張的位置。

容電器的作用

倘若點火開關閉合的時候，那麼在每一次突輪將活動接觸點推離固定接觸點的時候，兩接觸點間就有一個很大的火花發生。因爲要減少這種火花的大小，使牠們不至於在短時間內燒毀，我們採用一個容電器(Condenser)來插進去，使和接觸點並聯，見圖3。

裝容電器還有另外一個很重要的目的，就是當接觸點開放時，正電流必定要立刻斷停，不然的話，我們就不能在火花塞上得到我們所要的熱火花。沒有容電器，在接觸點分開的時候，他們兩點當中就有一個電弧發生，兩點中的電流仍舊可以經過電弧本身而流通，斷電時間因之減短，火花塞亦就因之而不能在需要的時候，產生一個熱火花。結果點火正時不準，影響引擎的平衡。因爲火花塞的火花必定要在必要時，亦就是必定要在活塞在壓氣衝程上升至上頂點時發生。

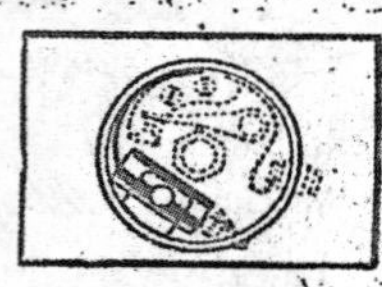
圖3 裝置在接觸點間的容電器

容電器是由一層臘紙一層錫紙再加上另一層臘紙另一層錫紙相捲而成的，放在一個金屬小圓柱內，以免與油汚接觸，其構造見圖4。

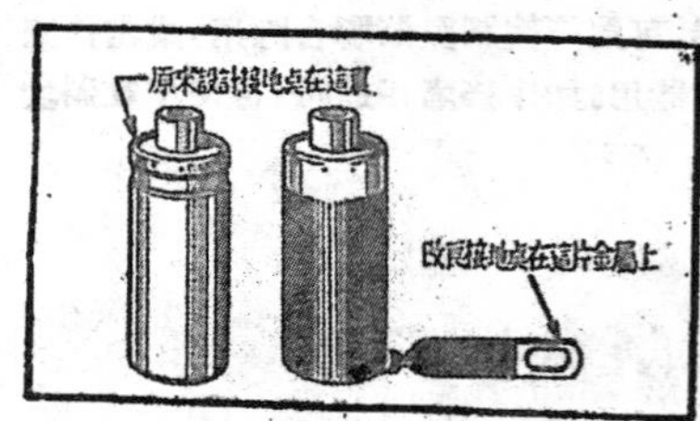

圖4 福特容電器(右，老式；左，新式)

容電器用久了，就要效力減弱或者變爲無用。當我們檢查斷電接觸點的時候，倘若接觸點上燒有凹陷，就有換容電器的必要見圖5。因爲接觸點燒毀或髒汚，引擎就有難發動和不論快慢車都有斷火的可能。倘若接觸點損壞不多時，可以用白金銼刀或白金磨石來磨平牠，除非在絕對沒有辦法的時候，萬不要用砂布或砂紙去磨平牠，因爲這樣使接觸點更容易燒毀。磨平後最好用香蕉水或火酒洗淨，切不要用汽油或火油，因爲這後兩種液體，都容易使接觸

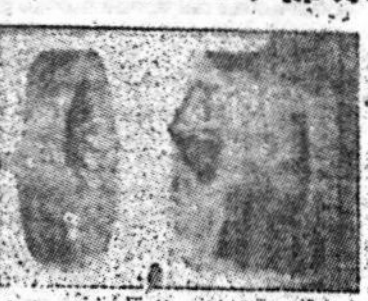
圖5 燒有凹陷的接觸點的放大圖

點燒毀較速。

市上有很多爲容電器試驗器出售，可以試出容電器的容量。倘若一個容電器不能通過潰敗試驗(Breakdown Test)，那麽亦不能在車上應用。一個容電器的阻力若在二百萬歐姆以下，對於引擎的運用和汽油消耗量沒有影響，但若在這個數目以上，那麽就要更換新容電器了。

接觸點彈簧的拉力

斷電接觸點在引擎轉動時，由突輪角將牠們頂離，再由接觸點拉簧(Contact Point Spring)將牠們拉合。這種拉簧的拉力，製造廠商有一定的規定，所以我們倘若要求得良好的引擎運轉，那麽一定要用拉簧表來檢驗彈簧的拉力。若彈簧拉力過弱，那麽容易浮抖，若過强則容易跳動，結果都是在高速時，使引擎有斷火的現象。過强時還有另一種毛病，就是使與突輪角接觸的磨擦塊磨損過速，這樣就要影響到點火正時。

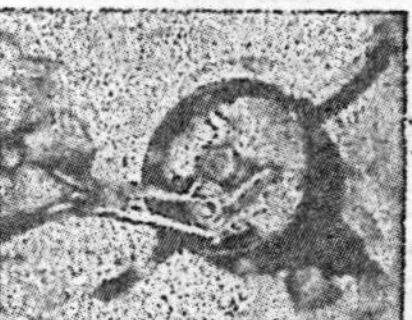

圖6　校正接觸點彈簧張力

在圖6中表現出怎樣校準彈簧拉力。若要減少拉力，只要將彈簧向裏彎就是了。若要增加彈簧拉力，那麽就得將斷電臂(Breaker Arm)折下，將彈簧向外彎，然後再裝起來。

火花的提早和延遲

要使斷電接觸點在適當時間開合，那麽突輪角必須有適當的提早(Advance)或延遲(Retarded)。

當引擎在起動時，汽缸中火花的發生必須越遲越好，這就叫做遲延火花(Retarded Spark)。但當引擎起動後，並且已經達到一個適當的引擎溫度的時候，那末火花就要發生得越早越好。因爲只有這樣才能使所生能力毫無折損，而使汽油的消耗最少，這火花就叫提早火花(Advanced Spark)。

當引擎負荷突然加重像用第三檔排上山時，火花就要延遲，但當換至二檔時，負荷即減輕，火花亦就要提前。現在有三種管制火花提早或延遲的方法：(一)人力管制(Manual)——像舊式的福

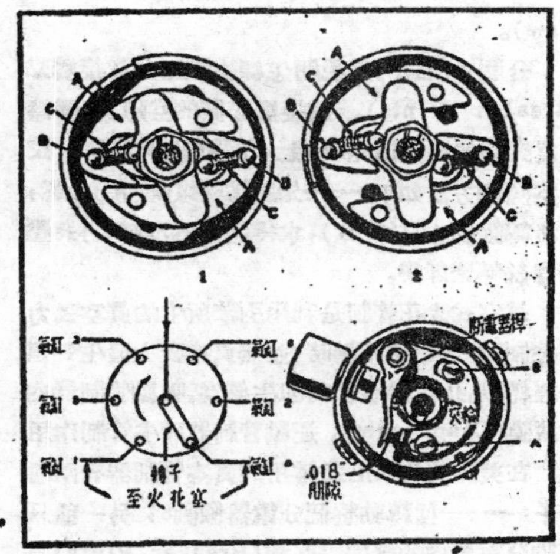

圖7　雪佛蘭火花自動管制

特等管制器在轉向盤或儀器板上；(二)自動管制(Automatic)——這一是種利用離心力原理的管制器，引擎到相當速度，這管制器即生效；(三)真空管制(Vacuum Advance)——這種管制是利用進汽歧管中的真空來控制。

圖7說明一種雪佛蘭式的火花自動管制。其分圖1是說明重塊(Weight)在正常位置的時候，所以這時候火花是在遲延位置。分圖2是說明引擎速度已在增加，兩重塊A即因離心力的作用而向外拋出，現在請注意突輪的位置，因爲重塊的向外移動，這突輪就順時鐘的方向前轉。裝在突輪上的轉子(Rotor)亦就因了突輪的轉動而轉動。所以火花的發生亦就因了轉子的轉動而變更，或提早或延遲。見分圖4。

我們再細看分圖4(左下)，就知道轉子剛好在第四個汽缸發火的位置。倘若重塊A剛在分圖的位置，那麽第四個汽缸就有一個遲延火花。倘若重塊像分圖2中那樣向外移動，那麽因爲突輪的向前移動數度，轉子亦就向前移動數度。分圖4中的轉子亦就向前轉動數度，剛好越過第四個汽缸，而接近第一個汽缸。但在第一個汽缸內恰還沒有到需要點火的時候。所以換句話說，倘若在第一個汽缸內的汽油空氣混合汽還沒有完全壓縮，亦就是說那活塞還開始壓縮衝程不久的時候，轉子已經和分電器蓋上的第一個汽缸的接觸點相接，那就生回跌(Kick Back)或在化汽器中回火(Spit Back)等現象。這樣就叫引擎正時失準(Out of

Time)。

分圖3(右下)是說明怎樣去校正分電接觸點(Breaker Points)。這接觸點間的空隙,在磨擦塊爲突輪的突角頂開時,最大不得超過0.018吋。校正空隙的方法如下:——先將壓緊螺絲(A)放鬆,然後轉動偏心螺絲(B),求得適當的空隙,再將壓緊螺絲轉緊卽得。

眞空式火花管制是利用引擎所生的眞空吸力來控制的。當引擎不轉時,並無眞空吸力發生;但一經轉動,化汽器喉管內卽生眞空,吸動管制器內的薄膜(Diaphragm),運動管制器而生管制作用

在美國式的車上通常用的眞空管制器有兩種式子:——一種轉動整個分電器像圖8;另一種只轉動分電器內的接觸點底板(Breaker Plate)見圖9。

圖8 分電器整個爲眞空管制器轉動

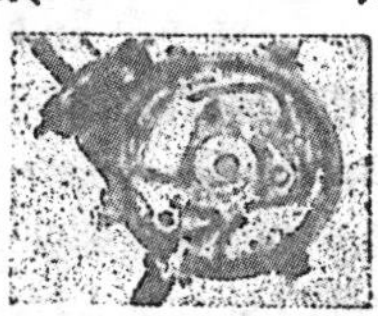

圖9 分電器只轉動內部的接觸點底板

倘若有的時候對於眞空式管制有所懷疑的時候;就是這分電器的管制一直提早或一直遲延,毫不活靈的時候,我們可以像圖10中那樣將分電器蓋(Distributor Cap)移去。再像圖11中那樣將突輪順時針轉動,那麼當放手時突輪應該立刻回到原來的位置,這樣眞空式管制才是好的。

圖10 移去分電器蓋來檢視眞空管制器是否靈活

圖11 將斷電器突輪順時針轉動。放鬆後突輪應該同到正常位置。

在整個分電器轉動式的眞空管制器有所損壞時,最好換用新的,不宜修理。在接觸點底盤轉動式的眞空管制器中,若有損壞的時候,則可換用底盤軸承或新的底盤,若換用其他零件,必須經過詳盡的檢查方能確定。

(未完,下期續登講話之六:發電機)

隨着金圓券的貶值,一般靠薪給收入生活的技術人員,都在考慮如何用不值錢的鈔票去打發衣食問題了,自然對於精神糧食的刊物無暇顧及,尤其是技術性的讀物。這種現象絕對不可能是長期性的,因爲中國需要建設,而建設更需要進步的技術!——因此,我們雖也在高物價之下掙扎着,可是絕未氣餒。

在三月六日的中國科學期刊協會年會中,我們曾聽到許多作者和讀者們的寶貴意見,雖是一鱗半爪,但也代表了這一時期作者們的期望和讀者們的需要;只是本刊和一般科學刊物不同,我們的對象是工廠中的從業人員和理工專科學校的學生,所以取材和文體都不能做到「婦孺皆知」和「通俗有趣」的地步;我們只能使這本刊物寫作得淺顯一點,內容則以「實用」的知識爲主。這也許是似本刊一般技術性刊物能辦得到的程度吧?

舉一個實用的例子:本刊在上一期有一個「有獎畫謎徵答」,事實上,這一次畫謎不能說是「謎」,倒是一種工場中最實用的安全知識,如果讀者曾在工場中混過一二年的,就可以體會到的。但是,我們雖然收到了好幾十封的答案,來自國內各地;仔細審閱之後,發現竟沒有一位完全答中的;可見,國內對於「實用常識」欠缺的地步。而我們以後,也準備用類似的方法來鼓勵讀者充實自己的「實用常識」。

還有一件事,也是本刊準備立刻做的,那就是「集體研究」。我們都知道,技術知識的充實,决不能夠關在屋子裏,一個人自己研究的 因爲它需要多數人的應用。既然如此,技術的發展也只有依賴多數人的共同討論和互相研究 最近有中國農業機械公司的同人們提供了一個很好的榜樣,他們一部份同人所組織的學術研究會已在用「集體討論」的方式來進行對於「機械製造」上種種實際問題的研究了,已討論的計有:銼刀、電焊、淬火諸問題;爲了供讀者們的參攷,本刊當自下期起卽將該項記錄逐期發表。

到現在爲止,本刊還沒有完全做到各科材料平均支配的地步,這是由於稿件的性質很難完全計劃化的關係,如果眞要均勻支配的話,那末有許多讀者們的外稿勢必割愛了。這當然不是編輯室同人所期望的。此外,還有一個出版日期的問題,最近一個階段,本誌不能說是脫期,只是出版日期多在月二十日以後,在讀者們的心理上多少有點遲出的感覺,因此,我們在設法調整中,也許在不久將來,可以來每月十五日左右出版。

下期要目可以預告的有:蘇聯工業現況,戰時工廠防護,連續性製皂新法等專文多篇,希讀者注意。

機工小常識

怎樣確定中間齒輪的位置

一 鳴

在傳動齒輪與從動齒輪間置一中間齒輪(Idler),在工程上常會遇到,但這並不是件容易的事情,尤其是當兩齒輪的中心在一水平直線上的時候,要用下列計算求已知節徑(Pitch Diameter)之中間齒輪的位置。

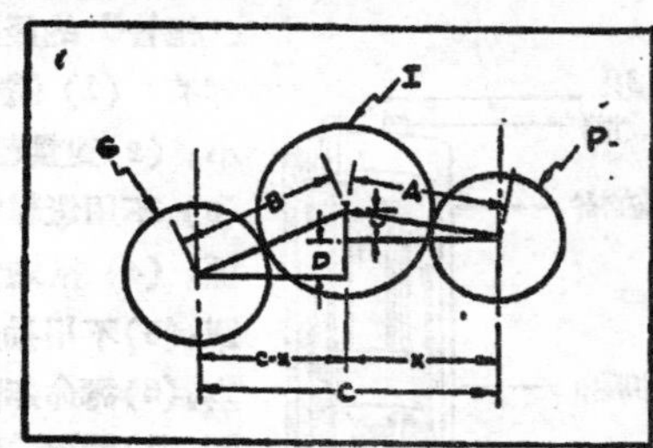

在上圖中,P爲傳動輪,G爲從動輪,I 爲所裝之中間齒輪。A,B,C及 D 俱爲已知值,中間齒輪中心之座標 x 及 y 爲所求之值。

從兩直角三角形之關係可得

$$A^2=x^2+y^2 \qquad (1)$$

$$B^2=(y+D)^2+(C-x)^2 \qquad (2)$$

以(1)式中 x 之值代入(2)式得

$$B^2=y^2+2yD+D^2+C^2-2C\sqrt{A^2-y^2}+(A^2-y^2)$$

$$\therefore\quad 2C\sqrt{A^2-y^2}=2Dy+D^2-B^2+C^2+A^2$$

設 $K=A^2-B^2+C^2+D^2$

則 $2C\sqrt{A^2-y^2}=2Dy+K$

故得 $4C^2A^2-4C^2y^2=4D^2y^2+4KDy+K^2$

即 $4C^2y^2+4D^2y^2+4KDy+K^2-4A^2C^2=0$

即 $y^2(4C^2+4D^2)+y(4KD)+(K^2-4A^2C^2)=0$

故得 $y=$

$$\frac{-4KD\pm\sqrt{16K^2D^2-4(4C^2+4D^2)(K^2-4A^2C^2)}}{2(4C^2+4D^2)}$$

化簡上式得

$$y=\frac{-KD\pm C\sqrt{4A^2C^2+4A^2D^2-K^2}}{2(C^2+D^2)}$$

y之值求出後,代入(1)式中,x之值亦可求得,中間齒輪中心之位置即可確定。上式於任何情形下都可應用,當兩齒輪(傳動輪與從動輪)中心在一水平線上時,則因 D=0,而上式可予以化簡,計算更爲便捷了。

有獎畫謎揭曉

上期所登的畫謎徵答,在工程界尙屬創舉,承各地讀者踴躍寄答案給本刊,編輯部同人感到非常興奮。由于本期篇幅不夠,詳盡的答案准於下期登載,這裏僅將主要題義和得獎人名單公佈如後:

圖1: 翻砂間(鑄工場)內的安全問題,應有十一件不妥善的地方要指出來。
圖2: 意外傷害的急救問題,應有六點指出來。
圖3: 工作時容易發生的錯誤行爲,應指出七點。
圖4: 關於工場中電的安全問題,應指出六點。
圖5: 關於防火諸問題,應指出五點。
圖6: 關於機械工場內工作時的安全問題,應指出四點。
圖7: 幾點屬於管理上的疏忽而引起的不安全,應指出五點。
圖8: 人力搬運物件的幾種安全問題,共有七點。
圖9: 機械搬運物件的幾種安全問題,共有七點。

全部答對者無,但仍按說明詳略及投寄先後次序,決定得獎者首八名之姓名如下:

鄭家駿	浙大化學系	贈三卷合訂本一册
程義藻	鍋爐檢驗工程師	贈三卷合訂本一册
顧如龍	中華工商專科	贈本刊全年一份(自4卷10期起)
曹侯康	中華工商專科	贈本刊半年一份(自4卷10期起)
任有道	省立上中	贈本刊半年一份(自4卷11期起)
何耀輝	浙大化學系	贈三卷下半册合訂本一册
吳正能	金陵大學附中	贈本刊半年一份(自4卷3期起)
鄭玉藩	台灣台北機廠	贈本刊半年一份(自4卷5期起)

所有中獎之贈品,除指定必需贈閱本刊者寄贈定單外,合訂本概於四月一日前後郵寄各得獎人。

新的晶體三極管

換阻器 Transistor

晶體在無綫電界的應用由來以久，本來是作檢波器用，就是俗稱的礦石。自電子三極管出現，晶體檢波器已漸淘汰，直至近來，在超短波上的應用，又漸漸抬頭代替了電子二極管。

最近美國倍耳電話研究室在這方面有一個驚人的成就，就是利用晶體，作成一種三極管，換句話說，可以作放大器用，有了放大的性能作振盪器用自然不成問題，而其本身體積小、構造簡單尤爲特點。（圖1）至於這種放大的性能，物理學上的解釋，還沒有十分清楚。所以它的前途尚有許多工作可做。

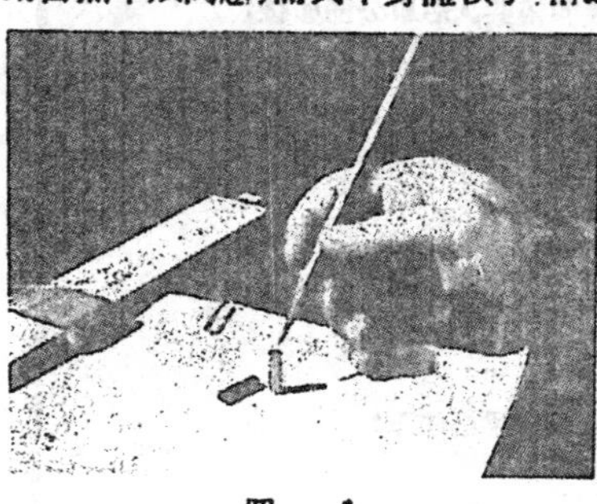

圖 1

其構造爲一小塊的鍺（Germanium）晶體，二根金屬的觸鬚，接觸在它的表面上，相距不能過0.002吋。其中一根相當普通電子三極管中的柵極，另一根就是屏極。（圖2）在電極上加以適當的偏電壓後，就有放大的作用。目前的出品可以放大100倍（20 db），但是其最大可以容許的電力不過在10 mW（千分瓦特）左右。倍耳的工程師，曾製成一具普通收音機，用11隻"晶體"，所以放出25 mW的電力。

無疑的這是一個革命性的進步，但是它目前還有幾個缺點（1）電力不能太大（2）因爲 Transit time 較長，不能用在超過10 mC（兆週率）的綫路中。這兩個缺點，當然有慢慢克服的可能。而"晶體三極管"的優點却有：（1）體積小，（2）重量輕，（3）不用燈絲電源，（4）構造簡單，（5）不用抽真空，（6）壽命無限制，（7）輸出、輸入的電容量極小（Transit time 如問題可解決，用在高頻上極好）。

進綫
出綫
同時當陰極用的外殼
絕緣的隔体
觸鬚
鍺的晶体
重金屬的底

圖 2

綜以上各項優點，我們可以看到不久將來"晶體三極管"大量生產的問題解決以後。在無綫電，電子學中將要廣泛的以"新晶體三極管"代替現在的電子三極管了。（宗）

★造雨的機械——有了如圖2所示的這架機械，就可以製造大雨，來變更氣候，控制旱災等措施了。

這一架通用電氣公司出品的造雨的機械尚在試驗之中，是由美國海軍的信號部隊主持的。基本構造是一具燃炭的火花發生機，能一下子產生數百萬含有碘化銀的質點，放射到天空中去，這種質點遇到了空中的水氣，就形成了一種超冷水點的核心，因此結晶成雪；再視近地面空中溫度與濕度的影響，就會成了雨。（MGD—1,49）

圖 ——造雨機械

★沒有撚度的新型紗綫——有一位義大

12966

利人考得契利(Beldin Corticelli)發明了一種沒有撚度的紗線，據說有不紐結，不裂絲，不錯綜的優點，在縫紉機中運用很是優良。這一種紗線是由多根尼龍絲"合焊"而成，其製造成本，據說和普通線差不多，但是有一個極大的缺點，就是由是"焊合"時的溫度甚高，到現在為止，還沒有發明一種較好的染料可以用來染這種紗線的。(MGD—1,49)

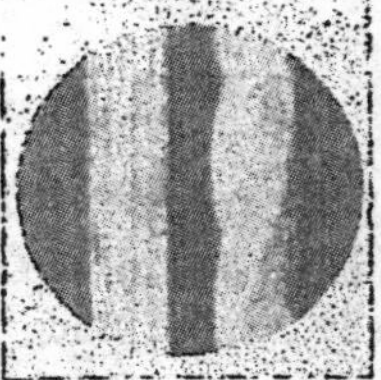

圖3——左面是沒有撚度的何線，右面是普通的紗線

★水力洗衣機——澳洲製造的O.G.家用洗衣機是不用電力而用一只振盪式水力發動機使機械推動的。在使衣服乾燥之時，水力發動機就脫離關係，使水加熱，另有一具煤氣燃燒器的裝置。外形如圖4。

圖4——水力洗衣機

★最大的直昇運輸機——美國空軍最近委託Piasecki公司設計了一架最大的直昇機(圖5)，其容量現在尚未知悉，但是其機艙約和C-54型相似，現代的各項直昇機據說沒有一架可以比得上這架直昇運輸機的航程。(MGD, 12—48)

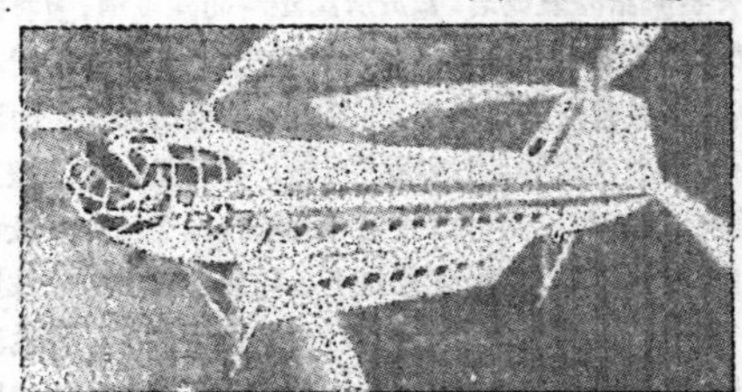

圖5——直昇運輸機

★新型開礦機械——如果應用這一種新型的開礦機械——美國Sunnyhill煤公司製造的"Colmol"，那末在掘煤的時候，就不再需要像以前開礦的鑽探炸坑等手續了。工人也只消驅動這一架像坦克車一般的機械，就可繼續不斷地生產煤斤，據該公司人稱：如果用四位工人管理這架機械，那末每一班的產量可抵達500至1000噸的煤斤，那就是說，每一人工可產煤100噸以上。

圖1——Colmol開礦機

這一架開礦機的前端裝有十只旋轉式的鑿煤頭，(參看圖1)這個鑿頭很是希奇，在轉動的時候互相配合，一方面盡了鑽鑿的功能，同時又有運輸煤塊的作用，因此在機械前進的時候，煤塊逐漸落下，運到上面的運輸帶，就可以轉運到外面的運輸工具上去了。

如果這一種掘煤的開礦機械用來掘土開隧道，據說也有同樣的效率。

整個"Colmol"闊約$8\frac{1}{2}$呎，$24\frac{3}{4}$呎長，重量約52,000磅，在開動的時候每分鐘前進約自18"至36"。(天，MHD, 1,49)

★1949年納喜汽車的新型車架——這一種車架(圖7)是完全和車身裝在一起的。它的主要特點是清潔，沒有泥污沾染在車架下的各項機件。蓄電池移裝在引擎罩的下面，四個輪子完全罩沒在車身之下，只是輪子的旋輪半徑減低了一些。種種儀器完全裝在轉向柱上，可以從轉向舵盤的空隙中看出來。(Am. Auto. N, 26)

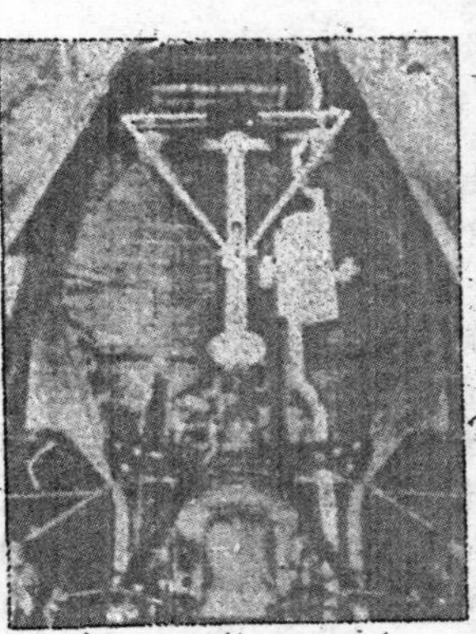

圖7——裝在車身中的車架

12967

★讀者之頁★

關於
『熱偶金屬』譯名的討論

編輯先生大鑒:

茲閱貴刊三卷十期,內載『熱偶金屬』一文,其內容係指"Thermostatic Bimetal"而言,而『熱偶』二字,已爲Thermocouple所用,似已爲物理學與電信工程標準譯名所採用,(因手頭無材料,不敢作斷言)。至於普通Bimetal一字譯作雙金屬者較多。此處"Thermostatic Bimetal"一字可直譯爲『定溫雙金屬』。實際上文中所論及者,係泛指Thermosensitive Bimetal,而此種雙金屬作定溫器(Thermostate)用者,方可稱爲Thermostatic Bimetal。

以上略陳管見,以供參攷,尙希讀者諸君共同討論。此頌 撰安

一讀者王景泉上 二,廿三。

★原作者凡夫先生謹答:

景泉先生:承指出Thermostatic Bimetal之譯名熱偶金屬有不妥之處,甚感。作者在決定這一個名詞之前,曾遍閱很多已決定之名詞標準,因無適當之譯名故暫採用之。至Themocouple一字,誠定標準譯名爲『熱電偶』,因有熱度差別產生電流之義,故不能與『熱偶』二字淆混。而該文中所討論之金屬,不一定爲雙合(有時可能三片叠合),其用途也不一定爲『定溫』,故似亦不能譯作『定溫雙金屬』。——但熱偶金屬一詞確非恰當,則無疑義。當初因匆匆脫稿,未加鄭重考慮,致有此誤,現擬改譯爲『熱感金屬』,不知是否恰當,尙望來函指教,并希讀者諸君共同討論,是幸。 凡夫 三月三日

★編者按:本刊三卷十期凡夫先生『熱偶金屬』一文之譯名,承讀者王景泉先生提作商榷,經請凡夫先生先作簡答如上。我們對吾國工程科學專門名詞之標準化問題,一直希望能有所討論改進,最近科學期刊協會年會時,各科學期刊編輯同人對此亦均有同感,希望要藉讀者作者與編者各界的努力,來完成這一項標準化工作。這次的討論,如果能作爲一個工程科學名詞標準化工作的開始,則是我們所最爲希望的。最後,本頁篇幅除解答一部份讀者問題外,希望儘量爲讀者利用發表各種意見。

·來函簡復·

金工鉗工書籍

★(5)重慶南岸窍角沱裕華紗廠李植君:來函奉悉多日,遲復至歉。所詢金工鉗工方面書籍,有(1) Ford Trade School: Shop Theory. (2) Burghardt: Machine Tool Operation I&II.後者有翻版本。二書均爲美國McGraw Hill Co.出版,可託上海南京路中美圖書公司代購。(J)

熱處理問題

★(6)軍工路種服廠錢洛毅君:大函奉到多日,遲復至歉。所詢關於熱處理問題,謹答如下:(1)國內對熱處理設備完善之廠家甚少,上海以中國紡織機器製造公司,紡建公司上海第二機械廠,蘇中機械公司,中央機器廠等設備較好。普通情形重要設備祇有氰鹽溶淬火爐,Muffler Furnace,冷却槽等。(2)熱處理理論方面,日新月異,已蔚成一專門學科。參攷書中文本尙無所見,英文本以Sauer: The Metallurgy & Heat Treatment of Steel一書最好,惟篇幅甚鉅,滬上或不易購得,可向各大學圖書館一詢,可能借到(C.G.)

塑料問題種種

★長樂路陸繼成君:關於所詢塑料問題種種,謹答如下:熱塑性塑料可以第二次加熱再模塑,熱固性塑料則不能,所以塑料廢片的再利用,僅限於熱塑性的幾種,如聚苯乙烯,醋酸纖維等。台端所研究的,其實是一種注塑工程,有現成機器,可向外國訂購;此種機器,上海亦有數十架之多。其餘疑問五點,分答如下:(1)熱塑性塑料之注塑工程,最重要之條件爲熱度與壓力,每種塑料有一定的溫度與壓力,不可一概而論。注塑技術不是三言二語,中國技術協會將在四月初舉行『塑料講座』,內并有一講專談注塑工程,希望一同來參加。書籍方面有Thomas: Injection Molding of Plastics,爲權威讀物。(2)重塑後顏色變黃,係鐵管內壁不淨。因爲這種設計不是根本方法,如用正式注塑機即無此弊。(3)透明塑料可先磨成粉末,加入顏料,充分混和,然後再塑即可使之着色。(4)製塑機器容量小者爲1oz.或$\frac{1}{2}$oz.,上海有廠仿製,如中國膠質製品廠等,大容量者均爲外國貨,著名者有Reed & Prentice HPM等。(5)重塑後發泡或因壓力不夠,或爲溫度太高,而壓力不夠最爲可能。最後關於介紹製造廠,可往昆明路101弄2號中國膠質製品廠(電話爲50643)找蔡嘉林先生,言明是工程界錢儉介紹可也。(儉)

國貨之光

益豐

化工之友

坩堝　火磚　鎔銅罐

益豐搪瓷公司窰業廠出品

精益（怡記）毛織廠

出品

金牛牌
織女牌
條素駱駝絨

地址：黃河路一〇七弄八十六號

電話：三七六五二　電報掛號五七〇二七〇

關勒銘
保用金筆
廿年信譽
國貨首創
真金筆尖
終身保用
到處有售

原料標準化　商標　註册　成品精密化

主要出品

活塞 Pis Tons
活塞肖 Piston Pins
活塞環 Piston Rinos
汽門 Vol Ves
汽缸套筒 Cylinder Liners
飛輪齒圈 Fly Wheel Ring Gears

鄭興泰汽車機件製造廠

營業部　威海衛路四八二號　電話　三六九五六
製造廠　中正西路一三〇三號　電話　二一〇八五
電報掛號　五七三〇四九　國際電報上海 "AUTOPARTS"

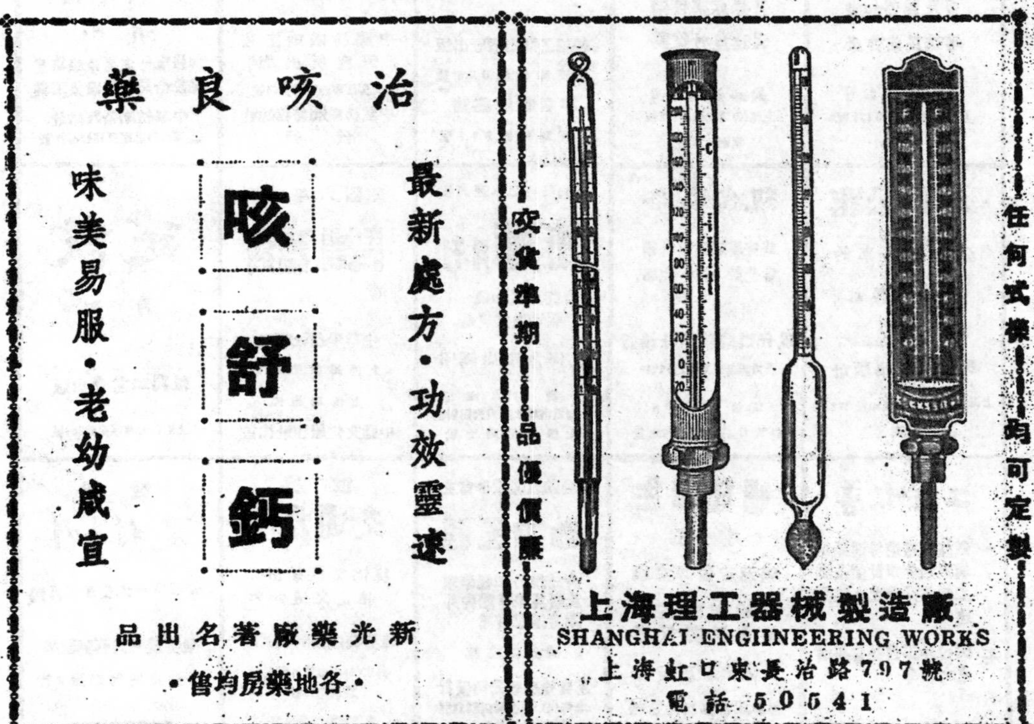

中國科學期刊協會聯合廣告

民國四年創刊 科學 傳佈學者研究心得 報導世界科學動態 中國科學社編輯 上海(18)陝西南路235號 中國科學圖書儀器公司 上海(18)中正中路537號	·通俗科學月刊· 科學大衆 報導建設進展 闡述各科新知 民本出版公司 上海(0)博物院路131號 電話 17971	出版十五年 銷路遍世界 科學世界 研討高深科學知識 介紹世界科學動態 中華自然科學社出版 總社：南京中央大學 上海分社 上海威海衛路二十號 電話 六〇二〇〇	理想的科學雜誌 科學時代 內容豐富　題材新穎 科學時代社編輯發行 上海郵箱4052號	中國科學社主編 科學畫報 民國二十二年創刊 老牌『科學』的妹妹 普及科學的先鋒 圖文並茂，印刷精美 無師自通，消遣有益 中國科學圖書儀器公司 上海(18)中正中路537號
中國技術協會出版 工程界 通俗實用的工程月刊 ·編輯發行· 工程界雜誌社 上海(18)中正中路517弄3號	中國唯一大衆化電學刊物 電世界 介紹電工智識　報導電工設施 供給參考資料·答覆技術問題 電世界社編輯 電世界出版公司發行 上海(0)九江路5號311室 電話 12290	通俗性月刊 化學世界 普及化學知識 報導化學新知 介紹化工技術 提倡化工事業 中華化學工業會編印 上海(18)南昌路203號	民國八年創刊 醫藥學 風行全國之綜合性 醫藥報導月刊 [illegible] 主編 醫藥學[illegible]社 上海(0)[illegible] 電話 [illegible]9360	中華醫學雜誌 發表專門著作 介紹最近進步 [illegible] 上海[illegible] 中華醫學會出版
·通俗醫藥月刊· 大衆醫學 普及醫藥知識 增進民族健康 民本出版公司 上海(0)博物院路131號 電話 17971	·通俗農業月刊· 大衆農業 發揚農業科學 促進農村復興 民本出版公司 上海(0)博物院路131號 電話 17971	紡織染界實用新型雜誌 纖維工業 纖維工業出版社出版 上海[illegible]路698號 作者書社經售 上海福州路271號	國內唯一之 纖維工業雜誌 紡織染工程 中國紡織染工程 研究所出版 上海江寧路1243弄91號 中國紡織圖書雜誌社 發行	紡織染界之喉舌 民國廿三年創刊 紡織染 ·月刊· 加強唯一之生命線事業 建設全民之紡織染工業 中華紡織染雜誌社 上海(25)建國東路456弄2號
現代公路 公路和汽車的 一般性雜誌 現代公路出版社 上海(5)四川北路寶山路277號 三樓	現代鐵路 鐵路專家集體執筆 曾世榮 洪紳 主編 現代鐵路雜誌社發行 上海南京西路612弄49號 電話 61068 郵政信箱 上海2453號	國內唯一之水產刊物 水產月刊 介紹水產知識 報導漁業現狀 上海魚市場編印 發行處 上海魚市場水產月刊編輯部 上海江浦路十號	民國六年創刊 學藝 中華學藝社編印 上海紹興路七號 上海福州路 中國文化服務社代售	建設 月刊 報國工業會出版 上海(18)襄陽南路364號
工程報導 一、鐵路公路港埠溝渠結構建築都市計劃土壤工程等原理之介紹闡述 二、國內外工程界重要消息之報導 [illegible] 上海[illegible]路307號[illegible]社	婦嬰衛生 月刊 楊元吉醫師主編 是婦女的良伴 是嬰兒的保姆 大德出版社發行 上海[illegible]路二九三號 [illegible]	中國動力工程學會主辦 動力工程 介紹動力工程學理 及發展報導國內外 動力工程消息 [illegible]主編 電世界出版公司發行 上海(0)九江路5號311室 電話 12290	世界 交通月刊 提倡交通學術 推進交通效率 世界交通月刊編輯部 南京(6)中華門外雨花台 [illegible]15號 各埠世界書局經售	世界 農村月刊 全國唯一大型農業月刊 世界農村月刊編輯部 上海[illegible]9號 各埠世界書局經售

國光牌
汽油 煤油 柴油
潤滑油 潤滑脂 燃料油
品質符合國際標準 定價低廉服務社會
中國石油有限公司

中國科學期刊協會會員刊物
中華郵政登記認爲第一類新聞紙類
上海郵政管理局執照第二四二六號
內政部登記證京警滬字第一七四四號

本期售價金圓八角
暫照一千二百五十倍發售

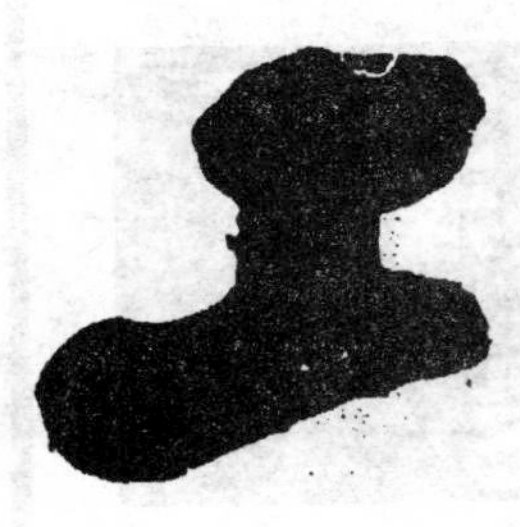

第四卷 第四期

三十八年四月號

美國路賓那礦中巨大的濃縮煤槽

中國技術協會主編

工程界雜誌社發行

新安電機廠

股份有限公司

主要出品

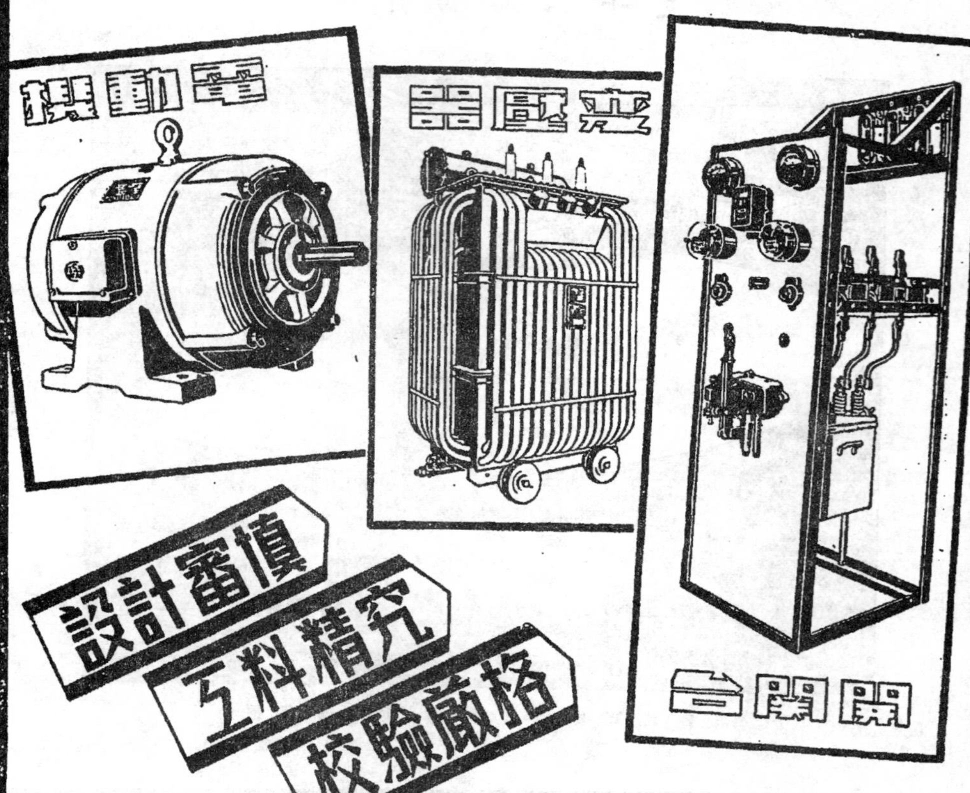

事務所・上海南京西路八九三號大滬大樓五樓 電話・・六〇〇九〇

廠址・上海常德路八〇〇號 電話・三五七五三（電报掛號・〇七八九）

發行者
工程界雜誌社
社長兼發行人 宋名適
副社長 鮑熙年
經理 許鐸
社址
上海(18)中正中路517弄3號
電話78744

第四卷 第四期 目錄 三十八年四月號

·印刷·總經售·
中國科學公司
上海(18)中正中路537號(電話74487)

POPULAR ENGINEERING
Vol. IV, No. 4 April. 1949
Edited by
CHINA TECHNICAL ASSOCIATION
Published monthly by
CHINA TECHNICAL PRESS
517-3 CHUNG-CHENG ROAD (C).
SHANGHAI 18, CHINA

·訂閱價目·
國內定戶 全年$1.00 半年$0.50
普及本定戶 半年$0.30
按訂閱時之袁頭市價計算
國外定戶 全年平寄連郵美金3.00
香港澳門 全年平寄連郵港幣15.00
外埠航掛快各項郵費需另加繳

本期每册銀元壹角
(普及本每册銀元五分)

12979

中國技術協會
上海基督教青年會 聯合主辦**工業常識**講座
中國科學社

宗　　旨：工業常識講座以介紹上海工業近況普及一般技術知識爲宗旨
時　　間：自三月二十日起每星期日上午九時半起
地　　點：八仙橋青年會交誼廳及會議室（如報名人數增多再移較大講堂）
報名地點：八仙橋青年會問訊處，四川路青年會問訊處（上午九時至下午九時）
陝西南路二三五號中國科學社（下午二時至五時）
中正中路五一七衖三號中國技術協會（下午二時至九時）
報名手續：凡願參加者請先詳塡報名單（講程備索）；每講發給聽講券一紙酌收雜費屆時按講憑券入座

第一講三月二十日	電力供應概況	主講：陳問新先生（上海華商電氣公司用戶科科長）
第二講三月廿七日	電訊事業	主講：趙立先生（上海電信局工務處處長）
第三講四月三日	上海自來水工程與用水常識	主講：董世祜先生（上海內地自來水公司工程師）
第四講四月十日	棉紡工業	主講：蔡麟書先生（紡建公司工務處副處長）
第五講四月十七日	織布工業	主講：葛鳴松先生（紡建公司棉紡織技術促進組副組長）
第六講四月廿四日	印染工業	主講：杜燕孫先生（紡建公司印染室工程師）
第七講五月一日	毛紡工業	主講：徐毅良先生（紡建公司第一毛紡廠工程師）
第八講五月八日	鐵路行車制度與演變	主講：葉杭先生（京滬鐵路號誌管理所主任）
第九講五月十五日	橡膠工業	主講：劉學文先生（大中華橡膠廠工程師）
第十講五月廿二日	造紙工業	主講：宣桂芬先生（天章，江南造紙廠工程師）

中國技術協會主辦**新技術**講座

宗　　旨：本講座以提供最新技術知識俾引起一般人士之研究興趣爲宗旨
時　　間：塑料講座自四月十七日開始雷達講座自五月一日開始每星期日上午九時半起
地　　點：重慶南路（呂班路）震旦大學新廈
報　　名：自四月十一日起每日下午一至九時在中正中路五一七衖中國技術協會詳塡報名單隨繳雜費金圓四千元發給聽講證以後憑證入座

（一）雷達講座

第一講四月十七日	塑料概論	主講：劉敬琨先生（中央工業試驗所塑料研究主任）
第二講四月廿四日	熱固性塑料	主講：夏炎先生（大夏大學教授）
第三講五月一日	熱塑性塑料	主講：蔣定一先生（交通大學教授）
第四講五月八日	纖維素塑料及合成纖維	主講：蘇元復先生（交通大學化學系主任）
第五講五月十五日	模塑技術（一）	主講：夏藩芳先生（遠東塑料廠廠長）
第六講五月廿二日	模塑技術（二）	主講：張建秋先生（資委會中央化工廠塑料部）
第七講五月廿九日	塗佈積層及粘膠劑	主講：張建秋先生
第八講六月五日	塑料之新進展	主講：邵家麟先生（大夏大學化學系主任）
第九講六月十二日	上海之塑料工業	主講：陳陶心先生（上海市工業會）

（二）塑料講座

第一講五月一日	雷達之基本原理	第三講五月十五日	雷達實際機件舉例
第一講五月八日	微波脈流（Polse）之特性	第四講五月廿二日	雷達之應用

浦東電氣公司

營業種類：

電光

電力

電熱

營業區域：

上海市浦東全境

上海縣浦東全境

南匯川沙奉賢三縣全境

事務所：浦東東昌路三九六號

電話（○二）七四○二三

發電所：浦東張家浜十號

電話（○二）七四○二五

原料標準化　　商標註冊　　成品精密化

主要出品

- 活塞 Pistons
- 活塞肖 Piston Pins
- 活塞環 Piston Rings
- 汽門 Valves
- 汽缸套筒 Cylinder Liners
- 飛輪齒圈 Fly Wheel Ring Gears

鄭興泰汽車機件製造廠

營業部　威海衛路四八二號　電話　三六九五六

製造廠　中正西路一三○三號　電話　二一○八五

電報掛號　五七三○四九　國際電報上海 "AUTOPARTS"

上海

華商電氣股份有限公司

業務

電燈　電力　電熱　電車

總管理處
南市中華路（老西門口）一四七四號
電話：南市七一八三三

營業科
南市中華路（老西門口）一四七四號
電話：南市七〇〇二〇

電務科
南市車站路五六四號
電話：電務科工程師室　南市七〇九七一

用戶科
南市車站路五六四號
電話：用戶科工事股　南市七一八二三

公利電器行

開樂收音機

專營一切電器電線電話機及升降方棚無線電另件等器材

上海浙江中路一四一號

電話 九六九五八 九〇七七三　電報掛號 五三九六九三號

國光牌
汽油 煤油 柴油
潤滑油 潤滑脂 燃料油
品質符合國際標準 定價低廉服務社會
中國石油有限公司

和談開始了
工商界切望南北立即通商

（技協通訊社訊）和平談判於四月一日正式開始，政府和平代表飛平，雖然近日消息很少透露，但一般人對之均認爲能正式談判是好現象！工商界人士尤爲興奮，希望漸臻具體的南北通商辦法，能因和談開始而即付實施，同時也將因通商實現而促使和談條件更形有利，獲得早日成功。

★上海市工業會晉京請願代表劉鴻生等七人，於三月卅一日返滬，在京曾謁見何應欽院長，申述三點希望恢復通商理由：（一）上海各廠的製品，大部銷往北方，原料亦大部來自北方，現原料不繼，存貨無銷路，爲維持生產，安定上海經濟計，亟應擴大南北易貨範圍。（二）上海如不向華北貿易，則華北將向香港貿易，利權外溢，而對政府尤其上海極爲不利。（三）上海數十萬工人，如不能維持其工作，則社會秩序均堪憂慮。并提具體計劃。何院長及財長劉攻芸經濟部長孫越崎均表示易貨原則當可採取，惟和談正在開始，技術問題或將再邀各界來京參加小組會議云。

★上海各界工商團體各工商業同業公會數十單位，四月一日電請行政院，經濟財政國防等部，上海市政府，警備部，請速即許可南北通商，換得物資由各業自行分配。電文中分就工商立場論，北方向爲最大市場；以稅收立場論，如生產停頓，無論徵實徵現，均將不可能；以外匯立場論，如國內生產減少，勢不得不求國外，而將外匯全部消耗；以政治治安立場論，誰能養民，誰能爲政治之勝利者，於政府有益無損。

黃河堵復工程恢復
中牟段堤防修建完工

★據悉，河南省黃河的堵口復堤工程，近在當地政府協助下，由黃河水利委員會恢復分段進行。南岸段堤工自三月上旬開始，已完成一百五十餘公里，中牟段決口堤防已修建完竣，開封段正在進行中。

★北平公私營紙廠八家，前在未接管前已因虧蝕過鉅停工，現在已次第復工，其中除北洋，大興二家被破壞過重一時未能恢復外，其餘大信、燕京、及私營永泰，北平，意和等均已復工，每月總產量達一萬六千餘令，行銷平津，張家口，保定各地。

★塘沽永利鹼廠已恢復日產量一百四十噸，約達戰前產量百分之七十強。

日重工業在美扶助下
正發展爲新戰爭機構

★三月三十一日遠東與亞洲經濟委員會綜合小組開會，麥帥總部代表柯亨報告「麥帥總部對雙邊貿易協定加以鼓勵，以便改變日本貿易方式，多多輸出機器等，今後五年內，計劃每年輸出二億元貨物」後，中國代表前行總副署長李卓敏氏陳辭反對日本重爲亞洲重工業國家，李氏稱多數亞洲國家已認識日本正發展爲新戰爭機構，日本缺乏美元的問題，是日本自食掀起戰爭的直接結果。代表阿達卡亦稱亞洲國家恐懼日本的發展。

★美國市場上大量日本針織手套傾銷，售價僅美貨的一半，美國價值一千萬美元的手套工業大受打擊。

樟樹大橋部份開始架樑
江西沿江公路搶修完成

★浙贛路樟樹大橋鋼樑，已由香港運到，部份開始興工裝架。估計約需五十個晴天，可以完工通車。

★江西沿江公路爲了江防和軍事需要，已經搶修完成，可由馮當通至瑞昌。但因爲江西現在沒有車子可以開駛，決定供安徽當局軍用運輸。

奧國電信界舉辦無線電大學
本年英國工展將有電視表演

★所有奧地利的無線電電台；正在準備聯合起來，把原有的科學節目時間，舉辦一個『無線電大學』。目的在使聽衆了解現代的科學，特別對奧地利的科學界和學術界服務。『大學』的節目分爲三個段落，由維也納大學，薩斯堡大學等教授担任播講，今年的節目已決定有：『近代醫藥與人』，『天才的危機』，『長距離電訊技術促進國際間了解』。（奧國新聞處）

★今年的英國工業博覽會中將首次有電視（Television）表演。這個表演將在博覽會的伯明罕部份，同時將展覽聽播電視用的同軸地纜和合用天線。電視機將在倫敦陳列。伯明罕表演將首次使用625線明度。英荷廠商最近同意採作歐陸標準系統，以別於英國的405線和美國的525線系統。（英國新聞處）

范氏獎金得者
王寵佑——王淦昌

★永利化學工業公司的范旭東先生紀念獎金獎章，本年度受獎人選，已經評議會決定授與礦業界耆宿王寵佑及浙大物理學教授王淦昌二氏。王寵佑氏對我國鋅銻礦之開發功績卓著，其所著書籍流傳國外，爲權威著作。王淦昌氏對宇宙線之研究及發見微中子的方法供獻極大。這次的獎金爲永利出品的碳酸鋁二十噸，約合美金二千餘元。

在工業應用上人類對於原子能的知識還是不夠的。有待我們努力探求的地方眞多著呢！

原子能在工業上應用的實際問題

J. A. Hutcheson著
程人俠譯

無庸懷疑，人類以現代的技術來控制原子能，使變成熱能或電能而工作是的確可以實現的。不過在實現之前，尚需要經過艱辛的奮鬥，才有希望。現在的工作，可以分爲兩部分來說，就是理論的研究和工程的進展。研究方面的工作，在美國現正由原子能管理委員會指導着進行，當原子能在工業上實際應用以前，這一個嶄新的科學上有無數重要的知識，正等待着他們的發現。目前，人類積蓄的知識，是時刻在增加着，總有一天，原子能在工業應用上的許多問題，都可得到確切的解決。

假使原子能是可以在工業上應用的話，那末在第一個原子能發電廠建立前，要解決些什麼問題呢？

使原子能發電廠工作的基本原理

發動一個鏈式反應堆（或原子核反應器）的方法，現在許多科學書刊中已有很廣泛周詳的研討；舉例來說，當一個中子若其能量在某一範圍之內碰撞了一個 U_{235} 的原子核，而被吸收時，U_{235} 原子便發生分裂，分裂的產物包括：二個比鈾原子量爲低（約爲鈾之一半）的元素，一射線，一個至三個中子，和被釋放了的巨大能量，若干釋放的中子如又碰撞別的 U_{235} 原子，那末又會引起分裂，重複下去完成了一個鏈式反應。

中子碰撞 U_{235} 原子的機會是被好幾個因素決定的，因素之一就是在反應器中存在着的他種原子的數量，例如反應器中的冷却劑或換熱的介質，建築結構，遮護材料，開動反應所不可少的控制裝置與配件，以及由 U_{235} 原子分裂所生的產物等，都是反應器中存在的他種原子。

只有少數的幾種物質對中子來說是“透明的”，像碳，吸收中子率便相當小，當中子進入此等物質內時，碰及其他原子便減低了速度，或失去一部份能量，然而並不會與其他原子結合，即不致被吸收。還有，中子被吸收的機會是靠着中子各種不同的能量，故情形顯得很複雜，試舉例而言，具有十分之幾“電子伏特”(ev)能量的中子比了具有百分之幾電子伏特能量的，較易爲 U_{235} 原子核吸收而使其分裂。

這一個發現已爲美國華盛頓州漢福（Hanford）廠在設計反應器時利用了，反應器中由分裂產生的具有很高能量的中子，使給作爲緩衝劑用的碳原子碰撞，使能量降低，平均的能量就恰够中子在進入 U_{235} 原子內時，爲其吸收。

製造反應器用的工程材料

很多物質，經研究後都顯示有吸收中子的傾向，因爲這一個特性，使這些物質不適於作反應器的建築材料。也由於這種特性，使鎘（Cadmium）可應用於控制裝置、鎘對中子有極大的親和力，只要極微細的一點分量，就足以終止反應器的開動。因鎘能吸收足够的中子，使可以造成分裂中子數與維持分裂必需中子數的比率小於一，於是反應器就可能停止作用。因爲一個單獨的中子，只能產生一次分裂；很明顯，這種物質，是不能用來作反應器的建築材料了；但不幸得很，普通的建築材料，如鋼鐵等，却也是屬於這類物質；因此，反應器中所用的各種物質都需要極度純粹，即使含有百萬分之幾的雜質，其吸收中子的能力雖不大，仍會使這物質沒有什麼用處。

同樣，分裂後的產物也有吸收中子的作用，所以在連續開動反應器時，必須時時除去這些產物。當產生的新元素慢慢地增多時，有效的中子吸收百分率增高，便應設法將反應器中控制的物質逐漸取出一點，以維持反應的進行。待最後，所有控制的物質都取出了之後，反應器便不能再繼續工作了。除非有若干方法去清除這種『中毒性的物質」，用作燃料的物質須得隨時換新，而這時反應器就不得不要關閉片刻，但是在一個動力廠中，却極需要連續運轉。

在前面討論的各項中，使發生了工程上的問題，本來許多巳知其對中子吸收性能的物質，如認爲可以用來建造反應器，現在尚要一一研究其建築方面的性能，這便純粹是一個工程問題，只有工程師方才能够解決。

高溫度下的運轉問題

另外的問題就是：因爲反應器極可能在高溫下開動，惟有如此，熱機關方可得到較高的效率，這裏便發生了一個在高溫度下物質對腐蝕抵抗性的問題，例如在反應器中用作冷却劑或換熱介質的各種不同的氣體液體，在高溫下所產生的腐蝕現象怎樣？我們得首先知道其數值的根據，而這些問題又都是典型的工程問題。

產生動力的反應器中，意料到的高溫的確帶來了不少尚未明瞭的物質性質，這都要在原子能實用以前先行明瞭，尤其是那些目前覺到可以用來建造反應器的物質，它們在高溫之下，物理性質或機械性能，都大半沒有知道；當然，這許多必要的知識或許能用通常試驗的方法求得，但這也需要十分悠長時期努力的工作。

原子能的放射線

原子核分裂反應中所不能避免的放射線，是工程師遇到的另外一個新難題。我們都知道，反應器的管理人員須有適當的遮護，方不致受傷。但這個問題却複雜得遠比想像中爲甚。例如以一個產生動力的系統來說，反應器中所生的熱，要利用換熱器(Heat Exchanger)中的某種氣體傳到水中，使沸騰化爲蒸氣，而推動一透平式發電機，那具有放射性的物質，在經過的地方，射線的滲漏在所難免。初看似乎射線只有在反應器中遇到，實際上氣體及冷却劑本身便可能成爲放射性；并且，反應器中的別種物質如灰塵等也有放射性，縱然換熱器可特別設計得使蒸氣不會就直接受放射性物質而變成也有放射性，但由於不可免的滲漏，仍可使它受放射性物質而「沾污」。所以要看影響的情形如何，再設法遮護透平機及管子等機件。顯然這種設施對於工作很是不便，所以我們得在工程方面更加努力以保證滲漏的免除。

如果發電機構可以不必連續開動的話，這也就是說，原子燃料在開動中可時時換新，那末在反應器中强烈的放射下清除"灰份"；添送燃料的工作就得利用遠程控制(Remote control)，又爲着各種特殊的需要，反應器中各部更要設備精細的機械。然而也有幾種很普通的問題，不免發生，例如燃料須分佈到全部反應器，則須設計得使任何一處燃料的選擇，移除和換置等都有適當的機構控制着，然而這些機構本身都無時不在被射線的轟擊之中，終於都要變成具有放射性，這樣令機構在裝置上和實際使用時發生困難，要使運轉方面毫無阻礙，設計時就非謹愼地多方考慮不可。

放射線對潤滑劑的影響如何尚無定論，這也要在設備使用之前得到瞭解，假定運送燃料的裝備須用到電力，當然也要研究其對放射的反應。舉例來說，發電絕緣物在不斷的放射轟擊時被損毁，甚至完全失去了效用，其後果是不堪設想的。

還有一件重要的事，平常很少注意到，多少年以前，就已知道，X射線等放射線可影響若干物質的性質。例如，氯化鉀的晶體經X射線照射後可改變顏色，等到放射線移去時又回復到原狀，原子反應器內的放射線比任何過去所用的放射線要强得好多倍。反應器中的物質長期暴露於放射線下其內部晶體的結構到底有甚麽影響，尚有待於測定，我們當然極希望，物質的性質如只有少許的改變，在原子能反應器中仍可適用，不然這個問題在研究人的手中都不易處置。

怎樣來解決這些問題呢？

前面所述，都是在考慮應用原子能以產生電力時極顯明的問題，其中有許多問題在工程師解決設計問題之前，尚須基本知識方面的研究工作。

解決這些問題的時間，全憑參加這方面工作的人力的多少而決定。大部分的基本工作可由原子核物理家及各處實驗室中的化學家來做，有許多問題則由工程師及專家來做，他們則不一定要是原子核物理方面有特長的，原子能管理委員會的會員新近曾聲明此事的可能性及利益，並加以鼓勵，如果現時所有參加工作的原子核物理家，化學家都付以最大的力量立刻從事於原子能應用於

（下接17頁）

人心惶惶，戰雲籠罩下，在應變聲中。

工廠應該怎樣實施戰時的防護？

許萃羣

當今時局變幻莫測，在國內是和戰未明，撲朔迷離，在國外是劍拔弩張，鈎心鬥角。第三次世界大戰也許時有爆發的可能，戰神的威脅，時在人們心頭上滋長着。本來是造福於人類的科學，却被黷武者利用作殘殺人類的工具，不惜將無辜的生命財產毀滅殆盡眞是該咀咒的！工廠是國家的元氣，許多人民靠着牠生活，因此經過許多技術人員的心血，經過多少年的時間，千辛萬苦，好容易建設成了，但因爲工廠有許多高聳的建築物，像烟囪、水塔等等。戰神往往當作牠是摧毀的最好目標，然而一旦被無情的砲火所毀滅了，這是何等的傷心慘痛啊！可是戰爭是大政治家們的責任，他們有能力造成，也有能力防制。我們「工程界」技術人員雖然也應該盡力量積極地來阻止戰神的暴行，消極方面所能做到的，祇有如何設法來矇蔽和閃躲過戰神的魔手。

殘酷的鐵鳥和所生的壞蛋

最初發明飛機的工程師們，做夢也沒有想到黷武者會利用牠來轟炸他們心血所構成造福於人類的生產工廠。現在我們對這殘酷的鐵鳥和牠所生的壞蛋不能不先有所認識。殘酷的鐵鳥所下壞蛋的軌道如圖1所示，牠的下落速度和角度都隨着飛機的速度和高度而不同。壞蛋落下爆炸起來最易遭受損害的就是牆壁。普通落下的壞蛋可分輕殼炸彈，中殼炸彈重殼炸彈三種。輕殼炸彈命中地面爆炸時發生的爆風壓極大，其壓力的變化如圖2所示，此種爆風足以使人斃命。重殼炸彈貫穿力極大，但是爆破力並不大。中殼炸彈使用得最多，也最猛烈，有1000磅，500磅，及100磅的三種。此三種炸彈的半徑，破壞總面積，貫穿力以及應有的安全保護厚度如圖4所示。此外還有一種遲發炸彈要穿過了屋面層到第二層才爆發，另有一種榴散彈，如漏斗形狀，彈片的速度較步槍的速度要大，能穿過20公分的牆壁。其他各種特別的炸彈很多，當然最可怕的要算原子炸彈，但是在這裏我們也無從作詳盡的研究。

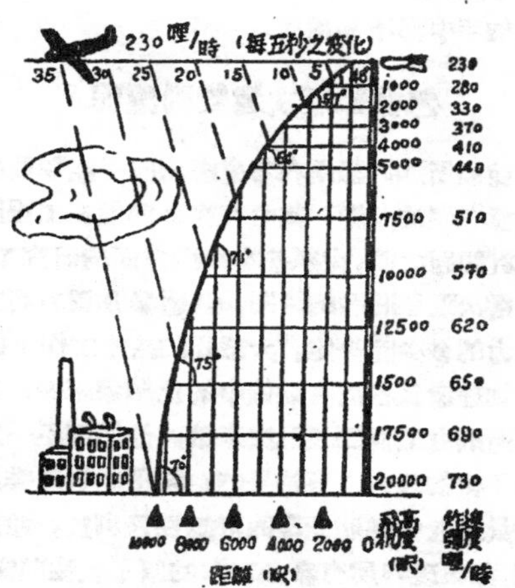

圖 1. 鐵鳥下蛋的軌道

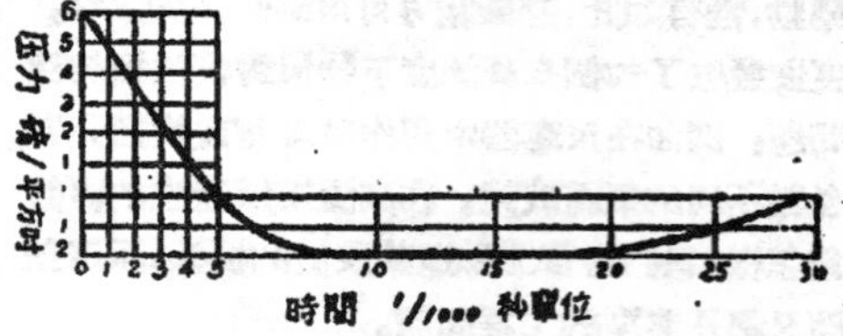

圖2. 500磅炸彈距離50呎之氣壓變化表

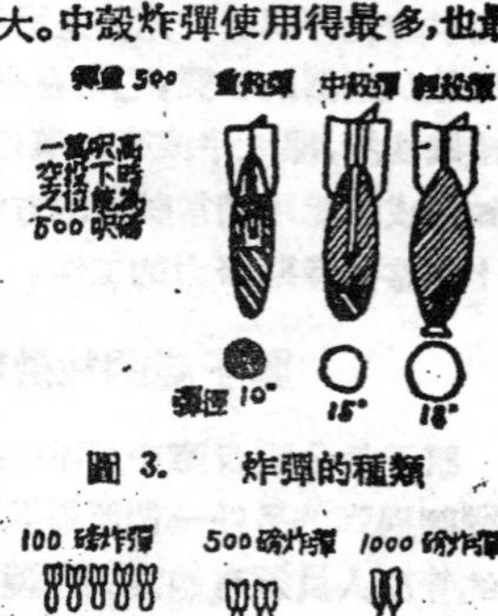

圖 3. 炸彈的種類

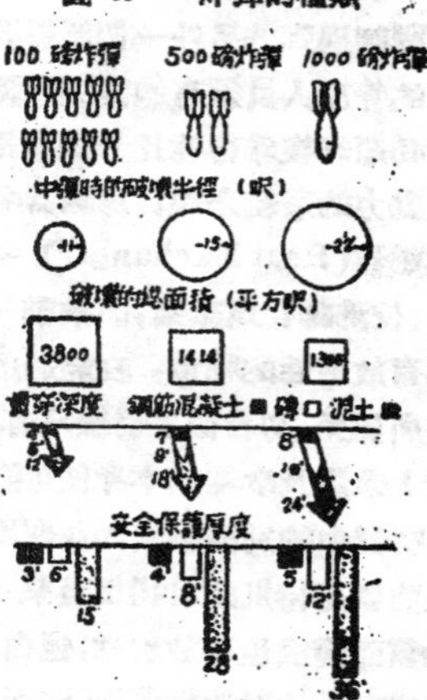

圖 4. 炸彈的破壞力和安全保護厚度

砲彈和槍彈的破壞力都沒有炸彈

12988

那樣大。普通的槍彈祇要有10吋厚的牆壁就足够防禦了。砲彈破壞力較大，但是經過牆壁的阻擋後威力也減小了許多，從屋面上落下的砲彈最爲可怕，如果屋面是鋼筋混凝土的平頂，那末還可抵抗一些破壞力，倘若是瓦楞鐵或磚瓦的屋面那就沒有辦法了。

防禦轟炸的廠房建築

無論在防範飛機轟炸或砲火射擊的立場上來講：工場在可能範圍內應分散而不使密集，這樣，如果不幸遭遇到轟炸或射擊不致全部受損而停工。發電所爲原動力的命脈，最好能設立於山麓或山洞內，如無山地可利用，則採用地下室，鍋爐不宜用高出的烟囱，可將原有烟囱的高度減低，加强機械通風以補充燃燒用空氣的不足。工人的寄宿舍最好離工場約半里許，如此雖然在設計及管理上有許多的困難，但是安全第一，也祇能勉爲其難了。建築物切忌毗連，防止着火延燒，相互的間隔，至少須有4公尺，以便於救火工作者出進。貯油庫和堆棧應與工場遠離爲妙。

廠屋的式樣，對於炸彈的破壞情形很有關係，據以往戰爭的統計，平屋比較樓屋的損失少，圓形的建築物又比方形的建築物要好，但是圓形建築物不適於工廠之用。

普通廠房採用鋸齒式屋頂玻璃窗的，式樣大都如圖5左面所示，這樣的玻璃窗，反射光極易被飛機發現，而且遮光困難，如遇轟炸等劇震，玻璃碎片下墮，容易造成傷害。這種鋸齒式的屋頂玻璃窗，應改裝如圖5右面所示，屋頂向前斜伸出少許，使玻璃下的反射光不向上，而且這樣的窗子容易

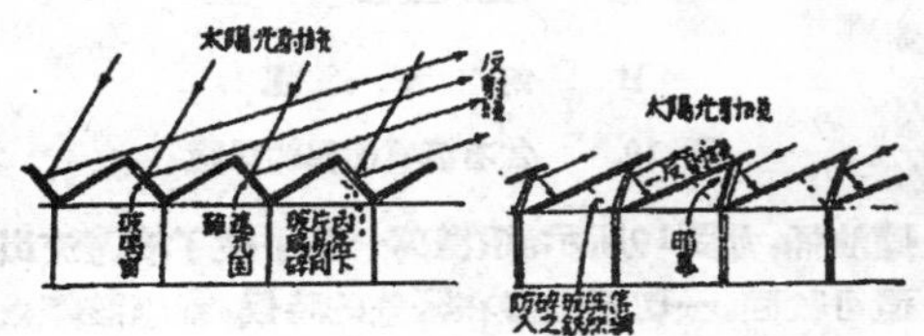

圖 5. 鋸齒形屋頂的改造

遮光，如遇到轟炸等劇震碎片也不易向內下落，可以減少損害。各種窗玻璃能採用鉛絲玻璃最好，卽使震碎也不會墮下，如果無法購買，則粘以厚質牛皮紙條也很見效。普通牆壁上的窗子應設法用沙包阻塞，因爲這是槍砲射擊的最好目標，如果因窗子阻塞了工場內的光線，以致照明不够，可採用電燈或天窗。

工廠的建築物應該儘量的僞裝起來，僞裝好比是弱小蟲類的保護色一樣，利用迷彩及變形來矇蔽殘暴者的魔眼。主要方法有下列數種：

1. 將工廠綠化起來——工廠的四周，可多栽大樹木如松柏等，使樹蔭蓊鬱，難找工廠目標，不過此種工作不是臨時抱佛脚所辦得到的，平時就

圖 6. 將工廠屋綠化起來

應居安思危的進行起來。反過來說，在現在進行，雖然一時未見功效，但却可對後人造福。廠屋屋頂（圖6）也要種植些花草使鐵鳥上的兇神下瞰一片青色迷矇，掩護過去，免遭浩刦。

2. 迷彩——將屋頂及牆壁等以綠色、褐色、灰色等漆作成原野、田地、山谷等陰影，不過要隨地形而設計，對於防空很是有效。

3. 變形——使工廠的建築物，成不規則的形狀，可將幾何形的直線遮蔽。如屋頂上全部籠罩網幕，水塔油槽烟囱等罩以布幕繪以雜樹作爲僞裝。此項變形工程，經費浩大，非有鉅資不易辦到。

保障生命的避彈壕

槍林彈雨之下，人站在地面上總是危險的，惟一的辦法，就是攢入地洞——避彈壕——，但是這個地洞要早些預備好，臨渴掘井是來不及的，到那緊急的時候就要有入地無門之苦。避彈壕的建築式樣很多，近代最新式的避彈壕中，有新鮮空氣的補給，醫療室、盥洗室、餐室、寢室、自來水、電燈等等的設備，但是這種避彈壕，却不是我們苦難的中國工廠所設備得起的，而且工廠中人數衆多，範圍廣大的避彈壕難於適用。最簡便的避彈壕爲狹長鋸齒式的壕溝如圖7所示，壕溝上應蓋鋼板再

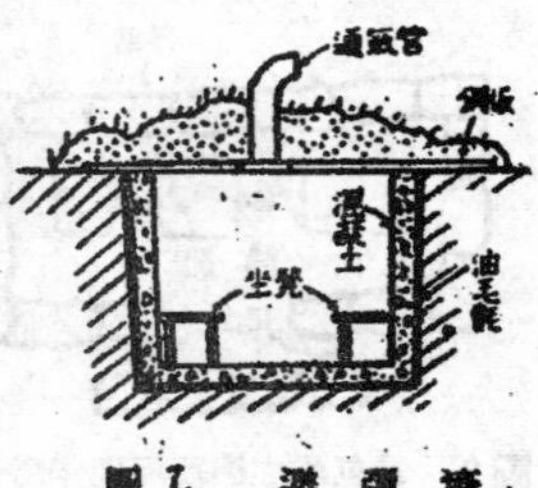

圖 7. 避彈壕

12989

鋪上一層泥，溝底及兩旁均須先覆以油毛氈，再用水泥澆成，以防雨水滲入。這種避彈壕，在平時可利用作水池或油池，並不是完全浪費的。如果廠方經濟能力實在薄弱，不能購買這麼許多水泥，可揀地勢較高燥的所在建築如圖8所示的簡陋避彈壕，這種避彈壕，祇能作爲臨時的應用，支撑的木料要足够的粗牢，否則受震倒坍會釀成大禍，避彈壕宜在工場附近，其出入口祇少應有三個以免阻塞，而且出入口，不能在近牆壁及建築物處以防建築物受轟炸而坍下，將出入口阻塞。有地下層的鋼筋水泥建築物的地下層也可利用作避彈壕，不過在地下層露出於地面的門窗則要用沙袋阻塞以防彈片的飛入。有人以爲避彈壕的建築，必須要能在炸彈直接命中了，而不受損害，這樣的建築也並不是不能造，參看圖3就可知道這種建築所需材料的安全厚度了；然而我國一般工廠對於大規模的避彈壕，實在沒有能力可以設備得起。其實炸彈直接命中在避彈壕上的機會好比是中了航空獎券一樣的難，除非在慘無人道的絨氈轟炸之下。至於殘暴者使用原子炸彈來轟炸的時候，至今世界上還沒有想出有效的防禦辦法，目前也許只有用鼓吹禁止使用的一個法子了。

圖 8. 簡陋的避彈壕

關於機器的保護

機器是我們工廠中的第二生命，如果沒有了機器，等於失掉了我們的衣食父母，但是機器不懂得什麼叫避難，牠祇會呆呆的站牢在一個固定的所在，那祇有我們設法來防護牠。重要機器的周圍應堆以沙包，並空一個有屏障的出口，如圖9所示，精密而無法修配的機器部分，能够臨時拆卸的，最好拆下搬入避彈壕去，

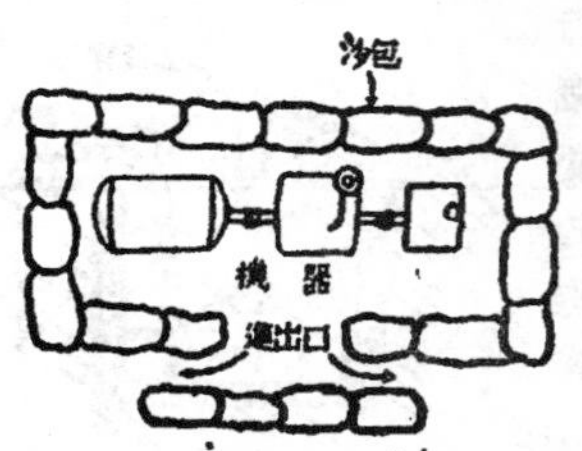

圖 9. 沙包堆在機器周圍作爲保護

如果沒有辦法拆卸的，應在外面做一個堅牢的鋼殼臨時罩起來。凡含有重要流質的機器，如變壓器，油開關，潤滑油櫃等，祇要遭遇到一粒槍彈，或一片小小的彈片，就會將儲藏流質的箱子打穿。在緊急的時候，人們都跑到避彈壕去了，液體流出來，沒有人阻塞，液體當然要流光大吉，等到風險過了，人們再跑出來，沒有辦法挽回了，在這種兵荒馬亂的時候，那裏去購買了來補充呢？所以在這種機器的周圍，必須圍以沙包，同時在機器四周的地面，用水泥砌成溝槽，四角埋下四隻相當容量的儲油桶，如圖10所示。這樣萬一箱子破了液體流出還可收回。一切原動機在緊急的時候，都應該停止運轉。一切電源必須切斷，防止因轟炸損傷，發生走電引起火災。鍋爐必須停止燃燒，並儘量減低汽壓。機器上部用的行車(Traveling Cranes)必須移至空隙地位，以免房屋受轟炸損傷時，懸掛的行車跌下，將機器打壞。自來水總閥必須關閉，以防轟炸時，自來水管被炸破，而自來水完全流光，待轟炸過去後引起的火災沒有水來救滅。煤氣(卽

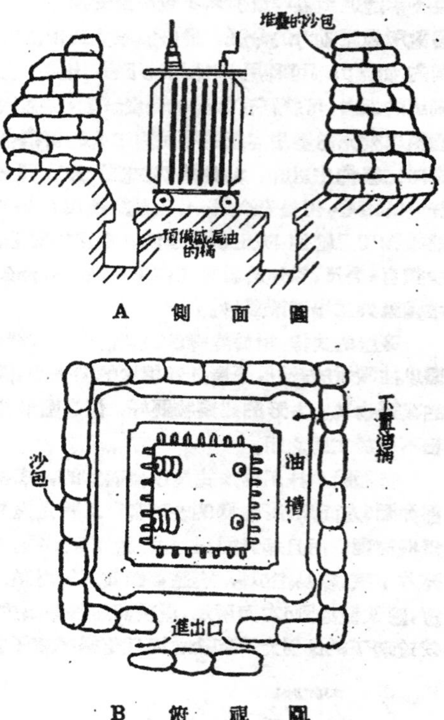

圖 10. 含有流質機器的保護

12990

俗稱自來火)總閥務必關閉，可以免去轟炸時引起巨大的火災。汽油柴油等引火物資，必須儲藏於獨立的地下室內。

工廠中的警報連絡和消防救護工作

工廠重要的場所，如總辦事處，原動機室，鍋爐室等以及其他重要的部門，必須備有對講電話(即手搖磁石式電話機)以作連絡，同時必須與外面的軍警機關有專線電話連絡，尤其是防空監視哨，警備司令部或城防部等治安機關，如得到了緊急的通知，就立即放出警報，並且規定警報的訊號及意義，如工廠中有汽笛可以利用汽笛作為警報器，沒有汽笛的，裝設電力警報器(又名電喇叭)或用警鐘，警鈴等代替，小型的工廠可採用打鑼。

夜間應避免燈光外射窗戶，應用紅黑雙重布幕，遮閉進出頻繁的出入口，用屏風或兩重黑幕遮蔽之。路燈竭力減少，不可避免的，路燈也要採用藍色燈泡或將燈罩改造如圖11所示。使光線不致擴散，如遇緊急警報，敵機當空必須將燈光完全熄滅。關於燈火管制的種種，在抗戰時期，每個中國人民都有了良好的經驗，不必再贅述了。

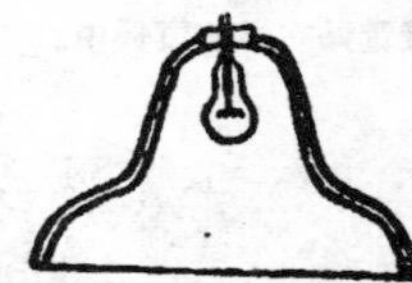

圖11. 防空燈罩

工廠中的消防設備，非僅在戰時狀態即平時亦屬十分重要。據云次此內戰中，某重要城市，敵機擲下大批燒夷彈後，繼即拋下大量汽油助燃，其慘狀可想而知了。工廠在此動亂時期應變中應有的消防設備如下：

1. 滅火機——滅火機最簡單的是盛在鉛桶中的砂土，以備緊急時的應用，尤其是落下的燒夷彈，最好的辦法，祇有以砂土掩沒其次就是藥沫滅火機，四氯化碳滅火機，氣體滅火機等等對於最初起火時極為有效。

2. 救火車——最簡單的是手打幫浦，次即普通的救火汽車有離心水泵，載於汽車上，用內燃機傳動。此種救火車應由八名消防員管理之，水壓為8.4公斤/平方公尺，應預備水龍頭(Nozzle)4只，每一苗子每分鐘可向高層建築物注射900立升之水，此種救火車在大的城市公共的治安機關備有，故工廠在都市內者可以不必置備；至於在郊外及鄉區者不可不備了。

3. 太平龍頭——在廠中重要的場所，應設立水龍頭附設太平箱，箱內置帆布帶及水龍頭。普通獨立的建築物，在室外距離15公尺內設置一具，室內則裝於牆壁或柱旁，如非獨立房屋而牆壁延長者，則每隔45公尺，設置一具，其規定如下：

屋外——帆布管(Hose)長30公尺以下直徑6.5公分至7.5公分，水龍頭直徑2公分至3公分。

屋內——帆布管長15公尺至30公尺間，直徑2.5公分至5公分，水龍頭直徑6公分至2公分。

太平龍頭中的水壓力必須常時保持4.7公斤/平方公分否則須另以水泵協助之。此種太平龍頭，通常可利用工廠中的給水系統，在週警報時即須將廠中給水系統總水閥關閉，以備事變後救火之用。

4. 土井——水塔等給水系統最易遭受變亂中槍彈的損害，以致救火發生了障礙，故須多挖掘土井以備萬一之需，此種土井並不要十分考究，祇要有臨時能供給充分的水量就好了。救護設備分急救設備及醫療設備：急救設備在戰時尤屬重要如担架、繃帶、紗布、藥棉、橡皮膏等，藥品如紅汞止血棉、碘酒、雙氧水、酒精、雷佛奴耳(治燙傷用)硼酸膏，阿摩尼亞水(昏厥者刺激清醒用)等等，針劑如維他命K(流血止住劑)配尼西林強心針等等不可不備，此類藥品應分別儲藏在幾只藥箱中，由各組救護隊保管。醫療設備非僅在戰時，必需即在平時亦屬重要，普通工廠都應設立一小醫院為工人及其家屬治療，尤以工廠在鄉區者甚少，大醫院更應設備完善。這種醫療室要在隱蔽的場所，四周多種樹木，在戰時最好在地下室，但室內的溫度、濕度及換氣需有相當調節。醫師人數在中等規模的工廠佔全體工人的1/300至1/600，施診上必須要的看護及事務員約2倍至3倍於醫師的人數，施行急救工作的担架組及包紮組等除外。500名以上的工廠，其醫療事務室的面積應有20平方公尺至25平方公尺，診療室2平方公尺X光室40平方公尺至45平方公尺，消毒室20平方公尺。此外尚有配藥室外科手術室候診室等等也屬必要的設備。診療室的用水量亦屬十分重要，一般患者每10人用水00.30至0.035立方公尺，故應有相當的自來水設備或其他水源及儲水設備，以便消毒及洗滌之用。

* * *

****

新五年計劃

蘇聯的

勞動的人民

****

社會主義工業化的第一批產物之一——德聶普水力發電站在迅速復興中。圖示發電廠的水壩全景。

莫斯科國家變壓器工廠。圖中正在裝配的是一座電壓二十四萬二千伏特，四萬仟伏安的變壓器。

列寧格勒「電力」廠正在裝配強大的蒸汽渦輪機。這是給契里雅賓斯克冶金廠製造的。後者將在新五年計劃中完成基本的建設工作。

****

創造了奇蹟

新工業

享受著成果

****

列寧格勒史大林工廠在檢查十萬瓩的蒸汽渦輪。

修復了的德聶普節爾瑞斯基冶金工廠的第一號鎔鑛爐。

南烏拉爾的煉鎳聯合廠。這是電爐煉鎳的工場間，鎳液正由爐中傾出。

燃料工業

頓巴斯史大林諾旗煤聯合廠。

★ ★ ★

奧爾斯克的鍋爐廠正在給新五年計劃最重要的建設趕造基本的設備。

★ ★ ★

這又是新五年計劃的成果之一——諾伏西比爾斯克重車床和水力壓榨機製造廠，正在裝配一部重迴旋車床。

重機械製造

交通工具

克膿斯諾雅爾斯克火車頭製造廠正在裝配幹線火車頭的情形。

★ ★ ★

莫斯科紡織機器實驗工廠的新式紡織聯合機。該機把六種動作合在一起，專紡人造絲。這是在裝運前的最後檢查。

★ ★ ★

列寧格勒「無產階級勝利」製鞋廠。這是在檢驗傳遞帶上已完成的新式女鞋。

日用品工業

經過長時期的磨鍊和苦鬥，在正確的計劃之下，蘇聯的工業，在量和質的方面都起了巨大的變化

蘇聯的工業技術是怎樣發展的？

邱慶銘

經過一八六一年的改革之後，俄國資本主義的發展很迅速。然而當它奔跑了半個世紀，從它的技術水準來說，仍不能不算作最落後的國家之一。它比其他資本主義的國家落後了五十甚至一百年！

在革命前的俄國，儘管發展着的工業和銀行資本，在它的經濟中居統治的地位，但畢竟仍是一個農業的國家——小商品的，散漫的，農奴制的農業經濟佔着絕對的優勢。工業技術非常落後，大都採用手工藝的技術。因此甚至在1913年，國內消費的資料仍須仰給於外國；例如46.9%的棉花，19.8%的石炭，以及100%的汽車及自由車都必須從國外輸入，經濟的落後性可想而知。

這樣受着自已技術經濟落後的束縛，而對外國資本也只得處於半殖民地性的依存關係了！

要說明蘇聯技術的發展，只有在它的社會主義生產建設過程中去觀察，纔會得到切實的答案。

從艱苦中長成

在19世紀俄國的資產階級民主革命過程中，勞動階級曾盡過最大的力量，流過不少的血。可是革命的成果却給自由主義的資產階級攫取了去。他們的生活依舊沒有得到改善。但在十月革命中，情形便不同了。勞動階級取得領導的地位而澈底地完成了這革命，實行着無產階級專政，以求貫澈消滅階級社會的任務。

這一任務顯明是很艱巨的。它要求果敢的決斷與堅毅的執行。

當革命之後，和平建設的時期竟是曇花一現，蘇聯主要的煤和石油工業中心——頓巴斯和巴庫都被外國干涉軍和國內反革命份子長時期盤據着；以致鋼鐵工業在1919－20年幾乎全部停頓。燃料問題尤爲嚴重。經過了四年對帝國主義的戰爭，繼續三年的內戰之後的蘇聯，生產在1920年竟較戰前(1913年)低落了七倍以上！

在1920年終時，蘇聯在勞動階級及其政黨的領導下，終於粉碎了外國干涉勢力，勝利地結束了這殘酷的內戰。從此走上和平建設的道路。就總的重工業說，生產量在1921年就已較上年(1920年)增加42.1%；1922年又較1924年增加30.7%；到1923年則較1922年更增加52.9%。

雖然情況不斷地在改善，例如1923年的生產就已較1920年超過三倍，可是和戰前(1913年)比較，它的生產規模還祇及三分之一頻。失業人數還在一百萬左右！迄1925年，蘇聯工業終於接近戰前生產水準。從此展開了爲實現社會主義工業化的鬥爭。

「技術決定一切」的號召

有計劃的發展，可說是蘇聯國民經濟的一般特性。以人民利益爲出發點的計劃經濟則已成爲蘇聯社會的發展法則。通過這一法則，蘇聯的技術纔發揚光大起來。

正如蘇聯科學院院長S.瓦維洛夫所說：「1917年的十月革命，爲俄國整個學術界創立了一個新紀元，學術成了最重要的國家事業，人民事業。對青年的蘇維埃政府，學術是一個最切要的支柱。」

隨着工業生產的擴展和新的基本建設的展開，技術的意義也便越來越重大。社會主義勞動技工學校，及斯達哈諾夫學校普遍地設立；廣泛地展開了培養熟練工人幹部的工作。各種科學及工業技術的講座，在不妨礙生產的前提下，經常地舉行；從而提高工人的技術知識和熟練程度。同時各種技術再訓練的學校網也被大加擴展。

蘇聯對技術的重視與鼓勵可以說是「上下一心」。在1931年2月第一次工業技術人員大會上，史大林在「論經濟工作人員的任務」演說中更提出了：「在改造時期技術決定一切」的口號，要求經濟工作人員拾棄對技術的輕視態度；而認爲「布爾什維克應該掌握技術。」因爲生產技術的改造和最新

的技術實爲國家生產力進一步發展的基本因素。

因此工業技術學校如工業學校，鐵路學校以及廠務訓練學校廣泛地開辦起來。專科學校及研究所在全國各地也普遍地設立。以科學工作者的人數來說。在帝俄時代僅五六千人，而現在却有十萬餘人。同時科學研究機關的組織網還在發展中。

驚人的發展

蘇聯技術的進步，反映在三個五年計劃中的是蘇聯工業驚人的發展。爲易於說明起見，試列表如下：（注意：以下各表中之第一類係指生產工具的生產，第二類指消費品的生產）。

（表　一）

年　份	1913年	1932年	1 37年	1940年
工業生產量	162億	433億	955億	1385億
其中：第一類	54	231	552	848
第二類	1С8	202	403	537

註：按照1926—27年價格計算，單位爲「盧布」。

假使再進一步的分析，我們更可淸礎地觀到三個五年計劃的工業發展，對戰前(1913)年工業增長的情形：

（表　二）

年　份	1932年	1937年	1940年
工業生產量指數：	266.3	589.5	855
其中：第一類指數：	427.8	1022.2	1570.4
第二類指數：	187	373.2	496.2

註：以戰前(1913年)爲基期＝100

蘇聯工業在內戰結束的時候(1920年)，由於戰爭的破壞幾乎全部停頓；它較戰前低落了七倍以上。以後藉新經濟政策的實行，在1925年始接近戰前的水準。可是在1932年，亦即第一次五年計劃完成的時期，蘇聯工業却超過戰前水準二倍以上（觀上表所示），1937年則超過六倍；而在1940年——第三次五年計劃時期中更超過了幾達九倍。其中重工業在1940年超過戰前十五倍七；機器和金屬加工的生產量據統計竟達四十一倍。至於消費品的生產也超過戰前水準五倍。尤其使人值得注意的是蘇聯的重工業較輕工業發展更速。這是蘇聯技術發展的特點。

資產階級民主國家重工業的發展，一般地說是循着二條路線。第一：是由於對殖民地的榨取或向被征服的國家佔領和掠奪的行爲，作爲發達工業的主要手段；其次係通過輕工業的興盛，轉而刺激資本家對重工業的投資；因爲資本家總是追求着最大利潤的。這種現象，即在帝俄時代也沒有例外。在1913年，俄國整個國民經濟中，工業的比重佔42.1%，農業佔57.9%。這說明當時俄國還是農業經濟的國家。在這42.1%的重工業生產中，重工業的比重只佔33%，而輕工業却佔67%。

但是蘇聯的工業却完全走了另外的路線——一條技術的，重工業的路線。除了在新經濟政策時期爲恢復戰後人民生活水準，以保存民族元氣，從而奠定社會主義生產建設的基礎，而在重工業的復興中仍略微偏重於輕工業外，在第一次五年計劃開始，蘇聯卽着重於重工業的建立，而且愈來愈深化。在第三次五年計劃中，雖然輕工業的發展巳超過戰前水準五倍（如上表所示），而它在整個工業生產中所佔的比重，從下表所示，却祇是38.8%，重工業却提高到61.2%（這裏可以充分地看出蘇聯國民經濟建設的特點：

（表　三）

年份	1913年	1926年	1932年	1937年	1940年
第一類的比重	33%	45.8%	53.3%	578%	61.2%
第二類的比重	67%	54.2%	46.7%	43.2%	38.8%

重工業的建立，使國家經濟迅速地和成功地達到富强的領域纔能獲得切實的保證。由於全國人民對學習新技術的熱忱和狂潮，積極地提高勞動生產率，設法減低生產成本，所以蘇聯在1937年，基本上巳完成了國民經濟建設的前提——技術改造，而成爲强大的工業先進國家了。在工業生產的總產量方面，當年蘇聯巳躍居歐洲第一位，世界第二位。它超越英國工業產量的一倍半，法國的三倍和德國的百分之十七。從技術水準來說，蘇聯實爲世界第一位。自1913年到1937年美國工業增加了120%，英國113%，德國131%。而在同期內蘇聯却增加了590%。

不過，倘按人口平均分配起來，在第二次五年計劃時期中蘇聯工業的生產仍要比美國少四倍，英國二倍半，德國二倍，以及法國一倍半。因此，蘇聯必須更進一步地去發展生產技術。這就是第三次五年計劃的特殊任務。所以第三次五年計劃便是精煉特種鋼的五年計劃，也是電氣化的五年計劃。

總結第三次五年計劃的成就，在電力生產方面，要比戰前增加二十五倍半；從下面所列的數字上可以知道：

表　四(單位爲億瓩時)

年　份	(1913年)	1929年	1933年	1940年
電力產量	19	62	163	483

在黑色冶金業及燃料方面，我們也可以把它

同戰前作一比較：

（表　五）

年份	1913年	1940年	對913年的百分率
鐵鐵產量	420萬噸	1,500萬噸	357.14%
煉　鋼	420	1,830	435.7%
鋼　板	350	1,310	374.3%
煤	2910	16,600	570.5%
石　油	920	3,100	337%
泥　炭	170	3,210	1888.3%

由上表所示我們清礎地觀到蘇聯技術的積極性與進步性。它把蘇聯從農業經濟的國家，一躍而爲强大的先進工業國家。

嚴重的攷驗

當蘇聯踏上社會主義經濟建設的大道，邁步前進而證明它的力量時，一個嚴重在考驗却落在它身上，而它必須勝利地通過這一考驗——那就是衛國戰爭。

在戰爭的第一階段，蘇聯最大的工業區就已被希特勒的軍隊侵佔，因此蘇聯便損失了全部工業生產(1940)的三分之一，煤產量的三分之二，黑色冶金工業的一半以上，以及電力的百分之四十；同時喪失了五分之二左右的播種面積。

當年蘇聯處境的嚴重性是可想而知的。但是通過全國性社會主義的競賽，科學工作者的努力，以及技術幹部對技術和組織管理新方法的提供，保證了勞動生產率高度發展和生產成本的減低。在1942年5月到1945年5月這一個時期內，整個工業的勞動生產率平均提高40%以上，其中航空工業47%，坦克車工業48%，彈藥54%；輕工業也提高百分之五十五。蘇聯人民證明他們有着充分的毅力和熱情，可以通過這些考驗；而事實上的確通過了。

走向生產過程科學化的領域

技術的進展要求科學工作者和技術人員廣泛展開探求技術發展的新途徑。他們必須「在國民經濟的一切部門中保證技術進一步發揚光大。」

戰後蘇聯的新五年計劃(1947—50)，便特別重視生產過程自動化，全部的綜合機械化以及電氣化和化學化；例如酸素排氣法，便是加强技術過程方法之一。繁重的勞動過程都將進一步實行機械化。因此提高機械的生產率，減低生產的勞動量，將是新五年計劃的特點。

所以戰後第一個五年計劃必須首先保證重工業和鐵路運輸的恢復，並且進而發展它們。因爲這兩者是促風整個國家經濟迅速地和成功地恢復和發展的重要因素。

在恢復重工業中，首先須建立堅强的冶金和電力基地。在計劃完成時，它必須能生產1950萬噸鐵鐵，2540萬噸鋼及1780萬噸鋼板；換言之，必須較戰前(1940年)黑色冶金業生產水準一般地提高百分之三十五，對於有色金屬，規定銅的生產必須增加1.6倍，鋁2倍，錳2.7倍，鎳1.9倍，鉛2.6倍，鋅2.5倍。煤的產量將達二億五千萬噸，較1940年超過百分之五十一。石油爲三千五百四十萬噸。至於電力將達820億瓩時，較戰前(1940年)超過70%。(請參閱前面的統計可作一比較)。

在運輸方面，預先進行大規模的鐵路電氣化工作。當計劃完成時，它的規模將躍爲世界第一。

農業方面也將進一步地機械化。曳引機將較戰前增加三倍半以上。全部機器曳引機站和國營農場，以及五萬六千個集體農場都將電氣化。鄉村電站的能力將達二百二十六萬九千七百瓩。

其他在消費品生產的工業部門，也將以高度的發展完成每年平均增加百分之十七的任務，而在五年計劃全期中將增加二倍以上。

計劃是人手所訂，也將由人手去完成它。被稱爲斯達哈諾夫運動的社會主義勞動競賽是保證這計劃成功的巨大力量。「五年計劃，四年完成」的口號激盪起全國性的勞動巨浪，成千成萬的新斯達哈諾夫工人爲提高勞動生產力而奮鬥，爲社會主義經濟制度的勝利而展開强烈的鬥爭。科學工作者及技術人員也提供了他們的最大努力；例如伊•凡•米邱生在生物學上的成就，對農業技術的改造上的貢獻。所有這一切不得不影響，同時也的確影響了蘇聯工業數量的激增及品質的改進。

在1947年的第四季，整個工業生產量就已恢復了戰前1940年的生產水準；它要比計劃中所預定的提早一年而先期完成了。

康玆諾夫和馬格尼托哥爾斯克聯合工廠，這些被稱爲「蘇聯冶金的巨人」，以及巴庫十七個油廠，都提早完成了它們的計劃。在1948年第四季，整個工業的生產便超過了戰前1940年的平均水準

（下接17頁）

中國技術協會
上海基督教青年會
中國科學社　聯合主辦工業常識講座紀錄之一

上海電力供應概況

上海華商電氣公司用戶科科長　陳問新先生主講

三四年前薩凡奇提供了在長江三峽地帶建立YVA水力工程計劃，曾經吸引了國內外人士的動聽，根據這夢一般的計劃。就發電而言，估計可有10,400,000KW的電容量，這數字並不高，以中國之大，即使有30,000,000KW，也僅僅每四人合用一盞電燈，不說其他用電的裝置了；就說建設YVA，數年以來，徒化費了許多設計工作，至今還是個空計劃，要順利地進行這一個龐大的工程，首先需要國內有和平安定的條件，其次就須儲有或是能借貸到大量的資金；同時還須長期地培植人才。建設人才的培植，決非三四年專科教育，就可竣事，更該普遍地吸收多方面的實際經驗，我們中國技術協會就担負了這一個使命，她集合了各方面的技術人員，相互交換各個人的經驗，並且再將這些經驗供獻給全國的技術工作者。

電的來源

上面所說的YVA是利用水位高低來衝動水渦機，再靠水渦機轉動發電機而產生電力，這一類稱爲水力發電，另外也是比較普遍的一類是火力發電：有的利用燃煤，燃油或燃燒氣體燃料，使產生高壓過溫蒸汽，由蒸汽轉動汽渦發電機；有的直接靠燃油或氣體燃料而轉動引擎，引擎再拖動發電機而發生電力。

無論水力或火力發電，都是能的轉換，發電機最基本的原理是靠適當的磁場和動力來產生電流。動力的來源在水力發電是水渦機，火力發電則是汽渦機或者引擎。水渦機所以會轉動起來，是靠天然的水位差，在上游急流處用人工裝置水閘，把水閘以上和水閘以下的水位造成急劇的高低，裝在其LLL的水渦機就被迫轉着。汽渦機則先用煤（或者其他液體，氣體燃料）在鍋爐中燃燒，熱能被貯藏到鍋爐所產生的蒸汽中，把蒸汽通入汽渦機，靠衝動力或反動力旋轉汽渦機而成動能。引擎的動力是直接靠液體燃料（如柴油）或氣體液體（如煤氣）在引擎的汽缸中燃燒發生衝力而成。

從發電到用電

發電機的電壓，因爲要照顧到絕緣是否經濟或者可能。大多不十分高，送至配電站時却多用昇壓高壓器，這樣可以減少輸送的損失，節省導線的材料。高壓輸電線市區多埋在地下，郊區或鄉間則用架空線，配電站再配電到各個接近用戶的變壓所，經過降壓變壓器降低到適合的電壓用架空線分送至各用戶，配電大多採用三相四線制，即三根火線，一根地線；電燈，電熱用一根火線，一根地線，電力（馬達）則用三根火線。

從發電一直到用電，都有保護設備，一遇障礙發生，立即切斷路線。輸電路線中裝有油開關，使路線在油中切斷，避免在斷路時巨大火花燒壞開關，油開關常用繼電器（Relay）控制，遇有短路，過載時能自動跳開。配電至一般用戶在火表前後都裝有保險絲，碰到電流過大，因爲熔點低，比導線先行燃去，於是路線就切斷。

上海市的發電廠

上海市電力廠計有

上海電力公司（美商）	閘北水電公司
滬西電力公司	浦東電氣公司
法商電力公司	華商電氣公司

其中滬西電力公司全部向上海電力公司躉電營業，華商，閘北，浦東，現在還部份地向上海電力公司躉電負載荷重。

各公司的簡史

上海電力公司創於1879年，初辦時在虹口Bishop堆棧內，發電容量爲10Hp；1892年爲前工部局收買，在斐倫路設廠，電容量200KW，用戶八十餘家；1910年遷至楊樹浦現址，發電容量增至4,000KW.；1929年才由美商經營，那時已可發電達140,000KW.

法商電燈公司，1906年向前法公董局獲得發電權，1908年起，在盧家灣裝置汽渦發電機四座，總容量爲1,600Hp，1927年起改用柴油機發電。

滬西電力公司於1935年成立，接收上海電力公司在蘇州河以南，前公共租界以西越界築路區的供電權，並無發電設備，全部向上海電力公司躉電供應。

閘北水電公司，創辦於1910年，初爲官商合辦，1914年改爲江蘇省公署經營，1928年後才爲商辦。

華商電氣公司係於1918年由內地電燈公司與華商電車公司合併而成，1935年勘定半淞園浦濱爲新電廠址，八一三戰事爆發，機件裝置，遂告停頓，被佔八年，損失極大。

浦東電氣公司創於1919年，在浦東張家浜建廠發電，有煤氣發電機二座共240KW.1925年後又在張家浜北岸擴充新廠，改用汽渦機，發電量爲600KW。1930年及1933年先後與華商，閘北接聯，增加容量。

各公司電力供應區域

(公司名稱)	(面積—方哩)	(專營區域)	(人口約數)
上海電力公司	8.72	舊公共租界	1,300,000
法商電燈公司	3.95	舊法租界	560,000
滬西電力公司	11.94	舊公共租界，越界築路，南至虹橋路北至蘇州河，西至碑坊路，法華區之一部	410,000
閘北水電公司	127	閘北，彭浦，行翔，江灣，殷行，吳淞六區，蒲淞區之西北部，楊行全區，江蘇寶山縣城廂。	685,000
華商電氣公司	42	滬南，漕涇，曹行，及蒲淞，法華區之一部份	740,000
浦東電氣公司	85.5	塘橋，洋涇，塘行，高行，高橋，川沙，楊思，三林，周浦，陳行，南匯	315,000

各廠發電設備

上海電力公司現有汽渦發電機17座，最老者係1913年裝置，最近者爲去年年底才開始發電的25.000KW1座，發電機電壓均爲6,600伏，50週率，輸電用23,000伏與6,600伏，用戶電壓爲380和220伏。

法商電燈公司盧家灣預備裝8座柴油發電機，每座發電3300-3700KW，現可開動6座，董家渡另有4座(每座 2680KW)發電機壓爲5,200伏，50週率，用戶電壓爲200和115伏。

閘北水電公司有汽渦發電機5座(共59,500KW)，現僅能用2座，2座在修理中，1座尚未裝置，發電機電壓也爲6600伏，輸電電壓高至33,000伏，用戶電壓，爲380和220伏。

華商電氣公司。原有設備，盡毀於抗戰，現僅借用龍華水泥廠可以發電 1440 KW 最近才裝就2000KW 汽渦發電機2座，已開始供電，發電機電壓爲6900伏及5250伏。輸電電壓爲33,000及5,500伏，用戶電壓爲380和220伏。

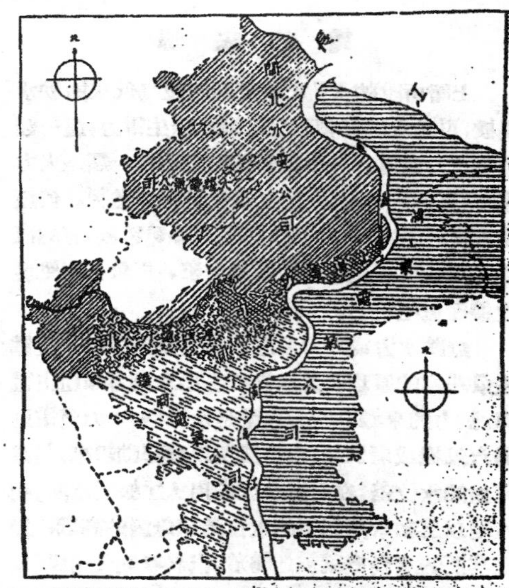

浦東電氣公司，汽渦發電機1座，發電2500KW，又鐵軌上移動式發電機1座發電800KW，發電機電壓爲 6,300 伏及400伏，用戶電壓爲380及220伏。

13000

各公司最近發電容量

(公司名稱)	(單位—KW)	(百分比)
上海電力公司	198,500	80.88
法商電燈公司	23,280	9.49
閘北水電公司	13,000	5.30
華商電氣公司	5,440	2.21
浦東電氣公司	5,200	2.12
總計	245,420	100.00

(註:閘北館用永安紗廠1,000KW,華商館用龍華水泥廠1,410KW,浦東館用綸昌紗廠1,200KW榮豐紗廠700KW均合併計算在內)

各廠用戶概況

公司名稱	電力用戶	電燈用戶	電熱用戶
上海電力公司	6,920	179,146	11,700
滬西電力公司	2,153	16,179	2,642
法商電燈公司	5,579	40,993	528
閘北水電公司	371	16,162	835
華商電氣公司	948	21,283	151
浦東電氣公司	427	8,076	7

各廠供電概況

(公司名稱)	1948年供電量(萬度)	百分比 普通用電	工業用電	公用事業
上海電力公司	56,267	24.1	70.2	5.7
滬西電力公司	19,270	13.0	86.6	0.4
法商電燈公司	9,076	53.3	27.7	19.0
閘北水電公司	10,406	23.1	70.1	6.8
華商電氣公司	5,402	26.8	56.6	16.6
浦東電氣公司	2,900	30.4	67.0	2.6
合計	103,321	24.8	68.8	6.4

各業用電概況

上海電力公司1948年平均率——(百分比)

紡紗業	63.4	棉織業	10.6
麵粉業	4.3	機械業	3.7
橡膠業	3.4	毛織業	2.0
造紙業	4.8	蛋業	0.5
木材業	0.1	煉油業	0.3
冷藏業	1.9	捲烟業	0.5
絲織業	0.8	其他	3.7

(三月二十日講,晉幸記錄)

(上接第3頁)

產生電力的工作,那末在第一個電力廠出現時,尚要經過不少年頭。話雖如此,只要有一個整個的計劃,不斷的訓練大批工程師和科學家去各盡所長,把所有的心力都用在一個目標上,我們相信,原子能在動力工程上應用的實現,是爲期不遠的。

在今天,人類控制原子能的日子,是愈來愈近了,然而,過去所貯有的知識却是少得可憐。手冊、年鑑、珍本、圖表上對各種有用的材料,金屬的和非金屬的,在各種不同的溫度,濕度,壓力,溶劑等等情況下,所有的物理化學性質都有詳細的記載,却沒有包括物質在原子反應器的情況下的性質,所以在反應器中物質性質的測量,紀錄,作表,等等工作都要全部從頭做起,以探索宇宙間尚未知悉的一面。

這確是一樁艱巨的工作,甚至無法避免許多人對未來的成功發生悲觀,不過原子能迄今還是一門年輕的科學,他的年齡還未超過半個世紀,這方面的知識也確然是貧瘠的,人們不應該站在一個不利的觀點去批評原子能的未來,他的可能性,和他實現時間的遠近,以及他眞實的價值。也許,代替着悲觀的論調的是"無知是愉快的";然而,認識這工作的重要和實現的步驟是必要的,我們用偉大的集體力量去推動原子能的研究,發展,以及保證在最可能的短時期內達到適合理化的希望。(原文載:Mining & Metallurgy. Sept, 1948,)

(上接第14頁)

百分之十四;而在九月份一個的生產額竟超出它百分之二十六。

高度的勞動生產率在促進蘇聯的擴大再生產方面起着決定性作用;而精密的不斷的技術改進爲蘇聯勞動生產率迅速地增長提供了物質的基礎。蘇聯的工業,不僅在數量上,並且在質的方面也有了巨大的變化。

由於蘇聯技術長足進步;隨同而來的是人民物質和文化生活水準的無止境地提高,戰後蘇聯因勞動生產率的發展而相繼將勞動者實際工資適應地增加了三次。這一經濟事實,在經濟理論的分析上認爲是必然的;但在資本主義經濟體系中,却無法給以解釋。

一個先進的國家,不僅在生產技術上顯得特別龐大,並且對人民物質幸福的改善,及文化水準的提高,也必須有巨大的成就。所以只有在科學和技術成爲人民的事業時,它纔保證有高度的發展。

離心機的應用，可能將十日之內的工作在兩小時中完成；同時甘油在廢液內的濃度也大大地增加，這樣又無形地減輕了牠的提煉工作。

連續式製皂新法

明 希

回溯起來，人類在幾百年以前已經知道如何來製造肥皂了。但是所採用的方法却一向是分批式性質的鍋煮法，所能改進的不過是容器的增大和更趨複雜而已，至於製造程序中所遇到的物理和化學變化，雖然經過了長期的，詳細的研究，幾百年來却是很少改進，和中古時期，可以說依然是一般無二，同時我們却也毋庸否認，人們雖是獲得了更多的科學製皂知識，肥皂却仍然要在鍋爐裏煮沸，時間的長短和品質的好壞依然要憑過去的經驗來決定。

在歐美，目前的情形完全在改變了，那些曾經用來製皂的鍋子也被丟棄了。在十幾年前各方面在連續性製皂方法上的研究已經獲得了成果。1947年四月完成了普克特・甘勃而（Procter & Gamble）製皂法，五個月後柯而掰・棕欖・比特（Colgate-Palmolive-Peet）法的小規模生產數字統計已經公開發表了。而目前這沙丕而（Sharples）製皂法可說是近代製皂史上第三個重大的發展。

普克特・甘勃而方法是利用觸媒來完成的，在其他方面則與柯而掰・棕欖・比特法完全相同。這兩種方法都需要在高溫（490°F）與高壓（600—700 psi）下完成，而且需要加工的設備。製造程序也與逐批製造時不同。油脂先水解為甘油和油脂酸，而油脂酸最後經過蒸餾，和苛性鈉的中和而完成純粹的肥皂。

沙丕而的連續式製皂法所採取的化學步驟與逐批製法相同，油脂是繼續不斷地用苛性鈉來皂化成為甘油與肥皂，這裏無需觸媒，設備亦很簡小，所需的溫度和壓力亦低，就是在這樣的情形之下，經過了有效的攪和，迅速的分離，嚴密的統制，油脂在數小時內即可變為肥皂因為製造過程的縮短，工作時所需面積亦隨之縮小，完成的肥皂質地非常純潔，產量又多，因此無論在投資上或是開工時所需的費用上，都要比逐批製造時節省得多。

在一九四〇年，利用離心機來連續式的製皂工作才被眞正地注意起來，最初的研究工作，是在實驗室內進行的，爲了要明瞭皂化各期產品的物理性質起見，各式不同的連續性攪和機漸漸地被設計而應用起來，沙丕而實驗式的超速離心機也被用於來完成分離工作，小規模的嘗試，已經完成了連續五六小時的製皂工作。

進一步的發展，需要不斷的原料供給，和半製成品的安置，於是在一九四一與年利華公司（Lever Brothers, Ltd.）訂立合同，用較大的沙丕而離心機來作分離工作，所有的設備亦同時跟着擴超速大，同時由於利華公司研究部的共同努力，終於完成了每小時可以皂化一噸油脂的計劃繼續不斷地生產品質優良的肥皂，連續數日無需中斷，由於這次工作的成功，利華公司在1946年在巴爾的摩（Baltimore）地方完成了一所更大規模的工廠，這工作已進行了一年多的大量生產工作。

這製造方法在美國公開發表也還不過是幾個月以前的事情，但已有很多同樣的工廠在十個不同的國家裏開始計劃和建設起來了。

鍋煮法的製造過程

在製造過程中，無論是沙丕而法或鍋煮法，所發生的化學變化不外乎苛性鈉皂化油脂，（加入少許食鹽），而最後將甘油與廢液從肥皂中分出，這些變化在經過數次作用後始能完成，在第一步的變化裏，油脂差不多全部皂化成甘油和脂酸鈉，作用液分為兩層：（一）廢液內含甘油同大部食鹽。（二）粒狀皂塊，更含一些未經皂化的物質，一些食鹽和一些苛性鈉，此兩層液體設法分離，廢液即移作甘油之提煉工作。

次步的工作，就是再加少量的苛性鈉來皂化尚未完工的粒狀皂塊，兩層液體再分離，進一步的

13002

工作爲調節食鹽與苛性鈉的成分來完成最有利的分離工作，這樣，粒狀的塊皂變爲結晶狀，這末一步工作的完成物就是純潔的肥皂，削成皂片烘乾後再製成所需的式樣。

肥皂用逐批法製造時，這許多變化是在一個大的圓柱形鍋子裏進行的，鍋底爲錐形，以便於分離兩層液體，而現在所用的新式鍋子，是用蒸氣和蒸氣管來加熱的，用蒸氣加熱同時可以完成攪拌作用，此種鍋子直徑爲十五到三十呎高爲三十到六十呎，在每十天一次的週轉裏可以容納幾十萬磅的原料。這些鍋子是用含低性炭鋼所製，而上部是用不銹鋼來做的，所以在開始時的投資，無論在原料方面或是容器方面都是比較大的。

油脂和苛性鈉溶液繼續不斷的導入作用鍋內，通入蒸氣來煮沸和攪和作用液，液體的濃度經常由導入原料的速度來調節，當皂化完成之後，加入少量食鹽，肥皂從廢液中分出，廢液再設法導出，餘下的粒狀皂塊用苛性鈉煮沸數次，加鹽分離數次，最後終於製成純粹的肥皂。

產生 13,200 倍離心力之超速離心機，使肥皂與其他廢液及甘油作有效的分離。

在最後一步的工作中，需要富有經驗的技師來處理，祇有在適當的處理下，鍋內的作用液始能分爲兩層，上層是完好的肥皂。下層是劣質肥皂，由於作用液數日在高溫下煮沸的緣故纔產生這部劣質肥皂，假如最後一步的工作處理不當，液體中將增加中等肥皂層，在分離工作上就要遇到許多困難。

可以預期這許多工作步序，是要一個相當長的時期來完成的。雖然初步的皂化作用是非常迅速的，將作用液全部導入鍋內的工作雖然在數小時內可完成，初次的分離工作大概需要兩天的時間，眞正的最後一步工作要在第四天才開始，這樣需要一星期的時間才能完成最後的分離工作，所以整個的製造過程從油脂開始皂化到完成肥皂爲止，一共需十天到兩星期的時間。

沙丕而法的製造過程

相反地，在沙丕而方法中，從油脂變爲肥皂所費的時間連二小時都不滿，而普通的鍋煮法却要十天八天的功夫，在沙丕而方法裏，祇需四步連續的變化，就可得到完全相同的結果，而此四步工作，是在四個獨立的單位裏完成，一切都是自動調節的，在每步工作中，作用物在一個小的容器內迅速的攪和，然後再用高速離心機分離，高溫的液體在短時間內即可作用完畢，所以不致有變質的劣等肥皂產生。同時更由於離心機的作用，肥皂在製造過程中所含的雜質及污塵均可同時從肥皂中分離出來，所以最後的產品則更爲清潔美觀。

方法中包含四個連續的步驟，肥皂和廢液在相反的方向流動，每一步流出的廢液，加入新的苛性鈉和食鹽後再留於下次的皂化作用，第一步差不多完成百分之九十五的皂化工作，而第二步即可完成全部的皂化作用，同時更完成部份的洗濯工作，最後兩部則爲洗濯工作，皂內苛性鈉和食鹽的成份得以調正。

製皂時，熔融的油脂從儲藏室經過濾器導入一定量小槽中，從這裏有一定量的液體經常地導入加熱器內，熱到 200°F，然後經過一個常重槽而將一定量的油脂導入第一作用器，假如有浮沫和其他高溫產物在別部的作用裏產生，這些也可以經過濾器及常重槽而導入此作用器，此外導入第一作用器的就是第二步作用的廢液再加入百分之五十的苛性鈉。

第一作用器內的產物——廢液和粒狀塊皂用沙丕而超速離心機來分離，廢液內幾乎大部爲甘油而僅含極少量之苛性鈉，此廢液留作甘油之提煉，粒狀皂塊連同第二步之作用劑通入第二作用器，之後再用第二離心機分離，廢液於加入苛性鈉後導入第一作用器，肥皂連同第三作用劑通入第三作用器，然後再用離心機分離，廢液留作第二步用劑而肥皂則通入第四作用器，此爲最後作用器，在最後的作用器內，加入少量苛性鈉和食鹽而完成最後的肥皂，這末一步的離心機將純質肥皂和

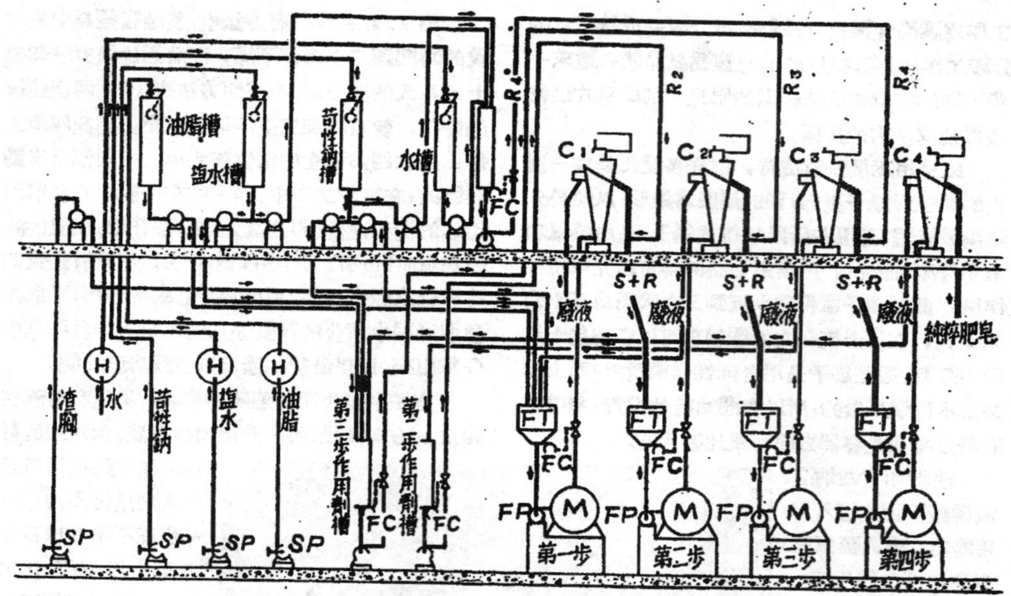

沙丕而連續式製皂法順序圖

圖中字母表示：SP—供應幫浦，H—加熱器，FC—流動液管制，M—攪和器，FP—給液幫浦，FT—給液槽，S+R—肥皂及作用劑，C_1,C_2,C_3,C_4—第一，二，三，四步超速離心機。$R_2R_3R_4$—第二，三，四步作用劑

其他雜質分離，廢液留作第三作用劑，肥皂則運至儲藏室。

作用器的構造

所有作用器內的構造均係多室性，這樣可以避免導入物未經作用直接流出，第一作用器之容積較其他三器爲大，因爲在第一作用器內要完成大部的皂化作用，溫度大約爲220°F。

第二三四作用器結構與第一作用器完全相同祇不過容積較小，在每一作用器內大概加熱5°F來抵補流動時的失熱。

離心機的分離工作

所用離心機係十六號沙丕而超速離心機，牠的運轉是每分鐘一萬五千轉，所生的離心力等於地心吸力的一萬三千二百倍，在最小規模的工廠裏，每一架作用器有一架離心機，在較大的工廠裏則有數架離心機同時工作，液體自底部導入，由於離心力的作用，液體完全分爲兩層，固體物沉積底部，上部的濃液從離心機裏分離出來收集在作用器上部，下部的肥皂用特殊的裝置來將牠注入作用器的下部，前三期作用所產生的粒狀皂塊倘無法自動流出而需要從離心機中冲洗出來。

冲洗在這裏雖然是一件細微的工作，但在整個方法的成功上，這却也是重要的一環，採用於下一步之作用劑導入離心機之頂部，當離心機轉動時，加入的作用劑和底部的粒狀皂塊一齊有力地打擊該器的頂部因而完成攪和作用，這時的混和液體就可以從離心機中流出，在最後一步的作用後完成的肥皂可以在220°F時自由流出，無需冲洗。

另一個成功的關鍵，在於流動作用液的嚴密地自動調節裝置，一切的原料加入作用都需經過一個定量幫浦的調節，而每兩作用器間流動液體的速度亦有調速器的經常調節，一共有八個雙室活塞形比量幫浦，大小由於所需容量多寡而決定，兩只用於調節油脂，三只用於百分之五十的苛性鈉，兩只用於百分之二十的鹽水，而最後一只用於水量的調節，此八只幫浦用一簡單的四路活門來推動，所以活塞作有規則的上下活動，總速可以變更活門的速度來調正而各部的速度可從活塞的距程來變動，每次在作用液導入作用器以前先經過一圓錐形底的定量槽，所以每次導入的作用液重量可以完全相同，所有作用液溫度都可以自動調正，此外設備方面尙有指示表，安全門和警號的裝置。

由於全部設備所需不多的緣故，用不銹原料裝置最爲合算。加熱的油脂用不銹鋼的容器，食鹽和苛性鈉溶液用鎳或鎳合金來盛置，定比量幫浦用鎳合金或不銹鋼等來製造，而離心機的內部用因柯合金(Inconel)，蓋則用不銹鋼，如此則浸蝕作用可以避免，這設備平均的壽命大約有二十五年。

簡單的運用方法

在沙丕而製皂廠裏所有工作的步序和方法比起鍋煮法來要簡單許多，而且這些工作無需什麼經驗和特殊的技術，所需人工也是很少，在小型的工廠裏，每班祇要一個工作者就可以了，而且工作也不繁重，祇要每隔半小時測定一次從第一作用器所產生廢液的鹹性濃度，假如需要的話，調節一下苛性鈉幫浦的速度，每一班或在供油脂槽調換時作一次所有液體的分析，每日將第一離心器底部所積固體出清一次，而其他三個離心器祇要每星期出清一次就可以了。此外一無其他繁瑣工作，假如偶有什麼地方有錯的話，就會發出自動的警號，在量重槽和定量槽上均裝有警號，假如管子中塞住，或某部的液體流動得太快，都可以從幫浦的特殊裝置上看出，每一警報發出時，連帶的電燈卽被開亮，從開亮的電燈可以追究到錯誤的發生地，這些信號一直要到錯誤被糾正後才去除。

洗清一只離心機，大概需要二十分鐘，但在離心機淸理時可以將另一淸潔的裝入代替，在較大的工廠裏，每步作用時，裝有三架或是更多的離心機，這樣當一架離心機在淸理時，其他兩架可以照常工作，整個製皂工作不致中斷。在小型工廠裏，一切的液體必需暫時停流，但這工作做起來却是非常簡便迅速，前後祇不過五分鐘的耽誤。

雖然，開工和停工不是一件麻煩的事，但是每天開工停工也還是不適宜的，有許多工廠每隔七天停工一次，有的每隔五天停工一次，這要看各廠不同的情形而定。

沙丕而法的優點

沙丕而法製出的肥皂在品質上要比普通製法的產品爲優。同時在燃料方面，人工方面和日常的開支上都要節省許多，至於對其他連續性製皂法的比較，因爲缺乏統計數字的緣故，所以很難估計，用高壓水解法可以直接產生較濃的甘油，但是在沙丕而法中所產生的廢液，其中的甘油成分雖高，但却含有多量的食鹽，所以必需經過提煉，但無論如何，沙丕而法自有牠的優點，尤其是對於小型工廠：第一牠所需的設備簡單，所需資本不大，第二就是各部的化學變化與舊法完全相同。

毫無疑問的，沙丕而法的製品要較普通法的製品爲優，這純粹的肥皂是非常的淸潔光亮的，因爲油脂在皂化前僅加熱一二分鐘，全部設備又用防腐質料製成，而皂化又在關閉的小容器內迅速地進行，肥皂又用離心機經過四次的洗滌，也就由於這些原因，包裝好的肥皂也是非常穩固而不再起任何變化。

在沙丕而法中，祇有兩種產品，一是純粹的肥皂，另外就是所謂廢液，這裏沒有需要拋棄的劣等皂質，假如有此種皂質產生，牠仍可在這全部的工作裏提煉，所以這裏的產量要較普通法的產量爲多。

每出一磅肥皂，有0.36磅的廢液同時產生，而在普通的鍋煮法中，每一磅肥皂，同時要產生一磅廢液，這裏不但廢液的產量減少，同時其中所含的有機物除甘油而外要較普通法爲少，這是由於利用離心機和劣皂大量減少的緣故。

甘油在廢液內的濃度要較鍋煮法所產生的廢液大兩三倍，而食鹽的成份却要低得多，在甘油的提煉工作上的自然要經濟得多，如在廢液內加入硫酸，則少量的食鹽在普通的情形之下是拋棄的而現在却可以收回了，製成的肥皂是非常淸潔已經無需漂白了。

在沙丕而法中，蒸氣的節省是非常可觀的，這裏祇需二小時的加熱到200°F就可以了，同時更由於甘油在廢液內濃度的提高，在提煉時所需的蒸氣量就大大的減少了，(參閱表二)。但在電力和壓縮空氣的費用上却相反地增加了，在最小的工廠中，每磅油脂需要.022仟瓦小時的電力和1.2立方呎的空氣(壓力爲每方吋40磅)，在大型的工廠裏，有0.2仟瓦小時和0.4立方呎的空氣亦就够了，每磅油脂所需的蒸氣量則爲0.17磅(最低壓力

表一　製品成份比較

成份	沙丕而法	鍋煮法
肥皂		
油脂酸	62.8%	62.9%
Na_2O	0.06—0.10	0.06—0.10
NaCl	0.4 —0.5	0.4 —0.5
甘油	0.36	0.5 —0.8
廢液		
甘油	15—90%	4—6%
Na_2O	0.0?—0·05	0.5
NaCl	8.12	18

表二　蒸氣耗用量比較

耗用量—磅/1000磅油脂

	沙丕而法	鍋煮法
製皂	170	1500
提煉甘油	23)	700
總計	400	2200

表三　人工及其他費用的比較

（每小時採用1500磅油脂）

	鍋煮法	沙丕而法
人工費用$/時		
第一步作用器	$ 1.80	
@$ 1.80/時		
第二步作用器	$ 3.00	$ 1.50
@$ 1.50/時		
	$ 4180	$ 1.50
其他費用		
蒸氣—lbs	3300	600
蒸氣價@$ 0.50/1000lb	$ 1.65	$ 0.30
電力 44KWH/ton油脂		0.23
@ 7mils		
壓縮空氣 2400cu.ft./ton油脂		0.07
@ $0.03/1000		
	$ 1.65	$ 0.60
總計	$ 6,45	$ 2.10

均爲每平方吋 40 磅），此量無論在大型小型的工廠裏大致相同，表三所示係小型工廠每噸油脂可節省八角八分美金的費用，在大型工廠則爲一元一角美金，

此外尙有一大經濟之點，那就是人工，在普通鍋煮法中三人的工作在這裏一人已足够了；就是在最大的沙丕而工廠中，每班祇需有二人工作就可以了，最重要的可以說是第二號鍋爐的工作，在經過幾星期的訓練後，就可以經常不斷地產生品質優良的肥皂。反過來，在鍋煮法中則需要富有多年經驗的工作者才能勝任。表三所示一個小型的沙丕而工廠每噸油脂可節省四元美金的人工費用。

一個比較難以統計的就是在保養方面的節省，由於一切的設備裝置都是用不銹合金做成，牠的生命一定較長而且修理費用也較省，至於實際的數字統計到目前爲止尙無法獲得。

少量的投資

在沙丕而工廠裏，無論是在設備方面或是工作方面所需的投資是較少的，即使是一個產量很大的工廠所佔的面積却是很小，這從表四可以看出。在二小時內可以完成普通製皂法十天到十四天的工作，就顯示了被凍結的資金是因此減少了，所有設備雖用不銹合金製成，在價錢上可以說是很貴，但是假使與每噸所產肥皂的價值比較起來，相反地却是更見便宜。

這許多經濟上的特點，尤其是在設立一個新廠，或是在舊廠擴大的時候更有意義。假使一個工廠，牠每年採用油脂量在三噸以下，可以完全改裝沙丕而式裝置而不致影響其全年產量，第二個優點就是當一個原有工廠需要擴充時，在甘油提煉的裝置上可以無需擴大，因爲沙丕而法中所產甘油濃度較高，食鹽成份較少，原有的設備也就足够應用了。

在沙丕而法中所有一切重要步驟，均由該公司請有專利，現在且有全部工廠的設計，按產量的多寡，大小共有十型工廠設計，第一種產量爲每時採用1500磅油脂，而第十種則爲每小時採用15000磅油脂，每期所用離心機數目正好與工廠分類的種數相同，那就是說，在第一種工廠裏，每步所需的離心機數目爲一，而在第十種工廠裏，每步作用所需離心機數目爲十。

無論何種品質的洗衣皂或香皂都可製造，同時在生產速度上也可自動調正，優美的肥皂可以在任何速度中產生，而牠的產量可以收縮到原有產量的四分之一。

在工程方面的設計是非常週密完備的，稱重槽，藥號，離心機斋，幫浦等等都有詳細的設計，寡

（下接29頁）

水對於混凝土的關係

戴令奐

前言

鋼筋混凝土發展將近有一百年的歷史；尤以近三十年來，自從水與水泥之比律對於混凝土強度的理論確定以後，製造混凝土技術更見改良，混凝土工程之應用亦更見推廣。現歐美各國因混凝土製造技術的進步，其耐壓力可增至每平方吋6000磅不算稀奇，反觀吾國因施工技術欠佳，材料試驗未臻完善，設計人員往往採用混凝土最低強度猶恐不及，五十年來未見進步。甚至新近一般監工人員在訓練之初未能養成正確工作態度與方法，以爲混凝土之爲物僅將水泥黃沙石子三者加水混和即得，草率從事，其有損於混凝土之強度則習而不察。本文旨在就混凝土之理論與試驗結果，討論混凝土的正確製造方法，以作一般工場上實際工作者參攷。

要製成優良的混凝土必須具備下列五個基本條件：

1. 材料必須精選合用
2. 各種材料衡量配合必須正確
3. 混和工作必須澈底均匀而且稠度合宜
4. 搗澆方法必須認眞執行不容隨便
5. 凝結時期須有週密護養。

雖各項條件平凡不足奇，但混凝土強度及其耐久性完全視工作認眞與否而定，要製成優良混凝土，非上述五個條件切實遵行不可。

混凝土工程之所以被廣泛應用，是因爲它價廉而材料容易取得，耐壓力强大，耐久耐火以及任何不規則形狀皆易於製成之故。與鋼筋配合以後，不但可以抵抗強大壓力，並且足以支持強大拉力與剪力。但是要製成優良的混凝土，決不是簡單地將水泥黃沙石子和水混合即得，其中材料選擇，成份配合，以及施工方法都足以深切影響混凝土之優劣。要確實達到"優良"的境域，不是普通想像那麼容易，這裏所謂"優良"是指混凝土的强度務求其最大最堅實，對於天然氣候冷熱變化的抵抗務求其最耐久。

水與混凝土

在混凝土之强弱久暫，其關係最深切者是水。混凝土各種主要特性無不視水量之多寡爲決定之因素，因此在未談材料配合與施工方法之先，願先介紹水量對於混凝土的關係。

混凝土的主要特性不外 1. 强度：分壓力，拉力，剪力三種 2. 對於天然氣候變化的抵抗，包括溫度升降以及冰凍與溶解對於混凝土的影響 3. 防滲性 4. 耐火性。水量對於以上各主要特性無不有着決定性的影響。茲分述如下：

水對於混凝土的强度有着十分顯著的影響。水的作用不過爲水泥砂石的媒介，促成密切結合而成堅硬的混凝土。所以水的分量以使混凝土潤濕澆搗工作容易完成爲度。過量的水足以削減混凝土的强度，如表一所示普通年齡爲28天的混凝土水與水泥的比例，每多用一加侖，混凝土的壓力强度將減少1000磅之互，可見影響之深。圖1中更顯示壓力强度對於在濕氣中凝固時期的影響。年齡爲28天的混凝土其壓力强度將倍於凝結僅三天的混凝土。

圖2表示混凝土凝固時間的久暫對於壓力强度的影響。圖中混凝土試驗品製成後在濕氣中分置不同時期使之凝固，然後取至試驗室空氣中分期試驗其壓力强度。我們知道水與水泥的化學結合，是以增强混凝土的强度的，但是到了混凝土

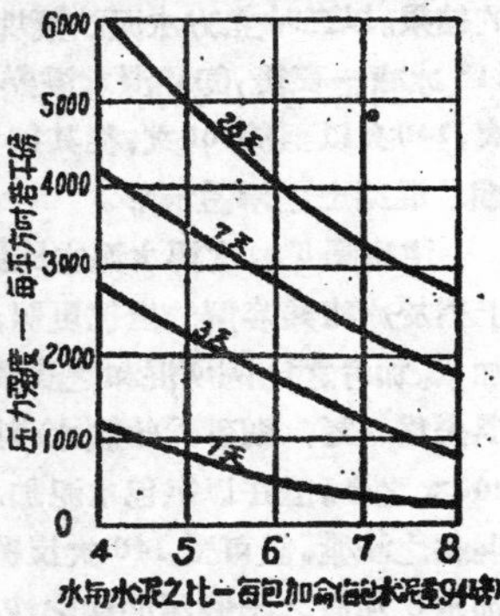

圖1. 混凝土中水與强度關係

漸漸乾燥時，此種化學反應即逐漸減少。迨混凝土全部乾硬時，此種反應即行在空氣中停止。注意圖中在濕氣中僅凝固一日的混凝土，其一年後强度

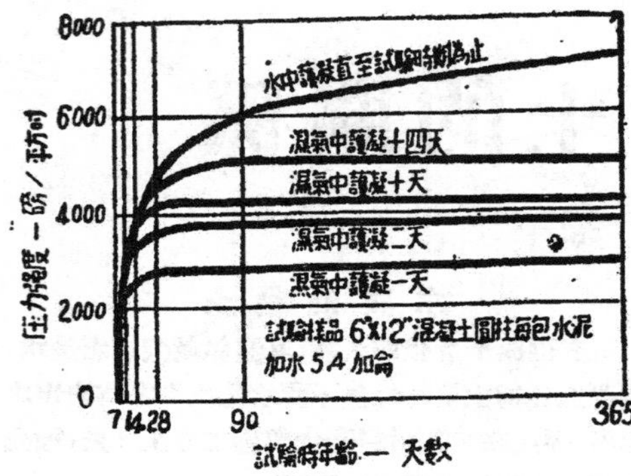

圖 2. 混凝土護凝時間壓力強度關係

與一月後時並無改進，並且祇爲在濕氣中凝固十四天的强度的百分之六十。這是完全因爲混凝土在凝固時無足够的水份供給，與其中水泥發生化合之故。在水中凝固的混凝土，其强度則日有增加，其一年後强度與28天時强度可增加50%。據美國威司康辛大學試驗結果，混凝土在水中其强度漸漸增加，以至四年後始行停止，可見水對於混凝土强度影響之深。

混凝土剪力及拉力强度皆與壓力强度有適當比例，普通拉力强度爲壓力强度之1/8到1/12。剪力强度則爲壓力强度的4/10 到 9/10。因此水對於此兩種力的關係與壓力强度完全相同。

水量對於混凝土冰凍與溶解的關係

圖 3 顯示混凝土含水量對於冰凍與溶解試驗的結果。以二吋立方水泥沙漿塊作試驗品，在華氏14° 冰凍一夜後，即用溫水浸熱，如此反復試驗 80次，140次以至於200次，從其每次損失之重量即可顯示混凝土之解體情形。

注意圖 3 中水與水泥之比例愈增加，則混凝土對於冰凍與溶解的抵抗更弱，例如以每包水泥加水。加侖之比例所混和之沙漿，如其容許重量之損失爲 2%，則可受此類冰凍與溶解反覆試驗達200次之多。但在以每包水泥加水 7 加侖之比例所混和之沙漿，僅可受 140 次反覆試驗，以每包水泥加水 8 加侖之比例所混和之沙漿，則僅足受 80 次試驗。

混凝土對於冰凍與溶解之抵抗與沙漿塊相同。圖4所示三種水與水泥比例之六吋立方混凝土受100次冰凍與溶解試驗，其以每包5½加侖之比例

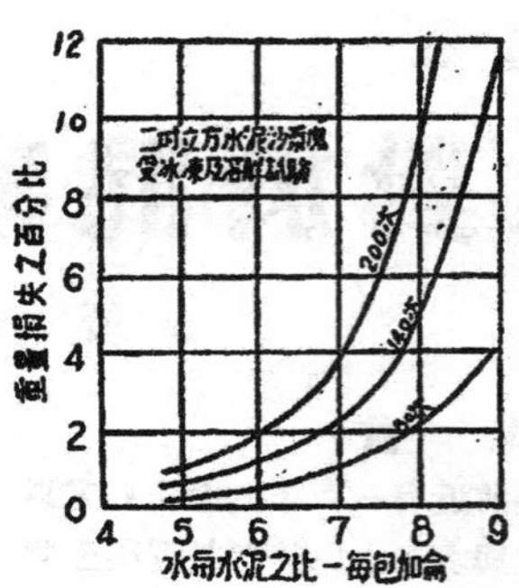

圖 3. 混凝土含水量對於冰凍及溶解的試驗

混和之混凝土經100次反覆試驗，鮮有損壞。以每包 7 加侖之比例混和者，則混凝土之表面略有剝落，而以每包 9 加侖之比例混和者，則有顯著之損害情形，如圖4右面一項所示。

事實上天然氣候的變化甚難與試驗室中所舉行之試驗相似。美國威司康辛大學教授魏叟 (Prof. W.O. Withey)，在嚴寒之威司康辛州麥狄孫地方(Madison)，以暴露經 20 年之久之混凝土加以試驗。取六塊混凝土雖經 20 年之風吹雨打冰凍溶解，表面上迄未絲毫損傷，但移至實驗室中作人工試驗時，經20次之反覆冰凍與溶解後，其重量略有損耗。至20次以上，則重量顯著減小，以至50次時，每塊重量之損耗達33%，試驗隨即停止。圖 5 所示除第二塊受20次試驗後即告停止，其餘五塊皆爲受 80 次試驗後之情況。

天然的嚴寒盛暑，因爲時間比較長，並且寒暑溫度的變遷是漸進的，故久暴於天然氣候之混凝土其受損情形遠不如實驗室中所得結果爲烈。但是有一點可以確定即混凝土所用水與水泥之比愈低，則其抵抗冰凍與溶解之能力愈强，用每包水泥加水5½加侖之比例所得之混凝土對於此類之抵抗最强。

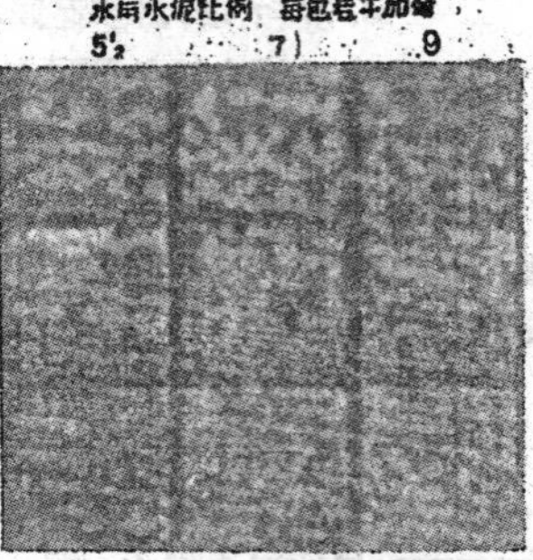

圖 4. 六吋立方混凝土受100次冰凍與溶解試驗。左圖所示用每包水泥五加侖之比例製成者並無損壞，中圖所示以每包水泥七加侖之比例者，表面上略有剝落，其右圖以每包水泥九加侖之比例者則有顯著之損壞。

水量對於混凝土防滲性的影響

水中建築物必須不透水，混凝土對於滲透之抵抗卽可視之爲對於天然氣候變化抵抗之一種。

如表3所示，以1吋厚水泥沙漿圓塊作試驗，在圓塊上加以每平方吋20磅之水壓力測驗，其滲透水量，其以每包水泥加水5.6加侖之比例所混合之沙漿塊凝固，七天後並無滲水現象。其以每包水泥加水7.3加侖之比例混和者，則平均每小時每平方呎滲水500cc.，其以每包水泥加水9加侖之比例混和者，則其滲水率在每小時1100 cc. 以上。

注意圖1中不論何種比例混和之沙漿塊，其凝固之時期愈長則滲水愈少，不過著水的份量太多，則任使凝固的時期延長終不能得完全不滲水之混凝土。表四是試驗室中的試驗結果，實際施工時欲得不透水之混凝土，其含水量務必控制至可能最低限度。

圖5. 已使用20年之久的混凝土在實驗室中受冰凍與溶解試驗。上圖六塊混凝土中，除第二塊僅受20次試驗卽告損壞外，其餘各塊均可承受30次之試驗，尚無顯著之損壞

據經驗所得，凡水壩及蓄水池等混凝土建築物，其水與水泥之比例不應超過6加侖以上。但巨大斷面之混凝土壩，每包水泥可用水$7\frac{1}{2}$加侖，若單薄之斷面，須不透水者，則其水與水泥之比僅可每包五加侖。以上所述含水量皆包括砂石本身所蓄水分在內，普石礦含水較少，河沙則含水份甚多。

混凝土含水量與防火性

混凝土是最好的耐火材料，據試驗結果，將混凝土熱至攝氏500度以上時，雖失去一大部份強度，但因其表面已受熱部份並不傳熱，故熱力侵襲內部甚緩，若火災時間短暫，溫度不高，僅混凝土表面受剝落與龜裂現象，不致深入內部承力部份，故不致影響建築物之安全。混凝土受熱之變化大致起初其中水泥之硬化物受熱膨脹至攝氏110°爲止，若溫度高內部結晶水份消失，致反而收縮，一直熱至100°C以上時，則內部水份完全消失，體積再行膨脹，以至於龜裂或崩壞程度。但其中砂石則受熱始終膨脹，故水泥硬化物收縮結果，混凝土卽發生裂縫，並且體積增大。所幸混凝土之水份消失以後，對於熱力傳導減輕，內部不易侵襲，此爲混凝土所以被廣泛採用爲防火建築之最有利之點。所應注意者爲鋼筋必須有充分之混凝土保護層，否則鋼筋受高熱將失去拉力作用，以致影響建築物之安全。

上節所稱水泥硬化物內之水份消失，是指結晶水的消失，卽水泥硬化後之密水現象，而不是指混凝土混合時水的份量。據伊里諾大學實驗結果，混和時用水量之多寡，與混凝土熱傳導率並無顯著之影響。但是混和時水與水泥之比例太多，無疑將有損混凝土之耐火強度。

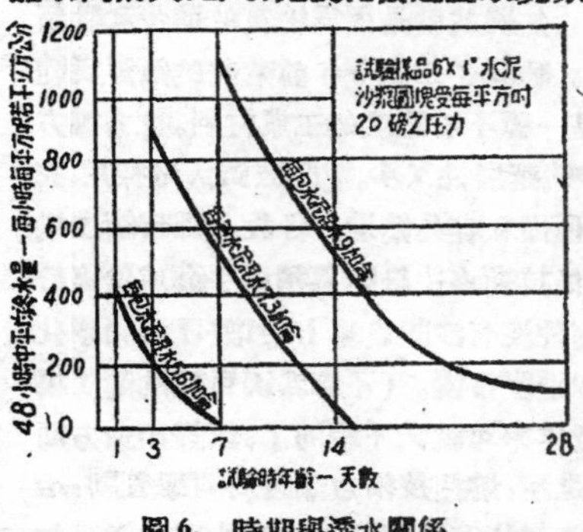

圖6. 時期與透水關係

結論

從上各節，我們已經知道混凝土用水量對於強度，耐久，防滲，耐火的關係，可見水量控制是優良混凝土的先決條件。水量用得太多，不但足以減少混凝土強度，耐久性，及防滲性，並且促使混凝土建築物之強度不均勻，影響建築物的壽命。

普通砂石的比重約爲$2\frac{1}{2}$，水泥的比重約爲3，所以假如混凝土混和時用了過量的水，水泥與砂石均將下沉，讓水以及少量的灰漿浮在上面，硬化以後顯然底下的混凝土比較堅實，不透水，而上面的一層不論在強度方面，以及對於天然氣候的抵抗，均將甚弱，同一建築物內强度不均勻，無疑將影響建築物的壽命，這是極不經濟的。

近二十年來混凝土工程學上的重大發現，莫過於這水與水泥比例定律對於混凝土強度以及耐久性的影響。自從此理論發現以後，混凝土的強度已較前大爲增加，並且可以依此定律，製成各種強度的混凝土。現在歐美各國混凝土的耐壓强度，已經高到每平方吋六千磅，並不算稀奇。可憐回顧我國工程界，依然墨守舊法，以體積比例以爲材料混和的規定，而對於最重要的水的成份反而不予注意，以致設計上尙在採用2000磅的混凝土耐壓力，尙惶惶然憂其不足。這是工程界的落後，我們應該急起直追。（本節完）

13009

鑄鐵的新用途

陳應星

「脆弱的鑄鐵，只能用來製造廉價而無關重要的機件」這句話已不再確實的了，近代冶金技術使我們對於鑄鐵要括目相看，重新估值。近代鑄鐵的重新估値，無疑的就是因爲牠質的進步和牠新應用的成功。翻開了二三十年前歐美的鑄鐵規範來看，牠確是一種不够堅韌的工業材料。拉力每方吋祇有五六噸。延展性又少。牠能被廣大地採用，完全是因爲牠價廉和容易鑄造的緣故。那時鑄工場(Foundry)的技術多由經驗累積，手藝成份多於科學，祇求鑄件沒有沙眼就算上乘！談不到科學化的管制，所以進步很慢。(不幸我國目前的鑄工場仍然如此)近年來可就大不相同了，鑄鐵冶金方面有了飛躍的進步，熔鑄技術也漸趨於科學管制，冶鑄工程師已經可能有把握控制牠的物理性能有如控制煉鋼一樣，各種强度不同的鋼材，其拉力可達每方吋三十噸或四十噸。同樣今日的冶鑄工程師也能有把握地製煉各種不同的强力的鑄鐵，如拉力二十噸，三十噸甚至超出四十噸的鑄鐵，祇要參閱歐美目前關於鑄鐵的規範就可以知道這是可能的。現在先來檢討關於鑄鐵的幾種新用途。

曲軸 (Crankshaft)——鑄鐵引擎曲軸製造的成功原因，除了鑄鐵本身特有的性能外，就要歸功於冶煉方法的科學管制和成品檢驗的嚴密周詳(用高壓X光照片檢驗)上。一般說來，鑄鐵在這方面的優點是 (1)其組織結構內有石墨 (Graphite) 滲雜，不若鋼軸之易於感受扭轉振動(Torsonal Vibration) (2)因有炭片滲雜，不若鋼軸易因表面細紋(Notch Sensibility)而折斷。第二次大戰期間美國大量擴充軍備，即就登陸艇一項而論，所需用的柴油引擎的數目已相當可驚。當時最感困難的問題，就在大量引擎曲軸的供應。煅製曲軸需用蒸汽錘和汽壓機等龐大笨重的設備，而這種笨重的設備又不是短時間所能擴充至十倍或數十倍的。後經研究，多認爲祇有採用鑄鐵曲軸才能應付，該廠大量製造的結果極爲成功。

導輪軸 (Cam Shaft)——內燃引擎的導輪軸轉動時候因偏心作用而開閉氣門，所以導輪尖部必需焠火。使硬度增加，才能耐用。往昔全用鋼材製造，自鑄鐵冶煉方法改進以後，稍加合金，即能焠火，其堅硬程度並不減於鋼軸。而製造成本却較鋼軸要低得多，美國汽車引擎的導輪軸現在已大部用鑄鐵來鑄造了。

引擎活塞環——現代內燃引擎不管是汽車引擎也好，飛機引擎也好，儘管製造材料日新月異，而活塞環這樣重要的配件還是要用鑄鐵來製造。爲什麼非要鑄鐵製造不可？難道彈簧鋼還不比鑄鐵更有彈性？要解答這個問題，我們要從鑄鐵的特有性質來研究才可以明白。製造活塞環的鑄鐵要有特殊的結構。這種結構在冶金學上講就是叫作 Hyper-eutectic(就是$C+\frac{1}{3}Si>4.3\%$的一種組織)。其內部比較地說起來純炭粒很多並且很均勻地分佈在鑄鐵本體內。這種純炭本質很軟，大有助於潤滑功能，因此鑄鐵環經久耐磨，不會損壞汽缸內壁。彈性雖不及鋼環但以內燃機而論，活塞環彈性不全靠環本身，却靠環後面的氣體爆發壓力。所以用這種鑄鐵來製造活塞環是最適宜也沒有的。成功條件就在使鑄鐵的結構如何能達到理想的組織，我國製造活塞環的廠家可以注意及此。

制動鼓——汽車或飛機上用的制動鼓是連在輪子上的一個鐵圈。牠和剎車片磨擦時就發生了剎車阻力。鑄鐵結構內含有純炭，經久耐磨，發熱時不若鋼料漲性大，所以是製造上最適合的材料。第二次世界大戰時期，美國的空中堡壘重達數十噸。降落時衝勢之大，可想而知。鑄鐵剛輪的堅韌力不足應付，當時頗成問題。後來改在鋼圈內用離心鑄鐵法熔鍍一層鑄鐵解決的。

車輪和輾輥——鑄鐵在傾注砂模後，驟然冷却的情况下會變成白鐵(White Iron.)性質非常堅硬，有堅强的耐磨能力。利用這種特質製成的冷激車輪遂成美國鐵路貨車車輪製造上很大的一種工程，冷激車輪是用鐵圈作車輪輪軌外模鑄造。牠表層變成半寸厚的白口，內部却全是灰鐵。因爲此表層堅硬耐磨而不致脆裂。冷硬輾輥筒也因表面堅硬耐用而被輾鋼業大量採用，這也是歐美鋼鐵工業上最重要的一種工程。

金工場中的廢物利用

冀一鳴

保護你的虎口

老虎鉗的手柄下落時，手柄二端的鐵球時常將我們大姆指與食指間虎口軋痛，現在有二個避免的方法任你選擇。可在小橡皮球上開一個孔，將牠套在手柄的鐵球上，或者以一段短橡皮管消過手柄的鐵球緊緊地套在那大羅絲上即可。

不會傾翻的溶劑罐

拿一段短管子，可以很容易的照下面電焊成一只不會跌倒的熔劑罐頭。在一段3"管子上（長約6吋）的一頭，旋上一只悶頭，或焊上一塊圓鐵板，在另外的一頭上，焊上$\frac{1}{8}$"厚6"長8"闊的一塊鐵板，不過祇需遮沒開口的一半，這樣的罐頭放在工作台或地板上，既不會翻，又不會滾，用棒亦可很容易的蘸着溶劑。

便利的儲藏器

有種種方法可以儲藏不同的東西，此地的一種，可以在桌台上隨時拿到，而且儲藏量也還大，用洋板彎成一個3呎長的U字形支架，在牠二邊鑽$\frac{3}{16}$"的羅絲孔，以便裝舊咖啡罐，在桌台後半部裝二只脚，使支架裝上後可以斜靠在牆上，在要尋東西時，儘將架子向前一拉，許多咖啡罐就平舖在台面上，尋完後，把支架提起來仍舊可以靠在牆上。

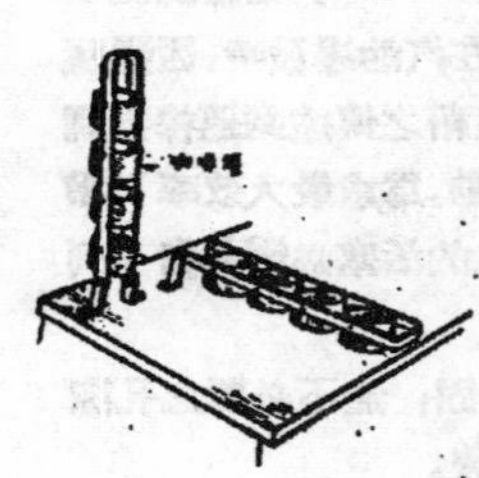

簡易的工具架

簡易而價廉的工具夾頭，用舊罐頭蓋或者別的鐵皮裁成一圓平板，將他一分爲二，把二端圈出來，在中間釘在木板上，便可以安放旋鑿鉗子，及一般的工具了。

引擎活塞漫談

胡冠卿

在汽車引擎中，活塞（Pistons）在燃燒室中的作用像是一個活動的蓋，在汽油爆發時，因體積澎漲而產生很大的推力，可藉之傳達到連桿再到曲軸，因而發生了飛輪的轉動。爲求最大效率及增長使用壽命起見，作用優良的活塞必需具備下列各條件：

1. 燃燒室（汽缸）必須堅固，無不必要之孔隙以防止爆發時，產生漏汽現象。

2. 活塞之運動係一稍有摩擦阻力的牽曳，此摩擦力如不設法減少，機器效能與機件之磨耗，均有莫大損失。

3. 經常宜注意汽缸壁傳熱冷却問題，否則機件變形與燒燬均易產生。

4. 活塞必須具有足够的强度以傳達在爆發時所產生之推力（可高達每平方吋500磅左右），如材料强度不够，發生危險爲意料中事。

5. 活塞之重量，須盡可能減少以輕負荷，同時必須攷慮在往復運動中必要惰性之喪失。

活塞在汽缸中，往往因使用過久，磨耗，燒傷，破裂或脹緊而失去作用。因之形成一種很複雜之材料與設計上的相互關係；材料或設計之更改，每須經過種種量力計之試驗（Dynamometer Test）而後始能決定。

在1914年以前，灰生鐵（Gray Iron）是成爲製活塞的標準原料，目前仍很廣泛應用，然在往復運動中，因重量的關係，逐漸有人注意到鋁的試驗，然最大的困難，即是純鋁的膨脹率較生鐵爲大，經過低溫與高溫度處理時，就產生一種相互的困難問題，但是此種問題現在已經逐漸解決，因爲研究出一種合金是低膨脹的。其成分如下：——

（銅0.50—1.5%，鐵1.3%，鎂0.70—1.3%，錳0.50%，鎳2—3%，矽11.00—13.00%，鈦0.20%，鋁等其種能力强度更如下：

抗牽强度：

極限强度………36,000磅/平方吋，

屈服點…………28,000磅/平方吋，

在2吋內之伸屈百分比0.5%

抗壓强度：

屈服點…………30,000磅/平方吋，

硬度：

布利耐爾試驗（用10公厘球，在500公斤重錘下，爲） 105

抗剪强度： 24,000磅/平方吋

耐剪强度：

以上爲矽鋁合金之一種，另一合金係其中不含鋁合金（銅9.2—10.8%，鐵1.5%，鈔1.0%，錳3.00%，鎂0.15—0.35%，鋅0.4%，鈦0.2%，鎳0.3%餘鋁解）同屬低膨脹合金。

活塞之受熱最高處，係頭端中心部份，逐由中心傳導至全體，乃至汽缸壁，故在環及活塞底下邊緣，溫度易見低下。其受熱分佈情形略如下表：—

	生鐵	鋁
頭端中心部份	800—850°F	500°F
頭部邊緣	500—550°F	450°F
合槽底面	300—325°F	300°F
邊緣底面	250—275°F	225—250°F

鋼質活塞之値無法計出，但係介乎生鐵與鋁之間。生鐵活塞：此種活塞之膨脹性頗低，有很好之耐損力，并在高溫時之强力仍高。例如：美制即係合乎理想原料之一種，（30,000 psl. BHN 170—223）因此重量較低，尺寸較小之活塞多採用之。

鋼質活塞：鋼質活塞之强力及重量都很高，其膨脹係數爲0.000005，爲鋁質之半；然其耐損力較鋁質與生鐵者爲小，福特汽車應用此種鋼質活塞，已具有很可觀之數字。其成分如下：

1.35—1.70% C，，0.60—1.00% Mn，0.90—1.30% Si，0.08% S(max) 解鐵0.10% P (max) 0.10—0.20% Cr. 250—3.00% Cu.

因此活塞係鑄造而成，故須經過熱處理手續，其步驟如下：

1. 加熱至1650°F （20分鐘）
2. 空氣冷却至1200°F （20分鐘）
3. 重行加熱至1400°F （1小時）
4. 在爐內冷却至1000°F （1小時內）

經過此種處理後之硬度爲BHN207—241。

工程技術的進步是隨著工業建設的發展而來的，但是工業建設發展的條件就不能不依賴著國內經濟的安定和繁榮，這一個顛撲不破的道理。正說明了爲什麽中國至今還沒有走上眞正工業化的道路！

像本刊這一個從事于灌輸基本工程知識的定期刊物，當然在目前這種惡劣的經濟環境之下難于維持，——白報紙、排印工、發行費都隨著金圓劵的貶值，每天在調整，然而我們的實際收入，卻永遠不能和支出費競賽；如果長此以往，時局不見轉機，經濟不見穩定的話，"以後該怎樣辦？"將是我們一些從事科工期刊同人們心中最重要的一個難題了！

在目前，我們主要是依賴廣告費收入來挹注一部分支出的。爲了減輕成本起見，我們不想增加印數，到將來最困難之時，也許祇能不再零售，全部用直接訂閱的方式來推廣我們的發行網，所以，愛讀諸君，還是趁早向本社訂閱的好，這樣，一來可以保持幣值，同時又可免無處零售麻煩。（訂閱可用本刊前面插頁）

從本期起，又有二個連續刊登的專欄，一是中國技術協會和中國科學社及上海基督教青年會聯合主辦工業講座的記錄，一是通俗性的混凝土講話，前者的講師均爲工程界知名之士，平日從事本位工作，學識經驗俱極豐富，爲了這次講座多有充分的準備和獨得的意見；本期先刊陳問新先生主講的上海電力供應概況，以後凡有記錄，經過整理後，均交本刊優先發表，希望讀者密切注意。混凝土是現代工程上很重要的一項材料，作者戴令奐先生對此問題極有研究，資料亦收集甚多，此後將連續刊登，共計約五六講，凡有志研究這一問題的讀者，請特別注意。

本期稿擠，致有好幾篇稿子，都臨時抽出，改在下期發表，機器脚踏車淺說的第五講也決于下期刊登。中國農業機械公司同人的集體討論記錄則因來稿太遲，未及發排，望讀者諸君原諒。

有獎徵謎的詳細答案，業已于本期發表，有不少讀者抱怨著圖畫縮得太小，因此不易看懂，這確是一件可以引爲遺憾的事，此後如有類似的東西，當竭力設法避免。再，對此答案，如有疑問，請來函討論，本刊當在讀者之頁予以解釋。

封面說明

巨大的濃縮煤槽

此爲美國路賓那礦之巨大濃縮煤槽，直徑達一百八十英尺。此槽內之煤塊，經洗滌後可將灰分與硫分減少，如用於鼓風爐內則生鐵之產量可因此增加。

（上接第22頁）

實已經證明，當第一個大型工廠開工時，爲了要產生一種指定性質的肥皂所費的時間祇有二十分鐘，從此以後這工廠一直非常滿意地在工作。

所以，這是無庸否認的，新的製皂方法在外國已經普遍地被接受了，這方法在1948年七月在美國才被公開，同時已經有幾個廠在被預定設計中了。而在加拿大，墨西哥，埃及，印度，幾個歐州國家以及一些南美國家也都在設計開辦新型工廠，數目當在十五家之上，假使這種工廠再繼續不斷開辦的話，那末在歐美各國舊有的鍋煮法將被人們遺忘，眞就像煤油燈和司登來(Stanley)蒸氣機一般，將成爲歷史上的陳跡了。但在吾國，不但新法尙未採用，卽使是大規模的鍋煮法製皂工廠也是爲數不多！

13013

通俗汽車講話之六

發電機

沈惠麟

當汽車的引擎停止不動的時候，無論點燈、撳喇叭、或者用起動機起動引擎，所用的電流都由蓄電池供應。當引擎起動後，達到一個相當的速度的時候，發電機就開始加入工作，所有點燈、發熱、發火等等所需用的電流，都由牠來担任供給，一直要到引擎停止爲止。

倘若引擎在一個相當的速度轉動，而其他的機件都沒有用到的時候，發電機所生的電流，除了供給點火用外，就有了剩餘，流到蓄電池去。這樣若經過一個相當的時間，蓄電池因起動而耗去的電流，就可以補足，預備再供給下一次起動的應用了。

引擎起動時，要自蓄電池提用大量的電流。一次用了，車子要走四五哩才能補足。這是因爲在起動時，引擎總是在靜止狀態，同時發電機並無補充作用。所以蓄電池本身必需電量充足，發電機本身也一定要有適當的充電能力，方能運用完善。

發電機的構造

汽車用的發電機是很簡單的。除了滚珠軸承外包括有磁場（Field 繞有線圈的軟鐵磁場塊），電樞（Armature轉動的磁場塊），整流子（Commutator停放電刷的紫銅轉子），和電刷（Brushes用來收集電流再分配的碳精刷）。這就是發電機的各部分，見圖1。

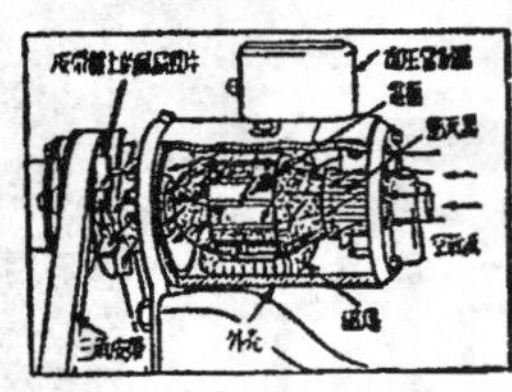

圖1.——發電機的機件

發電機的保養很容易，通常只要於每走過500哩，在軸承裏加幾滴滑油就可以。倘若儀器板上的安培表（即電流表）正常的話，那麼當引擎不動，電流不用的時候，指針就指在『零』上。引擎不動，但點燈的時候，指針就指在『放電』（Discharge）的一面。當引擎轉動到相當快的時候，發電機開始工作，指針就指在『充電』（Charge）一面了。

但是有些車子，像福特，牠沒有安培表，却另有一種指示的儀器叫做『蓄電池指示器』（Battery Indicator），這種指示器只指明蓄電池的情狀。若這指示器常指在『低』（Low）上，那麼發電機本來和蓄電池就應該加以檢查了。

另一種表明的儀器，就是『發電機指示燈』（Generator Indicating Light），像1936年的彭的克（Pontiac）和各種英國車子像奥司汀（Austin）等上面就有；在彭的克上，當發電機充電的時候，紅燈就亮了，停止充電的時候，燈就熄了。奥司汀適相反，不充電時，紅燈亮；充電時，紅燈熄。上面所講的兩種指示器都有一個大缺點，就是不能表出發電機發出電流的大小。所以在用這種指示器的車子上，若發現蓄電池有電量不足的現象，就要檢查車上發電機的發電量。

在比較新式的車子上，發電機發電量的管制有兩種：一種叫『第三電刷』管制法（Third Brush Regulation）；另一種則應用『電壓管制器』（Voltage Regulator）。

發電機的第三電刷管制法

在好多雪佛蘭車上，都用第三電刷管制，發電機的發電量，可以利用移動這第三電刷而使之增大，這只要將第三電刷在電樞的同一方向轉動好了。這種發電量的增大在寒冷的冬天是很重要的，因爲在冬天冷引擎起動較難，日又短，燈用得較多，暖爐常日應用等等，都需用較多的電流。倘若再有無線電及防霧燈等，那麼用電更多。

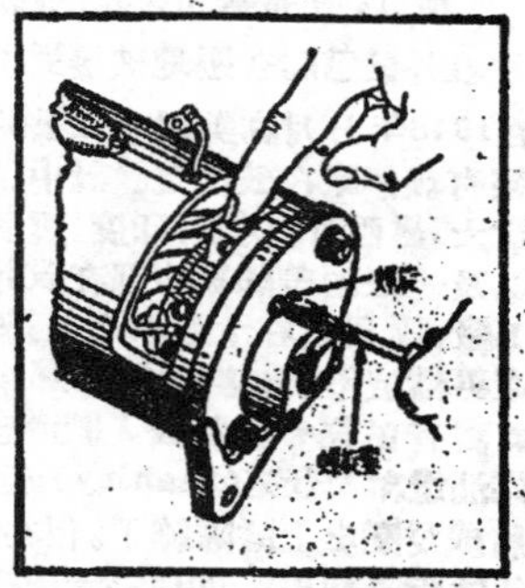

圖2.——調整第三電刷

當夏天到臨，天氣轉暖，用

13014

電較少，那麼發電機的發電量也要減小。因爲一個蓄電池的過分充電與充電不足同樣的有害。減小發電量的方法只要逆電樞轉動的方向，移動第三電刷就成了。見圖2

在這種應用第三電刷管制式發電機的老式雪佛蘭車上，牠另外用了一個東西來防止，當發電機不發電時，電流自蓄電池倒流入發電機，這個東西叫做『斷電器』(Cutout)。必定要等到發電機轉動到一個相當速度，這斷電器內的一個線圈才起作用，將兩個接觸點吸合，那時發電機才能加入電路起作用。見圖3中的C。

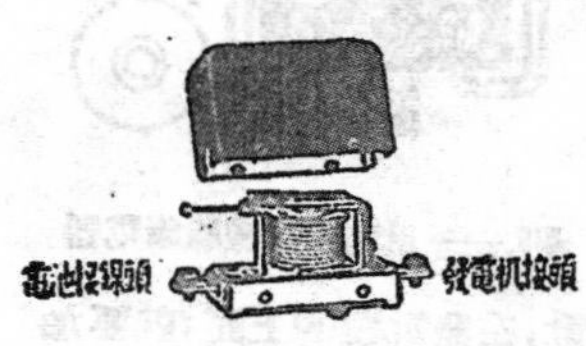

圖3.——電流管制器

當發電機轉速減低或者停止的時候，接觸點就放開，就和蓄電池斷脫不連。電流就不致於流入發電機的磁場線圈，蓄電池本身亦會放電了。倘若這在斷電器內的接觸點黏合不放的話，那麼安培表就指出一個很大的放電，蓄電池的電量在數小時中就要逃完了。這只要用一個起子柄在斷電器的外壳上，輕輕的敲一下就可以使接觸點震開的。

電壓管制器

電壓管制器，這種管制器有時候叫做電流管制器(Current Regulator)，但事實上牠包括有一個電壓管制器，一個電流管制器，和一個斷電器，同裝在一個外壳內，見圖4。

圖4.——蓋頭移去後的電壓管制器

因了這種管制器的應用，這發電機可以自動的調整到一個適度的發電量。當突然將燈點上的時候，發電機的發電量就跟了增加；者或當起動機起動車輛時自蓄電池中提取了大量的電，管制器就自動的使發電量增加，直至蓄電池充電充足後，再自動的減低至正常的充電率，恰恰足够點火等用。這管制器的接線圖見圖5。

倘若要校正一個管制器，那麼就要利用一個電表組合(A.V.R.)，就是裝在一個外壳內的一個電流表，一個電壓表和電阻組合，來檢驗一下。不然的話，那麼所做的都是猜度的工作，這樣的工作，最後必定使得管制器和發電器損壞。

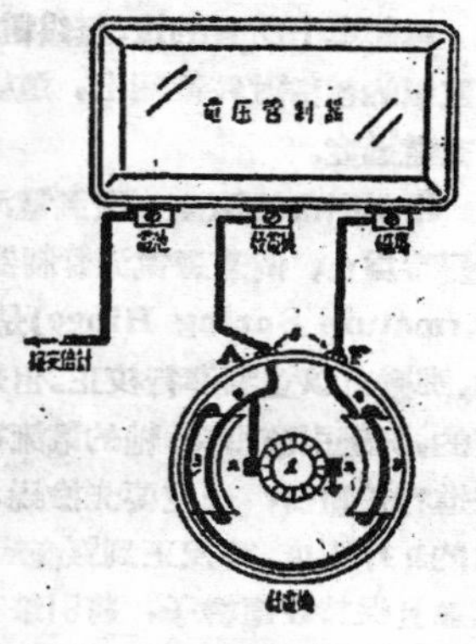

圖5.——電壓管制器到發電機的接線圖

這個A.V.R.中的電流表必定要有一個0.30和一個0.60安培的刻度。這個0.30安培的刻度是用來檢查在三十安培以下的電流的。

這個A.V.R.中的電壓表要有0至10伏特，0至20伏特，0至50伏度三種讀度。這三種刻度由一個『三位開關』(Three Position Switch)來選擇應用。在應用時必定選用最低可用刻度，因爲這樣才能得到最準確的讀度。

這在A.V.R.中的固定電阻，在6伏特電壓的車子中的是$\frac{3}{4}$歐姆，在12伏特系中的是$1\frac{1}{2}$歐姆，也是用一個『選擇式開關』(Selector Switch)來作用的。

在檢驗管制器時，我們一定先要預備一張廠商規範表，先從要檢驗的車輛的年份式樣，找出牠的標準電壓和電流。

要檢驗電流管制器時，先將蓋子揭去，再取一連接用搭線(Jump Wire 這是一根兩頭都有一個夾頭的電線)。將電壓管制器的外框和上接觸點的支架連在一起。怎樣連接法見圖6。這樣一來電壓管制器就不起作用，發電機的出電量亦因而減少。

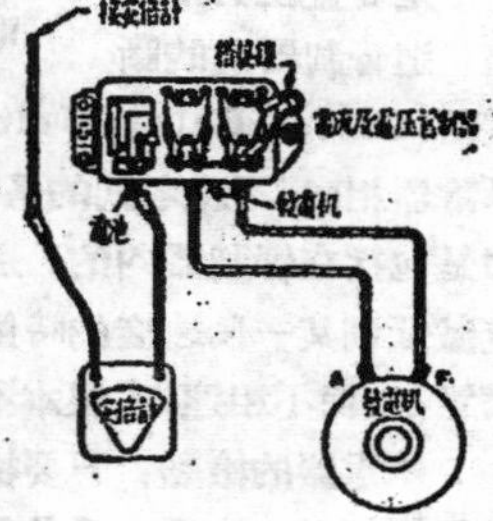

圖6.——電流管制器

先將自車上的安培表連至管制器 BAT.(蓄電池)接頭鬆開，再將你用的A.V.R.的電流表（或者用一個優良的0—3或0—60安培刻度的電流表都可以）兩個接頭插入，一個同接頭相連，一個連到車上的電流表去，見圖6。

13015

再將車上所有的燈、無線電、電暖器、以及其他電氣的各種附件都用上，這樣可以使蓄電池避免充電過度。

增加引擎的速度，直到電流表上的讀度停止不變時爲止，倘若這電流管制器的框架彈簧絞鏈(Armature Spring Hinge)是靑銅(Bronze)質的，那麼可以立刻進行校正。但是這東西倘若是鋼質的，那麼引擎冷時，牠的電流校正度較高，所以在進行校驗前，一定要先檢視看是否已經達到適當的工作溫度。等校正到廠商規範後，即將蓋頭裝回並且保持在這樣子，將引擎在常速繼續轉動數分鐘，在這蓋子裝上的情况下，當電流讀度達到規定標準時，即使牠固定不變。

校正電流管制器的方法，就是將盤旋彈簧掛鈎(Spiral Spring Hanger)向上下略爲彎動。向下彎，就是增加電流度；向上彎，就是減少電流度。普通彎動時，只彎動那輕的一個彈簧掛鈎，勿去碰動那重的一個掛鈎。倘若這管制器失準得很利害，那麼最好換用一個新的管制器，不要再去校正那一個舊的了。

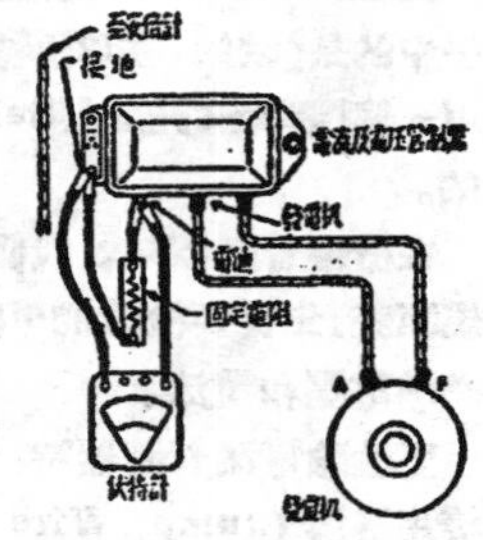

圖7.——用電表來檢驗電壓管制器

連接一個電壓表去檢驗一個電壓管制器的方法，可參閱圖7。將盤旋彈簧掛鈎向上彎(那輕的一個)，就減少電流出量。向下彎，就增加電流出量。讀電表刻度時，蓋子一定要蓋在上面。

這管制器內的斷電器(Cutout Relay Unit)，同老式車上所用的斷電器相同。不過老式的是裝在發電機外殼上，這種是包括在管制器內的。這是用來當發電機的速度減低到某一個速度的時候，牠就隔斷發電機和蓄電池，使不相連，或根本不發電。

斷電器的檢驗，只要檢視發電機加入工作時的電壓好了。先看一看是否同廠商規定的接觸點開閉時候是否相合。線路的連接，見圖8。

有的時候發電機的南北極端會變反的。當有這種情形的時候，斷電器的接觸點就要跳動燒毀。所以我們一定要注意不要將極端弄反了。當你將管制器完全檢驗過了以後，將各線裝回，再用一個短短的跳線，將Gen.(發電機)接頭和Bat.(蓄電池)連在一起，但這必須在起動引擎以前做，同時只能連接一瞬的時間。因爲這一個由蓄電池衝向發電機的電流，已足够使發電機得到一個正確的極端

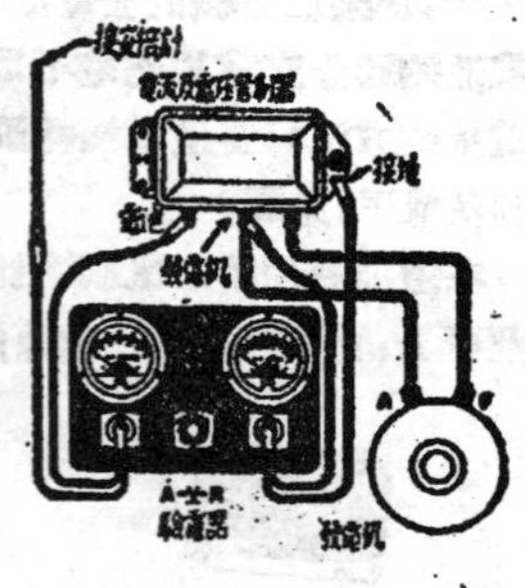
圖8.——用電表來檢驗斷電器

倘若車上有無線電，在發電機的上面，就要加裝無線電器。因爲不然的話，發電機本身所發的廣播電波，便要侵入車上的無線電。

但是這要裝在發電機的電樞接頭上，不能裝錯在磁場接頭上。倘若裝錯了，那麼就要使管制器的接觸點起氧化，發生高電阻，結果充電率減低，自發電機流入蓄電池的電流減少，蓄電池就要充電不足。所以一定要注意，不要將這無線電容電器裝錯了才好，裝錯了就得立刻改正。(未完，下期續登)

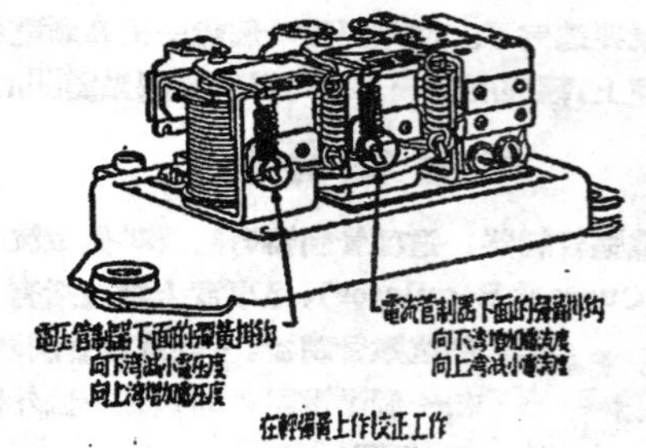

圖9.——電流和電壓管制器的校正

有奬畫謎的詳細答案

——原題登在四卷二期，得奬人名單已於上期發表；爲了讀者便於參閱起見，特再附刊原圖如下：——

圖1——翻砂間（鑄工場）內的安全問題

圖 1

這裏有十一件不妥善的地方，即：

（一）左上角：行車（行動起重機）的管理員，目注他方，并不注意下墜之重物，難免發生危險；而本人又在抽煙，在車廂外拍去煙灰，顯係不注意其他工人之安全，違反工場禁煙之規則。

（二）中央後方：下面之起重機助手，遭受觸電之厄，故帽子飛起，身子跳高，想係與漏電之電線相碰之故。

（三）中央最左邊：熔鐵爐前之工人，口啣煙斗，漫不經心，工作似甚悠閒，此非工場中應有之態度。

（四）中央左面：在熔鐵爐前傾注鐵液，必需先行注入一較大之容器，然後以鐵勺分別注入砂模，但此處顯然未有此項設備，卻是直接注入鐵勺，衝勢甚猛，危險甚大，此與一般翻砂間內之實踐，并不相合。

（五）前左：手持鐵勺之工人，向右行走而回顧他方，并不注意前面有無物件，極易招致種種危險。（前方正是砂坑）

（六）中央前方：手持鐵勺正在澆注鐵液之工人，鐵液流出砂模之外，若不預防，該工人之足部將有灼傷之厄，故該工人應足穿安全靴，并小心工作，以免危險。

（七）右前方和右中央：有二對工人在爭吵和聊天，這種舉動，顯係違反廠規，在危險甚多的鑄工場中，更屬不許可的行爲。

（八）右後方：零亂的一堆砂箱，這是工場管理太紊亂的一個例子。

（九）右後方近中央：一部扶梯正架在一只爐子的上面，爐子正在冒煙，這是容易引起火災的一個例子。

（十）後方最右邊：有二位清理鑄件的工人，正在面對面的工作著，極易發生傷目的危險，所以二人應該朝同一方向工作，才是安全。

（十一）左後方：烘泥心的爐子正在冒烟，似乎無人管理的樣子，而烘好的泥心，隨便亂堆，尤其不像話。

圖2——意外傷害的急救問題

（一）左上：手指受到割傷，（不是腫痛），不應該搽碘酒；需用其他止血藥水（如紅汞水）。

（二）左下：眼睛吹入了灰塵，如用髒布去拭，只有受患更烈。

（三）中上：手指肉中嵌入了刺，不好用小洋刀去挖，這樣，祇有使傷口擴大，更爲危險。

（四）中下：有一名工人遭受意外傷害而暈厥，不能隨便由缺乏救護訓練的工友，把他扛到担架上。圖中所示就是這一個不合理的現象，頭部扛得非常不舒服，而一只脚又踢痛了另外一位工友。

（五）右上：有一位工友誤踏了一塊有洋釘冒出的木板（這是管理不良的現象），以致足部受傷，這時候除了趕緊送醫師診治外，如圖中所示的那位伙伴，就不應該用不乾淨的布，去替他拭抹。

（六）右下：用左手和嘴將布帶纏在受傷的手指上，非但使手指不能得到有效的治療，而且嘴內又易沾染細菌，很是危險。

圖 2

圖3——工作時的錯誤行爲

（一）左上：用噴漆來漆機身，噴漆槍似乎不是距機身

13017

圖　3

太近，就是壓力過大，那人沒穿着防漆的衣物，所以噴完漆後，這工人就成了大花臉，他的衣服也可以做漆布了。（嘴上應該戴口罩）

（二）左下：貯氣筒最好用車運，不要扛，因爲很重，容易失手落下來，最起碼壓壞脚指頭。

（三）中上：工作的時候切忌心不在焉，如圖中的工人，一面工作，一面談話，這樣不是把機器弄壞，就要發生別的危險。

（四）中下：左邊一個，不應該拿扳螺絲的扳手來當錘子用，屁股後邊口袋裏不是有適當的工具嗎？右邊一個三號工人，好像右手不應該放在機器上。

（五）右上：澆鐵液的鐵勺似乎不大適合，因爲砂箱小，鐵液太多，易生危險，

（六）開關很高的窗子，不能隨便用木棍去撥，因爲這樣很可能將窗子打碎。

圖4——關於工場中用電的安全問題

圖　4

（一）左上：馬達電焊時，不可旁觀，因爲猛烈的火焰可能有很大的危險。（電焊工人是戴了石棉的防火面具工作的）。

（二）中央：電鑽不用時應該把揷落拔去。如果單將電鑽上的開關閉了，時候一多，揷落和電鑽之間的方棚就會因過熱而燒壞。

（三）中右：用手提砂輪去磨工作面時，應該先將工作物用老虎鉗或其他把它固定，才能得到預期的效果。

（四）右上：修電燈時，如果電燈的位置很高，應該立在椅子上或其他高物上去修理。同時，用螺絲批去修理沒有斷電的燈頭，也是一種危險。

（五）左前：用電鑽工作時，不可把電鑽上的電線圍成幾圈繞在肩上。否則如氣候太熱或時間太久，結果會因感應作用而觸電。

（六）右前：修理工作機時不宜用燈泡放在尙在運動的皮帶中間察看，因爲被皮帶捲入而發生危險。行燈的燈泡外面也應用鐵絲罩保護。

圖5——關於防火諸問題

圖　5

（一）左上：用噴漆噴到懸掛着的工作物時，應該注意勿讓另一已經噴好的工作物動盪以致和身子接觸。旣使工作損失，又將衣服沾汚。同時，電燈線不可與吊線接觸，以免走電，引起火患，尤其是噴漆是最易起火的。

（二）右上：容易起火的物品不可放在樓梯下，否則一旦起火，通路便被阻斷了。

（三）左下：馬達因爲有時開動時候太久或缺少滑潤油，都會發熱而冒烟，此時不必用滅火機，應該迅速地把電門開閉，忽然再將馬達拆開修理或加些滑油；否則不能迅速滅火。

（四）中下：太平梯不可築在窗口前，否則一旦有災，便不能開啓而逃生了。

（五）右下：在樓上吹電焊時，火花常易漏到樓下而引起火災。所以電焊應避免在樓上工作。

圖6——關於機械工場內的安全問題

（一）左上：磨工作物時，如果拚命用力抵住砂輪，很可能失手時和正在旋轉的砂輪接觸，那是多麽危險呢！

（二）左中：在鑽床上工作，切不可眼望着別處，而左手却放在鑽頭旁邊；否則不是鑽頭折裂，就是使手受傷。

（三）右邊：當一工人正在替換車床的齒輪之際，另一車位床工人切不可一手拉着車床開關，很悠閑地站着，如果一不留心將開關一拉，便要將工人的手指軋傷。

圖 6

(四)左角車床工人用噴油器來吹去車床上的鐵屑，這是多麽地愚笨和不衞生；旣浪費材料，並且又使油和鐵屑飛濺開來。

圖7——管理疏忽而引起的不安全

(一)左上：工人在做氣焊時，如果不小心地把氣焊的器具放得過近，那末猛烈的火焰常會使吹焊機器燒壞。

(二)右上：在礦裏行走要絕對小心，不可胡思亂想地瞎撞。此處有好幾地方漏水，足見管理無方。

(三)左下：噴漆工人將噴嘴和工作物接觸太近，以致烟霧瀰漫，非但浪費材料，並且成績不好。

(四)中下：清除鍋爐的工人，不可將沒有外罩的行燈帶入，因爲極易破碎而生危險；最好用乾電筒，否則也應

圖 7

在燈泡上加一層鐵絲罩保護。

(五)右下：工人初燃爐子時決不可離開，以致無人處理，烟霧瀰漫室中，有礙衞生。

圖8——人力搬運物件的安全問題

(一)左上：搬運貨物的工人不可把貨物堆得太高，因爲這樣就要遮斷自已的視線而和他人相撞。

(二)中上：手中拿了一隻很長的扶梯決不可走得太匆忙，否則和他人相撞時是十分危險。

(二)右上：同樣，二人共扛長的材料時，也不可走得太快，轉灣時尤其要注意。

(三)右上：載貨小車上裝貨應該堆得整齊，同時將重而大的貨物放在底下，那末貨物便不致在中途跌倒。

(四)左下：工人把酸類從大瓶中傾引小瓶去應該用漏斗，因爲酸類有腐蝕性；不用漏斗容易傾翻出來發生極大的危險。

(五)中下後：不要在高高的一堆物品中，抽取你的目的物，而使上面的物品紛紛墜落下來而損壞。

(六)中下前：不要將粉一類的東西，高高的堆在獨輪小車中，推上很陡的斜坡，因爲如此會將貨物傾翻出來。

(七)右下：搬運笨重機器，常將圓棒塡在底下，減少磨擦力，但如機器在前進時後面的一根圓棒尙未完全脫離機身時就用手去拿易被圓棒拉入而壓傷手指。

圖 8

圖9——機械搬運物件的安全問題

(一)左上：起重機搬運很長的材料時應將兩端都鈎牢，保持平衡如單在中間鈎牢，就會在空間動盪，將人撞傷，或將他物撞毁。

(二)中上：不可用絞車來拖曳運煤車之類的小車子，因爲拖曳到近處時，如不能立卽制動，就要發生意外。

(三)右上：用起重機吊物，應該要使它平衡並且穩固，才不致發生脫落等意外。

(四)中央：運貨小車速率不可太快，尤其在進電梯門的時候，更不可疏忽，否則就容易發生危險。

(五)左下：運貨鐵軌旁不可堆置物件，否則會常使吊在車外的引導員受傷。

(六)中下：在運物皮帶開動時，工人不可在此時清除滾筒上的污物，因爲如一不小心，就會把手指軋傷。

(七)右下：當自動運貨帶在緩緩前進時，如果照圖上的位置，來搬去貨物，那末他的右手一定容易被後來的貨物撞傷，如果換一個位置，就不會有此種結果。

圖 9

★讀者之頁★

小啓　本頁收到讀者來函詢問各種問題非常衆多，因爲本刊是一本綜合性的工程刊物，所以問題的種類包括得十分廣，大多并涉及實際施工設備運用等問題，所以一定要請實際從事這些工作的編輯，會友或專家解答，轉輾費時，又因爲本刊編輯都是從事各項實際技術工作的人員，以業餘時間來本刊服務，所以不免有許多問題回答較慢。無論如何，這是應該在這裏向投函的讀者諸君致最大的歉意的。

·來函簡復·

直接燃燒酸液的爐子

★(8)漢口府南一路倪漢卿先生：大函收到多日，因爲分別轉請從事該項工作的會友解答，延誤甚久，至歉。所詢三點，簡復如下：

1. 關於直接燃燒酸液的爐子築法，小規模加熱酸液，並沒有經濟的爐子圖樣；只有用一只爐子燃熱幾只鍋子的方法爲最好(圖1)。

圖　1

2. 假定製皂原料一千斤，用蒸汽代煤，鍋之體積須二千公升左右（一千斤製皂原料體積約500公升），鍋以鐵或煉鋼製成，汽管根數與加熱時間，汽管內外徑，液體種類，液體重量，蒸氣壓力，液體比熱都有關係，沒有一個簡單公式。汽管要自動調節溫度，須加裝汽管自動節壓力活門。

3. 攪拌容器內膠漿的攪拌棍運用連接方法，以用一個總軸拖四個攪拌器爲較好。所以馬力計算公式爲

$$H_p = 0.000129\,L^{2.72}\,\mu^{0.14}\,N^{2.86}\,\varrho^{0.86}\,D^{1.1}\,W^{0.3}\,H^{0.6}$$

其中　L＝攪拌器槳長(呎)

μ＝液體黏度(磅/呎秒)

N＝攪拌器速度(每秒轉數R.P.S.)

ϱ＝液體密度(磅/立方呎)

D＝容器直徑(呎)

W＝槳闊度(呎)

H＝液體深度(呎)

矽膠問題種種

★(9)莆田縣上店街陳春平先生：大函收到多日，因爲轉請解答，延誤甚久，至歉。所詢簡答如下：

1. 關於矽酸凝膠的性質，矽膠是一種多變性物質，通常可以吸收其本身重量的40%之水份，爲最好的吸收劑，廣用於氣體吸收工業上。矽膠對於 SO_2 之吸着量如表1，矽膠的脫水情況如表2。

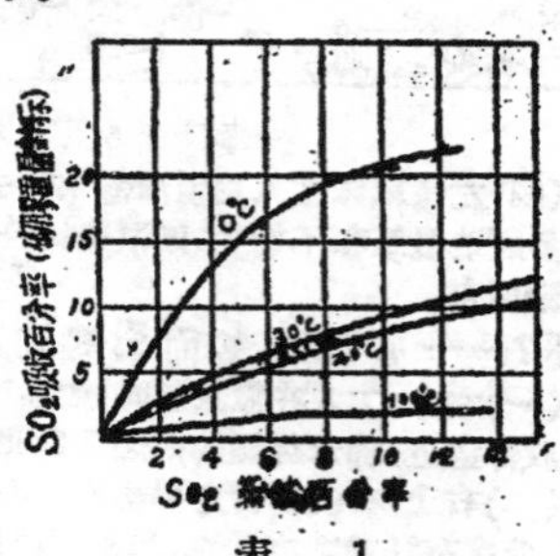

表　1

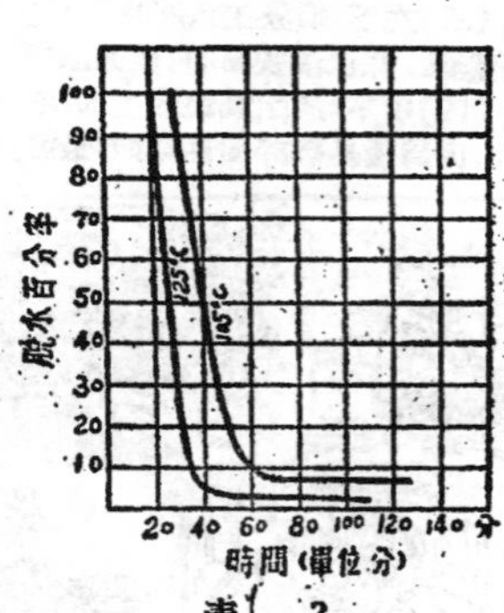

表　2

2. 矽膠本體並沒有滯後現象，惟具有滯留(Retentivity)，其滯留率爲5%，尙無最佳方法來消除它。矽膠之用於氣體吸收工作，係連續操作性者，新鮮的矽膠由吸着而驅出，再由驅出而吸着，這樣的往復使用，約可維持三月之久。

3. 關於蘇聯寒帶地區的製取食鹽用鹽水中水份結冰析出等方法，因爲缺乏參攷材料，尙在繼續搜集中，容後奉答。

4. 矽膠在國內可向承辦空氣調節的工程商行査詢，在美國有一矽膠公司(Silica Gel Corporation)專製矽膠，可向訂購。

強鹼溶解問題

★(10)星加坡陳德全先生：大函收到多日，遲復至歉。關於硬脂酸與強鹼施不完全的皂化作用，可得到穩定的乳白液，這是製造雪花膏的原理。

據來信所述實驗結果，採用油酸，橄欖油等，則與炭酸鉀作用，最後生成爲肥皂，是必與水分離，浮於水面。若用硬脂酸就可生成永久的乳白劑了。其普通處方爲：

硬脂酸10克，炭酸鉀1.1克，水90 cc.甘油 15 cc.，將硬脂酸在低溫溶化，溫度在70—80° C間，再將炭酸鉀溶於水中，溫度亦在70°左右，然後將炭酸鉀液慢慢傾入硬脂酸中，不斷攪動，而維持 70—80°C，待攪拌成乳脂狀，加入甘油，去火再攪即得。(徐)

善後事業保管委員會

主　辦

中國農業機械公司

代　理

農機事業總管理處

FARM TOOL SHOP ADMINISTRATION

NATIONAL AGRICULTURAL ENGINEERING CORP.

AGENT FOR B.O.T.R.A.

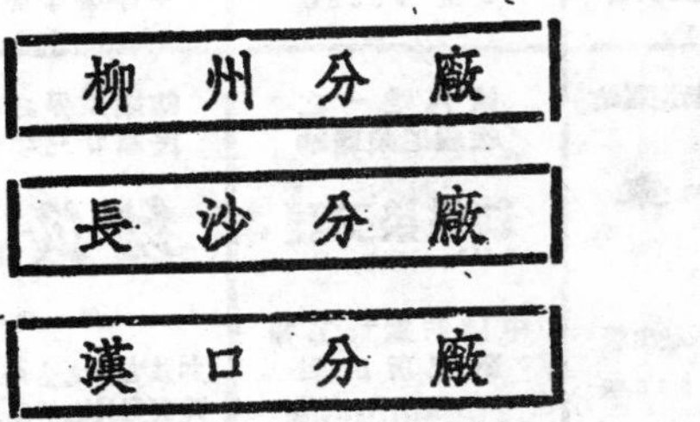

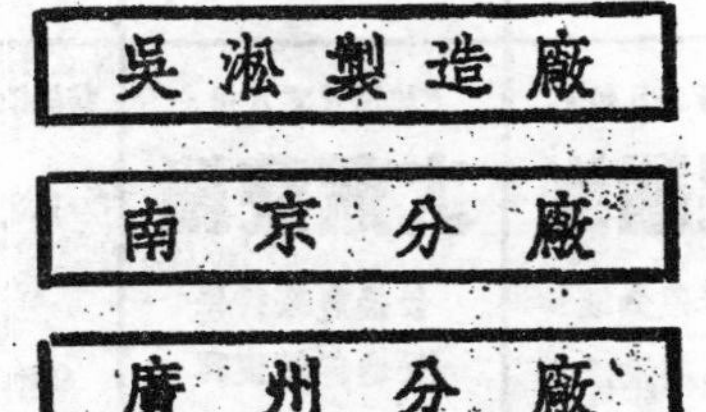

農業機械化　農具標準化

主要出品一覽

(一)農業機械
人力五齒中耕器
足踏式去殼機
動力礱米機
足踏式棉花機
畜力榨蔗機
手搖油壓榨油機
手搖花生脫殼機
手搖花生礱碎機
手搖製麵條機
手搖玉米脫粒機
動力刮蔴機
水輪機
手用噴霧器
五匹馬力四吋離心式泵以及各種鋤頭鐮刀耕犂等農具名目繁多不及詳載

(二)工業機械
五匹汽油引擎
十二匹柴油引擎
設計製造及修配各種有關工業之機械設備

(三)工作母機及精密工具
鑽床、車床、鉋床、磨床、壓床等設計製造各種最新精密工作母機及工具。

(四)從事各種農業機械之研究試驗
設計改良以促使我國農業機械化農具標準化提高農村生產效率。

總管理處地址：上海軍工路虬江橋

電話：(02)50361——50365，50371——50372　電報掛號：上海9167

中國科學期刊協會聯合廣告

民國四年創刊 科學 傳佈學者研究心得 報導世界科學動態 中國科學社編輯 上海(18)陝西南路235號 中國科學圖書儀器公司 上海(18)中正中路537號	•通俗科學月刊• 科學大衆 報導建設進展 闡述各科新知 民本出版公司 上海(0)博物院路131號 電話 17971	出版十五年 銷路遍世界 科學世界 研討高深科學知識 介紹世界科學動態 中華自然科學社出版 總社：南京中央大學 上海分社 上海威海衛路二十號 電話 六〇二〇〇	理想的科學雜誌 科學時代 內容豐富 題材新穎 科學時代社編輯發行 上海郵箱4052號	中國科學社主編 科學畫報 民國二十二年創刊 老牌『科學』的妹妹 普及科學的先鋒 圖文並茂 印刷精美 無師自通 消遣有益 中國科學圖書儀器公司 上海(18)中正中路537號
中國技術協會出版 工程界 通俗實用的工程月刊 •編輯發行• 工程界雜誌社 上海(18)中正中路517弄3號	中國唯一大衆化電學刊物 電世界 介紹電工智識 報導電工技術 供給參考資料 • 答覆讀者問題 電世界社編輯 電世界出版公司發行 上海(0)九江路5 號311室 電話 12290	通俗性月刊 化學世界 普及化學知識 報導化學新知 介紹化工技術 提倡化工事業 中華化學工業會編印 上海(18)南昌路203號	民國八年創刊 醫藥學 風行全國之綜合性 醫藥報導月刊 黄勝白 黄劍秋 主編 醫藥學雜誌社 上海(0)北京東路268號2樓68室 電話 19360	中華醫學雜誌 發表專門著作 介紹最近進步 [illegible]主編 上海慈谿路41號 中華醫學會出版
•通俗醫藥月刊• 大衆醫學 普及醫藥知識 增進民族健康 民本出版公司 上海(0)博物院路131號 電話 17971	•通俗農業月刊• 大衆農業 發揚農業科學 促進農村復興 民本出版公司 上海(0)博物院路131號 電話 17971	紡織染界實用新型雜誌 纖維工業 纖維工業出版社出版 上海餘姚路698號 作者書社經售 上海福州路271號	國內唯一之 纖維工業雜誌 紡織染工程 中國紡織染工程 研究所出版 上海江寧路1243弄91號 中國紡織圖書雜誌社 發行	紡織染界之喉舌 民國廿三年創刊 紡織染 •月刊• 加強唯一之生命線事業 建設全民之紡織染工業 中華紡織染雜誌社 上海(25)建國東路456弄2號
現代公路 公路和汽車的 一般性雜誌 現代公路出版社 上海(5)四川北路昆山路277號 三樓	現代鐵路 鐵路專家集體執筆 曾世榮 洪紳 主編 現代鐵路雜誌社發行 上海南京西路612弄49號 電話 61068 郵政信箱 上海2453號	國內唯一之水產刊物 水產月刊 介紹水產知識 報導漁業現狀 上海魚市場編印 發行處 上海魚市場水產月刊編輯部 上海江浦路十號	民國六年創刊 學藝 中華學藝社編印 上海紹興路七號 上海福州路 中國文化服務社代售	建設 月刊 祖國工業會出版 上海(18)襄陽南路364號
工程報導 一、鐵路公路港埠溝渠結構建築都市計劃土壤工程等原理之介紹闡述 二、國內外工程界重要消息之報導 上海[illegible]路207號[illegible]	婦嬰衛生 月刊 楊元吉醫師主編 是婦女的良伴 是嬰兒的保姆 大德出版社發行 上海江寧路二九三號 大德助產學校	中國動力工程學會主辦 動力工程 介紹動力工程學理 及發展報導國內外 動力工程消息 張鍾俊主編 電世界出版公司發行 上海(0)九江路50號311室 電話 12290	世界 交通月刊 提倡交通學術 推進交通效率 世界交通月刊編輯部 南京(6)中華門外雨花路 [illegible]75號 各地世界書局經售	世界 農村月刊 全國唯一大型農業月刊 世界農村月刊編輯部 上海[illegible]9號 各地世界書局經售

錦標球鞋 球鞋錦標
雙線帆布 洗汰經久 後跟全皮 底紋輕捷 彈簧襯底 雙面鞋眼 精益求精 一經比較
設廠自織 保不褪色 沿條寬潤 襯布緊密 厚軟避漏 決無鬆脫 互料卓特 立可辨識
大中華橡膠廠出品
上海中正東路二七二號

13028

第四卷　第五·六期合刊

一九四九年六月特大號

上海內地自來水公司的最新式渾凝沉澱池及快濾池（參閱本期專文）

中國技術協會主編

工程界雜誌社發行

大東書局 中國技術協會 合作出版技術書刊公開徵稿啟事

大東書局有悠久的歷史，精良的設備；中國技術協會有不少全心全意爲建設工作效勞的會員。我們都願意貢獻所有，努力爲人民服務，以冀普及技術知識，增進生產效率。現在因鑒於國內技術書刊的普遍缺乏，決計通力合作來編印上述書刊，以應建設上的需要。同時爲求集思廣益起，特地向各界先進公開徵稿其範圍暫定如下：1.土木水利建築。2.礦冶。3.機械動力電機。4.電訊電子學5.化工。6.紡織。7.航海航空。8.雜項工業技術。

各界先進如有上列工業技術方面的書稿，請送上海市中正中路五一七弄三號中國技術協會學術部編審委員會或上海市福州路三一○號大東書局收，合用再商出版條件，不合用時原稿璧還。

發行者
工程界雜誌社
社長兼發行人 宋名適
副社長 鮑熙年
經理 許鐸
社址
上海(18)中正中路517弄3號
電話78744

第四卷第五·六期合刊 目錄 一九四九年六月特大號

·印刷·總經售·
中國科學公司
上海(18)中正中路537號(電話74487)

POPULAR ENGINEERING
Vol. IV, No. 5 & 6 June 1949
Edited by
CHINA TECHNICAL ASSOCIATION
Published monthly by
CHINA TECHNICAL PRESS
517-3 CHUNG-CHENG ROAD (C),
SHANGHAI 18, CHINA

·訂閱價目·
國內定戶 全年人民幣 1800元
半年人民幣 900元
以上價格國內包括平寄郵費在內
國外定戶 全年平寄連郵美金3.00
香港澳門 全年平寄連郵港幣15.00
外埠航掛快各項郵費需另加繳

本期每册人民幣 160元

13031

中國科學期刊協會聯合廣告

民國四年創刊 科學 傳佈學者研究心得 報導世界科學動態 中國科學社編輯 上海(18)陝西南路235號 中國科學圖書儀器公司 上海(18)中正中路537號	·通俗科學月刊· 科學大衆 報導建設進展 闡述各科新知 民本出版公司 上海(0)博物院路131號 電話 17971	出版十五年 銷路遍世界 科學世界 研討高深科學知識 介紹世界科學動態 中華自然科學社出版 總社：南京中央大學 上海分社 上海威海衛路二十號 電話 六〇二〇〇	理想的科學雜誌 科學時代 內容豐富 題材新穎 科學時代社編輯發行 上海郵箱4052號	中國科學社主辦 科學畫報 民國二十二年創刊 「科學」的姊妹 普及科學的先鋒 圖文並茂 印刷精美 [illegible] 中國科學圖書儀器公司 上海(18)中正中路537號
中國技術協會出版 工程界 通俗實用的工程月刊 ·編輯發行· 工程界雜誌社 上海(18)中正中路517弄3號	中國唯一大衆化電學刊物 電世界 介紹電工智識 報導電工設施 供給應用資料·答覆讀者問題 電世界社編輯 電世界出版公司發行 上海(0)九江路50號311室 電話 12290	通俗性月刊 化學世界 普及化學知識 報導化學新知 介紹化工技術 提倡化工事業 中華化學工業會編印 上海(18)南昌路203號	民國八年創刊 醫藥學 風行全國之綜合性 醫藥報導月刊 黄勝白 龐京周 主編 醫藥學雜誌社 上海(0)北京東路266號[illegible]室 電話 19360	中華醫學雜誌 發表專門著作 介紹最近進步 [illegible] 上海[illegible] 中華醫學會出版
·通俗醫藥月刊· 大衆醫學 普及醫藥知識 增進民族健康 民本出版公司 上海(0)博物院路131號 電話 17971	·通俗農業月刊· 大衆農業 發揚農業科學 促進農村復興 民本出版公司 上海(0)博物院路131號 電話 17971	紡織染界實用新型雜誌 纖維工業 纖維工業出版社出版 上海餘姚路698號 作者書社經售 上海福州路271號	國內唯一之 纖維工業雜誌 紡織染工程 中國紡織染工程 研究所出版 上海江寧路1243弄91號 中國紡織圖書雜誌社 發行	紡織染界之喉舌 民國廿三年創刊 紡織染 ·月刊· 加強唯一之生命線事業 建設全民之紡織染工業 中華紡織染雜誌社 上海(25)建國東路456弄2號
現代公路 公路和汽車的 一般性雜誌 現代公路出版社 上海(5)四川北路崑山路277號 三樓	現代鐵路 鐵路專家集體執筆 曾世榮 洪紳 主編 現代鐵路雜誌社發行 上海南京西路612弄49號 電話 61068 郵政信箱 上海2463號	國內唯一之水產刊物 水產月刊 介紹水產知識 報導漁業現狀 上海魚市場編印 發行處 上海魚市場水產月刊編輯部 上海江浦路十號	民國六年創刊 學藝 中華學藝社編印 上海紹興路七號 上海福州路 中國文化服務社代售	建設 月刊 祖國工業會出版 上海(18)襄陽南路364號
工程報導 一 鐵路公路港埠溝渠結構建築都市計劃土壤工程等原理之介紹闡述 二 國內外工程界重要消息之報導 上海乍浦路207號行公學社	婦嬰衛生 月刊 楊元吉醫師主編 是婦女的良伴 是嬰兒的保姆 大德出版社發行 上海江寧路二九三號 大德助產學校	中國動力工程學會主辦 動力工程 介紹動力工程學理 及發展報導國內外 動力工程消息 [illegible]主編 電世界出版公司發行 上海(0)九江路50號311室 電話 12290	世界 交通月刊 提倡交通學術 推進交通效率 世界交通月刊編輯部 南京(6)中華門外雨花路 寶塔橋75號 各埠世界書局經售	世界 農村月刊 全國唯一大型農業月刊 世界農村月刊編輯部 上海[illegible] 各埠世界書局經售

SAE 1020

商標
註冊

係含碳 0.15% 之低碳鋼，

其性韌而堅固，乃製造活塞軸之標準原料本廠出品之活塞軸即採用SAE 1020低碳鋼製造，表面加碳後硬度洛氏六十度，表面硬而內部堅韌，保證無折斷現象，各界如蒙採用，無任歡迎。

主要出品

活塞　活塞軸　活塞環　汽缸套筒　飛輪齒圈

鄭興泰汽車機件製造廠

營業部　威海衛路四八二號　電話 36956

製造廠　大西路一三〇三號　電話 21085

電報掛號　五七三〇四九

國際電報　上海 "AUTOPARTS"

中國技術協會

爲上海解放對技術人員的號召

技術人員迅速投入生產隊伍　協助人民政府參加接管工作

集中各種技術人才迎接建設　加緊學習和研究新民主主義

今天，人民解放軍擊潰了國民黨最後的頑抗，解放了大上海！

上海解放了！一天之內，秩序完全恢復，各業已在迅速恢復生產。這在上海是史無前例的！這就意味着上海的人民是澈底地翻身了。這並不是換一個朝代，換一個主人，而是人民自己得到了眞正的新生！

由於解放軍的神速進軍，和不惜自己犧牲，盡一切力量避免市區破壞，上海的人民莫不額手稱慶，感謝解放軍。我們從事技術工作的同人們，除了同樣的慶幸和感激外，更看到了光明燦爛的來日建設大業而雀躍興奮！

二十幾年來，在國民黨腐敗官僚集團貪污無能的統治和榨取下，上海工商界被摧殘得體無完膚，最近更藉口『保衛大上海』，對工商界採取進一步的掠奪，强迫疏散，强拆設備，統稅征實，保安特捐，無所不用其極，使整個工商業陷於吃光賣光拆光的三光局面。同時更濫施捕人屠殺的恐怖手段，立志獻身生產建設的技術人員，對現實稍有不滿，也受到迫害，如槍殺交通公司鍾泉周，以及許許多多被禁止發表的捕人事件，不僅技術人員早無用武之地，甚至無立錐之處。

今天，所有加於技術人員，工業家頭上的種種封建勢力，官僚資本和帝國主義的枷鎖，已經澈底粉碎！我們技術工作者，自抗戰勝利後，建設的憧憬被國民黨發動的內戰炮火所摧毀以來，一直在最艱苦的生活條件下，始終堅守着生產的崗位。同時堅信復興建設的必將到來，準備保留這份力量，爲人民服務！迎着這新的環境，我們技術人員們應該及早對每個人自己和所從事的工作，以及工作的態度，有一個新的估價！同時對各種新民主主義的工商建設政策及各項原則，應該加緊學習和研討！

今天，解放軍解放了上海，和廣大地區的礦山以及工業城市，給祖國的復興建設舖下了一條大路。這條路是要我們技術工作者來走完的。立志獻身爲人民服務，爲祖國復興建設努力，而堅持了三年的技術同志們，一定會毫無遲疑的緊握這個時機，朝這條大路走去！

中國技術協會是全國技術人員的集團。素以團結全國的技術人員，培養大量建設幹部，普及技術教育，以配合國家建設需要並加以推進爲職志的。在過去苦難的時代中，技協會團結了三千多技術同志，堅守崗位，盡可能做着保存國家建設基幹和促進學術研究及普及教育的基礎工作，諸如技術人員生活互助運動，歷屆工業展覽，技術夜校，和現在正在舉辦的講座及出版等工作。現在新的環境來了，技協一本她聯合全國技術人員，致力國家建設的初旨，相信更能在全體會友和技術界同人們支持下，有更多的成就！

今天，上海和各大工業都市已經相繼解放了，全國的解放就在目前，我們在這裏，要號召：

一、技協全體會友，以及技術界的同人們，迅速團結你們週圍的同事朋友，共同投入恢復並發展生產的隊伍中去，爲人民服務！

二、協助人民政府，參加接管工作，積極恢復生產，發展上海工業，支援前線，加速全國的解放！

三、集中各種技術人才，本會會友迅速向本會來登記，以備協助接管及各種生產建設工作！

四、加緊學習新民主主義，爲新中國的復興建設工作做一個先鋒；把技術應用到生產上，從提高生產技術，減低生產成本和增加生產上來努力！

最後，本會號召全體技術人員，聯合各界人民團體及科學團體，共同建設新上海，建設新中國！

復工！增產！團結！學習！

解放後的上海技術界

五月廿五日，上海解放了，從此，這個百餘年來為帝國主義和官僚政治所盤踞，作為搜括人民的老巢的大城市，被交還到人民自已手中，她將從此屬於人民了。

這是一個翻天覆地的大改變，這改變，表現在工商技術界的，是一反在反動政府統治時期的——死氣沉沉，一籌莫展的現象——到處是開會，熱烈的討論，準備，計劃，復工，增產！增產！！增產！！！

屬於前國民黨官僚資本企業中的員工，解放以前英勇的為人民保護了那些企業，現在正迅速地以復工，來迎接解放。

紡建滬西各廠，除了梵王渡路第五棉紡廠，因國民黨匪軍破壞附近鐵橋時受震稍有損害不能立即開工外，其他所有棉紡，毛紡，製蔴，機械等廠，均已在解放次日全部恢復，私營紗廠五十五家，據卅一日報載，申新等四十八家，均已先後復工，公用事業方面，全市水電煤氣如上海電力，自來水與煤氣等公司，從廿五日起即照常供應，市內外郵電暢通無阻，黃浦江的交通也逐漸恢復，上海南閔行鎮原偽資委會通用機器公司製造廠，在十四日上午閔行蔣軍敗走後，十六日即有百分之九十五員工復工，偽糧食部上海碾米廠卅日由軍管會接管後，卅一日已復工，橡膠業方面，六月一日報載規模較大之各橡膠廠，大部都已復工，中國植物油料工廠，廿七日開工，毛巾被毯業的中國萃众公司，太平洋織造廠，三友實業社等主要大廠，六月四日報載均已復工。鐵路方面，京滬鐵路在工人英勇保護和奮勇搶修下，於廿七日上海南京開始通車，南京鐵路工人，且以戰鬥姿態突擊三晝夜，趕修「上海解放號」，作為慰問上海鐵路工人的禮物，於卅晚開抵上海北站，遭蔣匪嚴重破壞的上海江南造船所，工人們積極進行搶修工作，八十餘電氣工人，六天來已修復全廠的神經樞紐——方棚間和大部份的高壓電線及五個電話機。

類似的例子，舉不勝舉。上海和京滬杭地區的工人，技術人員們，用「搶修」，「復工」來慶祝解放，平津東北和別的早已解放了的地區的工人，則用增產來祝賀解放軍的豐功偉績。

另一方面，上海技術青年也用「團結」，「學習」來配合這新的時代。以往被反動派的鐵手扼住了的，如今都漸漸復甦了起來！

中國技術協會五月廿八日向技術人員發出了四項號召，六月一日各界青年紀念五卅代表大會上，提出了上海民主青聯籌委的名單。六月五日上海科學技術界團體聯合會正式成立。六月六日中國工程師學會為慶祝解放後第一個工程師節聚會。

人民政府對技術界產業界的重視，表現在政府一再召集各界舉行座談。本市軍管當局，六月二日邀集上海產業界座談，市委書記饒漱石和市長陳毅，都親自出席，三日則是輕工業處邀集輕工業專家會談。七日本市產業界又分組舉行座談會。

一切都表現出一種新的氣象；人民在學做主人，他們一向被壓迫得麻木了，幾乎失去了活動的本能，現在他們站起來了，先要團結起來，然後才能一同來計劃，研究……以便給自已建設一個新上海。（技協通訊社）

淮南煤礦解放後
發現了新煤層

在淮南煤礦解放之後，大通和九龍崗兩礦，經新舊職工的一致努力，每月產量由三月份的一千多噸增加到現在的三千一百餘噸。又在大通礦場的南部發現了一公尺半厚的新煤層一處，長四千公尺，深約三十公尺，因此延長了該礦預計的開採年限。現該礦又試驗以硫酸鈉代替硫酸鉀充電，供應礦井中使用的保險電燈，亦獲得成功，從此可免除對外國原料的依賴。此外，職工們還利用舊機件材料，增加了發電量為2000KW的電廠一所。（合肥五月廿二日息）

天津橡膠工業
生產普遍提高

在解放後的天津，由於人民政府的扶助，橡膠工業也獲得了發展。現開工者有六十五家，產量少則提高30%，多則達三倍以上，質量亦較以前大大改進。以今年三月份與去年七月份相較，則自行車外胎共增加51%，膠鞋增82.6%，汽車內胎增386%，今年四月份又見增加。現在的原料均由港輸入，政府以比市價略低的價格直接配售各廠，銷路由於城鄉關係暢通，又無外貨競爭，因之亦空前擴大。（天津五月廿八日息）

淮陰光華皂廠改進生產技術

淮陰公營光華皂廠職工共有一百三十五人，起初因工友互相生疏，生產工具缺乏，產量較少，質量也差，後經一個多月的整頓與教育，工友由熟悉而走上團結，生產情緒也提高，各小組積極研究改進技術并訂出生產計劃，從三月二十日到現在，已有不少成績表現。製鹼組工人研究了原料步驟關係之後，至五月十三日已增產苛性鈉一千二百斤，并節省石灰四百八十斤。鹽析組也研究出了增加產量的方法，從三月下旬起，每天平均出產達三千條，四月上旬每天即達五千九百餘條。

東北工業建設大規模進行中

全東北大規模的工業建設已經開始，在建設中担負支持作用的國營工業，正在排除種種困難，逐步恢復與重建中。全國重工業中心瀋陽地區解放以後，東北行政委員會，為了加強整個國營工業的統一管理，即在工業部之下，按各產業性質，分設電業、煤礦、機械、有色金屬、金礦、林業、紡織、化學等九個管理局及鞍山鋼鐵、本溪煤礦兩公司（上述不包括鐵路、交通及軍工、軍需工業在內）以從事專業經營。

現今東北各大工業的情況和數字，概述如下：

電力（水火）現有二十餘萬KW；煤礦埋藏量有二百餘億噸，本年度生產任務為採煤一千萬噸；機械工業正有步驟地恢復機械工廠，增加工作機的數量；有色金屬主要開採銅、鉛、鋅、鋁、鎂、鈅等礦，現正恢復中；金砂亦加強產量，去年共產足金數百兩；東北森林位居全國第一，總積蓄量達三十五萬億立方公尺，今年已完成了四百萬立方公尺的林木採伐任務；紡織工業亦已進行恢復，現已開始生產者有紡錠十二萬枚，布機一千六百台，今年再擬恢復十一萬枚紡錠，與四千台布機，并保證完成生紗六萬餘件，織布一百四十餘萬疋；其他如化學工業及鋼鐵工業亦均在全力恢復中。（瀋陽綜合報導）

上海科聯成立會上——范長江談：

共產黨對科學家的態度

（技協通訊社專訪）六月五日，上海科學技術團體聯合會舉行成立大會。文教會范長江，唐守愚，重工業處孫冶方都在會上講話，范氏就共產黨對科學的態度，有明確的解釋。

范氏稱：我們中國共產黨對於科學技工術作者從來是尊重的。科學是我們的信條之一：革命不是為了破壞，破壞不過是為了掃除障礙；革命的目的從另一方面說，就是發展科學。共產黨馬列主義的思想體系及工作方法是科學的，毛澤東思想就是科學的思想。建設新中國是要用科學技術的。我們從不相信可以在四書五經裏找到出什麽建設新中國的辦法，范氏指出國民黨提倡尊孔讀經只是想在愚民。

對於上海科聯的成立，范氏極度興奮地表示慶賀，他指出目前建設中科學技術工作的重要，並說科學工作不是懸空的，不能超階級，從前德國，美國或者蔣介石反動政府，都有許多專家，他們是為反動階級服役，這是很可惜的。而現在，上海科聯的目的是為人民服務，不願為反動派所用，這是值得提倡的，我們十分欽佩這種科學的是非精神。

最後關於工作作風，范氏提出了實事求是一點，建設新中國不能不從現在的中國建設起。

孫冶方氏繼說，有人以為中國貧弱是科學技術家太少，這話是對的，但還沒抓着根本。中國有也出色的科學家，但大環境限制他不能學以致用，甚至被迫改行。孫氏指出，現在情況不同了，人民政府要使得環境對科學有利，使科學工作和生產建設結合起來！

大會最後通過會章，并選出中國科學社，中國技術協會，工程師學會等九單位為會務委員。

工程界的新使命

本刊同人

走完了艱苦和黑暗的時代，『人民解放軍』的旗幟畢竟飄揚在上海——這個現代化的都市上空了！

上海的解放，不僅對於打擊國民黨官僚，獨裁集團方面有重大的意義，並且對於『發展生產，繁榮經濟』的新民主主義建設工作上也有了根本的影響。本刊在這一期出版的時候，除了對於英勇的人民解放軍和正確領導中國革命的中國共產黨致最大的敬意外，願本着工程技術人員的立場，談一談我們應負的新使命！

從事科學和技術方面工作的人員，思想是最純正不過的，過去在學習的年代中既然已經多少自覺地感到『建設新中國』，『使中國工業化』這許多任務是應該由技術工作者負極大的實際責任；那末，等到跑進社會，開始從事實際工作的時候，自然希望過去的理想就能慢慢地變成事實——可是，在最近這一百十年的光陰中，即使是這樣一種單純的理想，也看不到絲毫成就。直到今天，歷史上最反動最卑污的以四大家族為首的國民黨反動統治力量已經在基本上被人民力量打垮的時候，我們技術人員方才算透了一口氣，因為我們相信：只要等到全國解放，發展生產，特別是工業生產的時候就要到了——那就是說，全中國工程技術人員『人盡其才』，『學有所用』的時候就要到了！

『根據毛主席的估計：「中國的工業和農業在國民經濟中的比重，就全國範圍來說，大約是工業佔百分之十左右，農業佔百分之九十左右。」這百分之十左右的工業，因為八年抗戰和三年內戰的影響，相當部分已被破壞。我們要使中國在經濟上達到完全獨立，則不獨要努力爭取被破壞的工業在三年五年內恢復，而且要有計劃地在十年至十五年之內，使工業在國民經濟中由百分之十左右的比重，上升到百分之三十到四十的比重，使中國有相當強大的機器製造工業，生產大量發展工礦交通業所需要的機器和車船，而且要達到中國自己的工業能够生產國防上需要的大砲，坦克以及飛機等。到了那時，才可以說中國不僅在經濟上達到獨立的地位，而且在國防上也具備有足够力量來保護自己神聖不可侵犯的邊疆。只有工業發展起來，生產技術隨着提高，生產成本日漸減低，能生產極大數量的成品，才有可能逐漸提高工人階級自己和人民的生活水平，才更能鞏固工農間的聯盟，真正發揮城市領導鄉村的作用，才是替將來轉向社會主義打下了堅固的經濟基礎。』

（任弼時：目前形勢與任務，見卅八年六月二日解放日報）

上面的說明，使工程界的技術人員有充分的信心，來把古老的農業中國轉變為工業化的中國，而這項艱苦偉大的工作，就要每一位技術工作者馬上拿出勇氣担負起來！

應當承認，我們這一代工程技術工作者 出於多數出身於沒落的階層，本身還存在着許多即待克服的缺點，諸如：嚴重的個人主義思想，好出風頭，爭名爭利，為技術而技術的工作態度，不能配合實際社會環境的需要，輕視勞動階級工農大衆，自高自大的優越感以及其他種種錯誤的觀點，殘餘的意識，是應該毫不顧惜地加以改造和克服的！技術人員確是中國人民中可寶貴的優秀人才，但是這也只有把技術人員的思想意識和工農大衆打成一片，也只有把技術人員的一切工作和工農大衆的利益結合成一起，方才有其至高無上的價值；否則，如果我們不能培養成為大衆服務，全心全意為人民出力的話，即使有豐富的專門技術知識，對於新民主主義中國的建設工作可以說仍然是毫無貢獻的。

本刊深信：只要在全體人民一致投身到工業建設和生產浪潮中來時，新中國的光明景象是不會遠的！因此，雖然在過去本刊已經把『普及技術教育，促進國家建設』作為主要的使命，到今天新的環境中，我們的口號要比以前更深遠，更擴大了，那就是：『加強學習，培養為人民服務的技術幹部，發展生產，建立新民主主義的工業國家。』

為了加強學習研究工作，本刊嗣後除了經常登載專門技術方面的文字以外，將從反映各級技術人員的心理意識上，來介紹新思想，提供新學術，使工程界技術人員的頭腦武裝起來，好為人民服務。其次為了發展生產，我們更預備發表在新民主主義工商政策之下工業管理的實況，以及各級技術人員改善生產，促進生產的方法和實際例子，使各地工業，工廠以及各種技術部門都有相互揣摩，彼此鍛鍊的機會。隨着解放區工業生產的日益龐大和發展，同人等相信，這二個使命，在工程界全體人員一致努力之下，是一定會逐漸地進展而完成的！

從管理效率化來發展工業生產

邱 正 基

一個獨立，自由，富强現代化的國家，必須是工業很發達，生產很龐大。要發展生產，工業企業的管理必須效率化，這不僅在國家企業中，而且在私人經營上，都成了重要的論題。它要求有效而合理地進行生產，不斷地完成生產數量的增加，品質的改進以及成本的減輕。

在我國由於大抵仍採用手工藝技術，因此如何配合整個社會經濟的發展，有效管理生產，組織勞動過程，嚴肅勞動紀律，將會引起廣泛地重視與研討。

工業發展的前提

有人問：中國為什麽一直不能工業化？

一世紀以來，我們土著的商業由於外國勢力的侵入，漸漸轉移為買辦式的。舊型的高利貸放則轉化為新興的金融企業。工業方面，新的工業也在種種刺激下逐漸出現。我國社會經濟的確轉變了；但是却始終停頓在落後的手工藝的技術，主要的仍是在小農經濟的範疇。工業生產至今還祇佔整個國民經濟的百分之十，且大抵應用手工藝技術(據估計它佔全工業部門五分之四)。這是什麽緣故呢？

首先，我們必須指出阻礙工業發展的因素是封建專制的桎梏——地主經濟。它在我國國民經濟中始終佔着支配地位。通過超經濟的剝削，致土地愈集中，分割愈細碎。

在佔全國人口百分之八十五以上的農民中，百分之六十八的貧農及僱農僅掌握百分之十五的耕地，而只佔百分之三的地主官僚手裏反擁有幾達一半的耕地。且看下表——

	佔農民總人口百分比	佔耕地總面積百分比
地主	3%	45%
富農	7%	27%
中農	22%	12%
貧農及僱農	68%	15%

這樣的土地分配，阻礙了我國經濟的發展！

其次應該提出的是帝國主義的束縛。在雅片戰爭(1840—2)之後，五口被迫通商(1842年南京條約內規定上海，寧波，廈門，福州及廣州闢為商埠)。帝國主義者一方面攫取我國的原料，回國加工後再在我國市場上出售；使中國成為帝國主義者的工業品販賣市場及原料的供應站。

但帝國主義的野心並不止於此。我國在中日戰役(1894年)中失敗後，它們更進一步要求在中國的土地上自由設廠(1895年馬關條約)。這樣不僅節省了運輸費用，並且直接地對我國勞工進行剝削，掠取廉價的勞力。實行「就地製造，就地傾銷」的經濟侵略。

帝國主義的勢力破壞了我國傳統的生產方法，就在這殖民地性工業的隙縫裏，我國近代工業誕生了。新式紡織業特別發達，而逐漸形成市民經濟。但是，正如王亞南教授曾經寫過：帝國主義者雖然「一方面要破壞落後國家的傳統生產方法，以便它們的商品得以推銷，原料的取得得以實現；同時又希望落後國家的新生產方法不要成長，因為落後國家的大工商業發展起來，它們對市場與原料的要求，就不免要落空了。」

這是我國工業不能順利發展的又一因素。

最後，就是地主官僚資本主義的專横。由於新興的市民經濟愈形發展，使地主官僚的統治發生動搖，這使他們在主觀上不得不提出振興實業的口號；但又始終不肯拋棄背上的龜殼。致五十年來我國工業的發展只是烏龜式的爬行：例如張之洞在「中學為體」的原則下所倡導的「西學為用」——算是提倡科學，以及後來康有為梁啓超等提倡的革新運動——設廠開礦，儼然是工商的振興者，大實業家；而事實上都是為了保持封建勢力，替特權服役。

待辛亥革命，偏又遇到竊國大盜袁世凱刦取革命勝利的成果。北伐進軍却又中途發生內部力量的分化(1927年寧漢分裂)。由於中國資產階級本質上是半封建性與半殖民地性的，因此他們非但不把消滅封建勢力的革命事業進行到底，却將堅持反封建的革命力量排斥，而與封建勢力妥協，投入帝國主義的懷抱並和封建地主結合起來，形成地主，官僚，買辦資本「三位一體」的支配階級，統馭着全國經濟的命脈；造成城市與鄉村的對立及投機，黑市，高利貸放，囤積居奇，濫發通貨，貪污敲詐等怪現象。這叫工業如何發展呢?連「存在」都成了問題!

從上面分析，我們覺悟到不要空談發展工業，而要讓工業有發展的基地。只有當封建專制的桎梏，帝國主義的束縛及地主官僚資本主義的專橫澈底肅清後，我國的工業才會獲得它發展的基地；換言之，工業發展才有可能。倘忽略了這先決條件，任何振興實業的努力，將注定是失敗的。

工業企業管理的總原則

在消滅了封建土地制度，帝國主義的束縛以及地主官僚資本主義的專橫而為中國工業發展建立廣大的基地之後，無疑地它將保證生產技術的高度發展成為可能。

但是在它發展過程中我們將觸到另一個問題——那就是企業管理的問題，我們不能忽略了它在發展生產中所起的作用。

我們知道英國工業的發達，是在「私有財產的神聖觀」之下通過對海外殖民地的掠奪而實現的。美國則由大農經濟起家發展了輕工業；由於輕工業的興盛復刺激資本家對重工業的投資以期賺得更優厚的利潤。自由資本主義是以賺錢(To make money)為目的的。它認為人類依其天性原是一個私有財產者和個人主義者；一切精神活動都只是在求貫澈這個狹隘的目的。因此企業管理在他們手裏就是搾取與剝削制度的實踐。它是為資本服務而不是為革命為人民服務的。

這當然是我們所該揚棄的管理原則。

在另一方面，蘇聯式的工業技術改造是循着一條技術的，重工業的道路。在一定的歷史時期中還不能適用於我國。至於東南歐國家，它們工業化的程度在這次大戰前便已較我國為高。茲以各該國的工業生產總值對整個國民經濟生產總值所佔的比重試作一比較：捷克的工業生產總值在整個國民經濟生產中佔47%，匈牙利38%，羅馬尼亞30%，保加利亞20%，而我國祇10%。這說明我國經濟技術還十分落後。它既揚棄英美式的自由資本主義的道路——一條陳朽的道路，同樣也無法試圖把蘇聯或東南歐的辦法在我國無原則地再版。

(註：關於蘇聯及東南歐國家工業發展情形請參閱本刊四卷二四兩期拙作「東南歐國家生產技術大革新」及「蘇聯的工業技術是怎樣發展的」二篇報導)

由於獨特的自然條件和歷史傳統，我國有自己可走的道路，它除了把大銀行，大企業及運輸業收歸國有外，對於不能操縱國民生計的私人資本企業在生產中還是有其存在的意義的，必須讓它有相當的發展。此種經濟措施雖然與蘇聯及東南歐國家所實踐的不同，但嚴格地說只是程度上的差異，在總的方向仍是一致的，都是在反帝反封建的旗幟下革命地向着共產主義社會的同一理想前進。因此企業管理應該是為革命服務，為人民服務，而不再是搾取與剝削制度的實踐。

民主集中的管理制度

中國必須把一向是農業國家改造為工業化的現代國家，這是無法否認的。上述的前提將使這改造成為可能；而前述的原則如果把握了，將給它正確地發展提供有力的保證。

普遍在我國一般的社會現象是：時間的浪費與勞力的閒置。我國社會經濟至今還陷於自然經濟的狀態：集約的小農經濟，小商品的，散漫，落後的生產技術佔着優勢！因此在一定的時間內，實際上的勞動時間比之名義上的勞動時間便少得多；換言之，在勞動中有很大的空隙包涵着。但如何來填滿這勞動中的空隙以提高生產效率却是值得論究的。

增進勞動生產率的原始方法是延長勞動時間。這是手工藝技術條件下的產物。不過勞動時間的延長必然會招致體力衰弱，影響生產的進行。同時它給勞動者的反感很壞。較進步的方法是提高勞動强度。分工制度是增進强度的一個方法，並且將引起熟練和生產工具的改良。由於分工制度的應用使勞動過程趨向專門化。在一切工作專門化之下，正確地分配勞動，使每一個工業部門依照它特殊的生產條件，而採用適應於該工業部門的特種形式。機器的出現更提高了勞動强度。理論的說，這種發展在人類幸福的增進上確具有深長的意義的。 (下接20頁)

棉紡工業

中國紡織建設股份有限公司工程師 徐星閣先生主講

紡織工業在工業界上的重要性，已經是人人都知道的了，因爲衣食住行是人生四大要素，少了一樣，生活就要發生問題，在各種穿着衣料中，除棉織品外，雖尙有毛絲麻三大類，但服用這三類的究屬少數(在吾國祇占10%)大多數人均以棉織品爲主，由此可見棉紡織實爲各種紡織業中最重要的一種，在討論棉紡工業之前，應該先了解棉紡所用的原料——棉花的概況。

我國原棉的概況

棉花在吾國向來出產很多，抗戰前(民國廿五六年間)由於經濟委員會棉業統制會之鼓勵與扶植，每年可產皮花(去掉棉子之棉花)約一千六百餘萬担，那時，我國紗錠約五百餘錠(包括外商工業之工廠)已足供所需，但是吾國棉產雖多，仍不適紡高支紗，一般說來，鄉間穿着衣服大多用16支到20支紗織成，都市就不同，西裝襯衫至少要32支，此外60支80支等亦有，所以就不得不求之外棉，在民國廿四年，棉紡會曾提議實施應用美種棉栽於國內產棉地區，植棉結果成績頗佳，其出口之原料可供紡32支紗甚至42支紗用，在那時改用美種植棉地區，大概在華北黃河流域佔到63%，華中長江流域亦有32%，可惜後來就因爲抗戰軍興，華北華中等重要產棉區相繼遭受戰火，棉田受害頗甚，勝利後又因國共戰起，交通阻塞，內地棉花或因戰爭已減產，或限於地區，無法收購，不得已大部份又須仰賴外棉。目前上海所用之棉，半數以上的用外棉，(其中以美棉最多)殊堪浩嘆。談到吾國全國的紗錠，去歲曾由國營民營及紡聯會各推代表合組調查團，調查結果，得悉共有四百七十餘萬錠；內東北濟南山西尙不計在內，東北現尙有廿二萬錠，濟南抗戰前有廿萬錠，現有約四萬餘錠，山西則不到五萬錠，原棉的供給，雖尙够應付，但照吾國人口比率而言，則此等紗錠，尙感不足，故將來若增減紗錠，則非研究改良，如何增產原棉不可，如原棉不能增產，擴廠添錠根本談不到，即使勉强增加紗錠，對於國計民生亦無所補益，只能空耗國家外滙而已，棉產情形約略如此，以下再略談棉紡之生產過程，主要機器，管理大要，與目前上海棉紡業之情形。

棉紗的生產過程

由棉田產出之棉花，經過軋花機將棉米子軋去，就成了紗廠所用的原棉(通稱皮花)，將此原棉運到紗廠裏，尙須經過五個步驟，方才紡成了所要的紗，這五個步驟是淸花，梳棉，併條，粗紡與精紡，若工廠內附有織機設備，則由精紡機所成之細紗，可直接供給織部應用，但一般由於出售的需要，尙須打成結實的包裝以供運輸之便，所以紡成的紗，還要經過筒子，搖紗與打包三個步驟。

(1)淸花——由去籽機去籽後之花衣其中尙含有大量雜質，更因打包之故(棉地運出需打成堅包)棉花緊壓成塊，經過此機可將其解鬆，並除去其間大部雜質(葉子，破子，砂土，籽棉等)做成棉卷。

(2)梳棉——淸花機做成的棉卷，供給此機，除去最小葉子，破子等雜質，就成梳好了的棉條。

(3)併條——由梳棉機下來的棉條，其纖維多不平行，且棉條本身亦不均勻，故在此機將每六根併成一根，經過三次併合結果，使棉纖維平行，棉條條幹均勻並有混棉作用，使以後工程便利。

(4)粗紡——將併條機下來的棉條，紡成較細之粗紗，那末可使與細紗更爲接近，因爲條幹稍細，故非加撚少許不可，否則難維持其均勻，此項工程在二三十年前須經三至四道，因爲以前細紗機之紡紗性能頗低，即牽伸率不能過大(祇七八倍)致不得不在粗紡工程上，多加經過道數，使其成紗細度，儘量增加，以補細紗機能力之不足，後因細紗機大牽伸之發明，牽伸倍數大量增加(可至三十倍左右)，故粗紗過程可減少至二道甚至一道，大牽伸之發明，可減省許多設備，人工，電力，於計算成本上減輕頗多，到目前爲止，確爲紡織界最大的發明。

（5）精紡——將粗紡機下來之粗紗，紡成所需支數之細紗，紡紗工程到此已告完畢，接下來尙有下列幾步過程：

（6）筒子——將細紗經過筒子機繞成筒子（有直接從精紡機下來，即至搖紗者，但如經過筒子車，則紗之根數準確，品質亦可較佳）。

（7）搖紗——由筒子經搖紗機搖成規定長度之紗團。

（8）打包——將搖成之紗團，依規定重量打成包裹，以便運售（大概小包重10磅，集40小包打成一大包，重400磅，俗稱一件紗）。

關於紗的支數，一般常用者，計有10支20支32支42支60支80支甚至100支者，其定義爲凡紗之長度爲10×840碼而重量爲1磅卽稱爲10支紗，同理如長度爲20×840碼，重量爲一磅者爲20支紗，餘可依此類推。

棉紡工程所用的機械

（1）清花機：包括鬆棉機，給棉機，開棉機頭道彈花機，二道彈花機，此外尙有威羅機打破籽花用，回絲機打壞棉條與粗紗頭用。

（2）梳棉機：此機主要部份有刺毛輥，長40吋直徑9吋上包鋸齒形之鋸條，作用爲打碎棉花並除去小葉等雜質，大滾筒與小滾筒其表面均包有鋼絲布，大滾筒上更設有蓋板104根至116根不等，因兩者表面速度之不同隨形成梳理作用，故稱梳棉機，因上有鋼絲布，故又稱鋼絲車。

（3）併條機：此機主要部份有羅拉四根（鋼製），上壓皮輥，因其前後羅拉轉速之差異，而形成牽伸作用，由六根併成一根，可使棉條條幹均勻所以稱爲併條機。

（4）粗紡機：由併條出來之棉條嫌粗，不可直接用來紡細紗，必須先經過此機不可，經過此機之後，條幹變小，但容易拉斷，故必需加撚，此機主要部份除三根羅拉，藉其轉速之差異，而形成牽伸外，尙有錠子，因錠子與羅拉速度不同，而形成撚度，成形作用裝置使粗紗依一定方式繞於筒管上，有筒管則可便於搬運並使不易脫落。

（5）精紡機：亦有羅拉三對，以形成牽伸外，尙有錠子每台384，400與420錠不等，紗廠之大小但以細紗錠子多寡而論，成紗與粗紗一樣，亦須給予撚度，使增拉力，惟撚度較粗紗爲多，所繞之筒管亦較粗紗用者爲小。

（6）搖紗機：將細紗機紡出之紗可經搖紗機搖成大絞，此機之構造很簡，中有一滾筒，筒上架木框，框週長1½碼。

（7）打包機：將搖出之紗，每10磅打以小包，這叫小包機。集40小包打成一大包，這叫大包機。

（8）皮輥機：此爲專門製作併，粗，細各機所用之皮輥的機械。包括，a.裁皮機，b.搭皮機，c.套皮機d.澆頭機，e.壓呢機，f.檢查機等數部。

棉紡廠管理大要

公司：常有董事會由董事數人董事長一人組織之，總經理，經副理各一人；下再設數處，例如工務處，營業處，會計處，總務處等視公司大小而定，列表如後：

工廠：如以紡建公司所屬各廠爲準，其內部組織大抵如頁9的系統表所示，茲不多叙，但以上爲職員方面組織的大概，關於工人方面可大別爲二，是保全部和運轉部。

保全方面：每部門均分爲平車與揩車兩組，平車設平車頭一人，機工上手一人，下手一人，小工二三人。揩車設機工一人可稱爲揩車頭，餘均爲小工，六七人不等。

運轉方面：每部均設加油工人，司加油與修理之職。指導工一人或數人，專司指導各工友之工作。

以上各部組織，國營民營大致相似，惟名稱略有不同而已。

薪給方面各級員工的底薪大概如下。

職員：（月薪）

廠長400—600元

技術與各課主任同170—390元

工程師250—450元

技術員與辦事員同90—230元

工友：（日薪）

平車頭　1.70—2.10元

揩車小工0.8—1.40元

機工上手1.50—1.90元

加油工　1.00—1.90元

機工下手1.30—1.70元

指導工　1.20—1.80元

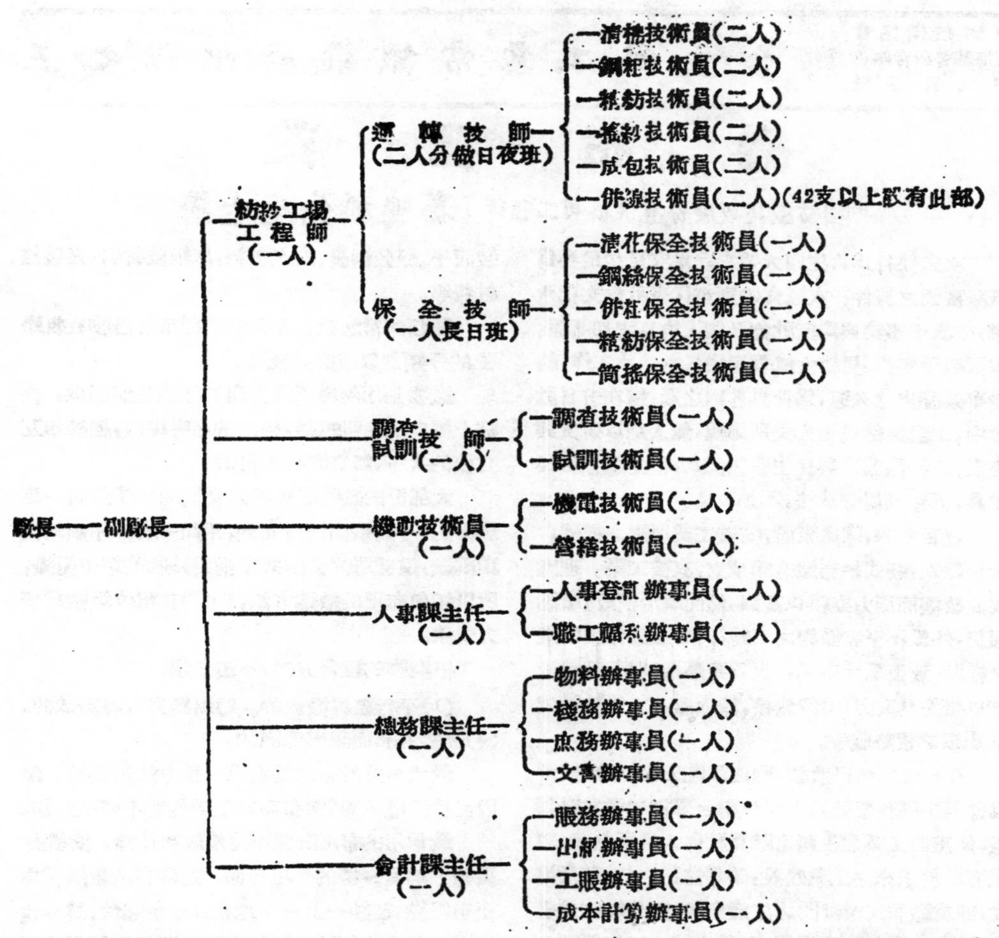

平車小工0.80—1.50元

普通女工0.80—1.40元

揩車頭 1.20—1.70元

上海的棉紡工業

上海所有抄錠佔全國所有之半，總計二百四十餘萬錠，目前運轉者有二百三十五萬錠，佔全數之97%，每月做廿六日，日夜共計五十二班，每月產紗約十三萬餘件，用原棉五十五萬餘担，每件用電約220度，每月用電量約三千萬度，每月用煤量約八萬五千噸，實在是上海各項工業中最重要的一項。關於員工人數所佔比重也是極大，計職員八千餘人，工人十六萬餘人，佔全市工人總數76%(紡建公司計有職員二千三百餘人，工友五萬餘人)。現在每件紗的成本大概原棉合美金158元，再加製造費二十餘元，合需180元．然照目前售價，仍須虧損。雖外銷尚好，然仍不能相抵，故棉紡織工業前途，若再不設法改進，我國經濟狀況，則並不是十分樂觀的。(四月十日在青年會講)

徵求各地工業通訊啓：

在建設新民主主義國家的過程中，各地勞動者，技術和科學工作者一定對於接管後工業的改觀，建設的情緒以及改進生產技術的經過等等，可以有很多的反映和寶貴的意見，我們對於這許多材料，以後將在本刊優先登載，稿酬特豐，希望讀者多多投稿．來稿請用橫行稿箋書寫，逕寄本刊編輯部爲幸！

13043

織布工業

中國紡織建設股份有限公司工程師 葛鳴松先生主講

衣食住行爲人生四大要素，足衣足食足兵爲國家富强之條件，衣冠文物則可代表社會文化水準，故衣被事業與國家社會及個人均有密切關係。我國數千年來，男耕女織爲民衆日常基本工作，紡織事業歷史之久遠，爲世界各國之冠，惜在昔日社會中，工藝製造爲士丈夫所鄙視，無人加以研究與提倡，致紡織業雖與民生關係深切，但生產方法與工具，仍任其墨守成法，不加改良。

近百年來，歐風東漸，紡織工業所需之機器，大量輸入，新式紗布廠次第成立，衣被工業，理應從此改觀而國力亦賴以富强，然而政治腐敗，戰亂頻仍，外受不平等條約之束縛，內乏工業保護政策之輔助，致使廣大市場，反爲東鄰所利用，吸我膏滋以培養其武力，迫我愈盛，榨取愈多，終致造成大規模之侵略戰爭。

今日强鄰雖已敗績，國內戰亂未平。中國技術協會與中國科學社及青年會聯合舉辦工業常識講座，使重要工業之生產常識爲社會大衆所熟悉，以謀有助於未來之工業建設，確爲當務之急，茲所述者，即爲織布工業部門之生產概要，擬分織物的組成，織布工業的生產過程，各種機械之工作要項，織布工業的管理，織布工業的現狀與將來等五節，陳述愚見如下，藉供研討。

織物的組成

織布工業的成品爲織物，織物的種類有千千萬萬，多得不可勝數，普通我們可有下列幾種分類：

1. 根據所用原料分類，共有棉織物、毛織物、絲織物、蔴織物、人造纖維織物，及交織物等數種。

2. 根據整理過程分類，共有白原布、漂白布，染色布，及印花布等幾種。

3. 根據織物上分類，共有平布、斜紋、色丁，提花織物、起毛織物，及紗羅織物等幾種。

4. 根據用途方面分類，共有服裝面子、服裝裡裏、內衣布料，床帳被材料，及裝飾材料等。

種類非常繁複，今天我們祇可就織物在組織上的分類加以概括的敍述。

織物是用兩種不同方向的紗線交織而成，在機上縱向的名叫經紗，橫向的名叫緯紗，經緯相互交織的次序，即爲織物的組織。

大部份的織物經緯相互交織的次序是有一定規律的，不論縱向或橫向的，用同一規律不斷地循環編織，這種單位交織次序稱爲織物的單位組織，所以任何布疋的織造方法，可用其單位組織爲研究對象。

但織物的組合方式，不出三類：

(1)平行經緯織成的。(2)斜經與直緯織成的。(3)經紗在布面現出毛圈的。

最大多數的布疋是由第一種方法所製成。然因經緯組織不同，對布面可生千萬種不同的外觀。

最常用的布疋表面不見條紋和花樣，縱横表裏各方均呈一樣的平坦布面，這種布的組織稱爲平布組織，經紗一上一下地在緯紗中起伏，緯紗也一上一下地在經紗中起伏(圖1)，兩根經緯所交互織成的範圍即其單位組織，日常所用的洋布、毛呢、紡綢、夏布大都由此法織成。此種布疋，因爲經緯間交織處所最多，所以經緯互相結合最密，也最爲堅牢。

這種平組織的布疋，雖然大都呈簡單平坦的外觀，如果我們把經緯紗的粗細，疏密，紗的根數加以變化，外表也跟着不同，例如用數根經和數根緯同時起伏，在布面上即見一塊塊的「方形組織點」，普通的帆布，府綢即用此法織成。假使用幾根較粗的緯紗同時與較細而排列緊密的經紗相織，

圖 1

圖 2

圖 3

布面上就現出一條條橫向凸紋；相反地用數根較粗的經紗同時起伏和較細而排列緊密的緯紗相織，布面上則現出一條條縱向凸紋。

許多布疋表面是平行的傾斜條紋，斜紋、嗶嘰就是屬於這一類最易見的實例。這種布也是用平行的經緯互相織合而成，不同的是：經紗不如平布在每一緯紗的上下起伏，至少越過緯紗兩根以後再折入緯紗下面一次如圖2所示，最普通的組織爲一上二下，一上三下，三上一下，二上二下（指經紗在緯紗上下的根數）等等。同時，第一根經紗若在第一第二根緯紗上面浮出，第二根經紗就浮出在第二第三根緯紗上，第三四根依此類推。因爲經紗浮在上面的部份，按經紗的次序一一成階級形的遞變，所以在外觀上聯合這些浮起的經紗看，就成一條斜的凸紋。斜紋組織的布疋，經緯起伏的交織點，至少在三根紗中發生一次，故較平布的交織點爲少，所以比較柔而易生光澤的外觀。

根據斜紋組織的方法，有規則地變換其組織次序，布面能生多種花紋。例如用一上二下七上四下三上三下的組織，變成寬狹不一的條紋。經紗浮出處一部份隨緯紗根數向上遞變，一部份向下遞變，則斜紋成有規則的山形，人字呢就用這法做成。

緞織的表面光潔悅目，反面却大不相同，這種織物經紗或緯紗好像完成在織物的一面，他的織法和平布斜紋不同，如圖3所示，經緯交織點很少，大部在五至八根緯紗中僅伏於一根緯紗之下，其餘全部浮在緯紗上面，且各根經紗伏下之處，有規則地均勻佈置在其單位組織內，所以在外觀上似乎布面全部爲經紗而反面似全爲緯紗，此種織物表面異常光滑平整，布質也很柔軟，但與前兩種組織比較則不耐磨擦和洗滌，直貢呢的組織即屬此類。

日用布疋最多數都由上述三種基本組織織成，因爲每種組織的組合原料，經緯紗的粗細，根數的疏密，色澤紗線的排列等等不同，織成後再加印花漂染，就成爲千萬種外觀不同的布疋。

織布工業的生產過程

織布工業的範圍，包括棉、毛、絲、麻各種式樣布疋及生產，今天僅能討論棉布的織造：

目今我國棉布織造工業可分：土布工業，小型機織工業，和大型機織工業三種，現在先談土布工業。

土布工業已有數千年歷史，他的生產過程大概是：

棉紗｛經紗：漿紗→絡紗→牽經→上軸→穿筘↘織布
　　　｛緯紗：……………………………………絡緯↗

主要的工作步驟如下：

(1)將買來的洋紗，或已搖成紗絞的土紗用水浸漂後，再行擰乾使洗去部份的雜質及籽質，並充分吸收水份，再浸入漿液中擰壓，使漿透入紗中，然後絞去餘漿，穿在竿上晒乾。

(2)用手工搖車（圖4）把漿紗絡捲在一吋粗的竹管上。

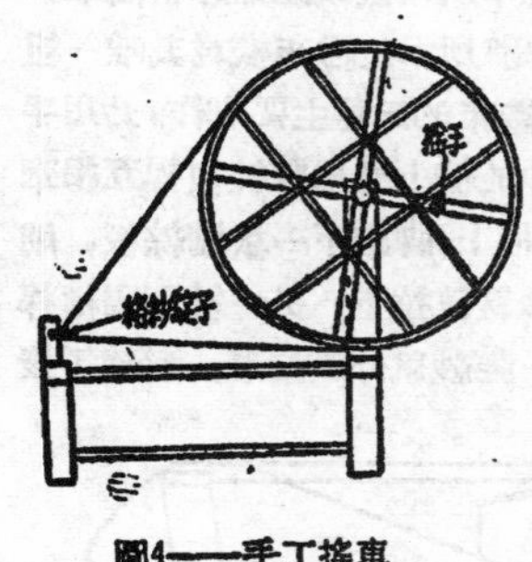

圖4——手工搖車

(3)將經紗管百餘個，插在長列之雙層架上（圖5），集取各紗管之紗頭在量長器的兩列鐵釘上

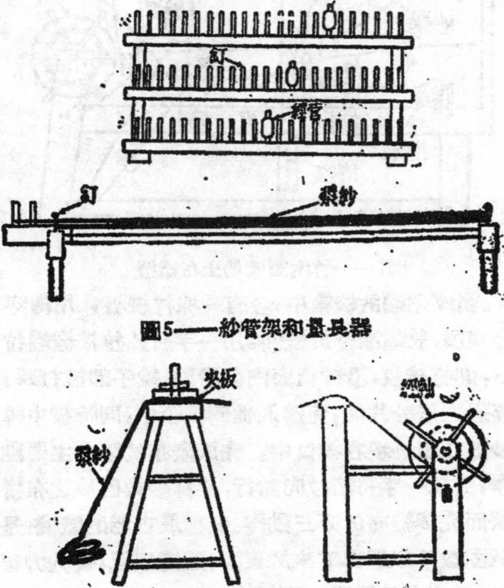

圖5——紗管架和量長器

圖6——夾紗架和拔軸架

間往復牽繞，達一定長度後再在其上加牽數次，使合併而得預定根數。然後在始繞處割斷，取下成一紗帶。此時總根數與所欲織之布上經紗總數相等。長度爲一個經軸所能捲繞的疋數。

(4)將上述紗帶通過夾板及一粗疏之筘，使紗成疏密均勻的紗層捲於拔軸架之經軸上(圖6)

(5)將經軸上之紗端穿過布機所用的綜筘，以供織布之用。

(6)將緯紗用搖車繞在緯管上供織造之用。

(7)將經軸裝於布機上，待綜筘都裝好後，即取緯管放入梭子內，在機上與經紗相互交織而成布疋，至一定長度後，將布剪下，摺疊成疋，即可出售。

在土布生產過程中所用機械設備非常簡單，大都用竹木製成，如圖7所示的織布機爲其唯一粗具機械形式的器械。織布的三種主要動作，乃用手足直接管理，穿經紗的綜上部用單純槓桿互相牽連，下部則連於踏綜板上，脚踏下一根踏綜板，則此板所連綜上的經紗就被拉下，另一綜則因槓桿之連繫而爲其吊起，經紗就分爲二層，形成了梭

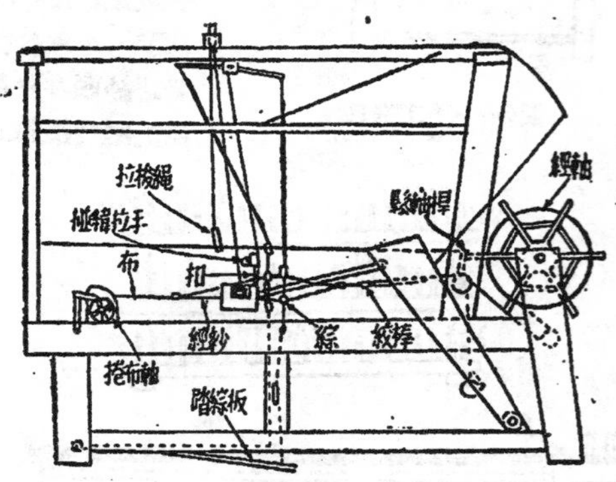

圖7——竹木製成的土布織機

口。筘座兩端的梭箱中，各有一塊打梭板，用繩穿過機頂，將繩端垂於機前。用一手將此拉梭繩端拉下，則打梭板，沿梭箱面內側滑動，梭子即被打擊，穿過二層紗片間，而進入他側梭箱中，同時梭中緯紗被吐出一根在梭口中，完成織布的第二主要動作，另以一手將筘拉向前行，使緯紗與已成之布排緊而完成織布的第三動作。此種最古老的織機，是我國數千年遺傳下來的東西，速度很低，費人力很多，但在今日偏僻的鄉村中，仍可見到。

在小城市中的織布機已較爲進步，有鐵軸二根，一根爲推筘座的彎軸，一根爲裝有開口踏脚及打梭踏輪的下地軸，兩軸用熟鐵打成的齒輪互相連動，故開口打梭，打緯三種主要運動，已能間歇的順次自動工作，織布者僅需用足踏動踏板，經過

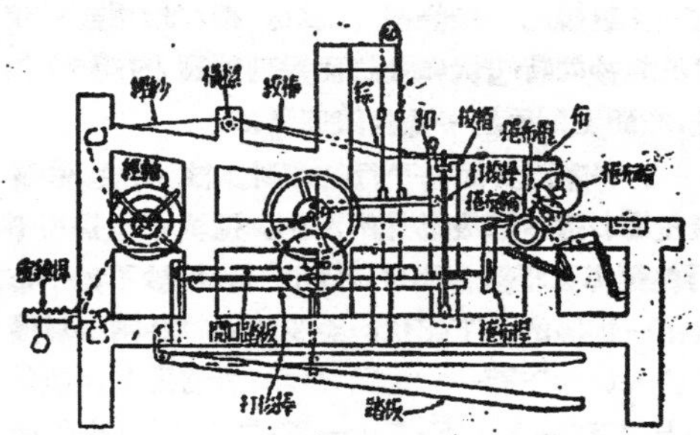

圖8——較進步的鐵木織布機

竹木槓桿而傳動彎軸。織成的布能自動捲入，經軸上也有消極式的送經裝置。另有一種更較進步的高脚鐵木機(圖8)，踏板直接與下地軸相連，故速度較快，此機有積極式的五輪捲布裝置，故緯紗的疏密已能控制。此種機械的主要動力爲用二足踏動，每分鐘可織緯100至150根，生產能力較過去已增加不少。

此種工業的生產方法，實際上大部爲家庭副業，或小型作坊，不成爲工廠之機體。工作人員爲家庭婦女或農事完畢後之農民，在作坊中則有老闆所雇用的職工或藝徒，但其本人及子女也均共同操作。紗布的購銷必須依賴市集上的紗布商販。交易之法即使在幣值穩定中也多不用現款而採用物物交換辦法，用布在紗商手中換取其相等的棉紗，另取棉紗數支作爲工繳。

小型機織工業爲最近百年來的產物。自力織機械及動力設備由外國輸入後，漸在交通方便之重要都市中創立。生產過程中全部應用動力機械，僅機械數量和設備上較大型工廠之規模稍遜。其生產步驟爲：

棉紗 { 經紗：絡經→整經→漿紗→穿筘 ↘ 緯紗：…………………………絡緯 ↗ } 織布→整理

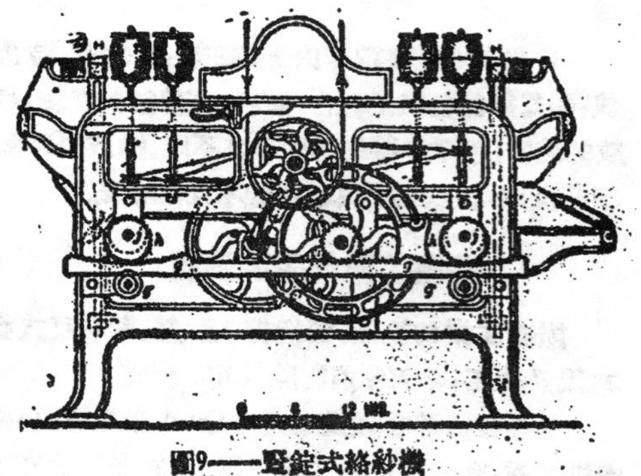

圖9——豎錠式絡紗機

(1)絡經工程大都用圖9所示之豎錠式(Vertical Spindle winder)或急行往復絡紗機(Quick Traverse winder)以絞紗爲原料，在此機上作成堅實而容量較多的有邊或無邊筒子。

(2)整經工程以用普通速之人字架整經機(Beam Warper with V-Creel)爲多，如圖10亦有採用分段整經機者(Sectional warper)

(3)漿紗工程多用熱風乾燥上漿機(Hot air Sizing Machine)亦有用圖11所示之烘筒式上漿機(Dry Cylinder Sizing Machine)者。

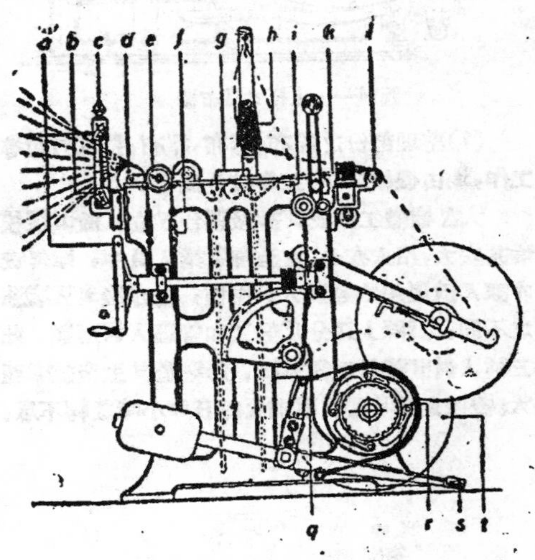

圖 10——整 經 機

(4)穿筘工程大都均採用穿筘架，有用簡單之木架代用者。

(5)絡緯工程採用圓形絡緯機(Circular weft winder)或碗形絡緯機(Friction cone weft winder)

(6)機織工程多用動力織機(Power Loom)因其成品之需要，也有加特別機頂及梭箱運動者，但用皮帶傳動之鐵木機也常見。

(7)整理工程大致配備，檢布，摺布，打包等機，商標則用手工蓋捺。

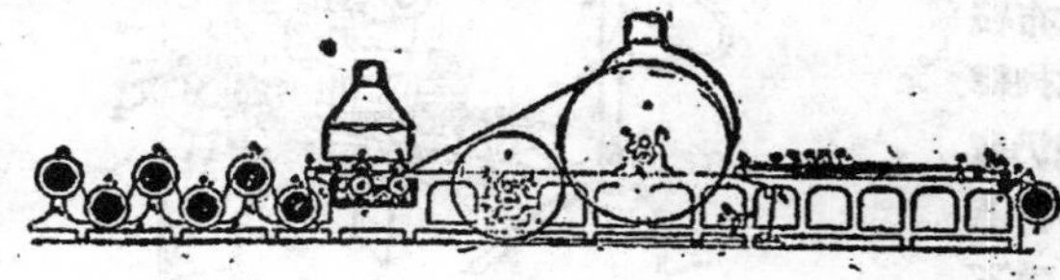

圖11——烘筒式上漿機

小型機織工業多已形成正式工廠規模。每廠織機數常在數十台至二三百台間，且能日夜運轉而每一織工所管台數大致由二台至四台。直接工人均由女工任之。生產效率及成本均較土布工業進步良多。

小型工廠之接近紗廠者其原紗可由紗廠直接購買筒子紗應用，故可省去絡經工程。絡緯工作亦可因此便利不少。抗戰前武進之織布工廠且可由申錫兩地採購已經整經之大軸紗應用，故整經工作亦可省却，紡廠織廠兩均便利。至裝設織機僅數十台者，其漿紗工作均由較大之廠備有上漿機者代漿，致廠中僅織布及輕微之穿筘，絡緯，整理工作，自行操作，簡便殊甚。

此種工廠之主要管理者，大致即爲資方，雖規模較小，但勞資兩方之形態已備，生產者與經營者間之情感，自不如土布工業之協調，惟以資方之親自經營，對於工廠之一切事宜，最富熱誠。故其生產效率雖不能如大型工廠之良佳，但仍能順應環境，經營不墜也。

大型機織工業均附設於紗廠中，設備新穎，規模宏大，主要工作過程與小型機織工業者相同，即：

棉紗 {經紗→絡經→整經→漿紗→穿筘 ↘ 織布→
　　 {緯紗……………………………絡緯 ↗

驗布→括布→摺布→打印→打包。

(1)絡經工程所用機械以豎錠絡紗機，急行往復絡紗機爲主，亦有用高速絡紗機者，所成筒子分

圖12——絡緯工作

有邊筒子，無邊筒子，寶塔筒子等種，後者之容紗量甚大，裝在整經機上將紗抽出時筒子不必轉動，對紗之彈力，容易保持，爲新式，高速經紗機所必需採用。各種絡紗機之原料，均爲紗廠細紗機上之紗管，工作簡便，成本減輕甚多。

(2)整經工程中常用者有人字架普通整經機，矩形架半高速整經機，亦有採用寶塔筒子之高速整經機者，但爲數甚少。此項機械均係軸經整經機(Eeam warper)由筒子做成漿紗大軸，機速爲每分鐘繞紗70～300碼，低速機每人能管三台，高速機每人管理一台。

(3)漿紗機中熱風乾燥式及烘筒式兩者均有採用，每分鐘漿紗20～30碼漿槽部份大都裝設循環漿箱，但新式設備如漿溫，漿液高度之自動調節，及漿紗乾燥度之控制等新式設備，國內尚不多見。

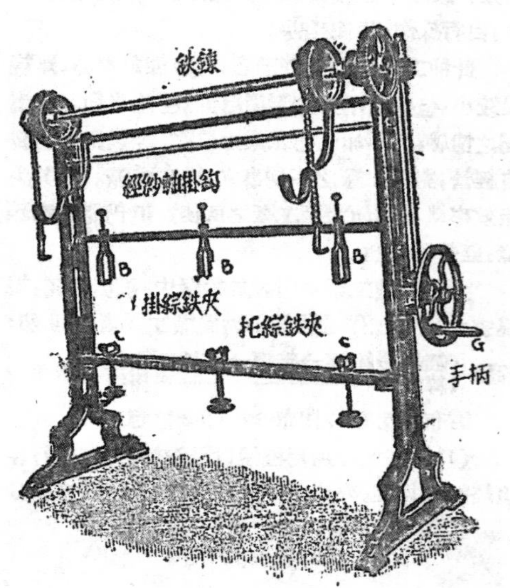

圖 13——穿 筘 架

(4)穿筘工作所採機械有穿筘架，如圖13所示撚接架，自動打結機等三種然仍以採用穿筘者爲多。

(5)絡緯工程在小型工廠中爲多，其所用機械不外萬能式絡緯機及豐田式圓形絡緯機兩種大型工廠之緯紗直接由細紗機紡出，成本節約甚多。

(6)織布機械之採用種類甚多，民營工廠大都用上打式或下打式之普通布機間有採用自動布機者。國營工廠則以應用換梭式(圖15，圖16)或換緯式(圖17，圖18)之自動布機爲多，但普通布機仍有部份採用。每人管理自動布機之台數大部在8台至24台之間，普通機每人僅4～6台，6台以上者殊不多見。

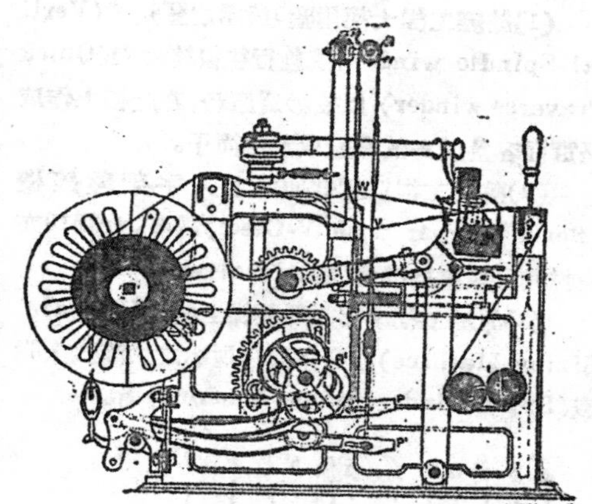

圖14——上打式織布機

(7)整理部份之驗布，括布，摺布，打印打包等工作，均由機械操作，工作較爲周密。

大型機織工業既與紗廠連合設立，故其規模均甚宏大，用人亦多，在全部從業人員中，雖僅資本家及被雇用之勞動人員兩種，但在後者因職務之不同，實際上又分爲勞工和管理人員兩類，此三種人員間能否取得協調，影響於其生產效率至大。機械運轉時間在目前爲每日24小時運轉不息，

圖15——換梭式自動布機(豐田式G型)

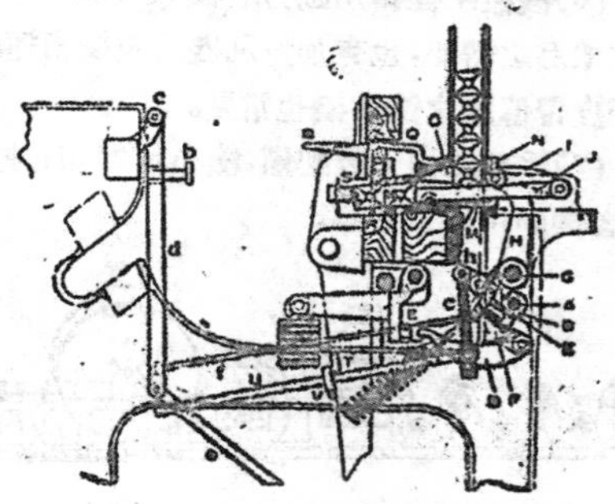

圖16——換梭式布機推梭入梭箱之動作

今巳改爲每日二十小時之生產。此種工業爲整個織布工業之重心，效率之良窳，產量之增減，出品之優劣與成本之高低，影響於國計民生非常深遠，以後所述者當以此爲主。

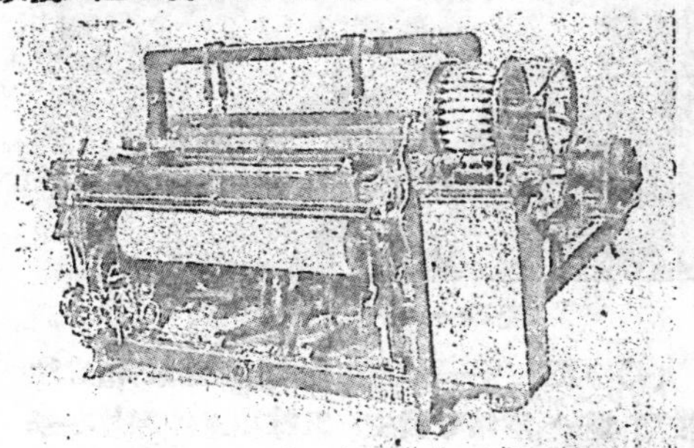

圖17——換緯式自動布機（Draper X—2式）

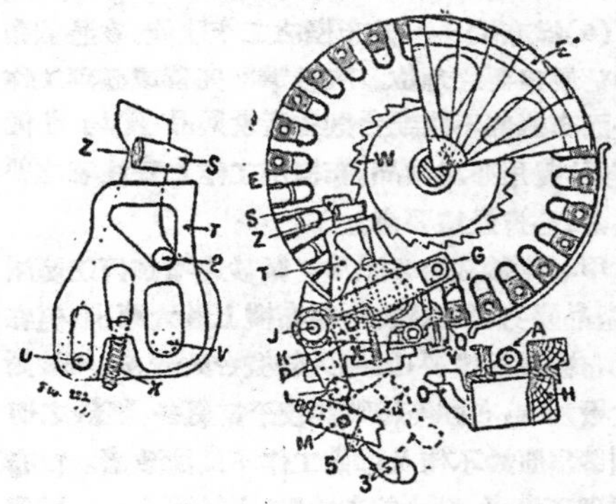

圖18——換緯式布機推緯管入梭子之動用

各種機械之工作要項

織布工程中各種機械的式樣甚多，今天勢難一一將其機構加以檢討，但每一工程上均有其重要事項爲生產過程上不能忽視者，今將陋見所及提供意見如下：

（1）絡經機——絡經機之主要任務爲接續若干數量之紗管繞成堅實合用之筒子。因之接頭工作特多，此種打結工作，在自動絡經機可由機械自動爲之。然在國內裝用者尚不多見。大都由人工接續之，因之最難管理，查布機經紗斷紗原因，60%乃因打結不良所致。故打結工作能否合宜，至爲重要。打結之速度關係於絡筒機生產效率，方法之正確與否及工具之優劣則影響於布機之產量。一般所見之不良接頭爲大結，長結，結頭不牢，結合處紗線撚縮拉傷等。絡經工作中對於紗之彈性保持爲切要事項，筒子太硬者大都有此危險。宜在張力裝置之輕重及紗線通過時之曲折角度等加以研究改善。清紗板隔距太小，能令紗之拉力損傷，豎錠式絡紗機注意前後排筒子之直徑則拉力易於保持。又繞紗速度與此亦有關係。

此外清紗板隔距太大，則無清除雜屑之作用，成形不良，則多壞紗而影響張力之均匀均宜注意。

圖19——整經工作

（2）整經機——漿紗大軸必須每軸長短一樣，張力均匀，軸面平整方合標準，所以從長度方面講，各機之測長裝置宜求同樣靈敏與準確。斷紗須在原處接合，在張力均匀方面講，宜使筒子架之位置適合，架上每一筒子抽出時所受阻力相同，紗幅與軸邊平齊，各導輥平行圓滑方可。接頭筒子之紗被接用太多，則布面不良。斷紗停止裝置失效則易生絞頭且有長短不一之弊。

（3）漿紗機——上漿時最宜注意漿液溫度；欲使上漿完全，除漿料配合宜加注意外，在上漿中須常使溫度爲95°—98°c之間。漿液深淺，常宜一定，壓漿輥之壓力及絨布之彈性保持適宜，並於每組大軸由開車至終了上漿速度常使一定，則上漿必均匀而漿液浸透紗內。上漿中之張力與布機生產效率有最大關係，張力之大小在漿紗上所表現者爲伸長，查漿紗機上紗之受張伸長部分有三，第一爲大軸至上漿軸間，因紗爲上漿軸由大軸上拉出而受張力。若大軸之制動裝置壓制太重則紗之拉力受傷而漿也不易浸透。第二部份在上漿軸與機前拖引輥間，因牽動大小烘筒及各導輥而生。欲紗易於乾燥，固不能不使紗與烘筒表面密切壓迫。但未乾之紗若欲其牽引滑澀之烘筒與繃拉則易受伸長。此種漿紗甚爲脆弱，布機生產必大爲減低。第三部爲發生於拖引棍至漿紗小軸間因欲漿紗小軸捲繞緊密以利製織 固應給以適宜張力，但此項工作大部可由壓軸裝置爲之。故凡漿出之紗在全部爲漿紗小軸齊整繞入之範圍內其張力當以愈小爲愈佳。上項總伸長量普通細布以1%爲限，太多則必生困難。

漿紗中之另一要端爲漿紗含水量之合宜，未燥之紗在布機上固不合用，但太乾者將使紗之吸濕困難而在織布時紛紛切斷，合宜之含水量爲8%左右。

漿料之選擇與調製對於上漿效果關係異常密切。和漿事宜應注意者有三：即漿料混和比例，漿料之檢驗，漿料之調合。漿料配合成份當視布疋種類上漿目的及上漿量而定。

查漿料因其使用目的不同可分爲粘着，增量，吸濕 防腐，柔軟，調色等劑。而上漿主要目的即在減少紗之磨擦，保持彈性與增加强力；副目的在增重，防腐，調色，吸濕，各種漿料在漿紗上所產生之作用，宜分別明瞭，然後依次決定其配合成份。故粗紗或密度大之經紗上漿，應以光滑和富有彈性爲主，細紗或密度小之經紗，則配合漿料，首宜注意於增加强力。

漿料中常多僞和物，能使漿料作用減退，或損傷紗線，今以最常用之數種漿料舉例說明之。

1. 麪粉中常有石粉或其他低價粉類混合，應以淡黃白色而糊化後粘力大，麪筋質之粘着力强而有彈性者爲佳。水份宜以在11%內，澱粉量 0～70%麪筋質在10～20%

2. 石粉宜純白而富平滑性，粉粒粗則傷綜筘；含鐵份則因鐵銹而傷織物外觀，含水量宜在5%以下。着色者不可用。

3. 牛油因價貴常多僞和物；主要爲水，礦物性油，骨脂，澱粉，石粉等，氯化溫度高者不純物少，其溶融點約爲43—48°C左右，凝固點約爲43—34°C左右，成粒狀或糊狀者不佳。此乃含水甚多之證。

4. 氯化鋅宜有93%以上之純氯化鋅爲上。硫酸鋅宜在1.5%以下，氯化鈣宜在0.5%以下。

關於調和方法宜注意調和均勻，勿令油脂類浮游於上層而重質漿料沉澱於下層。每缸成份宜始終一律。

圖20——穿筘工作

(4)穿筘工作——穿筘工作較爲簡單，但宜注意絞頭，雙紗，空筘等發生。又綜筘及停經片在未穿以前須週密檢查，凡損壞者務必預先整理或剔去之，否則在布機上必生不良影響。

(5)織布機——織布機之工作狀態，在整個布廠中佔最重要之地位。經紗準備完善或整理工作良好而布機部不能配合則生產量與品質均將低落，各種費用亦爲增高，布機部工作上宜注意之要點甚多，茲擇最重要者如下：

甲、斷紗宜力求減少，斷紗之增加使生產減少，產品變劣，用人增多，爲布機上最大事項，但在自動布機更爲重要，因每人管機台數較多，經紗斷紗數增加時，布機停轉時間較平常更多。經紗之切斷頗多爲原紗不佳及準備工作不良所致者。惟布機處理不良者，擴大前部缺點，斷紗更多。一般常見者爲上軸工作不良，梭子損壞，綜筘停經片之損壞，經紗張力太强，濕溫不當等。若能注意檢查而改正之，自可減至最低數量。

乙、棉布品質之良否，也爲布機部主要工作，欲使布面豐滿不見筘痕與方眼，當使梭口上下兩層經紗之張力相異，提高後樑，開口平整而高低適宜，開口時間之遲早適合，綜筘完善均有關係。至於送經裝置與捲布裝置效用如何，對於布面關係亦大。投梭運動與開口運動配合適當則能使布疋之質量具優。

丙、布機機物料消耗數量與打梭力之大小關係甚大，動力費用也有密切關係，查布機之動力中60%用於打梭，打梭力太大者既使機物料迅速消耗且能增加壞車數量，致減低生產數字及品質，故打梭力以愈小愈佳，以能安全通過梭口，安全進入梭箱即可，吾儕對此務宜特加注意。

丁、適宜之溫濕度爲布機部所必要。不特斷紗減少，工作便利且使布機壞車減少。布機濕度以80%左右爲最佳，夏季尚可酌低。濕度之保持穩定不變與均勻。雖有賴於工場建築之妥善，然每日之氣候變化不一，對於調整事宜不可疏忽也。上工開車之前半小時，噴霧機即宜開出，使在半小時內將經紗之濕度調和適宜。停車時噴霧裝置亦當提前半小時停止，免致濕氣留存室內太多，而致機件生銹，沾污紗布。噴霧口爲污濁所封或空氣壓力太小，水位太高及調節不良時則霧點粗大，不能在空氣中完全蒸發而成雨點落下，使機件生銹，經紗彈力消失地面滑滑操作不便，地板亦易損壞，故宜避免之。

戊、標準工作法之實行，雖爲紡織工廠每一部門必需。但在布機方面，對於生產品之質量兩方關係最大。自動布機之效率決定於斷紗次數之多少，織工若在布機運轉中依照規定程序整理後部經紗，清除可能切斷之紗縷，則斷紗可大見減少。普通機之大部停機原因爲換梭。若女工能採分段換梭方法，則其停機率可大事減低，倘更依照巡迴動作，將機後之斷紗原因除去則產量與品質均可增加。其他標準動作如接頭，穿綜筘，開關車，拆壞布，了機，上軸等亦均爲提高效率所必要。至加油工作法之實行，旣能令機械運動圓滑，壞車減少，機械之壽命亦可加長，管理布機者尤宜重視。

巳、布機部另一重要事項爲全體工友工作之緊密配合，如經軸織完至開織新軸間，十五至三十分鐘間該機須經織工，掃除工，了機保全工，加油工，上軸工，幫接工之五種工友連絡工作；若相互配合疏懈，停機時間即將倍增。又布機因動作劇烈，時生壞車。優良機工能預行調節，以減少損壞機會。較次者亦當在損壞後立即修復，若配合不良，或工場工作精神懈怠，則壞車停機必將增多。因機工工資爲自給制，生產多少，與彼無涉，故如何使工作振奮，相互密切連絡，全工場各種人員結合如一體。實爲布機管理最重大之事務。

整理部——整理部之工作甚爲簡單，但因其爲成品之最後階段工作，偶有疏忽即可影響商譽，其重要事項如下：

甲、全部驗布女工對於次布標準宜有同一目光，並勤愼工作，使正布內容全體一律，次布等不會混入。次布之缺點必須簽明標記，藉便查究。疵點之有連續未斷者，更須立即通知布機部改善。分錄日夜工生產數量之工作，亦宜力求準確。

乙、摺布機每摺長度，每日須查校數次。並注意短碼另布之剔去(圖22)

丙、打印工作當使商標色澤鮮明，字跡清楚而不易剝落。(圖23)

丁、打包工作之宜注意者主要爲端正堅固，使運輸中所佔體積減少且不致破裂。打包材料當令適合標準，如竹片之防蛀處理，包布之重量與經

圖21——整理布疋用之刷布機

圖22——摺布機

圖23——打印機

緯密度，防水紙之防滲能力，打包鐵皮之切斷强力等均當留意。此外商標字跡力求明顯，成包號數記錄完備，均爲應行注意之點。

織布工業的管理

織布工業的管理方法，可分機械，生產，人事，工資四端述之：

(1)機械管理——機械管理之原則很簡單，即轉動處宜使其輕滑，固定者宜使其位置長期不變。相互配合之時間角度不使走動。圓者常爲正圓，直者常爲正直，則機械效用當可充分發揮。但機械因外力之阻撓，長期應用後必生磨減，灣曲，鬆動之現象。此種現象發生後之結果爲機械之震動增加而磨減，灣曲之弊更甚。兩者互爲因果。使機械效用爲加速度之下降，故機械管理爲吾人最宜重視之大端。

布機上機件之運動大部爲間歇性，故磨減，灣曲，鬆動之弊更易發生，而布機之管理因此爲紡織廠中最爲費力之工作。

查機械轉動處之速度不一，機件結合處之負荷不一，相互接觸磨擦處之材料不一，因而所受外力各異。欲使機械保全完善，當視各處可能遭受磨減鬆動之難易而妥定檢查週期，按週期爲嚴密之檢查工作，一遇損壞，隨時修理，則機械性能當長期維持不變。關於布機之管理工作，普通分爲三種，其一爲大平車，約每隔三年一次，執行時當將全機分拆檢查修理後重行裝合；其二爲小平車，約每六個月將自動換紗裝置，送經，捲布等機構較複雜處拆下檢查調整，其他處亦宜檢查調整，其三爲部份保全，依各機件之性能分定爲每日，每週，每半月，每二月每三月之週期，巡環檢查修理之。加油工作爲保護機械之要端，當依照規定時期執行。準備整理兩種機械之管理原則與此相同。除大平車及定期揩車外，筒子車宜注意者爲錠子錠胆之磨減或動搖，清紗板隔距之寬度，往復運動之圓滑與幅度大小，綻繩之張力，筒子之眼孔，紗線接觸處之磨減等。整經機須注意架子之震動，筒子與導桿之位置，各導桿之正直輕滑，測長裝置，斷紗停機裝置之靈敏，筘齒之疏密與滚筒表面之圓整。漿紗機和宜注意烘筒之輕滑，汽水排出迅速，汽壓表，安全凡而之靈敏，各處軸承之磨減，紗線通過處之磨蝕情形等分定週期檢查修補之。整理部之機械較爲簡單，但亦當依上述原則妥善管理。

(2)生產管理——生產管理之目標爲求生產數量之增加及次布之減少品質之提高，其實施方法爲施行各種調查，使明瞭生產狀況而爲改善之依據。現在大型棉織廠中宜實行之生產調查約有下列各種：

1. 絡經機之接頭調查
2. 絡經機斷頭原因調查
3. 標準工作法調查
4. 整經機斷頭原因調查
5. 整經機每萬碼斷頭次數調查
6. 漿紗大軸內容調查
7. 漿紗大軸及小軸重量調查
8. 上漿百分率及伸長百分率調查
9. 漿溫及漿紗含水率調查
10. 漿料用量及性能調查
11. 穿筘工作調查
12. 布機斷頭原因調查
13. 布機停機原因調查
14. 布面調查
15. 上軸調查
16. 機上經紗狀況調查
17. 綷脚調查
18. 次布原因調查
19. 布疋長度重量寬度調查
20. 折包檢查
21. 各室濕度調查
22. 各室產量統計
23. 機物料用量統計
24. 下脚回絲及原紗耗用統計

(3)人事管理——人事管理範圍甚爲廣泛，工作亦最難澈底，但與工場效率則關係重大。下述各項或爲現在各廠所採用或則未見施行，苟欲使工場朝氣蓬勃，工作推進，則均宜一一採用也。

1. 用人事記錄卡以記錄每一工友之獎懲，勤惰，出身，經歷，工資，職位變遷等事宜以備查核。

2. 統計每月工友流動率，分別查明其新進，解顧，請假，辭職之人數，力求減少。

3. 統計每種工人之平均工資，注意其實際收益之增減，使均能安心工作。

4. 辦理各項福利事業，使員工身心滋益，減輕負担。

5.舉辦補習教育及技術研究會以提高技術水準。

(4)工資制度——現在織布工業中所採用之工資制度，大都爲計時及計件二種。計時制卽論工制，凡機工，組長，各種小工及整理部工友不能用生產數量以計其勞力者，均以此制計算工資。計件制卽論貨制，工場中之直接工如絡經，整經，穿箱，織布之當車女工，自動布機之添緯工等均以此計算之。論日工因工場生產多少與其收入無直接關係，故其工作能否達成，須賴較多之督責，管理較爲困難，論貨工之工資，隨其生產量之多少爲轉移，在生產數量上生自動性之促進作用，管理較易，但工人每多粗製濫造以求多獲工資。故對於出品之品質上宜嚴加監督，上述生產管理項下各種調查大都因此而制定。

生產管理上各種調查之執行，對於論日論貨兩種工友雖均有完全之監督作用，然其效用尙爲消極防止性質，若欲使調查之結果爲工友長期注意操作，則兩種工資制度，均宜採用等差給制辦法，卽所謂等級工資也。

等級工資之意義爲每種工資分別訂定甲乙丙丁四級，每級各差若干%，使優良之甲級工友雖工作時間或產量相同，其收入恒較乙丙級工友爲多，以收汰弱留强之效。

等級決定之法，大都依據前列各種調查，查明工作勤惰，生產數量，工作良劣，以規定之比例折合爲分數而加算之。此項制度在長期實行後必可得廣大效果，但調查工作因此而更宜精確公正。

織布工業的現狀與將來

紡織工業爲民生工業中最最重要之一。全國人民若以四億五千萬人計算，每人每年估計正常需要之棉布量爲20碼，卽半疋，則每年需用棉布二億二千五百萬疋，用紗25億磅，宜有紗錠1000萬枚，布機35萬台方敷生產之用。國內現有之動力織機確實數字甚難查得，據全國紡織業聯合會36年統計，附設於紗廠之大型機織工場中約有65000台，蔣乃鏞君之調查，上海機器染織業公會中之單純織布廠有布機38690台，常州在戰前約有布機20000台，現僅6000台，其他各地雖無準確數字可見，但動力布機當亦有20000台左右，故全國力織機總數約有130000台，與35萬台相較，僅有37%，惟內地都市及鄉村中現尙有大量手織機存在，而民間因戰亂不息，生活高漲，實際購買力亦遠不能達平均每年半疋之數，故13萬台布機之生產，尙能敷用，甚且有被迫停工減產者。

紡織工業與一國之國力關係甚大，英美日本之能强盛均賴紡織工業之發展爲其基礎，因紡織工業已爲規模最大之輕工業，建設資本較他種工業爲小，產品又爲民生必需，由原料至成品之生產過程甚短，資金週轉迅速，凡能獲得廣大市場者，必獲厚利，以之建立國防工業及一切建設工作，甚爲便捷，我國雖有廣大市場，惜自機械紡織工業創始建立以來，內憂外患迄無寧日，益以不平等條約之束縛，不特外貨大量輸入，外商且利用其雄厚資力，低廉工資，在我國就地設廠，吸取膏滋，致我國紡織工業，始終未能充分發展。今日不平等條約已廢除，日廠亦大部收爲國營，國內戰事雖未寧息，然和平實現當不在遠，但望社會從此安定，民生復蘇，以我國物產之富，人力之衆，祗需在上者領導有方，紡織工業之發展殊難限量。

大型，小型及土布三種工業並存於今日已如前述，三種工業之生產數量亦均可觀，今後我國若能進入建設之途，則三種工業是否均能長期存在，詢爲我人應予研究者，余以爲就今日環境觀之，紗錠數量既亦未能足用，則資本充足之企業家，必先辦大型紗廠，然後擴及織廠。故在大型廠中紗廠之建設，將速於布廠，此時小型機織工業必更發達而大量增設。鄉村土布工業在某一特種時期(可能的普遍實施貌產時期)或能略見擴大，但在國內建設已上正規後，必將逐步淘汰而至絕跡。就三種工業之成本而言，大型機織工業最輕，小型機織工業稍多，土布工業爲大，因每疋人工後者最多而前者最少也。惟每一人工之工資三者未必相同，大型者最高，小型者次之，土布工業則因大部爲副業而工資最廉。土布工業之生產者，若欲改善其生活且使經營安定，必須聯合組織生產合作社以集中採購與銷售，使利潤增加，小型機織工業則宜聯合設立技術互助機構，改善生產中之各項問題俾生產效率與成本均能與大型工業相埒，方能經營順利。

紡織兩種工業之生產技術與管理方法，常被視爲一致，實際上則大相懸殊，其比較如下：

1.紗廠機械運動部份大都爲連續迴轉，故機械之損壞少，管理容易。

布廠機械中最大多數之布機，運動部份爲劇烈的往復運動，故機械易損壞，管理困難。

2. 紗廠機械須有較大之準確性，1/1000之變動常使生產狀態變更。

布廠機械之通容性較大，輕微之差影響不大。

3. 紗廠機械構造較爲簡單，同式機件在一台上有連續裝置數百套者，故研究之對象清楚。

布機構造複雜，一台布機上包括數百種不同機件各爲其特殊功用相互密切關連，故研究之對象複雜。

4. 溫濕度變化對於紡紗生產情況雖有影響，但對機械性能之變化較小。

溫濕度對布機生產品之品質數量及機械性能關係均大。

5. 紗廠中原料與成品之更換時，機械無須裝拆可由普通工人爲之。

布機經軸織完後與產品質量有關之吊綜機構必須由專人裝拆，調整不合則生產狀態變劣。

6. 因第一項之關係，紗廠之機物料更換數量較少因之處理亦較便利。

布廠機物料之耗用甚多，因而驗收手續紛繁，困難亦多。

由此觀之，紗布兩廠之管理工作相異甚多。織布工業之技術人員除機械上之處理技術必須熟悉外，對於組織性之工作，如計劃，支配，調查，統計各項務必注意運用方能使效率提高也。

我國工業上之光明時代也即將到來，紡織工業的前途實爲無可限量。上述各點，因時間迫促，僅爲原則上之討論，未能詳盡，深爲抱憾，尚請各界先進指正爲幸。（四月十七日在青年會講）

全國技術人員團結起來！

加緊學習　改進技術

發展生產　繁榮經濟

共爲建設新民主主義的中國而努力！

從管理效率化來發展生產

（接第6頁）

可是在拜金主義的自由資本主義制度之下，並不如此！勞動是卑賤的。勞動階級是大家瞧不起的階層。他們的一切權利都被剝奪了。祇有當作商品的勞力他們還可以依供需定律的支配而「自由」出售於市場上！其勞動的果實他們是無權分享的。勞動成爲強迫的，毫無興趣的苦役。勞資形成了對立！難怪他們對工作漫不經意，毫不關心。這樣還談得上效率化嗎？因此他們的管理方法，只有用飯碗的威脅甚或槍桿的恐怖來進行。

只有在工人農民完成革命以後，自己變成了生活的主人和創造者，才會在發展勞動生產力上自覺地發揮其積極性與創造性。因爲這種積極性與創造性，要求勞動者對工作本身的社會意義的覺悟與全盤瞭解。因此民主集中制的管理方法將被證明是適應此一要求的。它就是集體計劃，與單獨負責。我們自將在實踐鬥爭的過程中尋找及發現新的最好的生產方法，和更有效的組織方法，及提高勞動紀律性的方法，以建立生產秩序，鞏固工業企業中的集中制度和領導作用。

這種有效的管理制度，特別適用於手工藝技術佔着優勢的我國。同時它不僅能適用於國家企業中，而在私人經營的事業上也同樣是合宜的。作者曾在一家有一百多工人的私營廠家，作試驗性與學習性的採用這一管理制度。雖然經老闆的猜忌和少數世故習氣較深的職員們的破壞；但它却仍被證明是可採取的很有效的管理方法——換言之，由於民主集中制的應用，將使我國勞動中的空隙給填滿起來。

結　語

百餘年來，我國人民受盡了帝國主義封建勢力和官僚資本主義的蹂躪迫害和剝削，始終無法解脫「農業中國」的桎梏！

當我們爭取到中國民族獨立自由之後，在工人職員科學文化技術工作者們的共同努力下——特別是在工人階級領導作用下將全力發展生產。但只有爲革命爲人民服務而拾棄爲資本服務的原則，我們才會把握住一條正確的發展途徑。

我國有廣大的土地，豐富的礦藏，並且有偉大的人民力量。遠景是非常燦爛光明的！

商辦上海內地自來水公司概況

金　重

上海內地自來水公司創始於1902年，創辦人為李平書氏，其時英商、法商二自來水公司已成立，供應二租界居民，而城區居民仍取用城內河水或井水，水質不潔，易致疾癘，故李氏有內地自來水公司之興辦，廠址設於半淞園路，水源取自黃浦江。至1 年改為商辦，增加資本，改善設備，並使用新式快濾池，用氯液或漂白粉消毒，對用戶普裝水表計費，至1932年全部改進工作完成。營業區域東南界黃浦，北至民國路，西至日暉港浦肇河，面積約二十二平方公里，街管縱貫口徑大小總達一萬二千餘公尺，用戶數戰前達二萬三千餘戶，勝利接收後祇九千餘戶，經三年餘之整理現已達一萬五千餘戶。公司組織最高為董事會與監察人，行政管理最高為總經理，並設經理，副理及襄理，辦事分設總務，會計，營業，技術，工料各科，福利事業方面，設有職工宿舍以供居住，設南水小學，供給職工子弟就學，診療室為職工及家屬就診。

抗日戰爭勝利後，三年以來積極整理與建設，如修理舊沉澱池，快濾池內砂石翻新，添裝700H.P.出水喞機及150H.P.進水喞機，又添置汽油喞水機以備電力供應停止時，輸水及進水之用，幹管系統重加整理，並埋設謹記路460公厘口徑水管，協助滬西區給水。

滬南區面積遼闊，居戶日增，製造工廠年有興建，預計現有製水設備，在數年後將不敷供應，故擬計劃添建十萬立方公尺之新式快濾池，並加排600公厘水管貫通西區，此計劃希望於五年內完成，則滬南區全境市民飲用，工業，消防所需之水量可保證永無缺乏之虞。

商辦上海內地自來水公司歷年給水量及用戶統計表

(年份)	(每年每日平均給水量)	(每年最高一日給水量)	(年底用戶數)
1929	48,100立方公尺	63,100立方公尺	14,585
1930	47,940	60,340	16,475
1931	55,195	77,770	17,218
1932	63,912	86,420	18,477
1933	67,740	80,050	19,748
1934	71,074	88,290	21,378
1935	75,470	87,990	21,983
1936	82,609	110,220	22,447
1945	——	——	10,330
1946	63,440	87,650	13,031
1947	72,820	101,810	14,052
1948	93,320	116,110	15,024

(附註1937至1944年被敵僞佔用期間無從統計)

封面照片說明

上海內地自來水公司最新式的凝澱沉澱池及快濾池，出水量每日約10,860立方公尺。

上海內地自來水廠製水系統圖

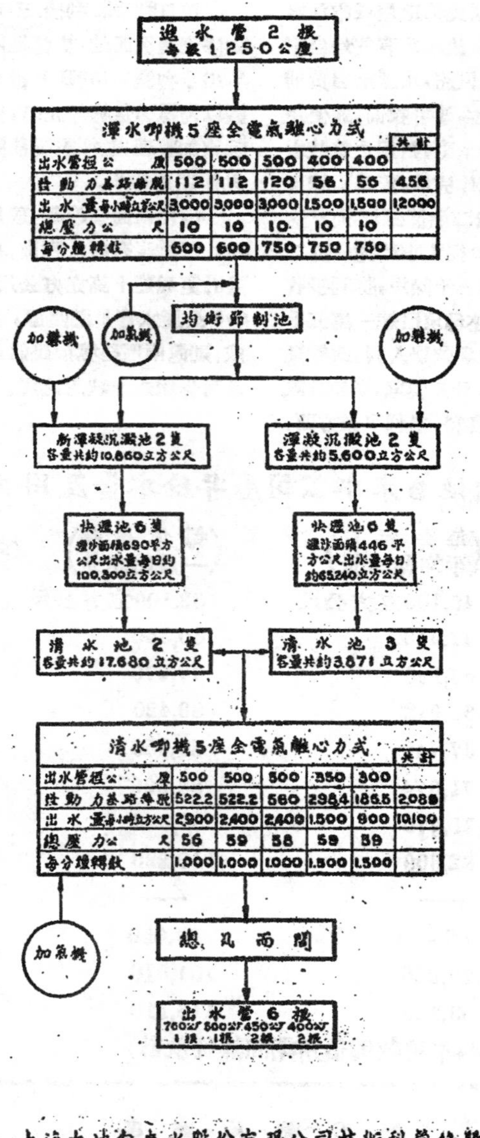

渾水唧機5座全電氣離心力式

						共計
出水管徑公厘	500	500	500	400	400	
發動力基羅華脫	112	112	120	56	56	456
出水量每小時立方公尺	3,000	3,000	3,000	1,500	1,800	12000
總壓力公尺	10	10	10	10	10	
每分鐘轉數	600	600	750	750	750	

清水唧機5座全電氣離心力式

						共計
出水管徑公厘	500	500	500	350	300	
發動力基羅華脫	522.2	522.2	560	298.4	186.5	2088
出水量每小時立方公尺	2,900	2,400	2,400	1,500	900	10,100
總壓力公尺	56	59	58	59	59	
每分鐘轉數	1,000	1,000	1,000	1,500	1,500	

上海內地自來水股份有限公司技術科管綫股製
中華民國三十七年九月

水泥

戴令奐

水泥的種類

普通能在水中凝結的水泥，叫做水凝水泥(Hydraulic Cement)。水凝水泥中除掉最被工程上所普遍採用的卜特蘭水泥(Portland Cement)以外，尙有天然水泥(Natural Cement)、混合水泥(Blended Cement)、火山熔渣水泥(Puzzolan Cement)以及高鋁水泥(High Alumina Cement)等等。其中當然以卜特蘭水泥應用的範圍爲最廣，市面上習見的水泥差不多都是卜特蘭水泥，其餘四種水泥或因就地取材之方便，或因適應工程上之特殊需要，或因經濟上的理由，除非在特殊的情形，採用的機會並不多，並且自從製造卜特蘭水泥的技術改進以後，確已達到價廉物美的標準，事實上已取天然水泥的地位而代之。下面所介紹的完全以卜特蘭水泥爲主。

什麼是卜特蘭水泥?

凡含粘土質及石灰質或含氧化矽，氧化鋁，氧化鐵及氧化鈣爲主要成份的原料，經適當的配合，並密切混和後，研磨至細燒熱至近熔解狀態所得之熟料，除水及石膏外不再加入他項物質，磨成細粉而得之建築凝合材料，就叫做卜特蘭水泥。

卜特蘭水泥的種類

爲適應各種工程上的需要起見，卜特蘭水泥裏面又分四類，第一類是正常的水泥，第二類是早强水泥，第三類是低溫水泥，第四類是抗硫酸鹽水泥。正常水泥即普通常採用於一般建築物的，早强水泥則用於混凝土建築物之需凝結時間特別縮短的。混凝土在極短時間內需確立應有强度者，如水下工程之混凝土樁等，必需使用早强水泥，爲防止因澆搗巨量混凝土所發生熱量過多有損混凝土强度，則必需使用低溫水泥，因當其與沙石加水混合時，所發生之熱量，較正常水泥爲低，故在短期內需澆搗大量混凝土之建築物，如水壩等最被普遍採用，更有特種建築物，易被硫酸鹽所侵蝕，如化學工廠等，或混凝土之與含硫酸鹽之泥土所接觸者，需用抗硫酸鹽水泥以防止侵蝕。以上第二至第四類水泥，均爲適應特種工程上之需要，爲普通市面上所不習見，普通水泥廠亦不備貨，訂購時需特別預先接洽定購。國內各水泥廠中除第二類可預先訂貨洽購外，其餘第三第四類尙無出品。

白水泥

白水泥(White Portland Cement)也是卜特蘭水泥同旁弟兄之一，用於內外牆上粉刷或其他裝飾部份，除掉其早期强度略較正常水泥爲低外，其餘性能完全相同，製造時將氧化鐵成份減低，並採用不含有黃鐵礦成份的燃料，燃燒溫度較製造正常水泥略高，因爲這幾點製造上的差別，所以其成本遠較普通正常水泥爲高昂，通常白水泥所含氧化鐵成份不得超過百分之一。

早强水泥

在卜特蘭水泥中，當然以第一類正常水泥爲最通用，其次應用較多者，就是上節所講的白水泥以及第二類的早强水泥。早强水泥含$3CaO \cdot SiO_2$的成份較高，在製造時須採用含石灰質較多的材料，燃燒厥久，並且磨研得很細。因爲石灰質較多的緣故其水泥之硬化，遠較正常水泥爲速，並且加水化合時發生較大的熱量，假使水與水泥的容量之比均爲0.8，則在凝結後一天之內早强水泥的壓力强度應爲普通正常水泥的三倍，三天以後應爲二倍半，七天以後，就變成二倍了，在彎曲强度方面以同樣的水與水泥之比例，在一天到三天之內，早强水泥應有的强度，應爲普通正常水泥的二倍。

早强水泥的成本，亦較普通正常水泥爲高，以美國的統計爲例，則早强水泥製造費用較正常水泥高40%到50%，所以除非在澆搗一二天以內，必需迅速達成應有强度者外，若建築物可以容許三天以外的時間以成長其强度者，則可採用正常水泥成分高的混凝土，以代替早强水泥以資節省。

卜特蘭水泥的製造及其成份

在卜特蘭水泥的定義裏面，我們已經知道卜特蘭水泥就是以含粘土質或石灰質的原料配合適宜成分而經密切混和後研成細末燃燒而得之熟料。我們當可想像其製造的程序，不外先將原料烘乾，加以適當成份配合，經密切混和燃燒，至於初融時所得之渣滓，則用機械方法磨研成爲細末，再加燃燒後所得的熟料加入少許石膏即成水泥。從這裏我們已經可以知道，水泥其實就是以石灰，氧化矽，及氧化鋁三種基本物質所組成的東西，剩下來尚含有其他各種氧化物如表一所示。

表一 水泥的化學成份

氧化物名稱	成份百分比	
	正常水泥	早强水泥
石灰(CaO)	62—65	63—66
二氧化矽(SiO_2)	19—22	19—21
三氧化二鋁(Al_2O_3)	4—7	4—7
三氧化二鐵(Fe_2O_3)	2—4	2—4
氧化錳(MgO)	1—4	1—4
硫酸酐(SO_3)	1.5—2	2—2.5
鹼質(K_2O+Na_2O)	0.3—1	0.3—1
水(H_2O)及二氧化碳(CO_2)	1—3	1—3

根據民國卅六年二月經濟部工業標準委員會頒佈的水泥規範書，其中規定水泥的化學成份內燒失量不得超過4%，不溶物不得超過1%，氧化錳(MgO)不得超過4%，硫酸酐(SO_3)不得超過2.5%。我國水泥製造大概依此爲標準。

卜特蘭水泥的組織及其化學變化

市上合乎標準的水泥裏面，分析起來大概含有四種主要的礦物質：(1)Tricalcium silicate $3CaOSiO_2$簡作C_3S(2)Dicalcium silicate $2CaOSiO_2$簡作C_2S(3)Tricalcium aluminate $3CaOAl_2O_3$簡作C_3A(4)Tetracalcium aluminum ferrite $4CaOAl_2O_3Fe_2O_3$簡作C_4AF，有時水泥裏面部份的氧化鋁結合而成$5CaO_3Al_2O_3$，就游離着單獨的石灰成份。也有的水泥裏面有着游離錳的。游離的石灰若太多對於混凝土的堅實性將要打一個折扣。游離的錳對於混凝土的固性以及膨漲率都是不利的。所謂混凝土的固性(Soundness)即指混凝土堅實的程度；也就是受冷熱氣候變化後體積變形的程度。

水泥的凝結與硬化

當水泥和入水使成水泥漿，慢慢地水泥漿會失去黏性，以至於堅硬成爲堅固石塊似的東西。研究水泥的物理性時，把水泥的凝結分了兩個時期。當水泥漿漸漸地失去黏性足以承受相當壓力時稱之謂初凝；初凝以後，水泥漿繼續硬化以至最後可承受巨大之壓力時，叫做終凝。在實驗時，初凝與終凝的時間，都可用儀器精密測定。正常水泥初凝的時間，普通是45分鐘到一個鐘頭，終凝則爲十小時。我國水泥初凝時間都較長，見表二及表三。

這從水泥漿開始凝結以至於終凝的化學變化的過程，叫做硬化；混凝土終凝以後，其强度及堅硬程度，仍與日俱增，以至於一二年之久。

水泥的化學變化

最初水泥的凝結，完全是因爲其中鋁化物C_3A及C_4AF與水化合的緣故。初期水泥凝結的快慢，視鋁化物成份的多少而異，鋁化物對於混凝土强度的作用，在最初二十四小時內影響最大，到28天以後，則簡直沒有什麼影響。因爲鋁化物與水凝結太快的緣故，正常水泥都必須在水泥燃燒成功以後加入2%到3%的石膏，以阻緩水泥凝結的速度，我們知道，若水泥凝結得太快，混凝土澆搗工作必須迅速進行，這在實際施工時頗有困難，故在普通情形下，水泥裏面必須加入石膏以遲緩凝結的速度。

混凝土初期的硬化，以及强度的成長，全憑C_3S水解的作用。C_3S遇水以後，即起水解作用變爲含有石灰氫氧化物的結晶體，以及不定形的膠質體的過飽和溶液。這膠質體遇水先膨漲然後收縮成膠狀物質，於是再去影響附近周圍的水泥細粒亦起水解作用，以至逐漸增强混凝土的强度，密度以及滲水性。這種C_3S的作用，在起初廿四小時最爲顯著，以後七天之內逐日增加甚速。混凝土早期的硬化，以及硬化及强度端賴於此。

C_2S同C_3S雖然是同元素所組成，但C_2S的水解作用要比C_3S慢得多。C_2S對於混凝土强度及硬度的影響在最初一個月以內幫助甚微，但是一年以後，則對於混凝土强度的貢獻與C_3S同樣出力。

二氧化二鐵(Fe_2O_3)對於水泥的色澤有極大

的關係，正常水泥微帶青綠色就是因爲其中含三氧化二鐵2%到3%的緣故。製白水泥時，必須限制其成份低達1%以下。鐵的氧化物在原料中，所佔成份太高，足以使煅煉後的熟料，難於磨研，若所佔成份不多，則有助含有高矽原料的燃燒。

錳在普通情形下，在燃燒時不易與其他元素化合，當遇有水時溶解甚緩，但若長期浸入水中則膨漲甚烈。因爲游離的錳，對於混凝土的强度以及膨漲都有害無益，故氧化錳在水泥內所佔成份至多不得超過4%。

硫酸酐在煅煉的熟料裏面所佔成份很微，因爲水泥裏面硫酸酐是有害於混凝土的堅實性的。

鹼類在水泥裏的成份也不多，其作用不過是加速混凝土的凝結而已。

二氧化炭有促使混凝土速凝的功效，但是水泥裏的水份則相反，將延緩凝結的時間，這二氧化碳和水，在水泥的構成物質中，是最易逃跑的，也就是說，這兩種是水泥燒失量的主要原因，依照經濟部工業標準委員會的規定不得超過4%。

水泥成份的配合是一個技術問題，也是一個經驗問題，在製造的過程中，必須有熟練的技工和工程師隨時觀察研究決定。水泥的原料，最普通的是石灰石，貝殼，黏土或者煉鐵餘下的溶滓，甚至泥灰岩，但祇要石灰，鋁及矽的氧化物含量適宜就可以了。當然原料在採用之時，必須經過多次化驗分析，確定含量以後，方才可以計算其經濟價值以決定最後取捨。

水泥的物理性

水泥物理性方面的優劣，可以從細度，凝結時間，堅實性以及强度試驗等各方面來加以研究和比較。

細　度

水泥細度對於强度凝結時間，耐久性，滲水性以及堅實防火性等皆有密切的關係。在混凝土裏面水泥的水解作用當然愈完全愈好，換言之，假定在混凝土裏面，存在着未能化合的水泥顆粒，不但在經濟方面，未會完全利用水泥應盡的功效，在强度以及耐久性方面，更大受其影響。欲使水泥的水解作用完全週到，必需使水泥的顆粒愈細愈好。

表二：國產水泥試驗結果（中央工業試驗所試驗）

廠名	牌號	細度		比重	凝結		抗率强度 公斤/平方公分	
		每平方公分28×28孔	每平方公分67×67孔		初凝	終凝	三日	七日
西北實業公司	獅頭牌水泥	—	1.1%	3.12	1時30分	2時35分	30.8	34
華商上海水泥公司	象牌水泥	0.1%	6%	3.12	2時45分	4時4分	21.4	28.6
廣東省實業有限公司	五羊牌水泥	0.2%	2.6%	3.154	2時10分	3時25分	39	45
中國水泥廠	泰山牌水泥	—	3.6%	3.112	1時35分	2時40分	32	44.3
啓新洋灰公司	馬牌水泥	0.1%	5.3%	3.14	2時40分	4時16分	39	42
華記水泥公司	塔牌水泥	0.6%	5%	3.115	3時32分	5時48分	21.02	23.62
經濟部工業標準委員會標準		30號篩餘不得超過2%	70號篩餘不得超過20%		不得少於1小時	不得多過10小時	—	18
鐵道部民25年標準		不得超過1%	不得超過10%	不得少於3.1	不得少於30分鐘	不得多過10小時	—	不得少於18

每平方公分28×28孔篩合英標準制每方吋72×72孔每平方公分67×67孔篩合英標準制每方吋170×170孔

水泥細度的標準，過去是採用同衡量粗細骨材同樣的方法卽用篩分的辦法決定細度的。民國廿五年鐵道部制定「國營鐵路坡崙水泥規範書」內規定水泥之細度，應適合下列之規定，以重100公水泥，置於每平方公分67×67孔（每方吋 170×170孔）之篩上連續篩動十五分鐘後，篩上所餘以重量計，不得大於百分之十。繼將此項餘料置於每平方公分28×28孔（每方吋72×72）篩上，連續篩動五分鐘後，篩上所餘以重量計不得大於百分之一。

用篩分決定水泥細度的辦法，不能十分精確。近來美國材料標準規範規定水泥細度是用儀器測定每克重水泥有若干平方公分表面積以代篩分的辦法。正常水泥的細度，通常每克重水泥應有表面積1600平方公分，最小不得少於1500平方公分。

固　性

水泥的固性直接影響混凝土壽命的久暫。凡是所含水泥的固性强健的混凝土，承受驟熱驟冷氣候的攻擊後，體積變形甚微，其對於天然氣候以及冰凍與溶解的抵抗力必强，故能耐久，測驗水泥的固性有各種不同的辦法：

第一最簡便的冷試法，即以標準密度的水泥淨漿置於潔淨之玻璃片上，製成圓餅，直徑約[illegible]0公厘，中部厚約15公厘，漸向周圍減小成薄邊。此項圓餅自加水時起算，貯置潮濕空氣中二十四小時，即行浸沒於溫度爲15°至24°C之潔淨水中，經過27天後不得呈現裂縫，變形或分解等痕跡者爲合格。

第二羅徹得理法：(Le Chatelier Method) 即以羅徹得理氏儀器，測定水泥淨漿爲標準密度時，在溫度爲15°到24° C之水中置24小時，與加熱至沸點再冷却後體積膨脹之差，若其差數小於十公厘即爲合格。

第三最近代的蒸氣試驗法 (Autoclave test) 即以1吋見方10吋長在標準密度時的水泥淨漿塊，先在潮濕空氣中置24小時後，取出測驗其長度，放入蒸氣爐中加熱，使爐內，蒸氣壓力在一小時內增達每平方吋29[illegible]磅，如此維持三小時之久即驟行冷却，務使在一小時之內蒸氣壓力減退至每平方吋十磅。以後並逐漸放啓爐內蒸氣，以使達到大氣壓力爲度。試品於是自爐內取出置入爲90° C 之水中，在 15 分鐘內並使水冷却到21° C，如此再維持15分鐘後取出，在空氣中乾燥後重測其長度，以上兩次長度測驗的相差不過0.01%者爲合格。

普通往往僅注意水泥的强度而忽略其固性，這是工程上的錯覺。其實有種工程在氣候變化劇烈的場合，混凝土的堅實持久較强度更爲重要，例如橋墩在通常情形下所受的壓力並不大，但是風吹雨打，冰凍溶解以及上下水位的變化，都在削減混凝土的壽命。自從蒸氣試驗法採用以來，對於水泥的固性已經有了確切的保障。

凝結時間

混凝土的凝結時間，應隨工程的種類而異，在普通房屋建築中，正常水泥的凝結時間，已經足够工程上的需要。但是也有些水下工程，需要水泥的凝結時間特別縮短的，關於後一種就叫做速凝水泥。有的工程人員，往往將速凝水泥誤爲就是早强水泥，事實上早强水泥不就是速凝水泥，因爲雖其强度成長得甚快，但是凝結的時間較正常水泥並未縮短。

測定水泥初凝及終凝時間的辦法，隨所用儀器的種類分爲兩種，即維格氏(Vicat Test)法及格耳摩(Gillmore Test)法兩種。初凝時間以格耳摩法測定者應爲60分鐘，以維格氏法測定者應爲45分鐘。終凝時間則兩法均應爲十小時。速凝水泥初凝不得短於5分鐘，終凝不得超過一小時。

强　度

混凝土的强度完全要靠水泥的凝結，粗細骨料和水，假如沒有水泥的凝結，仍舊是一盤散沙，是不會混凝在一起的。水泥的强度在事前工程設計前必需試驗知悉，在施工進行之中亦需隨時取樣試驗，以驗明實際混凝土的强度是否與設計的標準相符合。

所謂混凝土的强度，在本講話之一「水與混凝土的關係」中已經説明，主要就是指耐壓强度，抗拉强度以及抗剪抗度三種而言。這三種强度之間有着類似比例的關係。抗拉强度大概爲耐壓强度的八分之一到十二分之一。抗剪强度則大約爲耐壓强度的0.4倍到0.8倍。其間强弱的比例大概不致相差太遠，故普通水泥强度的試驗，僅需試驗其耐壓强度或抗拉强度已足，抗剪强度可推測而知的。

各種强度的試驗當然需要材料試驗儀器的幫助，這裏爲篇幅所限，對於材料試驗儀器的一部份祇能從略。

民國廿五年鐵道部標準，及卅六年經濟部工業標準委員會標準均規定以1:3標準水泥沙漿製成之樣品，在濕空氣中存貯一日，再壓水中存貯六日後之極限拉力均爲每平方公分18公斤，亦即每方吋256磅。極限壓力，應爲每平方公分180公斤，合每平方吋2560磅，在濕空氣中存貯一日再在水中存貯27日後之極限拉力，鐵道部規定每平方公分25公斤，即每平方吋356磅，經濟部規定每平方公分22斤即每平方吋31[illegible]磅。極限壓力鐵道部規定每平方公分275公斤，合每方吋3910磅，經濟部規定每平方公分250公斤合每方吋35[illegible]0磅。

美國標準材料試驗規定正常水泥之耐壓强度以1:2.75標準水泥沙漿塊試驗時，在濕空氣中置一日，水中置六日後應有每平方吋1800磅。在濕空氣中置一日，在水中置27日後每平方吋應有3000磅。其抗拉强度爲1:3標準水泥沙漿塊（水泥與沙之比例以重量計）試驗時在濕空氣中置一日，水中置六日後，不得小於每平方吋275磅。在濕空氣中置一日，水中置27日後之抗拉强度，不得小於每平方吋350磅。

表二及表三係國産水泥試驗結果，表二係根據經濟部中央工業試驗所的報告，表三係國立交通大學材料試驗室依據英國標準制水泥試驗記錄。注意表二水泥的比重自3.1到3.2之間。水泥的重量約每立方呎自75磅至95磅，視裝入容器內的鬆緊而異。各次試驗的結果因爲取樣的不同，可能有較大的差異。這裏不過提供參考，而實際遇有大工程時必須隨時試驗，因爲雖然同一種類的水泥，可能因保藏方面的不同，及出貨時間的久暫，也會有極大的差異的。

表三國立交通大學的試驗，其凝結時間是採用維格氏法的，固性的試驗則採用上述的雷諾得理法的。

表三——國産水泥試驗結果（國立交通大學材料試驗室試驗）

水泥種類	試驗日期	細度		凝結時間				固性公厘	稠度 水與水泥之比成%		試驗室溫度華氏	1:3水泥沙漿拉力	
		每方吋72×72孔篩餘%	每方吋170×170孔篩餘%	初凝		終凝			水泥標準稠度時	1:3水泥沙漿		三日	七日
				時	分	時	分					磅/平方吋	磅/平方吋
泰山牌	36年 3月 7日	0.308	6.95	1	27	3	09	0.25	24.3	8.57	86°	342	345
台灣水泥	36年 1月 7日	0.30	5.70	2	47	8	55	1.4	21.45	7.86	52°	—	311
駱駝牌	36年12月31日	0.10	0.90	1	33	8	00	1.2	23.4	8.35	50°	—	300
馬牌	36年12月31日	0.70	7.70	0	45	8	45	1.0	23.4	8.35	50°	—	321
馬牌	37年 7月	0.30	6.50	1	04	7	30	1.0	23.01	8.25	82°	272	308
馬牌	36年 7月15日	0.05	5.40	1	11	2	30	1.0	22.62	8.16	82°	296	314
象牌	36年12月 2日	0.50	4.00	2	40	5	05	1.5	27.50	7.86	56°	—	418
長城牌	36年 9月10日	0.05	1.35	1	45	3	00	1.0	—	—	80°	—	323

水泥的包裝與保藏

因爲水泥在空氣中，會自動吸取空氣中的濕氣慢慢地硬化起來，所以水泥自廠內出貨以後，應盡量設法與空氣絕緣，以免水泥的自行硬化。就因爲這個緣故，故水泥的包裝特別重要。市面上所習見的有紙袋，麻袋及木桶三種，凡施工地點離水泥廠甚近，水泥出廠後短期內即需應用者可用紙袋，每袋裝水泥五十公斤。但紙袋易受潮，且搬運時易損壞，故若水泥需存貯較久時以採用麻袋爲佳，市上麻袋裝水泥每袋有重五十公斤，八十五公斤及一百公斤者多種，最妥善的包裝當然是木桶，每桶裝172公斤，可以保藏較長時間，但近來因爲木料缺乏，並且成本太高，市面上木桶裝水泥很少看見了。本文各篇有因採用匠表方便起見，沿用英美制度水泥單位紙包即每包9 磅之謂。

理論上水泥的包裝，最好像罐頭食品一樣裏面是眞空的，則水泥永遠可以保持不致硬化。事實上這樣成本化費太大，當水泥與空氣接觸時，其中二氧化炭濕氣及燒失量共隨時日以增加。不論紙袋，麻袋及桶裝的水泥，雖都有油紙等防潮設備，但是都這祇能阻止一時潮氣的侵襲，保藏的時候嚴禁與地面接觸，必須用木料擱起貯存，以免地面上潮氣的侵襲，貯藏大量水泥時，並應注意儲藏室內的通風，室內太悶也能促使水泥變質的。

小啓

本刊自本期起，將性質相似的稿件，如通俗汽車講話與機器脚踏車淺說等，酌量輪流刊載。工程界新出品一欄，以後將儘量多登本國材料，尙盼各界人士，尤其是在工場中有經驗的技工同志，多多賜稿，文字工拙在所不計，但必需有實際的資料，如圖樣或設計等；浮言空談望不必寄來。

談金屬的噴塗

陳貴耕

最近在金屬及非金屬表面上噴塗金屬的應用頗見推廣，通常工廠中運用最多的工具便是利用壓縮空氣爲原動力，以氧氣及乙炔焰爲熱力來源之金屬噴塗槍(Spray Wire Gun如圖1)，在汽車修理工場內以金屬噴氣法修理磨損之地軸最爲方便適宜，其應用範圍當於篇後再談。

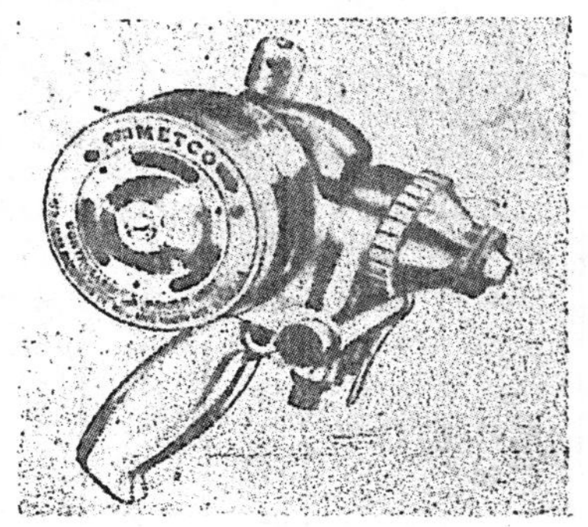

圖1——噴塗金屬用的噴塗槍

噴塗金屬的原理

噴塗槍之作用頗爲簡單，壓縮空氣推動槍內之空氣渦輪，以渦輪之動力將金屬絲移至槍嘴 同時氧氣與乙炔氣於槍嘴混合燃燒發生高熱，當金屬絲在槍嘴伸出時，遇高熱之火焰卽融化而呈融態，再經高壓空氣將此融態金屬噴出。此金屬融態從槍嘴噴出後便呈極小之球狀融化物，如圖2所

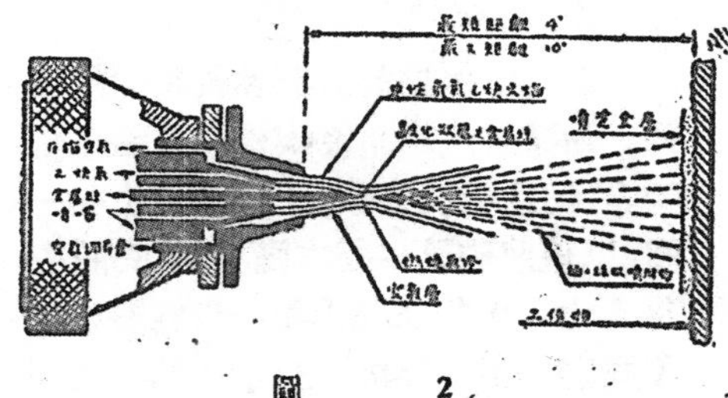

圖 2

示。當這些小球衝擊到工作物上時仍有5%到10%呈融態，由這些熱量可使噴射物融合於工作物體上，平常噴塗工作開始時都在普通室溫下進行，所以當金屬物一噴出，每一小球金屬融體的四週都被冷空氣所包圍，因此這種小球一接觸工作物時，立卽冷却而使噴射金屬與工作物發生合金的作用。噴塗金屬之所以能與工作物體黏貼得很牢，是完全由於噴射金屬與工作物接觸後一刹那的化學吸引力與機械銜合力二種力量的關係。

某些金屬與其氧化物之黏合力極强，噴塗金屬從槍嘴噴出而呈融球狀的時間僅.001到.01秒；此極小之融球與空氣接觸後，其四周外圍形成極薄之氧化物膜，當這融球衝擊到工作物上的時候，就變成平面，面積增加，小融球外圍之氧化物膜就此破裂，氧化物黏於工作物本身，可能發生很大的黏合力，同時噴塗金屬與本身氧化物，亦發生極强之黏合力，噴塗金屬黏合於非金屬物體上則完全由於物理黏合力的原因。

噴塗金屬的性能

噴塗金屬最顯著的特性就是它的多孔性(Porosity)，表一指示各種噴塗金屬之比重，多孔性對於潤滑方面特別有利，其理由有二：(一)噴塗物表面爲不規則性，當發生摩擦而有金屬微粒磨損遺下時，有足够之地位可容微粒誤入，而不致使細點遺留在滑潤薄膜之間。(二)由於噴塗金屬之多孔性，可吸收多量之潤滑油。

表一　各種噴塗用金屬之比重

噴塗金屬	比重	與原來金屬線之百分比
鋁	2.41	90
鋅	6.36	89
錫	6.43	88
白氏合金	6.67	87
黃銅	7.53	84
鎳	7.55	85
鐵	6.72	85
0.25%炭素鋼	6.78	86
18.8%不銹鋼	6.93	88

噴塗金屬之張力較生鐵或鑄鐵爲低，所以此類金屬不能用作車割螺絲或彈子盤鋼碗等，但是在平常應用于表面噴塗極薄一層時，當不足以影響原有機件的强度。而噴塗金屬之硬度，則隨氧及乙炔之比例不同及噴槍與工作物距離之遠近而有所變化。

表二　噴塗金屬之張力性能

金屬種類	張力强度	伸長率%
12%鉻鋼	40,000磅/方吋	0.50
生鐵	28,000	0.25
0.10% 炭素鋼	30,000	0.30
0.25% 炭素鋼	34,700	0.46
0.80% 炭素鋼	27,500	0.42
鋁	19,500	0.23
燐銅	18,000	0.35
鋅	13,000	1.43

綜上所述，噴塗金屬因延展性低，以及黏合性等關係，不能應用在承受直接衝擊物件之用，如內燃機中之凡爾等，同時由於噴塗金屬張力强度甚低(見表二)不能用作爲輪軸上之鋼圈及彈子盤之鋼碗，以及軋鋼用之滾筒等。

噴塗金屬最有利之一點在乎運用方便，只要將需噴塗的金屬，製成金屬絲，便可噴射在任何金屬面，或非金屬面上，即如木，紙，塑料，布等都可將金屬噴塗上去。

由於近來對於金屬噴塗槍之改進，金屬噴射的速度，可任意的變化如噴炭素鋼，每小時可噴20磅，如噴鉛每小時可噴130磅。

噴塗金屬在工業上的應用

工業上對於噴塗金屬應用得最廣的可分三大類：一、電器方面，二、保護金屬表面方面，三、機械方面，玆分述如下：——

一、電器方面——應用得最廣的要算是將銅噴塗於炭質物件上面，炭質物件的表面不需先將它弄糙。將銅噴塗於炭質物件上以後，可加善其導電性，同時也便於將炭件用錫銲於其他金屬件上。

另外一種在電器方面，應用得很廣的，便是將鋁噴於布上，以製作儲電器及電阻器。

二、機械方面——噴塗金屬在機械方面的應用，較其他爲落後，但應用的地方也不少，普通的蒸汽輪機(Steam Turbine)地軸的製造，需應用噴塗金屬，可說是個最好的例子，通常地蒸汽輪機的地軸(Shaft)不但要受到磨損，且要受到銹蝕，假如整根地軸都用不銹鋼，價格似乎太貴，同時在金工車製方面頗爲費力，現在用噴塗金屬方法，這個問題得到了解決，可先用炭素鋼做地軸，再用不銹鋼用噴塗方法噴塗於表面，這種方法不但省錢，同時對於潤滑問題也大有改進。因爲噴塗金屬本質上，是有利於滑潤的。

三、保護金屬表面方面——通常應用鋅或鋁，噴塗在鋼鐵機件表面上，可防銹蝕，如在飛機氣冷式氣缸外面用鋁噴塗後，完全達到了防止銹蝕的目的，其他的普通應用，如扳手，工具箱等表面之噴塗，更不勝凡計，小機件如螺絲等，亦很多用噴塗以保護其表面的。

通常噴塗的方法，我們可以噴塗汽車引擎地軸(Crank Shaft)爲例，簡單說明於後：——

地軸如因斷油或其他原因，而致燒損或起高低不平時，用噴塗方法修理時，第一應先將磨損之處車光，第二將需要噴塗處的表面弄毛。第三選擇適當的金屬絲噴塗於地軸上，如圖3，最後再將噴塗後之地軸車光。

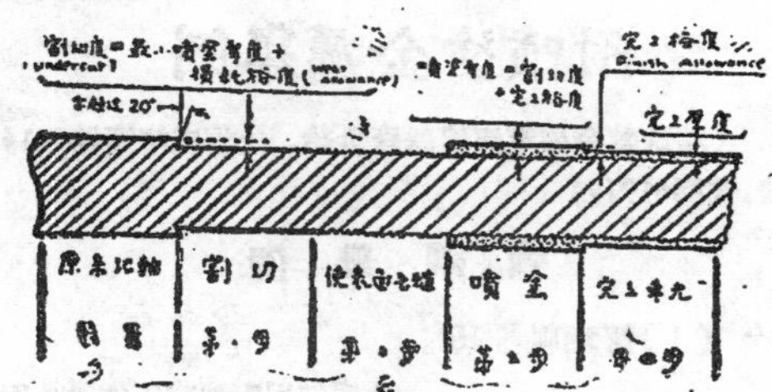

圖 3——噴塗地軸的步驟

噴塗地軸時，噴塗物之厚度愈薄愈好，表三爲通常應用之最少噴塗厚度。

表三噴塗各直徑地軸之最小厚度

直　徑	最少噴塗厚度
1″或1″以下	0.010″
1″—2″	0.015″
2″—3″	0.020″
3″—4″	0.025″
4″—5″	0.030″
5″—6″	0.035″
6″以上	0.040″

用乙炔氣氣壓15磅時，則氧氣應16.5到17.5磅，空氣壓60到65磅，若用25磅乙炔氣壓，則氧氣壓應爲28—29.5磅。

噴塗物最高溫度，不會超過200°F，故以鋅噴在火柴頭上，亦不會燃燒，噴塗時，應特別注意避免表面起鏽，要避免這種現象，最好在事先將地軸加熱到180°F—300°F，噴槍與工作物的距離也有極大關係，若離工作物太近則噴塗表面太硬，太遠則不免太脆。

對於氧氣與乙炔火焰之調節亦應注意，必需使火焰是中性，若氧氣太多，會使噴塗金屬之炭素減少，若乙炔太多，則使其炭素加多，故必需用中性火焰。

地軸在噴塗以前，先置於車床，若爲2″地軸則使其轉速，爲每分鐘50表面呎，而使噴槍在車架上移動，約每轉$\frac{1}{8}$吋。

地軸噴好後，用車刀車削時不能削得太深，否則易損壞表面。

金屬噴塗在國內工廠所見尚不多，此處僅將在中國農業機械公司所見到的並搜集所得的材料公諸同好，希望大家對這頗有發展希望的金屬噴塗群起研究討論爲幸。

附噴塗金屬舉例

（瑞法噴金屬電焊機器廠供給。上海威海衛路414號，電話61979）

噴鋼舉例

（1）舊地軸堆高

此處如因斷油或工作過久而損壞，可以噴鋼，既細緻又不傷本身質地，所噴原料，軟硬皆有。

（2）柴油引擎汽缸

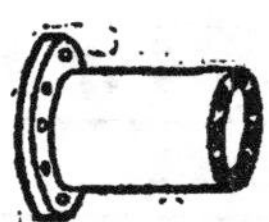

內徑如久用而寬鬆，可以不必費很大代價去換活塞，祇要噴以適度鋼料，再行搪出，又牢又廉，時間又快，使引擎可以及早繼續服務。

（3）剎車盤

一切車輛之剎車盤如久用太薄不能再光，可噴以堅韌之鋼料，然後車出，恢復原來尺寸。

（4）離合器圓片

離合器（克拉子）平面如有咬損，可噴鋼後再磨出，簡單經濟。

噴鋅舉例

（1）橋樑

鋼鐵橋樑以鋅噴上，三五十年不會腐蝕，第一次的代價當然比油漆貴些，但以後就一勞永逸，不要時常麻煩了。

（2）門窗

鋼窗噴鋁或噴鋅後，永不生銹，美麗大方，代價甚廉。

（3）容器

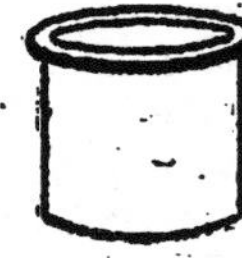

各種耐酸容器以鋅，錫，或不銹鋼噴上，效力高強，代價低廉。

噴銅舉例

（1）軸承

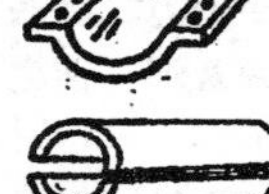

各種磷銅及黃銅軸承（倍林），如有損壞或寬鬆皆不必重做新者，祇要將舊倍林以本身相同之原料噴上，保證與原來一般無二省錢省時省麻煩。

（2）滾筒

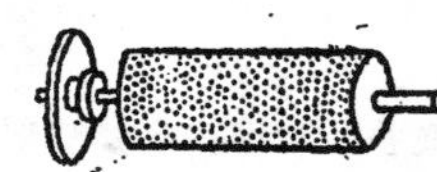

各種鋼滾筒如有損壞可噴以黃銅，紫銅，或磷銅，再行車光，經濟迅速。

（3）凡而塞

一切大小銅凡而塞可噴銅料補平或堆高。

噴不銹鋼舉例

（1）烘缸

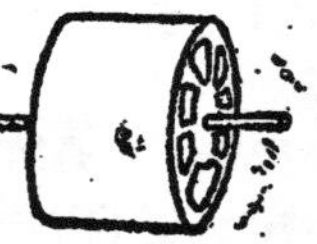

各種紙廠或皮革廠烘缸，多係生鐵製成，極易生銹，如以不銹鋼噴上，則永久不銹，常保光潔矣。

（2）滾筒

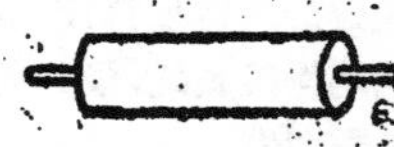

如果需要一根堅牢，不銹而價廉的滾筒（做整根不銹鋼者價值奇昂），祇要以普通鋼鐵製成毛坯，再以不銹鋼料噴上，即成其所費祇及十分之一。

鑄鐵與鋼的橋樑—密烘金屬

趙振隆

今年三月十六日的晚上，有一個由上海區機器工業同業公會所主持的聚餐會，在這集會裏，邀請了一位麥錫侯先生，介紹一種新的鑄鐵，麥先生在新中工程公司服務，爲了研習這種鑄鐵的性質和鑄造方法，曾經在美國花費了兩年的時間，最近剛從彼邦回國的，在那天的集會裏，因爲會場的限制，只有一百六十幾家工廠的代表們參加，很多後來者都向隅了。

在一般工業上來說，鑄鐵是最重要的東西。尤其機器工業，沒有鑄鐵簡直不能工作，可是普通鑄鐵製作物，有很多不易控制的缺點，鋼雖然很好，但是實際上終不可能用來替代鑄鐵，如今，這種新的鑄鐵的發明成功，正可以補充由鑄鐵到鋼中間的一段缺陷，在今後的工業上來說，實在是非常重要的一種發明，爲了引起關心工業的人士的注意起見，現在把麥先生所講的關於這種新的鑄鐵撮要記在下面。

什麼叫「密烘」

早在廿年以前，美國有一位密韓先生（Mr. Meehan）發明了這種新的鑄鐵，所以就名之爲Meehanite Metal,其鑄造品就名之爲Meehanite Castings.中名暫譯爲「密烘」,「密烘」的製造是經過特種方法控制，以使鐵的物理組成達到我們在冶金學上認爲合用的地步，然後再以之鑄造任何所需要的形體，密烘金屬（Meehanite Metal）是鐵與鋼間的一座橋樑，以鋼來說，除去高炭工具鋼以外，普通都是由純鐵(Ferrite)與珠粒體(Pearlite)所組成的。鑄鐵是由石墨(Graphite)，純鐵(Ferrite). 珠粒體(Pearlite)，及磷化鐵(Iron Phosphide)等所組成的，由於這幾種組成物在一種鑄鐵中所含量的多寡不同，并他們分佈的情形不一，故而鑄製而成的成品也因之有不同的物理性質，因此也決定了他們各種不同的用途。密烘金屬也是由珠粒體，純鐵，及石墨，磷化鐵等組成的，但是其中珠粒體與石墨的含量及排列法是用特種方法控制，以使其物理性質合乎需要，從顯微鏡中來觀察，當鑄鐵冷却成形後，其中的石墨連結成一條一條的線，線線相連，成爲長條，鑄件愈大，石墨的結晶也愈大，而且分佈也很不調勻，此外，純鐵珠粒體及磷化鐵的分體也頗零亂，0.85碳素鋼在顯微鏡下觀察，可見完全珠粒體的結構，很均勻的一條條細絲樣分佈，GA型的密烘在顯微鏡下來觀察，則見其所呈現的結構與鋼非常相像，而且有極細小的石墨均勻分佈，決不是普通鑄鐵所可比擬，至於珠粒體的分佈則是如在鋼中分佈一樣，所以說密烘是介於鑄鐵與鋼之間的一座橋樑。

從前以爲鑄鐵的好壞需看他所含鐵、碳、矽、硫、磷、錳等比例成份之多寡而定，所以攷察鑄鐵之成份非常重要，最早的時候，用來考察鑄鐵好壞是剖視其斷面，以後透納博士(Dr. Turner)就碳、矽與鐵的關係，乃用化學方法，以求其成份，但是，後來科學逐漸昌明，又發現考察成份以判定鑄鐵之好壞，并不十分正確，在1923年密韓氏發現鑄鐵的是否堅強，并非由於其化學成份如何，而是由於其中的石墨和他的狀貌及分佈情形而定，細的均勻的分佈比粗的不均勻的分佈要堅強得多，密韓氏曾試用白口鐵放在熔鐵爐中，然後再用碳化法(Graphitization)，將固定碳素變成爲游離炭素，於是知道用特殊的方法施以控制，所得到的密烘其性質可以遠超出普通鑄鐵，後來經廿餘年之繼續研究，迄今已有不同性質之密烘鑄鐵廿一種，其中有的可以用來代替錳鋼，可以作耐磨物，有的可以耐酸、耐鹼、有的可以鑄出平常需要電焊的複雜製作物，從前普通用鑄鐵不易作成的如今都可以用密烘來做，因爲他具有彈性、韌性、及吸收震動等特性，所以也可以作地軸，或齒輪等，以代替澆鋼或鍛鋼，同時若施過沾火的手續以後，更可以用來製造更臻上乘的工作工具等等。

至於說到他的製造成本，并不如何昂貴，只比普通鑄鐵的成本約高十分之一而已。

（下接37頁）

機器脚踏車淺說

仇欣之

這一篇系統性講話，共分九講，自本刊四卷一期起，開始登載，已登的是：

第一講：種類和應用
第二講：控制機件
第三講：駕駛方法
第四講：車架

以後將繼續刊登的是：

第六講：引擎
第七講：電氣機件
第八講：其他附件
第九講：維護要則

第五講　傳遞動力的機構

使機器脚踏車行走的動力，是由引擎（發動機）所供給的。引擎的動力，先經過初級傳動機件(Primary Drive)，和離合器 (Clutch) 再由傳動齒輪箱 (Transmission Ge. r Box)，通到最後傳動機件(Final Drive)，方才傳到後輪(Rear Wheel)，這一連串的機件，我們總稱它爲動力傳遞機構 (PowerTrain)。圖38表示這許多機件的大概地位和相互關係。當引擎轉動的時候，動力由初級傳動鍊條傳至離合器的鍊輪，如果這時候離合器圓片併合的話，動力就由離合器傳至傳動軸，

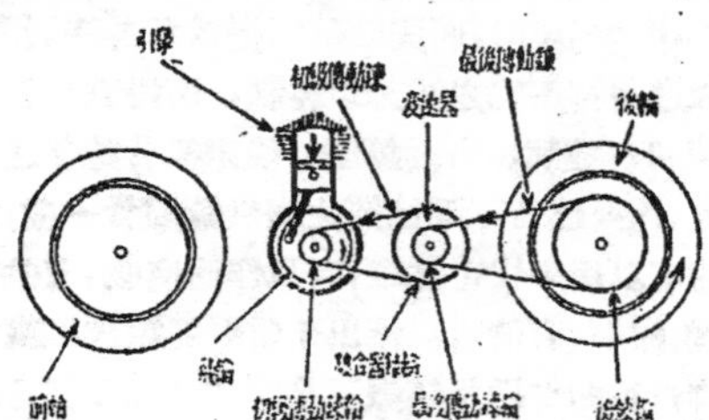

圖 38—動力傳遞機構

再至最後傳動鍊輪；後輪上也有一個鍊輪，這樣後輪就會轉動，使車前行了。

引擎的轉速往往是很高的，但是由於初級傳動鍊輪和離合器的鍊輪尺寸差異很大，而後輪上的鍊輪和最後傳動鍊輪的尺寸也差異很大；因此，後輪的轉速就比較引擎轉速緩慢得多。這種速率的減低，目的就在增加後輪的轉矩(轉動的力量＝力×後輪的半徑)。機車鍊條的設計是能配上鍊輪的節矩(Pitch，俗名匹次，是鍊輪兩尖端之間的距離)，所以傳動甚爲確實，減少了各項損失。

機車的初級傳動

機車上的初級傳動，大約可分濕式和乾式二種；分述如下：

1. 濕式初級傳動(圖39)——這一種式樣的初級動，通用於印第安式機車上所有的鍊條和鍊輪是浸浴在滑油中的。圖中右面離合器上齒輪的內

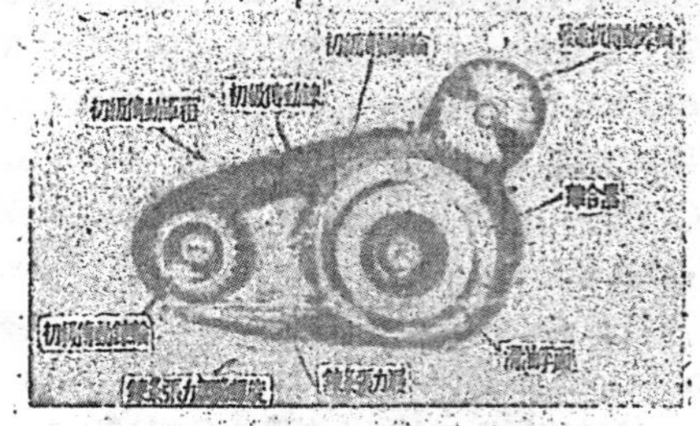

圖 39—濕式初級傳動

邊是除去的，這樣，對於右上角的發電機傳動鍊輪就可以用同一根鍊條(有三級滾柱的)來驅動了。至於鍊條張力的調整，可變更左下方的搖擺屐 (Swinging Shoe)，因爲在這屐上面，就托着那根傳動鍊條的。

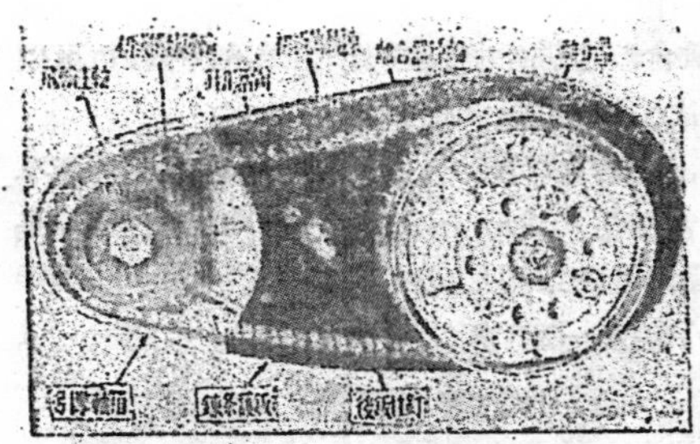

圖 40—乾式初級傳動

2. 乾式初級傳動(圖40)——常見於哈雷式機車上的乾式傳動，是裝在一只沒有滑油的外罩中的，雖然沒有油浴，却仍有一只針肤鏻，與引擎的潤滑系通接，在引擎轉動時，經常有適量的滑油注在鍊條上。如欲調整鍊條的張力，可將傳動箱下面的螺絲旋鬆，然後將該箱移前或移後，就可改變張力的鬆緊程度；惟在移動傳動齒輪箱的時候，同時也可能改變移齒桿(排擋手桿，Gear Shift Lever)，離合器及後制動器的控制機件，因此，在做這一個調整之後，上述許多機件，也應當同時加以調整。

鍊條的保養，對於機車的運轉，有密切的關係，所以，我們應該常常檢視鍊條的潤滑情形和張力程度等。

在軸傳動機車上的初級傳動方法，略有不同；如圖41所示，爲印第安式機車上的初級傳動箱，自

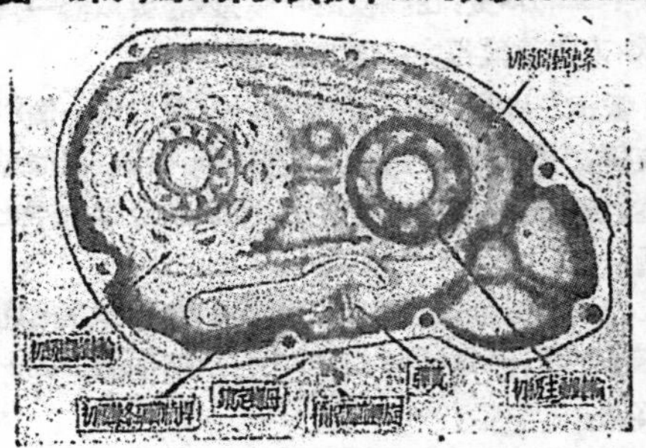

圖41—軸傳動機車的初級傳動

離合器至變速器，係用一根雙滾柱的鍊條，箱中也有滑油和調整張力的機構。但在哈雷式機車上，則無此傳動鍊條，離合器的被動片和摩擦片和變速器的主軸直接配合，所以動力的傳遞，可即由引擎傳此變速器。

離合器

離合器俗名克拉子(Clutch)，是引擎和傳動箱之間的一個聯接機件，有了這一個離合器，那末在引擎在開動的時候，就可以和傳動箱分離，待引擎起動，得到相當速率之後，才使之併合；應用沒有起動轉矩(Starting Torque)的內燃機爲動力機關的機器脚踏車上，是一個非常必要的機件。

離合器的種類很多，在機車上常用的是多圓片式(Multiple Disk Type，常用於鍊條傳動式機車)和單圓片式(Single Disk Type，常用於軸傳動式機車)二種。這裏就分別地把它們敘述一下：

1. 多圓片式離合器——如圖42和43中所示的

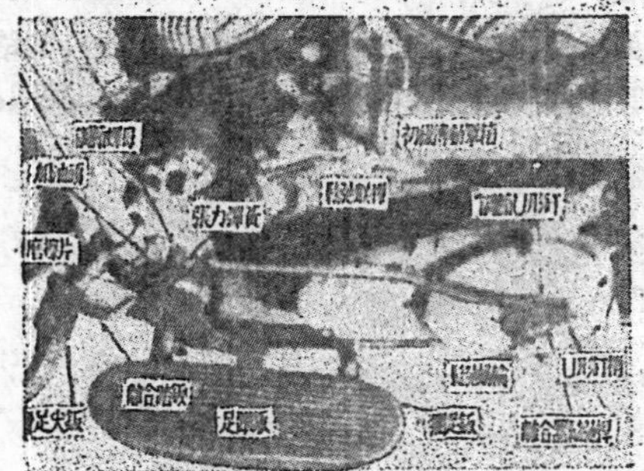

圖 42—離合器作用連桿

離合器，都屬於這一個式樣：在離合器外罩內，較盛的是二種圓片，鋼製圓片和纖維質襯料製的圓片交互疊合，一組主動的圓片(Driving Disks)是用鍵梢梢住在那一個被初級傳動驅動的鍊輪軸上，另一組被動的圓片(Driven Disks)則梢住在齒輪箱的主軸上面。這一種離合器，還可視其圓片浸油與否，分爲濕式和乾式二類，大概印第安式車子上用的是濕式(因爲和初級傳動都是浸在油中的)而哈雷式機車則爲乾式。

在離合器圓片合併的時候，因有強力的彈簧作用關係，所以可使主動圓片和被動圓片聯合成一個單位，動力由此傳遞，損失很是輕微。如果，設法控制踏板使那彈簧的壓力略爲減小，那末在二組圓片之間，可能產生若干程度的滑溜(Slippage)，這樣一來，引擎的速率就比較後輪應獲得的速率略高，可使機車速率略爲減低，這一點，在駕駛機車時很有影響。在完全分離的時候，彈簧壓力消失，而二個圓片也可以獨立運轉，沒有絲毫關係了。

離合器的分離或併合，作用機構種類也很多。如哈雷式機車上，(圖42)是移動一根搖桿，而在印

第安式機車上(圖43)則爲轉動一只蝸輪。這二種機件，不論推桿或蝸輪，都給如圖42所示的一根離合器鬆弛桿(Clutch Release Lever)所推動，這一根鬆弛桿則利用種種聯桿，和初級傳動外罩外面的一個踏板接連，因此，當踏板溜下或放鬆時，離合器就可能分離或合併了。重要的是，作用聯桿之間應容許有$\frac{1}{16}$"至$\frac{1}{32}$"的裕度，那末離合器的各圓片，就會運轉自如，同時在合併之時，也得到較爲圓滑，不致有拖滯的現象，這一點裕度的調節，可將鬆弛桿頂端的U形釘旋轉，就可以伸縮其長短距離。

圖42是一種印第安式機車上的離合器，其踏板有二個擱脚的地方，前端擱足尖，後端擱足跟，

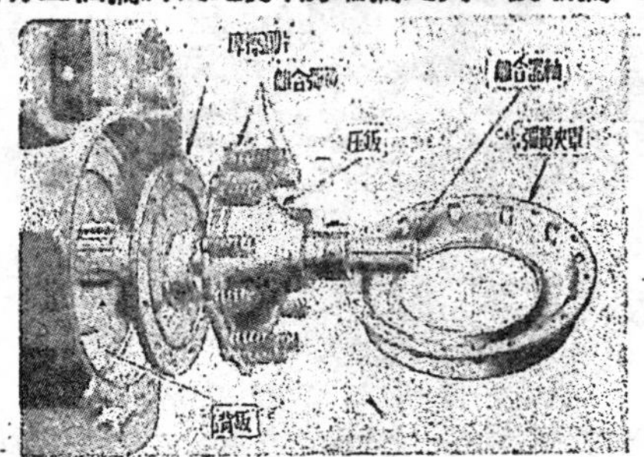

圖43—單圓片離合器

圖示的位置是離合器正在併合的時候，足跟向下，幾與擱脚板相接；如果需要將離合器分開的話，那末只消用足尖向前下方踏下就是；但這一種離合的方向在哈雷式機車上，恰是相反的。

離合器的踏板樞紐上(見圖42)，時常裝有摩擦圓片，和張力彈簧，這樣可以使踏板停留在任何位置駕駛者在需要將離合器分離而停車的時候，可以維持一種平衡，不致因足部用力略鬆而彈回，

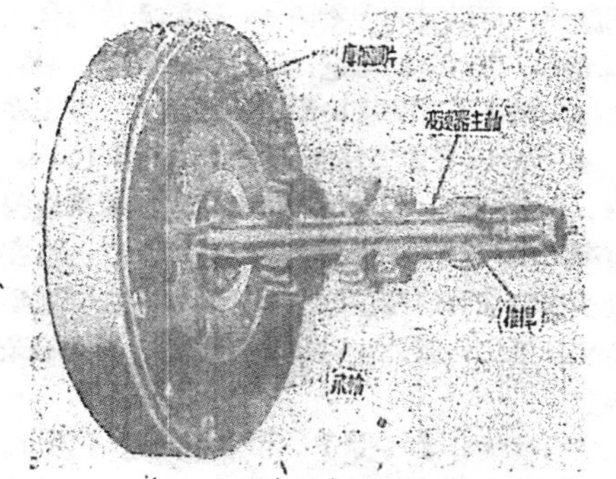
圖44—哈雷式離合器分離機構

仍使離合器合併；同時在起動引擎的時候，也可以無需用力去踏住這個踏板。

2. 單圓片式離合器 —— 在用軸傳動的機車上，常常裝置和汽車上通用的一種離合器，那就是不需潤滑油的單圓片乾式離合器。其基本的機件(圖45)包括一個背鈑(Back Plate)，中間的一塊

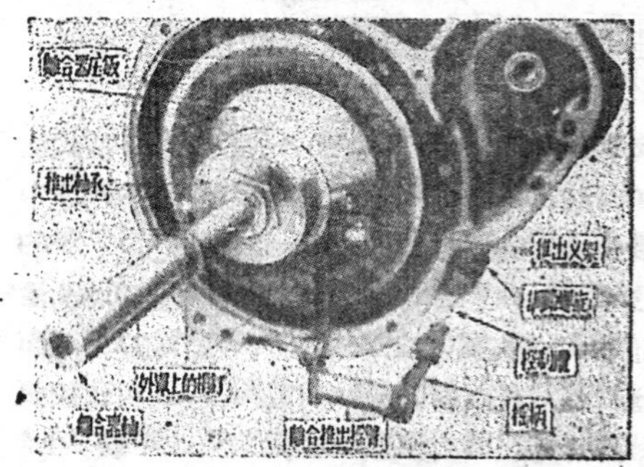

圖45—印第安式離合器分離機構

摩擦鈑(Friction Plate)和裝有許多圈彈簧的壓力鈑(Pressure Plate.)。背鈑其實就是引擎的飛輪，是裝在機軸上的，摩擦鈑中央是一個齒形楷孔(Splined Hole)，恰和初級傳動軸上的齒形楷(Splines)配合；壓力鈑則可繞傳動軸自由浮轉，但上面有許多圈彈簧，爲外罩所壓住；這許多圈彈簧的壓力對於離合器的作用很有影響，如印第安式機車上的彈簧，在調換的時候，必需要成套一齊調換，方才能獲得完美而均衡的壓力。

當這三塊鈑，因彈簧力量壓住，而成爲一個單位旋轉，引擎的動力就由此而傳達至後輪。但如果使壓力鬆弛，那末摩擦片分開，離合器使動力停止傳遞。

在用軸傳動的機車上，控制離合器作用的通常不是踏板，而是手柄，這是在右手把手柄上的一個槓桿，

圖44所示爲哈雷式機車的分離離合器機構，在中央空的傳動軸中間有一根很小的推桿，如果推桿向內，則可將背鈑和彈簧間的距離分開，因此摩擦鈑得以自由轉動了。同樣，如圖45，這是印第安式機車的一種機構，使離合器分離的是一個裝在外罩上的一個推動叉架，它的推動是靠了下面的一彎臂，而彎臂則另爲右手把手柄上的鬆弛槓桿所作用。如叉架推動，即可使彈簧壓縮，壓力鈑放鬆，而摩擦鈑也可以分離；

離合器的踏鈑或槓桿，在機車停走不用的時候，應該任其自然，停留在圓片併合的狀態，這樣可以避免彈簧喪失了彈性。如果離合器在引擎開動之時，有自動合併的傾向，這是一種名叫阻軋(Creeping)的弊病，可以調換磨損的圓片或校準在離合器踏板樞紐上的磨擦圓片。還有另外一種弊病，就是離合器的滑溜(Slipping)，如果在校準槓桿的U-形釘長短後，仍有滑溜，那末就非得要更換離合器中的圓片或彈簧(可以增强壓力)不可了；若任其滑溜，那末圓片之間的相對磨擦，就可能産生高熱，使圓片燒損。如果離合器在分離位置時，仍舊不能完全將圓片鬆弛。這是一種拖滯(Drag)的弊病，其原因很多：可能是離合器的鬆弛槓桿調整不良，或可能是由於彈簧的張力不强；如在濕式離合器內，又可能因滑油太厚，此外還可能因爲梢子槽孔磨損等等，應該仔細地檢查，才能校準此種弊病。

傳動變速器

在傳遞動力機構中的變速器，是使後輪轉速改變的必要機件，它利用齒輪的組合（三組或四組)，供給若干減速的比率，因此，引擎的轉速雖然維持不變，却因爲經過變速器的關係，就可視需要而變換了。變換速率時，要應用一個槓桿，方才可以使必需的某一組齒輪傳遞着動力，這一個換速的機件，俗名就叫排或排擋；而待齒輪已固定之後，就叫吃排。所有的變速齒輪和換速機件，在機車上，都裝置在座鞍下面的一個鋁質箱中，外面可以手桿或足板調節。變速器大致可分爲級進式(Progressive Type)及選擇式(Selective Type)二種；除少數機車，（如印第安式)外，級進式用得較多，(選擇式用在汽車上較多)。這二種變速器的區別是在於級進式的變速是逐級由低而高，或由高至低，必需經過中速位置，不能任意變速；而選擇式變速則沒有這個限制，自中立(空擋)位置，可跳至任一擋速率。

圖46—三速級進式傳動變速器

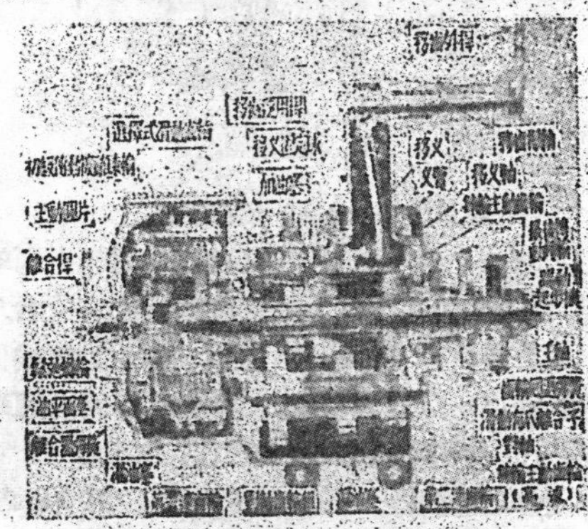

圖47—三速選擇式傳動變速器

1.級進式變速器——如圖46所示，是在哈雷式機車上常用的有三擋向前速率的級進式變速器。其中主軸齒輪和相對的齒輪，二者永遠配合，各在它們底軸上浮轉。自離合器軸傳來的動力，靠了滑動式的有爪離合子(恰與齒輪轂上槽口配合)來傳動至各齒輪。這些有爪離合子是固定梢住在主軸上的。如果將這些有爪離合子滑動，就能和適當齒輪配合，而獲得相當的速率。移動離合器的移叉(Shifter Forks)是用旋轉上面的移動導輪(Shifter Cam)來控制的，導輪如被外面的連桿旋動，移叉上的梢釘就沿了導輪上的缺口移動，向前或向後；其傳動的方法是這樣：

(甲)空檔——二只有爪離合器使浮轉着的齒輪固定在中立位置，於是主軸的動力就無從傳至後輪。

(乙)低速位置(頭擋)動力先自主軸傳至對方配合的齒輪，於是再通過有爪離合子傳至主軸上的第一齒輪，即可自主軸傳至最後傳動鍊輪。

(丙)中速位置(二擋)——與低速位置相似，但傳至第二齒輪而至主軸，因齒數不同，故速率較高。

(丁)高速位置(三擋)——主軸與離合器軸，因滑動有爪離合子而直接相聯，這樣一來就獲得了最高的速率。

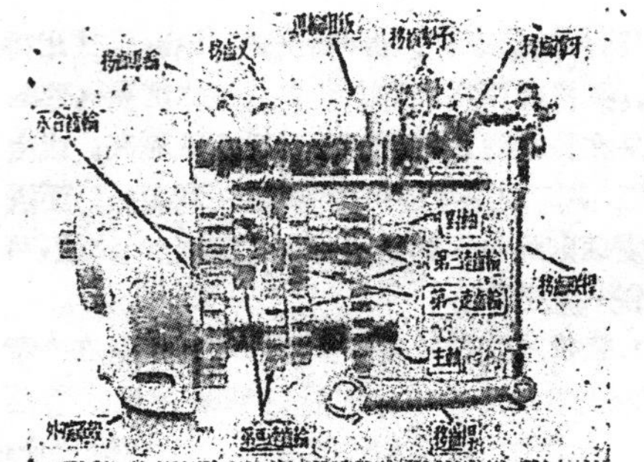
圖 48—印第安式變速器

此外，還有二種式樣的級進式變速器，比較上式多一個速率，通用於軸傳動的機車上面。如圖48是印第安式機車用的，和上式相似，但在主軸上的齒輪，位置不變；這也用移動導輪改變那浮裝在主軸對方掛軸上的三對齒輪，這樣可以獲得三擋速率，第四擋最高速，則自離合器直接傳至對軸。

圖49是哈雷式的一種變速器，又名永合式變速器。它利用一塊導鈑，使移叉移動在對軸上面的有爪離合子。裝在對軸上的被動齒輪都有配合爪口，因此在併合時，動力可自主軸上的主動齒輪傳至對軸。在這一個傳動方法中，即使是第四擋速率也是用一對齒輪傳達的，沒有直接的傳動。

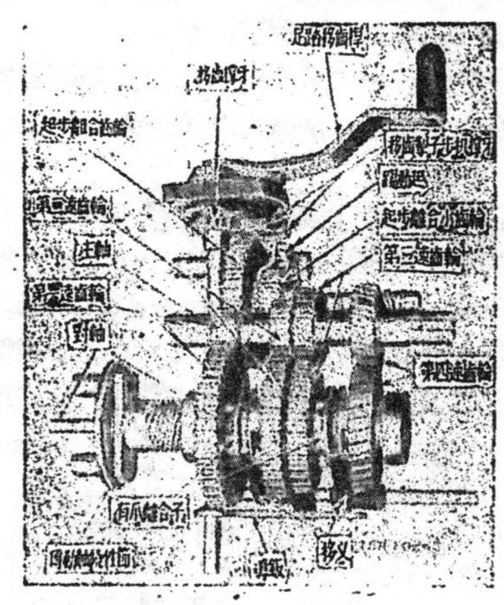
圖 49—永合式變速器

2. 選擇式變速——圖 47 所示，是印第安機車上常用的三速率(擋)選擇式變速器的機構。滑動的齒輪裝在主軸上，用一個移叉來變更它們的位置。整套機件都裝在浸油的變速箱中，移動外面的連桿，就能調換速率，圖中表示的是中立位置(空擋)。

關於變速器的弊病，最多的是由於離合器調節不良或運用不善而發生的，有時也可能因爲不熟嫻調換齒輪的關係；以致使齒輪、離合子等損壞不堪使用。當變速器損壞後，最好整套一齊更換。

機車變速器內所用的滑油，可採用與引擎所用同樣品級的，但滑油的容量很是重要，需時常檢查其水平面，即將機車扶住在直立位置，覷滑油水平面是否與加油口相齊，太淺的滑油，很容易造成牙齒的損傷，噪聲以及軸承的發熱或磨損。

機車的最後傳動

機車的最後傳動，大概可分鍊條與傳動軸二種式樣，前者的鍊條大致完全露出，即使有鍊條罩，也不過罩住一部分，以防在運動中的鍊條與駕駛者的足部相碰，後者的傳動軸，是用萬向節(Universal Joint)聯起來的，除了保護萬向節的外罩，這根軸也往往露在外面。現在分述如後：

2. 鍊條式最後傳動——這根傳動鍊條的構造如圖50所示，是和普通脚踏車相彷的滾柱式鍊條

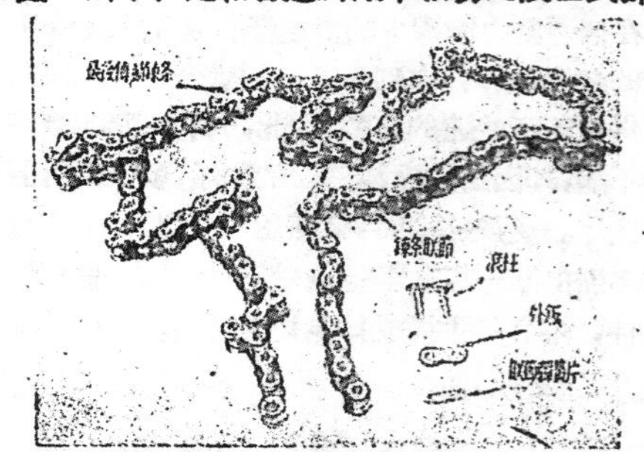
圖 50—最後傳動鍊條

(Roller Chain)，只是尺寸較大而已。主動鍊輪是固定地梢住在變速器的主軸外面延長部分，而被動鍊輪則裝牢在後輪轂上面，二者尺寸不同，主動輪直徑較小，目的使在後輪的轉矩略大，後輪的減速比，可根據直徑不同而計算出來。鍊條的中央有一節爲了便利裝卸，另有一片聯結彈簧，這一節有個特別名稱叫做主節(Master Link)。鍊條的潤滑祇需用手不時加油即可；張力的調節則與脚踏車相同，旋鬆後輪裝置處的螺旋，可以將後輪移動，鍊條的鬆緊也由此調節；在適當的張力時，鍊條中央可有½"上下移動的裕度。若鍊條調整後，後輪制動器的聯桿，也需要重行調整。

因爲這根鍊條是經常在高速運轉之下，同時

又因爲沒有自動潤滑，而大部分露在外面的關係，極易積聚污穢，造成種種損傷。所以，我們要時常消除鍊條，不要任意疏忽，以致減短了它的壽命。下面的規定，是每隔行走1,000哩後所必需奉行的：

(一)拆下鍊條，放在一只淺盆中的一塊鉛絲網上，(鉛絲網離盆底約半吋)，然後注入火油，使浸沾過夜。待污泥及油巴完全溶解除去，再用清淨的火油洗淨。

洗淨後，撥動鍊條，注意其是否完全撓曲自如，而污泥亦已清除。

(二)將鍊條懸起晾乾後，再浸沾一些引擎油在上面，並將鍊條彎曲旋動，使油進入內部滾柱心子等處；方才將鍊條上剩餘的油拭去。

(三)最後仍將鍊條懸起，使油滴乾，這樣一來，

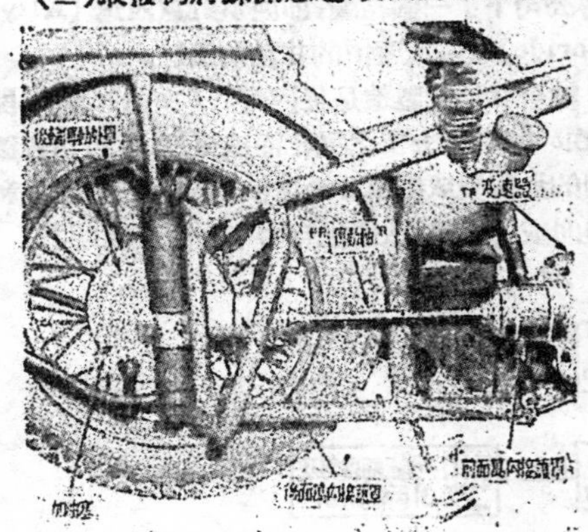

圖51—軸傳動式機車的最後傳動

鍊條的另損部分，才得到了完整的潤滑，而在運用時，也可以少一點路上的灰塵積聚在上面了。

2. 用傳動軸的最後傳動——在軍用車上面，因爲工作情况的關係，鍊條式的最後傳動往往不十分滿意，所以改用像汽車上的傳動軸(Propeller Shaft)的很多。如圖52所示，爲一種標準的最後傳動軸，它兩端都有萬向節，如果後輪位置因地形影響而上下的話，也可以運轉自如。前面的萬向節是用一個撓性節(Flexible Coupling)或一個齒形軸梢，聯到變速器的主軸，後面的則用齒形軸梢和主動後輪的小齒輪軸聯結。萬向節外面，在哈雷式機車上僅有部分的遮罩，以防駕駛人的衣物被轉軸勾住，但在印第安式車上，則有完全封閉的遮罩。最後傳動的角尺齒輪，外面也有罩，如圖51所示一

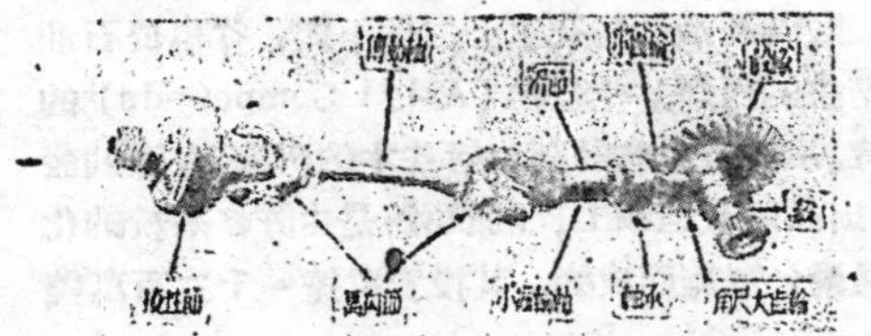

圖 52—軸傳動機件

般的裝在機車右面的後輪懸持機件上面。大齒輪是裝在後輪轂凸邊上面，齒輪旋轉，則後輪繞一根固定的心子轉動。潤滑油都注在罩殼內，所以萬向節和齒輪是完全浸浴在滑油內，得到完善的潤滑。

(未完，下期續登機車的引擎)

(上接31頁)

「密烘」的特點

在目前中國的翻砂工業裏，最嚴重的就是砂眼問題。這固然是一個技術問題，但是若用這種密烘金屬來翻砂的時候，因爲他的本身性質很好，所以若再管制得法應用得法，翻砂的技術得當，則所翻成的成品，所可能含砂眼的成份，自必減到最低，砂眼之存在於翻砂成品中，好像玻璃盃之有氣泡一樣，完全是工具與技術的問題，有氣泡的玻璃盃與沒有氣泡的玻璃盃，倒入熱開水以後，是不是會炸裂，則是質地的問題，與有否氣泡並無關係，密烘就如同倒入熱開水而不炸裂的玻璃，尤其在用「密烘」來翻製較巨大的物品的時候，如能控制得法，效果更好，因爲普通鑄鐵翻成的大件，表面一層固好，愈是距離表面遠的內部，則愈脆弱。甚至有空隙，用密烘翻出來的大件，則表面與內部的結構，完全一樣，並不受量的影響。

在中國密烘金屬還算是一件最新的東西，以上不過約略作一個簡單的初步介紹，至於他的製造技術以及其他使用上必須知道的資料，希望有興趣於此的人同來共同探討，密烘金屬在中國是年前經上海新中工程公司與美國密烘金屬公司(Meehanite Metal Corporation)簽訂合同，由新中工程公司負責組織中國密烘公司，專司其在中國代理營業諸事，據悉該中國密烘公司已正式組織就緒，並已領得工商部註冊執照，暫在新中工程公司內開始辦公。

石油分裂成丙烯

石油化學工業上的里程碑

甘油的綜合

趙鍾美

幾百年以來，甘油總是製造肥皂和脂肪酸的副產品，但是從1948年九月起，美國殼牌石油公司完成了世界上第一個大規模的綜合甘油工廠，爲這古老的化學品找出了一個新的來源，創立了一個新的工業。

殼牌石油公司費了十二個年頭，從事於石油烴衍生的丙烯基化合物（Allyl Compounds）的研究。這個複雜的計劃包括基本的研究，方法的發展，出品的改進和工程的設計，是由許多系統的化工廠聚合實施而成的。其投資額達一千二百萬美元，廠址設於好絲頓（Houston, Taxas），甘油產量約爲全國戰前產額的五分之一。

甘油的綜合，多年來費了研究者不少的心血。甘油的合成可以有各種不同的方法，用各種不同的原料，然而經細心的化學工作者研究的結果，使殼牌公司下了一個結論，即廉價的氯丙烯（Allyl Chloride）是製造廉價的甘油的鑰匙。

綜合甘油的製造是從丙烯（Propylene）開始，在500°C 以上使之氯化而成氯丙烯，再由各種不同的步驟製成粗製甘油溶液，經過濃縮，除鹽和精製即成，牠的製造過程可由下列圖表說明之。

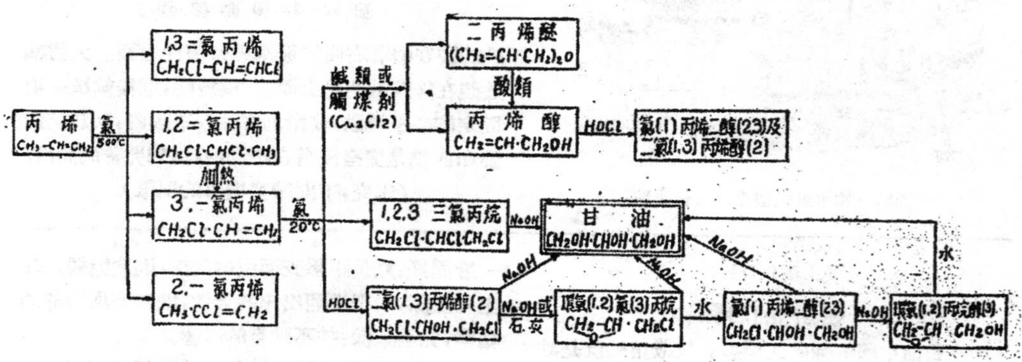

綜合甘油製造程序

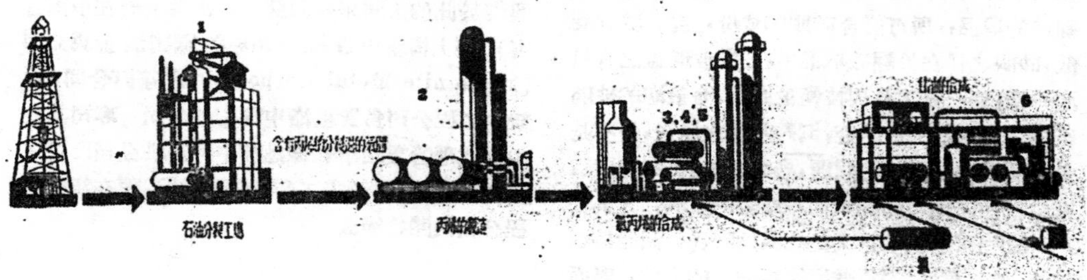

從化學的觀點而論，殼牌公司最主要的成功是在於氯化作用的研究。他們的實驗室證明了可能利用高溫度使氯替入丙烯分子中而不影響於極活潑的雙鏈，這和通常氯與烯系化合物作用的情形是完全相反的。因爲這個試驗的成功，開闢了工業製造綜合甘油的途徑。

製氯丙烯的蒸餾設備，附有許多管制儀器

同時，在化學工程方面的成就，也是一個奇蹟，當工程師們知道需要在400—600°C時行氯化作用，不覺相顧失色，認爲是不可能的。因爲在這樣高的溫度，很容易引起爆炸性的燃燒，而結果除了碳和鹽酸外一無所獲，但是由於極正確的化學工程設計和嚴密的管制化學作用的情形，工作竟極順利的進行，而得到很高的產量。

淡甘油在這裏濃縮和除鹽，製成濃甘油

從純粹的氯丙烯製甘油，有各種不同的方法，例如與氯在20°C時作用可生三氯丙烷，再很容易的水解而成甘油。與次氯酸作用(Hypochlorous Acid) 可生 Mono-或Di"Chlorohydrins，或者得利用觸媒與鹼作用可生丙烯醇，再和次氯酸作用得Chlorohydrins，而最後的產物都是甘油和鹽的稀淡溶液。

甘油的稀溶液壓至多效蒸餾器 (Multiple Effect Evaporator)蒸餾，這些蒸餾器的受熱面竟達2英畝，含鹽的甘油滴經沉澱後再濃縮，除鹽，

製純甘油的最後真空蒸餾

最後以真空蒸餾精製即得純粹的甘油。

精製的甘油製成以後儲藏在特製的容器內，運出去的時候爲了保持甘油的純粹，用鋁製的裝貨筒運出去。

製成的甘油壓在這些鍍鎳的容器內

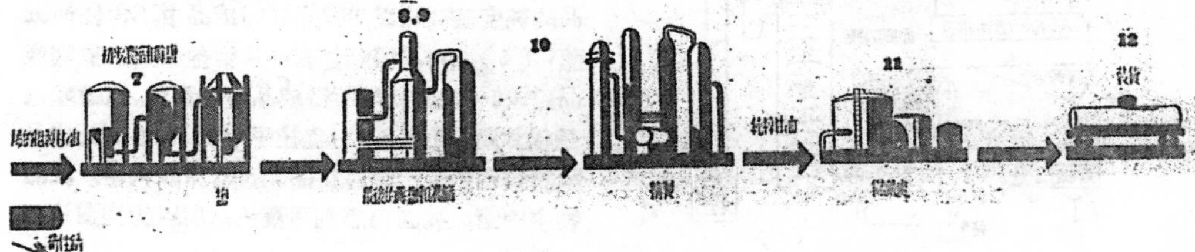

·介紹一種最新的煉糖法·

粗糖的"乾洗"

高家明

粗糖精煉是製糖工業中的重要部分，其所採用的方法，在過去五十年中，都是先將粗糖溶解做成溶液，經過骨炭 (Bone Black) 脫色蒸濃結晶等等繁複步驟所得，成品除糖色較白外，糖中所含雜質和細菌等仍不能全部除去，而且依照上述步驟，所需設備和工作上的費用也很大。數年前，美國布魯克林工學院 (Polytechnic Institute of Brooklyn)中有阿斯瑪 (D.F. Othmer) 和路萊(Luley)二氏，已對這問題開始研究，他們想設法利用溶劑浸取法(Solvent Extraction)來除淨粗糖中的雜質，這樣一來，製造步驟簡單，設備和工作上的費用也就可以減低。於是他們首先要選擇一種適當的溶劑，這溶劑要能浸取粗糖中的雜質，然而對於蔗糖粒 (Sucrose) 則不會被溶解者。經過多次實驗後知道甲醇(Methyl Alcohol) 和醋酸 (Acetic Acid)都可以用。但是醋酸對於器械的腐蝕性太大，而且用過後，其酸味不易除去，所以祇有甲醇才能被採用，同時甲醇還具有很多優點，如價格較廉；沸點低；容易驅除；還有經過甲醇處理後的成品可以說不含任何細菌，雖然其本身略具毒性，可是能够將其完全從成品中除淨，故無中毒危險。

溶劑浸取煉糖法

新法煉糖設備中，最重要的，就是一座水平式浸取器，該器內裝有橫軸攪拌機械，這也可算作一套輸送裝置(Conveyor) 所以當攪拌時，一面須充分能使粗糖互相研磨，盡量除去附着在糖粒表面的雜質和糖蜜(Molasses)，同時粗糖從一端加入，也賴攪拌器輸送到另一端出來。不過也無需攪拌得太利害，而把糖粒打碎。甲醇需先熱至 50°—60°C後繼續從另一端 (見圖) 和粗糖成反流方向 (Countercurrent) 注入；經浸取粗糖中雜質後，入一沉澱池中。使其中固體懸浮物沉澱於池底，澄清液則從上部流入儲蓄池，再可以隨時入蒸餾器中，收回甲醇以便循環再用。從浸取器中，精煉出來的糖粒經乾燥除淨甲醇後，結晶甚細，其純度達99.7%，獲得率(Yield)則爲95%。祇是糖色略帶淡黃。在沉澱池底部所得的不溶性沉澱物約佔0.17%，其中一半是污泥雜質，另一半仍是糖。可將其先溶解於水，再把污泥濾去，然後仍仿舊法脫色、蒸濃、結晶來收回。在蒸餾器中蒸去甲醇後留下的殘渣內尚含有1.7%固體糖粒和2.74%糖蜜。

浸取過程中，所用甲醇和粗糖量的比率約爲1:1。待甲醇經蒸餾收回後，其損失率不能超過1%，所以浸取等設備，必需密封。一套封閉不固的容器，其甲醇損失率，往往可以在7%以上，所以新法的成功或失敗，完全繫在收回甲醇的多寡。

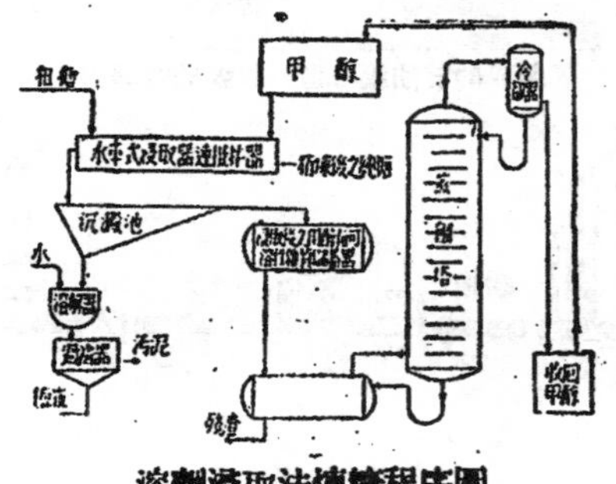

溶劑浸取法煉糖程序圖

新法的檢討和結論

綜上所述，新法的優點甚多，如(1)溶劑浸取法的設備，較舊法簡單，生產成本可以減低；(2)成品的純度甚高約爲99.7%；(3)成品中不含任何細菌；(4)還可以得到含有多量維他命的糖蜜副產品。其唯一缺點就是所得成品略帶黃色。這種顏色是從甘蔗榨取糖汁時，從桔子中引入的，因此成品祇能限用於製造烘焙食品，糖果，和飲料中。沉澱物中蔗糖之收回仍需利用舊法，所以能與舊法並用最佳。

從內燃機談到現代的柴油機

吳鴻壽

柴油機(Diesel Engine)是魯道爾夫狄賽爾(Dr. Rudolph Diesel)發明的，五十年來，在不斷改進中，已有極顯著的成就。在這第二次世界大戰中，因爲它能任重致遠，卓著功績，貢獻殊大；此後當更爲人類和平工作而努力。但是柴油機和普通汽車中所用的引擎相似，均爲內燃機之一種。因此，我們在認識柴油機之前，先得把內燃機談一下，基本的原理是：燃料和空氣的混合物在氣缸內燃燒，使體積膨脹直接推動活塞，更靠了連桿而轉動機軸，因此產生了機械動力。

內燃機相同的特性

由於燃料是在引擎內燃燒，故與別種應用外面燃料的原動機，如蒸汽機和汽輪機等，有着基本的差異。但所有內燃機却是非常相似的，基本上的機械特點就是：

1. 有氣缸可供燃料在內燃燒。

2. 有活塞接受燃料燃燒所生之膨脹壓力，而使其變爲機械動作。

3. 有連桿及曲軸以轉變活塞之上下運動爲旋轉運動，俾能驅動發電機，轉動機器或螺旋推進器等工作。

4. 有適合之汽門以控制空氣，燃料及廢氣之流動，且須有可靠的方法來燃點燃料；同時，所有內燃機的工作方法也很相似，每一循環——即汽缸中所發生之連串事件——可分爲四個步驟，即：

(1)汽缸充氣(charged)。(2)混合燃料受壓縮和點火。(3)已燃之燃料膨脹推動活塞。(4)燃過之廢氣排盡，而汽缸又可再行繼續工作。

內燃機的九種基本形式

各種內燃機雖則在各主要方面均極相同，然仍可分成九種基本形式。其主要之區別在於(1)所用之燃料。(2)燃料和空氣於何時何處混合。(3)燃料受壓之多寡和如何點火，這些區別也就說明其在效率上，功能上和應用上所以有不同的原因。現在我們可以看看這些形式，相互比較一下，當可深切明瞭柴油機的原理和其與其他各種引擎的差別。(請參閱附圖)

如果依照了燃料和空氣混合的時機而言，那末則九種形式，可大別爲二組：——即(1)在壓縮前混合，和(2)近盡頭處混合。同樣，若依壓縮所得壓力來分，亦可分爲高壓低壓二組。這壓力和燃料空氣在何時何地混合有密切的關係；以後我們就可以明瞭的。

燃氣機之動作

在燃氣機中的基本作用是，燃料氣體和空氣是因混合氣門的作用而成適當的比例。這種混合氣體流進氣缸，受到壓縮，在接近壓縮末端時，用電火花來點燃那易於着火的混合物而爆發起來，汽缸壓力迅速上升，並作用於活塞之上，使其在動力行程中向下運動。

我們知道，如果壓縮氣體那末溫度就會昇高，正如同柴油機中所應用的原理一樣，但在燃氣機中，則并不合式，因爲壓縮燃料和空氣之混合物，可使其在行程盡頭前，有足够的溫度來自燃，這種自動點火(Self-ignition)——(正如自動機工程師們所習知之"爆發"(Detonation和Knocking一樣)——將使動力損失，所以在燃氣機中，我們必須將壓力加以限制。對於壓力的增減，是好是壞，讓我們先看看壓縮比的關係再說。

引擎的壓縮比

當活塞行程開始時，氣缸的體積，以行程終了時的體積除之所得到的比數，就是內燃機的壓縮比。草率地講，壓縮後所得之壓力和壓縮比成正比。

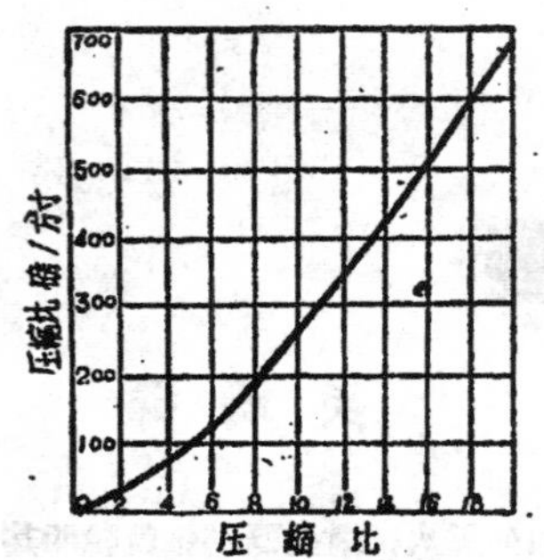

右圖表示壓縮力與壓縮比成正比的關係

最重要的有這二點：(1)理論上講，壓縮比愈高，引擎效率愈大，但(2)在通常情形之下，壓縮比愈高，引擎也必須較爲堅强而笨重。

所以我們雖然很想提高壓縮比但却不能不受到末壓縮前燃料性質的限制！這也就是說明，我們所以積極努力研究高辛烷值（Octane No.）和防爆擊汽油的理由。這些較好的燃料，可容許有較高的壓縮比，例如100高辛烷值的航空用汽油，壓縮比可高至9:1，普通汽車用燃料亦可至6或7:1。

柴油機的原理

前面一種引擎，燃料和空氣在壓縮前，是即行混合的，與它相反者，即爲僅有空氣受到壓縮，燃料則在壓縮蓋頭處，方始射入的。這種引擎，就是柴油機。這類引擎在早年的式様中，便是利用壓縮所生之熱使燃料着火的一種。普通典型的柴油機，空氣被壓縮至450磅/平方吋，并使抵達1000°F至

九種基本形式

<table>
<tr><td>燃料導入方法</td><td>化油器 Carburetor</td><td>混合汽門 Mixing valve</td><td>低壓噴射 L.P. injection</td><td>高壓噴射 H.P. injection</td></tr>
<tr><td>燃料和空氣於何時何處混合</td><td colspan="2">壓縮前汽缸外混合</td><td>壓縮初期汽缸內混合</td><td>壓縮初期汽缸內混合</td></tr>
<tr><td>引擎形式</td><td></td><td></td><td></td><td></td></tr>
<tr><td>引擎名稱</td><td>汽油機 (Gasoline Engine)</td><td>燃氣機 (Gas Engine)</td><td>噴射式燃氣機 (Injection Gas Engine)</td><td>噴射式汽油機 (Injection Gas line)</td></tr>
<tr><td>壓縮多少</td><td colspan="4">低壓縮 (Low Compression)</td></tr>
<tr><td>工作情形</td><td>1. 化油器蒸發燃料，並使和空氣成適當比例混合</td><td>1. 混合氣門攙和空氣和氣體燃料成適當比例</td><td rowspan="2">1. 空氣由汽缸壁之進氣道進入汽缸。
2. 活塞關閉進氣與排氣道，開始壓縮。
3. 和氣體燃料在壓縮行程之初卽於低壓下噴射入內。
4. 產生的混合物被壓縮至70—100psi. 須視燃料而定。
5. 電花點燃混合物在壓縮盡端時，巳燃之混合物膨脹。
6. 活塞向下移動爲『工作』行程，在頂端處復打開進氣與排氣通道</td><td rowspan="2">1. 吸氣行程，進氣門打開，氣缸充滿空氣。
2. 進氣門關閉，壓縮開始燃料於高壓下進入。
3. 當壓縮行程之壓力高至100—225psi燃料和空氣混合。
4. 於近壓縮行程之末端，電花點燃混合物。
5. 巳燃之混合物膨脹，推動活塞向下。
6. 排氣門打開，上升之活塞清除氣缸內之廢氣。</td></tr>
<tr><td></td><td colspan="2">2. 吸氣行程，進氣門打開，混合物充滿氣缸。
3. 壓縮行程，提高混合物壓力各至100—225磅/平方吋 70—300磅/平方吋
4. 電花點燃混合物，在鄰近壓縮行程盡頭時。
5. 巳燃之混合物膨脹，推動活塞向下。
6. 出汽門打開上升之活塞清除氣缸內之廢氣。</td></tr>
<tr><td>如何點火</td><td colspan="4">電花點火 Spark Ignition</td></tr>
</table>

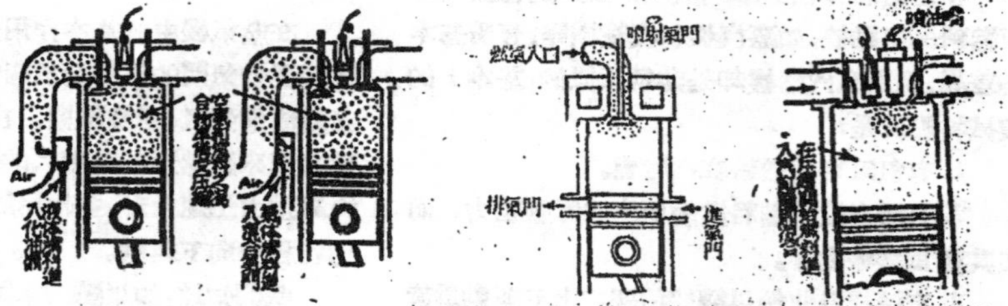

溫度。當微細的霧狀油噴射至"紅熱"的空氣中，即行着火而燃燒。因之，在柴油機中，高的壓縮比乃是準時點火所必需的條件，而使其產生特有的高效率。因爲在實際上，壓縮比若超過點火時之所需，在效率上並無增加，反而有損，故習慣上不使其過高。在某一定壓縮比時，所產生之壓力和溫度視引擎速度，汽缸大小和其他的設計因素而定，典型的壓縮壓力(在柴油機約)，從450—600磅/平方吋，且通常的小型高速引擎，如與大型低速引擎比較，可有略高的壓縮壓力。

如果引擎的燃燒室是經過特殊設計，壓縮壓力可低至350磅/平方吋，若有冬天發動用的熱設備，則可低至250磅/平方吋，在短時的溫熱之後，這種引擎即可自行發火。惟在工作時，若有點火設備以供應用，則壓縮壓力尚可減低；例如：熱面點火引擎(Surface-ignition Engine)的壓縮壓力通常可由60—150磅/平方吋，海塞門引擎(Hesselman Engine)—一種具有燃料噴射和花點火特點的內燃機。在工作之時，壓縮壓力約爲125磅/平方吋。

在祇有空氣受到壓縮的引擎中，其壓力的大小，大部份按照點火方法；而在變壓縮點火的引擎

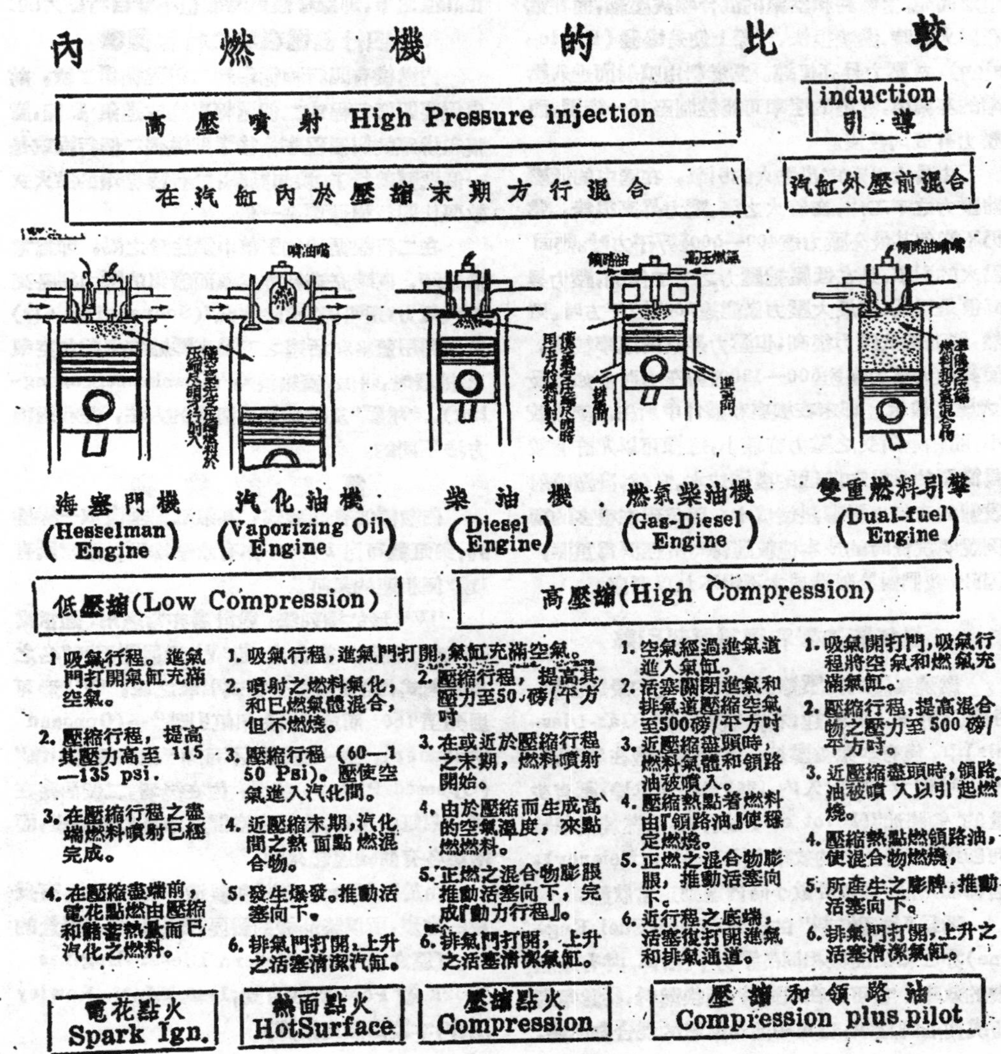

中自然要比那有點火設備的高一點，然兩者也各有其優點。

柴油機之所以有高壓縮比，因爲一則要用較爲價廉而無危險性的燃料，而且有免除點火設備的優點，結果效率比別種內燃機都來得高。

最 大 壓 力

在另一方面，引擎如果是應用較低壓縮比的，在製造上常無甚價值。嚴格地講，着火後所達到的壓力遠高於上面所認爲很重要的壓縮壓力。壓力的昇高常隨着火而來，昇高的多少則視燃料燃燒情形而定。當燃料和空氣的混合物被壓縮，而在電花點火之時，燃燒很快，實際上便是爆發（Explosion），故壓力昇高極速。當燃料由噴射而進入壓縮的空氣中，燃燒的速率可能控制至某一範圍，而壓力昇高則較慢。

由於大多數電花點火的引擎，在適中的低壓縮壓力之下工作，在着火之後，壓力昇高很快，常仍不能使其最高壓力達400—500磅/平方吋。熱面點火的引擎，是在低壓縮壓力之下工作的，壓力昇高很是遲緩，其最大壓力僅能達250磅/平方吋。雖然，柴油機的壓力很高，但壓力昇高的速率較慢，使其最大壓力僅達600—1200磅/平方吋。如果最大壓力較低，那末在機座和機件中所生之應力較小，而軸承所受之壓力亦較小，這樣可以允許有較爲簡單的設計和較低的製造成本。當然，高壓噴射設備的有無也影響製造成本，因爲現在很多的實例說明投資時的成本遠較運轉時的經濟爲重要，因此，我們對於製造成本不得不加以考慮。

燃氣柴油機和雙重燃料引擎

燃燒氣體的高壓縮引擎，因爲它的最近發展，引起了許多人的興趣，在燃氣柴油機（Gas-Diesels）中，僅有空氣被壓縮，而可燃氣體在1100磅/平方吋壓力下噴射入內，同時爲穩定燃燒，祇有少量的"領路油"（Pilot oil）被射入。當燃燒燃氣時可卽獲得"柴油機的效率"（Diesel efficiency），若轉而用油，也可於數小時內達到正常狀態。

稱爲"雙重燃料"的引擎（Duel-Fuel Engine）亦在和柴油機相同的壓力下工作，幷有柴油機的效率。它可以在負荷時，變換燃料，從燃氣到油或從油到燃氣，也可用油和燃氣的混合物燃燒。這種引擎，顯然打破了一切在壓縮前燃料和空氣即行混合，而使混合氣提昇至高壓力的常例。在這種引擎中自動燃燒不能發生，因爲在事實上，燃燒是由"領路油"射入到熱的混合物後方才開始而蔓延的。

在這種引擎和通常的汽油和燃氣引擎中，燃料和空氣的比例不同，也可說明在點火方面所以有着差異的原因。燃氣引擎工作時，可以說用一種完善的混合物，且極易點火而產生爆發現象。有柴油機本質的"雙重燃料引擎"工作時則有過量的空氣，或者說有稀薄的混合氣體，這種混合物，卽使在高溫之下，那樣極短的時間也不會自行點火的。

四行程循環和二行程循環

內燃機有四行程循環和二行程循環二種，前者須要四個行程或二個迴轉來完成進氣 壓縮，膨脹和排氣的四個程序，後者則僅須二個行程或是一個迴轉就行了。換句話講，二行程循環的點火次數要比四行程循環多一倍。

在二行程循環的引擎中須注意之點，卽爲當排氣時，同時充滿新鮮空氣而廢氣的壓力須略高於大氣力；這叫做"清除空氣"（Scavenging Air）又如利用曲軸箱和活塞之下端來壓縮空氣猶如空氣壓縮器者，叫做"曲軸箱清除"（CrankcaseScavenging），"增壓"及其他用以清除的方法，是和這種方法不同的。

氣 缸 的 排 列

內燃機的普通形式，其氣缸都垂直成一綫排列，氣缸數可自1—10，亦有水平排列，通常祇有1或2個相連的氣缸。

"V"形的排列法，設計者亦常應用，通常爲8，12或16個氣缸複合者，若"V"形展開至90°名之爲直角式，若在需要平板式引擎之處，"V"形可展開至180°而成"相對氣缸引擎"—（Opposed Cylinder），這一種引擎不可和"相對活塞引擎"（Opposed Piston）相混，因在後者，二個活塞在同一氣缸中工作，在活塞空間之中心爲燃燒室，而兩端各有曲軸連起來的。

由於近年冶金，燃料和製造方面的研究，有長足的進步，所以柴油機的發展，實在是未可限量的。

（原文名 How Modern Diesel Engines Work 載 Power 四月號，1948，係L.N. Rowley所作，本篇自該文摘譯）

對於化學工業極有貢獻的「物理化學」創立者——

威爾海姆·奧斯脫華

朱周牧

我們這一代的從事化學的工作者也許都知道威爾海姆奥斯脫華(Wilhelm Ostwald)，是「物理化學」的創立者。

假使，有一天，一個學化學的和一個學藝術的，爲了這兩個奥斯脫華是否同一人物而爭辯的時候，你千萬不要說「他們」是兩個名字相同，實則相異的人，其實這兩個奥斯脫華就是一個人。

有不少的化學家，尤其是不明白奥斯脫華底細的，都推重奥斯脫華對物理化學和電化學方面的貢獻。但是，在推重之後，他們往往用遺憾，憐憫，甚至輕蔑的口吻說：「可惜他丢棄了化學而走上哲學之路」。更有一種人，抱了膚淺的職業訓練者的眼光，來看奥斯脫華的，說他致力的方面太多，是個「三脚猫」，不是一位堅守崗位的科學家。

我們現在且勿遽下定論，待我們看清楚威爾海姆是個怎樣的科學家、怎樣的哲學家、怎樣的和平主義者、世界語推進者、大同主義者——最要緊的，還是要先看清他是怎樣一個人——再下我們的斷語吧！

早年生活

一八五三年，在拉脫維亞的里迦，(Riga)一個僑居當地的德國箍桶匠的家庭裏，降生了他們的第二個孩子——威爾海姆奥斯脫華。許多學者，都想查考奥斯脫華家的世系，藉以證明他的優越的智能，是來自世系高超的貴族舊家。但這些淺見的學者，都失望地空手而返。另一些具有卓見的人們，却獲知了奥斯脫華家世雖貧賤，而能在學術界出人頭地的眞正原因：他的家庭環境，充滿了學術氣氛。做父母的，不惜節省家用以購買書籍。逢到音樂會，美術展覽會，總要帶了孩子們去參加。有這樣的家庭環境，才培養得出奥斯脫華這樣多方面的一位學者。

威爾海姆·奥斯脫華

小威爾海姆，一上六歲，就給送進當地公認爲最好的學校裏去。在帝俄時代，雖是「最好」的學校，情形也是糟透的。爲了抗禦新思潮的湧入，新舊兩派把學生當作皮球地踢來踢去。在這種情形之下，奥斯脫華當然不會得到什麽益處。因此，我們可以斷言，家庭教育，對他所發生的影響，遠過於學校教育。

不多久，忍受不了學校裏死板板的生活，他輟學回家。在這一段休假期間中，他接觸到了化學。是一本古老的化學教科書，許結克哈脫所著的「化學學校」。但，最有益於他的，還是當他暇時製造焰火消遣時所獲得一些的化學知識。不僅是焰火，他還會製造油漆。奥斯脫華眞是個富於活力的人，爲了要攝影，他從軟片底片一直到照相機，都一手包辦。說起寫文章呢，他一面編纂科學發展史，另一面却又寫一部長篇傳奇。之後，奥斯脫華在陶泊度過了十年助教和研究生的生涯。

開始從事科學工作——在陶泊

雖然，奥斯脫華在陶泊研究的是無機化學，許密脫(他的老師)，却出了一個「合成靛青」的論文題目給他做。論文送到德國，提供給拜耳(阿道爾夫拜耳)，却被他擱了下來；就此，他喪失了對有機合成的興趣。

在一八七五年他出版了第一部公開著作——「水的化學作用」。這時候，奥斯脫華接觸到物理學，他深感自己對高等數學缺少認識，於是就潛心地研究數學，對高等數學的興趣，啓發他後日研究哲學的動機。

他對化學變化的濃興，又誘使他測定密度、溶解熱、熱當量、化學活潑性等等數字。缺乏的儀器，他也自己動手來做。如此努力，他終於在一八七六年獲得碩士學位。

物理化學的起源

物理化學這一名稱的正式成立，是在一八七六年。那一年的學期開始一天，奥斯脫華挾了講義，走上陶泊高級學校的講壇說：「同學們，今天我要教授你們一些關於物理化學的知識。」從這天起，他就不斷地編纂着物理化學的講義，終於使這一科學，成爲有系統的一門。我們無可否認，是他，奥斯脫華奠定了物理化學的始基。

他不僅是編編講義而已。他還動手做實驗。他測定密度，折射率，酸類的親和力等等數字。從沒有人想起要做這一方面的實驗；所以，他並無前人規範可循。得別出心裁地創造儀器，擬定實驗方法。物理化學，在今日能爲一大科目，不能不說是奥斯脫華開天闢地之功。

爲了他在這一新學科上的成就，一八七八年，他得了博士學位。

立志不結婚的人

雖然，奥斯脫華曾立志獻身科學，决不結婚。可是，在音樂會上，他時常遇到一位海倫．疊．雷赫小姐，他年青的心，給深深地打動了，陷入了情網。

結婚，是必然的事，只是賺的錢不够養家，這問題苦惱着他。直到一八八〇年，他謀到一個待遇較優的位置時，他才敢結婚。

那一天，是風和日暖的春天，是最適宜於結婚的日子，做了新郎的奥斯脫華，從此有了一個人生途旅上的旅伴！

回到里迦

讀者們當不致忘記奥斯脫華是里迦人。他婚後一年，接到里迦大學的聘書，聘他當化學教授。這，當然是求之不得的事，就回到了故鄉。學校當局，撥給他一間實驗室 — 却可怕地簡陋。他得想盡辦法設計，改進，還要爲學生編實驗講義。

這時侯，他覺得自已，學問不够淵博，他需要再深造，在一八八二年冬天，往德國走了一遭。並應邀出席德國化學協會的年會演說。可是，那時的德國化學家，都鑽在有機化學裏用工夫，對「物理化學」，可說是毫無所知；而奥斯脫華本人，對物理化學和有機化學，都很熟悉。因爲是這樣，奥斯脫華，就無從顯示他的特長，只能討論些有機化學上的理論。雖然如此，這一次旅行，對奥斯脫華說，仍是有益的。他認識了許多德國化學家。和他們取得聯系，得到了切磋的機會。

出席化學協會後，又出席了物理學會，無疑地，他在學術界上的地位，又更高了一層。

對觸媒的研究

自一八九一年始，奥斯脫華從事觸媒的研究。我們可以肯定地說：他是首先瞭解觸媒作用的人，他自已也認爲，這是他在化學上的最大成就。爲了他在觸媒上的成就，一九〇九年，得到諾貝爾化學獎金。

奥斯脫華的觸媒研究，終於有了實際用途了；氨的合成（一九〇〇年），硝酸的合成（一九〇一年），都是發軔於他的研究的。更擴大一點來說，凡是今日與觸媒有關的工業，都不得不歸功於奥斯脫華的苦心研究。

對觸媒有成就之後，他又轉而研究物理化學和分析化學的關係。出版了一本「分析化學原理」。這本書，使分析化學起了極大變革分析化學家方才知道：溶液的導電率，與溶液濃度有關，溶液電離可以測定電化當量，熱能和化學能可以互相轉變事實。

一八九四年，電化協會成立，奥斯脫華當了首任會長。此後，他更管理工業學校的全國性會考事宜，提高一般工科學生的水準。

體力不支了

專門從事用腦——思想——的工作，不運動，不娛樂，對健康的危害是可想而知的。奥斯脫華，不脫一般腦力勞動者的通病，也犯了這毛病。

可是，幼年他父親曾對他說：「意志使任何事皆成可能。」奥斯脫華一生服膺這句話，當他身體不適時，他也用「意志」克服那不適，繼續思想，繼續工作，不管生理上有任何徵象。如果不是一位好朋友循循勸誘的話，奥斯脫華的健康將崩潰。他，這唯「意志」是從的科學家，終於休養了，决定轉換環境。他選擇了寫生做消遣。攜了畫具，踏遍德國、奥國、瑞士和意大利的名勝。

一八九六年，九月，他終於恢復健康了；奥斯脫華重返大學執教。這時，他突然感到對化學的「厭倦」。起初，他很爲自已的「厭倦」所苦，認爲自已太沒有恒心，太沒有毅力了。可是，當他想到：里比希，味勒等化學家，也曾一度對化學發生厭倦時，也就釋然於懷了。

他在慶幸，自已對旁的學門也下過工夫，有着根底，他可以向旁的方面發展。此後，在他的生命史上，又展開新的一頁。

能學的誕生

前面已經提起過，奧斯脫華是物理化學的創基者，對親和力，化學能都素有研究。恢復健康後，他馬上從事能方面的研究，奠定了能學的基礎。

他想起了能量不滅定理，更想起物理化學裏的熱力定律，他越想越覺得這些定理的重要，他愈是急乎要把他的思緒，加以系統化。終於，他著成了一冊「能和它的轉換」。

能和物理學關係極密切，可是能和化學的關係也極密切。不過，奧斯脫華到底是位物理化學家，對物理不十分內行。他就拼命地研讀梅耶(J. R. Mayer)遺留下來的關於能的著作；一方面，當時又有一位物理學家——布特，預備以奧斯脫華的學說爲基礎，著一本專書。奧斯脫華高興極了，馬上到柏林去拜訪布特，長談達一夜之久。

在以前，「實體」這個名詞，只和物質和物體有關；現在經過奧斯脫華對於「能」的感悟之後，「能」這名稱，自此而有了邏輯上的地位。他如此說：如果，他的筆、紙、桌、屋子……等都是實體，那末，爲什麼那照亮我們屋子的光，不是實體呢？如果是的，那末，爲什麼我們的思想，促動我們完成種種工作的「思想」，不是實體呢？按照了這個論點推演下去，奧斯脫華終於得出一個結論來。

當人們問他：「能之性質如何？」

他回答：「能是無所不在的。」

所以，他自認爲平生最得意的一句銘言，就是：「別浪耗能力，得利用它！」

當然，他這種學說，當時的學者，有不少人是抱反對態度的，受到無數的責難和譏評。

但是，日後科學上的發展，也無一不和他的能學學說吻合，所以，奧斯脫華對科學界的貢獻，是無可埋沒的。

奧斯脫華——世界主義者

因爲他曾出席過多次的國際會議，又因爲他曾經遊歷過很多的地方，加以他的修養，奧斯脫華的胸襟是極闊大的。他成爲了一個世界主義者。愛和平，反戰爭，竭全力以推進世界語。

當他在哈佛作客的期間，他致力於世界語(Esperanto)的研究。但，他覺得這够不上「完美世界語」的資格。他自行另創了一種名叫「伊杜」的世界語，專供科學界通用。

那時候的德國大學，對於外國語的訓練，非常着重；奧斯脫華認爲這是精力的浪費。世界語，實在是亟需的要務。但當世界大戰一起，他的計劃，就無形地停頓了下來。

他對於戰爭的意見是：這是人類精力的大規模的「浪費」，全人類應該致力於同一目標，共同謀全體的福利。所以，我們可以這樣說，奧斯脫華的世界主義，是基於科學的「能」的儘量利用的觀點。

像他這樣的人，可說是融會貫通人生，思想，科學於一爐的偉大科學家。

結　語

綜觀奧斯脫華一生，他同時是：科學家、哲學家、教育家、世界語推行者、世界主義者、和平主義者、藝術研究者……。

因此，他曾被人誤解爲學無專長的「三脚猫」。實在，這種誤解是基於學問應「精」而「專」的錯誤觀念。奧斯脫華對化學和物理學，都有極「精」極「專」極「深」的研究，他决不以此自傲而固步自封，拒絕吸收新知。相反地，他更發揚光大學習精神，在行有餘力之時，對旁的部門也加以研討。他的學識就如一面大網，包羅了科學、哲學、藝術。

最難能可貴的是：在功成名就之後，他既沒有鑽入象牙之塔，和外界隔絕；更不曾結交權貴；藉以抬高自已的地位。他一方面孜孜兀兀的研究，一方面辛勤地教育下一代，更走出書齋，爲世界大同的理想呼號奔走。

在十七年祭的今天，我們但願現世界的每一個科學工作者，都有奧斯脫華的淵博的學識和曠達的胸懷！

> 消除過去技術人員自私自利
> 祗爲個人打算的工作態度；
> 建立新的人生觀——爲人民
> 服務，爲建設新民主主義國家
> 而努力！

公利電器行

上海浙江中路一四一號

開樂收音機

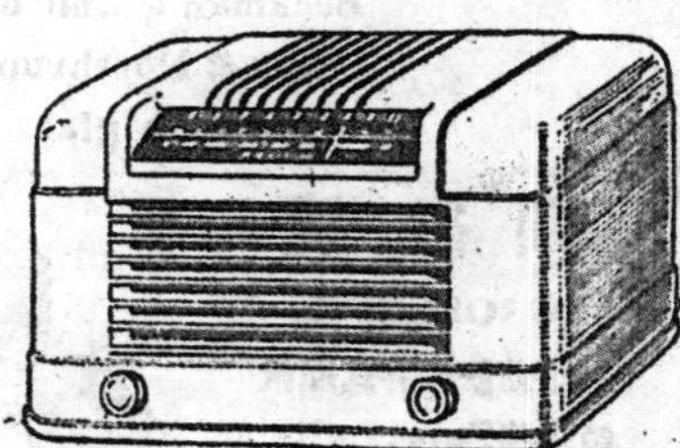

專營一切電器電線電話機及升降方棚無線電另件等器材

電話 九六九五八 九〇七七三　電報掛號 五三九六九三號

技術小叢書第一種

熒光燈

仇欣之 編

——內容——

1. 熒光燈發光的基本原理
2. 熒光燈的構造和零件
3. 熒光燈的工作特性
4. 熒光燈的裝置和修理

文字淺顯　圖表精美

~~~書後附有英漢對照名詞淺釋~~~

◀每冊人民幣100元▶

函購可利用本期所附通知書便利迅速

中國技術協會暨各大書店均有代售

解決

貴廠如欲

請撥電話 九五四三〇 九〇五二二

購辦 設計 裝置 修理

保君滿意

元泰實業公司

中正東路四〇四號帶鈎橋西
~~~

中國科學公司精美出品之一

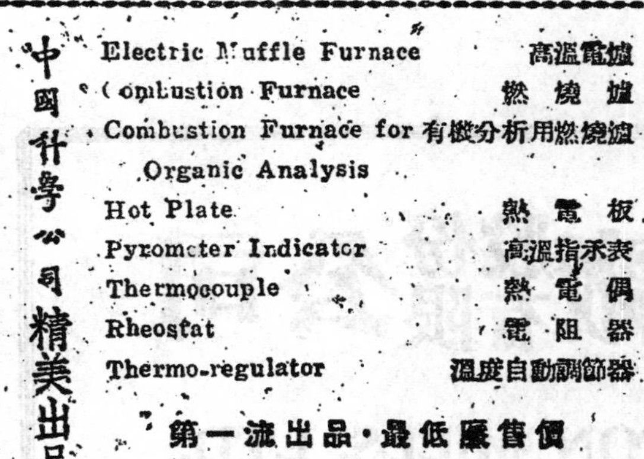

經售

美國HOSKINS各項出品

各貨齊備。定價低廉

總公司：上海(18)中正中路537號

電話 74487

(即福煦路慕爾鳴路西)

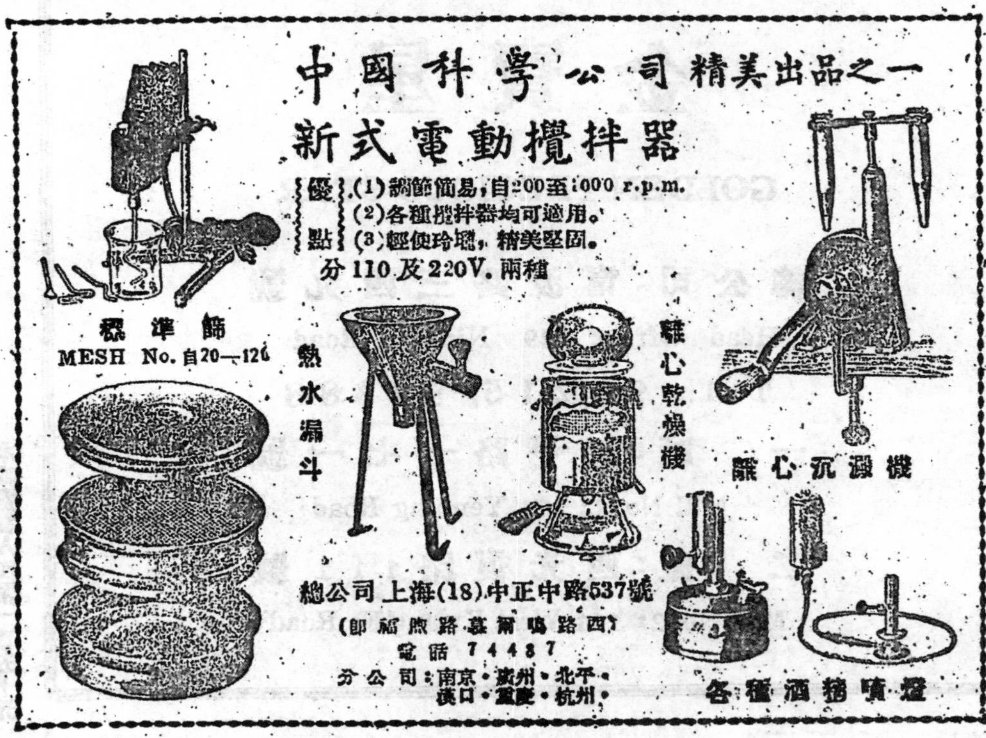

中國科學期刊協會會員刊物
上海市軍管會登記證期字拾捌號

本期實價人民幣一百五十元

工程界

第四卷　第七·八期合刊

一九四九年九月號

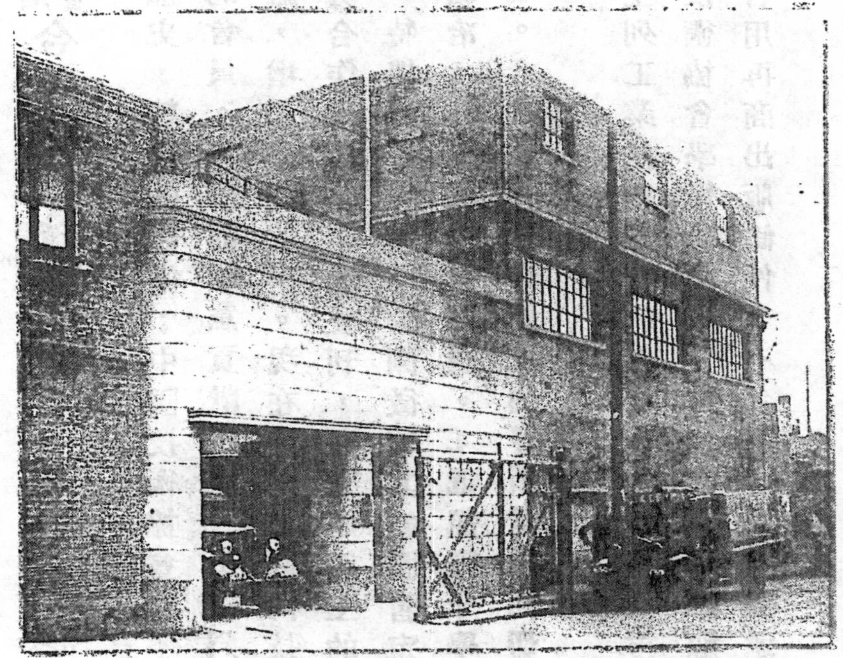

以出品三星牙膏三星蚊香箭刀皂等馳譽中外的中國化學工業社一廠

中國技術協会主編

工程界雜誌社發行

13087

大東書局 中國技術協會 合作出版技術書刊公開徵稿啟事

大東書局有悠久的歷史，精良的設備；中國技術協會有不少全心全意爲建設工作效勞的會員。我們都願意貢獻所有，努力爲人民服務，以冀普及技術知識，增進生産效率。現在因鑒於國内技術書刊的普遍缺乏，决計通力合作來編印上述書刊，以應建設上的需要。同時爲求集思廣益起，特地向各界先進公開徵稿其範圍暫定如下：1.土木水利建築。2.礦冶。3.機械動力電機。4.電訊電子學 5.化工。6.紡織。7.航海航空。8.雜項工業技術。**内容須實用而切合國情，文筆如能通俗最好。**

各界先進如有上列工業技術方面的書稿，請送上海市中正中路五一七弄三號中國技術協會學術部編審委員會或上海市福州路三一〇號大東書局收，合用再商出版條件，不合用時原稿璧還。

發　行　者
工程界雜誌社
代表人 宋名適
編　輯　者
中國技術協會
編輯委員會
代表人 仇欣之
社　址
上海(18)中正中路517弄3號
電話78744

·未經同意不得轉載·
·訂閱價目·
上海：全年十二期　基價36元
半年六期　基價18元
倍數暫按150倍計算
外埠：全年/半年預寄人民幣3000/1500元，再按訂閱地物價情形折合期數
本期上海實售
人民幣500元
(外埠價格見封底臨時啓事)

第四卷第七·八期合刊 目　錄 一九四九年九月特大號

編輯室

本刊自四卷五、六期合刊出版後，已經有二個月沒有和讀者見面了。不得不要向讀者告罪的是：由于本刊是一個民間技術團體——中國技術協會主辦的定期出版物，協會經費很是有限，而最近解放後工作又是如此的繁重，本刊經理部方面雖然盡力在謀求「自力更生」之途，仍然有着很多的困難；并且爲了維持「技協」的另一個期刊——中國技協的出版，遂未免有周轉不靈，顧此失彼的現象了。目前，我們惟有依靠會友們的熱誠和讀者們的愛護，把這本刊物逐期改進，使它能經費充沛，發行數字比以前增加，隨着中國工業化的開展，深信這一個已出版了四年的實用工程刊物一定不會辜負千千萬萬讀者們的要求的！

最近上海解放日報提出了「粉碎敵人封鎖，爲建設新上海而鬥爭」這篇有力的社論以後，顯然地今後上海必須轉變，消費的現象和依賴帝國主義的根性必須消弭；在工程界服務的技術人員尤須面對困難，發揮自力更生的創造能力，方才能完成任務，衝破封鎖！因此本刊今後發展的材料，也將配合六大任務，提供許多必要的工程知識和研究心得，如動力問題，生產方向改變問題，代用品的研究，農村小工業的改良問題，以及蘇聯與東南歐各新民主主義國家克服困難的介紹等等，都預備陸續發表；希望讀者們多多來函指教！

科學技術界執行六大任務

技協號召技術人員　確立自力更生思想　研究改進生產技術　走向內地和農村去

（中國技協通訊社稿）中國技術協會爲了切實執行「粉碎敵人封鎖，建設新上海」六大任務，發表公開信，說：「我們科學技術工作者，在從事生產和研究工作上，要切實執行六大任務，就必須：

（一）澈底搞通思想，根本清除思想上對帝國主義的依賴和任何幻想。要認清帝國主義和反動派只有在我們有了自力更生的決心，眞正拿出力量來時，才會屈服。不要妄想和帝國主義間會有任何妥協的可能！

（二）發揮技術人員固有的創造能力。改變依賴性的技術爲自力更生的技術；改變買辦性的技術爲人民的技術！對於工業生產過程中必需的原料，燃料和機件等，迅速自已製造和做代用品的研究工作！立即就各自工作崗位上，成立研究改進的組織！

（三）在人民政府號召下，科學技術工作者有計劃地走向廣大的內地和農村去。建設農村，發展中小城市生產。只有廣大農村和中小城市生產的發展，才能使上海得到眞正的健全的繁榮！

在目前，我們更要發揚節約，支援前線，迅速解放全中國！我們號召技協全體會員迅速切實動員起來，更要動員全上海的技術人員，聯合各大生產機構，研究機關和社團，集合起所有設備和力量，有計劃，有組織地，作全面性的研究和調配，爲粉碎敵人封鎖，爲建設新上海而鬥爭」！

上海的技術人員要求到老解放區參加工作

·山東工礦考察團回來了·

★上海的技術人員，看到東北，山東等地老解放區的建設蓬勃發展，紛紛要求前往參加工作。東北和山東工礦當局，亦正需要大量人才，特派負責人來滬，經過和中國技術協會，科學工作者協會，中國農業科學研究社等技術人員團體接洽後，就委託這些團體代表登記。第一批在八月十七日截止，一共通過了二百人，已經分批北上，這一項工作今後將長期由三團體代辦。

★上海科學技術界組成的山東工礦事業考察團，自六月廿六日出發以後，廿九日抵濟南，在當地作一段工業的參觀後，農業組即往渤海區工作，工礦各組就到達了博山，在那裏確定了各組考察的日程，煤礦組先到淄博一帶，再往南至新泰、萊蕪、大汶口直到棗莊。電力鋼鐵、機械、化工等組在淄博逗留了二個星期，又到達了青島，輕金屬及耐火磚組到膠東招遠一帶，八月四日各組先後回集博山，除在考察過程中，隨時與當地負責人員商討實際問題外，對山東工礦部又分別提出了考察的報告，與各方面的意見，回濟南後又向省府作了總結報告，本月十二日已返抵上海，現正在整理書面報告中。據談山東各地需要很多技術人員，考察團中許多人都準備再到山東去工作。他們正在計劃如何邀集更多技術工作者一同前去，正在作全盤的計劃，密切交換意見中。

面對廣大內地和農村　上海工業生產改變方針

——中國標準鉛筆廠帶頭北遷——

★爲了粉碎敵人封鎖，目前的任務，最主要的，就在促進上海，江南和老解放區的交流。因此，上海的生產任務，必須面對着廣大內地和農村。就是說：必須改變生產方針。

六大任務的號召，貫澈在各業生產中，許多廠已經着手在改變了。安樂，章華等毛織廠，以前用外國貨羊毛織細呢，現在改織毛紗，毛棉混紡，可以作制服，價格只有以前六分之一。呆滯的銷路也就打開。內衣業之新光府綢，現改織印花布，大受農村歡迎，美亞，大誠織綢廠也不再出產喬其紗，而改成格子綢等大路貨。橡膠業也注重工農需要的膠鞋，興亞鋼業廠正在調查農村需要，開始製造鐮刀，鋤頭等農具。明星香水廠的香水銷路沒有了，正在改製肥皂。可口可樂今夏銷路大減，廠方想改做糖菓餅乾，職工建議製造醬油，正在商討中。杭州的天星，民生等絲綢廠，在國營貿易公司協助下，改製棉織品了。

★中國標準鉛筆廠，更克服了困難，第一個毅然北遷，搬到哈爾濱去了！

工程師怎樣來改造自己？

林 漢 達

自從解放以來，中國技術協會曾經先後舉辦了十餘次的演講，目的是在使技術人員認識新的中國。林漢達先生是國內有名的教育家，自遭國民黨反動派的迫害以後，就離開上海到了東北，考察過不少地方，也做過很多工作，這次重返上海，就應邀出席七月十九日技協所主辦的「新中國認識」講座，這一篇是演講記錄，未經林先生過目，如有錯誤，概由記錄者負責。——編者

我在東北三年，參觀過很多工廠，也碰到過很多關內來的工程師和學生，我想今天來講些關於工程師的事情，對於諸位也許有些益處。

東北由於蔣介石的不抵抗主義，給日本統治了十四年，因此政治經濟教育文化各方面都比上海落後得多。工業雖然發達，但是技術不民主，完全握在統治者的手裏。不要說高級的工程師都是日本人，連中級的也是如此，拿印刷所來講，檢字工人是中國人，排字拼版便是日本人了。解放以後，工廠已經遭受到日本及國民黨雙重的破壞，而日本的技術人員又都已回國，因此技術人員極爲缺乏。一切破壞了的工業要重建起來，誰來担負這個重任，當然是工程師。我參觀過許多鋼鐵廠、電力公司、造紙廠，他們都需要技術人員，但是卻不易找到，即使找到，也都是太科學化太機械化的頭腦，把大學裏唸的外國學來的一套全部搬了來，當然是行不通的。譬如說哈爾濱電廠破壞了，不能發電，先請了電力工程師來研究討論計算設計，說需要配外國貨的零件，并且要一年才能恢復，假使外國貨不能買到，一年還成問題。後來工人的情緒非常高，用實際經驗打破了傳統的方法，苦修了三個月，燈亮了。同時在一切工作方面，工人的熱誠都遠超過工程師預料之外，譬如，工程師說要半年完成的工作，工人兩個月就完成了。從前一向以爲工程師最重要，但是漸漸轉變爲工人最主要，到最後則工程師和工人結合起來，同樣担負重要的責任。

我到東北時，也有一套外國教育系學來的經驗，但是都行不通。我担任遼西教育廳長，我預計一下各科各室至少需要四十人，可是第一天我去時，連廳的房屋也沒有，只有一個秘書，他還兼一個中學校長，一個教育廳只有我們兩個人，他告訴我教育廳就在廳長的腿上，廳長不是坐辦公室的，跑到那裏，教育廳就在那裏，所以我的教育廳大得很呢。於是要適應環境適應情形，一切也就完全改了過來。沒有書，就大家動手編，在二年之中，中學由三個發展到四十幾個，中學生由一千多個發展到兩萬多，雖然這種發展并不完全合正軌，但是卻非常有實効，慢慢地可以逐步走上正軌。

照顧目前需要最爲迫切

從哈爾濱到北平到南京，有許多橋樑都被國民黨反動派破壞了，假使要每一頂修復到原來的情況，恐怕三年也來不及，但是我們急於要通車。工人用木橋代替了鐵橋，用簡單的便橋代替了大橋，雖然簡陋，但是一二星期便完工，先通了車再說。一方面解決目前問題先築便橋，一方面再爲長久打算慢慢地修復正橋。我們要使理論和實際相結合，既要解決目前需要，也要顧到將來。辦學校也是如此，大學要四年畢業，即使再縮短也要三年，那裏等得及？而六個月的短期訓練有時還嫌太長，三個月便畢業了。如有一個時期東北疫病傷員很多，有幾十萬人，要等正規醫藥院七年畢業的醫生來工作，那簡直是不可能的，便在六個月或是三個月以內教會他們打防疫針、救護、包紮、消毒、急救，先應用起來救急再說。這種救急辦法非常有實效，但是這決不是說所有的醫科大學六個月畢業就行了，因爲正軌的辦法是爲了將來，救急的辦法是爲了目前，不顧目前那裏有將來，所以必需目前和將來兼顧。理想太高變了空想，沒有用；沒有理想是狹窄的經驗主義，也沒有用。像匯們造紙廠規模相當大，破壞甚烈，解放後工程師都走了，只剩了幾個工人，只有經驗不懂學理，他們照舊工作，最初出產的白報紙一張有三張厚，經過研究二個

月後只有兩張厚了，現在大概只有一張半厚了，技術雖然不好，但是已經解决了問題，再慢慢地研究改進好了。還有我剛去東北的時候，連最起碼的香烟也沒有，要吸烟就只能自己種植烟葉捲起來吸，經過三年來的改進，現在却也已可與上等的國貨相比較了，這些都是自力更生的實例。

工人的情緒都非常熱烈，搶先完成計劃。大家都賣力的工作、不休息，你叫他休息，他反而說你思想落後。工人情緒高是有原因的，以前壓迫得實在厲害，現在翻了身，覺悟到要自己幸福只有努力，建設。東北有句話叫「磨洋工」，就是該一天做完的工要磨二三天，所以工作效率非常的低。工人有一句話：「不怕你勤，不怕你懶，只怕你沒有眼」，幾成了他們的座右銘，因爲從前的監工非常凶狠，只要發現一不工作就拳足交加，但是大家在他看不到時候再也不工作了。解放後情形完全相反，工人大家要超過計劃，大家都不肯休息，反而要廠長工頭去勸止。鞍山鋼鐵廠現已部份復工，工人也已由幾千人增至二萬餘，全部復工後需工人十五萬人。從前工人要偷東西，不論日本人國民黨查得多嚴密多厲害，他們連機器另件鋼板馬達都可偷走。解放後工人政治覺悟提高，一心一意要把廠搞好，機器需要另件，大家便號召獻件運動，工人把從前拿回去的東西，不管家中的勸阻，都獻了出來，二十天內工人自動獻出了另件二十一萬件，其中發動機就有五百件，由此可見他們的熱情。

錯誤的傾向

工程師起初的表現的確不行，第一，他們的頭腦還是一套不合實際的思想，第二，是不能和工人羣衆結合。工程師們最初自高自大，甚至有些人對共產黨員說：「你們熱心固然可佩，但是工程究竟是科學」，譏諷他們不懂科學，并且以爲自己了不起。但是工人實際工作的成功大大地教育了他們，他們承認在共產黨領導下沒有一件事是不會成功的。但是同時也產生了兩種錯誤傾向：第一是工程師們失望或是灰心，以爲自己的學識是白學了的；第二是工人們自大，以爲沒有工程師也沒有關係。一個是自暴自棄，一個是自高自大，不過這兩種錯到誤的傾向，現在都已慢慢改正了。工程師已經注意工人的力量，計劃時請工人參加討論發表意見，工人也尊重工程師，大家都赤誠爲建設新民主主義社會而努力。在東北薪水最高的是工程師，大學教授中，也以專科技術方面的待遇最高，這可見對於工程師的重視。

技術必須公開

要提高工作效率有一個秘訣，就是「技術民主化」。一個人教兩個人，兩個人教四個人，技術公開，工作效率自然也提高了。在資本主義社會中技術是秘密的，所謂傳媳不傳女，眞正自私到極點。東北各工廠的工人都分成了若干小組，各個小組長巴不得把自己知道的都教會人家，技術民主化後效率自然增加，這筆賬簡直是無法計算的。

工人中有許多都是有豐富的工作經驗而不能澈底了解原理的，有些工程師是只知道原理而不肯做或是不會做的。對於這些工人就設立六個月一期的訓練班，由工程師教導他們原理，工人們進步得非常快，將來可能進勞動大學深造。以前知識份子都以爲工農大衆是文盲，是愚夫愚婦，可是實在他們中間有很多天才，譬如解放區有許多很好的戲和歌，都是不識字的工農編的，現在他們政治覺悟提高，不斷努力學習，一定可以成爲知識分子的工人，再說工程師，也應該向工人學習，要學習工人的作風，工人的勞動態度，和工人一起勞動吃苦，這樣才能和工人團結，這才是新中國的寶貝。

新的工程師才能建設新的中國

我們現在是新民主主義的階段，就是先要使國家工業化，再走上社會主義的大道。至於這個時期要多長多久，那就得看我們努力的程度。就拿上海來說，上海雖然是一個工業都市，但是工業絕對不能說發達，六百萬人口中，以一個工人供養二個人說，也至少應有二百萬工人，但是那裏談得上這個數目？所以我們必須加緊努力生產，才能達到目的。蘇聯經過三十年的努力，還沒有完成，但是我們已經學會了蘇聯建設中的經驗，有很多新民主主義國家社會主義國家的援助，我們的條件比蘇聯優越得多，我們也一定可以進步得快些。在共產主義社會中，每一個人可以各盡其能，各取所需，這是眞正幸福的時代。但是假使財富不够，那就根本無法實現，離共產主義社會也遠得很。我們一定要從新民主主義社會進步到社會主義的社

（下接第18頁）

堤防工程淺說

楊文淵

今年國內的水災特別嚴重，防汎搶險和復堤工作無疑是最重要的，作者用很淺顯的文體，寫出了關於堤防的基本問題，對於堤線位置，堤防築法以及養護，防汎搶險等工程都有很詳盡的說明；這也許對于許多正在用盡大力克服困難，和洪水作戰的同志們是有點幫助的，希望讀者們不要錯過這篇好文章！——編者

一、總說

堤防工程的創始，由來已久，埃及、巴比倫、印度和羅馬等古國皆有建造；例如巴比倫城在歐夫勒河(Euphrates)畔環城築堤，有三千年歷史。意國波河(Po)堤防，也遠在十三世紀時興築。我國黃河堤工，根據歷史上的傳說，是由鯀創建，到現在已有四千多年。據說，唐虞時代洪水泛濫中國，所謂「浩浩懷山襄陵」，堯叫鯀治水，經過三年沒有成功，舜把鯀殺了，叫他的兒子禹替代，奔走八年才成功。那時候，鯀治水用「堙」，「堙」就是指「堤防」而言，禹治水用「導」，「導」就是「疏導」的意思，從這裏，我們可以證明：我國堤防工程歷史的悠久，與治河發軔之早，是遠駕乎他國之上的。

堤由堆土而成，沿河所築的堤防，稱為「河堤」，以防止洪水為主要目的。靠海所築的堤防，稱為「海堤」，目的在保障堤後低地村落，使不被高潮所侵襲，而釀成淹沒地危險。海堤與河堤，兩者之間，並沒有顯明的界限，築堤的方法，也沒有甚大差別，因為河口海堤綿延到河內，海的作用達到之處，在危害堤身的不是海裏的高水，而是河中高水之點，就可認它為河堤，它的過渡處是沒有什麼分別的。但是河堤與海堤的本身底功用，却具有着不同的性質。

「河堤」不獨是防洪而保衛低地，且須改善河流；河堤使洪水起了約束的作用，增加它的「流速」，把砂礫底移動能趨於暢順，減少沉澱淤積的可能性，所以兩岸河堤距離，要經過審愼的考慮决定。至於河堤所受到侵襲的對象，多數是由於水流和冰澌的成分，很少受到波濤衝擊的影響。

「海堤」不在約束水流，而在於對付波濤的衝擊。由於洪水的漫溢，堤身浸透，或是高潮期間，堤的大部被淹入水中，一方面為水浸軟，同時又遭受浪水衝擊，形成一種「浸潤」的危險，不過海裏高水的時間不會很久，這種危險比較河堤所受到「浸潤」的影響較小，因為河中洪流，往往匝月而不退，所以堤身的安全，對於「浸潤線」關係是相當重大的，並且又為决定堤防斜坡度(Slope)與堤身厚度(堤底寬度)的主要因素之一。至於堤頂的高度(Elevation)，通常依重要性而定，在河堤是以最高洪水位為準，海堤是以可能發生或已往見過的最大暴潮水位來决定的(詳細說明見第三節)。

二、堤防的名稱

河工方面，依照堤防所建築的性質，地位，或線形等，而分堤工為若干名稱，這些名稱和它的意義，現在擇要分別說明如下(參見圖1)。

遙堤　又可稱它為「正堤」，是河旁主要的堤防，距河較遠，備為大水時用以約束水流的。

縷堤　又可稱它為「副堤」，是臨河的堤防，直接約束水流在河道之內，尋常高水位可不致漫溢。

月堤　險工地段，為了防備外堤有失，另在堤的裏身加築月形的堤防一道，這就稱做「月堤」。

越堤　這種堤形和它的作用，與月堤並無二致，所不同的就是繞越於縷堤外面而築的，因稱它為「越堤」。

格堤　在遙堤與縷堤，或是遙堤與月堤之間，有時平行的地段很長，以及堤後又相當低窪時，築格堤劃分為若干部份，防備縷堤萬一有失，水流不致長驅於兩堤之間，形成漫無節制，而妨礙正堤的安全；簡單的說，「格堤」底功用，是為減少遙堤的潰决而設的。

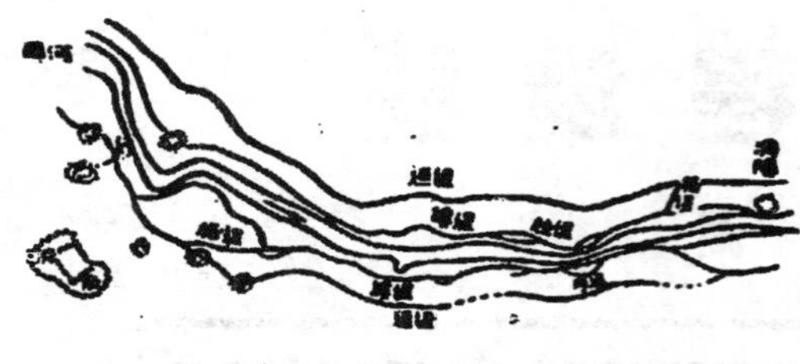

圖 1 堤防的名稱

創堤　專爲保護遙堤或重要堤工的緊固而築，因水深時水壓力將隨之增大，所以加創堤脚，目的在使堤身變厚。

險堤　緊臨河沿，前無灘地，或堤外灘地很狹，受洪水的損害特甚，因而稱它爲「險堤」。

臥堤　已往的遙堤，後因另築了新的堤防，舊堤失去作用，稱做「臥堤」。又可稱做「廢堤」。

翼堤　由遙堤接出，斜向下游，堤頂略有坡度，用以引導洪流，而減少遙堤所受的冲刷；它的性質，實際上就和導水堤或禦浪堤一樣。

圍堤　專爲保障低地區域，或村鎭而造的，在一定的範圍內，四周均爲堤防縱橫的圍着，所以稱它是「圍堤」，或簡稱「圩」。

三、堤線位置與斷面

堤線位置的選擇，和堤身斷面尺寸與堤頂高度的決定，是一樁極重要的先決問題。也正是築堤工程實施的基本原則。它影響於治水的效果很大，必須具有充分水利學識和經驗的工程師，因地制宜加以斷定。因爲水工是整個問題，不能看做局部的得失，所以應當考慮的地方很多，這裏僅把幾個比較切要的條件列出，作爲一般堤防的設計參攷要則。

(甲)河　　堤

1. 堤線須選擇適當地位，並應攷慮河床寬度，不宜使洪水床狹之過甚，最好兩岸堤位能够相等，可在同一河流內不致有流量劇變的情形發生。

2. 堤線經過彎曲的河流時，堤的位置可近於凹岸，遠於凸岸，以便築成較直的堤穢。彎曲部份的兩岸堤防，不妨酌量放寬它的堤距，在兩直線轉向銜接的一段，插入緩和的曲線(Curve)，好讓水流順勢而下。但是，驟變方向太急，而形成過分彎曲的堤線，是絕對不相宜的。

3. 正堤不可位置過分潮濕低窪的區域，或透水性太大的地段，所有深濶水潭之類，應一律放在正堤外面，庶可藉洪漲時得以填滿，變爲灘地，而增加堤身的穩固。

4. 堤外灘地，應留較爲寬敞的距離，在一般情况下，灘地距離堤脚的寬度，至少30公尺以上。

5. 灘地上不可栽植樹木，因它有助淤高灘地的流弊。

圖 2 堤基寬度

6. 堤基的寬度，根據水壓力計算，應爲堤高的4倍。

設 h = 堤高；x = 堤基寬；W = 堤身的單位體積重量；f = 摩擦系數；於是它的算式——

$$\frac{h^2}{2} \leqq f\,\frac{h \cdot x}{2}(W-1)$$

假定 $f = 0.5\ W = 1.5t/m^3$ 得堤基的寬度是：

$$\frac{h^2}{2} \leqq 0.5 \cdot \frac{h \cdot x}{2} \cdot 0.50, \quad x \geqq 4 \cdot h$$

7. 土堤外坡須平坦，可以緩衝浪水的剝蝕：通常採用1:3—1:5的外坡，斟酌築堤土質加以規定。內坡可用1:2—1:3。

圖 3 浸潤線

8. 土堤內坡上部，須防雨水冲坍，下部要與「浸潤線」相平行，並且距離坡面至少要有0.5公尺，浸潤線的坡度，隨土質的鬆密而不同，大概在1:3—1:10之間。

9. 堤頂寬度以能通車爲度，普通是3—5公尺。

10. 堤頂高度，必須在洪水位以上，洪水位的高度，有每年常見的，也有十年或百年一見的，堤高僅僅超過每年的常水位是不够的，但在堤高一定超過百年一見的洪水位，那所費是相當鉅大，不是重要的工業區，沒有這個必要；所以通常築堤的堤頂高度，大多以超過五年或十年一見的洪水位1.0—1.5公尺爲準。

11. 河堤的橫斷面式樣，見圖4，這是1931年長

13094

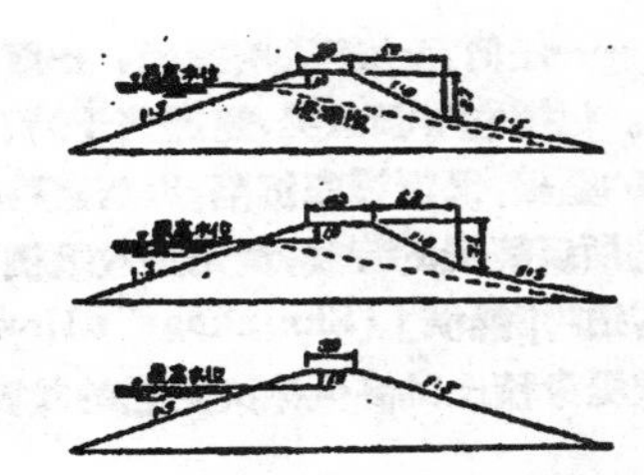

圖 4　堤防的橫斷面

江水災後修堤的標準斷面，在堤身高度不足4公尺的採用第三種式樣。

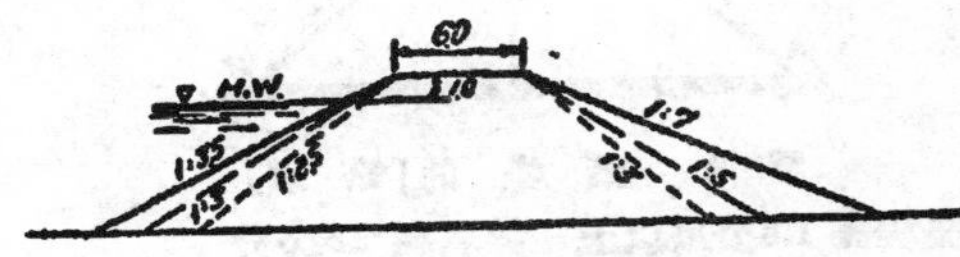

圖 5.　永定河堤防橫斷面

我國永定河的標準土堤橫斷面，見圖5。內外堤坡是按土質加以規定的：粘土，外坡 1:2.5，內坡 1:3。普通疏鬆土，外坡1:3，內坡1:5。沙土，外坡 1:3.5，內坡1:7。這種內坡的加大，是為防止浸潤的影響。

（乙）海　堤

1. 堤身不宜垂直於風的方向，在可能情形下，須視海岸的形勢儘量避免；凡堤身正當風向的地段，應把它做成圓形，切忌尖銳的轉角。

2. 堤外應留充分寬度的灘地，所謂灘地寬度，就是由低水岸線到達堤脚的一段距離，這種灘地的保留，可以緩衝浪勢，在將來培修堤工時，又能得到取土之所（堤外取土，距離堤脚要遠，且不宜過深，以便於淤漲為原則）性質上與河堤並無分別，不過海堤方面的灘地作用比較更為重要，因之保留它的寬度就應放大，至少須在120公尺以上。波濤險惡的地方，有時要放寬到350公尺，可參照實地形勢，加以決定。

3. 海堤的橫斷面，有多種形式（圖 6 示例），外方的護坡部份是很重要的，它具有消滅浪勢的作用，舊堤沒有護土的，應該補築起來，內方的適用坡度，普通為 1:1.5—1:2。

4. 浪水愈是激烈，而堤的外坡也愈應平坦，尤其直接靠海受浪濤最險的地段，可用1:12的外坡；假如在河口最安全的地帶，最陡的坡度也不宜超過 1:1.5。

5. 堤防的斷面形狀，對於堤身的安全關係固然很大，但外坡的保護與堤頂和內坡的植草底功效，也是不可疏忽的；為了保護外坡的穩定，土堤的外坡不宜打樁，以免因波濤的撼動而損及堤身，影響極大。

6. 海堤所預計「浸潤線」的平均坡度，約在1:6—1:8之間，堤的外坡應求平坦，以免浸潤線在堤的腰部透出。

7. 海堤堤頂的高度，須在最大暴潮的浪峯以上，惟暴潮將來會不會超過歷年記錄，是不可預料的事。自然要從寬估計，以減少漫溢和出險的可能，大概堤頂高度，超過最大暴潮以上 2.5 公尺為佳，至少也不宜小於1.5公尺。

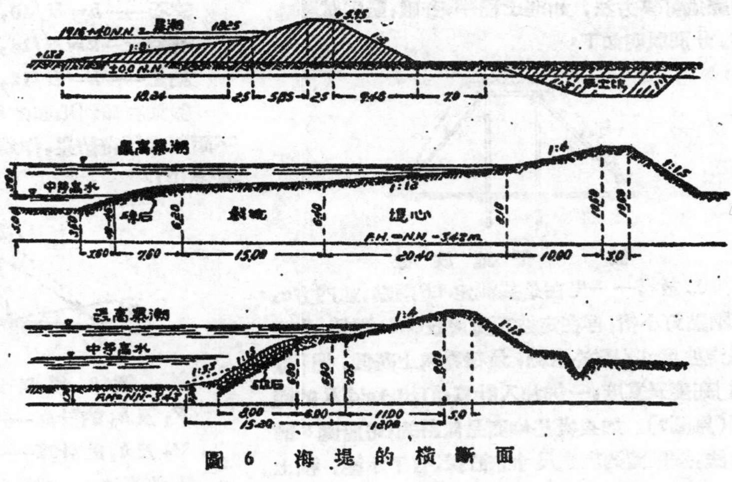

圖 6　海堤的橫斷面

四、堤防的築法

（甲）堤　基

堤防要有良好的基礎，才能使新填土料與原地面得以密合；假如沒有完善的堤基，常常會引起塌陷和崩潰的現象，這是應當加以十分注意的。

1. 築堤之前，須將基地上所有樹根草皮，以及一切植物的枝葉，加以清除。地面清除後，宜將表泥層用土鍬挖鬆，加上一層新土，把它夯硪堅實，這樣可以新舊混合一體。

2. 基礎地面土質過劣，不能適用，可把它予以鏟除拋棄掉，然後再加新土，杜絕隱患。

3. 打入短樁，使地盤緊結，可增加它的「承載力」。

4. 有時爲使新舊土的格外密合，在堤基的中心和堤身平行的方向，掘溝一條，寬可50公分，深可15—20公分，然後再分層堆築新土。如果下層土質過劣，或竟過於淤泥浮沙時，不妨多挖斷面淺小的溝槽來補救。

5. 沼澤的地方，不能用以上所說的方法施行，可投入多量的碟石之類，使達到地盤底下的硬層，一直到不再下沉時，在上層築堤，達到所要的高度。

（乙）堆築方法

堆土築堤，先要依照規定的橫斷面標準，每隔25—50公尺，橫設斷面型的木架一道，以作堆土的範圍，這就是放樣；放樣後開始進土，堆築成堤，其中經過好多方法，如進土程序，夯硪，堅固試驗等等，分別說明如下：

圖 7　平地放樣

1. 放樣——先在是基測定AB兩點，並內方a，b兩點釘小樁，再在定坡頂寬處設C，D兩樁，依照規定坡度e，f設於兩線，最後看填土高低，把「餘填」高度及寬度，一併加入計算，訂出$Ac'd'B$的範圍（見圖7）。如果堤基地面是傾斜的，可照圖8的方法，按斷面的規定尺寸來訂樣，有了示範，積土就方便得多。

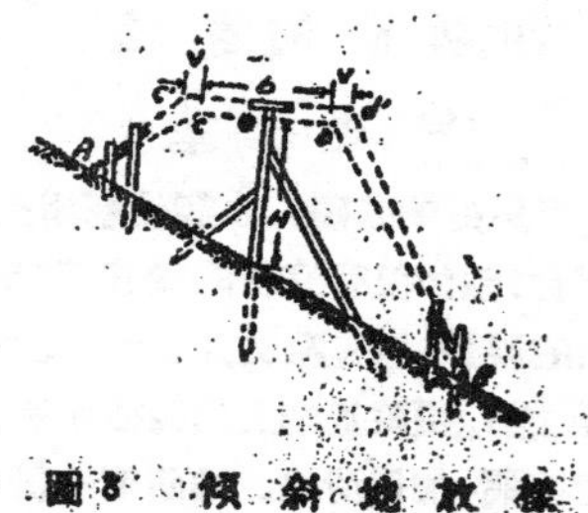

圖 8　傾斜地放樣

2. 餘填——任何泥土經過挖掘後，比原來的體積增大了。但把它堆積成堤，經過若干時日，或車輛與行人的壓縮，又慢慢底沉陷，與新築時的高度不能符合，所以築堤的時候，預先加入這個可能收縮的尺度，這叫「餘填」（Shrinkage allowance）。普通依堤身積土的高低來決定它的餘填量：（參見圖9）

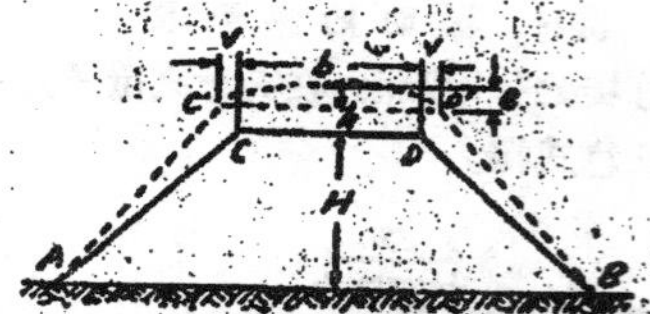

圖 9　築堤的「餘填」

築堤高 1.5公尺以上　餘填高 15公分

1.5—4.5公尺　　10%（常用標準）

4.5—9.0公尺　　8%

事實上土質的種類和鬆密情形並不一樣，依據比較可靠的計算，Winkler氏曾訂一標準：

沙土——$h=H/23$，　$V=H/40$；

碎石——$h=H/40$，　$V=H/40$；

普通土—$h=H/14$，　$V=H/9$；

粘土——$h=H/12$，　$V=H/8$。

假如在傾斜地面的堆土，它的餘填尺度，可由下面兩式所得結果，作爲上式中H，再爲計算。（參見圖10）

圖10　傾斜地面的「餘填」

V_1 及 h_1 的計算——$H_1+\frac{1}{2}H_2$

V_2 及 h_2 的計算——$H_1-\frac{1}{2}H_2$

3. 側築法——堆土時從兩側着手，漸向中央填積，因此土向堤的中心落入，而所填的土可以堅固；但堆積時如不得其法，土層很易變爲凸形，就不免有崩落現象，這種堆築的方法，只能用在不甚重要的堤工。

4. 頂築法——堆土的步驟，先由中心着手，然後把積土向兩側發展，到規定的堤坡。這種方法自然比較簡便，可是日久也不免有脫坡的流弊，不適用於重要的工事。

5.層築法——將堤身分成若干薄層，每層的厚度約20－45公分，(施工時常規定爲鬆土厚30公分，硪實後爲24公分)．如堤的堆土高爲4公尺，就可分成16層疊做，到達最頂上的一層，可加薄坯把它漫足．因爲每層土都經過切實的夯硪，使築成的堤防可以相當堅實，所謂「層坯層硪」。這種做法是最爲完善．重要堤防多是這樣築成的。(參見圖11)

圖11 分層築堤法

6.鑲築法——培修舊堤，增加堤身的厚度，可用鑲築法(見圖 2)，先把原堤殘缺或打算加厚的部份，切成階級形，而後分層加土，與原堤階層套搭連成一起，這樣可不致有滑動的弊病，但是，在

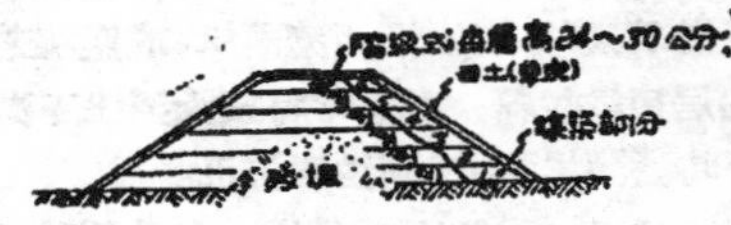

圖12 鑲築法

堆土之前，要注意清除原堤階層上的樹根草皮之類，倘發現獾洞鼠穴，更要加以填塞硪實後，方可進土。

7.夯硪工——堤工積土的堅實與否，全持夯硪工的好壞，澈底硪實的土壤，可保不漏「錐」。也就是證明土層已密結堅實。所以夯硪工要周到，尤其是硪工，應打「套花硪」來回兩遍，堤工所用的石硪，有片硪坯硪兩種。前者約重100公斤，後者約重50－80公斤(見圖13,14)。木夯的式樣如圖15，爲一般土工常用的。

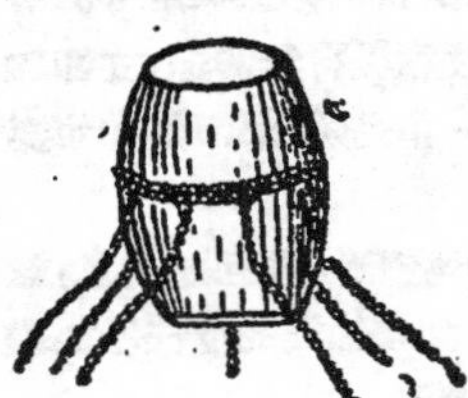

圖13 坯硪　圖14 片硪　圖15 木夯　圖16鐵錐

8.堅固試驗——試驗堤土的堅固，是用直徑3公分的鐵錐，端直插入堤身土內深30公分，不准動搖，鐵錐抽出後，用水灌入孔內，如係黃土至少要經過2分鐘滲乾才合格，土夾沙時至少要經過1分鐘滲乾才合格，假如正當雨後試錐，那就至少要經過3分鐘滲乾才算合格，鐵錐的形式見圖16。

9.跨堤坡路——堤防常爲行人交通的障礙，必附築小路以利往來，此種路徑的設置，多沿堤坡斜向下游，斜度的大小以交通情形爲定，凡較重要的渡口，不得在1:30以內，普通鄉村交通，可用1:10－1:15，參見圖17。

圖17 跨堤坡路

10.堤坡的保護——堤防常受水流的冲刷，尤以在灣曲的地方，更容發生塌坍，所以堤坡的保護是相當重要的。護坡的方法，看堤的情形和重要性來決定．最簡便而普遍的，就是堤坡斜面多舖草皮(母土)或種草．草皮要新鮮的，才易於滋長，有時在舖好草皮後．撒以沃土，幫助發育。比較持久而功效顯着的方法，那就是堤坡舖石，先在堤面匀舖10公分碎石一層，碎石的上面，再拋砌較大的石塊，

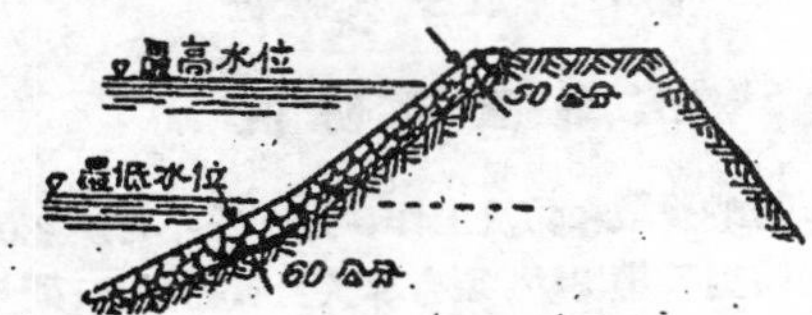

圖18 乾砌塊石護坡

最後用大石塊舖砌坡面，石塊的縫隙，再取較小的片石填嵌，以增加它的功效。這種護坡稱做「乾砌塊石護坡」。圖18，是江蘇省江北運河工程局所採用，當舖石的施工，要愼重其事，以防石塊爲水冲失，漂集下游，反爲河身之患。護坡的方法，隨所用材料形式等等，有若干分類，皆屬於護岸工程的範圍，本篇不及詳述。

(丙)築堤用土

築堤所用的土，不可太濕，如果太濕，加高時發生膨脹，堤身大受影響，先要把土晾乾，但也不

可太乾，太乾了一經夯硪，變成粉碎失去凝結性，以着手不粘而現潤色爲度，每層堆土須厚薄約略均勻，並把大塊泥土耙碎耙平（俗稱「破壞」和「平生」），土中草根雜物應隨時檢去。

築堤用土的性質，最好是膠土或粘性沙土。假如堤工附近無膠土可取，可混合沙土與粘土，或即用天然的粘性沙土。純粹沙土不宜於築堤，不能避免時，必須用粘土的核心。或用膠土被覆它的外殼，同時把堤坡放平到1:3—1:5；次要的堤防，不得已而用含沙特多的泥土時，可在堤的內外坦坡加包淤法，用老淤或硬淤土包厚30公分。

取土地點最好是在距堤脚20—30公尺以外河灘挖取，如河灘無土，不得已可取之堤內，但也要離開堤的內坡脚30公尺以上，土坑開深灘地可至0.5公尺，堤內可至1.0公尺，不宜過深。坑的大小，可爲30×50公尺，不宜再大，每坑之間須留2公尺寬土道，以利行人，並免造成順堤的小河。

圖 19　取土坑位置

五、養護及防汛

堤防的養護和防汛工作，是一件不可疏忽的事。平時對養護堤防，須有專人負責辦理，汛期須準備防險的工料器材等等，以維護堤身的安全。因爲築堤僅僅是防洪工作的第一步，沒有經常養護和嚴密的防汛，是不易得到它的功效的。

（甲）養　　護

1. 每年利用農隙春修，可征集沿堤一定範圍民伕辦理，稱做歲修。

2. 平時如果發現鼠穴獾洞，要用烟熏，或扦挖把鼠獾逐掉，遇有水溝浪渦應當立時堵塞，夯硪堅實。

3. 堤坡上禁止耕種。

4. 堤上不得偷葬墳墓。

5. 禁止硬輪大車在堤頂行走，如堤頂兼作道路時，應加舖砂礫，以免起槽成窪，侵害堤身。

6. 堤身如陷落過甚，應隨時加高。

7. 堤前灘地，應加保護，不得任人挖取，影響堤身安全。

8. 堤頂高度每距100—200公尺設立木樁，應用附近水準標點(Bench mark=B.M.)規定它的高度，每隔一定時，校對一次。

9. 爲使養護工作，不致鬆懈和疏忽，應有專人常川巡視，分段負責保養。

（乙）防　　汛

汛期差不多是一定，我國北邊的河道，每年分爲四汛，就是桃汛（淸明前後），伏汛（夏至左右），秋汛（立秋後），凌汛（霜降以後）。其中以伏汛爲最大，在南方的河流，差不多沒有凌汛，凡是大汛期內沿河各級政府或專管的工務機構，策動並督導沿河一帶居民，從事防守。有計劃的成立防汛團體，集合羣衆力量，不分晝夜，風雨無阻的防範。

1. 組織羣衆（多規定沿河流兩岸，或距堤若干里以內的居民爲基幹，必要時將擴大至上下游各縣市，）平時養護堤防，汛期注意防汛。

2. 爲了防汛工作的順利推進，各分段防汛組織應取得密切聯繫。

3. 負責防汛的指導人員，平時須注意所管境內的堤身寬窄，高低，土質良窳，水溜遠近，可能取土的地點，分別調查清楚，加以記錄，以備查考。

4. 險要堤段不便取土的地方，堤頂應多積「牛土」，與防汛應用材料，葦蓁、穀草、木樁、柳梱、磚、石、蔴袋、蒲包、鉛絲、洋釘、蔴繩、草索等材料。工具方面，如鍬、鋤、土筐、扭、扛、夯、硪、斧、榔頭、木鋸、鍘刀、馬燈、手電、火炬、雨衣、笠帽、鋼鑼、小船等。

5. 隨時注意堤旁水尺，當水初漲時可分班上堤巡邏，水勢急漲時，所有人伕均要上堤駐守。

6. 在分班巡邏時，須注意堤有無弱點，立即加以修補，沿堤閘門涵渠要一律塞閉，都市陰溝也要暫行閉塞，以防倒灌。

7. 上下游各段水位漲落情形，應互通消息，並報告大衆，好預作防備。如察知堤的潰決不能避免，須迅速警告堤下居民遷避。

8. 遇有搶險情事發生應不分畛域，除留一部份巡邏外，大家集中全力搶救。

六、堤防的搶險

堤防的搶險，在遇到非常洪水位時，是常有的事。如果搶險得法，化險得法，化險爲夷。倘不得其法，那就舉措倉皇，而有釀成災禍的危險；因此，必須把握時間，集中人力物力，利用迅速有效的方法努力從事。

搶險的方法很多，看洪水的漲勢與堤身的情形而定，現在把幾種常見的搶救方法，說明如下：

(甲)水浸堤頂的搶救

凡洪水漲到距離堤頂1公尺左右，且有繼續上漲的形勢，應當立時搶加堤頂爲使工作上與時間上的便利，迅速得到功效，可做先築成「子埝」來防護。子埝的築法有好多種，參見圖20及說明：

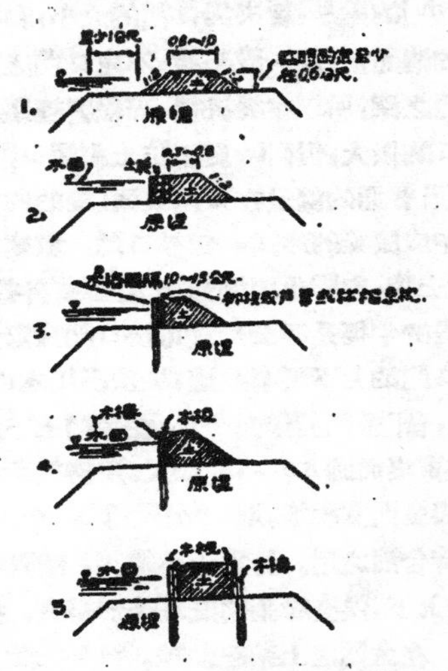

圖 20　子埝的築法

1. 純土子埝——堤頂寬闊，取土容易，風浪較小的地方。

2. 土袋子埝——堤頂較狹風浪較大的地方

3. 枕由子埝——堤頂較狹風浪特大的地方

4. 單層木板子埝——堤頂很窄的地方。

5. 雙層木板子埝——堤頂太窄，或着有房屋的地方。

上面所說在各種情形下，所築的子埝，不問是用那一種築法，在防汛過後，皆應保留，不可拆毀或鏟平，並且要提前歲修，把土埝帮寬改成正式的堤頂。倘使堤頂因有房屋侵佔，不易於帮寬土埝時，則應把屋拆遷，不得已時，可由房主負責修築石坎沿，保存子埝。

(乙)堤身單薄的搶救

堤身因需要而增高，但，同時堤身的寬度，也就感到單薄，因爲水位高漲，水壓力增大，當浸水過久的時候，往往內坡浸滲清水，搶救的方法有：

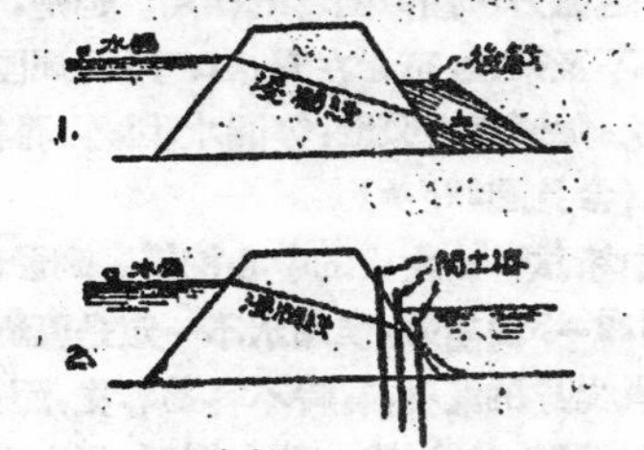

圖21　堤身單薄的搶救法

1. 內坡戧土——戧土斜坡要平坦，高度超過浸潤線就够。等到歲修時可再加至與堤頂相平。

2. 簽關土樁——堤身內坡臨水，不易築戧，可簽關土樁兩三行救急，以防脫坡。但樁木年久腐朽，反而增加將來危險，汛過後，仍要加築戧土的。

(丙)漏洞的搶堵

「漏洞」是指堤身穿孔漏水而言，與脫坡滲水不同；漏洞的危險情形，可由它的出水口觀察，漏過的水，顏色清洌，尚不很危險，倘若和堤外河水顏色相同，那來源一定很近，就够危險的，甚至水色較外河尤濁，那漏洞已在擴大之中，危險更大，凡此等情形，皆應立刻搶救。適用的方法有：

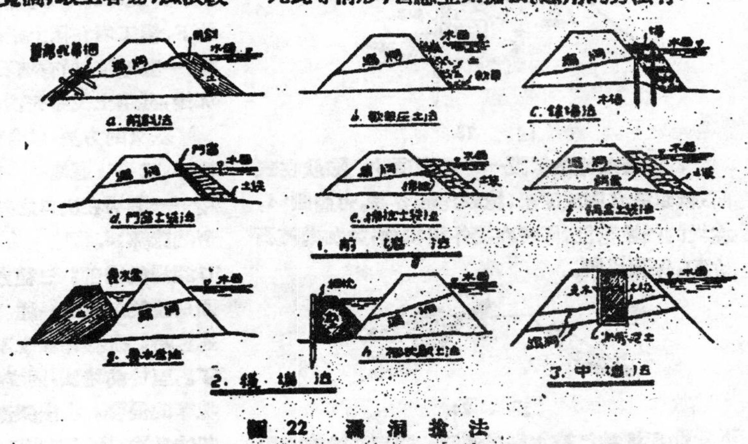

圖 22　漏洞搶法

13099

1. 前堵法——在進水口處，用各種方法加以堵塞，見圖22。如進水口爲細碎分開時，可採用三種(a,b,c)方法，其中c的方法尤合宜於流水的河內，或進水口合併之處；這些方法不能見效時，那末可用d,e,f各法。

2. 後堵法——最好的方法是用「養水盆」。就是在漏洞出水周圍堆土堤成盆的形狀，等到盆裏盛滿漏中的出水相平於堤外河水時，那漏水也就停止了。這種方法類似圍埝的作用。但是，有漏水很多，來不及築盆，可先在漏水口下面，周圍簽樁，附以捆枕，加速堆土築餘，等漏水稍減，再行堆築養水盆。(參見圖22g-h)

3. 中堵法——在堤的中心挖槽，到發現漏洞時，用圖22－3法堵築。惟漏水不一定是直線進行，所以穿過堤身的漏孔，有時不容易尋覓，而且中劈堤身，容易發生危險，除非確有把握，不宜採用。

凡是漏洞，經過搶救填塞的堤防，大汛過後，一律要把它重新翻築，以免後患。

(丁)堤身崩潰的搶救

爲防止堤身崩潰，釀成決口，凡在迎溜頂冲或大溜坐灣，旁掃堤身的情勢，應特別注意搶險，以求減少崩塌的可能。這種搶救的方法，要隨機應變，大致不外下面的幾種措置。

1. 堤身坐灣的保護——堤身坐灣，急溜抽掃堤脚，極容易刷成深泓，使堤身壁立，危險很大，應立即採用此法，以使保護。(見圖23)

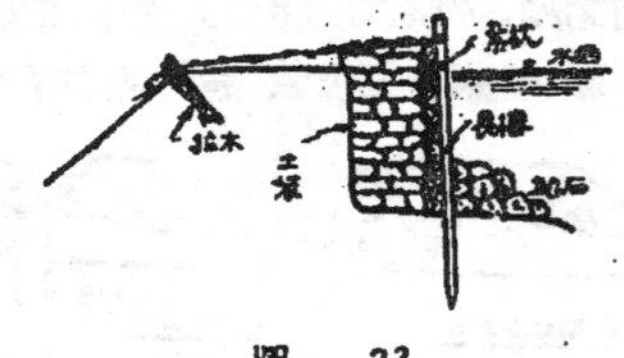

圖 23

2. 迎溜頂冲的保護——迎溜頂冲，險狀在表面；祇要沒有刷成深泓，搶救比較容易。可照圖24，在堤的內坡幫戧，同時在堤外掛柳枝，並加拋磚石之類，保護堤脚。

圖 24

如果堤前已被水刷成深泓，那末在搶險時固然比較困難，同時堤身的崩潰也就危在旦夕，在這形形下，應預先趕築月堤，圍繞險工，以防正堤崩潰情倘可退守。月堤的圍繞長度，要看險工的範圍來定奪。並宜留有餘裕，便利築成「裹頭」，(正堤在無法搶險，造成較大的決口時，它能決開口門，須築成裹頭，以防擴大。)進一步從事堵口復堤工作。

(戊)決口的堵塞

堤工最難者莫如險工的決口，堵塞決口的方法，叫做「塞決」。當堵口工程進行到將使水流停止於口門時，叫做「合龍」。合龍的時候，口門狹小，水溜趨勢甚急，工作愈速愈妙，必須一氣呵成。

「塞決」的難易，看決堤口門的大小，和堤身前後刷深的情而定，就一般來說，不患口門之大，而患其口門之深，所以在堤決後，固然要趕築裹頭，以防決口的擴大，但同時更要防止刷深口門。搶救的方法，最普通的就是在口門裏面(堤的內方)，簽樁二排作成圈堤的形式，包抄口門，填塞柳梢葦楷，上壓土袋，內脚也用柳葦施以壓護，外撐斜樁。假定圈堤的半徑是20公尺，(可按口門實際大小增減)，由口門的上下兩端並進，堤頂高出水面0.6—1.0公尺，留「金門」寬約4公尺，在金門上下加打兩排樁，拓寬堤面到3.5—4.0公尺，用柳梢葦楷綑成沉排長與金門寬相等，厚2.0公尺，寬2.4公尺，預備堤上等待合龍之用。另覓大小船隻，載齊塊石土袋 置堤上下，俟查驗金門底址情形堅實，打入木樁數根，在金門之上架起便橋。於是把紮好的沉排，推浮水面，用繩索把它控制在正對金門相距約三十多公尺的地方。然後用繩拖到橋樁，將繩慢慢放下，領工者在橋上指揮，等到沉排的位置栓正金門，一聲呼號，所有塊石土袋齊對沉排上拋下，排沉後，再用土袋等完頂，合龍就告成了。

塞決的方法，以合龍的地位來分，可分做三種情形，就是1. 直堵——就原堤舊址直接合龍；2. 前堵——圈堤在決口之外，常形成新堤後身留有深潭的流弊；3. 後堵——圈堤在決口之內，卽繞在決口深渦的內部；三種方法中，以後堵法爲最優，上面所說的就是這一種。可是，在決口深渦延至堤後遙遠時，那後堵法就不甚合宜，而不如改用直堵了。至於前堵法，因堤身凸出於外，易受風浪和冰塊等的侵襲，堤後深潭又有增加透水性及滑動堤基的危險，所以近來已很少採用這種方法了。

壓鑄工業

——論壓鑄工業在中國工業建設上的重要性——

王輔民

壓鑄是最近二十年來的一種新興工業，一般人對它恐怕還很生疏，因爲它在國內還不過是一二年的歷史，可是在國外因第二次世界大戰的大量消耗，更加速這種工業的突飛猛進 此類工廠的建設如雨後春筍，直到最近不但有專門雜誌的刊行，研究機構的建立，以及工業大學內設有專門講座，可見壓鑄在近代工業上的重要。

名詞的解釋

壓鑄的中文譯名是根據英文Pressure Casting二字直譯出來的，從這名詞上來看我們已經知道這種方法是用壓力的，現在可用很簡單的幾句話來解釋壓鑄的內容：『將已熔解的(或半流動體的)合金金屬用高壓力壓入鋼製模型中，待冷却後，自動將工作物頂出，即完成了壓鑄的一個循環。』同是英語體系的英美兩國在名詞的確定上也不十分相同，英國用壓鑄(Pressure Casting)，美國喜用模鑄 (Die-Casting)，不過英國用模鑄 (Die Casting)這一名詞，連利用重力澆鑄(Gravity Casting) 也包括在內。壓鑄在製造方法上分兩種，一種是把熔解的合金在液體狀况下壓入鋼模中，另外一種是把半流動體的合金先倒入壓縮汽缸中，再用高壓力壓入模型中。在德國前一種名之曰噴鑄(Spritzguss)，後一種稱之爲壓鑄(Pressguss)。美國爲區別這兩種壓鑄方法起見，有時在前面加一冷室 (Cold Chamber) 與熱室 (Hot Chamber)。至於中文譯名，在國內尙未肯定，希國內機械工程師前輩能加確定，這是筆者所期望的。

壓鑄發展歷史

講到壓鑄的發源地，卻不十分確知在何國，最初恐怕在歐洲大陸上，以後因大量的生產，尤其汽車工業的突飛猛進，在美國更爲發達。他的發明是從製造子彈及鉛字的方法改變出來的。西曆1877年杜生布萊(B. H. Dusenbury)製造第一架手壓式壓鑄機，1907年華格納(E.B. Van Wagner)發明用壓縮空氣直接把溶液壓入鋼模中的壓鑄機。以後又有沙思(Soss)式壓鑄機正式出售於市面。當壓鑄工業剛開始時，沙思公司想用壓鑄法製造絞鏈，可惜因技術欠佳而失敗。沙思先生乃再努力從事壓鑄機及壓鑄技術的研究與改進，從此壓鑄工業日新月異，一步一步地向前發展。

國內的壓鑄工業據筆者所知，上海有一二家電機製造廠，但方法是極老式的一種，每次出品終須幾分鐘以上，壓出後有時還要加工處理，這已失去壓鑄本身的特點。昆明第五十三兵工廠有一架德國包拉克 (Polak)工廠出品的冷室壓鑄機，那時他們用來製造望遠鏡及指南針的外殼。而國內用鋅合金熱室壓鑄法製造日用品之工廠，卻以華

圖1——用鋅合金壓鑄的機件：(自左至右)上：自動唱機底盤，洗衣機架子。中：油壓翠霓機底座，濾速器外壳，鼓風機轉子連三角皮帶盤，拉鍊，寶塔齒輪，汽油邦浦外壳。下：鏡架，各種扭扣，無線電機架。

美模鑄廠爲開始。以後不久又有貝一模鑄廠，及其他一未知名的模鑄工廠。

壓鑄法的優點

在近來二十年當中，壓鑄成爲一重要工業部門是有它內在的各種優點，確是值得我們深切注意與研究的。

壓鑄時常用的合金有六種：鋅，鋁，銅，鎂，錫，鉛。其中以鋅合金應用最廣，因爲鋅合金的强度及其他物理上與化學上的特性較優於生鐵。所以目前中小型的機器零件及日用品，從前用翻砂方法製造的，現在都在改用壓鑄方法製造了。尤其是壓鑄本身最大的優點是鋼模可以無窮盡的使用（這指熱室壓鑄法而言），壓出的機件皆能達到所規定公差範圍之內（註一），說到優點歸納起來可以分成下列十七條：

圖2——用鋁合金壓鑄的東西：(自左至右)上：交通燈外罩，電表盒子，打字機底架，經緯儀另件，下：烘糕盤，釣魚杆另件，刷子柄，木匠用水平尺，茶壺嘴，擋泥踏脚板，水菓搾器，飛機引擎蓋子，制動器動片，小船推進器，望遠鏡架子等。

圖3——用鎂合金壓鑄的機件，大部分均爲飛機上用的另件，其重量比較起來特別輕。

圖4——各種銅合金的壓鑄件，是用冷室壓鑄機造成的，重量從30公分到6公斤都有。

1. 每件製造成本減低。
2. 大量生產。
3. 適合於厚薄十分不同的機件。
4. 可製造很薄的物件。
5. 能達到一定的公差範圍之內。
6. 型心(Core)容易裝置。
7. 表面光潔。
8. 無須加工及打磨。
9. 適合各種奇怪的外型及精緻之雕刻花紋。
10. 有抵抗腐蝕的能力。
11. 出品整齊劃一。
12. 容易施以表面處理如電鍍噴漆等。
13. 較其他金屬爲輕。
14. 從重量與强度比起來，較其他澆鑄法爲佳。
15. 能同時將鉚釘鑄出，並且可以將異料(Insert)放在模子內同時壓出。
16. 容易加工，增加刀具壽命。
17. 與其他大量生產製造法比較，則價格低廉。

工業上所能應用的範圍

壓鑄與生鐵翻砂同樣不會有一定限止的範圍，但我們可以約略分成下列幾個顯著的部門，這在國外已大量地在應用中。

1. 飛機與汽車製造工業——化油器，油幫浦，

（註一）請詳細看壓鑄與翻砂的比較表

13102

煞車零件，刮水器，以及其他車門零件。

2. 機械工業——車床零件，小型鑽床，各種大小架子，脚踏車零件等。

3. 電機工業——馬達外売，轉動子，升降機零件，電扇等。

4. 家用器具——手電筒，除塵機，洗衣機，西餐用具，衛生設備等。

5. 理髮用具——軋刀，吹風機，捲髮機等。

6. 精密儀器——照相機，望遠鏡，電表，水表，瓦斯表，指南針，測量儀器等。

7. 五金用品——各式掛鎖，門鎖，彈子鎖，建築五金及各種大小拉鏈等。

8. 裝飾用品——婦女用胸飾，桌上擺飾，照相架子等。

9. 兒童玩具——模型飛機引擎，汽車及火車模型等。

10. 辦公用具——打字機，號碼機，油印機，計算機，收銀機等。

11. 軍火工業——砲彈引信等。

12. 紡織工業——細紗錠脚，自動織機梭子。

13. 鐘表工業——鐘表外売，架子等。

14. 外科醫生用具——各種特殊的手術工具。

15. 無線電工業——收發機底架，旋鈕，儲電器，電唱頭，自動唱機，剝線工具鉗子。

以上不過舉其顯著者，其他能利用壓鑄方法製造者當不可勝計。

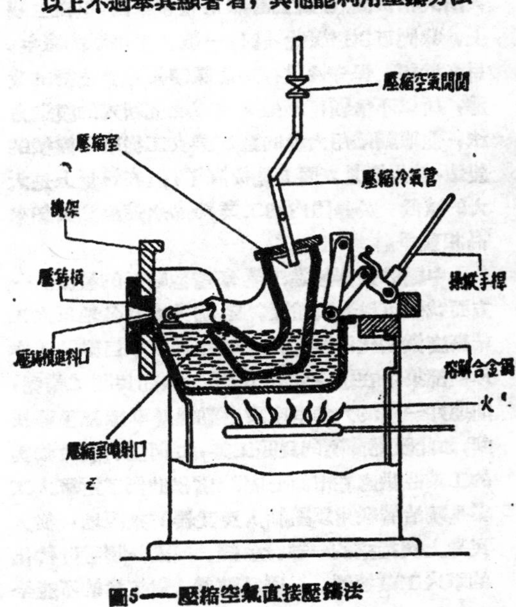

圖5——壓縮空氣直接壓鑄法

壓鑄的製造方法

我們要了解壓鑄的製造方法，幾句話就可以講完，可是要詳細知道他的內容，不實地去看過是不可能的。簡單地可以這麼說：把熔融的合金用相當高的壓力壓入鋼製的模型中，幾秒鐘後卽凝固成一與模型相同之物件。在方法上可分成三種：第一種，壓縮空氣直接壓在熔液上，這種方法大都用在製造大件的鋁合金上。但因空氣壓力限止在每平方吋550磅間，所以壓出之物件質地不緊密。現在已逐漸在淘汰中(圖5)。第二種方法，壓力間接壓在熔液上，卽壓力先推動壓縮活塞，活塞壓縮液

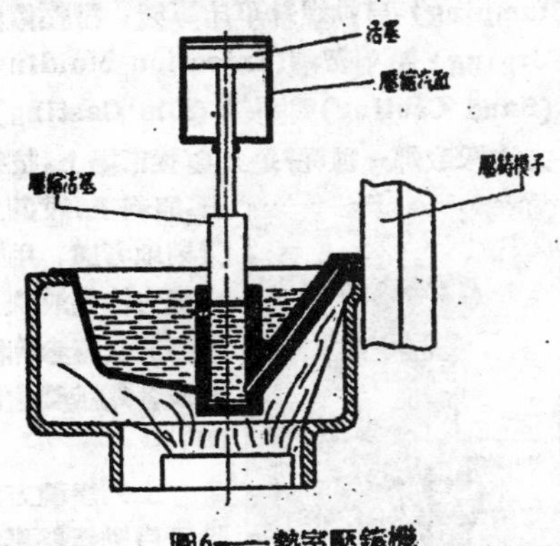

圖6——熱室壓鑄機

體縮進入鋼模中(圖6)，壓力的產生可用空氣壓縮機或水與油壓機，所用合金爲鋅，錫，鉛。近世壓鑄工業則以此法爲主，因爲鋅的熔解點低，使用壓力小，因此各項設備比較容易。第三種方法，先將半流動體的熔液用杓子傾入壓縮汽缸中，然後藉活塞的比例作用，在它的另一端發生每平方吋6,000到20,000磅的高壓力將熔液壓入鋼模中(圖7)。這種方法適合於中小型的鋁合金物件，鋅合金當然

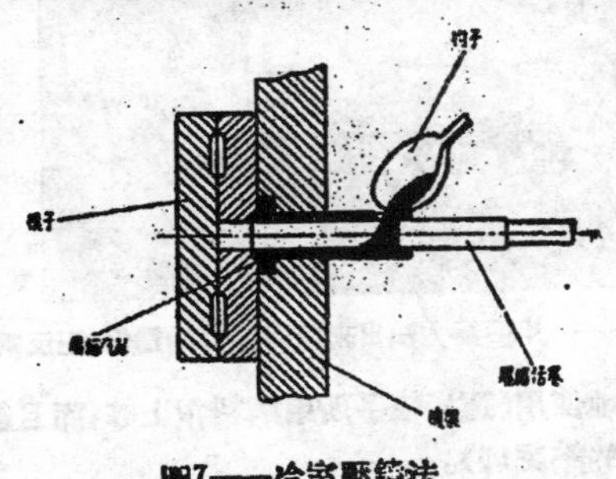

圖7——冷室壓鑄法

也可用，不過與第二種方法比較起來是不經濟的，因爲須要一套高壓力的水壓機或油壓機的設備。

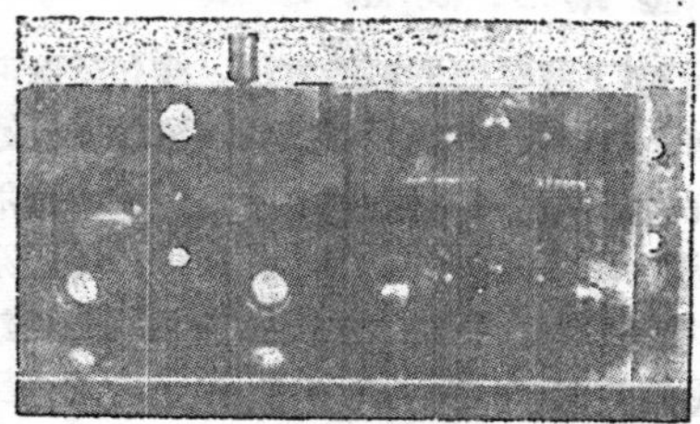

圖8——華美模鑄廠初期彫製的壓鑄模型

爲什麼要用壓鑄法製造零件？

大量生產零件的方法，我們知道有下列幾種：銑製(Stamping)，自動螺絲車床車製，型壓鍛製(Die-Forging) 壓射塑製(Injection Molding)，翻砂(Sand Casting)與壓鑄 (Die Casting)。這許多方法採取那一種呢？這須要從市場上，技術上，原料上，設備上深刻地考慮，用那一種方法是最快，最經濟。(請參考附表及各銅版圖之說明)。

圖9——華美模鑄廠初期設計之壓鑄機工作情形：在壓鑄模恰巧分離時。

上列幾種方法除了自動螺絲車床外，皆須彫製鋼模的煩重工作，一隻鋼模的製造費用是相當高的，尤其壓鑄鋼模更高於其他鋼模，相反地，在數量上講起來，壓鑄模攤在每件成品上的費用較低於其他鋼模，原因是壓鑄模做好後可以無窮盡地使用(這指模子所用鋼料很上等，而且經過很好的熱處理)。

圖10——用壓鑄方法出來帶有澆口的鑄件(正反兩面)

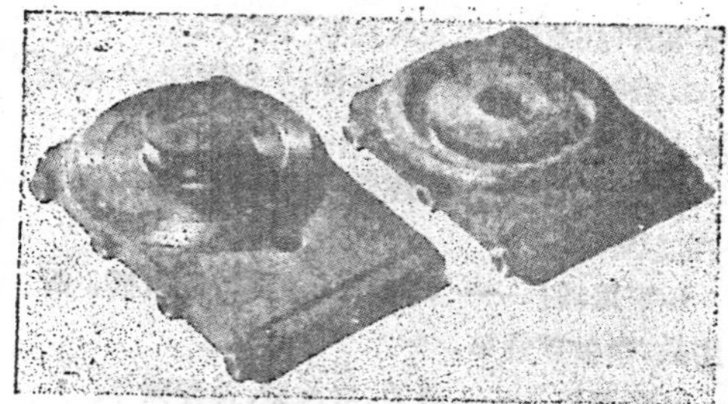

圖11——壓鑄件(右)和翻砂成品(左)的比較：圖爲一小車床用的拖板，壓鑄件的加工費較翻砂成品低一半。

講到加工方面，那麼壓鑄出來的物件幾乎無須加工，即能達到所期望的公差範圍內，僅須除去它的餘料(Flash)，即可施以表面處理工作，翻砂與硬模澆鑄出來的物件，皆須經過幾項的加工手續，無形中增加了物件的製造費，有時即使須要加工，因爲材料較軟加工容易，便可增加了刀具的壽命。(參看附表)

在重量上講起來，壓鑄件比銑件重，銑件的材料通常厚薄一律，而壓鑄件則可視其外形而變動其厚薄，其他如很薄的物件，很小的洞眼都是翻砂與硬模澆鑄法所不能達到的。

壓鑄工業在中國不能發達的原因

中國的工業產品，無論從量與質方面都無法與歐美相抗衡。客觀上當然有很多原因，但在主觀上，我們可以這麼說，就是一般資金雄厚的廠主，目光近視，保守性重，加之賺錢更重於技術的改進，所以不惜願花錢去購置或研究新式的製造方法，他寧願僱用大量的童工與女工從事半機械的製造，結果產量表面上是提高了，但在質量上是大大的減低，於是國內的工業產品永遠無法與舶來品相競爭。

中國的機器製造工業有着他畸形的發展。一方面我們可以看到重慶，昆明與太原各地軍火工業高度機械化的設備，一切自動或半自動的工作母機都集中在這幾處的兵工廠中，而民間工業呢，則連好一點的六角車床或自動螺絲車床都很難找到，如此設備簡陋的民間工業，如何能有價廉物美的工業品供應在市面上呢？當然我們了解軍火工業是統治階級用以壓制人民武器的來源地，從人民身上搜括來的一部份金錢，向國外購置近代化的軍火工業機器，又因爲購置人對技術的不能全

附表 壓鑄與翻砂的比較

	壓鑄	翻砂
材料	鋅價最低而使用最廣，鉛貴於鋅使用量較次於鋅，銅，鎂，鋁與錫用於各種特殊地方。	灰口鐵價最低，使用最廣，合金生鐵以及各種非鐵金屬用於特殊地方。
比重	鋅6.7， 鋁2.75 鎂1.81， 鉛10.65	生鐵平均比重爲7.28，在非鐵金屬合金中與壓鑄合金相同。
厚薄	極小件壓鑄件最薄爲0.4，中等壓鑄件爲1，大件爲1.6糎	最薄爲1.6，這僅見於幾種特殊的翻砂，中等機件從2.4到3.2，大件從4.8到6.4糎。
洞孔與型心	可以相互成各種角度，洞孔直徑可小於0.8糎，螺絲紋可以同時壓出，在模子中無法使用凹割(Under cut)的型心。	可複雜，能夠使用凹割的型心。洞孔不能小於6.35糎，放置型心極增加製造費用。
外形	可複雜，並且彫刻可精密。	幾乎可以有各種外形，但不能精緻。
表面光潔度	祇須在轆皮上打磨數次即可加以各種表面處理。	加工後須磨光，打光與轆皮打磨，才能施以電鍍。
準確度	普通公差範圍爲±0.025到0.075(每25糎)	±0.8糎(指小鑄件言)
工具磨損(包括壓鑄的模子)	模子製造費較高於翻砂模型但加工比較容易。	模型便宜。
生產速度	每小時50到1000次，平均每小時爲200－30 次，每次有一件到數件的壓鑄件。	小模型每小時每人25次(倒澆鑄鐵，做型心與放型心不計在內) 每次同樣也有一件到數件的鑄件。
材料價(不連溶解)	平均鋅價每磅爲美金 0.0825(戰前美國價格)	每磅約美金0.015(包括砂及型心材料價)
加工費用	因尺寸準確與表面光潔，加工工資甚低。	若使尺寸準確及表面光潔，工資價甚高，切割容易，若遇雜質則刀具易磨損。
表面處理價格	低，表面光潔。合金不會生銹，故有時可不加表面處理工作。	較高於壓鑄件，隱藏部份仍須施以表面處理以免生銹。
裝配時情形	能同時壓出鉚釘，使裝配容易，在模子中可放入異料同時壓鑄出。	不能同時澆鑄出鉚釘故裝配麻煩，不能與異料同時翻出。
強度與延長性	鋅合金拉力與衝擊強度高，較生鐵富於延長性	生鐵適宜於抗壓強度，衝擊強度次於鋅合金。
硬度與冷流(Cold Flow)	鋅與鋁皮氏硬度爲60－83銅105－180，鋅合金特殊適宜冷流。	生鐵布氏硬度爲 100－700 尺寸不易變動，無冷流之特性。
外表	光潔，顏色順眼，且能壓出精緻的花紋與文字。	粗糙，不能精密，顏色暗淡。

盤了解，所以有時候會發現各個軍火工廠的設備是不能相稱的。而且門禁森嚴，老百姓就是想去參觀一下也不可能，不要說是到裏面去學點門徑。

也許有人問爲什麽這麽現代化的軍火工業會沒有壓鑄機器呢？回答是否定的。前面筆者已經約略提起過，昆明的五十三兵工廠是有一架德國包拉克式的冷室壓鑄機，這架機器是用來壓鑄望遠鏡及軍用指南針外殼用的。在當時官僚統治下的工廠，技術人員對技術的改進是不積極的，所以雖然中國已經有了壓鑄的機器，可是一方面反動政府對整個工業沒有倡導，另方面技術人員存有極度狹隘的宗派觀念，即使在自已兵工廠內部，各部門在技術上也是不可能互相交換與學習。

砲彈的引信是用壓鑄法製造的，可是專製砲彈的兵工廠却沒有這種機器，這就證明了採辦機器的人對技術上的配合是不十分健全的。

至於民間工業呢，設備與技術是異常落後，我們知道中國比較發達的是輕工業，他們的整套機器是從國外輸入，不但輸入了機器，而且連零件都仰給於國外，於是在大量生產方面失去了一目標。機器製造業呢，中國夠得上規模的機器製造廠實在少得可憐，但小型的機器廠却很多，這些廠主大半自已就是工人出身，對吸收新的技術方法是比較落後的(註二)，各別的製造數量都是不多，所以就是有許多可以用壓鑄方法製造的零件或日用品也無法利用了。

在需要大量的機器製造業方面，比方電風扇，掛鎖，建築五金，拉鏈，文具儀器，脚踏車零件，鐘表製造業，理髮用具業等，都可以用壓鑄法把產量提高，質量改善。但這些因主辦人的不知，或者沒

(註二) 我們不能否認勞動人民是創造世界財富的主要力量，它有掘不盡的發明與創造天才，但在這現階段上一切新的技術製造方法却還正是在學習的時期。

有懂壓鑄的技術人材，或者怕用了新式製造法會減少工人，遭到解僱工人的麻煩，或者對這工業沒有信心，一旦試驗失敗，白費許多資金，所以中國壓鑄工業不能很快地發達，是有這許多客觀的原因。

壓鑄工業在未來工業建設上的重要性

中國有廣大的農村市場，過去受了帝國主義，封建主義以後官僚壟斷主義的壓迫與剝削，農民除了生活上的必須品外，已無能力購置城市中的工業品。今天反動的統治階級已被打倒，中國在共產黨的正確領導下，逐漸走向繁榮與自由。在老解放區完成了土改，農民的收入已較從前增加，新解放區呢，當然不久也會與老解放區一樣走向繁榮。農民收入的增加，很顯然的要刺激城市工業的發展，但一切製造方法若仍舊墨守陳法，不能因市場的需要而大量生產與供應，就可能變成粗製濫造。比方一把剃鬍子刀架子，或者一把掛鎖，差不多是每個人所需要的日用品。若能利用壓鑄方法製造，那麼無論在成品的美觀上，售價的低廉上，製造的速度上都是其他方法所無法比擬的。

當然新中國的建設上，首先應該從重工業開始，在鋼鐵與煤的生產上，東北已經有了很健全的基礎。今後須要建立的是機器工業，航空工業與汽車工業等，這些工業都必須要壓鑄工業與他們相配合，才能在量與質方面趕得上國外的產品。因此，為了未來重工業的建設，凡對這工業有興趣的技術人員是應該去研究與發展的。

現在有那些機件是可以改用壓鑄法製造的？

前面已經說過，壓鑄工業有很廣汎的範圍，但在現在的環境下，不一定都可以改用這種技術製造方法，我們應該詳細地實地去考察，那一種是比較適合用壓鑄工業去製造，根據兩年來筆者在市場上注意的結果，覺得有下列幾種是很值得用壓鑄法製造的。

1. 電扇零件；　　2. 脚踏車零件；
3. 拉鏈；　　4. 理髮推剪；
5. 各種門鎖，掛鎖衣箱鎖等；
6. 建築用的插梢，窗鈎等；
7. 熱水瓶上用的各種零件；
8. 電鐘零件；　　9. 文具製造業；
10. 軍用望遠鏡，指南針及砲彈引信等；
11. 五十介侖汽油筒螺絲栓子；
12. 縫衣機製造業；
13. 自來水龍頭以各種凡爾等。
14. 各種小型日用品（凡用翻砂鋼方法製造的，皆可代以壓鑄製造法。）

結　語

今天我們在軍事上已經澈底打跨了國民黨匪幫，全國的勝利已近在眼前。但正如毛主席所說的，我們不過走了萬里長征的第一步，所給我們當代人的第二步工程是更艱難與困苦，加之蔣匪與美帝的勾結，封鎖了我們的海口，增加了我們的困難。但為了澈底擺脫百年來帝國主義對中國人民的壓迫與榨取，我們絕不向他們低頭。任何經濟上與技術上的困難，都可以有辦法克服的。各位技術人員同志們，我們團結在一起，貢獻出我們已學到的技術，為新中國的建設邁步前進吧！

（上接第4頁）

會，再進步到共產主義的社會，這重大的責任主要是在工程師身上。但并不是舊的工程師，而是新的工程師。

技術人員要談政治

在目前，也許還有許多人不滿意，各階層中都有不滿意的人，這是可以斷言的。目前誠然有很多困難不易解決，但是各位不要有了困難就彷徨觀望，我們不要彷徨，不要觀望，不要懷疑，要改造我們自己，要重新學習，要學習政治。以前大家以為政治只是貪官污吏的事情，所以大家都不談政治。現在完全不同了，現在是民主的時代。什麼叫民主？東北老百姓講的最好最明白，民主就是大家的事大家管大家幹。所以沒有一件事也沒有一項職業不和政治發生關係，政治覺悟不高，科學文化教育都沒有用，所以尤其是知識分子，尤其是技術人員，非要談政治不可。但是一般地講來思想的轉變很不容易，知識分子的學習也不够虛心。譬如現在上海的報紙，很多人以為不精采，粗枝大葉一看就是了，不及從前看報津津有味。事實上現在的報紙比從前難編得多，一篇文章一段消息都集體研究過，所以東北的報紙不是看的，是讀的，要仔細的讀，這才是學習的態度。知識分子往往自高自大，以為什麼都懂得，這種態度往往妨礙了學習，妨礙了進步，　（下接第20頁）

新中國建築事業的前途

楊　謀

衣食住行是人生的四大需要，一個人沒有吃，沒有穿，也許會餓死，凍死，但是假使沒有地方住，也一樣是不行的。住的地方，尤其依賜着整個家庭的健康，必須仔細加以考慮。一般說來，我國大部份的人民至今還過着食不飽衣不暖的生活，對於住的問題，當然更無力去經營。在幾個大都市裏，我們還常看到許多美侖美奐的精美住宅，但是就全國看來，這比率實在太少了。我們不去說內地許多人民還靠着山洞來避風雨，就是在大都市裏，也正不知有多少人在污穢骯髒的貧民窟或是棚棧裏過着暗無天日的生活。經過了八年的抗日戰爭，和三年人民解放戰爭，毀去了成千成萬的居屋，但是新的建築事業還沒有茁芽，這能怪中國人沒有能力嗎？主要還是沒有材料，沒有錢，和沒有穩定的環境。不過，穩定的環境總會來的，建築事業也總有一天會蓬勃地發展的。

大量建築的需要

我國是一向缺乏正確的統計和資料的，全國人口的總數，也還沒有一個絕對可靠的數字，關於需要房屋建築的數字，我也不想去遮拾有幾本書上盲目的估計，不過我僅就說明幾點趨勢而已。

一，戰時房屋損失的補充　我國受盡了連年戰爭的糜爛，房屋建築之受砲火炸彈毀損者，不知凡幾，幾年來雖然已有稍加修建者，但因限於財力，多僅屬臨時性者，這些損失的公私建築，當然要亟謀恢復的。

二，舊房屋的改造　房屋使用年齡，當視其所用材料而定，就我國一般舊房屋而言，大多數爲磚木建成物，其使用期限當可在四五十年左右，但因我國舊房屋的式樣，幾乎千遍一律，均是幾開間幾進式，只注重寵大和相對稱，而不顧到實際的需用，這種大家庭式的院落，當然也都有改建的趨勢。

三，公共性房屋的需要　在我國各鄉村城鎮，除了廟宇以外，差不多就沒有其他公共性的建築。將來，學校，戲院，博物館，民衆教育館，醫院，——這類建築物，必然會在全國普遍地建立。

大部份的中國老百姓，直到今天還過的非人的生活，他們的住所也許比牛棚馬廐還不如，假使要改善他們的生活，住的問題尤其先要解決。所以，假使要問我國究竟需要多少房屋，這實在是無法估計的。

建築材料

我國房屋建築的材料，最普通的是磚石，木材。當然，用水泥，鋼的建築也有，這只是少數而已。要求建築的耐久，要求建築物高度寬度的不受限制，要求建築物防火，當然應該採用鋼骨混凝土等材料。但是，審視我國的一般經濟能力，假使要大量建築的話，還是只能求之於磚石木材等材料。固然，在國外建築界的趨勢，已經差不多都在設法，使用金屬性的牆垣以替代磚牆了，我們是無法效擊的。不過，磚的製造，我國目前還都使用土法，尺寸既不整齊劃一，載力亦成問題，應該加以改進。木材則東北和福建等地均有大量生產，但是品質較次，不及舶來品，應該設法研究化學處理之方法，以減少其漲縮性，并增强其負荷力。水泥鋼條，我國東北和京滬等地均有生產，不過能否大量用，還得視將來生產情形而定。

我國雖號稱地大物博，但是因爲生產方法不知進步，運輸情形不佳，建築材料之供求，將來難免有失調的情形，因此我人應亟求材料經濟的方法。目前的中國營造工人，都墨守成規，不求進步，對於新的趨勢，無法適應，所用材料，也多憑藉個人的估計及武斷，如何設法避免浪費，也是中國工程師一大課題。

房屋建築的式樣

中國的普通房屋，平面上言，都不脫幾開間幾進的式樣，就結構言，差不多都是立帖建造。這種房屋，無疑的都不合實際需要。普通的家庭，就只需要臥室，廚房，書房，客堂而已，我國的許多房屋，却就好像只預備作喜慶婚喪的大禮堂，陽光，空氣，許多實際上應該考慮的要點却都沒有注意，屋頂空間，也都浪費，不大有假三層等式樣。

不過，公寓式的集體性的房屋，因爲和我國的一般的家庭觀念不大配合，除了在都市以外，恐怕將來也不易有發展。美國式的活動房屋，我國固然一方面缺乏金屬原料，一方面也不大能適合我們的生活習慣。

在將來大量房屋建築興建的趨勢中，必然都會趨向到新型的經濟小住宅方面，而摒棄舊式的房屋。在這一方面，中國的建築工程師們似乎應該適應我們的風俗，習慣，氣候，規劃幾種標準圖樣，供人們選擇採用。內地營造工人，亦應予以新的工程常識訓練。至於不顧實際需要全本洋化的建築，當然也不是我們所應效法的。

空地面積，與整個房屋建築也有着極密切的關係，一般而言，當然空地面積愈大愈好，我們國人的建築，對於這一點却都忽略，以是大好建築，陽光空氣均感不足，這一點也是應該注意的。

營造方法的改進

營造工業的機械化，就是一切都設法利用機械力量，這在工業化的國家當然是可能的。但是在我們，至少暫時短期內沒有希望。應用機械第一須有設備，第二須用燃料，在我國也許還是用人工較爲便宜。不過，營造工程也可以分工合作，以增加速率，減輕營造價格。譬如說，門窗，櫊柵，桁條，……都可以有專門的材料商按尺寸先行配就，只待買好後配合就是了。成套的廚房，浴室設備，更可以預先配好。將來的營造商，不必每一部份的東西，都必需自己去督做，這樣在營造速率上，一定可以增進不少了。

現在的活動房屋，都是美國來的，它的特點，在於可以極簡便地拚裝而就，以節省營造的時間。不論目前這類活動房屋式樣是否合適我們的需要，也不問使用的材料是否經濟實用，不過這種迅捷的營造方法，至少啓發了房屋建築的新門徑。

房屋的附屬設備

一般而言，我國的人民是一個節儉樸素肯吃苦的民族。固然，一般人對於家的觀念極爲牢固，他們也都極希望極願意營建一座房屋，但是，他們所需的也只是一座房屋而已，至於房屋的是否合用是否舒服是否衞生却都不大顧及的。即使在大都市裏，沒有水電衞生設備的房屋還是極多極多，更無論窮鄉僻壤了。"綠地"的觀念，房屋的合適佈置，一般人也不瞭解。陰溝系統的構造，也往往忽略。

這類衞生工程，當然很需要團體的力量加以推動，而不單是個人的力量所能完成的。但是，假使要求一座房屋能完滿地成爲起居之所，那末衞生工程當然是必需的，而每一幢房屋，更必需配合相當的綠地，栽植相當的園林。

在眼前看來，也許這一切都太浪費，因爲只要有一塊地方避風雨，在我國已經都很滿足的了，當然不會有餘力來作他想的。但是，事實上，這實在是我們的生活水準太低了，生活的意義雖然不在奢侈，但是最低限度的設備却是要的。

建築界努力

我國的建築事業，無疑地將來會急劇的發達，但是這副重担却全期待着建築界的努力。因爲，墨守成規大家都知道行不通，但是把歐美建築全盤搬過來又何嘗可以，無論材料也好，式樣也好，營造方法也好，都要加以統盤的籌劃和考慮，雖然我國的建築歷史開始得很早，到今天也很有許多名貴的古建築輝耀世界，然而却一向都憑着匠師的口傳面授，很少書籍可資參考，今後我國的建築事業的發展，當然需要建築界下一番苦心的。

（上接第18頁）

這也就是工農大衆容易進步的原因。東北已經有這種經驗，就是初中生比高中生進步快，高中生比教師進步快，教師又比校長進步快，舊習氣猶如包袱，背得愈多的進步也愈慢。技術人員在科學技術上有很高的水準，但是必須學習了爲人民服務的思想和作風，這才是新中國的寶貝。

一切的工作，必須要有計劃。資本主義社會是主張自由競爭的，從前有一個時候，美國的牙醫生很賺錢，所以牙醫很多，結果調查了一下，牙醫竟比牙齒痛的人還多，這就是沒有計劃的結果。新民主主義國家的建設，必須是有計劃的，大家不計個人的名譽地位，而只爲集體的利益着想。職務雖然有差別，但是工作是平等的，齒輪和螺絲釘，在整體的機器中，負着同等的功用。有些知識分子只希望向上爬，這是不對的。就拿踢足球做例子吧，假使大家只把踢進了球作爲光榮，也不傳遞人家，只一味地踢，這種個人主義的作風是絕對行不通的，我們的工作必須要合作起來，有人踢球，也必須有人守門。我們必須拋棄個人的功利主義的想法，來換取集體的名譽和利益，也就是說，每個人必須準備在大事業中做個螺絲釘。每個工程師必須學習毛澤東思想，把實際和理論結合起來，這樣的工程師才是新中國所需要的。（聞芳記錄）

混凝土骨料的選擇

戴令奐

骨料的選擇

在水與水泥比例的理論裹面，我們巳經知道假如混凝土所用骨料，混和及施工方法以及護凝時間及其處理等等狀況完全相同時，則其强度以及耐久性完全視水與水泥之比例而定。這裏所謂骨料，包括如黄沙、石子或其他經工程師認可之材料：骨料的選擇無疑將影響混凝土的優劣。在水與水泥比例相同時所製成之混凝土，除各種礦物骨料因各礦物性質的不同，强度互異而產生不同强度的混凝土外，普通所採用的天然砂石，對於混凝土的强度及其耐久性並無十分顯著的影響。

骨料是構成混凝土的最主要部份，其佔混凝土的體積亦最大，所以關於骨料的選擇，必須同時達到兩個標準：第一能產生最堅强耐久的混凝土；第二能產生最經濟的配合。關於前者須視骨料本身之性質而異，後者則視選擇時配合得當與否而定。

骨料的種類

混凝土的骨料分粗細兩種，粗骨料最普遍採用者爲天然碎石，卵石或熔渣等，細骨料則爲黄沙，河沙或細熔渣之類。凡骨料能通過三號篩者，即小於1/4″者統稱之謂細骨料，反之不能通過三號篩或大於1/4″者稱之謂粗骨料。

不論粗細骨料，均需堅硬耐用，普通比重大者必較小者爲優，工程師可憑過去經驗以及使用成績作爲取捨標準。凡混凝土建築物在氣候變化惡劣之地區者，其骨料之過去使用情形尙無紀錄可循時，則宜在實驗室中以硫酸鎂或硫酸鈉作加速冰凍與熔解試驗，以决定其取捨。粗細骨料內所含有害雜質，應如表四之規定：

表四：骨料容許所含有害雜質之規定(根據美國標準材料試驗)

雜質類別	粗骨料		細骨料		附註
	尋常容許限度 百分比以重量計	最大限度 百分比以重量計	尋常容許限度 百分比以重量計	最大限度 百分比以重量計	
軟碎片	2	5	—	—	
煤屑	0.25	1	0.25	1	
泥灰	0.25	0.25	1	1.5	
細於200號篩之粉料	0.5	1	2	4	建築物之受表面磨蝕者
			3	5	建築物不受表面磨蝕者

骨料之磨蝕

因爲純水泥漿對於表面磨蝕的抵抗極微，混凝土對於這種表面磨蝕的抵抗大部份需依靠骨料的堅實，混凝土建築物如公路路面倉庫地板或者橋墩，碼頭等處受表面磨蝕者，採用之粗細骨料宜特別堅實，在必要時需先作人工磨蝕的試驗，從其重量之損失，以推知其合用之程度。在工地無試驗設備時，骨料凡用小刀砍切而無損者即爲合用。比重小組織疏鬆之骨料，在混凝土硬化過程中易吸取其中水份致減弱其强度，故在採用之前應先浸以水。

粗骨料之尺寸

混凝土係以粗骨料爲主體；水泥，水及細骨料三者之作用則在塡充並凝結，成爲堅實之整體。所以粗骨料大小之配合，足以影響其餘三者材料之消耗數量。在同一體積之混凝土內，粗骨料之尺寸較大則需要水泥沙漿較少，換言之，即水泥及細骨料之數量可以較少，亦即較爲經濟。如粗骨料之尺寸較小，則因其週圍需要與水泥沙漿黏合之面積增多，即水泥及細骨料之需要數量增多；通常水泥之價格遠較粗骨料爲高，故節省水泥之用量即減輕混凝土之單價。如圖7所示，粗骨料之大小與水泥用量之關係，粗骨料之尺寸愈大，則水泥之用量愈少。根據經驗，若以1½"石子代替3/4"石子，則每立方碼混凝土可節省水泥7/10包。圖8顯示若採用3"光景粗骨料，則水泥用量可節省甚多。至於3"以上骨料是否經濟則視施工情形工程範圍以及運輸便利與否而定。有鋼筋建築物不能採用超過鋼筋間淨距四分之三之骨料，但是在大規模混凝土工程如水壩，大擋土墻等，若用大骨料則可較爲經濟。

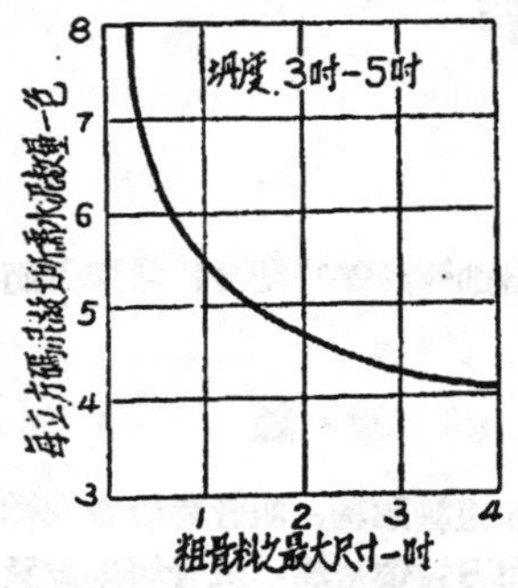

圖 7　最大粗骨料對於水泥數量的關係水與水泥之比例爲每包六加侖

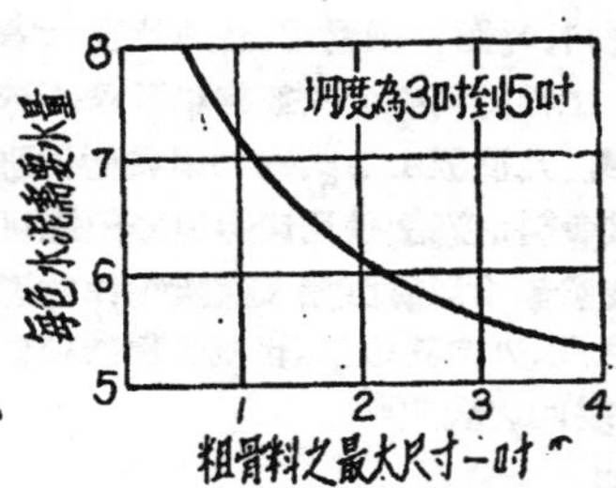

圖 8　最大粗骨料對於水量的關係每立方碼混凝土需水泥五包

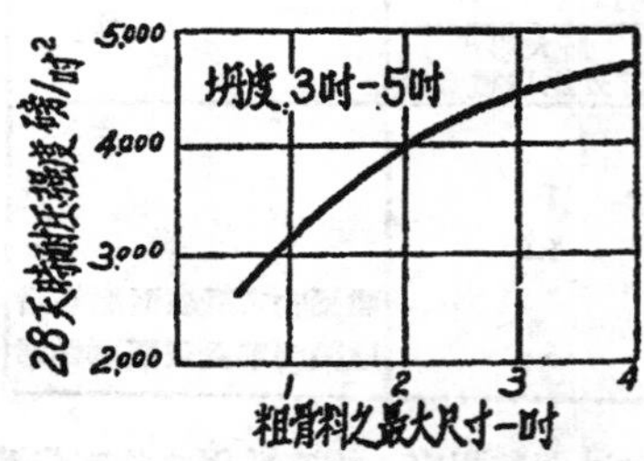

圖 9　最大粗骨料對於耐壓強度的關係每立方碼混凝土需水泥五包

同坍度之混凝土若每單位體積混凝土所用水泥量爲一定，則上節所述粗骨料尺寸之大小，亦即影響水之用量。在圖8中坍度爲3吋到5吋，每立方碼用水泥五包之混凝土，粗骨料愈大則水之用量愈小。因爲水與水泥比例之減小，改進了混凝土的強度及其耐久性。圖9即示粗骨料尺寸對於混凝土強度的關係。

在建築大規模水壩時，混凝土內石子的最大尺寸有達直徑九吋者，普通在六吋以下，其混凝土強度與所採用粗骨料最大尺寸成正比，即最大尺寸之粗骨料愈大，混凝土強度愈增，此項關係在粗骨料之最大尺寸在1"以下時愈爲顯著。

粗骨料的最大尺寸顯然被建築物的大小，施工情形以及運輸的難易所限制，普通最大不得超過樑柱最狹部份的五分之一，更不得大於鋼筋間淨距的四分之三。

骨料必須參差採用

普通情況下，水泥的單價遠較粗細骨料爲高，所以混凝土的經濟與否，全視粗細骨料的相互參差配合，使在不損強度及耐久性之原則之下，水泥用量達最小限度。我們可以想像，當乾砌片石時，假使每塊片石的大小尺寸完全相同，則砌成的建築物一定不可避免有甚多空隙。欲使空隙減少，非採用不同大小的片石不可。同樣的理由，混凝土的粗細骨料顆粒的大小，必須參差不齊，才能減少水泥的用量。不論粗細骨料，如僅採用一種尺寸，不但無補益於混凝土的強度，並且是浪費水泥沙漿，所以極不經濟。

最適度的沙量

祇要粗細骨料選擇分級得好，我們可以用極少量的水泥漿，產生堅强耐久的混凝土，這就是最經濟的混凝土。任何一組粗細骨料與一定份量之水泥漿混和以後，若其他製成混凝土條件均不變，則必有一最適度之沙量，(因爲沙爲細骨料中之被最普通採用者爲省目起見簡稱沙量)。用以產生最經濟的混凝土。如圖10曲線表示沙量對於水泥漿的關係，此曲線爲普通稠度之混凝土，其水與水泥之比爲每包6.87加侖，所產用之沙自0號至4號，石子尺寸則自4號至1½"，

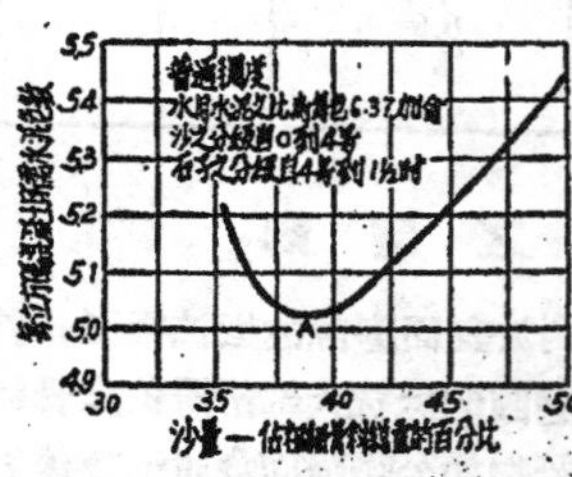

圖10　沙量對於水泥用量的關係

13110

曲線頂點A卽爲此種混凝土最適度之沙量。自A以左之沙量百分比表示用沙太少，不足以塡充粗料之空隙，自A以右則表示沙量太多，稠度將太乾。兩者皆以必須增加水泥用量，以維持所需要之稠度，換言之，A點所指示之沙量爲最適度之沙量，需要之水泥量最少，亦卽最爲經濟。各種稠度的混凝土，設已決定採用石子黃沙的大小，及其水與水泥之比例，則均可自實驗求得如圖十所示之曲線以確定沙量之最適度。

粗骨料分級的經濟價值

混凝土是水泥，水和粗細骨料的混合體。任何一項材料的分級，或質量方面的變化，都足以影響混凝土的性能及其經濟價值。粗骨料的分級對於混凝土經濟的影響，可以用表五的舉例來說明：

表五：粗骨料的分級對於水泥量的關係舉例

(根據美國卜特蘭水泥協會結構局出版之 Concrete Information No. ST38)

編號	粗骨料的分級重量百分比			沙量之最適度	每立方碼混凝土需要水泥包數	
	4號—3/8″	3/8″—3/4″	3/4″—$1\frac{1}{2}$″	重量百分比	沙量最適度時	假定用沙量爲35%
1	35	0	65	40	5.4	5.7
2	30	17.5	52.5	41	5.4	5.8
3	25	30	45	41	5.4	6.2
4	20	48	32	41	5.4	6.0
5	0	40	60	46	5.4	7.0

表五所組成的混凝土，規定每包水泥用水6.3加侖，沙的質料各次試驗完全相同，粗骨料的最大尺寸爲$1\frac{1}{2}$″，共分三級，以五組不同的配合求其與水泥需要量的關係。依上節沙量最適度的原理，每一組粗骨料的配合中必有一最適度之沙量，注意水泥的需要量若採用之沙量達其最適度時，不論粗骨料如何分級配合其值不變，但若假定用沙量爲35%時，則水泥需要數量隨粗骨料各組之分級不同而異。上表第1與第五組試驗中，水泥數量差別每立方碼混凝土達1.3包，不可謂不巨矣。

第五組粗骨料的分級祇有3/8″—3/4″者及3/4″—$1\frac{1}{2}$″者兩種，故若假定用沙量爲35%時，則水泥之數量每立方碼混凝土需達7包，與沙量達最適度時相差1.6包，與其他四種組合時大約相差1包，可見沙量之最適度對於混凝土經濟的影響，同時說明在缺乏正確試驗，未能確定沙量之最適度時，粗骨料分級的重要。第1到4組粗骨料配合頗較第5組爲完備合宜，故水泥需要數量雖假定其用沙量，但與沙量在最適度時相差並不多。

反過來講，製造一定稠度之混凝土時，若水泥之數量爲一定，則當採用最適度之沙量時，其混凝土所需之水量爲最少，亦卽水與水泥之比爲最小，故可得最優良的混凝土。

細骨料分級的經濟價值

當然細骨料分級的不同，亦將影響混凝土的經濟。圖11採自楊氏(R.B. Young)之試驗結果。混凝土之稠度，強度及其粗骨料之質量分級皆爲相同時，以三種不同大小的沙與同一組粗骨料混和時，所需水泥數量如圖十一中三根曲線所示。當沙量爲最適度時需要之水泥量相差無幾，但若假定用沙量爲45%時，則需要之水泥量自4.6至5.4包不等。用沙量離最適度，愈大時水泥需要量之差

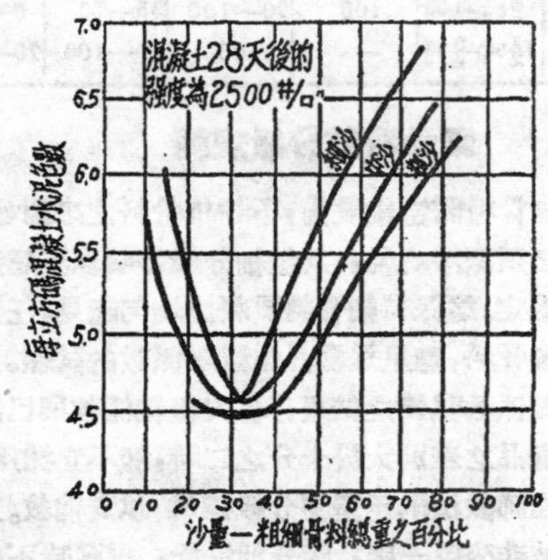

圖11 沙量與水泥需要數量的關係

別亦愈大，爲愈不經濟。

上節所談的都是粗細骨料分級的理論。工業進步的國家對於各地各種材料都有標準試驗與報告，所以不難憑爲分級的根據。可是在我國尤其是石子黃沙等一類廉價天然材料，鮮有人注意研究，遇有大工程時，非事前作切實試驗，甚難作選擇，分級的判斷。粗細骨料分級的經濟與否，隨骨料的種類，混凝土的稠度，以及所規定水泥數量而異，甚難作劃一的規範。理想的分級，必須從多次實驗獲得。遇有大工程時，事前的材料分級配合試驗對於工程經濟有莫大助益。

骨料分級與混凝土收縮

因爲粗細骨料的分級配合咸宜，可以節省水泥的數量，也就是減少了混凝土內水泥沙漿的數量。單位體積內水泥沙漿的用量減少，不但有極大的經濟價值，而且對於混凝土的收縮，有甚多的助益，據試驗結果，同稠度及同强度的混凝土，若以1½″粗骨料代替3/4″粗骨料，則凝泥土的收縮將減少30%，若以2″代替3/4″則收縮減少達40%，混凝土體積的收縮與膨脹是建築物發生裂縫的主要原因，這就說明骨料分級對於混凝土壽命的重要性。

粗骨料的分級規範

粗骨料的分級，應依照如表六之規定，所謂粗骨料之最大尺寸，指骨料所能全部通過篩孔之大小，而其遺留在如表六所示篩級排列次序之次一較小篩者，不得小於百分之五。

表六：碎石卵石，及熔渣等粗骨料分級規範（美國材料試驗標準）

編號	分級類別	通過正方孔篩的百分比的容許範圍								
		2½吋	2吋	1½吋	1吋	¾吋	½吋	⅜吋	四號篩	八號篩之篩孔爲2.38公厘見方
1	2吋-4號	100	95—100	—	35—70	—	10—30	—	0—5	—
2	1½吋-4號	—	100	95—100	—	35—70	—	10—30	0—5	—
3	1吋-4號	—	—	100	90—100	—	25—60	—	0—10	—
4	¾吋-4號	—	—	—	100	90—100	—	20—55	0—10	—
5	½吋-4號	—	—	—	—	100	90—100	—	0—15	0—5
6	2吋-1吋	100	90—100	35—70	0—15	—	—	—	—	—
7	1½吋-¾吋	—	100	90—100	20—55	0—15	—	—	—	—

細骨料的分級規範

細骨料需粗細兼備，不論細骨料之來源如何，質地必須潔淨均勻，其粗細分級範疇以不超過表七之規定。爲保持細骨料質料之均勻起見，任何一處之細骨料，應呈送樣品作粗細係數的試驗。凡根據粗細係數試驗之結果，各次粗細係數與已決定標準樣品之差別大於十分之二時，即不宜採用，或由工程師設法酌予變更分級標準，以資補救。凡細骨料並非來自一處，應分別堆置，儲藏時不使混和，在未得工程師之許可前，不宜將不同種類之細骨料用於同一建築物。

表七：細骨料分級規範

篩孔號數	篩孔大小公厘	通過之百分比
3-8″	9.52	100
4號	4.76	95—100
16號	1.19	45—80
50號	0.297	10—30
100號	0.149	2—10

粗　細　係　數

粗細係數（Fineness Modulus）是用以測定骨料粗細程度的係數，等於骨料遺留在特定一組篩上百分比之總和，除以100所得之商。此特定篩組爲一等差篩組，即爲第六第七兩表中所列之第100號，50號，30號，16號，8號，4號以及3/8″3/4″1½″等，每篩之篩孔大小較次一號者大一倍。假如粗細係數小於1.50的細骨料，就不能採用，天然砂的粗細係數很少於1.5的細骨料的粗細係數，通常自2.5到3.2，第六七兩表所列的分級，不過是一個範圍，其間伸縮的容許限度甚大，事實上最合理想的分級，將視工作的性質及混凝土所需要的稠度而決定。

譬如某種工程混凝土的強度及其經濟列爲首要，則將採用水泥較多，並用較粗之骨料分級，相反地如某處以混凝土之澆搗工作之方便爲首要，强度次之，則水泥量可減少，粗骨料之最大尺寸亦酌予減小，其粗細骨料之分級可更嚴格。有時爲材料的限制或經濟上的理由，骨料分級得工程師之指示可加變更。

骨料分級採用第六，七表所示之最大限度時，間有所混和之混凝土其稠度或不合工作上之需要，這是因爲1/8″到$1\frac{1}{2}$″的骨料成份佔據大多之故。補救之道或將細骨料內細料之成分加多，或將粗骨料內細料之成份減少。

沙粒不宜太細

普通混凝土工作若採用細沙，則需要之沙量較粗沙爲少，但並不經濟，太細的沙粒與粗骨料混和以後，免不了有粗細骨料分離的現象，並且沙漿易於浮在混凝土建築物的表面，有損混凝土强度之均勻。就分級理論而言，細沙往往分篩的結果，祇有一二種粗細差別，採用後易使混凝土成空洞，且所需水泥漿較多，太不經濟，必需避免。

表七中規定細骨料之通過第50號篩，應自10%至30%，通過第100號者，自2%至10%，但如每立方碼混凝土所用水泥量超過五包時，得工程師之准許，可更改爲通過第50號篩者自5%至30%，第100號篩自0至10%，此項沙粒之最小限度，在用水泥量較多，澆搗工作較易。並且如路面工程等用機器粉光之混凝土或爲已足，但在澆搗工作不易之處如混凝土墻等，雖水泥用量超過每立方碼五包以上，細砂之成份仍嫌不足，大概通過第50號篩者應自15%至20%。

沙粒太細則相同之沙量其與水泥結合成水泥沙漿時，所需之水泥數量遠較粗沙爲多。據試驗結果，若沙粒太細，此項水泥需要量爲以同量之粗沙時之二倍。蓋因沙粒太細，則其表面積增多，是以需要與之混和之水泥量亦隨之增多，故極不經濟。

碎　　石

粗骨料中最被普通採用的是碎石。其中自以火成岩花崗石爲最佳，凡在建築物之受經常磨蝕之處如路面及落地等均宜採用之。惟需注意此類石質因太堅硬脆係，用人工搞碎爲碎石時，往往顆粒形狀不易渾圓，甚至長方，扁平者有之，此類長方形或扁平形碎石，在混凝土內堆疊時，常不易密級，即其間空隙成份大，需要水泥沙漿數量即隨之增多，而造成不經濟，故在敲碎時宜特別注意其顆粒之形狀。

白雲石及堅硬之石灰石在强度以及防火之功能上，均堪與火成岩花崗石相比擬，但比重小，組織疏鬆之石灰石則在與水泥沙漿混和之前宜先浸以水，以防止混和後吸取水泥硬化時所需之水份，減弱混凝土之强度。同時此類碎石往往含雜多量塵埃，應先經篩洗然後採用。

卵　　石

在近河流之處，因就地取材之方便起見，可採用卵石爲粗骨料。卵石因受水流之經常冲刷，其顆粒形狀遠較碎石爲圓渾，故所得之混凝土，强度較均勻，水泥用量較少，搗實工作較不規則之碎石爲容易，密度較大且所成混凝土較用碎石者爲不易透水。但同稠度時以同量水泥混和所得之混凝土，其在抵抗彎力方面則用卵石者較用碎石者爲遜。

因地就材注重試驗

事實上像上面所說各種選擇的標準，甚難一一完全達到。有時爲事實情形所限制，不得不採用細沙或含有塵埃的碎石，自經濟立場言之，在不妨礙規定强度原則之下，往往採用當地不合標準之材料，遠較自他處運來優良材料爲有利。因爲當地材料雖不合標準，但可設法補救，如增加水泥數量，以增加强度，或多加篩洗手續以剔除其劣質等。工程司貴在憑經驗因地制宜，隨時權衡經濟價值及其强度之得失，以爲取捨之標準。尤其重要的是工地材料必須隨時實地試驗，以決定其是否符合標準。沙石等天然產物雖在同一地點，往往性質迥異，沒有經過切實試驗，是不足以判斷其優劣的。

全國技術人員團結起來！
發揮集體創造的力量，
克服建設過程中的困難；
自力更生，粉碎封鎖！！

關於銼刀的集體討論

中國農業機械公司訓練處技術討論會

中國農業機械公司訓練處技協友會爲了增進自己的技術知識，和工作經驗起見，特於工場訓練以外，組織技術討論會。成立以來，已經有三個月多了。參加人數由原來的十八個人增加到近百人，討論題目亦已更換了三次。下面是我們第一個題目『銼刀』討論的結果。本不敢公諸於世，不過同仁等覺得正因爲我們的學識淺薄，經驗不足，我們更應該多多向人討教，我們更應該將我們研討的結果公佈出來，讓大家來討論指正。同時我們還有一種希望貢獻我們的自習與集體研討的學習方法，作爲讀者們參攷的意義在內。

——史炳誌——

銼刀的粗細

通常在工場內應用的銼刀，爲了工作上的需要有粗細之分。其分別方法各有不同，最普通分類的方法是這樣：

甲、根據同樣長度的銼刀，比較其每單位長度內所含齒數多寡而決定。

(a)最粗銼(Rough)

(b)較粗銼(Coarse)

(c)粗銼(Bastard)——每吋20至25齒

(d)細銼(Second Cut)——每吋30至40齒

(e)較細銼(Smooth Cut)——每吋 50 至 60齒

(f)最細銼(Dead Smooth or Super Smooth)——每吋70至80齒

上列六種係美國通行之銼刀分類，中以粗銼，細銼和較細銼最爲普通。

乙、依照號數來分，計爲0,1,2,3,4,6 等六種。每一號數其每吋所有之齒數均有規定。然各國製造略有不同，玆舉述二種列表如下：

銼刀號數	齒數 / 吋	
	瑞士製銼刀	美製刀銼
0	40—70	35—60
1	75—88	55—75
2	56—104	80—95
3	100—130	90—120
4	120—160	125—135
6	200—220	160—200

上述二種銼刀粗細分類方法都是以每單位長度內所含的齒數爲標準。我國對此問題向無詳細研究，所以也沒有一定的標準，都是根據其他各國的出品作爲製造及使用時的參攷。

我們這次討論到這個問題，除了上面所表示的那兩種分類方法外，又有一個新的說法。就是"拿同樣長度的同樣銼刀，同樣的新度，用同樣的力，在同一時間內銼同一材料，視其銼下鐵屑的多寡，決定其粗細"。這個假說正在研究中，待有證實後，那又可多一個銼刀粗細分類的方法。

銼刀的斜紋

用力學的原理來解釋銼刀銼紋傾斜度的大小對於工作物有什麼影響，這個問題在我們討論的時候產生了三種解釋，現在依次的寫在下面：

(甲)第一種解釋：

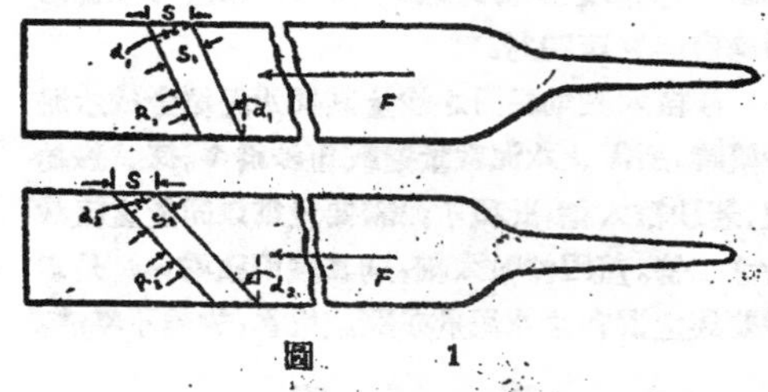

圖 1

上圖表示銼刀銼紋傾斜度不同的二把銼刀

設 α_1 爲a銼刀銼紋與銼刀短軸所成的角度

α_2 爲b銼刀銼紋與銼刀短軸所成的角度

F 爲作用力

S 爲二銼刀向前移動相等的距離

13114

R_1 爲a銼受作用力F的反抗力，即被銼物對銼刀的阻力。

R_2 爲b銼受作用力F的反抗力，即被銼物對銼刀的阻力。

f_1 爲a銼受作用力F所生的摩擦損耗，

f_2 爲b銼受作用力F所生的摩擦損耗，

S_1 爲a銼二個相鄰銼紋間之垂直距離，

S_2 爲b銼二個相鄰銼紋間之垂直距離，

則 F在a銼上所作之功$W_1=R_1S_1+f_1$

F在b銼上所作之功$W_2=R_2S_2+f_2$

若 $W_1=W_2$(這裏不問用力過大或過小，浪費時間或疲勞等情形)

則 $R_1S_1+f_1=R_2S_2+f_2$

在此情形下f_1及f_2二値，遠小於R_1S_1及R_2S_2，故可省略不計，因此前式可改列爲：

$$R_1S_1=R_2S_2 \qquad (1)$$

如圖1 $S_1=S\cos\alpha_1$，$S_2=S\cos\alpha_2$

則 $\dfrac{S_1}{S_2}=\dfrac{\cos\alpha_1}{\cos\alpha_2}$

設 $\alpha_1<\alpha_2$ 則 $\cos\alpha_1>\cos\alpha_2$

$\therefore\ S_1>S_2$

由(1)得 $R_1<R_2$

由此可知如銼刀銼紋斜度α_1小的銼刀，在工作時，銼刀所受的反抗力R_1亦小，適合於銼軟材料的情形。反之α_2大，則R_2亦大，適合於銼硬材料的情形。即銼紋斜度小的銼刀適於銼軟物，銼紋斜度大的銼刀適於銼硬物。

(乙)第二種解釋：

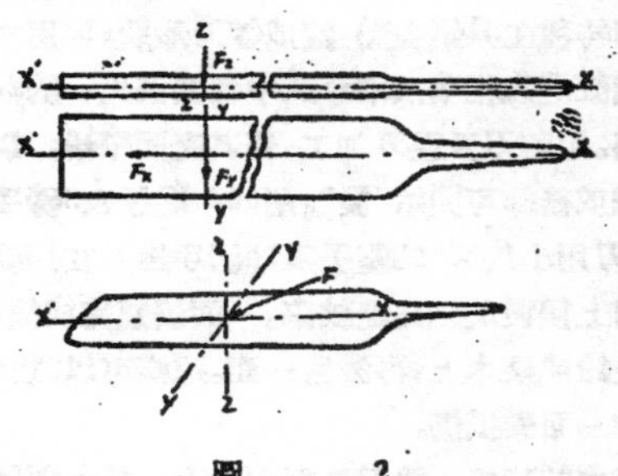

圖 2

設作用力F其沿軸XX',YY',ZZ'之分力各爲F_x,F_y,F_z。

若R爲金屬對銼刀所發生之阻力，其大小與所銼金屬之性質有關，方向與銼紋垂直。

R_f爲銼刀與金屬間之摩擦力，

θ_f爲摩擦角，

則銼刀有效作用(Effective force) ΔF應爲作用力與阻力之差，

即 $\Delta F=F_x-(R\cos\alpha+R_f\sin\alpha)$

$=F_x-(R\cos\alpha+R\tan\theta_f\sin\alpha)$

$=F_x-\dfrac{R}{\cos\theta_f}\cos(\alpha-\theta_f)$

當 $\alpha=0$，此有效力最大 即 $\Delta F=F_x-R$

$\alpha=\theta_f$此有效力最小 即 $\Delta F=F_x-\dfrac{R}{\cos\theta_f}$

普通銼刀的α角便介乎二者之間，即$0<\alpha<\theta_f$

當銼刀銼削銅鋁等金屬時，滑動摩擦力較銼削鋼鐵爲小，即在銼軟金屬時，θ_f較小，於是α變更範圍變小，換言之α値變小。

若銼刀保持等速前進時，則$\Delta F=0$，

即 $F_x-\dfrac{R}{\cos\theta_f}\cos(\alpha-\theta_f)=0$；

$\therefore\ F_x=\dfrac{R}{\cos\theta_f}\cos(\alpha-\theta_f)$

茲將幾種可能的情形依次討論如下：

(1) 當$\alpha>2\theta_f$ 則 $\cos(\alpha-\theta_f)<\cos\theta_f$

$\therefore\ F_x<R$

(2) 當$2\theta_f>\alpha>\theta_f$ 則 $\cos(\alpha-\theta_f)>\cos\theta_f$

$\therefore\ F_x>R$

(3) 當$0<\theta_f$ 則 $\cos(\alpha-\theta_f)>\cos\theta_f$

$\therefore\ F_x>R$

(4) 當$\alpha=\theta_f$ 則 $F_x=\dfrac{R}{\cos\theta_f}$

$\therefore\ F_x>R$

(5) 當 $\alpha=0$

$\therefore\ F_x=R$

這裏的F_x是作用力F沿銼刀長軸(x軸)的分力，R是垂直於銼紋的阻力，α是銼紋與銼刀短軸(Y軸)所成的角度，θ_f爲銼刀與被銼物間的摩擦角，爲一常數。

上述第一種情形F_x小於R表示作用力無法克服反抗阻力，即表示銼刀不能前進，所以α不能大於$2\theta_f$。

第五種情形$\alpha=0$即銼紋與銼刀橫軸平行，這時$F_x=R$，銼刀雖可前進工作，但是非常費力。

第(2)(3)(4)三種情形，所得$F_x>R$故合實用。

13115

所以銼刀的α應選擇在 $2\theta_f > \alpha > 0$ 之間，則所得 F_e 總比 R 大，可以省力。

(丙)第三種解釋：

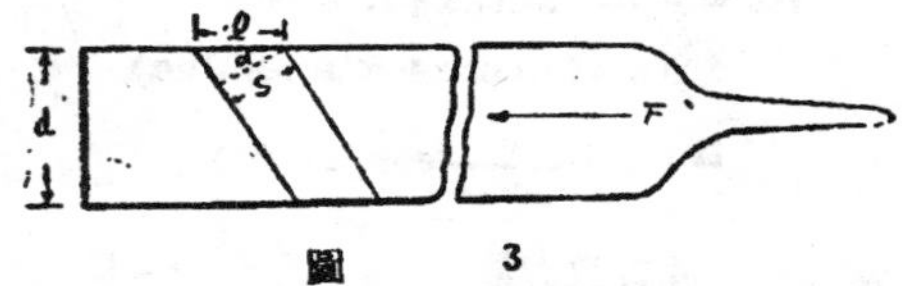

圖 3

設材料的抗切阻力(Shearing force)爲 S_s，

銼刀與材料的接觸面(Contact area)爲 A，

銼刀前進距離(distance travelled)爲 l，

銼刀有效前進距離(Effective distance travelled)爲 S，

作用力(applied force)爲 F

則加入的功(work input) $W_i = Fl$

輸出的功(work output) $W_o = S_s A \cdot S$

若無其他意外的損耗，則 $W_i = W_o$

即 $Fl = S_s A \cdot S = S_s A l \cos\alpha$

或 $F = S_s A \cos\alpha$

$\therefore \quad S_s = \dfrac{F}{A\cos\alpha}$

$\therefore$ F 與 A 俱爲不變之常數

$\therefore \quad S_s \propto \dfrac{1}{\cos\alpha}$

由此得到結論：

(1) S_s 大(抗切阻力大，即材料硬)，則 $\cos\alpha$ 小，即α角大，即銼硬物須用α角大的銼刀。

(2) S_s 小，(抗切阻力小，即材料軟)，則 $\cos\alpha$ 大，即α角小，故銼軟物須用α角小的銼刀。

上面這三種假說都是說明銼刀的銼紋斜度對於材料硬度的關係。現用銼刀有各種不同的傾斜角度，大概都是由多年的實際使用經驗而獲得的結果。

銼 刀 的 齒 紋

銼刀的齒紋形狀，常隨要銼的材料性質製成各種不同的式樣，玆將各種不同的齒紋略述於下；

甲、木銼刀——因木材爲纖維組織，和普通金屬不同，加工時必須割斷其纖維成爲碎屑使其下落，故木銼的齒紋和其他銼刀大爲不同，成爲點狀齒紋。

乙、鋁銼——鋁錫之類質地較軟，銼屑易阻塞了銼紋空隙之處。故其齒紋的距離比其他的銼刀都要闊一些，齒隙的深度亦增加很多。鋁性旣軟，爲增加每齒的割切效應起見，齒紋製成曲線狀(Curved Cut)名爲曲齒銼(Vixen File)

丙、銅銼——銅比鋁錫爲硬，比鋼鐵爲軟，故其齒紋間的距離亦介於二者之間。

丁、鋼鐵銼刀——有單紋(Single Cut)及雙紋(double cut)二種。鋼鐵較硬，故齒紋的間隙亦較小。

上面所述的四種不同齒紋空隙的銼刀，其齒的深淺，也是視材料的軟硬而定。銼軟材料的齒比銼硬材料的要深些，若銼硬材料用深口銼刀，則齒易折斷或受損，因齒尖受到的阻力，可能大於齒尖本身所能忍受的抗切强度。

銼刀與其他的割切工具(Cutting fools)一樣，也有切削角(Rake angle)及間隙角(Clearance angle)，它割削的情形和車刀車床上的割削情形相似。

銼 刀 的 製 造

銼刀的製造，各國都有不同的方法，但大部是利用特別設計的工作母機；待製的銼刀，依一定速度在機器工作面上向一定方向移動，工作母機上的割切工具做成銼刀銼紋的形狀，可以上下運動，這樣就刻劃出銼刀的銼紋來了，然後經過一道焠火的手續，銼刀就可出廠應用了。

我國現尙無利用特製機械大規模生產銼刀的工業存在。不過利用土手工製造則已有悠久的歷史，現特將其製造程序簡述如下：

用特種工具鋼燒熱，鍛成銼刀形狀，再用木炭將它燒紅置入稻草及稻草灰中使其退火，約20小時取出。用削刀及銼刀加工，使其表面平滑。以上工作完成後即可開始"發"。用60° 鑿子及3磅手錘(細銼刀用小於60°的鑿子及$1\frac{1}{2}$磅手錘)在待製的銼刀面上慢慢的刻出銼紋來。一面發製完成後，擱置於硬鉛或硬木上，再發另一面。這樣可以避免已完成的一面受損傷。

焠火的時候，銼刀二面須塗上一層土製的藥劑。(最簡單的是由硝，醬，鹽，稻草灰等物混成)漸漸地加熱至850°C 左右。取出，浸入流動冰水中慢慢冷却。直到完全冷却後取出。這時銼刀的顏色是黑的，如利用壓縮空氣急速噴射石墨粉於銼刀面

(下接30頁)

節省材料，提高效率的——

螺絲滾壓製造法

鄭增輝

製造螺絲普通是在車床上車製，或用螺絲紋板絞出，但在廠中需大量製造時，就嫌這二種方法太慢，如用滾壓方法製造，出品就可迅速許多。在這種方法中，螺絲的形成，是靠齒板或滾刀上的齒槽硬壓入螺絲桿中，將一部分金屬擠起來，成爲螺絲。滾壓的方法也有二種：(一)是將車製光圓的螺絲桿在平齒板中滾過，(二)是一圓柱形滾刀，上有螺絲齒槽，在旋轉的螺桿上滾壓。第一種方法應用較多，大多數螺絲是用平齒板在特製的滾壓機上製成的，所以本文只將此法加以討論。

滾壓螺絲的優點

以前因爲在螺絲滾壓機上製成的螺絲，精密度不高，所以由此製成的螺絲，只能用於家庭用具。電燈開關及電話機上，可是最近用滾壓法製出的螺絲已能有相當的精密度，所以應用範圍漸廣，並且製造速度比其他各種方法爲快。滾壓螺絲的强度也較車製的螺絲爲高，據試驗結果，前者的彈性極限(Elastic Limit)較後者高百分之十三。其他的優點則爲製造時不耗費金屬材料，螺絲表面比車製的螺絲硬度較高，所以不易磨損。

滾壓作用

滾製螺絲的作用，如圖1所表示，A爲固定平齒板，B也是齒板，可依箭頭方向前後運動，但不能左右移動，C爲螺絲桿，置於AB兩齒板間，當B向前運動時，C在强大壓力下滾過，齒板上的齒形藉此壓入螺絲桿中去，在螺絲桿半轉之時就能完成全部螺紋，但因爲材料受齒板上的齒形强烈壓入而排擠很力，以致製成螺絲的外徑總要比原來螺桿的直徑略大，所以螺桿的直徑應較所需製成的尺寸略小。滾壓時兩齒板的地位必須校準，一齒板的齒尖須正對另一齒板的齒底，才可得到正確的螺絲。

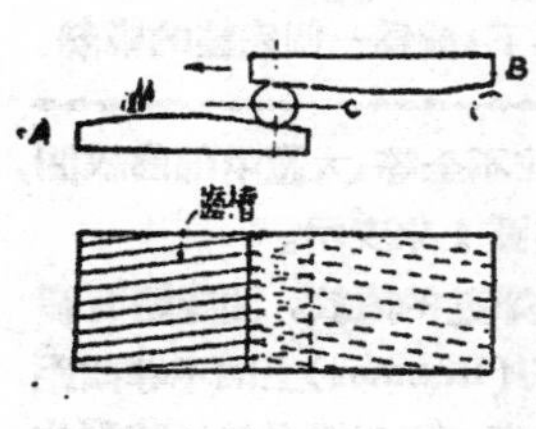

圖 1

齒板的製造

平面齒板上的齒槽形成直線，是由旋形螺絲展開而成，齒槽的傾斜度和螺絲的斜角(Helical angle)相等。

設 $N=1$吋間齒數

$d_p=$螺絲節徑(pitch diameter)

則 節距 $p=\frac{1}{N}$

斜角(α)可從下式算得：

$$\tan\alpha=\frac{p}{\pi d_p}=\frac{1}{\pi d_p N}$$

齒板上的齒槽可用鉋或銑的方法製造，螺紋的形狀節距和斜角必須和要滾製的螺絲符合，由圖2可知，製造時齒槽間的距離e應爲

$$e=p\cos\alpha$$

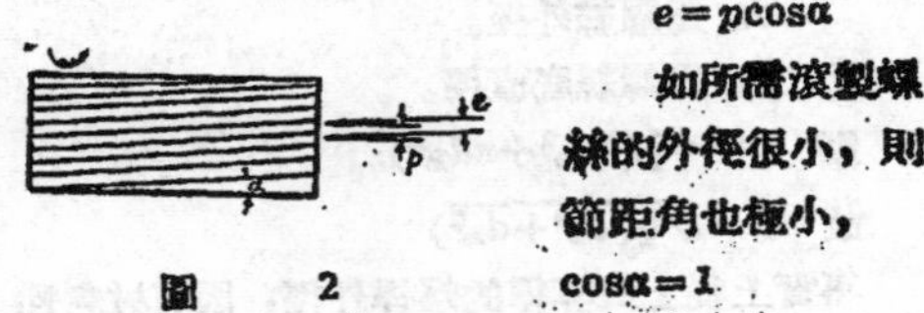

圖 2

如所需滾製螺絲的外徑很小，則節距角也極小，

$\cos\alpha=1$

故 $e=p$。

齒槽本身的凹入角度須較螺絲的標準角度略小，如滾製美國標準螺絲(American Standard Thread)的齒槽角應爲 $58\frac{1}{2}°$，而不是$60°$，因爲材料略有彈性，當滾壓後螺絲離開齒板時，螺絲齒底即略形彈出，除此變化外，其他形狀都和齒形的剖面相同。

假如齒槽用銑刀銑去，所用銑刀的刀齒，並非螺旋形，而係排成許多平行的圓周，這樣才可在齒板上銑出直槽，並且銑刀的長度須比齒板的寬度略大些。

設 b_F 爲銑刀的最小長度

L 爲齒板的長度

b 爲齒板的寬度

由圖3可知

13117

$b_F = L\sin\alpha + b\cos\alpha$

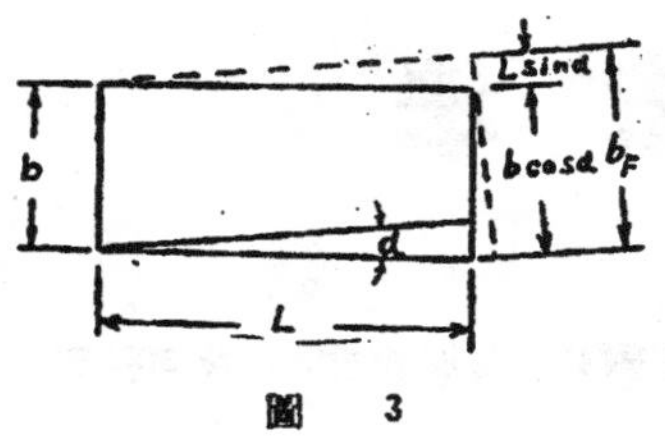

圖　3

圖1上齒板的前端略有斜度，目的是要使齒板開始滾壓時，壓力漸漸加於螺桿上，使齒板壽命延長，齒板末尾的斜度是使滾壓成的螺絲易於掉落，齒板中間的一段是用以完成螺紋的形狀的，它的長度約爲螺桿周圍之半，這尺寸儘可能不要變更太大，否則對於製成螺絲的精確度將有影響。

齒板須以優良工具鋼製成，並須淬火，使它硬度極高，淬火後再在二塊齒板間放少許金剛砂相互磨擦(lapping)，使表面光滑。

螺桿的外徑

如上所述，螺桿因受齒板的滾壓，一部分材料被排擠向上，得到螺絲的外徑比原來螺桿的直徑要大，原則上螺桿被壓下去的材料和被擠起來材料的體積應相等。

設　d　爲滾前螺桿直徑。

d_a　爲螺絲外徑。

d_k　爲螺絲底直徑。

則　$\pi d^2 = \frac{1}{2}(\pi d_a^2 + \pi d_k^2)$

故　$d = \sqrt{\frac{1}{2}(d_a^2 + d_k^2)}$

事實上從上式算得的螺桿外徑，因有材料性質及表皮情形的不同，有時須略加更改，以便得到正確的螺絲外形，更改大小只能以試驗來確定，普通螺桿的外徑略比製成螺絲的節徑大些，如$\frac{1}{2}$吋至1吋的螺絲，螺桿外徑約比節徑大0.0025至0.003吋，但如所製螺絲不需十分精確，則螺桿外徑也有比螺絲節徑略小的。

螺絲滾壓機

圖4表示一水平式滾壓機其主要結構可分爲齒板往復運動裝置和送料裝置。

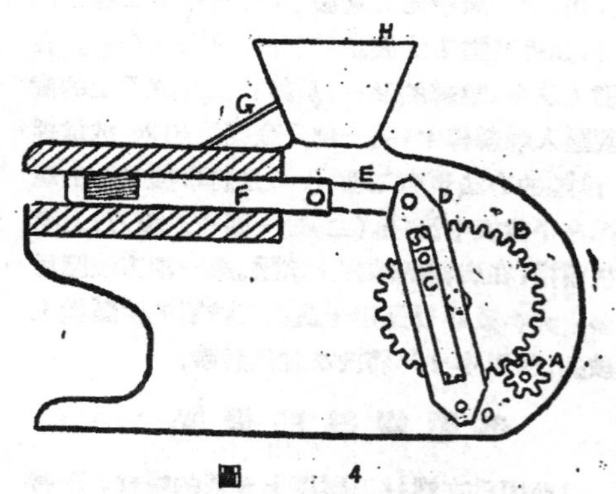

圖　4

(1)往復運動裝置同牛頭鉋床的構造相似，由馬達轉動齒輪A，再傳動齒輪B，B輪上有突起的梢子C，能在搖桿D的長槽中滑動，當齒輪B轉動時，就使搖桿D繞支點O左右搖擺，D的搖動經由連桿E傳動至拖板F，它在槽中往復運動，F上就裝有齒板，另有一齒板是固定在機器本身上，當F左右滑動，螺絲的滾壓作用就可開始。

(2)送料裝置包括一盛器H，內放螺絲桿，螺桿由槽G中滑至齒板口，當F回至極端，將開始再向前進滾壓螺絲時，有一推送器，經凸輪的傳動，將等在齒板口的螺桿推入二齒板間，螺桿在齒板間被滾壓後就在末端落下，成爲一個完整的螺絲。

(上接28頁)

上，則可使黑色變成灰白色，較爲美觀。

至於舊銼刀的土法修理方法，普通是先將鈍銼刀退火，刨去原有的齒紋，然後再照上述製造程序重新發製。

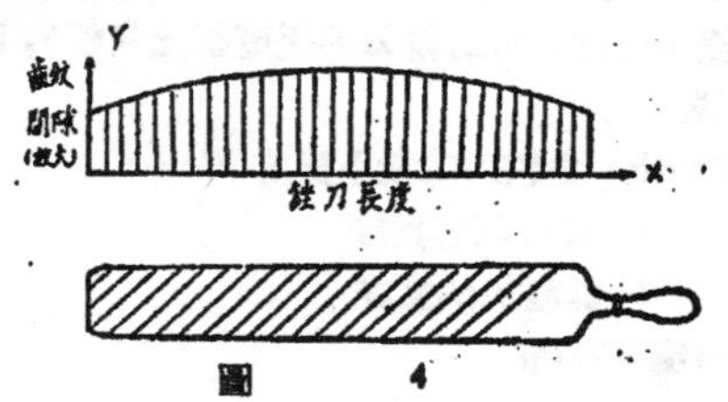

圖　4

銼刀齒紋的間隙，並不全等，大體中部齒紋間隙較闊，二端較狹，可用圖4來表示。

除上述的變化外，鄰近的齒紋，間隙略有闊狹不同。其作用好像鉸刀(Reamer)上的不等齒距(Unequal Spacing)一樣，用以避免使用時發生震動(Chattering)的現象。這種前後隙縫不同的情形，稱爲增隙齒紋(Increment Cut)。

銼刀二面，並非爲絕對平面，其中部微向外凸，這樣可以增長銼刀的使用壽命。理由爲中部微凸使用過久磨平後，其他部份的齒紋切口仍甚鋒銳。這樣銼刀可以保持較長時期的使用效能。

印染工業

中國紡織建設股份有限公司工程師 杜燕孫先生主講

今天舉行「工業常識講座」第六講，講題是「印染工業」，承主辦團體的不棄，邀兄弟來担任講述，推辭不得，只好到此獻醜。兄弟在印染界只工作了十幾年，時間不好算長，經驗當然淺薄，加以學殖荒蕪，口才拙劣，勉強來充數，一定要使諸位失望的。

印染工業的範圍，有廣和狹的分別，廣泛的是包括一切纖維（棉毛絲麻各種人纖）及其製品（紗線和織物）的加工工程（練漂、染色、印花、整理）。狹義的，照我國的習慣稱呼，是專指棉布的加工工程漂染印整而言。講廣泛的印染工業，有一部二十四史，不知從何說起之慨，今天當然只好談狹範圍的印染工業——棉布的加工。

印染工業之要素

印染工業是紡織工業的一環，紡織染是三位一體具有連繫性一貫性而不可分離的。紡織出來的布，不經過印染的加工，始終是粗製品，不適合衣着的需要，必需經過漂染整理等工程，方才是精美的成品。所以印染是包括在紡織工業之內的，但是因爲有很多獨立的紡織工廠，也有很多獨立的印染工廠，因此一般人把它們分成兩個工業了。但是習慣上雖然把它們分立，事實上不可否認的印染工業仍是紡織工業的一環。

印染工業同時是化學工業之一門，棉布加工的工程練漂染色印花整理，大都是應用化學藥品（染料也在內）和化學反應的（除了一小部份的整理方法）。它和化學工業關係之密切，是不言可喻了！

此外在現代工業中，更脫不了機械，動力，熱力等等，因此它也和其他工業一樣，密切地和電，機，熱等發生了不可缺少的關係，

根據上面所說：印染工業的要素，可以分爲應用的學理和應用的原料兩部。

關於後者，應用原料，一般如下：

（一）棉布——各種組織、輕重、厚薄不同的布。

（二）染料——棉布所常用的染料是（1）直接染料，（2）鹽基性染料，（3）硫化染料，（4）還元染料，（5）冰染染料，（6）氧化染料，（7）一部份的礦物染料。以上（1）和（2）現在比較少用了，（3）以後的各種因爲堅牢不褪色，所以用途很廣。染料門中常用的品名不下數百種。

（三）化學品——化學品中主要的是（1）酸，（2）碱，（3）氧化劑，（4）還原劑，（5）各種鹽類，（6）油脂皂類等，（7）各種新助劑，以上包括有機性和無機性，品名之多，不亞於染料。

（四）水——水在印染工業中，是很重要的，洗滌和溶解染料藥品，製成染液、漂液、練液等都需要大量的水，而且要軟水，棉布加工廠所要的水，一般是每一疋布估計用水 80—150 加侖，平均約 100 加侖。

（五）電力——印染機械，大都是粗重的，所需馬力很大，每一疋棉布的加工，一樣估計要 1—1.5 度（K W H）的電力，平均1.25度

（六）煤及其他燃料——印染工業各過程中，需要加熱的佔十之八九，大部份用於蒸發水份，使布乾燥（一疋布從開始加工到全部終了，烘乾了又浸濕，濕了又烘乾，要經過很多的次數），還有很多的工程，要加熱才可以完成，大約每一百疋棉布作計要用 0.8—1.5 噸的煤。

其他燃料用在燒毛上如煤氣汽油柴油等，數量也很多，每一疋燒毛要用煤氣在 4—6 立方呎。

（七）機件——機械當然是主體，品名見後。平時修配的各種機件，包括五金、橡皮、木材、從尺寸，種類來分，數目不下千種

以上是用品的大概。至於在印染工業中的工作者，對於漂染印整學要精通外還得研究各種有關學理。紡織、化學、機電、管理，也要深切的瞭解。

總之，沒有這些物品，或者部份的缺少，印染工業便沒法進行生產，不全懂這些學理，或者全部不明瞭，印染工業的工作者，就要受到阻滯了。因此我們便稱之為要素，意義是說這些是絕對缺少不得的！

漂染印整機械概要

印染工業所用的機械，分主要機械和輔助機械兩類：

主要機械 是漂染印整工程所用的各種機械，種類既多，式樣更繁。這裏是我國印染工廠採用的機械一覽，外國有的而我國沒有的，不列入方表中。

看了這張一覽表，我們就可以知道印染機械的繁雜了，所以要把這些機械的構造等等，全數繪圖或講解出來，無論如何是不可能的。我在此地，只能約略談些和討些原則。

漂染印整常用機械一覽表

- (一)縫布機
  - (1)簡易縫布機
  - (2)活動縫布機
  - (3)"勝家"縫布機
  - (4)鯨背縫布機
  - (5)迴轉縫布機
  - (6)"滿羅"縫布機
- (二)燒毛機
  - (1)氣體式——煤氣燒毛機
    - 立式(圖1)
    - 臥式
  - (2)熱板式
    - 銅板燒毛機
    - 電熱燒毛機
    - 圓筒燒毛機
- (三)退漿機—(1)平幅 (2)繩狀
- (四)煮布機
  - (1)立式
    - 開口煮布機
    - 高壓煮布機(圖2)
  - (2)臥式
    - 喬克生煮布機(平幅捲軸)
    - 麥更煮布機(繩狀)
- (五)洗布機—(1)繩狀洗布機 (2)平幅洗布機
- (六)漂白機—(1)淋漂機(漂箱)(2)軋漂機
- (七)酸洗機—(1)酸洗槽 (2)酸洗軋機
- (八)絲光機
  - (1)布鋏式——布鋏絲光機(見圖3)
  - (2)滾筒式
    - 彎輥絲光機
    - 直輥絲光機
- (九)開幅機
- (十)軋水機
  - (1)單層
    - 三輥軋水機
    - 多輥(四輥至六輥)軋水機
  - (2)疊層——疊層軋水機
- (十一)烘布機
  - (1)熱風烘布機
  - (2)滾筒烘布機—(1)立式(2)臥式
- (十二)捲染機
  - (1)一般式
    - 木質捲染機
    - 鐵質捲染機
  - (2)特 種
    - 壓液捲染機(圖4)
    - 液下捲染機

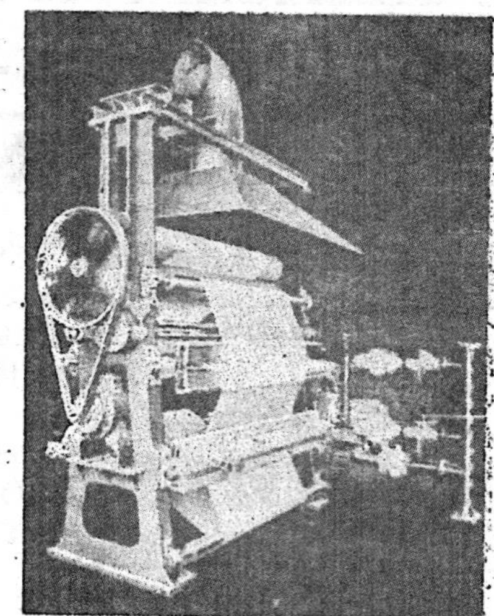

圖1. 煤氣燒毛機

圖2. 立式煮布機

圖3. 布鋏絲光機

(十三)繩染機

(十四)連續軋染機 { (1)專用式 { 阿尼林元染色機 / 納富妥染色機 }; (2)通用式 { 熱風軋染機 / 平幅染洗機 } }

(十五)印花調漿機 { 調漿鍋 / 研磨機 / 濾漿機 }

(十六)印花前準備機——(1)刮布機(2)刷毛機(3)拉幅機

(十七)滾筒印花機——色至八色(圖5)

(十八)蒸化機

(十九)汽蒸機——(1)連續式 (2)普通式

(二〇)皂洗機——(1)平幅 (2)繩狀

(二一)整理調漿機

(二二)上漿機——(1)單面 (2)通用 (3)雙面

(二三)拉幅機 { (1)皮帶式; (2)布鋏式 { 普通式 / 熱風式(圖6) } }

(二四)連續上漿烘乾拉幅機

(二五)給濕機——(1)毛刷 (2)噴霧

(二六)軋光機 { (1)單層式 { 柔光機 / 摩擦軋光機 / 壓平軋光機 }; (2)叠層式(圖7) }

(二七)電光機(圖8)

(二八)檢布機

(二九)碼布機——(1)平面 (2)弧面

(三〇)打摺機 (三一)捲布機

(三二)打印機 (三三)打包機

印染機械種類雖多,但並不像紡織機的精細和複雜,大抵機構是粗大的,動作是單純的,我們根據效用來分析機械各部,可以歸納爲幾個單元裝置。

(一)浸軋裝置——是使布浸漬溶液(藥品染料、漿糊等所製的各種液體),同時平均經過壓榨;使所需之液量吸着於布上的裝置。由二根滾筒或三根滾筒上下相疊而組成,滾筒的搭配,以一軟一硬相鄰爲原則,軟質的是橡皮,硬的是膠木或金屬製成。滾筒之間加有壓力夾緊,使布透澈軋壓。滾筒是裝在機架上的,下面有一鐵或木質的液槽,溶液盛貯在內。這種浸軋裝置大小不同,大小由滾筒的尺寸而決定,對徑從六吋到二十幾吋,對徑愈大,軋壓的效力愈高。一般用於上漿(小型),浸染,絲光及各種藥液之處理,用途很大,也有幾個浸軋機連裝

圖 4. 捲染機

圖 5. 印花機

圖 6. 布鋏拉幅機(附熱風裝置)

圖 7. 軋光機

圖 8. 電光機

在一起的。

（二）烘乾裝置——烘乾布上水份，布在水洗、上漿、染色、浸過液劑、印花之後，都要經過烘乾。烘乾裝置，一般爲二十幾吋對徑，以紫銅皮製成的空圓心滾筒，俗稱烘筒，中通蒸汽，十幾個或二三十個連裝在分排的機架上，濕的布疋通過其間，可以乾燥，用途很廣。乾燥裝置也有不採烘筒式的，是將濕布，在迂迴行進中用熱空氣吹拂使乾，這種我們稱之爲熱風乾燥裝置。

（三）洗滌裝置——洗滌是印染工程中最重要的手續，除了整理之外，練漂，染印各階段中，要經過很多次數的水洗和皂洗。布受洗滌的狀態，有繩狀和平幅的分別，練漂時成繩狀的多（也有平幅的），染印時洗滌多係平幅（很少成繩狀）。平幅的洗滌裝置，是四個至八個水槽組成，水槽木或鐵質，中裝小滾子上下兩列各若干，每二個槽上裝橡皮及膠木滾筒一對，槽中盛水或其他溶液，布在槽中由滾子傳導上下行進，並分段經過壓榨擠去污水，到最後洗淨而出。至於繩狀的大抵單獨使用，不和其他機械裝在一起。

（四）拉幅裝置——使布幅伸闊的裝置，一般是由布鋏（金屬製的夾子分別夾住布的兩邊，在一先狹後闊左右斜出成梯形的軌道行走，因而使布漸漸綳開。此項裝置在拉幅機和絲光機上分別採用。還有利用弧形彎棍拉幅的，只有絲光機上才採用。

以上是一般性質的單獨構造，有很多機械，尤其連續性而重要的幾種，都是把上面所講的單元機構，加上必需的獨特機構，照工作過程搭配起來的。我們從掛圖中，可以看到各機的組成是：

（一）絲光機：「浸軋」+「拉幅」+「洗滌」。

（二）精元染色機：「浸軋」+「烘乾」+「蒸化室（獨用的）」+「浸軋」+「洗滌」+「烘乾」。

（三）納富妥染色機：「浸軋」+「烘乾」+「浸軋」+「洗滌」+「烘乾」。

（四）熱風架拉機：「浸軋」+「烘乾」+「拉幅」所以印染機械，看去是長長的一列，佔着一百尺左右地位的，好像很複雜，實際上分析下來，尤其是機械製造廠看去，只要把單元機構分別造好，依規格排列起來，中間配了大的獨用機構和小的附屬機件。再把傳動系統弄好後，一部大而長的機械就是這樣一會事。

但是小的機械，却有很多是獨立性，不能通用，也不必連立的，時間關係，只好舉幾個例了。

（一）煮布機械——在此機中布用大量的燒鹹稀液沸煮，使棉上的什質去除。因爲要堆很多的布，所以鍋身是要有相當大的容積，一般是鐵板鑄成的圓筒形，有蓋有底，或直立或平臥。鍋的一旁，有一個加熱器，鹹液在此器內用蒸汽在夾層中加熱，然後流入鍋中，通過布層，流集鍋底，經邦浦再行打入加熱器加熱，復入鍋中，循環到練好爲止。圖9中一是立式一是臥式，臥式的一種，布是平幅受練的（也有成繩狀的），立式多是成繩狀而煮練。

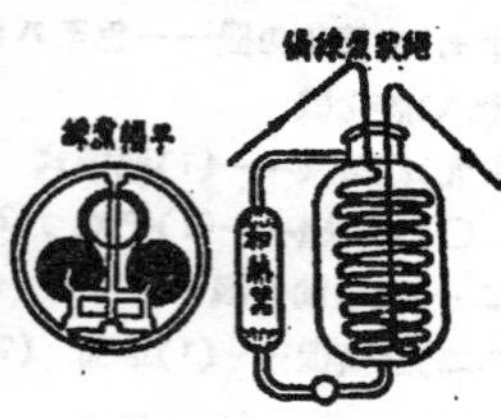

圖9. 煮布機原理

（二）交捲染色機——此機的地位，在染廠中很爲重要，布染直接、鹽基、硫化、還元等染料，一般均在交滾捲染機染色，機身很簡單，是一只鐵或木質的長方斗形槽，中貯染液。斗上左右有軸，布分批（大約十疋到十幾疋）捲在軸上，從左軸經過斗裏的染液，捲到右軸，走完了，再從右軸，經過斗裏的染液，捲到左軸，這樣往返交滾，到染出所要深度爲止。水洗和別種溶液處理也可以在此機中經行，因爲用途多，所以在染廠中尤以設備不多不全的所歡迎。（見圖10）

圖10. 交捲染色機原理

（三）印花機——是將雕有凹紋的銅滾筒（每色一根）從下面的漿盤中帶上漿糊，表面用刀刮

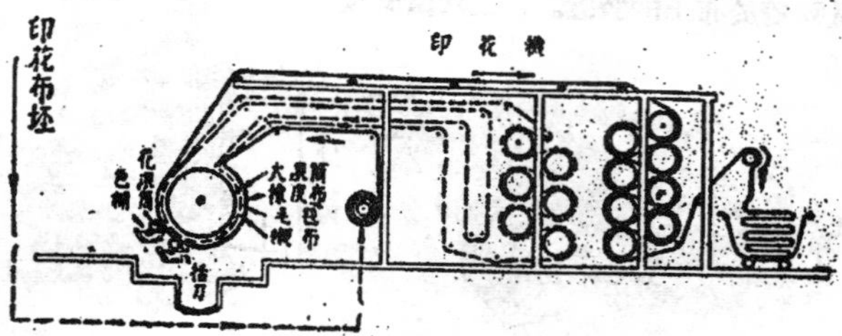

圖11. 滾筒印花機原理

浮，連續印於布上，接着在後面烘乾。機構很複雜，不及細講。看了圖 11 指明各部，各位就可明白大概了！

（四）蒸化機——多種的印花布，印了染料和藥品的印漿後，必需要在高溫及濕度之下經過蒸化，才能完成作用，蒸化機所以很重要的。機械是一只鐵板製成的長室，內有上下二列滾筒，通以蒸汽，布在此機循滾筒上下行進，至最後出機。（見圖12）

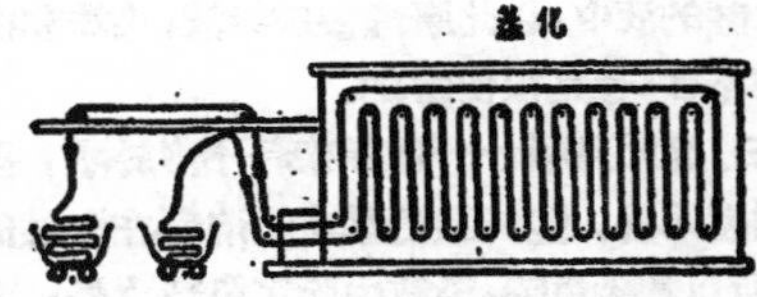

圖 12. 蒸化機原理

（五）軋光機——用軟硬質大滾筒配合組成，滾筒硬的是金屬製，中空可以加熱，軟質是棉織或紙質在高壓力下壓成。數目（軟硬全部）自三只至十餘只不等。布在此項滾筒間通過，可使布面平滑而生光澤（見圖13）。

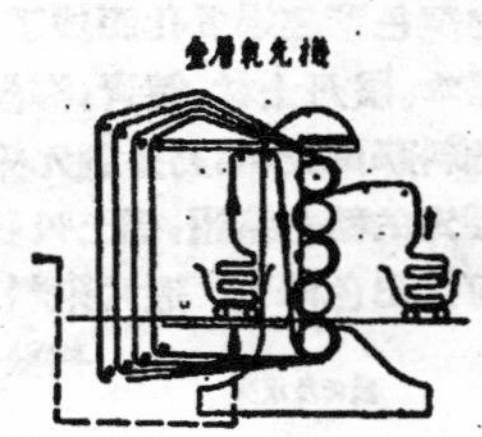

圖 13. 軋光機原理

（六）電光機——原則和軋光機差不多，不過硬滾筒表面刻有極細的線紋，在高熱及高壓下軋壓，在布面上可以生出像緞子一樣的光澤。滾筒數沒有軋光機的多，一般是一硬一軟。

（七）燒毛機——式樣很多，主要是在燒去布上的茸布，燒毛是用火燒，一種是間接的，把布在灼熱的銅板上很快的擦去，茸毛便可燒去，此種裝置，是弧形銅板和爐灶所構成，一般二組，也有三組或四組的，稱爲銅板燒毛機。還有一種是布面直接通過火燄上，火燄是煤氣和空氣混合而燃燒。主要的機械是燃氣的配合，和火燄的噴出，名爲火口，火口是二只至六只不等，四只最普通，稱爲煤氣燒毛機。原則均見圖14。

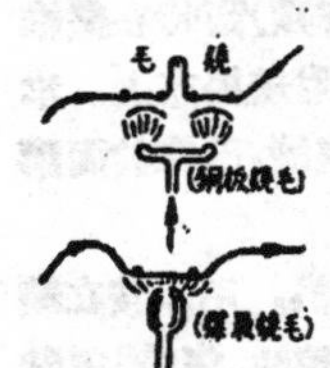

圖14. 燒毛機原理

再者。在講完機械的大概情況時我得加以說明一覽表裏的所有機械，並不是任何印染廠所必需具備的。其中有的是必備的，像練漂和整理大抵有共通性，至於染色和印花方面，不做印花布的單純漂染整理廠，就不必備印花和其他印花前後所用的機械。至於專用的染色機精元機絲富安機等的有無，要看廠的業務和範圍了。像表中的機械能够全備的，在中國可說沒有。遠東最大設備最多的中紡上海第一印染廠，在燒毛一項，就沒有電板燒毛機就是一個證明。

輔助機械 最重要的是鍋爐，鍋爐是染廠的熱源，可說是全廠的心臟，是不可缺少的。此外像燒碱液蒸濃裝置（三效蒸發器），硬水軟化機等，能備最好，但因爲設備費的關係，沒有的佔極大多數。

以上是機械的大要，恕難詳細一一講解。

漂染印整工程與原理

印染包括練漂、染色、印花、整理四大工程，四大工程之下有很多小的工程和方法，這些工程和方法，一部份是利用化學原理的，也有純機械性的。

練漂工程 一般有下列各細目。練漂程度分（1）不練（2）練而不漂（3）半漂和（4）全漂四種，施工是根據練漂程度而決定的

（一）縫布——應用縫布機把許多單位長度的縫布接起來，往往二三百疋疋到四五百疋連成一大疋，目的是便利加工時連續行進的。

（二）燒毛——將布面通過於赤熱的金屬板面或燃燒氣體的火焰上灼去布上所附細小的茸毛，使布面光潔，因爲機械速度甚高，並不損傷布身。（請比較巳燒毛的和不燒毛的布樣）

（三）退漿——布在織造之前，經紗是上了澱粉石粉和油脂混合的漿，這些漿料對於漂染有碍，必須用醱酵或其他的化學作用（水解）設法去除。一般是浸了藥劑之後，堆放數小時十二小時便可達到目的（請比較未退漿與巳退漿的布樣巳退漿的比較柔軟得多）（原則見圖15）

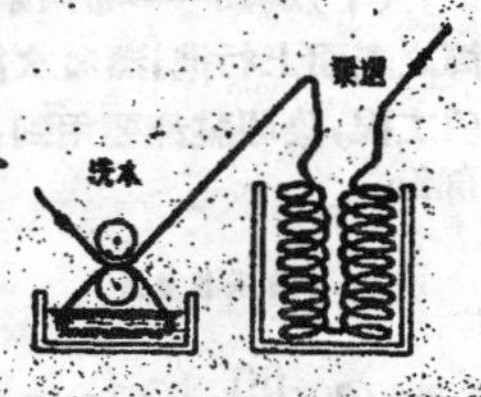

圖 15. 退漿及水洗機原理

（四）煮練——布在煮練鍋裏用燒碱和乳化劑（像肥皂可溶性油）配成的練液沸煮一或二次，使原棉上所含之油脂和棉

蠟蛋白質棉質礦質等，起皂化乳化、水解、溶化等作用而除去。每次約煮6—9小時。煮二次的比煮一次除去什質當然不完全（請比較未經煮練的退漿布和煮一次及二次的布樣柔軟和顏色的程度，煮二次的比較白得多）

（五）漂白——煮好了的布，經過漂白粉溶液的循環處理，使棉上的天然色素，因氧化作用而破裂消色。纖維素純白的色澤才可顯出。一般有漂一次與漂兩次的分別。（請看布樣，漂二次是雪白色，漂一次的比較差，但是和光是煮過的布，已經白得多了）

（六）酸洗——用酸的稀液中和練後（不漂者）或漂後所附的鹼性（燒鹼成碳）

（七）水洗——用清水洗布，大凡在退漿、煮練、漂白、酸洗等工程之後，都要經過水洗的。

（八）絲光——布疋在浸漬濃的燒鹼液之後，並加緊張，阻止纖維因燒鹼而起而收縮作用，可以生出像絲的光澤。最後去除殘鹼，中和及水洗淨。是現代染廠重要工程之一，許多布疋都要經過絲光的，經過的絲光布，不經過的稱本光布（請看已絲光與未經絲光的布樣，一塊有光一塊沒有光）參見圖16。

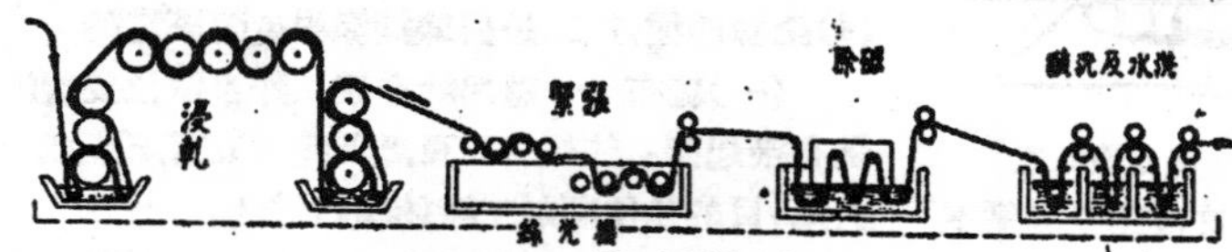

圖16. 絲光機原理

（八）開幅——成繩狀而煮練、洗漂的布，在工程完了必須把它恢復平幅，稱之曰開幅，是完全機械性展開的。

（九）軋水——布在硬軟相疊壓的滾筒間通過，擠去纖維上所含的水份，再去烘乾，可以節省很多的染料，同時還有壓平的功效。

（十）烘乾——布緊貼於內通蒸氣的金屬皮烘筒之表面上行進，蒸發水份到完全乾燥而出機。此項工程，染印整都要用到，而且很多。不僅在漂白部份。

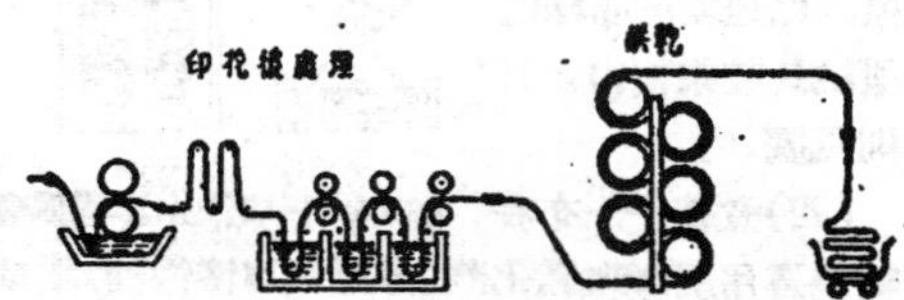

圖17. 印花後處理工程

染色工程 手續是依染料而分的。施工方面有交捲染色與連續染色兩種，有很多染料既可連續也可交捲染，但是不能採用交捲染的也有。

（一）直接染料——直接染料的染色是染料加水溶解，製成染液，色素「溶入」纖維細胞中，布上染出色彩，是染法中最簡單的一種，可以連續軋染，也可在交捲機上染色。

（二）硫化染料——染料不溶於水，能溶解於含硫化鹼的液中，以此原理製成染液，染法和直接染料差不多，也是很便當的。

（三）還元染料——這類染料不溶於水，要用還元劑還元後，變成隱色素才能溶解在含鹼的水液中。所以當染色時，染液中除了染料之外，要包含保險粉和燒鹼一類必需藥品。布在其中吸收隱色素後，再用空氣或氧化劑氧化，布上方才顯出所要的色彩。因為色素不溶於水，「溶入」纖維細胞中之隱色素經過氧化而成了色澱，（不溶性）所以很堅牢。陰丹士林、靛青，海昌藍等屬之。還有一種印地科索爾染料，乃是還元染料之可溶性體，為一種穩定的隱色素體，棉上吸收後，經過酸液等處理即可染出色澤了。還元染料可以連續染，但以在交捲染機上染為多。

（四）鹽基染料——鹽基性染料和酸性物有強大的親和力，可以着色。棉是中性體，不易染着。必需先用單寧酸浸漬，並加固着。此項已經有媒染劑之棉，再用鹽基性染料，藉單寧的酸性，方可吸收深濃的色彩，而有相當的牢度。不致一洗即落。一般在木質捲染機染色。

（五）冰染染料——冰染染料早歲以毛巾紅著名現在則為納富妥系色素所代替。棉布常用的冰染色素，有大紅、紫紅，安安藍三種為多。此種色素係二種成份（酚類十重氮化之同安類）臨時在纖維上相遇合成，成為不溶性之色澱，附着於布上。牢度很好。染色時有其特備之專用機械，已在前面講過其過程見圖18。）

（六）精元——精元即阿尼林黑，用苯胺在纖維上氧化而成黑色素。染液用苯胺油、鹽酸、氯酸鈉、硫酸銅等和水配合，布在浸軋以後，烘乾，在一定溫濕度下蒸化片刻。斯時布上已染深色之苯胺

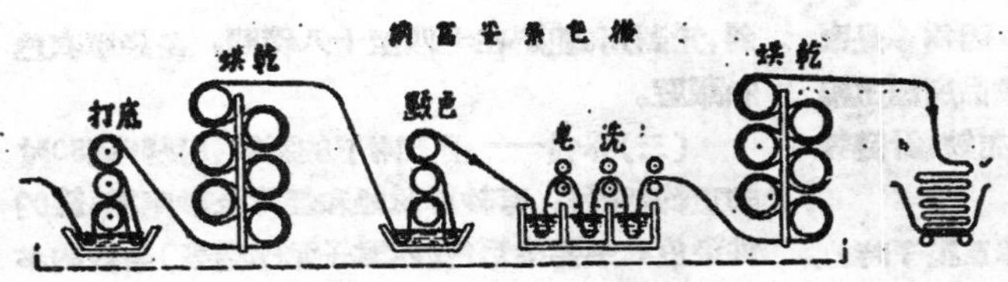

圖 18, 納富要染色機原理

絲。需再度由重鉻酸鈉氧化，方才染成黑色。現在採用甚多，專用機械已於前面講過，其過程見圖19。

印花的方法如上，手續可分爲(1)前準備，(2)印花、(3)後處理三項。

前準備包括 (a)印花漿的調製 (b)印花花滾筒的雕刻，(c)印花用布之拉幅刷毛刮毛等之手續，(d)印花地色之預染及浸漬各種打底劑媒染劑以備防染拔染印花等用。

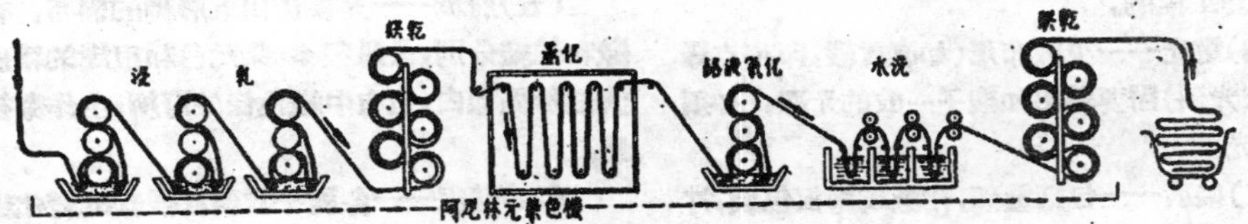

圖 19. 阿尼林元染色機原理

(七)礦物卡其——布用鉻鹽鐵鹽（大都是醋酸鹽混合）液平均的浸軋，烘乾，再用鹼劑處理。布上染出不同淺深黃綠的各種軍衣色。機械利用精元染機或熱風機。礦物染料之爲棉布採用者，現代只此一種而已。

印花工程

印花可以說是染法的一種，染色是把布疋全部均勻的染着一種色彩，方法比較簡單。印花是在布上局部着色的一種方法，主要是印出花紋，並且可以印上很多的色彩，因此方法很多，手續也就比較複什了。現在先談應用於棉布上各種印花的方法：

(一)直接印花法——原則完全和染色相同，應含之染料藥品及着色原理等，不過因爲局部着色的緣故，所以用黏稠的漿糊代替了染色溶液中的水，不致於滲散。

(二)拔染印花法——布上全部先染好地色，再用氧化劑或還元劑的印漿(白花紋的不含染料，有色花紋中含不被氧化劑成還元劑破壞的染料)局部破壞地色之色素，使之顯出花紋。

也有浸好媒染劑的布上，局部破壞媒染劑，再染地色，顯出花紋的方法。

(三)防染印花法——利用酸，碱中和的原理，先用含酸或含碱的色漿（其中白紋的不含色素），印於布上，這些布多半用藥劑打過底的，中和一部的藥劑的效力，然後染色或顯色。使已中和之部份因拒染而現花紋，顯現於地色之上。

其他不大常用的方法，均從略。

印花是將布在印花機上印花的手續。主要使布上印花清楚、配色準確等。印上印漿後，烘乾，移付後處理工程。

後處理包括 (a)汽蒸，(b)蒸化，(c)顯色，(d)各種藥劑的處理，(e)水洗，(f)染底色等手續。視印花用的染料性質和印花方法而決定，以上各項目並不全部要經過的：

整理工程

(一)上漿——漂好、染好或印好的布，差不多都要經過上漿的(除非有絨頭的絨布)。目的不外柔軟、硬挺、厚密等。因此漿水也有多種的分別，用料也有出入了。一般漿料主要是各種澱粉(也有用可溶性油和水調成的)。

再看上漿的目的：加入可溶性油，可溶性澱粉，陶土或滑石粉、上藍劑、防霉劑等，和水配成各種厚薄不同的漿水，上於布疋之兩面或一面，兩面都上漿的，漿比較薄，單面上漿的多是澱粉外中含陶土滑石粉一類由填充劑的厚漿，目的是使布厚重孔隙填沒，稱爲反面上漿法，而布的正面仍現出經緯組織的紋線，所有的漿都在布的反面，多用於漂布，和少數的印花薄布。雙面的多是澱粉和可溶性油的混煮的薄漿，目的使布柔軟而厚密，大部份布疋多採雙面上漿法，其過程原理見圖20

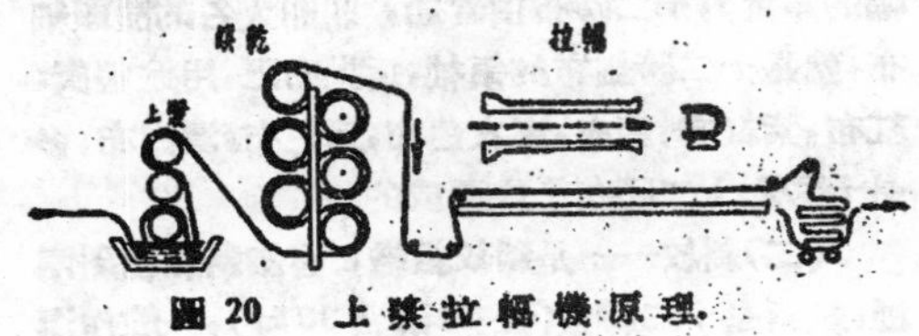

圖 20 上漿拉幅機原理

13125

（二）拉幅——布經過許多工程，因爲多是直向行進，所以橫向狹縮了，要恢復成品所需的幅度，必須經過拉幅工程，機械有皮帶，布鋏，針鏈等式，以布鋏拉幅爲多。

（三）軋光——成品棉布需要光澤及壓平時，必需施行各種輕重不同的軋光，因爲方式的不同，所得到光澤和手感的程度也因之而異，一般有柔光，摩光，麻光等之分別。但是不是任何布疋都要經過這套工程的。

（四）電光——少數布疋（如直貢緞，印花克羅緞，元灰光斜）需要軋出如緞子一般的光澤，必須施行電光的。

（五）裝璜——包括量碼，摺疊或捲板包裝，打印貼標，打包裝箱等，或染成的布疋裝璜完美，變成商品，製造廠的任務便告終了。

根據上面各項整理手續，都是機械性的。此外近代流行的防火、防水、防霉、防縮、防皺等整理方法，多是利用以化學方法處理達到所需之目的。我國染廠之採用新整理方法，現在僅防水整理一種而已。

各種棉布及其加工程序

印染工業施工的對象是棉布，這些棉布是織布工廠織出來供給的，正和紗廠中的棉花，布廠中的棉紗一樣，是染廠中的主要原料，漂染印整工程是加工性質的，原料是棉布，成品也是棉布，只不過把原來不美觀粗黄的經過了種種手續，把它變成了美麗的精品罷了：所以在印染廠裏對於布的稱呼是有分別的。未經加工的布，我們稱之爲原布，原坯或坯布，已經加工的，我們稱之爲成品。現在先講原布，再講成品和加工的方法。

原　布

染廠所用的原布，種類很多，常用的下列各種，特別少用的不在內。

（一）細布——是平紋組織的棉，一般由就重量上分類：從十磅起到十六磅爲止（每40碼長36吋幅的重量），十二磅布頂普通，鼎鼎大名的龍頭細布，就是十二磅細布的領袖，這批布疋，用途很廣：紅布，紫紅布，藍布，軍衣色布，元色布，漂白布，多是十磅和十二磅布染或漂成的。

（二）斜紋——是斜紋組織，有細斜和粗斜兩種，細斜是十二磅重（長40碼闊30吋），一般作漂斜，元斜用。粗斜在十四至十八磅間，多染軍衣色和藏藍。

（三）嗶嘰——兩上兩下的斜紋，（長89碼30吋的重約89磅），有紗緯線經和經緯全紗兩種，線的供染色，主要染元色（四君子元嗶嘰等）全紗的多作印花布。

（四）直貢呢——用途同嗶嘰，組織是緞紋組緞，染色印花之外，有一部軋了電光做泰西緞

（五）府綢——是模仿山東府綢的棉布，有紗織和線織分別，品級很多。染元色和很淺的雜色，大部份做漂白，也有中織色條的府綢，主作襯衫之用。

（六）線呢——各種平紋斜紋緞紋的變化組織品質類似嗶嘰直貢呢一類的布疋，有縐紋呢金鬧呢明星呢等等名稱。

（七）印花平布坯——有五磅，七磅兩種。前者是42支經緯的平布，後者是20—23支紗織成。市上流行的花洋紡。花平布，大衆花布和黛綢都是這批棉布印的。

（八）麻紗——布中起粗楞的條子或格子，涼爽如麻織物，多供印花用，少數作漂白。

（九）色丁——組織輕鬆的斜紋，有BB和BD兩種。BB是粗的，BD是細的，供印花及染色用。

（十）絨布——單面起毛的斜紋。雙面起毛的平布，斜絨是漂白多，法蘭絨除一部份漂染外，多作印花用。

此外像華達呢，帆布等等不一一介紹

上面的布經過下面方法，都可變成了漂布，色布或花布

（1）原布→練漂→整理→漂布

（2）原布→練漂→染色→整理→色布

（3）

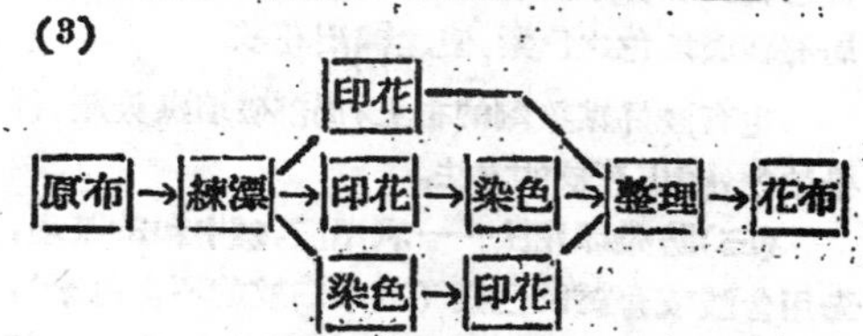

（後附有工作程序表，當場邀講義給聽講者參攷，因較專門，此處不再附入。）

成　品

印染工廠是拿到原坯，就依需要分別加工，加工方法變化很多，茲

13126

分三大類來講：

(一)漂布類：

普通漂布 { (a)絲光　府綢，華達呢，嗶嘰等。
(b)本光　反面漿漂白布斜紋清水漿的漂白布 }

條格漂布 { (a)絲光　條子格子府綢等
(b)本光　條子格子平布等 }

(二)色布類：

藍布　依所用染料分爲(1)陰丹士林藍(2)海昌藍，(3)安安藍，(4)硫化藍，(5)直接藍，(6)鹽基藍等：色分藏藍，深藍，中藍，淺藍等，變化很多。多爲細布，絲光本光都有。染斜紋和其他布疋的比較少

元布　元布用(1)阿尼林精元或硫化元染出，分本光和絲光兩類。

(a)絲光元布　直貢呢，嗶嘰，細布等

(b)本光元布　大部份細布，一部是斜紋

紅布　紅布包括大紅和紫紅兩種，現在多用冰染染料染出，色彩很牢，大都染細布。

軍衣色布　用(1)礦物染料，(2)硫化染料，(3)還元染料，(4)直接染料等染出，所用坯布是細布斜紋等。多數不做絲光的。

灰布　過去很流行，現在落伍了，用陰丹士林，硫化，直接染料染出，多數是細布。軋電光的灰光斜，是直接灰染出的色丁，經過電光機的製品。

什色　包括很多的顏色，大都淺而鮮艷，如妃紅，草綠，翠藍，米色，血芽，豆沙等色，用陰丹士林染料，印地科蘇爾染料染出，綸昌的法司哥布，信孚的福利多布，是這一類什色布，坯子十磅細布爲多。此外還有一種堅牢度較好的直接染料所染的，就是市上流行的標準色布了。

(三)花布類——印花布的種類很多，(1)有深色花布(嗶嘰，直貢呢色丁等)(2)淺色花布(白地色花，色地色花，色地白花的麻紗，洋紡，平布，色丁，府綢等)，(3)特種花布(縐綢等)三種。

花布每一花樣，要有七八種的色彩變化，地色不同，花色不同，極紛繁美麗之能事，施工和方法也就複什了！

深色花布　主作冬秋季衣服用，有下列各種地色(花色隨配))樣布的色彩和印染法如下）

(a)大紅(冰染染料拔染)

(b)紫紅(冰染染料拔染)

(c)藏藍 } (冰染染料防染或單寧拔染)
(d)深藍 }

(e)青蓮(單寧拔染)

(f)鼻烟(單寧拔染)

(g)黑綠(單寧拔染)

(h)黑色(精元防染或拔染)

(c)–(h)：花紋爲還元染料，冰染染料，鹽基性染料等

以上爲褪色與不褪色混合，有幾種花紋不褪色而地色褪的，也有相反的，也有花和地都不褪的，要看所用染料而決定。現在盛行全不褪色的，那是全部都採用不褪色染料染印，不過墨綠色還不能解決，不褪色花布中只有大紅，紫紅，藍，棕，而缺墨綠。要不褪色染料染出墨綠，無論如何不够成本。

淺色花布　平布，洋紡，府綢，麻紗等。有白地和色地之分，色彩是變化多端的，一般地色是血芽，粉紅，雪青，草綠，粉藍，咖啡，米色，藕灰，翠藍，桔黃，藍灰，鐵灰等。花色不外較深的上面各色及大紅，黃藍，綠，紫，橙等。也有一種白花色地的布是由深色紅，藍，紫紅，黑色印出的。

淡色布所用的染料，現在差不多是還元染料中的各類像陰丹士林，印地科蘇爾等。花紋用同樣染料染或冰染染料，也有用鹽基性染料印的，今已不大用了，原因是因爲褪色的關係。至於白花深地的布大半是冰染染料，黑色是精元。

淺色花布印染法，都是直接印染，手續比深色花布簡便得多。

特種花布　第一種是縐綢，是以精元直接套印於已染紅藍、綠等色(陰丹士林或冰染染料)的布，印後地色變了花，印花上去的却變了地色，爲春秋流行的衣料。第二種是絨布，是蘇木和鹽基性料染印在已經染色的絨布上，稱爲印花絨。第三種是鹽基性染料冰染染料印滿地花的色丁，軋了光的，稱爲克羅綢。第四種是燒碱漿印了起縐的泡泡紗。其餘少數的不續了

(四月二十四日講於青年會，全文未完，下次續登印染工廠的管理及中國印染工業的過去現況與將來兩節)

★　★　★

通俗電機工程講話

丁士鈞

在現代的工廠中，時常要接觸到的便是應用電來工作的各種機械或器具，如馬達，方棚，發電機，電焊機……等等。我們在工廠礦場中工作的，對於這許多電機，由於電是一樣不可捉摸的東西，因此常常「一知半解」，不能十分有把握的來掌握它們。然而，電機工程眞是難懂的一門科學嗎？那也不見得，只是在入門之前，確乎需要幾項基本知識的了解：首先是基礎的電學，其次是簡單的數學，此外如物理上的力學和一些化學上的知識，都得有一點，否則，是很難得到完整概念的。

在這裏，我接受了幾位編輯先生的意見，用問答的體裁來寫下一些基本的電工常識，暫時假定不需要什麼預備的知識；除非在必要的時候，儘量減少算式的解釋。——本期先從電學講起：

第一節　電學概要

1. 什麼是電子？

一切物質——譬如說食鹽罷——剖斷切碎，分爲細粒，這樣反覆地分之又分，終於把食鹽的顆粒分至不可再分的最微小的地位，可是食鹽的特性（例如鹹味）仍是存在的。這種最微小而同時仍然保持着原物質的特性的顆粒，在自然科學上，就叫該物質的分子(Molecule)。

這樣說來，分子可是科學上最小的顆粒了嗎？不！我們還可以把分子拆成更小的顆粒；例如食鹽的分子是由鈉和氯兩種物質組成的。我們知道鈉是一種金屬，氯是一種氣體，都沒有什麼鹹味，然而鈉和氯併合起來却變成了既非金屬又非氣體並且帶有鹹味的食鹽。從這裏看來，我們可以說「構成食鹽分子的鈉和氯兩種物質已經喪失了食鹽原來的特性了」。這種構成某一物質分子的基本顆粒而已經失去了該物質原有特性者我們喚作原子(Atom)。

那末原子又是怎樣構造的呢？根據我們所知道的說，原子的主要部份是一個核心，核心的四周包圍着許多電子(Electron)——正和我們的地球一般。若是把地球作爲原子的核心看待，那麼月球就相當於電子，只是月球只有一個，而原子內的電子不止一個罷了。普通電子只能繞着核心旋轉，不能跑出軌道外面去的（正和月球只能繞着地球旋轉一般）；但是在受到了某種外力以後，電子便能擺脫了核心的吸力，自由移動出去。電子的重量很小簡直小到不可思議的境地；一千萬萬萬萬億（1以後要有27個圈圈）顆電子併合起來纔不過有一克的重量。

2. 什麼叫做伏脫？電動勢又是什麼？

在正常情形下電子是圍繞着核心旋轉，不會逃奔出來的，必需受了外力以後，纔能脫離了核心移動出去；這樣的一種外力叫作電動勢（Electromotive force縮寫作e.m.f.），又稱電壓(Voltage)電動勢或電壓的單位喚作伏脫（Volt），正如長度的單位喚作英呎或公呎，重量的單位喚作磅或克一般。電壓愈高，移動出來的電子的數字也愈大。

3. 什麼叫做電荷？

任何兩個跑掉電子的物體放在一起能够互相排斥，任何兩個附着多餘電子的物體也是互相排斥；而一個跑掉電子的物體和一個有多餘電子的物體同時放在鄰近，却能互相吸引。電子何以能够使物體產生這樣作用呢？我們假定電子上面帶着電性，物體本來是沒有電性的，若是內部跑掉了一些電子就變成有電性了；內部加進了一些電子，該物體也變成有電性的了。每粒電子都帶着一定量的電性——喚作電荷(Charge)——並且這個電性是假定地屬於負性的。依照這個假定，我們可以說有過剩電子的物體屬於負性，缺乏電子的物體屬於正性。又根據上面所講的事實我們說同性電相斥異性電相吸。電荷的單位喚作庫倫(Coulomb)。

4. ？什麼叫做安培？電流的意義怎樣？

電子——也可說是電荷，因爲二者是不可分離的——移動的速度叫作電流 (Electric current)，所以我們把每秒鐘內所經過某一地點的電荷的庫倫數目作爲電流的單位，稱做安培 (Ampere) 例如每秒鐘內若有10庫倫的電荷通過某一地點，這樣的電荷流通速度稱爲10安培的電流。

5. 什麼叫做導電體和絕緣體？

一切物質都可容許電子通過，只是通過的難易大有不同罷了。通電很容易的物質叫作導電體 (Conductor)；最利於通電的物質莫過於銀，其次是銅，其次是鉛，又其次是鐵。

差不多不能通電的物質叫作絕緣體 (Insulator)；例如橡皮，絲，棉，雲母(俗稱千層紙)，瓷，玻璃，乾燥的紙，空氣都屬於這一類。

6. 電阻是什麼？

上面說過，一切物質都可容許電子通過，只有程度之不同；相反來講，一切物質都不能容許電子自由通過，多少有些阻力，只是阻力有大小不同罷了。物質反抗電流通過的阻力喚作電阻 (Resistance)，電阻的單位稱爲歐姆(Ohm)。

良導體的電阻很小，不良導體的電阻較大，絕緣體的電阻非常之大，普通都拿較大的單位——兆歐姆 (Megohm)——來表示他。一個兆歐姆等於一百萬個歐姆。

電阻的大小要看各種物質而不同。在同一物質裏面，電阻恰和該物質的長度成正比而和橫面積成反比；這就是說，長度加若干倍，電阻也大若干倍，橫面積大若干倍，電阻反減低若干倍。

電學上的電阻，很可以和水管內壁的摩擦力相比較。水流流過光滑的管子，不過遭遇很小的摩擦力；水流流過內壁粗糙的管子時，就遭遇到很大的摩擦力。電流流過良好的導體也只受到很小的電阻而在流過不良導體時立刻會受到很大的電阻。

電流，電動勢和電阻間的關係可以拿下列公式表示：

$$電流(安培)=\frac{電動勢(伏脫)}{電阻(歐姆)}$$

例一：設若電動勢是110伏脫，導體的電阻是50歐姆，於是電流的數值可以用上列公式代出

$$電流=\frac{110}{50}=2.2安培$$

例二：又若要把0.5安培的電流送入電阻1000歐姆的導體裏去，該用多少大小的電動勢？代入公式

$$0.5=\frac{電動勢}{1000}$$

$$\therefore\ 電動勢=0.5\times1000=500伏脫$$

7. 怎樣組成了電路？

把電學上的用具——例如發出電動勢的發電機，產生機械力的電動機，妨碍電流流通的電阻等類——聯接起來使電流能够流通，電荷能够積聚，這樣的一個組合喚作電路(Electric Circuit)。

圖2是一個電路，由發電機，電動機，開關組成，並用電線聯接着。圖1是一個水流系統圖，裏面有離心幫浦，有水輪機，有活門，用水管接通。圖1的水流系統和圖2的電路很有相彷之點。

先讓我們看一看在幫浦開始動作之後，水流系統中的情形是怎樣的。倘若活門是關着，而水管裏又早就充滿了水，那末水是無法流通的，活門的一面只是遭

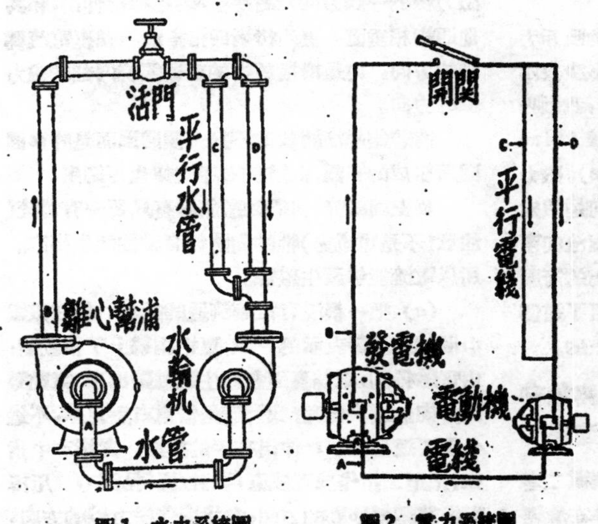

圖1 水力系統圖　　圖2 電力系統圖

受着壓力罷了。活門一開以後，水流就立刻可以沿了水管流入水輪機，再從水輪機流出，沿了底部的水管重新流回蓄浦，電路裏面所發生的現象正和這個相同。發電機發動以後，倘若開關是開着（照電學上說法，開關開着就說電路不通，開關關着纔是接通電路），電子是無法流動的，開關的一面只是受着電壓罷了。開關關閉以後電子纔能沿了電線流入電動機，再從電動機內流出仍是沿了電線流回發電機。

從圖1圖2裏面我們可以看出，發電機的作用和蓄浦相似，電動機的作用和水輪機相似，而電壓又相當於水壓，電流也相當於水流。

又電路裏的C，D兩點，兩根電線是並聯着的，使電流能够同時在兩線內流通。水流系統裏也可以獲得相同的結果。

8. 磁性是什麽？

自然界裏有一種鐵礦石名喚磁鐵（Magnet），我們倘若把二枚天然磁鐵的兩端放得很相近如圖5，我們可以覺得這二枚磁鐵之間互相有力量在吸引着。倘若我們再把一枚磁鐵掉頭來放着，於是二者間的力量變成了排斥力。假使我們再把另一枚磁鐵也掉過頭來，於是又變成吸引力。根據了這樣的現象我們就把磁鐵的兩端分爲南北極，南極用S代表，北極用N代表。我們還可以試驗出來：同性極互相排斥，異性極互相吸引。磁鐵所具有的這種性質名喚磁性。

爲了易於想像起見，我們把磁鐵間的吸斥力繪作線條來代表，如圖3和圖4。磁力線的多少表示磁性的强弱。這種理想中的線條並非實有，我們叫作磁力線（Line of force）。磁力線的方向是假定地從北極流向南極，圖上的箭頭就是依照了這個假定添上的。

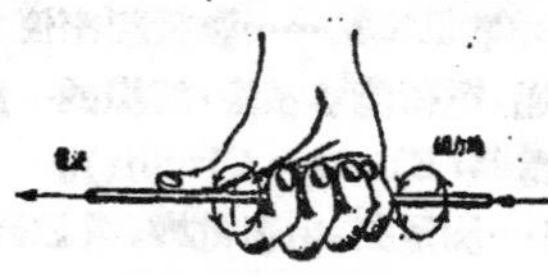

圖3　直的銅絲所產生的磁力線和右手定律的使用法

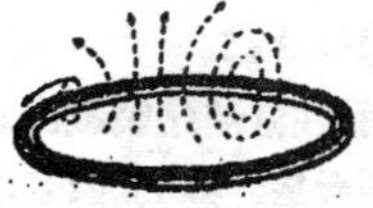

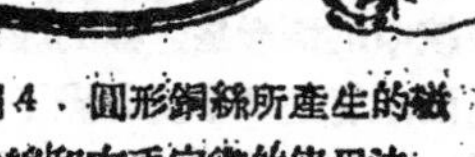

圖4　圓形銅絲所產生的磁力線和右手定律的使用法

9. 磁與電有否連繫？

磁與電二者之間是存在着連繫的，而這個連繫又是非常的重要，一切電機的運用原理，整個都靠着磁電間的連繫，所以我們不厭其詳地把磁電關係分作四部份來討論。還要預先聲明的，就是磁電關係全是從實驗上獲得，其中絲毫沒有理由可言。

(a) 一根直的銅絲裏面流通着電流，於是用了很小的磁鐵，我們可以探出在銅絲的四周是有磁性的，而磁力線的圖形是一羣以銅絲作爲圓心的同心圈。磁力線的方向可以用右手定律來決定：右手握拳，而把拇指伸出使與其他四指垂直，更用拇指指着電流流通的方向，於是其他四指所指的就是磁力線的方向。距離電絲愈遠，磁性的强度愈小。

(b) 把銅絲彎成圓圈，裏面流動着電流，於是用了很小的磁鐵我們可以探出圓圈形銅絲的周圍存在着磁性，磁力線的形式也是繞着銅絲的一個個的圓圈，這個現象恰巧和把上節(a)內的直的銅絲彎曲一下所得的結果一樣，所以右手定律也可以適用在這裏；不過我們還有一個簡便的方法去求出圓形銅絲內所發出的磁力線的一般方向：右手握拳，把拇指伸出，和其他四指相垂直，更用後者四指指着銅絲裏電流轉動的方向，於是拇指所指的就是銅絲內部的磁力線的方向。

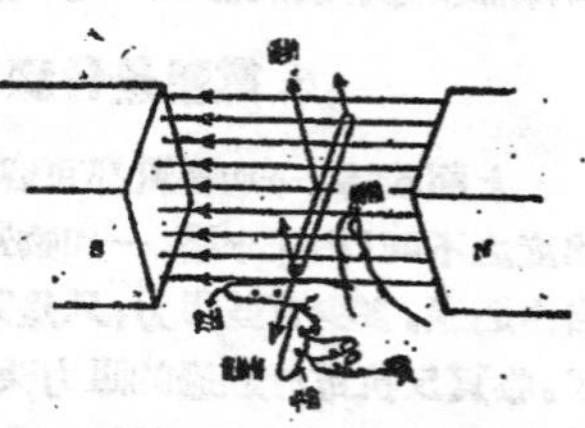

圖5　銅絲在磁極間移動所產生的電動勢并右手定律使用法

倘若銅絲所繞成的不只一個圓圈而是許多圓圈所組成的線圈，上述的右手定律也可適用。

從上面兩節，我們知道銅絲裏只要一有電流（注意！不是電動勢）牠的周圍便有磁性產生出來。所以電流能够產生磁性。

(c) 把一根沒有電流流通的銅絲，放在磁鐵中間，如圖5所表示的一般，更把銅絲上下移動着，由實驗得到：銅絲裏面會產生電動勢出來。電動勢的方向怎麽決定呢？我們還是借重右手定律，不過必須要這樣做法：伸出右手的拇指，食指和中指來，把這三指作成互成直角的位置（見圖5）。用拇指指着銅絲移動的方向，食指指着磁力線的方向，

13130

於是中指所指的，就是銅絲裏所產生的電動勢的方面了。

根據右手定律我們可以知道在一對磁鐵中間的兩根銅絲，若是一根向上，一根向下移動，那麽這兩根銅絲裏所產生的兩個電動勢，方向必然是相反的。

爲了滿足人們對於公式應用的興趣起見，我們不妨把計算這電動勢的公式抄錄下來，不過即使不能記得也並無妨礙。電動勢的數值是：

$$e=\frac{Blv}{100,000,000}\text{伏脫}$$

式中，B＝每方吋裏磁力線根數，(由實驗比較得)

l＝銅絲長度的吋數，

v＝銅絲移動速度的每秒吋數。

例：若兩枚磁鐵的空隙間，每方吋上有磁力線＝100000根，銅絲的長度10吋，銅絲移動速度是每秒鐘10吋，於是電動勢

$$e=\frac{100,000\times10\times10}{100,000,000}=0.1\text{伏脫}$$

(d)把一匝線圈安放在兩枚磁鐵的空隙間，固定不動，而把磁鐵的磁力線的根數加以改變(改變的方法以後再談)，在線圈裏面也可能產生出電動勢來。

根據以上兩節所講的來說，磁性是可以產生電動勢(注意！不是電流)的，正和磁性能產生電流一般，不過這裏必須具備有一種動作——或是銅絲移動，或是磁力線根數變動。倘若這根銅絲或這匝線圈已是接通的，那麽電動勢也就產生電流，在流通着；倘若沒有接通，那麽在電絲的兩端只有電動勢存在而並無電流。

10. 什麽叫做電磁鐵？電磁鐵有什麽用處？

從 9 (b) 我們知道電流是能够在導線的周圍產生磁力線的，所以我們如果把銅絲一圈一圈地繞在軟性鐵塊上面而把電流通進去，於是從鐵的面上所發出磁力線的性質，和天然磁鐵所具有的一般無二，這種利用電流來造成磁鐵喚作電磁鐵(Electromagnet)。天然磁鐵的磁性總不會是十分强大的，不够工程界需要，電磁鐵的磁性可以比前者强過幾千倍，所以電磁鐵的應用很大。(待續)

機工小常識

車床工作知識偶得

江南造船所工人　**張新昌**　(毛裕海代筆)

這一次國民黨匪幫在上海撤退的時候，江南造船所曾遭到非常重大的破壞，待上海完全解放，我們就熱烈地進行很積極的修復工作，我也參加在內。在修理工作的過程中，曾發現了下面二點小經驗，雖然在唸過書的大學生們看來，似乎不值得什麽重視，可是在幹實際工作的我們，也許是覺得有一點意思的，現在就請裕海兄執筆，寫在下面：

怎樣修配不知直徑的破碎皮帶輪？

車床的上掛脚傳動軸上的皮帶輪，都是用生鐵翻出來的，因爲經過這一次破壞，强烈的震動使它們一個個的落在地上，變成了片片碎鐵，如果我們要重新配一個新的，那末非得知道其正確的尺寸不可，因爲皮帶輪和車床的大小有一定比例，不能隨便亂配，配錯了，工作的性能就有相當影響。——那末，怎樣可以用一個簡單的方法來求得正確的尺寸呢？我們可以從圖 1 和圖 2 中求得：圖 1 是碎皮帶盤的一片，假定，我們用尺量得其長度 AB 爲8″，

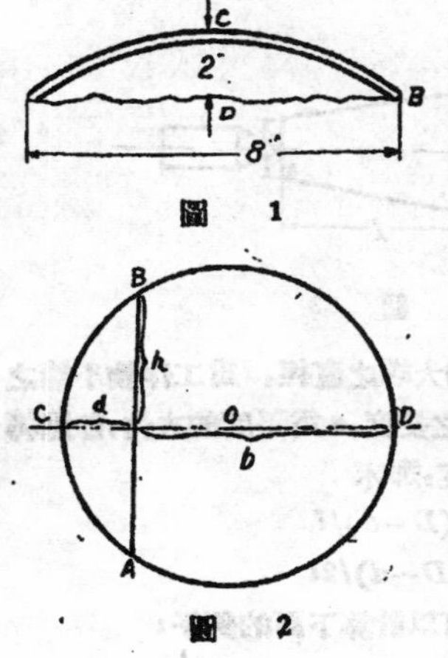

圖 1

圖 2

13131

深度CD爲2"，那末就可用下列的公式計算得直徑必爲10"，即：

$$直徑=\frac{長度一半的平方+深度的平方}{深度}$$

$$=\frac{4^2+2^2}{2}=\frac{16+4}{2}=10''$$

上式的理由，可以根據圖2求得：因爲CBD是一個半圓，那末根據平面幾何的比例中項原理得到：

$$a:h=h:b$$

即 $$h^2=ab$$

$$b=\frac{h^2}{a}$$

故 $$直徑=D=a+b=a+\frac{h^2}{a}=\frac{a^2+h^2}{a}$$

最後一個式子，就是上面計算所應用到的。

工作物的斜度車製方法

一般工友，如果遇到工作物上需有斜度(或名推拔，斜勢)的時候，差不多不大有最合理的方法，往往憑自已的目光來決定，因此很可能有錯誤的現象。我以爲，在目前到處要求提高技術的時候，我們工友也應該對於計算方法要有點了解，那末可以減少許多錯誤，下面談到的是二種較簡易而合理的斜度車法：

(一)通常車床的車刀架底部迴轉樁上有很精細的刻度，表明從車刀與車床中心線之間的角度，所以，只要我們將車刀架移動，旋轉至適當的角度，就可以車製。不過，這一個度數，却要用計算的方法來求得，公式要用到一點三角函數的關係，即(參看圖3)

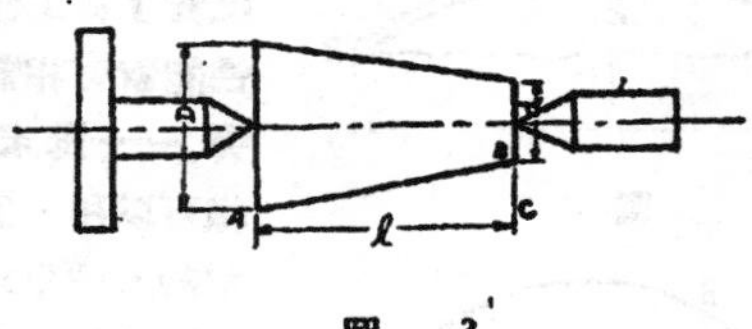

圖 3

如D爲工作物大端之直徑，d爲工作物小端之直徑，l爲工作物之長度，α爲斜度的夾角，即迴轉樁需要迴轉的角度，那末

$$\tan\alpha=\frac{1}{2}(D-d)/l$$

$$=(D-d)/2l$$

用了上面公式就可以計算下面的例子：

如需車一個工作物，大端直徑爲 2"，小端爲$1\frac{3}{4}$"，長爲4"，那末迴轉樁需移轉若干度？

代入公式：$\tan\alpha=(2-1\frac{3}{4})/2\times4$

$$=\frac{1}{4}/8=\frac{1}{32}=0.032125$$

以三角函數表查出 $\alpha=1°48'$(需要迴轉度數)

(二)如果不移動迴轉樁，那末搬動尾垫的距離，也可以車製，如果這一個距離是e(見圖4)，

圖 4

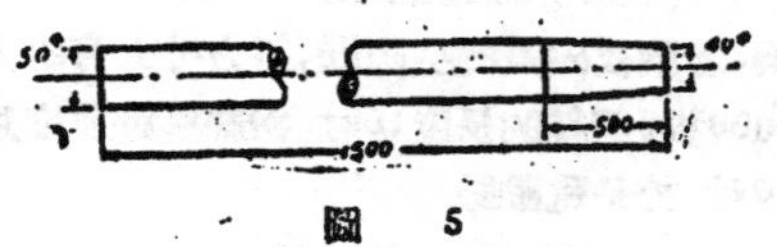

圖 5

那末可以從同一個角度求得另一個公式：

$$\tan\alpha=e/L$$

但在上面已求得

$$\tan\alpha=(D-d)/2l$$

二式是相等的，所以

$$e/L=(D-d)/2l,\ \therefore e=L(D-d)/2l,$$

但如果沒有二節不同尺寸的，那末 $L=l$，$e=(D-d)/2$。

即放鬆多少距離，只要把數字代入公式中，就可求得。圖5是一個例子，從圖中各部分尺寸，可求得

$$e=1500(50-40)/2\times500=15$$

即尾垫可放鬆15mm.

編者按：上面這篇文字是一位工友工作後的心得，本來投寄上海的勞動報，後由該報轉投本刊，經本刊重新改寫後，發表在此，——本刊希望其他工友也能多多投寄類似工作心得的稿件，文字不計工拙，均可由本刊修改後，擇尤登載。

永新電工器材廠股份有限公司

Yung Sing Electric & Manufacturing Co. Ltd.

(原名：永安電業機器廠股份有限公司)

主要出品

配電及電力變壓器

低壓牆上式油開關

各式高低壓開關台

電動機用起步開關

柱上開關及斷路器

設計審慎　用料精良　檢試嚴格

地址：一廠　延平路九十八號　電話 35567

二廠　康定路一二三八弄　電話 22525

南華化學工業社

Nan Hwa Chemical Works Ltd.

專製：——

純粹三酸

化學藥品

分析試藥

品質優良　成份準確

承接定製　交貨迅速

上海廈門路二三〇弄十六號

電話：九五二五四

解決

貴廠如欲

購辦

設計

裝置

修理

請撥

電話

九五四三〇

九〇五三〇

保君滿意

元泰實業公司

中正東路四〇四號帶鈎橋西

中國技術協會會員魏君支持

上海調味品廠出品

漿紗澱粉　潔白菱粉　及　上海味粉　醬油原料

會友介紹　特價優待

事務所：鳳陽路五六三至五號　電話：三九八二四

製造廠：昌平路六八一號　電話：六一三二〇

中國自動電信器材廠股份有限公司

CHINESE AUTOMATIC ELECTRIC CORP. LTD.

設計・製造・經銷

電話　無線電　及各種電器材料

本公司最新出品之一
AU—1210 C 共電式電話機

技術人員主持
出品標準可靠
介紹新穎出品
促進國內建設

本公司最新出品之一
AU—1210A 自動電話機

地址　上海(五)四川北路一三五六號　電報掛號五九三二五八

俞順記營造廠

本廠專門承造
中西房屋銀行
貨棧廠房碼頭
橋樑等項土木
建築工程如蒙
委託不勝歡迎

地址 上海呂宋路六十弄

電話八三二三九

第四卷第七、八期合刊（一九四九年九月號）

上海市軍事管制委員會書報雜誌臨時登記證期字第十八號
經華東郵政登記認爲普通報刊上海郵政管理局執照第八號
中國科學期刊協會會員刊物

本期實價人民幣五百元

第四卷 第九·十期合刊

一九四九年十月號

自力更生！迎接生產高潮，建設一個工業化的中華人民共和國！

中國技術協會主編

工程界雜誌社發行

新安電機廠

股份有限公司

主要出品

事務所・上海南京西路八九三號大滬大樓五樓 電話・・六〇〇九〇

廠址・上海常德路八〇〇號 電話・三五七五三(電報掛號・〇七八九)

發行者
工程界雜誌社
上海(18)中正中路517弄3號
電話 78744
編輯者：中國技術協會
工程界編輯委員會
上海(18)中正中路517弄3號
印刷者：中和印刷廠
上海淮安路727弄30號
經售者：全國各大書店

·訂閱價目·
1.全年十二册：人民幣 7200元
半年六册 人民幣 3600元
2.集體訂閱：五份以上九折，十份以上八折。
3.平郵寄費免收，集體訂閱可以分别按址郵寄。
4.特大號及提高價格時，訂戶概不加價。
5.中國技術協會會友照價八折，每人以訂閱一份爲限。

第四卷第九·十期合刊 目錄 一九四九年十月號

13145

上海自然科學工作者爲保衛世界和平慶祝中國人民政協與中央人民政府成立宣言

中國人民政治協商會議揭幕了，這是歷史上空前偉大的劃時代的一個日子。全國人民最終擺脫了帝國主義國民黨反動派的統治，奠定建立獨立，民主，和平、統一和富强的新中國的立國基礎。我們上海自然科學工作者，以空前未有的歡欣來慶祝光明燦爛的人民新世紀的開端。

當我們極端愉快熱烈慶祝的時候，應當感謝中國共產黨和中國人民領袖毛主席，沒有中國共產黨和毛主席的英明領導就沒有今天的勝利，我們又要感謝中國人民解放軍，沒有他們的英勇戰鬥，和流血犧牲，就不會有今天的勝利。我們也要感謝全國民主黨派各人民團體各民族和一切愛國民主人士，沒有他們的同心協力組成人民 民主愛國的統一戰綫，也不會有今天的勝利。我們更感謝以蘇聯爲首的世界民主陣營，沒有這樣一個偉大的和平力量，我們也不會有今天的勝利。

我們的勝利確定了帝國主義國民黨反動派在中國的失敗。但是他們决不甘心，他們還要作最後掙扎，以各種方式對人民共和國搗亂與破壞，因此，我們必須堅持和加强人民民主專政。工人，農民，小資產階級和民族資產階級團結起來，在工人階級和共產黨的領導下，組成自已的國家，選舉自已的政府，向帝國主義國民黨反動派實行專政。

一個佔有世界人口四分之一的由無產階級領導的人民共和國的建立，將震動整個世界：人民陣營是無限的歡欣，反動陣營將萬分着慌——它大大改變了世界民主與反民主力量的對比。爲了解脫自身的政治上經濟上的危機，帝國主義妄圖製造新的世界戰爭。戰爭的危險是存在着的，帝國主義威脅着和平，但是世界和平民主的力量，愈來愈是强大，祇要能够團結一致，一定可以贏得勝利。中華人民共和國的建立，加强了世界和平民主的陣營，也祇有持久的世界和平才能保障中華人民共和國的壯大和發展。

人民政協召開了，人民共和國的中央人民政府不久即將成立，對自然科學界提供了史無前例的有利條件。是這樣的條件，它將爲中國自然科學界奠定了新的基礎，使得自然科學工作在新的國度里有廣大的發展前途。自然科學再也不會是少數人所獨佔的奴役人民的工具，它將永遠屬于人民不斷的爲改善與提高人民的生活而服務。在中國共產黨的正確領導之下，我們相信自然科學工作一定會有更多更大的成就。上海的自然科學工作者清楚地認識到我們不能超然於政治之外，我們要不斷的探求崗位工作的社會意義與政治意義，我們不能滿足於學術的深造與業務的精通，自然科學工作者是老老實實的，是實事求是的，是脚踏實地的，我們和全國各地各界人民一樣，定以無限忠誠與不可搖撼的决心，來擁護人民政協大會的一切决議及即將宣告成立的中華人民共和國的中央人民政府。我們立誓在共產黨和人民政府的領導下堅决完成下列任務：

（一）以强大的正義的人民力量積極支援解放軍南下，迅速解放全中國。中國人民解放戰爭的澈底勝利，最後殲滅國民黨反動派的殘餘武裝，這就直接的打擊了美國帝國主義，也就有力地保證人民政協的成功！ ……

（二）加緊生產，粉碎敵人封鎖，力行自力更生。爲人民服務的自然科學工作者，爲了貫澈人民政協的決議，鞏固人民共和國的基礎，必須投入生產的前綫，在經濟建設的戰綫上，戰勝帝國主義。我們要衷誠地向我們最眞實的朋友——蘇聯靠攏，向他們學習，學習他們偉大豐富的建國經驗與艱苦英勇奮鬥的歷程！

（三）堅决的站在世界和平的一方面。我們相信，以蘇聯爲首的世界人民民主力量的團結一致，與日益强大；一定能粉碎戰爭販子所造成的對和平的威脅。中國四萬萬七千五百萬人民與蘇聯及新民主主義國家二萬萬數千萬人民，以及世界各國的人民的緊密團結，將成爲保衛世界和平民主的堅强堡壘，讓那些國內外的反動派在我們面前發抖吧！

爲三大憲章的完全實現而奮鬥！

本刊同人

中華人民共和國誕生了！

全中國人民爲新中國的誕生而歡欣鼓舞！全中國人民爲新中國的三個建國大憲章——中國人民政治協商會議共同綱領，中國人民政治協商會議組織法，中華人民共和國中央人民政府組織法，而歡欣鼓舞！

百年來中國人民所受到的內外反動派的壓榨，奴役，和殺害，無例外地也反映在中國從事科學技術工作者的身上。以經濟建設爲己任，認爲經濟建設能致中國于富强的科技工作者，面對着祖國亟待開發的豐富資源，亟需建立和改革的工農業生產，却無從施展身手—— 被帝國主義，封建官僚買辦階級束縛住了手脚，其煩悶，痛苦，憤懣的心情是很容易體會的。隨着全中國人民在中國共產黨領導下的全面覺醒，科技工作者也認淸了自己痛苦的根源，許多優秀的科技工作者投入了人民革命的洪爐，與全國人民一起，向反動派勝利進軍。

現在，我們自己的國家誕生了，我們身上的枷鎖已打破了，黑暗的時代已過去了，光輝燦爛的前途展開在我們面前。這光輝燦爛前途的保證，就是中國人民在目前時期三個建國的大憲章，它指引我們向着新中國的目標前進！

貫澈在三大憲章中的基本精神，第一是人民民主統一戰線，確定了新中國是建立在以工人階級領導、工農聯盟爲基礎的四個革命階級的聯盟上；第二是人民民主專政，對於人民內部的民主和對反動派的專政；第三是迅速完成解放全中國，全面開展新民主主義建設；第四是國內民族一律平等，新愛國主義與國際主義的結合。

這三大憲章是中國人民百年來，尤其是近三十年來長期反對帝國主義、封建主義、官僚資本主義的英勇艱苦鬥爭得來的經驗的總結，是中國人民偉大領袖毛澤東思想的具體實現！中國人民對於表示着他們歷史轉折點的鮮明號誌，指示着他們走向人民民主建設道路的重要里程碑的三大憲章，不用說是熱烈擁護和研究，而且將保證其澈底執行。我們科學技術工作者當然也是如此，而且從三大憲章中共同綱領中有關經濟國防建設條文之衆多與詳盡，可以了解我們將要負起的任務的重大。

我們科學技術工作者，作爲一個階層來看，有優點也有缺點。優點是：我們都是客觀眞理的服膺者，對于自然科學領域內的眞理追求不遺餘力，而且有豐富的革命性；其次，我們大多直接間接參加生產勞動，與工人階級的生活密切關聯，與工人階級的利害有極大的一致性等等。缺點則是舊社會中知識份子所一般具有的，例如：强烈的個人主義意識，缺乏集體觀念，輕視體力勞動等等。我們要勝任地負起共同綱領所賦予我們的巨大任務，就一定不能拘泥于我們的本位意識，以了解共同綱領中有關經濟建設的部份爲滿足。我們一定要發揚我們的優點，來克服我們的缺點，以達到改造自己的目的。今天許許多多在實際生產中起光輝模範作用的科技工作者，已證明了這是完全可能的。

因此，我們一定要搞通三大憲章的基本思想，就是說我們一定還要搞通並掌握人民民主統一戰綫，人民民主專政，民族政策，新愛國主義和國際主義的精神實質；支援人民解放軍迅速完成解放全中國的神聖任務。我們一定要搞通，全國範圍經濟建設的成功，其基礎正就在人民民主統一戰綫，人民民主專政，民族政策，新愛國主義和國際主義的正確澈底的執行。否則我們就會不必要地陷入過去部份科技工作者因不明白歷史環境及其發展而起的痛苦和煩悶中，嚴重地妨礙我們完成三大憲章所賦予我們的任務！

學習三大憲章！全面地，反反復復地研討學習，直到完全了解！

澈底執行三大憲章！爲三大憲章的完全實現而奮鬥！

慶祝開國盛典·保衛世界和平
自然科學工作者參加示威遊行

（中國技協通訊社訊） 今年的十月是這樣一個時節，在她的第一天成立了中華人民共和國。第二天又是全世界愛好和平的人民爲保衛世界和平鬥爭，向反動派戰爭販子大示威的一天。這在新誕生的中國，尤其有重大的意義。

自然科學界出席人民政協的首席代表梁希說："從此也就爲中國的自然科學，奠定了新的基礎，科學在中國，不再是一種裝飾品，不再是爲了少數人服務，而要爲人民服務了。"

基于這史無前例的巨大意義，自然科學工作者是以這樣的心情來迎接新中國的建設，表示堅決擁護人民政協的共同綱領和中央人民政府，堅決站在以蘇聯爲首的世界和平陣營一邊，向帝國主義反動派陰謀製造戰爭作無情的鬥爭！

用加緊生產自力更生來慶祝
自力更生運動正在開展起來了

在全國自然科代的號召下，上海的自然科學工作者發表了宣言（載本期本刊），發動廣泛的簽名。並在普遍響應生產機構工會號召與工人們攜手參加全市遊行大示威以外，爲了顯示和檢閱力量，自然科學界自己組成了一支六百人的隊伍，在遊行行列中，整整十四個小時，始終熱烈地喊出他們的聲音！

十月一日至十月十日的慶祝旬是過去了，自然科學工作者決定以加緊生產，自力更生來慶祝和迎接新中國。和中國技術協會的會友們，已在具體推行一個"自力更生運動"，分了調查，研究，資料，服務，教育，宣傳，聯絡等組，進行工作。自力更生是今天新民主主義經濟建設的基本方向，這個運動，無疑的將在最短時期內蓬勃的展開，成爲一個普遍的熱潮。

歡迎蘇聯文化藝術科學代表團
學習蘇聯技術和建國經驗

正在全國狂歡，舉世慶賀的時侯，社會主義的蘇聯友人，首先承認了新中國，並且派遣了包括許多專家的文化藝術科學工作者代表團前來。代表團在全國各地受到了熱烈的歡迎；他們在十五日到了上海，上海各界分別的請蘇聯友人來講演。自然科學界先後請了代表團中的技術科學博士阿格拉則和生物科學博士斯托連托夫講述蘇聯科學工作的情況，和介紹偉大的米邱林學說，在上海的自然科學工作者間開闢了一條新的道路，打開了一個新的眼界。

蘇聯友人們是回去了，這正是一個向蘇聯學習，學習他們的科學技術，學習他們寶貴的建國經驗的很好開始！

工業中國的遠景
大連舉行工業展覽會

在今年的"九一八"，在大連，揭開了工業中國遠景的序幕。

由中山廣場的中心，高聳的勝利塔向西南走，就到了工展的會址。登上三十六級的台階就是第一館，鐵路交通館，館外有東北出色的吊車貨車等出品陳列着。館裏有來回行駛的小輕油火車，有各式各樣的解剖模型。

第二部份是機械館，這無疑是重工業的心臟，機械館排得像一個大機械工廠，最觸目的是一百五十匹馬力的高壓唧筒和二百噸水壓機的大連機械工廠。陳列着許多巨大的採礦機械。

造船館外放着一條三十三噸的駁船，很遠處就可以聽到裏面機聲隆隆。館內有一套活動船塢模型表現，說明萬噸大船怎樣出入船塢修理。

接着是公用事業館，說明許多和人們日常生活有關的水、電、交通等技術。紡織和化學館陳列着全套的生產過程和各種化學工廠模型。

此外還有工廠展覽室，電台，衛生文化與中蘇友誼館。全部會場面積四萬多平方公尺，可容二萬多人。

論科學與勞動的結合

蘇聯科學院院長 瓦維洛夫

世界各國，除蘇聯外，沒有一個名詞與蘇聯的"科學勞動者"有完全相同的意義。在資本主義世界裏，過去與現在主要的只有學者。科學勞動者，是我們特別的蘇維埃概念。在這兩個字中，（科學勞動者俄語原文只有兩字一譯者註）簡單而直接的表現出一個偉大的意思，即必須克服體力勞動與智力勞動的區別，凡參加社會主義建設的都應當抱有這種思想。

智力勞動的專家，科學勞動者與工人及集體農民站在一個行列裏，在蘇聯爲最早。他們一起完成一個任務：就意義與範圍言，是空前未有的建設共產主義的任務。自十月革命第一天起，我國科學的實質與方向，已開始了基本的改變。革命以前舊的俄國科學及其個別的優秀事業家，被沙皇政府壟斷着，不使其與人民及人民的需要發生聯繫。人們難得搞科學，如有可能從事科學，而研究者又大都沒有力量打破人爲的隔離科學與人民的牆壁。這個牆壁，在十月革命的浪潮下崩潰了。

在學者的行列裏，每年發現了大批的人民子弟工農子弟。全世界沒有一個國家，其科學的民主化達到這樣的程度，這樣的完全，能如現在的蘇聯科學一樣。

十八世紀時，羅曼諾索夫在俄國學者中，幾乎是唯一的人民出身的人。現在十萬以上蘇聯學者的隊伍，在基本上是由來自工廠田園的人們組成的。蘇聯科學與人民這樣的親近關係，決定了它的特點，他的方針，特別是滿足蘇維埃國家需要的方針。

實現列寧斯大林國家工業化，農業集體化的政策，需要新的技術——這種技術，在質量上在數量上都是新的。爲建立這樣的技術，科學勞動者，學者，工程師農學家的隊伍，起了重大的作用；這些人們都是在蘇維埃時代教育的，長成的，就血緣言就世界觀言均是工農的弟兄。在偉大的保衛祖國戰爭時打擊法西斯黨徒的武器，都是按照蘇聯學者及科學勞動者的思想與計劃生產的。

我們老的科學院，已有二百二十五年的歷史，現在是蘇維埃科學院，在他們的工作中，在他的各研究所及實驗所計劃中，在他的理論研究中，其中心思想是盡力在多方面的幫助國民經濟。

蘇聯科學爲人民服務，在各種計劃方面，在鞏固經濟能力方面，在文化發展方面，在提高人民福利方面，積極的幫助社會主義國家。

因爲斯大林同志的經常注意與關切，我國已具有適合于科學發展的條件。好多科學機關，科學研究所，高等教育機關，均次第成立了。在戰前幾次五年計劃時期，在保衛祖國戰爭時期，蘇聯科學對于國民經濟，均有莫大的多方面的幫助。

在戰後五年計劃中，科學與技術的作用，益形增加。學生對工業與農業的幫助的新方式，廣泛的傳播了。科學研究所及大學的工作人員，普遍的幫助生產，研究各種新的更有利的——從經濟及技術觀點而言——生產方法，製造更好的機器，與工業工作人員站在一起，爲減低生產成本及提高勞動的生產力而鬥爭。

同時，國民經濟對于蘇維埃科學的工作人員的要求，不斷的提高。這是很自然的，合理的，因爲這對國民經濟之滋長及技術之迅速進步均互有關聯，我國在斯大林同志指導之下，很自信的走向共產主義。在這個途程中，工業與農業比以前更需要科學的幫助。

科學與勞動的結合，科學思想與生產的結合，不是固定在某一地點的，而是隨時發展與複雜化，在我國發展每一個新階段上，都有他自已特殊的時時進步的思想，列寧格拉的工人，學者與工程師的號召，是科學與生產合作的新階段的表現。這個號召，立即得到了全蘇聯的廣大的與實際的反應。

我們的科學機關與全國學者，都眞實的懂得科學勞動者與實際的經常聯繫的意義。現在所要講的，是如何更好的更有效的實際上實現這種聯繫。先進的科學研究所及高等教育機關，對與工廠作坊的親密的創造的合作，供給了具體的例子。

科學與生產聯繫的方式，可能是各種各樣的。但有一點，不可爭論的，即一切科學研究的結果，如果是正確的，必能而且應該得到實際的應用。蘇聯學者加緊研究廣泛的理論問題，同時也應該響應現今國民經濟的需要，從理論推引中，做出與蘇維埃國家有益的結論。

必須要堅決的更有計劃的把科學的成就滲入到生產中去。在這件事情上有還很多的缺點，有的是科學機關的，有的是工業方面的。

把科學成就應用到生產中去，最穩妥最正確的道路，就是科學機關與企業及農業發生直接聯繫。

我們需要使我們研究所和實驗所的工作人員完善的知道到工廠的途徑——不僅是到經理室，而且也要到廠中各個部門。同時也要讓工程師，技師及先進工人熟悉的知道回程——從工廠到研究所的回程。

斯大林同志關心蘇維埃科學的發展，鼓勵新的成功，蘇聯科學應該成爲國民經濟各部門技術進步更有力的因素。

斯大林式的勞動與斯大林式的科學團結起來！（唯智譯）

一、毛主席在人民政協第一屆會議開幕時說：「全國規模的經濟建設工作業已擺在我們面前。」本刊今後希望在這偉大的經濟建設工作中能盡一分力量，能爲生產技術上解決一二個具體的問題。內容方面，當多多注意自力更生，介紹蘇聯建國經驗，與東歐新民主國家及新中國各區域恢復生產發展生產的經驗。希望各部門科技工作者們不吝與我們合作，能將生產技術上珍貴的經驗與研究心得寫給我們，登載出來，對生產建設一定有很大的幫助。

二、本刊向以通俗實用爲方向，我們的工作中心是爲大衆服務，我們要聽取大衆的願望要求與批評而隨時改進。所以我們需要讀者們廣泛的反映，隨時能將自己的與朋友們的意見告訴我們，作爲我們決定本刊內容與改進編輯的指針；更希望讀者們給我們寫稿，幫助我們推廣發行，使這刊物能在大衆的支持中充實與發展起來。

三、本刊原有「讀者之頁」，是爲讀者解答問題討論問題與服務的園地；解放前一個時期因生活不安定來信減少了，解放後也沒有及時恢復。我們仍歡迎讀者能踴躍來信，其中比較普遍性的與有公佈需要的都將在本刊上公開答復或討論，比較個別的問題當直接專函答復。

四、最後要向讀者們抱歉的，是本刊的不能準期。本刊各部份工作人員，大多是業餘性質，解放以來，忙於其本身崗位的工作，團體的工作，政治學習，及一連串運動如保衛世界和平慶祝開國而接連的遊行晚會狂歡慶祝，以致對刊物照顧得很不够，一方面本刊經濟問題始終沒有很好地解決，本期差不多隔了兩個月才與大家見面，承很多讀者關心函詢，非常感激和抱歉。下期計劃在十二月一日出版，以後當盡力做到不脫期，這還是要靠讀者們多方支持的。

鞍山·本溪·撫順

黄宗甄

中華全國自然科學工作者代表大會籌備委員東北參觀團，在東北參觀了一個月，全體團員四十八人，共分爲理工，農業，醫藥三組，我參加了理工組，參觀了瀋陽、大連、旅順、長春、哈爾濱、鞍山、本溪、撫順的城市，關于東北工業的縮影，我們大致是領略了一點，這次的參觀，東北當局和各地工礦機關，給我們極多的幫助和方便，眞是得益不淺，在這里先將重工業的中心區，鞍山、本溪、撫順三處，作一個簡略的報導，但我不是習工程的人，且手頭又少資料，一定有很多遺漏和不妥的地方，深望諸先進與讀者給以指正或補充。

"鋼都"鞍山

東北局特别給我們預備了一輛輕油車（Gasoline Car）使我們在以上的三工業區，隨時的任意的在東北鉄道上乘坐來往，可不受火車班次的限制。我們爲了爭取時間，以上三區祇旅行一個星期，雖然在此種走馬看花似的情形之下，仍能使我們深刻地感覺到東北富源的豐饒和勞動的偉大，因而增强了我們對于建設新中國和克服困難的信心，現在我所記述下來的，也僅僅是一鱗半爪而已。

鞍山位于瀋陽南一百廿里，爲中國最大的鍊鋼廠所在地，有"鋼都""鐵都"之稱，相傳遠在紀元一千三百年前即唐太宗東征高麗駐紮遼陽時，已會于鞍山鍊鉄製作兵器。鞍山鐵的蘊藏量達十七億噸左右，佔全東北鐵鑛總藏的百分之七十五。以鍊鋼廠爲中心的區域，南北達四公里，煙囱林立，煤氣管，巨大的鍊鉄廠，矗立雲霄，頗爲壯觀，附近的鑛區，它的面積達十二公里以上的半徑內，即有十一個鑛區。在這些地區內，同時亦盛產石灰石，耐火粘土，大石，苦土鑛等。八一五日寇投降時，首先遭受破壞，後又經蔣匪幫在侵佔鞍山時，公開破壞工廠，盜賣機器損失不少。在人民解放軍解放鞍山後，蔣匪又在暗中利用特務和流氓，勾結落後分子，進行有組織的破壞和竊盜，因此受了很大的損失，直到去年二月，我軍第二次解放鞍山後，始在民主政府的領導下成立了職工會，舉辦職工訓練班，提高了工友們的政治，文化水平。工友們的覺悟普遍提高，先經過護廠，搶救資材，又掀起了獻交器材運動，這運動在去年十二月二十日普遍展開的，至本年二月中旬，初步結束，一共獻交器材計二十餘萬件，總值在百億元以上。有一百三十名獻交競賽模範者，從這運動中湧現出來，工友們不顧一切困難，從路旁水坑或煤灰堆，垃圾堆里搜集器材。當時鞍山鋼鉄公司當局就舉辦了一次工業展覽會，就把獻交的重要器材以及鞍山工礦的具體情况介紹出來，啓示了今後發展和恢復的方向；這次獻交運動以及工業展覽會對于恢復工作，奠定了良好的基礎。現有工人三萬人以上，尙在不斷的增加中，本年三月末特召開了生產立功動員大會，展開了一切依靠勞動者的生產立功競賽運動。並正式成立工人代表會，我們去參觀時，業已正式開工，工友們的工作情緒都異常高漲，到處有立功的功臣們的得奬紅旗，和黑板牆報的激勵評語等；整個工廠區域，捲入了生產的熱潮，他們往往冒着生命危險來完成艱巨的任務。好些修復計劃，都是提前完成的。

鞍山鍊鋼廠，在僞滿時代有十多萬工人，幾千個日本技術人員，蔣匪侵佔時代，工人僅留一萬多，日本技術人員全被趕回日本去了。破壞是那麽的嚴重，但由于領導者掌握了政策，依靠了工友，故修建的成績是非常驚人的。一共有四十四個單位的工廠，分爲製鉄、鍊鋼、軋鋼、動力、化工、製造、修造、運輸、採鑛等九部，公司組織方面，有人事、祕書、計劃、經理等處，附設有高級工科職業學校，和幾個工人子弟學校、十幾個工人夜校。

製鉄方面，有一個很大的選礦廠，因爲鞍山的鉄礦多是含鉄量較低的僅35%的貧礦，所以必先將鉄礦磨成粉，以磁力將鉄吸集攏來，經過這樣處置，鉄礦粉末就可達60%以上的含鉄量，然後再將粉末以機器團成小塊，以便于鍊鉄之用。關于鍊鉄部門，有九個巨大的鼓風爐，其中有五個七百噸，其餘爲四五百噸的，三十或五十噸的鼓風爐那更多，（如果在關內幾十噸的爐子已極寶貴了）。僞滿時代，每年可出產二百萬噸的生鉄。一切的設備大多爲德國製造，尤其鑄鉄，翻沙等設備是極新式的，自來水管以及許多大型的機件都鑄造得很好。

鍊鋼廠，有兩個廠，每個廠均有六個一百噸至一百五十噸的平爐，僞滿時年產可達一百八十萬噸的鋼。并有直接從鉄水鍊鋼的技術，復工後已注意質量的提高和生產成本的計算了。

軋鋼部，從前可出五十萬噸成品，如鉄道鋼軌、鋼板、鋼管、橋樑鋼筋、鋼絲、圓鋼、方鋼、都可以製造，我們一口氣參觀了出鋼，初軋，速軋的操作程序，規模之大，氣派之雄渾，嘆爲觀止的。

化工部，有煉焦，副產品製造，耐火工廠等，煉焦廠有兩個，共有十八個窰，製鉄時每一噸的鉄礦需一噸的焦煤。所用的煤由本溪和撫順來的。副產物由焦油、瀝青、柴油、輕油、石炭酸、硫酸錏、苯、萘、等均有設廠蒸餾或提取的，產量也極可觀。耐火工廠，以供應鼓風爐、鍊鋼爐、煉焦窰等耐火磚等材料而設的，所用原料均採自鞍山附近，一共有四個廠，有矽磚、耐火粘土磚、鎂磚等，一共三十個新式的窰。每年共產一萬噸以上的耐火材料。硫酸廠也有相當的設備，主要是製造硫酸錏用的。

製造部，我們看了許多機器製造廠，是極大型的，最出色的是有一種大型的鉄管，是應用離心的方法鑄成的。

採礦部，僅去參觀了弓長嶺的露天礦區和井礦區，現有四千左右的工人，關于運輸工具是相當完整的。

鞍山市區，一般而言，建築都是日本式的洋房，醫藥設備頗佳，醫院里有病床二千張，到處有工人俱樂部的設立，運動場，游泳池等頗考究，關于工人福利方面，公司方面另外提出工人總薪額百分之三作爲勞動保險，這是額外的巨大支出對于工友方面當然受益不少。到現爲止，已達到極盛時代十分之一或五分之一的生產量。

工業重心——本溪

本溪距瀋陽也是一百二十里，從前叫本溪湖，是安瀋綫上一個繁華的都市，我們由鞍山坐輕油車經過另一條鉄道，就可直接往本溪，本溪的市街約有五十平方里的面積，因處在山岳地帶，街道沒有鞍山的開朗，有太子河貫穿市的中間，河北爲本溪，河南爲工原（前稱宮原），南北兩礦相隔十里。有火車、公共汽車、專用電車來往其間。本溪有豐富的煤礦、鉄礦，煤的埋藏量有三億七千萬噸，鉄的埋藏量有七億噸以上，其中有大部的低燐鉄和低燐，這兩種東西可拿來鍊成特殊的高級工具的低燐鋼，是造船，兵工方面不可少的材料。此外還有一億六千萬噸的粘土和用不盡的石灰石、矽土、錳、硫化鉄、鉛、雲母石、滑石等。僞滿時代有六萬二千工人，工廠是在民國三年建立的，之後規模漸擴大，分爲本溪及工原兩個工礦區域；日本投降後，工友僅剩四十多人，蔣匪來時，根本未開過工，只有儘情的破壞，對此四十多工人，備加迫害。解放以後，我軍說靠此四十多的堅苦卓絕的工友，作爲幹部，經過民主政府和本溪煤鉄公司以及職工會的正確領導後，氣象煥然一新，工友陸續歸來，現有二萬六千工友，一切困難，均加以克服；而且改善了工人的生活水準，我親眼看見大羣大羣的工人歸來，到處聽到建設的勞動的呼聲，在廢墟上建立起人民的工業，死的復活了，勞動創造了一切，戰勝了一切，同樣的經過了護廠，搶運、獻交、生產競賽立功運動，工友們連白金甘鍋都獻出了。

本溪煤鉄公司，生產部門也分爲製鉄、鍊鋼、製造、修造、動力、化工、運輸、採礦等部門，組織方面也分爲計劃，祕書、經理、人事等處。本溪區域設備較舊，工原方面是新建區域，規模大極了。

製鉄方面，僞滿時代可出五十萬噸，現在已恢復至十分之一的生產量，本溪廠有二千二百噸的鼓風爐，工原廠有二千六百噸的爐子、鑄鉄、翻沙等設備也很新式。

鍊鋼部，是以電氣爐子，製鍊特殊鋼的，有一噸至五噸的電爐五個，另有一高週波的電熱爐，以前一年僅產數萬噸的工具鋼，現在此廠已完全恢復了原來的生產。

鍊特殊鋼的原料，除了生鉄之外，如果用海綿鉄，更可提高鋼的質量。日人曾在這里建立了海綿鐵廠，拿鐵礦磨成粉，混合了焦煤粉，石灰粉等，團成一塊，放在窰內焙燒成爲含鉄百分之九十以上的海綿似的團塊（即稱海綿鉄）。這海綿鉄廠，蔣匪侵佔本溪時，趕走了工人，廠房駐兵。滿屋子是坩鍋，破壞殆盡，解放後，我們把該廠交給幾位老工友去整理。他們是日人時代，偷學得不少燒海綿鉄的技術。他們再把技術敎給了新的工友 不久該廠就復工了，品質也相當優良。

煤，僞滿時代每年出產一百萬噸，現在已恢復了百分之八十以上的產額。在工原附近，日人曾新建了一個豎井，深達五百三十公尺，是德國人在那里設計建造的，工程僅完成了百分之八十，日寇就投降了，蔣匪軍隊在那里築碉堡，井內積滿了水，解放後，工人們立即加緊抽水，一面去繼續日人未竟的工程，這工程的規模是非常巨大的，完成之後，每年可開採二百五十萬噸的低磷煤，地下五百公尺深度的地帶有電車作爲運輸工具，有一昇降機附有篩煤的設備將地底下所開掘的煤，每一分鐘向上昇搬一次，每次可運出十噸半，一共有兩個昇降機，互相上下的。現在已將工程完成百分之九十以上了。預計年內是可以開工的。

化工部分，煉焦、製硫酸、耐火材料，以及副產品的製造，其規模比鞍山稍小，此外還有一個很好的燒鹹工廠。製造部門，也比鞍山稍小。整個而言，本溪是東北重工業的一個縮影。也舉行過工業展覽會，設有高級工業職業學校一所，中學、小學、工人補習學校都相當發達的。

撫順——中國的"炭都"

撫順是東北工業的動脉之一。在瀋陽的東面，有中國炭都之稱，煤的埋藏量達十一億噸，已經開採了三億噸，過去日人在這里經營了四五十年了，故採煤以及其他設備均極完備。東北的煤的埋藏量，實際以鶴崗居首位，阜新次之，撫順還是第三位，可是它的開採量，在僞滿時卻曾達年產八百萬噸（東北總共三千萬噸）。工礦管理部門叫撫順礦務局，屬于東北人民政府工業部煤礦管理局；此外還有一個極大規模火力發電廠叫撫順發電廠，（全中國第一）是屬于電業管理局的。撫順的工業是包括採礦、化工、冶金、機械、電氣五大工業，礦務局方面有四萬二千多工友。因爲駐撫順蔣匪軍隊倉皇撤退，故房屋及機件的破壞較少。市街整齊繁華，也設有高級煤業職業學校，中小學，工人學校極多、礦務局里有一間很好的陳列室，相當于一個長期性的工業展覽會，圖書儀器設備以及試驗研究機構也較鞍山本溪二地完整一點。尙留有日本技術人員十多位，記得我們與礦務局高級技術人員舉行座談會時，日人也出席，有一位慷慨陳詞，他說得眼眶都紅了，他對于新愛國主義與國際主義也有了深切的了解，他很感激中共幫助他進步改造思想，他指出如果中國解放戰爭沒有迅速的全面勝利，對于日本民族的眞正的解放，也會延遲下去的。他說的話使我們感動都受到了極大的。

關于撫煤順礦的特點，它的是煤層厚度大致在三十六七公尺之間，有的深度達一千幾百公尺以上，煤質很好，是一種黑而發光的有揮發性能熱力極强的有餘瀝靑煤，在重工業和化學工業上有極重要的作用。露天煤田是世界聞名的，長達十七公里，闊達六公里。採煤設備用的是近代化的科學的電氣機械，在煤田中就用電車來運送的，看起來眞是蔚然壯觀。可是煤層中，有三分之一的油母頁岩，和三分之一的表土和岩石；據說採起來必須剝離去這兩層東西，才可保持礦床的健康和均衡，且可繼續的開採下去。可是蔣匪侵佔時，却違反了這個科學規律，甚至貪污，盜賣，破壞，停止了剝離工作，光以殺鷄取卵的採礦方法，煤田被惰塌了，到處是崩岩積石。解放後中共當局就立即加以淸理這筆宿債，費了數個月的工夫，發動了成千成萬的工友和羣衆，動員各種運輸工具，才將露天煤田修建起來；現又恢復開採，日出三千噸以上，如果生產正常以後，前途是未可限量的。地下井礦有兩種，是斜井和豎井，因爲撫順煤礦內煤氣特別多，時常失火；國民黨時代，使每個礦井淹滿了水，解放軍來後，積極抽水，現在已有一半抽完了水，正式復工了。幾個月來，因爲當局極端注意工礦衛生及工友安全，從未發生過火災。一位日本工程師，曾引導我在一個豎井內參觀了半天，在地下六百公尺的坑道內，只覺得電車運輸和通風設備都很完善的。

化工部門，除煉焦與本溪、鞍山二處的副產品工廠外，還有一種製油廠，是用油頁岩蒸餾柴油和汽油的，分爲東西兩部，共有乾餾爐一百四十個，目前已有大半開工了。先將油母頁岩從露天煤田，用電車送至製油廠的碎石廠里，（下接16頁）

我們修好了
滬杭綫33號大橋

陳子循

——上海鉄路員工克服困難突擊完成任務的範例——

滬杭綫33號橋(距滬50公里處)適處松江與石湖蕩之中,爲八眼(Panel)大橋,(5.95公尺)。下承白氏桁架(Pratt Truss),全跨度爲47.60公尺,滬方爲滾軸,杭方爲軸承,兩端爲U形鋼筋混凝土橋墩,內爲片石堆砌,再進爲煤碴填土。水深約6公尺許,湖流湍急,每夜水位的升降,往往要相差一公尺。橋座後路基兩旁爲低秧田,路基高出約3公尺,橋下淨空最小亦爲3公尺,高水位常與低田齊面,一九四九年五月國民黨匪軍撤退時,炸毀滬方橋台而桁架亦因之墮入水中。6月江南鉄路局橋工指揮所設立第一橋工隊,開始了修復工程,7月20日試車成功,8月1日滬杭綫全綫通車,至8月下旬該全部修竣,職工百餘人,不避暴雨烈陽,不畏飛機空襲,以爲人民服務之精神,和新的勞動態度完成了這一個艱鉅的工程任務,這裏簡短地報導一些修復工程的情況:

破壞情形

1.橋墩混凝土——橋墩原爲1.52公尺方混凝土柱,左右各一,高爲6.434公尺橋墩後爲邊牆,闊0.90公尺,長3.88公尺,高出橋墩 1.69公尺,下與橋墩同深,橋墩間爲前牆,闊 0.62公尺,長3.96公尺,高與墩齊,下亦同深,前牆上向內伸0.24公尺,有一擋土牆,闊0.20公尺,長與前牆同,高與邊牆同,破壞時滬方北橋墩毀去2.26公尺深,北邊牆斷至此處,擋土牆全毀,前牆被毀亦與北墩同深,惟南橋墩幸免於難,未受損害,僅南邊牆缺去一角而已,碎洋灰石子,雜坍於河畔,北邊牆則整塊崩下,傾於北側,前牆下雖略有裂痕,尙不甚大,杭方橋台則全部完整,僅擋土牆表面略有破裂,顯露鋼筋,惟就工程立場,尙可不必修理。

2.橋墩鋼筋——橋墩內鋼筋,原甚密集且以1吋方或3/4吋方之豎鋼筋爲多,用以抗橋重及行車之力,前牆及擋土牆鋼筋多爲橫向,用以抗土壓力,邊牆鋼筋,則多拉入橋墩中,以增墩之安全,破壞後滬方北橋墩之豎鋼筋,斷去不足一公尺長,擋土牆鋼筋屈入土中,不可收拾,前牆鋼筋曲折上下,零亂穿錯,北邊牆鋼筋則連同混凝土折斷,滬方南橋墩,南邊牆及杭方鋼筋全部完整。

3.南側桁架——滬方斜撐(End Post)撑於河邊,第二眼上梁曲折,第三眼下梁在水中,斜桿(Diagonal)僅存上半段,第四眼下梁扭曲,尙在水面,斜桿稍收損害,豎桿炸斷。杭方一至三眼皆完好,第四眼下梁微扭。

4.北側桁架——滬方斜撑炸斷傾入水中,第一眼略見上梁,第二第三眼均殘缺不全,第四眼與杭方第四眼下梁均在水中,頂起後知後者完整前者斜撑可用,杭方一、二、三眼均尙完好。

5.頂上桁架桿架(Top bracing)多經炸傷或斷或曲,或穿數孔,皆須修理換裝。

圖1——破壞後的桁架

6.下部桁架縱梁及横梁——杭方一至四眼皆可用,滬方第一眼鋼梁,遠飛對河田野,二、三,四眼浸在水中,均殘缺不完。

修復前的準備工作

1.工作人員的組織——江南鉄路局橋工揮所,設立四橋工隊修理滬杭綫上6座被毀大橋,第一橋工隊負責修復31,32,33三座鋼梁,除指定在33號橋工程處負責者三人外,其餘木工10人,小工26人,包工架橋50餘人,工兵團一連,均由三橋支配輪流調用。

2.材料儲運——水泥300包,黄沙40方,木板,枕木,鉄件等均由火車頂至31號橋復由工兵團及小工利用平車及抬車,轉運至33號橋草蓋工房中;石子則用船自29號橋運來,大方木,樁木以輪船自上海拖來,水上吊車一,頂橋方船二,及多種使用

13154

工具若抽水機，壓氣機，壓勿煞，滑輪等，亦多由水運而來。

3.測量——因橋台被炸毀，鋼梁入水中，鋼軌屈曲彎折，無法定軌道之中線，故必自42號測來，復利用三角網以求橋台準確位置所在，再用水平測破壞面高度，以決定修理之情形。

橋台修復概況

1.清理廢料——由工兵團一連，清理被炸毀之混凝土，掘開填土，搬開前牆後所舖之片石，不日而成。

2.整理舊鋼筋——小工四名，將屈曲之鋼筋，儘可能理之使直，且不使撓入將來擬定牆外，惟因1英寸方鋼筋太粗，着力不易，多數前排鋼筋，折入後排，橫鋼筋屈爲豎者，今利用已斷之舊鋼筋加入缺少鋼筋之處，俾以補其不足，此項工作約估三日。

3.加紮新鋼筋——舊鋼筋之已斷者補之以新鋼筋，新者爲3/4吋洋元，以二新者代一舊者，接頭處約相交錯40吋，舊豎鋼筋之不足長者亦如是修理，邊牆上則用壓氣機鑽孔入殘留牆中，在前牆加闊處，設一新鋼筋網，此工程亦不過小工數日而已。

4.樹立模板——木匠根據測量結果而樹立模板，板約爲英寸厚之洋松板，板後每隔一公尺以沙桿木釘之，外加木撑，內縛於鋼筋上。

5.拌混凝土——此工程由工兵8名再加上運洋灰，沙子，石子各二名完成；先將黃砂覆於木板上再加定量洋灰拌和之，傾以石子按1:2:4之例，加入適量之水返復拌和四五遍，注入模板中以鉄扦使之均勻，而近模板處則修整使其光平。

6.填方——橋台旣已完成，在拌混凝土工畢後七八日再由工兵數人，以片石砌入牆邊覆之以土，實之以錘，平之以鏟，迴土告竣，橋台就造成了。

桁架修復概況

1.方船頂橋——用二只方船，把船尾夾在杭方第四眼桁架兩側，每船上架枕木墩四座，上用14英寸大方木五根作梁，以鋼絲繩縛第四眼下梁，然後在此木梁上，以吊車拉緊廢梁，而用氧乙炔吹管割斷，是時方船頭抽水入內，因割除廢梁時，完好桁架藉廢梁所支之力已無，即方船尾近橋部份所收之力增大，另二端吸水，使方船維持平衡，每當一塊廢料吊除時，常開船中水攀船橋堅。

圖2——吊車吊橋樑

在枕木墩上紮二把桿，把桿上面縛在桁架上梁，用手絞車兩端絞起，則所存桁架之力，由把桿承收轉入方船中，待方木梁拆去，再絞手車，則見橋漸升起。

復用另外一只小木船放在第三眼下，(先吸水入船，方可塞入，)木船上架枕木墩，以承橋梁，方船上把桿所繫之絞車鋼絲繩漸漸絞起，小木船上枕木亦漸墊高，待橋已頂至適當高度，拆去把桿，再拆去方船，橋之另一端壓力就全落於小木船上。

因潮水位上落太大，高潮時橋平，小木船亦平，而低潮時水落，橋成下坡，小木船傾斜必有不勝負力之感，今將一方船置第四眼下，墊高枕木墩，以承橋重，抽出小木船，則方船頂橋工程始告竣。

2.木樁承橋——打樁船停于橋之南側，船上載有汽油引擎絞車一輛，及壓氣機一座，打樁架一具，因欲打樁入橋架之空隙間，不能用船上樁架，故將錘懸於橋上梁間所置之橫木上，然後用絞車拉起樁木，插入橋架之空隙內，扶置錘下，再開壓氣機連續擊之，則樁自能下降，達橋架處，錘不能鑽入，因此再鋸3公尺長接樁一根，下端釘一樁鞄，箍下爲空以便投入樁木，再以錘連擊送樁，待木樁達預定之深度爲止。承橋木樁分爲兩排，排距1.20公尺，每排七根，疏密以配合橋空隙爲目的，最狹樁距爲0.70公尺，最闊者1.80公尺，樁木旣備，木匠上夾板，測水平，鋸去樁頭，上帽木，釘入穿心鉄釘，作樁架，置縱擱木，連以長螺旋，再架上了橫擱木，橫擱木面鑽以小孔，俾適合橋橫梁下之鉚釘，木架旣齊，方船中吸水適潮位下橋梁遂擱于樁架上而將方船抽出。

圖3——打樁工程

3.分眼樁排——舊桁架能應用的三眼，已由承橋木樁架起，尙有五眼須另配新梁，于迅速恢復通車原則下，每眼先打木樁兩排，每排五根，樁距1.50公尺、排距1.20公尺，此樁直接應用樁船上樁架打下，較承橋木樁為易，自7月11日起，每日最多打樁達十五根、木樁工作中，對準樁位，費時頗鉅，而實際錘擊的時間，卻不過幾分鐘而已，樁船四角以鋼絲繩縛緊之。但潮位漲落、水流湍急，而或因風吹動，對于樁船，不無飄移，于是樁木一斜，位置即差，欲絕對準確頗難，此次打樁曾作夜工一夕，惟效率不若白晝之多。樁排既成，用U形鐵與帽木相連，上置五縱擱木聯以長螺旋，再上置一横擱木，這樣方算把打樁工程告竣。

圖4——對準樁位

4.裝架新梁——樁排既已備妥，就可用吊車拉縱横梁安裝在上面，這工程祇需半日就成功了，初連以螺旋，再打入鉚釘，即先用一頭圓帽之釘，置煤火爐中熱之，待其紅熱，取出插入孔中，頂以鐵錘，另一面以壓氣機作用之空氣打鉚釘器抵之，不數秒鐘答答之聲而鉚釘已經打成。縱横梁既就，即可置枕舖軌通車，然後徐徐裝聯桁架，拆去樁排。

施工困難及處理辦法

1.舊鋼筋——前牆被毀後，鋼筋多未折斷，但九曲三彎，極不易理直，因1英寸方鋼筋甚粗。即以彎鋼筋鉗理之，亦不能直，處理辦法不外數端(1)全部用電石吹管斷之，而補以新鋼筋(2)舊鋼筋不動另補新鋼筋，再將前牆加闊；前者不獨費鋼筋甚多，而新鋼筋不能伸入未毀牆內相當深度，則應力必弱，又若後者僅加少數鋼筋，對於舊鋼筋仍任應力，則甚危險，故兼用加闊前牆以補救之。

2.混凝土——橋台拌混凝土時，適逢暴雨(因大雨時混凝土中之水比例不能準確)又因洋灰運輸，未敷接濟，故必稍停數小時，但若一停，則新舊混凝土面之接縫處，應力必弱，今在前批混凝土將停時，插以鐵扒釘若干隻，始可增加二層接縫處之應力，這其實是一個臨時救急的辦法。

3.木樁長度——因樁船不能駛入桁架下，故打樁時不能利用船上樁架，今將樁錘懸于橋梁桁架頂上，則木樁長度必受此桁架高度之限制，若在桁架頂再札把桿，不獨施工困難，且樁錘亦不能穿入橋梁頂上桿架，欲使定長之樁木能够深入土中，則樁頭勢必打達水面，但橋梁底下桿架，又阻止樁錘下穿，這種困難情形，發於倉卒，勢必立做送樁，以解決之。樁既達規定深度則樁頂所費之縱横擱木必多，今用做樁架法，可省大方木數根，頗為經濟。

4.鐵件——此橋既急需承橋樁架之完成，而鐵件供應，適逢脫節，若停工以待，則浪費頗巨，故設法利用剩餘鋼筋打為75公分長之穿心鐵釘，穿入木中，結果很是圓滿。

工程紀錄

工程上需要紀錄，其目的在計算其應力之大小，應變之狀況，此次搶修33號橋之工程紀錄，均大致保存，尚有測量上三角網之紀錄，水平高度之紀錄等，雖無重大之意義，但可供修橋時之參攷，又若鋼筋之佈置均按舊圖處理，應力分佈無須研究；前牆之加闊，乃側重安全方面，廢舊曲折鋼筋之應力，亦無法估計，僅打樁紀錄，或可利用各項公式計算、以見其梗概，又因時間匆促，土壤試驗，也未及舉行，圖5所示為此次修復工程中打樁數目，至于其他紀錄，此處不發表了。

杭
152 80 112 100 67 182
⑪ ⑤ ⑥ ④ ⑦ ③ ⑭
120 120
⑫ ⑩ ⑨ ① ⑧ ② ⑬
143 85 98 112 71 159
滬

圖5——打樁數目簡圖

修復後的感想

站在工人技術人員的立場說來，這次工程因全體員工的合作努力，得以迅速完工，使解放大軍可以早日南下，解放全中國，意義確是十分重大。尤其要指出的便是在材料和勞力的儘量節省，在這次修復工程中，也是一個很好的例子。我們今後更要往「自力更生」的方向走去，那末新中國工業化的遠景就可以迅速達成了。

★ ★ ★ ★ ★

★ ★ ★ ★ ★

如果來建設和發展我國的潤滑油脂工業………

閔　學

———★———

左圖示一座蘇聯巨型煉油廠，每天能提煉三萬桶原油，裝有直餾及眞空蒸餾設備，主要出品爲汽油、煤油、燃料油、潤滑油及瀝青等。

、　潤滑油料種類繁多，可以分爲潤滑油和潤滑脂兩大類，在油脂工業上，它是屬於石油工業中的一部門，旣可單獨生產，又可附設在液體燃料工廠內製煉。由于一切運轉機械的接觸表面，在相互運動的時候，要發生一種阻力，這種阻力可以使機械磨損，降低它的工作效率，因此就需要潤滑油料來使阻力減低，這便是潤滑油脂的主要功用。它在工業生產中，是一日不可缺少的東西，並且因爲它和液體燃料（汽油、煤油、柴油及燃料油等）所負的使命不同，所以它的製煉方法和經營方針也不完全一樣。

近年來我國液體燃料的製煉事業已有相當進展。就以中國石油公司所屬的三大煉油廠來說：首先有西北甘靑分公司所設的煉油廠，已能自採自煉，在1948年，每日煉油量已增至3500桶；其中汽油產量約26%；其次有台灣高雄煉油廠1948年每日煉油量約9,500桶，其中汽油產量約22%；再有東北的錦州煉油廠，在解放前預計每日煉油量爲3,000桶，其汽油產量約20%。至於台灣和東北的兩個煉油廠，（按東北煉油廠在錦州有一大規模的綜合法煉油廠，因未復工，故未計入），因該地區內石油產量極微，所需原油均須由國外供給，根據進口油料統計，中石公司在1947年輸入原油約75,658長噸，1948年約245,169長噸，可是在這三煉油廠內對于潤滑油料的產量，目前尙無正式生產。（按高雄及甘靑二廠今春雖已有生產滑潤油的計劃，但迄今尙未正式製煉）。吾國現在所需的一切潤滑油料，都由國外輸入，根據海關進口數量統計，1946年潤滑油的進口數量約16,426,932介侖，（約合391,100桶），平均每介侖以上海交貨〇・五〇元計，約值8,213,466美元，潤滑脂約1,960,000公斤，（約合13,730桶），平均以每公斤〇・二六美元計，約值509,600美元，1947年八月後，每季潤滑油的進口限額約1,000,000美元，潤滑油脂約80,000美元，再根據解放前海關的進口統計，潤滑油料的主要輸入國，第一位是美國，約佔總進口量的99%。至於國內的經營行號，根據1947年前輸管會所分配的限額來推算，大部份都由三外商油公司經營，計美孚和德士古兩公司約各佔30%以上，亞細亞約佔11%以上，中華約佔9.6%中石約佔8.5%，其餘爲各個小進口，商和油公司所有，所以吾國的潤滑油料完全是依賴國外的供給，自己並無一點生產力量，它完全是一種買辦資本性的經濟，談不上生產，這是一樁多麼可憐的事業！現在上海已經解放了，全國的解放，就在目前，在"繁榮經濟，發展生產"的目標下，吾國工業發展，指日可

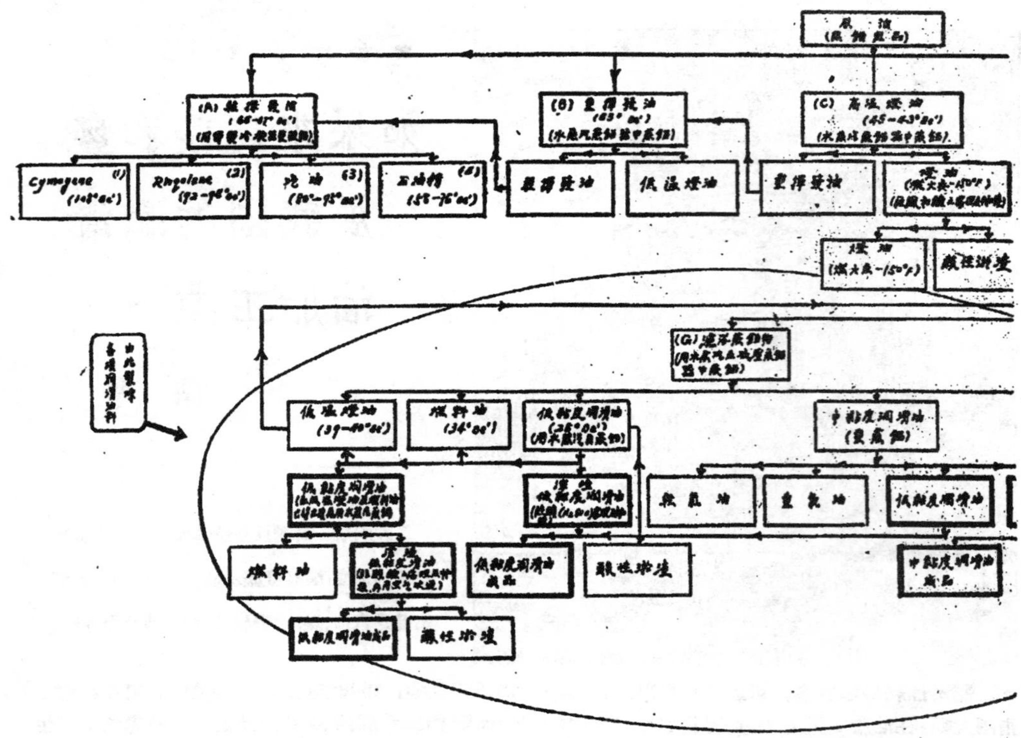

潤滑油料在原油蒸

待，因爲工業發達，潤滑油料的需要量當然也大量增加，從事石油事業的工業，尤其專門製造潤滑油料的技術者，應當怎麽樣來建設和發展我國的潤滑油脂工業？可是要完成這種艱難工作，使它脫離依賴國外的供給，轉變爲我們自己能够生產，能够輸出的一種事業，這當然不是一蹴即就的，還需要大家共同努力，詳細探討，共同研究出一個有步驟的計劃，纔能建設起來，這裏僅就管見所及，提供意見數則，拋磚引玉，尙祈海內先進，予以匡正：

在目前需用的潤滑油料固然完全依靠國外供給，本國尙無此種生產能力，要建設這種事業，應當先就國內固有的機械設備和材料，分下面三個階段，有步驟地做去。

第一階段——準備時期

在這一個階段，我們要做的是調查工作，主要是二點：

(一)調査我國的總需要量——因爲過去吾國的潤滑油料，多爲三大外商油公司所供給，很難得到一個每年全國的實際需要量，不過根據海關的進口數量和一般專家的意見，每年潤滑油的需要量，大約爲300,000—400,000桶，其中車用機油約佔30—40%，紅車油約佔20—30%，其他爲各項油料，例如：錠子油，變壓器油，車軸油、汽缸油、透平油、柴油機油、飛機用潤滑油、和船用機油等，他們的用途也很廣闊。至於潤滑脂每年約需 15,000—20,000桶，其中工業用潤滑脂約佔 80—90%，車用潤滑脂約佔10—20%，因爲過去經銷商的業務，都是零散的，片面的，並沒有整個的計劃，現在希望供銷雙方大家協力合作，使供應的部份能够先明瞭需要者的確實數量，然後可以互相配合，避免供不應求的現象。

(二)調査全國的實際存量——在新事業沒有完全建設起來的時候，要使全國各工業所需要的潤滑油料，能够繼續供應起見，

13158

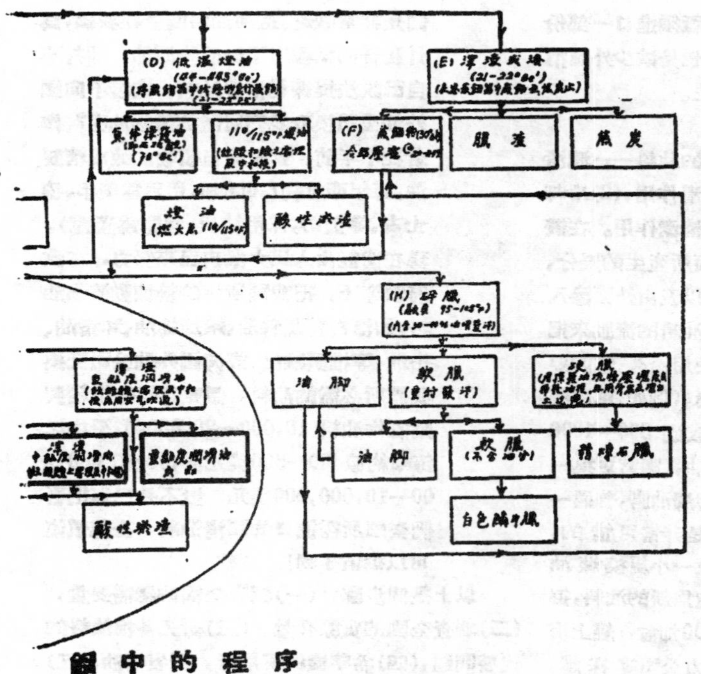

[illegible]中的程序

應當先把全國的總存量立刻調查清楚，作統籌的調配，避免需要者無法訂購，影響生産。

第二階段——改進時期

接著上來的第二個改進時期，我們要做到下面幾點：

(一)研究各種油料的代替問題——過去有許多生産工廠，它們常因某種油料缺乏，無法購得，以致減少工作，例如：過去作者有一個友人在上海設有一個規模相當大的冷藏廠，因爲市上的冰機油缺少，他很着急，預備進行減工，後來作者建議他，不妨改購車用機油 20W 來代替，因爲這兩種油料的規範還相近，結果，他試用得很滿意，並且機油 20W 的售價較冰機油爲便宜，既可同樣應用，又可減低成本，所以在目前如果發生某種油料缺少的時候，代用品的問題也值得研究。

(二)希望機械使用者，節省用油——例如：車用機油的損耗率，根據國外一般統計，大約平均爲 2%，(卽汽油和機油之比約爲50:1)。可是在吾國一般統計，多要超過這個標準，大約在3—5%，這是什麽緣故呢？最大的原因，由於一般使用者對於機械另件和引擎內曲軸箱的損壞和滲漏情形，多不大注意，假定全國的使用者，特別是管車的工友們，如能隨時注意，提高責任感，避免滲漏，吾想油料的損耗率，一定可以大爲減少，間接也就是增加生產了。

(三)進口油料的種類，應當詳加審核——過去中國需用的潤滑油料進口時，並無一個主管機關詳加審核，因此發生同樣一種車用機油，不知有多少牌號和名稱，簡直使我們專門從事於潤滑油料工作的人，有時也簡直有點莫名其妙，並且同樣一類潤滑油料，假定市場銷途很好，大家爭着進口，它們的對象完全以自己能經銷爲目的，絕不顧及大衆的利益，和一般工業界的需求，可是，現在這種紛亂的現象，應當加以改革，第一點，應當根據吾國的總需要量來加以籌劃，第二點，例如：機油、普通有 SAE 10—SAE 70 七項之分，而紅車油也有許多等級的分別，假定在大衆的立場上講，吾們祇須向國外訂購薄的和厚的兩種油料，中間的許多等級都可由吾們自己來調製，既可減低成本，又可省去運費，全國的潤滑油料也可以有一個統一的標準，使需要者也容易訂購，並且還有許多油料，例如：剎車油，它是由精煉蓖麻油和乙醇、丁醇、等互相配合而成，這種油料吾們都可以自己製造，不必仰賴國外進口，還有考格油，它是以動植物油脂和礦物油兩種油料調合而成，動植物油脂吾們可以製煉，假定要進口考榜油，那祇須進口一部份礦物油就是了消耗，這也是減少外匯消耗，增加生產的一種辦法。

第三階級——建設時期

(一)利用廢棄油料來改造新的油料——潤滑油料有四大功效：(1)潤滑作用、(2)冷却作用、(3)封塞作用、(4)清潔作用。在機械工作的時候，引擎裏面所產生的炭分、酸質、膠質、水分、雜質、以及由外面滲入的灰土、塵块，多靠潤滑油料的流動來把它清理，所以潤滑油料使用過久，它就要變成汚濁，必需把它調換。(例如：車用機油每隔一、二個月，或總駛過 500—1000 哩以後，曲軸箱裏的機油，應當更換一次。) 這種調換下來的汚濁油脚，普通一般工廠都把它拋棄，這是非常可惜的，(作者在十年前，曾籌設一小規模煉油廠，把這種廢油重新改造爲新的油料，每月產量約10,000—20,000加侖，經上海各大汽車公司及上海電力公司等採購，結果都認爲良好)。假定全國能够愛惜這種廢料，把它收集起來，集中提煉、或以廢油調換新油，一定可以減少相當進口數量，倘以每年進口量平均一千萬美元計算，就可以省却數百萬美元。

(二)輸出製造潤滑油料所必需的固定油脂，(即動植物油脂)——我國是一個農產品很豐富的國家，動植物油脂的產量，在全世界可以算是首屈一指的，它是供製造潤滑油料內一部份混合油，(即考榜油)和潤滑脂都必需的，尤其在歐州各國，他們是非常缺乏，這種油料既產在我國，爲什麼吾們祇輸出了動植物原油，卻并不自已設法提煉爲精製油料，或者不向國外油公司換取我們所需的礦物油呢？(作者在十年前，曾設廠自植物油煉成精製油，每年產量約1,000噸，用戶爲美孚、德士古、等公司，採用結果，都認爲滿意)。現在倘能由人民大衆自已來努力，在政府領導下，把我國所產的精煉動植物油料，如漂白蓖蔴籽油、精煉棉油、和猪油、牛油、等推廣輸出，或向國外油公司交换我們所必需的油料，假定每年輸出精製動植物油料 10,000—20,000噸，平均以每噸約值400—500美元計，共値5.000,000—10,000,000美元，豈不是已經把吾們全國所需進口的潤滑油料，全部價值可以抵償了嗎！

以上幾個步驟，(一)調查全國的總需要量，(二)調查全國的實際存量，(三)研究各種油料的代替問題，(四)希望機械使用者，節省用油，(五)進口油料的種類，應當詳以審核，(六)利用廢棄油料來改造新的油料，(七)輸出製造潤滑油料所必需的固定油脂(即動植物油脂)倘能由中央人民政府來領導有計劃地推行，并由全國的工業界來努力合作，同時再籌設一個完善的潤滑油脂工廠，(其過程參見附圖)，來供給全國的需要，並且，因爲動植油脂的大量輸出後，間接可以促進農產，提高農村生活，一切向自給自足，自力更生的道路發展，那末，前途的光明是未可限量的！

一九四九年七月十日夜

(接自9頁) 用機器粉碎後，放在爐子里乾餾，加以洗滌，副產物如苯，萘，石炭酸，硫酸錏等也給收回。現在一天可出一百噸以上的粗製油。在國內除甘肅酒泉和新疆的石油礦外，這里是唯一煉油的地方了。日人在撫順、大連、錦州、曾用煤來煉汽油，可是成本太大，我們還沒有去恢復它。

機器廠的設備，也是甲全國的，一千匹馬力以上的工作母機，有幾百部；最特色的是一部可製造八角形空心鐵管的工作機。機電廠，是全中國最大的，該廠現有九百工人，平常動力消耗達三十三萬匹馬力。規模之大，令人驚心奪魄。

看了以上三區的重工業中心地帶，使我們對建設新中國，在封鎖中克服困難，增强了無限的信心，勞動者的力量和智慧是最偉大的，他們的浩瀚的豪邁的氣魄，只有使我們知識分子深爲感嘆的！東北在中共的正確領導下，在政治方面也做了很好的工作，使工人，技術人員和政治結合之後，迅速提高了生產力。的確，我們東北的工業已有了很好的基礎，已有好些東西值得我們去學習，值得我們去爲祖國爲人民而服務的！ (完)

13160

當你看到上海各處都在修馬路的時候，你可知道——

瀝青路面是怎樣做的？

吳鵬鳴

圖1 上海市人民政府工務局柏油廠拌車全景

瀝青路面誠然是一種相當昂貴的路面。但是，假使考慮到牠的耐久性（其壽命通常在15年至25年）以及極少的養護費用時，則此種路面，實在是一種相當經濟的路面，尤其是在車輛頻繁的都市裏。至於牠的外表之漂亮，使用時的舒適更屬餘事。

由此可見，在物質條件那末缺乏的今天，在號召精簡節約的今天，上海市政當局在百般困難中籌出一筆錢來修理瀝青路面，實在是具有極大遠見。

這裏把舖築瀝青路面的經過及事先的準備，分種類，材料、級配、拌合、舖築、五部份作一簡單介紹如下：

種　類

瀝青路面包括下列五種：

(1)瀝青表面處治

(2)瀝青碎石面層分爲熱貫瀝青碎石面層，及冷貫瀝青碎石面層兩種，

(3)瀝青就地拌和面層，

(4)瀝青廠拌和冷舖面層，

(5)瀝青廠拌和熱舖面層。

今夏市政當局在本市修舖的路面，概屬於瀝青廠拌和熱舖面層，所以這裏介紹的也只限於瀝青廠拌和熱舖面層爲限。這裏面又可分爲：

(a)地瀝青混凝土面層，

(b)片地瀝青石面層，

(c)片地瀝青砂面層，

(d)地瀝青砂面層。

目前在上海所見的路面大概都屬於(b.)(c.)兩種。(a)種路面的面層上，普通大概都加舖一層(b)，或(c)種面層，或一層封層。地瀝青砂面層純粹採用本地砂。有就地取材之便利。級配之限制，不及片地瀝青砂嚴格。

材　料

舖築瀝青路面的材料是砂石，石粉及瀝青材料，如各項材料的性能，分述由後：

（甲）砂石是舖築瀝青路面的主要材料。分粗細粒料二大類：停留在 No.10方篩上的爲粗粒料，通過 No.10 方篩的爲細粒料。仗着砂石的緊密接合，路面才受得起車輛的壓力，尤其在瀝青混凝土路面中，是供給內阻力的主要因素。關於瀝青路面的砂石級配設計，可以分爲二種：一爲馬克當式(Macadam Type)，以差不多尺寸的碎石，利用犬齒相咬而壓緊的方式；一爲級配式 (Graded Type) 那是用各種不同的級配的砂石照最大密度的級配配合而成的。瀝青廠拌和熱舖面層所用的砂石，都經過精密的級配設計。砂石的性質，在應用之前，必須作下列試驗以決定其是否適用。

1.篩驗(Screen Test) 把各種砂石分別經過一套篩子篩過（15分鐘至20分鐘）以得到各項砂石本身的級配，如表二所載 D. E. F 各項，即爲1″石子¾″石子½″石子，細砂的級配（1″石子並不是全部都是 1″ 大小，內中有½″，也有¾″……）

2.比重(Specific Gravity)，用水中失重法求得以決定砂石的優劣。同時，用以計算壓實的混合料的空隙度。

3.韌度(Toughness)，是石子對於經打擊而

圖2 在砂石料購後,把各種大小的砂石分別堆在廣場上,分析牠們的級配,有相同的或相近的級配的砂石可以併成一起。

發生碎裂的抵抗力的度量。測定的方法:先將石子製成25m.m.高24—25m.m.直徑大小的圓柱體,置於韌度測定機的二公斤重的擊錘下,第一次打擊時,錘與石塊的距離爲1cm,以後每擊一次,擊錘自動升高1cm,擊碎石塊時錘的高度卽爲石子的韌度。

4. 磨損度(Abrasion)測定磨損度的機器,普通用Deval式,此機包括二個鉄的圓筒,直徑20cm,高約34cm,支於一成30°斜角的支柱上,圓柱繞此軸旋轉。筒內有直徑約1⅞″,重390—445克的六個鉄球,把石子樣品擊成規定大小後,放入筒內密閉,以30—33 R.P.M之速率旋10000轉後,取出石樣用12號篩篩過,以通過此篩的碎石屑的百分比定爲石子的磨損度。

5. 强度(Soundness)是石子對飽和硫酸鈉或硫酸鎂溶液侵蝕的抵抗力,藉以推測石子對風化作用的抵抗力。測定方法係將規定重量及經篩過符合規定大小的石子置於網眼篮內,全部浸在21—22°c之飽和硫酸鎂或硫酸鈉溶液中十六小時至十八小時,洗淨烘乾,冷却後再全部浸入上項溶液內。如此反覆浸洗烘三次,經最後洗淨烘乾後,經與原來大小或一半大小的篩孔篩過而量其損失,同時觀察石子與溶液之有否發生化學作用,而定石子之强度。

(乙)石粉 主要用作填縫料(Filler)。單單以砂石配合而成的混合料,雖經壓實,內中仍不免有許多空隙。空隙的大小直接影響到路面的載重力及透水性。石粉的功用,卽在填補此項空隙。使路面更趨緊密,石粉除須質地純淨,不受酸類腐蝕外,以細者爲佳。普通所用者皆通過200號方篩95%以上。

(丙)瀝青材料 地瀝青或柏油都是屬於瀝青類的物質。瀝青類物質包括一切能溶於CS_2的天然出產的炭氫化合物,石油蒸餾後的殘餘物及木材或煤經乾餾後的副產品,如煤膏,硬柏油脂(Tar Pitch)等都是。

地瀝青(俗稱松香柏油)的來源有二:一爲天然出產者,以南美洲北岸的Trinidad島蘊藏最富島上除四週分散着許多瀝青積層外,最大的一塊稱爲稱Trinidad Asphal Lake,有2000呎廣135呎深,爲世界最大的天然瀝青出產地。一爲經石油蒸餾後之殘餘物。前者成份及質地的差異較少。後者因蒸餾時的溫度不同,有各種不同的硬度,普通以貫穿度分別之。柏油或稱煤膏,俗稱臭柏油。是煤氣公司的副產物,外表和瀝青差不多,也是黑色黏性的膠狀物,比瀝青重些。

瀝青和柏油的作用,一方面用來供給黏合力,一方面和石粉一樣用來作填縫料用。當選擇瀝青或柏油時,要注意下列各項條件:

(1)須有適當的稠度,以利於拌合。

(2)須有適當的延展性,使粒料得到較好的黏合。

(3)須有穩定的感應性,以應付氣候的變更。

(4)須有堅强的耐久性,以增加路面的壽命。

瀝青和柏油,雖然同樣可以用作舖路材料,但是柏油除了耐久性和延展性都較瀝青爲遜外,其於氣候感應性,亦遠不及瀝青來得穩定。本市工務局現正在致力於研究改善柏油的性能,使牠可以代替地瀝青以節省外匯,而完成自力更生的任務。

級 配

無論其爲瀝青混凝土(俗稱粗砂,今年摻用85%柏油,所以也可稱爲柏油混凝土。專作底層用的),片地瀝青石(俗稱細砂),或片地瀝青砂(俗稱特別細砂),其混合料之成份無非石子、砂、石粉、以及瀝青材料四種而已。由於各項材料的成份及粒料粗細的不同,乃有上述三種分類。(一般而言,

片地瀝青砂只是砂、石粉、瀝青三樣材料的混合物，今年因青波砂來源斷絕，於是以¼"石屑代替一部份砂，路面稍糙，可免滑跌之虞。而且，較近各國都有增加路面糙度的趨勢，太光滑的路面，由於牠不利於行車安全，已經不再為大家所重視了。）

在決定柏油混凝土，片地瀝青砂，片地瀝青石的各種尺寸的砂石成份時，因為各地材料之不同，其級配之規定亦隨之而有差異，以上海一地言，下面三種級配，是有相當價值的。

表一 三種級配之規定

篩孔尺寸	通過百分率		
	(A) 柏油混凝土	(B) 片地瀝青石	(C) 片地瀝青砂
1"	100		
¾"	85—100		
½"	70—90	100—95	
⅜"	60—85	95—80	
¼"		86—67	
No 4	40—70	78—57	100—85
10	25—55	52—35	78—72
20		35—22	72—62
40	10—30	26—16	61—60
80	5—20	17—10	47—32
100		15—8	43—28
200	2—10	8—5	20—10
另加 Bit.	6—8%	9—10%	8—10%

根據各項粒料的本身的級配，採用適當的百分比，經過幾次試算後，是不難求得和上述級配限度相合的混合物的。例如 1"石子，½"石子，¼"石子，細砂，石粉的過篩百分率均如表二所載，經過幾次核算後，以1":½":¼":細砂:石粉＝30:25:30:10:5 之比例所得到的混合物的級配，（如表二 I 項所示）和表一A項內的規定尚相符。則 30:25:30:10:5 的成份，便可採用作為試驗公式。在一定的溫度下，把粒料的混合物和以適量的瀝青材料（假設7%）做成模型塊，作穩定試驗，並計算空隙度，視其是否適當。經修改後才正式決定。

表二 混合料之級配

篩孔尺寸	通過百分率					
	(D)1" 石子	(E)½" 石子	(F)¼" 石子	(G) 細砂	(H) 石粉	(I) 混合料
1"	100.0	100.0	100.0	100.0	100.0	100.0
¾"	87	100.0	100.0	100.0	100.0	96.1
½"	45	99.3	100.0	100.0	100.0	83.3
⅜"	23	92.2	00.0	100.0	100.0	74.9
No.4	4.9	29.2	98.3	100.0	100.0	53.3
10	2.3	6.2	64.3	100.0	100.0	36.5
40			19.7	97.1	100.0	20.6
80		1	9.4	70.9	100.0	15.4
200			3.0	2.7	93.0	6.2

穩定試驗是在材料試驗室完成的，把混合料在哈氏(Harbard)穩定試驗機上用每方吋 3000磅的壓力製成直徑2"高1"的模型塊（S.A.或S.S.A）或以 10000 磅壓成直徑 6" 高 2" 的模型塊（T.C 或 A.C.）經隔一宵夜後在 140°F溫度水中浸一小時，再在該機上試驗其穩定度。

圖3 哈氏穩定試驗機

穩定度在140°F時，依目前上海市之車輛密度言，應在2500—6000之間。太高的穩定度表示路面太硬，太低則表示太軟。在此限度內，高溫度時可免堆疊（Shove）低溫度時不致開裂。今夏在瀝青混凝土中以85%柏油摻用15%瀝青以代替純粹瀝青，穩定試驗的成績甚佳。這就是說，15%的瀝青，已大大地改善了柏油的性能。

和穩定度同樣重要的是計算模型塊的空隙度，普通空隙度限於2%至5%之間，以保證不滲水，不走油，（空隙度如果太小，瀝青材料在溫度高時，就要膨漲得過份塞滿空隙，從孔隙中擠了出來，因而發生滲油現象（Bleeding））其計算法：

(1) $$V(\text{模型塊的空隙度})=\frac{100(D-d)}{D}$$

式中 d＝模型塊的比重。

D＝理論上密度假設模型塊沒有空隙

$$=\frac{100}{\frac{W}{G}+\frac{W_1}{G_1}+\frac{W_2}{G_7}+\frac{W_3}{G_3}+\cdots\cdots}$$

W、W_1 W_2 W_3＝瀝青材料，粗細粒料之重量百分率

$GG_1G_2G_3$＝瀝青材料，粗細粒料之比重。

(2) V. M. A＝砂石混合料經壓實後的空隙百分率(不包含瀝青材料。)

$$=100\left(1-\frac{g}{D_1}\right)$$

g＝壓實的混合料塊之比重

$$=d\left(1-\frac{W}{100}\right)$$

D_1 ＝理論上的密度，假設壓實的混合料塊沒有空隙

$$=\frac{100}{\frac{W_1}{G_1}+\frac{W_2}{G_2}+\frac{W_3}{G_3}+\cdots\cdots}$$

(3) 設模型塊之V求得爲0.6%，V.M.A爲14.6%，瀝青成份爲7.0%。在此情形下，顯然是空隙度太小，爲補救計，瀝青成份應該減少：

V.M.A＝14.6%

V ＝ 0.6%

5.6%瀝青所填住的空隙 ＝ 14%

每1%瀝青所填塞之空隙＝$\left(\frac{14\div7.0}{100}\right)$＝2.0%

減少1.5%瀝青用量可增加空隙度至 1.5×2＋0.6%＝3.6%，在規定的標準 2—5%之間。

假使試驗的結果，得到太高或太低的穩定度及空隙度時，就必須照下列方法改變成份，以求得到更完善的結果：

(1) 穩定度適當

(a)空隙度<2%

(1)增加粗粒料之百分比以得到較高的V. M. A.

(2)減少石粉或瀝青之百分比。

(b)空隙度>5%

(1)增加石粉或瀝青之百分比。

(2)改變粒料之百分比以得到較低的V. M. A.

(2) 穩定度太低

(a)空隙度<2%

(1)增加粗粒料之百分比。

(2)減少瀝青之百分率或增加石粉之百分率。

(b)空隙度>5%

(1)增加石粉之百分率。

(2)變改混合料各種粗細粒料之百分比，以得到較低的V. M. A.

(c) V 在2%至5%間

(1)如瀝青成份已達最高限度，增加粗粒料，減低瀝青成份。

(2)如瀝青成份已近最低限度，毛病必然出在粗細粒料本身的不穩定，必須另選材料。

(3) 穩定度太高：

(1)由於砂石本身的互相齒接嚴密而致得到太高的穩定度，這現象是好的。可試用較高的瀝青成份做一同樣試驗，如果穩定度仍舊很高，則這種粒料是我們所最希望的。

(2)可能太高的穩定度可能是由於有幾塊粗粒料在模型中的被壓的地位的特殊。這種穩定度是假的，只要把模型塊翻轉來再壓一次，就可以得到較正確的穩定度。

(3)由於密度太高，V. M. A 太小。以這種結果來舖築路面容易生裂縫應該減少細粒料，及石粉，同時增加瀝青成份。

拌 合

砂石成份及瀝青百分比經決定後，分別加上機器中的損耗，由比重核算體積，再以體積爲比例，在冷斗口做成堆子。這些材料這時統稱爲冷料。

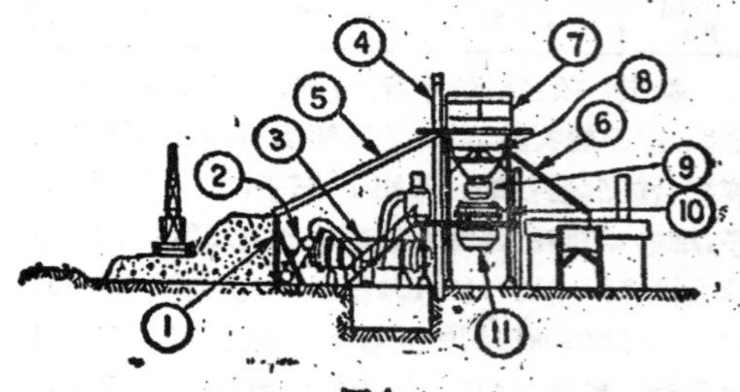

圖4

(1)木擋牆　(2)冷斗　(3)烘筒(見圖3)　(4)熱斗　(5)溢槽(自倉中排出)　(6)溢槽(自篩中排出)　(7)滾筒式圓篩　(8)熱倉　(9)秤料器　(10)拌合機　(11)儲倉

冷料耙入冷斗，經滾筒而烘熱至規定溫度。(見圖)此項溫度，以高到和瀝青材料拌合時，不致損壞瀝青材料爲原則。(通常爲 320°F，但如果所用的瀝青材料爲柏油時，則冷料只能烘到210°F，以柏油之引火點遠較地瀝青爲低也)。

冷料變成熱料後，由熱斗送到最高層，通過三隻橫放而微有坡度的滾筒式的篩子，以顆粒大小分別進入大倉中倉小倉(篩子共分 1″直徑，$\frac{1}{2}$″直徑，$\frac{1}{4}$″直徑三種。通過 $\frac{1}{4}$″篩子的熱料都進入小倉，

圖5 烘 筒

通過$\frac{3}{4}$"及1"的則進入中倉及大倉）三個倉下面是一隻秤料器，倉裏面的熱料都依次在這秤上秤過。

因爲試驗室所決定的公式，只是各種粗粗細細的粒料的百分率。不能用來作爲秤三個倉內的熱料的標準。因此，必須分析自三個倉內取出的熱料的級配以決定牠們的重量百分率，使以此百分率混合而成的混合料的級配，符合試驗室所規定的級配。這個重量百分比就是拌車公式(Plant formula)。每一拌車瀝青砂的總重，包括瀝青材料及石粉在內共一千磅。

表三 三倉中熱料之級配

篩尺孔寸	通過百分率				
	大倉	中倉	小倉	石粉	混合料
1"	100.0	100.0	100.0	100.0	100.0
$\frac{3}{4}$"	86.1	100.0	100.0	100.0	59.5
$\frac{1}{2}$"	44.0	100.0	100.0	100.0	82.1
$\frac{3}{8}$"	21.4	99.3	100.0	100.0	74.6
No. 4	2.4	41.0	97.2	100.0	54.0
No.10		0.6	80.1	100.0	37.9
No.40			38.0	100.0	20.6
No.80			24.6	106.0	15.1
No.200			4.0	95.0	6.3

表三所載爲各個倉內的熱料的級配。根據試驗公式，及上表所載級配，加以核算，便可以得到一個拌車公式：大倉：中倉：小倉：石粉＝32:22:41:5。以此比例所得之混合料之級配如表三末行所載，與試驗公式極爲接近。

但每一拌瀝青砂之一千磅重量，係包括瀝青材料在內，設瀝青材料之用量爲5.5% 則三個倉內的熱料及石粉的重量，應重加計算如下式。

大倉 $1000\times\frac{32}{100}\times(1-0.55)$

$=302.40$ 磅

中倉 $1000\times\frac{22}{100}\times(1-0.55)$

$=207.90$ 磅

小倉 $1000\times\frac{41}{100}\times(1-0.55)$

$=387.45$ 磅

石粉 $1000\times\frac{5}{100}\times(1-0.55)$

$=47.25$ 磅

瀝青材料 1000×5.5 $=55.00$ 磅

總計 1000.00 磅

熱料經量秤料器後，落入拌缸內，先行拌和。同時，瀝青鍋內的瀝青材料，因受到蒸汽管內蒸汽的熱量而溶化，達一定溫度後（地瀝青 280°F，柏油180°F）用唧筒送到拌缸上的瀝青缸內，缸內設有活動標誌以衡量瀝青用量。當瀝青滿達此標誌後，下面活門開啓瀝青便流入拌缸內。

規定重量的石粉，亦於此時由石粉斗傾入拌缸內拌缸臂是由馬達牽動的，經拌合均勻後，開啓活閥，全部混合料落入預先停在拌車下面的車廂內。

車輛須預先用油柴揩拭，以防黏着而便於傾倒。瀝青砂出廠時的溫度必須在280°F 以上，柏油混凝土則在200°F 以上。

舖 築

瀝青砂從拌車裏拌出後，馬上由專車送到施

圖6 瀝青砂自動落入車廂內

圖7 車身自動卸落瀝青砂

工地點，途中必須用油布或其他適當辦法將瀝青砂妥爲遮蓋，以減少溫度的降低，普通在舖路時，瀝青砂的溫度不可低于 250°F。這就是瀝青砂之所以要在夏季開工的緣故。

當瀝青砂送達施工地點時，車身自動把瀝青砂卸下，由小推車分別將瀝青砂倒在底層或路基上。（如係新路，只消先把底層打掃清淨就行。如係舊路修補，必須先在要修補的地方，把碎裂的舊料挖清。四週的邊線都要切得很整齊，邊口要垂直，底層上的灰塵

圖8 熟練的工人用木條耙平瀝青砂

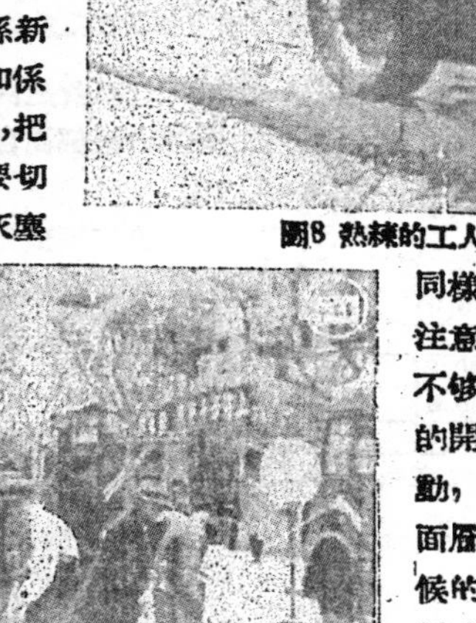

圖9 滾 壓

和鬆動泥砂，都必須打掃清楚。）然後用熱鏟舖勻，再由熟練工人用木板條將瀝青砂耙平，這時所舖的厚度，大概比壓實後高出四成光景。（壓實後的厚度，面層 2″—1″ 底層 1¼″—5″）視瀝青砂的粗細而定，新舊路面交界處，須塗上一層柏油漆，（即汽油和瀝青的混合物）以防脫開，再用烙鉄燙平。

當壓路機壓實時，機輪上要用濕掃帚沾潮，以免與路面的瀝青砂黏着。通常壓特別細砂（即片地瀝青砂）用二噸半至四噸壓路機，普通細砂（即地瀝青石）用七噸壓路機，粗砂（即柏油混凝土）用十六噸壓路機，滾壓完畢，即可開放交通。

瀝青砂路面最犯忌的是路面的開裂。所以在修補瀝青砂路面時，除了要注意使壓實後的新路面和舊路面保持同樣水平，以顧全行車安全外；尤其要注意避免的是邊緣角際上由於敲春起不够堅實以及柏油漆燙得不够而引得的開裂，鬆動以及脫開。面層一經鬆動，開裂或是脫開，地面水極易滲入面層和底層之間，或竟滲入路基，因氣候的關係而受到連續的凍結和融化作用時，易使路面的面層和底層脫離而發生面層擂皮的現象，甚至使路基軟

化而影響到牠的載力，當傳遞車的輛壓力，因路基的軟化而受到剪力及撓曲時，整塊的瀝青砂路面，將因其本身不具剪力及撓曲的抵抗力而完全被損壞。所以，每當路面舖築完工後，對於這些病態，最須隨時加以注意，時隨糾正，或重做。此外。面層過軟時，則加舖一層黃砂或石粉，有時覺得路面太粗，空隙仍多，則再加一層瀝青封層（Seal Coat）這些都需由工程司觀察後再決定。

工廠管理與成本計算

劉平

工廠管理與成本計算是分不開的，欲達到工廠管理之科學化，其先決條件是必須先具備了一個"整套的精確的成本計算"。成本計算對於工廠管理負責人是一面平整而又清淅的"鏡子"，它對工廠每一部門的管理工作，即使是最細微的地方，都能十分清楚而精確的反映出來，以供管理者之參考並據以改進或策勉。

成本計算又好像是一位最忠實的"醫生"，他對於一個病人(工廠管理者)經常的及時的提出如何保持健康的寶貴意見，和對於某一種偶發的或攝生疎忽所造成的大小病症，均有精密的診斷與醫治這病症的有效處方。

中國過去各工廠經營之所以失敗和未能獲致應有的發展，帝國主義者及國內官僚封建反動勢力之種種的剝削敲詐與迫害，自然是最大最主要的原因，而各廠對成本計算制度的未加重視，未能好好的建立起來，盲目的無計劃的生產，無考核的不科學的管理方式，也是主因之一。

成本計算與生產計劃又是分不開的，欲達到科學化的管理，必先訂定精確而合理的生產計劃建立成本計算，改行新工資制度，樹立廠方與工人間正常的團結的合作關係。

生產計劃是根據機器設備，工作場所的環境，工人技術的水準，原料機物料之規格標準化、以往的紀錄以及氣候上之可能影響而規定的，是對上列各項有正確的調查、判斷、計算、設計並集思廣益通過工人羣衆而規定的，這一規定乃是成品品質的標準。生產最低數字和限期，人力、動力、原料、機物料之最高消耗標準等等的規定，也就是要按期達到或超過最低的生產量（當然要規格標準化）和不超過或低於最高的成本的使命與任務。

成本計算要根據工廠過去"工務日報"，(或稱生產日報)儘可能的追溯到過去若干年月的日報，再參酌目前各方面的實際情况，綜合計算得出"技術平均水準"與"原料機物料合理定量""人力定額"和"動力定量"等等來計算出"工廠率"，再據以完成科學化的成本計算。

這個"工廠率"就是根據過去長遠期間的"工務日報"計算出各種產品成本數字上彼此間的"換算率"以及各個工場成本數字上彼此間的"換算率"，俾得到計算成本劃一，準確與公平，以便利考核與比較。

"工務日報"各項紀錄，務求其詳盡而正確，並且隨時要注意到各項數字之升降所形成的彼此間之影響作用，要根據昨天的生產紀錄來比較考核今天的生產紀錄，要根據上月的生產紀錄來比較考核本月的生產紀錄。

新工資制度的建立，是與生產之多少和成本之高低有直接影響的。過高的工資將使工廠不堪負担，過低的工資，又不能維持工人的生活，而且要影響到工人工作情緒的低落，這都是於生產不利的。如何做到"恰到好處"乃是新工資制度的重要使命。在啓發工人團結工人，使他們瞭解：工資是隨着生產提高而提高的；個人利益必須與工廠整體利益相結合，建立雙方緊密合作的關係，這是使新工資制度發揮效能刺激生產的先決條件。

工資必須根據"刺激生產按勞取酬"的原則來釐訂，"計件工資"對於提高生產效率，是有明顯的作用。"超額累進獎勵制"較單純的實行計件工資更爲有效，而"集體的超額累進計件制"則又較部分直接工人的"超額累進獎勵制"更可收到較廣範圍的效果。因爲以往的間接工人，都是按時計資的，生產的多少對他們的工資所得毫無關係，所以他們也就對生產毫不關心，"集體的超額累進計件制"，則包括了這些工人使他們也可以享到"超額累進獎勵"的利益，把全部生產數量和全體直間工人的利益結合在一起，則更可發揮全體每個人對生產的積極性和責任感，這對於工廠提高產量降低成本的基本任務，是有很大的作用的。

新民主主義的經濟，是建築在"發展生產"以"繁榮經濟"的基礎上，而欲做到"發展生產"必須先注意到"工廠管理之科學化"和"成本計算之精確化"。

來論

大學工程教育要革改嗎？

湯明奇

近來有很多人指出：我國大學的工程教育與社會現實脫節，不能與自己的工業環境相配合。學習工程的青年，也多有濃厚的士大夫習氣，只知鑽研書本，不知實踐之重要；不慣過工業中緊張的，有規律的生活；輕視勞動，不能與工人階級密切合作。學校僅是知識傳授的場所。現在全國解放在即，工礦事業建設的工作將全面迅速的展開。社會上需要大批前進的，富有勞動熱情的生產技術幹部，舊的工程教育很難圓滿的担任供應這種人才的使命。如何加以改革以適應新時代的需要，應該速加研究，玆將管見陳述於後，藉供各方參考。

學制上應有的變更

要使工程教育切合人民的需要，學校與工業機構必須有密切的聯繫，以便兩方面能以合作的精神來實施預定的教育方案，但如不更改現行學制，這點很不易辦到。

目前大學工學院是四年制，共八個學期，每學期上課約計四個月。除去休假日，學生全年淨有的學習時間不過兩百天。大學生入學年齡通常是十八歲；在工業中滿十八歲者就算是成人了，其全年勞動日不能少於三百天。所以，一個學生與一個青年勞動者相比，他的生活是很悠閒的。誠然，學校可在假期中介紹學生進廠礦去實習參觀，但因爲時甚短，事先多不能安排一個實習計劃，廠方也往往不認眞的加以督導；學生方面則多自以爲是消閒性質，僅事粗略的觀摩，實習心得實在很少。這種學習制度，是從資本主義國家抄來的；對於需要「迎頭趕上去」的我國來講，未免太不經濟。

現在我建議一個新學制：將每學年劃分爲三學期，每學期的十足學習時間爲十六個星期，四學年共十二個學期。在距離工礦地區較近的學校，應同工礦事業方面商訂一個長期合作方案，有計劃的叫學生走進工廠礦山中，與工人並肩工作，直接參加生產。實施的方式是：學生入校最初四個學期在校研習基本學理，第五學期加入廠礦中工作，第六學期仍回校上課，第七學期再走進廠礦，如是，循環工讀，直至修滿四個學年宣告卒業，在校學習計八學期，在廠礦工作爲四學期。與舊學制相較，學生所受之學校教育既未減少，而在廠礦中的實習經驗則可大有增加。

這種工讀交替的辦法可以使學生認識和熟悉工業中技術人員及工人們的觀點和他們經常遭遇的問題；可以向工人階級學習，調整自已，漸漸的從學院式的生活態度轉變到工業勞動者的生活態度；可以直接獲取技術經驗以與書本知識印證；而且，學生以其本人的經歷可測量出自已是否適宜於工業中某一部門的工作任務。對於教學者，從廠礦歸來的學生們必帶來許多新鮮問題，他們必須解答，從而修正他們的教材使之接近實際的需要。學校則靠學生作聯絡員可以同工業界打成一片，而明瞭工業中流行的技術作風及其改進的趨勢，對於工業當局而言，他們從經常來實習的學生羣中可以預選新的人才；職工們經過學生們的介紹，也可以吸收點外界的新知識。

教授連續教學兩學期之後，應休教一學期並赴廠礦巡訪，一方面就地指導自已的生徒；另一方面與廠礦技術人員交換知識與經驗。

在距離工礦地區遙遠的學校，實施上述學制容感不便，但可以變通辦法，例如：前六個學期，學生在校上課，從第七學期起，學生入廠礦連續工作四個學期，最後兩學期仍回校讀書。這樣，當可得到大致相同的效果。其他辦法可以因地制宜，原則上，必須使學生有充分的時間參加生產，眞正實踐"學而時習之"的眞言。

課程的修改

各國工程教育的課程內容，是跟着他們的工業發展情形而決定的，我們不應盲目抄用外國大學的課程表。在釐訂課程時，學校方面應同工業界的人士作一磋商，採擇多方面的意見，以求適合我國工業的需要。

課程的內容可就三方面來說，卽：思想的訓練，工具學問的培養及基本工程學理的掌握。

13168

就思想訓練而論，新中國是以發展生產，建立工業基礎爲社會活動的重心；工業部門的人員對於政治經濟等理論尤須有正確的認識，所以，在大學教育的開始，必須有幾種社會科學的課程。由於我國工業的幼稚，工廠中的分工還不够精密，技術人員往往兼顧管理工作，科學的工業管理課程應予學習。再者，缺少生產成本意識的人，就不配做一個技術人員，因之，像成本概論一類的課程亦有必修的需要。

工程圖畫是傳達技術及工作方法的標準語言，是任何生產過程所必須利賴的紀錄，熟悉工程畫是對於每個技術人員最起碼的要求，所以是一種基本工具學問。這種課程在大學初期必須重視，使學生有充分的時間去學習。金工、木工等學校工場實習可以使學生熟悉作業時必用的普通工具與工作機，可以增强他們的勞動意識，所以也是一種基本訓練，實習鐘點應該增加，並請有實際工作經驗的人認眞敎授，一改以往輕視這類課程的作風。

工程的基本學理必須是整個課程的骨幹；但是不可將外國大學研究院的課程或其敎材硬性引入，過去頗有些學校犯這種錯誤，徒然使學生感覺到課業累重，不能加以吸收，得不到甚麼益處。我們應該根據自己工業的需要，在大學後期，多設切乎實用的選修學程。

學校研究工作與外界聯繫的方式

我國工業幼稚，各廠礦因限於經費及人才，多不能自設研究機構。遇有技術問題，只能本職工的經驗作片面的解決；甚或墨守舊法，不圖改進，所以技術水準一般都是很低。另一方面學校有實驗室及研究設備，但因與外界缺少聯繫，研究者不出校門，甚或找不到合適的題目，所以研究成績也很平常。學校裏的人才與研究室應如何積極的爲工業方面服務，也是一個急待解決的問題。

要使學校在研究工作方面與工業密切合作，最好學校與工業機構能訂立一種研究契約，說明雙方的權益與義務，加强兩方面的聯繫責任。用這種方式，工廠提出技術問題，學校估計需要的研究費用，校方保證在一定時期提出研究報告或求出問題的答案；研究費用由廠方負担；研究成果的使用權或專利權屬於廠方。如此，學校因有研究費的收入，也可以一部份走向生產化的途徑。因有契約關係，研究者對於他担負的工作必定積極的推進。這種合作的研究方式有一點商業化，但並無損於學府的尊嚴；反之，可以增進學校研究工作的效率；可以使工業方面更重視學校裏的工作；使學校在新中國工業化過程中在技術上居於領導的地位。

還需要中級的技術學校

大學工程敎育的目的是給工業界造就有技術開發能力的人才及技術上的領導幹部。但是工業機構裏需用中下級技術幹部爲數最多，雇用大學出來的學生担任中下級技術及管理工作，成績既不會好，在人才的使用上也不經濟合理。有幾個大學附設兩年制的技術專修科，也不能够完全彌補這種缺陷。我國大學工學院的數量已不少，但是中等技術專科學校寥寥無幾，實在是一種畸形的發展。今後必須大量增設中等職業學校，以便充分供應工業需用的中級幹部。最好各大企業機構都附設工業夜校，選拔文化水準較高的工人或其子弟，白日照常作工，夜晚上課補習技術學科，滿業後可以擢升爲技術及管理幹部；這樣，收效既大且速。總之，今後大學的工程敎育應該重質不重量，而中等技術敎育應力求其普及才算合理。

—

> "由于我們在經濟工作上不善于學習，還沒有學會很多（當然是從一般來說），我們已經嘗過了不少苦頭，特別是三四年來，我們革命的局面擴大了，經濟的事情更多更複雜，而我們的進步不夠，甚至有的就把舊的，狹小的經驗亂套一頓，我們的苦頭嘗得更多，吃虧更大。……因爲我們的生疏，在工業中我們有些同志曾經做過很多荒謬絕倫的事情，不管我們領導的公營工廠有很多便越的條件，但是有些工廠却是在賠本的情況下過日子，競爭不過私人資本，以至不但是工人，而且也使那些存心的確良善，願意幫助人民事業發展的工程師、技師或善於管理企業的職員也要爲我們搖頭，覺得我們在這些方面還太過于幼稚。……
>
> 我們要善於學習，要學習使自己會建設經濟；要學習在公營企業中，在合作社企業中，一方面，善於與非黨的專門家合作，善於向他們學習技能；另一方面則又須善於和暗害的特務份子，破壞份子及怠工者作鬥爭。……"
>
> 陳伯達：「重要的問題在善于學習」

來論

談談城鄉計劃

—面向農村的都市計劃—

程世撫

程世撫先生是都市計劃專家，對於大上海的都市計劃有過不少貢獻，也有很好的計劃，限於當時的環境，沒有實現的可能。解放以後，程先生深切地感到過去祇講城市計劃，不配合鄉村環境的辦法是行不通的，因此特地發表了他的研究意見；在「都市要面向農村」的今天，我們相信，這個意見的提出，是很及時的，它一定會引起大家廣泛的研討。讀者們有意見，望來函提出討論。

——編者——

城市和鄉村同是國家的行政單位，而公共設施方面如水電交通等則大有繁簡有無之別；推測其原因，可從工業化過程看起，世界各國由封建社會的農村進步到工業化的繁華都市，還不是藉使用機械逐漸吸收鄉村人口到城市的工廠中來進行大量生產而造成的。歐美的農業技術，已充分利用科學和機械 可以減少農村人口 而增加農業生產。所以他們人口分佈往往城市多於鄉村，這就是都市裏工商業過度集中而造成畸形發展局面；以致城鄉文化差異，物質享受懸殊，這是非常不合理的。社會經濟的整個體系不容城鄉偏廢，單方面發展是一種病態。都市計劃家已在亡羊補牢的擬定計劃法規限制任意發展；然而捨本求末的方案是不能澈底解決問題的。

反觀我們過去的中國，在前清末年，盲目地去仿效歐美和日本，亦步亦趨。工業的條件既然不够，農業技術又停頓在一千年前的階段。不但不會利用機械，有的連畜力都用不起，專靠少數城裏有近代設備的工廠是無益於民生的。而況這一點可憐的工業基礎，很多還是過去帝國主義輸出資本而造成的；他們爲了更大的榨取，决不是爲了替中國創造一些有規模性的工業，即使像帝國主義中最有力量的美國，它的經濟繁榮，卻是剝削犧牲全國勞動者來養肥那四十家金融寡頭。工農階級祇有在生意興隆時方才可以沾點餘惠。况且他們把大量廉價過剩產品向外國傾銷，用政治壓力的貸款，如此不斷的榨取逼得別的小國年年入超，扼殺他國工商業。以致購買力薄弱，轉而影響銷路，停滯生產。這樣不合理的經濟循環還不是美國資本主義用殺鷄取蛋辦法所造成的。幸而中國工業微不足道，產品還沒有普遍銷售到農村；倘是一味的盲目開設工廠，不管原料來源，運輸距離，產品銷路等問題，勢必至於造成失業破產。

城市的病態

城市的人口擠塞在一小塊面積裏，造成不合理的競爭以及許多社會病。例如於交通擁擠是由於人口太密過分集中所造成的，絕對不能單靠放寬道路所能解決。因爲電車公共汽車的行車密度和載運量是非常有限，一定先要把人口分配在比較廣大面積裏做工作，方才能澈底解決。

又如房荒問題，不但影響經濟生活，而且影響公衆衛生，傳染疫病，增高死亡率，再如城市裏面的生存競爭激烈，人們見利忘義，感情淡薄，無形中採用欺詐取巧方式來維持個人的享受。一般都向墮落的道路上走，在大城市裏生活的人，幾乎不能談道德，處處存戒備的心理，防範受欺。所以犯罪的人常懷要存「討飯吃」的心理，說這個世界黑吃黑，比鄉村裏的二流子還要壞，一般都有走近路，僥倖取巧，坐享其成的作風。總結說一句，工業化集中人口，商業隨着發達，然而因爲城市生活既然是十分不合理，就不能很有計劃地來發展生產，繁榮經濟了。

鄉村的被忽視

從事都市計劃的人，往往以城裏人的身份改

善城市範圍以內的環境，並沒有替鄉村人民着想，雖在客觀上城市的經濟，已有了剝削鄉村的作用，但是却并不自覺，所謂城市的文化高一些，那就未免太可笑，這祇因爲城裏人的優越感很重，看鄉下人是土頭土腦，沒有見識。同時有些資產階級，雖在鄉村中建設他們的別墅，却并不和農人來往，一點沒有把鄉下誠樸之風帶回城去，還是照樣以互不信任挖空心思去投機剝削和聚積財富。反過來說，鄉下人到城裏做工，逐漸染上城市惡習，也會互不信任，投機取巧。這種情形可以證明城市是罪惡發源地。又因農產品多靠勞動耕作得來，工業製成品是利用機械製造，成本較輕，拿農產品去換工業製成品明明是鄉下人吃虧。再加上地主和惡霸的剝削，連最低的生活也不能維持，於是產生了經濟的不平衡。

所謂都市計劃

一個城市由少數人增加到十萬，百萬以上人口的時候，因交通進步，人口密集，一切公用事業以及房荒問題都感覺到困難。因爲過去的計劃沒有準備發展到這種程度，好像祇能容納五百人的戲院突然擠進三千人，當然一切空氣污濁，熱度增加，行走不便，就難免要發生危險了。但是工商業趨向城市集中，爲的是貪圖交通水電方便，更吸收了許多鄉村人口到城裏來謀生。這樣無限度發展以及增加人口，都市計劃家設法清除貧民窟，放寬道路，制定區劃法規，使工商居住隔離。以上一切工作完全爲城裏人着想，祇能在規定時期內發生效果。況且在資本主義社會裏保持個人利益的自私心理，常常阻撓合理的改革，所以說都市計劃的效果是極有限的。但是把鄉村往往看做擴充城市的對象，在經濟上是搜刮榨取的對象。這些種不合理的事實，在新民主主義社會裏是絕對不允許存在的，所以說我要建議研究都市計劃的專家們要作城鄉計劃，同時兼顧，不要忽視鄉村，才能走向真正全面經濟繁榮的道路。

城鄉的聯系

我們設計一個地區，分佈城鎮，先要分配工商業和居住區域。過去是在擴張一個整個城市地面着想，用區劃方式補救擁擠人口改善陋巷棚屋，而未作根本解決打算。工業過分集中是重大錯誤。倘用區劃方式，分別支配各種工業在各個小城鎮單位，可以避免集中在城市裏所發生的困難。拿近的來說，各個小城鎮環繞着農地，勞力可以調劑，居住地點接近大自然，也合衛生，經濟水準，可以提高。再拿遠的來說，鄉村的農業生產過分單純，即使實行土改，仍不足維持合理生活，所以還需要提高鄉村工業水準才辦得到。如多設小工型廠甚至工場。作坊倡導就地做工業生產，但須按照市場規定標準，可以化整爲零的來從事高等技術的製成品和半製成品生產，如此可以繁榮鄉村經濟，提高文化教育，技術及生活水準，使一個新社會組織，可分城鄉不分工農的來共同做生產工作。在這個社會組織中，於工農同等發展可以獲得局部經濟平衡。

全國性的與區域性的城鄉計劃

適合新中國需要的是城鄉計劃，而不是都市計劃。在一個已有現代化規模的大城市如上海，固然可以解決了局部經濟平衡；而對於全國經濟究竟發生什麼作用呢。假使僅僅乎對於上海市有利，對其他城市鄉村卻是剝削性交易，這樣的發展對於全國經濟發展是有害的，是不合理的。所以在政府方面來說，應當先定全國計劃，根據國家資源，物產地理人文等因素來劃分區域。可以包含幾省，或者幾省的一部分，拿整個區域和全國旁區域互相關係做經濟發展的對象，當然達到經濟平衡目標。

再由于中國幅綠廣大，氣候懸殊，各區域簡直可以相當于歐洲的一個個小國家所以應當分區來做區域性的城鄉計劃，詳細研討在一個區域內，如何分配工商業和城鎮發展生產，可使各區域能够局部地平衡城鄉的經濟情形。那末各區域的人民生活水準可以逐步提高，物資交流的情形也可大大增進；對于整個國家來講，仍然有利；因爲只要我們各區域之間彼此聯繫，相互合作，互通有無，在中國共產黨和中央人民政府正確的領導之下，我們相信是可以發展成全國性的經濟繁榮，使新民主主義的建設早日成功的！

> "消滅智力勞動與體力勞動的對立，消除城鄉的界限，大量製造工農業的各項生產品，工農業勞動生產力的全面發展，——這一切保證着由社會主義之「各盡所能，各取所值」的基本原則，逐漸過渡到共產主義之「各盡所能，各取所需」的基本原則。"—斯餘巴年

中國技術協會
上海基督教青年會
中國科學社

聯合主辦工業常識講座紀錄之六

印染工業（續完）

中國紡織建設股份有限公司工程師　杜燕孫先生主講

上期刊載的是：印染工業之要素、漂染印整機械概要、漂染印整工程與原理、各種棉布及其加工程序、四節

印染工廠的管理

談到印染工廠的管理，我先得把中國現在所有的漂染印整工廠的性質和範圍來敘述一下：

我們現在所有的印染工廠依其設備和生產品的性質，可以分爲下列三類：

（一）全能的印染工廠　具有練漂染色印花整理四項設備，各種漂白布、染色布、印花布都可加工製出，一般稱爲漂染印整工廠，由漂染印整四個主要部份，旁加輔助部份，合成一個全能的印染工廠。像中紡上海第一印染廠就是這一種全能工廠的代表。民營工廠中之漂染印整俱全者，也不在少數。

（二）普通的印染工廠　這一類的工廠，又可分爲兩種：一種是漂染整理工廠，有練漂染色整理三部設備，沒有印花；出品只有漂布和色布兩種，在現在的印染廠之中，佔極大的數量。還有一種是漂印整理工廠，出品主要是印花布，譬如現在以出白貓花布聞名的新豐印染廠，可以歸入本類之中。不過這類工廠，數目不多，而且嚴格的講起來，印花整理工廠，由營業的重點論，雖然不出品色布，然而因爲印花必需有染色的機械，所以也可以染出色布。（新豐印染廠出品桃花女士林是一個例子），現在我們印染工廠中雖有很多以專門出印花布爲號召，然其色布供售於市者，爲數也頗不少，實在是應當列入全能工廠之內的。

（三）單純的印染廠　單純廠指出品專一的工廠而言，就製造工程來分別，爲單純的漂廠和單純的染廠兩種。單純的漂廠，由練漂整理兩部份組成，專出漂布，過去英商怡和紗廠有一個單純的漂廠。單純的染廠，是專出一種色布，像中紡第三紡織廠的印染工場（前日商內外棉第一加工工場），便是一例，它專出精元布一種，由染色（染色設備也限於一種）和整理兩部組成的，配以極少數的練漂輔助機械（沒有煮練和漂白設備），不能出漂布，也不能出其他的色布，它的優點很多。在我國全能印染廠固然需要，各種的單純工廠爲了專一容易求進步，應該大大的提倡和設立。

上面是照出品性質設備情形而劃分的。我們還可以把印染工廠設立的獨立性或連繫性，分爲下面三類：

（一）獨立的印染工廠：——本類工廠，廠的行政系統是獨立的。就是說，自己成爲一個獨立的單位，不受其他的牽制。即使它和紡織工廠同屬一個公司管理之下，但是管理制度和紡織廠是分立的。

（二）紡織工廠中的印染工場　這類工場和紡織工場在一個工廠單位之內，行政和管理上不能獨立，只多是半獨立所以是稱爲工場，而不稱爲工廠。

（三）染織並存的印染工廠　一般稱爲染織廠的，是印染工廠中設有織布工場。照實際情形來講，我們所有的染織工廠，多數是以染爲主而以織爲輔的，所以染織聯合的工廠，它在行政和管理上大都側重印染讓它發揮獨立性，和獨立的印染工廠毫無二致，和第二項設在紡織工廠內的印染工場便大不相同了。

染廠的性質上面已經分析好了，我再談一下染廠的範圍，我們大家都知道，紗廠的大小是以精紡的紗錠數計算的，織廠算布機台數的，因爲紗錠和布機是紡織廠的主要設備，生產的多少從紗錠和布機的數目可以明確的算出或換算出來。可是印染廠是並不如此，因爲出品多，機械多，一個廠有一個廠的出品重點，一個廠有一個廠的機械配

備，用某種設備來估計大小是不可能的。所以染廠的大小，是用各種設備的產額，而估計全部的日產額，因此我國的印染廠一般可劃分爲

(一)特大型印染廠：——日產8000—10000疋的工廠，全國只有少數一兩家。

(二)大型印染廠：——日產4000疋左右，數量比較多，在一二十家之間。

(三)中型印染廠：——日產1000—2000疋的工廠，很是普通。

(四)小型印染廠：——一般日產1000疋左右，少到500疋的也很多。此類工廠，設備當然很簡陋的。

諸位明瞭了上面三種分類以後，便可以知道我們印染工廠大小的懸殊，和性質的複雜了。因此要談印染工廠的管理，是很不容易的。第一組織系統不能談，適於大型的不適於中型，更不適於小型。單獨的印染廠有單獨的一套管理辦法，附設於紡織廠中的，也有它適應大環境的一套。所以我要向各位聲明的，要劃一張適合於任何性質印染廠的組織系統和訂立一套法規是不可能，即使劃出來和訂出來也不適合全般。

但是旣然講座中旣然有介紹管理一點，我當然不便把它略去，現在在下面約略的介紹一下原則。

我曾經担任過各學校染廠管理的教課，並且在印染工廠工作了許多年，對於印染工廠的管理，我以個人的見解把它分爲兩類。

(一)一般性：——事務、會計等項，與一般的工廠管理初無二致，此處不談了。

(二)特別性：——是只適於印染廠的：關於此點，我又把它劃爲縱橫兩向。

(甲)管理的標的：

(1) 人事　廠中參加製造的職工。

(2) 機械　一切應用的漂染印整機械。

(3) 布疋　是染廠中主要的物資，自原布至半加工品至成品爲止。

(4) 物料　一切應用的染料、化學品、機件、燃料、什物等。

(乙)管理的方法：

(1) 調度　調度是很重要的，無論人事機械布疋原料等：都要有良好的調度，和支配才能人盡其才，物盡其用，生產量維持一定的水準，工廠步上發展的大道。

(2) 保全　保全是使機械、物料、布疋維持固有的品質，不要在工作過程或停用貯藏時破壞和損傷。至於工作人員健康和安全的注意，也可說是人的保全。

(3) 考核　凡是機械的品質或性能，物料的優劣及成份，布疋的質地規格都要有詳細的考驗和查核，才能使出貨的品級增進，生產的數字遞多。工作者的技術和勤惰，也是考核中重要的一門。

(4) 統計　在工廠中統計是很重要的，有如機械之效率，物料的耗用，布疋之產量和所需的人工，都應該有詳細的記載和統計，對於成本的計算，成績的指示，尤其顯得重要。

其中各項的關係，如下表：

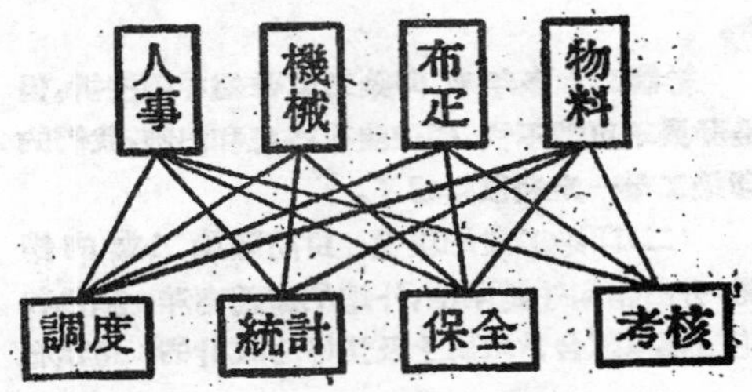

至於管理的細目，限於時間，只好從略了。

中國印染工業的過去現在與將來

照講座規定的要點，我得把上海的印染工業介紹一番，因爲缺少翔實的調查，無法作忠實的介紹，姑且用本項目來代替來塞責。

(一)印染工業的過去　中國印染工業的創立，比紡織工業要後三十年光景，中國首創的染廠——上海達豐染廠的布疋漂染整理廠是在民十年左右方才建立的，其後鴻章、光大、無錫的麗新、常州的大成等紛紛踵起，當時都很獲利，不過發展得並不十分迅速，大約因爲草創的緣故，大家對於這新的工業，多少有點顧忌，懷疑到它的前途是否能發展無量，這十年可以說是草創時期。到了民二十年光景，那時華商紗廠因爲受日廠的影響，棉紗和原布不能够賺錢光有紡織設備的紗廠，或布廠，便

13173

遭受到嚴重的危機，但是相反的，印染工廠都能薄有利潤，於是許多紡織廠計劃添設印染部份，而單獨的印染工廠也像雨後春筍的崛興，一直到抗戰發生為止，這五六年裏，是中國印染工業的發展時期，我們現在的一點印染工業基礎，可說是那時候奠定的。抗戰發生之後，因為印染工業集中在京滬一帶的關係，損失得相當慘重，能够保全的不多，那年完全沒有損失而照常可以開工的，只有鴻章和圓圓兩家，到二十七年的春天，因滬京一帶淪陷而戰事西移，並且上海還有租界存在，而海運仍然通暢，染織品頗有利可圖。於是上海租界區內，染廠非常發達，爭相設立，其他地區（那時的淪陷區）遷來的，有從新設立的，盛極一時，直到太平洋戰爭爆發為止，這段時期，無以名之，只可說是反常的繁榮時期。從太平洋戰爭爆發後，海運斷絕，物資困難，染廠如江河日下，一落千丈，所有染廠十九都停止生產，到勝利為止，是最悲慘的衰落時期。勝利以後，染廠復蘇，營業頗為發達，停工的恢復生產，新辦和擴充的所在正多，印花廠更多興辦。

綜觀二十多年來，印染工業雖然中經挫折，但是發展不可謂不快，假使沒有外患和內戰，我們的印染工業一定發展得很了。

（二）印染工業的現況　目前印染工業的銷路，分內銷和外銷兩種，外銷的運銷南洋，顏色和花紋都以配合當地風土及愛好而設計的，這類布疋，尤其是印花布，中紡做得更多，我給諸位看的花布，多數是外銷的，以大紅大綠的為多，有些根本不能在我國推銷。民營方面做外銷的有很普遍。內銷的是供給國內人民之用，不過因為戰事關係，銷區日趨狹窄，染廠營業就受了很大的影響。

現在我們所有的染廠大約有八十多家（十分小的還不在其內）分佈於全國各地，印染工業的集中地最大的當然是上海，次之為天津、青島、濟南、武漢、無錫、常州、東北等地。

（三）印染工業的將來　中國印染工業是很有前途的，如果我們的紗錠照一千萬錠目標去建設，印染工業照現有的擴大到二倍到三倍之間，眼前果然有許多困難存在，但是一旦困難克服，障礙消除之後，中國的建設即可走上正軌，紡織物品就能大量的製造，多方的傾銷，美麗的遠景已在目前，印染工業不久便大有可為了！

後記：　本文是四月二十四日在青年會講的，那時我人民解放軍正渡江解放南京，上海一地，反動派控制甚嚴。本講座因係學術性的，尚不受干涉，故能照常舉行。惟在講詞之中，尤其是後段有關印染工業的現況和將來一段，不能暢所欲言，只好簡略的談了一下，現在此處仍照原講記述，如有機會當就解放後印染工業的前途為文詳加檢討，以供關心印染工業同仁之參攷。

——燕　孫——

（接41頁）而磁力綫變動的速度也是相同的；于是在這一組合裏面，第一電壓只和第一線圈的迴數成比例，第二電壓只和第二線圈的迴數成比例，這樣說來第一電壓和第二電壓之比即等于第一線圈迴數和第二線圈迴數之比。

二枚迴數不等的線圈同繞在一個鉄心上，如圖14，即成為變壓器，牠能把一個交流電壓（注意交流二字）變成大小不同的第二個交流電壓直流。電是無法變更電壓的。

圖13　線圈在交流磁力線範圍內

現在我們已經講明了電工學上三種最主要電機的原理，這三種電機，就是直流發電機，交流發電機和變壓器這三種電機的運用原理，都不脫問題9所討論電磁感應的範圍，讀者對于這一原理可再行重讀一遍，以期盡得其中的真諦。

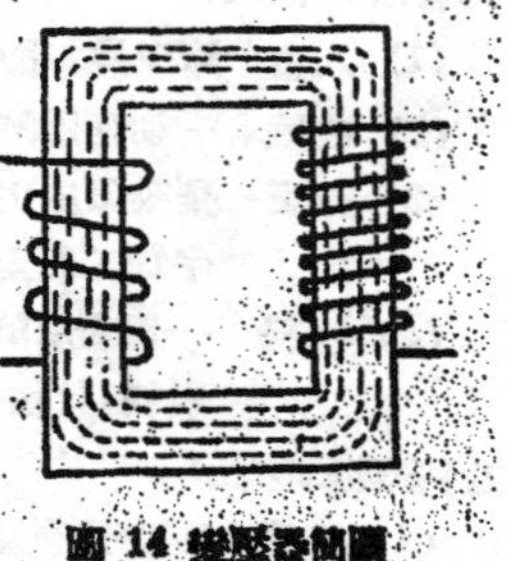

圖14　變壓器簡圖

註：上期登載的是第一節電學淺說，本篇問題前的號碼，即依上期的按順序編下去的。

13174

座談紀錄

建築不僅是造房子而已

哈雄文（文華建築事務所建築師）
王子揚（新藝建築公司總經理）
陳占祥（五聯營建計劃所建築師）
黃作燊（聖約翰大學建築系主任）

中國的建築事業，在中華人民共和國宣告成立，而新民主主義的經濟建設工作開始的時候，確是一個值得重視的問題，中國技術協會營建組會友于九月廿五日假八仙橋青年會舉行第一次學術座談，即以此爲主題，爰整理刊出，希望讀者作進一步研討。 編者

過去的畸形發展

陳占祥：中國歷來對于建築的觀念怎麼樣？易經上說，"上棟下宇，蓋取其大壯，"很可以拿這句話來代表；這句話非常單純，也非常深刻，與建築在現代的意義，當然是全不相同的。中國建築的發展，可以說是靠二種力量，一是營造的技術，是由工人所表現；第二是歷代的生活方式和思想的反映，由士大夫作爲領導。這二種勢力，漠不相關，但是却在不知不覺之中，形成了中國建築。

不過，中國建築到了最近卅年內，簡直巳經宣告破產。自從鴉片戰爭以後，帝國主義的經濟，政治和文化多方面向中國開始攻擊，中國數千年悠久歷史的文化不能不開始動搖，民族自信力也完全喪失，以爲外國的什麼都好，中國的什麼都不好，建築當然也不能例外。在這種情形下，即使向外國去學習，也只是原封不動的把西方的東西販賣到中國來，而不能作爲改良的借鏡。並且，很不巧的，那個時候的國外的建築，也正面臨着空虛徬徨的途境。因爲那個時候的建築，已經脫離了大衆和現實，大家一方面在玩着各種式樣，一方面內心却在反叛。把這種錯誤的觀念帶到了半封建半殖民地而經濟巳經破產了的中國，所產生的結果自然更不堪設想。我們就拿上海作爲實例吧，在卅年以前的建築，可以南京路的銀樓、綢緞局、南貨號、弄堂房子作爲代表，那個時候民族的自信力雖然巳經開始動搖，但是還沒有完全泯沒，所以都有非常顯著的個性表現，而門窗等構造單位，房屋的佈置，也都是中國式，這個時候新的士大夫，都還沒有參加什麼意見。待到新的士大夫從國外回來，與外國建築師相對立，那是廿年前的事情，可以戲院、寫字間、洋房作爲代表，固然中國建築師所表現的能力，已經與外國建築師無異，但是他本身的任務，可以說沒有達到。最近的一個時期，那可以說是一個混亂的時期，大家以爲建築術非常簡單，只要有些新奇花樣，你也亂來，我也亂來，弄到幾乎不可收拾。

在這建築的破產期中，大家都還想去找一條道路，可是這條路更走錯了。自從一九二七年大革命以後，反帝的民族觀念非常强烈，于是宮殿式的房屋風行一時，這用意當然是對的，想把民族性在建築上表現出來，但是要在鋼骨房子造好以後，硬再擱上一個屋頂，這種畫蛇添足實在毫無價值。外國人穿了中裝，當然不能算爲中國人，主要還是在內質大家雖然都知道有新時代，可是還不知道如何在新時代裏生存。那個時期的代表作，很可以上海市中心區作爲代表。

建築，是歷史的記載，時代思想的反映。我們要這種眼光去細細研究從前反動政府的建築方面的措施，就可知道它必須會垮台的。我們就拿南京來說吧，南京的建設是爲了死人，而不是活人。直通陵園的中山路把全城關作了兩半，陵園那面佈置固然非常優美，可是夫子廟那邊却依然是一塌糊塗。從鉄道部、交通部、監察院一直過去，都是所謂宮殿式的建築，其實即使把太和殿搬在中山路，也是毫無意義的，一定時代的建築有一定時代的制度，也有一定時代的意義，不能與現時相混。投機、取巧，把老東西掘出來，實在不能算爲中國化。即是中山陵的建築，也實在一點也沒有表示出什

麼東西，與明孝陵比較起來，大家都會覺得明孝陵偉大，因爲它表現了一定的制度、意義，它有着內容。在私人建築方面，更只是用來表現豪門資本積聚財富剝削老百姓的成績，莫明其妙的造洋房，建築也完全脫離了人民。他們的沒有魄力，沒有遠見，也導引了一切的失敗。

中國化・大衆化・科學化

黄作燊：建築與國家社會，有着極密切的關係，過去中國建築的失敗，也實在完全是國家社會所影響。現在我們一切的工作，正隨着解放後的中國，向着新的路前進，每一個建築師，當然不能落後，必須隨着新的時代，爲人民解決住的問題。其實，建築代表着人民文化的力量，生活方式的表情，無論怎樣變化，總是脫離不了這範疇。所以社會的方向，人民的思想，假使是正確的，前進的，那末所建築的東西也一定是實用的，純粹的；假使社會是畸形的，人們的生活和思想有許多矛盾，那末所建築的東西又怎能希望它不虛假狂妄呢？

今後的建築，當然應該有一個新的方向。所謂這新的方向，其實像眞理一樣，是不受時間性的限制而是具有永久性的。社會不照着這方向走，反而來壓迫它，社會就會失敗，然而這方向仍是存在的。譬如我們中國的建築，毫無疑問的應該具有簡單、樸實、儘量利用國產原料幾個原則，但是却一向被那些皮毛的、浮淺的、只是抄襲西洋建築外表的虛飾壓沒下去。現在這種膚淺、虛僞的性格一定要受新時代的淘汰，我們原有的基本目的一定可以重新發展。

建築不僅是狹義的造房子，它是科學和藝術綜合而成的一種技術，以解決人類生活上的問題、經濟的問題、衛生健康的問題。我們應該注意的，就是怎樣使生活方式最合理化，怎樣使工作發生最大的效果，怎樣保障人類的健康和幸福。

根據上面的原則，我認爲今後的中國建築的新的方向，是下列三點：這就是，中國化、大衆化、和科學化。

中國的建築應該澈底的中國化。什麼叫作中國化？就是中國的建築必須表現出中國人民的精神，中國人民的精神是什麼？那就是誠實簡單儉樸吃苦耐勞等等特有的民族的特性，我們應該充分的在建築的原則和思想上來適和這些條件，使得能够表現出來這是第一點。

第二點是今後中國的建築必須大衆化。建築和人民有着極密切的關係，我們的建築不但要配合當地的地質、氣候、材料的供應，并且要完全合乎人民的生活和習慣。我們的建設不是爲某一等、某一流、某一階層人們的物質享用，而是爲全人民的生活幸福。從前的建築師，一向是站在技術專家的地位，用客觀的態度來貢獻他的才能，這一點無論如何是不够的。建築師要明白大衆的需要，就必須作爲人民大衆的一份子，從人民的觀點出發工作，像最近中國技術協會營建組會友的下鄉協助恢復建築工作，不僅是爲了救濟，并且可以深入農村，從而充實了自已，實在是非常有意義的。

第三點是中國的建築必需科學化。科學是最離不了人的東西，在科學工作開始的過程中，是需要一番分析，收集資料、研究，待有了完全的認識以後才可以下手工作，以後還須要不斷的試驗。建築也必須這樣的。我們在下手工作以前，必須要充實我們對于自然環境以及人類環境的知識，這類知識非常熟悉，建築工作才能科學化。所謂人類環境，一部份是意識上的研究，一部份是生理上的研究，我們的建築必須配合這兩項條件。自然的環境，則是包括建築物當地的氣候、風向、地質、材料等問題，冷的地方和熱的地方的設計，當然全不相同，我們還應該挑選當地的特有材料來加以利用。譬如在寒冷的北方造了一座熱帶式的房屋，人們一定會笑不合理的，所以科學和建築關係實在太密切了。科學化的建築，應該非常簡潔、樸素、直率，一切要有科學的根據，絕對揚棄過去的作風，避免不合理不需要的東西。

以上三點能够適用於建築，同時也能適用于其他方面尤其與人民日常生活有直接接觸的事物。這種設計工作的範圍，小至日常所用的器具，大至城市鄉村的計劃，能够隨這方向走去，那末新的生活方式一定很和諧有序，新的社會一定會實現。中國必然慢慢會走上工業化的道路，建築也必然會同時向前邁進的！

建築與建築師

哈雄文：建築是技術和藝術的結晶體。那末建築師是什麼呢？一般人以爲建築師只是造造房子，其實並沒有這麼簡單，建築師必需具備四項條件：第一、建築師必須是科學家，才能格物致知，用科學的方法來研究和處理。第二、建築師必須是圖案家，造房子當然必須要圖案，這圖案却包括許許多多的學問在內。第三、建築師必須是計劃家，設計一座房屋，只要圖案家就行，但是要設計大塊土地上的布置，就必須要計劃家了。第四、建築師必須是經濟家，普通一般人以爲建築需要實用、堅固、美觀，其實還需要經濟。尤其在新的時代中，更是必須，沒有經濟的把握，什麼事情都幹不了。除了這四項條件以外，還需要許許多多豐富的知識，必須多才多藝，自己多學習多研究。

那末，建築師如何能達到這標準呢？第一、是建築教育的問題，教育是一向有的，但是因爲時代不同，方法也各異，從前是師父傳徒弟，現在則是先生教學生，不過最重要的，還是在注意發展學生的天才。國內大學設立建築系的很多，然而準備的工作實在太少，應該有機會讓有志于建築者于幼時就能注意自己的前途，留意需要的學問。像英國蘇聯，都設有建築學院作爲最高學府，使研究者能够在裏面找到各門各類的知識。建築教育是建築事業的開始，所以這工作是很重要的。第二是建築工業的問題，因爲我們總逃不了它的範圍。綜觀世界各國，工業發達，那末建築也一定發達。我們國內，直到現在建築材料還沒有一定的標準，所以建築工業的標準化，必須加以注意、建築工業不能達到標準化，那末建築也無法達到大衆化，并且還應該有研究試驗的機構，才能够把建築工業導引正軌。第三是建築政策的問題，這是一個行政的問題，假使國家沒有一定的政策，建築發展起來一定非常困難并且一定非常零亂。譬如建築面積的規定，高度的限制，各國都根據經濟物質的條件而加以制訂，建築政策雖是由政府所定，但是却完全是依照人民生活的演變，所以實在是政府和人民綜合而成的法規。建築政策的好壞，直接影響了建築的好壞，發達與不發達。以上的三點，是缺一不可的，綜合起來，就是中國建築的道路，這道路還需要我們自己去拓展。

那末，今後的建築師究竟有些什麼工作呢？概括說起來就是我們的工作不能離開人民。第一是居住人民的問題，在目前，我們的人口中百分之八十是農民，百分之廿不是農民，這些百分之八十的人口，是散居鄉村，但是假使國家工業化的後，這城市和鄉村人口的比率一定會逐步減低，也就是說將有大量人口集中到城市裏來，而且要到處成立新的城市，這居住的問題的確是非常嚴重。第二是工業計劃的問題。關于生產的問題，當然是工業界的責任，然而工廠設在什麼地方？工廠內部的設計，工人的起居，這些種種問題，國家不工業化則已，否則建築師實在責無旁貸。還有一項工作，就是所謂提高人民生活水準的問題，在國家工業化以前，這當然是不可能的。像蘇聯在最初實行五年計劃的時候，都非常刻苦，現在則人民的生活水準都已經普遍地提高。當人民生活水準提高的時候，衛生與文化生活的提高，更都是建築師的責任，我們必須充分研究，才能達到理想的目標。國家工業化上去，我們必須也追隨上去，每一張紙每一張圖，我們都要搜集利用，這才是建築師的本色。

有人譬喻建築師猶如廚師，買大魚大肉宴客時固然不要用建築師，吃家常便飯更用不到了，這觀念是錯誤的。建築師決不是裝飾品，我們應當用工作來表現決不是可有可無的廚師，而是廚房裏的爐灶，不通過它，小菜便不能吃。

與農村結合起來

王子揚：今後營建方面做些什麼工作？簡括地說，就是不能爲自己，應該爲大家；不能爲目前，應該爲遠大的將來，每一個營建工作者，都應該抱定此一目標。我們營造界的工作，就是替大衆建築，假使國家工業化，營建工作也必須配合前進。我們在上海固然還看到房荒的情形，但是從比例率來觀察，眞正需要營建的倒不在都市，而是在農村。一般農村的住房，沒有窗，沒有光線，氣味渾濁，人畜雜處，實在够不上住屋的最低最低的標準。這當然不能怪農民的不能建築，在上海住大廈高樓的人，自然不能想到這些人間地獄。所以營建工作，亟應和農村結合起來。并且還應該用示範入手，普遍地建造標準的房屋，這些房屋，并且應該：一、用當地的材料，竹、泥、土磚都須儘量利用；二、儘量使用當地人工，并加以指導，使能學會新的技術；三、代價須使普通農家能負担得起，使得能够模倣建造。爲農村的工作，才是眞正爲大多數人的工作，與農村結合起來，才是眞正今後的工作！（記錄：楊謀）

新中國的工程師把自己的勞動看作全人民事業的一部分，他們貢獻自己的技術和經驗，全心全意爲人民服務；他們的利益和工人階級以及全體人民是血肉相關的。

磨輪漫談

丁鐸

一位經常從事于磨床工作者，深刻地去了解磨輪的構造及製造上的技術方法對他是比較複雜了些，但一些普通的知識，——比方怎樣去選擇適當的磨輪，旋轉的轉數等，是應當掌握的。

磨輪這東西比諸銑刀，牠是備有千萬個刃齒的。每個刃齒牢牢地黏固在底脚叫做黏劑(Bond)上面，也被隣近的刃齒部分地支持着。工作的時候，每個刃齒維持牠原有的陣地，直到刀口磨鈍牠的任務完成為止，於是後備的刃齒補充上來繼續工作下去。

這些小小的刃齒是由具有最高硬度和韌性的磨料(Abrasive)集合而成，再用一種特殊的黏劑互相黏住，其間還有着不少的空隙。如此才有相當地位來容納剛剛切割下來的金屬顆粒，等候輪子的動作將牠們拋擲出去。刃齒的大小是由製造磨輪所用的磨料的顆粒，簡稱粒(Grain)，的大小而決定的；所用的黏劑可能含有幾種不同的材料；空隙的直徑也可大可小；一定面積裏面所含的空隙也可多可少，所有的一切都隨了工作的性質加以決定。

圖1明白地說明了磨輪的結構。請注意着由黑點代表的不規則形狀的磨料顆粒。是被由黑線代表的黏劑所黏固的。空白的地位就是代表空隙。這三種大小和密度隨了各種不同形式的磨輪，均有改變。不同種類的磨料和黏劑產生了不同性能的輪子。因此在選擇磨輪的時候就須注意配合被磨的材料。

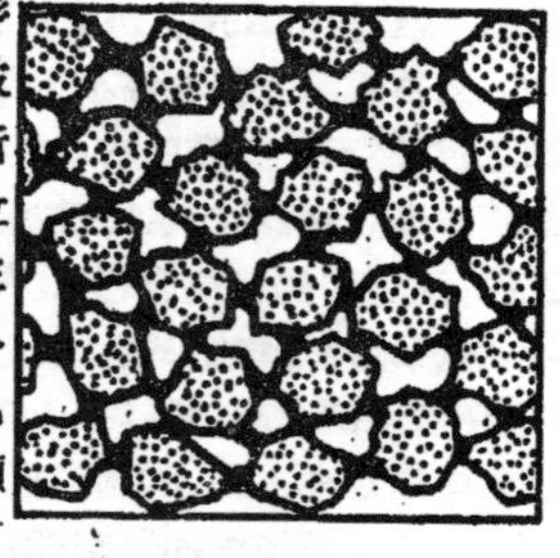

圖 1

普通應用的磨料

氧化鋁和氧化矽是兩種最最普偏應用的磨料，這兩種都是電爐的產物。氧化鋁從電爐裏出來是一大塊一大塊的，而氧化矽却是一種結晶的狀態。為了商業上應用起見，磨料必須研細成到標準的大小。以備製造磨輪之用。要達到這項目的，磨料壓碎過以後再須篩過，換句話說，就是要通過一隻標準大小的網眼的篩子。每吋的網眼數目決定了顆粒的大小，舉例來說，通過一隻一吋內有八個網眼的篩子的一個顆粒就叫做8顆粒大小。所以我們說到一個20顆粒大小那就是說該顆粒能通過每吋20網眼的篩子，但不能通過下一個較小一號的篩子——24網眼的篩子。

顆粒大小分為最粗、粗、中等，細、最細和粉狀六級。篩分的方法只能應用於220顆粒大小或較此為粗的顆粒。如若較細，就必須用浮選法和沉澱法了。下表是商業上顆粒大小的分級表：

最粗	粗	中等	細	最細	粉狀
4	12	30	70	150	280
6	14	36	80	180	320
8	16	46	90	220	400
10	20	50	100	240	500
	24	60	120		600

製造磨輪不一定用單種大小的顆粒，視研磨情形的需要牠可以包含幾種不同大小的顆粒的。

黏劑

黏劑用量的多寡是決定磨輪堅硬或鬆軟的因素之一。黏劑的强度，一種在有崩碎磨輪結構的傾向的研磨壓力之下能够黏固磨料不使分離，同樣也是磨輪硬度因素之一。我們現在有五種不同的方法來黏固磨輪，一一略述如下：

1. 透化黏劑(Vitrified Bond)——這是最被普偏應用的一種方法。大部分的磨輪是由這方法製造而成。將一定量的磨料顆粒和一種黏土(Clay)澈底混合好了，形成了差不多的大小之後，放在窰裏燒着，以足够的高溫度使黏劑玻璃化。黏土轉化成了玻璃或琺瑯的成份，牢牢地黏固了磨料顆粒。這種方法能够產生很大强度的黏劑，結構變化的範圍也很廣大。祗要稍稍變換了製造方法和黏劑的種類，就可以控制磨輪的密度或有孔性(Porosity)。

2. 矽酸物黏劑(Silicate Bond)——在這種方法裏，矽酸鈉是被應用了。所成的磨輪切割性能較弱，不大適用於粗磨。最適合用于精細刀口工具如小刀之類的研磨上，大而薄的磨輪可以用此法製造，但用透化法卻是不可能的。

3. 樹脂物黏劑(Resinoid Bond)——這種黏劑包含了綜合樹脂化合物。所產生的磨輪大致是多孔性的。工作時候，移去材料既快，又可冷割。黏劑也不因研磨發生的熱度而發軟，因之也很少軟墊(Cushioning)或擦光(Buffing)的效果，所得的光製(Finish)程度也不及用橡皮黏劑和蟲膠黏劑的磨輪的來得高。這種磨輪高速度旋轉時工作也很安全；可以用來做切斷多種材料的切斷輪(Cutting Off Wheel)和其他重工作。

4. 橡皮黏劑(Rubber Bond)——這種磨輪製造的方法是首先將橡皮，磨料顆粒和硫磺(硬化劑)經過一列混合機(Mixing Rolls)：混合過程中，額外的磨料顆粒按時加入直至恰當的比例為止。然後再使之經過輾機(Rolls)軋成一定的厚薄片狀的東西。經切割成所需的大小後，放在模裏壓力加熱使橡皮硫化。

要獲得較好的光製，用這種磨輪最適合也沒有了。橡皮因研磨發生的熱度而發軟，對於磨料顆粒有軟墊的效果。所以這種磨輪切割較淺，與工作物接觸的程度也不太剛硬。因此有時可以當磨卓(Buff)用來擦光磨料顆粒所生的切痕。橡皮黏劑的强度和黏性都很好，因此很薄很薄的磨輪，也可以由此種黏劑製造。

5. 蟲膠黏劑(Shellac Bond)——在蒸汽加熱的混合機中澈底將材料混合以後，放在鋼模裏造型(Molding)。造好以後，這些毛坯就放在沙裏烘乾卽成。溫度烘焙在華氏三百度左右。這種磨輪有些彈性，冷割和光製程度也好。同橡皮黏劑一樣這種磨輪也，因研磨發生的熱度而發軟，惟切割可以較深而較自在，用於移去材料較少的工作最為適宜。

品　級

磨輪的品級是根據在有崩碎磨輪傾向的研磨力量之下，黏劑能支持磨料的强度而決定的。黏劑如若很堅强而有極大的黏韌性者，磨輪就屬於硬的一級，相反，如若很小的力量就足以使顆粒分離，那末這種磨輪就屬了軟的一級了。

雖然，單獨品級一項，還不足以代表正確的黏劑强度，等級亦能指出在堅硬等級上一個近似的地位至若要完全得到正確的輪廓就不得不由另一個因素結構來決定了。

結　構

結構和孔隙是有密切關係的，孔隙就是磨料顆粒之間和嵌埋顆粒的黏劑之間的空間。結構的大小和號數根據散佈於整個磨輪的顆粒距離而決定。兩個磨輪如有同樣多的孔隙，一個可以孔隙大而孔隙數目少，另一個可能孔隙小而孔隙的數目多。在第一個磨輪，顆粒相距寬而在第二個則顆粒就緊密了。所以卽使兩個有同一品級和顆粒的磨輪如若結構不同，研磨起來決不會相同的。在切割同一材料時候，一個切割就較快。圖2的結構就是磨粒相距寬大的一種，圖3的磨輪結構就緊密了。

研磨軟而韌材料，最好用結構鬆的磨輪，如此才有足夠的空隙來容納較大的金屬屑。研磨硬而脆的材料純是用結構緊密的磨輪，在一定的面積裏因而有最大數目的顆粒，結果是切割的速度可以加快了。

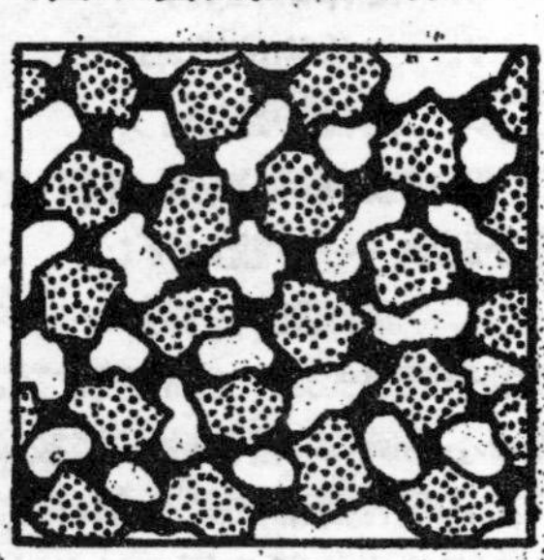

圖 3

圖 4

磨輪的選擇

要選擇對於指定的工作能合乎理想的磨輪，先要對於下列四點加以考慮：

當磨料顆粒磨鈍不復有效時，磨輪是否能自動自己磨快？

在磨料顆粒磨鈍不復有效以前，牠是否要從黏劑剝落？

磨輪是否能產生需要的光製程度？

磨輪在研磨材料時，牠磨去材料的速率是否與工作物所需之光製程度相合？

對於某項工作物的理想磨輪的品質主要由品級，顆粒大小和結構來決定。研磨時候，要使顆粒從黏劑上剝落的力量主要是剪力(Shear)和壓力(Compression)二種，而這又要依據，割削深度，接觸面積和橫互速率(Rate of Traverse)而定。首先兩種因素又決定於工作物和磨輪間的相對速率和進刀速率(Rate of Infeed)。再有一點，如磨料顆粒鈍，剪應力也隨之增加。

因之，要選擇適當的磨輪，下列八項主要的因素須要加以注意的。

1. 被研磨材料的種類；
2. 移去材料的多寡；
3. 所需的正確性和光製程度；
4. 工作物和磨輪的接觸面積；
5. 磨牀的種類和工作情形；
6. 工作的性質；
7. 工作物的速率；
8. 磨輪的速率。

現在就磨料、黏劑、品級、磨料顆粒大小，和結構分別地一一討論如下：

1. 正確磨料的選擇——在市場上應用的兩種主要磨料是氧化鋁和碳化矽。通常的氧化鋁強韌而不易破碎，碳化矽雖然較硬但並不强韌。在此二者之間有變形的氧化鋁，則較碳化矽爲强韌，但是比諸普通的氧化鋁却較易破碎。

高度拉力的材料足使碳化矽結晶體在磨鈍以前就破碎了。所以在一般情形之下，材料如碳鋼，合金鋼，高速度鋼，韌化(Annealed)韌性鉄，較韌的青銅等，用氧化鋁是最適合的。粗割削時候，普通氧化鋁是被應用着；割削深度淺的完工割削時候，用變形的氧化鋁爲佳。

拉力低的材料和硬而脆的材料普通是用碳化矽的。這種材料之比了强韌，高度拉力的材料，應力較小。牠包括灰生鉄、冷硬生鉄、黃銅、軟青銅、大理石、橡皮、皮革、較硬的合金和滲碳化合物(Cemented Carbides)等。

選擇磨料還要顧到接觸的面積。面積小，每單位面積的壓力就大，本來用普通的氧化鋁是很適宜的，然而如若接觸面積一大，每單位面積的壓力就減少，這樣就應當用較易破碎的變形氧化鋁了。

2. 正確黏劑的選擇——透化黏劑是應用得最廣的一種，無論是用於很快的去除材料的工作或用於打光和正確性都最要的精密研磨都能應付裕如的。

矽酸物黏劑比諸透化黏劑是較爲溫和的一種。在發生的熱量是需要減到最低的場所，牠的應用的很普偏的。

樹脂物黏劑磨輪和橡皮黏劑磨輪比諸透化黏劑磨輪較不脆弱而彈力亦較好。所以在輪子要薄，或高速率需要的場所或輪子遭受横應變(Lateral Strain)的時候，這兩種磨輪就被應用了。

蟲膠黏劑受熱要軟化的關係，所以在研磨時帶有擦光和潤澤的作用。用了這種磨輪可以產生高度打光程度，也常用於研磨精細的刀劍和鋸子等。

3. 正確品級的選擇——被磨材料的物理性質對於所用的品級極有影響，一般地說，軟材料用硬的磨輪，硬材料用軟的磨輪。還有，接觸面積愈小，品級應該愈硬，反之亦然。從機器方面來講，笨重而構造堅固的磨牀，比諸玲瓏輕便的需要較軟的磨輪；而有鬆弛的心軸和震動的機器比工作十分完美的就需求較硬的品級。工作物速率與輪子速率的比率也可以用來幫助决定應該用的品級，比率愈高，品級應該愈硬。爲什麼呢？輪子速率如果是一定的，那末若工作物速率愈快，金屬屑割削愈多，結果是在顆粒和黏劑中間所引起的應力也就愈大了。

4. 正確顆粒大小的選擇——磨料顆粒的大小是根據磨去材料的多寡，打光的程度和被磨材料的性質而定的。一般說來顆粒愈大，那末材料磨掉的速率也愈快。精細的顆粒能產生很好的光製程度和最大的正確性。光製程度愈精，所產生的工作物大致也愈佳。至於軟而柔韌的材料，那是需要粗顆粒的。

5. 正確結構式顆粒間隙的選擇——被磨材料的物理性質，工作的性質和所需的光製程度決定了結構的選擇。軟而柔韌的物質需要顆粒間隙較寬的磨輪，而在研磨硬而脆的物質時，就必需要用緊密顆粒間隙的磨輪，除掉最最硬的滲碳化合物以外，可用寬鬆的結構。

總之，磨輪裏顆粒的安排愈是緊密，光製程度也愈光滑。而工具和刀的研磨，大抵最好用適中的顆粒間隙的磨輪。

一般影響磨輪的選擇的因素

上面嚕嚕囌囌了這許多話，現在把選擇磨輪的主要因素總結如下：

(一)磨料：

1. 高拉力的材料用氧化鋁，如

碳鋼	韌化韌性鐵
合金鋼	鍛鐵
高速度鋼	强韌青銅

2. 低拉力的材料用碳化矽，如

灰生鐵	銅
冷硬生鐵	大理石
黃銅	石
軟青銅	皮革
鋁	滲碳化合物

(二)顆粒大小：

快速削刨用粗顆粒，除掉像滲碳化合物，這種材料以外，則

軟而柔韌的物質用粗顆粒，

硬而脆的物質用細顆粒，

細緻的打光程度用細顆粒。

(三)品級：

軟材料用硬磨輪，

硬材料用軟磨輪，

接觸面積小的用硬磨輪，

對於磨輪速率的較快工作的速率用較硬磨輪，如有震動存在，用較硬的磨輪，

(四)結構：

軟而柔韌的材料用寬鬆的顆粒結構；

除掉滲碳化合物之類硬而脆的材料以外，均用緊密的顆粒結構；

精緻的光製程度用精緻的顆粒結構；

壓方於伸縮性應用時，用寬鬆的顆粒結構；

高壓力用緊密的顆粒結構；

工具都刀的研磨圓柱研磨，無中心研磨用適中的顆粒結構；

削面工作用寬鬆的顆粒結構，

(五)黏劑：

樹脂物黏劑，橡皮黏劑或虫膠黏劑用於：

割斷輪，

受着傾偏應變(Deflection Strain)的磨輪，

輪子的表面速率超過每分鐘6500呎者；

高度打光的磨輪，

標準的磨輪形式

磨輪的製造工業對於形式和大小的標準化早已大有成就。大約有八九種的式樣在研磨上用得最廣。高度特殊性的工作，當然最好用特殊的形式和大小。標準形式的號數早已應用着來確定標準磨輪形式，每一種形式可從任何製造廠家購得的。圖4含有九種標準形式的磨輪，在工業上應用很廣，計十一號上張杯型，二號圓筒型，一號直型，

圖 4
各型標準砂輪

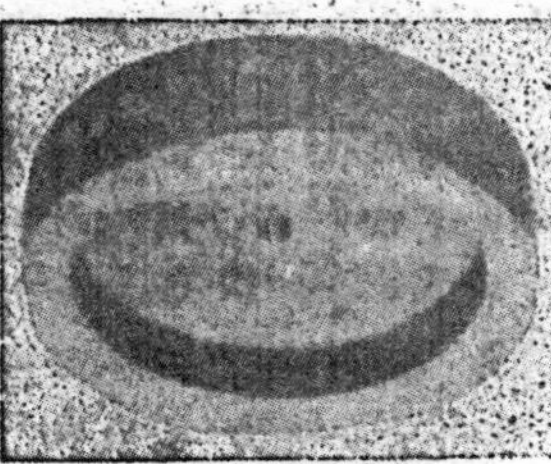
六號直杯型

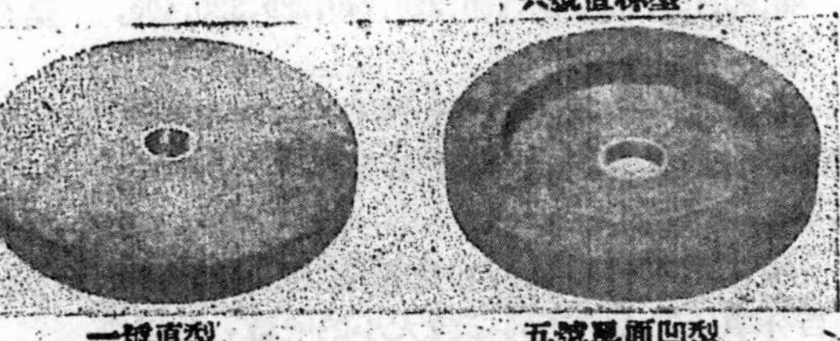
一號直型　　五號單面凹型

十一號上張杯型　　二號圓筒形

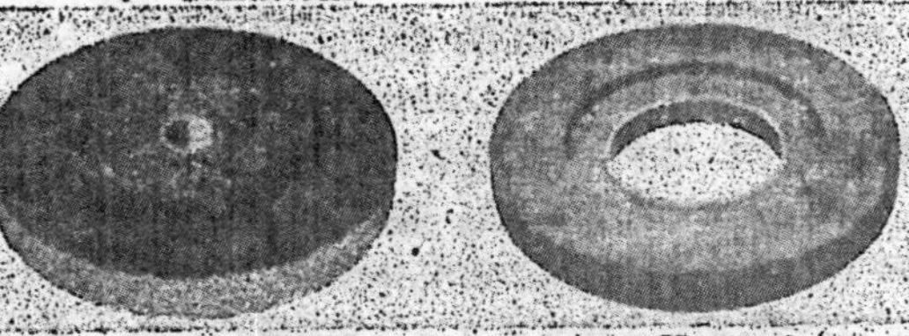
四號兩面斜勢型　　七號雙面凹型

十二號盆型　　十三號碟型

五號單面凹型，四號兩面斜勢型，七號雙面凹型，十二號盆型，十三號碟型，六號直杯型九種，形狀讀者可仔細看看。

標準的磨輪號誌

因爲是起先有不少的廠家在標誌磨輪時候，曾用了不同的制度，所以現在設法加以標準化。標準的號誌分六部份，每部分表示的意義依次序排列如下：

1	2	3	4	5	6
磨料	顆粒大小	品級或硬度	結構	黏劑	廠方紀錄

1. 磨料是用字母來代表的，計。

A—普通的氧化鋁　B—精研的鋁化鋁

AB—普通的和精研的氧化鋁的混合物　C—普通的碳化矽CG0—精研的碳化矽

2. 顆粒大小是用數字來代表的，計有

8,10,12,16,20,24,30,36,40,46,50,54,60,70,80,90,100,120,150,180,220,240,280,320,400,500,600 等等

如若數種不同的顆粒大小合在一起，那末在顆粒大小的號數以後必須要加上附數，附數有1,,3 ,4四個數目。

組合的平均顆粒大小的計算方法，是依照重量百分率比例地將不同顆粒大小的號數，加以平均得出的一個數字。

所得的平均大小，若是恰巧和一個顆粒號數相符，那末在此號數之後加上附數1。

所得的平均大小的結果，若是在一個顆粒號數和下一個較細號數之間，而在較粗的三分之一範圍以內者，那末在該號數(較粗的號數)以後加上附數2。

所得的平均大小的結果，若是在一個顆粒號數和下一個較細號數之間，而落在中間的三分之一範圍以內者，那末在號數以後，加上附數3。

所得的平均大小的結果，若是在一個顆粒號數和下一個較細號數之間而落出較細的三分之一範圍以內者，那末在該號數之後加上附數4。

3. 品級是依照下列等級用符號來代表的：

標準品級表

軟	S1 S2 S3 S4 S5 S6 S7
中度	M1 M2 M3 M4 M5 M6 M7
硬	H1 H2 H3 H4 H5 H6 H7

4. 結構是用數目來代表的：

較好的數字	2	5	8			
可用的數字	1	3	4	6	7	9

1是最緊密的，5中度而9代表最鬆的結構。

5. 黏劑是用字母來代表的：

V—透化　R—橡皮

S—矽酸物　B—樹脂物(綜合樹脂如電木等)

E—虫膠或彈性　O—氯鹽化物(Oxychlorides)

6. 代表廠家紀錄的符號

現在舉例如下：

	磨料	顆粒大小	品級	結構	黏劑	廠家紀錄
標準號誌	B	461	M2	5	V	E

安全的措置

磨輪速率普通都很高，爲了保障安全起見，下面幾點是重要的措置：

新磨輪的嘗試——在工作以前，新輪至少以全速試轉一分鐘。試轉的時候，應該站在一傍，以免危險。

磨輪不可過速——須根據廠家的說明書上於速率的一部分而決定。

工作物的貼近——不可急速用力將工作物貼着磨輪。應該緩緩地貼近，使輪子有機會溫暖而減少破碎的機會。

平衡試驗——注意磨輪須平衡適當。

削準(Truing)——稍覺有不圓的徵象時，就應削準使其形狀標確。

潮濕的輪子——不要讓磨輪半浸在水內，以免有可能使磨輪危險地失去平衡。

邊磨——用直型輪的兩平面來磨東西是不好的。應該用適當形式的輪子來擔當這任務。

架置(Mounting)—— 注意磨輪架子的凸緣在輪子上須裝配適合。裝配須緊，但也不可太緊反使輪子破裂。再注意磨輪在心軸上是否裝牢，然後開動機器。

磨輪保護措置——假使沒有裝好護輪板，不要開動機器。設若輪子碎裂飛出時牠可以盡保護責任，不致引起傷害。

校準——校準之前，先停磨牀。決不要在機器行動時加油或校準。

輪子破碎後的檢驗——一個輪子在工作時如果破碎，仔細檢驗機器，外罩(Hood)，凸緣(Flange)，螺絲帽，心軸等看是否有損壞脫離中心線的情形，以免新輪裝上再出毛病。

磨損的校驗 —— 應該定期將所有的心軸(Arbor)接頭(Adapter)等校驗，仔細看有無磨損之處。

通俗電機工程講話之二

電磁感應及其應用

—發電機電動機和變壓器的基本原理—

丁士鈞

11. 電磁鉄爲什麼一定要用鉄心?

線圈裏面有了電流，牠的周圍一定會產生磁力線，不過所產磁力線的多少，却要看線圈周圍的空間是由什麽物質所充塞而定。假設線圈是放在空氣裏面，那末所產生的磁力線一定不會很多。什麽物質才能產生最多的磁力線呢?根據實驗結果，惟有鋼鉄的導磁能力要算最大，比空氣要大過幾千倍，所以大凡用來產生磁力線的線圈，幾乎毫無例外地一律都繞在鋼鉄製成的心子上，不單電磁鉄是這樣。很奇怪的，銅的導電能力要算首屈一指，而其導磁能力，却小得可憐，幾乎和空氣一般。

12. 單根導線怎樣產生電動勢?

假設二磁鉄N，S間的磁力線是均勻地分佈著而導線又以相等的速度拿A做起點向下移動。牠用著相同的速度切過磁力線。于是根據問題9(c)的事實，導線裏面必有電動勢產生出來——這種電動勢喚作感應電動勢(Induced electromotive foree)。爲因磁力線的分佈是均勻的，又因爲導線向下移動時切過磁力線的速度是相等的，感應電動勢的大小必然固定不變。所以自A點至B點的過程中導線所產生的感應電動勢都是固定不變。到達B點以後倘若仍然向下移動，導線就不能再行產生電動勢了。爲什麼呢?自B點往下就沒有了磁力線；也根據問題9(c)不切過磁力線也就沒有電動勢。那麼我們是否有方法使導線繼續不息地產生電動勢呢?有的，只要導線到達B點以後立即反轉方向以同樣速度向上移動，這樣電動勢就能繼續產生出來，不致中斷了。這時所產電動勢的大小仍然和前相同，不過根據右手定律，方向却已和前相反。所以倘若導線在A，B二點之間上下交替地以等速移動著，導線裏面也就有大小相同而方向交替的感應電動勢繼續不斷地產生出來。

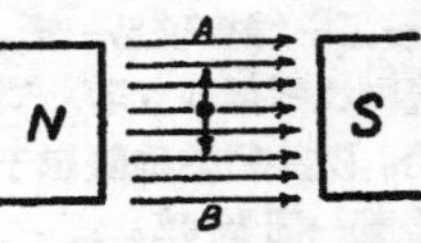

圖6 導線在磁鉄間移動

13. 電動勢變動情形怎樣用圖形來表示?

電動勢的變動可以拿圖形表示。我們先劃出一橫一豎的兩根直線；拿橫的直線代表導線移動的時間(譬如導線自A開始移動，于是當導線在A點時t=o)；拿豎的直線代表電動勢的大小(横線以上表示某一方向的電動勢，横線以下表示相反方向的電動勢)。于是根據上面的解釋自A點至B點電動勢的大小是固定的，在圖6A上可以拿直線ab來表示(t=3即爲導線到達B點之時刻)。在t=3以後導線自B向上移動，電動勢方向相反，所以在圖6A上即以直線b'a'表示。兩個電動勢的大小相同，所以ab在横線以上的高度即等于b'a'在横線以下的高度。在t=6時導線重又到達A點，自此以後一切情形只是上述現象的反覆重演，讀者可自求之。

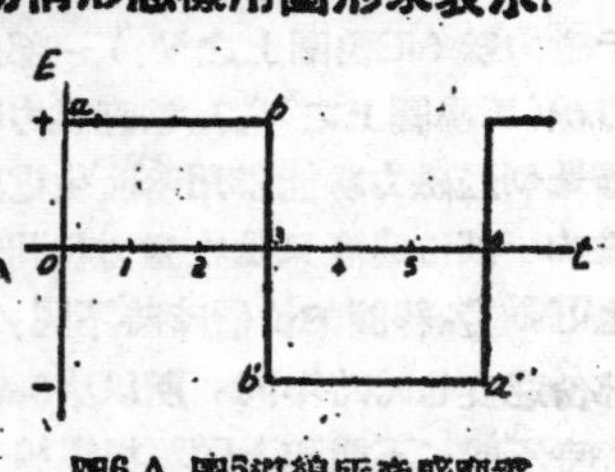

圖6A 圖5導線所產感應電動勢之圖形

14. 線圈怎樣產生電動勢?

若把導線彎成線圈(Coil)，——見圖7頂視圖——而放在二枚磁鉄之間，更令線圈以等速，旋轉著。這裏的情形和問題12相仿也有感應電動勢產生出來，只有二點和上面不同，兹申論如下:

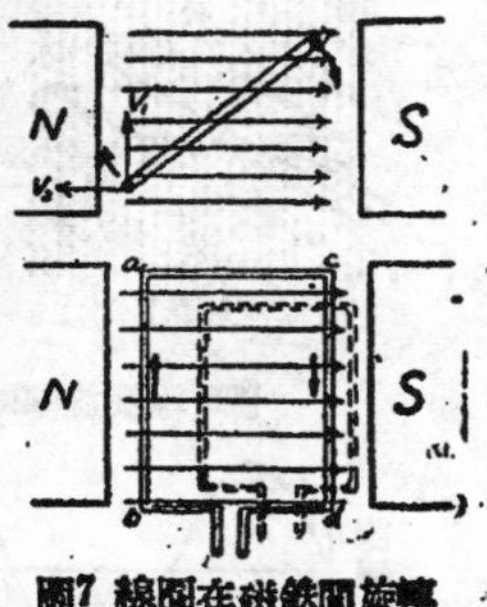

圖7 線圈在磁鉄間旋轉 (上)正視圖 (下)頂視圖

(1) 上題只有一根導線切過磁力線，此處却有二根導線ab和cd切過磁力線。讀者注意ac和bd只是在各根磁力線

13183

之間旋轉並不切過磁力線(請留意切過二字)，所以不能產生感應電動勢。依據右手定律，導線 ab 和 cd 所產感應電動勢的方向恰是相反，如圖7之頂視圖箭形所示。但是就線圈整個而論，這兩個方向相反的電動勢正好互相扶助，而非互相抵消。bd 二點間的總電動勢即等于 ba 間和 cd 間二電動勢之和。

(2)問題12之導線以等速移動，垂直地切過磁力線，此問題的導線 ab 或 cd 都以等速旋轉。這二者有個不同之點。等速旋轉時，一部份速度垂直于磁力線（正視圖上之 V_1）一部份速度平行于磁力線（正視圖上之 V_2）。垂直磁力線的一部份速度確是切過磁力線能够用來產生電動勢，平行磁力線的一部份速度只是在磁力線間滑動，並不能產生電動勢。線圈的位置時時不同，垂直磁力線的一部份速度也時時不同，所以感應電動勢的大小也時時不同，不能和上題單根導線一樣的固定不變了。

圖8顯示線圈旋轉時的四個位置。請注意導線(試以有記號的導線爲例)在 ¼ 周和 ¾ 周上電動勢轉變方向的情形。在起點和 ½ 周上線圈不能產生電動勢，讀者試推求其原因線周內 bd 二點間總電動勢，變易的圖形示于圖9。這種式樣的圖形喚作正弦波形(Sinuzoidal Wave)，電工上應用的地方甚多，故特舉而出之。

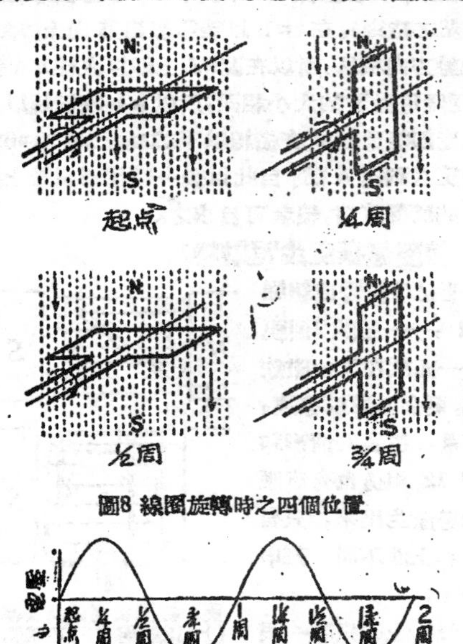

圖8 線圈旋轉時之四個位置

圖9 線圈所產感應電動勢之圖形——交流電圖形

15. 電流有那幾種?

電流共分爲兩大類：直流電(D rect current)和交流電(Alternating current)。

電流和電壓永久在單一的方向作用着而數值又是相當穩定的喚作直流電，如圖10所示之圖形。電流和電壓其作用方向是週期性地忽往忽返的喚作交流電。圖9所示的波形即是一種最通用的交流電圖形。圖6也是交流電，不過普通不常採用。

交流電和直流電都可以利用問題14所談的方式產生出來。

16. 直流電是怎樣產生的?

依據問題14所得的結論線圈裏面產生的感應電動勢是個交流電動勢。交流電動勢怎樣纔能變成直流電動勢呢?

圖10 直流電圖形

我們把一枚銅環剖成兩半，剖開之處用絕緣物分隔起來，重新併合成環形，把線圈的一端接聯一個半環，另一端接聯另一環。銅環表面緊緊地壓着二枚炭刷塊對徑地立着。炭刷上各有銅絲接通外界電路。這整體的佈置示于圖11，線圈旋轉起來，銅環跟着一同旋轉，而炭刷却固定原位不動。

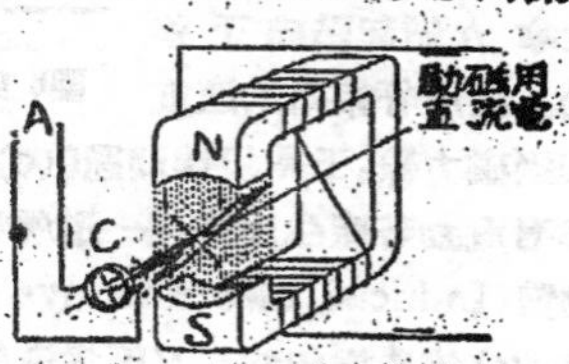

圖11 直流發電機草圖

在這樣佈置下線圈裏面所產生的電動勢還是交流電動勢，二個半環上作用着的電動勢也是交流電動勢，不過炭刷上面的電動勢却是單向作用的電動勢了。我們可以這樣解釋：組成圈線的一根導線在某一磁鐵下旋轉，感應電動勢指着一定的方向，同時線圈的另一導線 B 在相反磁性的磁鐵下旋轉，感應電動勢指着相反的方向。若干時間以後，導線 A 轉入另一磁鐵，電動勢方向因而反轉，和前一時導線 B 內的電動勢同向；導線 B 內的電動勢却和前一時導線 A 內的電動勢同向。不過同時那兩枚半環也變換了所接觸的炭刷，所以半環裏的電動勢方向雖然時時變易，炭刷上的電動勢却是單向的。

我們還可以換一種說法來解釋：磁鐵是固定

13184

不動的，炭刷也是固定不動的每枚炭刷只是收集著在某一磁鉄下的導線所產生的電動勢，不問該電動勢是由那一枚導線所產生。但是任何一枚導線，其在該磁鉄下所產生電動勢的方向必然相同，所以該炭刷上面的電動勢，其方向也必然是單向的，二枚炭刷間電動勢的變易情形見圖12。

電刷的位置很關重要。組成線圈的兩枚導線旋轉至平行磁力線（即圖8上起點和½周的位置）時，電刷必須恰巧壓在半環間的絕緣體上，準備自第一半環轉移至第二半環。惟有放在這一位置，電動勢纔能順利地轉變方向，此中一切以後還要詳細討論。

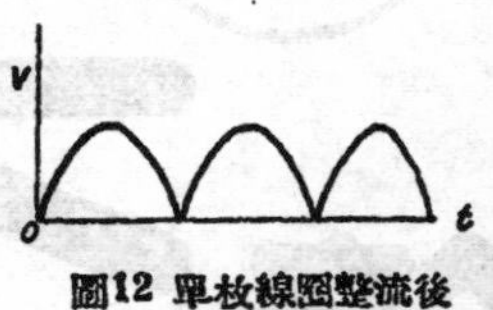

圖12 單枚線圈整流後之電動勢圖形

圖8的電動勢圖形是個單向電動勢，但是却決不是直流電動勢，因爲其最高和最低的數值變動太大。變動太大的理由是因爲線圈數目太少。增加了線圈的數目以後電動勢的圖形可以趨于穩定，變成直流電動勢。

圖11所示即係最簡單的直流發電機(Direct current generator)草圖。線圈的整體稱做電樞繞組(Armature winding)，調整電流方向的銅環稱做整流子(Commutator)，把整流子分成若干段，每段稱做整流片(Commutator segment)，整流子和繞著電樞繞組併合在一起稱做電樞(Armature)，收集電流的炭塊稱做電刷(Brush)，電機上面所用的磁鉄稱做磁極(Pole)。

17. 交流電是怎樣產生的?

圖7的線圈在磁極間旋轉其所產生的感應電動勢圖形爲正弦波形，如圖9。這正弦波形的感應電動勢即是交流電動勢，所以圖7的佈置就可以用來產生交流電。我們把線圈的二端接上二個銅環，銅環和銅環之間互相絕緣著，線圈旋轉時，銅環也跟著旋轉。銅環上面壓著兩枚電刷，收集電流，接至外界電路，這時外界電路上的電壓即是交流電壓。上述銅環稱做滑環(Slip ring)。交流發電機(Alternator)的草圖見圖14。

18. 什麼叫作頻率?

交流電是一往一返交替著作用的(見圖6和圖9)。交流電的圖形經過一往一返的過程喚作經過一週(Cycle)。交流電每秒鐘內所經過的週的數目喚作頻率(Frequency)。世界上所常用的頻率多數是每秒50週或每秒60週，我國採用50週制。以前各國也有採取25週的，可是頻率一低電燈燈光就有跳躍之虞(讀者試推原其原因)所以終歸淘汰。

19. 變壓器的運用原理是怎樣的?

在交流電中，低的電壓可以設法昇爲高的電壓，高的電壓也可設法降爲低的電壓，這種轉換電壓的器械稱作變壓器(Transformer)俗稱方棚。

我們在一枚線圈的兩端加上電壓，于是線圈裏面，就流通著一股電流；根據問題9(b)，線圈內有了電流之後，牠的周圍立即產生磁力線。倘若所加電壓是個直流電壓，那麼所流的電流也是直流電流，而周圍的磁力線數目和方向是固定不變的，假使這樣問題就到此而止，沒有什麼可談的了。但是所加電壓倘若是個交流電壓，于是問題就大不相同，因爲這時線圈內所流通的電流，是股交流電，交流電流的大小方向是時時變更，沒有一刻固定的，所以周圍的磁力線當然也跟了電流時時改變其數目和方向，也沒有一刻固定，而成爲交流磁力線。根據問題9(d)，空間內倘有磁力線存在(不問用什麼方法產生)，而磁力線的數目方向若有更動，于是在磁力線周圍的各個線圈裏面，就會產生出電動勢來。這電動勢的大小，跟了線圈內銅絲的迴數而定，又跟了穿過線圈的磁力線總數而定。又跟了磁力線變動的快慢而定；迴數愈多，穿過線圈的磁力線愈多變動速度愈快，則電動勢愈大。現在我們有了一枚線圈(就是上述用來產生磁力線的)，倘若在其近旁再加一枚線圈，于是由于上述磁力線變動的關係，這二枚線圈內都有電動勢產生出來。第一枚線圈裏面所產生的電動勢必須等于外界所加上的電動勢，惟有這樣，線圈裏面纔能保持平衡。第二枚線圈內原來是沒有電動勢的，現在却也有電動勢感應出來了。第一枚線圈在電工術語上喚作第一線圈(Primary winding)，第二枚線圈喚作第二線圈(Secondary winding)。第一電壓的大小和第一線圈的迴數成正比，也和所穿過磁力線總數的變動速度成正比。第二電壓的大小和第二線圈的迴數成正比，也和所穿過磁力線總數的變動速度成正比。我們把二枚線圈都繞在一個鉄心上面，所以穿過二枚線圈的磁力線的總數是相同的，(下接30頁)

具有二十年悠久歷史
三鐘牌
各種橡膠靴鞋
STANDARD
標準
標準牌
特製 S 球鞋 網球鞋
標準球鞋
球鞋之標準
上海民生橡皮廠出品
廠址：上海安遠路六一四號

公利電器行

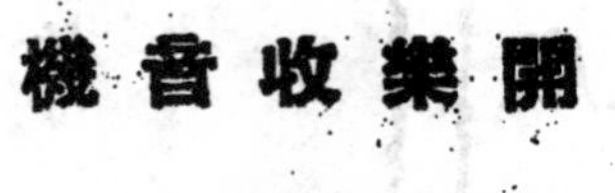

專營一切電器電線電話機及升降方棚無線電另件等器材

上海浙江中路一四一號

電話 九六九五八 九〇七七三 電報掛號 五三九六九三號

中國科學期刊協會會員刊物

本期一九四九年十月三十日出版

每册實售人民幣六百元

第四卷　第十一·十二期合刊
一九四九年十二月號

中國生化製藥廠PAS製造部的機器

中國技術協會主編
工程界雜誌社發行

13191

蘇中機械製造廠有限公司

出 品 之 一

44" PB 換紆式自動織布機

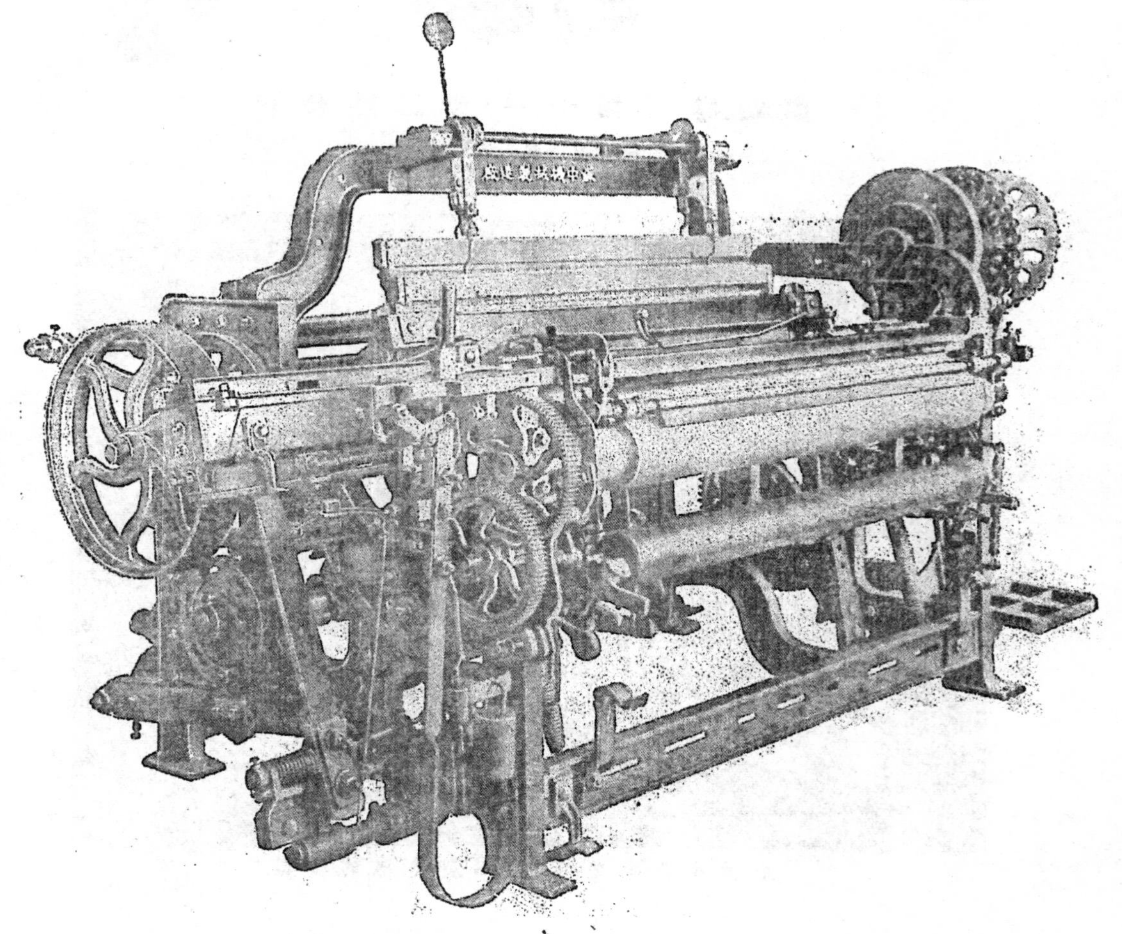

有 現 貨 出 售

營業所：南京東路六十一號　電話 19830
一　廠：建國東路三十七號　電話 88870
二　廠：杭州路七四一號　電話 50525

13193

1913年創辦　專滾銑精密齒輪

王岳記機器廠

上海

廠址：		電話
總廠……	老大沽路116號	61202
分廠……	唐山路438號	52887

本廠備有各類製齒專門機械並備有大批滾刀銑刀等工具專門代各大工廠銑製各種齒輪，及異樣齒輪等，本廠最大工作效能可製150吋以下之齒輪，最小可製鐘錶內之小齒輪，最大自1D.P.或20M.P.起至最小72D.P.或0.5M.P.止均備有工具，故如蒙惠教本廠當力求精密，並非常歡迎

本廠所滾巨型$1\frac{1}{2}$D.P.人字齒輪$22\frac{1}{2}$斜度，齒面24″厚，之情形。

全國製齒業權威

金星自來水筆製造廠股份有限公司出品

發行者
工程界雜誌社
上海（18）中正中路517弄3號
電話 7874-4
編輯者：中國技術協會
工程界編輯委員會
上海（18）中正中路517弄3號
總經售：華東新華書店
經售者：全國各大書店
印刷者：中和印刷廠
上海淮安路727弄30號

·訂閱價目·
1. 全年十二册 基價 48 元
半年六 册 基價 24 元
每月一 册 基價 4 元
2. 集體訂閱：五份以上九折，十份以上八折。
3. 平郵寄費免收，集體訂閱可以分別按址郵寄。
4. 特大號及提高價格時，訂戶概不加價。
5. 中國技術協會會友及老定戶照價八折，每人以訂閱一份為限。

第四卷 第十一·十二期合刊 目 錄 一九四九年十二月號

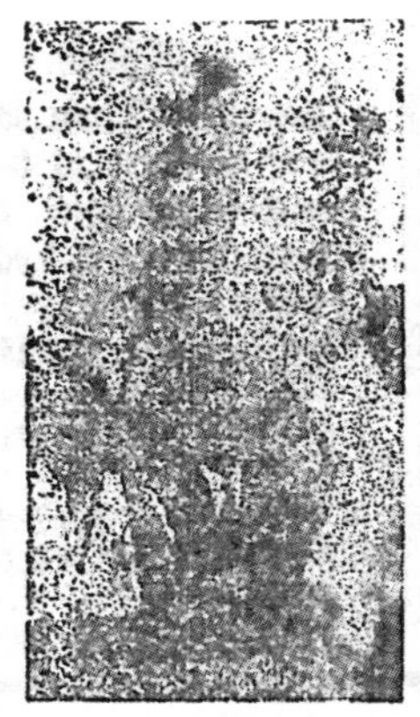

向水患鬬爭

全國水利聯席會議勝利結束
新沂河導治工程開始
導沭河·治黃河 加緊施工

★十一月八日至十八日全國解放區水利聯席會議，在北京舉行，聽取各地區水利工作的報告，決定了當前水利、建設的方針與任務、1950年的工作計劃，以及今後工作上的組織與領導問題。1950年工作的重點：在受洪水威脅的地區，將着重於防洪排水，在乾旱地區則是開渠灌溉，以保證與增加農業生產，此外並進行水利事業的調查研究工作，準備今後的長期建設。

★蘇北新沂河導治工程，已於十一月廿一日正式開工，從新安鎮的周嶺到灌云縣的灌河一百八十八公里的土地上，將有三十萬民工，逐步地在二年到三年內完成六千七百七十六萬七千公方的積土。根本解决蘇北廣大地區的水患，將洪水泛濫的一千四百萬畝湖沼地區變爲穀倉，

★山東導治沭河的第二期巨大工程，於十一月中旬開工，今春山東人民政府爲根除魯中南和蘇北歷年來的水患，開始導治沭河，使改道由臨洪口入海，第一期工程今年四月開始，至五月間完成，第二期工程主要是引河段工程。計劃完成挖土五十三萬公方，開石六萬公方預定一個月完成，參助民工三萬名。

★濟南市黃河工段冬季土工程開始施工，爲防止明年黃災，該段平工險工大堤將按今年最高洪水位（32.33公尺）加高幫寬至1·9公尺高，平工大堤新頂7公尺寬，險工大提新頂有7公尺，9公尺，12公尺寬；臨河大提坡度1比2.5，背河大提坡度1比3，按照這些標準，並加壓蓋土，戧提，共計土方1,049,255公方。

疏河·修路·補塘
建設新的上海

★上海蘇州河上游北新涇區疏濬河道工程，正在積極進行中，按上海共有幹河十五條計256.6公里，支河三十五條計307.7公里，在敵僞反動派統治時期，從未有過一次徹底的疏濬。蘇州河是一條最重要的水運幹綫，目前上游一帶淺狹淤塞，尤其是北新涇附近更加嚴重，到冬季水枯時，船隻航行勢必更爲困難，上海市人民政府工務局自十月一日起已開始疏濬北新涇河道，預計疏濬污泥約五萬五千土方，工作目標每天挖泥九百方，可能在明年二月上旬完工。

★上海市的瀝青沙路面的修舖工程，自八月廿五日開始以來，現已全部完成，共修主要馬路49條，塡補裂縫或沉陷路面53,927.8平方公尺，使用瀝青10,024拚（每拚1000磅）。工務局爲了擺脫對帝國主義的倚賴和響應節約號召，經過屢次試驗，以國產柏油混合石子、沙、石粉拌成柏油混凝土，舖築底層，代替了外貨瀝青，節省瀝青約200噸，共值外匯美元一萬多元。員工們在節省瀝青和克服材料困難課題下，又把路面挖起來的舊瀝青砂塊，經過軋碎篩過後，滲入柴油，可在冬季作爲路面冷補之用。又把許多廢料製造所謂「還魂瀝青砂」，在塡高路面時舖底。在配製材料時，因過去一向用的甯波黃沙缺乏，經試驗後，用石屑和南滙砂代替，又節省了約二百擔大米的費用。（詳情參閱上期和本期的專文）

★上海高橋海塘，北起草屋頭，南至川沙邊境黃家灣，全長15.25里，在遭受國民黨匪軍撤退時的破壞後，七月下旬又遇颱風的侵襲，缺口有廿多處，砲台浜决口寬達30公尺，水深達4公尺，三個月來動員了十萬民工，用了食米二十二萬八千石，土方四萬多方，終於在十月十七日完成了第二階段的工程——塡補好塘身土方和完成防汛工程，安渡秋汛高潮。現正開始第三階段永久性工程，準備加築混凝土擋土牆。（本刊下期將詳細介紹這一工程）

貫澈全國鐵路工務會議决議
隴海·京石·京綏通車

★横貫中原的交通大動脈隴海鐵路，在十一月十日洛陽到靈關段修復以後，西起寶鷄東到連雲港，一千二百多公里已經全綫通車，這在全國和西北經濟建設上將起重大作用，十一月七日上午鄭州鐵路管理局西安分局紀念十月革命節同時隆重舉行通車典禮，和長安機務段工友搶修的「中蘇友誼號」、「興奮號」和「通車紀念號」三輛機車的命名。

★粵漢路岳陽至汨羅段已於十月底修復通車，因此粵漢鐵路北起武昌，南至長沙以南的朱亭車站474公里的鐵路線已完全修復，本年年底全綫可能通車。

★溝通西北與華北區的經濟大動脈——京綏鐵路自十月廿日全綫恢復通車後，由於察北發生鼠疫，又告中斷，十一月中旬，察北鼠疫業已克服，十六日起恢復通車。

★中斷了三年多京漢鐵路北京、石家莊段交通已於十一月十八日正式恢復，保石段的450公尺長的幡坐河大橋，在鐵路兵團第四支隊第一工程處全體員工和當地軍政民、路局的密切配合努力下，能如期搶修完成，才保證了京石段的提前通車。

原子能第一次用來爲人類造福
蘇聯改造中亞細亞自然・變沙漠爲綠洲

蘇聯人民正不屈不撓地在烏茲貝克境內的前阿瑪德・克齊爾・庫米沙漠中改造自然。各專家們已接到了在幾年內在沙漠地造林一百萬公頃的任務。今秋這種工作已在大規模地進行。不久的將來千萬公頃的沙漠地上都要開始植林。巨大的農田森林防護帶已在保護着布哈拉與加拉・庫米爾大片沃壤免受克齊爾・庫米流沙的侵害。在克齊爾・庫米正在大規模地進行掘井工作，因此，僅在今年一年中就使三百萬公頃的沙漠地被開墾爲牧地。新的村落在新掘的水井附近出現了，農業開始在沙漠的土地上發展起來。現在，數以千公頃計的土地在用拖拉機耕犂並播下冬季穀物。依據科學家和農業學家的幫助，農民們已經學會了不用澆水而使沙漠中的大麥小麥豐收。

這一個改造自然的偉大計劃，「主要是使全世界河流中最大的二條河流——西伯利亞的鄂畢河與葉尼塞河改道，而從才使中亞細亞三千萬公頃不毛之地的沙漠轉變爲肥沃的棉田、葡萄園和花園，人煙稠密的綠洲，同時，沿着這二條新河道建立的動力水閘，每年將能發出 820 億時的應用電力，可以供給烏拉爾南部重工業區的全部電力，實現這一個計劃的最大困難是要穿，越哈薩山脈，開頭新河，除非使用科學上最新式的技術，這一工程將是不可能的，蘇聯工程師遂維多夫，現正藉着原子能進行着這工程

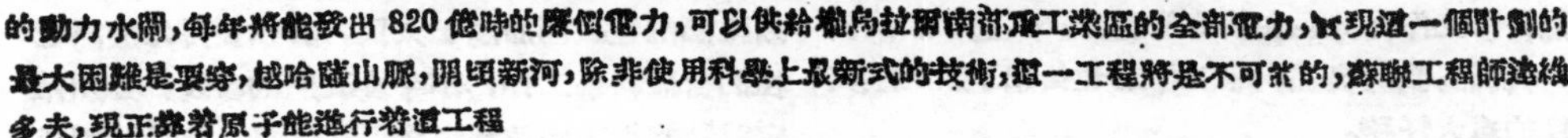

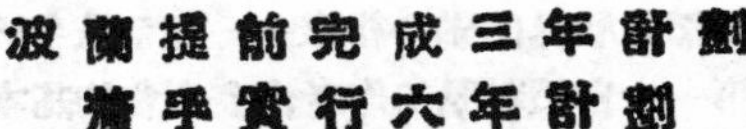

波蘭提前完成三年計劃
着手實行六年計劃

波蘭人民共和國的國民經濟復興三年計劃，已經在十一月一日完成，在二年零十個月中，波蘭勞動人民以百分之一百點六的超額成績完成了各工業部、會以及森林部和航運部所屬的企業計劃產量，因此今天的波蘭工業已比戰前增加百分之七十五，就每一人口計算要，比戰前多了二倍半，在走向國家工業化的過程中，製造生產工具的工業，在產量的增加方面名列前茅。1946年生產工具的生產量，佔工業總產量的百分之五十一；而今年，所佔的比額提高到百分之五十五了，波蘭人民是在極端困難的條件下從事建設復興的，法西斯的侵入，使波蘭蒙受的損失相當於1938 年波蘭國民總收入的五倍，假使按照戰前的逐年建設的速度前進。波蘭國民經濟的恢復需要四十年，甚至是五十年但民主波蘭却在三年之內勝利地完成了。現在波蘭勞動人民正着手實行新的關於國家再重建設的六年計劃1爲波蘭的社會主義奠定基礎。

阿爾巴尼亞以工業成就
迎接解放五週年

十一月二十九日阿爾巴尼亞人民正以工業的重大成就，來迎接解放五週年，所有在法西斯佔領時期，被破壞或損害了的工廠企業，現在都已恢復了，一九四七年起，國家工業企業，都大大地超過了戰前生產水平，三年工業生產的總值爲1938年百分之四百三十一，由於這些成就，和蘇聯所給予的巨大幫助，阿爾巴尼亞業已製訂了自1949年到1950年第一年二年計劃。

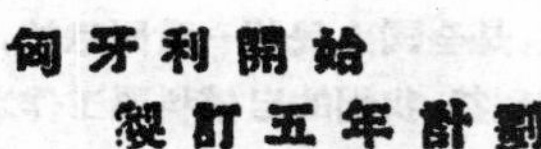

匈牙利開始
製訂五年計劃

匈牙利勞動人民正廣泛參與製訂發展匈牙利國民經濟的五年計劃，這一個計劃將在1950年一月一日開始實施，全國最傑出的科學家都積極地參加草擬這一計劃，各主要企業也在討論計劃的草案。

朝鮮推行二年計劃
獲得初步輝煌成果

朝鮮共和國以大力推行二年經濟計劃，九個月中已獲得重大成功。共和國北半部的工業生產量，正在一年年增加，以1946年爲100，則1947年增加到百分之189.3，1948年增加到百分之 263.3，1949 年將增到百分之 377.1。不僅恢復了不少日本投降時被破壞的工業，而且新建了不少日帝統治時所沒有的工業。現在，輕工業生產已超過 1944 年的生產水平，逐漸克服了日本統治時代所留下的殖民地經濟的偏害性，奠定了民族獨立自主經濟的基礎。

四年來．勞動生產率也不斷提高，如以1946年爲100，則1947年的生產率是百分之 170.7，1948年是百分之236.8，1949年是百分之 283.4。工人的工資也提高了，如以1946年爲基準，則1947年是百分之134，，1948 年是百分之146，1949年是百分之152.8。

在展開增產競賽運動中，出現了許多英雄，如興南化工廠工人金炳日．所領導的一個工作班．九月十四日就完成了今年全年計劃。

團結起來！迎接建設高潮！

——自然科學工作者來參加和推動科代總登記——

中華全國第一次自然科學工作者代表大會上海籌備分會開始舉辦上海自然科學工作者的總登記了。在人民政協獲得了輝煌的成就，全國規模的生產設建卽將到來的今天，這一個總登記，正是說明了自然科學工作者們在加緊團結起來，準備迎接建設的高潮！

中國人民政治協商會議的共同綱領，是中國歷史上最輝煌的成就。共同綱領使中國人民意志統一，力量集中，共同爲一個一致的明確的方向——建設新民主主義的新中國而努力。中國的自然科學工作從此也在新的基礎上，負起了新的使命；從而，我們自然科學工作者也負起了新的歷史性的重大任務。

政協共同綱領，是全國人民所一致同意的，它代表着全國人民的利益。我們的自然科學工作者，也參與了它的訂立，所以，我們有明確的義務，必須負起綱領賦與我們的任務：爲綱領的全部實現而奮鬥！

從一個落後的經濟基礎上，要建立起一個簇新的新中國，任務是異常艱巨的，而我們自然科學工作者，正是站在經濟戰鬥的第一綫。毛主席告訴我們：中國的"這種落伍，完全是被外國帝國主義和本國反動政府所壓迫和剝削的結果"；而"人民民主專政和團結國際友人，將使我們的建設工作獲得迅速的成功"。今天我們不再怕落後，因爲前進的路上已掃清了障礙，掃清了阻礙中國自然科學發展的帝國主義和封建官僚勢力，我們完全可以根據我們的自由意志，全面地有計劃地發展我們的自然科學工作。資本主義世界兩三百年中才達到的自然科學成就，在社會主義世界只要三十年就完成甚至超過了。依靠了我們人民民主專政制度的政治上的優越性，依靠了強大的先進友邦社會主義蘇聯的幫助，我們是應該有信心，在不長的時期內，完成我們任務的。

計劃經濟，是人民的國家才能實施，而且是一定要實施的。新中國的一切生產將是有計劃的，——這種情形，正是我們自然科學工作者所日夜盼望的：有計劃的生產，有計劃的科學！要使有計劃的生產，和有計劃的科學得到成功，一定要動員起全中國每一個人民。爲了迎接這個有計劃的，全民的生產建設高潮，我們就必須很好地團結起來，組織起來！

今天，全中國的自然科學工作者，是應該牢固地團結起來了；不分理、工、農、醫，不分年老、年輕，不分理論科學、應用科學，不分留美、留德，不再有系別，不再有宗派——在同一的旗幟下，爲人民服務，爲建設新中國而團結起來！

爲了全國自然科學工作者能團結起來，從事新祖國的建設而服務于人民，必須更好地檢討已往的自然科學工作，作今後改進的參攷，必須確定我們的總方向並制定我們的綱領，進而計劃成立全國自然科學界的聯合組織——這就是今天中華全國第一次自然科學工作者代表大會的基本任務！籌備會的工作，就是爲了準備完成這些任務：爲了要開好這個代表大會，就必須很好地舉辦總登記，讓廣大的自然科學工作者能有機會組織起來。

因此，這一次總登記的當前意義，是在能產生各地的代表，來開好這樣一個代表大會，完成我們的基本任務！正因爲開代表大會是爲了完成這些任務，總登記的意義，是决不能僅止于爲了選舉代表而已的！

在科代上海籌委公告舉辦總登記後（見解放日報十月卅一日公告欄），各方面自然科學工作者是熱烈擁護和參加的，但也有個別的不明瞭情况而產生了種種誤解：如以爲這是"官方"所辦，登記了是不是要被"徵調"；如登記旣然是爲了選代表，我自己又選不上，何必去"抬人轎子"；又如我還是一樣做技術工作，登記不登記與我無涉等等想法。

全國各階層人民都在團結和組織中，登記則是我們自然科學工作者大團結的第一步。今天，歷史拉我們朝這個方向走！別的階層的人民，都很快地朝前走了，如果我們還是很散漫的跟不上歷史的進程，那是會使我們發生苦惱的！因爲只有緊跟着"歷史的必然發展"方向走，個人才會有最大的自由，也就是最大的幸福。總登記就將要截止了，讓我們踴躍地來參加和推動吧！

科技工作者的共同『綱領』

茅以昇

中國人民政治協商會議，爲了建設新民主主義的中華人民共和國，在第一屆的全體會議裏，制定了六十條的共同綱領，博得了全國人民的熱烈擁護，掀起了全國各界的學習高潮。我們科技工作者，對於新中國的建設，負有極重要的使命。看到這歷史上最偉大的人民憲章，當然要有極明確的了解，方能完成我們的任務。我們必須要能完成任務，方表現出我們對這大憲章的衷心遵守。

我們首先要明瞭，這全部共同綱領，是個科學性的文獻，是完全根據客觀環境、歷史要求，經過分析歸納，而得到的總結。因此凡空想奢望，脫離現實，或因襲牽就，顧此失彼的條文，是看不見的。祇要在這部綱領裏有了規定的條款，這條款便須澈底執行。因爲有了澈底執行的把握，所以綱領序言裏才說到"凡參加人民政治協商會議的各單位，各級人民政府，和全國人民，均應共同遵守"。

舉例來說——這是我最受感動的一例——第二十五條規定"革命烈士和革命軍人的家屬，其生活困難者，應受國家和社會的優待。……"難道生活不困難的，便不應受優待嗎？然而顧到國家社會的財力，便忍痛地祇好如此規定了。其實假如規定所有革命烈士和革命軍人的家屬，一律都受優待，其生活不困難的，也不會來要求優待的，但如規定了而不實行，那便是不澈底，因此這條文祇好讓它那樣去了！

在這種了解下，我們學習這全部綱領，便要莊嚴地透澈地認識它的重要性。所有綱領條文，都是我們科技工作者的指路牌，必須順着指明的路綫走，方能達到我們企求的目標，方能建設一個獨立、民主、和平、統一和富強的新中國！在這指明的路綫上，我們科技工作者的任務，實是太多了，祇須零碎地舉出幾條，便可看出這任務的性質：

第三條"……發展新民主主義的人民經濟，穩步地變農業國爲工業國"。第二十二條"……應加強現代化的陸軍，並建設空軍和海軍……"。第二十四條"……軍隊……在不妨礙軍事任務的條件下，應有計劃地參加農業和工業的生產……"。第二十六條"……國家應在……勞動條件，技術設備……等方面，調劑國營經濟、合作社經濟、農民和手工業者的個體經濟、私人資本主義和國家資本主義經濟……"。第三十三條"……應爭取早日制定恢復和發展全國公私經濟各主要部門的總計劃……"。第三十四條"……應根據國家計劃和人民生活的需要，爭取於短時期內恢復並超過戰前糧食、工業原料和外銷物資的生產水平，應注意興修水利，防洪防旱，恢復和發展畜力，增加肥料，改良農具和種籽，防止病蟲害，救濟災荒，並有計劃地移民開墾、保護森林，並有計劃地發展林業。保護沿海漁場，發展水產業。保護和發展畜牧業，防止獸疫"。第三十五條"……應以有計劃有步驟地恢復和發展重工業爲重點……同時，應恢復和增加紡織業及……輕工業的生產……"。第三十六條"……必須迅速恢復並逐步增建鐵路和公路，疏濬河流，推廣水運，改善並發展郵政和電信事業，有計劃有步驟建造各種交通工具和創辦民用航空"。第四十三條"努力發展自然科學，以服務於工業農業和國防的建設……"。第四十七條"……注重技術教育，加強勞動者的業餘教育……"。第五十三條"……應幫助各少數民族的人民大衆發展其政治、經濟、文化、教育的建設事業"。

這些任務，是由中國人民政治協商會議，交給全國人民，也交給我們科技工作者了！它同時指出：第四十一條"中華人民共和國的文化教育爲新民主主義的，即民族的，科學的，大衆的文化教育。人民政府的文化教育工作，應以提高人民文化水平，培養國家建設人才，肅清封建的、買辦的、法西斯主義的思想，發展爲人民服務的思想爲主要任務"。第四十二條"提倡愛祖國、愛人民、愛勞動、愛科學、愛護公共財物，爲中華人民共和國全體國民的公德"。它是如何地重視科學，重視我們科技工作者！我們該如何地學習了解這些莊嚴的條文，該如何地加緊完成這些光榮的任務！

一個建議，便是我們全體科技工作者，要首先在心理上有了堅實的基礎，然後從行動上發揮出來的力量，方能推動任務，彼此配合達到共同綱領習要求。這裏面須有我們共守的信條．共定的計劃，和共擬的步驟，好像要有一套小的共同綱領，也就是科技工作者的憲章。建設新中國，是件空前的偉大工程，這工程的設計，是政協的共同綱領，而是設計裏面的一部份細節圖，便是"科技工作者的共同綱領"！這個"綱領"是科技工作者根據人民政協共同綱領的要求，發揮主動性，積極性，用集體力量來訂定的。今天在積極籌備中的中華全國自然科學工作者代表大會，就是將要訂定這樣一個"綱領"的全國性組織的起點。我們科技工作者應該努力執行科代籌備會的一切決議！

這個科技工作者的憲章，科技工作者的共同"綱領"，當然是不容易產生的，然而更爲困難的，是要保證這個綱領的執行。我們必須了解，這個"綱領"，是要建築在如何的基礎上面，方能充分表現它的性質和效用。現在提出這基礎的幾個原則，作爲我們科技工作者共同學習的目標以便學習成熟後，來共同協商這個"綱領"。

我們知道科學技術要和政治結合，方有正確立場，服務方向，然而我們科技工作者對於政治的了解和興趣，是否足够呢？我們看到馬克斯恩格斯的"共產黨宣言"早在一百年以前已經刊布了，那時資本主義國家的生產，還是很落後，比起現在，有天淵之別；然而這一百年來，資本主義國家，憑藉科技工作者的力量，將生產發展到帝國主義愈益尖銳化的程度，而科技工作者還是那樣懵懂地在繼續服務，也不問他服務的對象如何，服務的結果如何，他竟不管，甚至不知，世間早有那本共產黨宣言，將他迷夢揭穿了，而他還在鼓中，這是如何地可悲！我們生在今日中國的科技工作者，眞是幸運極了，這些寶貴的人民文獻，都由人民解放軍，替我們帶來了！我們隨時隨地，都可學習，祇須初步學習，便可領悟到新政治理論的偉大，從而確立了我們的政治立場，有了正確立場，服務方向，還怕偏差嗎？因此我們必須更深入地了解政治，引起日益濃厚的興趣，方能使科學技術和政治結合，而這結合，便是科技工作者共同"綱領"最重要的基礎。

我們知道科學技術要和勞動結合，必須依靠羣衆方能發生力量，然而我們科技工作者對於勞動的意義和價值，是眞能體會力行嗎？勞動非亂動妄動，而是有計劃地有步驟地行動，也就是合於科學方法，具有科學精神的行動。故勞動力是科學性的積極性的創造資本，一切科學技術的進展，皆這勞動力的表現。這裏面，當然基本上是依靠工人担負，工人愈積極，科學技術便愈進步。科技工作者的勞動，也是一個重要因素，不能勞動的科技工作者，安能設計指揮？因此科技工作者不但要有智力勞動，更須要有體力勞動，不經體力勞動，不能了解勞動的眞義，必須是了解勞動，方知勞動羣衆的可貴，而衷心地靠攏團結！因而發生力量，克服障礙，完成建設。這勞動的意義是科技工作者共同"綱領"的第二個基礎。

政協共同綱領第四十六條指出："中華人民共和國的教育方法爲理論與實際一致……"。這個方法，正是我們科技工作者達成任務的必由途徑，也就是"理論和實踐的合一"。科技工作者勞心的結果是理論，勞身的結果是實踐。近代科學的發達，技術的進步，當然靠理論的原動力，理論精深的結果，可以預卜實際發生的情況，如天文上的預測行星，化學裏的斷定原子，以及工程設計，恰和實驗相符等等，然而理論的基礎是在實踐。而複雜的理論，更需要實踐來解决。理論擴大實踐的範圍，實踐提高理論的目標。每一科學技術問題的理論，後面必緊接實踐，而實踐的後面，又必有新的理論，兩者緊密循環的接合便使理論與實踐，融會成一物，理論裏有實踐，實踐裏有理論，因此科學工作者要貫通實踐和理論，要使理論和實踐的合一，來完成任何科學技術的使命，這個合一，是科技工作者共同"綱領"的第三個基礎。

科學技術與政治結合，科學技術與勞動結合，理論與實踐結合，這三種結合，是科學技術進步發展的三個基礎，我們科技工作者必須要知道而且實現如此地結合，方能成爲新中國的新科技工作者，方能共同地制定出一個科技工作者的共同"綱領"！來完成人民政協共同綱領中給我們的巨大任務！（完）

自然科學工作者登記現狀

中華全國第一次自然科學工作者代表大會滬籌分會，自辦理自然科學者的總登記以來，參加的已逾一萬人。登記期現延長至十二月底截止。

爲了便于登記，除原定各機關集體辦理及個人個別向該會組織部登記外，各科技團體也開始代發登記表。

科代滬籌會已遷入四川中路（南京路口）三四六號迦陵大樓內七〇九——七一三室辦公。電話爲九八八二二。

社會主義蘇聯

在到達勝利的必然的途徑中

——節錄馬林柯夫在莫斯科十月革命慶祝大會的報告——

我們是在到達新的勝利的必然的途徑中。

在今天，十月革命的第三十二週年，蘇聯人民在社會主義經濟和文化的各部門中，已經表現出重大的成績來。

自從蘇聯人民在布爾什維克黨領導下開始實行斯大林的第一次戰後五年計劃以來，已經過去三年又十個月了，我們懷着履行義務的愉快情緒，現在可以說：我們的國民經濟不但已經達到戰前的水準，而且已經超過戰前的水準了。我們有理由相信我們將要提前完成第一次戰後五年計劃。

根據五年計劃，在一九五〇年，蘇聯工業生產的全部產量，要超過一九四〇年的產量百分之四十八。本年十月的工業總產量，較之一九四〇年每月的平均產量，超過百分之五十以上。因此蘇聯現在的工業生產，大大超過了戰前水準，並且高於五年計劃中所預先規定的一九五〇年的水準。這是我國社會主義建設的無比的成就。我們應該着重指出：曾經被敵人佔領的各州，在一九四九年九月就達到了戰前的工業生產水準。

政府爲了更有效地利用生產設備和動員工業的潛在的後備力量所採取的措施，使得我們能够增加最初如一九四九年計劃所規定的工業生產上的進步。在本年的最初十個月內，全蘇聯的工業總產量較去年同一時期增加了百分之二十，已經超計劃地生產了大量的煤、石油、金屬、電力、化學品、木材、機器、建築材料、和消費物品等等。

隨着第一次戰後五年計劃的完成，便是廣泛的新工業建設。在戰後五年計劃的最初三年零九個月裏，或者已經恢復，或者重新建造和開工了一共有四千六百多所國營工廠，還沒有把合作社工廠和其它小型的工廠計算在內。

蘇聯工人們的取之不竭的創造性、主動性和對於祖國國民經濟的進步之忠誠的布爾什維克的關切，已經顯示出在社會主義工業中潛在的新的後備力量。在一九四九年的前九個月，工業上的勞動生產率超過去年同一時間百分之十四；每個產量單位所消耗的原料、供應、燃料、和電力等已經減少；降低生產成本的計劃已經實現。在一九四九年的前九個月，工業生產量的本身成本，照比較價格計算，已經降低了百分之七·二。

由於帶頭工人的發動，在去年開始的爭取獲得超計劃累積的普遍的愛國運動，已經產生巨大的成績。由於節省經濟的結果，工業上已經出產了價值二百億盧布的額外生產品。

我國的社會主義農業也獲得了重大的成就。在一九四八年，五穀的總收成已經達到一九四〇年的水準。今年的收成已經超過一九四〇年的水準了。我國的穀物問題已經得到解決，並奠定了在這一領域中爲進一步成就的牢固基礎。我們已經存在了一切必要的條件，使我國的社會主義農業能够一年一年地增加五穀，和其它工業農作物的收成。

爲了獲得大量而可靠的收成，去年黨和政府通過決議：規定了種植樹林防護帶，實行農作物與牧草輪種法，以及建造池塘和貯水池的計劃，目前正在勝利地實行中。已經種植了五十多萬公頃的防護帶，並且準備在一九五〇年植種更多的面積。

供應農業上的機器，正在迅速大量地增加着。我國社會主義工業每年大量供給我國農場各種的農業機器。在一九四九年，農業上將得到以十五匹馬力單位的十五萬具曳引機，二萬九千具聯合收割機，一百六十多萬件被曳引機所施的器具和其它農業機器。換一句話說，農業上所得到的曳引機和其它機器，較之戰前的一九四〇年要多三倍或四倍。

在五穀生產上所獲得的進展，可以進一步消除畜牧業的落後狀態，畜牧是農業中最重要部門之一，現在，畜牧業的進步和普遍發展，是黨和政府在農業範圍內的中心任務。

對於完成這一任務，具有歷史重要性的乃是一九四九年四月間根據蘇聯共產黨中央委員會和蘇聯部長會議的決議所通過的關於增加各集體農場和各國營農場公有牲畜的三年計劃（從一九四九年到一九五一年）。這個計劃規定在可能最短的期間內把牲畜增加起來，以便確保到一九五一年供應人民的肉、脂肪、白脫、雞蛋、牛乳以及其他牲畜產品產量是一九四八年的一倍半。它也計劃大大增加羊毛、皮革和其他輕工業原料的生產。

這個獲得各集體農場和國營農場男女成員極大擁護的決定，正在順利執行中。在過去一年之內，各集體農場和國營農場已經將它們的大角牛的總數增加了百分之二十，羊增加百分之十三，豬增加百分之七十二。

國家收納穀物以及其他農產品的工作，即將順利完成。今年，各集體農場和國營農場繳獻給國家的穀物比較去年多一億二千八百萬蒲特。葸麻子、甜菜根、牛乳、和其他農產品的收納也大大增加了。

因此，我們有資格說一句，我國的工業和農業已經進入了一個新的强大擴展的時期。所有這些為進一步提高蘇聯人民的生活與文化水準開闢了新的可能性。

和資本主義制度相反，如果沒有國家對於提高勞動人民的生活與文化水準方面的關心，社會主義經濟是不可能想像的——而且這是它的發展的法則。

由於受着它對於不斷改善勞動人民的生活水準的關心所指引，政府在一九四七年年底，幣制改革和取消配給制之後，曾把日用品的價格降低。物價降低的結果，使人民在一年之內差不多節省了八百六十億盧布。

蘇聯國民經濟繼續的進展，消費品產量的增加以及在減低工業品生產成本方面所獲得的成就，使我們可能實行另一次的降低物價。這在本年三月一日已經完成了。由於各項零售貿易的這樣的跌價，人民在一年之內差不多消省了七百一十億盧布。

物價削減的第一階段和第二階段，對於增加盧布的購買力，以及對於提高盧布對外幣的匯率，都已發生了效果，工人和知識分子的實際收入增加了，而農民為了購買工業品所支付的貨價總額也減少了。

蘇聯人民沒有"馬歇爾計劃"所帶來的威脅。他們都不担憂生活標準會日益降低和實際工資會日益減少，而在資本主義國家中，那是經常的災難。沒有像一把利劍似的貧窮和失業懸在蘇聯人民的頸上。正相反，在蘇維埃國家中，每一個工人都按照自己的能力獲得勞動的報酬，享有一切機會以提高生活標準。

房屋營造在大規模地進行着，在戰後五年計劃的頭三年零九個月中國營企業、機關、和地方蘇維埃、以及個人由國家資助，在城市和工人住宅區中，新建的或重修的房屋，居住總面積已超過六千一百萬平方公尺。在鄉區，在同期間，重修或新建的房屋已有二百萬所以上。

在科學、文化和藝術方面，也已呈現出極大的進步。

科學與生產的結合，科學家們和帶頭工人們、工程師們、技師們的結合，農業學家們和集體農民們的結合，過去這幾年中，已毫無疑問地更加親密起來了。與生活密切聯系着的眞正的科學，毫不留情地打斷了一切陳腐的傳統，對保守主義，對因襲成規、對阻撓進步的觀念，都表示決不寬容。在社會主義社會中，前進的科學界豪邁地面向着將來。社會主義國家為發展科學創造了最有利的條件，蘇維埃科學界正在開闢着無限的機會，以利用我國無窮無盡的天然資源，為了增進我國的强盛和國力而忠實地服務。

蘇維埃科學界為和平事業而努力，為我國的繁榮而努力。原子能在帝國主義者們的手裏，是製造兇器的手段、是嚇人的手段、是實行敲詐與脅迫的一種工具，而在蘇維埃人民的手裏，原子能却可以成為，而且應該成為，在從來沒有看見過的規模上，使技術進步的一種强有力的工具、使我國生產進一步迅速發展的一種工具。

伴隨着我國生產力的發展，是各民族的人民的文化的發展，那是具有社會主義內容和民族形式的一種文化。蘇聯人民珍視而且尊重藝術和科學，這種藝術和科學，運用社會主義現實主義的手法，忠實地反映我國異常豐富的，生機充沛的生活。反映蘇聯人民——共產主義的建設者們的緊張而熱忱的勞動努力。黨和政府一貫地關心文學和藝術在思想上和藝術上的進步。在蘇聯，藝術和文學都是爲人民服務，都是和人民發生着有機的聯系的。

蘇聯人民從事着極大的創造工作。而值得讚揚的一件事情便是：在我們偉大的社會主義建設工作的一切方面、在國民經濟的一切部門、在技術和科學上，起着支配作用的一種精神，就是對於前進的、新的和進步的事物的追求，我們的制度以種種方式顯示出具有偉大的優勢，而這是其中的一種方式。它使我們繼續憑藉這種進步的精神，予以一切鼓勵，使我國工人們提出的進步的革新方案，以及他們創下的優良的範例，日益增多於普及，並且留意使我們大家都力求向那些革新家們的、帶頭的蘇聯人民的成就看齊。

在蘇聯，忠實的工作受到了崇高的評價和欣然的鼓勵。而在這樣的社會中本來也不能不是這樣，因爲在這樣的社會中，生產關係不是以剝削和競爭的原則爲基礎，而是以積極的友愛和社會主義競賽的原則爲基礎。

黨和蘇維埃政府，廣泛採用褒獎制度，以獎勵經濟和文化一切部門中的偉業與成就。

自從一九四五年偉大衛國戰爭結束以來，直到一九四九年，已有五十一萬多名的工人們、集體農民們、科學家們、工程師們、機械師們、機關職員們、醫師們、教師們等等，因爲在工業、運輸業、農業、科學、文化和藝術方面的成就，已榮膺了蘇聯的勳章和獎狀。在同期間，四千八百多個男女，因爲在工業和農業方面有卓越成就，已榮膺社會主義勞動英雄的稱號；科學、技術、藝術和文學方面的工作者，有二千五百四十人榮膺崇高的斯大林獎金得獎人的稱號。

國民經濟的進步和社會主義文化的昌盛，使工人、集體農民和知識分子，都充沛着、而且必將繼續充沛着創造的能力、主動的精神和發明的才智。我們的國家必將繼續很適當地褒獎工業和農業方面革新家們的貢獻，並且褒獎對於促進我國的物質和精神文化作了極大貢獻而使我國增光的那些科學家們和藝術家們。

上海人民電台

舉辦科學廣播

● 每星期一至六，晚上六時三刻至七時 ●

技協、科協、中農、科時等科學技術團體，爲了迎接新中國經濟建設及文化建設高潮，使科學和人民利益結合起來，及使人民生活科學化，自八月八日起在人民電台聯合舉辦了一個科學廣播，以往的時間是每星期一、四。晚八時——八時半，廣播的題目有「木炭汽車」、「災區中醫藥衛生」、「棉紡織染」、「食物營養問題」、「雷電與避電針」等三個月來得到聽衆們的反映是有些題目定得太大了，以致從廣播中只能予人以空泛的概念，不能深澈的了解；同時，每星期只有兩次，時間上太少、現在爲了適合大衆的要求，自十一月二十日起，內容改爲日常生活的科學常識，時間增爲每星期一至六晚上六時三刻至七時，使聽衆每天能得到新的科學常識，有時還預備請幾位科學專家們做特別的專題廣播。

關於播講的題目，繼續徵集各方面的意見，希望各界多多寫信給上海大西路上海人民電台爲科學廣播工作會，使今後的內容眞能適合大衆的需要，引起所有聽衆對科學的興趣，幫助大家來解决在生活中技術上遇到的科學疑難，來促進科學教育的普及。

最近期間準備講的題目有：

陰曆和陽曆
火與火柱
談談老白虱
漫談上海的道路
眼的保護法
三件襯衫和一件三倍厚的襯衫那件比較暖
冬令的補藥與補劑
談談電燈
肥皂怎樣的使用及其製造程序
豆腐店裏的化學
煤氣中毒急救法
牛奶雞蛋和豆漿價值的比較
日光燈的常識
母親乳水不夠的原因是什麼
關於 B. C. G. 的介紹
家常宜備的簡易藥物

又近因接到許多聽衆來信，提出許多關於科學上的和技術上的問題，要求回答。其中比較專門性與個別的都寫信答覆之外，比較普遍性的，該會特定每星期六晚上節目時間內在電台回答，還請聽衆注意。

自力更生·建設新中國！

·本報資料室·

遠東鋼絲布廠工人苦心修改磨車成功

上海中國紡織機器製造公司遠東鋼絲布廠磨車間，有大小磨車二部，爲磨礪該廠所製的各種鋼絲布上的針頭之用，過去磨片（外徑九吋半，內徑四吋四分半，厚1/32吋，磨去直徑一吋時，即轉用於小磨車，再磨去一吋二分就被視爲廢物。解放以後，在敵人封鎖下，磨片來源中斷，將影響全國毛紡、棉紡鋼絲車的供應。工人謝忠滿於是潛心研究，先後設計出外圓五吋半新的夾磨片「墊圈」；把磨片眾修改可以隨意伸長縮短。另外，還把套上磨片的軋頭軸修改得和磨片的內圓剛好吻合而無原來過小的現象，經過幾天的苦心修改終告成功，效能與新磨片一樣。

東北改進水泥質量接近蘇聯高級標準

東北企業管理局水泥公司，由於行政領導以及全體職工的認眞負責，使所產的水泥質量已超過日僞標準，並達到接近蘇聯高級水泥標準的新記錄。他們把石灰石原料改用小塊產品，提高了强度；調整了水泥磨的鋼球，增高磨細程度；適當調整了原料的配合及燒結的送風量和火候：因此產品質量大爲提高。依一比三膠砂乾式硬煉法之試驗，日本普通水泥凝結廿八日後抗張力爲每平方公分廿五公斤；耐壓力三百公斤。蘇聯高級水泥抗張力爲卅二公斤，耐壓力六百公斤。水泥公司的出品抗張力低者爲36.3公斤，高者37.6公斤。耐壓力低者533公斤，高者57公斤。

石景山焦油廠製出除丹士林等的原料

石景山鋼鐵廠焦油場將該場所產的粗蒽精製成純蒽（含蒽95%），其品質足供製造陰丹士林染料。現正準備大規模生產。此外與蒽同時存在粗蒽中的游晶體主要原料——咔唑，準備提煉出來。另外，該廠沈晶璣工程師等，經二個月來的研究，將在煉焦爐中剩餘的重溶劑個中，製成古馬隆樹脂一種，用途很廣，可以作假漆、塗料、印刷油墨、絕緣物品、紙張上膠料和橡皮的合組劑等。

滬電話公司陳梓根改造跳字機校正器

上海電話公司自動機修理員陳梓根，完成改造跳字機校正器的模子。新校正器能適合一般比利時製的和法國製的二種式樣的跳字機，減低了鑄製新模子的成本，同時無形中節省了跳字機零件的掉換，以前法國巴黎式的跳字機是沒有適當校正器的，如齒輪或刷子損壞，在掉換後，祇憑經驗把它校好，往往是不很正確，過後常發生故障。

復州黏土代替氧化鋁

撫順礦務局第一化學廠合成工場硫酸鋁班班長孟昭齡，想出用復州粘土代替氧化鋁，試驗製造硫酸鋁成功，品質頗好，現正動手修造製造硫酸鋁的各種設備，並添裝澄清槽，準備大量生產．十一月起可日產二十四噸，僞滿時代日本人曾想用復州粘土來試製，但終告失敗。

新法試驗成功厚煤層回採率增加

東北西安煤礦，經過一年的研究試驗後退式帶狀充填分層採煤的正規回採法，得到成功，使厚煤層的礦山在採掘壽命上，延長了一倍至三倍，回採率達百分之八十，効率亦見提高，現東北各厚煤層煤礦都在研究試行中。

焦化鐵1:25鞍鋼創新紀錄

鞍鋼製造一廠鑄造場熔解班，在創紀錄運動中改進化鐵操作法，以一公斤焦炭化鐵水二十五公斤，超過該廠過去所有紀錄（包括僞滿及國民黨時）

不用磨研蒸炒生生創「自由式」榨油機

生生農具製造工業社爲適應農業增產，需要小型生產之用，經過研究、試驗、修改，造創了「生生自由式」榨油機，不需磨研和蒸炒手續，管理簡單，出油率高，油質已在南京、杭州、南昌各地分設示範實驗工場。

東北橡膠公司職工製成平胎硫化機

東北橡膠公司機器修配廠職工在八月廿五日勝利完成寬廿六吋，長一百五十吋，重卅五噸的三段平胎硫化機的製造任務。這種機器過去都是仰賴海外輸入，東北只有二台，在工業逐漸發達的今天，已經趕到逐步應用，所以該廠決定自已製造，由技師劉東閣領導計劃，在工友們羣策羣力下；克服簡陋困難，勝利完成。

米廠工人蔣福祺發明鋼絲自動篩

鹽城公營振昌米廠，工人蔣福祺，發明鋼絲自動篩，每日多篩出碎米三石。該篩用鋼絲布代替篩筋，上加大斗，篩上增添一小輪，以小皮帶與機器相連，即可自行篩動。由於篩孔細密，每石米糙糠內可多篩出碎米三升。同時可節省一個工人，並能減少篩灰飛揚，保護工人健康。

自力更生，自强不息，發展生產，繁榮經濟！

大連工展和天津工展

揚以

九月十八日和十一月四日，解放了四年的旅大和解放才十個月的天津，先後舉辦了規模宏大的工業展覽會，為中國光輝的工業建設遠景提出了保證，為建設工業中國而艱苦奮鬥的中國人民，增添了無限的信心。

勝利屬于中國人民

大連工業展覽會和天津工業展覽會，首先就包含着嚴重的戰鬥意義。解放前的旅大工業，主要是日寇在"九一八"事變後發展的，日寇在十一年間雖然投下了大量的資本，但是原料的百分之九十都是從外地運來，主要產品也沒有一種可以單獨完成，加上日寇投降時的大肆破壞和美蔣反動派的海陸封鎖，解放前後的旅大工業頓時變成一堆廢鐵。天津是百年前在帝國主義脅迫下開埠的，工商業的發展帶有濃厚的半殖民地性質，多數工廠原料來源或成品推銷，往往依靠着帝國主義；解放前工業生產更是奄奄一息，以機器製造業來說，開工的廠家只有一半，運轉的工作母機只有四分之一。對於這樣癱瘓和嚴重的工業狀況，帝國主義者是非常樂意的，日本人曾斷言旅大人民無法恢復生產，天津解放時帝國主義者也曾威嚇着說："中國離開了他們就活不下去"。但是僅只三年後，日寇佔居旅大時所不能製造的新產品却在展覽會上出現了；還不到十個月，天津人民就回答了帝國主義的恫嚇，在展覽上充分表現了中國人民的勤勞和智慧，表現了中國人民自强奮鬥的高貴品質，帝國主義侵略下的半殖民地中國永遠結束了，已經站起來的中國人民才是最後勝利者。

工業建設成功的保證

這二大展覽會，除掉有系統地大規模地檢閱各該區的工業生產力量，交流經驗，互相學習等共同目的外，還各有其不同的重點。大連工展特別突出的是技術，由於旅大地區在蘇軍保衛下較長期的和平民主，工業生產工作較旁的解放區開始得更早並有利，在蘇聯朋友國際友誼的幫助下，學得了不少先進的社會主義蘇聯工業生產的知識和經驗。所以這次工展，還有着這樣一個主要任務，就是通過工展的介紹，使全國生產技術能以學習先進的蘇聯的經驗而提高一步。天津工展則更着重在表示毛主席的四面八方經濟政策的精神，毛主席所指示的明確的發展生產的道路，就是公私兼顧、勞資兩利、城鄉互助、內外交流的四面八方政策。天津市黃敬市長說，"這次展覽做出的各種成績，都是四面八方大團結所得到的結果"。

依靠了工人階級和全體勤勞而勇敢的人民；主動的、誠懇的、虛心的、切實的向蘇聯學習，正確執行毛主席四面八方的經濟政策，則中國工業建設一定可以一日千里地突飛猛進。

看大連工展

工展的工程能如期順利完成，就是旅大行政當局的正確領導與蘇聯的幫助，工人的積極勞動的結果。會場總面積達47327平方公尺，新建和修建的房屋總面積15054平方公尺，用掉了木材，磚頭，洋灰，砂子，白灰等二萬多噸。在修建和佈置中，大量組織了義務勞動來平地、搬土、植樹、修小火車道、無軌電車道、挖上下水道、抬亂石、豎電桿、圍搭牆等。

工展共分十七館，公用事業部份，分成二館展覽。

1.鐵路交通館　陳列有兩台四噸和五噸的機車，十五噸的大吊車，三十噸的有蓋貨車等。還有新製造成功的機件如汽壓力計，冷鋼輪，給水器，給油器等。

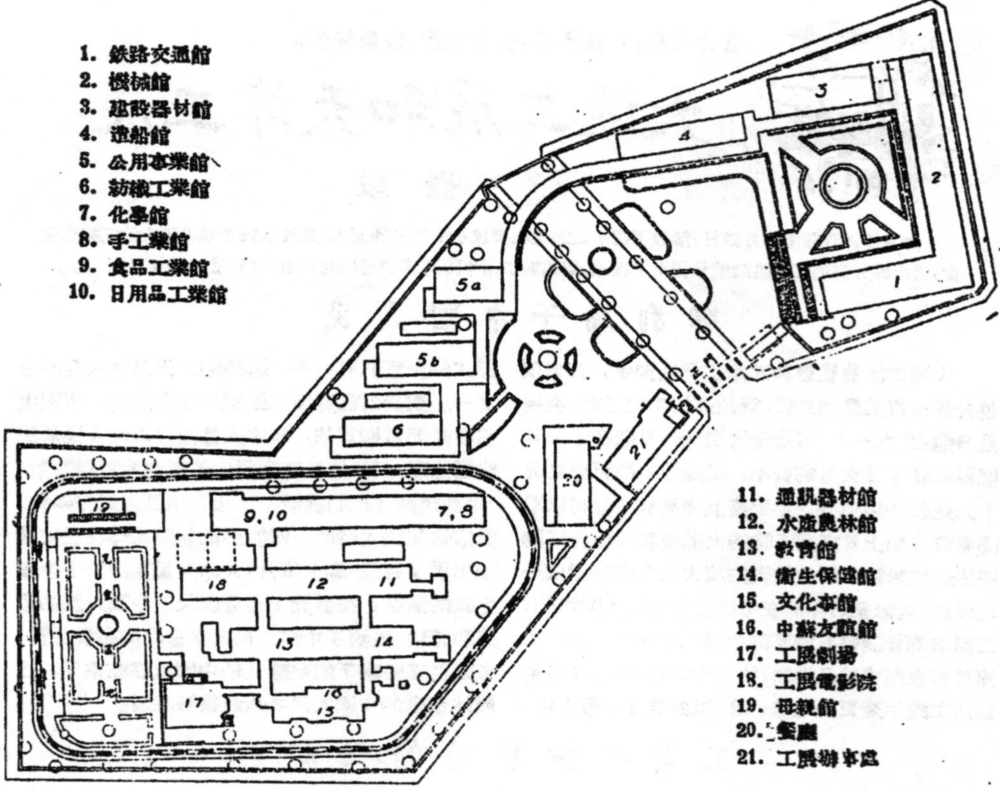

大連工展會場平面圖

2.機械館　廣和機械工廠陳列有三部精密六呎車床，各部零件完全可以互換。大連機械工廠陳列的是200噸的水壓機和1000噸油壓機的縮小成品，現代化的採礦機械，還有增堝和重要的電爐用的極棒；150西馬力的鋼鉄壓延機也是值得注意的。大連鋼鉄公司出品有大塊的不銹鋼，特殊鋼，高速鋼，炭素鋼，發條鋼，硬質合金(硬度等於金剛石的0.95)等高貴鋼料，都是我國獨一的產品。大連鍋爐工廠製造的高矽鉄件，對化工的發展將有極大的幫助。

3.建設器材館　遠電玻璃工廠是旅大模範工廠之一，勞動英雄劉茂有"保護大窖"的合理化建議使每小時生產率達到250%超過日寇時代95%。遠電洋灰工廠的水泥產量1949年比1946年增加了64.5%，抗張力每方糎已達28公斤。遠電碍碍工廠陳列有7,5000伏特的高壓絕緣子5,0000伏特的通訊絕緣子，2,5000伏特的高壓懸絕緣子及高壓管子等。大連窰廠，有機器模型，製造過程的展覽，現製紅磚，不久即可製耐火磚。大連陶瓷工廠陳列有硫酸甏，磁磚等。

4.造船館　陳列有120西馬力的柴油引擎。各種船具中最觸目的是20公尺長千餘公斤重的純鋼鑄錨鍊，牽引重量達150噸，超過鍛製的134噸。大連修船廠展覽室，說明着蘇聯的新式造船法使生產效率提高了二十倍，在英模們領導下，好多工人已跑在時間前面，從事1950年的生產了。

5.公用事業館　第一館是遠電發電廠、送電技術部、大連電業局、燈泡工廠。第二館是水道局，交通公司，消防局的展覽。

6.紡織館　金縣紡織和大連紡織兩個單位參加展覽。工友們平均能看16支紡紗機700—800錠子，32支紡紗機800—1000錠子。一個工友平均能看顧自動布機15台。

7.化學館　大連化工廠生產的有硫酸，硝酸，鹽酸等，還有遼電曹達工廠，金縣海水工廠，電化工廠，大連染料工廠(製硫化青，硫化草黃，草綠等)。以及石油，造紙，骨粉，酒精，炭酸鈣，煤氣等工廠的展覽。

8.手工業館　佈置有私營工業，工業總會，勸業工廠，漁網工廠，法院改造所的產品。

9.食品工業館　佈置有廣源油脂工廠，粮穀貿易製油工廠，中蘇漁業罐頭工廠，華勝煙草公司，釀造工廠等產品。

10.日用品工業館　玻璃食器，膠皮，火柴，琺瑯，陶磁工廠等，及關東百貨公司教育合作社等自造的百貨及文具等。

11.通訊器材館　表演着電報，電話，陳列着完全自造的電表(磁鉄、寶石、游絲都是工友自己創造的)，人民電台介紹着電台廣播工作。

12.水產農林館　表明鹽產保證着化學工業發展，爲配合工業生產需要及農業近代化的目的，開始學習蘇聯米邱林學說的情形。

13.敎育館　展覽旅大敎育事業在生活改善後的飛快發展。

14.衛生保健館　說明四年來衛生建設的發展。

15.文化事業館　表明解放後四年，旅大已出版了360餘萬冊書籍，報紙銷路已達八萬多份。

16.中蘇友誼館　旅大工業的恢復與發展，是與蘇聯朋友的幫助分不開的。友誼館所表現的就是中蘇二國人民友誼，互助合作的精神。

"走俄國人的路!"

在機械工業和化學工業特別貧弱的中國說來，大連工展所展示的成就，無疑是萬分可貴的。這些成績的獲得，蘇聯的友誼幫助乃是一個有決定意義的因素。剛剛生長起來的旅大工人知識份子，正是由蘇聯朋友親手培養起來的。日寇統治時期，日本人壟斷一切生產技術，一個在機車上燒了二十年火的中國司爐，只因爲看一看蒸汽表，便可以被日本司機打得頭破血流。可是旅大解放以後的情形是完全不同了，具有偉大國際主義熱情的蘇聯友人，用各種各樣的方法來幫助中國工人提高知識水平，技術水平。他們帶徒弟，辦訓練班，辦夜校，在工廠行政崗位上普遍設立副職；甚至舊社會從來不准動一動車床的女工，也在蘇聯朋友的幫助下，僅只兩年，就成爲萬能車床的熟練女工。大連是中國第一個有電車女司機，大連機務段蘇聯段長親手在三個月內把六個中國女青年培養成機車的司爐。爲了新中國第一批機車女司機能在明年"三八"節出現，他一有空就給他們講解技術，甚至跟上出發的機車，在旁邊守着他們練習長途的駕駛。在這種偉大的國際主義的友誼培養下，鐵路工廠僅一年又一個月，就出現了九百〇九個掌握專門技術的新技工和幹部；船渠工廠的一百多粗雜工人，經過四年的培養也全部成爲渠長、船長、廠長、技師、技手等專門人才了。三年來旅大地區共培養了一萬四千多個工人幹部，其中場長以上的就有一百一十五人。在工業生產中出現的英雄模範們達九百餘人之多。

蘇聯先進的管理方法已經在旅大公營企業中普遍的實行，新技術也在各個工廠出現。工人們已不屑於以日本的生產水平作爲衡量生產的尺度了。根據工展會中十八個主要工廠的統計，今年上半年的平均生產率已達到百分之一二二以上。僅僅去年一年，旅大工人的創造總值(生產總值減去成本)，據估計至少要達到消費總值的三十八倍。很多國家財富已投入了擴大再生產，可以走上正規化的建設時期了。

十月革命開闢了中蘇兩國人民偉大友誼的新時代，可是直到蘇軍解放東北以後，旅大人民才能够在蘇聯直接幫助下建設自己的幸福生活。現在，中國人民解放軍的勝利最後把亙在中蘇兩大國人民之間的障礙掃清了，旅大工業四年來在蘇聯友誼幫助下的迅速發展過程，正是在全中國範圍內工業迅速發展的先聲。毛主席說："走俄國人的路"大連工展正是毛主席這句歷史名言的一個生動的註脚。

繼大連、天津工展

東北工展開幕

東北總工會籌辦的工業展覽會，已於十二月一日起在瀋陽城內「皇宮」中開始展覽，計有鋼鐵、動力、機械、化學工業、農林及輕工業等六大展覽室，有豐鋼、豐滿水電站等模型，及各種工業產品，圖表等等。

大 連 工 業

五 噸 吊 車 模 型

旅大造船公司 120 HP 柴油機

窯 坯 製 造 表 現

二百噸水壓機

展覽會全景

建設門

220,000伏特戶外變電所模型

工展

工展紀念塔

大連機械廠電極棒和甜鋼場展覽

13209

看天津工展

參加天津工展的工廠有一千七百餘家，展覽品八千多種，並有上海、北京、杭州、青島、張家口，石家莊、唐山、烟台等地的工業品和河北省農民代表帶來的農產品。展覽品陳列共分十一館：

1.公用事業館　關於天津市的水、電、鉄道、公共汽車、電信、郵政等。新港平面大圖，新港全景、船閘、船塢等三種模型，最引人注意。

2.化學工業館　分三組。第一組是酸、碱、鹽和肥皂部份，參加的工廠有國營華北化工、永利化工、合記化工、永生化工、利中酸廠及久大、渤海化工等單位。第二組是橡膠（天津有七十五家，爲國內第二位）、造紙（參加者二十二家）、皮革（參加者八十餘家）、火柴（參加者十七家）部份。第三組是植物油（主要單位是國營中國植物油料廠及植物油製煉公會）、油漆（參加者七家）、化學染料（參加者四十餘家）、製藥業和新藥業（參加者二十餘家）。植物油一向是大宗出口的物資，展品有棉子油、花生油、胡麻油、菜籽油及其附產品。

3.出口物資館　陳列的展品，計有地毯、國藥、山貨、植物油、絨羽（鷄鴨鵝毛等）、皮毛（各種皮革毛類）；農產品（大豆等）。

4.鋼鉄機械館　首先是華北鋼鉄公司天津鍊鋼廠馬丁爐操作圖和一批軋鋼、製釘、製鏍絲等機械設備。機械部門展覽有天津四十多家工廠的柴油機、印刷機、農用機具、碎粉機等。華北機械公司展覽了許多大型的，如礦場用的捲揚機、起重機、以及織布機、柴油機等。北京華北農業機械總廠則展覽了拖拉機、播種機、機器犂、水泵等。

天津工業展覽會大門

5.外埠工業館　主要有上海中紡公司、民豐造紙公司、中國紡織機器公司，大中華橡膠廠等、北京方面尙有立安鋼鏟公司，森茂製油廠等參加。

6.紡織工業館　分六組。一、棉紡織，二、毛紡織，三、機器染整，四、織染，五、針織，六、製棉。

7.工業改進館　展品有二百餘種。較重要的有旋轉蒸汽機、打核機、切藥機、電氣孵卵器、新式耕犂、搓玉米機、砂輪、机機草紙漿、火車用抗熱滑機油、"六、六、六"殺虫劑等。

8.電氣工業館　包括發電、輸電、電信、工業用電和普通用電的器材。

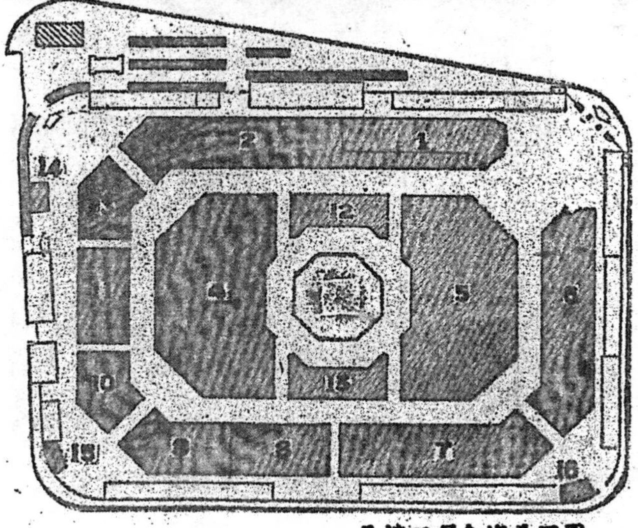

1.公營事業館
2.化學工業館
3.出口物資館
4.鋼鐵機械館
5.外埠工業館
6.紡織工業館
7.工業改進館
8.電氣工業館
9.冶鑛窰業館
10.日用品工業館
11.食品工業館
12.辦公廣播室
13.招待室
14.醫衛休息室
15.廁所
16.雜役室

天津工展會場平面圖

9.冶礦窰業館 窰業大小單位二十九個，公營私營、公私合營的都有。陳列有水泥、電磁、衛生磁、化學磁、耐酸磁、耐火器材、日用玻璃器，平面玻璃，石棉產品等。礦業有井陘煤礦局及開灤煤礦局的圖表、機器、產品。還有解放後增設了四倍的磚瓦業的磚、瓦及建築模型。

10.日用品工業館 陳列的有度量衡器，教育用品、竹籐器、手工業品等。

11.食品工業館 主要說明農業品可以製造出些什麽東西。如麵粉、烟草、釀酒、茶、糖食、油類等。東亞烟草廠有一台大型捲烟機和改造成功的20枝包裝機等。

"四面八方"傳捷報

解放後，天津市工業的得以迅速恢復與發展，主要是由於在中國共產黨的領導下，建立了新的人民民主政權，實行了"公私兼顧，勞資兩利，城鄉互助，內外交流"的經濟政策，與廣大職工政治覺悟與生產積極性提高的結果。

天津解放後，人民政府首先迅速恢復了天津對外交通，溝通城鄉貿易，使工業品得以下鄉，農產品得以入市，因而初步解決了大部分工廠的原料與銷路問題。據統計，僅三月至五月間，經由鐵

引人注目之風品十行播種機

路、內河運津的煤、棉、粮食及其他農產品、工業原料等即共達101,1399噸，運出紗、布、食鹽、肥料及其他工業品68,4015噸。同時，由於人民政府加强金融管理及市場管理，以及國營部門大力供應充足的生活資料與生產資料，使津市物價相當穩定，使工業生產有利可圖，刺激了工業資本家經營生產的積極性。加以樹立了獨立自主的對外貿易政策和保護關稅政策，消除帝國主義侵略，改變了國民黨時期工業原料出口、奢侈消耗品入口及大量入超的狀態。這不僅使蛋品、猪鬃、油脂等出口行業日漸好轉，以及過去受帝國主義貨物傾銷而不

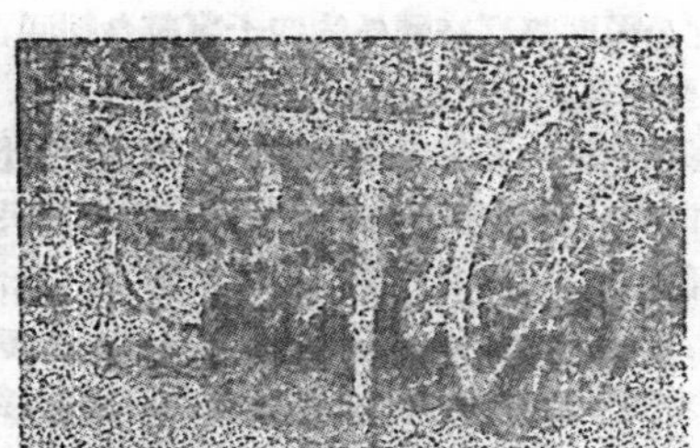

鋼鐵機械館陳列的拖拉機、搂草機、犁

振的工業開始抬頭；並初步增强了某些民族工業自强奮鬥的信心。

天津軍管會接管的國民黨官僚資本控制下的企業共十九個單位，包括三十六個廠和三個發電所。解放一個月間，絕大部份工廠即相繼復工，即曾遭蔣匪軍嚴重破壞的天津紙漿造紙公司第一廠及秦皇島耀華玻璃廠亦於三月間恢復生產。其後，停工很久的天津製鋼廠馬丁爐亦經修好，恢復鍊鋼，並新建完成了中紡新紡織廠，天津染整廠也在積極重建中。至八月底止，軍管會工業處所屬十三個單位工廠，即共盈餘估計約折合小米一億一千餘萬斤，另人民幣一億三千餘萬元，資產總值亦增加了三·二倍以上，從而初步壯大了國營工業的資本力量。人民政府除大力領導公營工業外，對幫助解決私營工廠原料供應、成品推銷及周轉資金上，也盡了很大努力。如根據各廠具體需要收購某些工廠積壓的成品；如以麵粉交換灤煤與啓新洋灰，以供給原料和委託加工扶植津市七大粉廠，以及大量貸款等。五金冶製、機器工業不僅原有工廠全部開業，且有許多新開業者。私營的啓新洋灰、永利化工、以及北洋、恒源、達生等紗廠，一般產量也已達到或超過解放前正常產量，並有不少創了新紀錄。

解放初期，因資本家不了解人民政府的政策，工人方面則迫切要求開工，以致勞資糾紛層出不窮。經工商局、工會與各區政府大力宣傳與調解，最後中共劉少奇同志到天津進一步闡明了勞資兩利政策，終使勞資關係轉入正常，正常的生產秩序得以建立。事實證明：勞資兩利政策的貫徹，是私營工業恢復與發展的重要因素之一，它不僅啓發了工人的政治認識，提高了生產積極性，同時也消除了資本家不必要的顧慮，開始放手經營。天津私營東亞企業公司已在積極購置原料機器，籌建新

廠；仁立公司則將存在國外的四十萬美金調回，準備投入生產業。

工業的發展，必須面向農村，要爲農村服務，所以津市當局特別邀請了華北五省一千位農民代表來參觀展覽會。本是一家人的工農勞動人民，通過工展，更親切的團結在一起了。農民代表在每個館內都看到了自已與工人合作的結晶，更增强了加緊生產溝通城鄉物資交流的決心。這是天津工展的一大特點。河北農民代表參觀過工展後，提出了很多對城市的要求。在農村所有的需要中，有一個問題是必須注意的，就是目前農村購買力低微，工業生產品必須研究減低成本。

解放後重要工業生產品的產量，一般都超過解放前任一時期的產量，有的甚至達到四倍、五倍、六倍。天津工業展覽會，正是十個月來實施"四面八方"政策所得到的光輝成績的總結。

工人階級有力量！

參觀了大連工展的教授和專家，都驚歎着旅大中國工人階級的雄偉創造力和蘇聯先進技術經驗的優越性。同樣的，參觀過天津工展的，也看到了中國人民的勤勞和智慧。今天，中國工人階級還僅只是向技術的大路邁出第一步，不過這一步已經足够告訴我們，當英勇勤勞的中國人民站起來的時候，什麼奇蹟都會在他們手下出現的。

旅大區中蘇合營的遠東電業玻璃工廠半年完成了一年任務，熔化玻璃原料的大窰，由於高熱的流動熔液不斷侵蝕，和液面接觸的窰磚耗損特別厲害，日本人建廠二十一年，每年都花七十天的時間大拆大修一次；但是勞動英雄劉茂有想出了辦法，使深溝不再繼續被蝕，使大窰壽命延長了七個月，該增加了多少國家財富？廣和機械廠的新型六呎車床，它的精密程度達到了應有的標準，該廠原祇能造些另件，今年開始試造車床時，沒有技師，工人們就拿起圓規、三角尺、丁字尺，你拼我凑的盤成了圖樣，缺少工作機械時，工人劉鳳嶺造了各種"胎"（即"模子"），克服了工作上的困難。

電機的產量達到了1947年的二倍多，金州機械工廠今年的產量將爲1948的三倍，勞動效率則提高到去年的百分之二五五。鋼的月產量已超過日寇時代百分之六十四。日寇時代每煉一噸鋼要六·一三人工，現在只需要三·七人工，廢品減少到百分之〇·四五，鍛造的廢品更減至百分之〇·〇〇九，這樣就增加了鋼的產量，減低了成本。今年上半年特殊鋼的生產達到原計劃的百分之一九五，炭素鋼完成百分之一六五。

鐵路工廠過去仰賴舶來品的空氣壓縮機、制動筒、連接器，解放後都陸續開始製造。過去只有日本三菱有"製造特許權"的三路風門（自動操縱車閘的裝置）也創製出來了。大連修船工廠現在平均二天二夜可以出一條船。即將恢復的煤氣工廠，每年將節省電力一億三千餘萬仟瓦。漁網工廠的工人們，自己發明了織網機，此後，織網可不必用手工了。烟艸公司，經過工人兩個多月的研究，改進了糊盒機，這是日寇時改革過多次都失敗的。日寇時代僅能造迷信紙的造紙廠，經工人們努力改進，現在已供給旅大區大量的新聞紙。青年機車司機梁啓群，半年學會開車，在短短兩年中創造了二千六百噸的最高牽引記錄，他的技術使他有把握在上坡時牽引九十九個車箱的列車。今天，成百的新廠長，上萬的新技術人材，把過去被日本人完全壟斷的技術完全掌握到中國工人手裏了。

天津工展中的工業改進館，集中地表現了工人階級偉大創造的範例。周云峯式的電力孵卵機，孵化效果能達百分之九十二，陳列的有二千卵型和八千卵型，又有用火力的，效果達百分之八十。長江造紙廠技士王蘊山發明的枳機艸造紙法，造出的紙柔韌光滑，非常耐用。枳機草盛產於綏，察等省，僅綏西之五原，臨河等縣年產即有百五十萬噸，是極豐富的造紙原料。美利華廠工人黃永符發明了旋轉蒸汽機，對於沒有電力的農村，是一個很好的原動力。愛倫化學廠的"六、六、六"殺蟲劑，效能高而成本低，前途極有希望。華北草製品公司發明的草袋織機，是發展農村副業的良好工具。還有新式耕田犂，人力搓玉米機等，都是在政府"發展工業，面向農村"的號召下的優秀創製品。其他如磨輪，可以代替油氈的防水粉，都是極重要的創造。工人在提高質量，改進技術，節約材料方面，也有巨大的成就，如天津製鋼廠軋鋼工人每噸盤元用煤由四〇七斤減至三五六斤，用電由八六度減

爲一九五〇年的華東農業增產

——九十多個農業和科學團體準備——

華東第一次農業展覽會

老解放區農民勞動英雄將趕來參加

緊接着大連工展和天津工展（見本刊本文的介紹），上海即將有一個規模宏大的農業展覽會揭幕。雖則還在籌備階段，一切尚未成熟，可是我們不妨先爲讀者們作個介紹，讓大家知道，解放區的新氣象，是在怎樣蓬勃地擴展中。

這個會由華東區財經委員會農林水利部，中國農業科學研究社和上海市近郊農民協會籌備會聯合發起的。共同籌備的還有上海市人民政府工務局，工業部、紡織工業部，合作指導委員會，中蘇友好協會等，其他應邀加入計劃佈置的，則有九十多個單位，幾乎包括了全上海乃至整個華東區各省重要的與有關的團體，大家都以嚴肅的與學習的態度來參加工作。

這個會的內容，將不是已往那種百貨陳列館式的場面，而將抓住重點，通過展覽的形式，使觀衆認識到過去，現在及未來農業的情況，以及當前農村中所亟解待的問題，尤其是今年各地由於蔣匪幫累積的罪惡所造成的嚴重災難，和千百萬人民怎樣在中國共產黨的正確的領導下，克服水災，克服旱災，克服蟲災的種種偉大事績，而因之鼓勵大家，支持農村建設工作，把生產提高一步，並號召農業勞動者與技術工作者的密切結合，遵照毛主席穩步地變農業國爲工業國的指示，我們必須這樣做，而且要把它做得更好。

根據這樣的意識，大會的展出部門，將有農作，園藝，畜牧，水產，土壤，肥料，農作機具，病蟲與藥械，紡織與纖維等組，另外還有中國農業建設之途徑組，是以縱的方式表現以往農業之所以落後，和今後新的生產力，要怎樣在封建生產關係的束縛被解放後，逐步地提高與發展。同時，配合着這個條件，又有蘇聯農業介紹組。將具體地指示我們：如何向先進的友邦學習？

聽說這個消息，已引起了老解放區廣泛的注意，特別在山東，他們已開始推派優秀的幹部與勞動英雄，趕來出席。所以只就上述的介紹說，它已不僅是一個農業的展覽會，而且是一座溝通城鄉關係，交流農業勞動者與技術工作者的理論與經驗的橋樑了。

大會的名稱是「華東區第一次農業展覽會」。我們現在所知道的展出日期是十二月二十五日，地點可能在復興公園或跑馬廳。中國技術協會也是應邀參加計劃佈置的一個單位，已經動員了一些熱心會友幫助工作。我們大家都知道中國工業發展的必要條件原料和市場的解決，是絕對離不開一個繁榮的農村的，所以對於這個農展，我們寄以極大的注意和期望。假若讀者願意提出農產品或有關資料參加展覽的話，可事先向中國技協或該會籌備會接洽。通訊處：上海市阜湖路二號工務局園場管理處轉該會。

至六九度，所產鋼含磷與硫的成份減至百分之〇·五以下。中紡整布率由百分之八五·六三，提高到百分之九十；每件紗用棉量，由415斤減至400斤，二十支紗强力由標準量65磅提高至78磅以上。

自力更生、自強不息

"自力更生，自强不息"，是掛在天津工展會中工業改進館門口的八個大字。毛主席說："我們不但善於破壞一個舊世界，我們還將善於建設一個新世界。"全國範圍內的經濟建設高潮已將到來；大連工展和天津工展則給了我們一個預告，展示跟工業中國無光明的前途。

全世界勞動人民的心臟——

莫斯科都市計劃

王 正 本

前 言

莫斯科——這全球景仰的都市，它是蘇聯人民的首都，也是新文明新文化的前哨。斯大林在論莫斯科的貢獻裏曾說過：「莫斯科成爲一種把分裂的俄羅斯人，團結成具有單一的政府，單一的領導，單一的國家基礎」。這就是說，要想把蘇聯搞好，必須先把莫斯科建設成爲完美的都市。莫斯科從 1147 年建城以來，到現在已有八百零二年了，它已經是由封建時代的城市走到社會主義聯邦的都市。今天的莫斯科，不但是俄羅斯民族的驕矜，而且也是蘇聯各民族的驕矜。它奠定了俄羅斯民族的文化基礎，也是世界上第一個工農社會主義國家的首都，它已經成爲新世界的心臟，展開了進步的、繁榮的與偉大的前途。社會主義的莫斯科還祇有卅二年的歷史，但在這時期當中，它已經改變得難以認識了，變成爲一個美麗而完善的城市，並且繼續不斷的在擴展着，加强着，更完備，更美麗，它鼓舞着蘇維埃人民的心靈。這種有計劃的發展，足以證明整個蘇聯堅强的生長與復興。在斯大林的報告中也說過：「貧民窟或者所謂城郊的工人區，是資本主義國家大城市的必然的標記，這種所謂工人區，其實就是一堆黑暗，潮濕，半爛的房子，那裏面住着無產者，他們整天迴轉在骯髒汚臭之中，咀咒着命運。蘇聯的革命使我們國內消滅了貧民窟。代替它們的是新建的優美而敞亮的工人住宅區，而且，在我們的城市裏工人住宅區常常比中心區更漂亮。」這種對於爭取爲工人謀幸福的立場，由莫斯科的改造中，也可以得到充分的證明。在斯大林第一次五年計劃時期，莫斯科變成了社會主義國家的眞正工業堡壘，建造了許多最新配備的工廠，又按照它的重建計劃，是要把莫斯科變爲蘇聯巨大的工業中心。1935 年的重建計劃直到 1941 年二次大戰爆發爲止，已經實現了一大半。又在1946年通過的戰後復興及發展莫斯科市經濟的五年計劃中工業的總產量，到1950年要比戰前水準增加百分之卅，將建造很多的住屋和大量的公共大廈，這樣大規模的建

莫斯科各期成長圖

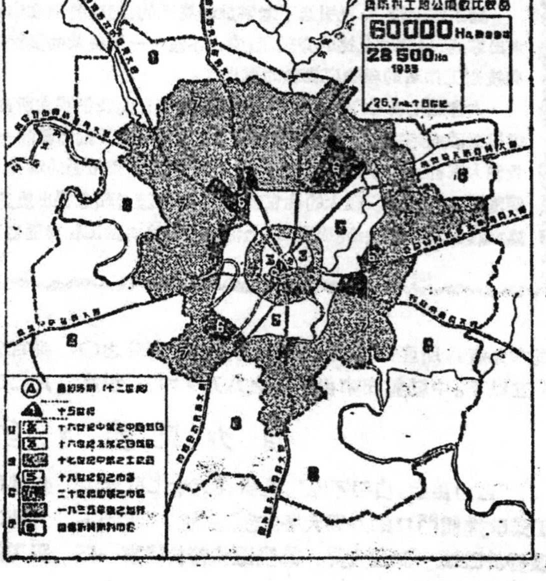

築工程，將使莫斯科中心區的馬路幹道，可以大規模的改造，又可以劃分新的市區，造成新的市容。這種有計劃有步驟的都市改造與重建的計劃和實施，是世界上沒有第二個都市可以相提並論的。

市區發展

莫斯科在奧卡河的支流莫斯科河的旁邊，它最初時期的成長，根據考古學家的發現，起自沿莫河與納格林那雅匯流處的小山崗上的村落，也就是現在的克林姆宮西南部所在地，因爲三面有水，是一個強固的堡壘理想建築地。除此之外，那時的交通要道，有從波羅的海到裏海和亞速海，以及從西比利亞到東方的交通要道。有歷史紀錄可資參攷的是始自1147年。十二世紀的下半葉的城區祗有現在克林姆宮的三分之一面積，那時在大地主制度下，它是一個四面圍着木頭供軍用與貿易的小居住城區，奠定了「小木城」的基礎，1339年在封建制度下重以硬木頭築圍牆，在十四世紀時，它已經包括「克林姆宮」——公爵居住的處所，「波薩得」——克林姆宮牆的外邊，後來稱爲中國城，是工匠商人住居區，和「薩雷奇埃」橫通莫斯科河三部份，古時期像一座巨大散漫的村莊，1462年奠定爲俄羅斯的首都，1471年開始建築磚屋與教堂，1485年開始築新城堡壘與皇宮等，當時的城區佔地祗有26.7公頃，（註：一平方公里＝100公頃），十六世紀中葉，築中國城牆，十六世紀末葉築白城牆，十七世紀末葉築土城牆，市區漸次擴大。十八世紀初葉，遷都至聖彼得堡城，即今列寧格勒，莫斯科曾一度變成了陪都。1792年拆廢白城牆，闢修大道。十九世紀初期又大興土木，建造自來水廠，修築溝渠。1838年築大皇宮。1851年與列寧格勒通車。1869年開始有煤汽路燈。1883年電燈也經採用。廿世紀初葉，修築了城市電車，1923年時已有七公里長的電車道，可以通達郊外的工業區，漸漸擴大連接鄉村。1935年時的市區地界爲285平方公里。是年制定的新總圖計劃市區面積擴大至600平方公里。它的歷史重要建設紀錄可以參見第一表莫斯科成長歷史表。

第一表　莫斯科成長歷史表

1147	開始建城	1637	築土堤	1892	築溝渠
1156	大地主用木頭築圍	1648	建新城	1893	列寧入京
1238	元時被蒙兵征服入境	1654	鼠疫	1898	普建溝道
1339	封建制度下重築硬木圍	1662	亂變	1904	電車
1380	敗蒙兵	1682	彼德上台	1917	十月革命
1382	蒙兵又入大火	1687	築大石橋跨河	1920	全國生產計劃開始
1395	擊敗蒙兵	1693	以石舖道	1921	實行新濟經政策
1462	奠定首都	1698	兵變	1922	成立聯邦、汽車、水力發電
1471	始築磚房	1701	紅場築戲院	1923	七公里長電車道與郊外接軌
1478	始築教堂	1713	彼德遷都列寧格拉	1924	擴大工業區聯絡鄉村
1480	推翻蒙古統制	1714	帝命不築房屋或修理	1925	建全城大發電廠
1485	俄皇新築城及堡壘	1730	始有路燈	1926	辦列寧大學
1487	築皇宮	1755	建大學及圖書館	1927	擴充農林生產擬五年計劃
1508	築護城河	1771	又鼠疫民亂	1928	闢中央文化公園
1534	中國城旁築石牆	1792	拆白城牆闢大道修築小河道	1929	接受五年計劃、電氣火車
1547	大火、反貴族、稱帝	1806	建城市自來水水廠	1931	擴充莫城、生產
1551	開會建築莫斯科	1812	拿破崙入京、大火、法軍退、燬城不逐	1933	無軌電車
1556	建大教堂	18.7	填塞土城旁溝另築溝道	1935	設立莫城總圖計劃委員會築地下車道第一段
1586—93	築白城城牆	1838	築大皇宮	1936	建十大鐵橋與河底隧道
1591	建木城牆	1846	霍亂疫	1937	通烏爾加運河
1596	延紅場建商店	1851	火車首次由列寧格拉入城	1938	築地下車道第二段
1608	波蘭勢力入莫城	1865	農業生產展覽會	1943	築地下車道第三段
1611	波放火燒城	1863	煤氣、路燈	1946	完成沙拉托夫至莫城之煤氣管路
1624	內城建炮台	1872	築鐵道通馬車	1946—50	通過莫斯科復興五年計劃
1633	築自來水	1883	電燈		

人口成長

莫斯科發展的過程中，在1917年十月革命以前，它經過了幾次的更改，兵禍，火災，鼠疫，霍亂等的侵擾，是它的特殊遭遇。自從十八世紀下半期起，商業關係開始發展，莫斯科佔居首位，隨着手工業和商業的發展，城內的居民也漸漸增加，直到十八並紀末葉，已達到十七萬五千人，其中農奴及商人佔去75%。但在十九世紀的下半葉，當它經過六十年的改革以後，莫斯科變成了一個近百萬人口的巨大工業都市。1882年時計有卅萬僱傭工人連同家屬約佔全市人口80%。廿世紀初葉，因市區工業發達與增建鐵路，引起了人口的激增，1917年有人口一百七十萬，1926年爲二百萬，1939年爲四百十三萬七千，1949年爲四百六十五萬人，參見第二表——莫斯科人口成長表。每年人口的增長率自1790年至1860的七十年中間約爲1%以上，1860至1885的廿五年間約爲3.5%，1885至1926的四二年間約爲2.3%，1926至1939的十三年間約爲5.5%，近十年來雖因戰爭影響，但以恢復迅速，還能

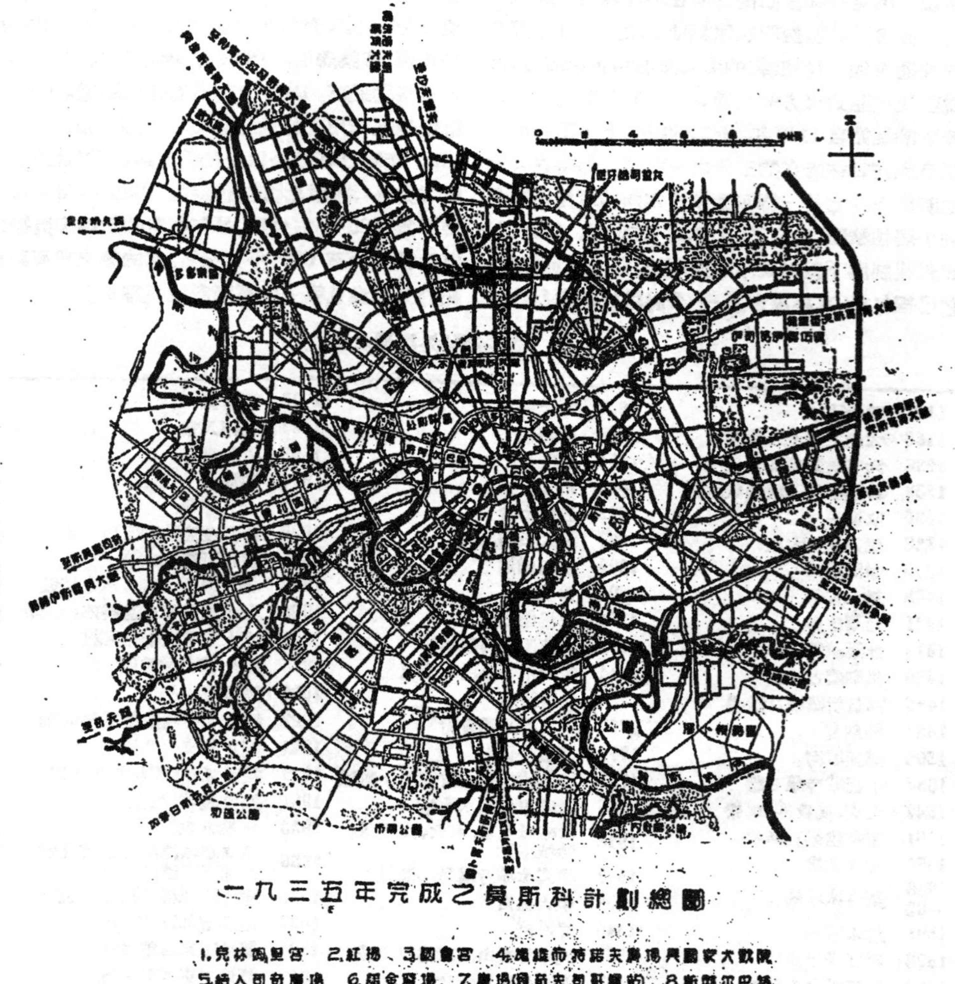

一九三五年完成之莫斯科計劃總圖

1.克林姆里宮　2.紅場、3.國會宮　4.馬雅可夫斯基廣場與國家大戲院　5.格人司奇廣場　6.路金廣場、7.廣場(列寧格勒車站)　8.斯阿尔巴特廣場　9.廣場(至白羅斯車站)　10.奇拉姆運動場　11.全聯合國農業生產展覽所　12.解國廣場車站(沿山十月野亞斯拉夫)　13.史太林運動場　14.廣場(車站至庫司克)　15.文化宮　16.廣場(至沙拉多夫車站)　17.最高科學研究院

够保持到四百萬以上人口的大都市。

第二表 莫斯科人口成長表

公元	人口數
1790	175,000
1860	360,000
1885	800,000
1917	1,700,000
1926	2,025,000
1936	3,550,100
1939	4,137,000
1949	4,650,000

計劃經過

莫斯科在十五世紀末葉時，係採取射出式的幹道向郊外擴展，以通達鄰近的鎮集，因此沿路產生出若干村鎮與工人居住集團。城的中心，往昔稱中國城，多爲商店與棧房所聚集，以前尚存有狹窄街巷與極簡陋的房屋，後來又漸漸建築了一些大型房屋與商店，破舊的房屋也雜處一起，當時雖然想加以改建，但是總遭遇到地主的反對，也就沒有實行。自革命後的政府遷到莫斯科，曾在一九二〇年由柔庚夫司基與舒謝夫兩氏領導，完成首次草圖，逕繼續完成了許多草案。有一個草案是以容納四百萬人爲設計目標，市區面積由 280 平方公里增至 2000 平方公里，但因未根據當時的生產能力，加以發展，因此工作與居住不能配合，且因建築體制的混亂，以致未經採用。繼至 1931 年六月，蘇維埃中央執行會議，曾經討論都市建設問題，以注意如何可以提高人民生活水準爲原則。當時議决另擬一個新的總圖，公開徵求設計圖案，同時也邀請了西歐的都市計劃專家參與工作。但是收到的應徵草圖中，多不能適應原則，大都忽視了都市發展的歷史背景。曾經政府開會否决了幾個圖案，例如有些建築師建議將莫斯科消滅，在原地建築一個公園，而在旁邊建設一個新的城市，另外還有人建議將莫斯科原封不動的保留下來，作爲博物館。會議完畢，曾組織了一個都市計劃委員會，另行設計，參加了最優秀的工程師，經濟學家與醫學家等，經過了幾年的精心設計，同時得到聯邦政府與黨部的建議，計劃莫斯科應以保存歷史發展爲根據，且必須有根本計劃使之擴充，如路綫網與廣場等，始得依次發展，其他的條件是爲如何佈置住宅區之適當位置，並謀工廠，鉄路運輸，水道與倉庫等的方便，力求疏散密集區段內的人口於合理住宅區，達到使人民居住在健康的環境裏。1935年7月10日由史大林領導下草擬的總圖與改造的大計劃已告完，經過聯席會議的通過公佈實施，又於1946年11月27日通過了1946—50年的復興及發展莫斯科市經濟的五年計劃，這個計劃是實現史大林的莫斯科重建總計劃的新階段。

計劃要點

莫斯科總圖設計，是以能容納五百萬人爲計劃目標，並注意到市民生活習慣文化等問題，例如住宅區內的交通、給水、溝渠、學校、醫院、商店、公共食堂等，均加適當的分佈與配合。舊城本部改造的重心，在着重疏散舊城區內的人口，與如何增加郊區的人口密度。計劃中的舊城人口毛密度，是以每公頃四百人爲最大限度。新總圖面積由280平方公里增加到600平方公里，新增的面積中有三分之二在西南區，該地土質乾燥合乎衛生，且在風向的上方，適宜於疏散一百五十萬人口之用，新建區的中心，指定靠近列寧山脈，有公園連接河濱，風景幽美。總圖內劃定了多處廣場與幹道，沿河道兩旁，設有多數公園，採取古典式，近代式與其他新式藝術的建築物。新計劃的型式，是以莫斯科河爲組織基地，特別注意如何配合總圖內的建築式樣，河道與灣曲配合壯麗的房屋，沿河大道均採作綠色地帶，碧水掩映，構成都市內最美麗的部份，包括總圖內半徑五十公里城市區域，安設有許多公共的與農業生產的機構，供給莫斯科的食物。此外尚有綠色地帶環繞莫城，寬達十公里，供市民休憩與調濟新鮮空氣之用。另外還有楔形的綠色地帶連接城內，綠地系統中，包括有中央公園，高爾基公園、沙哥爾扯司奇公園、顧司明奇公園、內奇諾公園、市南公園、和睦公園，野冬河公園等，採取平均分佈的原則，住宅區內的綠地面積佔百分之卅。舊城的中心是克林姆宫與中國城，因市民向西南增加，更形發達，新城的中心部，列寧崗上，擬建造大廈，是蘇維埃宮與列寧碑的所在地，新的議院宮高三百十五公尺列寧碑的塑像高一百公尺共高四百十五公尺。根據總圖紅場擴大兩倍，中國城裏的小型房屋，均加以拆除。改建公園，同時增建若干國家機關的集體建築物與廣場。總圖內的道路系統是將舊有道路取直放寬，造成三個城市射出式的幹道，彼此交叉，第一射出綫是沿列寧格勒大道，穿過高爾基大道，直達斯大林工廠，第二射出式沿施條哥夫斯哥頁大道，吉羅夫大道與國會宮大道，經過列寗山脈，向西南區，第三射出式，由阿斯坦京公園順阿羅士吉斯特苑加與雪卜賀夫大道除已成的環形大道外，另外還有新的環形路如不里瓦大道，沙多魏大道，公園環形道等，不里瓦環形道與莫斯科河連接，繼而可以溝通河道又增加了新的射出式大道。還有一些路道是聯絡各區的交通路，不必經過中心區。計劃中尙有三條幹綫：1.聯絡東南區與北區順着顧司克鐵路再入地下車道。2.由東向西聯絡靑年團廣順着白俄羅斯車站與高爾基大道。3.接着白俄羅斯車站的廣場與奇也夫車站廣場。根據總圖指定重建的鐵路岔道，並且疏散倉庫與其他各種的工廠，城區內鐵路的倉庫，與都市內的鐵路相連接，採用射出式的地下車道。其他的區段也是以地下車聯絡的。一切運輸方法，如鐵路、河道、航空、市內交通等均須互相聯運，同時給水、溝渠、電力，煖氣管綫等都妥善的籌劃，使市民都能够得到享受，成爲完備的都市。

總圖實施

總圖公佈後，這個計劃在幾個五年計劃內，到蘇德戰爭爆發爲止，已經實現了一大半，總計建造了六百餘萬平方公尺的新房屋。舖築了五百萬平方公尺以上的馬路與人行道。莫斯科河岸舖築了五十三公里長的花崗石駁岸。開鑿了長達128公里的莫斯科到伏爾加的運河，因築運河的關係，將莫斯科河的水位提高了1.2公尺。市區的四週也建造了若干蓄水壩和水閘，用以調節水位。完成了長40公里地下車道，車站與候車室等都採用優良的建築材料，每天乘客約計二百萬人。各類的橋梁也建築了十多座，以貫通沿河兩岸的交通，橋下可以通過大型船隻。敷設至沙拉托夫的煤氣管路，每天可以供給一百萬立方公尺的煤氣。給水方面可以取自伏爾加河，有一部份在淸潔的森林蓄水池中，澄淸之後積流到水管中，一晝夜大約得到一百廿三萬立方公尺，新計劃中還要增加一倍半。火車站建築了十個，每天有一百次長途火車運到與開赴各地的平均約有十二萬人，估計周圍一百公里以內的各城市和居民區聯繫起來的近郊火車，一晝夜運載數十萬人。由於到伊凡科沃村運河的改良，有新航綫七百廿公里的出現，因此運輸貨物的航運也發展起來，由1937的廿九萬噸增到1947年斯計劃的二百三十五萬噸，在同一時期內旅客的載運量由一百萬人增加到四百萬人。

將來計劃

莫斯科是在進行着連續不斷的新建設與改造計劃。在工業方面，對於古老大城市裏的新企業建設，加上了限制，這並不是說莫斯科的工業不再需要發展，相反地它將加强工業的生產，改良工業的技術，更求能供給多量的工業生產品與機器，使莫斯科市內與市外的工廠，彼此在工作程序上互相配合，互相交換出品與零件，充分的發揮合作的能力。

交通方面，將與史大林格勒附近鑿通了伏爾加河與頓河之間的運河，莫斯科將成爲「五海之港」——卽波羅的海，白海，裏海，亞速海和黑海。地下鐵路將有一條長達廿公里的新環狀幹綫，使與環狀的公園大道及其他的主要車站取得聯繫。又長達六十四公里的電化鐵路幹綫將圍繞着莫斯科，同時更將增闢平行的汽車道。近郊的街道上，擬敷設新電車道八十公里。主要街道都將加以綠化，另行開闢幾十個新的路旁公園，學校的綠地廣場與其他休憩廣場。許多街道將澈底翻修，寬闊的人行道和新建築物前面植兩排樹木，許多廣大房屋之間也將出現很整潔的綠蔭廣場。

建築方面、計劃完成各邊區的房屋，方便的兩層、三層住宅將滿佈起來，比較接近市中心區的地方，則建築四層五層的樓房，此種房屋需要包括水汀，煤氣，電話等全部設備。改建莫斯科時，也同時考慮到個別房屋的美觀，也注意到整個城市的美麗，因之對建築物樓層的正確選定，將有重要意義。現在許多莫斯科的建築家正從事着新的有趣味工作，除了設計普通住宅和公共建築外，他們正設計着五座高十六層，兩座高二十六層，與一座高卅二層的建築。計劃中在莫斯科河的灣曲處，將建立卅二層高的建築，內中一部份房子計劃做旅館，一部份做宿舍，將居住各類職業的人們。離紅場和克林姆宮不遠的地方計劃建立一座廿六層的建築，此外列甯格勒大道上也將建造同樣高的房子，莫斯科河旁，斯莫林斯基廣場上將建立些十六層高的房子，這些建築物地點的選擇原則，是要在這些地方建造巨大的構成中心，並且要解決適用與美觀上的建築問題。同時對於管理市政人材的培植也特別注意，將來要訓練卅一萬一千人來參加莫斯科的市政管理工作。

結　論

由莫斯科改造與建設的表現，可以看出來社會主義國家對於都市的建設問題，是如何有計劃與有步驟的。經過卅餘年的改造，將以前祇被稱爲棉紗城市的莫斯科，已變成爲重工業的中心點。將革命以前一個擁擠的城市——全城有一半是木頭蓋的房子，超過三分之一的居民住在簡陋的小屋和廚房裏，與十分之一住在地下室裏的市民，漸漸祈搬到新的住宅裏去，享受到水汀、煤氣、電燈、電話的方便與舒適，將以前用石子所鋪成的街道，大部份都鋪上了瀝靑。

總之，莫斯科不僅是一個碩大的都會而已，而要建設成一個使人民免於貧困，免除悲慘的生存，免於失業的新生活方式的感召者，而眞正成爲全世界各大都市的新模範。當我們新民主主義的新中華人民共和國正在建國開始的時候，以我國土地的廣大，人口的衆多，從東到西，從南到北的地區內，氣候的懸殊，地勢的複雜，生活習慣的不同，將有各種的城市建設問題發生。尤其在工業化的過程中，如何對畸形發展不合理城市的限制與改造，以及其他中小型城市與鄉鎮的全面建設，如何達到城鄉交流，加强生產、繁榮經濟，正是我們應該共同努力的去求得它適宜的解決。（本文承李寶堂先生供給許多寶貴的資料與指敎，吳信忠先生協助繪製圖樣，作者深深的表示感謝。）

·封面說明·

中國生化製藥廠介紹

生化藥廠創始於一九三一年，正式成立於一九三七年，創辦人是一羣從事於化學研究的敎授和專家，他們以製造"標準準確內容眞實成份純潔"的藥物爲目的，不久在營業上便獲得了長足的進步，然而他和其他的民間工廠一樣，是在帝國主義和官僚資本雙重壓迫之下，掙扎奮鬥而成長的，尤其在抗日戰爭勝利之後，營業上所遭遇的美帝傾銷和官僚資本的壓迫，更是困苦萬狀，致使生化的基礎發生動搖。但是至今日，帝國主義與官僚資本上已經基本上被打垮了。雖然他仍需奮鬥，但他的前途却是光明的。

他主要的出品如「滴滴涕」「愛美納眞」「瓣倦丸」和「鄙雅士」等都有廣大的市場，最近他們又改變生產方針，面向廣大農村，除瘧丸就是一個很好的例子，他的效用要在「奎甯」和「阿的平」之上而成本却又非常低廉，這不但眞正發揚了自力更生的精神，更完成了醫藥大衆化的任務。

生化是一個由國人自辦的民營工廠，職工二百多人，在總工會的正確領導下，他們已經很好的組織了起來，並且在勞資兩利的基礎上，增進生產，提高工作效率了。

13219

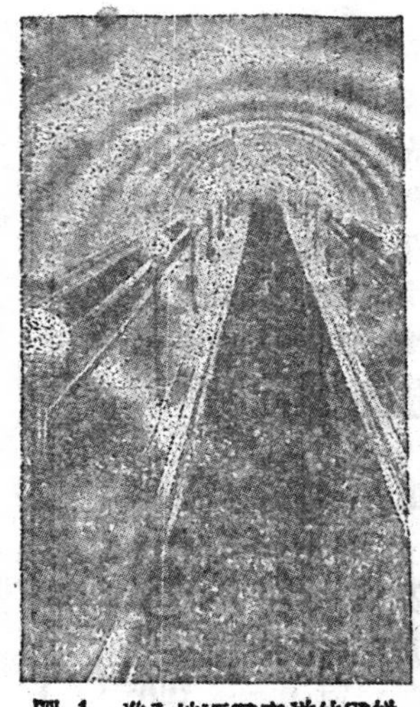
圖 1 進入地下電車道的電梯

莫斯科的地下電車

宋世仁

凡是到過莫斯科的人，都可享受到蘇聯十月革命的偉大建築物之一的地下電車道，他建築的宏麗，和工程的浩大，是近代全世界難與匹敵的。他是莫斯科市內主要交通工具之一，更象徵着社會主義國家造福人羣含有劃時代性的代表建築物。建築地下電車道，最早的要算英國，在1863年倫敦就有類如地下電車道的棧橋出現，接着在1882年柏林也開始建築，1899年在巴黎和1902年在紐約等處都接連倣造，他們的構造，也漸有進步。全世界地下電車道，最長的要算紐約，有500公里，倫敦有400公里，巴黎有190公里，柏林有120公里。最近的幾十年來，世界上各國因經濟不景氣，便無力注意建設地下電車道了。

建築的經過

蘇聯建築地下電車道，時間較各國爲遲，不僅參照了其他各國的建築上的經驗，並吸收了許多技術專家的精華和工具上的利用。

莫斯科建築第一條綫的地下電車道，是在十月革命後1932年第二個五年計劃時開始，一共費了42個月的時間，動員75000的工作人員，直到1935年5月15日正式第一次通車，計長11.6公里，全程共有13個車站，當時舉行通車典禮時，曾喚動了整個莫斯科市民的歡欣和鼓舞。第二條綫在1936年6月完成，計長14.9公里，全程有9個車站，第三條綫在1937年1月完成，計長9.6公里，全程有6個車站，總計已築成的路綫共長36.1公里，總計28個車站。現在正在進行建築中的路綫，擬由市中心區出發，橫貫上述三條路的直徑的地下電車道，其長度預計40公里。

建築的內容

各個車站的地面上和地下層的構造及裝璜，完全用不同的色彩和各具特殊的格調，旣莊嚴又富麗；站內走廊都砌以磨光的用五光十色的大理石或花崗石，襯飾着瓷器和不銹鋼，有的壁上浮彫着飛機，跳傘，傘兵圖案畫，以象徵着這是一個將近飛機場的車站；有的站內，點綴着形態不一樣的工農商學兵各個階層，參加當時革命的表情的不銹鋼的彫像，略示着這是革命廣場附近的車站。

各路綫平均離地面深達30—50米，其中以第三條綫通過莫斯科河底，直達斯太林汽車工廠的一段，工程尤爲艱巨浩大。

在地面下的旅客，上下電車的候車走廊，他的寬度從3½—5米，6—16米，有的寬達8—21米，仍以配合各站的設計爲決定標準。

旅客到達候車走廊，必須經過石階或電梯，其中有一個車站的電梯，長度約達30米，聯列三梯，形成斜坡，（如圖1）二者上下而行，其他一梯，以供備用，電梯速度平均爲0.5—0.75米/秒，有時人在上坡看向下面，如臨深淵，由下而上時，仰望如入雲端，杳不知將到何處去向。電梯兩旁，裝有橡皮扶欄，並點綴着乳色的柱燈。使人身歷其境，隨梯上下，大有飄飄欲仙的風味。

地下電車道的燈光，一直明亮地照耀着，無間

圖 2 革命廣場的地下電車站

13220

圖 3　紀念「吉爾仁斯基」的地下電車站

日夜，平均光度爲 50—100 支光綫，（其他國家爲 25支光）明暗均勻，對目光並不感到與地面上的不同。

通風設備，採取自然式和人工式兩種。前者爲經過地面上的特種豎坑，使自然地發生對流作用，以助調節地下道的空氣，後者則利用電動的抽吸法，以加强調節作用，平均每小時完全調氣8—9次，（其他國家爲每時 6 次）

站內並且有暖氣、空氣、水蒸氣的自動調節設備，以保持和地面上同一的氣壓和溫度，使人除了有冬暖夏涼的感覺外，空氣的清鮮，並不和地面有別；所以終日在地下車站上工作的人，並不覺到難受和疲倦。

行車的情形

每列車廂，共有七節，每節有門四座，一節容量爲 170 人，墊車中除兩邊都是皮墊背外，中間亦可容很多人站立，車廂的燈光和整潔，更使旅客舒適神怡，車身的構造，精緻華麗，比地面上任何車輛爲强，難怪莫斯科市民凡能利用趁坐地下電車的，莫不盡情利用享受，在每一個列車的第一節，就是專供攜帶小孩的婦女乘坐。

車輛往來的停留時間，都有嚴格的規定，每車停留時間，爲20—30 秒，車門自動開關，車速不得超過75公里/每小時，牽引電壓爲500—1000伏特。

爲了保證行車安全起見，並裝有自動信號燈的封鎖裝置，使駕駛者可以注意，當車開行時，就變成紅色的信號，表示馬上不能有車前進，等到十五分鐘左右，信號便能自動地變成黃色，則表示這時可以準備前進，等到信號綠色時，就可讓車繼續前進。

地下電車的開放時間每晨爲五時半到晚間十一時爲止，平均每日夜中輸送旅客的總數爲 70 停—80萬人左右，所以地面上很少看到熙熙攘攘的行人擁擠情況。

站內還有許多小商品，藥品舖，食物舖，書舖，雜貨舖等，以便往來旅客隨時購買。

天然的防空壕

1941年德蘇戰爭的時候，德機開始空襲莫斯科，當時莫斯科市民不慌不忙地從容利用了這座偉大的天然防空壕，不僅白天，而且是每晚，七時後就停止通車，開始放進帶有小孩的婦女，整隊進入站內，在那裏已安放排列着整齊的行軍床，並由指定的防空救護人員往來照料。

圖 4　白俄羅斯火車站附近的地下電車站走廊

編者小言

▲本刊從這一期起擴大了篇幅，下期將是本刊發行第五年的第一期，今後當加倍努力使內容眞正地做到通俗而實用，給即將來臨的全國規模的生產建設高潮密切聯繫起來，交流生產經驗，隨時把生產向前推進一步。爲此，我們熱忱地希望讀者們儘量提出批評與建議，共同來搞好這個於全國科技工作者的「工程界」。

▲本刊的主要內容約有：1.關於生產建設的發明和改進，勞動組織與生產制度，切實的生產計劃及各種工業生產過程和設備的具體寫述；2.介紹與報導蘇聯的建國經驗，新中國各地區工礦現況和動態，工程簡訊，新紀錄的創造及各種生產建設運動；3.通俗的工程講座與實用的工程常識；及4.關於科學與生產，技術與政治，科技人員修養及響應政府號召生產建設的討論等。各欄皆歡迎讀者寫稿，並也歡迎參加編輯工作，我們熱烈地期待讀者們的合作。

修鋪上海瀝青沙路面的經過

——徐 以 枋——

本文作者從事道路工作近二十年，對于高級路面尤具深刻實地的研究。本文報告作者在本年度上海市人民政府工務局領導道路工程工作中的經驗和心得，及在精簡節約自力更生的號召下實地施工情形，足爲留心道路工程者的一大參考，——編者

瀝青沙路的研究是一個很複雜的問題，這裏面牽涉到沙石料的級配，瀝青材料的性質，氣候的變化，車輛的繁簡等等許多有關的因素。因此到目前爲止，各國道路專家和材料化驗師雖曾多方研究，意見尚未統一，還未得到確定而可靠的結論。

今年上海市人民政府工務局在環境許可限度下，曾致力於瀝青沙品質改進的研究。分析目前上海的客觀環境有下面三個限制，在研究時須要解決和照顧到：

（1）地瀝青存量的缺乏，以及來源的斷絕。

（2）瀝青沙中重要成份的甯波沙，無法從海上運來，而廠內存料僅數十公方。

（3）響應精簡節約的號召，材料人工要儘量地減省，但是不是盲目的減省，減省的原則須要同時攷慮到製成瀝青沙的品質和它的使用年齡，使每年所費的代價——包括建築費的折舊和養護費——爲最低，以達到眞正節約的目標。

要在上述三個客觀條件下研究瀝青沙，是今年研究瀝青沙的特質。在未做研究報告以前，首先闡明瀝青沙路面五點重要的要求：

（1）夏季時路面不發生波浪形，不論是橫向的，或者縱向的。

（2）冬季時路面不致開裂或破碎。

（3）瀝青路面和碎石路面的分別，除了粒料的級配外，乃在用瀝青來代替泥土發生黏結作用，於是瀝青的壽命大大地影響到瀝青沙路面的壽命。要保持瀝青沙路面的壽命，必須保持瀝青材料的壽命，使它的硬化作用緩和些。

（4）路面不要太光滑以防肇禍。一般人士總以爲路面愈光愈好，其實祗要路面不透水，太光的路面只有增加行車的危險，不易刹車，容易發生車輛撞人或者自己翻身的情形。所以輓近各國均有改片瀝青沙路面爲瀝青混凝土路面的趨勢。一方面可以得到較粗糙的路面，一方面可以避免夏季發生波浪形，同時還可以節省瀝青的用量。

（5）瀝青沙路面的空隙須低至不能透水，同時又要留一些最低的空隙度，使瀝青材料在熱天能有膨脹的餘地，以免擠溢而發生路面變形。

針對上述五個要求，同時顧全三個客觀環境條件的限制。希望得到滿意的解決，是今年研究瀝青沙的基本原則。我現在把解決的途徑分別敍述於下：

（一）解決第一個限制——地瀝青的缺乏。我們知道瀝青材料可以分爲二大種：一爲地瀝青，是石油鑛的原油蒸餾後的副產品，亦有天然的地瀝青石；一爲柏油，是從煤製造煤氣或用煤煉焦炭的副產品。它們都可以充作築路材料的。由於柏油對於溫度的感應性遠較地瀝青爲强，就是夏天易融冬天易脆，並且硬化作用也較地瀝青爲速，使地瀝青在築路的用途佔優越的地位。但是我們地瀝青存量的不多，來源的斷絕，因此需要研究在不十分妨害築成的路面壽命下，用柏油以代替地瀝青一部份，來解決這個困難。

（二）解決第二個限制——甯波沙的缺乏。沙的性類很廣泛，品質也相差頗大，根據去年的調查研究，甯波口外的洒礁沙最好，內容潔淨，顆粒較大，用於拌製瀝青沙最宜。因爲今年無法自海道運來，除了利用存料約五十公方外，祗能另謀補救。補救的方法可能有二種。第一種是用湖州沙來代替，可是湖州沙的品質不勻，常帶有土質，犯了瀝青沙的大忌。當然用冲洗和篩分的方法，未嘗不可達到相當的目的。但今年受了時間上的限制，不容易短期內完成這麻煩的手續，和嚴格管制把這來源不勻的湖州沙達到標準的程度。所以我們取用第二種較爲簡單的辦法，就是將配合成份加以調整，多用石屑和南匯細沙來代替原來用的甯波

沙，使拌成的瀝青沙合乎標準的規定，而且價格方面還比較便宜些。

（三）解決第三個限制——響應精簡節約的號召。瀝青沙材料的配合在不影響它的壽命原則下，盡力節省，並且設法多用價廉和國產的材料，以減輕製造的成本。

（四）適應第一、二兩個要求——夏季不生波浪形，冬季不裂碎。我們普通都用穩定試驗來判別瀝青拌合料的這個性能，試驗各種不同的粒料級配及瀝青成份的混和，以達到規定的穩度。有二種儀器可以作這個試驗：一種是費氏和赫氏（Hubbard and Field）發明的穩力測驗機（StabilityMachine），本刊第四卷第九、十期合刊裏吳鵬鳴君所著「的瀝青路面是怎樣做的？」曾介紹過第二圖，就是它的攝影。另外有一種叫穩力測驗器（Stabilo-meter），是維姆（Hveem）先生發明的，用三軸壓力的原理來求得瀝青沙樣品受到直向壓力而傳到橫向壓力的比例，以定合格與否，其作用如第一圖。工務局祇有費氏和赫氏的穩力測驗機，而沒有維氏的測驗器，惟有用它來檢別瀝青沙的穩定性能，以達到夏季不因受車輛壓力而起波紋及冬天不因瀝青變硬而起開裂。

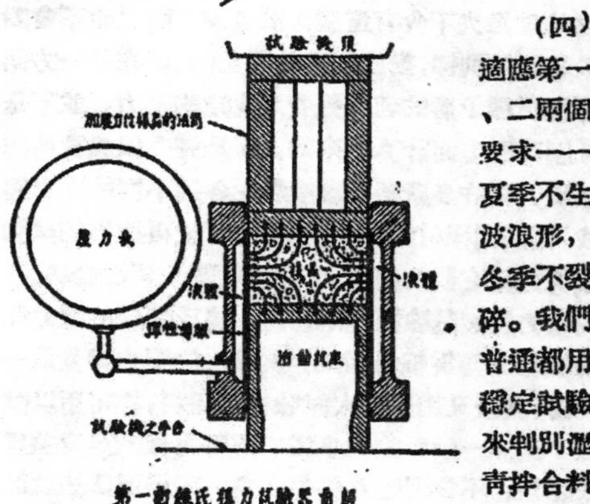

圖一　穩力測驗器

圖二　穩力測驗機

（五）適應第三個要求——引長瀝青沙路面壽命。上面已經講過要引長瀝青沙路面的壽命，就是要緩和瀝青的硬化作用。爲了滿足這個條件，我們選用了適合當地情形的較軟地瀝青（貫入度較大）。過去用40—50貫入度的，似嫌太硬，因爲上海的氣候溫度和車輛的密度並不需用那麼硬的地瀝青，所以今年就採用去年定購的60—70貫入度的，可以使硬化的進展變緩，祇要在瀝青沙組合成份調配得宜，就可抵抗車輛荷重在夏天路面不會發生波浪形。

（六）適應第四個要求——路面稍粗糙。用石屑來代替原有片地瀝青沙的部份甯波沙，使今年的瀝青細沙，能够較去年稍粗糙。

（七）適應第五個要求——路面不透水。面層瀝青沙的成份配合，在材料試驗室中用密度試驗控制，使它的空隙在2%—5%間。

瀝青沙的製造，先由材料試驗室根據各項條件配合，作各種正確的試驗，以達到滿意結果。柏油廠根據試驗室的決定，以拌合機照規定成份作正確的拌製。然後用車運到工地由各工段，依照規定作正確的施工。以上所說的三個步驟，無論那一部份的不留意，都足以影響到瀝青沙路面的成功或是失敗。尤其要緊的是施工方面，假使一種良好的瀝青沙，經過謹慎的試驗，正確的拌製，而不照規定辦法施工，或是施工草率，你說瀝青沙路面會成功麼？一切謹慎的試驗，一切正確的拌製，都是枉費了的，我約略地估計瀝青沙路面的成敗，四分之一繫在試驗室，四分之一繫在柏油廠，一半却繫施工，現在把瀝青沙分試驗室、柏油廠及施工三個部門來講。

試驗室工作

試驗室的試驗完全基於上述的三個條件五個要求，分別作瀝青材料的試驗及組合級配的試驗。在沒有分講二種試驗前，我先說一些瀝青沙所需要的級配標準和密度穩力的範圍。理論方面講，瀝青沙的級配最好是大的顆粒間的空隙，剛够用中的顆粒來填嵌；而中的顆粒間空隙，也剛够用小的顆粒來填補，依次類推，一直到經過200號篩子的顆粒而後所有顆粒的表面，均以瀝青薄膜來結合。事實上顆粒的形狀，是無法相同的；而顆粒的排列，亦難照理想的方式。所以小顆粒的成份，一定須比理想的多；而多級顆粒的組成，亦有相當的參差。所以我們普查各地的瀝青沙級配成份的標準，頗爲廣泛，內容亦多不同。其主要的原因是適應當地材料和主管工程司們的意旨而定的。但是我們不應該忽略瀝青沙配合的精神，就是要它的密度高，尤其面層的混合料須絕對不滲水；同時還要保留些微的空隙，以備夏天瀝青膨脹的餘地。至於瀝青的份量不能太高，致做成的路面容易走樣。也亦不能太低，致顆粒間不能全有瀝青薄膜來結合。我們就靠穩力試驗來測定它的範圍。用費氏赫氏的穩力測驗機來試驗的話，照上海的車輛密度及載重情形瀝青沙的穩力在華氏 140度的溫度以2,500磅至5,000磅爲宜。我個人的意見，路面面層用的瀝青沙的穩力，宜靠近上述範圍的低的方面，因爲可以保證顆粒間都有瀝青膜，使冬季不易脆裂而路面壽命亦較長。現在把我們擬定暫行的瀝青沙級配及穩力空隙度規定如第一表。

第一表　三種瀝青沙級配穩力空隙度的規定

篩孔尺寸	通過百分率		
	(I) 柏油混凝土（底層用）	(II) 地瀝青粗沙（面層用）	(III) 地瀝青細沙（面層用）
1″	100%		
½″	75—90	100%	
⅜″	——	90—100	
¼″	——	——	100%
4 號	45—60	65—80	90—100
10	30—43	50—65	75—90
20	22—35	35—50	60—75
40	18—28	30—45	50—65
100	10—18	15—25	28—43
200	4—8	5—10	8—15
另加瀝青❶	5—8%	7—10%	8—12%
費氏和赫氏法穩力空隙度	2500—5000磅 2—15%❷	2500—5000磅 2—5%	2500—5000磅 2-5%

註❶另加瀝青的百分數是以粒料與瀝青之和爲 100% 而計算瀝青所佔的百分數。

❷底層粗料並不須要像面層這樣嚴格的規定空隙以防透水，故放寬至15%。

我現在提出一個問題來研究，就是費氏和赫氏穩力測驗，在第 II 及 III 種的瀝青沙所用的試驗模塊是二吋直徑及一吋高，經每平方英吋三千磅的壓力製成的；而在第 I 種的柏油混凝土，則其試驗模塊爲六吋直徑及二吋高，經一萬磅的壓力製成的。不論那一種試驗模塊製成後都經一晝夜，而後在140°F 溫度的水中浸一小時，再用測驗機在140°F 測驗其穩度。我們若是計算一下在六吋徑的試驗模塊用一萬磅的壓力壓製，那麼平均每平方英吋僅受355磅；在實際築路的時候，壓路機滾壓的結果決不會有這麼大的參差，而且也不會對於粗料特別輕，對於細料特別重的。但在另一方面解釋這種矛盾的理由是費氏規定的壓力，並不是從壓路機方面計算出來的，而是完全根據實地的經驗，把許多廠製試驗模塊用各種不同的壓力製成，再與同樣材料舖成路面，壓實後再挖出的試驗模塊比較它們的密度，而得到粗細瀝青混合料、不同壓力壓製試驗模塊的結論。費氏赫氏的穩力測驗機原先僅爲細料用的，其最大的壓力總量爲一萬磅，其後又施用加大試驗模塊粗料，亦可用以試驗了。照一般而論似乎這二種壓力量的規定差得太遠些，不會到達八倍半之多。因爲這個緣故以及石子顆粒地位的變化，使試驗的結果不勻，大家對於費氏和赫氏穩力測驗用在粗料（即最大顆粒超過半吋的瀝青混凝土）上表示懷疑，還不若維氏的穩力測驗器來得較妥。我們正在設法自製來打破這個困難。

（一）　瀝青攙和柏油的試驗

因此在研究柏油代替地瀝青時，我們曾搜集各國對於這方面的研究和施工結果。事實上地瀝青與柏油，在某種條件下有改良柏油的性能價值，是值得採用的。但是在美國地瀝青與柏油的價格差不多，而它的來源也很廣，所以很少注意到摻和柏油的問題，因此對於摻用柏油及地瀝青有系統的研究很少參攷資料。我國抗日戰爭前也有人研究過這個問題，試驗 40%的柏油和以 60%的地瀝青，却發生分離的現象。英法等國家因本國少地瀝青出產而有大量的工業副產品的柏油，所以對於這一個問題相當注意。他們在柏油中摻以10%—20%的瀝青，成績還不差。上海用柏油來代替地瀝青，曾在軍工路上做灌柏油路上澆柏油封面，但在一、二年內即壞得厲害，在 1947 年春用灌柏油路面上澆地瀝青封層的其美路，則到現在還很好。美國若干公路上用了柏油的面層，它的結果也表示了壽命的短促。由此可見拿柏油做封面，似乎不大妥當。但是用它來做底層的黏結料，上面或加澆地瀝青面層，或地瀝青沙面層，使柏油不直接和陽光空氣接觸而致風化很快的變硬，是有相當值得研究的價值的。

材料試驗室參攷法國的紀錄以15%地瀝青和以85%柏油，所作各項試驗紀錄如下：

(1)引長度(Ductility)：這個試驗並無結論，由於設備的不周，現有試驗機僅能把試模拉長到100公分，而柏油，地瀝青，及85%柏油加15%地瀝青三者的引長度均在100公分以上，因而無法得到結果。雖曾試用0.49平方公分的截面來代替1平方公分，仍未在拉長到100公分以內斷去。

(2)黏度(Viscosity) 本試驗所用的方法是英國標準郝氏法(Hutchingson Method)，其結果如下：

試驗溫度	純柏油	85%柏油+15%地瀝青
100°F.	610秒	——
110°F.	210秒	740秒
120°F.	130秒	238秒
130°F.	54.5秒	97.0秒
140°F.	18.5秒	40秒
150°F.	——	18秒

由此可見加了15%的地瀝青，把柏油的滯度增加達二倍左右，收獲相當改善功效的。

(3)穩力(Stability) 本試驗是用¼″的石屑，沙石粉和瀝青拌成瀝青細沙，用費氏赫氏測驗機來試驗穩力的，其結果如下：

試驗溫度	140°F.	120°F.	82°F.	40°F.
純地瀝青	2,180#	2,730#	5,340#	12,900#
純柏油	1,100#	1,630#	4,780#	17,430#
85%柏油+15%地瀝青	1,320#	1,720#	4,680#	13,380#

自上述紀錄可見加15%地瀝青後，柏油在熱天的太軟弱點僅稍加補救，而在冬天太硬的缺點，則確實改善不少。

地瀝青和柏油攙和的問題，祇有上述的試驗結果，我們是認爲不够滿意的。但是限於時間和設備，祇能暫時試用了這種攙合的方式。希望能補充需要的器械，繼續作各種試驗，得到更具體顯著的結果來供獻築路界。我們所用攙合的地瀝青是貫入度120—150的，而柏油則是合乎美國第十二號(RT12)標準的。經本局材料試驗所與上海煤氣公司及閘北煤氣廠的合作，調節蒸餾溫度，將其出品逐一試驗而得到的成績。

(二) 瀝青沙組合級配的試驗

我們先把所有的石，沙和石粉，篩分它們顆粒大小的成份，得到平均結果如第二表。於是針對

第二表 本年度所用粒料篩分表

篩孔尺寸	通過百分率					
	1″石子	½″石子	¼″—0石屑	甯波沙	南匯細沙	石粉
1″	99					
¾″	87	99.9				
½″	45	99.3				
⅜″	23	92.2	99.9			
¼″	10	62.2	99.3			
4號	4.9	29.2	98.3	99.6		
10	2.3	6.2	64.3	96.8		
20		2.9	34.3	86.4		
30			26.3	85.1		
40	1.7	2.3	19.7	53.4	97.1	
50			15.1	38.4	95.4	
80	0.8	1.0	9.4	13.0	70.9	
100	0.3	0.4	6.8	7.9	45.6	100
200	0	0	3.0	1.4	2.7	94.0

甯波沙缺乏僅能儘存料應用的原則下，用許多不同的組成來試驗。下面是三種瀝青沙經試驗得到最滿意而符合第一表所規定的級配，及穩度空隙度。

(1)地瀝青細沙

材料		¼″—0″石屑	甯波沙	南匯細沙	石粉	另加地瀝青	穩力(140°F)	空隙度
組成	試驗室配合料	45%	11%	34%	10%	9.5%	3,400#	4.8%
	柏油廠拌製料	45%	11%	34%	10%	9.5%	2,350#	3.9%
	去年配合料		56%	33%	11%	10%		

13225

(2) 地瀝青沙粗沙

材料		½″石子	¼″—0″石屑	寧波沙	南匯細沙	石粉	另加地瀝青沙	穩力(140°F)	空隙度
組成	試驗室配合料	35%	35%	——	24%	6%	8%	3,200#	1.6%
	柏油廠拌製料	35%	35%	——	24%	6%	8%	3,290#	4.4%
	去年配合料	24.3%	19.5%	27%	21.6%	7.6%	7.5%		

(3) 柏油混凝土(中摻15%地瀝青)

材料		1″石子	½″石子	¼″—0″石	寧波沙	南匯細沙	石粉	另加摻青	穩力(140°F)	空隙度
組成	試驗室配合料	30%	25%	30%	——	10%	5%	6.5%	壓力355#/口″—2,000#/口′	6.7%
	柏油廠拌製料	30%	25%	30%	——	10%	5%	6.5%	壓力 355#/口″—1,600#/ ′ 3,000#/口″—3,800#/ ′	7.3% 5.6%
	去年配合料	30.8%	26.6%	10.7%	16.0%	10.6%	5.3%	6%		

從上列三種瀝青沙的組成來看，對於前述的三個客觀條件究竟有何成就？自節省地瀝青方面來講，第一種地瀝青細沙少用0.5%第三種柏油混凝土雖則多用0.5%柏油和地瀝青的攙和物，但是利用本地工業副產的柏油來代替原用地瀝青的85%；第二種地瀝青粗沙所用的地瀝青反而增加了0.5%。更奇怪的是今年的粒料較去年稍粗，照理應該減少瀝青用量，但是根據實地攷察施工的結果，現用的瀝青不能說太多；相反地有些地方因為工作和設備的缺點，使路面表面太毛，還要另加封層。同時試驗室為了這個矛盾，也曾謹慎小心地反覆校驗，與實地的反映相符，斷定這個地瀝青用量8%是不宜再少的。所以這樣的增加，不是浪費，反而延長路面的壽命，爭取節約。至於甯波沙方面則僅第一種地瀝青細沙從去年 56%減至11%，完全以利用現有存料為對象。而第二種地瀝青粗沙以及第三種柏油混凝土完全不用，克服了這個供應的困難。因為第一和第二客觀條件限制的解決，也在配料方面達到節約的任務。

第三表　三種瀝青沙實用級配穩力空隙度

篩孔尺寸	通過百分率		
	柏油混凝土(I)(底層用)	地瀝青粗沙(II)(面層用)	地瀝青細沙(III)(面層用)
1″	99.7%		
½″	84.3	99.8%	
⅜″		97.3	
¼″			99.8%
4號	53.3	74.8	99.2
10號	36.6	54.8	83.6
20號	26.6	43.2	68.9
40號	21.7	37.0	57.9
100號	11.6	19.5	29.5
200號	5.9	7.3	11.5
另加瀝青粒料的百分數	6.5%	8.5%	9.5%
費氏標氏穩力	2000#(355#/ ″壓力) 3800#(3,000#/0″壓力)	3,200#	3,400#
空隙度	6.7%(355#/ ″壓力) 5.6%(3,000#/0″壓力)	1.6%	4.8%

我們再把這三種瀝青沙的顆粒級配，根據第二表的石子、沙、石粉篩分的結果，連同穩力和空隙度的試驗結果成第三表。試與第一表來對照一下，所有規定都相符合，滿足要求，而試驗室也可說完成它的任務了。

柏油廠工作

柏油廠拌製瀝青沙的方法和程序已在上期的「瀝青路面是怎樣做的？」講得很明白，不必再贅述了。不過還有四點，關於今年的瀝青沙路面很重要的，我想補充說明：

(一) 粒料餘前拌和

沙石材料的組成比例，經試驗室決定後，分別加上拌製機內的損耗，以比重計算體積，用體積來量計材料，做成堆子耙入冷斗，經滾筒烘熱至規定溫度；再由熱斗通過三隻橫放而微有波度的滾筒式篩子，依顆粒的大小，隨篩孔的尺寸，分別進入大倉、中倉、小倉。大倉上的篩孔為1¼″直徑，中倉上的篩孔為½″直徑，小倉上的篩孔為¼″直徑。我們

13226

現在要問是不是小於¼″的顆粒全部進入小倉？自¼″—½″的顆粒是不是全部進入中倉？進入大倉的顆粒是不是全部都是大於½″？事實證明這三個問題的答案都是反面的，在上期的"瀝青路面是怎樣做成的？"中第三表很顯著地表明了，那麽怎樣才可以控制這三個倉的顆粒組成，不致有過度的偏差呢？惟一的簡單辦法：就是在沙石材料餧入拌製機前於冷斗几堆方时，務必事前拌和，使得逐斗輸入的組成愈勻愈好，因此烘熱後篩分的結果亦不致有大差別，使拌機公式（Plant Formula）配成的瀝青沙，與原規定的區別很微。在徐家匯廠開始時未十分注意這個工作，僅把規定成份攪準，略拌送入，其結果是出料的粗細不勻。其後改良於餧料前仔細拌和，取出的瀝青沙就較勻了。

（二） 徐家匯廠拌機篩子的改良

工務局順德路廠的拌機是有三個篩子，分成三倉，就是在上節所講的。而徐家匯廠的拌機，則祇有二個篩子，其孔眼爲1″和½″直徑，做地瀝青細沙沒有問題；做柏油混凝土則因是底層的關係稍有進出，影響尚小；而對於地瀝青粗沙，則發生很不好的結果，就是它的顆粉組成與計劃的相差太遠。因爲滾筒太短，沒有辦法立刻加一套篩子和倉格，迫不得已，爲應急計，祇有另外做了一套½″孔的篩子，來換去原有1″孔的篩子。在做柏油混凝土的時候，則將滾筒末端原備將大於1″的石子放出機外的小格接至倉內，這樣可以使因改裝篩子後大於½″至1″的石子，仍舊進倉過秤入拌合器內。經過這樣的改造後，徐家匯廠的出品，就大大地進步，與順德路廠相彷了。

（三） 秤料須正確

我們知道沙石料入倉後，須用機內秤料器秤過，才放入拌合器。徐家匯廠拌機內瀝青的輸入亦須同樣秤過。掌秤的人須非常精細敏捷，不能稍一疏忽，因爲假使他不能執行正確的任務，那麽其實際成份的配合，完全與計劃的不同。放料過秤的時候是源源不斷地輸入的，假使過秤的人看見了秤上的砝數，到達規定的數字，慢慢地關閉倉門或龍頭，則結果一定超過原定的用量，這等於我們研究行駛汽車剎車的距離一樣。掌秤的人須要非常仔細，看見秤桿快平的時候，很快地就關門，要利用經驗來判斷這個時機，使得秤量達到正確的任務。我們在校驗出品的時候，發現了不勻的現象，沒有找到旁的理由，最後才知道一個新的秤手造成了這個結果，而立刻糾正了這個偏向。

（四） 嚴格控制溫度

我們規定了地瀝青粗沙或細沙的出廠溫度爲華氏表 280°—290°F，柏油混凝土的出廠溫度爲180°—190°F；而地瀝青的溫度燒到280°—290°F柏油則熱到 180°—190°F；而粒料用於地瀝青沙者則熱至 310°—330°F，用於柏油混凝土者則熱至200°—220°F。一般的情形，控制瀝青的溫度比較容易，因爲加熱的方式是間接的，是受蒸汽管內蒸汽的熱量而來的。至於粒料則受柴油噴射燃燒而加熱的，加入粒料的速度，和燃燒火頭的大小，都有密切的影響，稍有偏差，就使溫度上下頗多。應該時常取樣量計溫度，如有出入，須校正粒料進入的速度或火頭的大小，使得出品溫度符合規定。

工地施工

（一） 調配原則

上海瀝青沙路面損壞者很多，限於經費材料，不能一下統修，不得不分別緩急輕重，分期辦理。我們選擇損壞較重而交通繁盛也就是市民用得多的地段先修，經過實地的勘查和慎密的商議而決定的。並且採取了散修的方式使修理的範圍，較廣而面積不集中盡量避免全段整修或加舖。

今年的三種瀝青沙，調配成三種不同的用途：

[1] 柏油混凝土底層，上舖地瀝青粗沙面層。若原有路面爲瀝青沙，而其厚度大於二吋，則用柏油混凝土底層，其厚度以1¼″至1½″爲度。上舖地瀝青粗沙面層，其厚度以¾″至1¼″爲度。二層的總厚度以2″至3″爲度。過多須先將舊瀝青塊搗碎壓實，再舖本種路面。

[2] 地瀝青粗沙面層　若原有路面爲水泥混凝土底脚，而面層爲瀝青沙其厚度爲1½″至2″者，則用地瀝青粗沙一批舖成。

[3] 地瀝青細沙面層　若原有路面爲水泥混凝土底脚，而舊瀝青沙面層的厚度在1½″以下者，則用地瀝青細沙一批舖成。

（二） 築舖方法

我們規定了一個舖築方法，分發各工段，現在把它摘錄於下：

[1] 開挖　修補的路面四周邊線，應挖掘整齊。其有鬆裂者，須將距裂紋外圍四吋左右一併挖

去，邊口應垂直，在可能範圍內將擬鋪厚度挖去，而不碰動底脚，任何處的修補厚度不得低於 ¾″以免將來易於剝落。

[2] 準備底脚 (a.)原爲瀝青沙路面而其厚度超過三吋者，開挖時無法照規定厚度分開，祗能全層挖出。若鋪填新料尙不足若干吋時，則應將超出2¼″ 的深度，塡以搗碎的舊瀝青塊，另將軋細的舊瀝青沙，酌加1% 左右，二號慢燥地瀝青油(Sc-2)拌和塡縫鋪平。用十噸左右壓路機滾壓堅實，然後再照規定，上做柏油混凝土底層及地瀝青粗沙面層。(b.)原爲瀝青沙路面而其厚度在二吋至三吋者，則開挖時愼勿碰鬆底脚，即將底脚上鬆散的灰粒掃淨，照規定做柏油混凝土底層及地瀝青粗沙面層。(c.) 原爲瀝青沙路面下爲水泥混凝土底脚，而其厚度小於二吋者，則參照(一)[2]及[3]兩條辦理。惟爲使新鋪瀝青沙與舊水泥混凝土底脚凝固起見，須將水泥混凝土底脚表面鑿毛掃淸。(d.)若逢小塊修補而原有瀝青沙路面過低，須將接口處鑿深，不得淺於¾″而加高處的老路。表面亦須鑿毛掃淸，再鋪面層，其厚度不得小於¾″。

[3] 鋪築氣候 瀝青沙路面的鋪築須在晴天及氣溫在華氏表六十度以上，並且地脚須乾燥，如逢特殊情形得由工程司酌量變更之。

[4] 管理交通 凡交通及路幅狀況能日間施工者，應留出路幅之一部，維持交通，而將施工地段圍以馬欖繩索等阻止車行。若交通繁盛無法各半施工者，則在夜間車輛稀少時鋪築之。

[5] 鋪築工具 鋪築工具包括壓路機、烘爐、鏟、耙、鉄夯、掃帚、錘、鑿、括板、溫度表等，夜間施工時並須準備燈光設備。凡與熱瀝青沙接觸的鏟耙等，均須用烘爐烘熱。壓路機的重量以十分噸左右爲宜，不得過輕，以免滾壓不實，使築成路面密度過低，易於損壞。

[6] 鋪料準備 在未鋪新料前，應將底脚上所有鬆動的灰粒雜物掃淸，並將底脚表面及接口邊緣塗刷瀝青漆。

[7] 堆卸新料 新瀝青沙自廠用自動卸貨車運至工地，應堆卸於用料近處，不宜過遠，以免溫度降低過甚，不合規定。

[8] 拌合料工地溫度 新瀝青沙送達工地鋪築時的溫度，柏油混凝土不得低於 160°F，地瀝青沙不得低於 240°F。

[9] 鋪築 新料運抵工地卸下後，應即用熱鏟及熱耙將其均勻鋪於路上，其厚度照規定辦理。惟須預留壓實餘地，耙平括整的工作邊須由熟練技工施工，使新料壓實厚度準確，並經第一次滾壓再行修整的工作減至最低限度。

[10]滾壓 新料鋪平後，接口四周先用鉄夯夯緊，而後開始滾壓。滾壓由路邊開始，向中央漸移，每次滾壓應與上次滾壓者重疊半輪，滾壓速度不得大於每分鐘五十公尺，務使輪前的鋪料，不得有隆起波動的現象。爲防止車輪黏起鋪料起見，可用拖巴沾水酌潤車輪，但切忌用水過多，而流入瀝青沙內。如此往返滾壓直至路面平整堅實爲止。

[11]面層注意事項 (a.)面層應儘可能範圍內與底層同日完成。(b.)面層做成後切忌較原有路面過低或過高。(c.)鋪築面層時應將接口在路面四周塗以瀝青漆，並用烙鉄燙軟，務使新舊路面凝結牢固。

[12]開放交通 修補路面滾壓結實後，即可移去障礙物，開放交通。

[13]旬後檢查 路面修補完成開放交通後，在一旬至一月時期內應多檢查路面狀況。如面層過毛而有空隙，則表示瀝青沙密度未合規定，或地瀝青太少，則宜加澆封層如發現面層過油，則應加撒細石屑或黃沙，由工程司決定之。

今年施工方面，一般的情形尙佳，能認眞照上述的規定辦理。但對於準備底脚方面的(a.)項，則未能切實的履行，僅把舊瀝青塊搗成小塊壓實，即加鋪新料，須要在明年切實的改進。因爲不結實的底脚，會影響到路面的面層，容易沉落或開裂的。我們正在詳細研究試驗舊地瀝青塊的加熱還魂的辦法，已經有初步的成就，希望短期內能得到理想的結果，明年增加工地製造"還魂瀝青沙"的設備，那麼可以節省不少的材料運輸和經費。

施工方面還有若干局部的偏差，如少數修補的路面有稍過高或過低的地方。過低的地方靠再澆封層來補救。還有幾處接口及四周塗刷瀝青漆不够，邊緣亦未用烙鉄燙結，使得新補的路面不能與老路面凝固，有些微脫縫的現象，祗能再用瀝青漆在新舊接縫處塗刷烙燙，以求兩者結合。尙有二個工段因爲缺乏善於用括板的熟練技工，以致路面過毛而不勻。經驗告訴我們用括板切忌一面括和長距離地括，應該在短程內輕浮地左右括動，使大顆粒不隨括板聚集。凡鋪得過高的，决不能用括板來括平，祗能仍用耙來耙平，括的作用不過是補救鏟耙的不足，把高低稍有不勻的地方，加以調平。這種工作主要是要靠實地工作時練習出來的。

工務局

介紹螺絲擂製法

新星機器廠工籌會

用擂製法製造螺絲，有如下的優點：

1. 生產速度高。
2. 車製件上，螺絲的地位，使車螺牙不方便者。
3. 擂製螺絲表面硬度增加，更耐用。
4. 不須熟練技術，操作簡單。

做　法

I. 先車一羅勒，上車牙齒，用來擂製螺絲。

羅勒外徑之計算法如下：

設：O＝所車螺絲之外徑　　D＝螺絲牙之深

N＝羅勒須放大之倍數　R＝羅勒之外徑

則　R＝N(O—1.25D)

例：製一直徑3/8"每吋16牙之威氏(Whitworth)標準螺絲，羅勒外徑放大4倍。

則　O＝0.375"，D＝0.6403/16＝.040"，

N＝4，故R＝4(0.375—1.25×.040)

＝1.300"

車製時要注意：

1. 做順牙螺絲須用倒牙羅勒，做倒牙螺絲用順牙羅勒。
2. 羅勒螺絲必須車尖，否則不易割進螺絲坯。
3. 羅勒螺絲必須光滑，否則軋出螺絲亦不光滑。
4. 羅勒長度，應比工作物稍長。
5. 羅勒的二端須有45°之搞角，使羅勒兩邊之螺絲不易爆去。
6. 羅勒軸眼之大小，約爲外徑之¼，倘太大，則與軸心接觸之面積加大而增加磨阻力，妨礙擂製時羅勒之轉動。
7. 羅勒與羅勒架的配合須準確，不可鬆動。
8. 羅勒原料用含 0.15%—0.20% 炭素之鎳鉻鋼，普通用工具鋼(藍牌鋼)亦可。
9. 淬火後用凡而砂將羅勒磨光。
10. 羅勒外圍須放大時：若放大2倍（卽N＝2），則羅勒須車雙頭螺絲，放大三倍則車3頭螺絲餘此類推。

II. 工作物的呎吋：

1. 工作物外徑，車小至牙齒的中心直徑(等於外徑減去一面之齒深，卽D)。如3/8"，16牙之螺絲外徑車至 $0.375-\frac{0.6403}{16}=0.335''$。
2. 工作物之長度，不可超過直徑之1.5—2倍，否則擂製時因羅勒之壓力，而使工作物彎曲，讓過羅勒。
3. 軋持要牢固。

III. 擂製法：

1. 羅勒裝在刀架中心，與工作物中心高低相同。將拖板逐漸搖進至所須地位。
2. 羅勒裝在工作物下面，先校準羅拉高低地位，搖進拖板，過工作物中心，螺絲卽擂成。

擂製時注意點：

1. 羅勒裝置，不可有歪斜，否則，擂出螺絲有退白(斜)，且使螺絲之轉進角度(Helix Angle)不對，羅勒會跟螺絲移動。
2. 母機須穩固準確，婆司搭（Bushing）不可有伸縮，否則工作品尺寸大小不一。
3. 車頭旋轉速度，在每分鐘100—120呎(表面線速率)。
4. 羅勒割進，不可太快，約 0.002"—0.004" 每轉。

（編者按：本稿是新星機器廠工籌會工友寫的，作者說目的除介紹這螺絲製法，給階級弟兄參考外，並有鼓勵大家學習與研究技術，交換經驗的意思。本刊歡迎工友們多多投寄這類稿件，並在每期劃出一定地位來登載。本刊七、八期合刊曾有"螺絲滾壓製造法"一文，里面提到的用圓柱形滾刀滾壓螺絲，就是本文所說的方法，可以互相參照。）

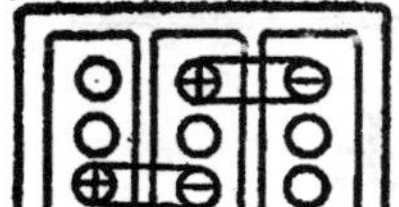

汽車上用的

電瓶製造

沈楙誥

本文及其後二文(木炭爐的構造及原理,汽油節省器的構造及內中所放的化學品),均係答覆第二野戰軍後勤司令部工程處第一工程隊陸同志來技協詢問的問題,特技協公共交通公司支會會友撰文詳細說明,特發表於本刊,給從事同樣工作的技術同志們作參考。——編者——

一隻電瓶,是由好多種零件組合而成,其中最主要的是正負極板;其次就是電瓶外殼,再其次就是木隔板,鉛樁頭、鉛橫帶、蓋頭、塞子等。這幾種東西中,正負極板的製造,比較最重要,樁頭、橫帶,比較簡單,電瓶外殼、蓋頭、塞子。木隔板的製造本廠並無此設備所以祇好從略,本文最主要的是介紹正負極板的製造:

正負極板的製造

製造極板的步驟,概說起來,可以分三大部,第一就是"鑄柵",柵鑄成後,加以整理,再塗上了由鉛的氧化物混合而成的漿,所以第二步就是"塗漿"。第三步是"形成充電"這三大步驟中包含了許許多多的小步驟,每一小步驟在都有不可忽略的要點,下面來分別說明:

第一步 鑄柵

(一)柵的材料　柵的主要材料是鉛與銻的合金,這其中鉛佔了大部份,銻佔5%—12%左右。

(1)"為什麼要採用鉛與銻為鑄柵的材料"?——我們知道鉛是唯一不被硫酸所侵蝕的金屬,我們電瓶中所用的電液是稀硫酸,為了防止稀硫酸的侵蝕,所以我們採用鉛為主要原料。但是純鉛是很軟的,假使柵單用純鉛鑄成,它的堅硬度是不够的,所以必須加上少許的銻,成為鉛銻合金,方可增強其堅硬度。鉛銻合金除了在堅硬度上有比純鉛優越的條件外,同時因為加了銻的緣故,可有以下的優點:

a,鉛銻合金在模子中的流速較純鉛為優良。

b,鉛銻合金注入模子,凝固後,其體積稍為膨脹,因此鑄出來的東西更為清晰,完全能與模子"微妙微肖"。

c,鉛銻合金更不易為硫酸所侵蝕。

d,鉛銻合金的熔點,較純鉛更低。因為鉛銻合金有以上這許多優點,所以我們常採用它。

(2)"鉛銻合金中,為什麼銻的成份約佔百分之十左右"?——純鉛的熔點是327.4°C,而銻的熔點是631°C,當這二種金屬配合時,其所得合金的熔點?因其配合成分的不同而有高低,當合金中鉛含87%,銻含13%時,合金的熔點為最低,只有247°C。因為這一點關係,所以配合合金時,銻總是不使它超過13%,同時倘使銻太多了,柵板變成太堅脆了,便容易折斷。普通銻在合金中的成分總是在10%左右,熔點既不高,軟硬又適度。

(二)柵模的設計　鑄柵的模子在設計時要注意以下各點:

(1)柵的厚度與重量:設計柵模子時,先要考慮將來電瓶的用途。如果電瓶的用途是要:

a,短時期,大電流的放電,柵板可以採用較輕的。

b,如需壽命較長,柵板可以較重。

c,如需電瓶容量較大,柵板可以較薄,以使柵板的數目可以增加。

(2)柵與電學與力學上的關係:柵的主要功用不外有二:

a, 機械學上的功用：——支持"有効物質"不使脫落。

b, 電學上的功用：——通過電流，使電流能平均的分佈於柵板上。

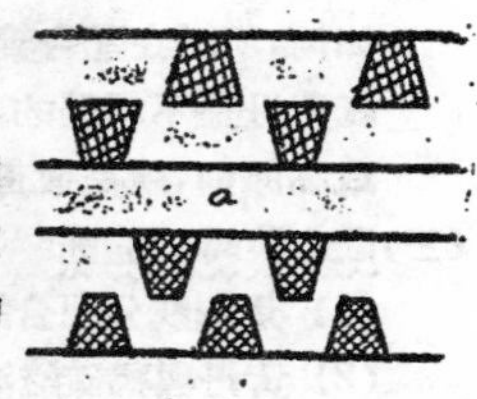

爲了要同時照顧柵在機械學上與電學上的功用，所以在設計柵模子時柵板的每一根筋柵脊的距離不可太寬，如果電瓶是使用在劇烈震動的場合，則必需加强柵在機械上的功用。

柵的設計最好能作圖(b)的形式：

各種柵的形式是很多的，爲了做模子和鑄製的方便，市上所購的極板，其柵的形狀大多是圖(a)的形式：

總之，設計柵模子時，應考慮：電瓶的使用所在是移動的還是固定的，電瓶的用途是需要容量大的呢，還是需要壽命長的。柵沒有固定的形式與大小，主要的是看它的用途而定。

（三）鑄柵的步驟　鑄柵的步驟可分下列幾點：

（1）模子裏面先塗以滑潤的東西，如將模子烦以乙炔焰，或油烟，使模子光滑，合金倒入後極易流動並不致黏着模子。

（2）將模子烘熱，約烘至 150°C左右。

（3）將鉛銻合金熔解，并以棒時時拌攪，如其表面有雜質，或氧化物等浮起，可隨時以杓挑出

（4）合金熔液的溫度，不可太高，否則，熔液表面更容易氧化，並且凝結較慢，影響鑄製速度、但也不可太低，致影響合金注入模子後之流速，使鑄片易發生殘缺現象。

（5）模子與合金如上述處理好後，即以杓將合金注入模子之澆口內。

（6）熔液注入模子後，看澆口的殘合金巳否凝固，如巳凝固，即可開出模子，將柵板拿出。

（四）柵板的整修　剛從模子上拿出之柵板，因在設計模子時，其四週有出氣孔，而此等出氣孔即爲合金所塡沒，故在柵板的四周，有殘鉛遺留，需用特製之剪刀將柵板之四周加以修剪。修剪完成後放淸水內刷洗淸潔，乃將柵板一片一片的置於壓牀內，將其壓平。壓平後之柵板，即可塗漿。唯在整修柵板時，應注意不要使柵板沾有油蹟或灰塵，否則在塗漿時要引起極大的害處。做到壓平工作，鑄柵的整個步驟巳告完成。

第二步　塗漿

塗漿這一大步驟中，包含了很多的細節，有些細節，可以說是製極片的最重要的生命線，要是這一步處理不好，那末極板的效果亦決不會好。現在敍述如下：

（一）"漿是什麽"？　漿是由主要材料的，紅、黄丹及一些零星材料與稀硫酸液調合而成。現在先來談一談它們的性質：

（1）紅丹：是一種鉛的氧化物，色鮮紅，是做正極板的主要材料，其中的主要成份是 Pb_3O_4。

（2）黄丹：亦是鉛的氧化物，色黄，是做負極板的主要材料，其中的主要成分是 Pbo。

（3）雜用材料：雜用材料加入漿中的目的有二種：第一、加上雜用材料可以使極板的成本減輕。第二、加入負極板中，可以防止負極板在形成充電以後的鉛絨硬化，換言之，可以增加鉛絨與稀硫酸作用的面積，而增大電瓶的安時容量。雜用材料常用燈煤，煤粉，細木屑，硫酸鋇等，加入負極板的塗漿中。

（4）稀硫酸液：稀硫酸液是濃硫酸與蒸餾水混合而成，其比重常在 1.050至 1.120 之間，通常以不超過 1.120爲度。以上四種爲製漿的材料。

（二）"漿的調製有公式嗎"？　漿的成分的配合是沒有公式的，許多人認爲很奇怪的一件事，亦就

在乎此。許多書籍上的公式是不中用的，因爲漿的成份配合，主要是要看紅黃丹的成分是如何。所以在配合漿的成分上講是要憑經驗的。一個廠牌出品的紅黃丹，與別的一個廠牌的紅黃丹是不相同的，其配合的成分，因之也不同。但是在配合時，我們可以把握了這樣的一個最高原則，就是使正負極板的形成充電的時間要相同。

(三)配合漿時的通則

(1) 漿的成分配合的主要方針，在使正負極板形成充電的時間相同。

(2) 黃丹與稀硫酸液混和(不單是硫酸溶液，其他好多種溶液均可)待其乾後，具有像水泥那樣凝固的作用。因爲黃丹具有這樣的性質，所以在做正極板時，其主要的材料，雖然是紅丹，亦要加入少許的黃丹。

(3) 稀硫酸液的比重通常不超過1.120，在此適當的限度內，其比重較高，則調製後所成之漿的膨脹性亦愈大。

(4) 漿的膨脹性太大，亦是不好的，用這樣的漿所塗成的片，容易使形成充電的時間不正常的縮短，並使極板上的有效成分容易落下。

(5) 漿的膨脹性太小，則使極板在形成充電後太硬，使其減少安時容量。

(6) 紅丹能使形成充電的時間縮短，這就是在做負極板時，所以要加入少許紅丹的理由。但也不可加得太多，大概在 0—25%之間。

(7) 丹粉和硫酸的重量配合比例，大約爲5比1至6比1，總以使滾壓後的漿達到適當的稠度而定，因爲調漿時發熱很多，水份也隨之蒸發，所以在天氣熱，溼度低時。酸液的用量應較多，而濃度則可較小。配合漿時，應時時的顧到了以上諸點，然後才能得到良好的結果。

(四)塗漿之步驟

(1) 先將紅黃丹及少量之雜用材料，拌合均勻。如係做正極板，應該紅丹較多，黃丹少量，至其多少之數量，大概 Pb_3O_4 佔 80%左右，但亦須根據通則，作適當之調配，做負極板亦然。負極板的漿，以黃丹爲主要，紅丹量以不超出30%爲度(此點根據通則，憑經驗而定)

(2) 將稀硫酸的比重調整至1.10左右(此點亦應根據通則，憑經驗決定。)

(3) 將稀硫酸徐徐倒入丹粉的混合物，并不斷以木棒均勻拌攪，此時發生熱量，其化學變化如下：

$$Pb_3O_4+2H_2SO_4=2PbSO_4+PbO_2+2H_2O$$

$$PbO+H_2SO_4=PbSO_4+H_2O$$

不過變化的只是部份的紅黃丹粉，并不是全部丹粉都已變爲硫酸鉛。

(4) 丹粉與硫酸液拌和後，再用鉛製或木製的滾子將其滾壓成稠漿。漿之稠密度如何，亦憑經驗決定，唯漿硬則製成之極板亦硬，漿軟則製成之極板亦軟，漿調好後，即宜塗片，不可久擱。

(5) 以毛紙或布墊在桌上，將柵板置於毛紙或布上。以特別製成的木刮，將漿挑上，用適當的壓力，使漿壓入柵板，再用牛角片或竹片輕輕刮平。再以毛紙覆於已塗漿之柵板面上。將柵板翻面，拿去上面之毛紙，再用同樣方面塗以漿，使柵脊與漿成平面。再覆上毛紙，以木滾筒滾之，其目的使其更平，然後拿去兩面之毛紙。

(6) 將塗好漿的極片，浸入比重約1.20的硫酸內，迅速取出。置於擱架上，使他充分乾燥，在冬天，可用微火烘乾。

第三步 形成充電

塗好漿後的極板，等它充分乾燥了之後，就可以做形成充電的步驟。形成充電是將極板(塗了漿已經乾燥)分正負二組通以電流之謂。形成充電的目的，對負極板而言，是要增加其鉛絨；在正極板而言，是要增加PbO_2。所以在形成充電之前，與形成充電之後，極板上的鉛的氧化物，在基本已經有了不同：

(1) 負極板：

	未經形成充電時的成分		形成充電後的成分	
PbO	約佔	90%	僅佔	1%
$PbSO_4$	約佔	10%	僅佔	1%
Pb			佔	98%

(2) 正極板：

	未經形成充電時的成分		形成充電後的成分	
PbO_2	約佔	20%	約佔	90%
PbO	約佔	55%	約佔	7%
$PbSO_4$	約佔	25%	約佔	3%

以上面的比較中，我們可以知道形成充電的目的，是使負極板上的鉛增多和正極板上的PbO_2增加，因爲負極板上的鉛通常成絨狀，故叫鉛絨，而正極板的最終目的是要得到PbO_2，那麼我們爲什麼不直接將PbO_2作爲漿的材料呢？回答這個問題，有二點理由，第一因爲單純的PbO_2不易得到，第二因爲PbO_2沒有黏性。爲了這個緣故，所以做正極板常用Pb_3O_4，Pb_3O_4中，我們可以設想是由二份PbO與一份PbO_2組織而成。

(一)形成充電中的時間因素　形成充電究竟要多少時間才能完成，應當看電流的大小，極板的厚薄，漿的成分，塗漿後的處理，及電液之濃度等因素而定，如果漿的成份，配合不適當，或者正極板所含的Pb_3O_4太多，那麼常使正極板的形成充電過早完成，而負極板却還需要好多的時間，這是不大相宜的。在正常情形下，若電流之大小是通過每一片正極板（通常汽車用蓄電池之極板）約爲1安倍，則形成充電所需的時間約爲50小時。

(二)形成充電中電液之濃度　形成充電時所用電液之濃度，與其量之多寡，均視塗漿後的處理方法之不同而有增減。普通其濃度約在1.050—1.150之間，增加濃度，使正極板形成充電時間拉長。過高的濃度應避免使用。

(三)形成充電中的電流　電流之大小應視極板之厚度與溫度而定，普通大概每一正極板1安倍左右。形成充電的電流以小爲宜，特別是薄的極板，普通的電流大概是每一百平方糎（即一平方decimeter）的極板表面積，可通以0.2至0.5安倍的電流。

(四)形成充電時容器之體積　形成充電時容器的體積過大時，則用酸量多間接增加開始充電時的酸液濃度。體積過小時，因爲在形成充電過程中，極片漿內所含硫酸成分逸入電液內，使電液濃度增高，倘使容器小電液少，那末在充電末期，電液濃度增高太多，也屬不宜。普通每對正負極片，約需電液400至700 c.c.。

(五)形成充電時有效物質所起的體積變化　形成充電時，有效物質起了化學變化（所謂有效物質，就是能在充電時發生電化作用的物質），其體積也隨之變化。因爲硫酸鉛的密度是要比氧化鉛及二氧化鉛爲小，形成充電中，硫酸鉛的成份減少，故有效物質的體積也減小，現在將各種鉛的氧化物的密度列表如下：

鉛Pb 11.3　鉛之氧化物PbO 9.5　Pb_3O_4 9.5　PbO_2 9　硫酸鉛$PbSO_4$ 6.3

(六)形成充電的步驟

(1) 將正負極片（塗漿已乾燥者）交錯插入刻有槽紋之架內，各以鉛條相聯，簡圖如下：負極板比正極板多一片，再在正負極之間插入隔絕物，如木隔板等，而成一小組。

(2) 將1.100左右的硫酸液倒入形成充電箱中。

(3) 將一小組的極板放入形成充電箱中。

(4) 將一小組的正極板與他一組的負極板串聯。

(5) 在稀硫酸液中安置三小時。

(6) 然後將串聯末端的負接頭，接上充電器的負接頭，正接頭接上充電器的正接頭，通以電

上海窰廠製造矽磚和礬土質耐火磚

許 仲　瞿竹賢

上海自解放後，工人和工程師建立起積極的勞動態度，上海窰廠在集體積極工作下，三十天完成了八十天工作。上海鋼鉄公司，上海電力公司，中央電工廠，中央化工廠，以及中紡機器公司等的定貨加緊製造，突擊完成，表現了勞動羣衆的偉大力量。

過去上海的矽磚，大批是舶來品和一部份華北東北的供給品，最近上海窰廠在工程師和工友集體合作的工作中，完成了矽磚和礬土質耐火磚的任務。

矽磚的應用範圍甚廣，是冶金的反射爐頂部和煉鋼平爐，煤氣爐，煉銅的鼓風爐，玻璃熔爐等都不可缺少的耐火材料，牠有保持高溫度的特性，上海窰廠的矽磚製造，存在着許多困難條件，但終於由集體研究中克服困難，完成任務。

矽磚的主要原料爲矽岩（Quartzite）砂岩，(Sand Stone)火石或燧石(Flint)等，其中SiO_2成分至少須在97%以上的，它的物理性比化學成分更重要，製造方法很多，我們爲了減低成本，使應用各廠減輕負担起見，採取下列圖解法製造：

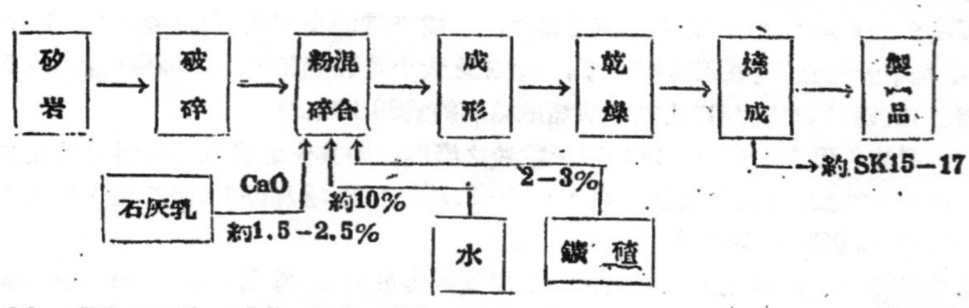

流。

(7) 通過的電流大概每一正極片爲1安倍，如此約50小時，再視察極板之色澤與氣泡如何，如正極板的顏色，已成褐色，負極板的顏色已成青灰色而且氣泡均勻上昇，即係形成充電完成之表示，可以拆除電流。

(8) 將各組極板從充電箱中拿出置於擱架。

(9) 負極板可能發生大量的熱量，於天氣過熱時，可不時洒以冷水，使負極片不致氧化過甚，且不致因過熱而致彎曲。正極板熱量較小。置於擱架的時間，當視室中之溫度與溼度而定。

(10) 待正負極板乾燥後，此極板即屬製成，可以裝箱待用。

(11) 形成充電之步驟，亦因各製造廠而異。有於形成充電後即行放電，然後再行充電，如此二三次，使形成充電充分完成。有於形成充電後。施行部份放電，然後取出乾燥冲洗乾燥，即爲成品。

椿頭橫帶的製造

椿頭，橫帶之製造甚爲簡易，只要以生鐵做成各種椿頭，橫帶的模子，模子的設計亦甚簡易，將鉛銻合金注入模子即成。詳情本文從略。

電瓶的組合

電瓶的容量，視電瓶內之極板多寡及極片厚薄大小而定，電瓶外壳有三格，將已經焊好的一組，放入每一格中，然後蓋上電瓶蓋，再將每一格中的正極與他一格的負極以橫帶相聯，封口澆以封口膠，如硬柏油等，如此，電瓶即組合而成，再加以電液，施以初次充電，即屬可用，其詳情本文從略。（完）

13234

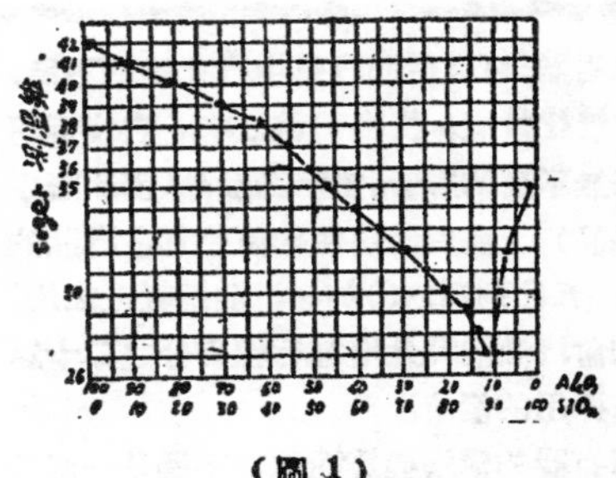

(圖 1)

石灰乳和氧化鋁含量的多少，與製成品的耐火度和强度有很大的關係，見附表(1)，(2)

石灰乳含量	矽磚强度 Kg/Cm²
1.0%	220 Kg/Cm²
1.5%	253 Kg/Cm²
2.0%	268 Kg/Cm²
2.5%	257 Kg/Cm²

顆粒的粗細，較其化學成分重要，細粒太多，則强度不够，過粗則不密結。見右圖

照上面的製品含$SiO_2$92%以上。

其比重2.47

(圖 2)

(圖 3)　(圖 4)

為提高品質，又試驗成功另一製法。

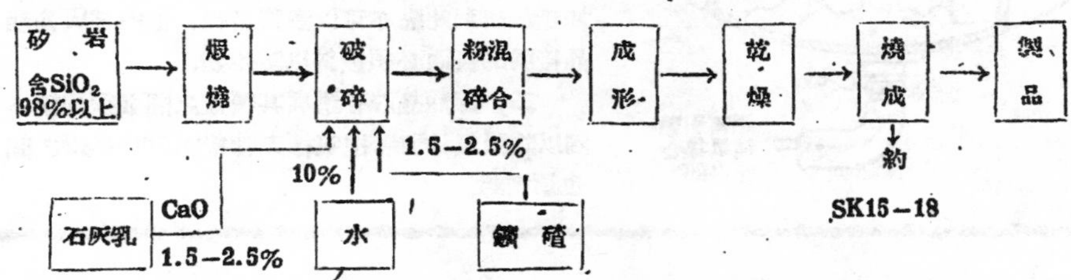

這種製成品含$SiO^2$94%以上。其比重2.34 以下。

矽磚燒成時間，和溫度變化為製造的重要因素，普通自十二天到十八天，注意其重要的三部轉變點：

575°C　a⇌B　Quartz(矽酸)

870°C　a⇌B　Tridymite(燐石英)

1470°C Tridymite⇌Cristébalite(白矽石)

最近為適應上海各重工業工廠需要製造礬土質耐火磚，向山東工礦部採購大批礬土，該項礬土含$Al_2O_3$65%以上，再用含$Al_2O_3$42%以上的耐火粘土配合，用手壓機壓成標準型，在SK13—14之溫度燒成，製成品含$Al_2O_3$49.05%而耐火度為SK35—36，(1770°C—1790°C)

另外試驗成功了高礬土質耐火磚，含Al_2O_3 56.8%以上，而耐火度為：SK36—37(1790°C—1825°C)。

汽油節省器的構造和所用的化學品

——立 早——

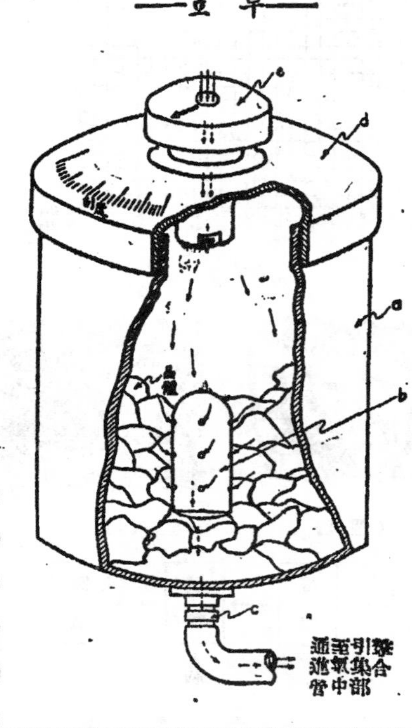

汽油節省器，可以幫助汽車中汽化器的不足，增進汽油的氧化效能，提高引擎效率。它裝拆簡便，對引擎無不良的影響。每磅節油晶（節油器中放置之化學品）上海目前售價約值半加侖汽油的代價，可供三五〇到四六〇加侖汽油消耗量之用，並且使每加侖汽油消耗量增加行程百分之二十以上，故極有採用的價值。

汽油節省器的構造極爲簡單，不過是一個貯存罐，頂部有空氣調節門以控制空氣進入的分量；底部有氣嘴，可裝橡皮管接到一個螺旋接頭，旋緊在引擎的進氣集合管中部。由于汚塞下行的作用，空氣能由調節門吸入，和節油晶昇華的氣體混合，直入引擎進氣集合管，冲淡原來濃厚的空氣與液體燃料的混合氣，增進燃燒氧化效率、引擎的熱效率、容積效率和燃燒效率。因爲能够達到完全燃燒的效果，使汽缸內不再有炭渣積聚，因此清除炭渣和磨汽門等修理工作也可以減少。

玆將汽油節省器全部另件及其總合切剖圖附後，以便明瞭它的構造，不難自己製造，只是製造時應注意幾點：

一、汽油節省器的主要另件最好用純鋁翻鑄，如無法辦到此點亦可以鐵質替代，但內部與節油晶接觸的表面必須鍍鋅以防生銹。

二、節油晶貯存罐與其覆蓋之間必須襯軟木圈以防漏氣；同時，進氣橡皮管接頭與貯存罐之間也須密封。

木炭爐的優良製造法和原理

·木予·

爲克服汽油缺乏來源困難，市上木炭，白煤代油爐，已適應環境需要而產生，其外形與內部構造各有不同，致所生效果，亦互有優劣。現在就木炭或白煤爐比較合理而優良的製造法及其原理，簡單敍述一下：

在爐子製造之初，首先要注意到，如何才能避免或儘量減少煤渣炭滓的結塞。因爲渣滓直接影響爐子本身的效果，煤氣產生量的正常與否，對它亦有重大的關係，如煤渣結集太多，則燃煤逐漸向爐壁蔓延，很易使四週鉄板發紅，因而降低爐心溫度，使所生二氧化炭不易還原成可燃的一氧化炭，亦就得不到優良的煤氣之產生，同時爐柵附近因煤渣阻塞，妨礙通風效率，亦很可能逐漸使爐子熄滅，所以比較新型合理的爐子在上部裝有水隔層，內盛淸水，旁置玻璃水管一根，以測水面高低，在爐子腰部（約離爐柵八吋高處）裝置一斜置空氣進氣管（與爐子中心約成45°）下端套一較粗水管，直插爐心中央，這水管與上部水隔層相通，當爐心燃燒時，水管內水發熱上升，隔層冷水下降，互相對流循環，致使儲水全部達於沸點，產生水蒸汽，另以蒸汽管導至下部蒸汽隔層，再行過熱，當水蒸汽入蒸汽隔層時，又與空氣相混合，經過一混合管

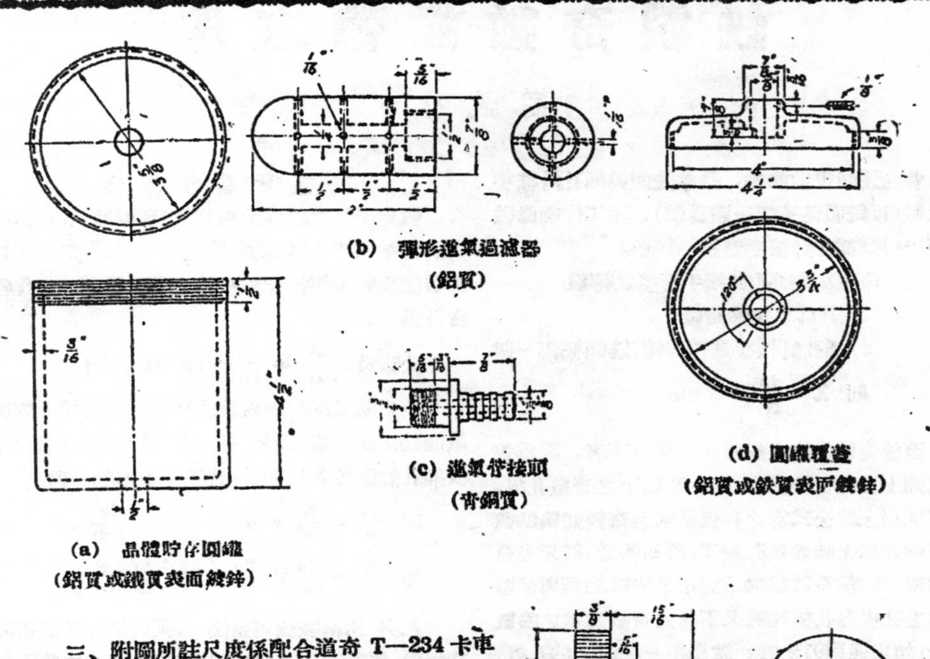

(b) 彈形進氣過濾器

(鋁質)

(c) 進氣管接頭

(青銅質)

(d) 圓罐頂蓋

(鋁質或鐵質表面鍍鋅)

(a) 晶體貯存圓罐

(鋁質或鐵質表面鍍鋅)

三、附圖所註尺度係配合道奇 T—234 卡車而製。如裝配到其他類型的車輛上，可以酌予修正。

汽油節省器中所放置的化學品節油晶爲一種有樟腦嗅味的晶體，其化學成分爲一種二環式炭輕化合物，可說是經過製煉的萘，是煤膠工業的副產品，揮發性相當大，並能發出相當高的熱量。這種節油晶現在我國已能製造。

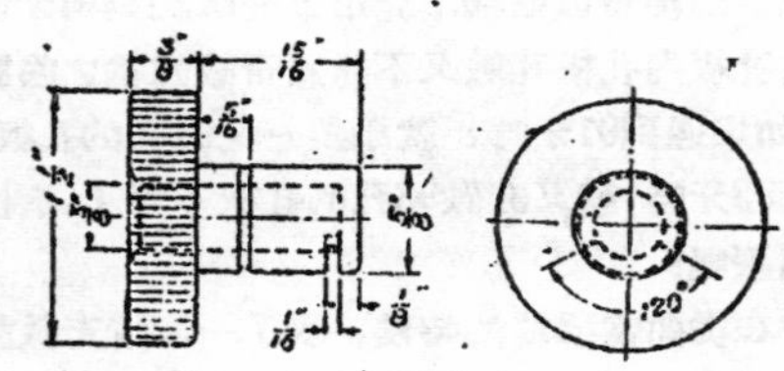

(e) 空氣進量調節門

(鋁質或鐵質表面鍍鋅)

(內部係文丘利Venturi管式，使混合效果提高)而達於隔層內部在對面壁上，再以管子引出蒸汽與空氣混合氣體至爐柵下層，經過一圓椎形噴嘴(係十餘個3/16″小洞眼)，向爐柵中央部份噴射，俾減低爐柵附近煤層溫度，而藉以防止煤渣之結成，同時水蒸汽遇紅炭，可化成一氧化炭與氫氣均係可燃之煤氣。又爲防止爐壁發紅，可在爐柵平面向上四周搪以火磚，調合火泥(高度約十六吋左右)亦頗有效，其次關於爐柵之設計，諸凡通風面積大小，爐條斷面形狀裝配及行車時，便于搖動出灰等項，亦宜鄭重研討，爐柵大小當然與爐子尺寸有關，普通裝於公共汽車，卡車上爐子爐柵，以圓形爲多，(直徑約爲 7½—8″) 爐條斷面以梯形爲宜，可加强通風及噴射水蒸汽的效果，(梯形長邊在上)其裝配，需能拉動輕便，最好爐柵能以若干小轉子相托，則搖動出灰時，更可輕便，至於煤炭塊粒大小亦需注意，粒子以較小而均勻爲佳，因爲顆粒小，與空氣接觸面積大即燃燒面積亦大，發生煤氣也快，且不易結煤渣，然太小了亦會使塊粒漏至爐柵下部，同時增加氣流的阻力，通常顆粒大小，以在 5 m m 直徑左右爲宜，最後關於在行車期間，爐子保養工作，亦頗重要，需每隔二三小時搖動爐柵，出清存灰，或以鐵條，通拉防止煤渣之結成，檢視存煤量多寡，調整蒸汽凡而開啓量，測看水隔層水面高低以及檢查各濾清器之緊密，均爲不可疏忽者，是故木炭或白煤代油爐，如製造合理週到，保養得法，使用熟練，則不難達到滿意境地。

銑製奇數齒輪方法

高義生

普通銑製復數齒輪，是拿銑頭與插孔針搖手的比數（以銑頭杺子轉一週爲準），除工作物齒數就可以得到插孔針搖手應搖的轉數。

假定X爲插孔針搖手應搖之轉數

N爲工作物齒數

插孔針搖手迴轉40轉，銑頭杺轉一週

則 $X=\frac{40}{N}$

至於奇數齒輪之齒數在49牙以下者，因爲普通銑頭上之孔板均備有在49孔以下之奇數孔板，仍可採用上述公式算之；但是遇到奇數齒輪的齒數在49牙以上時候就討厭了，例如99牙127牙等奇數齒輪。這種奇數齒輪不能用公約數約到與牙數相同之孔板內孔板孔數又不能照奇數齒輪之齒數備全，如果遇到91牙時，就添製一塊91孔的孔板，那麼到93牙時，就又非做93孔的孔板不可了，這樣豈不討厭嗎？

我在從前當學徒的時候，學了一個銑奇數齒輪的簡易方法：祇要在銑頭杺子後面，連接一根裝有掉換牙輪的軸子，與銑頭上的傳動孔數板的主動軸上的掉換牙輪接合。這樣當插孔針搖手搖動時，孔板也慢慢的旋轉，可使插孔針應搖的速度加快或減慢，因此就可湊成你所需要的齒數。

計算的方法——用上面的公式，借以齒數與工作物相近的復數齒輪計算，其插孔針在何孔板內，應搖若干孔，再以掉換牙輪配搭使孔板傳動。

配搭牙輪計算法

假定配搭之掉換牙輪爲A.B.兩輪，孔板插孔針迴轉數爲40轉（以銑頭銑子轉一週爲準），借以復數齒輪與工作物牙數相近之齒數爲N，工作物齒數爲n。

公式爲：$\frac{A}{B}=\frac{40}{N}\times$（N與n之差）

例：某工作物的齒數爲119牙，借以相近的復數齒輪之齒數爲120牙（這個牙數可隨意假定）孔板插孔針迴轉數爲40轉（銑頭杺子傳動一週）

則 $\frac{A}{B}=\frac{40}{120}\times(120-119)=\frac{40}{120}\times 1$

即 $\frac{A}{B}=\frac{40}{120}$ 或 $\frac{20}{60}$ （裝在A軸上）（……B……）

A.B.兩輪裝法可見圖一，至於插孔針應在何孔板內，搖若干孔，可照120牙計算，算法與普通復數齒輪相同。再有一點必須說明：當插孔針搖手搖動時孔板旋轉方向須與插孔針搖手方向相同，倘使工作物齒數超過借以復數齒輪之齒數時，則孔板旋轉方向與插孔針方向相反，假使不對，可把過橋牙輪添減之，其餘奇數齒輪均可照上列公式計算。

至於A軸的構造可見圖二，其他設備，普通銑頭均有。

（編者按：本文是專就銑頭心子與搖手轉數爲1:40來說的，本刊擬在下期刊出一文，討論比數銑是40的銑頭，怎樣銑製奇數齒輪。希讀者注意。）

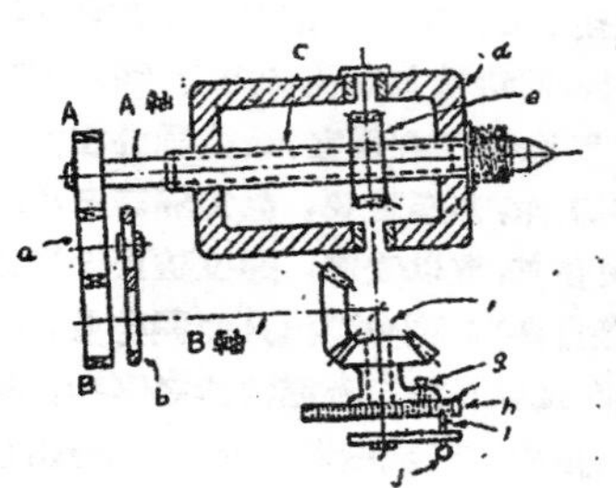

a. 過橋牙
b. 齒輪連接架
c. 銑頭杺子
d. 銑頭架
e. 40牙蝸輪及蝸桿
f. 角尺牙輪齒數相同
g. 止動針（必須除去，使插孔板活動）
h. 孔板
i. 插孔針
j 插孔針搖手

圖1 銑頭略圖

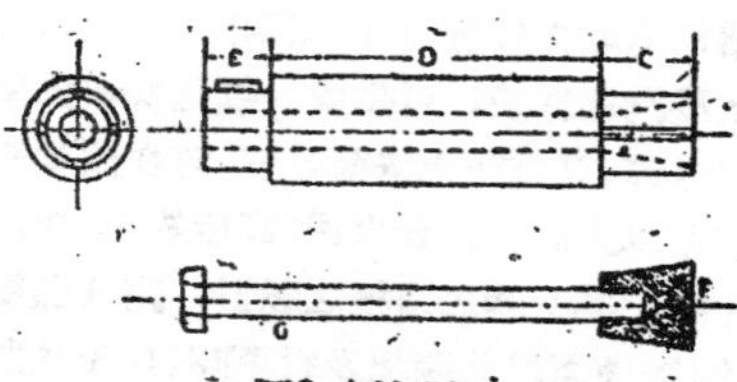

圖2 A軸略圖

C端裝在銑頭子內，當E頭的螺絲桿把A輪壓緊於A軸上時，則C端也會接於銑頭杺內子，裝時可把F頭先塞在C端的退拔孔內。

從公共衛生與污水處理談到

工業廢水問題

趙福基

圖一 污水清煉廠中的池水

污水適合於細菌的繁殖與傳播

我們知道細菌在地球上是到處散佈着的，不過必須具有它的發育和蕃殖上必備的條件。某種細菌所分佈的地方，必需具有適合這種細菌的生活環境，例如霍亂菌常分佈在污穢積水中，嗜冷性細菌多分佈於普通的水中。細菌有病原性與非病原性的分別，病原性的細菌，能使人患病，甚至死亡，水中微生物亦有病原性的，能使人生急性或慢性病患。病害的傳播，有因身體接觸；有因病人排洩物沾入水中，不知不覺中飲用而傳染的，或藉媒介物，如空氣、水流傳播於較遠區域的。

蕃殖在動物體內的病菌，因種類不同，分別存在體內各部分的分泌物和排洩物中。如傷寒病的病菌常久存在胆囊或腎臟內，從大小便排洩。這種狀況，不問已否治癒，對公共衛生是很危險的，病毒所以能傳染是因爲有各種交通綫的緣故，像污濁的河流及不完善的上水道和下水道等。

土地大多缺乏病原菌繁殖上所需要的營養素，病原菌單單附着於地面不能够繁殖，即使生存，也容易被腐敗菌所吞噬，和被强烈日光或雨水稀釋而死亡。倘使沾有病毒的水由地面混入河水及不完善的上水道或下水道時，那就容易繁殖，發生傳染。因爲水中缺乏他種雜菌，病原菌比較易於生存，加上細菌自己的運動及水的流動，它的分佈比在土地中時快。所以不守公共衛生，任意將污染病毒的水，傾倒地面或溝渠，是非常危險的。

污水的標準和下水道的制度

所謂污水：係指廁所污水，浴室污水，廚房污水及洗滌污水而言，均爲液體廢物。正常或示範的污水，略帶鹼性，約有 250 P.P.M. 懸掛固體，(註) 20°五日，B.O.D.(註)約爲 200P.P.M. 和相當的殘屑(火柴梗，破布，小木塊等)脂肪，肥皂，與油。假使來自合流制的溝管，則尚有砂粒。污水中既含有機物質，如不妥爲處理，不但狼藉地面，有礙觀瞻，並且發生臭氣，招致蠅蛆，尤以糞便污水及洗滌污水最容易含病原菌，如不經過處理，更屬危險。有自來水設備的都市，

圖二 上海市平涼路清煉廠中通水池之輸水管

應建築有系統的下水道，引污水至處理廠清煉或於適當之處排洩之，但應不致影響給水水源爲原則。像上海市對於污水處理，在平涼路。北新涇，歐陽路各設清煉廠一處，用來清煉從各污水溝渠來的污水，維持給水水源的潔淨。亦有不經清煉而排洩於適當之處的。例如上海市舊法租界的下水道，其污水通過住宅附近的化糞池，與雨水合流經稀釋後不再清煉而排入河浜。

下水道的設計有合流制，分流制及混合制的區別：合流制係雨水與污水在同一系統的溝管內流洩；例如上海市舊法租界之下水道；分流制係雨水與污水分開，在各別的溝管系統內流洩，例如上海市舊公共租界之下水道；混合制則在同一市內分別地區採用合流制與分流制。所以上海市以全部下水道來講，是混合制，這種計劃是須調查當地

註：P.P.M.——百萬分之一。

B.O.D.——生物化學需氧量。20°五日指溫度是攝氏20°時間是五日。

環境與將來發展的需要所具客觀條件中作具體的研究而決定的。

都市中的工業廢水

在大城市內，尤其工業發達的城市，除上述污水外。尚有因工業製造所產生的大量工業廢水所形成的一個更嚴重的問題。我國各大城市在以往對這一問題，似乎尚沒有深切的注意到，更不易找到具體的辦法或記載。尤其我國目前正在計劃推行從農業國進到工業國的政策，正在實施發展生產，繁榮經濟的時候，對於都市中的公共衛生，勞動者的保健和工業的發展，應如何兼籌並顧，以期在發展過程中消除相互間的矛盾，而收並進不悖的效果，實在有及時注意研究，進而付諸實施的必要。查我國工業較為發達的都市，工廠或工場，尤其是規模較小的廠場，以往因建築的簡陋妨及消防安全與公共安寧，不合建築規則與違章建築的案件，迄今猶難免發生，這是尚有明白公布的法規章則，推行已久的，但猶不能普遍了解，一體奉行。所以對於市區內污水與工業廢水的處理，如沒有完善具體的辦法，使市民普遍深切了解，自覺地積極合作，則河流及下水道日趨污濁淤塞，妨礙水上交通及公共衛生。一遇大雨平地泛溢，因而造成傳染病的流行，實甚危險。

圖三　1947年上海市葉家宅路埋管工程

就上海市來講，每個月處理污水所需的動力包括前述三個清煉廠與各系統的唧站，約在三十萬瓩時；各清煉廠在清煉過程中，有的階段如壓氣機等，為節省電力，久已停用，已經沒有再可節減的地方了；各唧站方面，除雨水唧站僅在大雨中必要時運用外，平時是不用的；至於污水唧站的設備，是自動的機械設備，不可能再節省；再加職工的薪給，機械的修配，通溝工具的補充，以及河浜的疏濬與溝渠的養護改善，這一項的支出負担在市政府方面已覺得很為重大，但一遇大雨，低窪區域積潦沒脛，經日不退，原因所在固不簡單，其中以未能得到市民的普遍愛護與合作為最大因素。例如因不了解溝渠的功能是有限度的，而任意將日常污水不論其含雜質的性質與程度如何，甚至破布、棉花、樹皮、菓壳、菜根及小動物屍體等概行傾入溝渠，有時唧站中甚至發見嬰孩屍體。以及貪圖近便，私開窨井，傾倒大量糞便，把溝渠淤塞。在抗戰淪陷的時期，復發生許多私將住宅或私衖內的雨水管接入污水溝管系統，阻礙污水的流通而泛溢路面的情形。蘇州河因直接與間接排入的污水及工業廢水的漫無標準與限制，以致水質日趨惡劣。其他市內中小河浜，因上述原因，情形更為惡劣。此外尚有製釘之類的小型工場因任意洩放廢水，把自來水公司的地下水管腐蝕，發生傷害他人財物的糾紛。亦有製皮革工場，將製革廢水排洩地面水溝，至使臭氣四溢，妨礙公園遊人及附近居民，而引起呼籲的案件。

所以都市內所有污水及工業廢水必須經下水道或河流而排洩，但是不能超越下水道與清煉廠的負荷；及河流所能容納的限度，以河流所能吸納不致發生惡劣的結果為標準。因河流的玷污如不太嚴重，或時間不太長，則河流自身可以消滅病菌及防止腐化。如玷污程度超過限度，則河水污濁不堪，失却正常用途而影響兩岸居民的衛生及他項權利。

污水的基本性質

我們要知道未經處理的各種工業廢水所引起的不良結果，先須明白污水在流瀉途中所起的變化。廚房殘渣，糞便，洗濯物及其他廢物冲入溝內，成為污水。此種污水含有為細菌及微機體在生活繁殖上所需的豐富營養素。各種微機體均需氧氣，

圖四　上海市平涼路污水清煉廠生物試驗室

尤其嗜氣細菌能吸收游離氧，卽厭氣細菌也能從有機化合物或無機化合物中吸取氧氣。有些細菌更能兼吸游離氧及化合物中的氧。倘在污水中有限的溶解氧被細菌全部吸收，不安定的有機物(澱粉，脂肪，蛋白質和炭水化合物等)就起生物化學作用分解成無臭而安定的 CO_2，H_2O，硝酸鹽及硫酸鹽等。當游離氧用罄時，嗜氣細菌隨之死滅，厭氣細菌却大施活躍，吸取有機和無機化合物中之化合氧，放出臭氣。

潔淨的河流是一種平衡狀態下的水族池，有植物和動物，水性稍帶鹼性，不斷從空氣中吸取維持生物在生活上必需的氧。在普通溫度下，中性的水，以體積計，含溶解氧百分之0.8，或以重量計，含9至12p.p.m.飽和值，此值甚爲微小，僅爲空氣中含量之1/30，故不論何種需要，均足使氧的平穩發生靈敏的變化。强烈污水冲入河流，使水流失却的氧，較從空氣中所得的氧爲快。大多魚類不能在溶解氧少於3.5p.p.m.的水中生存，河水之玷污，大部由於污水中所帶的懸掛固體，(以沉澱法測之)，及污水的大量需氧性(由B.O.D.試驗測得)。所以污水的處理並須附帶檢查河流，經常於河流適當地點汲取水樣，實行檢查，按期報告。上海市經常於蘇州河，黃浦江均選定地點數處，每週汲取水樣，由各污水清煉廠中化學試驗室檢驗；按期報告，並供衛生機關的參考。

污水處理的方法及目的

污水的處理在截留固體物(用篩柵，自然沉澱，或化學沉澱，過濾等法)及用機械供給氧氣，使污水中的有機物穩定而簡單。通常污水的處理包括(甲)用篩柵移去殘屑。(乙)初步沉澱及撇去浮泡，沉澱百分之五十左右的懸掛固體。(丙)用氧化法使滿足生物化學需氧量。(丁)最終沉澱提出百分之四十五的懸掛物，可能尙用氯化。在沉澱洩出之污泥(Sladge)固體的濃度不過百分之二，其中一半爲有機物，一半爲無機物。污泥有時通入一密閉的腐化池，在細菌的作用下，發生腐化作用；有機物在一半以上被破壞，產生可燃氣體，同時得一濃而穩定的污泥。將腐化的污泥用機械法除去水份，則得潤濕的污泥塊。從上所述，可知工業廢水若不經處理，可成嚴重的問題。(甲)它能增加固體量或污水的需氧量。(乙)它的性質可能破壞正常的污水處理，或河水的潔淨。總之它使下水道加重負荷，使處理增加費用。

各種工業廢水

工業廢水普通可用『人口當量』來估計；假使工業廢水與家庭污水作相同的處理，其懸掛固體的强度，及生化的需氧量均相等；又假如家庭污水的平均流量爲每日每人100加侖，則每日平均流量100加侖的工業廢水，其人口當量爲1。其流量大2倍，或流量雖同，而强度大2倍，則此人口當量爲2，餘類推，『人口當量』一名詞，應用甚廣；但亦不能包括一切。如廢水含鹼，酸，或毒性等甚大，不能以人口當量比較之，因爲此種廢水妨礙生物化學處理法的進行。

工業廢水的性質變化甚大，且常不易分解成簡單的成份。廢水含高度B.O.D.或高度懸掛固體的，用人口當量來計算甚方便，但尙有許多廢水不能以此計算的。今將幾種特殊的工業廢水說明如下：

(甲)酸　酸能使其他物質凝結或沉澱，致發生高度混濁或沉澱的污泥。過度的酸性，阻止生物作用的進行，且使污水的PH值在6.0以下，腐蝕建築物及用具。(附註：PH值係酸性離子濃度，中性液PH值爲7.0，PH值愈小，酸性愈强)。

(乙)鹼　過度的鹼性(如織造廠，洗衣廠，硝皮廠及化學廠等洩出的廢水)能阻止污水的腐化(Digestion)與處理，及河流的潔淨作用，且對魚類的生存大有影響。

(丙)油脂　漂浮的油脂及浮泡狀極惡劣，且有害於水禽的生活。一小塊油脂，卽玷污甚大一片水面。200加侖油，可鋪滿一平方英里的水面。油和脂肪不論其爲游離狀態，或爲乳狀，均不易氧化，所以妨礙其他物質的氧化甚大。

（丁）酚（Phenol） 從煉焦爐出來的酸類物質，亦爲一大問題，因它具有很高的B.O.D.值，而且影響到給水的味道。給水的氯化如遇有酚，則酚雖微如0.1p.p.m.亦可使水味不甚適口。

（戊）（苯乙烯）Styrene 亦爲一有關水味的物質，它爲合成橡皮原料之一，如不經極大倍數的稀釋，給水的味道即呈醋味及酒味，如欲除去，則在目今已知方法中，爲極不經濟的事。

（己）硝皮 硝皮廢水爲有機廢水類之一，它不僅能使河水的含氧量減低，且擴散有色液體使河流有長久不退的顏色。

（庚）金屬 在鍍金廠的廢水或其他相似的廢水中，常含有害的金屬，如銅與鉻（克羅米）等，此類廢水含有毒質，使污水處理的氮化作用（Nitrization）及腐化作用低減或停止，且能毒死魚類。

（辛）氰化物 氰在乾燥及濃度甚低的狀態，亦具有極大而危險的毒性，它能阻礙生物化學作用的進行，亦能毒死魚類。

（壬）鹹水 鹹水爲製造許多化學物的原料，亦爲製油的副產物，它對農業給水，養生池，及正常鮮水動物的生命有害。

工業廢水處理辦法

上述數種，係工業廢水對清煉問題舉其較著者而已。所以廢水的有害於現行處理者，須與普通污水分開，或減低它的毒性，或中和之，或稀釋之。

酸與鹼可用化學物中和之，油和脂肪可用乳狀液擊破法及除浮渣法分離之，酸亦可用細菌處理破壞之，用腐蝕劑除去並酸化之。鞣酸可用鍋爐水處理法處理之，金屬可用沉澱法減低之；氰化合物可使酸在安全的擴散情形下吹入空氣，分解成無害的碳及氮化物；無用的鹹水可生產碘，亦有將鹽質出水經過蒸發而處理之，有許多地方將鹹水導入地層，結果亦甚佳。

研究工業廢水的處理，重在調查分析當地的客觀具體條件，諸如當地污水的稀釋程度，現存溝渠系統及處理廠的情形，及其他困難因素，故即使爲同類的工業，亦不能完全以此例彼，且廢水的容量及含量變化不同，工業製造的方法亦有互異，所以不能生吞活剝，完全摹倣別地的成法。例如：

（甲）油的清煉法 某製造機器的工業需用大量載鉄油，用後排入溝管，洩入河流；但溝管出口適近公園，浮游的油脂，足以影響休息娛樂的環境，當地政府加以取締，因此設計一油脂撇離法（Oil-separation method） 將每日含油廢水集中於一池，加氯化鈣，用激動器攪拌，擊碎乳狀溶液，然後將上層油脂撇出焚化。

（乙）去酸法 某工廠每日洩出大量用過的廢硫酸，入市內污水管。預先與溝渠管理機構洽定，將洩出的廢水量加以控制，以便鹼性的家庭污水適能與之中和。但後來發覺此法仍能損害溝管系統內的重要金屬建築。故不能實現。於是該廠建一自動中和設備。用石灰爲中和劑，並用PH值控制設備，使洩出的廢水適合所需標準。

（丙）去氰化物法 普通有三種不同的設計，可以處理各種濃度的氰化物廢水；

（1）用鉄處理，使氰化物成無毒不溶解的普魯士藍（Ferriferro-cyanide）。

（2）應用重亞硫酸鹽（Sodium-acid-sulphite）

（3）如濃度甚高，則用氯化法。因該廠在市中心區，爲安全起見，不能採用空氣擴散法。

（丁）去金屬法 電鍍廢水中的銅和鉻影響污水廠的腐化處理甚大，此類性質的廢水，應建一中和及金屬沉澱設備，使鉻酸鹽（Chromates）成鉻鹽（Chromic salts），並用石灰將所有金屬沉澱。

結　語

政府爲保障人民健康，對於都市中有關衛生的工程設施如下水道污水處理站等，有通盤計劃與普遍建立的職責。一面則須教育人民，使人民明白下水道的重要性及其性能限度。一面對各種工廠作場的工業廢水須作調查統計，依照性質制定初步處理標準及取締規則。

爲合理分担廢水處理的巨額費用，對特種工業廢水應訂有初步處理辦法，俾流入溝渠系統能符合一定的條件外，並得限制每日平均的流量，訂立收取廢水處理的費用法規。

更願新中國的人民，應以愛護公共財物的崇高的精神，善爲利用下水道等保障人民健康的市政設備。

機工小常識

鑽頭漫談

王文宇

人類的歷史是與利用各種工具來征服自然的故事分不開的，說起鑽頭，它的歷史實在也不亞於刀斧等工具。在中國故代的史冊上，很早就有燧人氏的鑽木取火的記錄。原始的鑽頭，幾經改變成了舊式木匠所用的牽鑽，後來又發展到邦浦式的轆鑽。這種舊式工具我們還可以在手藝工場見到。在西洋史上，也有埃及人所用，類似木匠鑽的弓形牽鑽，不過以後就進化為扳鑽。到十九世紀中葉，世界各國所用的鑽頭還是鍛冶成的扁鑽（Flat Drill）。約在1863年，始由美國摩斯鑽頭公司供獻了第一枝碳鋼螺形鑽（Twist Drill），跟着來的是高速鋼鑽。

因着科學的進步，分工日形細密，機械工程中負有强大使命的螺形鑽頭為配合高度的大量生產及各種特殊用途起見，其性能形式花色極為繁多：有打深度油眼的精密螺形鑽，有鑽製較軟金屬如黃銅等的直形槽鑽，鑽木有專用的木鑽，鑽硬金屬的有鈷鋼鑽及滲碳合金鑽等，還有為減少摩擦阻力而經過特殊處理的油管螺形鑽。鑽頭是跟了生產條件進步的！

認識你的鑽頭

鑽頭大致可分為兩種：即扁鑽與螺形鑽。構成鑽頭的主要部份為：鑽柄、鑽體、切削刃口、與其應有的斜度。扁鑽在工作時，因鑽屑不易導出，故常須抽出以清除之，且常須鍛煉以保其正確性。在講究效率的今日，螺形鑽遂被認為最有效的鑽切工具。

鑽頭上的理論

一件機械的能够省時省力，其論理基礎是建築在槓杆與斜面上的。而鑽頭的論據則是百分之百的應用了斜面。你看！一枝鑽頭就有二道斜的切削刃邊、螺形槽、曲綫形的鑽面。這不都是在利用斜面麽？傾斜的刃邊易使鑽頭進入工作物，斜率的螺形槽則有鏟削廢屑的作用，並藉鑽頭的相對旋轉促使廢屑沿鑽槽斜面溜出工作物的眼孔。鑽面對於眼孔底緣的切削，具有極大作用且能括光孔壁。一枝沒有鑽面的螺形鑽是不能加以想象的。在刃邊至鑽柄處鑽直徑時，有着些微縮小，用來減少工作物與鑽頭間的摩擦作用，這同鋸體之有餘隙是同一個道理。

標準鑽頭的規範

那末一枝標準鑽頭的各部需要多少斜度呢？那一種斜度，鑽切的效率最高？經過多次試驗與改進，120度的鑽尖最合理想，即每一切削刃邊與鑽頭中心綫的夾角是等於60度，且應有相等的長度和適當的餘隙角。經驗告訴我們，12度是鑽尖的最佳餘隙角。鑽槽的斜度角應為25度。凡具有此種角度的鑽頭稱之為標準鑽頭，因其用途最大，鑽切範圍較廣，尤適於鑽切軟硬適度的金屬如鋼鐵之類。市上出售的亦以此類為多。在工業發達的國家，製有多種角度的鑽頭，專為鑽切某一種硬度的材料。刃邊所成的角度有少至60度大到170度者。必要時標準鑽尖的角度可以任意改磨。下表列舉鑽切各級材料最適當的鑽頭角度作大略的參考：

150°：堅硬材料。
140°：不銹鋼。
125°：熱處理鋼，煆鋼。
120°：軟硬適度材料：如黃鋼 熟鐵，生鐵等。
100°：紫銅，較軟生鐵。
90°：軟生鐵，硬橡皮，膠木，木頭。
60°：木頭，紙柏等。

鑽尖磨製的幾種錯誤

1.角度太大：使鑽尖失去原有中心點，有時

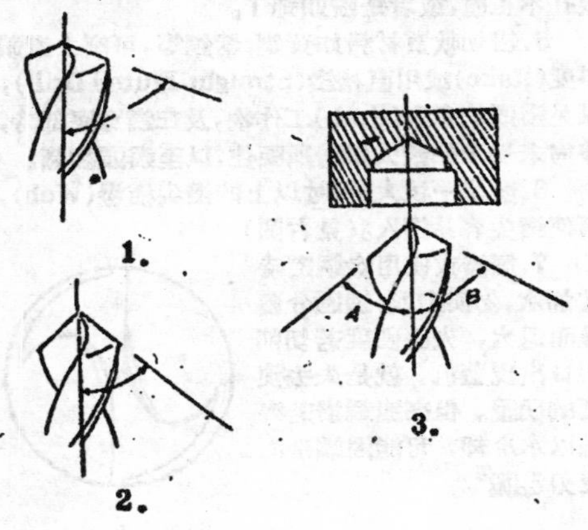

1.
2.
3.

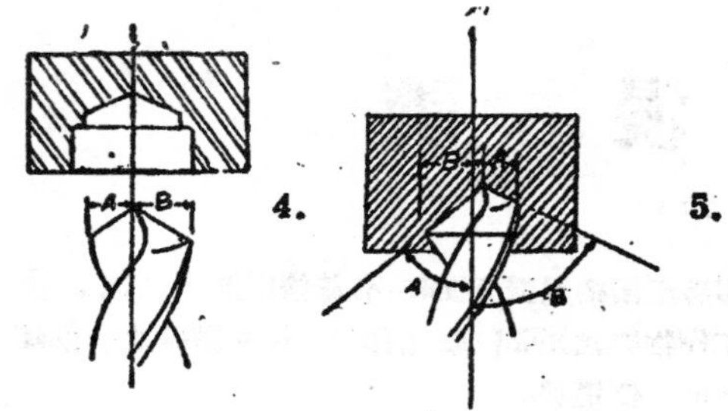

引起鑽孔偏向。

2.角度太小：使切削刃邊相對的加長。引起鑽切慢，需較大鑽壓力，鑽尖易鈍。

3.角度不等：促使切刃削之一的工作加重，損耗加快，引起鑽孔擴大。

4.鑽刃長短：發生擺動，扭傷鑽面，鑽床，及工作物。鑽孔擴大。

5.不等角度，長短刃邊：綜合3.4.二點爲其結果，促使鑽頭繞中心點迴轉，而擴大鑽孔。

6.餘隙角太小：鑽刃失效，不易鑽入。能使鑽頭破裂。

7.餘隙角太大：引起刃邊強度不足，在鑽壓力之下易使刃邊碎裂。

以上是指切削硬度適中的標準鑽而言，因材料硬度的各異，鑽頭角度及餘隙角是可大可小。唯3.4.5.三點對各種鑽頭一律適用。

幾點注意

1.一枝鑽頭，不能同別種工具混雜放置。應備鑽頭插座或有槽之盒安放之。以免損傷鑽面。

2.鑽頭使用時應緊軋於鑽軋，勿使鬆動。以免鑽柄刻痕，甚至斷裂。

3.鑽頭的餘隙角切勿磨成負角，以及唇面(Lips of Drill)隆起。極硬材料之餘隙角可減至9度，來增加鑽刃的强度。

4.鑽切時發生刺耳的怪聲，是表示所鑽切的眼孔不正直，或者是鑽頭鈍了。

5.鑽切軟質材料如黃銅，紫銅等，可磨去鑽頭斜度(Rake)或用直槽鑽(Straight Fluted Drill)，以免鑽頭的突入(Grab)工作物，及在鑽穿底部時，被尚未切下的較大棄屑所哽住，以至鑽頭裂斷。

6.磨薄一枝大於½吋以上的鑽尖橫邊(Web)，可使鑽尖容易鑽入。(見右圖)

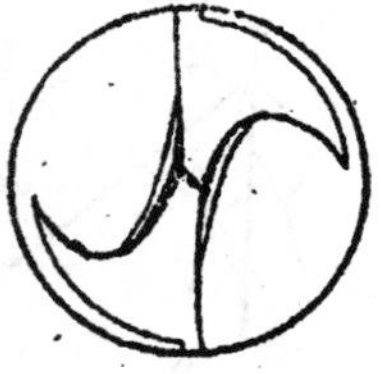

7.磨鑽或使用炭鋼鑽時常加水，勿使鑽頭，須過分發熱而退火，失去硬度若切削刃口出現藍色，就是失去硬度的明證。但高速鋼鑽若突然以水冷却，可能因驟冷而使刃邊脆。

8.用高速鋼鑽切削不同材料的鑽頭速度如下：(每分鐘呎數)

鋁及鋁合金	200—300	摩奈爾合金	40—50
黃銅	200	機械用鋼	80—110
青銅	70—100	堅韌鋼	60—70
生鉄(軟)	100—150	工具鋼	50—60
生鉄(硬)	70—100	合金鋼(一般)	50—70
熟鉄	80—90	硬不銹鋼	30—40
皮硬鑄鉄	30—40	石板，大理石	15—20
鎂及鎂合金	250—400	木頭	300—400

(如用碳鋼鑽，其速度應爲表上的40—50%)

9.刃鋒餵入量(Feeds)的多少，是依照鑽頭的大小及所鑽切的材料而定。對於普通鋼鉄材料直徑小於1分的鑽頭，每一迴轉餵入量爲0.001至0.002吋，1分至2分的爲0.002至0.004吋，2分至4分的爲0.004至0.007吋，4分至1吋的爲0.007至0.015吋，1吋爲上則爲0.015至0.025吋的。鑽切硬鋼及合金鋼等的餵入量照上例稍減，黃銅及鋁等軟金屬則應略增。

10.鑽切時用的滑潤液計有火油，礦油，猪油，硫化油及肥皂水等。(詳細情形請參閱工程界二卷四期的"怎樣選用切削液"。)

鑽頭病院的科目

徵候	起因	補救
鑽頭破裂	1.突入，鑽頭或作物擺動。 2.餘隙角太小。 3.正確餵入下速度太慢。 4.鑽鈍。	1.試驗壓力，穩固作物。 2.磨正之。 3.增加速度或餵入量。 4.磨銳鑽頭。
鑽刃外角碎裂	1.眼孔夾有硬塊砂眼 2.速度太快。 3.不正當的切割邊緣 4.無潤滑液。	1.減少速度。 2.仝上。 3.校正之。 4.用切割液。
鑽切黃銅及木頭時的鑽頭破裂	1.鑽屑阻礙。	1.增加速度。 2.應用爲鑽此種材料所計的鑽頭。
鑽頭處斷裂	鑽柄斜度與套筒不完全密合，如油垢堆積，鑽套損耗粗糙不平.	用新鑽套，或校光之，使袖同復正常。
刃口碎裂	1.餵入量太多。 2.餘隙角太大。	1.減低餵入量。 2.改正餘隙角。
高速鑽的破裂	1.磨鑽與鑽切時的驟冷驟熱 2.餵入太多。	1.勿擬冷水於高熱的鑽頭。 2.減低押送。
1.鑽孔擴大 2.祇一刃口切削。	1.切削刃口的角度或長度不等，或兩者都有。 2.鑽軸鬆動。	1.校正之。 2.重磨正確。
鑽心碎裂。	1.刃口餘隙太少。 2.太多的餵入量。	1.重磨至正當的餘隙。 2.減底餵入量。
鑽孔粗糙。	1.鑽鈍或磨製不當。 2.缺少滑潤或錯誤的切削液。 3.餵入量太多。	1.正確磨製。 2.應用滑潤液或調換之。 3.減低餵入量。

工程界第四卷總目錄

按照下列各欄分類編排
括弧內爲頁碼，前爲期數

1.專論	5.機械工程	10.工程傳記
2.蘇聯和新民主國家工業建設	6.機動車工程	11.工業展覽・報導
3.土木・水利・市政・建築工程	7.化學工程	12.工業管理
4.電機工程	8.紡・織・染工程	13.其他
	9.工程材料	

工程另訊，讀者之頁細目不另編列

1. 專 論

2. 蘇聯・新民主國家工業建設

3. 土木・水利・市政・建築

4. 電機工程

5. 機械工程

13245

6. 機動車工程

7. 化學工程

8. 紡・織・染工程

9. 工程材料

10. 工程傳記

11. 工業展覽・工業報導

12. 工業管理

13. 其　他

13247

生生自由式榨油機

生生農具製造工業社一九四九年新創製

四大特點

（1）設備簡單不需磨研蒸炒手續

（2）管理簡單不需熟練技工即婦孺亦可操作

（3）出油率高超而油質清純

（4）開辦及經營費低廉適合一般農村及家庭副業生產之用

地點：四川南路一號三樓

電話：八七八〇二

一心化學工業製造廠

出品

專製
一心分析試藥
化學純粹藥品
精製化學藥品
普通化學藥品

公司：上海廈門路二三〇弄十六號

電話九五二五四

廠址：上海象山路二十四號

利豐紡織五金行

★主要業務★

紡織機械　附屬用品
常備現貨　供應選購
自備工場　加工精製
五金零貨　各式皮帶
架子肖子　其他另件
歡迎定製　交貨迅速
如蒙賜顧　竭誠歡迎

地址　上海乍浦路一五八至六〇號

電話　四三五八七號

四達五金號

THE STAR HARDWARE CO. LTO

專營

鋼珠軸領

—★—

電動馬達

現貨充足・花色齊備

上海貴州路一二三號

電話　90821，91677

中國科學期刊協會聯合廣告

民國四年創刊 科學 傳佈學者研究心得 報導世界科學動態 中國科學社編輯 上海(18)陝西南路235號 中國科學圖書儀器公司 上海(18)中正中路537號	•通俗科學月刊• 科學大衆 報導建設進展 闡述各科新知 民本出版公司 上海(0)博物院路131號 電話 17971	出版十五年 銷路遍世界 科學世界 研討高深科學知識 介紹世界科學動態 中華自然科學社出版 總社：南京中央大學 上海分社 上海威海衛路二十號 電話 六〇二〇〇	理想的科學雜誌 科學時代 內容豐富 題材新穎 科學時代社編輯發行 上海郵箱4052號	中國科學社主編 科學畫報 民國二十二年創刊 溝通「科學」的媒介 普及科學的先鋒 圖文並茂 印刷精美 無師自通 循進有益 中國科學圖書儀器公司 上海(18)中正中路537號
中國技術協會出版 工程界 通俗實用的工程月刊 •編輯發行• 工程界雜誌社 上海(18)中正中路517弄3號	中國唯一大衆化電學刊物 電世界 介紹電工智識 輔導電工技術 供給應用資料 • 答覆讀者問題 電世界社編輯 電世界出版公司發行 上海(0)九江路50號311室 電話 12290	通俗性月刊 化學世界 普及化學知識 報導化學新知 介紹化工技術 提倡化工事業 中華化學工業會編印 上海(18)南昌路203號	民國八年創刊 醫藥學 風行全國之綜合性 醫藥報導月刊 黃勝白 [illegible] 主編 醫藥學雜誌社 上海(0)[illegible] 電話 19360	中華醫學雜誌 發表專門著作 介紹最近進步 [illegible] 上海[illegible] 中華醫學會出版
•通俗醫藥月刊• 大衆醫學 普及醫藥知識 增進民族健康 民本出版公司 上海(0)博物院路131號 電話 17071	•通俗農業月刊• 大衆農業 發揚農業科學 促進農村復興 民本出版公司 上海(0)博物院路131號 電話 17071	紡織染界實用新型雜誌 纖維工業 纖維工業出版社出版 上海[illegible]路098號 作者書社經售 上海福州路321號	國內唯一之 纖維工業雜誌 紡織染工程 中國紡織染工程 研究所出版 上海江寧路1243弄01號 中國紡織圖書雜誌社 發行	紡織染界之喉舌 民國廿三年創刊 紡織染 •月刊• 加強唯一之生命線事業 建設全民之紡織染工業 中華紡織染雜誌社 上海(25)建國東路486弄2號
現代公路 公路和汽車的 一般性雜誌 現代公路出版社 上海(5)四川北路崑山路277號 三樓	現代鐵路 鐵路專家集體執筆 曾世榮 洪紳 主編 現代鐵路雜誌社發行 上海南京西路612弄49號 電話 61068 郵政信箱 上海2453號	國內唯一之水產刊物 水產月刊 介紹水產知識 報導漁業現狀 上海魚市場編印 發行處 上海魚市場水產月刊編輯部 上海江浦路十號	民國六年創刊 學藝 中華學藝社編印 上海紹興路七號 上海福州路 中國文化服務社代售	建設 月刊 [illegible]土木會出版 上海(18)襄陽南路384號
工程報導 一 鐵路公路港埠溝渠結構建築都市計劃土壤工程等原理之介紹闡述 二 國內外工程界重要消息之報導 上海[illegible]路207號[illegible]	婦嬰衛生 月刊 楊元吉醫師主編 是婦女的良伴 是嬰兒的保姆 大德出版社發行 上海江寧路二九三號 大德助產學校	中國動力工程學會主辦 動力工程 介紹動力工程學理 及發展報導國內外 動力工程消息 [illegible]主編 電世界出版公司發行 上海(0)九江路50號311室 電話 [illegible]	世界 交通月刊 提倡交通學術 促進交通效率 世界交通月刊編輯部 南京(6)[illegible] [illegible]75號 各地世界書局經售	世界 農村月刊 全國唯一大型農業月刊 世界農村月刊編輯部 上海[illegible]9號 各地世界書局經售

雙錢牌
創製國貨汽車輪胎
十五年獨力與舶來抗爭光榮史
安全穩固 譽滿寰區
大中華橡膠廠出品
總公司：上海中正東路二七二號 製造廠：徐家匯路一一〇二號

中國科學期刊協會會員刊物

次期一九四九年十二月十五日出版　每冊基價四元